深智數位
股份有限公司

深智數位
股份有限公司

推薦文

圖神經網路是對深度學習的重要拓展和延伸。本書由知名學者編著，全面、系統地介紹了該領域的基礎問題、前端演算法和應用場景。編者對章節之間的邏輯關係舉出了清晰的整理和導讀，對初入該領域和具有一定基礎的讀者均具有重要的學習和參考價值。

——陳恩紅

中國科學技術大學巨量資料學院執行院長

圖神經網路是當前 AI 領域的重要前端方向之一，在學術界和工業界都得到廣泛的關注和應用。本書由相關領域的知名專家編撰而成，系統性地總結了圖神經網路領域的關鍵技術，內容涵蓋了圖神經網路的基礎方法和前端應用。2021年英文書出版時我就關注到這本書，現在很高興看到中文版即將出版。對研究和應用圖神經網路的專業人士和初學者來說，本書是一本不可多得的參考書。

——崔斌

北京大學教授

圖神經網路是機器學習非常熱門的領域之一。本書是非常好的學習資源，內容涵蓋圖表徵學習的廣泛主題和應用。

——Jure Leskovec

史丹佛大學副教授

圖神經網路已經成為圖資料分析處理的基本工具。本書全面介紹了圖神經網路的基礎和研究前端，可作為有關科學研究人員、開發者和師生的重要參考書。

——李飛飛

阿里巴巴集團副總裁，IEEE 會士

　　圖神經網路身為新興技術，近年來受到學術界和工業界的廣泛關注。本書由工作在此領域前端的傑出學者編撰，內容涵蓋了圖神經網路的基礎概念、經典技術、應用領域以及與產業結合的進展。受益於作者在該領域的深厚累積，本書為圖神經網路研究人員提供了全域角度，既適合對此領域感興趣的初學者，其模組化的結構也適合對該領域有一定累積的學者針對某一內容進行深入研究。

——林學民
上海交通大學講席教授，歐洲科學院外籍院士，IEEE 會士，AAIA 會士

　　圖神經網路是一個快速發展的領域。本書涉及圖神經網路的概念、基礎和應用，非常適合對此領域感興趣的讀者閱讀。

——劉歡
亞利桑那州立大學教授，ACM 會士，IEEE 會士

　　圖神經網路把深度學習和圖結構融合起來，是機器學習領域過去幾年重要的理論發展之一，在金融科技、搜尋推薦、生物醫藥等領域有著廣泛和重要的應用。本書由該領域的知名專家編撰，是研究人員、學生和業界實踐者學習圖神經網路的一本參考圖書。

——漆遠
復旦大學浩清教授、博士生指導教授，AI³ 研究院院長，
前阿里巴巴副總裁及螞蟻集團首席 AI 科學家

　　圖機器學習是當前機器學習領域熱門的研究方向之一。本書針對圖神經網路的基礎、發展、前端以及應用進行全面且細緻的介紹，是圖神經網路領域值得深入學習的作品。

——陶大程
京東探索研究院院長，京東集團高級副總裁，澳洲科學院院士

圖神經網路是一種新興的機器學習模型，已在科學和工業界掀起風暴。現在正是加入這一行動的時機—這本書無論對新人還是經驗豐富的從業者都是很好的資源！書中的內容由這一領域的專家團隊精心撰寫而成。

——Petar Veličković

DeepMind 高級研究科學家

圖神經網路是一類以深度學習為基礎的處理圖結構資料的方法，在推薦系統、電腦視覺、生物製藥等眾多科學領域展現出了卓越的性能。本書由該領域的知名學者傾力打造，從圖神經網路的理論基礎出發，著重介紹了圖神經網路的研究前端和新興應用。圖神經網路方興未艾，本書內容厚重，是從事該領域研究的科學研究人員和學生不可多得的參考書。

——文繼榮

中國人民大學教授，資訊學院院長，高瓴人工智慧學院執行院長

圖神經網路是一個具有巨大潛力的研究方向，近年來受到廣泛關注。本書作者都是該領域的知名學者，具有學術界和工業界的豐富實踐經驗。他們透過這本書從概念、演算法到應用全面地介紹了圖神經網路的相關技術。強烈推薦對這個領域感興趣的學生、工程師與研究人員閱讀！

——謝幸

微軟亞洲研究院首席研究員，CCF 會士，IEEE 會士

圖深度學習近年來已經被廣泛應用到很多人工智慧的研究領域，並獲得了空前的成功。本書全面總結了圖神經網路的演算法和理論基礎，廣泛介紹了各種圖神經網路的前端研究方向，並精選了 10 個圖神經網路廣泛應用的行業。這是一本經典的深度學習教科書！

——熊輝

香港科技大學（廣州）講座教授，AAAS 會士，IEEE 會士

　　圖神經網路是機器學習、資料科學、資料探勘領域新興的發展方向。本書作者都是這個領域的知名科學家，他們全面探討了圖神經網路權威和最新的理論基礎、演算法設計和實踐案例。這是一本不可多得的好書，我強烈推薦！

——楊強

香港科技大學講座教授，AAAI 會士，ACM 會士，

加拿大皇家科學院、加拿大工程院院士

　　深度學習時代，圖型計算與神經網路天然地結合到一起。圖神經網路為人工智慧的發展注入了新動力，同時也成為熱門的領域之一，在工業界得到廣泛應用。本書對圖神經網路的基礎、前端技術以及應用做了全面講解，是圖神經網路的研究者以及實踐者不可多得的參考資料。

——葉傑平

密西根大學終身教授，IEEE 會士

　　本書是當前介紹圖神經網路方面非常全面的書籍之一，由該領域的知名學者編撰，是不可多得的參考和學習資料。

——俞士綸

伊利諾大學芝加哥分校講席教授，ACM 會士，IEEE 會士

　　本書全面、詳細地介紹了圖神經網路，為在大型圖資料上更深一步研究及探尋快而準的方法提供了不可缺少的基礎和方向。

——于旭（Jeffrey Xu Yu）

香港中文大學教授

　　本書由領域專家團隊編撰，對圖神經網路的基礎理論進行了詳細介紹，對不同主題進行了廣泛覆蓋。透過本書，讀者可以一覽圖神經網路全貌，快速開展前端研究或將之落地於實際應用。

——張成奇

雪梨科技大學副校長，人工智慧傑出教授

推薦序

　　圖神經網路（Graph Neural Network，GNN）是近年來在傳統深層神經網路基礎上發展起來的新領域，也可以稱之為圖上的深度學習。20 世紀末，以傳統類神經網路為基礎的深度學習迅速發展，深刻影響了各個學科，並促使以資料驅動為基礎的第二代人工智慧的崛起。儘管深度學習在處理巨量資料上表現出許多優勢，但它僅能有效地處理歐氏空間的資料（如影像）和時序結構的資料（如文字），應用範圍很有限。一方面，大量的實際問題，如社群網站、生物網路和推薦系統等都不滿足歐氏空間或時序結構的條件，需要用更一般的圖結構加以表示。另一方面，雖然深度學習可以處理影像、語音和文字等，並獲得了不錯的效果，但這些媒體均屬分層遞階（hierarchical）結構，無論是歐氏空間還是時序結構都難給予充分的描述。以影像為例，在像素級上影像可以看成一個歐氏空間，但在其他視覺單元上，如局部區塊、部件和物體等層次上並不滿足歐氏空間的條件，如缺乏傳遞性或（和）對稱性等。單純的歐氏空間表示無法利用這些非歐氏空間的結構資訊，因此也需要進一步考慮和探索圖的表示形式。其他像語音與文字等時序結構的資料的處理也存在類似問題。綜上所述，由於「圖」（包括有環與無環、有向與無向等）具有豐富的結構，圖神經網路將圖論和深度學習緊密地融合在一起，充分利用結構資訊，有望克服傳統深度神經網路學習帶來的局限性。可見，探索與發展圖神經網路是必然的趨勢，這也是它成為近年來在機器學習中發展最快和影響最深的研究領域的原因。

　　本書系統地介紹了圖神經網路的各方面，從基礎理論到前端問題，從模型演算法到實際應用。全書分四部分，共 27 章。

　　第一部分　引言：機器學習的效率不僅取決於演算法，還取決於資料在特徵空間中的表示方法。好的表示方法應該由資料中提取的最少和最有效的特徵組成，並能透過機器學習自動獲取，這就是所謂的「表示學習」（也稱表徵學習）。圖表徵學習的目標除了給圖中的節點指派一個低維的向量表徵以外，還要求盡

量保留圖的結構，這是它和傳統深度學習中的表徵學習的重大差別。這一部分系統介紹了以深度學習為基礎的表徵學習與圖表徵學習的各種方法，其中包括傳統和現代的圖表徵學習以及圖神經網路等。

第二部分 基礎：這一部分系統討論了以下幾個重要的基礎問題。由於圖神經網路本質上是深度學習在圖中的應用，因此不可避免地具有深度學習帶來的許多根本性缺陷，即在表達能力、可擴充性、可解釋性和對抗堅固性等方面存在的缺陷。不過由於圖神經網路與傳統神經網路處理的物件有很大的不和，因此面臨的挑戰也有很大的差別，許多問題需要重新思考和研究。以表達能力為例，在傳統神經網路中，我們已經證明前向神經網路可以近似任何感興趣的函式，但這個結論不適用於圖神經網路，因為我們通常假設傳統神經網路（深度學習）所處理的資料具有空間或時間的位移不變性。圖神經網路所處理的資料更為複雜，不滿足空間或時間的位移不變性，僅具有排列的不變性，即處理的結果與圖中節點的處理順序無關，因此圖神經網路的表達能力需要重新定義與探索。儘管可擴充性、可解釋性和對抗堅固性等同時存在於深度學習和圖神經網路之中，但由於圖神經網路中具有更複雜的結構資訊，因此可擴充性、可解釋性和對抗堅固性等問題變得更為複雜和困難。不過與此同時，由於有更多的結構資訊可以利用，解決圖神經網路中的這些問題則有更多可供選擇的手段，因此有可能解決得更好。總之，圖神經網路所帶來挑戰的同時也帶來更多的機遇。

第三部分 前端：這一部分系統介紹了圖分類、連結預測、圖生成、圖轉換、圖匹配、圖結構學習、動態圖神經網路、異質圖神經網路、自動機器學習和自監督學習中模型和演算法的發展現狀、存在的問題以及未來發展的方向。

第四部分 廣泛和新興的應用：這一部分討論圖神經網路在現代推薦系統、電腦視覺、自然語言處理、程式分析、軟體挖掘、藥物開發中生物醫學知識圖譜挖掘、蛋白質功能和相互作用的預測以及異常檢測和智慧城市中的應用。這一部分包括應用圖神經網路的方法、已達到的效果、存在的問題以及未來的發展方向等。

　　這是一本內容豐富、全面和深入介紹圖神經網路的書籍，對所有需要了解
這個領域或掌握這種方法與工具的科學家、工程師和學生都是一部很好的參考
書。對人工智慧來說，圖神經網路有可能是將機率學習與符號推理結合起來的
一種工具，有可能成為將資料驅動與知識驅動結合起來的一座橋樑，有望推動
第三代人工智慧的順利發展。

張鈸

北京清華大學教授，中國科學院院士

前言

　　近年來，圖神經網路（GNN）獲得了快速、令人難以置信的進展。圖神經網路又稱為圖深度學習、圖表徵學習（圖表示學習）或幾何深度學習，是機器學習特別是深度學習領域增長最快的研究課題。圖論和深度學習交叉領域的這波研究浪潮也影響了其他科學領域，包括推薦系統、電腦視覺、自然語言處理、歸納邏輯程式設計、程式合成、軟體挖掘、自動規劃、網路安全和智慧交通等。

　　儘管圖神經網路已經取得令人矚目的成就，但我們在將其應用於其他領域時仍面臨著許多挑戰，包括從方法的理論理解到實際系統中的可擴充性和可解釋性，從方法的合理性到應用中的經驗表現等等。然而，隨著圖神經網路的快速發展，要獲得圖神經網路發展的全域角度是非常具有挑戰性的。因此，我們感到迫切需要彌合上述差距，並就這一快速增長但具有挑戰性的主題撰寫一本全面的書，這可以使讀者們受益，包括高年級大學生、研究所學生、博士後研究人員、講師及相關的從業人員。

　　本書涵蓋圖神經網路的廣泛主題，從基礎到前端，從方法到應用，涉及從方法論到應用場景各方面的內容。我們致力於介紹圖神經網路的基本概念和演算法、研究前端以及廣泛和新興的應用。

線上資源

　　如果讀者希望進一步獲得關於本書的相關資源，請造訪網站 https://graph-neural-networks. github.io。該網站提供本書的中英文預覽版、講座資訊以及勘誤等，此外還提供與圖神經網路有關的公開可用的材料和資源引用。

寫給教師的建議

本書可作為高年級大學生、研究所學生課程的教輔或參考資料。雖然本書主要是為具有電腦科學背景的學生撰寫的，但是也適合對機率、統計、圖論、線性代數和機器學習技術（如深度學習）有基本了解的學生參考。如果學生已經掌握本書某些章節的知識，那麼在教學的過程中可以跳過這些章節或作為家庭作業幫助他們複習。舉例來說，如果學生已經學過深度學習課程，那麼可以跳過第 1 章。教師也可以選擇將第 1 章～第 3 章合併到一起，作為背景介紹課程的內容。

如果課程更注重圖神經網路的基礎和理論，那麼可以選擇重點介紹第 4 章～第 8 章，第 19 章～第 27 章可用於展示應用、動機和限制。關於第 4 章～第 8 章和第 19 章～第 27 章如何相互連結，請參考每章最後的編者注。如果課程更注重研究前端，那麼可以將第 9 章～第 18 章作為組織課程的支點。舉例來說，教師可以將本書用於高年級研究所學生課程，要求學生搜尋並介紹每個不同研究前端的最新研究論文，還可以要求他們根據第 19 章～第 27 章描述的應用以及我們提供的材料建立他們自己的課程。

寫給讀者的建議

本書旨在涵蓋圖神經網路領域的廣泛主題，包括背景、理論基礎、方法論、研究前端和應用等。因此，本書可作為一本綜合性的手冊，供學生、研究人員和專業人士等讀者使用。在閱讀之前，您應該對與統計學、機器學習和圖論相關的概念和術語有一定了解。我們在第 1 章～第 8 章提供並引用了一些基礎知識的背景。您最好也有深度學習相關的知識和一些程式設計經驗，以便輕鬆閱讀本書的大部分章節。尤其是，您應該能夠閱讀虛擬程式碼並理解圖結構。

本書內容是模組化的，對於每一章，您都可以根據自己的興趣和需要有選擇性地學習。對於那些想要深入了解圖神經網路的各種技術和理論的讀者，可以選擇先閱讀第 4 章～第 8 章；對於那些想進一步深入研究和推進相關領域的讀者，請閱讀第 9 章～第 18 章中感興趣的內容，這些章節提供了關於最新研究

問題、開放問題和研究前端的全面知識；對於那些想使用圖神經網路來造福特定領域的讀者，或想尋找有趣的應用以驗證特定的圖神經網路技術的讀者，請閱讀第 19 章～第 27 章。

致謝

在過去的幾年裡，許多有天賦的研究人員進入圖機器學習領域並做出創新貢獻。我們非常幸運能夠討論這些挑戰和機遇，並經常與他們中的許多人在這一激動人心的領域就豐富多樣的研究課題進行合作。我們非常感謝來自京東、IBM 研究院、北京清華大學、西蒙弗雷澤大學、埃默里大學和其他地方的這些合作者或同事，他們鼓勵我們創作這樣一本全面涵蓋圖神經網路各種主題的書，以指導感興趣的初學者，並促進這一領域的學術研究人員和從業人員進步。

如果沒有許多人的貢獻，這本書是不可能完成的。我們要感謝那些為檢查全書數學符號的一致性以及為本書的編著提供回饋的人。他們是來自埃默里大學的淩辰和王詩雨，以及來自北京清華大學的何玥、張子威和劉昊昕。我們要特別感謝來自 IBM Thomas J. Watson Research Center 的郭曉潔博士，她慷慨地為我們提供了幫助，並對許多章節提供了非常有價值的回饋。

我們也要感謝那些允許我們轉載他們出版物中的圖片、數字或資料的人。

最後，我們要感謝我們的家人，在我們編撰這本書的這段不尋常的時間裡，感謝他們的愛、耐心和支持。

編者簡介

吳淩飛博士 畢業於美國公立常春藤盟校之一的威廉與瑪麗學院電腦系。他的主要研究方向是機器學習、表徵學習和自然語言處理的有機結合，在圖神經網路及其應用方面有深入研究。目前他是 Pinterest 公司主管知識圖譜和內容理解的研發工程經理（EM）。在此之前，他是京東矽谷研究中心的首席科學家，帶領一支由 30 多名機器學習 / 自然語言處理方面的科學家和軟體工程師組成的團隊，建構智慧電子商務個性化系統。他目前著有圖神經網路方面的圖書一本，在頂級會議或期刊上發表 100 多篇論文，Google 學術引用將近 3000 次。他主持開發的 Graph4NLP 軟體套件自 2021 年中發佈以來收穫 1500 多顆標星，180 多個分支，深受學術界和工業界歡迎。他曾是 IBM Thomas J. Watson Research Center 的高級研究員，並領導 10 多名研究科學家開發前端的圖神經網路方法和系統，3 次獲得 IBM 傑出技術貢獻獎。他是 40 多項美國專利的共同發明人，憑藉其專利的高商業價值，共獲得 8 項 IBM 發明成果獎，並被任命為 IBM 2020 級發明大師。他帶領團隊獲得兩個 2022 年 AAAI 人工智慧創新應用獎（全球共 8 個），以及 IEEE ICC'19、DLGMA'20、DLG'19 等多個會議或研討會的最佳論文獎和最佳學生論文獎。他的研究被全球眾多中英文媒體廣泛報導，包括 Nature News、Yahoo News、AP News、PR Newswire、The Time Weekly、VentureBeat、新智元、機器之心、AI 科技評論等。他是 KDD、AAAI、IEEE BigData 會議組委會委員，並開創和擔任全球圖深度學習研討會（與 AAAI20-22 和 KDD20-22 等聯合舉辦）與圖深度學習自然語言處理研討會（與 ICLR22 和 NAACL22 等聯合舉辦）的聯合主席。他同時擔任 IEEE 影響因數最高期刊之一 IEEE Transactions on Neural Networks and Learning Systems 和 ACM SIGKDD 旗艦期刊 ACM Transactions on Knowledge Discovery from Data 的副主編，並定期擔任主要的 AI/ML/NLP 會議如 KDD、EMNLP、IJCAI、AAAI 等的 SPC/AC。

崔鵬博士 北京清華大學電腦系終生教職副教授。他於 2010 年在北京清華大學獲得博士學位。他的研究興趣包括資料探勘、機器學習和多媒體分析，擅長網路表示學習、因果推理和穩定學習、社會動力學建模和使用者行為建模等。他熱衷於推動因果推理和機器學習的融合發展，解決當今人工智慧技術的基本問題，包括可解釋性、穩定性和公平性問題。他被公認為 ACM 的傑出科學家、CCF 的傑出成員和 IEEE 的高級會員。他在機器學習和資料探勘領域的著名會議和期刊上發表了 100 多篇論文。他是網路嵌入領域被引用最多的幾位作者之一。他提出的一些網路嵌入演算法在學術界和工業界產生了重大影響。他的研究獲得了 IEEE 多媒體最佳部門論文獎、IEEE ICDM 2015 最佳學生論文獎、IEEE ICME 2014 最佳論文獎、ACM MM12 大挑戰多模態獎、MMM13 最佳論文獎，並分別入選 2014 年和 2016 年的 KDD 最佳專刊。他曾任 CIKM2019 和 MMM2020 的 PC 聯合主席，ICML、KDD、WWW、IJCAI、AAAI 等會議的 SPC 或領域主席，IEEE TKDE（2017—）、IEEE TBD（2019—）、ACM TIST（2018—）和 ACM TOMM（2016—）等期刊的副主編。他在 2015 年獲得 ACM 中國新星獎，在 2018 年獲得 CCF-IEEE CS 青年科學家獎。

裴健博士 杜克大學教授，資料科學、巨量資料、資料探勘和資料庫系統等領域的知名領先研究人員。他擅長為新型態資料密集型應用程式開發有效和高效的資料分析技術，並將研究成果轉化為產品和商業實踐。他是加拿大皇家學會（加拿大國家科學院）、加拿大工程院、ACM 和 IEEE 的會員。他還是資料探勘、資料庫系統和資訊檢索方面被引用最多的幾位作者之一。自 2000 年以來，他已經出版一本教科書、兩本專著，並在眾多極具影響力的會議和期刊上發表了 300 多篇研究論文，這些論文被廣泛引用。他研究的演算法已在工業界的生產中以及流行的開放原始碼軟體套件中被廣泛採用。他還在許多學術組織和活動中表現出傑出的專業領導能力。他在 2013—2016 年擔任 IEEE Transactions of Knowledge and Data Engineering（TKDE）主編，在 2017—

2021 年擔任 ACM 的 Knowledge Discovery in Data 專委會（SIGKDD）主席，並擔任許多頂級會議的總聯合主席或程式委員會聯合主席。他是企業資料戰略、醫療資訊學、網路安全智慧、計算金融和智慧零售等方面的顧問和教練。他獲得了許多著名的獎項，包括 ACM SIGKDD 創新獎（2017 年）、ACM SIGKDD 服務獎（2015 年）、IEEE ICDM 研究貢獻獎（2014 年）、不列顛哥倫比亞省創新委員會青年創新者獎（2005 年）、NSERC 2008 年 Discovery Accelerator Supplements Award（全加拿大共 100 個獲獎者）、IBM Faculty 獎（2006 年）、KDD 最佳應用論文獎（2008 年）、ICDE 最具影響力論文獎（2018 年）、PAKDD 最佳論文獎（2014 年）、PAKDD 最具影響力論文獎（2009 年）以及 IEEE 傑出論文獎（2007 年）等。

趙亮博士 埃默里大學計算科學系助理教授。他曾在喬治梅森大學資訊科學與技術系和電腦科學系擔任助理教授。他於 2016 年從維吉尼亞理工大學電腦科學系獲得博士學位。他的研究興趣包括資料探勘、人工智慧和機器學習，特別是時空和網路資料探勘、圖深度學習、非凸最佳化、模型平行處理、事件預測和可解釋機器學習等方向。他在 2020 年獲得亞馬遜公司頒發的機器學習研究獎，以表彰他對分散式圖神經網路的研究。以在空間網路的深度學習方面的研究為基礎，他於 2020 年獲得美國國家科學基金會傑出青年教授獎；以在生物分子的深度生成模型方面的研究為基礎，他於 2019 年獲得傑夫里信託獎。他在第 19 屆 IEEE 國際資料探勘會議（ICDM 2019）上獲得最佳論文獎，他還在第 27 屆國際 WWW 大會（WWW 2021）上因深度生成模型獲得最佳論文獎提名。以在時空資料探勘方面的研究為基礎，他於 2016 年被微軟搜尋評選為資料探勘領域二十大新星之一。因為在空間資料深度學習方面的研究，他被計算社區聯盟（CCC）授予「2021 年計算創新研究員導師」稱號。他在 KDD、TKDE、ICDM、ICLR、Proceedings of the IEEE、ACM Computing Surveys、TKDD、IJCAI、AAAI 和 WWW 等頂級會議或期刊上發表了大量研究論文，並長期組織 SIGSPATIAL、KDD、ICDM 和 CIKM 等許多頂級會議，擔任出版主席、海報主席和會議主席等。

撰稿人名單（按姓氏羅馬拼音排序）

Miltiadis Allamanis
Microsoft Research，Cambridge，UK

Yu Chen
Facebook AI，Menlo Park，CA，USA

Yunfei Chu
Alibaba Group，Hangzhou，China

Peng Cui
Tsinghua University，Beijing，China

Tyler Derr
Vanderbilt University，Nashville，TN，USA

Keyu Duan
Texas A&M University，College Station，TX，USA

Qizhang Feng
Texas A&M University，College Station，TX，USA

Stephan Günnemann
Technical University of Munich，München，Germany

Xiaojie Guo
IBM Thomas J. Watson Research Center，Yorktown Heights，NY，USA

Yu Hou
Weill Cornell Medicine，New York City，NY，USA

Xia Hu
Texas A&M University，College Station，TX，USA

Junzhou Huang
University of Texas at Arlington，Arlington，TX，USA

Shouling Ji
Zhejiang University，Hangzhou，China

Wei Jin
Michigan State University，East Lansing，MI，USA

Anowarul Kabir
George Mason University，Fairfax，VA，USA

Seyed Mehran Kazemi
Borealis AI，Montreal，Canada

Jure Leskovec
Stanford University，Stanford，CA，USA

Jiacheng Li
Zhejiang University，Hangzhou，China

Juncheng Li
Zhejiang University，Hangzhou，China

Pan Li
Purdue University，Lafayette，IN，USA

Yanhua Li
Worcester Polytechnic Institute，Worcester，MA，USA

Renjie Liao
University of Toronto，Toronto，Canada

Xiang Ling
Zhejiang University，Hangzhou，China

Bang Liu
University of Montreal，Montreal，Canada

Ninghao Liu
Texas A&M University，College Station，TX，USA

Zirui Liu
Texas A&M University，College Station，TX，USA

Hehuan Ma
University of Texas at Arlington，Arlington，TX，USA

Collin McMillan
University of Notre Dame，Notre Dame，IN，USA

Christopher Morris
Polytechnique Montréal，Montréal，Canada

Zongshen Mu
Zhejiang University，Hangzhou，China

Menghai Pan
Worcester Polytechnic Institute，Worcester，MA，USA

Jian Pei
Simon Fraser University，British Columbia，Canada

Yu Rong
Tencent AI Lab，Shenzhen，China

Amarda Shehu
George Mason University，Fairfax，VA，USA

Kai Shen
Zhejiang University，Hangzhou，China

Chuan Shi
Beijing University of Posts and Telecommunications，Beijing，China

Le Song
Mohamed bin Zayed University of Artificial Intelligence，Abu Dhabi，United Arab Emirates

Chang Su
Weill Cornell Medicine，New York City，NY，USA

Jian Tang
Mila-Quebec AI Institute，HEC Montreal，Canada

Siliang Tang
Zhejiang University，Hangzhou，China

Fei Wang
Weill Cornell Medicine，New York City，NY，USA

Shen Wang
University of Illinois at Chicago，Chicago，IL，USA

Shiyu Wang
Emory University，Atlanta，GA，USA

Xiao Wang
Beijing University of Posts and Telecommunications，Beijing，China

Yu Wang
Vanderbilt University，Nashville，TN，USA

Chunming Wu
Zhejiang University，Hangzhou，China

Lingfei Wu
Pinterest，San Francisco，CA，USA

Hongxia Yang
Alibaba Group，Hangzhou，China

Jiangchao Yao
Alibaba Group，Hangzhou，China

Philip S. Yu
University of Illinois at Chicago，Chicago，IL，USA

Muhan Zhang
Peking University，Beijing，China

Wenqiao Zhang
Zhejiang University，Hangzhou，China

Liang Zhao
Emory University，Atlanta，GA，USA

Chang Zhou
Alibaba Group，Hangzhou，China

Kaixiong Zhou
Texas A&M University，TX，USA

Xun Zhou
University of Iowa，Iowa City，IA，USA

術語

圖的基本概念

圖：一個圖由一個節點集合和一個邊集合組成。其中，節點集合中的節點代表實體，邊集合中的邊代表實體之間的關係。節點和邊組成圖的拓撲結構。除圖結構以外，節點、邊和（或）整個圖都可以與豐富的資訊相連結，這些資訊被表徵為節點 / 邊 / 圖的特徵（又稱為屬性或內容）。

子圖：子圖也是圖，子圖的節點集合和邊集合是來源圖的子集。

中心性：中心性用來度量圖中節點的重要性。中心性的基本假設是，如果許多其他重要的節點也連接到該節點，則認為該節點是重要的。常見的中心性度量包括度數中心性、特徵向量中心性、間隔性中心性和接近性中心性。

鄰域：一個節點的鄰域一般是指與該節點相近的其他節點的集合。舉例來說，一個節點的 k 階鄰域也叫 k 步鄰域，這個節點的 k 階鄰域內的所有節點與該節點之間的最短路徑距離都不大於 k。

社群：社群是指一組內部連接密集但外部連接卻不太密集的節點。

圖抽樣：圖抽樣是一種從來源圖中挑選節點和（或）邊的子集的技術。圖抽樣可用於在大規模圖上訓練機器學習模型，同時防止發生嚴重的可擴充性問題。

異質圖：如果一個圖的節點和（或）邊類型不同，那麼稱這個圖為異質圖。異質圖的典型代表是知識圖譜，知識圖譜中的邊可以是不同的類型。

超圖：超圖是對圖的擴充，超圖中的一條邊可以連接任意數量的節點。

隨機圖：隨機圖通常旨在對所觀察圖生成的圖的機率分布進行建模。目前最基本、研究最透徹的隨機圖模型名為 Erdős-Rényi，該模型假設節點集合是固定的，此外每條邊都相同並且是獨立生成的。

動態圖：當一個圖的資料至少有一個組成部分隨時間發生變化，比如增加或刪除節點、增加或刪除邊等，如果邊的權重或節點的屬性也發生變化，則稱這個圖為動態圖，否則稱其為靜態圖。

圖機器學習

譜圖論：譜圖論旨在分析與圖有關的矩陣，如鄰接矩陣或拉普拉斯矩陣，使用的是線性代數工具，如研究矩陣的特徵值和特徵向量。

圖訊號處理：圖訊號處理（Graph Signal Processing，GSP）旨在開發工具以處理定義在圖上的訊號。圖訊號是資料樣本的有限集合，圖中的每個節點都有一個樣本。

節點級任務：節點級任務是指與圖中單一節點相關的機器學習任務。節點級任務的典型代表是節點分類和節點回歸。

邊級任務：邊級任務是指與圖中一對節點相關的機器學習任務。邊級任務的典型代表是連結預測。

圖級任務：圖級任務是指與整個圖相關的機器學習任務。圖級任務的典型代表是圖分類和圖屬性預測。

直推式學習和**歸納式學習**：直推式學習是指在訓練期間觀察目標實例，如節點或邊（儘管目標實例的標籤仍是未知的），歸納式學習旨在學習可泛化到未觀察到的實例的模型。

圖神經網路

網路嵌入：網路嵌入旨在將圖中的每個節點表徵為一個低維向量，以便在嵌入向量中保留有用的資訊，比如圖結構和圖的一些屬性。網路嵌入又稱為圖嵌入和節點表徵學習。

圖神經網路：圖神經網路是指能夠在圖資料上工作的任何神經網路。

圖卷積網路：圖卷積網路通常是指由 Kipf 和 Welling（Kipf and Welling，2017a）提出的特定圖神經網路。在某些文獻中，圖卷積網路偶爾會被用作圖神經網路的同義字。

訊息傳遞：訊息傳遞是圖神經網路的框架之一，其中的關鍵步驟是根據每個神經網路層的圖結構在不同節點之間傳遞訊息。採用最為廣泛的表述為訊息傳遞神經網路，也就是僅在直接連接的節點之間傳遞訊息（Gilmer et al，2017）。在某些文獻中，訊息傳遞函式也稱為圖濾波器或圖卷積。

讀出：讀出（readout）是指對各個節點的資訊進行總結，以形成更高層次的資訊，如形成子圖 / 超圖或獲得整個圖的表徵。在某些文獻中，讀出也稱為池化（pooling）或圖粗粒化（graph coarsening）。

圖對抗攻擊：圖對抗攻擊旨在透過操縱圖結構和（或）節點表徵以產生最壞情況下的擾動，從而使得一些模型的性能下降。圖對抗攻擊可以根據攻擊者的目標、能力及其所能夠獲得的知識進行分類。

堅固性驗證：堅固性驗證旨在提供形式化的保證，使得即使根據某個擾動模型進行擾動，GNN 的預測也不受影響。

主要符號

數、陣列和矩陣

x	純量
$\boldsymbol{x}$	向量
$\boldsymbol{X}$	矩陣
$\boldsymbol{I}$	單位矩陣
$\mathbb{R}$	實數集
$\mathbb{C}$	複數集
$\mathbb{Z}$	整數集
$\mathbb{R}^n$	n 維的實數向量集合
$\mathbb{R}^{m \times n}$	m 行 n 列的實數矩陣集合
$[a, b]$	包含 a 和 b 的實數區間
$[a, b)$	包含 a 但不包含 b 的實數區間
$\boldsymbol{x}_i$	向量 $\boldsymbol{x}$ 中索引為 i 的元素
$\boldsymbol{X}_{i,j}$	矩陣 $\boldsymbol{X}$ 中行索引為 i、列索引為 j 的元素

圖

$\mathcal{G}$	圖
$\mathcal{E}$	邊集合
$\mathcal{V}$	節點（頂點）集合
$\boldsymbol{A}$	鄰接矩陣
$\boldsymbol{L}$	拉普拉斯矩陣
$\boldsymbol{D}$	對角矩陣
$\mathcal{G} \cong \mathcal{H}$	圖 $\mathcal{G}$ 和圖 $\mathcal{H}$ 的同構關係
$\mathcal{H} \subseteq \mathcal{G}$	圖 $\mathcal{H}$ 是圖 $\mathcal{G}$ 的子圖
$\mathcal{H} \subset \mathcal{G}$	圖 $\mathcal{H}$ 是圖 $\mathcal{G}$ 的真子圖
$\mathcal{H} \cup \mathcal{G}$	圖 $\mathcal{H}$ 和圖 $\mathcal{G}$ 的聯集
$\mathcal{H} \cap \mathcal{G}$	圖 $\mathcal{H}$ 和圖 $\mathcal{G}$ 的交集

$\mathcal{H} + \mathcal{G}$	圖 $\mathcal{H}$ 和圖 $\mathcal{G}$ 的並查集
$\mathcal{H} \times \mathcal{G}$	圖 $\mathcal{H}$ 和圖 $\mathcal{G}$ 的笛卡兒乘積
$\mathcal{H} \vee \mathcal{G}$	圖 $\mathcal{H}$ 和圖 $\mathcal{G}$ 的連接

基本操作

X^{T}	矩陣 X 的轉置
$X \cdot Y$ 或 XY	矩陣 X 和 Y 的點積
$X \odot Y$	矩陣 X 和 Y 的阿達馬積
$\det(X)$	矩陣 X 的行列式
x_p	x 的 p 範數（也叫 l_p 範數）
$\cup$	聯集
$\cap$	交集
$\subseteq$	子集
$\subset$	真子集
$\langle x, y \rangle$	向量 x 和 y 的內積

函式

$f : \mathbb{A} \to \mathbb{B}$	定義域為 $\mathbb{A}$、值域為 $\mathbb{B}$ 的函式
$\dfrac{\mathrm{d}y}{\mathrm{d}x}$	y 關於 x 的導數
$\dfrac{\partial y}{\partial x}$	y 關於 x 的偏導數
$\nabla_x y$	y 關於 x 的梯度
$\nabla_X y$	y 關於 X 求導後的張量
$\nabla^2 f(x)$	函式 f 在點 x 處的黑塞矩陣
$\int f(x)\mathrm{d}x$	x 整個域上的定積分
$\displaystyle\int_{\mathbb{S}} f(x)\mathrm{d}x$	集合 $\mathbb{S}$ 上關於 x 的定積分
$f(x;\theta)$	由 θ 參數化的關於 x 的函式
$f * g$	函式 f 和 g 的卷積

機率論

$p(a)$	變數 a 的機率分布
$p(b\|a)$	給定變數 a，變數 b 的條件機率分布
$a \perp b$	隨機變數 a 和 b 是獨立的
$a \perp b\|c$	給定變數 c，變數 a 和 b 有條件地獨立
$a \sim p$	隨機變數 a 具有分布 p
$\mathbb{E}_{a \sim p}[f(a)]$	$f(a)$ 相對於變數 a 在分布 p 下的期望
$\mathcal{N}(x; \mu, \Sigma)$	均值為 μ、協方差為 Σ 的 x 上的高斯分布

目錄

第一部分
引言

3　圖神經網路

第二部分
基礎

4　用於節點分類的圖神經網路

5　圖神經網路的表達能力

6 圖神經網路的可擴充性

7 圖神經網路的可解釋性

8　圖神經網路的對抗堅固性

第三部分
前沿

9 圖分類

10 連結預測

11　圖生成

12　圖轉換

13　圖匹配

14　圖結構學習

17 自動機器學習

18 自監督學習

第四部分
廣泛和新興的應用

19 現代推薦系統中的圖神經網路

20 電腦視覺中的圖神經網路

21　自然語言處理中的圖神經網路

22　程式分析中的圖神經網路

23　軟體挖掘中的圖神經網路

24 藥物開發中以圖神經網路為基礎的生物醫學知識圖譜挖掘

25 預測蛋白質功能和相互作用的圖神經網路

26 異常檢測中的圖神經網路

27　智慧城市中的圖神經網路

A　參考文獻

第一部分

引言

第 1 章
表徵學習

Liang Zhao、*Lingfei Wu*、*Peng Cui* 和 *Jian Pei*[1]

摘要

　　在本章中，我們將首先介紹什麼是表徵學習以及為什麼需要表徵學習。在表徵學習的各種方式中，本章重點討論的是深度學習方法：那些由多個非線性變換組成的方法，目的是產生更抽象且最終更有用的表徵。接下來，我們將總

1　Liang Zhao
　　Department of Computer Science，Emory University，E-mail：liang.zhao@emory.edu
　　Lingfei Wu
　　Pinterest，E-mail：lwu@email.wm.edu
　　Peng Cui
　　Department of Computer Science，Tsinghua University，E-mail：cuip@tsinghua.edu.cn
　　Jian Pei
　　Department of Computer Science，Simon Fraser University，E-mail：jpei@cs.sfu.ca

結不同領域的表徵學習技術，重點是不同資料型態的獨特挑戰和模型，包括影像、自然語言、語音訊號和網路等。最後，我們將總結本章的內容，並提供以相互資訊為基礎的表徵學習的延伸閱讀材料——一種最近出現的透過無監督學習的表徵技術。

1.1　導讀

　　機器學習技術的有效性在很大程度上不僅依賴於演算法本身的設計，而且依賴於良好的資料表徵（特徵集）。由於缺少一些重要資訊、包含不正確資訊或存在大量容錯資訊，無效資料表徵會導致演算法在處理不同任務時表現不佳。表徵學習的目標是從資料中提取足夠但最少的資訊。傳統上，該目標可以透過先驗知識以及以資料和任務為基礎的領域專業知識來實現，這也被稱為特徵工程。歷史上，在部署機器學習和許多其他人工智慧演算法時，很大一部分人力需要投到前置處理過程和資料轉換中。更具體地說，特徵工程是利用人類的聰明才智和現有知識的一種方式，旨在從資料中提取並獲得用於機器學習任務的判別資訊。舉例來說，政治學家可能定義一個關鍵字清單用作社交媒體文字分類器的特徵，以檢測那些關於社會事件的文字。對語音轉錄辨識，人們可以透過相關操作（如傅立葉變換等）從原始聲波中提取特徵。儘管多年來特徵工程獲得了廣泛應用，但其缺點也很突出，包括：（1）通常需要領域專家的密集工作，這是因為特徵工程可能需要模型開發者和領域專家之間緊密而廣泛的合作；（2）不完整的和帶有偏見的特徵提取。具體來說，不同領域專家的知識限制了所提取特徵的容量和判別能力。此外，在許多人類知識有限的領域，提取什麼特徵本身就是領域專家的開放性問題，如癌症早期預測。為了避免這些缺點，使得學習演算法不那麼依賴特徵工程，一直是機器學習和人工智慧領域的非常理想的目標，由此可以快速建構新的應用，並有望更有效地解決問題。

　　表徵學習的技術見證了從傳統表徵學習到更先進表徵學習的發展與演變。傳統的表徵學習方法屬於「淺層」模型，旨在學習資料轉換，使其在建立分類器或其他預測器時更容易提取有用的資訊，如主成分分析（Principal Component Analysis，PCA）（Wold et al, 1987）、高斯馬可夫隨機場（Gaussian Markov

Random Field，GMRF）（Rue and Held, 2005）以及局部保持投影（Locality Preserving Projections，LPP）（He and Niyogi, 2004）。以深度學習為基礎的表徵學習則由多個非線性變換組成，目的是產生更抽象且更有用的表徵。為了介紹更多的最新進展並聚焦本書的主題，本節主要關注以深度學習為基礎的表徵學習，具體可以分為以下三種類型：（1）監督學習，需要透過大量的標記資料訓練深度學習模型。給定訓練良好的網路，最後一個全連接層之前的輸出總是被用作輸入資料的最終表徵。（2）無監督學習（包括自監督學習），有利於分析沒有對應標籤的輸入資料，旨在學習資料的潛在固有結構或分布，透過代理任務可以從大量無標籤資料中探索監督資訊。以這種方式構建的監督信息為基礎可以訓練深度神經網路，從而為未來下游任務提取有意義的表徵。（3）遷移學習（Transfer Learning，TL），涉及利用任何知識資源（如資料、模型、標籤等）增加模型對目標任務的學習和泛化能力。遷移學習囊括不同的場景，如多工學習（Multi-Task Learning，MTL）、模型適應、知識遷移、協變數偏移等。其他重要的表徵學習方法還有強化學習、小樣本學習和解耦表徵學習等。

定義什麼是好的表徵很重要。正如 Bengio（2008）所定義的那樣，表徵學習是關於學習資料的（底層）特徵。在建立分類器或其他預測器時，以表徵為基礎更容易提取有用的資訊。因此，對所學表徵的評價與其在下游任務中的表現密切相關。舉例來說，在以生成模型為基礎的資料生成任務中，對觀察到的輸入，好的表徵往往能夠捕捉到潛在解釋因素的後驗分布；而對預測任務來說，好的表徵能夠捕捉到輸入資料的最少但足夠的資訊來正確預測目標標籤。除從下游任務的角度進行評價以外，還可以以好的表徵可能具有的一般屬性為基礎進行評價，如平滑性、線性、捕捉多個解釋性的或因果性的因素、在不同任務之間保持共同因素以及簡單的因素依賴性等。

1.2 不同領域的表徵學習

在本節中，我們將總結表徵學習在 4 個不同的代表性領域的發展狀況：（1）影像處理；（2）語音辨識；（3）自然語言處理；（4）網路分析。對每個研究領域的表徵學習，我們將考慮一些推動該領域研究的基本問題。具體來說，是

什麼讓一個表徵比另一個表徵更好，以及應該如何計算表徵？為什麼表徵學習在該領域很重要？另外，學習好的表徵的適當目標是什麼？我們還將分別從監督表徵學習、無監督表徵學習和遷移學習三方面介紹相關的典型方法及其發展狀況。

1.2.1　用於影像處理的表徵學習

影像表徵學習是理解各種視覺資料（如照片、醫學影像、檔案掃描和視訊串流等）的語義的基本問題。大部分的情況下，影像處理中的影像表徵學習的目標是彌合像素資料和影像語義之間的語義差距。影像表徵學習已經成功解決了現實世界裡的許多問題，包括但不限於影像搜尋、面部辨識、醫學影像分析、照片處理和物件辨識等。

近年來，我們見證了影像表徵學習從手工特徵工程到透過深度神經網路模型自動處理的快速發展過程。傳統上，影像的模式是由人們以好的表徵可能具有的一般屬性為基礎進行評價。舉例來說，Huang et al（2000）從筆劃中提取了字元的結構特徵，然後用它們辨識手寫字元。Rui（2005）採用形態學方法改善了字元的局部特徵，然後使用 PCA 提取字元的特徵。然而，所有這些方法都需要手動從影像中提取特徵，因此相關的預測表現強烈依賴於先驗知識。在電腦視覺領域，由於特徵向量具有高維度，手動提取特徵是非常繁瑣和不切實際的。因此，能夠從高維視覺資料中自動提取有意義的、隱藏的、複雜的模式，這樣的影像表徵學習是必要的。以深度學習為基礎的影像表徵學習是以點對點的方式學習的，只要訓練資料的品質足夠高、數量足夠多，其在目標應用中的表現就比手動製作的特徵要好得多。

用於影像處理的監督表徵學習。在影像處理領域，監督學習演算法，如卷積神經網路（Con- volution Neural Network，CNN）和深度信念網路（Deep Belief Network，DBN），被普遍應用於解決各種任務。最早的以深度監督學習為基礎的成果之一是在 2006 年提出的（Hinton et al, 2006），它專注於處理 MNIST 數位影像分類問題，其表現優於最先進的支援向量機（Support Vector Machine，SVM）。自此，深度卷積神經網路（ConvNets）表現出驚人的性能，這在很大程度上取決於它們的平移不變性、權重共用和局部模式捕捉等特性。為了提高

網路模型的容量，人們開發了不同類型的網路架構，而且收集的資料集越來越大。包括 AlexNet（Krizhevsky et al, 2012）、VGG（Simonyan and Zisserman, 2014b）、GoogLeNet（Szegedy et al, 2015）、ResNet（He et al, 2016a）　和 DenseNet（Huang et al, 2017a）等在內的各種網路以及 ImageNet、OpenImage 等大規模資料集都可以用於訓練深層的卷積神經網路。憑藉複雜的架構和大規模資料集，卷積神經網路在各種電腦視覺任務中不斷超越之前最先進的技術。

　　用於影像處理的無監督表徵學習。在圖像資料集和視訊資料集中，大規模資料集的收集和標注都很耗時且昂貴。舉例來說，ImageNet 包含大約 130 萬張有標籤的影像，涵蓋 1000 個類別，每張影像都由人工標注了一個類別標籤。為了減少大量的人工標注工作，人們提出了許多用於從大規模未標注的影像或視訊中學習視覺特徵的無監督方法，而無須任何人工標注。一種流行的解決方案是提出各種代理任務供模型解決，模型則透過學習代理任務的目標函式進行訓練，並透過這個過程學習特徵。針對無監督學習，人們提出了各種代理任務，包括灰階影像著色（Zhang et al, 2016d）和影像修復（Pathak et al, 2016）。在無監督訓練階段，需要設計供模型解決的預先定義的代理任務，代理任務的偽標籤是根據資料的一些屬性自動生成的，然後根據代理任務的目標函式訓練模型。當使用代理任務進行訓練時，深度神經網路模型的淺層部分偏重於低層次的一般特徵，如角落、邊緣和紋理等，而深層部分則偏重於高層次的特定任務特徵，如物體、場景等。因此，用預先定義的代理任務訓練的模型可以透過學習核心來捕捉低層次和高層次的特徵，這些特徵對其他下游任務是有幫助的。在無監督訓練結束後，這種在預訓練模型中學習到的視覺特徵便可以進一步遷移到下游任務中（特別是在只有相對較少的資料時），以提高表現並克服過擬合。

　　用於影像處理的遷移學習。在現實世界的應用中，由於人工標注的成本很高，可能並非總是可以獲得足夠的屬於相同特徵空間或測試資料分布的訓練資料。遷移學習透過模仿人類視覺系統，在替定領域（即目標領域）執行新任務時，利用了其他相關領域（即來源領域）的足夠數量的先驗知識。在遷移學習中，針對目標領域和來源領域，訓練集和測試集都可以起作用。大多數情況下，一個遷移學習任務只有一個目標領域，但可以存在一個或多個來源領域。用於影像處理的遷移學習技術分為特徵表徵知識遷移和以分類器為基礎的知識遷移

兩種。具體來說，特徵表徵知識遷移利用一組提取的特徵將目標領域映射到來源領域，這樣可以顯著減少目標領域和來源領域之間的資料差異，從而提高目標領域的任務性能。以分類器為基礎的知識遷移則通常有一個共同的特點，也就是將學到的來源領域模型作為先驗知識，用於與訓練樣本一起學習目標模型。以分類器為基礎的知識遷移不是透過提高實例的表徵來最小化跨領域的不相似性，而是透過提供的兩個領域的訓練集和學習的模型來學習另一個新的模型，進而使目標領域的泛化誤差最小。

用於影像處理的其他表徵學習技術。其他類型的表徵學習技術也被經常用於影像處理，如強化學習和半監督學習。舉例來說，可以嘗試在一些任務中使用強化學習，如影像描述（Liu et al, 2018a；Ren et al, 2017）以及影像編輯（Kosugi and Yamasaki, 2020），其中的學習過程可被形式化為以策略網路為基礎的一系列行動。

1.2.2　用於語音辨識的表徵學習

如今，現實生活裡的各種應用中和裝置上已經廣泛整合或開發了語音介面或系統。像 Siri[1]、Cortana[2] 和 Google 語音搜尋[3] 這樣的服務已經成為人們生活的一部分，被數百萬使用者使用。對語音辨識和分析進行探索的初衷是希望機器能夠提供人機互動服務。60 多年來，使機器能夠理解人類語音、辨識說話者和檢測人類情感的研究目標吸引了越來越多研究人員的注意力，涉及的研究領域包括自動語音辨識（Automatic Speech Recognition，ASR）、說話者辨識（Speaker Recognition，SR）和說話者情感辨識（Speaker Emotion Recognition，SER）等。

分析和處理語音一直是機器學習演算法的關鍵應用。傳統上，關於語音辨識的研究認為，設計手工聲學特徵的任務與設計有效模型以完成預測和分類決策的任務是彼此獨立的兩個不同問題。這種方法有兩個主要缺點。首先，如前

1　Siri 是 iOS 系統內建的一款人工智慧助理軟體。
2　Cortana 是微軟開發的智慧個人助理，被稱為「全球首個跨平臺的智慧個人助理」。
3　Google 語音搜尋是 Google 的一款產品，使用者可以透過對著手機或電腦說話來使用 Google 語音搜尋。工作過程是首先利用伺服器辨識裝置上的內容，然後根據辨識結果搜尋資訊。

所述，特徵工程比較麻煩，涉及人類的先驗知識；其次，設計的特徵可能不是針對特定語音辨識任務的最佳選擇。這促使語音社群嘗試使用表徵學習技術的最新成果，以自動學習輸入訊號的中間表徵，更進一步地適應將要面臨的任務，進而提高性能。在所有這些成功的嘗試中，以深度學習為基礎的語音表徵發揮了重要作用。我們在語音技術中利用表徵學習技術的原因之一在於語音資料與二維圖像資料有以下根本區別：影像可以作為一個整體或區塊進行分析，但語音必須按順序格式，以捕捉時間依賴性和模式。

用於語音辨識的監督表徵學習。在語音辨識和分析領域，監督表徵學習獲得了廣泛應用，其中的特徵表徵是透過標籤資訊在資料集上學習的。舉例來說，受限玻爾茲曼機（Restricted Boltzmann Machine，RBM）（Jaitly and Hinton, 2011；Dahl et al, 2010）和深度信念網路（Cairong et al, 2016；Ali et al, 2018）通常用於從語音中學習特徵，以處理不同的任務，包括 ASR、SR 和 SER。2012 年，微軟發佈了 MAVIS（Microsoft Audio Video Indexing Service）語音系統的新版本，該系統為以依賴上下文為基礎的深度神經網路（Seide et al, 2011）。與以高斯混合為基礎的傳統模型相比，開發人員成功地將 4 個主要基準資料集上的單字錯誤率降低了約 30%（舉例來說，在 RT03S 上從 27.4% 降至 18.5%）。卷積神經網路是另一種流行的監督模型，被廣泛用於諸如語音和說話人辨識等任務中的語音訊號特徵學習（Palaz et al, 2015a，b）和 SER（Latif et al, 2019；Tzirakis et al, 2018）。此外，人們發現 LSTM（或 GRU）可以學習局部和長期依賴，從而幫助 CNN 從語音中學習更多有用的特徵（Dahl et al, 2010）。

用於語音辨識的無監督表徵學習。利用大型無標籤資料集進行無監督表徵學習是語音辨識的活躍領域。在語音分析中，這種技術支援利用實際可用的無限量的無標籤語料來學習良好的中間特徵表徵，這些中間特徵表徵可用於提高各種下游監督學習語音辨識任務或語音訊號合成任務的表現。在 ASR 和 SR 任務中，大多數工作是以變分自編碼器為基礎（Variational AutoEncoder，VAE）的，其中的生成模型和推理模型是聯合學習的，這使得它們能夠從觀察到的語音資料中捕捉潛在的表徵（Chorowski et al, 2019；Hsu et al, 2019, 2017）。舉例來說，Hsu et al（2017）提出了分層 VAE，旨在沒有任何監督的情況下從語音中捕捉可以解釋和解耦的表徵。其他自編碼架構，如降噪自編碼器（Denoised

AutoEncoder，DAE），在以無監督方式尋找語音表徵方面非常有前途，尤其是針對嘈雜語音的辨識（Feng et al, 2014；Zhao et al, 2015）。除上述成果以外，最近，對抗性學習（Adversarial Learning，AL）正在成為學習無監督語音表徵的有力工具，如生成對抗網路（Generative Adversarial Net，GAN）。GAN 至少涉及一個生成器和一個判別器，前者試圖生成盡可能真實的資料來混淆後者，後者則盡力試圖去除混淆。因此，生成器和判別器都能夠以對抗方式進行訓練和反覆改進，從而產生更多具有判別性和堅固性的特徵。其中，GAN（Chang and Scherer, 2017；Donahue et al, 2018）、對抗性自編碼器（AAE）（Sahu et al, 2017）不僅在 ASR 的語音建模中，而且在 SR 和 SER 的語音建模中正變得越來越流行。

用於語音辨識的遷移學習。遷移學習（Transfer Learning，TL）囊括不同的場景，如 MTL、模型自我調整、知識遷移、協變數偏移等。在語音辨識領域，表徵學習在 TL 的這些場景中獲得了極大發展，包括領域自我調整、多工學習和自主學習等。就域適應而言，語音資料是典型的異質資料。因此，來源域資料和目標域資料的機率分布之間總是存在不匹配的情況。為了在現實生活中建構更強大的語音相關應用系統，我們通常在深度神經網路的訓練解決方案中應用域適應技術，以學習能夠顯性最小化來源域資料和目標域資料分布之間差異的表徵（Sun et al, 2017；Swietojanski et al, 2016）。就 MTL 而言，表徵學習可以成功地提高語音辨識的性能，而不需要上下文語音資料，這是因為語音包含用作輔助任務的多維資訊（如訊息、說話者、性別或情感等）。舉例來說，在 ASR 任務中，透過將 MTL 與不同的輔助任務（包括性別、說話者適應、語音增強等）結合使用，研究表示，為不同任務學習的共用表徵可以作為聲學環境的補充資訊，並表現出較低的單字錯誤率（Word Error Rate，WER）（Parthasarathy and Busso, 2017；Xia and Liu, 2015）。

用於語音辨識的其他表徵學習技術。除上述三類用於語音辨識的表徵學習技術以外，還有一些其他的表徵學習技術受到廣泛關注，如半監督學習和強化學習（Reinforcement Learning，RL）。舉例來說，在 ASR 任務中，半監督學習主要用於解決缺乏足夠訓練資料的問題，這可以透過建立特徵前端（Thomas et al, 2013）、使用多語言聲學表徵（Cui et al, 2015）或從大型未配對資料集中提

取中間表徵（Karita et al, 2018）來實現。RL 在語音辨識領域也受到廣泛關注，並且已經有多種方法可以對不同的語音問題進行建模，包括對話建模和最佳化（Levin et al, 2000）、語音辨識（Shen et al, 2019）和情感辨識（Sangeetha and Jayasankar, 2019）。

1.2.3　用於自然語言處理的表徵學習

除語音辨識以外，表徵學習還有許多其他自然語言處理（Natural Language Processing，NLP）方面的應用，如文字表徵學習。Google 影像搜尋以 NLP 技術為基礎利用大量資料把影像和查詢映射到了同一空間（Weston et al, 2010）。一般來說，表徵學習在 NLP 中的應用有兩種類型。在其中一種類型中，語義表徵（如詞嵌入）是在預訓練任務中訓練的（或直接由專家設計），然後被遷移到目標任務的模型中。語義表徵透過語言建模目標進行訓練，並作為其他下游 NLP 模型的輸入。在另一種類型中，語義表徵暗含在深度學習模型中，並直接以點對點的方式更進一步地實現目標任務。舉例來說，許多 NLP 任務希望在語義上合成句子表徵或文件表徵，如情感分類、自然語言推理和關係提取等需要句子表徵的任務。

傳統的 NLP 任務嚴重依賴特徵工程，這需要精心的設計和大量的專業知識。表徵學習（特別是以深度學習為基礎的表徵學習）正成為近年來 NLP 最重要的技術。首先，NLP 通常關注多層次的語言項目，包括字元、單字、子句、句子、段落和文件等。表徵學習能夠在統一的語義空間中表徵這些多層次語言項目的語義，並在這些語言項目之間建立複雜的語義依賴模型。其次，可以在同一輸入上執行各種 NLP 任務。給定一個句子，我們可以執行多個任務，如單字分割、命名實體辨識、關係提取、共指連結和機器翻譯等。在這種情況下，為多個任務建立一個統一的輸入表徵空間將更加有效和穩健。最後，可以從多個領域收集自然語言文字，包括新聞文章、科學文章、文學作品、廣告以及線上使用者生成的內容，如產品評價和社交媒體等。此外，也可以從不同的語言中收集這些文字，如英文、中文、西班牙文、日文等。與傳統的 NLP 系統必須根據每個領域的特點設計特定的特徵提取演算法相比，表徵學習能夠使我們從大規模領域資料中自動建構表徵，甚至在來自不同領域的這些語言之間建立橋樑。鑑於 NLP 表徵學習在減少特徵工程和性能改進方面的這些優勢，許多研究人員致力於開發高效的表徵學習演算法，尤其是用於深度學習的 NLP 方法。

　　用於 NLP 的監督表徵學習。近年來，用於 NLP 的監督學習設定下的深度神經網路中首先出現的是分散式表徵學習，然後是 CNN 模型，最後是 RNN 模型。早期，Bengio 等人首先在統計語言建模的背景下開發了分散式表徵學習，Bengio et al（2008）將其稱為神經網路語言模型，該模型用於為每個詞學習一個分散式表徵（即詞嵌入）。之後，我們需要一個從組成詞或 n 元文法中提取更高層次特徵的有效特徵函式。鑑於 CNN 在電腦視覺和語音處理任務中出色的表現，CNN 順理成章地被選中。CNN 有能力從輸入的句子中提取突出的 n 元文法特徵，從而為下游任務建立句子的資訊潛在語義表徵。這一領域由 Collobert et al（2011）和 Kalchbrenner et al（2014）開創，它使得以 CNN 為基礎的網路在隨後的文獻中被廣泛引用。透過在隱藏層中加入循環（Mikolov et al, 2011a）（如 RNN），神經網路語言模型得到改進，其不僅在複雜度（預測正確下一個單字的平均負對數似然的指數）方面，而且在語音辨識的位元錯誤率方面，能夠擊敗最先進的模型（平滑的 n 元文法模型）。RNN 則採用了處理順序資訊的想法。之所以採用術語「循環」，是因為神經網路語言模型對序列中的每個詞條都會進行相同的計算，並且每一步都依賴於先前的計算和結果。一般來說，可透過將詞條一個一個送入循環單元來生成一個固定大小的向量以表徵一個序列。在某種程度上，RNN 對以前的計算具有「記憶」，支援在當前處理的任務中使用這些資訊。這種模型自然適用於許多 NLP 任務，如語言建模（Mikolov et al, 2010, 2011b）、機器翻譯（Liu et al, 2014；Sutskever et al, 2014）以及影像描述（Karpathy and Fei-Fei, 2015）。

　　用於 NLP 的無監督表徵學習。無監督學習（包括自監督學習）在 NLP 領域獲得了巨大成功，這是因為純文字本身含有豐富的語言知識和模式。舉例來說，在大多數以深度學習為基礎的 NLP 模型中，句子中的單字首先透過 word2vec（Mikolov et al, 2013b）、GloVe（Pennington et al, 2014）和 BERT（Devlin et al, 2019）等技術被映射到相關的嵌入，然後被送入網路。不過，我們沒有用於學習這些詞嵌入的人工標注的「標籤」。為了獲得神經網路所需的訓練目標，有必要從現有資料中產生內在的「標籤」。語言建模是典型的無監督學習任務，可以建構單字序列的機率分布，而無須人工標注。以分布假設為基礎，使用語言建模的目標可以獲得編碼單字語義的隱藏表徵。在 NLP 中，另一個典型的無

監督學習模型是自編碼器，由降維（編碼）階段和重建（解碼）階段組成。舉例來說，循環自編碼器（其囊括具有 VAE 的循環網路）已經在全句轉述檢測中超越了最先進的技術，Socher et al（2011）將用於評估副詞檢測效果的 F1 分數幾乎多了一倍。

用於 NLP 的遷移學習。近年來，在 NLP 領域，順序遷移學習模型和架構的應用印證了遷移學習方法的快速發展，這些方法在廣泛的 NLP 任務中極大改善了相關技術水準。在領域適應方面，順序遷移學習包括兩個階段：首先是預訓練階段，主要包括在來源任務或領域中學習一般的表徵；其次是適應階段，主要包括將學到的知識應用於目標任務或領域。NLP 中的領域適應可以分為以模型為中心、以資料為中心和混合方法三種。以模型為中心的方法旨在增強特徵空間以及改變損失函式、結構或模型參數（Blitzer et al, 2006）。以資料為中心的方法專注於資料方面，涉及偽標籤（或自舉），其中只有少量的類別在來源資料集和目標資料集之間共用（Abney, 2007）。混合方法是由以資料和模型為中心的模型建立的。同樣，NLP 在多工學習方面也獲得了很大的進展，不同的 NLP 任務可以具有更好的文字表達。舉例來說，以卷積架構（Collobert et al, 2011）為基礎開發的 SENNA 系統在語言建模、詞性標籤、分塊、命名實體辨識、語義角色標記和句法解析等任務中共用表徵。在這些任務上，SENNA 接近甚至有時超過最先進的水準，和時相比傳統的預測器在結構上更簡單，處理速度更快。此外，學習詞嵌入可以與學習影像表徵相結合，從而將文字和影像連結起來。

用於 NLP 的其他表徵學習技術。在 NLP 任務中，當一個問題變得比較複雜時，就需要領域專家提供更多的知識來標注細微性任務的訓練實例，將會增加標注資料的成本。因此，有時需要透過（非常）少的標注資料來有效地開發模型或系統。當每個類別只有一個或幾個標注的實例時，問題就變成單樣本 / 少樣本學習問題。少樣本學習問題源於電腦視覺，最近才開始應用於 NLP。舉例來說，研究人員已經探索了少樣本關係提取（Han et al, 2018），其中每個關係都有幾個標注實例以及平行處理語料庫規模有限的低資源機器翻譯（Zoph et al, 2016）。

1.2.4 用於網路分析的表徵學習

　　除文字、影像和聲音等常見資料型態以外，網路資料是另一種重要的資料型態。在現實世界的大規模應用中，網路資料無處不在，從虛擬網路（如社群網站、引用網路、電信網路等）到現實網路（如交通網絡、生物網路等）。網路資料在數學上可以表述為圖，其中的頂點（節點）及其之間的關係共同表徵了網路資訊。網路和圖是非常強大和靈活的資料表述方式，有時我們甚至可以把其他資料型態（如文字和影像）看作它們的特例。舉例來說，影像可以認為是具有 RGB 屬性的節點網格，它們是特殊類型的圖；而文字也可以組織成順序的、樹狀的或圖結構的資訊。因此，整體來說，網路的表徵學習已被廣泛認為是一項有前途但更具挑戰性的任務，需要我們推動和促進許多針對影像、文字等開發的技術的發展。除網路資料固有的高複雜性以外，考慮到現實世界中的許多網路規模龐大，擁有從幾百到幾百萬甚至幾十億個頂點，網路的表徵學習的效率也是一個重要的問題。分析資訊網路在許多學科的各種新興應用中具有關鍵作用。舉例來說，在社群網站中，將使用者分類為有意義的社會群眾對許多重要的任務是有用的，如使用者搜尋、有針對性的廣告和推薦等；在通訊網路中，檢測群落結構可以幫助機構更進一步地理解謠言的傳播過程；在生物網路中，推斷蛋白質之間的相互作用可以促進研究治療疾病的新方法。然而，對這些網路的高效和有效分析在很大程度上依賴於網路的良好表徵。

　　傳統的網路資料特徵工程通常偏重於透過圖層面（如直徑、平均路徑長度和聚類係數）、節點層面（如節點度和中心性）或子圖層面（如頻繁子圖和圖主題）獲得一些預先定義的直接特徵。雖然這些手動打造的、定義明確的、數量有限的特徵描述了圖的幾個基本方面，但卻拋棄了那些不能被它們覆蓋的模式。此外，現實世界中的網路現象通常是高度複雜的，需要透過由這些預先定義特徵組成的、複雜的、未知的組合來描述，也可能無法用任何現有的特徵來描述。另外，傳統的圖特徵工程通常涉及昂貴的計算以及具有超線性或指數級的複雜性，這些問題往往使得許多網路分析任務的計算成本居高不下，難以在大規模網路中使用。舉例來說，在處理群落檢測任務時，經典的方法涉及計算矩陣的譜分解，其時間複雜度至少與頂點數量成四次方關係。這種計算成本使得演算法難以擴充到具有數百萬個頂點的大規模網路。

最近，網路表徵學習（Network Representation Learning，NRL）引起了很多人的研究興趣。NRL 旨在學習潛在的、低維的網路頂點表徵，同時保留網路拓撲結構、頂點內容和其他側面資訊。在學習新的頂點表徵之後，透過對新的表徵空間應用傳統的以向量為基礎的機器學習演算法，就可以輕鬆、有效地處理網路分析任務。早期與網路表徵學習相關的工作可以追溯到 21 世紀初，當時研究人員提出了將圖嵌入演算法作為降維技術一部分的觀點。給定一組獨立且分布相同的資料點作為輸入，圖嵌入演算法首先計算成對資料點之間的相似性，以建構一個親和圖，如 k 近鄰圖，然後將這個親和圖嵌入一個具有更低維度的新空間。然而，圖的嵌入演算法主要是為降維設計的，其時間複雜度通常與頂點的數量有關，至少是平方複雜度。

自 2008 年以來，大量的研究工作轉向開發直接為複雜資訊網路設計的有效且可擴充的表徵學習技術。許多網路表徵學習演算法（Perozzi et al, 2014；Yang et al, 2015b；Zhang et al, 2016b；Manessi et al, 2020）已經被提出來並嵌入現有的網路，這些演算法在各種應用中表現良好，它們透過將網路嵌入一個潛在的低維空間而保留了結構相似性和屬性相似性，由此產生的緊湊、低維的向量表徵可以作為任何以向量為基礎的機器學習演算法的特徵，這為我們在新的向量空間中輕鬆、有效地處理各種網路分析任務清除了障礙，如節點分類（Zhu et al, 2007）、連結預測（Lüand Zhou, 2011）、聚類（Malliaros and Vazirgiannis, 2013）、網路合成（You et al, 2018b）等。本書後續各章將對網路表徵學習進行系統而全面的介紹。

1.3 小結

表徵學習是目前非常活躍和重要的領域，它在很大程度上影響著機器學習技術的有效性。表徵學習是指學習資料的表徵，使其在建立分類器或其他預測器時更容易提取有用的、具有鑑別性的資訊。當前，在各種學習表徵的演算法中，深度學習演算法已經在諸多領域得到廣泛應用。在這些領域，深度學習演算法可以以大量複雜的高維數據為基礎，高效且自動地學習好的表徵。我們對一個表徵做出的評價與其在下游任務中的表現密切相關。一般來說，好的表徵

除有一些常見屬性（如平滑性、線性、離散性）以外，通常還會有一些特殊的屬性用於捕捉多個解釋性的或因果性的因素。

　　在本章中，我們總結了不同領域的表徵學習技術，重點介紹了不同領域的獨特挑戰和模型，包括影像、自然語言和語音訊號的處理。這些領域都出現了許多以深度學習為基礎的表徵技術，可分為監督學習、無監督學習、遷移學習、解耦表徵學習、強化學習等不同類別。此外，我們還簡介了網路上的表徵學習及其與影像、文字和語音的關係，這些內容我們將在後續章節中詳細闡述。

第 2 章
圖表徵學習

Peng Cui、Lingfei Wu、Jian Pei、Liang Zhao 和 *Xiao Wang*[1]

摘要

　　圖表徵學習（也稱圖表示學習）的目的是將圖中的節點嵌入低維的表徵並有效地保留圖的結構資訊。最近，人們在這一新興的圖型分析範式方面已經取

1　Peng Cui
　　Department of Computer Science，Tsinghua University，E-mail：cuip@tsinghua.edu.cn
　　Lingfei Wu
　　Pinterest，E-mail：lwu@email.wm.edu
　　Jian Pei
　　Department of Computer Science，Simon Fraser University，E-mail：jpei@cs.sfu.ca
　　Liang Zhao
　　Department of Computer Science，Emory University，E-mail：liang.zhao@emory.edu
　　Xiao Wang
　　Department of Computer Science，Beijing University of Posts and Telecommunications，
　　E-mail：xiaowang@bupt.edu.cn

得大量的成果。在本章中，我們將首先總結圖表徵學習的動機。接下來，我們將系統並全面地介紹大量的圖嵌入方法，包括傳統圖嵌入方法、現代圖嵌入方法和圖神經網路。

2.1 導讀

　　許多複雜的系統具有圖的形式，如社群網站、生物網路和資訊網路。眾所皆知，由於圖資料往往是複雜的，因此處理起來極具挑戰性。為了有效地處理圖資料，第一個關鍵的挑戰是找到有效的圖資料表徵方法，也就是如何簡潔地表徵圖，以便在時間和空間上有效地進行高級的分析任務，如模式辨識、分析和預測。傳統上，我們通常將一個圖表徵為 $\mathcal{G} = (\mathcal{V}, \mathcal{E})$，其中，$\mathcal{V}$ 是一個節點集合，$\mathcal{E}$ 是一個邊集合。對大型圖來說，比如那些有數十億個節點的圖，傳統的圖表徵在圖的處理和分析上面臨著一些挑戰。

　　（1）**高計算複雜性**。這些由邊集合 $\mathcal{E}$ 編碼的關係使得大多數的圖型處理或分析演算法採用了一些迭代或組合的計算步驟。舉例來說，一種流行的方法是使用兩個節點之間的最短或平均路徑長度來表示它們的距離。為了用傳統圖表徵計算這樣的距離，我們必須列舉兩個節點之間許多可能的路徑，這在本質上是一個組合的問題。由於這種方法會導致高計算複雜性，因此不適用於現實世界的大規模圖。

　　（2）**低可平行處理性**。平行處理和分散式運算是處理和分析大規模資料的事實上的方法。然而，以傳統方式表徵的圖資料給平行處理和分散式演算法的設計與實現帶來了嚴重困難。瓶頸在於，圖中節點之間的耦合是由 $\mathcal{E}$ 顯性反映的。因此，將不同的節點分布在不同的分片或伺服器上，往往會導致伺服器之間的通訊成本過高並降低加速率。

　　（3）**機器學習方法的不適用性**。最近，機器學習方法，特別是深度學習，在很多領域都發揮了強大的功能。然而，對於以傳統方式表徵的圖資料，大多數現有的機器學習方法可能並不適用。這些方法通常假設資料樣本可以用向量空間中的獨立向量來表示，而圖資料中的樣本（即節點）在某種程度上是相互

依賴的，由 $\mathscr{E}$ 中的邊相互連接在一起。雖然我們可以簡單地用圖的鄰接矩陣中對應的行向量來表示一個節點，但在一個有許多節點的大圖中，這種表徵的維度非常高，會增加後續圖型處理和分析的難度。

為了應對這些挑戰，人們致力於開發新的圖表徵學習，如針對節點學習密集和連續的低維向量表徵，這樣可以減少雜訊或容錯資訊，並保留內在的結構資訊。節點之間的關係原來是用圖中的邊或其他高階拓撲度量來表徵的，可由向量空間中節點之間的距離捕捉，節點的結構特徵則被編碼到該節點的表徵向量中。

基本上，為了使表徵空間極佳地支持圖型分析任務，圖表徵學習有兩個目標。首先，原始圖結構可以從學習到的表徵向量中重建。具體原理是，如果兩個節點之間有一條邊或關係，那麼這兩個節點在表徵空間中的距離應該相對較小。其次，學習到的表徵空間可以有效地支援圖推理，如預測未見的連結、辨識重要的節點以及推斷節點標籤等。應該注意的是，僅以圖重建為目標的圖表徵對圖推理來說是不夠的。在得到表徵後，還需要根據這些表徵來處理下游任務，如節點分類、節點聚類、圖的視覺化和連結預測。整體來說，圖表徵學習方法主要有三類——傳統圖嵌入方法、現代圖嵌入方法和圖神經網路。接下來我們將分別介紹它們。

2.2 傳統圖嵌入方法

傳統圖嵌入方法最初是作為降維技術進行研究的。圖通常是從特徵表示的資料集中建構出來的，如圖像資料集。如前所述，圖嵌入通常有兩個目標——重建原始圖結構和支援圖推理。傳統圖嵌入方法的目標函式主要針對圖的重建。

具體來說，首先，Tenenbaum et al（2000）使用 K 近鄰（KNN）等連接演算法建構了一個鄰接圖 $\mathscr{G}$。其次，以 $\mathscr{G}$ 為基礎可以計算出不同資料之間的最短路徑。因此，對於資料集中的 N 個資料項目，我們有一個圖距離矩陣。最後，將經典多維尺度變換（Multi-Dimensional Scaling，MDS）應用於該矩陣，以獲得座標向量。我們透過 Isomap 學習的表徵近似地保留了低維空間中節點間

的地理距離。Isomap 的關鍵問題在於其高複雜性，因為需要計算成對的最短路徑。隨後，局部線性嵌入（Locally Linear Embedding，LLE）方法（Roweis and Saul, 2000）被提出來，用於減少估計相距甚遠的節點之間距離的需要。LLE 假設每個節點及其鄰居節點都位於或接近一個局部的線性流體。為了描述局部幾何特徵，每個節點都可以透過其鄰居節點來重建。最後，在低維空間中，LLE 在局部線性重建的基礎上構造了一個鄰域保留映射。拉普拉斯特徵映射（Laplacian Eigenmap，LE）（Belkin and Niyogi, 2002）也是首先透過 ε 鄰域或 K 近鄰建構一個圖，然後利用熱核心（Berline et al, 2003）來選擇圖中兩個節點的權重，最後透過以拉普拉斯矩陣為基礎的正規化得到節點表徵。此外，人們還提出了局部保持投影（Locality Preserving Projection，LPP）（Berline et al, 2003），這是一種針對非線性 LE 的線性近似演算法。

在豐富的圖嵌入文獻中，根據建構的圖的不同特徵，這些方法獲得了不同的擴充（Fu and Ma, 2012）。我們發現，傳統圖嵌入方法大多適用於從特徵表示的資料集中建構出來的圖，其中，由邊權重編碼的節點之間的接近度在原始特徵空間中有很好的定義。與此形成對比的是，2.3 節將要介紹的現代圖嵌入方法主要工作在自然形成的網路上，如社群網站、生物網路和電子商務網路。在這些網路中，節點之間的接近度並沒有明確或直接的定義。舉例來說，兩個節點之間的邊通常只是表示它們之間存在某種關係，但無法表示具體的接近度。另外，即使兩個節點之間沒有邊，我們也不能說這兩個節點之間的接近度為零。節點接近度的定義取決於具體的分析任務和應用場景。因此，現代圖嵌入通常包含豐富的資訊，如網路結構、屬性、側面資訊和高級資訊，以促進解決不同的問題和應用。現代圖嵌入方法需要同時針對前面提到的兩個目標。鑑於此，傳統圖嵌入方法可以看作現代圖嵌入方法的特例，而現代圖嵌入的最新研究進展則更加關注網路推理。

2.3　現代圖嵌入方法

為了更進一步地支持圖推理，現代圖嵌入學習考慮了圖中更豐富的資訊。根據圖表徵學習中所保留資訊的類型，現代圖嵌入方法可以分為三類：（1）保

留圖結構和屬性的圖表徵學習；（2）帶有側面資訊的圖表徵學習；（3）保留高級資訊的圖表徵學習。在技術方面，不同的模型可以用來納入不同類型的資訊或針對不同的目標。常用的模型包括矩陣分解、隨機行走、深度神經網路及其變形等。

2.3.1 保留圖結構和屬性的圖表徵學習

在圖中編碼的所有資訊中，圖的結構和屬性是在很大程度上影響圖推理的兩個關鍵因素。因此，圖表徵學習的基本要求就是適當地保留圖的結構並捕捉圖的屬性。一般來說圖結構包括一階結構和高階結構（如二階結構和群落結構）。不同類型的圖有不同的屬性。舉例來說，有方向圖具有非對稱傳遞性。結構平衡理論常見於符號圖的處理中。

2.3.1.1 保留圖結構的圖表徵學習

圖的結構可以分為不同的類別，而且不同類別擁有不同細微性的圖表徵。在圖表徵學習中，經常用到的圖結構是鄰域結構、高階接近度和群落結構。

如何定義圖中的鄰域結構是第一個挑戰。以短時隨機行走中出現為基礎的節點分布與自然語言中單字分布相似的發現，DeepWalk（Perozzi et al, 2014）採用了隨機行走來捕捉鄰域結構，然後對於隨機行走產生的每個行走序列，按照 Skip-Gram 模型，最大化行走序列中鄰居節點出現的機率。node2vec 定義了一個靈活的節點圖鄰域概念，並設計了一種二階隨機行走策略來對鄰域節點進行抽樣，從而在廣度優先抽樣（Breadth-First Sampling，BFS）和深度優先抽樣（Depth-First Sampling，DFS）之間平穩插值。除鄰域結構以外，LINE（Tang et al, 2015b）被提出用於大規模的網路嵌入，LINE 可以保留一階接近度和二階接近度。一階接近度指的是觀察到的兩個節點之間成對節點的接近度。二階接近度是由兩個節點的「環境」（鄰居節點）的相似性決定的。在衡量兩個節點之間的關係方面，它們兩者都很重要。從本質上說，由於 LINE 是以淺層模型為基礎的，因此其表現能力有限。SDNE（Wang et al, 2016）是一個用於網路嵌入的深度模型，其目的也是捕捉一階接近度和二階接近度。SDNE 使用具有多個非線性層的深度自編碼器架構來保留二階接近度。為了保留一階接近度，SDNE 採用了拉普拉斯特徵映射的思想（Belkin and Niyogi, 2002）。Wang et al（2017g）提

出了一個用於圖表徵學習的模組化非負矩陣因數化（M-NMF）模型，旨在同時保留微觀結構（即節點的一階接近度和二階接近度）以及中觀群落結構（Girvan and Newman, 2002）。他們首先採用 NMF 模型（Févotte and Idier, 2011）來保留微觀結構，同時透過模組化來最大化檢測群落結構（Newman, 2006a）。然後，他們引入了一個輔助的群落表徵矩陣來連接節點的表徵和群落結構。透過這種方式，學習到的節點表徵將同時受到微觀結構和群落結構的限制。

總之，許多網路嵌入方法的目的是在潛在的低維空間中保留節點的局部結構，包括鄰域結構、高階接近度以及群落結構。透過在線性和非線性模型中進行嘗試，深度模型在網路嵌入方面具有巨大潛力。

2.3.1.2 保留圖屬性的圖表徵學習

目前，現有的保留屬性的圖表徵學習方法大多數偏重於保留所有類型圖的傳遞性以及有號圖的結構平衡性。

圖常常存在傳遞性，和時我們也發現，保留這樣的屬性並不難。這是因為在度量空間中，不同資料之間的距離天然地滿足三角形不等式。然而，這在現實世界中並不總是對的。Ou et al（2015）想要透過潛在的相似性元件來保留圖的非傳遞屬性。非傳遞屬性的內容是，對圖中的節點 v_1、v_2 和 v_3，其中的（v_1; v_2）和（v_2; v_3）是相似對，但（v_1; v_3）可能是一個不相似對。舉例來說，在社群網站中，一名學生可能與家人和同學有緊密關聯，但這名學生的同學和家人可能彼此並不熟悉。上述方法的主要思想是，首先學習多個節點的嵌入表徵，然後根據多個相似性而非一個相似性來比較不同的節點接近度。透過觀察可以發現，如果兩個節點有很大的語義相似性，那麼它們至少有一種嵌入表徵的相似性很大，否則所有表徵的相似性都很小。有方向圖通常具有非對稱傳遞性。非對稱傳遞性表示，如果有一條從節點 i 到節點 j 的有向邊以及一條從節點 j 到節點 v 的有向邊，則很可能存在一條從節點 i 到節點 v 的有向邊，但不存在從節點 v 到節點 i 的有向邊。為了測量這種高階接近度，HOPE（Ou et al, 2016）總結了 4 種測量方法，然後利用廣義 SVD 問題對高階接近度進行了因數化（Paige and Saunders, 1981），這樣 HOPE 的時間複雜度便大大降低了，這表示 HOPE 對於大規模的網路是可擴充的。在一個既有正邊又有負邊的符號圖中，社交理

論〔如結構平衡理論（Cartwright and Harary, 1956；Cygan et al, 2012）〕與在無號圖中的差別非常大。結構平衡理論表示，在有簽名的社群網站中，使用者應該能夠讓他們的「朋友」比他們的「敵人」更親密。為了給結構平衡現象建模，SiNE（Wang et al, 2017f）提出了由兩個具有非線性函式的深度圖組成的深度學習模型。

人們已充分意識到在網路嵌入空間中保持圖屬性的重要性，特別是那些在很大程度上影響網路演化和形成的屬性。關鍵的挑戰是如何解決原始網路空間和嵌入向量空間在屬性層面的差異和不均勻性。一般來說，大多數結構和屬性保護方法都考慮了節點的高階接近度，這表示了在圖嵌入中預先服務高階接近度結構的重要性，區別在於獲得高階接近度結構的策略。一些方法透過假設從一個節點到其鄰居節點的生成機制來隱含地保留高階接近度結構，而另一些方法則透過在嵌入空間中明確地逼近高階接近度來實現。由於拓撲結構是圖資料最明顯的特徵，因此很大一部分文獻介紹了保留拓撲結構的方法。相對而言，可以保留屬性的圖嵌入方法是一個相對較新的研究課題，目前只有比較淺顯的研究。圖屬性由於通常驅動著圖的形成和演化，因此它們在未來的研究和應用中具有巨大的潛力。

2.3.2 帶有側面資訊的圖表徵學習

除圖結構以外，側面資訊是圖表徵學習的另一個重要資訊來源。在圖表徵學習中，側面資訊可以分為兩類——節點內容以及節點和邊的類型，它們的區別在於整合網路結構和側面資訊的方式。

帶有節點內容的圖表徵學習。在某些類型的圖（如資訊網路）中，節點伴隨著豐富的資訊，如節點標籤、屬性甚至語義描述。如何在圖表徵學習中把它們與網路拓撲結構結合起來？這引發了人們相當大的研究興趣。Tu et al（2016）透過利用節點的標籤資訊，提出了一種半監督的圖嵌入演算法——MMDW。MMDW 同樣以 DeepWalk 衍生為基礎的矩陣分解，採用支援向量機（Support Vector Machine，SVM）（Hearst et al, 1998）並結合標籤資訊來找到最佳分類邊界。Yang et al（2015b）提出了 TADW——TADW 在學習節點的低維度資料表徵時會考慮與節點相關的豐富資訊（如文字）。Pan et al（2016）提出了一個耦

合的深度模型，旨在將圖結構、節點屬性和節點標籤納入圖嵌入方法。雖然不同的方法採用不同的策略來整合節點內容和網路拓撲結構，但它們都認為節點內容提供了額外的接近度資訊來約束節點的表徵。

　　異質圖表徵學習。與帶有節點內容的圖不同，異質圖由不同類型的節點和邊組成。如何在圖嵌入方法中統一異質類型的節點和邊？這也是一個有趣但具有挑戰性的問題。Jacob et al（2014）提出了一種用於分類節點的異質社交圖表徵學習演算法，該演算法將在一個共同的向量空間中學習所有類型節點的表徵，並在這個空間中進行推理。Chang et al（2015）提出了一種針對異質圖（其中的節點可以是影像、文字等類型）的深度圖表徵學習演算法，影像和文字的非線性嵌入方法可以分別由 CNN 模型和全連接層學習到。Huang and Mamoulis（2017）提出了一種保留元路徑相似性的異質資訊圖表徵學習演算法。為了對一個特定的關係進行建模，元路徑（Sun et al, 2011）需要是一個帶有邊類型的物件類型的序列。

　　在保留側面資訊的方法中，側面資訊引入了附加的接近度度量，這樣可以更全面地學習節點之間的關係。這些方法的區別在於整合網路結構和側面資訊的方式，它們中的許多是由保留圖結構的網路嵌入方法自然延伸出來的。

2.3.3　保留高級資訊的圖表徵學習

　　與側面資訊不同，高級資訊是指特定任務中的監督或偽監督資訊。保留高級資訊的網路嵌入通常包括兩部分：一部分是保留網路結構，以便學習節點表徵；另一部分是建立節點表徵和目標任務之間的關聯。高級資訊和網路嵌入技術的結合使得網路的表徵學習成為可能。

　　資訊擴散。資訊擴散（Guille et al, 2013）是網路上無處不在的現象，尤其是在社群網站中。Bourigault et al（2014）提出了一種用於預測社群網站中資訊擴散的圖表徵學習演算法。該演算法的目標是學習潛在空間中的節點表徵，使得擴散核能夠更進一步地解釋訓練集中的串聯。該演算法的基本思想是將觀察到的資訊擴散過程映射為連續空間中的擴散核心所模擬的熱擴散過程。擴散核心的擴散原理是，潛在空間中的節點離來源節點越近，這個節點就會越早被來源節點的資訊感染。這裡的串聯預測問題被定義為預測給定時間間隔後的串聯

規模增量（Li et al, 2017a）。Li et al（2017a）認為，關於串聯預測的前期工作依賴手動製作的特徵袋來表徵串聯和圖結構。作為替代，他們提出了一個點對點的深度學習模型，旨在利用圖嵌入方法的思想來解決這個問題。整個過程能夠以點對點的方式學習串聯圖的表徵。

異常檢測。異常檢測在以前的工作中獲得了廣泛研究（Akoglu et al, 2015）。圖中的異常檢測旨在推斷結構上的不一致，也就是檢測連接到各種具有影響力群落的異常節點（Hu et al, 2016；Burt, 2004）。Hu et al（2016）提出了一種以圖嵌入為基礎的異常檢測方法，他們假設兩個連結節點的群落成員身份應該是相似的。異常節點是指連接到一組不同群落的節點。由於學習到的節點嵌入方法捕捉了節點和群落之間的連結性，以該節點嵌入方法為基礎，他們提出了一個新的度量來表示節點的異常程度。度量值越大，節點成為異常節點的機率就越高。

圖對齊。圖對齊的目標是建立兩個圖中節點之間的對應關係，即預測兩個圖之間的錨連結。不同社群網站共用的相同使用者自然形成了錨連結，這些錨連結是不同圖之間的橋樑。錨連結預測的問題可以定義為給定來源圖和目標圖以及一組觀察到的錨連結，辨識兩個圖中的隱藏錨連結。Man et al（2016）提出了一種圖表徵學習演算法來解決這個問題。學習到的表徵可以保留圖的結構並重視觀察到的錨連結。

保留高級資訊的圖嵌入通常包括兩部分：一部分是保留圖的結構，以便學習節點表徵；另一部分是建立節點表徵和目標任務之間的關聯。前者類似於保留結構和屬性的網路嵌入，後者則通常需要考慮特定任務的領域知識。對領域知識這種高級資訊的編碼使得開發圖應用的點對點模型成為可能。與手動提取的網路特徵（如眾多的圖中心性量）相比，高級資訊和圖嵌入技術的結合使圖的表徵學習成為可能。許多圖應用可以從這種新模式中獲益。

2.4 圖神經網路

在過去的 10 年中，深度學習已經成為人工智慧和機器學習的「皇冠上的明

珠」，在聲學、影像和自然語言處理等方面具有卓越的表現。儘管眾所皆知，圖在現實世界中無處不在，但利用深度學習方法來分析圖資料仍非常具有挑戰性。具體表現在：（1）圖的不規則結構。與影像、音訊、文字有明確的網格結構不同，圖有不規則的結構，這使得一些基本的數學運算很難推廣到圖上。舉例來說，為圖資料定義卷積和池化操作（這是卷積神經網路中的基本操作）並不簡單。（2）圖的異質性和多樣性。圖本身可能很複雜，包含不同的類型和屬性。針對這些不同的類型、屬性和任務，解決具體問題時需要利用不同的模型結構。（3）大規模圖。在巨量資料時代，現實中的圖可以很容易擁有數量達到數百萬或數十億的節點和邊。如何設計可擴充的模型（最好的情況是模型的時間複雜度相對於圖的大小具有線性關係）是一個關鍵問題。（4）納入跨學科知識。圖經常與其他學科相關聯，如生物學、化學和社會科學等。這種跨學科的性質使得機會和挑戰並存：領域知識可以用來解決特定的問題，但整合領域知識也會使得模型設計更為複雜。

圖神經網路在過去幾年中獲得了大量的研究與關注，所採用的架構和訓練策略差別很大，從監督到非監督，從卷積到循環，包括圖循環神經網路（Graph RNN）、圖卷積網路（GCN）、圖自編碼器（GAE）、圖強化學習（Graph RL）和圖對抗方法等。具體來說，Graroperty h RNN 透過在節點級或圖級進行狀態建模來捕捉圖的循環和順序模式；GCN 則在不規則的圖結構上定義卷積和讀取（readout）操作，以捕捉常見的局部和全域結構模式；GAE 假設低秩圖結構並採用無監督的方法進行節點表徵學習；圖強化學習定義了以圖為基礎的動作和獎勵，以便在遵循限制條件的同時獲得圖任務的回饋；圖對抗方法採用對抗訓練技術來提高圖模型的泛化能力，並透過對抗攻擊測試其堅固性。

另外，許多正在進行的或未來的研究方向也值得進一步關注，包括針對未研究過圖結構的新模型、現有模型的組合性、動態圖、可解釋性和堅固性等。整體來說，圖深度學習是一個很有前途且快速發展的研究領域，它既提供了令人興奮的機會，也帶來了許多挑戰。對圖深度學習進行研究是關聯資料建模的關鍵元件，也是邁向未來更好的機器學習和人工智慧技術的重要一步。

2.5　小結

　　在本章中，我們首先介紹了圖表徵學習的動機。其次，在 2.2 節中討論了傳統圖嵌入方法，並在 2.3 節中介紹了現代圖嵌入方法。基本上，保留結構和屬性的圖表徵學習是基礎。如果不能極佳地保留圖結構並在表徵空間中保留重要的圖屬性，就會存在嚴重的資訊損失並損害下游的分析任務。以保留結構和屬性為基礎的圖表徵學習，人們可以應用現成的機器學習方法。如果有一些額外資訊，那麼可以將它們納入圖表徵學習。此外，可以考慮將一些特定應用的領域知識作為高級資訊。

第 3 章

圖神經網路

Lingfei Wu、Peng Cui、Jian Pei、Liang Zhao 和 *Le Song*[1]

摘要

　　深度學習已經成為當今人工智慧研究的主要方法之一。儘管傳統的深度學習技術在影像等歐氏資料或文字和訊號等序列資料上獲得了巨大的成功，但仍

1　Lingfei Wu

　　Pinterest，E-mail：lwu@email.wm.edu

　　Peng Cui

　　Department of Computer Science，Tsinghua University，E-mail：cuip@tsinghua.edu.cn

　　Jian Pei

　　Department of Computer Science，Simon Fraser University，E-mail：jpei@cs.sfu.ca

　　Liang Zhao

　　Department of Computer Science，Emory University，E-mail：liang.zhao@emory.edu

　　Le Song

　　Mohamed bin Zayed University of Artificial Intelligence，E-mail：dasongle@gmail.com

有大量的應用可以自然地或最佳地用圖結構來表徵。這一差距推動了對圖深度學習的研究熱潮，其中，圖神經網路（GNN）在應對大量應用領域的各種學習任務方面非常成功。在本章中，我們將沿著三條軸線系統地整理現有的 GNN 研究——基礎、前端和應用。首先，我們將介紹 GNN 的基本方法，從主流的模型及其表達能力到 GNN 的可擴充性、可解釋性和堅固性。接下來，我們將討論各種前端研究，從圖分類和連結預測到圖生成、圖轉換、圖匹配和圖結構學習。在此基礎上，我們將進一步總結在大量應用中充分利用各種 GNN 方法的基本流程。最後，我們將展示本書的組織結構並總結 GNN 的各種研究課題的路線圖。

3.1　導讀

　　傳統的深度學習技術，如循環神經網路（Schuster and Paliwal, 1997）和卷積神經網路（Krizhevsky et al, 2012），已經在影像等歐氏資料或文字和訊號等序列資料上取得巨大的成功。然而，在豐富的科學領域，現實世界中許多重要的物件和問題可以自然地或最佳地用複雜的圖結構來表達，如社群網站、推薦系統、藥物發現和程式分析中的圖或流形結構。一方面，這些圖結構的資料可以編碼複雜的點對關係，以學習更豐富的資訊表徵；另一方面，原始資料（影像或連續文字）的結構和語義資訊中納入的特定領域知識可以捕捉資料之間更細微性的關係。

　　近年來，圖深度學習引發了研究界的廣泛興趣（Cui et al, 2018；Wu et al, 2019e；Zhang et al, 2020e）。其中，圖神經網路是非常成功的學習框架，可以應對大量應用中的各種任務。新提出的圖結構資料的神經網路架構（Kipf and Welling, 2017a；Petar et al, 2018；Hamilton et al, 2017b）在一些著名的領域，如社群網站和生物資訊學等，已經取得令人矚目的成果。它們還滲透到其他科學研究領域，包括推薦系統（Wang et al, 2019j）、電腦視覺（Yang et al, 2019g）、自然語言處理（Chen et al, 2020o）、程式分析（Allamanis et al, 2018b）、軟體挖掘（LeClair et al, 2020）、藥物發現（Ma et al, 2018）、異常檢測（Markovitz et al, 2020）以及智慧城市（Yu et al, 2018a）等。

　　儘管現有的研究已經取得一些成就，但是當將 GNN 用於為隨時間演化、多關係和多模態的高度結構化資料建模時，仍然面臨許多挑戰。要在圖和其他高度結構化的資料（如序列、樹和圖）之間建立映射模型也非常困難。圖結構資料面臨的挑戰是，它們的空間局部性和結構不像影像或文字資料那麼強。因此，圖結構資料自然不適合高度規則化的神經結構，如卷積神經網路和循環神經網路。

　　更重要的是，現實世界中新出現的 GNN 應用領域為 GNN 帶來了巨大的挑戰。圖提供了一種強大的抽象，可以用來編碼任意類型的資料，如多維資料。舉例來說，相似性圖、核心矩陣和協作過濾矩陣也可視為圖結構的特例。因此，一個成功的圖的建模過程很可能包含許多應用，這些應用通常是與專門的和手動設計的方法一起使用的。

3.2　圖神經網路概述

　　在本節中，我們將從三個重要方面總結圖神經網路的發展：（1）圖神經網路基礎；（2）圖神經網路前端；（3）圖神經網路應用。我們將首先討論 GNN 在前兩個維度下的重要研究子領域，並簡要說明每個研究子領域目前的進展和面臨的挑戰。接下來，我們將對如何把 GNN 用於豐富的應用進行綜合性總結。

3.2.1　圖神經網路基礎

　　從概念上講，我們可以將圖神經網路的基本學習任務分為 5 個不同的方向：（1）圖神經網路方法；（2）圖神經網路的理論理解；（3）圖神經網路的可擴充性；（4）圖神經網路的可解釋性；（5）圖神經網路的對抗堅固性。

　　圖神經網路方法。圖神經網路是專門設計的用於在圖結構資料上操作的神經網路架構。圖神經網路的目標是透過聚合鄰居節點的表徵及其在前一次迭代中的表徵來迭代更新節點表徵。目前已有多種圖神經網路被提出（Kipf and Welling, 2017a；Petar et al, 2018；Hamilton et al, 2017b；Gilmer et al, 2017；Xu et al, 2019d；Veličković et al, 2019d；Veličković et al, 2019；Kipf and Welling, 2016），它們可以進一步劃分為有監督的 GNN 和無監督的 GNN。學習到節點

表徵之後，GNN 的基本任務就是進行節點分類，也就是將節點分類到一些預先定義的類別中。儘管各種 GNN 已經取得巨大的成功，但我們在訓練深度圖神經網路時仍面臨一個嚴重的問題——過平滑問題（Li et al, 2018b），其中所有的節點都有類似的表徵。最近有許多研究提出了不同的補救措施來解決過平滑問題。

圖神經網路的理論理解。GNN 演算法的快速發展引起了人們對 GNN 理論分析的極大興趣。特別地，為了描述 GNN 與傳統圖型演算法（如以圖核心為基礎的方法）相比表達能力如何，以及如何建構更強大的 GNN 以克服 GNN 的一些限制，人們做出了很多努力。具體來說，Xu et al（2019d）證明了目前的 GNN 方法能夠達到一維 Weisfeiler-Lehman 測試（Weisfeiler and Leman, 1968）的表達能力，這是傳統圖核心領域廣泛使用的方法（Shervashidze et al, 2011b）。最近的許多研究進一步提出了一系列的設計策略，以進一步超越一維 Weisfeiler-Lehman 測試的表達能力，包括附加隨機屬性、距離屬性和利用高階結構等。

圖神經網路的可擴充性。隨著圖神經網路日益普及，許多人嘗試將各種圖神經網路方法用於現實世界中的應用，其中圖的大小可以有大約 1 億個節點和 10 億筆邊。遺憾的是，因為需要大量的記憶體，大多數 GNN 方法不能直接應用於這些大規模的圖結構資料（Hu et al, 2020b）。具體來說，這是因為大多數 GNN 需要在記憶體中儲存整個鄰接矩陣和中間層的特徵矩陣，這對電腦記憶體消耗和計算成本都是巨大的挑戰。為了解決這些問題，最近的許多研究提出了各種抽樣策略，如節點抽樣（Hamilton et al, 2017b；Chen et al, 2018d）、層抽樣（Chen and Bansal, 2018；Huang, 2018）和圖抽樣（Chiang et al, 2019；Zeng et al, 2020a）。

圖神經網路的可解釋性。為了使機器學習過程可以被人類理解，可解釋的人工智慧正變得越來越流行，特別是由於深度學習技術的黑盒問題。因此，人們對提高 GNN 的可解釋性同樣深感興趣。一般來說，GNN 的解釋結果可以是重要的節點、邊，也可以是節點或邊的重要特徵。從技術上講，以白盒近似為基礎的方法（Baldassarre and Azizpour, 2019；Sanchez-Lengeling et al, 2020）利用模型內部的資訊（如梯度、中間特徵和模型參數）來提供解釋。與之相對，以黑盒近似為基礎的方法（Huang et al, 2020c；Zhang et al, 2020a；Vu and Thai,

2020）則放棄了對複雜模型內部資訊的使用，而是利用內在可解釋的簡單模型（如線性回歸和決策樹）來適應複雜模型。然而，大多數現有的工作很耗時，這就造成處理大規模的圖成為瓶頸。為此，人們最近做出了很多努力，以便在不影響解釋準確性的情況下開發更有效的方法。

圖神經網路的對抗堅固性。值得信賴的機器學習最近吸引了大量的關注。這是因為現有的研究表示，深度學習模型可以被故意愚弄、逃避、誤導和竊取（Goodfellow et al, 2015）。因此，在電腦視覺和自然語言處理等領域，已有一系列工作廣泛地研究了模型的堅固性，這也啟發了對 GNN 堅固性的類似研究。從技術上講，研究 GNN 堅固性的標準方法（透過對抗性例子）是構造輸入圖資料的微小變化，然後觀察是否導致預測結果產生較大變化（如節點分類準確性）。目前，越來越多的人開始研究對抗性攻擊（Dai et al, 2018a；Wang and Gong, 2019；Wu et al, 2019b；Zügner et al, 2018；Zügner et al, 2020）和對抗性訓練（Xu et al, 2019c；Feng et al, 2019b；Chen et al, 2020i；Jin and Zhang, 2019）。最近的許多努力致力於在對抗性訓練以及可驗證的堅固性（certified robustness）方面提供理論保證和新演算法開發。

3.2.2　圖神經網路前端

在上述 GNN 基本技術的基礎上，在處理各種與圖有關的研究問題方面，最近的成就增長快速。在本節中，我們將全面介紹這些研究前端，它們不是是長期存在的圖學習問題與新的 GNN 解決方案，就是是最近出現的 GNN 學習問題。

圖神經網路──圖分類和連結預測。由於 GNN 模型中的每一層都只產生節點級表徵，因此需要圖池化層來進一步計算以節點級表徵為基礎的圖級表徵。圖級表徵總結了輸入圖結構的關鍵特徵，是圖分類的關鍵組成部分。根據圖池化層的學習技術，這些方法一般可以分為 4 類──簡單的平面池化（Duvenaud et al, 2015a；Mesquita et al, 2020）、以注意力為基礎的池化（Lee et al, 2019d；Huang et al, 2019d）、以聚類為基礎的池化（Ying et al, 2018c），以及其他類型的池化（Zhang et al, 2018f；Bianchi et al, 2020；Morris et al, 2020b）。除圖分類以外，另一個長期存在的圖學習問題是連結預測任務，其目的是預測任何一對節點之間現在缺失或未來可能形成的連結。由於 GNN 可以從圖結構和輔助資訊（如節點特徵和邊特徵）中共同學習，因此與其他傳統的圖學習方法相比，

GNN 在連結預測方面具有巨大的優勢。以 GNN 為基礎進行連結預測的常見方法有兩種——以節點為基礎的方法（Kipf and Welling, 2016）和以子圖為基礎的方法（Zhang and Chen, 2018a, 2020）。

　　圖神經網路——圖生成和圖轉換。以圖建立機率模型為基礎的圖生成問題是一個處於機率論和圖論交叉點上的經典研究問題。近年來，人們對建立在現代圖深度學習技術（如 GNN）基礎上的深度圖生成模型的興趣越來越大。事實證明，這些深度學習模型在成功捕捉圖資料中的複雜依賴關係和生成更真實的圖方面更有優勢。在變分自編碼器（Variational AutoEncoder，VAE）（Kingma and Welling, 2013）和生成對抗網路（Generative Adversarial Network）（Goodfellow et al, 2014a；Goodfellow et al, 2014b）的啟發下，用於圖生成的以 GNN 為基礎的代表性學習範式有三種，分別是 GraphVAE 方法（Jin et al, 2018b；Simonovsky and Komodakis, 2018；Grover et al, 2019）、GraphGAN 方法（De Cao and Kipf, 2018；You et al, 2018a）和深度自回歸方法（Li et al, 2018d；You et al, 2018b；Liao et al, 2019a）。圖轉換問題可以表述為條件圖生成機率，其目標是學習輸入來源圖和輸出目標圖之間的編譯映射（Guo et al, 2018b）。這樣的學習問題經常出現在其他領域，如自然語言處理領域的機器翻譯問題和電腦視覺領域的影像風格轉換問題等。根據被轉換的圖資訊，這個問題一般可以分為 4 類，分別是節點級轉換（Battaglia et al, 2016；Yu et al, 2018a；Li et al, 2018e）、邊級轉換（Guo et al, 2018b；Zhu et al, 2017；Do et al, 2019）、節點 - 邊共同轉換（Maziarka et al, 2020a；Kaluza et al, 2018；Guo et al, 2019c）以及涉及圖的轉換（Bastings et al, 2017；Xu et al, 2018c；Li et al, 2020f）。

　　圖神經網路——圖匹配和圖結構學習。圖匹配指的是尋找兩個輸入圖之間的對應關係，這是一個已在各個領域得到廣泛研究的問題。大部分的情況下，圖匹配問題是已知的 NP 難問題（Loiola et al, 2007），這使得該問題在現實世界中大規模問題上的精確解和最佳解在計算上不可行。由於 GNN 的表達能力，人們越來越關注開發以 GNN 為基礎的各種圖匹配方法，以提高匹配的準確性和效率（Zanfir and Sminchisescu, 2018；Rolínek et al, 2020；Li et al, 2019h；Ling et al, 2020）。圖匹配問題旨在衡量兩個圖結構之間的相似性，而是不改變它們。相比之下，圖結構學習的目的是透過聯合學習隱含的圖結構和圖節點表徵來產

生最佳化的圖結構（Chen et al, 2020m；Franceschi et al, 2019；Veličković et al, 2020）。與經常帶有雜訊或不完整的固有圖（intrinsic graph）相比，我們往往可以將學習到的圖結構視為一種轉變。即使沒有提供初始圖，但只要提供顯示資料點之間相關性的矩陣，就可以使用圖結構學習。

動態圖神經網路和異質圖神經網路。在現實世界的應用中，圖的節點（實體）和圖的邊（關係）經常會隨著時間的演進而發生變化，這就自然地產生了動態圖。由於圖的演化建模對於做出準確的預測非常重要，因此各種 GNN 不能直接應用於動態圖。一種簡單而有效的方法是將動態圖轉為靜態圖，但這可能導致資訊遺失。根據動態圖的類型，以 GNN 為基礎的方法有兩大類，分別是用於離散時間動態圖的 GNN（Seo et al, 2018；Manessi et al, 2020）和用於持續時間動態圖的 GNN（Kazemi et al, 2019；Xu et al, 2020a）。獨立地看，實際應用中另一種流行的圖是異質圖——異質圖由不同類型的圖節點和邊組成。用於同質圖的各種 GNN 難以充分利用異質圖中的這些資訊。因此，一個新的研究方向是開發各種異質圖神經網路，方法有三種，分別是以訊息傳遞為基礎的方法（Wang et al, 2019l；Fu et al, 2020；Hong et al, 2020b）、以編碼器 - 解碼器為基礎的方法（Tu et al, 2018；Zhang et al, 2019b）和以對抗為基礎的方法（Wang et al, 2018a；Hu et al, 2018a）。

圖神經網路——AutoML 和自監督學習。自動機器學習（AutoML）最近引起學術界和工業界的極大關注，其目的是應對人工調參過程中耗時巨大這一挑戰，特別是對於複雜的深度學習模型而言。AutoML 的這一波研究也影響了自動辨識最佳化 GNN 模型架構和訓練超參數的研究工作。現有的研究大多集中於架構搜尋空間（Gao et al, 2020b；Zhou et al, 2019a）或訓練超參數搜尋空間（You et al, 2020a；Shi et al, 2020）。GNN 的另一個重要研究方向是解決大多數深度學習模型的局限性——需要大量的有標注的資料集。因此，目前人們已提出自監督學習，目的是以無標注資料設計和利用領域特定為基礎的輔助任務以預訓練一個 GNN 模型。為了研究 GNN 中自監督學習的能力，有相當多的文獻系統地設計和比較了 GNN 中不同的自監督代理輔助任務（Hu et al, 2020c；Jin et al, 2020d；You et al, 2020c）。

3.2.3　圖神經網路應用

由於圖神經網路能夠對各種具有複雜結構的資料進行建模，因此圖神經網路已經被廣泛用於多種應用和領域，如現代推薦系統、電腦視覺（Computer Vision，CV）、自然語言處理（Natural Language Processing，NLP）、程式分析、軟體挖掘、生物資訊學、異常檢測和智慧城市等。儘管在不同的應用中 GNN 被用來解決不同的任務，但它們都包括兩個重要步驟——圖建構和圖表徵學習。圖建構旨在將輸入資料轉換或表示為結構化資料。在圖的基礎上，圖表徵學習則針對下游任務，利用 GNN 來學習節點嵌入或圖嵌入。接下來針對不同的應用，我們將簡介這兩個步驟涉及的技術。

3.2.3.1　圖建構

圖建構對於捕捉輸入資料中物件之間的依賴關係非常重要。鑑於輸入資料的不同格式，不同的應用有不同的圖建構技術，其中，有些任務需要預先定義節點和邊的語義，以充分表達輸入資料的結構資訊。

具有顯性圖結構的輸入資料。一些應用自然而然地在資料內部存在圖結構，而不需要預先定義節點及其之間的邊或關係。舉例來說，在推薦系統中，使用者與物品的相互作用自然地形成了一個圖，其中使用者與物品的偏好被視為使用者和物品的節點之間的邊；在藥物開發的任務中，分子也被自然地表示為一個圖，其中的每個節點表示一個原子，每條邊表示連接兩個原子的鍵；在蛋白質功能和相互作用的任務中，圖也可以很容易地適用於蛋白質，其中的每個節點代表一個氨基酸，每條邊代表氨基酸之間的相互作用。

有些圖是用節點和邊的屬性建構的。舉例來說，在處理智慧城市交通時，交通網絡可以形式化為一個無向圖來預測交通狀態。具體來說，節點是交通傳感位置，如感測器站、路段，邊是連接這些交通傳感位置的交叉口。一些城市交通網絡可以建模為具有預測交通速度屬性的有方向圖，其中的節點是路段，邊是交叉口。路段的寬度、長度和方向被表示為節點的屬性，交叉口的類型、是否有交通燈或收費站被表示為邊的屬性。

具有隱式圖結構的輸入資料。對許多天然不存在結構化資料的任務，圖建構變得非常具有挑戰性。選擇最佳的表徵方法是很重要的，由此節點和邊才能捕捉到所有重要的資訊。舉例來說，電腦視覺任務有三種圖建構方式。第一種是將影像或視訊幀分割成規則的網格，每個網格可作為視覺圖的頂點。第二種是先得到前置處理的結構，再直接借用頂點表徵，如場景圖的生成。第三種是利用語義資訊來表示視覺頂點，比如將具有相似特徵的像素分配給同一個頂點。視覺影像中的邊緣可以捕捉到兩種資訊。第一種是空間資訊。舉例來說，對靜態方法，在生成場景圖（Xu et al, 2017a）和人類骨架（Jain et al, 2016a）時，自然會選擇視覺圖中節點之間的邊來表示它們的位置連接。第二種是時間資訊。舉例來說，為了表示視訊，模型不僅要在幀的內部建立空間關係，也要捕捉相鄰幀之間的時間關聯。

在自然語言處理任務中，根據文字資料建構的圖可以分為 5 類——文字圖、句法圖、語義圖、知識圖譜和混合圖。下面介紹其中的 4 類。文字圖通常將單字、句子、段落或檔案視為節點，並透過單字共現、位置或文字相似性來建構邊。句法圖（或樹）強調一個句子中單字之間的語法依賴關係，如依賴圖和成分圖。知識圖譜是資料圖，旨在累積和傳達現實世界的知識。混合圖包含多種類型的節點和邊，以整合異質資訊。在程式分析的任務中，對程式的圖表徵的表述包括語法樹、控制流、資料流程、程式依賴性和呼叫圖，其中的每個圖都提供了程式的不同視圖。在更高的層面上，程式可以認為是一組異質的實體，它們透過各種關係相互連結。這種觀點直接將程式映射為一個異質有方向圖，其中的每個實體被表示為一個節點，每種類型的關係則被表示為一條邊。

3.2.3.2　圖表徵學習

在得到輸入資料的圖表示後，下一步是應用 GNN 來學習圖表徵。有些研究直接利用了典型的 GNN，如 GCN（Kipf and Welling, 2017a）、GAT（Petar et al, 2018）、GGNN（Li et al, 2016a）和 GraphSage（Hamilton et al, 2017b），而且能夠推廣到不同的應用任務。不過，一些特殊的任務需要在 GNN 架構上進行額外的設計，以更進一步地處理具體問題。舉例來說，針對推薦系統中的任務，人們提出了 PinSage（Ying et al, 2018a），旨在將一個節點的前 k 個計數節點作為其感受野並進行加權聚合。PinSage 可以擴充到具有數百萬使用者和物品

的網路規模的推薦系統中。KGCN（Wang et al, 2019d）旨在透過在知識圖譜中聚合對應的實體鄰域來提高物品的表徵。KGAT（Wang et al, 2019j）與 KGCN 的想法基本相似，前者只是在知識圖譜的重建中加入了一個輔助損失。舉例來說，在 KB- 對齊的 NLP 任務中，Xu et al（2019f）將其表述為一個圖匹配問題，並提出了一種以圖注意力為基礎的方法：首先匹配兩個知識圖譜中的所有實體，然後根據局部匹配資訊進行聯合建模，進而得到圖級匹配向量。我們在後續內容中將詳細介紹各種應用的 GNN 技術。

3.2.4　本書組織結構

本書的組織結構見圖 3.1。本書分為四部分，讀者可以根據需要選擇性閱讀。第一部分介紹圖神經網路的基本概念；第二部分討論圖神經網路成熟的方法；第三部分介紹圖神經網路典型的前端領域；第四部分描述可能對圖神經網路未來研究比較重要和有前途的方法與應用的進展情況。

- **第一部分　引言**　這一部分提供從不同資料型態的表徵學習到圖表徵學習的一般介紹，此外還將介紹用於圖表徵學習的圖神經網路的基本思想和典型變形。

- **第二部分　基礎**　這一部分透過介紹圖神經網路的特性以及這一領域的幾個基本問題來描述圖神經網路的基礎。具體來說，這一部分介紹圖的以下基本問題：節點分類、圖神經網路的表達能力、圖神經網路的可解釋性和可擴充性問題，以及圖神經網路的對抗堅固性。

- **第三部分　前端**　這一部分提出圖神經網路領域的一些前端或高級問題。具體來說，這一部分包括關於圖分類、連結預測、圖生成、圖轉換、圖匹配、圖結構學習等技術的介紹。此外，這一部分還將介紹針對不同類型圖的 GNN 的幾種變形，如針對動態圖、異質圖的 GNN。這一部分的最後則介紹 GNN 的自動機器學習和自監督學習。

- **第四部分　廣泛和新興的應用**　這一部分介紹涉及 GNN 的廣泛和新興的應用。具體來說，這些以 GNN 為基礎的應用包括現代推薦系統、電腦視覺和自然語言處理、程式分析、軟體挖掘、用於藥物開發的生物醫學知識圖譜挖掘、蛋白質和功能相互作用預測、異常檢測和智慧城市等。

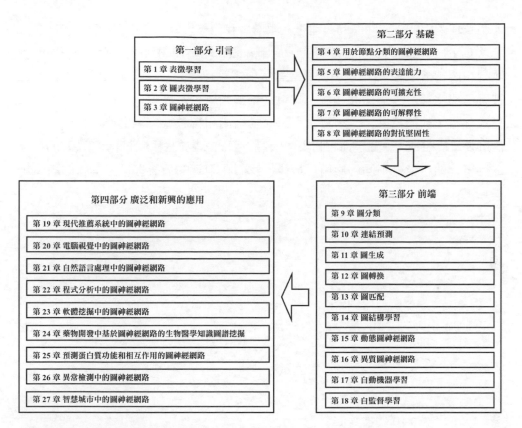

▲ 圖 3.1 本書的組織結構

3.3 小結

GNN 已經迅速崛起並用於處理圖結構資料。傳統的深度學習技術由於是為影像和文字等歐幾里德資料（又稱歐氏資料）設計的，因此不能直接建模圖資料。有多種應用可以自然地或最佳地建模為圖結構，並且已經被各種 GNN 方法成功處理。

在本章中，我們系統地介紹了 GNN 的發展和概況，涵蓋對 GNN 基礎、前端和應用的介紹。具體來說，我們介紹了 GNN 的基礎理論和方法，從現有的典型 GNN 方法及其表達能力到 GNN 的可擴充性、可解釋性和對抗堅固性。這些方面促使人們更進一步地理解和利用 GNN。從所回顧的 GNN 的基礎方法來看，

人們處理圖相關研究問題的興趣正在激增,我們稱之為 GNN 的前端。我們討論了以 GNN 為基礎的各種前端研究,從圖分類和連結預測到圖生成、圖轉換、圖匹配和圖結構學習。GNN 由於具有對各種複雜結構的資料的建模能力,目前已被廣泛應用於許多應用和領域,如現代推薦系統、電腦視覺、自然語言處理、程式分析、軟體挖掘、生物資訊學、異常檢測和智慧城市。這些任務大多由兩個重要步驟組成——圖建構和圖表徵學習。因此,我們對這兩個步驟涉及的技術進行了介紹,涵蓋不同的應用。最後,我們在本章的最後提供了本書的組織結構。

第二部分

基礎

第 4 章
用於節點分類的圖神經網路

Jian Tang 和 *Renjie Liao*[1]

摘要

　　圖神經網路是專門為學習圖結構資料的表徵而設計的神經網路架構,最近受到越來越多的關注並被應用於不同的領域和應用。在本章中,我們將重點討論圖的基本任務——節點分類。首先,我們將舉出節點分類的詳細定義,並介紹

1　Jian Tang
　　Mila-Quebec AI Institute,HEC Montreal,E-mail:jian.tang@hec.ca
　　Renjie Liao
　　University of Toronto,E-mail:rjliao@cs.toronto.edu

一些經典的方法，如標籤傳播。然後，我們將介紹一些用於節點分類的圖神經網路的代表性架構。最後，我們將指出訓練深度圖神經網路面臨的主要困難——過平滑問題，並介紹人們在這個方向上的一些最新進展，如連續圖神經網路。

4.1　背景和問題定義

圖結構的資料（如社群網站、WWW 和蛋白質相互作用網路中的資料）在現實世界中無處不在，涵蓋了各種應用。圖的基本任務是節點分類，其主要目標是將節點分為幾個預先定義的類別。舉例來說，在社群網站中，我們想預測每個使用者的交友傾向；在 WWW 中，我們可能想要把網頁分為不同的語義類別；在蛋白質相互作用網路中，我們則對預測每個蛋白質的功能與作用感興趣。為了進行有效的預測，一個關鍵問題是我們需要獲得行之有效的節點表徵，這在很大程度上決定了節點分類的表現。

圖神經網路是專門為學習圖結構資料的表徵而設計的神經網路架構，包括學習大規模圖（如社群網站和 WWW）的節點表徵和學習整個圖（如分子圖）的表徵。在本章中，我們將重點討論大規模圖的節點表徵的學習。關於整個圖的表徵的學習將在其他章節中介紹。迄今為止，針對不同的任務，人們提出了不同的圖神經網路（Kipf and Welling, 2017b；Veličković et al, 2018；Gilmer et al, 2017；Xhonneux et al, 2020；Liao et al, 2019b；Kipf and Welling, 2016；Veličković et al, 2019）。在本章中，我們將全面重新檢查現有的用於節點分類的圖神經網路，包括有監督方法（見 4.2 節）、無監督方法（見 4.3 節），以及把圖神經網路用於節點分類的常見問題——過平滑問題（見 4.4 節）。

問題定義　我們首先正式定義用圖神經網路學習節點表徵以進行節點分類的問題。設 $\mathcal{G}=(\mathcal{V}, \mathcal{E}, \boldsymbol{X})$ 表示一個屬性圖，其中，$\mathcal{V}$ 是節點的集合，$\mathcal{E}$ 是節點間邊的集合。$\boldsymbol{A} \in \mathbb{R}^{N \times N}$ 代表鄰接矩陣，其中，N 是節點的總數。$\boldsymbol{X} \in \mathbb{R}^{N \times C}$ 代表節點屬性矩陣，其中，C 是每個節點的特徵數。圖神經網路的目標是透過結合圖結構資訊和節點屬性來學習有效的節點表徵（表示為 $\boldsymbol{H} \in \mathbb{R}^{N \times F}$，其中，$F$ 是節點表徵的維度），並進一步用於節點分類。

表 4.1 展示了本章中使用的符號。

➔ 表 4.1　本章中使用的符號

概念	符號
圖	$\mathscr{G} = (\mathscr{V}, \mathscr{E})$
鄰接矩陣	$A \in \mathbb{R}^{N \times N}$
節點屬性矩陣	$X \in \mathbb{R}^{N \times C}$
GNN 層的總數	K
第 k 層的節點表徵	$H^k \in \mathbb{R}^{N \times F}, k \in \{1, 2, \ldots, K\}$

4.2　有監督的圖神經網路

在本節中，我們將重新檢查圖神經網路用於節點分類的幾種代表性方法。我們將重點討論有監督方法，並在 4.3 節介紹無監督方法。我們將首先介紹圖神經網路的一般框架，然後介紹這個框架下圖神經網路的不同變形。

4.2.1　圖神經網路的一般框架

圖神經網路的基本思想是透過結合鄰居節點的表徵和節點自身的表徵來迭代更新節點的表徵。在本節中，我們將介紹（Xu et al, 2019d）中提出的圖神經網路的一般框架。從初始節點表徵 $H^0 = X$ 開始，每一層都有兩個重要的函式，分別如下。

- AGGREGATE 函式，功能是從每個節點的鄰居節點處整理資訊。

- COMBINE 函式，功能是透過結合來自鄰居節點的聚合資訊和當前的節點表徵來更新節點的表徵。

在數學上，我們可以將圖神經網路的一般框架定義如下。

初始：$H^0 = X$

對於 $k = 1, 2, \cdots, K$ ：

$$a_v^k = \text{AGGREGATE}^k \{ H_u^{k-1} : u \in N(v) \} \qquad （4.1）$$

$$H_v^k = \text{COMBINE}^k \{ H_v^{k-1}, a_v^k \} \qquad （4.2）$$

其中，$N(v)$ 是第 v 個節點的鄰居節點的集合。最後一層的節點表徵 H^K 可以看作最終的節點表徵。

一旦有了節點表徵，它們就可以用於下游任務。以節點分類為例，節點 v 的標籤（表示為 $\hat{y}_v$）可以透過 Softmax 函式進行預測：

$$\hat{y}_v = \text{Softmax} (WH_v^{\text{T}}) \qquad （4.3）$$

其中，$W \in \mathbb{R}^{|\mathscr{L}| \times F}$，$|\mathscr{L}|$ 是輸出空間中標籤的數量。

給定一組有標籤的節點，可以透過最小化以下損失函式來訓練整個模型：

$$O = \frac{1}{n_l} \sum_{i=1}^{n_l} \text{loss} (\hat{y}_i, y_i) \qquad （4.4）$$

其中，y_i 是節點 i 的標注標籤，n_l 是標籤節點的數量，$\text{loss}(\cdot, \cdot)$ 是一個損失函式（如交叉熵損失函式）。整個神經網路可以透過反向傳播使目標函式 O 最小化而得到最佳化。

在上述內容中，我們介紹了圖神經網路的一般框架。接下來，我們介紹文獻中幾個最具代表性的圖神經網路的實例或變形。

4.2.2　圖卷積網路

我們將從圖卷積網路（GCN）（Kipf and Welling, 2017b）開始。GCN 由於在各種任務和應用中具有簡單性和有效性，因此成為目前非常流行的圖神經網路架構。具體來說，在 GCN 中，每一層的節點表徵是根據以下傳播規則進行更新的：

$$H^{k+1} = \sigma (\tilde{D}^{-\frac{1}{2}} \tilde{A} \tilde{D}^{-\frac{1}{2}} H^k W^k) \qquad （4.5）$$

$\tilde{A} = A + I$ 是給定無向圖 $\mathscr{G}$ 的自連接的鄰接矩陣，它允許在更新節點表徵時納入節點表徵本身。$I \in \mathbb{R}^{N \times N}$ 是單位矩陣。$\tilde{D}$ 是一個對角矩陣，其中，每一個 $\tilde{D}_{ii} = \sum_j \tilde{A}_{ij}$。$\sigma(\cdot)$ 是一個啟動函式，如 ReLU 函式和 Tanh 函式。啟動函式 ReLU 已得到廣泛使用，具體定義為 ReLU(x)=max(0, x)。$W^k \in \mathbb{R}^{F \times F'}$（$F$ 和 F' 分別是第 k 層和第（k+1）層的節點表徵的維度）是一個分層線性變換矩陣，它將在最佳化期間被訓練。

我們可以進一步剖析式（4.5），以了解 GCN 中定義的 AGGREGATE 和 COMBINE 函式。對於一個節點 i，節點更新公式可以重新表示如下：

$$H_i^k = \sigma \left(\sum_{j \in \{N(i) \cup i\}} \frac{\tilde{A}_{ij}}{\sqrt{\tilde{D}_{ii} \tilde{D}_{jj}}} H_j^{k-1} W^k \right) \tag{4.6}$$

$$H_i^k = \sigma \left(\sum_{j \in N(i)} \frac{A_{ij}}{\sqrt{\tilde{D}_{ii} \tilde{D}_{jj}}} H_j^{k-1} W^k + \frac{1}{\tilde{D}_i} H_i^{k-1} W^k \right) \tag{4.7}$$

在式（4.7）中，我們可以看到 AGGREGATE 函式被定義為鄰居節點表徵的加權平均值。鄰居節點 j 的權重是由節點 i 和節點 j 之間的邊的權重決定的（換言之，A_{ij} 按照兩個節點的度數歸一化）。COMBINE 函式被定義為聚合訊息和節點表徵本身的總和，其中，節點表徵按照節點自身的度數歸一化。

與譜圖卷積的關聯。接下來，我們討論 GCN 與定義在圖上的傳統譜篩檢程式之間的關聯（Defferrard et al, 2016）。圖上的譜卷積可以定義為節點訊號 $x \in \mathbb{R}^N$，帶有傅立葉域上的卷積濾波器 $g_\theta = \text{diag}(\theta)$（$\theta \in \mathbb{R}^N$ 是濾波器的參數）。在數學上：

$$g_\theta \star x = U g_\theta U^T x \tag{4.8}$$

U 代表歸一化的圖拉普拉斯矩陣 $L = I_N - D^{-\frac{1}{2}} A D^{-\frac{1}{2}}$ 的特徵向量矩陣。$L = U\Lambda U^T$，其中的 Λ 是一個特徵值的對角矩陣，而 $U^T x$ 是輸入訊號 x 的圖傅立葉變換。在實踐中，g_θ 可以視為歸一化的圖拉普拉斯矩陣 L 的特徵值的函式（如 $g_\theta(\Lambda)$）。然而在實踐中，直接計算式（4.8）的代價是非常昂貴的，該式是節點

數 N 的二次函式。根據（Hammond et al, 2011），這個問題可以透過將謝比雪夫多項式 $T_k(x)$ 的截斷擴充到 K 階來對近似函式 $g_\theta(\varLambda)$ 進行化簡：

$$g_{\theta'}(\varLambda) = \sum_{k=0}^{K} \theta'_k T_k(\tilde{\varLambda}) \tag{4.9}$$

其中，$\varLambda = \dfrac{2}{\lambda_{\max}}\varLambda - I$，$\lambda_{\max}$ 是 L 的最大特徵值。$\theta' \in \mathbb{R}^K$ 是謝比雪夫係數向量。$T_k(x)$ 是謝比雪夫多項式，可遞迴定義為 $T_k(x) = 2xT_{k-1}(x) - T_{k-2}(x)$，其中 $T_0(x) = 1$，$T_1(x) = x$。透過結合式（4.8）和式（4.9），帶有濾波器 $g_{\theta'}$ 的訊號 x 的卷積可以重新表示如下：

$$g_{\theta'} \star x = \sum_{k=0}^{K} \theta'_k T_k(\tilde{L})x \tag{4.10}$$

其中，$\tilde{L} = \dfrac{2}{\lambda_{\max}}L - I$。由此我們可以看出，每個節點只取決於 K 階鄰域內的資訊。求值式（4.10）的整體複雜度是 $\mathcal{O}(|\mathscr{E}|)$（與原始圖 $\mathscr{G}$ 中的邊數是線性關係），這是非常有效的。

為了定義一個以圖卷積為基礎的神經網路，我們可以將根據式（4.10）定義的多個卷積層堆疊在一起，每一個卷積層的後面都有一個非線性變換。GCN 的作者建議將每一層的卷積數限制為 $K=1$，而非限制為由式（4.10）定義的謝比雪夫多項式的明確參數化。透過這樣做，我們在每一層只定義了一個關於圖拉普拉斯矩陣 L 的線性函式。然而，透過堆疊多個這樣的層，我們仍然能夠覆蓋圖上豐富的卷積濾波函式類。直觀地說，這樣的模型能夠緩解節點度分布具有高變異性的圖的局部鄰域結構的過擬合問題，如社群網站、WWW 和引文網路。

在每一層，我們可以進一步設定 $\lambda_{\max} \approx 2$，這可以由訓練期間的神經網路參數來完成。以這些簡化為基礎，可以得到

$$g_{\theta'} \star x \approx \theta'_0 x + \theta'_1 x(L - I_N)x = \theta'_0 x - \theta'_1 x D^{-\frac{1}{2}} A D^{-\frac{1}{2}} \tag{4.11}$$

其中，θ'_0 和 θ'_0 是兩個自由參數，可以在整個圖上共用。在實踐中，我們可以進一步減少參數的數量，這樣可以降低過擬合，同時使每一層的運算元最小。於是，我們可以進一步得到以下運算式：

$$g_\theta \star x \approx \theta(I + D^{-\frac{1}{2}}AD^{-\frac{1}{2}})x \qquad (4.12)$$

其中，$\theta = \theta'_0 = -\theta'_1$。一個潛在的問題是：矩陣 $I_N + D^{-\frac{1}{2}}AD^{-\frac{1}{2}}$ 的特徵值位於區間 [0, 2]。在深度圖卷積神經網路中，重複應用上述函式可能導致梯度爆炸或梯度消失，產生數值不穩定現象。因此，我們可以進一步重新歸一化這個矩陣，將 $I + D^{-\frac{1}{2}}AD^{-\frac{1}{2}}$ 轉為 $I + \tilde{D}^{-\frac{1}{2}}\tilde{A}\tilde{D}^{-\frac{1}{2}}$，其中 $\tilde{A} = A + I$，$\tilde{D}_{ii} = \sum_j \tilde{A}_{ij}$。

在上述內容中，我們考慮了只有一個特徵通道和一個濾波器的情況。這可以很容易地推廣到包含 C 個通道的輸入訊號 $X \in \mathbb{R}^{N \times C}$ 和 F 個濾波器（或隱藏單元）的情況，如下所示：

$$H = \tilde{D}^{-\frac{1}{2}}\tilde{A}\tilde{D}^{-\frac{1}{2}}XW \qquad (4.13)$$

其中，$W \in \mathbb{R}^{C \times F}$ 是濾波器參數的矩陣，H 是卷積後的訊號矩陣。

4.2.3 圖注意力網路

在 GCN 中，對目標節點 i 來說，鄰居節點 j 的重要性是由它們的邊 A_{ij} 的權重決定的（按它們的節點度歸一化）。然而在實踐中，輸入圖可能是有雜訊的。邊的權重可能無法反映兩個節點之間的真實強度。因此，一種更有原則的方法是自動地學習每個鄰居節點的重要性。圖注意力網路，又稱 GAT（Veličković et al, 2018），就建立在這種方法的基礎上，並試圖根據注意力機制來學習每個鄰居節點的重要性（Bahdanau et al, 2015；Vaswani et al, 2017）。注意力機制已被廣泛應用於自然語言理解（如機器翻譯和問答）和電腦視覺（如視覺問答和影像說明）等任務中。接下來我們介紹如何在圖神經網路中使用注意力。

圖注意力層。圖注意力層定義了如何將第（$k-1$）層的隱藏節點表徵（表示為 $H^{k-1} \in \mathbb{R}^{C \times F}$）更新到第 k 層的新的節點表徵 $H^k \in \mathbb{R}^{C \times F'}$。為了保證有足夠的表達能力將低級節點表徵轉為高級節點表徵，圖注意力層在每個節點上應用了一個共用的線性轉換，表示為 $W \in \mathbb{R}^{F \times F'}$。此外，圖注意力層針對每個節點定義了一種額外的自注意力機制，旨在透過共用的注意力機制 $a : \mathbb{R}^{F'} \times \mathbb{R}^{F'} \to R$ 來測量任何一對節點的注意力係數。

$$e_{ij} = a(\boldsymbol{WH}_i^{k-1}, \boldsymbol{WH}_j^{k-1}) \tag{4.14}$$

e_{ij} 表示節點 i 和節點 j 之間的關係強度。注意，在本節中，我們用 $\boldsymbol{H}_i^{k-1}$ 表示列向量而非行向量。對於每個節點，我們在理論上可以允許它關注圖上的每一個其他節點，然而，將會忽略圖的結構資訊。一種更合理的解決方案是只關注每個節點的鄰居節點，並在實踐中只使用一階鄰居節點（包括節點本身）。為了使不同節點的係數具有可比性，我們通常使用 Softmax 函式將注意力係數歸一化：

$$\alpha_{ij} = \mathrm{Softmax}_j(\{e_{ij}\}) = \frac{\exp(e_{ij})}{\displaystyle\sum_{l \in N(i)} \exp(e_{il})} \tag{4.15}$$

可以看到，對節點 i 來說，α_{ij} 在本質上相當於定義了一個關於鄰居節點的多項式分布，α_{ij} 也可以解釋為從節點 i 到每個鄰居節點的轉移機率。

在 Veličković et al（2018）所做的研究中，注意力機制被定義為一個單層前饋神經網路（包括一個權重向量 $\boldsymbol{W}_2 \in \mathbb{R}^{1 \times 2F'}$ 的線性變換）和一個非線性啟動函式 LeakyReLU（帶有負的輸入斜率 α=0.2）。更具體地說，我們可以透過以下公式來計算注意力係數

$$\alpha_{ij} = \frac{\exp(\mathrm{LeakyReLU}\,(\boldsymbol{W}_2[\boldsymbol{WH}_i^{k-1} \,\|\, \boldsymbol{WH}_j^{k-1}]))}{\displaystyle\sum_{l \in N(i)} \exp(\mathrm{LeakyReLU}\,(\boldsymbol{W}_2[\boldsymbol{WH}_i^{k-1} \,\|\, \boldsymbol{WH}_l^{k-1}]))} \tag{4.16}$$

其中，$\|$ 代表兩個向量的連接操作。新的節點表徵是相鄰節點表徵的線性組合，其權重由注意力係數決定（帶有潛在的非線性轉換）：

$$\boldsymbol{H}_i^k = \sigma\left(\sum_{j \in N(i)} \alpha_{ij} \boldsymbol{WH}_j^{k-1} \right) \tag{4.17}$$

多頭注意力。在實踐中，可以使用多頭注意力機制，而非只使用單一注意力機制，每個注意力頭決定了節點上不同的相似度函式。對於每個注意力頭，我們可以根據式（4.17）獨立地獲得一個新的節點表徵。最終的節點表徵則是由不同注意力頭學習的節點表徵的串聯。在數學上：

$$H_i^k = \Big\|_{t=1}^{T} \, \sigma \left(\sum_{j \in N(i)} \alpha_{ij}^t W^t H_j^{k-1} \right) \tag{4.18}$$

其中，T 是注意力頭的總數，α_{ij}^t 是由第 t 個注意力頭計算的注意力係數，W^t 是第 t 個注意力頭的線性變換矩陣。

Veličković et al（2018）在發表的論文中提到一點：在最後一層，當試圖結合來自不同注意力頭的節點表徵時，可以使用其他池化技術，而非使用串聯操作。舉例來說，可以簡單地從不同注意力頭中獲取平均節點表徵：

$$H_i^k = \sigma \left(\frac{1}{T} \sum_{t=1}^{T} \sum_{j \in N(i)} \alpha_{ij}^t W^t H_j^{k-1} \right) \tag{4.19}$$

4.2.4 訊息傳遞神經網路

另一種非常流行的圖神經網路架構是訊息傳遞神經網路（Message Passing Neural Network，MPNN）（Gilmer et al, 2017），MPNN 最初是為學習分子圖表徵而提出的。然而，MPNN 實際上非常通用，這是因為 MPNN 提供了一種通用的圖神經網路框架，它也可以用於節點分類任務。MPNN 的基本思想是將現有的圖神經網路表示為節點間神經訊息傳遞的一般框架。MPNN 有兩個重要的函式——訊息函式和更新函式：

$$m_i^k = \sum_{i \in N(j)} M_k(H_i^{k-1}, H_j^{k-1}, e_{ij}) \tag{4.20}$$

$$H_i^k = U_k(H_i^{k-1}, m_i^k)$$

其中，$M_k(\cdot, \cdot, \cdot)$ 定義了第 k 層中節點 i 和節點 j 之間的訊息，具體取決於兩個節點的表徵及其邊資訊。U_k 是第 k 層的節點更新函式，它結合了來自鄰居節點和節點表徵本身的聚合訊息。我們可以看到，MPNN 框架與 4.2.1 節介紹的一般框架非常相似，那裡定義的 AGGREGATE 函式只是對來自鄰居節點的所有訊息進行求和，COMBINE 函式與節點更新函式相同。

4.2.5　連續圖神經網路

前面介紹的圖神經網路透過不同種類的圖卷積層來迭代更新節點表徵。在本質上，這些方法使用 GNN 對節點表徵的離散動態進行建模。Xhonneux et al（2020）提出了連續圖神經網路（Continuous Graph Neural Network，CGNN），旨在將現有的具有離散動態的圖神經網路推廣到連續場景中，即試圖對節點表徵的連續動態進行建模，其關鍵在於有效地建模節點表徵的連續動態，也就是建模節點表徵的導數與時間的關係。CGNN 模型的靈感來自圖上以擴散為基礎的模型，如 PageRank 和社群網站的流行病模型。節點表徵的導數被定義為節點表徵本身、其鄰居節點的表徵以及節點的初始狀態的組合。具體來說，CGNN 引入了兩個不同的節點動態模型：第一個模型假設節點表徵的不同維度（又稱為特徵通道）是獨立的；第二個模型更加靈活，它允許不同的特徵通道相互影響。接下來，我們分別詳細介紹這兩個模型。

注意：這裡不使用原始的鄰接矩陣 A，而是使用下面的正 s 規化矩陣來描述圖的結構。

$$A := \frac{\alpha}{2}(I + D^{-\frac{1}{2}} A D^{-\frac{1}{2}}) \tag{4.22}$$

其中，$\alpha \in (0,1)$ 是一個超參數。D 是原始鄰接矩陣 A 的度矩陣。有了新的正規化鄰接矩陣 A，A 的特徵值將位於區間 $[0, \alpha]$，將會使得 A^k 在指數 k 增加時收斂到 0。

模型 1：獨立特徵通道。由於圖中的不同節點是相互連接的，因此在建構每個特徵通道的動態模型解決方案時應該考慮到圖結構，以便資訊可以在不同的節點之間傳播。CGNN 受到現有的圖上以擴散為基礎的方法的啟發，如 PageRank（Page et al, 1999）和標籤傳播（Zhou et al, 2004），使用以下階梯式傳播公式定義了節點表徵（或節點上的訊號）的離散傳播：

$$H^{k+1} = AH^k + H^0 \tag{4.23}$$

其中，$H^0 = X$ 或編碼器對輸入特徵 X 的輸出。直觀地說，每次更新完的新的節點表徵都是其相鄰節點表徵以及初始節點特徵的線性組合。這樣的機制允

許在沒有忘記初始節點特徵的情況下對圖上的資訊傳播進行建模。我們可以展開式（4.23），從而明確地推導出第 k 步的節點表徵：

$$H^k = \left(\sum_{i=0}^{k} A^i \right) H^0 = (A - I)^{-1} (A^{k+1} - I) H^0 \qquad (4.24)$$

由於上述公式有效地模擬了節點表徵的離散動態，因此 CGNN 模型進一步將其擴充到了連續場景，也就是把離散的時間步 k 替換為連續變數 $t \in \mathbb{R}_0^+$。具體來說，人們已經證明式（4.24）是以下常微分公式（Ordinary Differential Equation，ODE）的離散化：

$$\frac{\mathrm{d}H^t}{\mathrm{d}t} = \log A H^t + X \qquad (4.25)$$

初值 $H^0 = (\log A)^{-1}(A - I) X$，其中，$X$ 是初始節點特徵或應用於 X 的編碼器的輸出，具體的證明細節請參考原始論文（Xhonneux et al, 2020）。在式（4.25）中，由於 $\log A$ 在實踐中難以計算，因此我們用一階泰勒擴充來近似，$\log A \approx A - I$。透過整合所有這些資訊，我們得到以下 ODE 公式：

$$\frac{\mathrm{d}H^t}{\mathrm{d}t} = (A - I)H^t + X \qquad (4.26)$$

初值 $H^0 = X$，這是 CGNN 模型的第一個變形。

CGNN 模型實際上是非常直觀的，它與傳統的流行病模型關聯緊密。對流行病進行建模的目的是研究人群中的感染動態。具體來說，我們通常假設人群的感染會受到三個不同因素的影響，分別是來自鄰居的感染、自然恢復和人群的自然特徵。如果把 H^t 當作時間 t 的感染人數，那麼這三個因素便可以自然地用式（4.26）中的三個項來建模：AH^t 代表來自鄰居的感染，$-H^t$ 代表自然恢復，X 代表人群的自然特徵。

模型 2：對特徵通道的相互作用進行建模。上面的模型假設不同的節點特徵通道是相互獨立的，這是一個非常強的假設，並且限制了模型的能力。受圖神經網路線性變形〔如 Simple GCN（Wu et al, 2019a）〕取得成功的啟發，CGNN 提出了一個更強大的離散節點動態模型，以允許不同的特徵通道相互作用：

$$H^{k+1} = AH^k W + H^0 \qquad (4.27)$$

其中，$W \in \mathbb{R}^{F \times F}$ 是權重矩陣，用於建模不同特徵通道之間的相互作用。同樣，我們也可以將上述離散動力學擴充到連續情況，從而得到以下公式：

$$\frac{\mathrm{d}H^t}{\mathrm{d}t} = (A-I)H^t + H^t(W-I) + X \qquad (4.28)$$

初值為 $H^0=X$。這是 CGNN 的第二種變形，具有可訓練的權重。式（4.28）定義的類似形式的 ODE 已經在控制理論的文獻中被研究過，被稱為 Sylvester 微分公式（Locatelli and Sieniutycz, 2002）。矩陣 $A-I$ 和 $W-I$ 描述了系統的自然解，而 X 是提供給系統的資訊，以驅動系統進入預期狀態。

討論 連續圖神經網路（CGNN）具有多種良好的特性：（1）最近的研究表示，如果我們增加離散圖神經網路的層數 K，則學習到的節點表徵往往存在過平滑問題（詳見 4.4 節），從而失去表達能力。相反，連續圖神經網路能夠訓練非常深的圖神經網路，並且在實驗中對任意選擇的整合時間具有堅固性。（2）對圖上的一些任務，關鍵是要對節點之間的長距離依賴關係進行建模，這就需要訓練深的 GNN。由於過平滑問題，現有的離散 GNN 無法訓練非常深的 GNN。CGNN 能夠有效地對節點之間的長距離依賴性進行建模，這要歸功於其在時間上的穩定性。（3）超參數 α 非常重要，它控制著擴散的速度。具體來說，超參數 α 控制著正規化矩陣 A 的高階冪消失的速度。在（Xhonneux et al, 2020）中，作者提議為每個節點學習不同的 α 值，因為這樣可以為不同的節點選擇最佳的擴散率。

4.2.6 多尺度譜圖卷積網路

下面我們先簡單回顧 GCN 中的單層圖卷積演算法（Kipf and Welling, 2017b）H=LHW，其中，$L = D^{-\frac{1}{2}}\tilde{A}D^{-\frac{1}{2}}$。這裡我們去掉了展現層數的上標，以免與矩陣冪的符號發生衝突。這種簡單的圖卷積操作主要有兩個問題。第一個問題是，一個圖卷積層只能將資訊從任意節點傳播到最近的鄰居節點，也就是一階之外的鄰居節點。如果想把資訊傳播給 M 階以外的鄰居節點，就必須堆積 M 個圖卷積層，或計算圖卷積與圖拉普拉斯的 M 次方，也就是 $H = \sigma(L^M HW)$。當 M 很大時，堆疊層的解決方案會使整個 GCN 模型變得非常深，從而在學習中產生問題，如梯度消失。這與我們訓練非常深的前饋神經網路時的經歷相似。對矩陣

冪的解決方案，樸素地計算圖拉普拉斯的 M 次冪也是非常耗時耗力的（舉例來說，對有 N 個節點的圖，時間複雜度是 $O(N^{3(M-1)})$）。第二個問題是，GCN 中沒有與圖拉普拉斯矩陣 L 相關的可學習參數（這裡的 L 對應於圖的連接或結構）。唯一可學習的參數 W 是一個同時應用於每個節點的線性變換，但與結構資訊無關。需要注意的是，我們通常會將可學習的權重連結到邊上，同時將卷積應用到像網格這樣的規則圖上（舉例來說，將二維卷積應用到影像上），將會極大地提高模型的表達能力。然而，目前我們還不清楚如何向圖拉普拉斯矩陣 L 增加可學習的參數，因為參數的尺寸可能會因圖而異。

為了克服這兩個問題，Liao et al（2019b）提出了 Lanczos 網路。給定圖拉普拉斯矩陣 L^1 和節點特徵 X，首先使用 M 步的 Lanczos 演算法（Lanczos, 1950）（詳見演算法 1）計算一個正交矩陣 Q 和一個對稱的三對角矩陣 T，使得 $Q^T L Q = T$。

→ **演算法 1 Lanczos 演算法**

1　輸入：S, x, M, ε
2　初始化：$\beta_0 = 0$, $q_0 = 0$ 且 $q_1 = x/\|x\|$
3　對於 $j = 1, 2, \cdots, K$：
4　　　$z = Sq_j$
5　　　$\gamma_j = q_j^T z$
6　　　$z = z - \gamma_j q_j - \beta_{j-1} q_{j-1}$
7　　　$\beta_j = \|z\|_2$
8　　　若 $\beta_j < \varepsilon$, 則退出
9　　　$q_{j+1} = z/\beta_j$
10
11　$Q = [q_1, q_2, \cdots, q_M]$
12　按照式（4.29）構造 T
13　本徵分解 $T = BRB^T$
14　傳回 $V = QB$ 和 $R. = 0$

1　這裡假設了一個對稱的圖拉普拉斯矩陣，如果它是非對稱的（如有方向圖的拉普拉斯矩陣），則可以求助於 Arnoldi 演算法。

$Q=[q_1, q_2, \cdots, q_M]$，其中的列向量 q_i 是第 i 個 Lanczos 向量。請注意，M 可能比節點數 N 小得多。三對角矩陣 T 的形式如下：

$$T = \begin{bmatrix} \gamma_1 & \beta_1 & & & \\ \beta_1 & & \ddots & & \\ & \ddots & \ddots & & \beta_{M-1} \\ & & & \beta_{M-1} & \gamma_M \end{bmatrix}$$
(4.29)

在得到三對角矩陣 T 後，我們可以透過將矩陣 T 對角化來計算用於近似 L 的頂部特徵值及特徵向量的 Ritz 值和 Ritz 向量，$T=BRB^T$，其中的 $K \times K$ 對角矩陣 R 包含 Ritz 值，$B \in \mathbb{R}^{K \times K}$ 是正交矩陣。這裡的「頂部」指的是將特徵值按大小以降冪排列後得到的前幾個特徵值，這可以透過一般的特徵分解或一些專門針對三對角矩陣的快速分解方法來實現。現在我們有了圖拉普拉斯矩陣 $L \approx VRV^T$ 的低秩近似，其中 $V=QB$。若將 V 的列向量表示為 $\{v_1, v_2, \cdots, v_M\}$，則多尺度圖卷積為

$$H = \hat{L}HW$$
$$\hat{L} = \sum_{m=1}^{M} f_\theta(r_m^{I_1}, r_m^{I_2}, \cdots, r_m^{I_u})v_m v_m^T$$
(4.30)

其中，$\{I_1, I_2, \cdots, I_u\}$ 是一組表示規模 / 範圍的參數，它們決定了我們希望在圖上傳播多少階（或多遠）的資訊。舉例來說，我們可以很容易地設定 $\{I_1=50, I_2=100\}$（此時 $u=2$），以考慮分別傳播 50 步和 100 步的情況。需要注意的是，我們只需要計算純量的冪，而不需要計算原始的矩陣冪。在這種情況下，Lanczos 演算法的總複雜度是 $O(MN^2)$，這使得整個演算法比直接計算矩陣冪要有效得多。此外，f_θ 是一個以 θ 為參數的可學習的譜濾波器，可應用於不同大小的圖，這是因為我們已經對圖的大小和 f_θ 的輸入大小做了解耦。透過將 f_θ 直接作用於圖拉普拉斯，就可以極大提高模型的表達能力。

儘管 Lanczos 演算法提供了一種有效的方法來近似計算圖拉普拉斯的任意冪，但這仍然是一種低秩近似，可能會失去某些資訊（如高頻資訊）。為了解決這個問題，我們可以進一步利用小規模的參數做普通圖卷積，如 $H=L^S HW$，其中，S 可以是 2 或 3 這樣的小整數。由此得到的表徵可以與透過式（4.30）中

的遠端圖卷積得到的表徵相連接。依靠上述設計,我們就可以透過增加非線性和堆疊多個這樣的層來建立一個深層圖卷積網路(也就是 Lanczos 網路),就像 GCN 一樣。Lanczos 網路的整體推理過程如圖 4.1 所示。這種方法在各種資料集和任務上有著很好的效果,包括量子化學中的分子特性預測以及引文網路中的文件分類。我們只需要對原始的 GCN 實現進行輕微修改即可。然而,如果輸入的圖非常大(例如一些大型的社群網站),則 Lanczos 演算法本身將是一個計算瓶頸。因此,在這樣的問題背景下如何改進這個模型?這是一個開放性的問題。

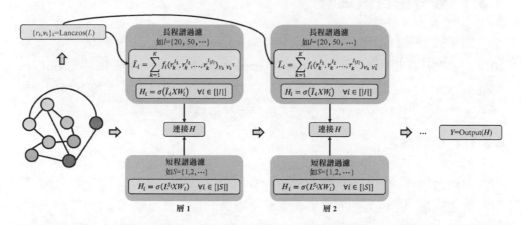

▲ 圖 4.1　Lanczos 網路的推理過程。其中,近似的頂部特徵值 $\{r_k\}$ 和特徵向量 $\{v_k\}$ 是由 Lanczos 演算法計算得出的。請注意,這個步驟只對每個圖執行一次。遠端的圖卷積(圖的頂部)是透過圖拉普拉斯的低秩近似來有效計算的。我們可以控制尺度(即特徵值的指數)作為超參數。可學習的譜篩檢程式被應用於近似的頂部特徵值 $\{r_k\}$。短程的圖卷積(圖的底部)與 GCN 相同。圖 4.1 改編自 Liao et al(2019b)中的圖 1。(本書為單色印刷,色彩標示部分可能無法正確顯示)

在這裡,我們只介紹了幾個有代表性的用於節點分類的圖神經網路架構。當然,除這裡介紹的模型以外,還有許多其他著名的架構,比如門控圖神經網路(Li et al, 2016b)和 GraphSAGE(Hamilton et al, 2017b),前者主要針對輸出序列而設計,後者主要針對節點分類的歸納式場景而設計。

4.3　無監督的圖神經網路

在本節中，我們將回顧一些有代表性的以 GNN 為基礎的圖結構資料無監督學習方法，包括變分圖自編碼器（Kipf and Welling, 2016）和深度圖資訊最大化（deep graph infomax）（Veličković et al, 2019）。

4.3.1　變分圖自編碼器

起源於變分自編碼器（VAE）（Kingma and Welling, 2014；Rezende et al, 2014），變分圖自編碼器（Variational Graph Auto-Encoder，VGAE）（Kipf and Welling, 2016）為圖結構資料的無監督學習提供了一個框架。在接下來的內容中，我們將首先回顧 VGAE 模型，然後討論其優缺點。

4.3.1.1　問題設定

給定一個有 N 個節點的無向圖 $\mathcal{G} = (\mathcal{V}, \mathcal{E})$，其中的每個節點都有對應的特徵或屬性向量。把所有的節點特徵都緊湊地表示為一個矩陣 $X \in \mathbb{R}^{N \times C}$。圖的鄰接矩陣是 A。假設自連接已被增加到原始圖 $\mathcal{G}$ 中，因此 A 的對角線項是 1。這也是圖卷積網路（GCN）的慣用表示形式（Kipf and Welling, 2017b），即使模型在更新節點的新表徵時考慮了舊表徵。這裡還假設每個節點都與一個隱變數相連結（所有潛表徵的集合再次被緊湊地表示為一個矩陣 $Z \in \mathbb{R}^{N \times F}$）。我們對推斷圖中節點的隱變數和邊的解碼感興趣。

4.3.1.2　模型

與 VAE 類似，VGAE 包含一個編碼器 $q_\phi(Z|A,X)$、一個解碼器 $p_\theta(A|Z)$ 和一個先驗 p(Z)。

編碼器。編碼器的目標是學習一個與每個節點相關的隱變數的分布，以節點特徵 X 和鄰接矩陣 A 為條件。我們可以將 $q_\phi(Z|A, X)$ 實例化為一個圖神經網路，其中可學習的參數為 ϕ。特別是，VGAE 假設了一個與節點無關的編碼器，如下所示：

$$q_\phi(Z \mid X, A) = \prod_{i=1}^{N} q_\phi(z_i \mid X, A) \tag{4.31}$$

$$q_\phi(z_i \mid X, A) = \mathcal{N}(z_i \mid \mu_i, \mathrm{diag}(\sigma_i^2)) \tag{4.32}$$

$$\mu, \sigma = \mathrm{GCN}_\phi(X, A) \tag{4.33}$$

其中，z_i、μ_i 和 σ_i 分別是矩陣 Z、μ 和 σ 的第 i 行。一般來說，我們假設具有對角協方差的多變數正態分布是每個節點隱變數（如 z_i）的近似分布。平均值和對角協方差是由編碼器網路預測的，比如 4.2.2 節中描述的 GCN。舉例來說，原論文採用了一個兩層的 GCN，如下所示：

$$\mu = \tilde{A} H W_\mu \tag{4.34}$$

$$\sigma = \tilde{A} H W_\sigma \tag{4.35}$$

$$H = \mathrm{ReLU}(\tilde{A} X W_0) \tag{4.36}$$

其中，$\tilde{A} = D^{-\frac{1}{2}} A D^{-\frac{1}{2}}$ 是對稱且歸一化的鄰接矩陣，D 是度數矩陣。因此，可學習的參數是 $\phi = [W_\mu, W_\sigma, W_0]$。

解碼器。給定抽樣的隱變數，解碼器的目的是預測節點之間的邊。原論文採用了一種簡單的以點積為基礎的預測演算法：

$$p(A \mid Z) = \prod_{i=1}^{N} \prod_{j=1}^{N} p(A_{ij} \mid z_i, z_j) \tag{4.37}$$

$$p(A_{ij} \mid z_i, z_j) = \sigma(z_i^{\mathrm{T}} z_j) \tag{4.38}$$

其中，A_{ij} 表示第 (i, j) 個元素，$\sigma(\cdot)$ 是 Sigmoid 啟動函式。為了便於處理，這個解碼器再次假設所有可能的邊都是條件獨立的。請注意，這個解碼器並沒有相關的可學習參數。提高解碼器表現的唯一方法是學習好的隱變數。

先驗。隱變數的先驗分布被簡單地設定為具有單位方差的獨立零平均值高斯分布。

$$p(Z) = \prod_{i=1}^{N} \mathcal{N}(z_i \mid \mathbf{0}, \mathbf{I}) \qquad (4.39)$$

在整個學習過程中，這個先驗是固定的，就像典型的 VAE 所做的那樣。

目標和學習。為了學習編碼器和解碼器，我們通常會像 VAE 那樣最大限度地提高證據下限（ELBO）。

$$\mathcal{L}_{\text{ELBO}} = \mathbb{E}_{q_\phi(Z|X,A)}[\log p(A \mid Z)] - \text{KL}(q_\phi(Z \mid X, A) \| p(Z)) \qquad (4.40)$$

其中，$\text{KL}(q\|p)$ 是分布 q 和 p 之間的 Kullback-Leibler 散度。請注意，我們不能直接最大化對數似然，因為隱變數 Z 的引入會引起一個高維積分，這是難以計算的。作為替代，我們需要最大化式（4.40）中的 ELBO，這是對數似然的下限。然而，第一個期望項也是難以計算的。我們通常採用蒙特卡洛估計法，從編碼器 $q_\phi(Z|A, X)$ 中抽出幾個樣本，然後用這些樣本來對該項求值。為了使目標最大化，我們可以將隨機梯度下降與重參數化技巧結合起來（Kingma and Welling, 2014）。請注意，重參數化技巧是必要的，因為我們需要透過上述蒙特卡洛估計項中的抽樣進行反向傳播，以計算梯度關於編碼器的參數。

4.3.1.3 討論

VGAE 在文獻中很受歡迎，這主要緣於其簡單性和良好的表現。舉例來說，由於先驗和解碼器沒有可學習的參數，VGAE 是相當輕便的，訓練過程也很迅速。此外，VGAE 是通用的，一旦學會一個好的編碼器，比如好的隱變數，就可以用它來預測邊（預測連結）和節點屬性等。但是，VGAE 在以下幾個方面仍有局限性。首先，VGAE 不能像 VAE 對影像所做的那樣作為一個好的圖生成模型使用，因為解碼器是不可學習的。我們可以簡單地設計一些可學習的解碼器。然而，目前我們還不清楚學習好的隱變數和生成高品質的圖的目標是否總

是一致。沿著這個方向進行更多探索將很有前景。其次，編碼器和解碼器都利用了條件獨立假設，但效果可能是非常有限的，考慮更多的結構依賴性（如自動回歸）將比較理想，從而提高模型的能力。另外，正如原論文中所討論的，先驗分布的選擇可能不是最佳的。最後，對於實踐中的連結預測，我們可能需要在解碼器中增加邊與非邊的權重，並且需要仔細調整權重，因為圖可能非常稀疏。

4.3.2　深度圖資訊最大化

起源於相互資訊神經估計（Mutual Information Neural Estimation，MINE）（Belghazi et al, 2018）和深度資訊最大化（Deep Infomax）（Hjelm et al, 2018）的理論，深度圖資訊最大化（Veličković et al, 2019）是一個無監督的學習框架，旨在透過相互資訊最大化原則學習圖的表徵。

4.3.2.1　問題設定

根據原論文，我們將解釋單圖設定下的模型，即提供單一圖的節點特徵矩陣 X 和圖鄰接矩陣 A 作為輸入。4.3.2.3 節將討論對其他問題設定的擴充，如直推式和歸納式學習設定。在這裡，我們的目標是以無監督方式學習節點表徵。在學習節點表徵後，我們可以在表徵的基礎上應用一些簡單的線性（邏輯斯回歸）分類器來執行監督任務，如節點分類。

4.3.2.2　模型

圖 4.2 展示了深度圖資訊最大化的整體流程。

深度圖資訊最大化模型的主要思想是使節點表徵（捕捉圖的局部資訊）和圖表徵（捕捉圖的全域資訊）之間的局部相互資訊最大化。透過這樣做，學習到的節點表徵就可以盡可能地捕捉到圖的全域資訊。這裡將圖編碼器表示為 ε，ε 可以是我們之前討論過的任何 GNN，例如一個兩層的 GCN。我們可以得到所有的節點表徵：$H=\varepsilon(X, A)$，其中任何節點 i 的表徵 h_i 都應該包含一些靠近節點 i 的局部資訊。為了獲得全域圖資訊，我們可以使用一個讀出（readout）函式來處理所有的節點表徵：$s=\mathcal{R}(H)$。其中，讀出函式 $\mathcal{R}$ 可以是一些可學習的集合函式，也可以是一些簡單的平均運算子。

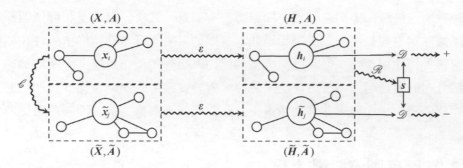

▲ 圖 4.2　深度圖資訊最大化的整體流程。上方的路徑顯示的是如何處理正樣本，下方的路徑顯示的是如何處理負樣本。請注意，正負兩方面的圖表徵是共用的。正樣本和負樣本的子圖不一定不同。圖 4.2 改編自 Veličković et al（2019）中的圖 1

　　目標。舉出局部節點表徵和圖全域表徵 s，下一步自然是計算它們之間的相互資訊。相互資訊的定義如下：

$$\text{MI}(\boldsymbol{h},\boldsymbol{s}) = \iint p(\boldsymbol{h},\boldsymbol{s})\log\left(\frac{p(\boldsymbol{h},\boldsymbol{s})}{p(\boldsymbol{h})p(\boldsymbol{s})}\right)\mathrm{d}\boldsymbol{h}\mathrm{d}\boldsymbol{s} \tag{4.41}$$

　　然而，如（Hjelm et al, 2018）所述，僅最大化局部相互資訊還不足以學習有用的表徵。為了形成一個更具體的目標，Veličković et al（2019）轉而使用了遵循深度資訊最大化（Hjelm et al, 2018）的雜訊對比型目標：

$$\mathscr{L} = \frac{1}{N+M}\left(\sum_{i=1}^{N}\mathbb{E}_{(X,A)}[\log\mathscr{D}(\boldsymbol{h}_i,\boldsymbol{s})] + \sum_{j=1}^{M}\mathbb{E}_{(\tilde{X},\tilde{A})}[\log(1-\mathscr{D}(\tilde{\boldsymbol{h}}_j,\boldsymbol{s}))]\right) \tag{4.42}$$

　　其中，$\mathscr{D}$ 是一個二元分類器，它將節點表徵 $\boldsymbol{h}_i$ 和圖表徵 $\boldsymbol{s}$ 作為輸入，並預測 $(\boldsymbol{h}_i, \boldsymbol{s})$ 對是來自聯合分布 $p(\boldsymbol{h}, \boldsymbol{s})$（正類）還是邊緣分布 $p(\boldsymbol{h}_i)p(\boldsymbol{s})$ 的乘積（負類）。這裡將 $\tilde{\boldsymbol{h}}_j$ 表示為來自負樣本的第 j 個節點表徵。正樣本和負樣本的數量分別為 N 和 M。接下來我們解釋如何取出正負樣本。我們的整體目標是訓練機率分類器的負二分類交叉熵。請注意，這個目標與生成對抗網路（GAN）中使用的距離類型相同（Goodfellow et al, 2014b），已被證明與 Jensen-Shannon 散度成比例（Goodfellow et al, 2014b；Nowozin et al, 2016）。正如 Hjelm et al（2018）所驗證的，以相互資訊估計器為基礎最大化 Jensen-Shannon 散度，與直接最大

化相互資訊的行為相似（即它們有一個近似的單調關係）。因此，將式（4.42）中的目標最大化即可使相互資訊最大化。更重要的是，選擇負樣本的自由度使得這種方法相比最大化基礎相互資訊更有可能學到有用的表徵。

　　負抽樣。為了產生正樣本，我們可以直接從圖中抽出幾個節點來建構 (h_i, s) 對。對於負樣本，我們可以透過破壞原始圖的資料來生成它們，具體可以表示為 $(\tilde{X}, \tilde{A}) = \mathscr{C}(X, A)$。在實踐中，我們可以選擇這個腐壞函式 $\mathscr{C}$ 的各種形式。舉例來說，在（Veličković et al, 2019）中，這篇論文的作者建議保持鄰接矩陣不變，透過按行打亂順序來破壞節點特徵 X。腐壞函式的其他可能性包括隨機抽樣子圖以及對節點特徵應用捨棄法（Srivastava et al, 2014）。

　　一旦收集到正負樣本，就可以透過最大化式（4.42）中的目標來學習表徵。我們將深度圖資訊最大化的訓練過程總結如下：

- 透過腐壞函式 $(\tilde{X}, \tilde{A}) \sim \mathscr{C}(X, A)$ 對負樣本進行抽樣。

- 計算正樣本的節點表徵 $H = \{h_1, h_2, \cdots, h_N\} = \varepsilon(X, A)$。

- 計算負樣本的節點表徵 $\tilde{H} = \{\tilde{h}_1, \tilde{h}_2, \cdots, \tilde{h}_M\} = \varepsilon(\tilde{X}, \tilde{A})$。

- 透過讀出函式 $s = \mathscr{R}(H)$ 計算圖表徵。

- 透過梯度上升法更新 ε、$\mathscr{D}$ 和 $\mathscr{R}$，使得式（4.42）最大化。

4.3.2.3　討論

　　深度圖資訊最大化是一種針對圖結構資料的高效無監督表徵學習方法。編碼器、讀出器和二分類交叉熵損失函式的實現都很簡單。小量訓練不一定需要儲存整個圖，因為讀出也可以應用於一組子圖。因此，該方法具有很高的記憶體效率。另外，正負樣本的處理可以平行處理地進行。已有文獻證實，在某些條件下（如讀出函式是注入式的，輸入特徵來自有限集合等），最小化交叉熵類型的分類誤差可以用來最大化相互資訊。然而，腐壞函式的選擇對於確保令人滿意的經驗結果似乎是非常重要的。由於目前還沒有一個通用的好的腐壞函式，因此我們需要根據任務或資料集的情況進行反覆實驗，才能獲得一個合適的腐壞函式。

透過堆疊多層圖神經網路來訓練深度圖神經網路通常會產生較差的結果，這是在許多不同的圖神經網路架構中都能觀察到的常見問題。Li et al（2018b）研究發現以上現象主要是過平滑問題導致的，他們還證明了圖卷積網路（Kipf and Welling, 2017b）是拉普拉斯平滑的一種特殊情況：

$$Y = (1 - \gamma I)X + \gamma \tilde{A}_{rw} X \qquad （4.43）$$

其中，$\tilde{A}_{rw} = \tilde{D}^{-1} \tilde{A}$，用於定義圖上節點之間的轉移機率。GCN 對應於拉普拉斯平滑的特例（$\gamma = 1$）並且使用了對稱矩陣 $\tilde{A}_{sym} = \tilde{D}^{-\frac{1}{2}} \tilde{A} \tilde{D}^{-\frac{1}{2}}$。拉普拉斯平滑將推動屬於同一聚類的節點採取類似的表徵，這對下游任務（如節點分類）是有利的。然而，當 GCN 變深時，節點表徵會出現過平滑問題，即所有節點都會有類似的表徵。因此，下游任務的表現也會受到影響。這一現象後來也被其他一些文獻先後指出，如（Zhao and Akoglu, 2019；Li et al, 2018b；Xu et al, 2018a；Li et al, 2019c；Rong et al, 2020b）。

PairNorm（Zhao and Akoglu, 2019）。接下來，我們介紹一種名為 PairNorm 的方法，用於緩解 GNN 變深時的過平滑問題。PairNorm 的基本思想是保持節點表徵的節點對的總平方距離（Total Pairwise Squared Distance，TPSD）不變，讓它們與原始節點特徵 X 的 TPSD 相同。假設 $\tilde{H}$ 是圖卷積的節點表徵的輸出，它同時也是 PairNorm 的輸入，並且假設 $\hat{H}$ 是 PairNorm 的輸出。PairNorm 的目標是將 $\tilde{H}$ 歸一化，使得歸一化後的 TPSD($\hat{H}$)=TPSD(X)。換言之：

$$\sum_{(i,j)\in\mathscr{E}} \| \hat{H}_i - \hat{H}_j \|^2 + \sum_{(i,j)\notin\mathscr{E}} \| \hat{H}_i - \hat{H}_j \|^2 = \sum_{(i,j)\in\mathscr{E}} \| X_i - X_j \|^2 + \sum_{(i,j)\notin\mathscr{E}} \| X_i - X_j \|^2 \qquad （4.44）$$

在實踐中，我們一般不直接測量原始節點特徵 X 的 TPSD，而是在不同的圖卷積層中保持一個恆定的 TPSD 值 C（Zhao and Akoglu, 2019）。TPSD 值 C 將是 PairNorm 層的超參數，可以針對每個資料集對它進行調整。為了將 $\tilde{H}$ 歸一化為具有恆定 TPSD 的 $\hat{H}$，我們必須首先計算 TPSD($\tilde{H}$)。然而計算代價是非

常昂貴的，這對節點數為 N 的圖來說，將達到平方複雜度等級。我們注意到，TPSD 可以重新表示為

$$\text{TPSD}(\tilde{H}) = \sum_{(i,j)\in[N]} \| \tilde{H}_i - \tilde{H}_j \|^2 = 2N^2 \left(\frac{1}{N}\sum_{i=1}^{N} \| \tilde{H}_i \|_2^2 - \| \frac{1}{N}\sum_{i=1}^{N} \tilde{H}_i \|_2^2 \right) \qquad （4.45）$$

我們可以進一步簡化上述公式，從每個 $\tilde{H}_i$ 中減去行平均值。換言之，$\tilde{H}_i^c = \tilde{H}_i - \frac{1}{N}\sum_{i=1}^{N}\tilde{H}_i$，用以表示中心化的表徵。節點表徵的中心化有一個很好的特性，它既不會改變 TPSD，同時也可以將 $\| \frac{1}{N}\sum_{i=1}^{N}\tilde{H}_i \|_2^2$ 推向 0。

因此，我們得到

$$\text{TPSD}(\tilde{H}) = \text{TPSD}(\tilde{H}^c) = 2N \| \tilde{H}^c \|_F^2 \qquad （4.46）$$

總而言之，PairNorm 可以分為兩步——中心和尺度計算。

$$\tilde{H}_i^c = \tilde{H}_i - \frac{1}{N}\sum_{i=1}^{N}\tilde{H}_i \quad （中心） \qquad （4.47）$$

$$\hat{H}_i = s \cdot \frac{\tilde{H}_i^c}{\sqrt{\frac{1}{N}\sum_{i=1}^{N}\| \tilde{H}_i^c \|_2^2}} = s\sqrt{N} \cdot \frac{\tilde{H}_i^c}{\sqrt{\| \tilde{H}^c \|_F^2}} \quad （尺度） \qquad （4.48）$$

其中，s 是決定 TPSD 值 C 的超參數，最後得到

$$\text{TPSD}(\hat{H}) = 2N \| H \|_F^2 = 2N\sum_i \| s \cdot \frac{\tilde{H}_i^c}{\sqrt{\frac{1}{N}\sum_{i=1}^{N}\| \tilde{H}_i^c \|_2^2}} \|_2^2 = 2N^2 s^2 \qquad （4.49）$$

在不同的圖卷積層中，TPSD 是一個常數。

4.5　小結

　　在本章中，我們全面介紹了用於節點分類的圖神經網路的不同架構。這些圖神經網路一般可以分為兩類——有監督的和無監督的。對於有監督的圖神經網路，不同架構之間的主要區別在於如何在節點之間傳播資訊，如何聚合來自鄰居節點的資訊，以及如何將來自鄰居節點的聚合資訊與節點表徵本身結合起來。對於無監督的圖神經網路，主要的差異來自目標函式的設計。本章還討論了訓練深度圖神經網路的常見問題——過平滑問題，並介紹了解決這個問題的方法。未來，圖神經網路的發展方向包括解釋圖神經網路行為的理論分析以及將其應用於各種領域，如推薦系統、知識圖譜、藥物和材料發現、電腦視覺和自然語言理解等。

編者註：節點分類是圖神經網路中最為重要的任務之一。本章介紹的節點表徵學習技術是本書將要介紹的其他任務的基石，包括圖分類（見第 9 章）、連結預測（見第 10 章）、圖生成（見第 11 章）等。熟悉節點表徵學習的學習方法和設計原則是深入理解其他基本研究方向的關鍵，如理論分析（見第 5 章）、可擴充性（見第 6 章）、可解釋性（見第 7 章）和對抗堅固性（見第 8 章）。

第 **5** 章
圖神經網路的表達能力

Pan Li 和 *Jure Leskovec*[1]

摘要

　　神經網路之所以能成功，是因為其具有強大的表達能力，從而能夠近似地處理從特徵到預測的複雜非線性映射關係。自從 Cybenko（1989）提出萬能近似定理以來，許多研究已經證明前饋神經網路可以近似任何感興趣的函式。然而，由於對圖神經網路參數空間的附加約束所帶來的歸納偏置，以上成果還沒有應

1　Pan Li
　　Department of Computer Science，Purdue University，E-mail：panli@purdue.edu
　　Jure Leskovec
　　Department of Computer Science，Stanford University，E-mail：jure@cs.stanford.edu

用於圖神經網路（GNN）。未來新的理論研究將有助更進一步地理解這些限制條件，並描述 GNN 的表達能力。

在本章中，我們將回顧 GNN 在圖表徵學習中的表達能力的最新進展。首先，我們將介紹使用廣泛的 GNN 框架（訊息傳遞）並分析其能力和局限性。接下來，我們將介紹一些克服這些局限性的新技術，如注入隨機屬性、注入確定性距離屬性以及建立高階 GNN。我們還將介紹這些技術的核心觀點，並強調其優勢和缺陷。

5.1 導讀

機器學習問題可以被抽象為學習一個從某個特徵空間到某個目標空間的映射 f^*。這個問題的解決方案通常是由一個模型 f_θ 舉出的，該模型可透過最佳化一些參數 θ 來近似 f^*。在實踐中，真實的 f^* 通常是先驗未知的。因此，人們期望模型 f_θ 能夠在一個相當廣泛的範圍內近似於 f^*。對這個範圍的估計被稱為模型的**表達能力**，它提供了對模型潛力的重要衡量。最佳的情況是有表達能力更強的模型，因為這樣就可以學習更複雜的映射函式。

神經網路（Neural Network，NN）以其強大的表達能力而聞名。具體來說，Cybenko（1989）首先證明了在緊空間（又稱緊致空間）上定義的任何連續函式都可以由具有 Sigmoid 啟動函式且只有一個隱藏層的神經網路均勻逼近。後來，這一成果被 Hornik et al（1989）泛化到任意的擠壓型啟動函式。

然而，這些創新的發現並不足以解釋目前神經網路在實踐中的空前成功，這是因為它們強大的表達能力只能證明模型 f_θ 能夠近似於 f^*，但並不能保證透過訓練 $\hat{f}$ 得到的模型確實近似於 f^*。圖 5.1 展示了資料量與機器學習模型性能的關係（Ng, 2011）。只有在替定足夠多資料的情況下，以神經網路為基礎的方法才有可能超越傳統方法。其中一個重要的原因是，作為機器學習模型的神經網路仍然受到資料量和模型複雜性之間基本權衡的限制（見圖 5.2）。儘管神經網路可以有相當的表達能力，但是當有更多的參數時，卻很可能會過度擬合訓練實例。因此在實踐中，有必要建立能夠保持強大表達能力的神經網路，同時

對參數進行約束。這需要我們從理論上極佳地理解具有參數約束的神經網路的
表達能力。

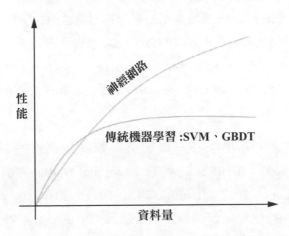

▲ 圖 5.1 資料量與機器學習模型性能的關係

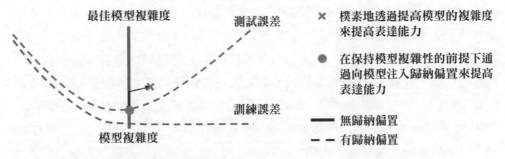

▲ 圖 5.2 有無歸納偏置的訓練和測試誤差會極大地影響模型的表達能力

在實踐中,對參數的約束通常是從我們對資料的先驗知識中獲得的,這些
先驗知識被稱為歸納偏置。最近,關於具有歸納偏置的神經網路的表達能力的一
些重要結果已經得到證明。Yarotsky(2017)以及 Liang and Srikant(2017)已
經證明,深度神經網路(DNN)透過堆疊多個隱藏層,可以用明顯少於淺層神
經網路的參數實現足夠好的近似。DNN 的架構利用了資料通常具有分層結構的
事實。DNN 並不侷限於某種資料型態,用於支援特定類型態資料的專用神經網
路架構已被開發出來,如循環神經網路(RNN)(Hochreiter and Schmidhuber,
1997)和卷積神經網路(CNN)(LeCun et al, 1989),它們分別被提議用於處

理時間序列和影像。在這兩類資料中，有效模式通常分別在時間和空間上保持平移不變性。為了匹配這種不變性，RNN 和 CNN 採用了在時間和空間上共用參數的歸納偏置（見圖 5.3）。參數共用機制作為對參數的一種約束，限制了 RNN 和 CNN 的表達能力。然而，RNN 和 CNN 已經被證明有足夠的表達能力來學習跨時空的不變函式（Siegelmann and Sontag, 1995；Cohen and Shashua, 2016；Khrulkov et al, 2018），這讓 RNN 和 CNN 在處理時間序列和影像方面取得了巨大成功。

最近，許多研究都集中在一種被稱為圖神經網路的新型神經網路上（Scarselli et al, 2008；Bruna et al, 2014；Kipf and Welling, 2017a；Bronstein et al, 2017；Gilmer et al, 2017；Hamilton et al, 2017b；Battaglia et al, 2018）。這些研究旨在捕捉圖 / 網路的歸納偏置，這是另一種重要的資料型態。圖通常用於模擬多個元素之間的複雜關係和相互作用，已被廣泛用於機器學習應用，如社群檢測、推薦系統、分子屬性預測和藥品開發（Fortunato, 2010；Fouss et al, 2007；Pires et al, 2015）。與時間序列和影像相比，圖是不規則的，因此帶來了新的挑戰；而時間序列和影像是結構良好的，可以用表格或網格來表徵。圖機器學習背後的基本假設是：預測的目標應該與圖的節點順序無關。為了與這一假設相匹配，GNN 持有被稱為排列不變數的一般歸納偏置。特別是，GNN 舉出的輸出應該獨立於圖的節點索引的分配方式，從而獨立於它們被處理的順序。GNN 要求其參數與節點排列無關，並在整個圖中共用（見圖 5.4）。由於 GNN 的這種新的參數共用機制，我們需要新的理論工具來描述其表達能力。

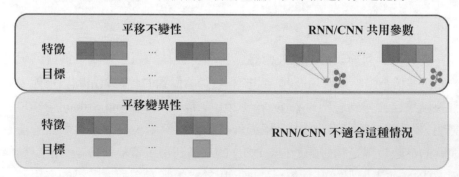

▲ 圖 5.3　一維的平移不變性和平移變異性（RNN/CNN 利用平移不變性來共用參數）（本書為單色印刷，色彩標示部分可能無法正確顯示）

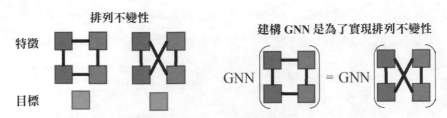

▲ 圖 5.4 GNN 如何保持排列不變性
（本書為單色印刷，色彩標示部分可能無法正確顯示）

　　分析 GNN 的表達能力是具有挑戰性的，因為這個問題與圖論中一些長期存在的問題密切相關。為了理解這種關聯，請考慮 GNN 如何預測一個圖結構是否對應一個有效的分子。GNN 應該能夠辨識該圖結構與已知的對應於有效分子的圖結構是相同、相似還是完全不同。測量兩個圖是否具有相同的結構涉及解決圖同構問題，目前人們還沒有找到該問題的解決方法（Helfgott et al, 2017）。此外，測量兩個圖是否具有相似的結構需要與圖編輯距離問題相連結，這相比圖同構問題更難解決（Lewis et al, 1983）。

　　人們最近在描述 GNN 的表達能力方面獲得了很大的進展，特別是在如何將它們的能力與傳統的圖型演算法相匹配，以及如何建立更強大的 GNN 以克服這些演算法的限制方面。我們將在本章中進一步深入探討這些最新的研究。特別地，與之前的介紹（Hamilton, 2020；Sato, 2020）相比，我們將重點介紹最近的關鍵見解和技術，以得到更強大的 GNN。具體來說，我們將介紹標準的訊息傳遞 GNN，這種 GNN 能夠達到一維 Weisfeiler-Lehman 測試（Weisfeiler and Leman, 1968）的極限，這是一種被廣泛使用的測試圖同構的演算法。我們還將討論一些克服 Weisfeiler-Lehman 測試限制的策略，包括注入隨機屬性、注入確定性距離屬性和建立高階 GNN。

　　在 5.2 節中，我們將提出 GNN 所針對的圖表徵學習問題。在 5.3 節中，我們將回顧使用最為廣泛的 GNN 框架——訊息傳遞圖神經網路，描述其表達能力的局限性並討論其有效實現。在 5.4 節中，我們將介紹一些使 GNN 相比訊息傳遞神經網路更強大的方法。在 5.5 節中，我們將透過討論下一步的研究方向來結束本章。

圖 5.5 展示了神經網路和 GNN 的表達能力及其對學習模型表現的影響。

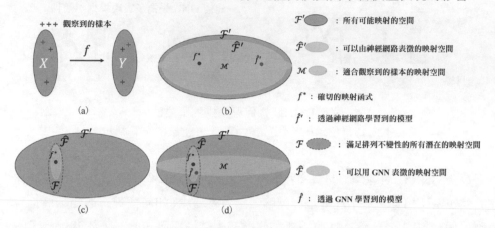

▲ 圖 5.5　神經網路和 GNN 的表達能力及其對學習模型表現的影響。（a）機器學習問題的目的是根據幾個觀察到的樣本學習從特徵空間到目標空間的映射。（b）神經網路的表達能力是指兩個空間 $\mathcal{F}$ 和 $\hat{\mathcal{F}}'$ 之間的差距。儘管神經網路是有表達能力的（$\hat{\mathcal{F}}'$ 在 $\mathcal{F}$ 中是密集的），但神經網路會對有限的觀察資料過度擬合。（c）以神經網路為基礎的學習模型 f' 可能與 f^* 有很大的差別。潛在的映射函式的空間將從 $\hat{\mathcal{F}}'$ 減少到一個小得多的空間 $\mathcal{F}$，其中只包括排列不變的函式。如果採用 GNN，則同時近似的映射函式的空間就會減少到 $\hat{\mathcal{F}}$。（d）儘管 GNN 的表達能力不如一般的神經網路（$\hat{\mathcal{F}}' \subset \mathcal{F}'$），但相對於以神經網路為基礎的模型 $\hat{f}'$，以 GNN 為基礎學習的模型 f 卻是比 f^* 好得多的近似。因此，對於圖結構資料，我們對 GNN 的表達能力的理解，即 $\mathcal{F}$ 和 $\hat{\mathcal{F}}'$ 之間的差距，要比對神經網路的表達能力的理解更重要（本書為單色印刷，色彩標示部分可能無法正確顯示）

5.2　圖表徵學習和問題的提出

在本節中，我們將建立圖表徵學習問題的正式定義、基本假設以及歸納偏置，我們還將討論近期文獻中經常研究的圖表徵學習問題的不同概念之間的關係（見圖 5.6）。

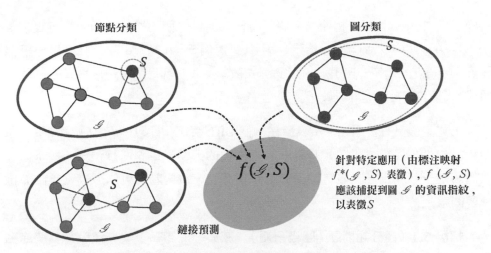

▲ 圖 5.6 近期的文獻中經常討論的圖表徵學習問題
（本書為單色印刷，色彩標示部分可能無法正確顯示）

下面我們從定義圖結構資料開始。

定義 5.1（圖結構資料） 設 $\mathcal{G} = (\mathcal{V}, \mathcal{E}, X)$ 表示一個屬性圖，其中，$\mathcal{V}$ 是節點集合，$\mathcal{E}$ 是邊集合，而 $X \in \mathbb{R}^{|\mathcal{V}| \times F}$ 是節點屬性矩陣。對於 X 的每一行，$X_v \in \mathbb{R}^F$ 指的是節點 $v \in \mathcal{V}$ 上的屬性。在實踐中，圖通常是稀疏的，即 $|\mathcal{E}| \ll |\mathcal{V}|^2$。我們引入 $A \in \{0,1\}^{|\mathcal{V}| \times |\mathcal{V}|}$ 來表示圖 $\mathcal{G}$ 的鄰接矩陣，使得若 $(u, v) \in \mathcal{E}$，有 $A_{uv} = 1$。結合鄰接矩陣和節點屬性，我們也可以將圖表示為 $\mathcal{G} = (A, X)$。此外，如果 $\mathcal{G}$ 是沒有節點屬性的無屬性圖，則可以假設 X 中的所有元素都是常數。在後面的內容中，我們將使用 $\mathcal{V}[\mathcal{G}]$ 來表示某個特定圖 $\mathcal{G}$ 的整個節點集合。

圖表徵學習的目標是透過將圖結構資料作為輸入，然後對其進行映射，使得某些預測目標得到匹配，從而學習一個模型。不同的圖表徵學習問題可能適用於圖中不同數量的節點。舉例來說，針對節點分類，要對每個節點進行預測；針對每個連結／關係，要對一對節點進行預測；針對每個圖分類或圖屬性，要對整個節點集合 $\mathcal{V}$ 進行預測。我們可以把所有這些問題統一為圖表徵學習。

定義 5.2（圖表徵學習） 給定一個圖 $\mathcal{G} \in \Gamma$，定義特徵空間為 $\mathcal{X} := \Gamma \times \mathcal{S}$，其中，$\Gamma$ 是圖結構資料的空間，$\mathcal{S}$ 包括所有感興趣的節點子集。$\mathcal{X}$ 中的點可以表示為 $(\mathcal{G}, S)$，其中，S 是 $\mathcal{G}$ 的節點子集。我們稱 $(\mathcal{G}, S)$ 為圖表徵學習（Graph Representation Learning，GRL）的實例，每個 GRL 實例 $(\mathcal{G}, S) \in \mathcal{X}$ 與

目標空間 $\mathscr{Y}$ 中的目標 y 相連結。假設特徵和目標之間的標注關聯函式可表示為 $f^*:\mathscr{X}\to\mathscr{Y},\ f^*(\mathscr{G},S)=y$。給定一組訓練實例 $\Xi=\{(\mathscr{G}^{(i)},S^{(i)},y^{(i)})\}_{i=1}^k$ 和一組測試實例 $\psi=\{(\tilde{\mathscr{G}}^{(i)},\tilde{S}^{(i)},\tilde{y}^{(i)})\}_{i=1}^k$，那麼圖表徵學習問題就是學習一個以 Ξ 為基礎的函式 f，使得 f 在 ψ 上近似於 f^*。

上述定義具有普遍性，這表示在一個 GRL 實例 $(\mathscr{G},S)\in\mathscr{X}$ 中，$\mathscr{G}$ 提供了原始和結構性的特徵，可在此基礎上對感興趣的節點子集 S 進行預測。接下來，我們將進一步列出一些經常被研究的學習問題，這些問題可以形式化為圖表徵學習問題。

標記 5.1（圖分類問題 / 圖級預測）　感興趣的節點子集 S 預設為整個節點集合 $\mathscr{V}[\mathscr{G}]$，圖結構資料的空間 $\mathscr{G}$ 通常包含多個圖，目標空間 $\mathscr{Y}$ 包含不同圖的標籤。在後面的內容中，對於圖級預測，我們將使用 $\mathscr{G}$ 來表示一個 GRL 實例，而非使用 $(\mathscr{G},S)$，以方便敘述。

標記 5.2（節點分類問題 / 節點級預測）　在一個 GRL 實例 $(\mathscr{G},S)$ 中，S 對應於感興趣的單一節點。對應的 $\mathscr{G}$ 可以用不同的方式定義。一方面，只有靠近 S 的節點才能提供有效的特徵。在這種情況下，$\mathscr{G}$ 可以設定為 S 周圍的誘導局部子圖。不同 S 的不同 $\mathscr{G}$ 可能來自同一個圖。另一方面，在一個圖上相距較遠的兩個節點仍然具有相互影響，可以作為一個特徵來對另一個圖進行預測。在這種情況下，$\mathscr{G}$ 需要包括一個圖的很大一部分，甚至需要包括整個圖。

標記 5.3（連結預測問題 / 節點對級預測）　在一個 GRL 實例 $(\mathscr{G},S)$ 中，S 對應於一對感興趣的節點。與節點分類問題類似，每個實例的 $\mathscr{G}$ 可以是 S 周圍的誘導局部子圖或整個圖。目標空間 $\mathscr{Y}$ 包含 0/1 標籤，以指明兩個節點之間是否存在可能的關聯。$\mathscr{Y}$ 也可以被泛化為包括反映想要預測的連結類型的標籤。

接下來，我們介紹大多數圖表徵學習問題中使用的基本假設。

定義 5.3（同構）　考慮兩個 GRL 實例 $(\mathscr{G}^{(1)},S^{(1)})$ 和 $(\mathscr{G}^{(2)},S^{(2)})\in\mathscr{X}$。假設 $\mathscr{G}^{(1)}=(A^{(1)},\quad\mathscr{G}^{(1)}=(A^{(1)},X^{(1)})\quad\mathscr{G}^{(2)}=(A^{(2)},X^{(2)})$。如果存在一個雙射 $\pi:\mathscr{V}[\mathscr{G}^{(1)}]\to[\mathscr{G}^{(2)}],i\in\{1\ 2\}$，使得 $A_{uv}^{(1)}=A_{\pi(u)\pi(v)}^{(2)}$，$X_u^{(1)}=X_{\pi(u)}^{(2)}$，並且 π 也舉出了 $S^{(1)}$ 和 $S^{(2)}$ 之間的雙射，那麼稱 $(\mathscr{G}^{(1)},S^{(1)})$ 和 $(\mathscr{G}^{(2)},S^{(2)})$ 是同構的，表

示為 $(\mathscr{G}^{(1)}, S^{(1)}) \cong (\mathscr{G}^{(2)}, S^{(2)})$。當需要強調特定的雙射 π 時,可以使用符號 $(\mathscr{G}^{(1)}, S^{(1)}) \overset{\pi}{\cong} (\mathscr{G}^{(2)}, S^{(2)})$。如果不存在這樣的 π,則稱它們非同構,表示為 $(\mathscr{G}^{(1)}, S^{(1)})$ $(\mathscr{G}^{(1)}, S^{(1)}) \ncong (\mathscr{G}^{(2)}, S^{(2)})$。

假設 5.1(圖表徵學習中的基本假設) 考慮一個圖表徵學習問題,其帶有一個特徵空間 $\mathscr{X}$ 以及相關的目標空間 $\mathscr{Y}$。挑選任意兩個 GRL 實例 $(\mathscr{G}^{(1)}, S^{(1)})$ 和 $(\mathscr{G}^{(2)}, S^{(2)}) \in \mathscr{X}$。基本假設指的是,如果 $(\mathscr{G}^{(1)}, S^{(1)}) \cong (\mathscr{G}^{(2)}, S^{(2)})$,那麼它們在 $\mathscr{Y}$ 中對應的目標也是相同的。

緣於這個基本假設,我們可以很自然地將引入的對應排列不變性作為歸納偏置。所有的圖表徵學習模型都應該滿足這種歸納偏置。

定義 5.4(排列不變性) 如果對於任意 $(\mathscr{G}^{(1)}, S^{(1)}) \cong (\mathscr{G}^{(2)}, S^{(2)})$,都有 $f(\mathscr{G}^{(1)}, S^{(1)}) = f(\mathscr{G}^{(2)}, S^{(2)})$,那麼模型 f 滿足排列不變性。

現在我們來定義圖表徵學習問題的模型的表達能力。

定義 5.5(表達能力) 考慮一個圖表徵學習問題的特徵空間 $\mathscr{X}$ 和一個定義在 $\mathscr{X}$ 上的模型 f。定義另一個空間 $\mathscr{X}(f)$ 是商空間 $\mathscr{X}/\cong$ 的子空間,使得對於兩個 GRL 實例 $(\mathscr{G}^{(1)}, S^{(1)})$ 和 $(\mathscr{G}^{(2)}, S^{(2)}) \in \mathscr{X}(f)$,都有 $f(\mathscr{G}^{(1)}, S^{(1)}) \neq f(\mathscr{G}^{(2)}, S^{(2)})$,則 $\mathscr{X}(f)$ 的大小表現了模型 f 的表達能力。對於兩個模型 $f^{(1)}$ 和 $f^{(2)}$,如果 $\mathscr{X}(f^{(1)}) \supset \mathscr{X}(f^{(2)})$,我們就說 $f^{(1)}$ 相比 $f^{(2)}$ 更具表達能力。

標記 5.4 定義 5.5 中的表達能力著眼於模型如何區分非同構的 GRL 實例,因而與傳統上著眼於函式逼近意義上的神經網路的表達能力不完全一致。實際上,嚴格來說,定義 5.5 是比較弱的,因為能夠區分任意非同構的 GRL 實例,並不一定表示我們可以實現定義在 X 上的任意函式 f^* 的近似。然而,如果一個模型 f 不能區分兩個非同構的特徵,則這個模型肯定不能近似地將這兩個實例映射到兩個不同目標的函式 f^*。最近的一些研究已經證明,在弱假設和應用相關技術的情況下,區分非同構特徵和排列不變函式近似之間存在某種等價性(Chen et al, 2019f;Azizian and Lelarge, 2020)。感興趣的讀者可以查看這些參考文獻以了解更多細節。

如果模型 f 不滿足排列不變性，那麼為圖表徵學習提供模型 f 的表達能力是意義不大的。如果沒有這樣的約束，神經網路就可以近似所有的連續函式（Cybenko, 1989），其中包括區分任意非同構的 GRL 實例的連續函式。因此，本章需要討論的關鍵問題是：如何為圖表徵學習問題建立最具表達能力的排列不變性模型，特別是 GNN？

5.3 強大的訊息傳遞圖神經網路

5.3.1 用於集合的神經網路

我們先來回顧以集合（重集）為輸入的神經網路，因為一個集合可以看作一個簡化版的圖，其中所有的邊都被移除。根據定義，集合中元素的順序不會影響輸出；編碼集合的模型自然為編碼圖提供了一個重要的元件。我們稱這種方法為不變池化。

定義 5.6（重集）　重集是一個集合，其元素可以是重複的，也就是說，有些元素會出現多次。在本章中，我們預設所有的集合都是重集，因此允許集合中出現重複的元素。如果條件與此不同，我們將另行說明。

定義 5.7（不變池化）　給定一個向量的重集 $S=\{a_1, a_2, \cdots, a_k\}$，其中，$a_i \in \mathbb{R}^F$，$F$ 是一個任意的常數，不變池化指的是一個映射，可表示為 $q(S)$，它對 S 中元素的順序是不變的。

已得到廣泛使用的一些不變池化操作包括和池化 $q(S)=\sum\limits_{i=1}^{k}a_i$、平均池化 $q(S)=\dfrac{1}{k}\sum\limits_{i=1}^{k}a_i$ 和最大池化 $[q(S)]_j = \max\limits_{i\in[1,F]}\{a_{ij}\}$（其中，$j\in[1,F]$）。Zaheer et al（2017）證明了一個集合 S 的任意不變池化都可以透過 $q(S)=\phi\left(\sum\limits_{i=1}^{k}\psi(a_i)\right)$ 來近似，其中，ϕ 和 Ψ 是可以由全連接的神經網路來近似的函式，前提是 $a_i(i\in[k])$ 來自一個可數空間。以上結論可以泛化到集合 S 是一個重集的情況（Xu et al, 2019d）。

5.3.2　訊息傳遞圖神經網路

　　訊息傳遞圖神經網路是建構 GNN 時使用最為廣泛的框架（Gilmer et al, 2017）。給定一個圖 $\mathscr{G} = (\mathscr{V}, \mathscr{E}, X)$，訊息傳遞圖神經網路用一個向量表徵 h_v 對每個節點 $v \in \mathscr{V}$ 進行編碼，然後透過迭代地收集其鄰居節點的表徵，並應用神經網路層對這些集合進行非線性變換，從而不斷更新這個節點的表徵。

- 將節點向量表徵初始化為節點屬性：$h_v^{(0)} \leftarrow X_v, \forall v \in \mathscr{V}$。

- 以圖結構為基礎的訊息傳遞更新每個節點的表徵。在第 l 層（$l=1, 2, \cdots, L$）執行以下操作。

$$\text{訊息傳遞：} \quad m_{vu}^{(l)} \leftarrow \text{MSG}(h_v^{(l-1)}, h_u^{(l-1)}), \quad \forall (u, v) \in \mathscr{E} \qquad (5.1)$$

$$\text{聚合：} \quad a_v^{(l)} \leftarrow \text{AGG}(\{m_{vu}^{(l)} \mid u \in \mathscr{N}_v\}), \quad \forall v \in \mathscr{V} \qquad (5.2)$$

$$\text{更新：} \quad h_v^{(l)} \leftarrow \text{UPT}(h_v^{(l-1)}, a_v^{(l)}), \quad \forall v \in \mathscr{V} \qquad (5.3)$$

其中，$\mathscr{N}_v$ 是節點 v 的鄰居節點的集合。

　　可以透過神經網路來實現 MSG、AGG 和 UPT 操作。一般來說 MSG 操作由前饋神經網路實現，如 $\text{MSG}(p, q) = \sigma(pW_1 + qW_2)$，其中，$W_1$ 和 W_2 是可學習的權重，$\sigma(\cdot)$ 是一個逐元素的非線性啟動函式。UPT 的選擇方式與 MSG 類似。AGG 的不同之處在於其輸入是一個向量的重集，因此這些向量的順序不應該影響輸出。AGG 通常作為一個不變池化來實現（見定義 5.7）。每一層相對其他層可以有不同的參數。我們稱遵循這種訊息傳遞方式的 GNN 為 MP-GNN。

　　MP-GNN 能夠產生所有節點的表徵 $\{h_v^{(L)} \mid v \in V\}$。每個節點的表徵基本上是由根節點在該節點的子樹決定的（見圖 5.7）。給定一個具體的圖表徵學習問題，例如對一組節點 $S \subseteq V$ 進行分類，則可以使用 S 中相關節點的表徵進行預測。

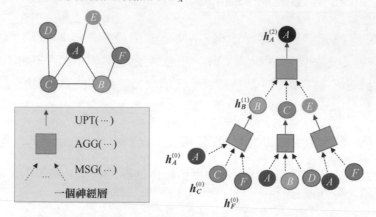

▲ 圖 5.7　使用 MP-GNN 計算節點表徵的流程
（本書為單色印刷，色彩標示部分可能無法正確顯示）

$$\hat{y}_S = \text{READOUT} \left(\{ \boldsymbol{h}_v^{(L)} \mid v \in S \} \right) \tag{5.4}$$

其中，當 |S|>1 時，READOUT（讀出）操作通常透過另一個不變池化來實現，並透過再加上一個前饋神經網路來預測目標。結合式（5.4），MP-GNN 建立了以下用於圖表徵學習的 GNN 模型：

$$\hat{y}_S = f_{\text{MP-GNN}}(\mathscr{G}, S) \tag{5.5}$$

我們可以透過對迭代索引 l 進行歸納來證明 MP-GNN 的排列不變性。

定理 5.1（MP-GNN 的排列不變性） 只要 AGG 和 READOUT 操作是不變池化操作（見定義 5.7），$f_{\text{MP-GNN}}(\cdot,\cdot)$ 就滿足排列不變性（見定義 5.4）。

以上定理可以透過歸納法進行簡單證明。

MP-GNN 預設情況下利用了歸納偏置，即圖中的節點只透過它們連接的邊相互影響。沒有邊連接的節點之間的相互影響可以用透過訊息傳遞連接這些節點的路徑來捕捉。事實上，這樣的歸納偏置可能與具體應用中的假設不一致，MP-GNN 很難捕捉兩個遠離的節點之間的相互影響。然而，MP-GNN 對模型的實施和實際部署有三個好處。首先，MP-GNN 可以直接在原始圖結構上執行，不需要前置處理。其次，實踐中的圖通常是稀疏的 ($|\mathscr{E}| \ll |\mathscr{V}|^2$)，因此 MP-GNN 能

夠擴充到非常大但稀疏的圖。最後，MSG、AGG 和 UPT 三個操作中的每一個都可以在所有的節點和邊上平行計算，這對 GPU 和 map-reduce 系統等平行計算平臺是有益的。

由於 MP-GNN 在實踐中易於實現，因此大多數 GNN 的實現方法基本上都遵循 MP-GNN 框架並採用特定的 MSG、AGG 和 UPT 操作，其中比較有代表性的方法包括 InteractionNet（Battaglia et al, 2016）、structure2vec（Dai et al, 2016）、GCN（Kipf and Welling, 2017a）、Graph-SAGE（Hamilton et al, 2017b）、GAT（Veličković et al, 2018）、GIN（Xu et al, 2019d）以及其他一些方法（Kearnes et al, 2016；Zhang et al, 2018g）。

5.3.3 MP-GNN 的表達能力

在本節中，我們將根據 Xu et al（2019d）和 Morris et al（2019）提出的結論來介紹 MP-GNN 的表達能力。

透過進行一維 Weisfeiler-Lehman（後面簡寫為 1-WL）測試來區分（$\mathscr{G}^{(1)}, S^{(1)}$）和（$\mathscr{G}^{(2)}, S^{(2)}$）的步驟如下。

（1）假設 $\mathscr{V}[\mathscr{G}^{(i)}]$ 中的每個節點 v 都被初始化為一種顏色 $C_v^{(i,0)} \leftarrow X_v^{(i)}$（$i$=1,2）。如果 $X_v^{(i)}$ 是一個向量，那麼可以使用一個單射函式將它映射到一種顏色。

（2）對於 l=1, 2, …，執行以下操作。

• 更新節點顏色：$C_v^{(i,l)} \leftarrow \text{HASH}(C_v^{(i,l-1)}, \{C_u^{(i,l-1)} | u \in \mathscr{N}_v^{(i)}\})$, $i \in \{1, 2\}$ (5.6)

其中，HASH 操作可以看作一種單射，不同的元組（$C_v^{(i,l-1)}, \{C_u^{(i,l-1)} | u \in \mathscr{N}_v^{(i)}\}$）將被映射到不同的標籤上。

• 測試：如果兩個重集 $\{C_v^{(1,l)} | v \in S^{(1)}\}$ 和 $\{C_v^{(2,l)} | v \in S^{(2)}\}$ 不相等，則傳回（$\mathscr{G}^{(1)}, S^{(1)}$）$\ncong$（$\mathscr{G}^{(2)}, S^{(2)}$），否則回到式（5.6）。

如果 1-WL 測試傳回（$\mathscr{G}^{(1)}, S^{(1)}$）$\ncong$（$\mathscr{G}^{(2)}, S^{(2)}$），則說明（$\mathscr{G}^{(1)}, S^{(1)}$）和（$\mathscr{G}^{(2)}, S^{(2)}$）不是同構的。然而，對於某些非同構的（$\mathscr{G}^{(2)}, S^{(2)}$）和（$\mathscr{G}^{(2)}, S^{(2)}$），1-WL 測試可能不會傳回（$\mathscr{G}^{(1)}, S^{(1)}$）$\ncong$（$\mathscr{G}^{(2)}, S^{(2)}$）（即使有無限次的迭代）。在這種情況下，1-WL 測試無法區分它們。請注意，1-WL 測試最初是為了測試兩個完整的圖是否同構，如 $S^{(i)} = \mathscr{V}[\mathscr{G}^{(i)}]$，$i \in \{1, 2\}$（Weisfeiler and Leman, 1968）。在這裡，1-WL 測試被進一步泛化為測試 $S^{(i)} \subset \mathscr{V}^{(i)}$ 的情況，以適合一般的圖表徵學習問題。

我們定義的表達能力（見定義 5.5）與圖同構問題密切相關。這個問題很有挑戰性，因為目前還沒有找到多項式時間演算法（Garey, 1979；Garey and Johnson, 2002；Babai, 2016）。儘管有一些邊角案例（Cai et al, 1992），但圖同構性的 Weisfeiler-Lehman 測試（Weisfeiler and Leman, 1968）依然是一個有效的、計算效率很高的測試系列，它可以區分一大類的圖（Babai and Kucera, 1979），它的一維形式（1-WL 測試，即「樸素頂點細化」）與 MP-GNN 中的鄰域聚合類似。

透過比較 MP-GNN 與 1-WL 測試可以發現，節點表徵的更新操作〔見式（5.3）〕可視為式（5.6）的實現，式（5.4）中的 READOUT 操作則可視為所有節點表徵的總結。雖然 MP-GNN 沒有被用於圖的同構性測試，但 $f_{\text{MP-GNN}}$ 可用於這種測試：如果 $f_{\text{MP-GNN}}(\mathscr{G}^{(1)}, S^{(1)}) \neq f_{\text{MP-GNN}}(\mathscr{G}^{(2)}, S^{(2)})$，那麼說明 $(\mathscr{G}^{(1)}, S^{(1)}) \not\cong (\mathscr{G}^{(2)}, S^{(2)})$。緣於這種類比，MP-GNN 的表達能力可以透過 1-WL 測試來衡量。

定理 5.2〔（**Xu et al, 2019d**）中的 **Lemma 2**，（**Morris et al, 2019**）中的 **Theorem 1**〕　考慮兩個非同構的 GRL 實例 $(\mathscr{G}^{(1)}, S^{(1)})$ 和 $(\mathscr{G}^{(2)}, S^{(2)})$。如果 $f_{\text{MP-GNN}}(\mathscr{G}^{(1)}, S^{(1)}) \neq f_{\text{MP-GNN}}(\mathscr{G}^{(2)}, S^{(2)})$，那麼 1-WL 測試也會判定 $(\mathscr{G}^{(1)}, S^{(1)})$ 和 $(\mathscr{G}^{(2)}, S^{(2)})$ 不是同構的。

定理 5.2 表示，MP-GNN 在區分不同的圖結構特徵方面最多和 1-WL 測試一樣強大。在這裡，1-WL 測試被認為是上界（而非等於 MP-GNN 的表達能力），因為將節點的顏色從該節點的鄰居節點那裡聚集起來的更新操作〔見式（5.6）〕是單射的，它可以區分節點顏色的不同聚類。這一直覺對於以後設計符合這一上界的 MP-GNN 是很有用的。

圖 5.8 舉出了透過 1-WL 測試區分兩個圖的步驟說明。

第 1 步：每個節點根據其屬性被初始化為某種顏色 (如果沒有屬性，則使用相同的顏色)。

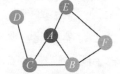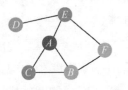

「屬性→顏色」映射是注入式的。

第 2 步：每個節點將從其鄰居節點那裡收集顏色。

節點 *A*: (p, {bby})
左節點 *E*: (b, {py})
右節點 *E*: (b, {pyg})

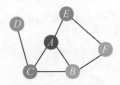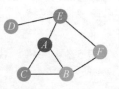

「(自己的顏色，鄰居節點的顏色集)→一種新的顏色」映射也是注入式的。

每次迭代後，檢查節點的顏色集。當前的兩個圖擁有相同的顏色集。繼續執行第 2 步。經過兩次迭代後，便可以區分這兩個圖，因為左側圖中的節點 B 會得到一種顏色，而這種顏色不會出現在右側圖中，因為目前左側圖中節點 B 的鄰居節點有紫色和藍色，而右側圖中的節點 B 沒有這種鄰居節點。

▲ 圖 5.8　透過 1-WL 測試區分兩個圖的步驟說明（MP-GNN 透過遵循類似的步驟，也可以將兩個圖區分開）（本書為單色印刷，色彩標示部分可能無法正確顯示）

　　既然已經建立了 MP-GNN 的表徵能力的上界，那麼一個很自然的後續問題就是：現有的 GNN 在原則上是否與 1-WL 測試一樣強大。答案是肯定的，如定理 5.3 所示：如果訊息傳遞操作〔見式（5.1）〕和最後的 READOUT 操作〔見式（5.4）〕都是單射的，那麼得到的 MP-GNN 便與 1-WL 測試一樣強大。

　　定理 5.3〔**（Xu et al, 2019d）中的 Theorem 3**〕　在經過足夠的迭代次數後，MP-GNN 可以將 1-WL 測試判定為非同構的任意兩個 GRL 實例 $(\mathscr{G}^{(1)}, S^{(1)})$ 和 $(\mathscr{G}^{(2)}, S^{(2)})$ 映射為不同的表徵，前提是以下兩個條件成立。

- MSE、AGG 和 UPT 操作的組合組成了從 $(h_v^{(k-1)}, \{h_u^{k-1} \mid u \in \mathscr{N}_v\})$ 到 $h_v^{(k)}$ 的單射。

- READOUT 操作是單射的。

雖然 MP-GNN 沒有超過 1-WL 測試的表徵能力，但從機器學習的角度看，MP-GNN 相比 1-WL 測試卻有重要的優勢：節點顏色和 1-WL 測試舉出的最終判斷是不完整的（表示為節點顏色或「是 / 否」判斷），因此無法捕捉圖結構之間的相似性。與之形成對比的是，滿足定理 5.3 所述條件的 MP-GNN 則透過學習用連續空間中的向量表示圖結構泛化了 1-WL 測試。這使得 MP-GNN 不僅可以區分不同的圖結構，而且可以學習將類似的圖結構映射到類似的表徵上，從而捕捉圖結構之間的依賴性。這樣學習的表徵對於解決包含雜訊邊的資料和圖結構稀疏的資料特別有幫助（Yanardag and Vishwanathan, 2015）。

在 5.3.4 節中，我們將重點介紹滿足定理 5.3 所述條件的 MP-GNN 的關鍵設計思想。

5.3.4　具有 1-WL 測試能力的 MP-GNN

Xu et al（2019d）提出了滿足定理 5.3 所述條件的關鍵準則。首先，為了給鄰接聚合的單射重集函式建模，建議 AGG 操作採用和池化操作，和池化操作已被證明可以普遍代表定義在元素來自可數空間的重集上的函式（見引理 5.1）。

引理 5.1〔（Xu et al, 2019d）中的 Lemma 4〕 假設 S 是元素的可數空間，那麼存在一個函式 $q : \mathscr{S} \to \mathbb{R}^n$，使得 $q(S) = \sum_{x \in S} \psi(x)$ 對於每個有限重集 $S \subset \mathscr{S}$ 來說是唯一的，其中，ψ 單獨編碼了 $\mathscr{S}$ 中的每個元素。此外，任何重集函式 g 都可以分解為 $g(S) = \phi\left(\sum_{x \in S} \psi(x) \right)$，其中的 ϕ 是一個函式。

標記 5.5 請注意，和池化運算元是非常重要的，因為一些流行的不變池化運算元（如平均池化運算元）不是單射重集函式。和池化運算的意義在於記錄重集中重複元素的數量。圖卷積網路（Kipf and Welling, 2017a）採用的平均池化或圖注意力網路（Veličković et al, 2018）採用的 Softmax 歸一化（注意力）池化，雖然可以學習重集中元素的分布，但卻無法學習元素的精確計數。

以萬能近似定理為基礎（Hornik et al, 1989），我們可以使用多層感知器（Multi-Layer Perceptron，MLP）建模並學習引理 5.1 中的 ψ 和 ϕ，用於普遍單射型 AGG 操作。在 MP-GNN 中，我們甚至不需要明確地對 ψ 和 ϕ 進行建模，因為 MSG 和 UPT 操作已經透過 MLP 得以實現。因此，使用和池化作為 AGG 操作就足以實現最具表達能力的 MP-GNN。

表達資訊：$\boldsymbol{m}_{vu}^{(k)} \leftarrow \text{MLP}_1^{(k-1)}(\boldsymbol{h}_v^{k-1} \oplus \boldsymbol{h}_u^{k-1}), \, \forall (u,v) \in \mathscr{E}$

表達聚合：$\boldsymbol{a}_v^{(k)} \leftarrow \sum_{u \in \mathscr{N}_v} \boldsymbol{m}_{vu}^{(k)}, \, \forall v \in \mathscr{V}$

表達更新：$\boldsymbol{h}_v^{(k)} \leftarrow \text{MLP}_2^{(k-1)}(\boldsymbol{h}_v^{(k-1)} \oplus \boldsymbol{a}_v^{(k)}), \, \forall v \in \mathscr{V}$

其中，$\oplus$ 表示串聯。實際上，我們甚至可以透過使用單一 MLP 來簡化程式。我們還可以設定 $\boldsymbol{m}_{vu}^{(k)} \rightarrow \boldsymbol{h}_u^{(k-1)}, \, \forall (u,v) \in \mathscr{E}$ 而不會降低表達能力。透過將所有項結合起來，Xu et al（2019d）獲得了節點表徵的最簡單更新機制——建構一個從 $(\boldsymbol{h}_v^{(k-1)}, \{\boldsymbol{h}_u^{(k-1)} \mid u \in \mathscr{N}_v\})$ 到 $\boldsymbol{h}_v^{(k)}$ 的單射：

$$\boldsymbol{h}_v^{(k)} \leftarrow \text{MLP}^{(k-1)}\left((1+\boldsymbol{\varepsilon}^{(k)})\boldsymbol{h}_v^{(k-1)} + \sum_{u \in \mathscr{N}_v} \boldsymbol{h}_u^{(k-1)}\right), \, \forall v \in \mathscr{V} \tag{5.7}$$

其中，$\varepsilon^{(k)}$ 是一個可學習的權重。這種使用以神經網路為基礎的語言的更新方法被稱為圖同構網路（Graph Isomorphism Network，GIN）層（Xu et al, 2019d）。

引理 5.2 形式化地指出，採用式（5.7）的 MP-GNN 符合定理 5.3 中的第一個條件。

引理 5.2 如果節點屬性 $\boldsymbol{X}$ 來自一個可數空間，則按照式（5.7）更新節點表徵，即可組成從 $(\boldsymbol{h}_v^{(k-1)}, \{\boldsymbol{h}_u^{(k-1)} \mid u \in \mathscr{N}_v\})$ 到 $\boldsymbol{h}_v^{(k)}$ 的單射。

證明的方法：將和聚合的單射性證明與 MLP 的普遍近似屬性結合起來（Hornik et al, 1989）。

類似的想法也可用於 READOUT 操作，不過也需要重集的單射。

表達推理：

$$\hat{y}_S = \text{MLP}\left(\sum_{v \in S} \boldsymbol{h}_v^{(L)}\right) \tag{5.8}$$

Xu et al（2019d）觀察到，來自早期迭代的節點表徵有時可能泛化得更好，因此也建議使用跳躍知識網路（JK-Net）（Xu et al, 2018a）中的 READOUT 操作，儘管從 MP-GNN 表徵能力的角度看，這不是必要的。

整體來說，透過結合 UPT 和 READOUT 操作，我們可以做到 MP-GNN 與 1-WL 測試一樣強大。在 5.4 節中，我們將介紹幾種使 MP-GNN 能夠突破 1-WL 測試限制的技術，以實現更強大的表徵能力。

5.4　比 1-WL 測試更強大的圖神經網路架構

在 5.3 節中，我們描述了 MP-GNN 的表徵能力，MP-GNN 受到 1-WL 測試的約束。換言之，如果 1-WL 測試不能區分兩個 GRL 實例 $(\mathscr{G}^{(1)}, S^{(1)})$ 和 $(\mathscr{G}^{(2)}, S^{(2)})$，那麼 MP-GNN 也將不能區分它們。雖然 1-WL 測試只是不能區分少數邊角案例的圖結構，但這也確實限制了 GNN 在許多實際應用中的適用性（You et al, 2019；Chen et al, 2020q；Ying et al, 2020b）。在本節中，我們將介紹幾種方法來克服 MP-GNN 的上述限制。

5.4.1　MP-GNN 的局限性

首先，我們回顧一下 MP-GNN 和 1-WL 測試的幾個關鍵限制，以便從直覺上理解建立更強大 GNN 的技術。MP-GNN 透過聚合鄰居節點的表徵來迭代更新每個節點的表徵，獲得的節點表徵基本上是對以節點 v 為根節點的子樹的編碼（見圖 5.7）。然而，使用這個有根節點的子樹來表徵一個節點可能會失去有用的資訊，比以下面這些例子。

（1）多個節點之間的距離資訊會遺失。You et al（2019）注意到，MP-GNN 在捕捉一個給定節點相對圖中另一個節點的位置方面能力有限。許多節點可能共用類似的子樹，因此，儘管節點可能位於圖中不同的位置，但 MP-GNN 會為它們產生相同的形式化結果。節點的這種位置資訊對依賴於多個節點的任務來說是非常重要的，如連結預測（Liben-Nowell and Kleinberg, 2007），因為兩個傾向於透過連結連接的節點通常位於彼此附近。圖 5.9 舉出了一個說明性範例。

（2）遺失關於環的資訊。特別地，當擴充節點的子樹時，MP-GNN 基本上不追蹤子樹中節點的身份。圖 5.10 舉出了一個說明性範例。關於環的資訊在子圖匹配（Ying et al, 2020b）和計數（Liu et al, 2020e）等應用中非常重要，因為

環經常出現在子圖匹配 / 計數問題的查詢子圖模式中。Chen et al（2020q）證明了 MP-GNN 能夠計算星形結構（樹的一種特殊形式），但不能計算有三個或更多個節點（它們形成了環）的連接子圖。

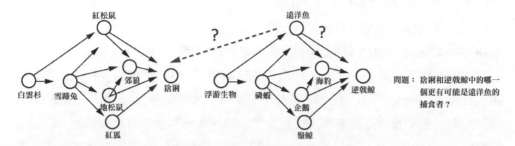

▲ 圖 5.9　用於展示 MP-GNN 局限性的食物鏈範例（Srinivasan and Ribeiro, 2020a）。MP-GNN 將猞猁和逆戟鯨（即虎鯨）連結到相同的節點表徵，即 $h_{\text{Lynx}}^{(i)} = h_{\text{Orca}}^{(i)}$，因為這兩個節點具有相同的有根子樹。請注意，我們不考慮節點特徵。因此，MP-GNN 不能預測到底是猞猁還是逆戟鯨更有可能成為遠洋魚的捕食者（這是一個連結預測任務）

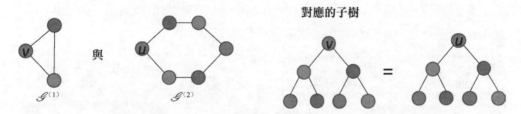

▲ 圖 5.10　MP-GNN 舉出的節點表徵 $h_v^{(L)}$ 和 $h_u^{(L)}$ 是相同的，儘管它們分別屬於不同的環——3 節點環和 6 節點環（本書為單色印刷，色彩標示部分可能無法正確顯示）

　　理論上，由於表徵有限，MP-GNN 無法解決某一類通用的圖表徵學習問題。為了證明這一點，我們可以定義一類別圖，稱為有屬性正規圖。

　　定義 5.8（有屬性正規圖）　考慮一個有屬性圖 $\mathscr{G} = (\mathscr{V}, \mathscr{E}, X)$。對於 $\mathscr{V}$ 中的所有節點，根據它們的屬性 $\mathscr{V} = \cup_{i=1}^{k} V_i$ 進行劃分，使得來自同一類別 V_i 的兩個節點具有相同的屬性，而來自不同類別的兩個節點具有不同的屬性。如果對於任何兩個類別 V_i 和 V_j，$i, j \in [k]$，並且對於任何兩個節點 u 和 v，$u, v \in V_i$，u 在 V_j 中的鄰居節點數量與 v 在 V_j 中的鄰居節點數量相等，就稱這個圖為有屬性正規圖。如果用 C_i 表示 V_i 中節點的屬性，同時用 r_{ij} 表示一個節點 $v \in V_i$ 在

V_j 中的鄰居節點數量，則這個有屬性正規圖的設定可以表示為一個元組集合 $\text{Config}(\mathscr{G}) = \{(C_i, C_j, r_{ij})\}_{i,j \in [k]}$。

請注意，有屬性正規圖的定義類似於 k 分正規圖，但有屬性正規圖允許同一分區的節點相互連接。我們可以證明，1-WL 測試將以同樣的方式給一個分區的所有節點著色。根據 MP-GNN 的表徵能力所受到的約束（見定理 5.2），我們可以得到以下推論：MP-GNN 不可能區分定義在有屬性正規圖上的 GRL 實例。圖 5.11 舉出了一些例子，說明了這種不可能性。實際上，如果我們把 MP-GNN 得到的節點表徵看作這個轉換後的圖上的節點屬性，那麼在有足夠層數（迭代）的情況下，MP-GNN（1-WL 測試）將總是把任何有屬性圖轉換成有屬性正規圖（Arvind et al, 2019）[1]。

推論 5.1　考慮兩個圖結構的特徵 $(\mathscr{G}^{(1)}, S^{(1)})$ 和 $(\mathscr{G}^{(2)}, S^{(2)})$。$\mathscr{G}^{(1)}$ 和 $\mathscr{G}^{(2)}$ 共用相同的設定，即 $\text{Config}(\mathscr{G}^{(1)}) = \text{Config}(\mathscr{G}^{(2)})$，並且兩個屬性的重集 $\{X_v^{(1)} | v \in S^{(1)}\}$ 和 $\{{}_v^{(2)} | v \in S^{(2)}\}$ 也相等，$f_{\text{MP-GNN}}(\mathscr{G}^{(1)}, S^{(1)}) = f_{\text{MP-GNN}}(\mathscr{G}^{(2)}, S^{(2)})$。因此，如果圖表徵學習問題將 $\{X_v^{(1)} | v \in S^{(1)}\}$ 和 $\{{}_v^{(2)} | v \in S^{(2)}\}$ 與不同的目標連結，則 MP-GNN 並不具備區分它們和預測它們的正確目標的表達能力。

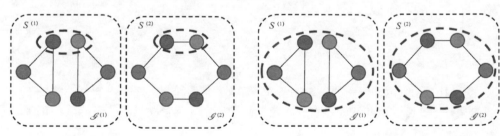

▲ 圖 5.11　一對設定相同的有屬性正規圖 $\mathscr{G}^{(1)}$ 和 $\mathscr{G}^{(2)}$ 以及適當的選擇 $S^{(1)}$ 和 $S^{(2)}$：MP-GNN 和 1-WL 測試無法區分 $(\mathscr{G}^{(1)}, S^{(1)})$ 和 $(\mathscr{G}^{(2)}, S^{(2)})$（本書為單色印刷，色彩標示部分可能無法正確顯示）

以上推論可透過追蹤 1-WL 測試的每個迭代並進行歸納得到證明。

接下來，我們將介紹幾種解決上述限制的方法，並進一步提高 MP-GNN 的表達能力。

1　大多數轉換後的圖的每個分區都有單一節點。在這種情況下，兩個共用相同設定的圖是同構的。

5.4.2　注入隨機屬性

MP-GNN 的表達能力受限制的主要原因是 MP-GNN 不追蹤節點的身份。然而，具有相同屬性的不同節點將以相同的向量表徵進行初始化。除非它們的鄰居節點傳播不同的節點表徵，否則這一條件將被保持。提高 MP-GNN 表達能力的一種方法是為每個節點注入一個獨特的屬性。給定一個 GRL 實例 $(\mathscr{G}, S)$，$\mathscr{G} = (A, X)$。

$$g_I(\mathscr{G}, S) = (\mathscr{G}_I, S), \text{ 其中 } \mathscr{G}_I = (A, X \oplus I) \tag{5.9}$$

其中，$\oplus$ 表示串聯，I 是單位矩陣，這給了每個節點唯一的獨熱編碼，並得到一個新的有屬性圖 $\mathscr{G}_I$。複合模型 $f_{\text{MP-GNN}} \circ g_I$ 增強了表達能力，因為節點的身份已被附加到訊息上，距離資訊和環資訊可以透過足夠的訊息傳播迭代來學習。

然而，上述框架的局限性在於其並不是排列不變的（見定義 5.4）：給定兩個同構的 GRL 實例 $(\mathscr{G}^{(1)}, S^{(1)}) \cong (\mathscr{G}^{(2)}, S^{(2)})$，則 $g_I(\mathscr{G}^{(1)}, S^{(1)})$ 和 $g_I(\mathscr{G}^{(2)}, S^{(2)})$ 可能不再是同構的。因此，複合模型 $f_{\text{MP-GNN}} \circ g_I(\mathscr{G}^{(1)}, S^{(1)})$ 可能不等於 $f_{\text{MP-GNN}} \circ g_I(\mathscr{G}^{(2)}, S^{(2)})$。得到的模型由於失去了圖表徵學習的基本歸納偏置，因此很難被泛化 [1]。

標記 5.6 其他一些方法可能與 g_I 存在相同的限制，例如使用鄰接矩陣 A（A 的每一行代表節點屬性）的方法。然而，Srinivasan and Ribeiro（2020a）認為，透過矩陣分解得到的節點嵌入，如 DeepWalk（Perozzi et al, 2014）和 node2vec（Grover and Leskovec, 2016），可以保持所需的不變性，因此仍然是可泛化的。我們將在 5.4.2.4 節中探討這個概念。

為了克服上述限制，人們最近已經提出了不同的模型。這些模型的共同策略是：首先設計一些額外的隨機節點屬性 Z，並用它們來參數化原始資料集；然後在增強的資料集上學習一個 GNN 模型（見圖 5.12）。

---

[1] 最近的文獻經常提到，綜合模型不是歸納式的。歸納式和對未觀察到的實例的泛化能力是相關的。在直推式場景中，$f_{\text{MP-GNN}} \circ g_I$ 的泛化能力不如 $f_{\text{MP-GNN}}$，儘管由於 $f_{\text{MP-GNN}} \circ g_I$ 的表達能力更強，但 $f_{\text{MP-GNN}} \circ g_I$ 的預測表現可能會比 $f_{\text{MP-GNN}}$ 好一些。

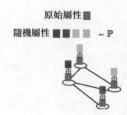

隨機屬性類型	位置資訊	模型和引用
隨機排列	否	RP-GNN (Murphy et al, 2019)
（幾乎均勻）離散的隨機變數	否	rGIN (Sato et al, 2020)
與隨機錨節點集的距離	是	PGNN (You et al, 2019)
圖卷積的高斯隨機變數	是	CGNN (Srinivasan & Ribeiro, 2020)
隨機簽名的拉普拉斯特徵映射	是	LE-GNN (Dwivedi et al, 2020)

▲ 圖 5.12　透過注入隨機節點屬性可以提高 GNN 的表達能力。不同的研究採用了不同類型的隨機節點屬性，一些隨機節點屬性包含節點位置資訊（即一個節點相對於圖中其他節點的位置）（本書為單色印刷，色彩標示部分可能無法正確顯示）

　　這樣得到的模型將更具表達能力，因為隨機節點屬性可以被看作區分節點的唯一節點身份。然而，如果模型只是以由這些隨機屬性增強的單一 GRL 實例為基礎進行訓練，則模型並不能像上面討論的那樣保持不變。作為替代，模型需要透過多個由獨立注入的隨機屬性增強的 GRL 實例來訓練。新的增強後的 GRL 實例與產生它們的原始 GRL 實例具有相同的目標。透過在增強的實例上訓練模型，基本上可以使模型的排列方差正規化，使它們的行為幾乎「排列不變」。

　　這些隨機屬性的注入方法有多種，但其中一種最直接的方法是將 Z 附加到 X 上，即給定一個圖結構的資料 $(\mathcal{G}, S)$，其中 $\mathcal{G}=(A, X)$。

$$g_z(\mathcal{G}, S) = (\mathcal{G}_z, S) \text{ 其中 } \mathcal{G}_z = (A, \tilde{X}_z) \quad \tilde{X}_z \leftarrow X \oplus Z \tag{5.10}$$

　　注意，對於每個實現 Z，複合模型 $f_{\text{MP-GNN}} \circ g_z$ 不是排列不變的。作為替代，所有這些方法旨在使得 $E[f_{\text{MP-GNN}} \circ g_z]$ 排列不變，並希望模型保持期望不變性。為了匹配這種期望不變性，這些方法必須滿足以下命題。

　　命題 5.1　為了透過注入隨機屬性 Z 建立一個模型，需要具備以下兩個前提條件。

- 在訓練階段就應該對足夠數量的 Z 進行抽樣，以便在模型中能夠確實捕捉到期望不變性。

- Z 的隨機性應該與原始節點身份無關。

　　為了滿足第一個前提條件，有研究表示，在訓練階段，當針對每一個前向傳遞計算 $f_{\text{MP-GNN}} \circ g_z$ 時，一個 Z 應該被重新抽樣一次或多次，以獲得足夠的資料進行論證。為了滿足第二個前提條件，人們已經提出了 4 種不同類型的隨機屬性 Z，具體描述如下。

5.4.2.1 關係池化 -GNN（RP-GNN）

　　Murphy et al（2019a）考慮將節點的隨機分配順序作為其額外屬性，並提出了關係池化 -GNN（RP-GNN）模型。他們使用 Z_{RP} 來表示 RP-GNN 中使用的額外節點屬性 Z。假設圖 $\mathscr{G}$ 有 n 個節點，並且 Z_{RP} 是從所有可能的排列矩陣中均勻抽樣的。也就是說，隨機選取一個雙射（排列）$\pi : V(\mathscr{G}) \to V(\mathscr{G})$，如果 $j = \pi(i)$，則設計排列矩陣 $[Z_{\text{RP}}]_{ij}=1$，否則設計排列矩陣 $[Z_{\text{RP}}]_{ij}=0$。然後，RP-GNN 採用以下複合模型：

$$f_{\text{RP-GNN}} = \mathbb{E}[f_{\text{MP-GNN}} \circ g_{z_{\text{RP}}}] \tag{5.11}$$

　　定理 5.4〔（Murphy et al, 2019a）中的 Theorem 2.2〕 嚴格來說，RP-GNN $f_{\text{RP-GNN}}$ 相比原來的 $f_{\text{MP-GNN}}$ 更強大。

　　計算期望值 $E[f_{\text{MP-GNN}} \circ g_{z_{\text{RP}}}]$ 的想法是難以實現的，因為我們需要對所有可能的排列 $\pi : V(\mathscr{G}) \to V(\mathscr{G})$ 計算 $f_{\text{MP-GNN}} \circ g_{z_{\text{RP}}}$。為了解決這個問題，我們可能需要對 Z_{RP} 進行抽樣。

　　然而，由於整個排列空間太大，對數量有限的 Z_{RP} 進行均勻的隨機抽樣可能會帶來很大的方差。為了減小潛在的方差，Murphy et al（2019a）提出了只對一小部分節點子集進行排列的所有 π 進行抽樣，而非對整個節點集合進行抽樣。最近，Chen et al（2020q）進一步調整了 RP-GNN 以解決子圖計數問題，他們建議使用對每個連接的局部子圖的所有節點進行排列的所有 π。

5.4.2.2 隨機圖同構網路（rGIN）

　　Sato et al（2021）透過設定從幾乎均勻的離散機率分布中抽樣每個節點的附加屬性來泛化 RP-GNN。與 RP-GNN 的關鍵區別在於，兩個節點的附加屬性被設定為相互獨立（而在 RP-GNN 中，由於排列組合的性質，不同節點的一次

性隨機屬性是相關的）。他們用 Z_r 表示 rGIN 中使用的 Z，並用 $[Z_r]_v$ 表示節點 v 的屬性。舉例來說，他們設定

$$f_{\text{rGIN}} = \mathbb{E}[f_{\text{MP-GNN}} \circ g_{z_r}]，\text{其中} [Z_r]_v \sim \text{Unif}(\mathscr{D})\ \text{i.i.d.}\ \forall v \in \mathcal{V}[\mathscr{G}]$$

其中，$\mathbb{E}$ 表示期望值，$\mathscr{D}$ 是一個離散空間，對於某個 $p>0$，至少有 $1/p$ 個元素。與 RP-GNN 類似，f_{rGIN} 可以透過對 $f_{\text{MP-GNN}} \circ g_{z_r}$ 的每次求值只抽樣幾個 Z_r 來實現〔實際上每次正向求值抽樣一個 Z_r（Sato et al, 2021）〕。

定理 5.5〔（**Sato et al, 2021**）中的 **Theorem 4.1**〕　考慮一個 GRL 實例 $(\mathscr{G}, v)$，其中只有一個節點包含在我們感興趣的節點集合中。對於任何圖結構特徵 $(\mathscr{G}', v')$，假設 $\mathscr{G}'$ 中的節點有一個有界的最大度，且屬性 X 來自一個有限空間，則存在一個 MP-GNN，使得：

- 如果 $(\mathscr{G}', v') \cong (\mathscr{G}, v)$，則 $f_{\text{MP-GNN}} \circ g_{z_r}(\mathscr{G}', v') > 0.5$ 的機率很大。
- 如果 $(\mathscr{G}', v') \not\cong (\mathscr{G}, v)$，則 $f_{\text{MP-GNN}} \circ g_{z_r}(\mathscr{G}', v') < 0.5$ 的機率很大。

這個結果可以看作對 rGIN 表達能力的描述。然而，由於所有圖的幾乎所有節點都會在 1-WL 測試的兩次迭代中與不同的表徵相連結（MP-GNN 也是如此），這一結果被削弱了（Babai and Kucera, 1979）。此外，已知有界度的圖的同構問題屬於 P 問題（Fortin, 1996）。但是，最近的一項研究已經能夠證明 rGIN 的普遍近似性，這為 rGIN 的表達能力提供了更強的描述。

定理 5.6〔（**Abboud et al, 2020**）中的 **Theorem 4.1**〕　考慮任意不變映射 $f^*: \mathscr{G}_n \to \mathbb{R}$，其中，$\mathscr{G}_n$ 包含所有具有 n 個節點的圖，則存在一個 rGIN $f_{\text{MP-GNN}} \circ g_{z_r}$，使得 $p(|f_{\text{MP-GNN}} \circ g_{z_r} - f^*| < \varepsilon) > 1 - \delta$，對於給定的 $\varepsilon > 0$，$\delta \in (0,1)$。

上述 RP-GNN 和 rGIN 採用的隨機屬性與輸入資料 $(\mathscr{G}, S)$ 完全無關。與之不同，接下來的兩種方法注入了利用輸入資料的隨機屬性。特別是，這些隨機屬性與圖中節點的位置有關，它們傾向於抵消 MP-GNN 中損失的節點位置資訊。

5.4.2.3 位置感知 GNN（PGNN）

You et al（2019）提出，MP-GNN 可能無法捕捉到節點在圖中的位置資訊，但這些資訊在連結預測等應用中十分關鍵。因此，他們建議使用節點的位置嵌入作為附加屬性。為了捕捉期望意義上的排列不變性，節點位置嵌入是以隨機選擇的錨節點集合為基礎產生的。他們把 PGNN 中採用的隨機屬性工作表示為 Z_p，具體構造過程如下。

（1）考慮一個圖 $\mathscr{G}=(\mathscr{V},\mathscr{E},X)$。隨機選擇幾個錨節點集合（$S_1,S_2,\cdots,S_K$），其中，$S_k \subset \mathscr{V}$。注意，$S_k$ 的選擇與節點身份無關：給定 k，S_k 將以相同的機率包含每個節點。

（2）對於某個節點 $u \in \mathscr{G}$，設定 $[Z_P]_u=(d(u,S_1),\cdots,d(u,S_K))$。其中，$d(u,S_k)(k \in [K])$ 是節點 u 和錨節點集合 S_k 之間的距離度量。

由於錨節點集合的選擇與節點的身份無關，因此得到的 Z_p 仍然滿足命題 5.1 中的第二個前提條件。接下來，我們將說明對這些錨節點集合進行抽樣的策略以及距離度量應如何選擇。選擇這些錨節點集合時的主要要求是保持節點之間兩個距離的低失真，其中一個距離由原始圖舉出，另一個距離由這些錨節點集合舉出。具體來說，失真用於衡量在從一個度量空間映射到另一個度量空間時，嵌入在保留距離方面的可靠度，具體定義如下。

定義 5.9 給定兩個度量空間 $(\mathscr{V},d)$ 和 $(\mathscr{Z},d')$ 以及一個函式 $Z_p:\mathscr{V} \to \mathscr{Z}$，如果 $\forall u,v \in \mathscr{V}$ 且 $\frac{1}{\alpha}d(u,v) \leq d'([Z_P]_u,[Z_P]_v) \leq d(u,v)$，我們就說 Z_p 具有失真 α。

幸運的是，Bourgain（1985）證明了從任意度量空間映射到 l_p 度量空間時存在一個低失真嵌入。

定理 5.7〔（**Bourgain, 1985**）中的 **Bourgain's Theorem**〕 給定任意有限度量空間 $(\mathscr{V},d)$，$|\mathscr{V}|=n$，在任意度量 l_p 下，存在一個從 $(\mathscr{V},d)$ 到 $\mathbb{R}^K$ 的嵌入，其中 $K=O(\log^2 n)$，嵌入的失真為 $O(\log n)$。

以定理 5.7 為基礎的構造性證明，Linial et al（1995）提出了一種透過錨節點集合構造 $O(\log^2 n)$ 維嵌入的演算法，旨在得到錨節點集合的選擇策略並定義 Z_p 的距離度量，它們已被 PGNN（You et al, 2019）採用。

透過選擇 $K = c\log^2 n$ ，許多隨機節點集合 $S_{i,j} \subset \mathcal{V}$, $i = 1, 2, ..., \log n$, $j = 1, 2, ..., c\log n$ 。其中，c 是一個常數，$S_{i,j}$ 的選擇方法是：以機率 $\frac{1}{2^i}$ 獨立地包括 $\mathcal{V}$ 中的每個節點。我們可以進一步定義

$$[Z_P]_v = \left(\frac{d(v, S_{1,1})}{k}, \frac{d(v, S_{1,2})}{k}, ..., \frac{d(v, S_{\log n, c\log n})}{k} \right) \tag{5.12}$$

其中，$d(v, S_{i,j}) = \min_{u \in S_{i,j}} d(v, u)$ 。Z_p 是一種滿足定理 5.7 的嵌入方法。

與 RP-GNN 和 rGIN 相比，PGNN 採用的隨機屬性則專門處理圖中節點的位置資訊。因此，PGNN 更適合與節點位置直接相關的任務，如連結預測。You et al（2019）沒有對 PGNN 的表徵能力提供數學描述。然而根據定義，建立 Z_p 的方式允許對兩個節點 u 和 v 來說，屬性 $[Z_p]_u$ 和 $[Z_p]_v$ 是統計相關的。對於圖 5.9 中的範例，這種相關性為 PGNN 提供的資訊表示猞猁和遠洋魚之間的距離與逆戟鯨和遠洋魚之間的距離不同，從而可能成功地區分（$\mathcal{G}$, { 猞猁 , 遠洋魚 }）和（$\mathcal{G}$, { 逆戟鯨 , 遠洋魚 }），並做出正確的連結預測。

請注意，原始的 PGNN（You et al, 2019）並不使用 MP-GNN 作為骨架來執行訊息傳遞。相反，PGNN 允許從節點到錨節點集合的訊息傳遞。因此，這種方法與表達能力沒有直接關係，不在本章的討論範圍內。感興趣的讀者可以參考原始論文（You et al, 2019）。

5.4.2.4 隨機矩陣分解

Srinivasan and Ribeiro（2020a）最近提出了一個重要的觀點，即只要允許一定的隨機擾動，透過分解鄰接矩陣 A 的一些變形得到的節點位置嵌入就可以用作節點屬性，得到的模型則仍然保持期望的排列不變性。Srinivasan and Ribeiro（2020a）認為，建立在這些隨機擾動的節點位置嵌入上的模型仍然是歸納性的，並且擁有良好的泛化特性。以上觀點對傳統觀點提出了挑戰。傳統的觀點是：建立在這些節點位置嵌入上的模型不是歸納性的。關鍵在於假設鄰接矩陣 $A = U\Sigma U^T$ 的 SVD 分解。當我們排列節點的順序，即排列 A 的行列順序時，U 的行順序將同時改變。因此，使用 U 作為節點屬性的模型應該保持排列不變性。這種隨機擾動的分解是需要的，因為這種 SVD 分解不是唯一的。

儘管 Srinivasan and Ribeiro（2020a）提出了這個想法，但他們並沒有透過矩陣分解來明確計算節點位置嵌入。作為替代，他們對一系列高斯隨機矩陣 $Z_{\mathscr{G},1}$, $Z_{\mathscr{G},2}$, … 進行了抽樣，並讓它們在圖上傳播。舉例來說，對於兩跳：

$$Z_{\mathscr{G}} = \psi(\hat{A}\psi(\hat{A}Z_{\mathscr{G},1}) + Z_{\mathscr{G},2})$$

其中，ψ 是 MLP，$\hat{A}$ 表示相鄰矩陣的某種變形。$Z_{\mathscr{G}}$ 中的行實際上舉出了大致的節點位置嵌入。然後，獲得的這些節點嵌入將被進一步用作 MP-GNN 中節點的屬性。

Dwivedi et al（2020）明確地採用了矩陣分解。他們主張使用隨機擾動的拉普拉斯特徵映射作為附加屬性。具體來說，他們假設歸一化的拉普拉斯矩陣被定義為

$$L = I - D^{-\frac{1}{2}}AD^{-\frac{1}{2}}$$

其中，D 是對角（度數）矩陣。可以將 L 的特徵值分解表示為 $A=U\Sigma U^{\mathrm{T}}$。特徵值分解不是唯一的，所以我們假設 U 可以從所有可能的選擇中進行任意挑選。幸運的是，如果沒有多個特徵值，則 U 對於每一列都是唯一的，取決於符號是加號還是減號。因此，我們可以直接將額外的節點屬性設定為

$$Z_{\mathrm{LE}} = U\Gamma, \text{其中 } \Gamma_{ii} \sim \text{Unif}(\{-1,1\}) \text{ i.i.d. } \forall i \in [|V|], \Gamma_{ij} = 0, \forall i \neq j \qquad (5.13)$$

其中，Γ 是一個對角矩陣，它的對角線元素被均勻地獨立設定為 1 或 -1。在這裡，U 可以用其本身的一些列的幾個部分來代替。設 $g_{Z_{\mathrm{LE}}}$ 表示將這些附加屬性 Z_{LE} 與原始節點屬性連接起來的操作。於是，整個複合模型變成 $f_{\mathrm{MP\text{-}GNN}} \circ g_{Z_{\mathrm{LE}}}$。引理 5.3 表示，如果拉普拉斯矩陣有不同的特徵值，則 $f_{\mathrm{MP\text{-}GNN}} \circ g_{Z_{\mathrm{LE}}}$ 具有期望的排列不變性。

引理 5.3　如果 $(\mathscr{G}^{(1)}, S^{(1)}) \cong (\mathscr{G}^{(2)}, S^{(2)})$，並且它們對應的歸一化拉普拉斯矩陣沒有多個特徵值，那麼任何透過選擇特徵值的分解來獲得節點嵌入的操作都會得到

$$\mathbb{E}(f_{\mathrm{MP\text{-}GNN}} \circ g_{Z_{\mathrm{LE}}}(\mathscr{G}^{(1)}, S^{(1)})) = \mathbb{E}(f_{\mathrm{MP\text{-}GNN}} \circ g_{Z_{\mathrm{LE}}}(\mathscr{G}^{(2)}, S^{(2)}))$$

證明　從上面的論證中可以很容易看出證明過程。

正如引理 5.3 所述，對大多數圖來說，複合模型能保持排列不變性，儘管它們在某些邊角案例中可能會破壞排列不變性。關於表達能力，Z_{LE} 能夠將不同的節點與不同的屬性關聯起來，因為根據定義，U 是一個正交矩陣。因此，一定存在 $f_{MP\text{-}GNN} \circ g_{Z_{LE}}$，可以從圖中區分出任意節點子集。

定理 5.8　對於同一個圖上的任何兩個 GRL 實例 $(\mathscr{G}, S^{(1)})$ 和 $(\mathscr{G}, S^{(2)})$，即使它們是同構的，只要 $S^{(1)} \neq S^{(2)}$，就存在一個 $f_{MP\text{-}GNN}$，使得 $f_{MP\text{-}GNN} \circ g_{Z_{LE}}(\mathscr{G}, S^{(1)}) \neq f_{MP\text{-}GNN} \circ g_{Z_{LE}}(\mathscr{G}, S^{(2)})$。然而，如果這兩個 GRL 實例在同一個 $\mathscr{G}$ 上確實是同構的（$(\mathscr{G}, S^{(1)}) \cong (\mathscr{G}, S^{(2)})$），並且 $\mathscr{G}$ 的歸一化拉普拉斯矩陣沒有多個相同的特徵值，那麼 $\mathbb{E}(f_{MP\text{-}GNN} \circ g_{Z_{LE}}(\mathscr{G}, S^{(1)})) = \mathbb{E}(f_{MP\text{-}GNN} \circ g_{Z_{LE}}(\mathscr{G}, S^{(2)}))$。

證明　從上面的論證中可以很容易看出證明過程。

定理 5.8 表示 $f_{MP\text{-}GNN} \circ g_{Z_{LE}}$ 有可能區分來自同一個圖的不同節點集合。請注意，儘管 $f_{MP\text{-}GNN} \circ g_{Z_{LE}}$ 實現了強大的表徵能力，但與另一個模型 SEAL（Zhang and Chen, 2018b）相比，前者在實踐中的連結預測效果並不總是很好（Dwivedi et al, 2020）〔透過比較它們在 COLLAB 資料集上的表現，見（Hu et al, 2020b）〕。SEAL 以 5.4.3 節為基礎介紹的確定性距離屬性。是否具有排列不變性，是對模型泛化特徵的更弱表達。實際上，如果模型是成對的節點位置嵌入，則會增加參數空間的維度，從而也會對泛化產生負面影響。對這一觀點的全面認識有待今後研究。

在 5.4.3 節中，我們將介紹確定性距離屬性，這為解決上述問題提供了一個不同的角度。距離編碼具有堅實的數學基礎，從而為許多經驗上表現良好的模型提供了理論支援，如 SEAL（Zhang and Chen, 2018b）和 ID-GNN（You et al, 2021）。

5.4.3　注入確定性距離屬性

在本節中，我們將介紹如何透過注入確定性距離屬性來提高 MP-GNN 的表達能力。

確定性距離屬性背後的關鍵動機如下。在 5.4.1 節中，我們已經證明 MP-GNN 在測量不同節點之間的距離、計數環[1]和區分有屬性正規圖的能力方面是有限的。所有這些限制基本上是從 1-WL 測試中繼承下來的，1-WL 測試沒有捕捉到節點之間的距離資訊。如果能將 MP-GNN 與一些距離資訊結合起來，那麼複合模型必定實現更強的表達能力。但問題是如何正確地注入距離資訊。

我們可以參考兩個重要的直覺來設計這種距離屬性。首先，有效的距離資訊通常是與任務相連結的。舉例來說，考慮一個 GRL 實例（$\mathcal{G}, S$）。如果任務是進行節點分類（$|S|=1$），那麼一個節點到它自身（因此形成了包含這個節點的環）的距離資訊是相關的，因為衡量的是關於上下文結構的資訊。如果任務是進行連結預測（$|S|=2$），則連結的兩個端點之間的距離資訊是相關的，因為網路中相互靠近的兩個節點往往是由連結連接的。對於圖級預測（$S=\mathcal{V}(\mathcal{G})$），任何一對節點之間的距離資訊都可能是相關的，因為它可以被看作一組連結預測。其次，除 S 中節點之間的距離以外，S 到 $\mathcal{G}$ 中其他節點的距離也可能提供有用的側面資訊。以上兩個方面啟發了距離屬性的設計。

一些經驗上成功的 GNN 模型利用了確定性距離屬性，儘管它們對 GNN 表達能力的影響直到最近才被人提出來（Li et al, 2020e）。對於連結預測，Li et al（2016a）首先考慮對感興趣的連結的兩個端點進行標注。這兩個端點被標注為獨熱編碼，所有其他節點則被標注為 0。這種標注可以透過 GNN 訊息傳遞轉為距離資訊。同樣，對於連結預測，Zhang and Chen（2018b）首先在被查詢連結的周圍抽樣了一個封閉的子圖，然後使用從這個節點到連結的兩個末端節點的最短路徑距離（Shortest Path Distance，SPD）的獨熱編碼來標注這個子圖中的每個節點。注意，決定一個節點是否在查詢連結周圍的包圍子圖已經舉出了距離屬性。Zhang and Chen（2019）則使用類似的想法進行矩陣補全——這是一個類似於連結預測的任務。對於圖分類和圖級屬性預測，Chen et al（2019a）和 Maziarka et al（2020a）採用兩個節點之間的 SPD 作為邊屬性。這些邊屬性也可

---

1 環實際上攜帶了一種特殊的距離資訊，因為它們描述了從一個節點到這個節點自身的游走長度。如果從一個節點到這個節點自身的距離不是用最短路徑距離來衡量，而是用隨機遊走的返回機率來衡量，那麼這個距離就已經包含了環資訊。

以作為 MP-GNN 中 MSG 操作的輸入。You et al（2021）將一個節點標注為 1，並將其他節點標注為 0，以改善 MP-GNN 的節點分類效果。由於我們關注的是對表達能力的理論表徵，因此我們不會詳細介紹這些經驗上成功的研究。感興趣的讀者可以參考相關論文。

標記 5.7（確定性距離屬性和隨機屬性的比較） 確定性距離屬性有兩個優點。首先，由於輸入屬性沒有隨機性，並且模型的最佳化過程中包含的雜訊較少，因此訓練過程往往相比隨機屬性的模型收斂得更快，模型評估表現包含的雜訊也少得多。一些對隨機屬性的模型訓練收斂的經驗評估可在 Abboud et al（2020）中找到。其次，以確定性距離屬性為基礎的模型在實踐中通常比以隨機屬性為基礎的模型顯示出更好的泛化能力。儘管從理論上講，以足夠多的隨機屬性的樣本為基礎進行訓練時，模型是排列不變的（如 5.4.2 節所述），但在實踐中，由於高複雜性，這可能很難實現。

確定性距離屬性也有兩個缺點。首先，與確定性屬性配對的模型可能永遠無法實現普遍近似，除非圖同構問題是 P 問題。然而，隨機屬性在機率意義上可能是普遍的（見定理 5.6）。其次，確定性距離屬性通常取決於 GRL 實例 $(\mathscr{G}, S)$ 中的資訊 S。這在計算中引入了一個問題，也就是說，如果兩個 GRL 實例 $(\mathscr{G}^{(1)}, S^{(1)})$ 和 $(\mathscr{G}^{(2)}, S^{(2)})$ 共用同一個圖 $\mathscr{G}$，但有不同的感興趣的節點集合 $S^{(1)} \neq S^{(2)}$，則它們將被附加不同的確定性距離屬性，因此 GNN 必須對它們分別進行推理。然而，具有隨機屬性的 GNN 可以在兩個 GRL 實例之間共用式（5.4）中的中間節點表徵 $\{\boldsymbol{h}_v^{(L)} | v \in \mathscr{V}[\mathscr{G}]\}$，從而節省了中間計算。

5.4.3.1　距離編碼

假設我們的目標是對一個 GRL 實例 $(\mathscr{G}, S)$ 進行預測。Li et al（2020e）將距離編碼 $\textit{œ}(u|S)$ 定義為節點 $u \in \mathscr{V}[\mathscr{G}]$ 的額外節點屬性。

定義 5.10 對於一個 GRL 實例 $(\mathscr{G}, S)$，其中，$\mathscr{G} = (A, X)$。距離編碼 $\zeta(u|S)$ 對節點 u 的定義如下：

$$\zeta(u \mid S) = \sum_{v \in S} \text{MLP}\left(\zeta(u \mid v)\right) \tag{5.14}$$

其中，$\zeta(u\,|\,v)$ 表示節點 u 和節點 v 之間的某種距離。我們可以選擇

$$\zeta(u\,|\,v) = g(\ell_{uv}), \quad \ell_{uv} = (1, (\boldsymbol{W})_{uv}, (\boldsymbol{W}^2)_{uv}, \cdots, (\boldsymbol{W}^k)_{uv}, \cdots) \qquad (5.15)$$

其中，$\boldsymbol{W} = \boldsymbol{A}\boldsymbol{D}^{-1}$ 是隨機遊走矩陣，$g(\cdot)$ 是一個一般函式，用於將 l_{uv} 映射到不同類型的距離測量。

請注意，$\zeta(u\,|\,S)$ 取決於圖結構 $\mathscr{G}$，為簡單起見，我們在符號中省略了這一點。首先，將 $g(l_{uv})$ 設定為 l_{uv} 中的第一個非零位置，並舉出節點 v 到節點 u 的最短路徑距離（SPD）。其次，將 $g(l_{uv})$ 設定如下，並舉出廣義的 PageRank 分數（Li et al, 2019f）。

$$\zeta_{\mathrm{gpr}}(u\,|\,v) = \sum_{k\geqslant 1}\gamma_k(\boldsymbol{W}^k)_{uv} = \left(\sum_{k\geqslant 0}\gamma_k\boldsymbol{W}^k\right)_{uv}, \quad \gamma_k \in \mathbb{R}\ (\,k\in\mathbb{Z}_{\geqslant 0}) \qquad (5.16)$$

對 $\{\gamma_k\,|\,k\in\mathbb{Z}_{\geqslant 0}\}$ 的不同選擇會產生節點 u 和節點 v 之間的各種距離測量。

個性化的 PageRank 分數（Jeh and Widom, 2003）：$\gamma_k = \alpha^k$, $\alpha \in (0,1)$。

熱核心 PageRank 分數（Chung, 2007）：$\gamma_k = \beta^k e^{-\beta}\,/\,k!$, $\beta > 0$。

反擊時間（Lovász et al, 1993）：$\gamma_k = k$。

重要的是，大家要看到上述距離編碼的定義滿足排列不變性。

引理 5.4　對於兩個同構的 GRL 實例 $(\mathscr{G}^{(1)}, S^{(1)}) \overset{\pi}{\cong} (\mathscr{G}^{(2)}, S^{(2)})$，如果對於 $\in \mathscr{V}[\mathscr{G}^{(1)}]$ 和 $v \in \mathscr{V}[\mathscr{G}^{(2)}]$，有 $\pi(u) = \pi(v)$，則它們的距離編碼是相等的 $\zeta(u\,|\,S^{(1)}) = \zeta(v\,|\,S^{(2)})$。

證明　透過距離編碼的定義，可以很容易看出證明過程。

Li et al（2020e）考慮使用距離編碼作為節點的額外屬性。具體來說，MP-GNN 可以透過設定 $\tilde{\boldsymbol{X}}_v = \boldsymbol{X}_v \oplus \zeta(v\,|\,S)$ 加以改進，其中，$\oplus$ 表示串聯。得到的模型被稱為 DE-GNN，表示為 f_{DE}。

已有研究證明，DE-GNN 比 MP-GNN 更強大。回顧一下，MP-GNN 的基本極限是圖表徵學習問題的 1-WL 測試（見定理 5.2）。推論 5.1 進一步指出，在

某些情況下，有屬性正規圖可能無法被 MP-GNN 區分出來。Li et al（2020e）考慮了圖是正規的、無屬性的情況，並證明了 DE-GNN 能夠以高機率區分兩個 GRL 實例，具體的形式化表述見定理 5.9。

　　圖 5.13 展示了距離編碼可用於區分非同構圖結構的範例。

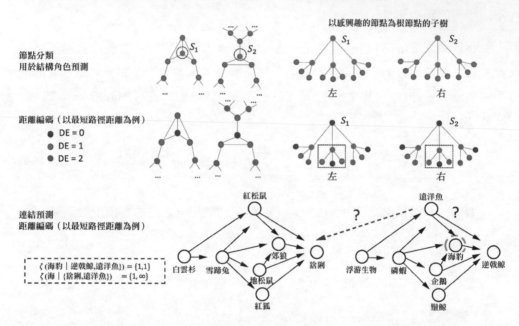

▲ 圖 5.13　距離編碼可用於區分非同構圖結構的範例。在節點分類的範例中，我們考慮根據節點在其上下文結構中的角色進行分類，稱為結構角色（Henderson et al, 2012）。S_1 和 S_2 中的節點具有不同的結構角色。然而，具有兩個層的 MP-GNN 會混淆這兩個節點，而具有距離編碼的 DE-GNN 卻可以區分它們。在連結預測的範例中，儘管兩個節點 { 猞猁 , $\mathscr{G}$ } 和 { 逆戟鯨 , $\mathscr{G}$ } 是同構的（在這裡我們忽略節點的身份），但海豹節點上的距離編碼使我們能夠區分節點對 { 逆戟鯨 , 遠洋魚 } 和 { 猞猁 , 遠洋魚 }（本書為單色印刷，色彩標示部分可能無法正確顯示）

　　定理 5.9〔（**Li et al, 2020e**）中的 **Theorem 3.3**〕　考慮兩個 GRL 實例 $(\mathscr{G}^{(1)}, S^{(1)})$ 和 $(\mathscr{G}^{(2)}, S^{(2)})$，其中，$\mathscr{G}^{(1)}$ 和 $\mathscr{G}^{(2)}$ 是兩個大小為 n 的無屬性正規圖，並且 $|S^{(1)}|=|S^{(2)}|$ 是常數（與 n 無關）。假設 $\mathscr{G}^{(1)}$ 和 $\mathscr{G}^{(2)}$ 是從所有大小為 n 的 $r-$正規圖中均勻獨立地抽樣出來的，其中，$3 \leq r < (2\log n)^{1/2}$，則對於任意小的常數 $\varepsilon > 0$，存在層數不超過 $L \leq \left(\dfrac{1}{2} + \varepsilon\right)\dfrac{\log n}{\log(r-1)}$ 且具有一定權重的 DE-GNN，能夠

以高機率區分這兩個實例。具體來說，輸出 $f_{\mathrm{DE}}(\mathscr{G}^{(1)}, S^{(1)}) \neq f_{\mathrm{DE}}(\mathscr{G}^{(2)}, S^{(2)})$ 的機率為 $1 - o(n^{-1})$。DE 的具體形式，即式（5.15）中的 g，可以簡單地選擇為短路徑距離。這裡以及後文出現的小 o 記號是關於 n 的。

定理 5.9 關注的是無屬性正規圖的節點集合。我們認為，這種形式化可以泛化到有屬性正規圖，因為不同的屬性能夠進一步提高模型的區分能力。此外，對圖的規則性的假設也不是非常重要的，因為 1-WL 測試或 MP-GNN 可能會將所有的圖，無論是否有屬性，在足夠的迭代下都轉為有屬性正規圖（Arvind et al, 2019）。

當然，DE-GNN 可能無法區分所有非同構的 GRL 實例。Li et al（2020e）介紹了 DE-GNN 的局限性。特別是，DE-GNN 不能區分具有相同交叉陣列的距離正規圖中的節點，儘管 DE-GNN 可以區分其中的邊（見圖 5.14）。Li et al（2020e）則將上述結果泛化到了利用距離屬性作為邊屬性的情況（以控制 MP-GNN 中的訊息聚合）。感興趣的讀者可以在他們發表的原始論文中查看細節。

5.4.3.2 身份感知的 GNN

作為與 DE-GNN 同時進行的研究，You et al（2021）提出了一種特殊類型的距離編碼，以改善由 MP-GNN 學習的節點表徵。具體來說，當 MP-GNN 用於計算節點 v 的表徵時，You et al（2021）建議給圖中的每個節點 u 附加一個額外的二元屬性 $\zeta_{\mathrm{ID}}(u \mid \{v\})$ 來表示節點 v 的身份，其中

$$\zeta_{\mathrm{ID}}(u \mid \{v\}) = \begin{cases} 1, & u = v \\ 0, & \text{其他} \end{cases} \qquad （5.17）$$

當集合 S 只包含一個節點 v 時，利用了 $\zeta_{\mathrm{ID}}(u \mid \{v\})$ 的 MP-GNN 被稱為身份感知 GNN（ID-GNN）。$\zeta_{\mathrm{ID}}(u \mid \{v\})$ 是距離編碼的簡單實現〔見式（5.14）〕。儘管 ID-GNN 不像 DE-GNN 那樣計算距離度量，但在節點分類方面，ID-GNN 擁有與 DE-GNN 相同的表徵能力，因為從另一個節點 u 到目標節點 v 的距離資訊可以透過一個額外的身份屬性被 ID-GNN 學習。

定理 5.10 對於兩個 GRL 實例 $(\mathscr{G}^{(1)}, S^{(1)})$ 和 $(\mathscr{G}^{(2)}, S^{(2)})$，其中，$|S^{(i)}|=1$（$i \in \{1, 2\}$），且 $\mathscr{G}^{(i)}$ 是無屬性的，如果 DE-GNN 可以用 L 個層區分它們，則 ID-GNN 最多需要兩組 L 層即可區分它們。

證明 ID-GNN 需要第一組 L 層來傳播身份屬性以捕捉距離資訊，第二組 L 層則讓這些資訊傳播回來，最後合併到節點表徵中。

雖然 ID-GNN 採用了一種特殊類型的 DE 來學習節點表徵，但 ID-GNN 也被用於進行圖級預測（You et al, 2021）。具體來說，對於圖 $\mathscr{G}$ 中的每個節點 v，ID-GNN 會將 1 賦予該節點，並將 0 賦予其他節點，然後計算出節點表徵 $\boldsymbol{h}_v$。透過遍歷所有的節點，ID-GNN 將收集所有的節點表徵 $\{\boldsymbol{h}_v | v \in \mathscr{V}(\mathscr{G})\}$。最後，根據式（5.4）（這裡的 S 是整個節點集合 $\mathscr{V}(\mathscr{G})$），ID-GNN 將整理所有節點的節點表徵，並進一步做出圖級預測。實際上，結合定理 5.9 的形式化和聯合界，Li et al（2020e）指出了上述程式對整個圖分類問題的表達能力，具體概括為以下推論。

推論 5.2〔（Li et al, 2020e）中的 Corollary 3.4〕 考慮兩個 GRL 實例 $\mathscr{G}^{(1)}$ 和 $\mathscr{G}^{(2)}$。假設 $\mathscr{G}^{(1)}$ 和 $\mathscr{G}^{(2)}$ 是從所有大小為 n 的無屬性正規圖中均勻地獨立抽樣出來的，其中，$3 \leq r < (2 \log n)^{1/2}$，則具有足夠層數的 ID-GNN 將能夠以 $1 - o(1)$ 的機率區分這兩個圖。

ID-GNN 可以看作 DE-GNN 的最簡版本，ID-GNN 在節點級預測中實現了與 DE-GNN 相同的表達能力。然而，當預測任務包含兩個節點時，相當於進行節點對級的預測，ID-GNN 的表達能力將低於 DE-GNN。

在對一個 GRL 實例 $(\mathscr{G}, S)$ 進行預測時，其中 $|S|=2$，ID-GNN 可以採用兩種不同的方法。第一種方法是，ID-GNN 可以將額外的身份屬性附加到 S 中的兩個節點上，分別學習它們的表徵，然後將這兩個表徵結合起來，做出最終的預測。然而，這種方法不能捕捉到 S 中兩個節點之間的距離資訊。第二種方法是，ID-GNN 只給 S 中的節點附加額外的身份屬性並執行訊息傳遞。經過足夠多的層之後，額外的節點身份便從 S 中的節點傳播到另一個節點，這兩個節點之間的距離資訊可以被捕捉。最後，ID-GNN 將根據 S 中的兩個節點表徵進行預測。請注意，儘管第二種方法捕捉了 S 中兩個節點之間的距離資訊，但它仍然不如 DE-GNN 強大。圖 5.14 展示了一個範例。

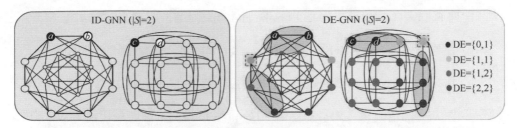

▲ 圖 5.14 使用 ID-GNN 與 DE-GNN 預測一對節點。左圖是 Shrikhande 圖，右圖是 4×4 的 Rook 圖。ID-GNN（為黑色節點附加了身份屬性）不能區分節點對 $\{a, b\}$ 和 $\{c, d\}$。DE-GNN 可以學習節點對 $\{a, b\}$ 和 $\{c, d\}$ 的不同表徵。在這兩個子圖中，每個節點都用它的 DE 來著色，DE 是目標節點對 $\{a, b\}$ 或 $\{c, d\}$ 中任一節點的 SPD 集合。請注意，DE=$\{1, 1\}$ 的節點（虛線框）被紅色的橢圓包圍，這表示這兩個節點的鄰居節點具有不同的 DE。因此，經過一層後，這兩個子圖中 DE=$\{1, 1\}$ 的節點的中間表徵是不同的，利用另一層，DE-GNN 可以區分出節點對 $\{a, b\}$ 和 $\{c, d\}$（本書為單色印刷，色彩標示部分可能無法正確顯示）

訊息傳遞圖神經網路利用了現實世界中圖的稀疏性。在 5.4.4 節中，我們將消除對稀疏性的需求，並討論如何建立高階圖神經網路。這些圖神經網路在本質上模仿了高維的 WL 測試，並實現了更強的表達能力。

5.4.4 建立高階圖神經網路

建構圖神經網路的最後一組技術克服了 1-WL 測試的局限性，它們與高維 WL 測試有關。在本節中，為簡單起見，我們只關注圖級預測學習問題，重點是建立高階圖神經網路。

WL 測試系列組成了圖同構問題的層次結構（Cai et al, 1992）。高階 WL 測試有不同的定義。下面我們遵循 Maron et al（2019a）採用的術語，介紹兩種類型的 WL 測試——k-forklore WL（k-FWL）測試和 k-WL 測試。

這些高維 WL 測試的關鍵思想是給圖中的每一個 k 元組節點著色，並透過聚合共用（k-1）個節點的其他 k 元組的顏色來更新這些顏色。k-FWL 測試和 k-WL 測試的過程如圖 5.15 所示。請注意，它們是以不同的方式進行聚合的，因此它們在區分非同構的圖方面具有不同的能力。這兩類測試形成了一個巢狀結構的層次結構，詳見定理 5.11。

定理 5.11　（Cai et al, 1992；Grohe and Otto, 2015；Grohe, 2017）

- 在 $k>1$ 的情況下，k-FWL 測試和 $(k+1)$-WL 測試具有相同的判別能力。

- 1-FWL 測試、2-WL 測試和 1-WL 測試具有相同的判別能力。

- 在 $k>2$ 的情況下，對於有些圖，$(k+1)$-WL 測試可以區分，而 k-WL 測試不能區分。

根據定理 5.11，能夠獲得這些高維 WL 測試能力的 GNN 相比 1-WL 測試更加強大。因此，高階圖神經網路有潛力學習比 MP-GNN 更複雜的函式。

回顧一下 $\mathscr{G}^{(i)} = \{A^{(i)}, X^{(i)}\}, i \in \{1,2\}$。對於 $\mathscr{G}^{(i)}, i \in \{1,2\}$，執行以下步驟。

（1）對於每個節點集合的 k 元組 $V_j = (V_{j_1}, V_{j_2}, \cdots, V_{j_k}) \in \mathscr{V}^k, j \in [n]^k$，我們用一種顏色初始化 V_j，表示為 $C_j^{(0)}$。這些顏色滿足這樣的條件：對於兩個 k 元組，例如 V_j 和 $V_{j'}$，$C_j^{(0)}$ 和 $C_{j'}^{(0)}$ 是相同的，當且僅當：$X_{v_{j_a}} = X_{v_{j_a}'}$; $v_{j_a} = v_{j_b} \Leftrightarrow v_{j_a}' = v_{j_b}'$；且對所有 $a, b \in [k]$，有 $(v_{j_a}, v_{j_b}) \in \mathscr{E} \Leftrightarrow (v_{j_a}', v_{j_b}') \in \mathscr{E}$。

（2）k-FWL：對於每個 k 元組 V_j 和 $u \in V$，定義 $N_{k\text{-FWL}}(V_j; u)$ 為一個 k 元組的 k 元組，使得 $N_{k\text{-FWL}}(V_j; u) = ((u, v_{j_2}, \cdots, v_{j_k}), (v_{j_1}, u, \cdots, v_{j_k}), (v_{j_1}, v_{j_2}, \cdots, u))$，那麼 V_i 的顏色可以透過以下映射來更新。

更新顏色：$C_j^{(l+1)} \leftarrow \text{HASH}(C_j^{(l)}, \{(C_{j'}^{(l)} \mid V_{j'} \in N_{k\text{-FWL}}(V_j; u))\}_{u \in V})$　　　　（5.18）

k-WL：對於每個 k 元組 V_j 和 $u \in \mathscr{V}$，定義 $N_{k\text{-WL}}(V_j; u)$ 為 k 元組的集合，使得 $N_{k\text{-WL}}(V_j; u) = ((u, v_{j_2}, \cdots, v_{j_k}), (v_{j_1}, u, \cdots, v_{j_k}), (v_{j_1}, v_{j_2}, \cdots, u))$，那麼 V_i 的顏色可以透過以下映射來更新。

更新顏色：$C_j^{(l+1)} \leftarrow \text{HASH}(C_j^{(l)}, \bigcup_{u \in V} \{(C_{j'}^{(l)} \mid V_{j'} \in N_{k\text{-WL}}(V_j; u))\})$。　　（5.19）

在這兩種情況下，HASH 操作保證了不同輸入產生不同輸出的單射映射。

（3）對於每一步 l，$\{C_j^{(l)}\}_{j \in [V(\mathscr{G}^{(i)})]^k}$ 是一個重集。如果兩個圖的這種重集不相等，則傳回 $\mathscr{G}^{(1)} \not\cong \mathscr{G}^{(2)}$，否則轉到式（5.19）。

與 1-WL 測試相似，如果 k-(F)WL 測試傳回 $\mathscr{G}^{(1)} \not\cong \mathscr{G}^{(2)}$，那麼說明 $\mathscr{G}^{(1)}$ 和 $\mathscr{G}^{(2)}$ 不是同構的。然而，反之則並不正確。

▲ 圖 5.15　使用 k-FLW 測試和 k-WL 測試區分 $\mathscr{G}^{(1)}$ 和 $\mathscr{G}^{(2)}$ 的過程

然而，這些 GNN 的缺點在於計算的複雜性較高。根據高階 WL 測試的定義，我們需要追蹤所有 k 元組節點的顏色。對應地，模仿高階 WL 測試的高階圖神經網路則需要將每個 k 元組與一個向量表徵相連結。因此，它們的記憶體複雜度至少是 $\Omega(|\mathcal{V}|^k)$，其中，$|\mathcal{V}|$ 是圖中節點的數量。它們的計算複雜度至少是 $\Omega(|\mathcal{V}|^{k+1})$，這使得在大尺度的圖中使用高階圖神經網路的代價過於昂貴。

5.4.4.1 k-WL 誘導的 GNN

Morris et al（2019）透過遵循 k-WL 測試第一次提出了 k-GNN。具體來說，k-GNN 將每個 k 元組的節點（表示為 $V_j, j \in \mathcal{V}^k$）與一個初始化為 $\boldsymbol{h}_j^{(0)}$ 的向量表徵相連結。為了節省記憶體，k-GNN 只考慮包含 k 個不同節點的 k 元組，而忽略這些節點的順序。因此，每個 k 元組被簡化為一個 k 節點的集合。本節對符號做了一些修改，用 $\mathcal{V}_j$ 表示這個由 k 個不同節點組成的集合。$\mathcal{V}_j$ 的初始表徵 $\boldsymbol{h}_j^{(0)}$ 被選擇作為一個獨熱編碼，使得 $h_j^{(0)} = h_{j'}^{(0)}$（當且僅當 V_j 和 $V_{j'}$ 誘導的子圖是同構的）。

接下來，k-GNN 遵循以下這些表徵的更新過程：

$$\boldsymbol{h}_j^{(l+1)} = \text{MLP}\left(\boldsymbol{h}_j^{(l)} \oplus \sum_{V_{j'}:N_{k\text{-GNN}}(V_j)} \boldsymbol{h}_{j'}^{(l)}\right), \forall k \text{ 大小的節點集 } V_j \qquad (5.20)$$

其中，$N_{k\text{-GNN}}(V_j) = \{V_{j'} \mid |V_{j'} \cap V_j| = k-1\}$。注意，$N_{k\text{-GNN}}(V_j)$ 對 V_j 的鄰居節點的定義與 $N_{k\text{-WL}}$ 不同〔見式（5.19）〕，因為 V_j 現在是一個大小為 k 的節點集合，而非一個 k 元組。

式（5.20）的時間複雜度至少為 $O(|\mathcal{V}|^k)$，因為 $N_{k\text{-GNN}}(V_j)$ 的大小為 $O(|\mathcal{V}|^k)$。最近，Morris et al（2019）也考慮使用 V_j 而非 $N_{k\text{-GNN}}(V_j)$ 的局部鄰域。這個局部鄰域只包括 $V_{j'} \in N_{k\text{-GNN}}(V_j)$，這樣 $V_{j'} \setminus V_j$ 中的節點將至少與 V_j 中的節點相連。Morris et al（2020b）證明了這種局部版本的 k-GNN 變形可能和 k-WL 測試一樣強大，儘管前者需要更多層的深層架構來匹配表達能力。

k-GNN 最多只能和 k-WL 測試一樣強大。為了比 MP-GNN 更具表達能力，需要讓 $k=3$。因此，k-GNN 的記憶體複雜度至少為 $\Omega(|\mathcal{V}|^3)$。至於 k-GNN 的計算複雜度，即使是局部版本，每層也至少為 $\Omega(|\mathcal{V}|^3)$。

5.4.4.2 不變 GNN 與等價 GNN

　　為了建構高階圖神經網路，每個 k 元組都需要與一個向量表徵相連結。因此，無論採用局部還是全域鄰域聚合〔見式（5.20）〕，透過利用稀疏圖結構減少計算的優勢都是有限的，因為不能減少主導項 $\Omega(|\mathscr{V}|^k)$。此外，為了處理稀疏圖結構，這些高階圖神經網路也需要進行隨機記憶體存取，這就引入了額外的計算量。因此，建立高階圖神經網路的研究想法完全忽略了圖的稀疏性。圖被看作張量，神經網路則將這些張量作為輸入。神經網路被設計為對張量索引的階數是不變的。

　　目前已有許多研究（Maron et al, 2018, 2019a, b；Chen et al, 2019f；Keriven and Peyré, 2019；Vignac et al, 2020a；Azizian and Lelarge, 2020）採用這種想法來建構 GNN 並分析其表達能力。

　　每個 k 元組 V_j V^k 都與一個向量表徵 $\boldsymbol{h}_j^{(l)}$ 相連結。為簡單起見，假設 $\boldsymbol{h}_j^{(l)} \in \mathbb{R}$。透過將 k 元組的表徵串聯起來，我們可以得到一個 k 階張量：

$$\boldsymbol{H} \in \mathbb{R}^{\otimes_k |\mathscr{V}|}, \text{ 其中 } \mathbb{R}^{\otimes_k |\mathscr{V}|} = \underbrace{|\mathscr{V}| \times \cdots \times |\mathscr{V}|}_{k \text{ 次}}$$

Maron et al（2018）研究了定義在 $\mathbb{R}^{\otimes_k |\mathscr{V}|}$ 上的線性不變映射和線性等價映射。

　　定義 5.11　給定雙射 $\pi : \mathscr{V} \to \mathscr{V}$ 和 $\boldsymbol{H} \in \mathbb{R}^{\otimes_k |\mathscr{V}|}$，定義 $\pi(\boldsymbol{H}) := \boldsymbol{H}'$，其中，對於所有 k 元組 $(v_1, v_2, \cdots, v_k) \in \mathscr{V}^k$，有 $\boldsymbol{H}'_{(\pi(v_1), \pi(v_2), \cdots, \pi(v_k))} = \boldsymbol{H}_{(v_1, v_2, \cdots, v_k)}$。

　　定義 5.12　映射 $g : \mathbb{R}^{\otimes_k |\mathscr{V}|} \to \mathbb{R}$ 被稱為不變的，對於任意雙射 $\pi : \mathscr{V} \to \mathscr{V}$ 和 $\boldsymbol{H} \in \mathbb{R}^{\otimes_k |\mathscr{V}|}$，有 $g(\boldsymbol{H}) = g(\pi(\boldsymbol{H}))$。

　　定義 5.13　映射 $g : \mathbb{R}^{\otimes_k |\mathscr{V}|} \to \mathbb{R}^{\otimes_k |\mathscr{V}|}$ 被稱為等價的，對於任意雙射 $\pi : \mathscr{V} \to \mathscr{V}$ 和 $\boldsymbol{H} \in \mathbb{R}^{\otimes_k |\mathscr{V}|}$，有 $\pi(g(\boldsymbol{H})) = g(\pi(\boldsymbol{H}))$。

　　Maron et al（2018）證明了所有可能的線性不變映射從 $\mathbb{R}^{\otimes_k |\mathscr{V}|} \to \mathbb{R}$ 的基數是 $b(k)$，其中，$b(k)$ 是第 k 個貝爾數。另外，從 $\mathbb{R}^{\otimes_k |\mathscr{V}|} \to \mathbb{R}^{\otimes_k |\mathscr{V}|}$ 的所有可能線性等價映射所需的基數是 $b(k + k')$。為了更進一步地理解這一事實，下面考慮 $k=1$ 的不變情況。在這種情況下，線性不變映射 $g : \mathbb{R}^{|\mathscr{V}|} \to \mathbb{R}$ 在本質上是一個常數集合（見

定義 5.7）。由於 $b(1)=1$，線性不變映射 $g:\mathbb{R}^{|\mathscr{V}|}\to\mathbb{R}$ 只持有一個基——和池化。也就是說，g 遵循 $g(a)c(1, a)$ 的形式，其中，c 是一個待學習的參數。考慮一下等價的情況，此時 $k=1$、$k'=1$。由於 $b(2)=2$，線性等價映射 $g:\mathbb{R}^{|\mathscr{V}|}\to\mathbb{R}$ 持有兩個基。也就是說，g 遵循 $g(a)=(c_1 I + c_2 \mathbf{11}^T)a$ 的形式，其中，c_1 和 c_2 是待學習的參數。

以上述觀察為基礎，我們可以透過複合這些線性不變映射或線性等價映射來建構 GNN，具體可以透過學習上述基之前的權重來進行。為此，Maron et al（2018, 2019a）提出使用這些線性不變映射或線性等價映射來建構 GNN。

$$f_{k\text{-inv}} = g_{\text{inv}} \circ g_{\text{equ}}^{(L)} \circ \sigma \circ g_{\text{equ}}^{(L-1)} \circ \sigma \cdots \circ \sigma \circ g_{\text{equ}}^{(1)} \qquad (5.21)$$

其中，g_{inv} 是一個 $\mathbb{R}^{\otimes_k|\mathscr{V}|}\to\mathbb{R}$ 的線性不變層，而 $g_{\text{equ}}^{(l)}(l\in[L])$ 是一些 $\mathbb{R}^{\otimes_k|\mathscr{V}|}\to\mathbb{R}^{\otimes_k|\mathscr{V}|}$ 的線性等價層，σ 是逐元素的非線性啟動函式。可以證明，$f_{k\text{-inv}}$ 是一個線性不變映射。Maron et al（2018）以及 Azizian and Lelarge（2020）證明了 $f_{k\text{-inv}}$ 與 k-WL 測試的關聯可以用以下定理來概括。

定理 5.12〔轉載自（Meron et al, 2018；Azizian and Lelarge, 2020）〕
對於兩個非同構圖 $\mathscr{G}^{(1)}\not\cong\mathscr{G}^{(2)}$，如果 k-WL 測試可以區分它們，則存在可以區分它們的 $f_{k\text{-inv}}$。

Maron et al（2019b）以及 Keriven and Peyré（2019）也研究了模型 $f_{k\text{-inv}}$ 是否可以普遍地近似任何排列不變函式。然而，他們得出的結論是悲觀的，因為需要高階張量 $k=\Omega(n)$，這在實踐中很難實現（Maron et al, 2019b）。

與 k-GNN 類似，f_{inv} 也最多與 k-WL 測試一樣強大。為了比 MP-GNN 更具表達能力，f_{inv} 至少應該使用 $k=3$，因此記憶體複雜度至少為 $\Omega(|\mathscr{V}|^3)$。線性等價層的基數為 $b(6)=203$，因此，每一層的計算結果如下：（1）將 $\mathbb{R}^{\otimes_3|\mathscr{V}|}$ 中的張量乘以 $\mathbb{R}^{\otimes_6|\mathscr{V}|}$ 中的 $b(6)$ 個張量，得到 $\mathbb{R}^{\otimes_3|\mathscr{V}|}$ 中的 $b(6)$ 個張量；（2）這些張量會被求和為 $\mathbb{R}^{\otimes_3|\mathscr{V}|}$ 中的張量。

5.4.4.3 k-FWL 誘導的 GNN

前面介紹的高階圖神經網路與 k-WL 測試的表達能力是匹配的。根據定理 5.11，k-FLW 測試擁有與 k+1-WL 測試相同的表達能力。在 $k>2$ 的情況下，嚴格 來說，k-FLW 測試比 k-WL 測試更強大，而 k-FLW 測試只需要追蹤 k 元組的表徵。 因此，如果 GNN 能夠模仿 k-FWL 測試，則它們可能會保持與前面介紹的 GNN 相似的記憶體成本，同時更具表達能力。Maron et al（2019a）以及 Chen et al （2019f）分別提出了 PPGN 和 Ring-GNN 來匹配 k-FWL 測試。

k-FWL 測試和 k-WL 測試的關鍵區別在於前者利用了一個 k 元組 V_j 的相鄰 元組。請注意，式（5.18）中的 $N_{k\text{-FWL}}(V_j;u)$ 將 V_j 的相鄰元組分組為一個更高層 的像素，而 $N_{k\text{-WL}}(V_j;u)$ 由於式（5.19）中的集合合併操作而跳過了對它們的分 組。這就產生了 GNN 設計中與 k-FWL 測試相匹配的關鍵機制：式（5.18）的 k-FWL 測試中的聚合過程是透過積和（product-sum）過程實現的。假設 V_j 的表 徵是 $\boldsymbol{h}_j \in \mathbb{R}$，我們可以將 $\{(C_{j'}^{(l)} \,|\, V_{j'} \in N_{k\text{-FWL}}\ (V_j;u))\}_{u \in V}$ 的聚合設計為

$$\sum_{u \in V} \prod_{V_{j'} \in N_{k\text{-FWL}}(V_j;u)} \boldsymbol{h}_{j'}$$

如果我們把所有這些表徵合併成一個張量 $\boldsymbol{H} \in \mathbb{R}^{\otimes_k |V| \times F}$，則上述操作基本上 可以表示為張量操作，也就是定義

$$\boldsymbol{H}' := \sum_{u \in V} \boldsymbol{H}_{u,\cdot,\cdots,\cdot} \odot \boldsymbol{H}_{\cdot,u,\cdots,\cdot} \odot \cdots \odot \boldsymbol{H}_{\cdot,\cdots,\cdot,u}，其中$$

$$[\boldsymbol{H}']_{v_{j_1}, v_{j_2}, \cdots, v_{j_k}} = \sum_{u \in V} \boldsymbol{H}_{u, v_{j_2}, \cdots, v_{j_k}} \cdot \boldsymbol{H}_{v_{j_1}, u, \cdots, v_{j_k}} \cdots \cdot \boldsymbol{H}_{v_{j_1}, v_{j_2}, \cdots, u}$$

以上述觀察為基礎，Maron et al（2019a）建構了 PPGN，具體如下。

首先，對於所有 $V_j \in \mathscr{V}^k$，初始化 $\boldsymbol{h}_j^{(0)} \in \mathbb{R}$，使得 $\boldsymbol{h}_j^{(0)} = \boldsymbol{h}_{j'}^{(0)}$，前提 條件是：$X_{v_{j_a}} = X_{v_{j'_a}}$；$v_{j_a} = v_{j_b} \Leftrightarrow v_{j'_a} = v_{j'_b}$；對於所有的 $a, b \in [k]$，有 $(v_{j_a}, v_{j_b}) \in \mathscr{E} \Leftrightarrow (v_{j'_a}, v_{j'_b}) \in \mathscr{E}$。然後，將 $\boldsymbol{h}_j^{(0)}$ 合併到 $\boldsymbol{H}^{(0)} \in \mathbb{R}^{\otimes_k |V|}$ 中。最後針對 1=0, 1, $\cdots$, L–1 執行更新：

$$\boldsymbol{H}^{(l+1)} = \tilde{\boldsymbol{H}}^{(l,0)} \oplus \left[\sum_{u \in V} \tilde{\boldsymbol{H}}_{u,\cdot,\cdots,\cdot}^{(l,1)} \odot \tilde{\boldsymbol{H}}_{\cdot,u,\cdots,\cdot}^{(l,2)} \odot \cdots \odot \tilde{\boldsymbol{H}}_{\cdot,\cdots,\cdot,u}^{(l,k)} \right]$$

$$\tilde{H}^{(l,i)} = \mathrm{MLP}^{(l,i)}(H^{(l)}) \qquad (5.22)$$

在這裡，MLP 被強加在這些張量的最後一個維度上。不同上標的 MLP 有不同的參數。執行 $\mathrm{READOUT} \sum_{V_j \in V^k} h_j^{(L)}$ 即可得到圖的表徵。

Maron et al（2019a）證明了當 k=2 時，PPGN 可以匹配 2-FLW 測試的能力。Azizian and Lelarge（2020）則將這一結果泛化到了任意的 k 值。

定理 5.13〔轉載自（Azizian and Lelarge, 2020）〕 對於兩個非同構圖 $\mathscr{G}^{(1)} \not\cong \mathscr{G}^{(2)}$，如果 k-FLW 測試可以區分它們，則存在一個可以區分它們的 PPGN。

為了比 1-WL 測試更強大，PPGN 只需要設定 $k=2$ 即可，因此記憶體複雜度僅為 $\Omega(|\mathscr{V}|^2)$。關於計算複雜度，PPGN 的積和型聚合確實比 5.4.4.2 節介紹的 f_{inv} 更複雜。然而，當 $k=2$ 時，式（5.22）則可簡化為兩個矩陣的乘積，從而在平行計算單元中實現了有效計算。

5.5 小結

圖神經網路最近在許多領域獲得了空前的成功，這是因為它們在學習定義在圖和關聯資料上的複雜函式方面具有強大的表達能力。在本章中，我們透過概述該領域的最新研究成果，對 GNN 的表達能力進行了系統研究。

我們首先確定了訊息傳遞圖神經網路在區分非同構圖方面最多只能與 1-WL 測試一樣強大。保證匹配極限的關鍵條件是節點表徵的單射更新函式。接下來，我們討論了已有的更強大的圖神經網路技術。使訊息傳遞圖神經網路更具表達能力的一種方法是將輸入圖與額外的屬性配對。特別是，我們還討論了兩種類型的額外屬性——隨機屬性和確定性距離屬性。注入隨機屬性允許 GNN 區分任意非同構圖，儘管需要大量的資料增強來使圖神經網路近似不變。同時，注入確定性距離屬性不需要同樣的資料增強，但由此產生的 GNN 的表達能力仍有一定的局限性。模仿高維的 WL 測試是建立更強大 GNN 的另一種方法。以上方法不追蹤節點的表徵。作為替代，它們更新每個 k（$k > 2$）元組的節點的表徵。整

體來說，訊息傳遞圖神經網路是強大的，但其表達能力有一些限制。不同的技術使 GNN 在不同程度上克服了這些限制，同時產生了不同類型的計算成本。

我們本想列出一些額外的關於 GNN 表達能力的研究成果，但由於篇幅受限，我們無法在前面加以介紹。Barceló et al（2019）研究了 GNN 在表示布林分類器時的表達能力，這對於理解 GNN 如何表示知識和邏輯很有幫助。Vignac et al（2020a）提出了一種結構性的訊息傳遞圖神經網路框架，其採用矩陣而非向量作為節點表徵，從而使得 GNN 更具表達能力。Balcilar et al（2021）透過以 GNN 為基礎的圖訊號變換的頻譜分析研究了 GNN 的表達能力。Chen et al（2020k）研究了在訊息傳遞過程中 GNN 的非線性對其表達能力的影響，從而加強了我們對許多建議採用線性訊息傳遞過程的研究的理解（Wu et al, 2019a；Klicpera et al, 2019a；Chien et al, 2021）。

GNN 的理論特徵是一個重要的研究方向，對表達能力的分析只是其中之一——也許是到目前為止研究得最好的。機器學習模型擁有兩個基本模組——訓練和泛化。然而，只有少數研究對它們進行了分析（Garg et al, 2020；Liao et al, 2021；Xu et al, 2020c），作者們建議，未來關於建構更具表達能力的 GNN 的研究都應考慮到這兩個模組。一個重要的相關問題是如何在只有有限的深度和寬度的情況下建構更具表達能力的 GNN[1]。請注意，限制模型的深度和寬度可以產生更有效的 GNN 訓練和更好的泛化潛力。在結束本章時，我們想引用英國前首相溫斯頓·邱吉爾的話：「這還不是結束，甚至不是結束的開始。這只是開始的結束。」我們有強烈的信心，未來機器學習界會在 GNN 的理論上投入更多的精力，以配合它們的成功，並打破它們在現實世界應用中遇到的障礙。

1　Loukas（2020）透過將 GNN 視為分散式演算法來衡量 GNN 所需的深度和寬度，並且不用假設排列不變性。與之不同，我們在這裡討論的是表達能力，具體指的是 GNN 學習排列不變函式的能力。

致謝

非常感謝 Jiaxuan You 和 Weihua Hu 分享的許多轉載過來的材料，同時非常感謝 Rok Sosič 和 Natasha Sharp 對內容所做的評論和潤色。我們還要感謝 DARPA 的支持——HR00112190039（TAMI）和 N660011924033（MCS）、ARO 的支持——W911NF-16-1-0342（MURI）和 W911NF-16-1-0171（DURIP），NSF 的支持——OAC-1835598（CINES）、OAC-1934578（HDR）、CCF-1918940（Expeditions）和 IIS-2030477（RAPID），以及美國國立衛生研究院的支持——R56LM013365、史丹佛大學資料科學計畫。同時感謝吳蔡神經科學研究所、陳祖克伯格生物中心、亞馬遜、摩根大通、Docomo、日立、英特爾、京東、KDDI、英偉達、戴爾、東芝、Visa、聯合健康集團等的支持。J. L. 是陳祖克伯格生物中心的研究員。

編者註：對表達能力的理論分析揭示了 GNN 的結構是執行原理並獲得優勢的。因此，這為讀者理解 GNN 在基本的圖表徵學習任務中取得的巨大成功提供了支援，如連結預測（見第 10 章）和圖匹配（見第 13 章），以及各種下游任務，如推薦系統（見第 19 章）和自然語言處理（見第 21 章），此外還有表達能力與其他 GNN 特徵的相關性，如可擴充性（見第 6 章）和對抗堅固性（見第 8 章）。在這些理論的啟發下，人們極有可能研究出可突破現有問題中未解決挑戰的更優的 GNN 模型，如圖轉換（見第 12 章）和藥物開發（見第 24 章）。

第 6 章
圖神經網路的可擴充性

Hehuan Ma、*Yu Rong* 和 *Junzhou Huang*[1]

摘要

在過去的 10 年裡，圖神經網路在複雜的圖資料建模方面獲得了顯著的成功。如今，圖資料的規模和數量都呈指數增長。舉例來說，一個社群網站可以由數

1　Hehuan Ma
　　Department of CSE，University of Texas at Arlington，E-mail：hehuan.ma@mavs.uta.edu
　　Yu Rong
　　Tencent AI Lab，E-mail：yu.rong@hotmail.com
　　Junzhou Huang
　　Department of CSE，University of Texas at Arlington，E-mail：jzhuang@uta.edu

十億的使用者和關係組成。這種情況產生了一個關鍵的問題：如何提升圖神經網路的可擴充性。在將圖神經網路的原始實現擴充到大規模圖時，存在兩個主要挑戰。首先，大多數圖神經網路模型通常計算整個鄰接矩陣和圖的節點嵌入，這需要巨大的記憶體空間。其次，訓練圖神經網路需要遞迴地更新圖中的每個節點，這對大規模圖來說是不可行的，也是低效的。目前的研究主要透過三種抽樣範式來解決這些挑戰：節點級抽樣，根據圖中的目標節點進行抽樣；層級抽樣，在卷積層上實施；圖級抽樣，為模型推理建構子圖。在本章中，我們將介紹每種抽樣範式中具有代表性的研究。

6.1　導讀

　　圖神經網路（GNN）在許多領域受到越來越多的青睞並取得顯著的成就，包括社群網站（Freeman, 2000；Perozzi et al, 2014；Hamilton et al, 2017b；Kipf and Welling, 2017b）、生物資訊學（Gilmer et al, 2017；Yang et al, 2019b；Ma et al, 2020a）、知識圖譜（Liben-Nowell and Kleinberg, 2007；Hamaguchi et al, 2017；Schlichtkrull et al, 2018）等。GNN 模型可以準確捕捉圖結構資訊以及節點之間的潛在連接和相互作用（Li et al, 2016b；Veličković et al, 2018；Xu et al, 2018a）。一般來說，GNN 模型的建構依賴於節點和邊的特徵以及整個圖的鄰接矩陣。然而，由於現在的圖資料增長迅速，圖的大小也呈指數增長。最近發佈的圖基準資料集 OGB（Open Graph Benchmark）收集了幾個用於圖機器學習的常用資料集（Weihua Hu, 2020）。表 6.1 統計了一些關於節點分類任務的資料集。可以看到，大規模的資料集 ogbn-papers100M 包含超過 1 億個節點和 10 億筆邊。即使是相對較小的資料集 ogbn-arxiv，也包含相當大規模的節點和邊。

➜ 表 6.1　來自 OGB（Weihua Hu, 2020）的用於節點分類任務的資料集

規模	名稱	節點數	邊數
大	ogbn-papers100M	111059956	1615685872
中	ogbn-products	2449029	61859140
中	ogbn-proteins	132534	39561252
中	ogbn-mag	1939743	21111007
小	ogbn-arxiv	169343	1166243

對這樣的大規模圖，GNN 的原始實現並不適合，主要障礙有兩個：（1）大量的記憶體需求；（2）低效的梯度更新。首先，大多數 GNN 模型需要在記憶體中儲存整個鄰接矩陣和特徵矩陣，這需要巨大的記憶體消耗。此外，記憶體可能不足以處理非常大的圖。因此，GNN 不能直接應用於大規模圖。其次，在大多數 GNN 模型的訓練階段，每個節點的梯度在每次迭代中都要更新，這對大規模圖來說是低效和不可行的。這種情況類似於梯度下降法和隨機梯度下降法，梯度下降法在巨量資料集上可能需要太長的時間以致不能收斂，而隨機梯度法則被引入以加快找到最佳解的過程。

為了解決這些障礙，最近的研究提出在大規模圖上設計適當的抽樣演算法，以減少計算成本並提高可擴充性。在本章中，我們將根據基礎演算法對不同的抽樣方法進行分類，並介紹對應的典型研究。

6.2 引言

我們首先簡單介紹一下本章使用的一些概念和符號。給定一個圖 $\mathcal{G}=(\mathcal{V}, \mathcal{E})$，$|\mathcal{V}|=n$ 表示 n 個節點的集合，$|\mathcal{E}|=m$ 表示 m 條邊的集合。節點 $u \in \mathcal{N}(v)$ 是節點 v 的鄰居節點，其中，$v \in \mathcal{V}$，$(u,v) \in \mathcal{E}$。基本型 GNN 架構可以總結為

$$h^{(l+1)} = \sigma(Ah^{(l)}W^{(l)})$$

其中，A 是歸一化的鄰接矩陣，$h^{(l)}$ 表示圖中節點在第 l 層或深度為 l 的嵌入，$W^{(l)}$ 是神經網路的權重矩陣，σ 表示啟動函式。

對於大規模圖的學習，節點分類是指每個節點 v 都與一個標籤 y 相關，目標是從圖中學習，然後預測未見過的節點的標籤。

6.3 抽樣範式

抽樣是指選擇所有樣本的分區來代表整個樣本分布。因此，大規模圖上的抽樣演算法是指使用分部圖而非整個圖來解決目標問題的方法。在本章中，我們將不同的抽樣演算法分為三大類——節點級抽樣、層級抽樣和圖級抽樣。

節點級抽樣在大規模圖上實現 GCN 的早期階段起著主導作用，如 Graph SAmple and aggreGatE（GraphSAGE）（Hamilton et al, 2017b）　和 Variance Reduction Graph Convolutional Network（VR-GCN）（Chen et al, 2018d）。後來，人們又提出了層級抽樣來解決節點級抽樣過程中出現的鄰域擴充問題，如 Fast Learning Graph Convolutional Network（FastGCN）（Chen et al, 2018c）和 Adaptive Sampling Graph Convolutional Network（ASGCN）（Huang et al, 2018）。此外，為了進一步提高效率和可擴充性，人們還設計了圖級抽樣，如 Cluster Graph Convolutional Network（Cluster-GCN）（Chiang et al, 2019）　和 Graph SAmpling based INductive learning meThod（GraphSAINT）（Zeng et al, 2020a）。圖 6.1 對這三種抽樣範式做了比較。在節點級抽樣中，節點是根據圖中的目標節點來抽樣的；而在層級抽樣中，節點是根據 GNN 模型中的卷積層來抽樣的；對於圖級抽樣，子圖從原始圖中抽樣，並用於模型推理。

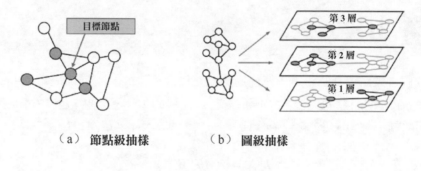

（a）　節點級抽樣　　　　　（b）　圖級抽樣

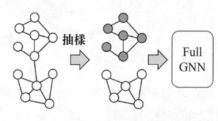

（c）　图级抽样

▲ 圖 6.1　大規模圖導向的 GNN 的三種抽樣範式
（本書為單色印刷，色彩標示部分可能無法正確顯示）

根據這些抽樣範式，我們在構造大規模圖的 GNN 時應解決兩個主要問題。（1）如何設計高效的抽樣演算法？（2）如何保證抽樣品質？近年來，很多人都在研究如何建構大規模圖的 GNN 以及如何恰當地解決上述問題。圖 6.2 展示了從 2017 年到撰寫本書時該領域的代表性研究的時間線。本章將對每項研究進行對應的介紹。

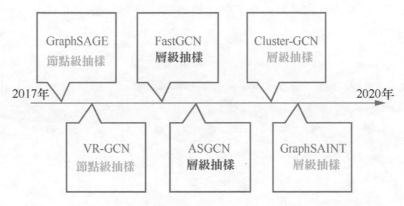

▲ 圖 6.2　大規模圖導向的 GNN 的代表性研究的時間線

除這些主要的抽樣範式以外，最近的研究則試圖從不同的角度提高大規模圖的可擴充性。舉例來說，隨著資料量的快速增長，異質圖已經受到越來越多的關注。大規模圖不僅包括數以百萬計的節點，而且包括各種資料型態。如何在這樣的大規模圖上訓練 GNN 已經成為一個新的關注領域。Li et al（2019a）提出了一個以 GCN 為基礎的反垃圾郵件（GCN-based Anti-Spam，GAS）模型，該模型透過考慮同構圖和異質圖來檢測垃圾郵件。Zhang et al（2019b）設計了一種以所有類型節點為基礎的隨機遊走抽樣方法。Hu et al（2020e）採用 transformer 架構來學習節點之間的相互注意力機制，並根據不同的節點類型對節點進行抽樣。

6.3.1　節點級抽樣

節點級抽樣不是使用圖中的所有節點，而是透過各種抽樣演算法選擇某些節點來建構大規模 GNN。GraphSAGE（Hamilton et al, 2017b）和 VR-GCN（Chen et al, 2018d）是利用這種抽樣範式的兩個關鍵性研究成果。

6.3.1.1 GraphSAGE

　　在 GNN 發展的早期階段，大多數研究的目標是在固定大小的圖上進行直推式學習（Kipf and Welling, 2017b, 2016），而歸納式學習在許多情況下更實用。Yang et al（2016b）設計了一種關於圖嵌入的歸納式學習方法，GraphSAGE（Hamilton et al, 2017b）則擴充了對大規模圖的研究。GraphSAGE 的整體架構如圖 6.3 所示。

　　1. 對目標節點的鄰居　　　　**2. 聚合鄰居節點的**　　　　**3. 利用聚合的資訊預測**
　　　節點進行抽樣　　　　　　　　**特徵資訊**　　　　　　　　　**圖的上下文或標籤**

▲ 圖 6.3　GraphSAGE 架構概述，摘自（Hamilton et al, 2017b）
（本書為單色印刷，色彩標示部分可能無法正確顯示）

　　GraphSAGE 可以看作對 GCN（Kipf and Welling, 2017b）的擴充。第一個擴充是廣義的聚合器函式。給定 $\mathcal{G}=(\mathcal{V}, \mathcal{E})$，$\mathcal{N}(v)$ 是節點 v 的鄰域，h 是節點的表徵，從目標節點 $v \in \mathcal{V}$ 出發，當前深度為（$l+1$）的嵌入向量可以形式化為

$$h_{\mathcal{N}(v)}^{(l+1)} = \text{AGGREGATE}_l(\{h_u^{(l)}, \forall u \in \mathcal{N}(v)\})$$

　　與 GCN 中原始的平均聚合器不同，GraphSAGE 提出了 LSTM 聚合器和池化聚合器來聚合鄰居節點的資訊。第二個擴充是，GraphSAGE 不是使用求和函式，而是使用並置函式來結合目標節點和鄰居節點的資訊：

$$h_v^{(l+1)} = \sigma(W^{(l+1)} \cdot \text{CONCAT}(h_v^{(l)}, h_{\mathcal{N}(v)}^{(l+1)}))$$

　　其中，$W^{(l+1)}$ 為權重矩陣，σ 為啟動函式。

為了使 GNN 適用於大規模圖，GraphSAGE 引入了小量訓練策略以減少訓練階段的計算成本。具體來說，在每次訓練迭代中，只考慮在該批次訓練中計算表徵時使用的節點，這極大減少了抽樣節點的數量。以圖 6.4（a）中的第 2 層為例，與考慮所有 11 個節點的完整批次訓練不同，小量訓練只涉及 6 個節點。然而，小量訓練策略的簡單實現存在鄰域擴充的問題。如圖 6.4（a）的第 1 層所示，大部分節點被抽樣，這是因為：如果在每一層都抽樣所有的鄰居節點，則被抽樣的節點數量就會呈指數增長。因此，如果模型包含很多層，則所有的節點最終都會被選中。

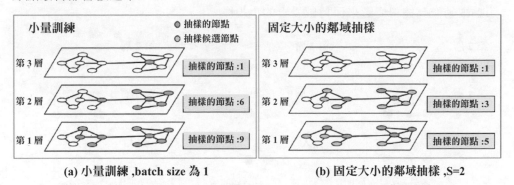

(a) 小量訓練 ,batch size 為 1　　　　(b) 固定大小的鄰域抽樣 ,S=2

▲ 圖 6.4　比較小量訓練和固定大小的鄰域抽樣
（本書為單色印刷，色彩標示部分可能無法正確顯示）

為了進一步提高訓練效率和消除鄰域擴充問題，GraphSAGE 採用了固定大小的鄰域抽樣策略。具體來說，就是對每一層都要抽出一個固定大小的鄰居節點集合進行計算，而非使用整個鄰居節點集合。舉例來說，可以將固定大小的鄰居節點集合設為只有兩個節點，如圖 6.4（b）所示，黃色節點為被抽樣的節點，藍色節點為候選節點。可以看出，抽樣的節點數量明顯減少，尤其是第 1 層。

綜上所述，GraphSAGE 是第一個考慮在大規模圖上進行歸納式（表徵）學習的方法。它引入了廣義的聚合器、小量訓練和固定大小的鄰域抽樣策略來加速訓練過程。然而，固定大小的鄰域抽樣策略並不能完全避免鄰域擴充問題，此外也不提供對抽樣品質理論上的保證。

6.3.1.2 VR-GCN

　　為了進一步減小抽樣節點的規模以及進行全面的理論分析，VR-GCN（Chen et al, 2018d）採用了一個以控制變數為基礎的估計器。VR-GCN 透過採用節點的歷史啟動情況，只對任意小規模的鄰居節點進行抽樣。圖 6.5 比較了使用不同抽樣策略時目標節點的感受野。對於原始 GCN（Kipf and Welling, 2017b）的實現，抽樣節點的數量將隨著層數的增加而呈指數增長。透過進行鄰域抽樣，感受野的大小將根據預設的抽樣數量隨機減小。與它們相比，VR-GCN 利用歷史節點啟動作為控制變數來保持感受野的小規模。

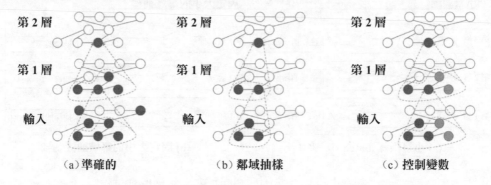

▲ 圖 6.5　比較對兩層的圖卷積神經網路使用不同抽樣策略時目標節點的感受野。紅色圓圈表示最新的啟動，藍色圓圈表示歷史啟動。摘自（Chen et al, 2018d）（本書為單色印刷，色彩標示部分可能無法正確顯示）

　　GraphSAGE（Hamilton et al, 2017b）提出的鄰域抽樣（Neighborhood Sampling，NS）策略可以形式化為

$$\text{NS}_v^{(l)} := R \sum_{u \in \hat{\mathcal{N}}^{(l)}(v)} A_{vu} h_u^{(l)}, \ R = \mathcal{N}(v) / d^{(l)}$$

　　其中，$\mathcal{N}(v)$ 代表節點 v 的鄰居節點集合，$d^{(l)}$ 是第 l 層鄰居節點的抽樣大小，$\hat{\mathcal{N}}^{(l)}(v) \subset \mathcal{N}(v)$ 是節點 v 在第 l 層抽樣的鄰居節點集合，A 代表歸一化的鄰接矩陣。這樣的抽樣已被證明存在偏置，因而會產生較大的方差。詳細證明可在（Chen et al, 2018d）中找到。這樣的特性會導致更大的樣本數。

　　為了解決這些問題，VR-GCN 採用了以控制變數為基礎的估計器（CV 抽樣器），以保持每個參與節點的所有歷史隱藏嵌入 $\bar{h}_v^{(l)}$，從而獲得更好的估計。這

是因為，如果模型權重的變化不是太快，則 $\bar{h}_v^{(l)}$ 和 $h_v^{(l)}$ 之間的差異就會比較小。CV 抽樣器能夠減小方差，最終獲得較小的樣本數 $\hat{n}^{(l)}(v)$。VR-GCN 的前饋層可以定義為

$$H^{(l+1)} = \sigma(A^{(l)}(H^{(l+1)} - \bar{H}^{(l)}) + A\bar{H}^{(l)})W^{(l)}$$

其中，$A^{(l)}$ 是第 l 層的抽樣歸一化鄰接矩陣，$\bar{H}^{(l)} = \{\bar{h}_1^{(l)}, \bar{h}_2^{(l)} \cdots, \bar{h}_n^{(l)}\}$ 是歷史隱藏嵌入 $\bar{h}^{(l)}$ 的堆疊，$H^{(l+1)} = \{h_1^{(l+1)}, h_2^{(l+2)} \cdots, h_n^{(l+1)}\}$ 是第（l+1）層的圖節點嵌入，$W^{(l)}$ 是可學習的權重矩陣。透過這樣的方式，與 GraphSAGE 相比，VR-GCN 利用歷史隱藏嵌入 $\bar{h}^{(l)}$ 極大減小了 $A^{(l)}$ 的抽樣大小，從而引入了一種更有效的計算方法。此外，VR-GCN 還研究了如何在 Dropout 模型上應用以控制變數為基礎的估計器。更多的細節可在原始論文中找到。

綜上所述，VR-GCN 首先分析了在節點上抽樣時如何減小方差，並成功減小了抽樣的大小，然而代價是用於儲存歷史隱藏嵌入的額外記憶體成本將非常大。另外，在大規模圖上應用 GNN 的局限性在於，儲存完整的鄰接矩陣或特徵矩陣是不現實的。在 VR-GCN 中，儲存歷史隱藏嵌入實際上增加了記憶體成本。

6.3.2 層級抽樣

由於節點級抽樣只能緩解而不能完全解決鄰域擴充的問題，因此人們提出了層級抽樣來解決這一問題。

6.3.2.1 FastGCN

為了解決鄰域擴充問題，FastGCN（Chen et al, 2018c）第一次提出從函式泛化的角度理解 GNN。他們指出，隨機梯度下降等訓練演算法是根據獨立資料樣本的損失函式的可加性實現的。然而，GNN 模型通常缺乏樣本損失的獨立性。為了解決這個問題，FastGCN 透過為每個節點引入機率度量，實現了將普通的圖卷積視圖轉為積分變換視圖。圖 6.6 展示了普通的圖卷積視圖和積分變換視圖之間的轉換過程。在圖卷積視圖中，每一層都以自舉的方式對固定數量的節點進行抽樣，如果節點間存在連接，則進行連接。每個卷積層負責整合節點嵌入。積分變換視圖是根據機率度量進行視覺化的，積分變換（以黃色三角形的形式

展示）用於計算下一層的嵌入函式。更多細節可在論文（Chen et al, 2018c）中找到。

在形式上，給定一個圖 $\mathscr{G} = (\mathscr{V}, \mathscr{E})$，即可建構一個相對於可能性空間 $(\mathscr{V}', F, p)$ 的誘導圖 $\mathscr{G}'$。具體來說，$\mathscr{V}'$ 表示節點的抽樣空間，這些節點是獨立的同分布樣本。機率度量 p 定義了一個抽樣分布，而 F 可以是任何事件空間，如 $F = 2^{\mathscr{V}}$。以相同的機率度量 p 取節點 v 和節點 u，$g(\boldsymbol{h}^{(K)}(v))$ 為節點 v 最終嵌入的梯度，E 為期望函式，函式泛化可以形式化為

$$L = \mathrm{E}_{v \sim p}[g(\boldsymbol{h}^{(K)}(v))] = \int g(\boldsymbol{h}^{(K)}(v))\mathrm{d}p(v)$$

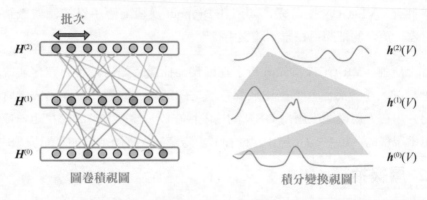

▲ 圖 6.6　GCN 的兩個視圖：圓圈表示圖中的節點，黃色的圓圈表示抽樣的節點，線表示節點之間的連接（本書為單色印刷，色彩標示部分可能無法正確顯示）

此外，考慮對每一層 l（$l=0, 1, \cdots, K-1$）抽樣 t_l 個獨立的同分布樣本 $u_1^{(l)}, u_2^{(l)}, \ldots, u_{t_l}^{(l)} \sim p$，損失函式的逐層估計為

$$L_{t_0, t_1, \ldots, t_K} := \frac{1}{t_k} \sum_{i=1}^{t_K} g(\boldsymbol{h}_{t_K}^{(K)}(u_i^{(K)}))$$

這證明了 FastGCN 是在每一層對固定數量的節點進行抽樣的。

為了減小抽樣方差的大小，FastGCN 還採用了與歸一化鄰接矩陣中的權重有關的重要性抽樣。

$$q(u) = \| \boldsymbol{A}(:,u) \|^2 / \sum_{u' \in \mathcal{V}} \| \boldsymbol{A}(:,u') \|^2, \ u \in \mathscr{V} \tag{6.1}$$

其中，A 是圖的歸一化鄰接矩陣。詳細證明可在（Chen et al, 2018c）中找到。根據式（6.1），整個抽樣過程對每一層都是獨立的，抽樣機率保持不變。

與 GraphSAGE（Hamilton et al, 2017b）相比，FastGCN 的計算成本要低很多。假設在第 l 層抽樣到 t_l 個鄰居節點，則 FastGCN 的鄰域擴充大小最多是 t_l 的總和，而 GraphSAGE 的鄰域擴充大小卻可能達到 t_l 的乘積。圖 6.7 對比了 Full GCN 和 FastGCN 的抽樣差異。

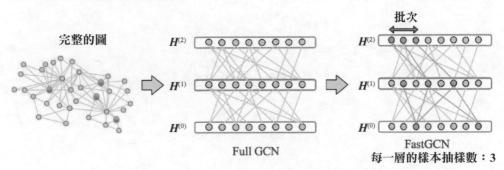

▲ 圖 6.7　比較 Full GCN 和 FastGCN 的抽樣差異
（本書為單色印刷，色彩標示部分可能無法正確顯示）

在 Full GCN 中，連接是非常稀疏的，所以必須計算和更新所有的梯度，而 FastGCN 在每一層只抽樣固定數量的樣本，因此計算成本大大降低。此外，FastGCN 仍然保留了大部分符合重要性抽樣方法的資訊。在每次訓練迭代中，固定數量的節點被隨機抽樣。因此，如果訓練時間足夠長，則每個節點和對應的連接都可以被選中並在模型中擬合。整個圖的資訊基本被保留下來。

綜上所述，FastGCN 根據固定大小的層級抽樣解決了鄰域擴充問題。同時，這種抽樣策略具有品質保證。然而，FastGCN 由於對每一層都獨立抽樣，因此未能捕捉到層之間的相關性，這不利於模型的性能表現。

6.3.2.2 ASGCN

為了更進一步地捕捉層之間的相關性，ASGCN（Huan g et al, 2018）提出了一種自我調整的層間抽樣策略。具體來說，低層的抽樣機率取決於高層的抽樣機率。如圖 6.8（a）所示，ASGCN 只從被抽樣節點（黃色節點）的鄰居節點

中抽樣，以獲得更好的層間相關性，而 FastGCN 則利用所有節點的重要性進行抽樣。

　　同時，ASGCN 的抽樣過程是以自頂向下的方式進行的。如圖 6.8（b）所示，抽樣過程首先在輸出層進行，也就是第 3 層。接下來，根據輸出層的結果，對中間層的參與節點進行抽樣。這樣的抽樣策略可以捕捉到層與層之間的稠密連接。

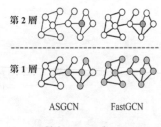

第 2 層

第 1 層

ASGCN　　FastGCN

（a）對比 ASGCN 與 FastGCN

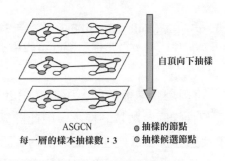

自頂向下抽樣

ASGCN
每一層的樣本抽樣數：3

● 抽樣的節點
● 抽樣候選節點

（b）ASGCN 是自頂向下進行抽樣的

▲ 圖 6.8　ASGCN 採用的抽樣策略
（本書為單色印刷，色彩標示部分可能無法正確顯示）

　　下層的抽樣機率取決於上層的抽樣機率。以圖 6.9 為例，$p(u_j|v_i)$ 是給定節點 v_i 的抽樣機率，v_i 表示第（1+1）層的節點 i，u_j 表示第 1 層的節點 j，n' 表示每一層的抽樣節點數，而 n 表示圖中所有節點的數量，$q(u_j|v_1,v_2,...,v_{n'})$ 是給定當前層中所有節點 u_j 的抽樣機率，$\hat{a}(v_i,u_j)$ 表示節點 v_i 和 u_j 在重新歸一化的鄰接矩陣 $\hat{A}$ 中對應的元素。抽樣機率 $q(u_j)$ 可以寫為

$$q(u_j) = \frac{p(u_j \mid v_i)}{q(u_j \mid v_1, v_2, \cdots, v_{n'})}$$

$$p(u_j \mid v_i) = \frac{\hat{a}(v_i, u_j)}{\mathcal{N}(v_i)}, \quad \mathcal{N}(v_i) = \sum_{j=1}^{n} \hat{a}(v_i, u_j)$$

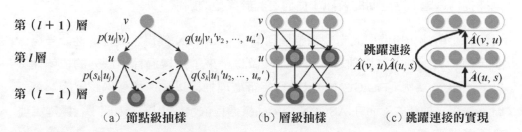

▲ 圖 6.9 網路建構範例。摘自（Huang et al, 2018）
（本書為單色印刷，色彩標示部分可能無法正確顯示）

為了進一步減小抽樣方差的大小，ASGCN 引入了顯性方差減小功能，以最佳化抽樣方差作為最終目標。考慮將 $x(u_j)$ 作為節點 u_j 的節點特徵，最佳抽樣機率 $q^*(u_j)$ 可以形式化為

$$q^*(u_j) = \frac{\sum_{i=1}^{n'} p(u_j \mid v_i) \mid g(x(u_j)) \mid}{\sum_{j=1}^{n} \sum_{i=1}^{n'} p(u_j \mid v_i) \mid g(x(v_j)) \mid}, \quad g(x(u_j)) = W_g x(u_j) \qquad (6.2)$$

然而，僅利用式（6.2）舉出的抽樣器並不足以保證方差最小。因此，ASGCN 設計了一個混合損失（透過將方差加入分類損失 $\mathscr{L}_c$ 中），如式（6.3）所示。透過這樣的方式，方差就可以經過訓練達到最小。

$$\mathscr{L} = \frac{1}{n'} \sum_{i=1}^{n'} \mathscr{L}_c(y_i, \bar{y}(\hat{\mu}_q(v_i))) + \lambda \operatorname{Var}_q(\hat{\mu}_q(v_i)) \qquad (6.3)$$

其中，y_i 是標注標籤，$\hat{\mu}_q(v_i)$ 表示節點 v_i 的輸出隱藏嵌入向量，$\bar{y}(\hat{\mu}_q(v_i))$ 是預測值，λ 則是作為一個權衡參數加入的，方差減小項 $\lambda \operatorname{Var}_q(\hat{\mu}_q(v_i))$ 可以看作針對抽樣樣本的一種正規化。

ASGCN 還提出了一種跳躍連接的方法，以獲得跨越遠距離節點的資訊。如圖 6.9（c）所示，第（$l-1$）層的節點在理論上保留了二階相似度（Tang et al, 2015b），它們是第（$l+1$）層節點的 2 跳鄰居節點。透過在第（$l-1$）層和第（$l+1$）層之間增加一個跳躍連接，抽樣的節點將包括 1 跳和 2 跳鄰居節點，這樣就可以捕捉到遠處節點之間的資訊，從而有利於模型的訓練。

綜上所述，透過引入自我調整抽樣策略，ASGCN 獲得了更好的性能表現，並具備了更好的方差控制。然而，這樣做也帶來了抽樣過程中額外的依賴性。以 FastGCN 為例，FastGCN 可以執行平行處理抽樣以加速抽樣過程，因為每一層都是獨立抽樣的；而在 ASGCN 中，抽樣過程依賴於上層，因此平行處理處理是不適用的。

6.3.3 圖級抽樣

除層級抽樣外，人們近期還引入了圖級抽樣，以完成對大規模圖的有效訓練。如圖 6.10 所示，整個圖可以被抽樣成幾個子圖並放入 GNN 模型，以減少計算成本。

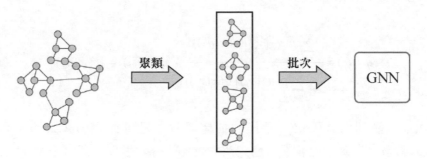

▲ 圖 6.10 大規模圖上的圖級抽樣

6.3.3.1 Cluster-GCN

Cluster-GCN（Chiang et al, 2019）第一次提以高效的圖聚類算法為基礎。從直觀上看，小量演算法與一個批次中節點之間的連結數量相關。因此，Cluster-GCN 是在子圖層面上建構小量，而以前的研究通常是以節點為基礎構建小量。

Cluster-GCN 以下列聚類演算法為基礎提取小聚類。一個圖 $\mathcal{G}(\mathcal{V}, \mathcal{E})$ 可以透過對其節點進行分組而被劃分成 c 個部分,其中, $\mathcal{V} = [\mathcal{V}_1, \mathcal{V}_2, \cdots, \mathcal{V}_c]$。提取的子圖被定義為

$$\overline{\mathcal{G}} = [\mathcal{G}_1, \mathcal{G}_2, \cdots, \mathcal{G}_c] = [\{\mathcal{V}_1, \mathcal{E}_1\}, \{\mathcal{V}_2, \mathcal{E}_2\}, \cdots, \{\mathcal{V}_c, \mathcal{E}_c\}]$$

$(\mathcal{V}_t, \mathcal{E}_t)$ 代表被劃分到第 t 個部分的節點和連結, $t \in (1, c)$。重新排序後的鄰接矩陣可以寫成

$$A = \overline{A} + \Delta = \begin{bmatrix} A_{11} & A_{12} & \cdots & A_{1c} \\ \vdots & \vdots & & \vdots \\ A_{c1} & A_{c2} & \cdots & A_{cc} \end{bmatrix}; \quad \overline{A} = \begin{bmatrix} A_{11} & A_{12} & \cdots & 0 \\ \vdots & \vdots & & \vdots \\ 0 & A_{c2} & \cdots & A_{cc} \end{bmatrix}, \quad \Delta = \begin{bmatrix} 0 & A_{12} & \cdots & A_{1c} \\ \vdots & \vdots & & \vdots \\ A_{c1} & A_{c2} & \cdots & 0 \end{bmatrix}$$

不同的圖聚類演算法可以透過讓聚類內的節點之間有更多的關聯來劃分圖。將子圖視為批次的動機也是為了遵循圖的性質——讓鄰居節點之間保持密切關聯。

顯然,這種策略可以避免鄰域擴充問題,因為其只對聚類內的節點進行抽樣,如圖 6.11 所示。對 Cluster-GCN 來說,由於子圖之間沒有連接,當層數增加時,其他子圖中的節點不會被抽樣。透過這種方式,抽樣過程便透過對子圖進行抽樣實現了對鄰域擴充的控制;而在層級抽樣中,對鄰域擴充的控制是透過固定鄰居節點的抽樣數量來實現的。

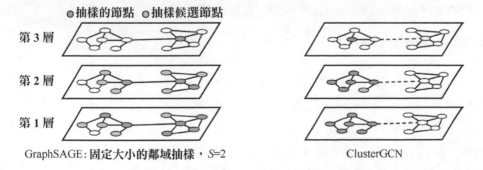

▲ 圖 6.11 比較 GraphSAGE 和 Cluster-GCN,Cluster-GCN 只對每個子圖中的節點進行抽樣(本書為單色印刷,色彩標示部分可能無法正確顯示)

　　然而，基本的 Cluster-GCN 仍然存在兩個問題。首先，由於忽略了子圖之間的關聯，因此可能無法捕捉到重要的連結性。其次，聚類演算法可能會改變資料集的原始分布並引入某些偏置。為了解決這兩個問題，有人提出了隨機多劃分方案，從而將聚類隨機組合到一個批次。具體來說，首先將圖聚類為 p 個子圖；然後在每個訓練回合中，透過隨機組合 q 個聚類（$q < p$）來形成一個新的批次，並且聚類之間的相互作用也被包括在內。如圖 6.12 所示，當 q 等於 2 時，新的批次是由兩個隨機聚類和聚類之間保留的連接組成的。

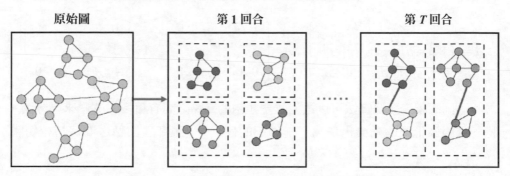

▲ 圖 6.12　隨機多劃分方案（本書為單色印刷，色彩標示部分可能無法正確顯示）

　　綜上所述，Cluster-GCN 是一種以子圖批次處理為基礎的實用解決方案。它不僅有良好的表現，而且記憶體使用情況也很好，可以緩解傳統的小量訓練中的鄰域擴充問題。然而，Cluster-GCN 並沒有分析抽樣品質，例如抽樣策略的偏差和方差。此外，Cluster-GCN 的表現與採用的聚類演算法高度相關。

6.3.3.2　GraphSAINT

　　考慮到可能帶來的偏置或雜訊，GraphSAINT（Zeng et al, 2020a）沒有使用聚類演算法來生成子圖，而是根據子圖抽樣器直接對子圖進行小量訓練，並在子圖上採用完整的 GCN 來生成節點嵌入，同時對每個節點的損失函式進行反向傳播。如圖 6.13 所示，子圖 $\mathscr{G}_s$ 由來源圖 $\mathscr{G}$ 建構，包括節點 0、1、2、3、4、7。接下來，在這 6 個節點上應用完整的 GCN 以及對應的連接。

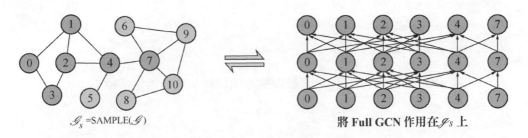

$\mathscr{G}_s$ =SAMPLE($\mathscr{G}$)　　　　將 Full GCN 作用在 $\mathscr{G}_s$ 上

▲ 圖 6.13　GraphSAINT 訓練演算法的示意圖，黃色的圓圈表示抽樣的節點（本書為單色印刷，色彩標示部分可能無法正確顯示）

　　GraphSAINT 引入了三種子圖抽樣器來形成子圖，包括節點抽樣器、邊抽樣器和隨機遊走抽樣器（見圖 6.14）。給定圖 $\mathscr{G}=(\mathscr{V},\mathscr{E})$，節點 $v\in\mathscr{V}$，邊 $(u,v)\in\mathscr{E}$，節點抽樣器從 $\mathscr{V}$ 中隨機抽樣節點 $\mathscr{V}_s$，邊抽樣器根據來源圖 $\mathscr{G}$ 中邊的機率來選擇子圖，隨機遊走抽樣器則根據從節點 u 到節點 v 存在 L 跳路徑的機率來挑選節點對。

節點抽樣器	邊抽樣器	隨機遊走抽樣器
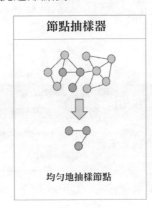	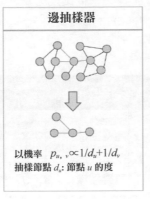	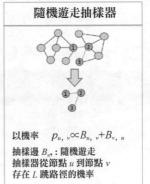
均勻地抽樣節點	以機率 $p_{u,v}\propto 1/d_u+1/d_v$ 抽樣節點 d_u：節點 u 的度	以機率 $p_{u,v}\propto B_{u,v}+B_{v,u}$ 抽樣邊 $B_{u,v}$：隨機遊走抽樣器從節點 u 到節點 v 存在 L 跳路徑的機率

▲ 圖 6.14　三種子圖抽樣器（本書為單色印刷，色彩標示部分可能無法正確顯示）

　　此外，GraphSAINT 對如何控制抽樣器的偏差和方差提供了全面的理論分析。首先，GraphSAINT 提出了損失歸一化和聚合歸一化來消除抽樣偏差。

$$損失歸一化：\mathscr{L}_{\text{batch}} = \sum_{v\in\mathscr{G}_s} L_v / \lambda_v, \ \lambda_v =|\mathscr{V}|\,p_v$$

$$聚合歸一化：a(u,v) = p_{u,v} / p_v$$

其中，p_v 是節點 $v \in \mathcal{V}$ 被抽樣的機率，$p_{u,v}$ 是邊 $(u,v) \in \mathcal{E}$ 被抽樣的機率，L_v 表示輸出層中節點 v 的損失。

其次，GraphSAINT 還提出透過調整邊抽樣機率來最小化抽樣方差：

$$p_{u,v} \propto 1/d_u + 1/d_v$$

已有大量實驗證明了 GraphSAINT 的有效性和效率，GraphSAINT 的收斂速度快、效果優越。

綜上所述，GraphSAINT 提供了一個高度靈活且可擴充的框架（包括圖抽樣器策略和 GNN 架構），並在精度和速度方面具有良好表現。

6.3.3.3　綜合比較不同的模型

表 6.2 對前面提到的模型的特點進行了比較和總結。「範式」指的是不同的抽樣範式，「模型」指的是每篇論文中提出的方法，「抽樣策略」表示抽樣理論，「方差減小」表示論文中是否進行了這種分析。

➡ 表 6.2　不同模型之間的比較

範式	模型	抽樣策略	方差減小	解決的問題	特點
節點級抽樣	GraphSAGE（Hamilton et al, 2017b）	隨機抽樣	✕	歸納式學習	小量訓練，減少鄰域擴充
	VR-GCN（Chen et al, 2018d）	隨機抽樣	✓	鄰域擴充	歷史啟動
層級抽樣	FastGCN（Chen et al, 2018c）	重要性抽樣	✓	鄰域擴充	積分變換視圖
	ASGCN（Huang et al, 2018）	重要性抽樣	✓	層間相關性	顯性方差減小，跳躍連接
圖級抽樣	Cluster-GCN(Chiang et al, 2019）	隨機抽樣	✓	圖批次處理	子圖上的小量
	GraphSAINT（Zeng et al, 2020a）	邊可能性抽樣	✓	鄰域擴充	方差和偏置控制

大規模圖神經網路在推薦系統中的應用

大規模圖神經網路在學術界的部署已經獲得了顯著成功。除關於如何在大規模圖上擴充圖神經網路的理論研究以外，另一個關鍵問題是如何將演算法嵌入工業應用中。需要大量資料的傳統應用之一是推薦系統，推薦系統學習使用者的偏好並預測使用者可能感興趣的東西。傳統的推薦演算法（如協作過濾）主要是根據使用者與物品的互動來設計的（Goldberg et al，1992；Koren et al,2009；Koren, 2009；He et al, 2017b）。由於資料的極度稀疏性，這類方法無法處理爆炸性增長的網路規模資料。最近，以圖為基礎的深度學習演算法透過對網路規模資料的圖結構進行建模，在提高推薦系統的預測性能方面獲得了重大進展（Zhang et al, 2019b；Shi et al, 2018a；Wang et al, 2018b）。因此，利用大規模圖神經網路進行推薦逐漸成為業界的趨勢（Ying et al, 2018b；Zhao et al,2019b；Wang et al, 2020d；Jin et al, 2020b）。

推薦系統通常可以分為兩個領域——物品 - 物品推薦和使用者 - 物品推薦。前者的目的是根據使用者的歷史互動來尋找類似的物品；後者則透過學習使用者的行為來直接預測使用者喜好的物品。在本節中，我們將簡介其中每個領域在大規模圖上實現的著名推薦系統。

6.4.1 物品 - 物品推薦

PinSage（Ying et al, 2018b）是在物品 - 物品推薦系統中利用大規模圖神經網路的早期成功應用之一，已被部署在 Pinterest 上（參見 Pinterest 網站）。Pinterest 是一個分享和發現各種內容的社交媒體應用。使用者用圖釘來標記他們感興趣的內容，並將它們組織在釘板上。當使用者瀏覽網站時，Pinterest 就會為他們推薦潛在的有趣內容。截至 2018 年，Pinterest 圖包含 20 億個圖釘、10 億個釘板，以及圖釘和釘板之間的超過 180 億筆邊。

為了在如此大的圖上訓練模型，Ying et al（2018b）提出了 PinSage（一個以隨機遊走為基礎的 GCN）來實現 Pinterest 圖上的節點級抽樣。具體來說，就是透過短的隨機遊走來選擇目標節點的一些數量固定的鄰居節點。圖 6.15 展示

了 PinSage 的整體架構。以節點 A 為例，可建構一個深度為 2 的卷積來生成節點嵌入 $h_A^{(2)}$。節點 A 的鄰居節點的嵌入向量 $h_{\mathcal{N}(A)}^{(1)}$ 由節點 B、C 和 D 聚合。透過類似的過程，便可獲得 1 跳鄰居的節點嵌入 $h_B^{(1)}$、$h_C^{(1)}$ 和 $h_C^{(1)}$。圖 6.15 的底部展示了輸入圖中每個節點的所有參與節點。此外，可計算 L1 歸一化以按其重要性對鄰居節點進行排序（Eksombatchai et al, 2018），還可採用課程訓練策略並輸入更難的樣本以進一步提高預測表現。

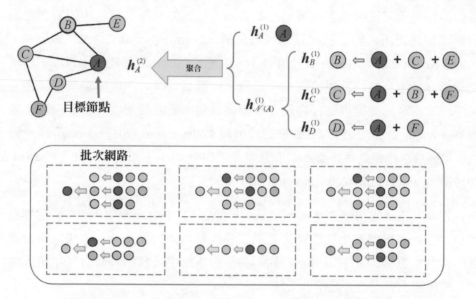

▲ 圖 6.15　PinSage 架構透過節點的不同顏色來說明圖卷積的構造
（本書為單色印刷，色彩標示部分可能無法正確顯示）

　　人們在 Pinterest 資料上進行的一系列綜合實驗，如離線實驗、生產環境下的 A/B 測試以及使用者研究等，都證明了所提方法的有效性。此外，由於採用了高效的 MapReduce 推理管道，整個圖的推理過程可以在一天內完成。

6.4.2　使用者 - 物品推薦

　　與物品 - 物品推薦系統不同，使用者 - 物品推薦系統更加複雜，因為其目的是預測使用者的行為。此外，使用者與使用者、物品與物品、使用者與物品之間仍然存在更多的輔助資訊，這就導致異質圖的問題。如圖 6.16 所示，使用者 - 使用者和物品 - 物品之間的邊有各種屬性，不能視為一種簡單的關係。舉例來說，使用者搜尋一個詞或存取一個店鋪應被考慮為不同的影響。

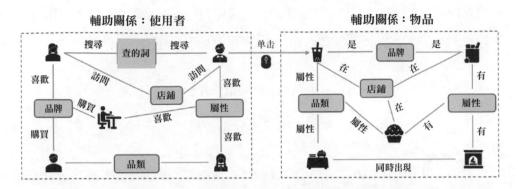

▲ 圖 6.16 電子商務網站上的異質性輔助關係的範例

IntentGC（Zhao et al, 2019b）提出了一個以 GCN 為基礎的框架，用於電子商務資料的大規模使用者 - 物品推薦。IntentGC 透過圖卷積來探索明確的使用者偏好以及豐富的輔助資訊，並進行預測。類似亞馬遜的電子商務平臺包含數十億的使用者和物品資料，多樣化的關係帶來了更多的複雜性。因此，圖的結構變得更大、更複雜。此外，由於使用者 - 物品圖網路的稀疏性，像 GraphSAGE 這樣的抽樣方法可能會導致一個巨大的子圖。為了有效地訓練圖卷積，IntentGC 設計了一種更快的圖卷積機制來提高訓練效果，名為 IntentNet。

如圖 6.17 所示，位元級操作演示了 GNN 中傳統的節點嵌入構造方式。

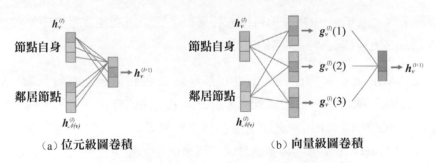

（a）位元級圖卷積　　　　　　（b）向量級圖卷積

▲ 圖 6.17 位元級和向量級圖卷積的比較
（本書為單色印刷，色彩標示部分可能無法正確顯示）

具體來說，考慮將節點 v 作為目標節點，嵌入向量 $h^{(l+1)}$ 是透過並置鄰居節點的嵌入 $h_{\mathcal{N}(v)}^{(l)}$ 和目標節點本身 $h_v^{(l)}$ 而生成的。這樣的操作能夠捕捉兩種類型的資訊：目標節點與其鄰居節點之間的相互作用，以及嵌入空間中不同維度之間

的相互作用。然而在使用者 - 物品網路中，當學習不同特徵維度之間的資訊時，可能資訊量較小，也沒有必要。因此，IntentNet 設計了一個向量級卷積操作，如下所示：

$$g_v^{(l)}(i) = \sigma(W_v^{(l)}(i,1) \cdot h_v^{(l)} + W_v^{(l)}(i,2) \cdot h_{\mathcal{N}(v)}^{(l)})$$

$$h_v^{(l+1)} = \sigma\left(\sum_{i=1}^{L} \theta_i^{(l)} \cdot g_v^{(l)}(i)\right)$$

其中，$W_v^{(l)}(i,1)$ 和 $W_v^{(l)}(i,2)$ 是第 i 個局部濾波器的相關權重矩陣。$g_v^{(l)}(i)$ 表示以向量級方式學習目標節點與其鄰居節點之間相互作用的操作。另一個向量級的神經網路層則被應用於收集目標節點的最終嵌入向量，以用於下一個卷積層。最後一個卷積層的輸出向量被送入一個三層的全連接網路，以進一步學習節點級的組合特徵。這樣的操作極大提高了訓練效率並降低了時間複雜性。

人們在淘寶和亞馬遜等平臺的資料集上進行了大量的實驗，這些資料集包含數百萬到數十億的使用者和物品，結果表示，IntentGC 優於其他基準線方法，並且與 GraphSAGE 相比，訓練時間少了約兩天。

6.5　未來的方向

整體來說，近年來，GNN 的可擴充性獲得了廣泛研究並取得豐碩的成果。圖 6.18 總結了大規模圖神經網路的研究進展。

GraphSAGE 第一次提出在圖上進行抽樣而非在整個圖上進行計算。VR-GCN 設計了另一種節點級抽樣演算法，並提供了全面的理論分析，但其效率仍然有限。FastGCN 和 ASGCN 提出了層級抽樣，並且都透過進行詳細的分析證明了效率。Cluster-GCN 透過將圖劃分成子圖來消除鄰域擴充問題，並提高了幾個基準資料集的表現。GraphSAINT 進一步改進了圖的抽樣演算法，在常用的基準資料集上實現了最為優秀的分類表現。各種工業應用充分證明了大規模圖神經網路在現實世界中的有效性和實用性。

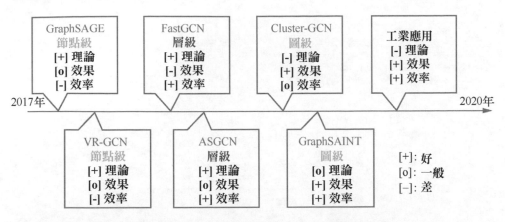

▲ 圖 6.18　大規模圖神經網路的研究進展

　　然而，許多新的開放性問題也出現了。舉例來說，如何在抽樣過程中平衡方差和偏置；如何處理複雜的圖類型，如異質圖／動態圖；如何在複雜的圖神經網路架構上設計適合的模型。對這些問題的研究將推進大規模圖神經網路的發展。

編者註：對大規模或具有快速擴充性的圖，如動態圖（見第 15 章）和異質圖（見第 16 章），GNN 的可擴充性對確定演算法在實踐中是否具有優勢非常重要。舉例來說，圖抽樣策略對於保證工業實驗場景下的計算效率尤為必要，如推薦系統（見第 19 章）和智慧城市（見第 27 章）。隨著實際問題的複雜性和規模不斷增加，可擴充性中的限制在圖神經網路的研究中幾乎無處不在。致力於圖嵌入（見第 2 章）、圖結構（見第 14 章）和自監督學習（見第 18 章）的研究人員已經做了非常出色的工作來處理這個問題。

第 7 章
圖神經網路的可解釋性

Ninghao Liu、*Qizhang Feng* 和 *Xia Hu*[1]

摘要

　　為了解決深度學習技術的不透明問題,可解釋的機器學習或人工智慧正得到快速發展。在圖型分析領域,受深度學習的影響,圖神經網路(GNN)在圖

1　Ninghao Liu

　　Department of CSE,Texas A&M University,E-mail:nhliu43@tamu.edu

　　Qizhang Feng

　　Department of CSE,Texas A&M University,E-mail:qf31@tamu.edu

　　Xia Hu

　　Department of CSE,Texas A&M University,E-mail:xiahu@tamu.edu

資料建模中越來越受歡迎。最近，人們提出了越來越多為 GNN 提供解釋或改善
GNN 的可解釋性的方法。我們經過全面調查研究後，在本章中總結了這些方法。
具體來說，在 7.1 節中，我們將回顧深度學習中可解釋性的基本概念。在 7.2 節
中，我們將介紹用於理解 GNN 預測的事後解釋方法。在 7.3 節中，我們將闡述
為圖資料開發更多可解釋性模型的進展情況。在 7.4 節中，我們將說明用於評估
解釋的資料集和指標。在 7.5 節中，我們將指出這一領域未來的發展方向。

7.1　背景：深度模型的可解釋性

　　深度學習已經成為影像處理、自然語言處理和語音辨識等應用中不可缺少
的工具。儘管深度模型在這些方面成就非凡，但由於其在處理資訊和做出決策
方面的複雜性，它一直被批評為「黑盒子」。在本節中，我們將介紹深度模型
中可解釋性的研究背景，包括可解釋性和解釋的定義，探索對模型進行解釋的
原因，在傳統的深度模型中獲得解釋的方法，以及在 GNN 模型中實現可解釋性
的機會和挑戰。

7.1.1　可解釋性和解釋的定義

　　目前，可解釋性還沒有統一的數學定義。一種常用的（非數學的）可解釋
性定義以下（Miller, 2019）。

　　定義 7.1　可解釋性是指觀察者能夠理解導致一個決策的原因的程度。

　　上述定義中有三個要素──「理解」「原因」和「一個決策」。根據不同的
場景，這些要素會被重新加權，甚至一些要素被替換也是很常見的。首先，在
需要強調人類作用的機器學習系統中，我們通常可以根據人類的需要來修改可
解釋性的定義（Kim et al, 2016），以便更進一步地促進人類理解和推理習慣的
解釋結果。其次，從定義中的「原因」一詞來看，人們很自然地認為解釋是研
究模型中的因果關係屬性。雖然因果關係在某些類型的解釋方法的演變過程中
很重要，但在因果理論的框架之外獲得解釋也是很常見的。最後，目前越來越
多的技術跳出了解釋「一個決策」的方案，並試圖理解更廣泛的實體，如模型
元件（Olah et al, 2018）和資料表徵。

　　解釋是觀察者可以獲得對模型或其預測的理解的一種模式，人們廣泛遵循的一般定義以下（Montavon et al, 2018）。

　　定義 7.2　解釋是將抽象概念映射為人類可以理解的領域的行為。

　　人類可以理解的領域的典型例子包括影像中的像素陣列以及文字中的單字。上述定義中有兩個要素值得注意——「概念」和「理解」。首先，要解釋的「概念」可以指不同的方面，如預測類對模型元件的感知或潛在維度的意義（即預測類的 logit 值）。其次，在使用者體驗很重要的特定場景中，有必要將原始解釋轉移成便於使用者理解的格式，有時甚至要以犧牲解釋的準確性為代價。

　　值得注意的是，在這裡，我們對「解釋」和「說明」進行了區分。雖然它們的區別沒有正式定義，但在一些文獻中，解釋主要是指對某個預測（如分類或回歸）的重要特徵進行收集（Montavon et al, 2018）。同時，如果要研究事後解釋或人類可理解的解釋，則我們可能更喜歡使用「解釋」。「解釋」通常指的是更廣泛的概念，特別是用於強調模型本身具有內在的可解釋性（即模型的透明度）。

7.1.2　解釋的價值

　　促使人們研究和改進模型的可解釋性的原因有多個。根據誰最終從解釋中受益，我們將這些原因分為模型導向的原因和使用者導向的原因兩種，如圖 7.1 所示。

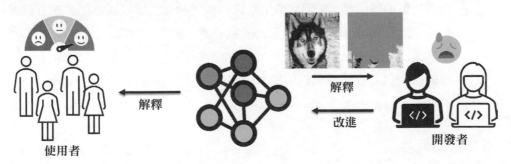

▲　圖 7.1　左圖：解釋可以讓使用者在與模型的互動中受益。右圖：透過解釋，我們可以辨識出人類不希望看到的模型行為，並致力於改進模型（Ribeiro et al, 2016）

7.1.2.1　模型導向的原因

解釋是一種有效的工具，可用於診斷模型的缺陷，並提供改進的方向。因此，模型在經過多次更新迭代後，我們就有可能獲得更好的模型，同時出現特定的屬性，我們可以應用這些模型來獲取優勢。研究中通常需要考慮以下幾個屬性。

- **可信性**：如果預測背後使用的原理與成熟的領域知識一致，那麼模型就被認為是可信的。透過解釋，我們可以觀察到這些預測是否以適當的證據為基礎，或僅是對資料中的人工註釋證據的利用。透過從模型中提取解釋並使解釋與資料中的人工註釋證據相匹配，我們便能夠在做決策時提高模型的可信度（Du et al, 2019；Wang et al, 2018c）。

- **公平性**：如果機器學習系統在進行預測時依賴於敏感的屬性，如種族、性別和年齡等，則存在放大社會刻板印象的風險。透過解釋，我們可以觀察預測是否以一些敏感特徵為基礎，從而在實際應用中加以避免。

- **對抗性攻擊的堅固性**：對抗性攻擊是指在輸入中加入一些精心設計的擾動，這些擾動對人類來說幾乎是不可察覺的，但會導致模型做出錯誤的預測（Goodfellow et al, 2015）。對抗性攻擊的堅固性是機器學習安全中一個越來越重要的話題。最近的研究表示，解釋可以幫助發現新的攻擊方案和設計防禦策略（Liu et al, 2020d）。

- **後門攻擊的堅固性**：後門攻擊是指透過植入額外的模組或毒化訓練資料，將惡意功能注入模型，但模型的表現正常，除非其輸入包含觸發惡意功能的模式。研究模型對後門攻擊的堅固性最近得到人們廣泛的關注。最近的研究發現，解釋可以用於辨識模型是否受到後門感染（Huang et al, 2019c；Tang et al, 2020a）。

7.1.2.2　使用者導向的原因

解釋有助建構人與機器之間的介面。

- **改善使用者體驗：** 透過提供直觀的視覺資訊，解釋可以獲得使用者的信任，並提高系統的好用性。比如，在醫療相關的應用中，如果模型可以向病人解釋具體是如何進行診斷的，則病人會更加信服（Ahmad et al, 2018）。再比如，在推薦系統中，提供解釋可以幫助使用者更快地做出決定，並說服使用者購買推薦的產品（Li et al, 2020c）。

- **促進決策：** 在許多應用中，模型扮演著幫手的角色，協助人類做出最後的決策。在這種情況下，解釋有助塑造人類對實例的理解，從而影響後續決策過程。舉例來說，在離群點檢測中，一些離群點具有惡意的屬性，應該謹慎處理，而一些善意的實例只是碰巧「不同」。有了解釋，人類決策者將更容易理解某個異常值是惡意的還是善意的。

7.1.3　傳統的解釋方法

一般來說，在提高模型可解釋性方面有兩類技術。一類技術致力於建立更透明的模型，這樣我們就能夠掌握模型（或模型的一部分）是執行原理的。我們將這個方向稱為**可解釋性建模**。同時，另一類技術不是闡明模型工作的內部機制，而是研究**事後解釋**，為已建構的模型提供解釋。在本節中，我們將介紹這兩類技術。其中，一些方法為 GNN 解釋提供了動力支援，我們將在後面的章節中介紹它們。

7.1.3.1　事後解釋

事後解釋在研究和實際應用中受到廣泛的關注。靈活性是事後解釋的優點之一，因為它對模型類型或結構的要求較低。在下面的內容中，我們將簡介幾種常用的方法。圖 7.2 顯示了這些方法背後的基本想法。

　　下面首先介紹以局部近似為基礎的事後解釋方法。給定一個難以理解的函式 f 和一個輸入實例 $x^* \in \mathbb{R}^m$，我們可以用一個簡單易懂的代理函式 h（通常選擇線性函式）在 x^* 周圍局部近似 f。其中，m 是每個實例中的特徵數。建構代理函式 h 的方法有多種，其中一種直接的方法是以一階泰勒擴充為基礎：

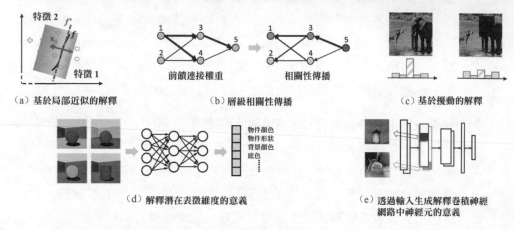

（a）基於局部近似的解釋　　　　　（b）層級相關性傳播　　　　　　（c）基於擾動的解釋

（d）解釋潛在表徵維度的意義　　　　　　（e）透過輸入生成解釋卷積神經網路中神經元的意義

▲ 圖 7.2　關於事後解釋方法的說明
（本書為單色印刷，色彩標示部分可能無法正確顯示）

$$f(x) \approx h(x) = f(x^*) + w^\mathsf{T} \cdot (x - x^*) \qquad (7.1)$$

　　其中，$w \in \mathbb{R}^m$ 表示輸出對輸入特徵的敏感程度。大部分的情況下，w 可以用梯度來估計（Simon yan et al, 2013），因此，$w = \nabla_x f(x^*)$。當梯度資訊不可用時，例如在以樹為基礎的模型中，我們可以透過訓練建構代理函式 h（Ribeiro et al, 2016）。一般的想法是，在 x^* 周圍抽樣一些訓練實例 $(x^i, f(x^i))(1 \leqslant i \leqslant n)$，要求 $\| x^i - x^* \| \leqslant \varepsilon$，然後用這些實例來訓練代理函式 h，使代理函式 h 在 x^* 周圍近似 f。

　　除直接研究輸入和輸出之間的敏感性以外，還有一種方法叫作**層級相關性傳播**（Layer-wise Relevance Propagation，LRP）（Bach et al, 2015）。具體來說，LRP 將輸出神經元的啟動分數重新分配給其前驅神經元，然後進行迭代，直到輸入神經元。最後，以相鄰層的神經元之間的連接權重為基礎重新分配分數，每個輸入神經元得到的分數將被作為其對輸出的貢獻。

另一種理解特徵 x_i 的重要性的方法是回答「如果輸入中不存在 x_i，f 會發生什麼」這樣的問題。如果 x_i 對預測 $f(x)$ 很重要，那麼刪除／削弱 x_i 將導致預測置信度大幅下降。這種類型的方法被稱為**擾動法**（Fong and Vedaldi, 2017）。設計擾動法的關鍵挑戰之一是如何保證擾動後的輸入仍然有效。舉例來說，有人認為對詞嵌入向量的擾動不能解釋深層語言模型，原因在於文字是離散的符號，因而很難確定被擾動嵌入的意義。

與之前專注於解釋預測結果的方法不同，還有一類方法試圖理解資料是如何在模型中被表徵的，我們稱之為**表徵解釋**。表徵解釋沒有統一的定義，這類方法的設計通常受問題的性質或資料的屬性所驅動。舉例來說，在自然語言處理中，已經證明一個詞的嵌入可以視為由一些基礎詞嵌入組成，其中，基礎詞組成了一個字典（Mathew et al, 2020）。

除理解預測和資料表徵以外，另一個解釋方案是理解**模型元件**的作用。一個著名的例子是視覺化 CNN 模型中最大限度啟動目標神經元／層的視覺模式（Olah et al, 2018）。透過這種方式，我們可以了解目標元件檢測到的是什麼樣的視覺訊號。因為解釋通常是透過生成過程得到的，所以對於結果人類是可以理解的。

7.1.3.2 可解釋性建模

可解釋性建模是透過將可解釋性直接納入模型結構或學習過程來實現的。開發既透明又能達到最先進表現的模型仍然是一個極具挑戰性的問題。為了提高深度模型內在的可解釋性，人們已經付出了很多努力。下面我們討論一些細節。

一種直接的策略是依靠**蒸餾**。具體來說，首先，我們需要建構一個具有良好表現的複雜模型（例如深度模型）。其次，我們需要使用另一個可解釋的模型來模仿複雜模型的預測。可解釋的模型庫中包括線性模型、決策樹、以規則為基礎的模型等。這種策略也被稱為模仿學習。以這種方式訓練的可解釋模型往往比正常訓練的表現更好，而且比複雜模型更容易理解。

注意力模型最初是為機器翻譯任務引入的，現在已經變得非常流行，部分原因就在於其解釋特性。注意力模型背後的直覺可以用人類生物系統來解釋，人們傾向於選擇性地關注輸入的某些部分，而忽略其他不相關的部分（Xu et al, 2015）。透過檢查注意力分數，我們可以知道輸入中的哪些特徵被用於預測。這類似於透過事後解釋方法找到哪些輸入特徵是重要的。主要的區別是，注意力分數是在模型預測期間產生的，而事後解釋是在預測之後進行的。

深度模型在很大程度上依賴於學習有效的表徵以壓縮下游任務的資訊。然而，人類很難理解這些表徵，因為不同維度的含義是未知的。為了應對這一挑戰，人們提出了解耦化表徵學習。解耦化表徵學習能夠將不同含義的特徵解離，並將它們編碼為表徵中的獨立維度。因此，我們可以檢查每個維度以了解輸入資料的哪些因素被編碼。舉例來說，在對三維的椅子影像進行解耦化表徵學習後，椅子腿的樣式、寬度和方位角等因素將被分別編碼為不同的維度（Higgins et al, 2017）。

7.1.4　機遇與挑戰

儘管在視覺、語言和控制等領域獲得了重大進展，但人類智慧的許多決定性特徵對於卷積神經網路（CNN）、循環神經網路（RNN）和多層感知器（MLP）等傳統深度模型仍然無法實現。為了尋找新的模型架構，人們認為 GNN 架構可以為更多可解釋的推理模式奠定基礎（Battaglia et al, 2018）。在本節中，我們將討論 GNN 的優勢及其在可解釋性方面遇到的挑戰。

GNN 架構之所以被認為更具可解釋性，是因為它有利於學習實體、關係以及組成它們的規則。首先，由於實體是離散的，它們通常代表高層次的概念或知識項，因此相比影像像素（微小顆粒度）或單字嵌入（潛在空間向量）更容易被人類理解。其次，由於 GNN 推理透過連結傳播資訊，因此人們更容易找到對預測結果有益的明確推理路徑或子圖。最近的一種趨勢是將影像或文字資料轉換成圖，然後透過 GNN 模型進行預測。舉例來說，為了從影像中建構一個圖，我們可以將影像中的物體（或物體中的不同部分）視為節點，並根據節點之間的空間關係產生連結。同樣，透過發現能夠作為節點的概念（如名詞、命名實體），並透過詞法解析提取它們的關係作為連結，我們可以將文件轉為圖。

　　儘管圖的資料格式為可解釋性建模奠定了基礎，但仍有幾個挑戰無法顧全 GNN 的可解釋性。首先，GNN 仍然將節點和連結映射為嵌入。因此，與傳統的深度模型類似，GNN 也存在中間層資訊處理不透明的問題。其次，不同的資訊傳播路徑或子圖對最終預測的貢獻是不同的。GNN 並不直接為預測提供最重要的推理路徑，所以仍然需要事後解釋。在接下來的內容中，我們將介紹解決上述挑戰的最新進展，以提高 GNN 的可描述性和可解釋性。

7.2　圖神經網路的解釋方法

　　在本節中，我們將介紹用於理解 GNN 預測的事後解釋。與 7.1.3 節中的分類相似，我們探討以近似為基礎的解釋、以相關性傳播為基礎的解釋、以擾動為基礎的解釋和生成式解釋。

7.2.1　背景

　　在介紹這些方法之前，我們首先定義圖並回顧一下 GNN 模型的基本表述。

　　圖：在本章的其餘部分，如果沒有特別說明，我們討論的圖僅限於同質圖。

　　定義 7.3　同質圖被定義為 $\mathcal{G} = (\mathcal{V}, \mathcal{E})$ ，其中，$\mathcal{V}$ 是節點的集合，$\mathcal{E}$ 是節點間的邊的集合。

　　此外，設 $A \in \mathbb{R}^{n \times n}$ 為 $\mathcal{G}$ 的鄰接矩陣，其中，$n = |\mathcal{V}|$。對於非加權圖，$A_{i,j}$ 是二進位的，其中，$A_{i,j}=1$ 表示存在一條邊 $(i,j) \in \mathcal{E}$ ，否則 $A_{i,j}=0$。對於加權圖，每條邊（i, j）被分配一個權重 $w_{i,j}$，所以 $A_{i,j} = w_{i,j}$。在某些情況下，節點與特徵相連結，可以表示為 $X \in \mathbb{R}^{n \times m}$ ，$X_{i,:}$ 是節點 i 的特徵向量，每個節點的特徵數為 m。

　　GNN 的基本原理：傳統的 GNN 根據傳播方案，透過輸入圖結構來傳播資訊。

$$(7.2)$$

$$H^{l+1} = \sigma(\tilde{D}^{-\frac{1}{2}} \tilde{A} \tilde{D}^{-\frac{1}{2}} H^l W^l)$$

其中，H^l 表示第 l 層的嵌入矩陣，W^l 表示第 l 層的可訓練參數。$\tilde{A} = A + I$ 表示在加入自連結環之後的鄰接矩陣。$\tilde{D}$ 是 $\tilde{A}$ 的對角（度數）矩陣，$\tilde{D}_{i,j} = \sum_j \tilde{A}_{i,j}$ 。因此，$\tilde{D}^{-\frac{1}{2}} \tilde{A} \tilde{D}^{-\frac{1}{2}}$ 的作用是使鄰接矩陣歸一化。如果我們只關注節點 i 的嵌入更新，則 GCN 傳播方案可以改寫為

(7.3)

$$H^{l+1}_{i,:} = \sigma\left(\sum_{j \in \mathcal{V}_i \cup \{i\}} \frac{1}{c_{i,j}} H^l_{j,:} W^l \right)$$

其中，$H_{j,:}$ 表示矩陣 H 的第 j 行，$\mathcal{V}_i$ 表示節點 i 的鄰居節點。$c_{i,j}$ 是一個歸一化常數，$\frac{1}{c_{i,j}} = (\tilde{D}^{-\frac{1}{2}} \tilde{A} \tilde{D}^{-\frac{1}{2}})_{i,j}$。因此，節點 i 在第 l 層的嵌入可以看作聚合節點 i 的鄰居嵌入，然後進行某些轉換。第一層 H^0 中的嵌入通常被設定為節點特徵。隨著層的深入，每個節點嵌入的計算將包含更多的節點。舉例來說，在一個兩層的 GNN 中，計算節點 i 的嵌入時需要使用節點 i 的 2 跳鄰居內的節點資訊，由這些節點組成的子圖被稱為節點 i 的計算圖，如圖 7.3 所示。

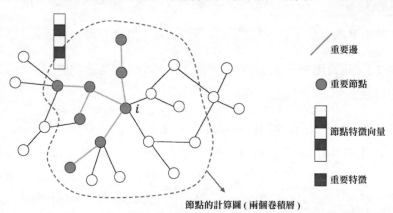

節點的計算圖（兩個卷積層）

▲ 圖 7.3　解釋結果的格式。圖神經網路的解釋結果可以是重要節點、重要邊、重要特徵等。解釋方法可以傳回多種類型的結果（本書為單色印刷，色彩標示部分可能無法正確顯示）

目標模型：圖型分析有兩個常見的任務——圖級預測和節點級預測。我們以分類任務為例。在圖級預測任務中，模型 $f(\mathcal{G}) \in \mathbb{R}^C$ 將對整個圖產生一個預測，其中，C 是類別的數量，預測分數可以寫成 $f^c(\mathcal{G})$。在節點級預測任務中，模

型 $f(\mathcal{G}) \in \mathbb{R}^{n \times C}$ 將傳回一個矩陣，其中的每一行是對一個節點的預測。有些解釋方法只針對圖級預測任務而設計，而有些解釋方法只針對節點級預測任務而設計，還有些解釋方法則可以同時處理這兩種情況。前面介紹的計算圖通常用於解釋節點級預測。

解釋格式：根據前面的介紹，有幾種輸入模式可以包括在解釋中，如圖 7.3 所示。具體來說，解釋方法可以辨識對預測貢獻最大的重要節點、重要邊和重要特徵。有些解釋方法可以同時辨識多種類型的輸入模式。

7.2.2 以近似為基礎的解釋

以近似為基礎的解釋已經被廣泛應用於分析具有複雜結構的模型的預測。以近似為基礎的解釋可以進一步劃分為白盒近似和黑盒近似。白盒近似使用模型內部資訊進行傳播，包括但不限於梯度、中間特徵、模型參數等。黑盒近似通常不使用模型內部資訊進行傳播，而是使用一個簡單的、可解釋的模型來擬合目標模型對輸入實例的決策，然後就可以很容易地從這個簡單的模型中提取解釋。

7.2.2.1 白盒近似

敏感性分析（Sensitivity Analysis，SA）（Baldassarre and Azizpour, 2019）研究的是引數的某一變化對因變數的影響。在解釋的背景下，因變數指的是預測，而引數指的是特徵。模型的局部梯度通常被用作敏感性分數，以表示特徵與預測結果的相關性。敏感性分數被定義為

$$\mathcal{S}(\boldsymbol{x}) = \| \nabla_{\boldsymbol{x}} f(\mathcal{G}) \|^2 \qquad (7.4)$$

其中，$\mathcal{G}$ 是待解釋的輸入實例圖，$f(\mathcal{G})$ 是模型預測函式。這裡的 x 指的是我們感興趣的節點的特徵向量。敏感性分數較高的節點特徵更為重要，因為它們可以導致模型決策急劇變化。

儘管 SA 是直觀且直接的，但其有效性仍然有限。SA 假設輸入特徵是相互獨立的，因而在實際決策過程中不一定注意它們之間的連結性。另外，SA 只測量局部變化對模型預測函式 $f(\mathcal{G})$ 的影響，而沒有徹底解釋模型預測函式值本身。

SA 提供的解釋結果通常是相對嘈雜的，有一定的理解難度。為此，人們開發了一些後續技術，試圖克服這一侷限。圖 7.4 舉出了幾種以梯度為基礎的解釋方法。

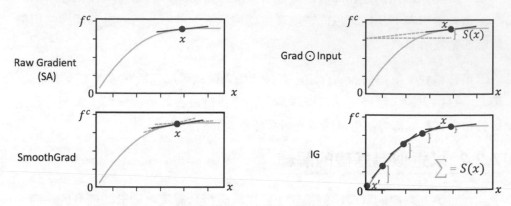

▲ 圖 7.4　幾種以梯度為基礎的解釋方法。依靠局部梯度的解釋方法可能會受到飽和問題或輸入雜訊的影響，換言之，一個特徵的局部敏感性與它產生的整體貢獻並不一致。SmoothGrad 透過平均化附近點的多個解釋來消除解釋中的雜訊。在測量特徵貢獻方面，IG 相比 Grad ⊙ Input 更準確

GuidedBP（Baldassarre and Azizpour, 2019）與 SA 類似，但是前者只檢測正向啟動神經元的特徵，同時假設負梯度可能會混淆重要特徵的貢獻，並使視覺化變得嘈雜。為了遵循這一直覺，GuidedBP 修改了 SA 的反向傳播過程，並且拋棄了所有的負梯度。

Grad ⊙ Input（Sanchez-Lengeling et al, 2020）將特徵貢獻得分作為輸入特徵和模型預測函式相對於特徵的梯度的元素級乘積：

$$\mathscr{S}(\boldsymbol{x}) = \nabla_x^{\mathrm{T}} f(\mathscr{G}) \odot \boldsymbol{x} \tag{7.5}$$

因此，Grad ⊙ Input 不僅考慮了特徵的敏感性，而且考慮了特徵值的規模。然而，上述方法都存在飽和問題——局部梯度的範圍太小，無法反映每個特徵的整體貢獻。

整合梯度（Integrated Gradient，IG）（Sanchez-Lengeling et al, 2020）透過在輸入空間中沿著設計的路徑聚合特徵貢獻來解決飽和問題。這條路徑從選定的基準線點 $\mathscr{G}'$ 開始，到目標輸入 $\mathscr{G}$ 結束。具體來說，特徵貢獻的計算方法如下：

$$\mathscr{S}(\boldsymbol{x}) = (\boldsymbol{x} - \boldsymbol{x}') \int_{\alpha=0}^{1} \nabla_x f(\mathscr{G}' + \alpha(\mathscr{G} - \mathscr{G}')) \mathrm{d}\alpha \qquad (7.6)$$

其中，$\boldsymbol{x}'$ 表示基準線點 $\mathscr{G}'$ 中的特徵向量，而 $\boldsymbol{x}$ 是原始輸入 $\mathscr{G}$ 中的特徵向量。基準線點 $\mathscr{G}'$ 的選擇是相對靈活的。一種典型的策略是將一個空圖用作基準線，這個空圖雖然具有相同的拓撲結構，但其節點卻使用「未指定的」分類特徵。這是由 IG 在解釋影像分類模型中的應用激發的（Sundararajan et al, 2017），此類模型通常將純黑色影像或具有隨機雜訊的影像作為基準線。

透過上述方法得到的解釋通常含有大量的雜訊。因此，Smilkov et al（2017）提出了 SmoothGrad 來緩解這個問題。**SmoothGrad** 會對輸入的一些雜訊擾動的版本進行平均歸因評估，這種方法最初的目的是使影像上的突出性地圖更加清晰。此外，Sanchez-Lengeling et al（2020）則提出了 Grad ⊙ Input，這種方法會在節點特徵和邊特徵中加入高斯雜訊，並將多個解釋平均到單一平滑的解釋中。

類啟動映射（Class Activation Mapping，CAM）（Pope et al, 2019）是一種解釋，最初是為 CNN 開發的。這種解釋只適用於特定的模型架構，其中最後一個卷積層之後是全域平均池化（Global Average Pooling，GAP）層，然後是最終的 Softmax 層。最後一個卷積層中的特徵映射（即啟動）被聚合並重新縮放至與輸入影像相同的大小，這樣啟動就會突出影像中的重要區域。CAM 的想法也適用於圖神經網路。具體來說，GNN 中的 GAP 層可以定義為對最後一個圖卷積層中的所有節點嵌入進行平均：$h = \frac{1}{n} \sum_{i=1}^{n} \boldsymbol{H}_{i,:}^{L}$，其中的 L 是最後一個圖卷積層。CAM 會將最終節點嵌入的每個維度（如 $\boldsymbol{H}_{i,:}^{L}$）作為一個特徵映射。c 類的 logit 值為

$$f^c(\mathscr{G}) = \sum_k \boldsymbol{w}_k^c \boldsymbol{h}_k \qquad (7.7)$$

其中，h 表示 h 的第 k 個元素，w_k^c 是第 k 個特徵映射對 c 類的 GAP 層權重。因此，節點 i 對預測產生的貢獻為

$$\mathscr{S}(i) = \frac{1}{n} \sum_k w_k^c H_{i,k}^L \tag{7.8}$$

CAM 雖然簡單高效，但它只適用於具有一定結構的模型，這極大限制其應用場景。

Grad-CAM（Pope et al, 2019）將梯度資訊與特徵映射相結合，以減少 CAM 的限制。CAM 使用 GAP 層來估計每個特徵映射的權重，而 Grad-CAM 採用輸出相對於特徵映射的梯度來計算權重，因此：

$$w_k^c = \frac{1}{n} \sum_{i=1}^{n} \frac{\partial f^c(\mathscr{G})}{\partial H_{i,k}^L} \tag{7.9}$$

$$\mathscr{S}(i) = \mathrm{ReLU}\left(\sum_k w_k^c H_{i,k}^L \right) \tag{7.10}$$

ReLU 函式能夠迫使解釋集中在對我們感興趣的類別的積極影響上。對輸出前只有一個全連接層的 GNN 來說，Grad-CAM 等於 CAM。與 CAM 相比，Grad-CAM 可以應用於更多的 GNN 架構，從而避免了在模型可解釋性和容量之間進行權衡。

7.2.2.2 黑盒近似

與白盒近似不同，黑盒近似能夠繞過獲取複雜模型內部資訊的需求。通常的想法是使用內在可解釋的模型（如線性回歸和決策樹）來適應複雜的模型，然後根據簡單模型來解釋決策。背後的基本假設是：給定一個輸入實例，模型在該實例鄰域內的決策邊界可以被可解釋模型極佳地近似。黑盒近似面臨的主要挑戰是如何定義鄰域空間，因為輸入圖是一個離散的資料結構。

相關方法包括 GraphLime（Huang et al, 2020c）、RelEx（Zhang et al, 2020a）和 PGM-Explainer（Vu and Thai, 2020），這些方法都有以下類似的過程：首先在目標實例的周圍定義一個鄰域空間，然後在這個鄰域空間內對資料點進

行抽樣，並在將抽樣點輸入目標模型後獲得預測結果；接下來建構一個訓練資料集，其中的每個實例 - 標籤對包括一個抽樣點及其預測；最後透過使用該資料集來訓練一個可解釋的模型。這些方法的關鍵區別在於兩個方面——鄰域空間的定義和可解釋模型的選擇。

GraphLime 是一種針對圖節點的 GNN 預測的局部解釋方法。給定對目標節點 v_t 的預測結果，GraphLime 將鄰域空間定義為輸入圖中目標節點的 k 跳鄰居內節點的集合：

$$\mathscr{V}_t = \{ v \mid \text{distance}(v_t, v) \leqslant k, v \in \mathscr{V} \} \qquad (7.11)$$

其中，k 跳鄰居指的是距離目標節點 k 跳以內的節點。GraphLime 收集 V_t 中節點的特徵作為語料庫，並採用 HSIC Lasso（Hilbert-Schmidt Independence Criterion Lasso）來衡量節點的特徵和預測之間的獨立性。由於最重要的特徵被選為解釋結果，因此 GraphLime 不能提供以圖結構資訊為基礎的解釋。

RelEx 將鄰域空間定義為目標節點的計算圖的一組擾動圖。與 GraphLime 類似，RelEx 解釋的是 GNN 對節點的預測。目標節點 v_t 的計算圖 $\mathscr{G}_t$ 由節點 v_t 周圍的 k 跳鄰居節點以及連接它們的邊組成。首先，RelEx 提出了一種 BFS 抽樣策略，用於從計算圖中抽樣多個擾動圖 $\{ \mathscr{G}'_{t,1}, \mathscr{G}'_{t,2}, \cdots, \mathscr{G}'_{t,I} \}$，這些擾動圖被輸入最初的 GNN f，以建立一個訓練集 $\{ \mathscr{G}'_{t,i}, f(\mathscr{G}'_{t,i}) \}_{i=1}^{I}$。然後，RelEx 透過在該訓練集上訓練一個新的 GNN f' 來近似 f。最後，訓練一個用於解釋的掩蔽（mask）M，該掩蔽將被應用於 $\mathscr{G}_t$ 的鄰接矩陣。由於每個掩蔽項的值都在 $[0, 1]$ 區間，因此它們都是軟掩蔽。用於訓練掩蔽的損失項有兩個：$f'(\mathscr{G}_t \odot M)$ 和掩蔽 M，前者接近於 $f'(\mathscr{G}_t)$，後者則是稀疏的。由此產生的掩蔽元素值表示 $\mathscr{G}_t$ 中邊的重要性得分，掩蔽值越高表示對應的邊越重要。

PGM-Explainer 應用機率圖模型來解釋 GNN。為了找到目標的鄰居實例，PGM-Explainer 首先從計算圖中隨機選擇要被擾動的節點。接下來，將所選節點的特徵設定為所有節點的特徵的平均值。PGM-Explainer 將採用成對的依賴性測試來過濾不重要的樣本，目的是降低計算的複雜度。最後引入貝氏網路以適應所選樣本的預測。因此，PGM-Explainer 的優勢在於能夠說明特徵之間的依賴性。

7.2.3　以相關性傳播為基礎的解釋

相關性傳播將輸出神經元的啟動分數重新分配給前驅神經元，進行迭代，直到輸入神經元。相關性傳播的核心是定義神經元之間啟動再分配的規則。相關性傳播已被廣泛用於解釋電腦視覺和自然語言處理等領域的模型。最近，人們試圖探索為 GNN 修改相關性傳播方法的可能性。一些比較有代表性的方法包括 LRP（Layer-wise Relevance Propagation，層級相關性傳播）（Baldassarre and Azizpour, 2019；Schwarzenberg et al, 2019）、GNN-LRP（Schnake et al, 2020）和 ExcitationBP（Pope et al, 2019）。

LRP 在（Bach et al, 2015）中問世，用於計算個別像素對影像分類器預測結果的貢獻。LRP 的核心思想是使用反向傳播將高層神經元的相關性分數遞迴到低層神經元，直到輸入層特徵神經元。輸出神經元的相關性分數被設定為預測分數。一個神經元收到的相關性分數與啟動值成正比，換言之，具有較高啟動度的神經元往往對預測的貢獻更大。在（Baldassarre and Azizpour, 2019；Schwarzenberg et al, 2019）中，傳播規則定義如下：

$$R_i^l = \sum_j \frac{z_{i,j}^+}{\sum_k z_{k,j}^+ + b_j^+ +} R_j^{l+1}$$ （7.12）

$$z_{i,j} = x_i^l w_{i,j}$$

其中，R_i^l 和 R_j^{l+1} 分別是第 l 層中的神經元 i 和第（$l+1$）層中的神經元 j 的相關性分數。x_i^l 是第 l 層中神經元 i 的啟動值。以上傳播規則只允許正的啟動值。另外，利用這種方法得到的解釋受限於節點和節點特徵，圖的邊被排除在外。原因在於鄰接矩陣是作為 GNN 模型的一部分進行處理的。因此，LRP 無法分析拓撲資訊，而拓撲資訊在圖資料中發揮著重要作用。

ExcitationBP 身為從上往下的注意力模型，最初是為 CNN 開發的（Zhang et al, 2018d）。ExcitationBP 將相關性分數定義為機率分布，並使用條件機率模型來描述相關性傳播規則。

$$P(a_j) = \sum_i P(a_j \mid a_i) P(a_i)$$ （7.13）

其中，a_j 是較低層的第 j 個神經元，a_i 是較高層中 a_j 的第 i 個父神經元。當傳播過程透過啟動函式時，只考慮非負權重，負權重被設定為 0。為了將 ExcitationBP 擴充到圖資料，人們為 Softmax 分類器、GAP 層和圖卷積運算元設計了新的反向傳播方案。

GNN-LRP 透過定義新的傳播規則緩解了傳統 LRP 的不足。GNN-LRP 不使用鄰接矩陣來獲得傳播路徑，而是將相關性分數分配給一個遊走（即圖中的資訊流路徑）。相關性分數是由模型的 T 階泰勒擴充定義的，它與合併運算元（圖卷積運算元、線性訊息函式等）有關。GNN-LRP 的設計直覺是，具有更大梯度的合併運算元對最終決策的影響更大。

7.2.4　以擾動為基礎的解釋

預測解釋背後的假設是，重要的輸入部分對輸出有較大的貢獻，而不重要的部分影響較小。因此，這表示掩蔽不重要的部分對輸出的影響可以忽略不計，而掩蔽重要的部分則會產生很大的影響。我們的目標是找到一個掩蔽 M 來表示圖元件的重要性。該掩蔽可以應用於圖中的節點、邊或特徵。掩蔽值可以是二進位的 $M_i \in \{0,1\}$ 或連續的 $M_i \in [0,1]$。下面我們介紹一些最近的以擾動為基礎的解釋。

GNNExplainer（Ying et al, 2019）是第一個以擾動為基礎的 GNN 解釋方法。給定模型對節點 v 的預測結果，GNNExplainer 試圖從節點 v 的計算圖中找到一個對預測最關鍵的緊密子圖 $\mathcal{G}_s$。這個問題被定義為最大化原始計算圖的預測和子圖的預測之間的相互資訊（Mutual Information，MI）：

$$\max_{\mathcal{G}_s} \mathrm{MI}(Y,(\mathcal{G}_s, X_S)) = H(Y) - H(Y \mid \mathcal{G} = \mathcal{G}_s, X = X_S) \qquad (7.14)$$

其中，$\mathcal{G}_s$ 和 X_S 是子圖及其節點的特徵。Y 是預測的標籤分布，它的熵 $H(Y)$ 是一個常數。為了解決上述最佳化問題，GNNExplainer 在鄰接矩陣上應用了一個軟掩蔽 M：

$$\min_M -\sum_{c=1}^{C} \mathbf{1}[y = c] \log P_\Phi(Y = y \mid G = A_c \odot \sigma(M), X = X_c) \qquad (7.15)$$

其中，A_c 是計算圖的鄰接矩陣，X_c 是對應的特徵矩陣，M 表示可訓練參數，Sigmoid 函式用於將掩蔽值投射到 [0, 1] 區間。最後，GNNExplainer 透過選擇與 M 中的高值對應的邊（以及由這些邊連接的節點）來建構一個子圖。在提供以圖結構為基礎的解釋的同時，GNNExplainer 也可以透過對特徵應用類似的掩蔽學習過程來提供特徵上的解釋。此外，也可以應用正規化技術來強制要求解釋是稀疏的。身為與模型無關的方法，GNNExplainer 適用於任何以圖為基礎的機器學習任務和 GNN 模型。

PGExplainer（Luo et al, 2020）與 GNNExplainer 有著相同的想法——透過學習一個應用於邊的離散掩蔽來解釋預測。PGExplainer 的做法是使用一個深度神經網路來生成邊遮罩值：

$$M_{i,j} = \mathrm{MLP}_\Psi([z_i; z_j]) \tag{7.16}$$

其中，Ψ 表示 MLP 的可訓練參數。z^i 和 z^j 分別是節點 i 和節點 j 的嵌入向量。$[\cdot ; \cdot]$ 表示串聯。與 GNNExplainer 類似，掩蔽生成器是透過最大化原始預測和新預測之間的相互資訊來訓練的。

GraphMask（Schlichtkrull et al, 2021）也透過估計邊的影響來產生解釋。與 PGExplainer 類似，GraphMask 學習了一個抹除函式，從而實現了對每條邊的重要性進行量化。這個抹除函式被定義為

$$z_{u,v}^{(k)} = g_\pi(h_u^{(k)}, h_v^{(k)}, m_{u,v}^{(k)}) \tag{7.17}$$

其中，h_u、h_v 和 $m_{u,v}$ 指的是節點 u、節點 v 和圖卷積中透過邊發送的資訊的隱藏嵌入向量。另外，GraphMask 會為每個圖卷積層提供重要性估計，而 k 表示嵌入向量所屬的層。GraphMast 的作者沒有直接消除不重要的邊的影響，而是建議將透過不重要的邊發送的資訊替換為

$$\widetilde{m}_{u,v}^{(k)} = z_{u,v}^{(k)} \cdot m_{u,v}^{(k)} + (1 - z_{u,v}^{(k)}) \cdot b^{(k)} \tag{7.18}$$

其中，$b^{(k)}$ 是可訓練的。這項工作表示，很大比例的邊可以被放棄而不會使模型的表現退化。

　　因果篩選（Wang et al, 2021）是一種與模型無關的事後解釋方法——從因果的角度找出輸入中的子圖身為解釋。因果篩選將候選子圖的因果效應作為衡量標準：

$$S(\mathcal{G}_k) = \mathrm{MI}(\mathrm{do}\,(\mathcal{G} = \mathcal{G}_k);\hat{y}) - \mathrm{MI}(\,\mathrm{do}\,(\mathcal{G} = \varnothing); y) \qquad (7.19)$$

　　其中，$\mathcal{G}_k$ 是候選子圖，k 是邊的數量，MI 是相互資訊，干預 $\mathrm{do}(\mathcal{G} = \mathcal{G}_k)$ 和 $\mathrm{do}(\mathcal{G} = \varnothing)$ 分別表示模型輸入接受處理（將 $\mathcal{G}_k$ 輸入模型）和控制（將 $\varnothing$ 輸入模型），$\hat{y}$ 表示將原始圖輸入模型後得到的預測值。因果篩選使用一種貪心演算法來搜尋解釋，從一個空集開始，在每一步都將一條具有最高因果效應的邊增加到候選子圖中。

　　CF-GNNExplainer（Lucic et al, 2021）提出為 GNN 生成反事實解釋。與之前試圖找到一個稀疏子圖以保持正確預測的方法不同，CF-GNNExplainer 提出應找到需要移除的最小數量的邊，從而使預測發生變化。與 GNNExplainer 類似，CF-GNNExplainer 也採用了軟遮罩。因此，CF-GNNExplainer 也存在「引入的證據」問題（Dabkowski and Gal, 2017），這表示非 0 或非 1 的值有可能引入不必要的資訊或雜訊，從而影響解釋結果。

7.2.5　生成式解釋

　　前面介紹的許多方法將解釋定義為選擇包含原始輸入的部分節點、邊或特徵的子圖。最近，XGNN（Yuan et al, 2020b）提出透過生成一個能使給定 GNN 模型的預測值最大化的圖來獲得解釋。一些想法與此類似的方法已經被用於處理電腦視覺任務。舉例來說，可以透過尋找最大限度啟動神經元的輸入原型來理解神經元的作用（Olah et al, 2018）。尋找原型樣本的問題可以被定義為一個最佳化問題——可透過梯度上升法來解決。然而，這種方法不能直接用於 GNN，因為梯度上升法與圖資料的離散性和拓撲結構不相容。為了解決這個問題，XGNN 將圖生成定義為一個強化學習任務。

　　更具體地說，生成器遵循以下步驟。首先，隨機選取一個節點作為初始圖。其次，給定一個中間圖，在這個圖中增加一條新的邊，具體分兩步進行：先選擇邊的起點，再選擇邊的終點。XGNN 採用另一個 GNN 作為策略來決定以上動

作。GNN 學習節點特徵，兩個 MLP 則將學到的特徵作為輸入，預測起點和終點的可能性。終點以及兩點之間的邊將被增加到更新的中間圖中，作為一個動作。最後，計算出這個動作的獎勵，這樣我們就可以透過策略梯度演算法來訓練生成器。獎勵由兩項組成：第一項是將中間圖輸入目標 GNN 模型後的得分；第二項是用於保證中間圖有效的正規化項。上述步驟將被反覆執行，直到動作步驟的數量達到預定的上限。身為生成式解釋方法，XGNN 為圖的分類提供了一個整體的解釋。未來可能會有更多的生成式解釋方法用於其他圖型分析任務。

7.3　圖神經網路的可解釋模型

7.1.3.2 節介紹了兩類可解釋的建模方法——以 GNN 為基礎的注意力模型和圖上的解耦化表徵學習。本節將詳細介紹這兩種建模方法。

7.3.1　以 GNN 為基礎的注意力模型

注意力機制有利於模型的可解釋性，它透過注意力分數來突出圖中對應的部分，以完成給定的任務。根據圖的類型，下面我們分別介紹建立在同質圖和異質圖上的注意力模型。

7.3.1.1　同質圖的注意力模型

圖注意力網路（Graph Attention Network，GAT）在聚合資訊時，可以為鄰域內的不同節點嵌入分配不同的權重（Veličković et al, 2018），如圖 7.5 所示。具體來說，假設 h 表示節點 i 的列式嵌入，則嵌入更新可以寫成

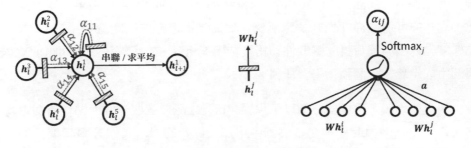

▲ 圖 7.5　左圖：圖卷積。中間圖：具有共用參數矩陣的線性變換。右圖：(Veličković et al, 2018）中採用的注意力機制

$$h_{l+1}^i = \sigma\left(\sum_{j \in \mathscr{V}_i \cup \{i\}} \alpha_{i,j} \boldsymbol{W} h_l^j\right) \tag{7.20}$$

其中，$\alpha_{i,j}$ 是注意力得分，$\mathscr{V}_i$ 表示節點 i 的鄰居節點集合。另外，GAT 使用了一個與層深度無關的共用參數矩陣 $\boldsymbol{W}$。注意力得分的計算方法如下：

$$\alpha_{i,j} = \text{Softmax}\,(e_{i,j}) = \frac{\exp(e_{i,j})}{\displaystyle\sum_{k \in \mathscr{V}_i \cup \{i\}} \exp(e_{i,k})} \tag{7.21}$$

這裡應用了自注意力機制：

$$e_{i,j} = \text{LeakyReLU}\,(\boldsymbol{a}^{\mathrm{T}}[\boldsymbol{W} h_l^i \parallel \boldsymbol{W} h_l^j]) \tag{7.22}$$

其中，$\parallel$ 表示向量連接。一般來說，注意力機制也可以表示為 $e_{i,j} = \text{attn}(h_l^i, h_l^j)$。因此，注意力機制是一個單層神經網路，其參數為權重向量 $\boldsymbol{a}$。注意力得分 $\alpha_{i,j}$ 顯示了節點 j 對節點 i 的重要性。

上述機制也可以擴充為多頭注意力。具體來說，就是並存執行 K 個獨立的注意力機制，並將結果串聯起來：

$$h_{l+1}^i = \parallel_{k=1}^K \sigma\left(\sum_{j \in \mathscr{V}_i \cup \{i\}} \alpha_{i,j}^k \boldsymbol{W}^k \mathbf{h}_l^j\right) \tag{7.23}$$

其中，$\alpha_{i,j}^k$ 是第 k 個注意力機制中的歸一化注意力得分，$\boldsymbol{W}^k$ 是對應的參數矩陣。

除學習節點嵌入以外，我們還可以應用注意力機制來學習整個圖的低維嵌入（Ling et al, 2021）。假設我們正在研究一個資訊檢索問題。給定一組圖 $\{\mathscr{G}_m\}(1 \leqslant m \leqslant M)$ 以及一個查詢 q，我們想傳回與查詢最相關的圖。每個圖 $\mathscr{G}_m$ 相對於 q 的嵌入可以用注意力機制來計算。首先，我們可以根據式（7.2）獲得每個圖內部的節點嵌入。設 q 表示查詢的嵌入，$h^{i,m}$ 表示圖 $\mathscr{G}_m$ 中節點 i 的嵌入。圖 $\mathscr{G}_m$ 相對於查詢的嵌入可以按照以下公式來計算：

$$h_{\mathscr{G}_m}^q = \frac{1}{|\mathscr{G}_m|}\sum_{i=1}^{|\mathscr{G}_m|} \alpha_{i,q} h^{i,m} \tag{7.24}$$

其中，$\alpha_{i,q} = \text{attn}(\boldsymbol{h}^{i,m}, \boldsymbol{q})$ 是注意力得分，$\text{attn}(\cdot, \cdot)$ 是注意力函式。最後，$\boldsymbol{h}^q_{\mathscr{G}_m}$ 可以用於在圖檢索任務中計算 $\mathscr{G}_m$ 與查詢的相似度。

7.3.1.2　異質圖的注意力模型

異質網路是一種具有多種類型的節點、連結甚至屬性的網路。結構的異質性和豐富的語義資訊為設計圖神經網路以融合資訊帶來了挑戰。

定義 7.4　異質圖被定義為 $\mathscr{G} = (\mathscr{V}, \mathscr{E}, \phi, \psi)$，其中，$\mathscr{V}$ 是節點的集合，$\mathscr{E}$ 是節點間邊的集合。每個節點 $v \in \mathscr{V}$ 與一個節點類型 $\phi(v)$ 相連結，每條邊 $(i,j) \in \mathscr{E}$ 則與一個邊類型 $\psi((i,j))$ 相連結。

下面介紹如何使用異質圖注意力網路（Heterogeneous graph Attention Network，HAN）（Wang et al, 2019m）來解決嵌入中的挑戰。與傳統的 GNN 傳播方式不同，HAN 上的資訊傳播是以元路徑為基礎進行的。

定義 7.5　元路徑 Φ 被定義為形如 $v_{i_1} \xrightarrow{r_1} v_{i_2} \xrightarrow{r_2} \cdots \xrightarrow{r_{l-1}} v_{i_l}$ 的路徑，可縮寫為帶有複合關係 $\mathbf{r}_1 \circ \mathbf{r}_2 \circ \cdots \circ \mathbf{r}_{l-1}$ 的 $v_{i_1} v_{i_2} \cdots v_{i_l}$。為了學習節點 i 的嵌入，我們可以從元路徑中的鄰居節點那裡傳播嵌入。鄰居節點的集合被表示為 $\mathscr{V}_i^{\Phi}$。考慮到不同類型的節點有不同的特徵空間，節點嵌入將首先被投射到同一空間 $\boldsymbol{h}^{j'} = \boldsymbol{M}_{\phi_j} \boldsymbol{h}^j$。其中，$\boldsymbol{M}_{\phi_i}$ 是節點類型 ϕ_i 的變換矩陣。HAN 中的注意力機制與 GAT 中的相似，只是前者需要考慮當前被抽樣的元路徑的類型。具體來說：

$$z^{i,\Phi} = \sigma\left(\sum_{j \in \mathscr{V}_i^{\Phi}} \alpha_{i,j}^{\Phi} \boldsymbol{h}^j\right) \tag{7.25}$$

其中，歸一化的注意力得分為

$$\alpha_{i,j}^{\Phi} = \text{Softmax}\ (e_{i,j}^{\Phi}) = \text{Softmax}\ (\text{attn}\ (\boldsymbol{h}^i, \boldsymbol{h}^j; \Phi)) \tag{7.26}$$

給定一組元路徑 $\{\Phi_1, \Phi_2, \cdots, \Phi_P\}$，我們可以得到一組節點嵌入，表示為 $\{z^{i,\Phi_1}, z^{i,\Phi_2}, \cdots, z^{i,\Phi_P}\}$。為了融合不同元路徑的嵌入，我們採用了另一種注意力演算法。融合後的嵌入被計算為

$$z^i = \sum_{p=1}^{P} \beta_{\Phi_p} z^{i,\Phi_p} \tag{7.27}$$

其中，歸一化的注意力得分為

$$\beta_{\Phi_p} = \text{Softmax}\,(w_{\Phi_p}) = \text{Softmax}\left(\frac{1}{|\mathcal{V}|}\sum_{i\in\mathcal{V}} q^{\text{T}} \cdot \text{MLP}\,(z^{i,\Phi_p})\right) \qquad (7.28)$$

其中，q 是一個可學習的語義向量，MLP($\cdot$) 表示一個單層 MLP 模組，w_{Φ_p} 可以解釋為元路徑 Φ_p 的重要性。除對節點和邊的異質性類型進行建模以外，HetGNN（Zhang et al, 2019b）還透過考慮節點屬性（如影像、文字、分類特徵）的異質性對此進行了擴充討論。

7.3.2　圖上的解耦化表徵學習

由於表徵空間的不透明性，傳統的表徵學習在可解釋性方面受到了限制。在人工特徵工程中，每個結果特徵維度的含義都是明確的，而表徵空間中每個維度的含義是未知的。圖上的表徵學習也受到這個限制。為了解決這個問題，有人已經提出了一些方法，旨在透過為不同的表徵維度賦予具體的含義，提高圖上表徵學習的可解釋性。

7.3.2.1　單一向量夠嗎

許多現有的圖上表徵學習方法關注於為每個節點學習單一的嵌入。然而，一些節點有多個刻面（facet），針對這種情況，單一向量是否足以代表每個節點？解決這樣的問題對諸如推薦系統這樣的應用有很大的實用價值，因為在這些應用中，使用者可能有多種興趣。在這種情況下，我們可以使用多個嵌入來代表每個使用者，每個嵌入對應一個興趣。圖 7.6 展示了一個相關的例子。具體來說，如果 $h^i \in \mathbb{R}^D$ 表示節點 i 的嵌入，那麼 $h^i = [h^{i,1};\ h^{i,2};\ \cdots;\ h^{i,K}]$，其中，$h^{i,k} \in \mathbb{R}^{D/K}$ 是第 k 個刻面的嵌入。學習解耦化表徵有兩個挑戰：如何發現 K 個刻面，以及如何在訓練過程中區分不同嵌入的更新。在無監督的情況下，可以利用聚類的方式發現刻面，每個聚類代表一個刻面。接下來我們介紹幾種在圖上學習解耦化節點嵌入的方法。

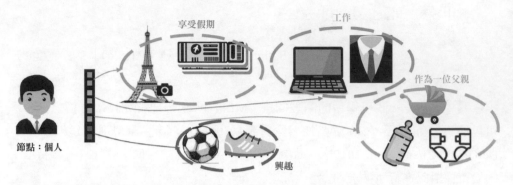

▲ 圖 7.6 使用多個嵌入來表徵使用者的興趣,每個嵌入對應資料中的方面(Liu et al, 2019a)(本書為單色印刷,色彩標示部分可能無法正確顯示)

7.3.2.2 以原型為基礎的軟聚類分配

需要提醒大家的是,我們這裡以推薦系統設計的背景為基礎來討論這些技術。當我們學習使用者和物品嵌入時,就會發現表徵物品類型的刻面。這裡假設每個物品只有一個刻面,而每個使用者仍然可以有多個刻面。物品 t 的嵌入就是 h^t,而使用者 u 的嵌入是 $h^u = [h^{u,1}; h^{u,2}; \cdots; h^{u,K}]$。每個物品 t 都與一個獨熱向量 $c_t = [c_{t,1}, c_{t,2}, \cdots, c_{t,K}]$ 相關,其中,如果 t 屬於刻面 k,則 $c_{t,k} = 1$,否則 $c_{t,k} = 0$。除學習節點嵌入以外,我們還需要學習一組原型嵌入 $\{m^k\}_{k=1}^K$。獨熱向量是從分類分布中取出的,如下所示:

$$c_t \sim \text{categorical} (\text{Softmax} ([s_{t,1}, s_{t,2}, \cdots, s_{t,K}])), \quad s_{t,k} = \cos(h^t, m^k) / \tau \qquad (7.29)$$

其中,τ 是一個超參數,用於縮放餘弦相似度。我們觀察到一條邊(u,t)的機率為

$$p(t \,|\, u, c_t) \propto \sum_{k=1}^{K} c_{t,k} \cdot \text{similarity} (h^t, h^{u,k}) \qquad (7.30)$$

除上面介紹的基本學習過程以外，我們還可以應用變分自編碼器框架來規範學習過程（Ma et al, 2019c），共同更新物品嵌入和原型嵌入，直到收斂。每個使用者的嵌入 h^u 是透過聚合互動物品的嵌入確定的，其中，$h^{u,k}$ 收集了同屬於刻面 k 的物品嵌入。在學習過程中，聚類發現、節點 – 聚類指定和嵌入學習是同時進行的。

7.3.2.3　以動態路由為基礎的聚類

使用動態路由進行解耦化節點表徵學習的想法受到膠囊網路（Capsule Network）（Sabour et al, 2017）的啟發。膠囊分兩層——低層膠囊和高層膠囊。給定一個使用者 u，將其互動過的物品集合表示為 $\mathcal{V}_u$。低層膠囊的集合是 $\{c_i^l\}$，$i \in \mathcal{V}_u$，所以每個膠囊是一個互動物品的嵌入。高層膠囊的集合是 $\{c_k^h\}$，$1 \leqslant k \leqslant K$，其中，$c_k^h$ 代表使用者的第 k 個興趣。

低層膠囊 i 和高層膠囊 k 之間的路由邏輯值 $b_{i,k}$ 被計算為

$$b_{i,k} = (c_k^h)^\mathrm{T} S c_i^l \tag{7.31}$$

其中，S 是雙線性映射矩陣。高層膠囊 k 的中間嵌入則被計算為低層膠囊的加權和：

$$z_k^h = \sum_{i \in \mathcal{V}_u} w_{i,k} S c_i^l$$

$$w_{i,k} = \frac{\exp(b_{i,k})}{\sum_{k'=1}^{K} \exp(b_{i,k'})} \tag{7.32}$$

$w_{i,k}$ 可以看作連接兩個膠囊的注意力權重。最後，應用一個「擠壓」函式即可獲得高層膠囊的嵌入：

$$c_k^h = \mathrm{squash}\,(z_k^h) = \frac{\| z_k^h \|^2}{1+ \| z_k^h \|^2} \frac{z_k^h}{\| z_k^h \|^2} \tag{7.33}$$

上述步驟組成了動態路由的一次迭代。路由過程通常需要多次迭代才能收斂。路由完畢後,高層膠囊可以用來表徵具有多個興趣的使用者 u,以輸入後續的網路模組進行推理(Li et al, 2019b),如圖 7.7 所示。

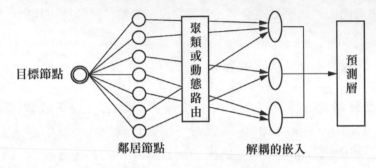

▲ 圖 7.7 透過使用聚類或動態路由為目標節點學習解耦化節點嵌入的高層想法

7.4 圖神經網路解釋的評估

在本節中,我們將介紹評估圖神經網路解釋的相關內容,包括用於建構和解釋 GNN 的資料集,以及用於評估解釋的不同方面的指標。

7.4.1 基準資料集

隨著越來越多的 GNN 解釋方法被提出,各種資料集也被用來評估其有效性。由於這樣的研究方向仍處於發展的初始階段,因此目前還沒有一個被人們普遍接受的基準資料集(如用於影像物體檢測的 COCO 資料集)。這裡我們列出了一些用於開發 GNN 解釋方法的資料集,包括合成資料集和現實世界的資料集。

7.4.1.1 合成資料集

評估解釋是很困難的,因為資料集中沒有標注可以進行比較。緩解這個問題的一種策略是使用合成資料集。在這種情況下,可以將人工設計的模體增加到資料中以扮演標注的角色。假設這些模體與學習任務相關。下面列出了一些合成資料集。

- **BA-Shapes**（Ying et al, 2019）：一個包含 300 個節點的 Barabási-Albert 圖，其中隨機附加了 80 個房子形狀的模體，可透過增加 10% 的隨機邊來進一步擴大該資料集。

- **BA-Community**（Ying et al, 2019）：一個由兩個 BA-Shapes 組成的圖，其中，不同 BA-Shapes 中的節點特徵遵循不同的正態分布。

- **Tree-Cycle**（Ying et al, 2019）：一個以八級平衡樹為基礎的圖，其中隨機附加了 80 個六邊形模體。

- **Tree-Grid**（Ying et al, 2019 年）：一個類似於 Tree-Cycle 的圖，但使用 80 個 3×3 的網格模體代替了六邊形模體。

- **Noisy BA-Community**、**Noisy Tree-Cycle** 和 **Noisy Tree-Grid**（Lin et al, 2020a）：這三個資料集是透過在上述對應的資料集列表中加入 40 個重要的和 10 個不重要的節點特徵得到的。這種設計可以幫助測試一種方法辨識重要節點特徵的能力。

- **BA-2Motifs**（Luo et al, 2020）：一個包含 800 個獨立圖的資料集，這些圖是透過在基礎 BA 圖上增加五邊形模體或房子模體得到的。這個資料集是為圖分類任務設計的，而前面的資料集是為節點分類任務設計的。

7.4.1.2 現實世界的資料集

一些現實世界的資料集如下。

- **MUTAG**：一個由 4337 個分子圖組成的資料集，這些分子圖已被標記為誘變的或非誘變的。圖中的節點和邊代表原子和化學鍵。相關研究表示，帶有碳環和硝基的分子可能導致誘變作用。另外，還有其他幾個分子資料集，如 BBBP、BACE 和 TOX21（Pope et al, 2019）。

- **REDDIT-BINARY**（Yanardag and Vishwanathan, 2015）：一個線上討論互動資料集，其中包含 2000 個圖，每個圖都被標記為以問題–答案為基礎或以討論為基礎的社群。圖中的節點和邊分別代表使用者及其互動。

- **Delaney Solubility**（Delaney, 2004）：一個包含 1127 個分子圖的分子資料集，其標籤是水 – 辛醇分布係數。這個資料集通常用於圖回歸任務。

- **Bitcoin-Alpha 和 Bitcoin-OTC**（Kumar et al, 2016）：這是兩個經過信任加權的簽名網路。它們中的每一個都由一個圖組成，圖中的節點是在 Bitcoin-Alpha 或 Bitcoin-OTC 平臺上交易的帳戶。根據其他成員的評級，這些節點被標記為值得信任或不值得信任。

- **MNIST SuperPixel-Graph**（Dwivedi et al, 2020）：一個圖像資料集，其中的每個樣本都是由 MNIST 資料集中的對應影像轉換而成的圖。圖中的每個節點都是一個超級像素，代表對應區域的強度。

7.4.2 評價指標

對於解釋方法的比較，有個合適的評價指標非常重要。解釋的視覺化（如熱圖）由於具有直觀性，因此已被廣泛應用於影像和文字資料的解釋。然而，由於圖資料並不直觀易懂，因此它們失去了這一優勢。只有具備領域知識的專家才能做出判斷。在本節中，我們將介紹幾個常用的指標。

- **準確率**只適合有標注的資料集。合成資料集通常包含由它們所構築的規則定義的標注。舉例來說，在分子資料集中，具有碳環的分子是有誘變作用的。考慮到碳環也出現在非致突變分子中，硝基被認為是標注。F1 得分和 ROC-AUC 是常用的準確率指標。準確率指標的局限性在於，GNN 模型是否以與人類相同的方式進行預測（即預設的標注是否真的有效）是未知的。

- **保真度**（Pope et al, 2019）遵循的直覺是，去除真正重要的特徵將極大降低模型的表現。從形式上看，保真度被定義為

$$保真度 = \frac{1}{N} \sum_{i=1}^{N} (f^{y_i}(\mathcal{G}_i) - f^{y_i}(\mathcal{G}_i \setminus \mathcal{G}_i')) \tag{7.34}$$

其中，f 是輸出函式目標模型。$\mathcal{G}_i$ 表示第 i 個圖，$\mathcal{G}_i'$ 表示其解釋，$\mathcal{G}_i \setminus \mathcal{G}_i'$ 表示被擾亂的第 i 個圖，這裡刪除了辨識出的解釋。

- **對比度**（Pope et al, 2019）使用漢明距離來衡量兩個解釋之間的差異。這兩個解釋對應於模型對不同類別的同一個實例的預測。我們假設模型在對不同的類別進行預測時會突出不同的特徵。對比度越高，解譯器的表現越好。

- **稀疏度**（Pope et al, 2019）指的是解釋圖大小與輸入圖大小的比值。在某些情況下，我們鼓勵解釋是稀疏的，這是因為好的解釋應該盡可能地只包括基本特徵，而拋棄不相關的特徵。

- **穩定性**（Sanchez-Lengeling et al, 2020）用於衡量解譯器在向解釋中增加雜訊前後的表現差距。好的解釋應該對輸入的輕微變化具有堅固性，而不影響模型的預測。

7.5 未來的方向

　　圖神經網路的解釋是一個新興領域，但目前仍有許多挑戰需要解決。在本節中，我們將列出幾個未來的方向，以提高圖神經網路的可解釋性。

　　首先，一些線上應用需要模型和演算法能夠即時回應。因此，這些應用對解釋方法的效率提出了很高的要求。然而，許多 GNN 解釋方法都透過抽樣或高度迭代的演算法來獲得結果，這很耗時。未來的研究方向是如何在不明顯犧牲解釋精度的情況下開發更高效的解釋演算法。

　　其次，儘管用於解釋 GNN 模型的方法越來越多，但現有的工作仍然很少討論如何利用解釋來辨識 GNN 模型的缺陷和改善模型的屬性。GNN 模型是否會在很大程度上受到對抗攻擊或後門攻擊的影響？解釋能否幫助我們解決這些問題？如果發現 GNN 模型是有偏置的或不可信的，如何改進它們？

　　再次，除注意力方法和解耦化表徵學習以外，是否還有其他建模或訓練範式也可以提高 GNN 的可解釋性？在可解釋機器學習領域，一些學者對提供變數之間的因果關係感興趣，而另一些學者則喜歡使用邏輯規則進行推理。因此，如何將因果關係引入 GNN 學習，或如何將邏輯推理納入 GNN 推理，可能是一個值得探索的方向。

　　最後，大多數現有的關於可解釋機器學習的研究是為了獲得更準確的解釋，但它們通常忽略了人類經驗方面。對終端使用者來說，友善的解釋可以促進使用者體驗，並獲得他們對系統的信任。對沒有機器學習背景的領域專家來說，一個直觀的介面可以幫助他們融入系統的改進過程中。因此，另一個可能的方向如何結合人機互動（Human-Computer Interaction，HCI），從而以更友善的形式展示解釋，或如何設計更好的人機界面來促進使用者與模型的互動。

致謝

　　這項工作部分由美國國家科學基金會支持（#IIS-1900990、#IIS-1718840 和 #IIS-1750074）。本章包含的觀點和結論是作者的，不應解釋為代表任何資助機構。

編者註：與機器學習領域的整體趨勢類似，除那些公認的有效性（見第 4 章）、複雜性（見第 5 章）、效率（見第 6 章）和堅固性（見第 8 章）等指標以外，可解釋性也被越來越廣泛地認為是圖神經網路的重要指標。可解釋性不僅可以透過告知模型開發者有用的模型細節來廣泛影響技術的發展（如第 9 章～第 18 章），也可以透過向各應用領域的專家提供預測的解釋來使他們受益（如第 19 章～第 27 章）。

第 8 章
圖神經網路的對抗堅固性

Stephan Günnemann[1]

摘要

　　圖神經網路在各種圖學習任務中獲得了令人印象深刻的成果，並被應用於多個領域，如分子屬性預測、癌症分類、詐騙檢測或知識圖譜推理等。隨著越來越多的 GNN 模型被部署在科學應用、安全關鍵環境或涉及人類的決策環境中，確保其可靠性非常重要。本章將概述目前對 GNN 的對抗堅固性所做的研究。

1　Stephan Günnemann
　　Department of Informatics，Technical University of Munich，E-mail：guennemann@in.tum.de

我們將介紹圖所帶來的獨特挑戰和機遇，並說明透過生成對抗性樣本來展示經典 GNN 局限性的相關工作。在此基礎上，我們將分類介紹為 GNN 提供堅固性保證的經過理論證明的方法，以及提高 GNN 堅固性的原則。最後，我們將討論堅固性的正確評估方法。

8.1　動機

　　GNN 的成功故事令人吃驚。在短短幾年內，GNN 模型就已經成為許多深度學習應用的核心組成部分。如今，GNN 模型已被用於藥物開發或醫療診斷等科學應用，並被擴充到以人為本的應用中，如社交媒體中的假新聞檢測、決策任務，甚至被用於自動駕駛等安全關鍵環境。這些領域的共同點就是 GNN 模型有著對可靠結果的關鍵需求；誤導性的預測不僅是令人遺憾的，而且可能導致重大後果，包括從科學實驗中得出的錯誤結論到對人體造成的傷害。因此，我們真的能相信 GNN 模型所產生的預測嗎？當基礎資料被破壞甚至被故意操縱時會發生什麼？

　　事實上，眾所皆知，經典的機器學習模型在資料的（故意）擾動方面極其脆弱（Goodfellow et al, 2015）：即使輸入的微小變化也可能導致預測錯誤。對人類來說，這樣的樣本幾乎與原始輸入無異，但卻被錯誤地分類，此類樣本也被稱為**對抗性樣本**。其中一個最為著名和令人震驚的例子是：只需要對輸入的一幅停車標識影像進行非常細微的改變，停車標識就會被神經網路模型歸類為限速標識；儘管對我們人類來說，它看起來仍然像一個停車標識（Eykholt et al, 2018）。諸如此類的例子說明了機器學習模型在對抗性擾動的情況下是如何戲劇性地失敗的。因此，在安全關鍵環境中或科學應用領域採用機器學習仍然是個問題。為了彌補這一缺陷，許多研究者已經開始分析影像、自然語言或語音等領域的模型的堅固性。然而直到最近，GNN 才成為焦點。研究 GNN 堅固性的第一項工作（Zügner et al, 2018）調查了最明顯的任務之一——節點級分類，並證明了 GNN 也容易受到對抗性擾動的影響（見圖 8.1）。此後，圖上的對抗堅固性研究領域迅速擴大，許多人研究了不同的任務和模型，並探索了讓 GNN 更加堅固的方法。

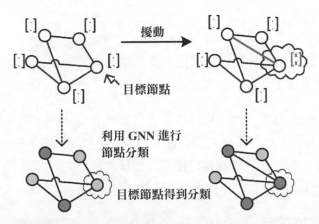

▲ 圖 8.1　左上圖是原始輸入，右上圖是做了一處細小改動後的結果（如增加一條邊或改變一些節點屬性），下半部分的兩個圖說明了從 GNN 得到的每個節點的預測類別。我們有可能改變預測結果嗎？GNN 是堅固的嗎（本書為單色印刷，色彩標示部分可能無法正確顯示）

　　令人驚訝的是，從某種程度上說，在更早的時候，圖並沒有成為人們研究的焦點。損壞的資料和對手在許多圖型分析領域很常見，如社交媒體和電子商務系統等。我們以將一個 GNN 模型用於檢測社群網站中的假新聞為例（Monti et al, 2019；Shu et al, 2020），對手有強烈的動機來欺騙系統，以避免被發現。同樣，在信用評分系統中，詐騙者試圖透過建立虛假連接來偽裝自己。因此，堅固性是以圖為基礎的學習的重要問題。

　　不過，需要注意的是，對抗堅固性不僅是安全方面的問題，在這種情況下，人們可能有意主動改變，以試圖欺騙預測。作為替代，對抗堅固性考慮的是一般情況下的最壞場景。特別是在安全關鍵環境或科學應用中，可靠性是關鍵，了解 GNN 對最壞情況下的雜訊的堅固性是很重要的，因為自然界本身就存在多種可能性。舉例來說，基因相互作用網路的建構經常導致包含虛假邊的損壞圖（Tian et al, 2017）。因此，為了確保 GNN 在所有這些場景下都能可靠地工作，我們需要研究資料在**最壞情況 / 對抗性破壞**下的堅固性。

　　此外，GNN 的無堅固性在概念上是錯誤的：雖然假設神經網路會學習有意義的表徵，以捕捉領域和任務的語義，但無堅固性模型顯然違反了這一假設。由於導致對抗性樣本的微小變化並不改變意義，因此合理的表徵也不應該改變預測結果。理解對抗堅固性表示理解泛化表現。

圖領域的獨特挑戰

與深度學習的其他應用領域相比，圖的堅固性分析由於存在多種原因而具有挑戰性。

- 複雜的擾動空間：變化可以透過各種方式表現出來，包括圖結構和節點屬性的擾動，從而帶來廣闊的探索空間。更重要的是，與其他領域不同，圖學習表示在一個**離散資料欄**內執行操作，如增加或刪除邊，將會導致出現困難的離散最佳化問題。我們將在後面的內容中詳細介紹這一問題。

- 相互依賴的資料：GNN 的核心特徵是利用實例之間的相互依賴性，舉例來說，以訊息傳遞或圖卷積的形式。圖結構的擾動改變了訊息傳遞方案，修改了所學表徵的傳播方式。具體來說，圖的某個部分，如一個節點的變化，可能會影響到其他許多實例。

- 相似性的概念：我們希望 GNN 模型對圖中的微小變化具有堅固性。如果圖幾乎是不可區分的，那麼預測應該是相同的。然而，定義圖之間的相似性概念本身是一個困難的問題，與影像等不同的是，由人類手動檢查圖是不切實際的。

鑑於上述挑戰，在 8.2 節中，我們將首先介紹圖神經網路的對抗性攻擊的原理，並強調一些無堅固性的結果；在 8.3 節中，我們將概述堅固性驗證，並提供證明預測可靠性的方法；在 8.4 節中，我們將介紹改善圖神經網路堅固性的方法；在 8.5 節中，我們將討論如何正確評估堅固性的各方面。

8.2 圖神經網路的局限性：對抗性樣本

為了理解 GNN 的（無）堅固性，我們可以嘗試建構最壞情況下的擾動——在輸入資料中找到可以導致 GNN 輸出強烈變化的一個小的資料變化，這也被稱為對抗性攻擊，由此產生的擾動資料通常被稱為對抗性樣本[1]。雖然資料的隨機

1　值得再次強調的是，這種「攻擊」並不總是由人類對手造成的。因此，「變化」或「擾動」這些詞可能更合適，而且具有更中立的含義。

擾動往往影響不大，但與此相反，特定的擾動可能是嚴重的。因此，攻擊通常被表述為一個最佳化問題，目標是找到一個能使某些攻擊目標最大化的資料擾動（舉例來說，使得某些錯誤類別的預測機率最大化）。

8.2.1　對抗性攻擊的分類

在提供對抗性攻擊的一般定義之前，區分兩種截然不和的概念是很有幫助的，即**毒藥場景**與**躲避場景**。兩者的差別在於學習過程中進行資料擾動的階段。在毒藥場景中，擾動是在模型訓練之前注入的，因此，受擾動的資料也影響到學習過程和獲得的最終模型。相比之下，在躲避場景中，我們假設模型是給定的——已經訓練好的和固定的，而擾動則在 GNN 的應用 / 測試階段被應用於未來的資料。值得強調的是，對於經常考慮的 GNN 的**直推式學習設定**（沒有未來的測試資料，只有給定的有 / 無標籤資料），毒藥場景是更自然的選擇，儘管在原則上，任何學習（直推式學習和歸納式學習）和攻擊場景（毒藥場景與躲避場景）的組合都值得研究。

鑑於這一基本區別，執行毒藥場景的對抗性攻擊一般可以表述為一個雙級最佳化問題。

$$\max_{\hat{\mathscr{G}} \in \Phi(\mathscr{G})} \mathcal{O}_{\text{atk}} \left(f_{\theta^*}(\hat{\mathscr{G}}) \right) \text{ 使得 } \theta^* = \text{argmin}_\theta \mathcal{L}_{\text{train}} \left(f_\theta(\mathscr{G}) \right) \tag{8.1}$$

其中，$\Phi(\mathscr{G})$ 表示所有我們視為與手頭的給定圖 $\mathscr{G}$ 無差別的圖的集合，而 $\hat{\mathscr{G}}$ 表示這個集合中一個特定的受擾動圖。舉例來說，$\Phi(\mathscr{G})$ 可以捕捉所有與 $\mathscr{G}$ 最多只有 10 條邊或幾個節點屬性不同的圖。攻擊者的目標是找到一個圖 $\hat{\mathscr{G}}$，當透過 GNN f_{θ^*} 時，使得特定的目標 $\mathcal{O}_{\text{atk}}$ 最大化，例如增加特定節點的某個類別的預測機率。重要的是，在毒藥場景中，GNN 的權重 θ^* 不是固定的，而是根據擾動的資料學習的，對受擾動圖的正常訓練過程來說，將會導致內部最佳化問題。也就是說，θ^* 是透過最小化圖 $\hat{\mathscr{G}}$ 上的一些訓練損失 $\mathcal{L}_{\text{train}}$ 來得到的。這種嵌模式最佳化會使問題變得特別困難。

為了定義躲避攻擊，我們可以簡單地改變上述公式——假設參數 θ^* 是固定的。大部分的情況下，我們假設參數 θ^* 是透過對給定的圖 $\mathscr{G}$ 最小化訓練損失舉

出的（即 $\theta^* = \mathrm{argmin}_\theta \mathcal{L}_{\mathrm{train}}\ (f_\theta(\mathcal{G}))$）。這使得上述場景變成了一個單級最佳化問題。

這種攻擊的一般形式使得我們能夠提供不同方面的分類，並展示大部分的情況下 GNN 堅固性特徵的探索空間。這種分類法雖然很籠統，但卻有助我們思考故意攻擊者的問題。

方面 1：被調查的屬性（攻擊者的目標）

我們想分析的堅固性屬性是什麼？舉例來說，我們是否想了解單一節點分類的堅固性如何？在擾動資料時，它是否會改變？被調查的屬性是透過 $\mathcal{O}_{\mathrm{atk}}$ 進行建模的。它直觀地代表了攻擊者的目標。舉例來說，如果使用 $\mathcal{O}_{\mathrm{atk}}$ 測量一個節點的標注標籤和當前預測的標籤之間的差異，那麼透過最大化式（8.1）中的這個差異即可強制進行錯誤分類。

攻擊者的目標是高度依賴於任務的。現有的大部分工作都集中在以 GNN 為基礎的節點級分類的堅固性上，針對這種情況，我們必須區分兩種場景。一些工作，如（Zügner et al, 2018；Dai et al, 2018a；Wang and Gong, 2019；Wu et al, 2019b；Chen et al, 2020f；Wang et al, 2020c），研究了**單一**目標節點的預測在擾動下如何變化，這種攻擊也稱為**局部**攻擊。作為對比，另一些工作，如（Zügner and Günnemann, 2019；Wu et al, 2019b；Liu et al, 2019c；Ma et al, 2020b；Geisler et al, 2021；Sun et al, 2020d），研究了**整組**節點的整體表現如何下降，這種攻擊也稱為**全域**攻擊[1]。以上兩種場景之間的這種看似細微的差異是非常重要的：在後一種情況下，人們必須找到一個改變許多預測的單一擾動圖 $\hat{\mathcal{G}} \in \Phi(\mathcal{G})$，同時考慮到所有節點級的預測確實是以一個輸入為基礎共同完成的；在前一種情況下，對於每個單獨的目標節點 v_i，可以選擇不同的擾動圖 $\hat{\mathcal{G}}_i \in \Phi(\mathcal{G})$。這兩種角度都是合理的，它們只是對不同的方面進行建模。

---

[1] 局部攻擊又稱為有針對性的攻擊，而全域攻擊則是無針對性的。由於這將導致與其他社區使用的分類名稱產生衝突（Carlini and Wagner, 2017），因此我們決定在這裡使用「局部」/「全域」。

除節點級分類以外，進一步的工作還研究了圖級分類（Chen et al, 2020j）、連結預測（Chen et al, 2020h；Lin et al, 2020d）和節點嵌入（Bujchevski and Günnemann, 2019；Zhang et al, 2019e）的堅固性。節點嵌入值得一提，因為它針對的是無監督學習環境，目的是不受任務限制。與其他例子不同的是，節點嵌入的目標不是針對某個特定的任務，而是在整體上擾動嵌入表徵的品質，從而使得一個或多個下游任務受到阻礙。由於事先不知道哪些任務（節點分類、連結預測等）將在節點嵌入的基礎上進行，因此對於如何定義目標 $\mathscr{O}_{\text{atk}}$ 是有挑戰性的。舉例來說，Bujchevski and Günnemann（2019）使用訓練損失本身作為替代措施，並設定 $\mathscr{O}_{\text{atk}} = \mathscr{L}_{\text{train}}$。

方面 2：擾動空間（攻擊者的能力）

允許對原圖進行哪些改變？我們希望擾動是什麼樣子的？舉例來說，我們是否想了解刪除幾條邊對預測的影響？我們所考慮的擾動空間是透過 $\Phi(\mathscr{G})$ 進行建模的。它直觀地代表了攻擊者的能力：他們能夠操縱什麼以及操縱多少。圖的擾動空間的複雜性是與經典堅固性研究的最大區別之一，並且沿著兩個維度在延伸。

（1）**什麼可以改變？** 圖領域的獨特之處在於圖結構的擾動。在這方面，大多數已發表的文章（Dai et al, 2018a；Wang and Gong, 2019；Zügner et al, 2018；Zügner and Günnemann, 2019；Bojchevski and Günnemann, 2019；Zhang et al, 2019e；Zügner et al, 2018；Tang et al, 2020b；Chen et al, 2020f；Zhang et al, 2020b；Ma et al, 2020b；Geisler et al, 2021）研究了為圖刪除或增加邊的場景。針對節點層面，一些工作（Wang et al, 2020c；Sun et al, 2020d；Geisler et al, 2021）考慮為圖增加或刪除節點。除圖結構以外，也有人針對節點屬性的變化（Zügner et al, 2018；Wu et al, 2019b；Takahashi, 2019）和半監督節點分類中使用的標籤（Zhang et al, 2020b）探討 GNN 的堅固性。

圖研究的有趣的方向是研究節點間的相互依賴如何在堅固性中發揮作用。以訊息傳遞機制為基礎，一個節點的變化可能會影響其他節點（受影響的節點可能有許多）。舉例來說，通常一個節點的預測取決於它的 k 跳鄰域，

這直觀地表示了該節點的感受野。因此,不僅可以執行什麼類型的改變很重要,而且在圖中可以發生的位置也很重要。以圖 8.1 為例,為了分析是否可以改變突出顯示的節點的預測,我們並不侷限於擾動節點自身的屬性及其入射邊,我們也可以透過擾動其他節點來達到目的。事實上,這能更進一步地反映現實世界中的場景,因為攻擊者很可能只能存取幾個節點,而不能存取整數個資料或目標節點本身。簡單地說,我們還必須考慮哪些節點可以被擾動。已有多項工作(Zügner et al, 2018;Zhang et al, 2019e;Takahashi, 2019)研究了所謂的**間接攻擊**(有時也稱為影響者攻擊),尤其是分析了在只擾動圖的其他部分而不觸及目標節點時,單一節點的預測會如何變化。

(2)**可以改變多少?**對抗性樣本通常被設計成與原始輸入幾乎沒有區別,舉例來說,改變影像的像素值,使其在視覺上保持不變。與圖像資料不同(可以很容易地透過人工檢查來驗證),在圖的設定中,這更具挑戰性。

從技術上說,擾動的集合可以根據任何衡量圖之間(不)相似性的圖距離函式 D 來定義。所有與給定圖 $\mathscr{G}$ 相似的圖都可以定義為集合 $\Phi(\mathscr{G}) = \{\hat{\mathscr{G}} \in \mathbb{G} \mid D(\hat{\mathscr{G}}, \mathscr{G}) \leqslant \Delta\}$,其中,$\mathbb{G}$ 表示所有潛在圖的空間,Δ 表示最大的可接受距離。

定義哪些是合適的圖距離函式本身就是一項具有挑戰性的任務。此外,對計算這些距離並將其用在式(8.1)的最佳化問題中,則很難透過計算來解決(舉例來說,考慮圖編輯距離,它本身就是 NP 難度的計算問題)。因此,現有的工作主要集中在所謂的預算約束上,它限制了允許執行的**變更數量**。從技術上說,這種預算對應清潔資料和擾動資料之間的 L_0 偽模,舉例來說,與圖的鄰接矩陣 A 或其節點屬性 X 有關[1]。為了實現精細化控制,我們通常在每個節點的局部使用這種預算約束(舉例來說,限制每個節點刪除邊的最大數量 Δ_i^{loc}),當然也可以全域使用這種預算結束(舉例來說,限制刪除邊的全部數量 Δ^{glob})。下面舉例說明:

1　這是一種類似於圖像資料的方法。通常我們會把某個半徑(例如圍繞原始輸入的 Lp 範數測量的半徑)作為允許的擾動集,並假設針對小的半徑,輸入的語義不會發生改變。

$$\Phi(\mathscr{G}) = \{\hat{\mathscr{G}} = (\hat{A}, \hat{X}) \in \mathbb{G} \mid \|| A - \hat{A} \||_0 \leqslant \Delta^{\text{glob}} \wedge \forall i : \|| A_i - \hat{A}_i \||_0 \leqslant \Delta_i^{\text{loc}} \wedge X = \hat{X} \} \quad （8.2）$$

其中，假設圖 $\mathscr{G} = (A, X)$ 和 $\hat{\mathscr{G}} = (\hat{A}, \hat{X})$ 具有相同的大小；節點屬性 X 與 $\hat{X}$ 保持不變；A_i 表示 A 的第 i 行。

除這些預算約束以外，保留資料的進一步特徵可能是有用的。特別是對於現實世界中的網路，許多模式（如特殊的度分布、大的聚類係數、低直徑等）是已知的（Chakrabarti and Faloutsos, 2006）。如果兩個圖顯示出完全不同的模式，則很容易將它們區分開，而且可以預期有不同的預測。因此，有些人（Zügner et al, 2018；Zügner and Günnemann, 2019；Lin et al, 2020d）的研究只考慮了在度分布中遵循類似冪律行為的擾動圖。同樣，我們也可以對屬性施加約束，例如要求共同出現特定值。

方面 3：可用資訊（攻擊者的知識）

哪些資訊可用於尋找有害的擾動？攻擊者對系統了解多少？如果是一個類似於人類的對手，那麼可用的知識越多，潛在的攻擊就越強。

一般來說，我們必須區分關於資料 / 圖的知識和關於模型的知識。對於第一種情況，不是知道整個圖，就是只知道圖的一部分，參見（Zügner et al, 2018；Dai et al, 2018a；Chang et al, 2020b；Ma et al, 2020b）中的研究。雖然在針對最壞情況的分析中，我們通常假設攻擊者擁有全部知識，但在實際場景中，假設攻擊者只觀察到資料的子集更符合實際。對於監督學習的設定，目標節點的標注標籤也可以對攻擊者隱藏。關於模型的知識包括許多方面，如關於所使用GNN 架構的知識、模型的權重，以及是否只有輸出預測或梯度是已知的。考慮到所有這些變化，最常見的是白盒設定（全部資訊可用）和黑盒設定（這通常表示只有圖和可能的預測輸出可用）。

對於上述三個方面，攻擊者的知識似乎是與類人對手關聯最為緊密的。不過需要強調的是，通常最壞情況下的擾動可以在白盒設定中取得最佳的效果，這使得其成為堅固性結果的首選。如果一個模型在白盒設定中表現堅固，那麼它在有限場景下也會很堅固。此外，正如我們將在 8.2.2.1 節中看到的，攻擊的可轉移性表示實際上並不需要關於模型的知識。

方面 4：演算法角度

　　除上述偏重於攻擊屬性的分類以外，還可以透過考慮如何解決（兩級）最佳化問題的演算法來獲得其他更多的技術角度。在關於擾動空間的討論中，我們看到圖的擾動往往與邊或節點的增加 / 刪除有關——這些都是離散的決策，它們使得求解式（8.1）成為一個離散最佳化問題。這與其他可能發生無限小變化的資料領域形成了鮮明對比。因此，除採用以梯度為基礎的近似方法以外，還可以使用其他技術來求解式（8.1），如強化學習（Sun et al, 2020d；Dai et al, 2018a）或光譜近似（Bojchevski and Günnemann, 2019；Chang et al, 2020b）。此外，攻擊者的知識對演算法的選擇也有影響。舉例來說，在黑盒設定中，僅能觀察到輸入輸出，而不能使用真正的 GNN f_θ 來計算梯度，我們必須遵循其他原則，如首先學習一些代理模型。

8.2.2　擾動的影響和一些啟示

　　前面介紹的對抗性樣本的分類表示，我們可以研究不同場景下的各種對抗性擾動。透過總結截至本書撰寫時相關文獻獲得的不同結果，我們可以發現一個明顯的趨勢：以標準方式訓練的標準 GNN 並不堅固。本節將概述一些關鍵見解。

　　圖 8.2 說明了（Zügner et al, 2018）中介紹的 Nettack 方法的結果之一。這裡針對 GCN 分析了躲避場景中偏重於圖結構擾動的**局部攻擊**（Kipf and Welling, 2017b）。圖 8.2 中顯示了分類間隔，即節點真實類別的預測機率減去第二高機率類別的預測機率的差值。圖 8.2 中的第一列顯示了未受擾動圖的結果，其中大多數節點它被正確分類，如主要的正向分類間隔所示。圖 8.2 中的第二列顯示了根據 Nettack 方法對圖進行擾動後的分類結果，使用的全域預算為 $\Delta = \lfloor d_v / 2 \rfloor$，並確保沒有單點出現，其中，$d_v$ 是被攻擊節點 v 的度數。顯然，GCN 模型並不堅固：幾乎每個節點的預測可以被改變。此外，圖 8.2 中的第三列顯示了間接攻擊的影響。回顧一下，在這些場景下，執行的擾動不可能發生在我們想要錯誤分類的節點上。即使在這種場景下，很大一部分節點也是脆弱的。圖 8.2 中的最後兩列顯示了增加 $\Delta = d_v$ 的預算的結果。毫不奇怪，攻擊的影響變得更加明顯了。

　　針對毒藥場景中的**全域攻擊**，我們也可以看到類似的行為。舉例來說，在研究增加節點的影響時，Sun et al（2020d）提到，在不改變現有節點之間連通性的情況下，增加 1% 的節點後，查準率相對下降 7%。對於邊結構的變化，Zügner and Günnemann（2019）認為，當擾動 5% 的邊時，測試集的表現下降 6% ～ 16%。值得注意的是，在一個資料集上，這些擾動會導致 GNN 獲得相比只在節點屬性上操作的邏輯斯回歸基準線更差的表現，也就是說，完全忽略圖才是更好的選擇。

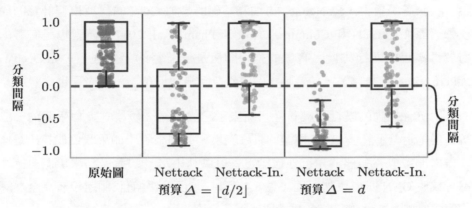

▲ 圖 8.2　使用 Nettack（Zügner et al, 2018）方法對 GCN 模型和 Cora ML 資料進行局部結構攻擊。如果一個節點在虛線之下，那麼相對於標注標籤，它將被錯誤地分類。可以看出，幾乎任何節點的預測可以被改變（本書為單色印刷，色彩標示部分可能無法正確顯示）

　　下面我們著重說明來自（Zügner and Günnemann, 2019）的觀察：模型在擾動圖上獲得較低表現的核心因素是學習的 GNN 權重。當使用透過毒藥攻擊獲得的擾動圖 $\hat{\mathscr{G}}$ 上訓練的權重 $\theta_{\hat{\mathscr{G}}}$ 時，模型不僅在圖 $\hat{\mathscr{G}}$ 上的表現很差，甚至在未擾動圖 $\mathscr{G}$ 上的表現也受到了極大影響。同樣，當把在未擾動圖 $\mathscr{G}$ 上訓練的權重 $\theta_{\mathscr{G}}$ 應用於圖 $\hat{\mathscr{G}}$ 時，分類查準率幾乎沒有變化。因此，Zügner and Günnemann（2019）進行的毒藥攻擊確實破壞了訓練程式，即產生了「壞」的權重。這一結果強調了訓練程式對圖模型表現的重要性。如果我們能夠找到合適的權重，則即使是擾動的資料，也可能被更堅固地處理。我們在 8.4.2 節中將再次遇到這方面的問題。

可轉移性和模式

對抗性樣本的可轉移性與以下事實有關：對一個模型（如 GCN）有害的擾動，對另一個模型〔如 GAT（Veličković et al, 2018）〕也有害。因此，我們可以簡單地使用一個擾動來欺騙許多模型。已有多項工作（Zügner et al, 2018；Zügner and Günnemann, 2019；Lin et al, 2020d；Chen et al, 2020f）研究了 GNN 攻擊的可轉移性，並且似乎得到的結論在許多模型中成立。舉例來說，在躲避場景中，以 Nettack 方法為基礎的類似 GCN 的代理模型計算的局部攻擊對原始的 GCN 和 Column Network（Pham et al, 2017）模型也是有害的；對於毒藥場景同樣如此。有趣的是，即使是無監督的節點嵌入，如 DeepWalk（Perozzi et al, 2014），結合隨後的邏輯斯回歸獲得預測，其表現也會變差。

對抗性擾動的廣泛可轉移性可能表示它們遵循一般模式。似乎圖的一些系統性變化阻礙了許多 GNN 模型的良好表現。舉例來說，如果我們能找出是什麼使得增加邊成為強烈的對抗性擾動，就可以利用這一知識優勢來檢測對抗性攻擊，或使 GNN 變得更加堅固（見 8.4 節）。然而，目前我們還沒有完全理解是什麼讓這些對抗性攻擊對各種模型產生了危害。

在（Zhang et al, 2019b）中，研究者分析了執行 Nettack 方法後，受擾動的樣本和未受擾動的樣本在類別上的預測分類分布。透過檢查一個節點及其鄰居節點的預測分類分布的平均 KL- 散度，我們可以發現，受擾動的節點似乎具有更高的散度。也就是說，攻擊似乎是為了違反圖中的同質性假設。由此，Wu et al（2019b）比較了相鄰節點的屬性之間的 Jaccard 相似度，並注意到清潔圖和擾動圖的分布變化。Zügner et al（2020）研究了各種圖的屬性，包括節點的度、緊密性中心性、PageRank（Brin and Page, 1998）得分或屬性相似度等。他們專注於使用 Nettack 方法的結構攻擊，只允許對目標節點增加或刪除邊。

圖 8.3 比較了考慮未受擾動圖的所有節點時這種屬性（如節點的度）的分布與考慮增加／刪除對抗邊的節點時這種屬性的分布。結果表示，這兩種分布之間存在著統計上的重大差異。舉例來說，在圖 8.3 的第 1 個子圖中，我們可以看到，Nettack 方法傾向於將目標節點連接到低度節點，這可能是受 GCN 中進行的度數歸一化的影響——低度節點對節點的聚合有更高的權重（即影響）。同樣，考

慮到與被對手刪除的邊相關的節點，我們可以觀察到，Nettack 方法傾向於斷開度數高的節點與目標節點之間的連接。在圖 8.3 的第 2 個和第 3 個子圖中，我們可以看到，攻擊傾向於對目標節點與週邊節點進行連接，這可以從較小的 2 跳鄰域大小和對手連接節點的低親密度看出。在圖 8.3 的第 4 個子圖中，我們可以看到，對手傾向於對目標節點與其他具有不同屬性的節點進行連接。正如其他文獻中展示的那樣，對手似乎試圖對抗圖中的同質性屬性——這並不奇怪，因為 GNN 很可能已經學會根據節點的鄰居節點來部分地推斷其類別。

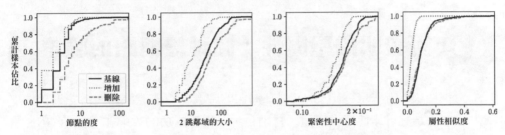

▲ 圖 8.3 使用 Nettack 方法與目標節點連接（增加）或斷開連接（刪除）的節點的屬性累積分布（以整個圖中的分布為基準線）

　　要了解檢測到的這種模式是否具有普遍性，我們可以將其用於設計攻擊原理本身——事實上，這甚至會導致黑盒攻擊，因為分析的屬性通常只與圖而非 GNN 有關。在（Zügner et al, 2020）中，研究人員學習了一個預測模型，該模型使用上述屬性作為輸入特徵來估計擾動對未見過的圖的潛在影響。雖然這通常會導致找到有效的對抗性擾動，從而突出所發現模式的普遍性，但攻擊表現與原始的 Nettack 方法不相上下。同樣，在（Ma et al, 2020b）中，研究人員透過類似 PageRank 的分數來辨識潛在的有害擾動。

8.2.3 討論和未來的方向

　　在研究圖的對抗性攻擊時，應考慮各種各樣的場景。現有文獻只對其中的少數場景進行了深入研究。舉例來說，我們在實際應用中需要考慮的重要方面，就是擾動的成本是不同的：改變節點屬性可能相對容易，而增加邊可能比較困難。因此，設計改進的擾動空間可以使攻擊場景更加真實，並讓我們更進一步地捕捉到想要確保的堅固性屬性。此外，我們還需要研究許多不同的資料領域，如知識圖譜或時間圖等。

重要的是，雖然目前我們已經初步了解了使這些擾動有害的模式，但仍然缺少具有合理理論支援的清晰認識。針對這方面值得重申的是，所有這些研究都集中在分析由 Nettack 方法獲得的擾動上，而其他攻擊可能會導致完全不同的模式。這也表示利用重新產生的模式來設計更強大的 GNN（見 8.4.1 節）不一定是好的解決方案。此外，為了尋找可靠的模式，我們還需要對如何以可擴充的方式計算對抗性擾動進行更多研究（Wang and Gong, 2019；Geisler et al, 2021），因為這種模式在更大的圖上可能會更加明顯。

8.3 可證明的堅固性：圖神經網路的驗證

對抗性攻擊方法是突出 GNN 潛在漏洞的啟發式方法。然而，這些對抗性攻擊方法無法為其可靠性提供保證。特別是，一種**不成功**的攻擊並不表示 GNN 具有堅固性，可能只是這種攻擊沒有找到對抗性樣本，因而無法求解式（8.1）。攻擊成功時，只能提供關於無堅固性的結果。然而，為了安全地使用 GNN，我們需要一些相反的方法——可證明的堅固性原則。這些方法提供了所謂的**堅固性驗證**，舉出了關於特定擾動模型 $\Phi(\mathcal{G})$ 的擾動不會改變預測的正式保證。

舉例來說，針對節點級分類任務，這些驗證方法旨在解決的問題是：給定一個圖 $\mathcal{G}$、一個擾動集 $\Phi(\mathcal{G})$ 以及一個 GNN f_θ，驗證對於所有的 $\hat{\mathcal{G}} \in \Phi(\mathcal{G})$，節點 v 的預測類別保持不變。如果這一點成立，我們就說節點 v 對於 $\Phi(\mathcal{G})$ 具有可證明的堅固性。

到目前為止，可用於 GNN 的堅固性驗證還很少。這些驗證方法主要分為兩種類型——特定模型的驗證和模型無關的驗證。

8.3.1 特定模型的驗證

特定模型的驗證是為特定類別的 GNN 模型（如兩層的 GCN）和特定任務（如節點級分類）設計的。這類驗證方法的共同主題是將驗證表述為一個受限的最佳化問題。回顧一下，在一個分類任務中，最終的預測通常是透過選擇最大預測機率或 logit 機率的類別來獲得的。設 $c^* = \text{argmax}_{c \in \mathcal{C}} f_\theta(\mathcal{G})_c$ 表示在未擾動圖 $\mathcal{G}$ 上得到的預測類別[1]，其中，$\mathcal{C}$ 是類別的集合，$f_\theta(\mathcal{G})_c$ 表示為類別 c 得到

的 logit 機率。這表示類別 c^* 和任何其他類別 c 之間的**間隔** $f_\theta(\mathcal{G})_{c^*} - f_\theta(\mathcal{G})_c$ 是正的。

對堅固性驗證來說，一個特別有用的量是最壞情況下的差值，即任何擾動資料 $\hat{\mathcal{G}}$ 下的最小間隔：

$$\hat{m}(c^*, c) = \min_{\hat{\mathcal{G}} \in \Phi(\mathcal{G})} [f_\theta(\hat{\mathcal{G}})_{c^*} - f_\theta(\hat{\mathcal{G}})_c] \tag{8.3}$$

如果最壞情況下的間隔 $\hat{m}(c^*, c)$ 對於所有 $c^* \neq c$ 都保持正值，則可以證明預測是堅固的。這是因為對 $\Phi(\mathcal{G})$ 中所有的擾動圖來說，c^* 類別的 logit 機率總是最大的。圖 8.4 驗證了以上結論。

如前所述，獲得驗證表示對於每個類別 c 解決了式（8.3）中的（約束）最佳化問題。然而毫不奇怪的是，我們通常難以透過計算來解決這個最佳化問題，原因類似於計算對抗性攻擊的難度。那麼，我們怎樣才能獲得驗證呢？只是啟發式地求解式（8.3）是沒有用的，因為我們的目標是提供保證。

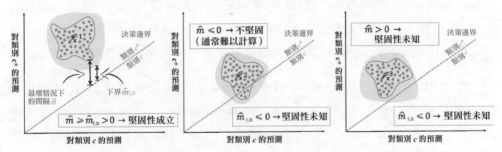

▲ 圖 8.4　透過最壞情況下的間隔獲得堅固性驗證。從未受擾動圖 $\mathcal{G}_1$ 中得到的預測值用一個交叉點顯示，而從受擾動圖 $\Phi(\mathcal{G})$ 中得到的預測值則顯示在這個交叉點的周圍。最壞情況下的間隔衡量的是到決策邊界的最短距離，如果結果是正的（見 $\mathcal{G}_1$），則所有的預測都在邊界的同一側，堅固性成立；如果結果是負的（見 $\mathcal{G}_2$），那麼一些預測就會越過決策邊界，在擾動下，類別預測就會發生變化，這表示模型不是堅固的。當使用下界（圖中的陰影區域）時，正值的堅固性得到保證（見 $\mathcal{G}_1$），因為最壞情況下的精確間隔只能更大。如果下界變成負值，則不能做出任何說明（見 $\mathcal{G}_2$ 和 $\mathcal{G}_3$，堅固性未知）。$\mathcal{G}_2$ 和 $\mathcal{G}_3$ 都有一個負的下界，而最壞情況下精確間隔（難以計算）的符號是不同的

1　在節點級分類情況下，可以是對特定目標節點 v 的預測類別；在圖級分類情況下，可以是對整個圖的預測類別。這裡放棄了對節點 v 的依賴，因為與討論無關。為了簡單起見，我們假設 c^* 是唯一的。

最壞情況下間隔的下界

核心思想是獲得最壞情況下切實可行的間隔下界。也就是說，我們的目標是找到能確保 $\hat{m}_{LB}(c^*, c) \leq m(c^*, c)$ 的函式 $\hat{m}_{LB}$，而且需要計算效率更高。一種解決方案是考慮原始約束最小化問題的鬆弛，舉例來說，透過凸鬆弛來取代模型的非線性和硬離散性約束。我們可以使用 $e \in [0, 1]$ 代替由變數 $e \in \{0, 1\}$ 表示的邊是否被擾動的要求。直觀地說，使用這種鬆弛會導致實際可達預測的超集合，如圖 8.4 中的陰影區域所示。

整體來說，如果下界 $\hat{m}_{LB}$ 保持正值，堅固性驗證就成立——因為根據傳遞性，$\hat{m}$ 也是正值。圖 8.4 顯示了圖 $\mathscr{G}$ 的情況。如果 $\hat{m}_{LB}$ 是負值，則不能做任何宣告，因為這只是原始最壞情況下間隔 $\hat{m}$ 的下界，正值或負值均可。比較圖 8.4 中的兩個圖 $\mathscr{G}_2$ 和 $\mathscr{G}_3$：雖然它們都有一個負的下界（即兩個陰影區域都穿過決策邊界），但它們在實際最壞情況下的間隔 $\hat{m}$ 是不同的。只有圖 $\mathscr{G}_3$ 的實際可達預測值（無法有效計算）跨越了決策邊界。因此，如果下界是負值，則實際的堅固性仍然是未知的——類似於針對一個不成功的攻擊，我們仍然不清楚模型實際上是無堅固性的，還是攻擊根本不夠強。因此，除計算效率高以外，函式 $\hat{m}_{LB}$ 應該盡可能接近 $\hat{m}$，以避免出現儘管模型是堅固的，卻無法舉出答案的情況。

上述想法將模型的非線性和可接受的擾動的凸鬆弛應用到了 GCN 類別和節點級分類的工作中（Zügner and Günnemann, 2019；Zügner and Günnemann, 2020）。在（Zügner and Günnemann, 2019）中，研究人員考慮了節點屬性的擾動，並透過對線性程式進行鬆弛獲得了下界。Zügner and Günnemann（2020）考慮了邊刪除形式的擾動，並將問題精簡到一個聯合約束的雙線性程式。同樣，Jin et al（2020a）也透過凸鬆弛提出了在邊擾動下使用 GCN 進行圖級分類的驗證。除 GCN 以外，有人還為使用 PageRank 擴散的 GNN 類別設計了特定模型的邊擾動驗證（Bojchevski and Günnemann, 2019），其中包括標籤 / 特徵傳播和（A）PPNP（Klicpera et al, 2019a）。Bojchevski and Günnemann（2019）的核心思想是將問題視為 PageRank 運算任務，隨後便可以表達為馬可夫決策過程。透過這種關聯確實可以證明，在只使用局部預算的情況下〔見式（8.2）〕，得出的驗證是精確的，即沒有下界，而我們仍然可以在與圖大小有關的多項式時間內計算它們。一般來說，前面介紹的所有模型都考慮了局部和全域預算約束。

除提供驗證以外，為了能夠有效地計算（可微的下界在）最壞情況下的間隔，見式（8.3），我們還可以透過在訓練期間納入間隔來提高 GNN 的堅固性，即我們的目標是使其對所有節點都是正的。我們將在 8.4.2 節詳細討論這個問題。

整體來說，特定模型的驗證的強大優勢是其在計算間隔時明確考慮了 GNN 模型結構。然而，這些驗證的白盒性質同時也是其局限性：所提出的驗證只抓住了現有 GNN 模型的子集，任何尚未開發的 GNN 都可能還需要新的驗證技術。這一局限性是用模型無關的驗證解決的。

8.3.2 模型無關的驗證

模型無關的驗證將機器學習模型視為黑盒。舉例來說，Bojchevski et al （2020a）為任何在離散資料上操作的分類器提供了驗證，包括 GNN。最重要的是，只需要考慮分類器對不同樣本的輸出，就可以獲得驗證。這使得它成為一種驗證 GNN 的特別有吸引力的方式，因為它允許我們避開對資訊傳遞動態和節點之間非線性互動的複雜分析。到目前為止，模型無關的驗證主要以隨機平滑為基礎的思想（Lecuyer et al, 2019；Cohen et al, 2019），該驗證最初是針對連續資料提出的。為了處理圖，模型無關的驗證被拓展成也可以處理離散資料。

模型無關的驗證的核心思想是將驗證建立在一個**平滑分類器**上，該分類器在被應用於包含隨機擾動的輸入圖 $\mathscr{G}$ 時會聚合原始（基礎）GNN 的輸出。舉例來說，平滑分類器可能會報告這些隨機樣本上最可能的（多數）類別。雖然這種方法有不同的變形，但我們將在後面的內容中直觀地闡述這種方法的核心思想。

設 $f:\mathbb{G}\to\mathscr{C}$ 表示一個函式（如 GNN），它以圖 $\mathscr{G}\in\mathbb{G}$ 為輸入，以單一類別 $f(\mathscr{G})=c\in\mathscr{C}$ 的預測值為輸出，如一個節點的預測。設 τ 是一個平滑分布（也叫隨機化方案），它能夠向輸入圖增加隨機雜訊。舉例來說，τ 可能向 $\mathscr{G}$ 的鄰接矩陣隨機增加伯努利雜訊，對應於隨機增加或刪除邊。從技術上說，τ 會給每個圖 $\mathscr{G}\in\mathbb{G}$ 分配機率質量/密度，即 $\Pr(\tau(\mathscr{G})=\mathscr{G})$。我們可以透過基礎分類器 f 建構一個平滑的（集合）分類器 g，如下所示：

$$g(\mathscr{G})=\text{argmax}_{c\in\mathscr{C}}\Pr\left(f(\tau(\mathscr{G}))=c\right) \tag{8.4}$$

換言之，$g(\mathscr{G})$ 將傳回最可能的類別，該類別是透過首先用 τ 隨機地對圖 $\mathscr{G}$ 進行擾動，然後用基礎分類器 f 對得到的圖 $\tau(\mathscr{G})$ 進行分類而得到的。

正如 8.3.1 節所述，我們的目標是評估預測在擾動下是否有變化：假設用 $c^* = g(\mathscr{G})$ 表示 $\mathscr{G}$ 上的平滑分類器預測的類別，則我們希望對於所有 $\hat{\mathscr{G}} \in \varPhi(\mathscr{G})$，有 $g(\hat{\mathscr{G}}) = c^*$。為簡單起見，考慮到二元分類的情況，這相當於確保對於所有的 $\hat{\mathscr{G}} \in \varPhi(\mathscr{G})$，有 $\mathrm{Pr}(f(\tau(\hat{\mathscr{G}})) = c^*) \geqslant 0.5$，也可簡寫為 $\min_{\hat{\mathscr{G}} \in \varPhi(\mathscr{G})} \mathrm{Pr}(f(\tau(\hat{\mathscr{G}})) = c^*) \geqslant 0.5$。

毫不奇怪，由於該項難以計算，我們再次引用一個下界，以獲得驗證：

$$\min_{\hat{\mathscr{G}} \in \varPhi(\mathscr{G})} \min_{h \in \mathscr{H}_f} \mathrm{Pr}(h(\tau(\hat{\mathscr{G}})) = c^*) \leqslant \min_{\hat{\mathscr{G}} \in \varPhi(\mathscr{G})} \mathrm{Pr}(f(\tau(\mathscr{G})) = c^*) \qquad (8.5)$$

其中，$\mathscr{H}_f$ 是所有與 f 共用某些屬性的分類器的集合。舉例來說，以 h 和 f 為基礎的平滑分類器通常會對 $\mathscr{G}$ 傳回相同的機率，即 $\mathrm{Pr}(h(\tau(\mathscr{G})) = c^*) = \mathrm{Pr}(f(\tau(\mathscr{G})) = c^*)$。由於 $f \in \mathscr{H}_f$，式（8.5）明顯成立。如果式（8.5）的左邊大於 0.5，並且能保證右邊也如此，則表示 $\mathscr{G}$ 具有可驗證的堅固性。

式（8.5）的直觀含義是什麼？它的目的是找到一個基礎分類器 h，使得受擾動的樣本 $\hat{\mathscr{G}}$ 被分配到 c^* 類別的機率最小。因此，h 代表了一種最壞情況下的基礎分類器，當被用於平滑分類器時，它將試圖為 $\hat{\mathscr{G}}$ 獲得一個不同的預測。如果連這種最壞情況下的基礎分類器都能導致可證明的堅固性〔式（8.5）的左邊大於 0.5〕，則現有的實際基礎分類器肯定也如此。

然而，使這一切有用的最重要的前提是：給定一組分類器 $\mathscr{H}_f$，找到最壞情況下的分類器 h，並對擾動模型 $\varPhi(\mathscr{G})$ 進行最小化通常是可行的。在某些情況下，最佳值甚至可以用閉合形式來計算。在 8.3.1 節中，式（8.3）中難以實現的對 $\varPhi(\mathscr{G})$ 的最小化能被一些可行的下界取代，例如透過鬆弛。現在，透過找到最壞情況下的分類器 h，我們不僅得到一個下界，而且 $\varPhi(\mathscr{G})$ 的最小化往往也變得立即可以操作。然而請注意，在 8.3.1 節中，我們得到的是基礎分類器 f 的驗證，而我們在這裡得到的是平滑分類器 g 的驗證。

模型無關的驗證的實踐

如前所述，給定一組分類器 $\mathcal{H}_f$，找到最壞情況下的分類器 h，並對擾動模型 $\Phi(\mathcal{G})$ 進行最小化，通常是可行的。在實踐中，主要的編譯挑戰在於如何確定 $\mathcal{H}_f$。考慮前面的例子，當前需要強制所有的分類器 h 滿足 $\text{Pr}(h(\tau(\mathcal{G})) = c^*) = \text{Pr}(f(\tau(\mathcal{G})) = c^*)$。為了確定 $\mathcal{H}_f$，我們需要計算 $\text{Pr}(f(\tau(\mathcal{G})) = c^*)$。顯然，這是難以計算的。作為替代，我們可以用抽樣來估計機率。為了確保嚴格近似，基礎分類器必須從平滑分布中得到大量的樣本。隨著 GNN 模型的規模和複雜性的增加，抽樣的成本變得越來越高。此外，我們得到的估計值只有在一定的機率下才成立。對應地，得出的驗證也有相同的機率，也就是說，我們只能得到**機率性的堅固性驗證**。儘管有這些限制，但是隨機平滑已經得到廣泛流行，因為它往往位元定模型的驗證更有效率。

（Lee et al, 2019a；Dvijotham et al, 2020；Bojchevski et al, 2020a；Jia et al, 2020）在離散資料中研究了這種模型無關的驗證的基本思想，其中的後兩項工作還關注與圖有關的任務。在（Jia et al, 2020）中，研究人員研究了社群探索的堅固性。（Bojchevski et al, 2020a）主要關注節點級分類和圖級分類，也就是全域預算約束下的圖結構和（或）屬性擾動。具體來說，（Bojchevski et al, 2020a）在兩個方面克服了其他方法的限制：首先是明確說明了許多圖中存在的資料稀疏性，其次是以大幅降低計算複雜性而獲得了強大驗證。這兩個方面成為驗證在圖資料上有用的關鍵。由於（Bojchevski et al, 2020a）的方法與基礎分類器無關（只要輸入是離散的就可以使用），因此已被應用於各種 GNN，包括 GCN、GAT、（A）PPNP（Klicpera et al, 2019a）、RGCN（Zhu et al, 2019a）、Soft Medoid（Geisler et al, 2020）以及節點級分類和圖級分類。

8.3.3 高級驗證和討論

對 GNN 的堅固性驗證的研究仍處於非常早期的階段。正如我們在 8.2 節中學到的，攻擊空間是巨大的，並且有不同的特性亟待研究，有不同的擾動模型需要考慮。前面討論的方法只涵蓋了其中的幾種場景。

　　向更強大的驗證邁進的一步詳見（Schuchardt et al, 2021）。與對單一節點的局部攻擊一樣，現有的堅固性驗證旨在對每個預測進行獨立驗證。因此，它們假設對手可以使用不同的擾動輸入來攻擊不同的預測。另外，類似於對全域攻擊所做的研究，Schuchardt et al（2021）引入了集體堅固性驗證，以計算在擾動下能夠保證穩定性的預測的數量。也就是說，他們利用了 GNN 在單一共用輸入的基礎上同時輸出多個預測的事實。在固定的擾動下，與獨立驗證每個預測相比，利用這種想法，可驗證的預測數量可以增加幾個數量級。然而，這項工作不能處理有邊增加的擾動模型。如前所述，這兩種角度（局部和全域）都是合理的，哪種堅固性保證更相關取決於應用。

　　為了涵蓋 GNN 的全部應用，肯定需要對其他場景和任務進行進一步的驗證。具體來說，到目前為止，所有的驗證都假設處在躲避攻擊場景中。值得再次重申的是，在上面討論的隨機平滑方法中，我們實際上是在驗證平滑的（整合）分類器而非基礎分類器。從實踐者的角度看，這表示獲得一個預測總是需要透過 GNN 提供大量的樣本，這導致出現未來需要解決的可擴充性瓶頸。

8.4　提高圖神經網路的堅固性

　　正如我們已經確定的，以傳統方式訓練的標準 GNN 對圖的微小變化都不具有堅固性，因此在敏感和關鍵型應用中使用它們可能會有風險。驗證可以為我們確保它們的表現。

　　然而，由於無堅固性，驗證對標準模型很少成立，也就是說，只有少數預測可以被驗證。為了解決這一局限性，部分研究者已經研究了旨在提高堅固性的方法，即使模型不那麼容易受到擾動的影響[1]。針對這一方面，目前已確定三個廣泛的、不相互排斥的類別。

1　在一些工作中，這類方法被稱為(啟發式)防禦，以強調其對攻擊的恢復力的提高。同樣，一些工作在提到驗證時使用了「可證明的防禦」一詞，因為它們可證明地防止了驗證集 $\Phi(\mathcal{G})$ 內的有害攻擊。

8.4.1　改進圖

改善堅固性的看似明確的方向是去除資料中的擾動,即恢復惡意改變並獲得一個更「清潔」的圖。雖然這聽起來很簡單,但內在的挑戰是,對抗性擾動通常被設計成不易察覺的,這使得它們難以被辨識。然而,正如我們在 8.2.2.1 節中看到的,可能存在一些模式。

Zhang et al(2019b)利用這一想法,依靠觀察在圖被用作 GNN 的輸入之前對其進行「清潔」,例如受到攻擊的節點的類分布預測發生了變化。同樣,對附帶屬性的圖,Wu et al(2019b)根據節點屬性之間的 Jaccard 相似度來刪除潛在的對抗性邊。這樣的前置處理步驟並不侷限於「攻擊檢測」,即試圖發現個別可疑節點和邊;它們也可以被認為是一種去噪。事實上,Entezari et al(2020)分析了透過 Nettack 方法獲得的擾動主要影響圖的鄰接矩陣的高秩(低值)奇異分量。因此,為了提高堅固性,他們計算了圖的低秩近似值,目的是在前置處理過程中消除(對抗性)雜訊。該方法的局限性在於,所產生的圖將變得密集。整體來說,這種圖的清理可以用於毒藥場景和躲避場景。但請注意,在一種場景下表現良好的方法並不表示在另一種場景下也能成功。

更一般地說,雖然這些方法在特定場景下有效,但我們必須意識到以下關鍵的限制:被利用的模式往往以特定的攻擊為基礎,如 Nettack 方法。因此,我們得到的檢測結果可能僅限於某些擾動,無法泛化到其他場景。

改進圖並不侷限於發生在訓練或推斷步驟之前,也就是說,我們不需要遵循先清潔後學習預測模型的順序。相反,清潔工作可以與學習方法本身交織在一起。直觀地說,為了使對應的訓練損失最小化,我們要共同學習 GNN 參數以及如何清潔圖本身。這種聯合學習方法的好處是,可以考慮到手頭的具體模型和任務,而且對清潔圖施加的條件可以相當弱,例如只要求擾動應該是稀疏的。

有趣的是,甚至在 GNN 興起之前,這種聯合學習方法就已經被研究過。舉例來說,Bojchevski et al(2017)提高了頻譜嵌入的堅固性。對 GNN 來說,這樣的圖結構學習是在(Jin et al, 2020e;Luo et al, 2021)中被提出的,他們使用某些屬性(如低秩圖結構和屬性相似性等)來定義最佳清潔圖的外觀。

8.4.2　改進訓練過程

正如 8.2.2 節所討論的，GNN 的無堅固性還歸因於模型在訓練中學習的參數 / 權重。標準訓練所產生的權重常常導致模型不能極佳地泛化到具有輕微擾動的資料。圖 8.5 中的橙色 / 實線決策邊界說明了這一點。請注意，圖 8.5 顯示的是輸入空間，即所有圖的空間 $\mathbb{G}$ ；這與圖 8.4 形成了鮮明對比，後者顯示的是預測機率。如果我們能夠改進訓練程式並找到「更好的」參數（考慮到資料已經成為或可能成為潛在的擾動），也可以提高模型的堅固性。圖 8.5 中的藍色 / 虛線決策邊界說明了這一點，所有來自 $\Phi_1(\mathscr{G})$ 的擾動圖都獲得了相同的預測。在這方面，堅固性通常與預測模型的泛化表現有關。

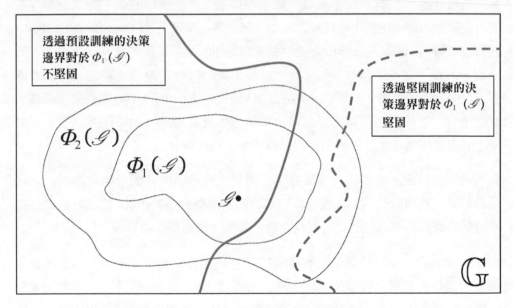

▲ 圖 8.5　關於堅固訓練的說明。與橙色 / 實線決策邊界對應的分類器對 $\Phi_1(\mathscr{G})$ 的擾動並不堅固：一些圖越過了邊界，因此被分配到不同的類別。透過堅固訓練得到的分類器（藍色 / 虛線決策邊界）為 $\Phi_1(\mathscr{G})$ 中的所有圖分配了相同的類別：對 $\Phi_1(\mathscr{G})$ 堅固，但對 $\Phi_2(\mathscr{G})$ 不堅固（本書為單色印刷，色彩標示部分可能無法正確顯示）

8.4.2.1 堅固訓練

堅固訓練指的是一種訓練過程，旨在產生對對抗性（或其他）擾動具有堅固性的模型。共同的主題是最佳化**最壞情況下的損失**（也稱為堅固損失）。從技術上說，訓練目標變成

$$\theta^* = \text{argmin}_\theta \max_{\hat{\mathscr{G}} \in \Phi(\mathscr{G})} \mathscr{L}_{\text{train}}(f_\theta(\hat{\mathscr{G}})) \tag{8.6}$$

其中，f_θ 是具有可訓練權重的 GNN。如前所述，我們不評估未受擾動圖的損失，而是使用最壞情況下的損失（與標準訓練相比，我們只需最小化 $\mathscr{L}_{\text{train}}(f_\theta(\mathscr{G}))$）。透過學習，權重被引導到在這些最壞的場景下也能獲得低損失，從而得到更好的泛化。

毫不奇怪，求解式（8.6）是非常困難的，正如尋找攻擊和驗證是非常困難的一樣：我們必須解決一個離散的、高度複雜的（minmax）最佳化問題。特別是，在以梯度方法為基礎的訓練過程中，我們還需要計算內部最大化的梯度。因此，為了可行性，我們通常需要參考各種目標函式，用更簡單的目標代替最壞情況下的損失和由此產生的梯度。

1 · 訓練期間的資料增強

在這方面，最樸素的方法是在每次訓練迭代時從擾動集 $\Phi(\mathscr{G})$ 中隨機取出樣本。也就是說，在訓練過程中，損失和梯度是根據這些隨機擾動的樣本計算的，需要在每次訓練迭代時取出不同的樣本。舉例來說，如果擾動集包括最多允許刪除 x 條邊的圖，則隨機建立最多刪除 x 條邊的圖。人們經過在各種工作中對這種刪除多筆邊的操作進行分析後，發現這並沒有大幅提高對抗堅固性（Dai et al, 2018a；Zügner and Günnemann, 2020），對此一個可能的解釋是，隨機樣本根本不能極佳地代表最壞情況下的擾動。

因此，更常見的是使用對抗性訓練的方法（Xu et al, 2019c；Feng et al, 2019a；Chen et al, 2020i）。在這裡，我們不從擾動集中隨機取樣，而是在每次訓練迭代時建立一些對抗性 $\mathscr{G}$ 樣本，並隨後計算它們的梯度。由於這些樣本預計會導致更高的損失，因此可以更進一步地逼近式（8.6）中內部最大化操作的

結果。Jin and Zhang（2019）沒有擾動輸入圖，而是研究了一種擾動潛在嵌入的堅固的訓練方案。

　　值得注意的是，標準形式的對抗性訓練需要有標籤資料，因為攻擊的目的是使模型轉向錯誤的預測。然而，我們在典型的直推式圖學習任務中可以使用大量的無標籤資料。虛擬對抗訓練身為解決方案也被研究過（Deng et al, 2019；Sun et al, 2020d），該方法同樣是在無標籤資料上操作的。直觀地說，就是將當前在未擾動圖上獲得的預測作為標注，使其成為一種自監督學習。擾動資料上的預測不應偏離清潔資料上的預測，從而強制實現平滑性。

　　根據經驗，使用（虛擬）對抗性訓練對堅固性產生了一些改進，但結果並不唯一。特別是，為了極佳地近似式（8.6）所示堅固性損失中的最大項，我們需要強大的對抗性攻擊，而這些攻擊對圖來說通常表示昂貴的計算成本（見 8.2 節）。由於這裡的攻擊需要在每次訓練迭代中計算，因此會在一定程度上減緩訓練過程。

2 · 超越資料增強：以驗證為基礎的損失函式

　　歸根結底，前面介紹的技術在訓練過程中進行了代價高昂的資料增強，即研究者使用了變更過的圖。這種方法除計算成本高以外，還不能保證對抗性樣本確實是式（8.6）中最大項的良好替代物。另一種方法，如（Zügner and Günnemann, 2019；Bojchevski and Günnemann, 2019），依賴於前面討論過的驗證理念。回顧一下，這些技術會對最壞情況下的間隔計算一個下界 $\hat{m}_{\mathrm{LB}}$。如果結果是正的，那麼預測對這個節點 / 圖來說是堅固的。因此，下界本身就像一個堅固性損失 $\mathcal{L}_{\mathrm{rob}}$，例如實現為一個合頁損失函式 $\max(0, \delta - \hat{m}_{\mathrm{LB}})$。如果下界高於 δ，則損失為 0；如果下界較小，則產生懲罰。可將這一損失函式與通常的交叉熵損失等結合起來，從而迫使模型不僅能獲得良好的分類表現，而且具有堅固性。

　　最重要的是，$\mathcal{L}_{\mathrm{rob}}$ 和下界必須是可微的，因為我們需要透過計算梯度進行訓練。這確實可能是一個挑戰，因為通常下界本身仍然是一個最佳化問題。雖然在一些特殊情況下，最佳化問題是直接可微的（Bojchevski and Günnemann, 2019），但另一個基本想法與對偶原理有關。回顧一下，最壞情況下的間隔 $\hat{m}$

（或潛在的對應下界 $\hat{m}_{LB}$）是一個（主要的）最小化問題的結果〔見式（8.3）〕。以對偶原理為基礎，對偶最大化問題的結果按要求提供了這個值的下界。更進一步，對偶問題的任何可行解都提供了最佳解的下界。因此，我們實際上不需要求解對偶問題。相反，只要在任何一個可行的點上計算對偶的目標函式，就可以得到一個（甚至更低，因此更寬鬆的）下界；不需要操作，計算梯度往往就會變得很簡單。對偶原理已在（Zügner and Günnemann, 2019）中使用，旨在以有效的方式進行堅固訓練。

8.4.2.2　進一步的訓練原則

堅固訓練並不是獲得「更好的」GNN 權重的唯一方法。舉例來說，Tang et al（2020b）就採用了遷移學習的思想（8.4.3 節將介紹進一步的架構變化）。他們不是在受擾動的目標圖上進行純粹的訓練，而是首先採用帶有人為注入的擾動的清潔圖來學習合適的 GNN 權重。這些權重後來被遷移並微調到手頭的實際圖上。Chen et al（2020i）採用了平滑蒸餾法——在預測的軟標籤上進行訓練，而非在標注標籤上進行訓練，以增強堅固性。Jin et al（2019b）認為，圖強化增強了堅固性，因而建議不僅要在原始圖上，也要在由不同圖強化組成的一組圖上使損失函式最小。最後，You et al（2021）提出了一個使用不同（圖）資料增強的對比性學習框架。儘管對抗堅固性不是他們的研究重點，但他們報告可以提高針對（Dai et al, 2018a）中所述攻擊的對抗堅固性。一般來說，改變損失函式或正規化項會導致不同的訓練結果，儘管我們對 GNN 堅固性的影響還沒有理解透徹。

8.4.3　改進圖神經網路的架構

提高堅固性的最後一類方法是設計新的 GNN 架構。在過去幾年裡，作為神經網路研究的核心組成部分，架構工程獲得了許多進展。雖然傳統上專注於提高預測表現，但方法的堅固性是同樣重要的屬性——兩者都是潛在的對立目標。

8.4.3.1　自我調整降低邊的權重

受到前面討論的清潔圖思想的啟發，一個自然的想法是透過減少擾動邊的影響的機制來提高 GNN 的效率。對此，一個明顯的選項是邊注意力原則。然而，

假設標準的以注意力為基礎的 GNN（如 GAT）能立即適用於這個任務是錯誤的。事實上，正如（Tang et al, 2020b；Zhu et al, 2019a）所證明的，這種模型是不可靠的。問題是，這些模型仍然假設給定的是清潔資料，它們沒有意識到圖可能被擾動。

因此，其他注意力方法試圖在該過程中納入更多的資訊。在（Tang et al, 2020b）中，注意力機制透過將人為注入的擾動的清潔圖考慮在內而獲得了加強。由於現在有了標注資訊（即哪些邊是有害的），注意力機制可以嘗試學習降低這些邊的權重，同時保留未受擾動的邊。Zhu et al（2019a）採用了另一想法，具體如下：每層中每個節點的表徵不再表示為向量，而是表示為高斯分布。他們假設受到攻擊的節點往往有大的方差，因此在注意力得分中使用了這一資訊。還有一些人（Feng et al, 2021；Zhang and Zitnik, 2020）提出了考慮模型和資料的不確定性或相鄰節點的相似性等因素的進一步的注意力機制。

邊注意力的一種替代方法是強化訊息傳遞中使用的聚合。在 GNN 的訊息傳遞過程中，一個節點的嵌入是透過對其鄰居節點的嵌入進行聚合來更新的。在這方面，由於逆向增加的邊為聚合增加了額外的資料點，因此擾動了訊息傳遞階段的輸出。聚合操作（如求和、求加權平均數或標準 GNN 中使用的最大操作）可以被一個異數任意扭曲。因此，在堅固統計原理的啟發下，Geisler et al（2020）提出用 Medoid[1] 的不同版本取代 GNN 的匯總函式。還有一些人（Wang et al, 2020o；Zhang and Lu, 2020）進一步研究了強化訊息傳遞過程中使用的匯總函式的堅固性的想法。

整體來說，所有這些方法都降低了邊的相關性。這些方法與 8.4.1 節所討論方法的重要區別是：它們是自我調整的，即每條邊的相關性可能在 GNN 的不同層之間變化。因此，根據所學的中間表徵，一條邊可能在第一層中被排除／降權，但在第二層中被包括。這使得我們能夠對擾動進行更精細的處理。相比之下，8.4.1 節介紹的方法得出了用於整個 GNN 的單一清潔圖。

1　Medoid 是一種可證明的堅固聚合操作。

8.4.3.2　進一步的方法

研究者已經提出了許多用於提高堅固性的進一步想法，但這些想法並不完全適合前面提到的類別。舉例來說，Shanthamallu et al（2021）訓練了一個代理分類器，它雖然不存取圖結構，但旨在與 GNN 的預測保持一致，兩者都是聯合訓練的。由於最終的預測器不使用圖，而只使用節點的屬性，因此假設對結構擾動有更高的堅固性。Miller et al（2019）提出以特定方式選擇訓練資料，進而提高堅固性。Wu et al（2020d）採用了資訊瓶頸原則（一種資訊理論方法），以學習平衡表達性和堅固性的表徵。最後，我們也可以將隨機平滑（見 8.3.2 節）解釋為一種技術——透過使用隨機輸入的預測器集合來提高對抗堅固性。

8.4.4　討論和未來的方向

考慮到目前的研究狀況，一個令人驚訝的現象是，透過對抗性訓練並不能極佳地實現對圖結構擾動的堅固性。這與影像領域形成了鮮明對比，在影像領域，堅固性訓練（以對抗性訓練的形式）可以說是提高堅固性的非常合適的技術之一（Tramer et al, 2020）。相比之下，專注於節點的擾動，堅固訓練確實表現得非常好，如（Zügner and Günnemann, 2019）所述。令人驚訝的是，這種堅固訓練（針對屬性）還提高了圖結構擾動下的堅固性（Zügner and Günnemann, 2020），甚至超過了幾種執行刪除邊的對抗性訓練策略。問題是，結構擾動是否具有削弱堅固訓練效果的特殊屬性，或生成的對抗性擾動是否沒有捕捉到最壞的情況。這不僅再次展示了問題的難度，也解釋了為什麼大多數的工作集中在加權 / 過濾邊的原理上。

就這一點而言，大家需要記住的是，所有的方法通常是以特定的擾動模型 $\Phi(\mathcal{G})$ 為基礎設計的。事實上，降低權重 / 過濾邊隱含地假設對抗性邊已經被增加到圖中。相反，刪除對抗性邊需要辨識（重新）增加的潛在邊。由於存在大量可能的邊，這很快就會變得難以解決，該問題到目前為止還沒有被研究過。此外，到目前為止，只有少數方法可以在理論上保證其堅固性。

8.5 從堅固性的角度進行適當評估

我們需要合理評估 GNN 堅固性領域發展過程中出現的技術。重要的是，我們必須意識到預測表現（如查準率）和堅固性之間的潛在平衡。舉例來說，我們可以透過總是簡單地預測同一類別而輕鬆獲得一個高度堅固的分類模型。顯然，這樣的模型根本沒有任何用處。因此，評估涉及兩個方面：（1）對預測表現的評估。對於這一點，我們可以簡單地參考既定的評估指標，如查準率、精確率、查全率或其他類似的指標，這些指標在各種有監督和無監督的學習任務中是已知的。（2）對堅固性表現的評估。

擾動集和半徑。關於半徑，第一個值得注意的問題是，堅固性總是與特定的擾動集 $\Phi_r(\cdot)$ 有關，該擾動集定義了模型應該具有的堅固性。為了能夠進行適當的評估，現有的工作通常定義了擾動集的一些參數形式，舉例來說，$\Phi_r(\mathcal{G})$ 中的變數 r 是允許執行的最大變化數，即預算（如增加的最大邊數）。變數 r 通常被稱為半徑。這是因為預算通常與我們願意接受的圖 和受擾動圖之間的某個最大範數 / 距離相吻合。將上述形式泛化到考慮多個預算 / 半徑是很簡單的。透過改變半徑，我們能夠詳細分析模型的堅固性行為。根據半徑的不同，我們預期會有不同的堅固性結果。具體來說，對於大半徑，低堅固性在預料之中（甚至是希望的），因此，評估也應該包括這些顯示模型極限的情況。

回顧一下，透過 8.2 節和 8.3 節中討論的方法，我們能夠得到以下關於預測的堅固性的答案之一。（R）它是有堅固性的；驗證成立，因為間隔的下界是正的。（NR）它是無堅固性的；我們能夠找到一個對抗性樣本。（U）未知；我們無法做出判斷，因為下界是負的，但攻擊也不成功。

圖 8.6 展示了一個關於 GCN 的堅固特性的有洞見的實例分析。其中，局部攻擊和驗證是在標準訓練（圖 8.6 的左圖）和堅固訓練（圖 8.6 的右圖）的 GCN 上針對節點分類任務計算的。如結果所示，堅固訓練確實增加了 GCN 的堅固性，攻擊成功的數量更少，得到驗證的節點數量更多。

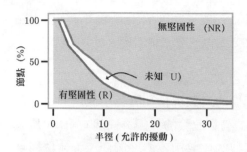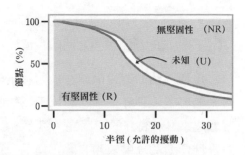

▲ 圖 8.6　在擾動半徑增加的情況下，被證明有堅固性的節點（藍色；R）、透過對抗性樣本建構的無堅固性的節點（橙色；NR）或堅固性未知的節點（「縫隙」；U）所佔的百分比。對於一個給定的半徑，（R）+（NR）+（U）的百分比為 100%。左圖：標準訓練。右圖：Zügner and Günnemann（2019）提出的堅固訓練。資料來自 Citeseer 資料和節點屬性的擾動（本書為單色印刷，色彩標示部分可能無法正確顯示）

值得強調的是，情況（U）——圖 8.6 中的白色縫隙——只是由於演算法無法準確解決攻擊／驗證問題而出現的。因此，情況（U）並不能清楚地表示 GNN 的堅固性，而只能表示攻擊／驗證的效果[1]。鑑於這種設定，在接下來的內容中，我們將在經常使用的度量指標中區分這兩個評估方向。

經驗性的堅固性評估

在經驗性的堅固性評估中，我們對圖進行攻擊並觀察效果。常見的度量指標如下。

- **下游任務的效果衰減程度**（如節點分類能力）。這個指標通常與全域攻擊結合使用。在全域攻擊中，我們考慮旨在共同改變多個預測的單一擾動（見 8.2.1 節的「方面 1」部分）。

- **攻擊成功率**，衡量攻擊成功改變了多少預測。這僅對應於圖 8.6 所示的情況（NR），即橙色區域。這個指標通常與局部攻擊結合使用，對每個預測可以使用不同的擾動。自然地，局部攻擊的成功率要高於整體表現的下降，這是因為在挑選不同的擾動時局部攻擊具有靈活性。

1　較大的縫隙表示攻擊／驗證相當鬆散。當改進的攻擊／驗證可用時，縫隙可能會變小。因此，可以透過分析縫隙的大小來評估攻擊／驗證本身，因為縫隙顯示了在任何一個方向上最大可能的改進是什麼（例如，對於一個特定的半徑，堅固預測的真正百分比永遠不可能超過 100%-NR）。

- 在節點分類任務中，**分類間隔**（即「正確」類別的預測機率）與第二高
類別的預測機率之間的差值以及攻擊後的下降。請看圖 8.2 中的例子。

這種評估的關鍵限制在於對特定攻擊方法的依賴性。攻擊的威力對結果有
很大的影響。事實上，它可以視為對堅固性的**樂觀評估**，因為不成功的攻擊似
乎看起來具有良好的堅固性。然而，這個結論是危險的，因為一個 GNN 可能只
對一種類型的攻擊表現良好，對另一種類型的攻擊則不然。因此，上述指標實
際上評估了攻擊的威力而非模型的堅固性有多弱。**解釋這些結果時必須謹慎**。
在參考經驗性的堅固性評估時，必須使用多種不同的、強大的攻擊方法。事實
上，正如（Tramer et al, 2020）中討論的那樣，每個堅固性原則都應該有自己專
門適合的攻擊方法（也稱適應性攻擊）來展示其局限性。

可證明的堅固性評估

分析 GNN 堅固性行為的潛在的更合適的方向是考慮可證明的堅固性。如上
所述，情況（U）對應的是不明確的預測，這些預測證明不了其堅固性。由於我
們關心最壞情況下的堅固性，因此必須假設這些預測也是無堅固性的。簡而言
之：情況（NR）和（U）應該是罕見的，而情況（R）應該是最常見的，也就是
可證明的堅固預測的數量。鑑於這種想法，我們通常考慮以下評估指標。

- **驗證的比率**：它相當於在一個特定的半徑 r 下，與所有預測的數量相比，
可以被驗證為堅固的預測的數量。另外，請再次注意對於每個預測是否
可以從 $\Phi_r(\mathscr{G})$ 中選擇不同的擾動（局部）或只選擇一個聯合的單一擾動
（全域）。全域驗證的比率必然（而且往往明顯）大於局部驗證的比率。

- **驗證的正確性**：在像分類這樣的情況下，一個預測可能正確，也可能不
正確。如果一個預測是正確的並且能被驗證，那麼這個預測就被稱為驗
證正確的預測。另一個非常不受歡迎的極端是被驗證為不正確的預測，
它們是非常可靠的錯誤分類。

- **驗證的表現**：以驗證正確的預測為基礎的想法，我們也可以推導出原始
表現指標的驗證版本，如驗證的查準率。在這裡，只有那些被驗證為正
確的預測，才會被視為正確的指標。所有其他的預測，無論是不正確的
還是無法驗證的，都被視為錯誤的指標。驗證的表現舉出了 GNN 在任

何可接受的對於當前擾動集 $\Phi_r(\mathcal{G})$ 和給定資料的擾動下表現的可證明下界。

■ **驗證的半徑**：雖然上述指標假設了一個固定的 $\Phi_r(\mathcal{G})$，即一個固定的半徑 r，但我們也可以採取另一種角度。對於一個特定的預測，我們將該預測仍然可以被驗證為堅固的最大半徑 r^* 稱為驗證的半徑。以單一預測為基礎的驗證半徑，我們可以很容易地計算出多個預測的**平均可驗證半徑**。

圖 8.7 顯示了不同 GNN 架構在擾動圖結構時對節點分類任務的驗證的比率。平滑分類器使用了 10000 個隨機繪製的圖，機率驗證以 $\alpha=0.05$ 為基礎的置信度，類似於（Geisler et al, 2020）中的設定。由於考慮了局部攻擊，驗證的比率自然相當低。儘管如此，這些模型的堅固性表現之間還是有很大的差別。

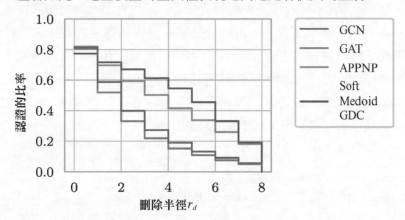

▲ 圖 8.7　使用（Bojchevski et al, 2020a）中的驗證從不同的 GNN 模型得到的平滑分類器的驗證的比率。其中，$\Phi_r(\mathcal{G})$ 由邊刪除擾動組成。驗證的模型」獨立性允許我們比較不同模型的堅固性（本書為單色印刷，色彩標示部分可能無法正確顯示）

評估是比較悲觀的，在這個意義上，可證明的堅固性評估提供了強有力的保證。舉例來說，如果驗證的比率很高，則實際的 GNN 只能更好。然而請再次注意，我們仍然隱含地評估了驗證；有了新的驗證，結果可能會變得更好。以隨機平滑為基礎的驗證（見 8.3.2 節）評估了平滑分類器的堅固性，因此沒有為基礎分類器本身提供保證。儘管如此，平滑分類器的堅固性預測仍然需要基礎分類器以較高的機率對隨機化方案預測對應的類別。

顯然，評估堅固性相比評估通常的預測表現更複雜。為了詳細了解 GNN 的堅固性特性，分析前面介紹的所有方面是有幫助的。

8.6　小結

隨著圖神經網路在各個應用領域的重要性不斷增加，對其可靠性的要求也越來越高。在這方面，由於擾動資料無處不在，因此對抗堅固性具有核心作用。正如我們所看到的，標準的 GNN 架構和訓練原則（在當前的應用中經常使用）導致了無堅固性的模型，包括所有不理想的結果。但還是有希望的。首先，各種提高 GNN 堅固性的原則已經開始出現，並且獲得的結果都是有希望的，這初步表示，在不放棄 GNN 的預測表現的情況下，可以實現改進的堅固性。其次，堅固性驗證為我們提供了以正式方式評估某些堅固性特性的方法。也就是說，我們不需要依賴啟發式方法就可以保證 GNN 的表現。在所有這些方向上，人們才剛剛開始探索巨大的可能性，許多挑戰仍有待解決。因此，在未來的幾年裡，我們可以期待不同深入的見解，以追求以下共同的目標：透過使 GNN 在敏感和安全關鍵領域得到可靠使用，延續其成功的故事。

致謝

特別感謝我出色的博士生 Aleksandar Bojchevski、Simon Geisler、Jan Schuchardt 和 Daniel Zügner，他們不僅為本章提供了寶貴的回饋意見，而且使這一領域的許多研究成果成為可能。

編者註：對抗堅固性是當今機器學習／深度學習領域最為熱門的話題之一。這一研究浪潮從電腦視覺領域的卷積神經網路的堅固性開始，並迅速影響到其他應用領域的機器學習／深度學習網路架構，如 NLP 和圖。GNN 的對抗堅固性是一個非常重要的研究領域，它對許多其他的機器學習任務有著根本性的影響，包括圖分類（見第 9 章）、連結預測（見第 10 章）、圖生成（見第 11 章）、圖轉換（第 12 章）、圖匹配（見第 13 章）等。一些章（如第 14 章）可視為潛在的方法之一——透過學習一個超越其固有圖結構的圖結構來幫助緩解對抗堅固性的影響。

第三部分
前端

第9章
圖分類

Christopher Morris[1]

摘要

　　近年來，圖神經網路（GNN）作為領先的機器學習架構，可以用於以圖和關係作為輸入的監督學習。本章將概述用於圖分類的 GNN，即學習圖級輸出的 GNN。由於 GNN 計算的是節點級表徵，其中，池化層（即從節點級表徵中學習圖級表徵的層）是圖分類任務成功的關鍵組成部分；因此，我們將對池化層進行全面的介紹。此外，我們還將闡述關於理解 GNN 對圖分類的局限性方面的研究以及在克服這些局限性方面的進展。最後，我們將調查研究 GNN 方面的一些圖分類應用，並概述用於實證評估的基準資料集。

1　Christopher Morris
　　CERC in Data Science for Real-Time Decision-Making，Polytechnique Montréal，E-mail：
　　Chris@christophermorris.info

9.1　導讀

　　圖結構的資料在各個應用領域無處不在，從化療和生物資訊學（Barabasi and Oltvai, 2004；Stokes et al, 2020）　到　影　像（Simonovsky and Komodakis, 2017）和社群網站分析（Easley et al, 2012）。為了在這些領域開發成功的（監督）機器學習模型，我們需要一些利用圖結構的豐富資訊以及節點和邊的特徵資訊的技術。近年來，研究者提出了許多用於圖的（監督）機器學習的方法，其中較為值得注意的是以**圖核心**（graph kernel）為基礎的方法（Kriege et al, 2020）以及最近流行的圖神經網路（GNN），關於這方面內容的概述見（Chami et al, 2020；Wu et al, 2021d）。圖核心需要預先定義一組固定的特徵才能工作，它遵循兩步走的方法：先提取特徵，再學習任務。具體來說，首先需要根據預先定義的特徵，如小子圖、隨機遊走、鄰域資訊或反映成對圖相似性的半正定核心矩陣，計算圖的向量表徵；然後將得到的特徵或核心矩陣加入學習演算法中，如支援向量機（Support Vector Machine）。因此，圖核心方法依賴於人工特徵工程。

　　透過以點對點的方式學習特徵提取和下游任務，GNN 可能提供了對現有學習任務的更好適應性。GNN 最為突出的任務之一是圖分類或圖回歸，即預測一組圖的類標籤或目標值，如化學分子的屬性（Wu et al, 2018）。由於 GNN 的學習節點採用向量表徵或節點級表徵，為了成功進行圖分類，池化層是非常重要的。池化層的作用是在節點級表徵的基礎上學習一個向量表徵，以捕捉整個圖的結構。理想情況下，我們希望透過圖級表徵來捕捉局部模式、它們的互動和全域模式。然而，最佳的表徵應該適合給定的資料分布。目前用於圖分類的 GNN 最近已經得到廣泛應用，其中，最有前途的是藥物研究，具體介紹請參考（Gaudelet et al, 2020）。其他重要的應用領域包括材料科學（Xie and Grossman, 201f8）、製程工程（Schweidtmann et al, 2020）和組合最佳化（Cappart et al, 2021）等，我們在此也將調查研究其中的一些領域。

　　接下來我們將對用於圖分類的 GNN 進行概述。我們的調查研究囊括從 20 世紀 90 年代中期的典型工作到當前深度學習時期的最新工作，並對最近的池化層進行深入回顧。

　　在 GNN 成為圖分類的主要架構之前，人們研究的重點是以核心為基礎的演算法，即所謂的圖核心，圖核心透過預先定義一組特徵來工作。從 21 世紀初開始，研究人員以圖為基礎的一些特徵提出了大量的圖核心，如最短路徑（Borgwardt et al, 2005）、隨機遊走（Kang et al, 2012；Sugiyama and Borgwardt, 2015；Zhang et al, 2018i）、局部鄰域資訊（Shervashidze et al, 2011a；Costa and De Grave, 2010；Morris et al, 2017, 2020b）以及圖匹配（Fröhlich et al, 2005；Wo nica et al, 2010；Kriege and Mutzel, 2012；Johansson and Dubhashi, 2015；Kriege et al, 2016；Nikolentzos et al, 2017），關於圖核心的詳細資訊請參見（Kriege et al, 2020；Borgwardt et al, 2020）。關於 GNN 的全面研究與總結，可以參考（Hamilton et al, 2017b；Wu et al, 2021d；Chami et al, 2020）。

9.2　用於圖分類的圖神經網路：典型工作和現代架構

　　在本節中，我們將調查研究用於圖分類的 GNN 的典型工作和現代架構。用於圖分類的 GNN 層至少可以追溯到 20 世紀 90 年代中期的化學資訊學。舉例來說，Kireev（1995）推導出類似 GNN 的神經結構來預測化學分子的特性，Merkwirth and Lengauer（2005）的工作也有類似的目的。Gori et al（2005）以及 Scarselli et al（2008）則透過引入一般的表述提出了最初的 GNN 架構。後來，Gilmer et al（2017）透過推導一般的**訊息傳遞**表述重新引入和完善了 GNN 架構，現代 GNN 架構大多以這個表述為基礎，詳細內容請參見 9.2.1 節。

　　我們將現代 GNN 圖分類層的概述分為**空間方法**和**頻譜方法**兩種。前者能夠聚合每個節點周圍的局部資訊，是純粹以圖結構為基礎的方法；後者則依靠從圖的頻譜中提取資訊。儘管這種劃分有些武斷，但由於歷史關係，我們將繼續這樣做。GNN 層的變形非常多，在本節中，我們不提供完整的調查研究，而是專注於有代表性和影響力的架構。

9.2.1　空間方法

最早用於圖分類的**現代**空間 GNN 架構之一是由（Duvenaud et al, 2015b）提出的，當時的側重點是預測化學分子的特性。具體來說，他們提出設計一個化學資訊學中著名的「擴充連線性指紋」（Extended Connectivity Fingerprint, ECFP）（Rogers and Hahn, 2010）的可微變形，其工作原理與計算 WL 特徵向量相似。為了計算它們的 GNN 層（表示為**神經圖譜指紋**），Duvenaud et al（2015b）首先用對應原子的特徵去初始化每個節點 v 的特徵向量 $f^0(v)$，舉例來說，用一個獨熱編碼表徵分子中的原子類型。在每個迭代或第 t 層中，首先針對節點 v 計算特徵表徵 $f^t(v)$。

$$f^t(v) = f^{t-1}(v) + \sum_{w \in N(v)} f^{t-1}(w)$$

然後應用單層感知器。其中，$N(v)$ 表示節點 v 的鄰域，$N(v) = \{w \in \mathcal{V} \mid (v, w) \in \mathcal{E}\}$。由於 ECFP 通常為小分子提供稀疏的特徵向量，因此他們首先利用了一個線性層，然後是一個 Softmax 函式，得到：

$$f^{t(v)} = \text{Softmax}\,(f^t(v) \cdot H^t)$$

他們將之解釋為稀疏化層，其中，H^t 是線性層的參數矩陣。最終池化的圖級表徵是透過對所有層的特徵進行求和計算得到的，得到的特徵被送入 MLP 進行下游任務的回歸和分類。與分子回歸資料集上的 ECFP 相比，上述 GNN 層具有良好的表現。

Dai et al（2016）引入了一個簡單的 GNN 層，其靈感來自平均場（mean-field）推斷。具體來說，給定一個圖 $\mathcal{G}$，第 t 層的節點 v 的特徵 $f^t(v)$ 的計算方式以下

$$f^t(v) = \sigma\left(f^{t-1}(v) \cdot W_1 + \sum_{w \in N(v)} f^{t-1}(w) \cdot W_2 \right) \tag{9.1}$$

其中，W_1 和 W_2 是 $\mathbb{R}^{d \times d}$ 中的參數矩陣，各層共用，$\sigma(\cdot)$ 是成分級的非線性函式。在標準的、小規模的基準資料集上進行評估時，上述層具有良好的表現

（Kersting et al, 2016），類似於典型的核心方法。Lei et al（2017a）提出了一個類似的層，並透過推導學習到的圖嵌入的對應核心空間來展示與核心方法的關聯。

為了明確支持邊標籤，例如化學鍵，Simonovsky and Komodakis（2017）引入了**邊條件卷積**。其中，節點 v 的特徵表示為

$$f^t(v) = \frac{1}{|N(v)|} \sum_{w \in N(v)} F^l(l(w,v), W(l)) \cdot f^{t-1}(w) + b^l$$

其中，$l(w,v)$ 是節點 v 和節點 w 共用的邊的特徵（或標籤）。此外，$F^l : \mathbb{R}^s \to \mathbb{R}^{d_t \times d_{t-1}}$ 是一個函式，s 表示邊特徵的數量，d_t 和 d_{t-1} 分別表示第 t 層和第（t-1）層的特徵的數量，這樣就可以將邊特徵映射到 $\mathbb{R}^{d_t \times d_{t-1}}$ 中的矩陣。函式 F^l 由矩陣 W 設定參數，以邊特徵 l 為條件。最後，b^l 是一個偏置項，同樣以邊特徵 l 為條件。上述層被應用於標準的、小規模的基準資料集（Kersting et al, 2016）和電腦視覺中點雲端資料上的圖分類任務。

在（Scarselli et al, 2008）的基礎上，Gilmer et al（2017）引入了一個通用的訊息傳遞框架，從而統一了人們至今提出的大多數 GNN 架構。具體來說，Gilmer et al（2017）將上述公式中定義在鄰域上的內和（inner sum）替換為一個一般的置換不變的、可微的函式（如一個神經網路），並將前一個和鄰域特徵表徵的外和（outer sum）替換為一個逐列向量連接或 LSTM 風格的更新步驟。因此，在完全通用的情況下，一個新特徵 $f^t(v)$ 可以計算為

$$f_{\text{merge}}^{W_1}\left(f^{t-1}(v), f_{\text{aggr}}^{W_2}\left(\{\{f^{t-1}(w) \mid w \in N(v)\}\}\right)\right) \tag{9.2}$$

其中，$f_{\text{aggr}}^{W_2}$ 聚合了鄰域特徵的重集，$f_{\text{merge}}^{W_1}$ 則將步驟（t-1）中的節點表徵與計算出的鄰域特徵合併。此外還可以直接包含邊特徵，舉例來說，透過學習節點本身、鄰域節點和對應邊特徵的組合特徵進行表徵。Gilmer et al（2017）將上述架構用於量子化學中的回歸任務，它們對於透過昂貴的數值模擬（DFT）計算的回歸目標具有良好的表現（Wu et al, 2018；Ramakrishnan et al, 2014）。

與此同時，Morris et al（2020b）透過研究目前使用的 GNN 架構的局限性，發現它們的表達能力受到 WL 演算法的限制 [1]。具體來說，他們證明了不存在一個 GNN 架構能夠區分 WL 演算法所不能區分的非同構圖。特別是，他們提出了**圖同構網路**（Graph Isomorphism Network，GIN）層，並表示存在一個參數初始化過程，能使其與 WL 演算法一樣具有表達能力。從形式上看，給定一個圖 $\mathcal{G}$，節點 v 在第 t 層的特徵可計算為

$$f^t(v) = \text{MLP}\left((1+\varepsilon) \cdot f^{t-1}(v) + \sum_{w \in N(v)} f^{t-1}(w) \right) \tag{9.3}$$

其中，MLP 是一個標準的多層感知器，而 ε 是一個可學習的純量值。Morris et al（2020a）使用了標準的總和池化（見後面的內容），與其他標準的 GNN 層和核心方法相比，該方法在標準的基準資料集上獲得了良好的表現。

Xu et al（2018a）研究了如何結合與目標節點不同距離的局部資訊。具體來說，他們研究了實現這一目標的不同架構設計選擇，如串聯、最大池化和 LSTM 風格的注意力，並在標準的基準資料集上展示出些許的表現改進。此外，他們還得出了與隨機遊走分布的一些關聯。

Niepert et al（2016）透過從圖中提取局部模式來研究用於圖分類的神經架構。具體來說，他們首先從每個節點開始探索節點的 k 跳鄰域，例如使用廣度優先策略。透過標籤演算法（如中心性索引），鄰域內的節點將被有序地轉為一個固定大小的向量。然後，他們透過一個類似於 CNN 的神經網路和一個 MLP 進行最終的圖分類。在標準的、小規模的基準資料集上，與圖核心方法相比（Kersting et al, 2016），該方法展示出良好的表現。

Corso et al（2020）研究了鄰域匯總函式的效果和限制。他們設計了以多個聚合器為基礎的聚合方案，如求和、平均值、最小值、最大值和標準差，以及所謂的**度數純量**，以對抗節點之間不同數量的鄰居節點帶來的負面影響。具體來說，他們引入了以下純量

1　一個簡單的啟發式的圖同構性問題。

$$S(d,\alpha) = \left(\frac{\log(d+1)}{\delta}\right)^{\alpha}, \quad d > 0 \quad \alpha \in [-1,1]$$

其中

$$\delta = \frac{1}{|\text{train}|} \sum_{i \in \text{train}} \log(d_i + 1)$$

α 是一個可變參數。在這裡，集合 train 包含了訓練集中的所有節點 i, d_i 表示節點 i 的度數，從而得到以下匯總函式

$$\bigoplus = \underbrace{\begin{bmatrix} I \\ S(\boldsymbol{D}, \alpha=1) \\ S(\boldsymbol{D}, \alpha=-1) \end{bmatrix}}_{\text{定標器}} \otimes \underbrace{\begin{bmatrix} \mu \\ \sigma \\ \max \\ \min \end{bmatrix}}_{\text{聚合器}}$$

其中，$\otimes$ 表示張量積。他們報告了在廣泛的、標準的基準資料集上相比標準匯總函式更有希望的表現，該方法對一些標準的 GNN 層能夠有所改善。

Vignac et al（2020b）透過唯一的節點識別字擴充了 GNN 的表達能力（見 9.4 節），他們還透過計算和傳遞矩陣特徵而非向量特徵概括了（Gilmer et al, 2017）提出的訊息傳遞方案，見式（9.2）。從形式上，每個節點 i 將在 $\mathbb{R}^{n \times c}$ 中維護一個矩陣 $\boldsymbol{U}_i$，用於表示局部上下文。初始化時，每個局部上下文 $\boldsymbol{U}_i$ 在 $\mathbb{R}^{n \times 1}$ 中被設定為 $\mathbf{1}$，其中，n 表示給定圖的節點數。在每一層 l 上，類似於上面的訊息傳遞框架，局部上下文資訊被更新為

$$\boldsymbol{U}_i^{(l+1)} = u^{(l)}(\boldsymbol{U}_i^{(l)}, \tilde{\boldsymbol{U}}_i^{(l)}) \in \mathbb{R}^{n \times c_{l+1}} \text{，其中 } \tilde{\boldsymbol{U}}_i^{(l)} = \phi(\{m^{(l)}(\boldsymbol{U}_i^{(l)}, \boldsymbol{U}_j^{(l)}, y_{ij})\}_{j \in N(i)})$$

其中，$u^{(l)}$、$m^{(l)}$ 和 ϕ 分別是更新函式、訊息函式和匯總函式，用於計算更新的局部上下文資訊，y_{ij} 表示節點 i 和節點 j 共用的邊特徵。此外，他們還研究了該方法的表達能力，結果表示，在原則上，上述層可以區分任何非同構圖對，他們由此提出了上述架構的更可擴充的替代變形。最後，他們報告了該方法在標準的基準資料集上的測試結果。

9.2.2　頻譜方法

頻譜方法在圖拉普拉斯矩陣的譜域中應用了卷積運算元，不是直接計算前者的特徵分解，就是依靠頻譜圖理論，詳情請參見（Chami et al, 2020；Wang et al, 2018a）。此外，它們具有源於訊號處理的堅實數學基礎，參見（Sandryhaila and Moura, 2013；Shuman et al, 2013）。

從形式上，假設 $\mathcal{G}$ 是一個有 n 個節點的無向圖，鄰接矩陣為 A，則圖 $\mathcal{G}$ 的**圖拉普拉斯矩陣**為

$$L = I - D^{-\frac{1}{2}} A D^{-\frac{1}{2}}$$

其中，D 是對角矩陣，$D_{i,i} = \sum_j (A_{i,j})$。由於圖拉普拉斯矩陣是半正定的，因此我們可以將其分解為

$$L = U \Lambda U^{\mathrm{T}}$$

其中，$U = [u_1, u_2, \cdots, u_n]$ 在 $\mathbb{R}^{n \times n}$ 中表示根據特徵值排序的特徵向量矩陣。此外，Λ 是一個對角，$\Lambda_{i,i} = \lambda_i$，其中，$\lambda_i$ 表示第 i 個特徵值。設 $\mathbb{R}^n$ 中的 x 是一個圖訊號（即一個節點特徵），則 x 的**圖傅立葉變換**及其**逆變換**分別為

$$F(x) = U^{\mathrm{T}} x \text{ 和 } F^{-1}(\hat{x}) = Ux$$

其中，$\hat{x} = F(x)$。因此，從形式上看，圖傅立葉變換是對 U 中的特徵向量基所跨越空間的正交（線性）變換。因此，每個元素 $x = \sum_i \hat{x}_i \cdot u_i$。

以這一觀察為基礎，以頻譜為基礎的方法成功地將卷積運算（例如在網格上）泛化到了圖上。因此，它們學習了一個**卷積濾波器** g。這在形式上可以表示為

$$x * g = U(U^{\mathrm{T}} x \odot U^{\mathrm{T}} g) = U \cdot \mathrm{diag}(U^{\mathrm{T}} g) \cdot U^{\mathrm{T}} x$$

其中，運算子「·」表示點乘。設 $g_\theta = \mathrm{diag}(U^{\mathrm{T}} g)$，上述內容可以表示為

$$x * g_\theta = U g_\theta U^{\mathrm{T}} x$$

大多數頻譜方法在實現運算元 g_θ 方面有所不同。舉例來說，對於頻譜卷積神經網路（Bruna et al, 2014），$g_\theta = \Theta_{i,j}^t$，這是一組可學習的參數。在此基礎上，他們提出了以下頻譜 GNN 層：

$$H_{\cdot,j}^t = \sigma\left(\sum_{i=1}^{t} U\Theta_{i,j}^t U^\mathrm{T} H_{\cdot,i}^{t-1}\right)$$

其中，$j \in \{1, 2, \cdots, t\}$。在這裡，$t$ 是層索引，$H^{t-1} \in \mathbb{R}^{n \times (t-1)}$ 是圖訊號。$H^0 = X$，即給定的圖特徵，而 $\Theta_{i,j}^t$ 是一個對角參數矩陣。然而，上述層存在一些缺點：特徵向量的基不是置換不變的，這些層不能應用於具有不同結構和尺寸的圖，而且特徵分解的計算是節點數的立方。因此，Henaff et al（2015）透過以譜域為基礎的平滑度概念提出了上述層的更具可擴充性的變形，以減少參數的數量並造成約束作用。

為了進一步使上述層更具可擴充性，Defferrard et al（2016）引入了**謝比雪夫頻譜 CNN**，旨在透過謝比雪夫擴充（Hammond et al, 2011）來逼近 g_θ。也就是說

$$g_\theta = \sum_{i=0}^{K} \theta_i T_i(\hat{\Lambda})$$

其中，$\hat{\Lambda} = 2\Lambda / \lambda_{\max} - I$，$\lambda_{\max}$ 表示歸一化的拉普拉斯矩陣 $\hat{\Lambda}$ 的最大特徵值。歸一化確保了拉普拉斯矩陣的特徵值在 [−1, 1] 實數區間，這是謝比雪夫多項式所要求的。在這裡，T_i 表示第 i 個謝比雪夫多項式，$T_1(x) = x$。另外，Levie et al（2019）使用了 Caley 多項式，並證明了謝比雪夫頻譜 CNN 是一種特殊情況。

Kipf and Welling（2017b）提出可透過設定以下公式來讓謝比雪夫頻譜 CNN 更具可擴充性：

$$x * g_\theta = \theta_0 x - \theta_1 D^{-\frac{1}{2}} A D^{-\frac{1}{2}} x$$

此外，他們還透過設定 $\theta = \theta_0 = -\theta_1$ 以提高所得層的泛化能力，於是

$$x * g_\theta = \theta\left(I + D^{-\frac{1}{2}} A D^{-\frac{1}{2}}\right) x$$

事實上，上述層可以視為一個空間 GNN，也就是說，相當於在替定的圖 $\mathscr{G}$ 中針對節點 v 計算一個特徵。

$$f'(v) = \sigma\left(\sum_{w \in N(v) \cup v} \frac{1}{\sqrt{d_v d_w}} f^{t-1}(w) \cdot W\right)$$

其中，d_v 和 d_w 分別表示節點 v 和節點 w 的度數。雖然上述層最初是為半監督的節點分類而提出的，但現在卻是最為常用的層之一，已被應用於很多工，如矩陣補充（van den Berg et al, 2018）、連結預測（Schlichtkrull et al, 2018），同時還被作為圖分類的基準方法（Ying et al, 2018C）。

9.3　池化層：從節點級輸出學習圖級輸出

由於 GNN 學習向量節點表徵，因此如果將其用於圖分類，則需要一個池化層，以實現從節點級輸出到圖級輸出。從形式上看，池化層是一個參數化的函式，用於將一個多向量集（即所學的節點級表徵）映射到某個單一的向量（即圖級表徵）。可以說，最為簡單的此類層有**總和池化層**、**平均池化層**、**最小池化層**和**最大池化層**。也就是說，給定一個圖 $\mathscr{G}$ 和這個圖中節點級表徵的重集

$$M = \{f(v) \in \mathbb{R}^d \mid v \in \mathscr{V}\}$$

總和池化層計算出

$$f_{\text{pool}}(\mathscr{G}) = \sum_{f(v) \in M} f(v)$$

而平均池化層、最小池化層、最大池化層分別取 M 中元素的（成分級）平均值、最小值、最大值。許多已發表的 GNN 架構仍在使用這 4 個簡單的池化層，例如（Duvenaud et al, 2015b）。事實上，最近的研究（Mesquita et al, 2020）表示，在許多現實世界中的資料集上，更複雜的層（如依靠聚類的層，詳見後面的內容）並沒有提供任何經驗上的好處，特別是那些來自分子領域的層。

9.3.1　以注意力為基礎的池化層

近年來，以注意力為基礎的簡單池化變得流行起來，這是因為與更複雜的替代方案相比，這種池化易於實施且可擴充（詳見後面的內容）。舉例來說，Gilmer et al（2017）在他們的實證研究中使用了一個 seq2seq 架構的集合（Vinyals et al, 2016）來達到池化目的。為了專注於 GNN 的池化，Lee et al（2019b）透過引入 SAGPool 層（GNN 的 Self-Attention Graph Pooling（自注意力圖池化）方法的簡稱）來使用自注意力。具體來說，他們透過將任意 GNN 層的聚合特徵乘以矩陣 $\boldsymbol{\Theta}_{att} \in \mathbb{R}^{d \times 1}$ 來計算自注意力得分，其中，d 表示節點特徵的成分數。舉例來說，計算式（9.1）中簡單層的自注意力得分 $\boldsymbol{Z}(v)$。

$$\boldsymbol{Z}(v) = \sigma\left(\boldsymbol{f}^{t-1}(v) \cdot \boldsymbol{W}_1 + \sum_{w \in N(v)} \boldsymbol{f}^{t-1}(w) \cdot \boldsymbol{W}_2\right) \bullet \boldsymbol{\Theta}_{att}$$

隨後，自注意力得分 $\boldsymbol{Z}(v)$ 被用於選擇圖中的前 k 個節點；與 Cangea et al（2018）和（Gao et al, 2018a）類似（詳見後面的內容），可以省略其他節點，從而有效地從圖中剪除節點。Huang et al（2019）提出了類似的以注意力為基礎的技術。

9.3.2　以聚類為基礎的池化層

以聚類為基礎的池化層的想法是粗化圖，即迭代地合併相似的節點。Simonovsky and Komodakis（2017）是最早提出這一想法的幾個文獻之一（見前面的內容），其中使用了 **Graclus** 聚類演算法（Dhillon et al, 2007）。然而，該演算法是無參數的，也就是說，它確實適合現有的學習任務。

可以說，最著名的以聚類為基礎的池化層是 DiffPool（Ying et al, 2018c）。DiffPool 的想法是透過學習節點的軟聚類來迭代粗化圖，使原本離散的聚類分配變得可微。具體來說，在第 t 層，DiffPool 學習一個軟聚類分配 $\boldsymbol{S} \in [0, 1]^{n_t \times n_{t+1}}$，其中，$n_t$ 和 n_{t+1} 分別是第 t 層和第（$t+1$）層的節點數。$S_{i,j}$ 表示第 t 層的節點 i 被聚類到第（t+1）層的節點 j 的機率。在每次迭代中，矩陣 $\boldsymbol{S}$ 的計算方法為

$$\boldsymbol{S} = \text{Softmax}\left(\text{GNN}\left(\boldsymbol{A}_t, \boldsymbol{F}_t\right)\right)$$

其中，A_t 和 F_t 是第 t 層的聚類別圖的鄰接矩陣和特徵矩陣，函式 GNN 是一個任意的 GNN 層。最後，在每一層，鄰接矩陣和特徵矩陣分別被更新為

$$A_{t+1} = S^{\mathrm{T}} A_t S \quad 和 \quad F_{t+1} = S^{\mathrm{T}} F_t$$

從經驗上看，他們展示了 DiffPool 層提升技術〔如 GraphSage（Hamilton et al, 2017b）〕在標準的、小規模的基準資料集（Morris et al, 2020a）上改善了標準 GNN 層的表現。上述層的缺點是計算成本高。在第一個池化層之後，鄰接矩陣變得密集且為實值，導致每個 GNN 層的計算在節點數量上有二次成本。此外，由於必須提前選擇聚類的數量，因此導致超參數的數量也增加了。

9.3.3　其他池化層

Zhang et al（2018g）提出了一個以可微排序為基礎的池化層，名為 **SortPooling**。也就是說，給定第 t 層後的行級節點特徵矩陣 F_t，SortPooling 將以降冪方式對 F_t 的行進行排序。具體來說，截斷 F_t 的最後（$n-k$）行，如果 $n<k$，則對給定的圖用全是 0 的行進行填充，以統一圖的大小。從形式上看，該層可以寫為

$$F = \mathrm{sort}(F_t)，後跟 \quad F_{\mathrm{trunc}} = \mathrm{truncate}(F, k)$$

其中，函式 sort 對特徵矩陣 F_t 按行降冪排列，函式 truncate 傳回輸入矩陣的前 k 行。首先使用前幾層的特徵，即第 1 到第（$t-1$）層，打破並列，得到形如 $k \times \sum_{i=1}^{h} d_i$ 的張量 F_{trunc}。其中，d_i 表示第 i 層的特徵數；而 h 為總層數，它可以被重塑為一個大小為 $k\left(\sum_{i=1}^{h} d_i\right) \times 1$ 的張量，按行排列。然後使用濾波器進行標準的一維卷積，步進值為 $\sum_{i=1}^{h} d_i$。最後應用一連串的最大池化和一維卷積，以辨識序列中的局部模式。

同理，為了應對一些池化層（如 DiffPool）的高計算成本，Cangea et al（2018）引入了一個在 [0, 1] 區間的每一層都有 n 個節點的圖中捨棄 $n - \lceil nk \rceil$ 個節點的池化層。要捨棄的節點是根據針對可學習向量 p 的投影得分來選擇的。具體來說，計算得分向量

$$y = \frac{F_t \cdot p}{\| p \|} \quad \text{和} \quad I = \text{top-}k(y, k)$$

其中，top-k 函式根據 y 傳回給定向量中的前 k 個下標。接下來，即可透過刪除不在 I 中的行和列來更新鄰接矩陣 A_{t+1}，更新的特徵矩陣為

$$F_{t+1} = \left(F_t \odot \tanh(y) \right)$$

結果顯示，在所採用的大多數資料集上，分類查準率略低於 DiffPool 層，而在計算速度上卻快得多。Gao and Ji（2019）提出了一種類似的方法。

為了得出更具表達能力的圖表徵，Murphy et al（2019c,b）提出了**關係池化層**。為了提高 GNN 層的表達能力，他們對給定圖的所有置換進行了平均。從形式上，設 $\mathscr{G}$ 是一個圖，然後學習表徵

$$f(\mathscr{G}) = \frac{1}{|\mathscr{V}|} \sum_{\pi \in \Pi} g(A_{\pi,\pi}, [F_\pi, I_{|V|}]) \tag{9.4}$$

其中，Π 表示 $\mathscr{G}$ 的鄰接矩陣中行和列的所有可能的置換，g 是一個置換不變函式，$[\cdot, \cdot]$ 表示逐列進行矩陣連接。此外，$A_{\pi,\pi}$ 根據置換 $\pi \in \Pi$ 對鄰接矩陣 A 的行和列進行置換，同樣，F_p 對特徵矩陣 F 的行進行置換。結果顯示，上述架構在區分非同構圖方面相比 WL 演算法更具表達能力，他們由此提出了以抽樣為基礎的技術來加快計算速度。

Bianchi et al（2020）引入了一個以頻譜聚類為基礎的池化層（VON-LUXBURG, 2007）。為此，他們將 GNN 與 MLP 一起訓練，然後使用 Softmax 函式，最終提出了一個針對 k-way 歸一化最小割問題（Shi and Malik, 2000）的近似版本。由此產生的聚類分配矩陣 S 的使用方法與 9.3.2 節介紹的相同。筆者在標準的、小規模的基準資料集上評估了他們提出的這種方法，該方法具有很好的表現，特別是在 DiffPool 層上。另一個以頻譜聚類為基礎的池化層詳見（Ma et al, 2019d）。

9.4　圖神經網路和高階層在圖分類中的局限性

在本節中，我們將簡介 GNN 的局限性，以及它們的表達能力的上界是如何受到 Weisfeiler-Leman 方法（Weisfeiler and Leman，1968；Weisfeiler，1976；Grohe, 2017）限制的。具體來說，最近的一系列工作（Morris et al, 2020b；Maron et al, 2019a）將 GNN 的表達能力與 WL 演算法的表達能力結合了起來。結果顯示，在區分非同構圖時，GNN 架構一般不會比 WL 演算法能力更強。也就是說，對 WL 演算法不能區分的任何圖結構，任何可能的 GNN 與參數選擇也將不能區分。不過也有積極的方面，結果還顯示，存在一個參數初始化序列，使得 GNN 在區分非同構（子）圖方面具有與 WL 演算法相同的能力，參見式（9.3）。然而，WL 演算法有很多缺點，參見（Arvind et al, 2015；Kiefer et al, 2015）。舉例來說，WL 演算法既不能區分不同長度的週期（這是化學分子的重要屬性），也不能區分不同三角形數的圖（這是社群網站的重要屬性）。

為了解決這個問題，最近的許多工作試圖為圖的分類建立可證明的更有表達能力的 GNN。舉例來說，在（Morris et al, 2020b；Maron et al, 2019b, 2018）中，他們提出了高階 GNN 架構，該架構具有與 **k 維 Weisfeiler-Leman**（k-WL）演算法相同的表達能力，隨著 k 的增長，k-WL 演算法是 WL 演算法的更具表達能力的泛化版。在後面的內容中，我們將對此類工作進行概述。

克服限制

Morris et al（2020b）提出了第一個克服 WL 演算法局限性的 GNN 架構。具體來說，他們引入了所謂的 k-GNN，可透過定義這些子圖之間的鄰接概念，在 k 個節點而非頂點的子圖集上學習特徵。從形式上，對於一個給定的 k，他們考慮 $\mathcal{V}$ 上的所有 k 元素子集 $[\mathcal{V}]^k$。設 $s = \{s_1, s_2, \quad, s_k\}$ 是 $[\mathcal{V}]^k$ 中的 k 集，他們將 s 的鄰域定義為

$$N(s) = \{t \in [\mathcal{V}]^k \mid\mid s \bigcap t \mid = k-1\}$$

　　局部鄰域 $N_L(s)$ 由 $N(s)$ 中的所有 t 組成，要求對於唯一的 $v \in s \setminus t$ 和 $w \in t \setminus s$，有 $(v,w) \in \mathscr{E}$。**全域鄰域** $N_G(s)$ 被定義為 $N(s) \setminus N_L(s)$。

　　以以上鄰域定義為基礎，我們可以將大多數 GNN 層的頂點嵌入泛化為更具表達能力的子圖嵌入。給定一個圖 $\mathscr{G}$，一個子圖 s 的特徵可以計算為

$$f_k^t(s) = \sigma\left(f_k^{t-1}(s) \cdot W_1^t + \sum_{u \in N_L(s) \cup N_G(s)} f_k^{t-1}(u) \cdot W_2^t \right) \tag{9.5}$$

　　他們在實驗中透過對局部鄰域進行求和，獲得了更好的可擴充性和泛化性。他們還報告，經過在量子化學基準資料集上進行評估，該方法的表現相對標準 GNN 獲得了顯著提升（Wu et al, 2018；Ramakrishnan et al, 2014）。

　　後一種方法在（Maron et al, 2019a）和（Morris et al, 2019）中獲得了完善。具體來說，以（Maron et al, 2018）為基礎，Maron et al（2019a）提出了一個以標準矩陣乘法為基礎的架構，該架構至少具有與 3-WL 演算法相同的表達能力。Morris et al（2019）提出了 k-WL 演算法的變形，與原始演算法不同，這個變形演算法考慮了底層圖的稀疏性。結果表示，衍生的稀疏變形演算法在區分非同構圖方面比 k-WL 演算法略強，他們由此提出了一個與稀疏 k-WL 變形演算法具有相同表達能力的神經架構。

　　Chen et al（2019f）在研究圖表徵的表達能力方面選擇了一個重要的方向。他們證明了當且僅當一個圖表徵能夠區分所有的非同構圖對 $\mathscr{G}$ 和 $\mathscr{H}$（其中 $f(\mathscr{G}) \neq f(\mathscr{H})$）時，它才能近似一個函式 f。考慮到這一點，他們在一個圖表徵可以區分的圖對的集合以及這個圖表徵可以近似的函式空間之間建立了一種等價關係，從而進一步引入了 2-WL 演算法的變形。

　　Bouritsas et al（2020）透過用子圖資訊註釋節點特徵，增強了 GNN 的表達能力。具體來說，透過固定一組預先定義的小子圖，他們給每個節點標注了它們在這些子圖中的作用，即它們的自同構類型。他們透過在標準的圖分類基準資料集上進行評估，發現該方法的表現獲得了有效提升。

Beaini et al（2020）研究了如何將方向資訊納入 GNN。You et al（2021）透過給中心頂點唯一著色來增強 GNN，並使用兩種類型的訊息函式來超越 1-WL 演算法的表達能力。Sato et al（2021）以及 Abboud et al（2020）則使用隨機特徵來實現相同的目標，他們還研究了其衍生架構的通用屬性。

9.5 圖神經網路在圖分類中的應用

在本節中，我們將強調 GNN 在圖分類中的一些應用領域，重點是分子領域。GNN 在圖分類中最有前途的應用是藥物研究，參見（Gaudelet et al, 2020）。在這個方向上，Stokes et al（2020）提出了一種突出的方法。他們使用一種在分子圖上操作的有向訊息傳遞神經網路來確定抗生素藥物開發的改變用途候選者。此外，他們在活體中驗證了自己的預測，提出了不同於已知的、合適的改變用途候選者。

Schweidtmann et al（2020）使用 2-GNN〔見式（9.5）〕推導出了 GNN 模型，用於預測三種燃料的點火品質指標，如推導出的十六烷值、研究法辛烷值以及含氧和不含氧碳氫化合物的引擎辛烷值，結果表示式（9.5）的高階層在分子學習領域相比標準 GNN 有明顯的優勢。

Klicpera et al（2020）提出了一個名為 DimeNet 的用於分子領域的通用原則性 GNN。透過使用以邊為基礎的架構，他們根據原子在三維空間中的相對位置，在原子之間建立了一個資訊係數。具體來說，一個節點的傳入資訊需要以發送者為基礎的傳入資訊，以及原子之間的距離和原子鍵的角度。透過使用這些額外的資訊，該方法在分子特性預測任務中相比最先進的 GNN 模型有顯著改進。

9.6 基準資料集

由於大多數 GNN 的發展是由經驗驅動的，即以對標準基準資料集的評估為基礎，因此有意義的基準資料集對於 GNN 在圖分類方面的發展非常重要。為此，研究社區建立了幾個得到廣泛使用的圖分類基準資料集的資料庫。值得強

調的是其中的兩個資料庫。首先，TUDataset（Morris et al, 2020a）收集了超過
130 個資料集，這些資料集囊括不同的資料規模和領域，如化學、生物學和社群
網站等，此外還提供了以 Python 為基礎的資料載入器以及標準圖核心和 GNN
的基準線實現。我們可以很容易地從知名的 GNN 實現框架中獲取資料集，如
Deep Graph Library（Wang et al, 2019f）、PyTorch Geometric（Fey and Lenssen,
2019） 或 Spektral（Grattarola and Alippi, 2020）。 其 次，OGB（Weihua Hu,
2020）收集了包含許多大規模圖分類的基準資料集，例如來自化學和程式碼分
析的資料載入器、預先指定的分割和評估協定等。最後，Wu et al（2018）提供
了許多來自化學和生物資訊學的大規模資料集。

9.7　小結

　　在本章中，我們對用於圖分類的 GNN 進行了概述。我們整體說明了該領域
的傳統工作和現代工作，區分了空間方法和頻譜方法。由於 GNN 計算的是節點
級表徵，而用於學習圖級表徵的池化層對於圖分類的成功非常重要，因此我們
分析了以注意力、聚類和其他方法為基礎的池化層。此外，我們還概述了 GNN
在圖分類中的局限性，並整體說明了克服這些局限性的架構。最後，我們概述
了 GNN 的應用以及用於評估的基準資料集。

編者註：GNN 在分類任務中的成功使用歸功於 GNN 先進的表徵學習（見
第 2 章）和表達能力（見第 5 章），但 GNN 的表現受到演算法的可擴充性
（見第 6 章）、對抗堅固性（見第 8 章）和圖轉換能力（見第 12 章）的限制。
作為十分突出的任務之一，人們總會在各種 GNN 課題中面臨分類。舉例來
說，節點分類有助評估 GNN 的 AutoML（見第 17 章）和自監督學習（見第
18 章）方法的表現，圖分類則可以作為圖生成中對抗性學習的一部分（見第
11 章）。此外，GNN 在分類方面有許多有前途的應用，例如以節點或邊為
基礎的應用（如智慧城市，見第 27 章）以及以圖為基礎的應用〔如蛋白質
和藥物預測（見第 25 章）〕等。

第10章
連結預測

Muhan Zhang[1]

摘要

　　連結預測是圖神經網路（GNN）的重要應用方向，其目標是預測節點對之間缺失的或未來的連結。連結預測已被廣泛用於社群網站、引文網路、生物網路、推薦系統和安全等領域。傳統的連結預測方法依賴於啟發式節點相似度得分、節點的潛在嵌入或顯性的節點特徵。GNN 身為聯合學習圖結構和節點 / 邊特徵的強大工具，相比於傳統方法，已經逐漸顯示出在連結預測方面的優勢。在本章中，我們將討論用於連結預測的 GNN。首先，我們將介紹連結預測問題，並回顧傳統的連結預測方法。接下來，我們將介紹兩種流行的以 GNN 為基礎的連結預測方法──以節點為基礎的方法和以子圖為基礎的方法，並討論它們在連

1　Muhan Zhang
　　Institute for Artificial Intelligence，Peking University，E-mail：muhan@pku.edu.cn

結表徵能力方面的差異。最後，我們將回顧最近以 GNN 為基礎的連結預測的理論進展，並探討未來的發展方向。

10.1 導讀

連結預測旨在預測網路中的兩個節點之間是否存在連結（Liben-Nowell and Kleinberg, 2007）。鑑於網路無處不在，連結預測的應用範圍非常廣，如社群網站中的朋友推薦（Adamic and Adar, 2003）、引文網路中的合著者預測（Shibata et al, 2012）、Netflix 中的電影推薦（Bennett et al, 2007）、生物網路中的蛋白質相互作用預測（Qi et al, 2006）、藥物反應預測（Stanfield et al, 2017）、代謝網路重建（Oyetunde et al, 2017）、知識圖譜補全（Nickel et al, 2016a）等。

連結預測在不同的應用領域名稱也不同。術語「連結預測」通常是指預測同質圖中的連結，其中的節點和連結都只有一種類型。連結預測研究大多以這個最簡單為基礎的設定。二分使用者 - 物品網路中的連結預測被稱為矩陣補全或推薦系統，其中，節點有兩種類型（使用者和物品），連結可以有多種類型，對應於使用者對物品的不同評級。在知識圖譜中，連結預測通常被稱為知識圖譜補全，其中，每個節點都是一個獨立的實體，連結的多種類型對應於實體之間的不同關係。在大多數情況下，透過考慮異質的節點類型和關係類型資訊，為同質圖設計的連結預測演算法可以很容易地被泛化到異質圖（如二分圖和知識圖譜）。

傳統的連結預測方法主要有三種類型——啟發式方法、潛在特徵方法和以內容為基礎的方法。啟發式方法計算啟發式節點相似度得分並將其作為連結的可能性（Liben-Nowell and Kleinberg, 2007），流行的啟發式方法包括共同鄰居（Liben-Nowell and Kleinberg, 2007）、Adamic-Adar（Adamic and Adar, 2003）、偏好依附（Barabási and Albert，1999）以及 Katz 指標（Katz，1953）。潛在特徵方法則對網路的矩陣表徵進行因數化，以便學習節點的低維潛在表徵 / 嵌入。一些流行的網路嵌入技術，如 DeepWalk（Perozzi et al, 2014）、

LINE（Tang et al, 2015b）和 node2vec（Grover and Leskovec, 2016），也是潛在特徵方法，因為它們隱含了網路的一些矩陣表徵的因數（Qiu et al, 2018）。啟發式方法和潛在特徵方法都利用現有的網路拓撲結構來預測未來 / 缺失的連結。相反，以內容為基礎的方法利用的是明確的節點屬性 / 特徵，而非圖結構（Lops et al, 2011）。相關研究表示，將圖的拓撲結構與明確的節點特徵相結合可以提高連結預測的表現（Zhao et al, 2017）。

　　透過統一學習圖的拓撲結構和節點 / 邊特徵，圖神經網路（GNN）最近顯示出比傳統方法更優越的連結預測表現（Kipf and Welling, 2016；Zhang and Chen, 2018b；You et al, 2019；Chami et al, 2019；Li et al, 2020e）。流行的以 GNN 為基礎的連結預測方法有兩種——以節點為基礎的方法和以子圖為基礎的方法。以節點為基礎的方法首先透過 GNN 學習節點表徵，然後將成對的節點表徵整理為連結表徵進行連結預測，這方面的例子是（變分）圖自編碼器（Kipf and Welling, 2016）。以子圖為基礎的方法首先提取每個目標連結周圍的局部子圖，然後對每個子圖應用圖級 GNN（附帶池化）以學習子圖表徵，子圖將作為連結預測的目標連結表徵，這方面的例子是 SEAL（Zhang and Chen, 2018b）。我們在 10.3.1 節和 10.3.2 節中將分別介紹這兩類方法，並在 10.3.3 節中討論它們在表達能力上的差異。

　　為了理解 GNN 在連結預測方面的能力，研究者在理論上做了很多努力。γ-衰減啟發式理論（Zhang and Chen, 2018b）將現有的連結預測啟發式方法統一到了一個框架中，並證明了它們的局部近似性，這說明了應該使用 GNN 從圖結構中「學習」啟發式方法而非使用預先定義的啟發式方法。貼標籤技巧的理論分析（Zhang et al, 2020c）證明了以子圖為基礎的方法比以節點為基礎的方法具有更高的連結表徵能力，因為以子圖為基礎的方法能夠學習連結的最具表達能力的結構表徵（Srinivasan and Ribeiro, 2020b），而以節點為基礎的方法總是失敗。我們將在 10.3 節中介紹這些理論。

　　最後，透過分析現有方法的局限性，我們將在 10.4 節中提供以 GNN 為基礎的連結預測的幾個發展方向。

10.2　傳統的連結預測方法

在本節中，我們將回顧傳統的連結預測方法。它們可以分為三類——啟發式方法、潛在特徵方法和以內容為基礎的方法。

10.2.1　啟發式方法

啟發式方法使用簡單而有效的啟發式節點相似度得分作為連結的可能性（Liben-Nowell and Kleinberg, 2007；Lüand Zhou, 2011）。這裡用 x 和 y 表示來源節點和目標節點，以預測它們之間的關聯，並用 $\Gamma(x)$ 表示節點 x 的鄰居（節點）集合。

10.2.1.1　局部啟發式方法

最簡單的啟發式方法名為**共同鄰居**（Common Neighbor，CN），這種啟發式方法計算兩個節點共用的鄰居節點的數量，以衡量它們有一個連結的可能性：

$$f_{\mathrm{CN}}(x,y)=|\Gamma(x)\textstyle\bigcap\Gamma(y)| \tag{10.1}$$

CN 被廣泛用於社群網站中的朋友推薦。CN 假設兩個人的共同朋友越多，這兩個人就越有可能成為朋友。

與 CN 不同，雅卡爾指數（Jaccard score）衡量的是共同鄰居的比例：

$$f_{\mathrm{Jaccard}}(x,y)=\frac{|\Gamma(x)\bigcap\Gamma(y)|}{|\Gamma(x)\bigcup\Gamma(y)|} \tag{10.2}$$

著名的**偏好依附**（Preferential Attachment，PA）啟發式方法（Barabási and Albert，1999）則透過節點度數的乘積來衡量存在連結的可能性：

$$f_{\mathrm{PA}}(x,y)=|\Gamma(x)|\cdot|\Gamma(y)| \tag{10.3}$$

PA 假設 y 的度數如果較高，則 x 更有可能連接到 y。舉例來說，在引文網路中，一篇新的論文更有可能引用那些已經擁有大量引文的論文。由 PA 機制形成的網路被稱為無標度網路（Barabási and Albert，1999），這是網路科學中的重要課題之一。

現有的啟發式方法可以根據計算得分所需的鄰居節點的最大跳數進行分類。CN、雅卡爾指數和 PA 都是**一階啟發式方法**，因為它們只涉及兩個目標節點的 1 跳鄰居。接下來我們介紹兩個**二階啟發式方法**。

Adamic-Adar（AA）啟發式方法（Adamic and Adar, 2003）考慮了共同鄰居的權重：

$$f_{AA}(x, y) = \sum_{z \in \Gamma(x) \cap \Gamma(y)} \frac{1}{\log |\Gamma(z)|} \qquad (10.4)$$

其中，高度數共同鄰居 z 的權重較低（可透過 $\log |\Gamma(z)|$ 的倒數進行降權）。前提是連接 x 和 y 的高度數節點比低度數節點提供的資訊量小。

資源配置（Resource Allocation，RA）啟發式方法（Zhou et al, 2009）使用了一個更積極的降權因數：

$$f_{RA}(x, y) = \sum_{z \in \Gamma(x) \cap \Gamma(y)} \frac{1}{|\Gamma(z)|} \qquad (10.5)$$

因此，RA 更傾向於低度數的共同鄰居。

AA 和 RA 都是二階啟發式方法，因為計算得分時最多需要 x 和 y 的 2 跳鄰居。一階和二階啟發式方法都是局部啟發式方法，因為它們都可以從目標連結周圍的局部子圖中計算出來，而不需要了解整個網路。圖 10.1 展示了這三種局部啟發式方法。

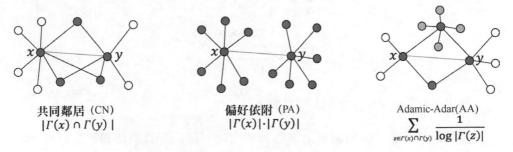

共同鄰居 (CN)
$|\Gamma(x) \cap \Gamma(y)|$

偏好依附 (PA)
$|\Gamma(x)| \cdot |\Gamma(y)|$

Adamic-Adar(AA)
$\sum_{z \in \Gamma(x) \cap \Gamma(y)} \frac{1}{\log |\Gamma(z)|}$

▲ 圖 10.1 傳統連結預測的三種局部啟發式方法——CN、PA 和 AA
（本書為單色印刷，色彩標示部分可能無法正確顯示）

10.2.1.2 全域啟發式方法

除局部啟發式方法以外，還有一些需要了解整個網路的**高階啟發式方法**，如 Katz 指標（Katz，1953）、Rooted PageRank（RPR）（Brin and Page, 2012）和 SimRank（SR）得分（Jeh and Widom, 2002）。

Katz 指標使用了 x 和 y 之間所有遊走的加權和，並賦予較長的遊走更小的權重：

$$f_{\text{Katz}}(x, y) = \sum_{l=1}^{\infty} \beta^l \,|\, \text{walks}^{\langle l \rangle}(x, y)\,|$$　（10.6）

其中，β 是一個介於 0 和 1 的衰減因數，$|\,\text{walks}^{\langle l \rangle}(x, y)\,|$ 統計 x 和 y 之間長度為 l 的遊走。當我們只考慮長度為 2 的遊走時，Katz 指標會精簡為 CN。

RPR 是 PageRank 的泛化版本。RPR 首先計算一個從 x 開始的隨機遊走的平穩分布 π_x，該遊走不是以機率 α 隨機移動到其當前鄰居節點之一，就是以機率 $1-\alpha$ 返回到 x。接下來，RPR 使用節點 y 的 π_x（用 $[\pi_x]_y$ 表示）來預測連結 (x, y)。當網路無向時，RPR 的對稱版本使用以下公式來預測連結。

$$f_{\text{RPR}}(x, y) = [\pi_x]_y + [\pi_y]_x$$　（10.7）

SimRank（SR）得分則假設兩個節點的鄰居節點如果是相似的，那麼這兩個節點就是相似的。具體則是以遞迴方式定義的：如果 x=y，那麼 $f_{\text{SR}}(x, y) := 1$，否則

$$f_{\text{SR}}(x, y) := \gamma \frac{\displaystyle\sum_{a \in \Gamma(x)} \sum_{b \in \Gamma(y)} f_{\text{SR}}(a, b)}{|\Gamma(x)| \cdot |\Gamma(y)|}$$　（10.8）

其中，γ 是一個介於 0 和 1 的常數。

高階啟發式方法同時也是全域啟發式方法。透過計算整個網路的啟發式節點相似度得分，高階啟發式方法通常比一階和二階啟發式方法有更好的表現。

10.2.1.3　小結

　　表 10.1 總結了前面介紹的 8 種啟發式方法。關於上述啟發式方法的更多變形，請參考（Liben-Nowell and Kleinberg, 2007；Lüand Zhou, 2011）。啟發式方法可以理解成計算位於觀察到的網路節點和邊結構中預先定義的**圖結構特徵**。儘管這些人為定義的圖結構特徵在許多領域很有效，但它們的表達能力有限——只能捕捉到一小部分結構模式，而不能表達不同網路中的一般圖結構特徵。同時，啟發式方法只有在網路形成機制與啟發式方法一致時才能極佳地發揮作用。此外，現有的啟發式方法不能極佳地捕捉那些具有複雜形成機制的網路，並且大多數啟發式方法只對同質圖有效。

➜ 表 10.1　常用的連結預測啟發式方法

名稱	公式	階數
CN	$\mid \Gamma(x) \bigcap \Gamma(y) \mid$	一階
雅卡爾指數	$\dfrac{\mid \Gamma(x) \bigcap \Gamma(y) \mid}{\mid \Gamma(x) \bigcup \Gamma(y) \mid}$	一階
PA	$\mid \Gamma(x) \mid \cdot \mid \Gamma(y) \mid$	一階
AA	$\displaystyle\sum_{z \in \mid \Gamma(x) \bigcap \Gamma(y) \mid} \dfrac{1}{\log \mid \Gamma(z) \mid}$	二階
RA	$\displaystyle\sum_{z \in \mid \Gamma(x) \bigcap \Gamma(y) \mid} \dfrac{1}{\mid \Gamma(z) \mid}$	二階
Katz 指標	$\displaystyle\sum_{l=1}^{\infty} \beta^l \mid \text{walks}^{<l>}(x,y) \mid$	高階
RPR	$[\pi_x]_y + [\pi_y]_x$	高階
SimRank 得分	$\gamma \dfrac{\displaystyle\sum_{a \in \Gamma(x)} \sum_{b \in \Gamma(y)} f_{\text{SR}}(a,b)}{\mid \Gamma(x) \mid \cdot \mid \Gamma(y) \mid}$	高階

註：$\Gamma(x)$ 表示頂點 x 的鄰居（節點）集合。$\beta < 1$ 是一個阻尼因數。$\mid \text{walks}^{<l>}(x,y) \mid$ 用於統計 x 和 y 之間長度為 l 的遊走的數量。$[\pi_x]_y$ 是 y 在從 x 開始的隨機遊走下的平穩分布機率，參見（Brin and Page, 2012）。SimRank 得分是以遞迴方式定義的。

10.2.2　潛在特徵方法

　　第二類傳統的連結預測方法被稱為潛在特徵方法。在一些文獻中，它們也被稱為潛在因素模型或嵌入方法。潛在特徵方法通常透過對來自網路的特定矩陣（如鄰接矩陣和拉普拉斯矩陣）進行因數化來計算節點的潛在屬性或表徵。這些節點的潛在特徵不是明確可觀察的，它們必須透過最佳化從網路中計算得出。潛在特徵也是不可解釋的。也就是說，與每個特徵維度資料表徵節點的特定屬性不同，我們不知道每個潛在特徵維度描述了什麼。

10.2.2.1　矩陣分解法

　　最為流行的潛在特徵方法之一是矩陣分解法（Koren et al, 2009；Ahmed et al, 2013），這種方法起源於與推薦系統相關的文獻。矩陣分解法將觀察到的網路鄰接矩陣 A 分解為低秩潛在嵌入矩陣 Z 及其轉置的乘積。也就是說，矩陣分解法使用節點 i 和節點 j 之間的 k 維潛在嵌入 z_i 和 z_j 來近似地重建邊：

$$\hat{A}_{i,j} = z_i^{\mathrm{T}} z_j \qquad\qquad (10.9)$$

　　然後，矩陣分解法透過使重建的鄰接矩陣和真實的鄰接矩陣之間的均方誤差最小化，在觀察到的邊上學習潛在嵌入：

$$\mathcal{L} = \frac{1}{|\mathcal{E}|} \sum_{(i,j)\in\mathcal{E}} (A_{i,j} - \hat{A}_{i,j})^2 \qquad\qquad (10.10)$$

　　最後，矩陣分解法透過節點的潛在嵌入之間的內積來預測新連結。矩陣分解法的變形包括使用 A 的冪（Cangea et al, 2018）和使用一般的節點相似性矩陣（Ou et al, 2016）取代原始鄰接矩陣 A。如果用拉普拉斯矩陣 L 替換 A 並定義損失如下：

$$\mathcal{L} = \sum_{(i,j)\in\mathcal{E}} \| z_i - z_j \|_2^2 \qquad\qquad (10.11)$$

　　則可以用對應 L 的 k 個最小非零特徵值的特徵向量建構上述非平凡解，這相當於復原了拉普拉斯特徵圖技術（Belkin and Niyogi, 2002）和頻譜聚類的解決方案（VONLUXBURG U, 2007）。

10.2.2.2 網路嵌入

自從 DeepWalk（Perozzi et al, 2014）這一創新的成果被提出以來，近年來網路嵌入方法獲得極大普及。此類方法學習節點的低維度資料表徵（嵌入），並且通常以對隨機遊走產生的節點序列為基礎來訓練 skip-gram 模型（Mikolov et al, 2013a）。因此，隨機遊走中經常出現在彼此附近的節點（即網路中接近的節點）將有類似的表徵。然後，成對的節點嵌入被聚合為連結預測的連結表徵。雖然矩陣沒有被明確地因數化，但有研究（Qiu et al, 2018）表示，許多網路嵌入方法，包括 LINE（Tang et al, 2015b）、DeepWalk 和 node2vec（Grover and Leskovec, 2016），會隱含地對網路的一些矩陣表徵進行因數化。因此，它們也可以被歸類為潛在特徵方法。舉例來說，DeepWalk 會近似地將矩陣因數化：

$$\log\left(\mathrm{vol}\,(\mathscr{G}) \left(\frac{1}{w} \sum_{r=1}^{w} \left(\boldsymbol{D}^{-1}\boldsymbol{A} \right)^{r} \right) \boldsymbol{D}^{-1} \right) - \log(b) \qquad (10.12)$$

其中，vol(G) 是節點度數的總和，$\boldsymbol{D}$ 是對角（度數）矩陣，w 是 skip-gram 的視窗大小，b 是一個常數。正如我們所看到的，DeepWalk 在本質上是對一些高階歸一化鄰接矩陣的對數進行因數化（最高為 w）。為了直觀地理解這一點，我們可以將隨機遊走看作把一個節點的鄰域擴充到 w 跳以外，我們不僅要求直接鄰居節點有相似的嵌入，而且要求透過隨機遊走 w 步可到達的節點也有相似的嵌入。

同理，LINE 演算法（Tang et al, 2015b）在其二階形式中隱含了因數：

$$\log(\mathrm{vol}\,(\mathscr{G})(\boldsymbol{D}^{-1}\boldsymbol{A}\boldsymbol{D}^{-1})) - \log(b) \qquad (10.13)$$

另一種流行的網路嵌入方法 node2vec（用負抽樣和有偏置的隨機遊走來增強 DeepWalk）也被證明可以隱式分解矩陣。由於使用了二階（有偏置）隨機遊走，因此矩陣沒有閉合（Qiu et al, 2018）。

10.2.2.3 小結

我們可以把潛在特徵方法理解為從圖結構中提取低維節點的嵌入。傳統的矩陣分解方法使用節點嵌入之間的內積來預測連結。然而，我們實際上並不偏

限於內積。作為替代，我們可以在成對節點嵌入的任意聚合上應用一個神經網路來學習連結表徵。舉例來說，node2vec（Grover and Leskovec, 2016）提供了 4 個對稱的匯總函式（對兩個節點的順序不變）──平均值、阿達馬積、絕對差值和平方差值。如果要預測有向連結，那麼也可以使用非對稱匯總函式。

潛在特徵方法可以將全域屬性和長程效應納入節點表徵，因為所有的節點對都被用於最佳化某個單一的目標函式。在最佳化過程中，一個節點的最終嵌入將受到同一連接元件中所有節點的影響。然而，潛在特徵方法不能捕捉節點之間的結構相似性（Ribeiro et al, 2017），即兩個共用相同鄰接結構的節點不會被映射為相似的嵌入。由於潛在特徵方法還需要透過一個非常大的維度來表達一些簡單的啟發式方法（Nickel et al, 2014），這使得它們有時比啟發式方法的表現更差。最後，潛在特徵方法同時也是直推式學習方法──學到的節點嵌入不能泛化到新的節點或網路。

此外，為異質圖設計的潛在特徵方法有許多種。舉例來說，RESCAL 模型（Nickel et al, 2011）會將矩陣分解法泛化到多關係圖，這在本質上相當於進行一種張量分解；而 Metapath2vec（Dong et al, 2017）則將 node2vec 泛化到了異質圖。

10.2.3　以內容為基礎的方法

啟發式方法和潛在特徵方法都面臨著冷開機的問題。也就是說，當把一個新節點加入網路時，啟發式方法和潛在特徵方法可能無法準確預測新節點的連結，因為這個節點與其他節點沒有或只有少量的現有連結。在這種情況下，以內容為基礎的方法可能對你會有所幫助。以內容為基礎的方法利用與節點相關的、明確的內容特徵進行連結預測，這種方法在推薦系統中獲得了廣泛應用（Lops et al, 2011）。舉例來說，在引文網路中，詞的分布可以用作論文的內容特徵；而在社群網站中，使用者的個人資料（如他們的人口統計學資訊和興趣）可以作為他們的內容特徵（但是，他們的朋友資訊屬於圖結構特徵，因為它們是從圖結構中計算出來的）。但是，由於沒有利用圖結構，因此以內容為基礎的方法通常比啟發式方法和潛在特徵方法的表現更差。以內容為基礎的方法通常與其他兩類方法一起使用（Koren, 2008；Rendle, 2010；Zhao et al, 2017），以提高連結預測的表現。

10.3 以 GNN 為基礎的連結預測方法

在 10.2 節中，我們已經介紹了三種傳統的連結預測方法。在本節中，我們將討論以 GNN 為基礎的連結預測方法。以 GNN 為基礎的連結預測方法將圖結構特徵和內容特徵統一起來學習，這充分利用了 GNN 出色的圖表徵學習能力。

以 GNN 為基礎的連結預測方法主要有兩種──以節點為基礎的方法和以子圖為基礎的方法。以節點為基礎的方法透過聚合 GNN 學習的成對節點表徵來建構連結表徵。以子圖為基礎的方法則在每個連結的周圍提取一個局部子圖，並使用 GNN 學習的子圖表徵作為連結表徵。

10.3.1 以節點為基礎的方法

將 GNN 用於連結預測的直接方法是將 GNN 視為歸納式網路嵌入方法：首先從局部鄰域學習節點嵌入，然後聚合 GNN 的成對節點嵌入以建構連結表徵。我們稱這些方法為以節點為基礎的方法。

10.3.1.1 圖自編碼器

以節點為基礎的方法的創新成果是圖自編碼器（Graph AutoEncoder，GAE）（Kipf and Welling, 2016）。給定圖的鄰接矩陣 A 和節點特徵矩陣 X，GAE 首先使用 GCN（Kipf and Welling, 2017b）來計算每個節點 i 的節點表徵 z_i，然後使用 $\sigma(z_i^{\mathrm{T}} z_j)$ 來預測連結（i，j）：

$$\hat{A}_{i,j} = \sigma(z_i^{\mathrm{T}} z_j)，其中 z_i = Z_{i,:}, Z = \mathrm{GCN}(X, A) \tag{10.14}$$

其中，Z 是 GCN 輸出的節點表徵（嵌入）矩陣，Z 的第 i 行是節點 i 的表徵 z_i，$\hat{A}_{i,j}$ 是連結（i, j）的預測機率，σ 是 Sigmoid 函式。如果沒有舉出 X，GAE 則使用獨熱編碼矩陣 I 來代替。訓練模型是為了最小化重建的鄰接矩陣和真實鄰接矩陣之間的交叉熵：

$$\mathcal{L} = \sum_{i \in \mathcal{V}, j \in \mathcal{V}} (-A_{i,j} \log \hat{A}_{i,j} - (1 - A_{i,j}) \log(1 - A_{i,j})) \tag{10.15}$$

在實踐中，正邊（$A_{i,j}=1$）的損失被加權為 k，其中，k 是負邊（$A_{i,j}=0$）和正邊的比率。這麼做的目的是平衡正負邊對損失的貢獻；不然由於實際網路的稀疏性，損失可能被負邊支配。

10.3.1.2　變分圖自編碼器

GAE 的變分版本被稱為變分圖自編碼器（Variational Graph AutoEncoder，VGAE）（Kipf and Welling, 2016）。VGAE 不是學習確定性的節點嵌入 z_i，而是使用兩個 GCN 來分別學習 z_i 的平均值 μ_i 和方差 σ^2。

VGAE 假設鄰接矩陣 A 是透過 $p(A|Z)$ 從潛在的節點嵌入 Z 產生的，其中，Z 遵循先驗分布 $p(Z)$。與 GAE 類似，VGAE 使用一個以內積為基礎的連結重建模型作為 $p(A|Z)$：

$$p(A|Z)=\prod_{i\in\mathcal{V}}\prod_{j\in\mathcal{V}}p(A_{i,j}|z_i,z_j),\ \text{其中，}\ p(A_{i,j}=1|z_i,z_j)=\sigma(z_i^\mathrm{T}z_j) \qquad (10.16)$$

先驗分布 p(Z) 採取了標準正態分布：

$$p(Z)=\prod_{i\in\mathcal{V}}p(z_i)=\prod_{i\in\mathcal{V}}\mathcal{N}(z_i|0,I) \qquad (10.17)$$

給定 $p(A|Z)$ 和 $p(Z)$，我們可以用貝氏法則計算 Z 的後驗分布。然而，這種分布往往是難以計算的。因此，給定鄰接矩陣 A 和節點特徵矩陣 X，VGAE 使用 GNN 來近似計算節點嵌入矩陣 Z 的後驗分布：

$$q(Z|X,A)=\prod_{i\in\mathcal{V}}q(z_i|X,A),\ \text{其中，}\ q(z_i|X,A)=\mathcal{N}(z_i|\mu_i,\mathrm{diag}(\sigma_i^2)) \qquad (10.18)$$

在這裡，z_i 的平均值 μ_i 和方差 σ^2 是由兩個 GCN 舉出的。然後，VGAE 最大化置信下界以學習 GCN 的參數：

$$\mathcal{L}=\mathbb{E}_{q(Z|X,A)}[\log p(A|Z)]-\mathrm{KL}[q(Z|X,A)\|p(Z)] \qquad (10.19)$$

其中，$\mathrm{KL}[q(Z|X,A)\|p(Z)]$ 是近似估計的後驗與 Z 的先驗分布之間的 Kullback-Leibler 散度。置信下界是使用重參數化技巧進行最佳化的（Kingma and Welling, 2014）。最後，利用 $\hat{A}_{i,j}=\sigma(\mu_i^\mathrm{T}\mu_j)$，VGAE 使用嵌入平均值 μ_i 和 μ_j 來預測連結（i,j）。

10.3.1.3 GAE 和 VGAE 的變形

GAE 和 VGAE 有許多變形。舉例來說，ARGE（Pan et al, 2018）用對抗性正規化來增強 GAE，使節點嵌入遵循先驗分布；S-VAE（Davidson et al, 2018）用 von Mises-Fisher 分布取代了 VGAE 中的正態分布，以模擬具有超球面潛在結構的資料；MGAE（Wang et al, 2017a）則利用邊緣化的圖自編碼器，透過 GCN 從損壞的節點特徵中重建節點特徵，並將它們應用於圖聚類。

GAE 代表了一類通用的以節點為基礎的方法。這類方法首先使用 GNN 學習節點嵌入，然後將成對的節點嵌入聚合起來以學習連結表徵。原則上，我們可以用任意 GNN 替換 GAE / VGAE 中使用的 GCN，以及用 $\{z_i, z_j\}$ 上的任何匯總函式替換內積 $z_i^{\mathrm{T}} z_j$，然後將聚合的連結表徵送入 MLP 以預測連結（i, j）。按照這種方法，我們可以將任何為學習節點表徵而設計的 GNN 泛化到連結預測。比如，HGCN（Chami et al, 2019）將雙曲圖卷積神經網路與費米 - 狄拉克解碼器相結合，用於聚合成對的節點嵌入並輸出連結機率：

$$p(A_{i,j} = 1 \mid z_i, z_j) = [\exp(d(z_i, z_j) - r) / t + 1]^{-1} \qquad （10.20）$$

其中，$d(\cdot, \cdot)$ 表示計算雙曲距離，r 和 t 是超參數。

再比如，位置感知 GNN（PGNN）（You et al, 2019）在訊息傳遞過程中只從一些選定的錨節點聚合訊息，以捕捉節點的位置資訊，然後將節點嵌入之間的內積用於預測連結。關於 PGNN 的這篇論文還將其他 GNN，包括 GAT（Petar et al, 2018）、GIN（Morris et al, 2020b）和 GraphSAGE（Hamilton et al, 2017b），泛化到以內積解碼器為基礎的連結預測設定。

許多 GNN 以無監督方式將連結預測作為訓練節點嵌入的目標，儘管它們的最終任務仍然是節點分類。舉例來說，在計算節點嵌入後，GraphSAGE（Hamilton et al, 2017b）將為每個 z_i 最小化以下目標，以鼓勵連接的或附近的節點具有類似的表徵：

$$L(z_i) = -\log(\sigma(z_i^{\mathrm{T}} z_j)) - k_n \cdot \mathbb{E}_{j' \sim p_n} \log(1 - \sigma(z_i^{\mathrm{T}} z_{j'})) \qquad （10.21）$$

其中，j 是一個節點，它在某個固定長度的隨機遊走上與節點 i 共同出現，p_n 是負的抽樣分布，k_n 是負的樣本數。如果我們專注於長度為 2 的隨機遊走，上述損失就會精簡為一個連結預測目標。與式（10.15）中的 GAE 損失相比，上述目標不考慮所有的 $O(n)$ 個負連結，而是使用負抽樣，對每個正對（i, j）只考慮 k_n 個負對 (i, j')，因此更適合於大圖。

也可以將推薦系統上下文中許多以節點為基礎的方法視為 GAE／VGAE 的變形。Monti et al（2017）使用 GNN 從各自的最近鄰網路中學習使用者和物品嵌入，並透過使用者和物品嵌入之間的內積來預測連結。Berg et al（2017）提出了圖卷積矩陣補全（GC-MC）模型，該模型將 GNN 應用於使用者 - 物品的二分圖，以學習使用者和物品嵌入。他們將節點索引的獨熱編碼作為輸入節點特徵，並透過使用者和物品嵌入之間的雙線性乘積來預測連結。SpectralCF（Zheng et al, 2018a）在二分圖上使用頻譜 -GNN 來學習節點嵌入。PinSage 模型（Ying et al, 2018b）使用節點內容特徵作為輸入節點特徵，並使用 GraphSAGE（Hamilton et al, 2017b）模型將相關物品映射到類似的嵌入。

在知識圖譜補全方面，R-GCN（Relational Graph Convolutional Neural Network）（Schlichtkrull et al, 2018）是一種較有代表性的以節點為基礎的方法，該方法透過在訊息傳遞過程中對不同的關係類型賦予不同的權重來考慮關係類型。SACN（Structure-Aware Convolutional Network）（Shang et al, 2019）則分別為每種關係類型的誘導子圖執行訊息傳遞，然後使用來自不同關係類型的節點嵌入的加權和。

10.3.2　以子圖為基礎的方法

以子圖為基礎的方法提取每個目標連結周圍的局部子圖，並透過 GNN 學習子圖表徵，以進行連結預測。

10.3.2.1　SEAL 框架

以子圖為基礎的方法的創新成果是 SEAL（Zhang and Chen, 2018b）。SEAL 首先為每個要預測的目標連結提取一個封閉子圖，然後應用圖級 GNN（附帶池化）來分類該子圖是否存在對應的連結。圍繞一個節點集合的**封閉子圖**的定義如下。

定義 10.1（封閉子圖）　對於圖 $\mathcal{G} = (\mathcal{V}, \mathcal{E})$，給定一個節點集合 $S \subseteq \mathcal{V}$，S 的 h 跳封閉子圖是由節點集和 $\bigcup_{j \in S} \{i \mid d(i, j) \leq h\}$ 誘導出的子圖 $\mathcal{G}_S^h$，其中，$d(i, j)$ 是節點 i 和節點 j 之間的最短路徑距離。

換言之，圍繞一個節點集合 S 的 h 跳封閉子圖包含 S 中所有節點的 h 跳以內的節點，以及這些節點之間的所有邊。在一些文獻中，h 跳封閉子圖也被稱為 h 跳局部 / 有根子圖或 h 跳自我中心網路。在連結預測任務中，節點集合 S 表示要預測連結的兩個節點。舉例來說，當預測節點 x 和節點 y 之間的連結時，$S = \{x, y\}$，$\mathcal{G}_{x,y}^h$ 表示連結 (x, y) 的 h 跳封閉子圖。

為每個連結提取封閉子圖的動機是，SEAL 的目的是從網路中自動學習圖結構特徵。所有的一階啟發式方法都可以從目標連結周圍的 1 跳封閉子圖中計算出來，所有的二階啟發式方法都可以從目標連結周圍的 2 跳封閉子圖中計算出來。SEAL 旨在使用 GNN 從提取的 h 跳封閉子圖中學習一般的圖結構特徵（監督啟發式方法），而非使用預先定義的啟發式方法。

在提取封閉子圖 $\mathcal{G}_{x,y}^h$ 後，下一步是進行**節點貼標籤**。SEAL 應用雙半徑節點貼標籤（Double Radius Node Labeling，DRNL）給子圖中的每個節點貼上一個整數標籤，並以此作為其附加特徵。該操作的目的是使用不同的標籤來區分封閉子圖中不同角色的節點。舉例來說，中心節點 x 和 y 是目標連結所在的目標節點，因此它們與其他節點不同，應該被區分開。同樣，處於不同跳數的節點（相對於目標節點 x 和 y 而言）對於連結的存在可能有不同的結構重要性，因此也應分配不同的標籤。如 10.4.2 節所述，適當地進行節點貼標籤（如應用 DRNL），對於以子圖為基礎的連結預測方法的成功非常重要，這使得以子圖為基礎的方法比以節點為基礎的方法具有更高的連結表徵學習能力。

DRNL 的工作方式如下：首先將標籤 1 分配給目標節點 x 和 y；然後對於半徑為 $(d(i,x), d(i,y)) = (1,1)$ 的所有節點 i，分配標籤 2。半徑為（1，2）或（2，1）的節點得到標籤 3，半徑為（1，3）或（3，1）的節點得到標籤 4，半徑為（2，2）的節點得到標籤 5，半徑為（1，4）或（4，1）的節點得到標籤 6，半徑為（2，3）或（3，2）的節點得到標籤 7，依此類推。換言之，DRNL 迭代地將較大的標籤分配給相對於兩個中心節點具有較大半徑的節點。

DRNL 滿足以下兩個條件：（1）目標節點 x 和 y 總是有明顯的標籤「1」，以便它們能與上下文節點區分開；（2）當且僅當節點 i 和節點 j 的「雙半徑」相同〔即節點 i 和節點 j 到 (x, y) 的距離相同〕時，它們才有相同的標籤。如此一來，子圖中具有相同關係位置的節點〔由雙半徑（$d(i, x), d(i, y)$）描述〕將總是有相同的標籤。

DRNL 有一個直接將雙半徑（$d(i, x), d(i, y)$）映射為標籤的閉式解：

$$l(i) = 1 + \min(d_x, d_y) + (d/2)[(d/2) + (d\%2) - 1] \tag{10.22}$$

其中，$dx := d(i, x)$，$dy := d(i, y)$，$d := dx + dy$，$(d/2)$ 和 $(d\%2)$ 分別是 d 除以 2 的整數部分和餘數部分。對於 $d(i, x) = \infty$ 或 $d(i, y) = \infty$ 的節點，DRNL 會給它們分配一個空標籤 0。

在得到 DRNL 標籤後，SEAL 不是將它們轉為獨熱編碼向量，就是將它們送入嵌入層以得到嵌入。這些新的特徵向量將與原始節點內容特徵（如果有的話）相連接，形成新的節點特徵。SEAL 還允許將一些預訓練的節點嵌入（如 node2vec 嵌入）連接到節點特徵。然而，正如實驗結果所示，增加預訓練的節點嵌入對最終表現並沒有顯示出明顯的好處（Zhang and Chen, 2018b）。此外，增加預訓練的節點嵌入使得 SEAL 失去了歸納式學習能力。

最後，SEAL 將這些封閉子圖以及新的節點特徵向量送入圖級 GNN，即 DGCNN（Zhang et al, 2018g），以學習圖分類函式。每個子圖的真實值表示了兩個中心節點是否真的有關聯。為了訓練這個 GNN，SEAL 從網路中隨機取出 N 個存在的連結作為正向訓練連結，並取出相同數量的未觀察到的連結（隨機節點對）作為負向訓練連結。訓練結束後，SEAL 便將訓練好的 GNN 應用於新的未觀察到的節點對的封閉子圖，以進行預測連結。整個 SEAL 框架如圖 10.2 所示。SEAL 在連結預測方面具有優異的表現，其表現持續優於預先定義的啟發式方法（Zhang and Chen, 2018b）。

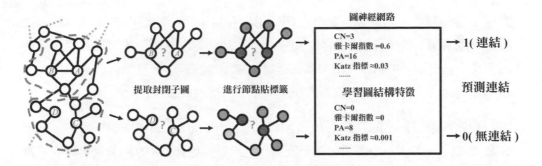

▲ 圖 10.2 關於 SEAL 框架的說明。SEAL 首先提取目標連結周圍的封閉子圖來進行預測；然後對封閉子圖進行節點標記，以區分子圖中不同角色的節點；最後將有標籤子圖送入 GNN，以學習用於連結預測的圖結構特徵（監督啟發式方法）（本書為單色印刷，色彩標示部分可能無法正確顯示）

10.3.2.2 SEAL 的變形

SEAL 促發了許多後續工作。舉例來說，Cai and Ji（2020）提出使用不同尺度的封閉子圖來學習尺度不變的模型。Li et al（2020e）提出了距離編碼（Distance Encoding，DE），旨在將 DRNL 泛化到節點分類和一般的節點集合分類問題，他們還從理論上分析了 DE 給 GNN 帶來的力量。線圖連結預測（Line Graph Link Prediction，LGLP）模型（Cai et al, 2020c）將每個封閉子圖轉為線圖，並使用線圖中的中心節點嵌入來預測原始連結。

SEAL 也被泛化用於推薦系統的雙子圖連結預測問題（Zhang and Chen, 2019），模型被稱為以歸納圖為基礎的矩陣補全（Inductive Graph-based Matrix Completion，IGMC）。IGMC 也會為每個目標（使用者, 物品）對周圍的封閉子圖進行抽樣，但使用不同的節點貼標籤解決方案。對於每個封閉子圖，IGMC 首先給目標使用者和目標物品分別貼上標籤 0 和標籤 1。其餘節點的標籤則是根據它們的節點類型以及它們與目標使用者和目標物品的距離來決定的：如果一個使用者類型的節點到達目標使用者或目標物品的最短路徑的長度為 k，那麼這個節點將得到標籤 $2k$；如果一個物品類型的節點到達目標使用者或目標物品的最短路徑的長度為 k，那麼這個節點將得到標籤 $2k+1$。如此一來，目標節點便總是可以與上下文節點區分開，使用者也可以與物品區分開（使用者的標籤數量總是偶數）。此外，與中心節點距離不同的節點也可以被區分開。接下來，將封閉子圖送入帶有 R-GCN 卷積層的 GNN，以納入邊類型資訊（每個邊類型

對應不同的評級）。最後，聯合目標使用者和目標物品的輸出表徵以作為連結表徵，進而預測目標評級。IGMC 是一個不依賴任何內容特徵的歸納式矩陣補全模型，也就是說，IGMC 只根據局部圖結構來預測評級，而且學習的模型可以遷移到未見過的使用者 / 物品或新的任務，而不需要重新訓練。

在知識圖譜補全的背景下，SEAL 被概括為 GraIL（圖譜歸納學習）（Teru et al, 2020）。GraIL 也遵循封閉子圖提取、節點貼標籤和 GNN 預測的框架。對封閉子圖，GraIL 提取由兩個目標節點之間至少一條長度為 $h+1$ 的路徑上出現的所有節點所誘導的子圖。與 SEAL 不同的是，GraIL 的封閉子圖不包括那些只與一個目標節點相鄰但與另一個目標節點不相鄰的節點。這是因為，對知識圖譜推理來說，連接兩個目標節點的路徑比懸空的節點更重要。在提取封閉子圖後，GraIL 應用 DRNL 來標記封閉子圖，同時使用 R-GCN 的變形，透過增強 R-GCN 的邊注意力來輸出每個連結的預測得分。

10.3.3　比較以節點為基礎的方法和以子圖為基礎的方法

乍一看，以節點為基礎的方法和以子圖為基礎的方法都以 GNN 學習目標連結周圍為基礎的結構特徵。然而，正如我們將要說明的，由於對兩個目標節點之間的連結進行建模，以子圖為基礎的方法實際上比以節點為基礎的方法具有更高的連結表徵能力。

我們首先透過一個例子來說明以節點為基礎的方法在檢測兩個目標節點之間的連結方面的局限性。在圖 10.3 中，左圖是一個我們想要進行連結預測的圖，其中，節點 v_2 和 v_3 是同構的（相互對稱），連結（v_1，v_2）和連結（v_4，v_3）也是同構的，然而連結（v_1，v_2）和連結（v_1，v_3）不是同構的，因為它們在圖中**不是**對稱的。事實上，節點 v_1 在圖中比節點 v_3 更接近節點 v_2，並且與節點 v_2 有更多的共同鄰居。然而，由於節點 v_2 和 v_3 是同構的，以節點為基礎的方法將為節點 v_2 和 v_3 學習相同的節點表徵（因為有相同的鄰居節點）。然後，由於以節點為基礎的方法將兩個節點表徵聚合成了一個連結表徵，它們將為連結（v_1，v_2）和連結（v_1，v_3）學習相同的連結表徵，隨後為它們輸出相同的連結存在機率。這顯然不是我們想要的結果。

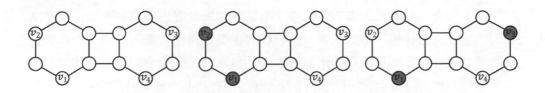

▲ 圖 10.3 以節點為基礎的方法和以子圖為基礎的方法之間不同的連結表徵能力。在左圖中,節點 v_2 和 v_3 是同構的,連結(v_1, v_2)和連結(v_4, v_3)是同構的,但連結(v_1, v_2)和連結(v_1, v_3)不是同構的,以節點為基礎的方法無法區分連結(v_1, v_2)和連結(v_1, v_3)。在中間圖中,當預測連結(v_1, v_2)時,我們將給這兩個節點貼上與其他節點不同的標籤,這樣 GNN 在學習節點 v_1 和 v_2 的表徵時就能意識到目標連結了。同樣,當預測連結(v_1, v_3)時,節點 v_1 和 v_3 將被貼上不同的標籤(如右圖所示)。如此一來,左圖中節點 v_2 的表徵將與右圖中節點 v_3 的表徵不同,從而使得 GNN 能夠區分連結(v_1, v_2)和連結(v_1, v_3)

產生這個問題的根本原因是,以節點為基礎的方法**獨立**計算兩個節點的表徵,而沒有考慮兩個節點之間的相對位置和連結。舉例來說,儘管節點 v_2 和 v_3 相對於 v_1 有不同的位置,但用於學習節點 v_2 和 v_3 表徵的 GNN 由於採用對稱處理節點 v_2 和 v_3 的方式而沒有意識到這種差異。

在以節點為基礎的方法中,GNN **甚至不能學習計算兩個節點之間的共同鄰居**〔對連結(v_1, v_2)來說是 1,對連結(v_1, v_3)來說是 0〕,而這是連結預測最為基本的圖結構特徵之一。原因仍然是以節點為基礎的方法在計算一個目標節點的表徵時沒有考慮另一個目標節點。舉例來說,當計算節點 v_1 的表徵時,以節點為基礎的方法並不關心哪個節點是另一個目標節點——無論其他節點與它(如節點 v_2)有密集的連接還是離它(如節點 v_3)很遠,以節點為基礎的方法都會學習節點 v_1 的相同表徵。如果未能對兩個目標節點之間的連結進行建模,則有時會導致連結預測性能變差。

與以節點為基礎的方法不同,以子圖為基礎的方法透過提取每個目標連結周圍的封閉子圖來進行連結預測。可以看到,如果我們為連結(v_1, v_2)和連結(v_1, v_3)提取 1 跳封閉子圖,那麼緣於它們不同的封閉子圖結構,它們是可以直接被區分的——連結(v_1, v_2)周圍的封閉子圖是一個單一的連接元件,而連結(v_1, v_3)周圍的封閉子圖則由兩個連接元件組成。大多數 GNN 可以很容易地為這兩個子圖分配不同的表徵。

此外，在以子圖為基礎的方法中，節點貼標籤步驟也有助對兩個目標節點之間的連結進行建模。舉例來說，假設我們不提取封閉子圖，而只是對原始圖應用節點貼標籤。如果只是將兩個目標節點與其他節點區分開，則最簡單的節點貼標籤方法是給這兩個目標節點分配標籤 1，並給其他節點分配標籤 0（我們稱之為**零一貼標籤技巧**）。然後，當我們想要預測連結（v_1，v_2）時，便可以為節點 v_1 和 v_2 分配一個與其他節點不同的標籤，如圖 10.3 中間圖的不同顏色所示。節點 v_1 和 v_2 有了標籤後，GNN 在計算節點 v_2 的表徵時，就會「意識到」來源節點 v_1 的存在。如此一來，在兩個不同的有標籤圖中，節點 v_2 和 v_3 的節點表徵將不再是相同的，因為有標籤節點 v_1 的存在，我們能對連結（v_1，v_2）和連結（v_1，v_3）做出不同的預測。這種方法被稱為貼標籤技巧（Zhang et al, 2020c），我們將在 10.4.2 節中更深入地加以討論。

10.4 連結預測的理論

在本節中，我們將介紹一些關於以 GNN 為基礎的連結預測的理論發展。對於以子圖為基礎的方法，一個重要的動機是從連結的鄰域中學習有監督的啟發式資訊（圖結構特徵）。那麼，一個重要的問題是，GNN 能學習現有成功的啟發式特徵到什麼程度？γ– 衰減啟發式理論（Zhang and Chen, 2018b）回答了這個問題。在 10.3.3 節中，我們已經看到使用以節點為基礎的方法對兩個目標節點之間的連結和關係進行建模的局限性，也看到了一個簡單的零一貼標籤技巧可以幫助我們解決這個問題。為什麼這樣一個簡單的貼標籤技巧可以達到如此好的連結表徵能力？它是如何做到的？一個節點貼標籤方案要達到這種能力的一般要求是什麼？接下來對**貼標籤技巧**的分析將回答這些問題（Zhang et al, 2020c）。

10.4.1 γ– 衰減啟發式理論

當使用 GNN 進行連結預測時，我們希望以訊息傳遞學習為基礎對預測連結有用的圖結構特徵。然而，由於存在鄰居節點爆炸引入的計算複雜性和過度平滑問題，我們通常不可能使用非常深的訊息傳遞層來聚合整個網路的資訊（Li et al, 2018b）。這就是為什麼以節點為基礎的方法（如 GAE）在實踐中只使用 1 ～

3 個訊息傳遞層，以及為什麼以子圖為基礎的方法只在每個連結的周圍提取一個小的 1 跳或 2 跳局部封閉子圖。

γ- 衰減啟發式理論（Zhang and Chen, 2018b）主要回答在連結的局部鄰域中保留了多少對連結預測有用的結構資訊，從而為在以子圖為基礎的方法中只對局部封閉子圖應用 GNN 提供理由。為了回答這個問題，γ- 衰減啟發式理論研究了現有的連結預測啟發式方法能不能從局部封閉子圖中得到近似的解釋。如果所有這些現有的、成功的啟發式方法都能從局部封閉子圖中準確計算或近似，那麼我們將更有信心使用 GNN 從這些局部封閉子圖中學習一般的圖結構特徵。

10.4.1.1 γ- 衰減啟發式方法的定義

首先，從 h 跳封閉子圖的定義（見定義 10.1）可以得出的直接結論如下。

命題 10.1 連結 (x, y) 的任何 h 階啟發式得分都可以從連結 (x, y) 周圍的 h 跳封閉子圖 $\mathcal{G}_{x,y}^h$ 中準確計算出來。

舉例來說，一個 1 跳封閉子圖包含計算任何一階啟發式方法的所有資訊，而一個 2 跳封閉子圖包含計算任何一階和二階啟發式方法的所有資訊，這表示一階和二階啟發式方法可以以一個有較強表達能力的 GNN 為基礎學習局部封閉子圖。然而，高階啟發式方法如何呢？高階啟發式方法通常比局部啟發式方法有更好的連結預測表現。為了研究高階啟發式方法的局部近似性，γ- 衰減啟發式理論首先定義了高階啟發式方法的一般表述，即 γ- **衰減啟發式**。

定義 10.2（γ- 衰減啟發式） 連結 (x, y) 的 γ- 衰減啟發式具有以下形式。

$$\mathcal{H}(x,y) = \eta \sum_{l=1}^{\infty} \gamma^{\,l} f(x,y,l)$$

（10.23）

其中，γ 是一個介於 0 和 1 的衰減因數；η 是一個正常數或是 γ 的正函式，其上界為一個常數；f 是給定網路下 x、y、l 的非負函式；l 可以視為迭代數。

可以證明，在一定條件下，任何 γ- 衰減啟發式都可以從 h 跳封閉子圖中近似，並且近似誤差至少隨 h 以指數形式減小。

定理 **10.1** 給定一個 γ- 衰減啟發式 $\mathscr{H}(x,y)=\eta\sum\limits_{l=1}^{\infty}\gamma^{\,l}f(x,y,l)$，如果 $f(x,y,l)$ 滿足：

- （屬性 1）$f(x,y,l)\leqslant\lambda^{l}$，其中 $\lambda<\dfrac{1}{\gamma}$；

- （屬性 2）對於 $l=1,2,\cdots,g(h)$，$f(x,y,l)$ 可以從 $\mathscr{G}_{x,y}^{h}$ 計算出來，其中，$g(h)=ah+b(\ a,b\in\ ;\ a>0)$。

則 $\mathscr{H}(x,y)$ 可以從 $\mathscr{G}_{x,y}^{h}$ 中近似，並且近似誤差至少隨 h 以指數形式減小。

證明：　我們可以透過對其第一個 $g(h)$ 項進行求和來近似計算 γ - 衰減啟發式。

$$\widetilde{\mathscr{H}}(x,y):=\eta\sum_{l=1}^{g(h)}\gamma^{\,l}f(x,y,l)\qquad\qquad（10.24）$$

對近似誤差的限制如下：

$$|\mathscr{H}(x,y)-\widetilde{\mathscr{H}}(x,y)|=\eta\sum_{l=g(h)+1}^{\infty}\gamma^{l}f(x,y,l)\leqslant\eta\sum_{l=ah+b+1}\gamma^{l}\lambda^{l}=\eta(\gamma\,\lambda)^{ah+b+1}(1-\gamma\lambda)^{-1}$$

上述證明表示，較小的 $\gamma\lambda$ 會導致更快的衰減速度和較小的近似誤差。為了近似一個 γ- 衰減啟發式，只需要從一個 h 跳封閉子圖中計算它的前幾項即可。

那麼，一個很自然的問題是，哪些現有的高階啟發式屬於允許局部近似的 γ- 衰減啟發式。令人驚訝的是，γ- 衰減啟發式理論顯示，三個最為流行的高階啟發式方法——Katz 指標、RPR 和 SimRank 得分（見表 10.1）都滿足定理 10.1 中的屬性。

為了證明這些，我們首先需要證明以下引理。

引理 10.1　任何長度為 $l\leqslant2h+1$ 的節點 x 和節點 y 之間的遊走都包含在 $\mathscr{G}_{x,y}^{h}$ 中。

證明： 給定任何長度為 l 的遊走 $w = x, v_1, \cdots, v_{l-1}, y$，我們需要證明每個節點 v_i 都包含在 $\mathscr{G}_{x,y}^h$ 中。考慮任意一個節點 v_i，假設 $d(v_i, x) \geq h+1$、$d(v_i, y) \geq h+1$，則 $2h+1 \geq l = |\langle x, v_1, \cdots, v_i \rangle| + |\langle v_i, \cdots, v_{l-1}, y \rangle| \geq d(v_i, x) + d(v_i, y) \geq 2h+2$，這是矛盾的。因此，$d(v_i, x) \leq h$ 或 $d(v_i, y) \leq h$。根據 $\mathscr{G}_{x,y}^h$ 的定義，節點 v_i 必定包含在 $\mathscr{G}_{x,y}^h$ 中。

接下來展示人們對 Katz 指標、RPR 和 SimRank 得分所做的分析。

10.4.1.2 Katz 指標

連結 (x, y) 的 Katz 指標（Katz，1953）被定義為

$$\text{Katz}_{x,y} = \sum_{l=1}^{\infty} \beta^l \, |\, \text{walks}^{<l>}(x, y)| = \sum_{l=1}^{\infty} \beta^l [A^l]_{x,y} \qquad (10.25)$$

其中，$\text{walks}^{<l>}(x, y)$ 是節點 x 和節點 y 之間長度為 l 的遊走的集合，A^l 是網路鄰接矩陣的第 l 次冪。Katz 指標旨在對節點 x 和節點 y 之間所有遊走的集合進行求和，其中，長度為 l 的遊走的縮減係數為 $\beta^l\,(0 < \beta < 1)$，可以給較短的遊走賦予更多的權重。

Katz 指標可以直接定義為 γ– 衰減啟發式的形式，其中 $\eta = 1$、$\gamma = \beta$、$f(x, y, l) = |\, \text{walks}^{<l>}(x, y)|$。根據引理 10.1，針對 $l \leq 2h+1$，可以從 $\mathscr{G}_{x,y}^h$ 中計算出 $|\, \text{walks}^{<l>}(x, y)|$，因此滿足定理 10.1 中的屬性 2。現在我們證明何時滿足屬性 1。

命題 10.2 對於任意節點 i 和節點 j，$[A^l]_{i,j}$ 以 d^l 為界，其中，d 是網路的最大節點度數。

證明： 下面透過歸納法進行證明。當 $l = 1$ 時，對於任意連結 (i, j)，$A_{i,j} \leq d$。因此，基本情況是正確的。利用歸納法，假設對於任意連結 (i, j) 有 $[A^l]_{i,j} \leq d^l$，於是得出

$$[A^{l+1}]_{i,j} = \sum_{k=1}^{|V|} [A^l]_{i,k} A_{k,j} \leq d^l \sum_{k=1}^{|V|} A_{k,j} \qquad d^l d = d^{l+1}$$

取 $\lambda = d$，可以看到，只要 $d < 1/\beta$，Katz 指標就可以滿足定理 10.1 中的屬性 1。在實踐中，縮減係數 β 通常被設定為非常小的值，如 5E-4（Liben-Nowell and Kleinberg, 2007），這表示 Katz 指標可以從 h 跳封閉子圖中得到非常好的近似。

10.4.1.3 RPR

節點 x 的 RPR 計算的是從該節點開始的隨機遊走的平穩分布，隨機遊走不是以機率 α 的方式迭代移動到其當前位置的隨機鄰居節點，就是以機率 $1-\alpha$ 的方式返回到節點 x。假設 π_x 表示平穩分布向量，$[\pi_x]_i$ 表示隨機遊走在平穩分布下處於節點 i 的機率。

設 P 是轉移機率矩陣，如果 $(i, j) \in E$，則 $P_{i,j} = \dfrac{1}{|\Gamma(v_j)|}$，否則 $P_{i,j} = 0$。設 e_x 是一個向量，其中的第 x 個元素為 1，其他元素為 0。平穩分布滿足

$$\pi_x = \alpha P \pi_x + (1-\alpha) e_x \qquad (10.26)$$

當用於連結預測時，連結 (x, y) 的得分由 $[\pi_x]_y$（或 $[\pi_x]_y + [\pi_y]_x$ 以示對稱）舉出。為了證明 RPR 是 γ– 衰減啟發式方法，我們引入了 inverse P-distance 理論（Jeh and Widom, 2003），該理論指出，$[\pi_x]_y$ 可以等價地寫成

$$[\pi_x]_y = (1-\alpha) \sum_{w:x \rightsquigarrow y} P[w] \alpha^{\operatorname{len}(w)} \qquad (10.27)$$

其中，求和取自所有從節點 x 開始到節點 y 結束的遊走（有可能多次接觸節點 x 和節點 y）。對於一個遊走 $w = \langle v_0, v_1, \cdots, v_k \rangle$，$\operatorname{len}(w) := |\langle v_0, v_1, \cdots, v_k \rangle|$ 是該遊走的長度。P[w] 被定義為 $\prod_{i=0}^{k-1} \dfrac{1}{|\Gamma(v_i)|}$，它可以解釋為遊走 w 的機率。

定理 10.2 RPR 是 $\gamma-$ 衰減啟發式方法，它滿足定理 10.1 中的兩個屬性。

證明： 首先將 $[\pi_x]_y$ 寫成以下形式：

$$[\pi_x]_y = (1-\alpha)\sum_{l=1}^{\infty}\sum_{\substack{w:x\leadsto y \\ \text{len}(w)=l}} P[w]\alpha^l \qquad (10.28)$$

定義 $f(x,y,l) := \sum_{\substack{w:x\leadsto y \\ \text{len}(w)=l}} P[w]$ 導致 $\gamma-$ 衰減啟發式的形式。請注意，$f(x,y,l)$ 是一個從節點 x 開始的隨機遊走正好在 l 步內停在節點 y 的機率，滿足 $\sum_{z\in V} f(x,z,l) = 1$。因此，$f(x,y,l) \leqslant 1 \leqslant \frac{1}{\alpha}$（定理 10.1 中的屬性 1）。根據引理 10.1，對於 $l \leqslant 2h+1$，我們可以從 $\mathscr{G}_{x,y}^h$ 計算出 $f(x,y,l)$（定理 10.1 中的屬性 2）。

10.4.1.4 SimRank 得分

SimRank 得分（Jeh and Widom, 2002）假設：如果兩個節點的鄰居節點是相似的，那麼這兩個節點就是相似的。SimRank 得分是用下列遞迴方式定義的：如果 x=y，則 s(x, y):=1；否則

$$s(x,y) := \gamma \frac{\sum_{a\in\Gamma(x)}\sum_{b\in\Gamma(y)} s(a,b)}{|\Gamma(x)|\cdot|\Gamma(y)|} \qquad (10.29)$$

其中，γ 是一個介於 0 和 1 的常數。根據（Jeh and Widom, 2002），SimRank 得分具有以下等價的定義：

$$s(x,y) = \sum_{w:(x,y)\multimap(z,z)} P[w]\gamma^{\text{len}(w)} \qquad (10.30)$$

其中，$w:(x,y)\multimap(z,z)$ 表示所有同時進行的遊走，其中一個遊走從節點 x 開始，另一個遊走從節點 y 開始，並且它們首先在任意頂點 z 相遇。對一個同時進行的遊走 $w = \langle(v_0,u_0),\cdots,(v_k,u_k)\rangle$ 來說，$\text{len}(w) = k$ 是該遊走的長度。$P[w]$ 被類似地定義為 $\prod_{i=0}^{k-1} \frac{1}{|\Gamma(v_i)||\Gamma(u_i)|}$，用於描述這個遊走的機率。

定理 **10.3** SimRank 得分是滿足定理 10.1 中屬性的 $\gamma-$ 衰減啟發式方法。

證明：首先將 $s(x, y)$ 寫成以下形式：

$$s(x,y) = \sum_{l=1} \sum_{\substack{w:(x,y)\multimap(z,z) \\ len(w)=l}} P[w]\gamma^l$$

（10.31）

定義 $f(x,y,l) := \sum_{\substack{w:(x,y)\multimap(z,z) \\ len(w)=l}} P[w]$ 表示，SimRank 得分是 $\gamma-$ 衰減啟發式方法。請

注意，$f(x,y,l) \leq 1 \leq \dfrac{1}{\gamma}$。可以很容易地看出，對於 $l \leq h$，$f(x, y, l)$ 也可以

透過 $\mathscr{G}^h_{x,y}$ 計算得到。

10.4.1.5　討論

其他一些以路徑計數或隨機遊走為基礎的高階啟發式方法（Lü and Zhou, 2011）也可以納入 $\gamma-$ 衰減啟發式框架。另一個有趣的發現是，一階和二階啟發式方法也可以統一到這個框架中。舉例來說，共同鄰居可以被看作一個 $\gamma-$ 衰減啟發式，其中 $\eta = \gamma = 1$，對於 $l = 1$，$f(x,y,l) = |\Gamma(x) \bigcap \Gamma(y)|$，否則 $f(x,y,l) = 0$。

上述結果顯示，大多數現有的連結預測啟發式方法在本質上共用相同的 $\gamma-$ 衰減啟發式形式，因此可以有效地從 h 跳封閉子圖中近似，並且近似誤差以指數形式減小。$\gamma-$ 衰減啟發式的普遍性不是偶然的——它表示一個成功的連結預測啟發式方法最好將按指數形式減小的權重放在遠離目標的結構上，因為網路的遠端部分對連結的存在沒有什麼貢獻。$\gamma-$ 衰減啟發式理論為我們從局部封閉子圖中學習有監督的啟發式資訊建立了基礎，因為它們表示局部封閉子圖已經包含足夠的資訊來學習良好的圖結構特徵，從而進行連結預測。考慮到從整個網路中學習往往是不可行的，以局部封閉子圖為基礎進行學習有著更為重要的意義。這促使人們提出以子圖為基礎的方法。

總而言之，利用從連結周圍提取的小封閉子圖，我們能夠準確地計算出一階和二階啟發式方法，並以較小的誤差逼近各種高階啟發式方法。因此，給定一個有足夠表達能力的 GNN，從這樣的封閉子圖中學習有望獲得至少與各種啟發式方法一樣好的表現。

10.4.2 貼標籤技巧

在 10.3.3 節中，我們簡要討論了以節點為基礎的方法和以子圖為基礎的方法的連結表徵學習能力之間的區別，這被形式化為對**貼標籤技巧**的分析（Zhang et al, 2020c）。

10.4.2.1 結構表徵

下面首先介紹一些關於**結構表徵**（分析貼標籤技巧時的核心概念）的基礎知識。

我們將圖定義為 $\mathscr{G} = (\mathscr{V}, \mathscr{E}, A)$，其中，$\mathscr{V} = \{1, 2, \cdots, n\}$ 是 n 個節點的集合，$\mathscr{E} \subseteq \mathscr{V} \times \mathscr{V}$ 是邊的集合，$A \in \mathbb{R}^{n \times n \times k}$ 是一個包含節點特徵和邊特徵的 3 維張量（我們稱之為鄰接張量）。對角線元素 $A_{i,i,:}$ 表示節點 i 的特徵，非對角線元素 $A_{i,j,:}$ 表示邊 (i, j) 的特徵。我們進一步用 $A' \in \{0,1\}^{n \times n}$ 表示 $\mathscr{G}$ 的鄰接矩陣，如果 $(i, j) \in E$，則有 $A_{i,j} = 1$。如果沒有節點特徵／邊特徵，就設定 $A' = A$；不然 A' 可以看作 A 的第一個切片，$A' = A_{:,:,1}$。

置換 π 是一個從 $\{1, 2, \cdots, n\}$ 到 $\{1, 2, \cdots, n\}$ 的雙射。根據上下文，$\pi(i)$ 可能表示給節點 $i \in \mathscr{V}$ 分配一個新的索引，或將節點 i 映射到另一個圖的節點 $\pi(i)$。所有 n 個可能的 π 組成了置換組 Π_n。對一組節點上的聯合預測任務，我們用 S 表示目標節點集合。舉例來說，如果我們想預測節點 i 和節點 j 之間的關聯，則 $S = \{i, j\}$。我們可以定義 $\pi(S) = \{\pi(i) \mid i \in S\}$。我們還可以進一步定義 A 的置換為 $\pi(A)$，其中，$\pi(A)_{\pi(i), \pi(j),:} = A_{i,j,:}$。

接下來，我們定義集合同構，從而將圖的同構泛化到任意節點集合。

定義 **10.3（集合同構）** 給定兩個 n 節點圖 $\mathcal{G} = (\mathcal{V}, \mathcal{E}, A)$ 和 $\mathcal{G}' = (\mathcal{V}', \mathcal{E}', A')$，以及兩個節點集合 $S \subseteq \mathcal{V}$ 和 $S' \subseteq \mathcal{V}'$，如果存在 $\pi \in \Pi_n$ 使得 $S = \pi(S')$ 且 $A = \pi(A')$，我們就說 (S, A) 和 (S', A') 是同構的（用 $(S, A) \simeq (S', A')$ 表示）。

當 $(\mathcal{V}, A) \simeq (\mathcal{V}', A')$ 時，我們就說兩個圖 $\mathcal{G}$ 和 $\mathcal{G}'$ 是**同構的**（簡寫為 $A \simeq A'$，因為 $\mathcal{V} = \pi(\mathcal{V}')$ 對於任意 π 成立）。請注意，集合同構比圖同構**更嚴格**，因為前者不僅要求圖同構，而且要求置換 π 能夠將一個特定的節點集合 S 映射到另一個節點集合 S'。

在實踐中，當 $S \neq \mathcal{V}$ 時，我們往往更關心 $A = A'$ 的情況，我們要在同一個圖中找到同構的節點集合（自同構）。舉例來說，當 $S = \{i\}$、$S' = \{j\}$ 並且 $(i, A) \simeq (j, A)$ 時，我們就說節點 i 和節點 j 在圖 A 中是同構的（或說它們在圖 A 中具有對稱的位置／相同的結構角色）。大家可以參考圖 10.3 左圖中的節點 v_2 和 v_3。

如果對於 $\forall \pi \in \Pi_n$，$f(S, A) = f(\pi(S), \pi(A))$，我們就說一個定義在 (S, A) 空間上的函式 f 是**置換不變的**（或簡稱**不變的**）。同理，如果對於 $\forall \pi \in \Pi_n$，$\pi(f(S, A)) = f(\pi(S), \pi(A))$，我們就說函式 f 是**置換等變的**。

現在我們按照（Srinivasan and Ribeiro, 2020b；Li et al, 2020e）定義一個節點集合的結構表徵，從而為每個同構的節點集合的等價類分配一個唯一的表徵。

定義 **10.4（最具表達能力的結構表徵）** 給定一個不變函式 $\Gamma(\cdot)$，如果對於 $\forall S$、A、S' 和 A'，有 $\Gamma(S, A) = \Gamma(S', A') \Leftrightarrow (S, A) \simeq (S', A')$，我們就說 $\Gamma(S, A)$ 是 (S, A) 的最具表達能力的結構表徵。

為簡單起見，我們將在本節的其餘部分簡要地用**結構表徵法**來表示最具表達能力的結構表徵。從上下文中可以看出，我們將省略 A。我們稱 $\Gamma(i, A)$ 為節點 i 的**結構節點表徵**，稱 $\Gamma(\{i, j\}, A)$ 為連結 (i, j) 的**結構連結表徵**。

定義 10.4 要求兩個節點集合的結構表徵是相同的（當且僅當它們是同構的節點集合時）。也就是說，同構的節點集合總是有**相同的**結構表徵，而非同構的節點集合總是有不同的結構表徵。這與 DeepWalk（Perozzi et al, 2014）和矩陣分解（Mnih and Salakhutdinov, 2008）等**位置性節點嵌入方法**形成了鮮明對比。

位置性節點嵌入方法允許兩個同構的節點可以有不同的節點嵌入（Ribeiro et al, 2017）。

那麼，我們為什麼需要結構表徵？從形式上說，Srinivasan and Ribeiro（2020b）證明了任何針對節點集合的聯合預測任務都只需要節點集合的**最具表達能力的結構表徵**（當且僅當這兩個節點集合是同構的節點集合時），這些表徵對這兩個節點集合是相同的。這表示對於連結預測任務，我們需要為同構的連結學習相同的表徵，同時為非同構的連結學習不同的表徵，從而區分它們。直觀地說，兩個連結是同構的，這表示它們從任何角度看都是不可區分的——如果一個連結存在，那麼另一個連結也應該存在，反之亦然。因此，連結預測最終需要為節點對找到一個可以唯一辨識連結同構類的**結構連結表徵**。

根據圖 10.3 的左圖，直接聚合兩個節點表徵的以節點為基礎的方法**無法**學習如此有效的結構連結表徵，因為它們不能區分非同構連結，如連結（v_1, v_2）和連結（v_1, v_3）。讀者可能會想，將使用節點索引的獨熱編碼作為輸入節點特徵是否有助以節點為基礎的方法學習這樣的結構連結表徵。節點區分特徵確實使得以節點為基礎的方法能夠學習圖 10.3 左圖所示連結（v_1, v_2）和連結（v_1, v_3）的不同表徵，但這同時也會失去 GNN 將同構節點（如節點 v_2 和 v_3）和同構連結〔如連結（v_1, v_2）和連結（v_4, v_3）〕映射到相同表徵的能力，因為任何兩個節點從一開始就有不同的表徵。這可能導致不良的泛化能力——即使兩個節點 / 連結共用相同的鄰域，它們也可能有不同的最終表徵。

為了簡化分析，我們還可以定義**節點最具表達能力的 GNN**，用於對所有非同構的節點舉出不同的表徵，而對所有同構的節點舉出相同的表徵。換言之，節點最具表達能力的 GNN 學習的是結構性節點表徵。

定義 10.5（節點最具表達能力的 GNN） 如果一個 GNN 滿足以下條件，我們就說它是節點最具表達能力的 GNN：對於 $\forall i$、A、j 和 A', $\mathrm{GNN}(i, A) = \mathrm{GNN}(j, A') \Leftrightarrow (i, A) \simeq (j, A')$。

雖然我們目前還不知道節點最具表達能力的 GNN 的多項式時間實現，但以訊息傳遞為基礎的實用 GNN 仍然可以區分幾乎所有的非同構節點（Babai and Kucera，1979），從而極佳地逼近了這種 GNN 的能力。

10.4.2.2　貼標籤技巧使學習結構表徵成為可能

本節介紹貼標籤技巧，下面讓我們看看它是如何實現學習節點集合的結構表徵的。正如我們在 10.4.2 節中所看到的，簡單的零一貼標籤技巧可以幫助 GNN 區分非同構的連結，如圖 10.3 左圖所示的連結（v_1, v_2）和連結（v_1, v_3）。同時，同構連結〔如連結（v_1, v_2）和連結（v_4, v_3）〕仍將有相同的表徵，因為連結（v_1, v_2）的零一有標籤圖仍與連結（v_4, v_3）的零一有標籤圖對稱。相對於使用節點索引的獨熱編碼，零一貼標籤技巧具有獨特的優勢。

下面我們舉出貼標籤技巧的正式定義，其中包含零一貼標籤技巧的一種具體形式。

定義 10.6（貼標籤技巧）　給定連結（S, A），在 A 的第三維中堆疊一個貼標籤張量 $L^{(S)} \in \mathbb{R}^{n \times n \times d}$，得到新的 $A^{(S)} \in \mathbb{R}^{n \times n \times (k+d)}$，其中，$L$ 滿足以下兩個條件：對於 $\forall S$、A S' 和 A' 以及 $\pi \in \Pi_n$，（1）$L^{(S)} = \pi(L^{(S')}) \Rightarrow S = \pi(S')$；（2）$S = \pi(S')$ 且 $A = \pi(A') \Rightarrow L^{(S)} = \pi(L^{(S')})$。

這裡解釋一下，貼標籤技巧為圖 A 中的每個節點 / 邊分配了一個標籤向量，這就組成了貼標籤張量 $L^{(S)}$。透過串聯 A 和 $L^{(S)}$，我們獲得了新的有標籤圖的鄰接張量 $L^{(S)}$。根據定義，我們可以給節點和邊分配標籤。為簡單起見，我們這裡只考慮節點標籤，也就是讓對角線外的元素 $L^{(S)}_{i,j,:}$ 都為 0。

貼標籤張量 $L^{(S)}$ 應該滿足定義 10.6 中的兩個條件。第一個條件要求目標節點與其他節點的標籤不同，這樣 S 就能與其他節點區分開。這是因為，如果置換 π 保留節點 A 和節點 A' 之間存在的節點標籤，那麼 S 和 S' 就必須具有不同的標籤，以保證 S' 透過 π 能夠映射到 S。第二個條件要求標籤函式是**置換等變**的，換言之，當連結（S, A）和連結（S', A'）在 π 下是同構的連結時，對應的節點 $i \in S$、$j \in S'$ 和 $i = \pi(j)$ 必須總是有相同的標籤。標籤在不同的 S 中應該是一致的。

舉例來說，零一貼標籤是一種有效的貼標籤技巧：總是給 S 中的節點貼上標籤 1，否則就貼上標籤 0，這既是一致的，也對 S 做了區別對待。然而，全一貼標籤不是有效的貼標籤技巧，因為不能區分目標節點集合 S。

下面我們介紹貼標籤技巧的主要定理，以表示在有效的貼標籤技巧下，節點最具表達能力的 GNN 可以透過聚合從**有標籤**圖中學習的節點表徵來學習結構連結表徵。

定理 10.4 給定一個節點最具表達能力的 GNN 和一個注入式集合匯總函式 AGG，對於任意 S、A、S' 和 A'，$\text{GNN}(S, A^{(S)}) = \text{GNN}(S', A'^{(S')}) \Leftrightarrow (S, A) \simeq (S', A')$，其中，$\text{GNN}(S, A^{(S)}) := \text{AGG}(\{\text{GNN}(i, A^{(S)}) \mid i \ S\})$。

上述定理的證明可以在（Zhang et al, 2020c）的附錄 A 中找到。定理 10.4 表示 $\text{AGG}(\{\text{GNN}(i, A^{(S)}) \mid i \in S\})$ 是連結（S, A）的結構表徵。請記住，直接聚合從原圖 A 中學習的結構節點表徵並不能導致結構連結表徵。定理 10.4 表示，透過將我們從有標籤圖的鄰接張量 $A^{(S)}$ 中學習的結構節點表徵聚合起來（有點令人驚訝），可以得到 S 的結構表徵。

定理 10.4 的意義在於縮小了 GNN 的節點表徵性質和連結預測的連結表徵要求之間的差距，這解決了（Srinivasan and Ribeiro, 2020b）中質疑的以節點為基礎的 GNN 方法進行連結預測的能力問題。雖然直接聚合 GNN 學習的成對節點表徵並不能導致結構連結表徵，但透過將 GNN 與貼標籤技巧相結合，我們就可以學習結構連結表徵。

可以很容易證明，零一貼標籤、DRNL 和距離編碼（DE）（Li et al, 2020e）都是有效的貼標籤技巧。這解釋了為什麼以子圖為基礎的方法比以節點為基礎的方法具有更優越的經驗表現（Zhang and Chen, 2018b；Zhang et al, 2020c）。

10.5 未來的方向

在本節中，我們將介紹連結預測的三個重要的未來發展方向：加速以子圖為基礎的方法、設計更強大的貼標籤技巧以及理解何時使用獨熱特徵。

10.5.1　加速以子圖為基礎的方法

　　連結預測的重要的未來發展方向是加速以子圖為基礎的方法。儘管以子圖為基礎的方法在經驗和理論上都展示出相比以節點為基礎的方法更優越的表現，但以子圖為基礎的方法也存在巨大的計算複雜性，這使得它們無法被部署到現代推薦系統中。因此，如何加速以子圖為基礎的方法是一個需要研究的重要問題。

　　以子圖為基礎的方法的額外計算複雜性來自其節點標記步驟。原因是，對於每一個要預測的連結 (i, j)，我們需要根據連結 (i, j) 重新為圖貼標籤。同一個節點會被貼上不同的標籤，這取決於哪一個是目標連結。當這個節點出現在不同連結的有標籤圖中時，GNN 會給它一個不同的節點表徵。這與以節點為基礎的方法不同，在這種方法中，由於不需要對圖重新貼標籤，因此每個節點只有一個表徵。

　　換言之，對以節點為基礎的方法，我們只需要將 GNN 應用於整個圖一次，以計算每個節點的表徵，而以子圖為基礎的方法需要將 GNN 反覆應用於有標籤的不同子圖，每個子圖對應於不同的連結。因此，當計算連結表徵時，以子圖為基礎的方法需要對每個目標連結重新應用 GNN。對一個有 n 個節點和 m 個連結要預測的圖來說，以節點為基礎的方法只需要應用 GNN $O(n)$ 次即可得到每個節點的表徵（然後用一些簡單的匯總函式來得到連結表徵），而以子圖為基礎的方法需要對所有連結應用 GNN $O(m)$ 次。當 $m \gg n$ 時，以子圖為基礎的方法相比以節點為基礎的方法的時間複雜度要差得多，這也是學習更具表達能力的連結表徵所需付出的代價。

　　有可能加速以子圖為基礎的方法嗎？一種可能的方法是簡化封閉子圖的提取過程並簡化 GNN 結構。舉例來說，在提取封閉子圖時，我們可以採用抽樣或隨機遊走的方法，這可能會在很大程度上減小子圖的大小並避免中心節點。研究這種簡化對表現的影響是很有意義的。另一種可能的方法是使用分散式和平行計算技術。封閉子圖的提取過程和子圖上的 GNN 計算是完全獨立的，因而它們自然是可平行處理的。最後，使用多階段排名技術也會有所幫助。多階段排名技術首先使用一些簡單的方法（如傳統的啟發式方法）來過濾最不可能的連

結，然後在後期使用更強大的方法（如 SEAL），只對最有希望的連結進行排名並輸出最終的推薦 / 預測。

無論採用哪種方法，解決以子圖為基礎的方法的可擴充性問題都會對該領域做出巨大貢獻。這表示我們可以在不使用更多運算資源的情況下享受以子圖為基礎的 GNN 方法的卓越連結預測表現，這有望將 GNN 擴充到更多的應用領域。

10.5.2　設計更強大的貼標籤技巧

連結預測的另一個未來發展方向是設計更強大的貼標籤技巧。定義 10.6 舉出了貼標籤技巧的一般定義。儘管任何滿足定義 10.6 的貼標籤技巧都可以使一個節點最具表達能力的 GNN 學習結構連結表徵，但由於實際 GNN 的表達能力和深度有限，不同的貼標籤技巧在現實世界中的表現會有很大的差異。另外，在實現貼標籤技巧方面的一些細微差別也會導致很大的表現差異。舉例來說，給定兩個目標節點 x 和 y，當計算一個節點 i 到目標節點 x 的距離 $d(i, x)$ 時，DRNL 會暫時掩蔽目標節點 y 及其所有的邊；而當計算距離 $d(i, y)$ 時，DRNL 會暫時掩蔽目標節點 x 及其所有的邊（Zhang and Chen, 2018b）。使用這種「掩蔽技巧」的原因是，DRNL 旨在使用節點 i 和節點 x 之間的純距離，而不希望受到目標節點 y 的影響。如果我們不掩蔽目標節點 y，$d(i, x)$ 將以 $d(i, y)+d(x, y)$ 為上界，這模糊了節點 i 和目標節點 x 之間的「真實距離」，可能會損害節點標籤對結構不同的節點的區分能力。如（Zhang et al, 2020c）中的附錄 H 所示，這種掩蔽技巧可以大大提升表現。因此，研究如何設計一種更強大的貼標籤技巧（不一定要像 DRNL 和 DE 那樣以最短路經為基礎）是有意義的。這種貼標籤技巧不僅應該區分目標節點，還應該為子圖中不同角色的節點分配不同但可通用的標籤。我們有必要對不同貼標籤技巧的能力進行進一步的理論分析。

10.5.3　了解何時使用獨熱特徵

對於連結預測，還有一個重要的問題需要回答，那就是我們什麼時候應該使用原始節點特徵，什麼時候應該使用節點索引的獨熱編碼特徵。一方面，儘管如 10.4.2 節所述，使用獨熱編碼特徵會導致學習結構連結表徵變得不可行，

但使用獨熱編碼特徵的以節點為基礎的方法在密集網路上顯示出了優越的表現
（Zhang et al, 2020c），比不使用獨熱編碼特徵的以子圖為基礎的方法要好得多。
另一方面，Kipf and Welling（2017b）指出，使用獨熱編碼特徵的 GAE／VGAE
比使用原始節點特徵的表現更差。因此，研究何時使用獨熱編碼特徵和何時使
用原始節點特徵，並從理論上理解它們在不同性質網路上表徵能力的差異是非
常有意義的。Srinivasan and Ribeiro（2020b）對此做了很好的分析，他們將位
置節點嵌入（如 DeepWalk）與結構節點表徵關聯起來，從而表示可以將位置節
點嵌入視為一個樣本，而將結構節點表徵視為一個分布。這可以作為研究使用
獨熱編碼特徵的 GNN 的能力的起點，因為可以將使用獨熱編碼特徵的 GNN 看
作位置節點嵌入與訊息傳遞的結合。

編者註：連結預測是指預測網路中兩個節點之間是否存在連結。因此，連結
預測技術對於圖結構學習（見第 14 章）是有意義的，其目的是從資料中發
現有用的圖結構，即連結。可擴充性屬性（見第 6 章）和表達能力理論（見
第 5 章）在應用和設計連結預測方法時發揮了重要作用。連結預測還激勵了
不同領域的一些下游任務，如預測蛋白質與蛋白質以及蛋白質與藥物的相互
作用（見第 25 章）、藥物開發（見第 24 章）、推薦系統（見第 19 章）。此外，
預測複雜網路中的連結，包括動態序貫圖（見第 19 章）、知識圖譜（見第
24 章）和異質圖（見第 26 章），則是對連結預測任務的延伸。

第11章
圖生成

Renjie Liao[1]

摘要

在本章中,我們將首先回顧兩個經典的圖生成模型——Erdős-Rényi 模型和隨機區塊模型。接下來,我們將介紹幾個有代表性的利用深度學習技術的現代圖生成模型,如圖神經網路、變分自編碼器、深度自回歸模型和生成對抗網路。最後,我們將以對未來潛在發展方向的討論結束本章。

1 Renjie Liao
University of Toronto,E-mail:rjliao@cs.toronto.edu

11.1　導讀

　　我們對圖生成的研究主要圍繞在圖（在許多科學學科中也被稱為**網路**）上建立機率模型。這個問題起源於數學中的分支——**隨機圖理論**（Bollobás, 2013），隨機圖理論主要研究的是機率論和圖論之間的交叉部分，該理論也是新的學術領域——**網路科學**（Barabási, 2013）的核心。從歷史上看，這些領域的研究人員通常對建立隨機圖模型（即使用特定的參數分布族建構圖的分布）和證明這種模型的數學性質感興趣。儘管這是一個非常富有成效和成功的研究方向，並且成果豐碩，但這些經典的模型由於過於簡單而無法捕捉現實世界中的複雜現象（如高聚集性、良好連接、無尺度）。

　　隨著強大的深度學習技術（如圖神經網路）的出現，我們可以建立更具表達能力的圖的機率模型，也就是**深度圖生成模型**。這樣的深度模型可以更進一步地捕捉圖資料中的複雜依賴關係，從而生成更真實的圖，並進一步建立準確的預測模型。然而缺點是，這些模型往往非常複雜，我們很少能夠精確地分析其性質。最近的實踐表示，這些模型在對現實世界中的圖 / 網路（如社群網站、引文網路和分子圖）進行建模時，展示出的表現令人印象深刻。

　　我們將首先在 11.2 節中介紹經典的圖生成模型，然後在 11.3 節中介紹利用深度學習技術的現代模型。最後，我們將對本章進行總結並討論該領域一些有前途的未來發展方向。

11.2　經典的圖生成模型

　　在本節中，我們將回顧兩個經典的圖生成模型——Erdős-Rényi 模型（Erdős and Rényi，1960）和隨機區塊模型（Holland et al，1983）。由於我們已經對它們的特性有了深刻理解，因此在許多應用中，我們經常將它們用作方便進行比較的基準線演算法。除這兩個圖生成模型以外，目前還有許多其他的圖生成模型，如 Watts-Strogatz 小世界模型（Watts and Strogatz，1998）和 Barabási-

Albert（BA）偏好依附模型（Barabási and Albert，1999）。Barabási（2013）對
這些模型和網路科學的其他方面進行了全面整體說明。機器學習中也有不少非
深度學習的圖生成模型，如Kronecker圖（Leskovec et al, 2010）。由於篇幅受限，
本章不涉及這些模型。

11.2.1 Erdös-Rényi 模型

本節介紹著名的隨機圖模型之一——Erdős-Rényi 模型（Erdős and Rényi，
1960），該模型是以兩位匈牙利數學家 Paul Erdős 和 Alfréd Rényi 的名字命名的。
請注意，這個模型大約在同一時間也由 Edgar Gilbert 在（Gilbert，1959）中獨
立提出。在後面的內容中，我們將首先描述這個模型及其特性，然後討論其局
限性。

11.2.1.1 模型

Erdős-Rényi 模型有兩個緊密相關的變形——$G(n, p)$ 模型和 $G(n, m)$ 模型。

$G(n, p)$ 模型。在 $G(n, p)$ 模型中，我們給定 n 個有標籤的節點，並透過隨機
地連接邊，讓每條邊連結一個節點和另一個節點，從而生成一個圖。每條邊的
連接機率為 p，並且獨立於其他每條邊。換言之，所有 $\binom{n}{2}$ 條可能的邊都有相同
的機率 p。因此，在這個模型下，生成一個有 m 條邊的圖的機率如下：

$$p\,(\text{一個圖中有 } n \text{ 個節點和 } m \text{ 條邊}) = p^m (1-p)^{\binom{n}{2}-m} \qquad (11.1)$$

其中，參數 p 控制圖的「密度」，p 的值越大，圖就越可能包含更多的邊。
當 $p = \dfrac{1}{2}$ 時，上述機率變為 $\dfrac{1}{2}^{\binom{n}{2}}$，即所有可能的 $2^{\binom{n}{2}}$ 個圖都是以相等的機率生成
的。

根據 $G(n, p)$ 模型中邊的獨立性，我們可以很容易地從這個模型中推導出一
些性質。

■ 邊數量的期望是 $\binom{n}{2} p$。

- 任意節點 v 的度數分布符合二項分佈。

$$p(\,\text{degree}\,(v) = k) = \binom{n}{k} p^k (1 - p)^{n-1-k} \qquad (11.2)$$

- 如果 np 是一個常數，$n \to \infty$，那麼任意節點 v 的度數分布符合卜松分布。

$$p(\,\text{degree}\,(v) = k) = \frac{(np)^k \, \text{e}^{-np}}{k!} \qquad (11.3)$$

$G(n, p)$ 模型包含的大量性質已經得到證明（舉例來說，Erdős 和 Rényi 在原始論文中進行了證明）。其中的一些性質如下。

- 如果 $p > \dfrac{(1+\varepsilon)\ln n}{n}$，那麼一個圖幾乎必然是連通的。
- 如果 $p < \dfrac{(1+\varepsilon)\ln n}{n}$，那麼一個圖幾乎必然包含孤立的節點，因此是不連通的。
- 如果 $np < 1$，那麼一個圖幾乎必然沒有大小超過 $O(\log(n))$ 的連通分量。

在這裡，「幾乎必然」是指事件發生的機率為 1（即可能的例外集的度數為 0）。

$G(n, m)$ 模型。在 $G(n, m)$ 模型中，我們給定 n 個有標籤的節點，並透過從所有具有 n 個節點和 m 條邊的圖集合中均勻地隨機選擇一個圖來生成另一個圖，即選擇每個圖的機率為 $\dbinom{\binom{n}{2}}{m}^{-1}$。與 $G(n, m)$ 模型相關的重要性質有許多。尤其是，在大多數情況下，只要 m 接近於 $\binom{n}{2}p$，$G(n, m)$ 模型與 $G(n, p)$ 模型就是可交換的。Bollobás and Béla（2001）的第 2 章對這兩個模型之間的關係進行了全面討論。$G(n, p)$ 模型在實踐中比 $G(n, m)$ 模型更常用，部分原因在於前者以邊為基礎的獨立性更方便進行分析。

11.2.1.2　討論

作為隨機圖理論的一項創新成果，Erdős-Rényi 模型激發了許多後續工作來研究和推廣這個模型。然而，這個模型基於的一些假設對捕捉現實世界中圖的屬性來說要求太高了，舉例來說，邊是獨立的、每條邊產生的可能性等。

Erdős-Rényi 模型的度數分布包含一個尾端的指數分布，這表示我們很少看到節點度數跨度很大的情況，比如跨幾個數量級。同時，現實世界中的圖 / 網路（如 WWW）被認為擁有一個遵循冪律的度數分布，即 $p(d) \propto d^{-\gamma}$，其中，d 是度數，指數 γ 通常在 2 和 3 之間。從本質上說，這表示許多節點擁有小的節點度數，而在像 WWW 這樣的圖中，少數節點擁有非常大的節點度數（即樞紐）。因此，後來又有研究者提出了許多改進模型，如無標度網路（Barabási and Albert，1999），這些模型更適合現實世界中圖的度數分布。

11.2.2 隨機區塊模型

隨機區塊模型（Stochastic Block Model，SBM）是具有節點聚類的隨機圖族，經常被用在社群檢測和聚類等任務中。SBM 是一些科學領域特有的模型，如機器學習和統計學（Holland et al，1983）、理論電腦科學（Bui et al，1987）和數學（Bollobás et al, 2007）。可以說，SBM 是最簡單的帶有社群 / 聚類的圖的模型。作為生成模型，SBM 可以提供聚類成員關係的真實值，這反過來可以幫助我們衡量和理解不同的聚類 / 社群檢測演算法。在本節中，我們將首先介紹 SBM 的基礎知識，然後討論其優點和局限性。

11.2.2.1 模型

首先將節點總數表示為 n，並將社群 / 聚類的數量表示為 k，舉出一個關於 k 個聚類的先驗機率向量 p 和一個每項設定值區間為 [0, 1] 的 $k \times k$ 矩陣 W。然後按照以下步驟生成一個隨機圖。

（1）對於每個節點，透過獨立地從 p 中抽樣，生成該節點的社群標籤（一個處在 $\{1, 2, \cdots, k\}$ 範圍內的整數）。

（2）對於每一對節點，用 i 和 j 表示它們的社群標籤，透過獨立抽樣產生一條邊，邊的機率為 $W_{i,j}$。

基本上，一對節點的社群設定值決定了我們要使用的 W 的具體項，並決定我們後續連接這對節點的可能性有多大。我們把這樣的模型表示為 SBM(n, p, W)。請注意，如果我們為所有社群（i, j）設定 $W_{i,j} = q$，則對應的 SBM 會退化為 Erdős-Rényi 模型 $G(n, q)$。

在社群檢測領域，人們通常對找回從一個給定的 SBM 中抽樣的隨機圖的社群標籤感興趣。若用 $X \in \mathbb{R}^{n \times 1}$ 和 $Y \in \mathbb{R}^{n \times 1}$ 來表示找回的社群標籤及其真實值，則我們可以將兩個社群標籤之間的一致性 R 定義為

$$R(X,Y) = \max_{P \in \Pi} \frac{1}{n} \sum_{i=1}^{n} \mathbf{1}[X_i = (PY)_i] \qquad (11.4)$$

其中，P 是一個置換矩陣，Π 是所有置換矩陣的集合。X_i 和 $(PY)_i$ 分別是 X 和 PY 的第 i 個元素。簡而言之，一致性 R 考慮的是兩個標籤序列之間的最佳排序。根據不同的要求，我們可以從精確找回（即聚類分配幾乎必然被精確找回，$p(R(X,Y)=1)=1$）或部分找回〔即最多有（$1-\varepsilon$）部分的節點幾乎必然被誤貼標籤，$p(R(X,Y) \geqslant \varepsilon) = 1$〕的角度，考查社群檢測演算法。研究發現，在某些條件下，恢復 SBM 圖的特定類型是可能的。舉例來說，對於 $W = \dfrac{\log(n)Q}{n}$ 的 SBM，其中的 Q 是一個全部設定值均為正數的矩陣，其大小與 W 相同，Abbe and Sandon（2015）證明了當且僅當 $\mathrm{diag}(p)Q$ 的任何兩列之間的最小 Chernoff-Hellinger 散度不小於 1 時，精確找回才是可能的，其中，$\mathrm{diag}(p)$ 是一個對角線上的項為 p 的對角矩陣。

11.2.2.2　討論

Abbe（2017）對 SBM 以及 SBM 中社群檢測的基本限制（從資訊理論和計算角度）進行了全面整體說明。與 Erdős-Rényi 模型相比，SBM 是一個更貼近現實情況的隨機圖模型，用於描述具有社群結構的圖。SBM 還催生了許多區塊模型的後續變形，如混合成員 SBM（Airoldi et al, 2008）。然而，將 SBM 應用於現實世界中的圖仍存在困難，因為社群的數量往往是事先未知的，而且有些圖可能沒有表現出清晰的社群結構。

11.3　深度圖生成模型

在本節中，我們將回顧一些有代表性的深度圖生成模型，這些模型的目的是使用深度神經網路建立圖的機率模型。根據所使用的深度學習技術的類型，我們可以將目前已發表文獻中涉及的深度圖生成模型大致分為三類——變分自編

碼器（VAE）方法（Kingma and Welling, 2014）、深度自回歸方法（Van Oord et al, 2016）和生成對抗網路（Generative Adversarial Network，GAN）方法（Goodfellow et al, 2014b）。在 11.3.2 節到 11.3.4 節中，我們將詳細介紹這三類模型。

11.3.1 表徵圖

我們首先介紹在深度圖生成模型中如何表徵圖。給定一個圖 $\mathcal{G} = (\mathcal{V}, \mathcal{E})$，其中，$\mathcal{V}$ 是節點（頂點）的集合，$\mathcal{E}$ 是邊的集合。以特定的節點排序 為條件，我們可以將圖 $\mathcal{G}$ 表徵為一個鄰接矩陣 A_π，其中，$A_\pi \in \mathbb{R}^{|\mathcal{V}| \times |\mathcal{V}|}$，$|\mathcal{V}|$ 是集合 $\mathcal{V}$ 的大小（即節點的數量）。鄰接矩陣不僅為電腦上的圖提供了一種方便的表徵方法，而且為我們在數學上定義圖的機率分布提供了一種自然的方法。這裡，我們在下標中明確寫出節點排序 π，以強調 A 中的行和列是根據 π 排列的。如果我們將節點排序從 π 改為 π'，那麼鄰接矩陣將對應地被置換（重新排序行和列），$A_{\pi'} = P A_\pi P^T$，其中，置換矩陣 P 是根據一對節點排序 (π, π') 建構的。換言之，A_π 和 $A_{\pi'}$ 代表同一個圖 $\mathcal{G}$。因此，具有鄰接矩陣 A_π 的圖 $\mathcal{G}$ 可以等價地表徵為鄰接矩陣的集合 $\{P A_\pi P^T \mid P \in \Pi\}$，其中，$\Pi$ 是大小為 $|\mathcal{V}| \times |\mathcal{V}|$ 的所有置換矩陣的集合。注意，根據 A_π 的對稱結構，可能存在兩個置換矩陣 P_1 和 $P_2 \in \Pi$，使得 $P_1 A_\pi P_1^T = P_2 A_\pi P_2^T$。因此，我們去掉容錯的部分，並保留那些唯一的置換的鄰接矩陣，表示為 $\mathcal{A} = \{P A_\pi P^T \mid P \in \Pi_\mathcal{G}\}$。更確切地說，$\Pi_\mathcal{G}$ 是 Π 的最大子集，$P_1 A_\pi P_1^T \neq P_2 A_\pi P_2^T$ 對於任何 $P_1, P_2 \in \Pi_\mathcal{G}$ 都成立。我們增加下標 $\mathcal{G}$ 來強調 $\Pi_\mathcal{G}$ 取決於給定的圖 $\mathcal{G}$。請注意，Π 和 $\Pi_\mathcal{G}$ 之間存在著一個滿射的映射。為了便於記述，從現在開始，我們將忽略節點排序的下標，用 $\mathcal{G} \equiv \mathcal{A} = \{P A_\pi P^T \mid P \in \Pi_\mathcal{G}\}$ 來表徵圖。

當考慮到節點特徵/屬性 X 時，我們可以將具體圖結構的資料表示為 $\mathcal{G} \equiv \{(P A_\pi P^T, PX) \mid P \in \Pi_\mathcal{G}\}$。從技術上講，$P_1$ 和 $P_2 \in \Pi$ 因此 $P_1 A_\pi P_1^T = P_2 A_\pi P_2^T$ 且 $P_1 X \neq P_2 X$。看起來有必要定義 $\mathcal{G} \equiv \{(P A P^T, PX) \mid P \in \Pi\}$，其中，$p(P_1 X) = p(P_2 X)$。注意，$X$ 中的行是根據 P 來重新排序的，因為 X 的每一行都對應著一個節點。在本節中，我們假設所有圖的最大節點數為 n。如果一個圖的節點數小於 n，則我們可以增加假節點（如具有全零特徵的節點），這些節點與其他節點不連通，從而使得圖的大小等於 n。因此，$X \in \mathbb{R}^{n \times d_X}$、$A \in \mathbb{R}^{n \times n}$，其中，

d_X 是特徵維度。為了簡單起見，我們在這裡沒有考慮邊特徵。不過，修改接下來介紹的模型以納入邊特徵是很容易實現的。

11.3.2　變分自編碼器方法

由於 VAE 在影像生成中取得巨大的成功（Kingma and Welling, 2014；Rezende et al, 2014），將這個框架泛化到圖生成是很自然的想法。研究者已經從不同方面對這個想法進行了探索（Kipf and Welling, 2016；Jin et al, 2018a；Simonovsky and Komodakis, 2018；Liu et al, 2018d；Ma et al, 2018；Grover et al, 2019；Liu et al, 2019b），他們提出的方法通常被統稱為圖變分自編碼器（GraphVAE）。接下來，我們將首先介紹所有這些方法共用的框架，然後討論一些重要的變形。

11.3.2.1　GraphVAE 系列

與普通的 VAE 類似，GraphVAE 系列中的每個模型實例都由一個編碼器（即一個變分分布 $q_\phi(Z \mid A, X)$，參數為 ϕ）、一個解碼器（即一個條件分布 $p_\theta(\mathscr{G} \mid Z)$，參數為 θ）和一個先驗分布（即一個通常具有固定參數的分布 $p(Z)$）組成。在介紹各個組成部分之前，我們首先描述一下什麼是潛向量（或稱隱向量）Z。在圖生成領域，我們通常假設每個節點都與一個潛向量相關。如果將第 i 個節點的潛向量稱為 z_i，那麼 $Z \in \mathbb{R}^{n \times d_z}$ 是透過將 $\{z_i\}$ 作為行向量堆疊得到的。這樣的潛向量整理了與單一節點相關的局部子圖的資訊，這樣我們就可以根據它們解碼 / 生成邊。換言之，任何一對潛向量（z_i, z_j）都應該是有資訊量的，以確定節點 i 和節點 j 是否應該被連接。我們可以進一步引入邊潛向量 $\{z_{ij}\}$ 來豐富這個模型。同樣，為簡單起見，我們不考慮這樣的選擇，因為兩者的底層建模技術大致相同。

編碼器。我們首先解釋如何使用深度神經網路建構編碼器。回顧前面的內容可知，編碼器的輸入是圖的資料（A, X）。圖神經網路是處理這些資料的天然工具，如圖卷積網路（GCN）（Kipf and Welling, 2017b）。考慮一個兩層的 GCN，如下所示：

$$H = \tilde{A}\sigma(\tilde{A}XW_1)W_2 \qquad (11.5)$$

其中，$H \in \mathbb{R}^{n \times d_H}$ 是節點表徵（每個節點與一個大小為 d_H 的行向量連結）。$\tilde{A} = D^{-\frac{1}{2}}(A + I)D^{-\frac{1}{2}}$，其中，$D$ 是度數矩陣（即一個對角矩陣，其中的項是 $A + I$ 的行和）。σ 是非線性項，通常選擇為整流線性單元（ReLU）（Nair and Hinton, 2010）。$\{W_1, W_2\}$ 是可學習參數。我們可以對輸入特徵維度填充一個常數，這樣偏置項就會被吸收到權重矩陣中。為了便於記述，我們決定採用這一慣例。

依靠學到的節點表徵 H，我們可以建構以下變分分佈：

$$q_\phi(Z \mid A, X) = \prod_{i=1}^{n} q(z_i \mid A, X) \tag{11.6}$$

$$q(z_i \mid A, X) = \mathcal{N}(\mu_i, \sigma_i I) \tag{11.7}$$

$$\mu = \mathrm{MLP}_\mu(H) \tag{11.8}$$

$$\log \sigma = \mathrm{MLP}_\sigma(H) \tag{11.9}$$

為了考慮可操作性，這裡我們通常假設變分分布 $q(Z|A, X)$ 對節點是條件獨立的。μ_i 和 σ_i 分別為 μ 和 σ 的第 i 行。可學習的參數 ϕ 包括兩個多層感知器（MLP）和上述 GCN 的所有參數。雖然式（11.6）中定義的近似變分分布十分簡單，但其也有一些不錯的特性。首先，機率分布在節點的置換中是不變的。在數學上，這表示給定兩個不同的置換矩陣 P_1 和 $P_2 \in \Pi$，可以得到

$$q(P_1 Z \mid P_1 A P_1^T, P_1 X) = q(P_2 Z \mid P_2 A P_2^T, P_2 X) \tag{11.10}$$

這可以從機率乘積的可交換性和圖神經網路的置換等變性中輕鬆得到驗證。其次，每個高斯函式（如「GNN+MLP」）的底層神經網路是非常強大的，因此條件分布在捕捉潛向量的不確定性方面是具有較強表達能力的。最後，這種編碼器在計算上相比那些考慮不同 $\{z_i\}$ 之間依賴關係的編碼器（如自回歸編碼器）要簡單。因此，這為我們研究在一個給定的問題中是否需要一個更強大的編碼器提供了一種堅實的基準線方法。

先驗。與大多數 VAE 類似，GraphVAE 在學習過程中通常採用一個固定的先驗。舉例來說，常見的選擇是一個獨立於節點的高斯分布，如下所示：

$$p(\boldsymbol{Z}) = \prod_{i=1}^{n} p(\boldsymbol{z}_i) \qquad (11.11)$$

$$p(\boldsymbol{z}_i) = \mathcal{N}(0, \boldsymbol{I}) \qquad (11.12)$$

同樣，我們可以用更強大的先驗來代替這個固定的先驗，比如一個自回歸模型，代價是需要進行更多的計算和（或）經過耗時的預訓練階段。但這個先驗可以作為衡量更複雜替代方案的很好的起點，例如（Liu et al, 2019b）中介紹的以歸一化流為基礎的方案。

解碼器。圖生成模型中的解碼器的作用是在圖及其特徵 / 屬性上建構一個以潛向量為條件的機率分布，如 $p(\mathcal{G}|\boldsymbol{Z})$。然而，正如我們之前所討論的，我們需要考慮所有可能的節點排序（每個節點排序都對應一個置換過的鄰接矩陣），以使圖保持不變，比如：

$$p(\mathcal{G}|\boldsymbol{Z}) = \sum_{P \in \Pi_{\mathcal{G}}} p(\boldsymbol{P}\boldsymbol{A}\boldsymbol{P}^{\mathrm{T}}, \boldsymbol{P}\boldsymbol{X}|\boldsymbol{Z}) \qquad (11.13)$$

回顧一下，$\boldsymbol{\Pi}_{\mathcal{G}}$ 是所有可能的置換矩陣集合 $\boldsymbol{\Pi}$ 的最大子集，所以對於任意 $\boldsymbol{P}_1$ 和 $\boldsymbol{P}_2 \in \boldsymbol{\Pi}_{\mathcal{G}}$ 來說，$\boldsymbol{P}_1\boldsymbol{A}_{\pi}\boldsymbol{P}_1^{\mathrm{T}} \neq \boldsymbol{P}_2\boldsymbol{A}_{\pi}\boldsymbol{P}_2^{\mathrm{T}}$ 成立。為了建立這樣一個解碼器，我們首先需要建構一個關於鄰接矩陣和節點特徵的機率分布。舉例來說，下面展示了一種流行的簡單構造（Kipf and Welling, 2016）：

$$p(\boldsymbol{A}, \boldsymbol{X}|\boldsymbol{Z}) = \prod_{i,j} p(A_{ij}|\boldsymbol{Z}) \prod_{i=1}^{n} p(\boldsymbol{x}_i|\boldsymbol{Z}) \qquad (11.14)$$

$$p(A_{ij}|\boldsymbol{Z}) = \text{Bernoulli}(\Theta_{ij}) \qquad (11.15)$$

$$p(\boldsymbol{x}_i|\boldsymbol{Z}) = \mathcal{N}(\tilde{\boldsymbol{\mu}}_i, \tilde{\boldsymbol{\sigma}}_i) \qquad (11.16)$$

$$\Theta_{ij} = \text{MLP}_{\Theta}([z_i \| z_j]) \qquad (11.17)$$

$$\tilde{\mu}_i = \text{MLP}_{\tilde{\mu}}(z_i) \tag{11.18}$$

$$\tilde{\sigma}_i = \text{MLP}_{\tilde{\sigma}}(z_i) \tag{11.19}$$

其中，我們對邊採用伯努利分布，不同邊之間互相獨立；而對節點特徵採用高斯分布，不同節點之間相互獨立。$[z_i \| z_j]$ 表示 z_i 和 z_j 的並置。x_i 表示節點特徵矩陣 X 的第 i 行。式（11.14）中的第一個乘積項綜合考慮了所有 n^2 條可能的邊，可學習的參數由三個 MLP 的參數組成。這個解碼器簡單且強大。然而，考慮到潛向量 Z，該解碼器在一般情況下不是置換不變的。也就是說，對於任何兩個不同的置換矩陣 P_1 和 P_2：

$$p(P_1 A P_1^{\mathrm{T}}, P_1 X \mid Z) \neq p(P_2 A P_2^{\mathrm{T}}, P_2 X \mid Z) \tag{11.20}$$

請注意，在一些極端情況下，$p(P_1 A P_1^{\mathrm{T}}, P_1 X \mid Z) = p(P_2 A P_2^{\mathrm{T}}, P_2 X \mid Z)$ 成立。比如，如果一個鄰接矩陣 A 具有某些對稱性，則可能存在一對 (P_1, P_2)，使得 $P_1 A P_1^{\mathrm{T}} = P_2 A P_2^{\mathrm{T}}$，但這並不表示對所有的 (P_1, P_2) 對都成立。再比如，如果所有的 Θ_{ij} 對於所有的節點 i 和節點 j 都是相同的，並且所有的 $\tilde{\mu}_i$ 和 $\tilde{\sigma}_i$ 對於所有的節點 i 也都是相同的，那麼對於任何兩個置換矩陣 (P_1, P_2)，有 $p(P_1 A P_1^{\mathrm{T}}, P_1 X \mid Z) = p(P_2 A P_2^{\mathrm{T}}, P_2 X \mid Z)$。儘管如此，但在實踐中這兩種情況很少發生。

有了式（11.14）中的分布，我們就可以對式（11.13）右側的項進行求值。然而，$\Pi_{\mathscr{G}}$ 中的置換矩陣的數量可以達到 $n!$，這使得計算上難以精確求值。在已發表的文獻中，有幾種方法可以對此進行近似計算。舉例來說，我們可以直接使用下面的最大項：

$$p(\mathscr{G} \mid Z) = \sum_{P \in \Pi_{\mathscr{G}}} p(P A P^{\mathrm{T}}, P X \mid Z) \approx \max_{P \in \Pi_{\mathscr{G}}} p(P A P^{\mathrm{T}}, P X \mid Z) \tag{11.21}$$

令人遺憾的是，這個最大化問題可以解釋為整數的二次規劃，而整數的二次規劃本身就是一個難以最佳化的問題。為了近似解決匹配問題，Simonovsky and Komodakis（2018）利用了一個寬鬆的最大集合匹配求解器（Cho et al, 2014b）。另外，某些應用中存在一些典型的節點排序。舉例來說，簡化分子線性輸入系統（Simplified Molecular-Input Line-Entry System，SMILES）串

（Weininger，1988）提供了化學中分子圖的原子（節點）的順序排序。以標準節點排序為基礎，我們可以建構對應的置換矩陣 $\tilde{P}$ 並簡單地將條件機率近似為

$$p(\mathcal{G}\,|\,Z) = \sum_{P\in\Pi_\mathcal{G}} p(PAP^{\mathrm{T}}, PX\,|\,Z) \approx p(\tilde{P}A\tilde{P}^{\mathrm{T}}, \tilde{P}X\,|\,Z) \qquad (11.22)$$

訓練目標。GraphVAE 的訓練目標與常規 VAE 相似，即得到證據下限（Evidence Lower BOund，ELBO）：

$$\max_{\theta,\phi} \mathbb{E}_{q_\phi(Z|A,X)}[\log p_\theta(\mathcal{G}\,|\,Z)] - \mathrm{KL}\left(q_\phi(Z\,|\,A,X)\,\|\,p(Z)\right) \qquad (11.23)$$

為了學習編碼器和解碼器，我們需要從編碼器中抽樣，以近似式（11.23）中的期望，並利用重參數化技巧（Kingma and Welling, 2014）來反向傳播梯度。

11.3.2.2 分層 GraphVAE 和附帶約束的 GraphVAE

研究者以前面提到的 GraphVAE 系列為基礎已經衍生出多個變形。本節簡介其中兩類重要的變形——分層 GraphVAE（Jin et al, 2018a）和附帶約束的 GraphVAE（Liu et al, 2018d；Ma et al, 2018）。

分層 GraphVAE。分層 GraphVAE 的典型代表是**聯結樹 VAE**（Jin et al, 2018a），其目的是對分子圖進行建模。聯結樹 VAE 的關鍵思想是依靠分子的分層圖表徵來建立 GraphVAE。具體來說，首先應用樹分解，從原始分子圖 $\mathcal{G}$ 中獲得一棵聯結樹 $\mathcal{T}$。**聯結樹**是一棵聚類樹（其中的每個節點是原始圖中一個或多個變數的集合），具有傳交性（running intersection property）（Barber, 2004）。聯結樹提供了原始圖的粗細微性表徵，因為聯結樹中的節點可能對應原始圖中由幾個節點組成的子圖。如圖 11.1 所示，兩個圖對應兩個層次：原始分子圖 $\mathcal{G}$ 對應第一層，分解後的聯結樹 $\mathcal{T}$ 對應第二層。由於我們可以有效地進行樹分解以獲得聯結樹，因此樹本身不是一個潛向量。Jin et al（2018a）提出使用門控圖神經網路（GGNN）（Li et al, 2016b）作為編碼器（每層對應一個），並將變分後驗機率 $q(Z_\mathcal{G}\,|\,\mathcal{G})$ 和 $q(Z_\mathcal{T}\,|\,\mathcal{T})$ 建構為高斯函式。為了解分碼子圖，我們需要執行一個以抽樣的潛向量 $Z_\mathcal{T}$ 和 $Z_\mathcal{G}$ 為條件的兩級生成過程：首先由自回歸解碼器以 GGNN 為基礎生成一棵聯結樹；然後以生成的聯結樹為條件，採用最大後驗（Maximum-A-Posterior，MAP）公式生成最終的分子圖，也就是在聯結樹

的每個節點上找到相容的子圖，使結果圖（用選擇的子圖替換聯結樹中的每個節點）的總得分（對數似然）達到最高。整個模型的學習方法與其他 GraphVAE 類似。這個模型為 GraphVAE 提供了對分層圖生成的有趣擴充，並展示了強大的經驗表現。其他一些重要的與具體應用相關的細節可以極大地提高效率。舉例來說，我們可以建立一個在化學上有效的子圖字典，這樣第二層解碼中的每個生成步驟就會生成一個子圖，而非生成一個節點。儘管如此，這個模型的設計在很大程度上依賴於選擇的聯結樹演算法的效率以及某些與應用相關的屬性。目前我們還不清楚這個模型在分子圖以外的一般圖上的表現如何。

附帶約束的 GraphVAE。在深度圖生成模型的許多應用中，我們需要對生成的圖進行某些約束。舉例來說，在生成分子圖時，化學鍵（邊）的版面配置必須符合原子（節點）的價態標準。如何確保生成的圖滿足這些限制條件是一個具有挑戰性的問題。在 GraphVAE 的背景下，通常克服該問題的方法有兩類。第一類方法是設計一個解碼器，使所有生成的圖在結構上滿足限制條件。舉例來說，採用一個自回歸解碼器，參見（Liu et al, 2018d；Dai et al, 2018b）。在每一步中，以當前生成的圖為條件，按照一定的規則生成一個新的節點、一條新的邊以及節點 / 邊的屬性，即排除無效的選項（這些選項違反了約束），做法與 GrammarVAE（Kusner et al, 2017）類似。第二類方法是對限制條件進行軟處理，類似於透過增加拉格朗日乘子將有約束的最佳化問題轉為無約束的最佳化問題。Ma et al（2018）提出了以拉格朗日函式為基礎的正規化方法，以納入分子圖的價態約束、連線性約束和節點相容性約束等。這種方法的好處是，由於不需要一個速度較慢的自回歸解碼器，生成過程可以更簡單、更高效。此外，正規化只在學習過程中應用，不會給生成過程帶來任何成本。當然，這種方法的缺點是生成的圖並不完全滿足所有的限制條件，因為正規化只在最佳化過程中造成軟性作用。

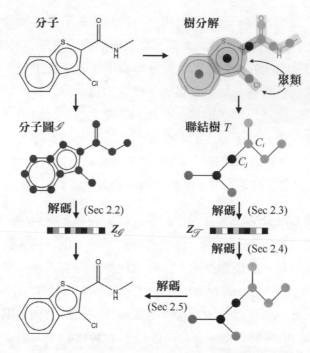

▲ 圖 11.1 聯結樹 VAE。對應於分子圖的聯結樹是透過樹分解得到的，如右上圖所示。聯結樹中的節點 / 聚類（彩色陰影）可能對應於原始分子圖中的子圖。兩個以 GNN 為基礎的編碼器被分別應用於分子圖和聯結樹，以建構潛向量 $Z_{\mathcal{G}}$ 和 $Z_{\mathcal{T}}$ 的變分後驗分布。在生成過程中，首先使用自回歸解碼器生成聯結樹，然後透過近似解決最大後驗分布問題以獲得最終的分子圖。改編自（Jin et al, 2018a）中的圖 3（本書為單色印刷，色彩標示部分可能無法正確顯示）

11.3.3 深度自回歸方法

像 PixelRNN（Van Oord et al, 2016）和 PixelCNN（Oord et al, 2016）這樣的深度自回歸模型已經在影像建模中取得巨大的成功。因此，將這種類型的方法推廣到圖上是很自然的做法。這些自回歸模型的共同基本思想是將圖生成過程描述為一個連續決策過程，並在每一步中以先前為基礎做出的所有決策做出新的決策。舉例來說，如圖 11.2 所示，我們可以首先決定是否增加一個新的節點，然後決定是否增加一條新的邊，如此反覆。如果考慮到節點 / 邊的標籤，則我們可以在每一步中進一步從類別分布中抽樣以指定這種標籤。這類方法的關鍵問題是如何建立一個機率模型，使得當前的決策取決於所有的歷史決策。

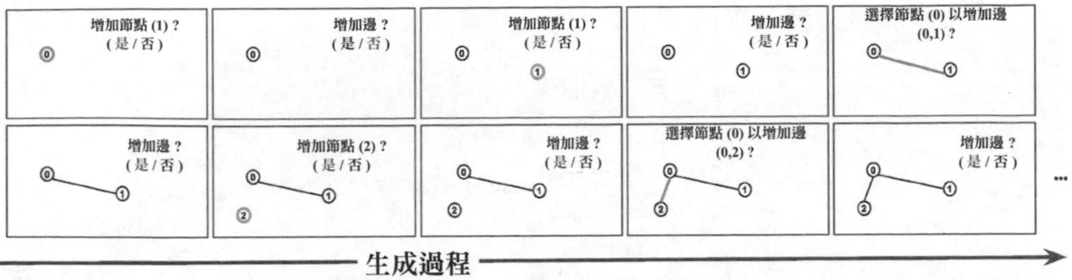

▲ 圖 11.2　Li et al（2018d）對深度圖生成模型做了概述。圖生成被表述為一個連續決策過程。在生成的每一步，該模型需要決定：（1）是否增加一個新的節點或停止整個生成過程；（2）是否增加一條新的邊（其中一端連接到新的節點）；（3）新的邊要連接哪個現有的節點。改編自（Li et al, 2018d）中的圖 1（本書為單色印刷，色彩標示部分可能無法正確顯示）

11.3.3.1　以 GNN 為基礎的自回歸模型

第一個以 GNN 為基礎的自回歸模型是在（Li et al, 2018d）中提出的，其核心思想與圖 11.2 展示的完全相同。在時間步 t-1，我們已經生成了一個分部圖，表示為 $\mathscr{G}^{t-1} = (\mathscr{V}^{t-1}, \mathscr{E}^{t-1})$，對應的鄰接矩陣和節點特徵矩陣表示為 (A^{t-1}, X^{t-1})。在時間步 t，該模型需要決定：（1）是增加一個新的節點還是停止生成（將機率表示為 p_{AddNode}）；（2）是否增加一條邊來連接任何現有節點和新增加的節點（將機率表示為 p_{AddEdge}）；（3）選擇一個現有節點並連接到新增加的節點（將機率表示為 p_{Nodes}）。為簡單起見，我們定義 p_{AddNode} 為一個伯努利分布，並定義 p_{AddEdge} 為另一個伯努利分布，而定義 p_{Nodes} 為一個類別分布（其大小為 $|\mathscr{V}^{t-1}|$，具體則隨著生成過程的進行而變化）。

訊息傳遞圖神經網路。為了建構上述決策機率，下面首先透過建立一個訊息傳遞圖神經網路（Scarselli et al, 2008；Li et al, 2016b；Gilmer et al, 2017）來學習節點表徵。在時間步 t-1，GNN 的輸入是 (A^{t-1}, H^{t-1})，其中，H^{t-1} 是節點表徵（一行對應一個節點）。注意，在時間 0，因為圖是空的，所以我們需要生成一個新的節點作為起點。生成機率 p_{AddNode} 將由模型根據一些隨機初始化的淺狀態來輸出。如果要對節點標籤 / 類型或節點特徵進行建模，則可以將它們作為額外的節點表徵。舉例來說，將它們與 H^{t-1} 中的行並置。

一步的訊息傳遞如下所示：

$$m_{ij} = f_{\text{Msg}}(h_i^{t-1}, h_j^{t-1}) \qquad \forall (i,j) \in \mathscr{E} \qquad (11.24)$$

$$\overline{m}_i = f_{\text{Agg}}(\{m_{ij} \mid \forall j \in \Omega_i\}) \qquad \forall i \in \mathscr{V} \qquad (11.25)$$

$$\tilde{h}_i^{t-1} = f_{\text{Update}}(h_i^{t-1}, \overline{m}_i) \qquad \forall i \in \mathscr{V} \qquad (11.26)$$

其中，f_{Msg}、f_{Agg} 和 f_{Update} 分別是訊息函式、匯總函式和節點更新函式。對於訊息函式，我們通常將 f_{Msg} 實例化為 MLP。請注意，如果考慮到邊特徵，則可以把它們作為 f_{Msg} 的輸入。f_{Agg} 可以簡化為一個平均或求和運算元。f_{Update} 的典型代表是門控遞迴單元（Gated Recurrent Unit，GRU）（Cho et al, 2014a）和長短期記憶（Long-Short Term Memory，LSTM）（Hochreiter and Schmidhuber，1997）。h^{t-1} 是時間步 $t-1$ 的輸入節點表徵，Ω_i 表示節點 i 的鄰居（節點）集合。$\tilde{h}^{t-1}$ 是更新的節點表徵，可作為下一個訊息傳遞步驟的輸入節點表徵。上述訊息傳遞過程通常執行固定的步數，該步數可作為一個超參數進行調整。請注意，生成步驟與訊息傳遞步驟不同（我們特意省略了符號以避免讀者混淆）。

輸出機率。在完成訊息傳遞過程後，我們獲得了新的節點表徵 H^t。現在我們可以建構上面的輸出機率，如下所示：

$$h_{\mathscr{G}^{t-1}} = f_{\text{ReadOut}}(H^t) \qquad (11.27)$$

$$p_{\text{AddNode}} = \text{Bernoulli}(\sigma(\text{MLP}_{\text{AddNode}}(h_{\mathscr{G}^{t-1}}))) \qquad (11.28)$$

$$p_{\text{AddEdge}} = \text{Bernoulli}(\sigma(\text{MLP}_{\text{AddEdge}}(h_{\mathscr{G}^{t-1}}, h_v))) \qquad (11.29)$$

$$s_{uv} = \text{MLP}_{\text{Nodes}}(h_u^t, h_v) \qquad \forall u \in \mathscr{V}^{t-1}) \qquad (11.30)$$

$$p_{\text{Nodes}} = \text{Categorical}(\text{Softmax}(s)) \qquad (11.31)$$

在這裡，我們首先透過 f_ReadOut 從節點表徵 $\boldsymbol{H}^t$ 中讀出圖表徵 $\boldsymbol{h}_{\mathcal{G}^{t-1}}$（一個向量），它可以是一個平均運算元或以注意力為基礎的運算元。基於 $\boldsymbol{h}_{\mathcal{G}^{t-1}}$，預測增加一個新節點的機率 P_AddNode，其中，σ 是 Sigmoid 函式。如果我們決定透過從伯努利分布 P_AddNode 中取出 1 來增加一個新的節點，則可以將新的節點表示為 v。接下來，計算 $\mathcal{G}^{t-1}$ 中每個現有節點 u 和新節點 v 之間的相似性得分 S_{uv}。$\boldsymbol{s}$ 是所有相似性分數的並置向量。最後，使用 Softmax 函式將分數歸一化，形成類別分布，並從中抽出一個現有的節點來獲得新的邊。透過從所有這些機率中抽樣，我們可以停止生成過程，或獲得一個具有新節點和（或）新邊的新圖。我們需要透過讀取節點表徵與生成圖來重複這個過程，直到模型從 P_AddNode 中生成一個停止訊號為止。

訓練。為了訓練模型，我們需要最大化所觀察到的圖的似然性。回顧一下，我們需要考慮 11.3.2.1 節中討論的使圖保持不變的置換。為簡單起見，我們只關注鄰接矩陣，根據（Li et al, 2018d），$\mathcal{G} \equiv \{\boldsymbol{PAP}^\text{T} \mid \boldsymbol{P} \in \boldsymbol{\Pi}_\mathcal{G}\}$，其中，$\boldsymbol{\Pi}_\mathcal{G}$ 是 $\boldsymbol{\Pi}$ 的最大子集，$\boldsymbol{P}_1\boldsymbol{AP}_1^\text{T} \neq \boldsymbol{P}_2\boldsymbol{AP}_2^\text{T}$ 對所有 $\boldsymbol{P}_1$ 和 $\boldsymbol{P}_2 \in \boldsymbol{\Pi}_\mathcal{G}$ 成立。理想的目標是：

$$\text{maxlog}\, p(\mathcal{G}) \Leftrightarrow \text{maxlog}\left(\sum_{\boldsymbol{P} \in \tilde{\boldsymbol{\Pi}}_\mathcal{G}} p(\boldsymbol{PAP}^\text{T})\right) \qquad (11.32)$$

這裡省略了被最佳化的變數，即前面定義的模型參數。請注意，若給定節點排序（對應於一個特定的置換矩陣 $\boldsymbol{P}$），則置換矩陣和鄰接矩陣之間將存在一個雙射。換言之，我們可以把 $p(\boldsymbol{PAP}^\text{T})$ 等效地寫成機率的乘積。然而，由於 $\boldsymbol{\Pi}_\mathcal{G}$ 在實踐中幾乎使用的是階乘大小，對於式（11.32），我們難以實現右邊的對數函式內部的邊際化。Li et al（2018d）建議隨機抽樣幾個不同的節點排序作為 $\tilde{\boldsymbol{\Pi}}_\mathcal{G}$，並用以下近似目標訓練模型：

$$\text{maxlog}\left(\sum_{\boldsymbol{P} \in \tilde{\boldsymbol{\Pi}}_\mathcal{G}} p(\boldsymbol{PAP}^\text{T})\right) \qquad (11.33)$$

注意，以上目標是式（11.32）中的嚴格下限。如果有像分子圖的 SMILES 排序那樣的典型節點排序，則我們也可以用它來計算上述目標。

討論。這個模型將圖生成表述為一個順序決策過程，並提供了一個以 GNN 為基礎的自回歸模型來建構每一步可能的決策的機率能力。整個模型的設計具有良好的動機，它在生成像分子圖這樣的小圖（例如少於 40 個節點）時也獲得了良好的經驗表現。然而，由於該模型每一步最多只能生成一個新的節點和一條新的邊，對密集圖來說，生成步驟的總數與節點的數量是平方關係，因此生成中等規模的圖（例如有幾百個節點）的效率很低。

11.3.3.2　圖循環神經網路

圖循環神經網路（GraphRNN）（You et al, 2018b）是另一個深度自回歸模型，它具有與訊息傳遞圖神經網路相似的順序決策表述，並利用 RNN 來建構條件機率。這裡需要再次依賴圖的鄰接矩陣表徵，即 $\mathscr{G} \equiv \{PAP^T \mid P \in \Pi_{\mathscr{G}}\}$。在處理置換之前，我們假設節點排序是給定的，因此 $P=I$。

GraphRNN 的簡單變形。GraphRNN 從鄰接矩陣機率的自回歸分解開始，如下所示：

$$p(A) = \prod_{t=1}^{n} p(A_t \mid A_{<t}) \tag{11.34}$$

其中，A_t 是鄰接矩陣 A 的第 t 列，$A_{<t}$ 是由 $A_1, A_2, \cdots, A_{t-1}$ 列組成的矩陣。如果一個圖的節點數少於 n，我們就可以像 11.3.1 節中討論的那樣增加偽節點，然後把條件機率構造成一個獨立於邊的伯努利分布：

$$p(A_t \mid A_{<t}) = \text{Bernoulli}(\Theta_t) = \prod_{i=1}^{n} \Theta_{t,i}^{\mathbf{1}\left[A_{t,i}=1\right]} (1-\Theta_{t,i})^{\mathbf{1}\left[A_{t,i}=0\right]} \tag{11.35}$$

$$\Theta_t = f_{\text{out}}(h_t) \tag{11.36}$$

$$h_t = f_{\text{trans}}(h_{t-1}, A_{t-1}) \tag{11.37}$$

其中，Θ_t 是一個大小為 n 的伯努利參數向量，$\Theta_{t,i}$ 表示其中的第 i 個元素。f_{out} 可以是一個 MLP，用於將隱藏狀態 h_t 作為輸入並輸出 Θ_t。f_{trans} 是一個 RNN 單元函式，用於將鄰接矩陣 A_{t-1} 的第（$t-1$）列和隱藏狀態 h_{t-1} 作為輸入並輸出當前隱藏狀態 h_t。我們可以使用 LSTM 或 GRU 作為 RNN 單元函式。請注意，對

$A_{<t}$ 的調節是透過遞迴使用 RNN 中的隱藏狀態來實現的。隱藏狀態可以被初始化為 0 或從標準正態分布中隨機抽樣。這個模型的變形非常簡單，可以很容易實現，因為它只由幾個常見的神經網路模組組成，比如 RNN 和 MLP。

完整版 GraphRNN。為了進一步改進模型，You et al（2018b）提出了一個完整版的 GraphRNN。具體的想法是，建立一個分層的 RNN，使式（11.34）中的條件分布變得更具表達能力。具體來說，不是使用獨立於邊的伯努利分布，而是使用另一種自回歸結構來模擬鄰接矩陣的一列中項與項之間的依賴關係，如下所示：

$$p(A_t \mid A_{<t}) = \prod_{i=1}^{n} p(A_{i,t} \mid A_{<i,<t}) \qquad (11.38)$$

$$p\left(A_{i,t} \mid A_{<i,<t}\right) = \text{Sigmoid}\left(g_{\text{out}}\left(\tilde{h}_{i,t}\right)\right) \qquad (11.39)$$

$$\tilde{h}_{i,t} = g_{\text{trans}}\left(\tilde{h}_{i-1,t}, A_{<i,t}\right) \qquad (11.40)$$

$$\tilde{h}_{0,t} = h_t \qquad (11.41)$$

$$h_t = f_{\text{trans}}\left(h_{t-1}, A_{t-1}\right) \qquad (11.42)$$

其中，底層 RNN 單元函式 f_{trans} 仍然循環地更新隱藏狀態以得到 h_t，從而實現對鄰接矩陣 A 的所有前（$t-1$）列的調節。為了生成第 t 列的單一項，頂部 RNN 單元函式 g_{trans} 需要將自己的隱藏狀態 $\tilde{h}_{i-1,t}$ 和已經生成的第 t 列作為輸入，並將隱藏狀態更新為 $\tilde{h}_{i,t}$。輸出分布是一個伯努利分布，它將 $\tilde{h}_{i,t}$ 作為輸入並由 MLP g_{out} 的輸出進行參數化。注意，頂部 RNN 的初始隱藏狀態 $\tilde{h}_{0,t}$ 被設定成了底部 RNN 傳回的隱藏狀態 h_t。

目標。為了訓練 GraphRNN，我們可以再次求助與 11.3.3.1 節類似的最大對數似然。我們還需要處理節點的置換，使圖保持不變。You et al（2018b）沒有像（Li et al, 2018d）那樣隨機抽樣幾個排序，而是提議使用隨機廣度優先搜尋的排序。具體的做法是，首先隨機取出一個節點排序，然後挑選這個排序中的第一個節點作為根節點。從這個根節點開始應用廣度優先搜尋（Breadth-First-

Search，BFS）演算法，生成最終的節點排序。我們把對應的置換矩陣表示為 $\boldsymbol{P}_{\text{BFS}}$。最後的目標如下：

$$\max\log(p(\boldsymbol{P}_{\text{BFS}}\boldsymbol{A}\boldsymbol{P}_{\text{BFS}}^{\text{T}})) \qquad (11.43)$$

這也是真實對數似然的嚴格下限。經驗表示，這種隨機廣度優先搜尋排序在一些基準上具有良好的表現（You et al, 2018b）。

討論。GraphRNN 的設計是簡單而有效的。由於大多數模組是標準的，因此實現起來很簡單。簡單的變形比之前以 GNN 為基礎的模型（Li et al, 2018d）更有效，因為前者在每一步都會生成多筆邊（對應於鄰接矩陣的一列）。此外，簡單變形的經驗表現與完整版本相當。然而，GraphRNN 仍然有某些局限性。舉例來說，RNN 高度依賴於節點排序，因為不同的節點排序會導致完全不同的隱藏狀態。順序排序可以使兩個附近的（甚至是相鄰的）節點在生成序列中遠離（也就是在生成時間步中遠離）。大部分的情況下，遠離生成時間步的 RNN 的隱藏狀態往往是完全不同的，這就使得模型很難知道附近的這些節點是否應該連接。我們稱這種現象為順序排序偏差（sequential ordering bias）。

11.3.3.3 圖循環注意力網路

遵循（Li et al, 2018d；You et al, 2018b）的工作想法，Liao et al（2019a）提出了圖循環注意力網路（Graph Recurrent Attention Network，GRAN）。GRAN 是以 GNN 為基礎的自回歸模型，在容量和效率方面大大改善了之前以 GNN 為基礎的模型（Li et al, 2018d）。此外，GRAN 還緩解了 GraphRNN（You et al, 2018b）的**順序排序偏差**。在後面的內容中，我們將介紹這種模型的細節。

模型。下面我們從圖的鄰接矩陣表徵開始，$\mathscr{G} \equiv \{\boldsymbol{P}\boldsymbol{A}\boldsymbol{P}^{\text{T}} \mid \boldsymbol{P} \in \boldsymbol{\Pi}_{\mathscr{G}}\}$。GRAN 的目標是直接在鄰接矩陣上建立一個機率模型，這與 GraphRNN 類似。同樣，節點／邊的特徵並不重要，我們可以在不對模型做太多修改的情況下將它們納入。具體來說，從鄰接矩陣建模的角度看，以 GNN 為基礎的自回歸模型在一個步驟中生成鄰接矩陣的一項（Li et al, 2018d），而 GraphRNN（You et al, 2018b）在一個時間步中生成一列的項。GRAN 則沿著這條路線更進一步，實現

了在一個步驟中生成鄰接矩陣的列塊 / 行塊 [1]，這大大提高了生成速度。若將鄰接矩陣 A 的前 k 行的子矩陣表示為 $A_{1:k,:}$，則可以得到以下機率的自回歸分解：

$$p(A) = \prod_{t=1}^{\lceil n/k \rceil} p(A_{(t-1)k:tk,:} \mid A_{:(t-1)k,:}) \qquad (11.44)$$

其中，$A_{(t-1)k,:}$ 表示第 t 步之前已經生成的鄰接矩陣〔比如區塊大小為 k 的（$t-1$）區塊〕。我們用 $A_{(t-1)k:tk,:}$ 表示第 t 個時間步的待生成區塊。請注意，這部分是對式（11.34）中 GraphRNN 自回歸模型的直接泛化。

為了建構條件機率 $p(A_{(t-1)k:tk,:} \mid A_{:(t-1)k,:})$，GRAN 利用了一個訊息傳遞圖神經網路。具體來說，就是將我們在時間步 t 之前已經生成的圖（對應於 $A_{(t-1)k,:}$）表示為 $\mathscr{G}^{t-1} = (\mathscr{V}^{t-1}, \mathscr{E}^{t-1})$。下面我們用鄰接矩陣的對應行來初始化每個節點的表徵向量，使得對於所有的 $v \leqslant (t-1)k$，有 $h_v = A_{v,:}$。由於我們假設最大的節點數是 n，並為較小的圖增加了偽節點，因此 h_v 的大小也是 n。在時間步 t，我們感興趣的是生成一個新的節點區塊（對應於 $A_{(t-1)k:tk,:}$）及其相關的邊。對於第 t 個區塊中的 k 個新節點，由於它們在鄰接矩陣中的對應行最初都是 0，因此我們對它們進行從 1 到 k 的任意排序，並使用順序索引的獨熱編碼作為區分它們的額外表徵，表示為 x_u。我們首先形成一個新的圖 $\tilde{\mathscr{G}}^t = (\mathscr{V}^t, \tilde{\mathscr{E}}^t)$，然後將 k 個新節點連接到它們自身（不包括自循環）和圖 $\mathscr{G}^{t-1}$ 中的其他節點。我們稱這樣的邊為增強邊，如圖 11.3 中的虛線所示。換言之，$\mathscr{V}^t$ 是 $\mathscr{V}^{t-1}$ 和 k 個新節點的聯集，而 $\tilde{\mathscr{E}}^t$ 是 $\mathscr{E}^{t-1}$ 和增強邊的聯集。GRAN 的核心部分是在這種增強邊上構造一個機率分布，我們可以從中抽樣一個新的圖 $\mathscr{G}^t$。請注意，與圖 $\tilde{\mathscr{G}}^t$ 相比，圖 $\mathscr{G}^t$ 有相同的節點集合，但可能有更少的邊。

---

1 由於我們主要對簡單的圖感興趣，即不包含自循環或多條邊的非加權無向圖，因此這裡對列或行的建模沒有區別。

為了建構機率，我們需要使用一個 GNN 並執行下面的一步訊息傳遞過程。

$$m_{ij} = f_{\text{msg}}(h_i - h_j) \qquad \forall (i, j) \in \mathcal{E}^t \qquad (11.45)$$

$$\tilde{h}_i = [h_i \| x_i] \qquad \forall i \in \mathcal{V}^t \qquad (11.46)$$

$$a_{ij} = \text{Sigmoid}\left(g_{\text{att}}\left(\tilde{h}_i - \tilde{h}_j\right)\right) \qquad \forall (i, j) \in \tilde{\mathcal{E}}^t \qquad (11.47)$$

$$h'_i = \text{GRU}\left(h_i, \sum_{j \in \Omega(i)} a_{ij} m_{ij}\right) \qquad \forall i \in \mathcal{V}^t \qquad (11.48)$$

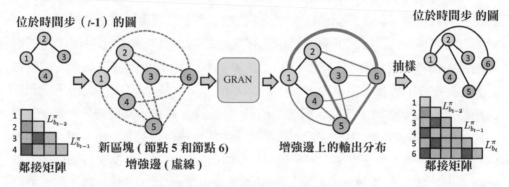

▲ 圖 11.3　Liao et al（2019a）對圖循環注意力網路（GRAN）做了概述。在每一步，給定一個已經生成的圖，增加一個新的節點區塊（大小為 2，顏色表示視覺化中個別組的成員）和一些增強邊（虛線）。然後將 GRAN 應用於這個圖，以獲得增強邊的輸出分布（這裡顯示了一個獨立於邊的伯努利分布，其中，線寬表示產生單一增強邊的機率）。最後從輸出分布中取樣，得到一個新的圖。改編自（Liao et al, 2019a）中的圖 1（本書為單色印刷，色彩標示部分可能無法正確顯示）

其中，m_{ij} 是邊（i, j）上的訊息，Ω_i 是節點 i 的鄰居（節點）集合。訊息函式 f_{msg} 和注意力頭 g_{att} 可以是 MLP。請注意，對於已經生成的圖 $\mathcal{G}^{t-1}$ 中的節點 u，我們需要將 x_u 設定為 0，因為獨熱編碼只用於區分那些新加入的節點。$[a\|b]$ 表示並置兩個向量 a 和 b。更新的節點表徵 h'_i 將作為下一個訊息傳遞步驟的輸入。我們通常會針對一個固定的步數展開訊息傳遞，這個固定的步數已被設定為一個超參數。請注意，訊息傳遞步驟獨立於生成步驟。注意力權重 a_{ij} 取決於獨熱編碼 x_i，因此，與那些屬於 $\mathcal{E}^{t-1}$ 的邊上的訊息相比，增強邊上的訊息的權

重可能不同。以訊息傳遞傳回為基礎的最終節點表徵，我們可以建構以下輸出分佈：

$$p(A_{(t-1)k:tk,:} \mid A_{:(t-1)k,:}) = \sum_{c=1}^{C} \alpha_c \prod_{i=(t-1)k+1}^{tK} \prod_{j=1}^{n} \Theta_{c,i,j} \tag{11.49}$$

$$= \text{Softmax}\left(\sum_{i=(t-1)k+1}^{tK} \sum_{j=1}^{n} \text{MLP}\ (h_i^R - h_j^R) \right) \tag{11.50}$$

$$\Theta_{c,i,j} = \text{Sigmoid}\,(\text{MLP}_{\Theta}(h_i^R - h_j^R)) \tag{11.51}$$

這裡使用了伯努利分布的混合分布，其中，混合係數為 $\alpha = \{\alpha_1, \cdots, \alpha_C\}$，參數為 $\{\Theta_{c,i,j}\}$。與 GraphRNN 的簡單變形中使用的獨立於邊的伯努利分布相比，這種混合分布可以捕捉多個生成的邊之間的依賴關係。此外，與完整版 GraphRNN 中使用的自回歸分布相比，這種混合分布的抽樣效率更高。

目標。為了訓練模型，我們還需要處理置換，以使對數似然最大化。與（Li et al, 2018d；You et al, 2018b）中使用的策略類似，Liao et al（2019a）提出使用一組典型的排序，其中包括廣度優先搜尋（BFS）、深度優先搜尋（Depth-First-Search，DFS）、節點度數降冪、節點度數昇冪和 k-core 排序。特別是，BFS 和 DFS 排序是從具有最大節點度數的節點開始的。Seidman（1983）證明了 k-core 圖的排序對社群網站中的凝聚力群眾建模非常有用。圖 $\mathcal{G}$ 的 k-core 是一個包含度數為 k 或更大度數的節點的最大子圖。核心是巢狀結構的，換言之，如果 $i>j$，則 i-core 屬於 j-core，但它們不一定是連接的子圖。最重要的是，我們可以在線性時間內找到（相對於邊的數量）核心分解（即根據它們的順序排列的所有核心）（Batagelj and Zaversnik, 2003）。以每個節點為基礎的最大核心數，我們可以唯一地確定所有節點的劃分，即共用相同的最大核心數且不相交的節點集合。這樣我們就可以透過其節點的最大核心數來分配每個不相交集合的核心數。從具有最大核心數的集合開始，將該集合中的所有節點按節點度數降冪排列，然後移到第二大核心，依此類推，得到所有節點的最終排序。我們把這種核心降冪稱為 **k-core 節點排序**。

我們最終的訓練目標是

$$\mathrm{maxlog}\left(\sum_{\boldsymbol{P}\in\tilde{\boldsymbol{\varPi}}_{\mathscr{G}}} p(\boldsymbol{PAP}^{\mathrm{T}})\right) \tag{11.52}$$

其中，$\tilde{\boldsymbol{\varPi}}_{\mathscr{G}}$ 是對應於上述節點排序的置換矩陣集合。這又是真實對數似然的嚴格下限。

討論。GRAN 在以下方面改進了以 GNN 為基礎的自回歸模型（Li et al, 2018d）和 GraphRNN（You et al, 2018b）。首先，GRAN 會在每一步生成鄰接矩陣的行塊，這相比在每一步生成一項或一行更有效率。其次，GRAN 使用 GNN 來建構條件機率，這有助緩解 GraphRNN 中的順序排序偏差，因為 GNN 是置換等變的，也就是說，節點排序不會影響每一步的條件機率。最後，GRAN 中的輸出分布更有表達能力，對抽樣來說更有效率。GRAN 在經驗表現和可生成的圖的大小方面優於之前的深度圖生成模型（舉例來說，GRAN 可以生成含有高達 5000 個節點的圖）。然而，GRAN 也有一個缺點，即整個模型取決於節點排序的特定選擇。在某些應用中，我們可能很難找到好的排序。如何建立順序不變的深度圖生成模型是一個有趣的開放性問題。

11.3.4 生成對抗網路方法

在本節中，我們將回顧一些在圖生成的背景下應用生成對抗網路（Goodfellow et al, 2014b）思想的方法（De Cao and Kipf, 2018；Bojchevski et al, 2018；You et al, 2018a）。根據訓練期間圖的表徵方式，方法大致分為兩類——以鄰接矩陣為基礎的 GAN 和以隨機遊走為基礎的 GAN。接下來，我們將詳細解釋這兩類方法。

11.3.4.1 以鄰接矩陣為基礎的 GAN

MolGAN（De Cao and Kipf, 2018）和圖卷積策略網路（GraphConvolutional Policy Network，GCPN）（You et al, 2018a）使用了一個類似的以 GAN 為基礎的框架，以生成滿足某些化學特性的分子圖。在這裡，圖資料的表徵與前幾節略有不同，因為需要同時指定節點類型（即原子類型）和邊類型（即化學鍵類型）。我們把鄰接矩陣表示為 $\boldsymbol{A}\in\mathbb{R}^{N\times N\times Y}$，用 Y 表示化學鍵類型的數量。基本上，沿著

A 的第三維的切片可以舉出一個鄰接矩陣，該鄰接矩陣描述了特定化學鍵類型下原子之間的連線性。我們把節點類型表示為 $X \in \mathbb{R}^{N \times T}$，其中，$T$ 是原子類型的數量。我們的目標是生成 (A, X)，使其與觀察到的分子圖相似，並具有某些理想的化學特性。

模型。下面首先解釋 MolGAN 的細節，然後強調 GCPN 和 MolGAN 的區別。與普通的 GAN 類似，MolGAN 由生成器 $\mathcal{G}_\theta(Z)$ 和判別器 $\mathcal{D}_\phi(A, X)$ 組成。為了確保生成的樣本滿足理想的化學特性，MolGAN 採用了一個額外的回饋網路 $\mathcal{R}_\psi(A, X)$。圖 11.4 展示了 MolGAN 的整體流程。

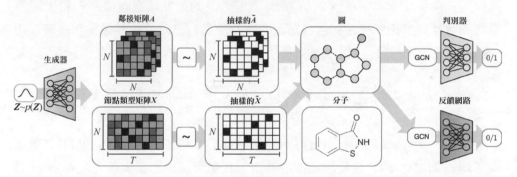

▲ 圖 11.4　De Cao and Kipf（2018）對 MolGAN 做了概述。首先繪製一個潛向量 $Z \square p\ Z$，並將其送入一個生成器，生成一個機率（連續）鄰接矩陣 A 和一個機率（連續）節點類型矩陣 X。然後繪製一個離散的鄰接矩陣 $\tilde{A} \sim A$ 和一個離散的節點類型矩陣 $\tilde{X} \sim X$，它們共同組成了一個分子圖。在訓練過程中，將生成的圖分別送入判別器和回饋網路，以獲得對抗性損失（評估生成的圖和觀察到的圖的相似程度）和負反饋（衡量生成的圖滿足特定化學約束的可能性）。改編自（De Cao and Kipf, 2018）中的圖 2（本書為單色印刷，色彩標示部分可能無法正確顯示）

為了生成一個分子圖，我們首先需要從一些先驗中抽樣一個潛向量 $Z \in \mathbb{R}^d$，例如 $Z \sim \mathcal{N}(0, I)$。然後，我們需要使用 MLP 將抽樣的 Z 直接映射到一個連續的鄰接矩陣 A 和一個連續的節點類型矩陣 X。圖資料的連續版本有一個自然的機率解釋，即 $A_{i,j,c}$，表示使用化學鍵類型 c 連接原子 i 和原子 j 的機率；而 $X_{i,t}$ 表示將第 t 種原子類型分配給原子 i 的機率。我們可以從連續版本中對離散圖資料（$\tilde{A}$，$\tilde{X}$）進行抽樣，即 $\tilde{A} \sim A$ 和 $\tilde{X} \sim X$。這個抽樣過程可以用 Gumbel Softmax 來實現（Jang et al, 2017；Maddison et al, 2017）。離散的鄰接矩陣 $\tilde{A}$ 與離散的節點類型矩陣 $\tilde{X}$ 將一起指定一個分子圖並完成生成過程。

　　為了評估生成的圖和觀察到的圖的相似程度，我們需要建構一個判別器。由於要處理的是圖，因此我們自然選擇圖神經網路作為判別器，如圖卷積網路（GCN）（Kipf and Welling, 2017b）。具體來說，我們將使用 GCN 的變形（Schlichtkrull et al, 2018）來納入多種邊類型。一個這樣的圖卷積層如下所示：

$$h_i' = \tanh\left(f_s(h_i, x_i) + \sum_{j=1}^{N} \sum_{y=1}^{Y} \frac{\tilde{A}_{i,j,y}}{|\Omega_i|} f_y(h_j, x_i) \right) \tag{11.53}$$

　　其中，h_i 和 h_i' 是圖卷積層的輸入節點表徵和輸出節點表徵。Ω_i 是節點 i 的鄰居（節點）集合。x_i 是 X 的第 i 行，即節點 i 的節點類型向量。f_s 和 f_y 是要學習的線性變換函式。在對這種類型的圖卷積進行多層次堆疊後，我們可以用下面的注意力加權聚合讀出圖的表徵：

$$h_{\mathscr{G}} = \tanh\left(\sum_{v \in \mathscr{V}} \text{Sigmoid}\,(\text{MLP}_{\text{att}}\,(h_v, x_v)) \odot \tanh(\text{MLP}\,(h_v, x_v)) \right) \tag{11.54}$$

　　其中，h_v 是頂部圖卷積層傳回的節點表徵。請注意，MLP_{att} 和 MLP 是兩個不同的 MLP 實例。$\odot$ 是指元素級乘積。我們可以使用圖表徵向量 $h_{\mathscr{G}}$ 來計算判別器得分 $\mathscr{D}_\phi(A, X)$，也就是把一個圖分類為正（比如來自資料分布）的機率。

　　目標。最初，GAN 透過執行以下最小化操作來學習模型：

$$\min_\theta \max_\phi \; \mathbb{E}_{A, X \sim p_{\text{data}}\,(A,X)}[\log \mathscr{D}_\phi(A, X)] + \mathbb{E}_{Z \sim p(Z)}[\log(1 - \mathscr{D}_\phi(\bar{\mathscr{G}}_\theta(Z)))] \tag{11.55}$$

　　其中，生成器的目的是欺騙判別器，而判別器的目的是對生成的樣本和觀察到的樣本進行正確分類。為了解決 GAN 訓練中的某些問題，如模式坍塌和不穩定性，研究者提出了 Wasserstein GAN（WGAN）（Arjovsky et al, 2017）及其改進版（Gulrajani et al, 2017）。MolGAN 遵循改進的 WGAN 並使用以下目標訓練判別器 $\mathscr{D}_\phi(A, X)$：

$$\max_\phi \sum_{i=1}^{B} -\mathscr{D}_\phi(A^{(i)}, X^{(i)}) + \mathscr{D}_\phi(\bar{\mathscr{G}}_\theta(Z^{(i)})) + \alpha(\| \nabla_{\hat{A}^{(i)}, \hat{X}^{(i)}} \mathscr{D}_\phi(\hat{A}^{(i)}, \hat{X}^{(i)}) \| - 1)^2 \tag{11.56}$$

其中，B 是 mini-batch 的大小，$Z^{(i)}$ 是從先驗中取出的第 i 個樣本，$A^{(i)}$ 和 $X^{(i)}$ 是從資料分布中取出的第 i 個圖資料，$\hat{A}^{(i)}$ 和 $\hat{X}^{(i)}$ 則是它們的線性組合，$(\hat{A}^{(i)}, \hat{X}^{(i)}) = \varepsilon(A^{(i)}, X^{(i)}) + (1-\varepsilon)\bar{\mathscr{G}}_{\theta}(Z^{(i)}), \ \varepsilon \sim \mathscr{U}(0,1)$。在式（11.56）中，右邊的平方項懲罰了判別器的梯度，目的是使訓練變得更加穩定。α 是一個加權項，用於平衡正規化和目標。此外，在判別器固定的情況下，我們可以透過增加額外的約束性回饋來訓練生成器 $\bar{\mathscr{G}}_{\theta}(A, X)$：

$$\min_{\theta} \sum_{i=1}^{B} \lambda \mathscr{D}_{\phi}(\bar{\mathscr{G}}_{\theta}(Z^{(i)})) + (1-\lambda)\mathscr{L}_{\text{RL}}(\bar{\mathscr{G}}_{\theta}(Z^{(i)})) \qquad （11.57）$$

其中，$\mathscr{L}_{\text{RL}}$ 是回饋網路 $\mathscr{R}_{\psi}$ 傳回的負反饋；λ 是加權超參數，用於調節兩種損失之間的平衡。回饋可以是一些不可微的量，用於描述生成的分子的化學特性，例如生成的分子在水中的可溶性有多大。為了學習具有無差別回饋的模型，這裡使用了深度確定性策略梯度（Deep Deterministic Policy Gradient，DDPG）（Lillicrap et al, 2015）。回饋網路的結構與判別器相同，也是一個 GCN。該模型是透過最小化 $\mathscr{R}_{\psi}$ 舉出的預測回饋與一個產生每個分子的屬性分數的外部軟體之間的平方誤差進行預訓練的。預訓練是有必要的，因為外部軟體的執行速度通常比較慢，如果將其包括在整個訓練框架中，則會大大延遲訓練過程。

討論。MolGAN 在一個名為 QM9（Ramakrishnan et al, 2014）的大型化學資料庫上展示出強大的經驗表現。與其他 GAN 類似，由於該模型是無似然的，因此可以具有更靈活和強大的生成器。更重要的是，儘管生成器仍然依賴於節點排序，但判別器和回饋網路是順序（置換）不變的，因為它們都是用 GNN 建構的。有趣的是，GCPN（You et al, 2018a）使用類似的方法解決了和樣的問題。GCPN 有一個類似的 GAN 類型的目標以及一些額外的特定領域的回饋，用以捕捉分子的化學特性。GCPN 還學習了一個生成器和一個判別器。然而，他們並沒有使用回饋網路來加快回饋的計算速度。為了處理不可微回饋的學習，GCPN 利用了近似策略最佳化（Proximal Policy Optimization，PPO）（Schulman et al, 2017）方法。根據經驗，該方法比普通的策略梯度方法表現更好。另一個重要的差別是，GCPN 以逐項自回歸的方式生成鄰接矩陣，這樣就可以捕捉到多筆生成的邊之間的依賴關係，而 MolGAN 則以潛向量為條件，平行生成鄰接矩陣的所有項。GCPN 在另一個名為 ZINC（Irwin et al, 2012）的大型化學資料庫上也

獲得了令人印象深刻的經驗表現。儘管如此，上述模型仍然存在局限性。離散梯度估計器（如策略梯度類型的方法）可能有很大的方差，這會減慢訓練速度。由於特定領域的回饋是不可微的，而且獲得回饋可能非常耗時，因此學習以神經網路為基礎的近似回饋函式（正如 MolGAN 所做的那樣）很有吸引力。然而，正如 MolGAN 所報告的那樣，預訓練似乎是使整個訓練成功的關鍵。沿著學習回饋函式的路線進行更多的探索將有利於簡化整個訓練管道。另外，這兩種方法都使用 GCN 的一些變形作為判別器，這被證明在判別某些圖方面是不充分的[1]。因此，探索更強大的判別器，如利用圖拉普拉斯譜作為輸入特徵的 Lanczos 網路（Liao et al, 2019b），將有望進一步提高上述方法的表現。

11.3.4.2　以隨機遊走為基礎的 GAN

　　與前面介紹的方法相比，NetGAN（Bojchevski et al, 2018）採用了以隨機遊走為基礎的圖表徵方法。NetGAN 的關鍵思想是將圖映射為一組隨機遊走，並在遊走空間中學習一個生成器和一個判別器。生成器生成的隨機遊走應該類似於從觀察到的圖中抽樣的隨機遊走，而判別器應該正確區分隨機遊走是來自資料分布還是來自對應於生成器的隱藏分布。

　　模型。首先使用（Grover and Leskovec, 2016）中描述的有偏置的二階隨機遊走抽樣策略，從給定的圖 $\mathscr{G}$ 中抽出一組長度固定為 T 的隨機遊走。在這裡，隨機遊走可以表示為序列（$v_1, v_2, \cdots, v_T$），其中，v_i 代表圖 $\mathscr{G}$ 中的節點。請注意，隨機遊走可能包含重複的節點，因為它可能在抽樣期間多次重訪該節點。再次假設任何圖的最大節點數為 N。對於任何節點 v_i，可以使用獨熱編碼向量作為其節點特徵。換言之，我們可以用一個序列連同其特徵來看待隨機遊走。因此，與語言模型類似，使用一個 RNN 作為生成這種隨機遊走的生成器是很自然的。NetGAN 使用 LSTM 作為生成器，初始隱藏狀態 h_0 和記憶 c_0 是透過向兩個獨立的 MLP 輸入隨機抽樣的潛向量（從 $\mathscr{N}(0, \boldsymbol{I})$ 中取出）來計算的。然後，LSTM 生成器將預測所有可能節點的分類分布，並對節點進行抽樣。最後，將節點索引的獨熱編碼視為節點表徵，送入 LSTM 生成器作為下一步的輸入。將

1　例如，假設所有單一節點的特徵都是相同的，則 GCN 無法區分一個由兩個三角形組成的圖形與一個六節點的圓（它們都有相同的節點數，每個節點正好有兩個鄰居節點）。

這個 LSTM 展開為 T 步，即可得到最終長度為 T 的隨機遊走。對於判別器，我們可以使用另一個 LSTM，它將隨機遊走作為輸入，並預測給定的隨機遊走從資料分布中抽樣的機率。NetGAN 的訓練目標與改進的 WGAN（Gulrajani et al, 2017）的訓練目標相同。圖 11.5 展示了 NetGAN 的整體流程。

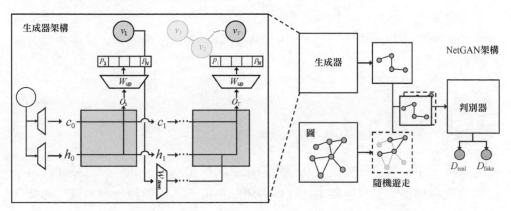

▲ 圖 11.5 Bojchevski et al（2018）對 NetGAN 做了概述。首先從一個固定的先驗 $\mathcal{N}(0, I)$ 中取出一個隨機向量，並初始化 LSTM 的記憶 c_0 和隱藏狀態 h_0。然後，LSTM 生成器生成每一步要存取的節點，並對固定的步數 T 進行展開。最後，節點索引的獨熱編碼被送入 LSTM 並作為下一步的輸入。判別器是另一個LSTM，用於執行二分類，以預測給定的隨機遊走從資料分布中抽樣的機率。改編自（Bojchevski et al, 2018）中的圖 2

訓練完 LSTM 生成器後，就可以生成隨機遊走。然而，我們需要執行一個額外的步驟才能從一組生成的隨機遊走中構造一個圖。NetGAN 使用的策略如下：首先，計算出現在隨機遊走集合中的邊，以獲得一個得分矩陣 S，它的大小與鄰接矩陣相同。得分矩陣 S 的第（i, j）項 $S_{i,j}$ 表示邊（i, j）在生成的隨機遊走集合中出現的次數。其次，對於每個節點 i，根據機率 $\dfrac{S_{i,j}}{\sum\limits_{v} S_{i,v}}$ 抽樣一個鄰居節點。重複抽樣，直到節點 i 至少有一個連接的鄰居節點為止。如果邊已經生成，則跳過。最後，對於任意一條邊（i, j），根據機率 $\dfrac{S_{i,j}}{\sum\limits_{u,v} S_{u,v}}$ 進行無替換抽樣，直到達到最大的邊數。

討論。以隨機遊走為基礎的圖表徵方法在深度圖生成模型的背景下是新穎的。此外，它們相比鄰接矩陣表徵法更具有可擴充性，因為可以不受平方（相對於節點數）複雜性的約束。NetGAN 的核心模組是 LSTM，LSTM 在處理序列方面很有效，而且容易實現。但儘管如此，從一組生成的隨機遊走中構造圖似乎有點隨意性。另外，以隨機遊走為基礎的圖表徵方法並沒有從理論上保證所提出的建構方法的準確性。它們可能需要大量抽樣的隨機遊走，以生成具有良好品質的圖。

11.4 小結

在本章中，我們回顧了一些經典的圖生成模型以及一些以深度神經網路為基礎的現代模型。從模型能力和經驗表現的角度看（如模型對觀測資料的擬合程度），深度圖生成模型明顯優於其他同類模型。舉例來說，它們可以生成有效的化學分子圖，並且在圖的某些統計方面與觀察到的分子圖相似。

儘管近年來我們已經取得令人印象深刻的進展，但深度圖生成模型仍處於早期階段。未來我們至少面臨兩個主要挑戰。首先，我們如何擴大這些模型的規模，使得它們能夠處理現實世界中的圖，如大規模的社群網站和 WWW ？這不僅需要更多的運算資源，而且需要更多地改進演算法。舉例來說，建構一個分層圖生成模型將是提升效率和規模的充滿希望的方向。其次，我們如何有效地在一些輸入資訊上增加特定領域的約束或條件？這個問題很重要，因為現實世界中的許多應用要求圖生成必須以某些輸入為條件（如以輸入影像為條件的場景圖生成）。在實踐中，許多圖都有一定的限制條件（如分子生成中的化學特性）。

編者註：以深度學習為基礎的圖生成可被認為是圖表徵學習的下游任務，其中學習的表徵通常被強制遵循一些機率性假設。因此，本章介紹的技術涉及前幾章介紹的相關屬性和理論，如可擴充性（見第 6 章）、表達能力（見第 5 章）和堅固性（見第 8 章）。圖生成還進一步激發了各種有趣的、重要的但通常具有挑戰性的領域的下游任務，如藥物開發（見第 24 章）、蛋白質分析（見第 25 章）和程式分析（見第 22 章）等。

第12章
圖轉換

Xiaojie Guo、Shiyu Wang 和 Liang Zhao[1]

摘要

　　在將輸入域的圖「轉換」為目標域的另一個圖的過程中，我們會遇到許多關於結構化預測的問題，這就需要我們學習從輸入域到目標域的轉換映射。舉例來說，研究結構連接如何影響大腦網路和交通網絡的功能連接是很重要的，研究蛋白質（如原子網路）如何從一級結構折疊到三級結構也很常見。在本章

1. Xiaojie Guo
   IBM Thomas J. Watson Research Center，E-mail：xguo7@gmu.edu
   Shiyu Wang
   Department of Computer Science，Emory University，E-mail：shiyu.wang@emory.edu
   Liang Zhao
   Department of Computer Science，Emory University，E-mail：liang.zhao@emory.edu

中，我們主要討論與深度圖神經網路領域相關的圖轉換問題。12.1 節闡述圖轉換問題的形式化。根據轉換過程中被轉換的實體，我們可以將圖的轉換問題進一步分為 4 類——節點級轉換、邊級轉換、節點 - 邊共轉換以及其他以圖為基礎的轉換（如序列到圖的轉換和上下文到圖的轉換），這些內容將分別在 12.2 節～12.5 節中討論。本章的每一節都將提供相關類別的定義及其獨特挑戰。

12.1 圖轉換問題的形式化

在將輸入資料（如影像、文字）「轉換」成對應的輸出資料的過程中，我們會經常遇到許多關於結構化預測的問題——學習從輸入域到目標域的轉換映射。舉例來說，我們可以將電腦視覺中的許多問題視作從輸入影像到對應輸出影像的「轉換」。而在語言轉換中，我們也可以找到類似的應用，比如將一種語言的句子（詞的序列）轉換成另一種語言的對應句子。這種通用的轉換問題很重要，但它們在本質上卻非常難以解決，近年來吸引了越來越多研究者的關注。傳統的資料轉換問題通常涉及特殊拓撲結構下的資料。舉例來說，影像是一種網格，其中的每個像素是一個節點，每個節點都與其鄰居節點有關係。文字通常被視為序列，其中的每個詞是一個節點，兩個上下文詞之間存在一筆邊。網格和序列都是圖的特殊類型。由於在許多實際應用中需要處理結構比網格和序列更靈活的資料，因此我們需要更強大的轉換技術來處理更通用的圖結構資料。研究人員為此提出了一個名為深度圖轉換的新問題，其目的是學習從輸入域的圖到目標域的圖的映射。首先，我們來了解一下圖轉換問題的形式化。

將一個圖定義為 $\mathcal{G}=(\mathcal{V}, \mathcal{E}, F, E)$，其中，$\mathcal{V}$ 是 N 個節點的集合，$\mathcal{E} \subseteq \mathcal{V} \times \mathcal{V}$ 是 M 條邊的集合。$e_{i,j} \in \mathcal{E}$ 是連接節點 v_i 和 v_j（它們都屬於集合 V）的邊。一個圖可以用它的（加權）鄰接矩陣 A 來描述矩陣或張量。如果圖有節點屬性和邊屬性，則節點屬性矩陣 $F \in \mathbb{R}^{N \times L}$，其中，$L$ 是節點屬性的數量；邊屬性張量 $E \in \mathbb{R}^{N \times L \times K}$，其中，$K$ 是邊屬性的數量。以圖為基礎的定義，我們將輸入域的輸入圖定義為 $\mathcal{G}_S$，並將目標域的輸出圖定義為 $\mathcal{G}_S \rightarrow \mathcal{G}_T$（Guo et al, 2019c）。

根據轉換過程中被轉換的實體，我們可以將圖的轉換問題進一步分為 4 類：（1）節點級轉換，在轉換過程中只有節點和節點屬性可以改變；（2）邊級轉換，

在轉換過程中只有拓撲或邊屬性可以改變；（3）節點 - 邊共轉換，在轉換過程中節點和邊都可以改變；（4）其他以圖為基礎的轉換，包括序列到圖的轉換、圖到序列的轉換和上下文到圖的轉換。如果把序列看作圖的特例，則可以將其歸到前三種類型中。雖然可以如此，但我們還是想把它們分開，因為它們通常會受到不同研究團體的關注。

12.2 節點級轉換

12.2.1 節點級轉換的定義

節點級轉換的目的是在輸入圖上生成或預測目標圖的節點屬性或節點類別。也可以將節點級轉換看作一個具有隨機性的節點預測問題。它要求當節點集合 $\mathcal{V}$ 或節點屬性矩陣 F 發生變化時，圖的邊集合和邊屬性在轉換過程中保持固定，即 $\mathcal{G}_S = (\mathcal{V}_S, \mathcal{E}, F_S, E) \rightarrow \mathcal{G}_T = (\mathcal{V}_T, \mathcal{E}, F_T, E)$。節點級轉換在現實世界中有著廣泛的應用，如根據節點間的固定關係（如引力）預測物理領域裡系統未來的狀態（Battaglia et al, 2016），以及進行道路網路的交通速度預測（Yu et al, 2018a；Li et al, 2018e）。現有的研究採用不同的框架來模擬轉換過程。

一般來說，處理節點級轉換問題的直接方法是將其視為節點預測問題，透過將傳統的 GNN 作為編碼器來學習節點嵌入。然後，在節點嵌入的基礎上，預測目標圖的節點屬性。在解決特定領域的節點級轉換問題時，通常會有各種獨特的要求，例如在交通速度預測任務中，就需要考慮空間和時間模式。因此在本節中，我們將重點介紹三種典型的節點級轉換模型，以處理不同領域的此類轉換問題。

12.2.2 互動網路

Battaglia et al（2016）在推理物體、關係和物理作用的任務中提出了互動網路（Interaction Network，IN），這是人類智慧的核心，也是人工智慧的關鍵目標。許多物理作用問題（如預測物理環境中接下來會發生什麼或推斷複雜場景的基本屬性），都是具有挑戰性的，因為它們由元素組成，可以作為一個整體相互

影響。僅單獨考慮每個物體和關係是不可能解決這類問題的。因此，針對這一節點級轉換問題，我們可以透過對複雜系統中元素的相互作用和動態進行建模來處理。為了處理這個場景中的節點級轉換問題，研究者提出了互動網路。互動網路結合了兩種強大的主要方法——結構化模型和模擬。結構化模型能夠利用物體之間的關係知識，是以 GNN 為基礎的推理系統的重要組成部分。模擬是模仿動態系統的有效方法，旨在預測複雜系統中的元素如何受到相互作用的影響，以及預測系統的動態性。

　　整個複雜系統可以表示為一個有屬性的、有向的多圖 $\mathcal{G}$，其中，每個節點代表一個物體，邊代表兩個物體之間的關係。舉例來說，一個固定物可以透過彈簧連接到一個自由移動的物體上。為了預測單一節點（即物體）的動態，研究者提出了一個以物體為中心的函式，$h_i^{t+1} = f_O(h_i^t)$，該函式以物體 v_i 在時間步 t 的狀態 h_i^t 為輸入，並以下一個時間步 $t+1$ 的未來狀態 h_i^{t+1} 為輸出。假設兩個物體之間存在一種定向關係，即第一個物體 v_i 透過它們的相互作用影響第二個物體 v_j。這種相互作用的效果或影響 $e_{i,j}^{t+1}$ 是由一個以關係為中心的函式 f_R 預測的，該函式的輸入是物體的狀態以及它們的關係屬性。物體的更新過程可以寫成

$$e_{i,j}^{t+1} = f_R(h_i^t, h_j^t, r_i); \ h_i^{t+1} = f_O(h_i^t, e_{i,j}^{t+1}) \tag{12.1}$$

　　其中，r_i 指的是節點 v_i 受到的互動效應。

　　值得注意的是，上述操作針對的是一個有屬性的、有向的多圖，因為邊／關係可以有屬性，而且兩個物體之間可以有多種不同的關係（如剛性和磁性相互作用）。總之，在每個步驟，都需要計算出從每個關係中產生的相互作用效果，然後利用匯總函式整理對相關物體的所有相互作用效果並更新物體的狀態。

　　互動網路會對每個目標節點分別應用相同的 f_R 和 f_O，這使得它們的關係和物體推理能夠處理任意數量、任意排序的物體和關係（即具有可變大小的圖）。但是，為了實現這一點，互動網路必須滿足以下附加的限制條件：匯總函式必須在物體和關係上是可交換的且可結合的。舉例來說，求和函式作為匯總函式可以滿足這一點，但是除法函式作為匯總函式就不滿足這一點。

　　互動網路可以包含在訊息傳遞神經網路（MPNN）的框架內，具有訊息傳遞過程、聚合過程和節點更新過程。然而，與專注於二元關係的 MPNN 模型（即每對節點有一條邊）不同，互動網路也可以處理超圖，超圖中的邊可以透過組合 n 個節點（ $n \geq 2$ ）來對應 n 階關係。互動網路已經在學習準確的物理模擬方面顯示出強大的能力，並且可以泛化到具有不同數量和設定的物體與關係的新系統中。互動網路還可以用於學習推斷物理系統的抽象屬性（如勢能）。互動網路是第一個可以泛化到現實世界問題的可學習物理引擎，並且是一個有前途的推理範本，可以用在其他物理和機械系統、場景理解、社會感知、分層規劃和類比推理的新人工智慧方法中。

12.2.3 時空卷積循環神經網路

　　對一個在動態環境中執行的學習系統來說，時空預測是一項關鍵的任務，它的應用範圍很廣，從車輛自動駕駛到能源和智慧電網最佳化，再到物流和供應鏈管理。作為智慧交通系統的核心組成部分，道路網路的交通速度預測可以形式化為一個節點級轉換問題，其目標是給定歷史交通速度（即歷史節點屬性），預測一個感測器網路（即圖）的未來交通速度（即節點屬性）。由於一系列圖中存在複雜的時空依賴性以及長期預測中存在固有的困難，這種類型的節點級轉換問題是獨特且具有挑戰性的。為了解決這個問題，我們可以將交通感測器之間的每一對空間關係用一個有方向圖來表示，節點是感測器，邊的權重表示感測器對之間的接近程度——用道路網路距離來衡量。接下來，將交通速度的動態建模為一個擴散過程，並利用擴散卷積操作來捕捉空間依賴性。整個擴散卷積循環神經網路（Diffusion Convolutional Recurrent Neural Network，DCRNN）整合了擴散卷積、序列到序列結構和定時抽樣技術。

　　將我們在圖 $\mathscr{G}$ 上觀察到的節點資訊（如交通速度）表示為圖訊號 F，設 F^t 代表在時間 t 觀察到的圖訊號，時間節點級轉換問題旨在學習從 T' 歷史圖訊號到 T 未來圖訊號的映射： $\left[F^{t-T'+1}, \cdots, F^t; \mathscr{G} \right] \rightarrow \left[F^{t+1}, \cdots, F^{t+T}; \mathscr{G} \right]$ 。空間依賴性是透過將節點資訊與擴散過程相連結來建模的，擴散過程的特徵是圖 $\mathscr{G}$ 上的隨機遊走、重新啟動機率 $\alpha \in [0, 1]$ 以及狀態轉換矩陣 $D_O^{-1} W$ 。其中， D_O 是外分支度對角矩陣。在經過許多時間步後，這種馬可夫過程將收斂到一個靜止分布

$P \in \mathbb{R}^{N \times N}$，其中的第 i 行代表從節點 v_i 擴散的可能性。因此，一個擴散卷積層可以定義為

$$H_{:,q} = f\left(\sum_{p=1}^{P} F_{:,p} \star_{\mathscr{G}} f_{\Theta_{p,q,:}}\right), \ q \in \{1, 2, \cdots, Q\} \tag{12.2}$$

其中，擴散卷積操作可以定義為

$$F_{:,p} \star_{\mathscr{G}} f_{\theta} = \sum_{k=0}^{K-1} (\phi_{k,1}(\boldsymbol{D}_O^{-1}\boldsymbol{W})^k + \phi_{k,2}(\boldsymbol{D}_I^{-1}\boldsymbol{W}^{\mathrm{T}})^k)F_{:,p}, \ p \in \{1, 2, \cdots, P\} \tag{12.3}$$

其中，$\boldsymbol{D}_O$ 和 $\boldsymbol{D}_I$ 分別指外分支度對角矩陣和內分支度對角矩陣。P 和 Q 指的是每個擴散卷積層的輸入節點和輸出節點的特徵維度。擴散卷積定義在有方向圖和無向圖上。當應用於無向圖時，可以將現有的圖卷積神經網路（GCN）看作擴散卷積網路的特例。

我們可以利用循環神經網路（RNN）或閘控循環單元（Gated Recurrent Unit，GRU）來處理節點級轉換問題中的時間依賴性。舉例來說，透過用擴散卷積代替 GRU 中的矩陣乘法，擴散卷積門控循環單元（Diffusion Convolutional Gated Recurrent Unit，DCGRU）便可以定義為

$$
\begin{aligned}
\boldsymbol{r}^t &= \sigma(\Theta_r \star_{\mathscr{G}} [F^t, H^{t-1}] + \boldsymbol{b}_r^t) \\
\boldsymbol{u}^t &= \sigma(\Theta_u \star_{\mathscr{G}} [F^t, H^{t-1}] + \boldsymbol{b}_u^t) \\
C^t &= \tanh(\sigma(\Theta_c \star_{\mathscr{G}} [F^t, (\boldsymbol{r}^t \odot H^{t-1})] + \boldsymbol{b}_c^t)) \\
H^{t-1} &= \boldsymbol{u}^t \odot H^{t-1} + (1 - \boldsymbol{u}^t) \odot C^t
\end{aligned}
\tag{12.4}
$$

其中，F^t 和 H^t 表示所有節點在時間步 t 的輸入和輸出，$\boldsymbol{r}^t$ 和 $\boldsymbol{u}^t$ 分別為時間步 t 的重置門和更新門。$\star_{\mathscr{G}}$ 表示式（12.3）中定義的擴散卷積。Θ_r、Θ_u、Θ_c 是擴散網路中對應濾波器的參數。

另一個用於時空節點級轉換問題的典型的時空圖卷積網路是由（Yu et al, 2018a）提出的，該模型由幾個時空卷積區塊組成。這些時空卷積區塊是圖卷積層和卷積序列學習層的組合，用於模擬空間和時間的依賴關係。具體來說，該模型由兩個時空卷積區塊（ST-Conv 區塊）和最後一個全連接的輸出層組成。每個 ST-Conv 區塊包含兩個時間門控卷積層以及一個處於兩個時間門控卷積層

之間的空間圖卷積層。可在每個 ST-Conv 區塊內應用殘差連接和瓶頸策略。ST-Conv 區塊統一處理節點資訊的輸入序列，以連續地探索空間和時間上的差異。輸出層整合綜合特徵，以生成最終的預測結果。與前面提到的 DCGRU 相比，這個模型完全由卷積結構建構，以捕捉空間和時間模式，而不需要任何循環神經網路；每個 ST-Conv 區塊都是專門設計的，以統一處理結構化資料。

12.3 邊級轉換

12.3.1 邊級轉換的定義

邊級轉換的目的是在輸入圖上生成目標圖的拓撲結構和邊屬性。它要求當邊集合 E 和邊屬性 E 發生變化時，圖的節點集合和節點屬性在轉換過程中保持固定，即 $\mathcal{T}:\mathcal{G}_S=(\mathcal{V},\mathcal{E}_S,\ F,E_S)\rightarrow\mathcal{G}_T=(\mathcal{V},\mathcal{E}_T,F,E_T)$。邊級轉換在現實世界中有著廣泛的應用，如化學反應建模（You et al, 2018a）、蛋白質折疊（Anand and Huang, 2018）和惡意軟體網路合成（Guo et al, 2018b）。舉例來說，在社群網站中，人是節點，人與人之間的關聯是邊，人與人之間的關聯圖在不同情況下會有很大的不同。舉例來說，當人們參加活動時，關聯圖會變得更加密集，並有可能出現幾個特殊的「樞紐」（如關鍵人物）。因此，準確預測目標情況下的關聯網對態勢感知和資源配置是非常有益的。

研究者在邊級轉換方面已經做了許多工作。接下來，我們介紹三種典型的邊級轉換問題的建模方法，分別是圖轉換生成對抗網路（GT-GAN）、多尺度圖轉換網路（Misc-GAN）和圖轉換策略網路（CTPN）。

12.3.2 圖轉換生成對抗網路

生成對抗網路（GAN）是一種旨在解決生成問題的替代方法。GAN 是以博奕理論為基礎設計的，被稱為最小－最大博弈，其中，一個判別器和一個生成器相互競爭。生成器從隨機雜訊中生成資料，而判別器則試圖分辨資料是真實的（來自訓練集）還是偽造的（來自生成器）。判別器和生成器精心計算的獎勵之間的絕對差異被最小化，以便它們在試圖超越對方的過程中同時學習。如

果生成器和判別器都以一些額外的輔助資訊為條件，如類別標籤或來自其他模式的資料，則 GAN 可以泛化為一個條件模型。條件 GAN 是透過將條件資訊作為額外的輸入層輸入判別器和生成器來實現的。在這種情況下，當條件資訊是一個圖時，條件 GAN 可以用來處理圖轉換問題，學習從條件圖（即輸入圖）到目標圖（即輸出圖）的映射。在此，我們將介紹兩種典型的以條件 GAN 為基礎的邊級圖轉換技術。

由（Guo et al, 2018b）提出的一種新型的圖轉換生成對抗網路（GT-GAN）可以成功實現並學習從輸入圖到目標圖的映射。GT-GAN 由一個圖轉換器 $\mathcal{T}$ 和一個條件圖判別器 $\mathcal{D}$ 組成。圖轉換器 $\mathcal{T}$ 被訓練以產生一些目標圖，這些目標圖不能被條件圖判別器 $\mathcal{D}$ 區分為「真實」圖。具體來說，生成的目標圖 $\mathcal{G}_T = \mathcal{T}(\mathcal{G}_S, U)$ 不能與基於當前輸入圖 $\mathcal{G}_S$ 的真實圖 $\mathcal{G}_T$ 區分開。其中，U 指的是隨機雜訊。$\mathcal{T}$ 和 $\mathcal{D}$ 可以透過求解以下損失函式，根據輸入圖和目標圖進行對抗訓練：

$$\mathcal{L}(\mathcal{T}, \mathcal{D}) = \mathbb{E}_{\mathcal{G}_S, \mathcal{G}_T \sim \mathcal{S}}[\log \mathcal{D}(\mathcal{G}_T \mid \mathcal{G}_S)]$$
$$+ \mathbb{E}_{\mathcal{G}_S \sim \mathcal{S}}[\log(1 - \mathcal{D}(\mathcal{T}(\mathcal{G}_S, U) \mid \mathcal{G}_S))] \tag{12.5}$$

其中，$\mathcal{S}$ 指的是資料集。$\mathcal{T}$ 試圖最小化這個目標，而對手 $\mathcal{D}$ 試圖最大化這個目標，即 $\mathcal{T}^* = \text{argmin}_{\mathcal{G}} \max_{\mathcal{G}} \mathcal{L}(\mathcal{T}, \mathcal{D})$。圖轉換器包括兩部分——圖編碼器和圖解碼器。圖卷積神經網路（Kawahara et al, 2017）被擴充為圖編碼器，以便將輸入圖嵌入節點級表徵，同時設計一個新的圖反卷積網路作為解碼器以生成目標圖。具體來說，編碼器由邊到邊和邊到節點的卷積層組成，首先提取隱含的邊級表徵，然後提取節點級表徵 $\{H_i\}_{i=1}^{N}$，其中，$H_i \in \mathbb{R}^L$ 是指節點 v_i 的隱含表徵。解碼器由節點到邊和邊到邊的反卷積層組成，首先根據 H_i 和 H_j 得到每個邊表徵 $\hat{E}_{i,j}$，然後根據 $\hat{E}$ 得到邊屬性張量 E。以上面的圖反卷積網路為基礎，可以利用跳躍將我們從圖編碼器中的各層提取的邊隱含表徵與圖解碼器中的邊隱含表徵關聯起來。

具體來說，在圖轉換器中，解碼器的第 l 個「邊反卷積」層的輸出與編碼器的第 l 個「邊卷積」層的輸出將被並置，以形成一個聯合的雙通道特徵圖，這個雙通道特徵圖則被輸入第（$l+1$）個反卷積層。值得注意的是，實現有效轉換的

關鍵因素是設計一個對稱的編碼器 - 解碼器對，其中，圖反卷積是圖卷積的鏡像反轉方式。這種設計允許跳過連接，從而在每一層直接轉換不同層的邊資訊。

圖判別器用於區分「轉換的」目標圖和以輸入圖為基礎的「真實」圖，因為這有助以對抗的方式訓練生成器。從技術上說，這需要判別器同時接收兩個圖作為輸入（一個真實的目標圖和一個輸入圖，或一個生成圖和一個輸入圖），並將這兩個圖分類為相關或不相關。因此，利用編碼器中相同的圖卷積層的條件圖判別器（Conditional Graph Discriminator，CGD）被用來進行圖分類。具體來說，輸入圖和目標圖都被 CGD 攝取並堆疊成一個張量。我們可以將這個張量看作一個雙通道的輸入。在獲得節點表徵後，可透過對這些節點級嵌入進行求和來計算圖級嵌入。最後，我們可以透過實現一個 Softmax 層來區分輸入圖對來自真實圖還是生成圖。

為了進一步處理輸入和輸出的配對資訊不可用的情況，Gao et al（2018b）提出了以 Cycle-GAN 為基礎（Zhu et al, 2017）的非配對圖轉換生成對抗網路（Unpaired Graph Translation Generative Adversarial Net，UGT-GAN），並在 GT-GAN 中加入相同的編碼器和解碼器以處理非配對圖轉換問題。他們不僅利用了循環一致性損失，而且將其泛化成了非配對圖轉換的圖循環一致性損失。具體來說，圖循環一致性增加了一個從目標域到輸入域的反方向轉換器 $\mathcal{T}_r : \mathcal{G}_T \rightarrow \mathcal{G}_S$，旨在透過模擬訓練兩個方向的映射，增加鼓勵 $\mathcal{T}_r(\mathcal{T}(\mathcal{G}_S)) \approx \mathcal{G}_S$ 和 $\mathcal{T}(\mathcal{T}_r(\mathcal{G}_T)) \approx \mathcal{G}_T$ 的循環一致性損失。將這一損失與 $\mathcal{G}_T$ 和 $\mathcal{G}_S$ 域上的對抗性損失結合起來，即可得到非配對圖轉換的全部目標。

12.3.3 多尺度圖轉換網路

現實世界中的許多網路在圖社群上通常表現為層次分布。舉例來說，給定一個作者協作網路，就可以透過較低等級細微性的現有圖聚類方法來辨識由成熟且密切合作的研究人員組成的研究小組。而從更粗略的層面看，我們可能會發現這些研究小組組成了一些大規模的社群，並且這些社群與各種研究課題或主題相對應。因此，對於邊級圖轉換問題，有必要在圖上捕捉層次化的社群結構。在這裡，我們引入了一個用於學習圖分布的圖生成模型，它可以被形式化為一個邊級圖轉換問題。

　　以 GAN 為基礎，多尺度的圖生成模型 Misc-GAN 可以用於模擬不同細微性水準的圖結構的基本分布。受影像轉換中深度生成模型取得成功的啟發，Zhu et al（2017）提出採用循環一致對抗網路（CycleGAN）來學習圖結構分布，然後在每個細微性等級生成一個合成的粗細微性圖。因此，我們可以透過將輸入域中的圖層次分布「轉移」到目標域中的唯一圖來實現圖的生成任務。

　　在這個框架中，輸入圖被表徵為多個粗細微性圖。我們可以透過聚合具有較小代數距離的強耦合節點來形成粗細微性節點。整體來說，該框架可以劃分為三個階段。在第一階段，從輸入圖的相鄰矩陣 A_S 建構 K 級細微性的粗細微性圖。粗細微性圖的相鄰矩陣 $A_S^{(k)} \in \mathbb{R}^{N^{(k)} \times N^{(k)}}$ 在 k 級細微性的定義如下：

$$A_S^{(k)} = P^{(k-1)^\mathrm{T}} \cdots P^{(1)^\mathrm{T}} A_S P^{(1)} \cdots P^{(k-1)} \tag{12.6}$$

　　其中，$A_S^{(0)} = A_S$，$P^{(k)} \in \mathbb{R}^{N^{(k)} \times N^{(k)}}$ 是 k 級細微性的粗細微性運算元，$N^{(k)}$ 指的是 k 級細微性的粗細微性圖的節點數。在第二階段，每個 k 級細微性的粗細微性圖將被重構為精細圖的相鄰矩陣 $A_T^{(k)} \in \mathbb{R}^{N^{(k)} \times N^{(k)}}$，如下所示：

$$A_T^{(k)} = R^{(1)^\mathrm{T}} \cdots R^{(k-1)^\mathrm{T}} A_S^{(k)} R^{(k-1)} \cdots R^{(1)} \tag{12.7}$$

　　其中，$R^{(k)} \in \mathbb{R}^{N^{(k)} \times N^{(k)}}$ 是 k 級細微性的重建運算元。因此，我們在每一層重建的精細圖都以同一尺度為基礎。在第三階段，這些精細圖透過一個線性函式被聚合成一個唯一圖，最終得到的鄰接矩陣為 $A_T = \sum_{k=1}^{K} w^k A_T^{(k)} + b^k I$，其中，$w^k \in \mathbb{R}$ 和 $b^k \in \mathbb{R}$ 是權重和偏置。

12.3.4　圖轉換策略網路

　　除邊級轉換問題的一般框架以外，我們還有必要處理一些特定領域的問題，這些問題可能需要在轉換過程中加入一些領域知識或資訊。舉例來說，化學反應產物的預測問題是一個典型的邊級轉換問題，其中，輸入的反應物和試劑的分子可以共同作為輸入圖來表達，而從反應物分子生成化學反應產物分子（即輸出圖）的過程可以形式化為一組邊級圖轉換。將化學反應產物的預測問題形式化為邊級轉換問題是有益的，原因有兩個：（1）可以捕捉和利用輸入反應物和試劑的分子圖結構模式（即具有變化連線性的原子對）；（2）可以自動從這些反應模式中選擇一套正確的反應三要素來生成所需的產物。

Do et al（2019）提出了圖轉換策略網路（Graph Transformation Policy Network，GTPN），這是一種結合了圖神經網路和強化學習優勢的新型通用方法，該方法可以直接從具有最少化學知識的資料中學習化學反應。GTPN 的初始目標是將圖轉換過程形式化為馬可夫決策過程，並透過幾次迭代修改輸入圖來生成輸出圖。從化學反應的角度看，反應產物的預測過程可以表述為預測給定反應物和試劑分子作為輸入的一組鍵的變化。鍵的變化被特徵化為持有鍵的原子對（哪裡發生了變化）和新的鍵類型（變化是什麼）。

在數學上，可以給定一個反應物分子圖作為輸入圖 $\mathcal{G}_S$，然後透過預先確定的一組反應三要素，將 $\mathcal{G}_S$ 轉為反應產物分子圖 $\mathcal{G}_T$。這個過程可以被建模為一個由類似 $(\zeta^t, v_i^t, v_j^t, b^t)$ 這樣的元素組成的序列，其中，v_i^t 和 v_j^t 是從時間步 t 的節點集合中選擇的節點，這兩個節點之間的連接需要修改，b^t 是新邊 (v_i^t, v_j^t) 的類型，ζ^t 是一個表示序列結束的二進位訊號。一般來說，在前向傳遞的每一步，GTPN 將執行 7 個主要步驟：（1）透過訊息傳遞神經網路（MPNN）計算原子表徵向量；（2）計算最可能的 K 個反應原子對；（3）預測延續訊號 ζ^t；（4）預測反應原子對 (v_i^t, v_j^t)；（5）預測該原子對的新鍵類型 b^t；（6）更新原子表徵；（7）更新循環狀態。

具體來說，上述邊級轉換的迭代過程可以形式化為馬可夫決策過程（Markov Decision Process，MDP），其表徵是一個元組 $(\mathcal{S}, \mathcal{A}, f_P, f_R, \Gamma)$。其中，$\mathcal{S}$ 是一組狀態，$\mathcal{A}$ 是一組動作，f_P 是一個狀態轉換函式，f_R 是一個獎勵函式，Γ 是一個折扣係數。因此，整個模型可以透過強化學習來最佳化。具體來說，狀態 $s^t \in \mathcal{S}$ 是在時間步 t 生成的即時圖，s^0 指的是輸入圖。在時間步 t 執行的動作 $a^t \in \mathcal{A}$ 被表徵為元組 $(\zeta^t, (v_i^t, v_j^t, b^t))$，該動作由三個連續的子動作組成，分別用於預測 ζ^t、(v_i^t, v_j^t) 和 b^t。在狀態轉換部分，如果 $\zeta^t = 1$，則根據反應三要素 (v_i^t, v_j^t, b^t) 修改當前圖 $\mathcal{G}^t$ 以生成新的中間圖 $\mathcal{G}^{t+1}$。針對獎勵，可以透過即時獎勵和延遲獎勵來鼓勵模型更快地學習最佳策略。在每個時間步 t，如果模型正確預測了 $(\zeta^t, (v_i^t, v_j^t, b^t))$，則每個正確的子動作將獲得正的獎勵；否則獲得負的獎勵。預測過程結束後，如果生成的產物與真實的產物完全相同，則同樣得到正的延遲獎勵，否則得到負的獎勵。

與 GT-GAN 的編碼器 - 解碼器框架不同，GTPN 是以強化學習為基礎的圖轉換網路的典型範例，其目標圖是透過迭代修改輸入圖的方式生成的。強化學習是一個十分常用的框架，旨在透過電腦演算法（即所謂的代理）與環境互動來學習控制策略和生成過程。強化學習（即連續的生成過程）的本質使得它成為圖轉換問題的合適框架，因為我們有時需要對輸入圖進行逐步編輯以生成最終的輸出圖。

12.4　節點 - 邊共轉換

12.4.1　節點 - 邊共轉換的定義

節點 - 邊共轉換（Node-Edge Co-Transformation，NECT）的目的是根據輸入圖的屬性生成目標圖的節點屬性和邊屬性。NECT 要求在進行輸入圖和目標圖之間的轉換時，節點和邊都可以變化：$\mathcal{G}_S = (\mathcal{V}_S, \mathcal{E}_S, F_S, E_S) \rightarrow \mathcal{S}_T = (\mathcal{V}_T, \mathcal{E}_T, F_T, E_T)$。用於同化輸入圖以生成目標圖的技術有兩類——以嵌入為基礎的 NECT 和以編輯為基礎的 NECT。

以嵌入為基礎的 NECT 通常使用一個編碼器將輸入圖編碼為隱含表徵，該編碼器包含輸入圖的高層次資訊；然後透過解碼器將隱含表徵解碼為目標圖（Jin et al, 2020c, 2018c；Kaluza et al, 2018；Maziarka et al, 2020b；Sun and Li, 2019）。此類技術通常以條件 VAE 為基礎（Sohn et al, 2015）或條件 GAN（Mirza and Osindero, 2014）。本節將介紹此類技術中的三種主要技術，分別是聯結樹變分自編碼器 Transformer、分子循環一致對抗網路和有向無環圖轉換網路。

12.4.1.1　聯結樹變分自編碼器 Transformer

分子最佳化是很重要的分子生成問題之一，其目標是將給定分子轉化為具有最佳化特性的新型輸出分子。分子最佳化問題通常可以形式化為 NECT 問題，其中，輸入圖指的是初始分子，輸出圖指的是最佳化分子。在轉化過程中，節點和邊的屬性都可以改變。

作為藥物開發領域分子最佳化的關鍵挑戰，聯結樹變分自編碼器（JT-VAE）的目的是找到具有所需化學性質的目標分子（Jin et al, 2018a）。在模型架構方面，JT-VAE 透過引入合適的編碼器和匹配的解碼器將 VAE（Kingma and Welling, 2014）泛化到了分子圖。在 JT-VAE 架構下，每個分子被轉為從有效成分字典中選擇的形式化子圖。當把分子編碼為向量表徵並將隱含向量解碼為最佳化的分子圖時，這些成分將充當建構區塊。成分字典（如環、鍵和單一原子）應該足夠大，以確保給定的分子可以被重疊的聚類覆蓋，而不會形成聚類循環。一般來說，JT-VAE 分兩個階段生成分子圖：首先在化學子結構上生成樹結構支架，然後將它們組合成具有圖訊息傳遞網路的分子。

輸入圖 $\mathscr{G}$ 的隱含表徵是由圖訊息傳遞網路編碼的（Dai et al, 2016；Gilmer et al, 2017）。在這裡，設 x_v 表示節點 v 的特徵向量，其涉及節點的屬性，如原子類型和化合價（valence）。同樣，每條邊 $(u, v) \in \mathscr{E}$ 有一個特徵向量 x_{vu}，用於表示它的鍵類型。兩個隱含向量 n_{uv} 和 n_{vu} 分別表示從節點 u 到節點 v 的資訊以及從節點 r 到節點 u 的資訊。在編碼器中，資訊是透過迭代置信度傳播進行交換的：

$$v_{uv}^{(t)} = \tau(W_1^g x_u + W_2^g x_{uv} + W_3^g \sum_{w \in N(u) \backslash v} v_{wu}^{(t-1)})$$ （12.8）

其中，v_{uv}' 是第 t 次迭代中計算的資訊，可以初始化為 $v_{uv}^{(0)} = 0$，$\tau(\cdot)$ 是 ReLU 函式，W_1^g、W_2^g 和 W_3^g 是權重，$N(u)$ 表示鄰居節點。經過 T 次迭代後，即可生成每個節點的隱含向量，以捕捉其局部圖結構：

$$h_u = \tau \left(U_1^g x_u + \sum_{v \in N(u)} U_2^g v_{vu}^{(T)} \right)$$ （12.9）

其中，U_1^g 和 U_2^g 是權重。最終的圖表徵是 $h_{\mathscr{G}} = \sum_i h_i / |\mathscr{V}|$，其中，$|\mathscr{V}|$ 是圖中節點的數量。對應的潛向量 z_G 可以從 $\mathcal{N}(z_G; \mu_{\mathscr{G}}, \sigma_{\mathscr{G}}^2)$ 中抽樣，$\mu_{\mathscr{G}}$ 和 $\sigma_{\mathscr{G}}^2$ 可以透過兩個獨立的仿生層根據 $h_{\mathscr{G}}$ 計算出來。

一個聯結樹可以表徵為 $(\mathscr{V}, \mathscr{E}, \mathscr{X})$，其節點集合為 $\mathscr{V} = (C_1, C_2, \cdots, C_n)$，邊集合為 $\mathscr{E} = (E_1, E_2, \cdots, E_n)$。這個聯結樹是用標籤字典 $\mathscr{X}$ 標記的。與圖表徵類似，每個聚類 C_i 用一個獨熱 x_i 表徵，每條邊 (C_i, C_j) 對應兩個訊息向量 v_{ij} 和 v_{ji}。挑選一個任意的葉子節點作為根節點，訊息傳播分為兩個階段：

$$s_{ij} = \sum_{k \in N(i) \backslash j} v_{ki} \tag{12.10}$$

$$z_{ij} = \sigma(W^z x_i + U^z s_{ij} + b^z)$$

$$r_{ki} = \sigma(W^r x_i + U^r v_{ki} + b^r)$$

$$\tilde{v}_{ij} = \tanh(W x_i + U \sum_{k \in N(i) \backslash j} r_{ki} \odot v_{ki})$$

$$v_{ij} = (1 - z_{ij}) \odot s_{ij} + z_{ij} \odot \tilde{v}_{ij}$$

h_i（即節點 v_i 的隱含表徵）現在已經可以計算出來：

$$h_i = \tau \left(W^o x_i + \sum_{k \in N(u)} U^o v_{ki} \right) \tag{12.11}$$

最終的樹表徵是 $h_{\mathcal{T}_{\mathcal{G}}} = h_{\text{root}}$。$z_{\mathcal{T}_{\mathcal{G}}}$ 的抽樣方式與開發過程中的類似。

在 JT-VAE 架構下，聯結樹透過樹結構的解碼器從 $z_{\mathcal{T}_{\mathcal{G}}}$ 解碼，該解碼器從根節點開始遍歷樹，以深度優先順序生成節點。在這個過程中，一個節點從其他節點接收資訊，這些資訊是透過訊息向量 h_{ij} 進行傳播的。形式上，設 $\tilde{\mathcal{E}} = \{(i_1, j_1), (i_2, j_2), \cdots, (i_m, j_m)\}$ 是遍歷聯結樹 $(\mathcal{V}, \mathcal{E})$ 的邊的集合，其中，$m = 2|\mathcal{E}|$，因為每條邊都是雙向遍歷的。該模型在時間步 t 存取節點 i_t。設 $\tilde{\mathcal{E}_t}$ 是 $\tilde{\mathcal{E}}$ 中的前 t 條邊。訊息被更新為 $h_{i_t, j_t} = \text{GRU}(x_{i_t}, \{h_{k, i_t}\}_{(k, i_t) \in \tilde{\mathcal{E}_t}, k \neq j_t})$，其中，$x_{i_t}$ 對應於節點特徵。解碼器首先對節點 i_t 是否還有子節點要生成進行預測，其中的機率可以計算為

$$p_t = \sigma \left(u^d \cdot \tau \left(W_1^d x_{i_t} + W_2^d z_{\mathcal{T}_{\mathcal{G}}} + W_3^d \sum_{(k, i_t) \in \tilde{\mathcal{E}_t}} h_{k, i_t} \right) \right) \tag{12.12}$$

其中，u^d、W_1^d、W_2^d 和 W_3^d 是權重。然後，當子節點 j 從它的父節點 i 生成時，它的節點標籤可以預測為

$$q_j = \text{Softmax}\,(U^l \cdot \tau(W_1^l z_{\mathcal{T}_{\mathcal{G}}} + W_2^l h_{ij})) \qquad (12.13)$$

其中，U^l、W_1^l 和 W_2^l 是權重，q_j 是標籤字典 $\mathcal{D}$ 的分布。

該模型的最後一步是將子圖組合成最終的分子圖，從而再造一個分子圖 $\mathcal{G}$ 來表徵預測的聯結樹 $(\hat{\mathcal{V}}, \hat{\mathcal{E}})$。設 $\mathcal{G}(\mathcal{T}_{\mathcal{G}})$ 是對應於聯結樹 $\mathcal{T}_{\mathcal{G}}$ 的一組圖。從聯結樹 $\hat{\mathcal{T}}_{\mathcal{G}} = (\hat{\mathcal{V}}, \hat{\mathcal{E}})$ 解碼圖 $\hat{\mathcal{G}}$ 是一個結構化的預測：

$$\hat{\mathcal{G}} = \text{argmax}_{\mathcal{G}' = \mathcal{G}(\hat{\mathcal{T}}_{\mathcal{G}})} f^a(\mathcal{G}') \qquad (12.14)$$

其中，$f^a(\cdot)$ 是用於候選圖的評分函式。解碼器首先根據評分對根節點及其鄰居節點的裝配進行抽樣，然後繼續裝配鄰居節點和相關的聚類。在對每個鄰域的實現進行評分方面，設 $\mathcal{G}_i$ 是樹中聚類 C_i 與其鄰域 $C_j(j \in N_{\hat{\mathcal{T}}_{\mathcal{G}}}(i))$ 進行特定合併後生成的子圖。將 $\mathcal{G}_i$ 作為一個候選子圖進行評分，方法是首先得到一個向量表徵 $h_{\mathcal{G}_i}$，$f_i^a(\mathcal{G}_i) = h_{\mathcal{G}_i} \cdot z_{\mathcal{G}}$ 就是子圖的得分。對於 $\mathcal{G}_i$ 中的原子，若 $v \in C_i$，則設定 $\alpha_v = i$，並且若 $v \in C_j \setminus C_i$，則設定 $\alpha_v = j$，從而標記原子在聯結樹中的位置，並檢索資訊 $\hat{m}_{i,j}$，進而沿著由樹編碼器得到的邊（i, j），總結節點 i 之下的子樹。接下來，我們便可以像使用參數的編碼步驟一樣獲得聚合神經資訊：

$$\mu_{uv}^{(t)} = \tau(W_1^a x_u + W_2^a x_{uv} + W_3^a \hat{\mu}_{uv}^{(t-1)})$$

$$\tilde{\mu}_{uv}^{(t-1)} = \begin{cases} \displaystyle\sum_{w \in N(u)\setminus v} \mu_{wu}^{(t-1)} & ,\ \alpha_u = \alpha_v \\ \hat{m}_{\alpha_u, \alpha_v} + \displaystyle\sum_{w \in N(u)\setminus v} \mu_{wu}^{(t-1)} & ,\ \alpha_u \neq \alpha_v \end{cases} \qquad (12.15)$$

其中，W_1^a、W_2^a 和 W_3^a 是權重。

12.4.1.2 分子循環一致對抗網路

循環一致對抗網路是實現以嵌入為基礎的 NECT 的替代方案，該方案最初是為了實現影像到影像的轉換而開發的。這裡的目的是在沒有配對範例的情況下，透過使用對抗性損失來學習將影像從輸入域轉換到目標域。為了促進化學化合物的設計過程，這一思想被借用到了圖轉換中。舉例來說，研究者提出了分子循環一致對抗網路（Mol-CycleGAN），用於生成與原化合物結構相似度高的最佳化化合物（Maziarka et al, 2020b）。給定一個具有所需分子特性的分子集合 $\mathcal{G}_X$，Mol-CycleGAN 旨在訓練一個模型來完成轉換 $G : \mathcal{G}_X \rightarrow \mathcal{G}_Y$，然後用這個模型來最佳化分子。其中，$\mathcal{G}_Y$ 是不具有所需分子特性的分子集合。為了表徵 $\mathcal{G}_X$ 和 $\mathcal{G}_Y$ 這兩個集合，這個模型需要一個可逆的嵌入，以允許對分子進行編碼和解碼。為了實現這一點，JT-VAE 被用來在訓練過程中提供隱空間，在這個過程中，可以直接定義計算損失函式所需的分子之間的距離。每個分子被表徵為隱空間中的點，具體則是根據變分編分碼佈的平均值進行分配的。

在實現過程中，必須定義集合 $\mathcal{G}_X$ 和 $\mathcal{G}_Y$（如非活性分子/活性分子），然後引入映射函式 $G : \mathcal{G}_X \rightarrow \mathcal{G}_Y$ 和 $F : \mathcal{G}_Y \rightarrow \mathcal{G}_X$。接下來，透過判別器 D_X 和 D_Y 迫使生成器 F 和 G 從接近 $\mathcal{G}_X$ 和 $\mathcal{G}_Y$ 的分布中生成樣本。在這個過程中，F、G、D_X 和 D_Y 是用神經網路來模擬的。這種分子最佳化方法的設計過程如下：（1）從集合 $\mathcal{G}_X$ 中選擇一個沒有指定特徵的先驗分子 x，並計算其隱空間嵌入；（2）使用生成神經網路 G 獲得分子 $G(x)$ 的嵌入，該分子不僅具有這一特徵，也與原始分子 x 相似；（3）解碼 $G(x)$ 舉出的隱空間座標，以獲得最佳化後的分子。

用於訓練 Mol-CycleGAN 的損失函式是

$$L\left(G, F, D_X, D_Y\right) = L_{\mathrm{GAN}}\left(G, D_Y, \mathcal{G}_X, \mathcal{G}_Y\right) + L_{\mathrm{GAN}}\left(F, D_X, \mathcal{G}_Y, \mathcal{G}_X\right) \\ + \lambda_1 L_{\mathrm{cyc}}(G, F) + \lambda_2 L_{\mathrm{identity}}(G, F) \tag{12.16}$$

此外，$G^*, F^* = \mathrm{argmin}_{G, F} \max_{D_X, D_Y} L(G, F, D_X, D_Y)$。其中，對抗性損失如下：

$$L_{\mathrm{GAN}}\left(G, D_Y, \mathcal{G}_X, \mathcal{G}_Y\right) = \frac{1}{2} \mathbb{E}_{y \sim p_{\mathrm{data}}^{\mathcal{G}_Y}} [(D_Y(y) - 1)^2] \\ + \frac{1}{2} \mathbb{E}_{x \sim p_{\mathrm{data}}^{\mathcal{G}_X}} [D_Y(G(x))^2] \tag{12.17}$$

這確保了生成器 G（和 F）生成的樣本來自一個接近 $\mathscr{G}_Y$（或 $\mathscr{G}_X$）的分布，用 $p_{\text{data}}^{\mathscr{G}_Y}$（或 $p_{\text{data}}^{\mathscr{G}_X}$）表示。以下循環一致損失減少了可能的映射函式的可用空間。

$$L_{\text{cyc}}(G,F) = \mathbb{E}_{y \sim p_{\text{data}}^{\mathscr{G}_Y}} [\| G(F(y)) - y\|_1]$$
$$+ \mathbb{E}_{x \sim p_{\text{data}}^{\mathscr{G}_X}} [\| F(G(x)) - x\|_1]$$
（12.18）

因此，對於來自集合 $\mathscr{G}_X$ 的分子 x，GAN 循環會將輸出限制為類似於 x 的分子。最後，為了確保生成的分子接近原始分子，可以採用身份映射損失：

$$L_{\text{identity}}(G,F) = \mathbb{E}_{y \sim p_{\text{data}}^{\mathscr{G}_Y}} [\| F(y) - y\|_1]$$
$$+ \mathbb{E}_{x \sim p_{\text{data}}^{\mathscr{G}_X}} [\| G(x) - x\|_1]$$
（12.19）

這可以進一步減小可能的映射函式的可用空間，並防止該模型生成的分子在 JT-VAE 的隱空間中與原始分子相距甚遠。

12.4.1.3 有向無環圖轉換網路

以嵌入為基礎的 NECT 的另一個替代方案是在有向無環圖（Directed Acyclic Graph，DAG）空間中學習深度函式的神經模型（Kaluza et al, 2018）。在數學上，為處理圖結構資料而開發的神經方法可以視為函式逼近框架，其中，目標函式的定義域和值域都可以是圖空間。在這個新興的領域，嵌入和生成方法被聚合到一個統一的框架中，使得函式可以從一個圖空間學習並映射到另一個圖空間，而無須在嵌入和生成過程中強加獨立性假設。請注意，這裡只考慮了 DAG 空間中的函式。本節介紹一個從一個 DAG 空間學習函式並映射到另一個 DAG 空間的通用編碼器 - 解碼器框架。

在這裡，RNN 用於為函式 F 建模，表示為 D2DRNN。具體來說，該模型由一個具有模型參數 α 的編碼器 E_α 和一個具有參數 β 的解碼器 D_β 組成，前者計算輸入圖 $\mathscr{G}_{\text{in}}$ 的固定尺寸的嵌入表徵，後者則將嵌入表徵作為輸入並產生輸出圖 $\mathscr{G}_{\text{out}}$。另外，DAG 函式可以定義為 $F(\mathscr{G}_{\text{in}}) := D_\beta(E_\alpha(\mathscr{G}_{\text{in}}))$。

編碼器參考了深度門控 DAG 循環神經網路（DG-DAGRNN）（Amizadeh et al, 2018），DG-DAGRNN 能夠將序列上的堆疊循環神經網路泛化為 DAG

結構。DG-DAGRNN 的每一層都由門控循環單元（GRU）組成（Cho et al, 2014a），每個節點 $v_i \in \mathscr{G}_{in}$ 都會重複這些 GRU。節點 v 對應的 GRU 包含關於其前驅節點 $\pi(v)$ 的單元隱含狀態的聚合表徵。聚合表徵可以透過匯總函式 A 得到：

$$h_v = \mathrm{GRU}(x_v, h'_v),\ \ 其中 h'_v = \mathrm{A}(\{h_u \mid u \in \pi(v)\}) \tag{12.20}$$

由於節點的排序是由 $\mathscr{G}_{in}$ 的拓撲排序定義的，因此所有的隱含狀態 h_v 都可以沿著 DG-DAGRNN 的層執行向前傳遞計算。編碼器包含多個層，其中的每一層都將隱含狀態傳遞給與同一節點對應的後續層中的 GRU。

編碼器輸出一個作為 DAG 解碼器的輸入的嵌入 $H_{in} = E_\alpha(\mathscr{G}_{in})$。解碼器遵循以局部為基礎的節點順序生成方式。具體來說，目標圖的節點數由具有卜松回歸輸出層的多層感知器（MLP）預測，MLP 將輸入圖嵌入 H_{in} 並輸出描述輸出圖的卜松分布的平均值。MLP 的模組決定了是否有必要為圖中已經存在的所有節點 $u \in \{v_1, v_2, \cdots, v_{n-1}\}$ 增加一條邊 e_{u,v_n}。由於輸出節點是按照它們的拓撲順序生成的，因此邊的方向是從先前增加的節點指向後來增加的節點。對於每個節點 v，使用與編碼器類似的方法計算出隱含狀態 h_v，然後將它們聚合並送入 GRU。GRU 的另一個輸入由到目前為止生成的所有匯入節點（被邊指向的節點）的聚合狀態組成。對於第一個節點，根據編碼器的輸出初始化隱含狀態，然後使用 MLP 的另一個模組根據其隱含狀態生成輸出節點特徵。一旦生成最後一個節點，邊就會以機率 1 的形式引入圖中的匯入節點，以確保連接圖的輸出只有一個匯入節點。

12.4.2　以編輯為基礎的節點 - 邊共轉換

與編碼器 - 解碼器框架不同，以修改為基礎的 NECT 直接對輸入圖進行迭代修改以生成目標圖（Guo et al, 2019c；You et al, 2018a；Zhou et al, 2019c）。大部分的情況下，用於編輯輸入圖的方法有兩種。一種是採用強化學習的方式，根據形式化的馬可夫決策過程，依次修改輸入圖（You et al, 2018a；Zhou et al, 2019c）。其中，每一步的修改都來自訂的動作集，包括「增加節點」「增加邊」「刪除鍵」等。另一種是採用以 MPNN 為基礎的迭代方式，在每次迭代時，同步更新輸入圖中的節點和邊（Guo et al, 2019c）。

12.4.2.1　圖卷積策略網路

受化學空間往往較大（在設計分子結構時可能會遇到這個問題）的啟發，圖卷積策略網路（Graph Convolutional Policy Network，GCPN）可作為以圖卷積網路為基礎的通用模型，用於透過強化學習生成目標導向圖（You et al, 2018a）。在這個模型中，生成過程可以引導到特定的預期目標，同時以基礎化學規則為基礎來限制輸出空間。為了生成目標導向圖，GCPN 採用了三種策略——圖表徵、強化學習和對抗訓練。在 GCPN 中，分子被表徵為分子圖，而部分生成的分子圖可以被解釋為子結構。GCPN 被設計成在包含特定領域規則的圖生成環境中執行的強化學習代理。一個分子是透過新增加的鍵將新的子結構或原子連接到現有的分子圖而連續建構的。經過訓練，GCPN 透過應用策略梯度來最佳化原始分子的化學特性，其獎勵由分子特性目標和對抗性損失組成；該獎勵在一個包含特定領域規則的環境中起作用，對抗性損失是由一個在範例分子的資料集上共同訓練的以 GCN 為基礎的判別器提供的。

可以將一個迭代的圖的生成過程設計和表述為一個決策過程 $M=(\mathscr{S}, \mathscr{A}, P, R, \gamma)$。其中，$\mathscr{S} = \{s_i\}$ 是包含所有可能的中間圖和最終圖的狀態集。$\mathscr{A} = (a_i)$ 是描述每次迭代期間對當前圖所做修改的動作集合。P 代表轉換動力學，即指定了執行動作 $p(s_{t+1} \mid s_t, \cdots, s_0, a_t)$ 的可能結果。$R(s_t) = r_t$ 是一個獎勵函式，用於指定達到狀態 s_t 後的獎勵。γ 是折扣因數。圖的生成過程現在可以形式化為 $(s_0, a_0, r_0, \cdots, s_n, a_n, r_n)$。圖在每個時間步的修改可以描述為一個狀態轉換分布：$p(s_{t+1} \mid s_t, \cdots, s_0) = \sum_{a_t} p(a_t \mid s_t, \cdots, s_0) p(s_{t+1} \mid s_t, \cdots, s_0, a_t)$，其中，$p(a_t \mid s_t, \cdots, s_0)$ 被表徵為一個策略網路 π_θ。請注意，在這個過程中，狀態轉換動力學被設計為滿足馬可夫屬性 $p(s_{t+1} \mid s_t, \cdots, s_0) = p(s_{t+1} \mid s_t)$。

這個模型定義了一個獨特的、維度固定的、同質的動作空間，以適用於強化學習，其中的動作類似於連結預測。具體來說，首先根據輸入圖定義一組支架子圖 $\{C_1, C_2, \cdots, C_s\}$，從而用作子圖詞彙表，其中包含在圖生成過程中需要增加到目標圖中的子圖。然後定義 $C = \bigcup_{i=1}^{s} C_i$。給定時間步 t 的修改圖 $\mathscr{G}_t$，對應的擴充圖可以定義為 $\mathscr{G}_t \cup C$。根據這個定義，一個動作對應於將一個新的子圖 C_i 連接到 $\mathscr{G}_t$ 中的節點，或連接 $\mathscr{G}_t$ 中的現有節點。GAN 也被用來定義對抗性獎勵，以確保生成的分子確實類似於原始分子。

節點嵌入是透過 GCN 在 L 層的每個邊類型上傳遞訊息來實現的。我們需要在 GCN 的第 l 層聚合來自不同邊類型的訊息以計算下一層的節點嵌入 $H^{(l+1)} \in \mathbb{R}^{(n+c) \times k}$，其中，$n$ 和 c 分別是 $\mathcal{G}_t$ 和 C 的大小，而 k 是嵌入維度。

$$H^{(l+1)} = \text{AGG}(\text{ReLU}(\{\hat{D}_i^{-\frac{1}{2}} E_i D_i^{-\frac{1}{2}} H^{(l)} W_i^{(l)}\}, \ \forall i \in (1, \cdots, b)))$$　（12.21）

E_i 是邊條件鄰接張量 E 的第 i 個部分，$\hat{E}_i = E_i + I$；$\hat{D}_i = \sum_k E_{ijk}$；$W_i^{(l)}$ 是第 i 個邊類型的權重矩陣；AGG 表示 {MEAN, MAX, SUM, CONTACT} 中的匯總函式。

以連結預測為基礎的動作 a_t 確保了每個元件都從由以下公式控制的預測分佈中抽樣。

$$a_t = \text{CONCAT}(a_{\text{first}}, a_{\text{second}}, a_{\text{edge}}, a_{\text{stop}})$$
　（12.22）

$$f_{\text{first}}(s_t) = \text{Softmax}(m_f(X)), \ a_{\text{first}} \sim f_{\text{first}}(s_t) \in \{0,1\}^n$$　（12.23）

$$f_{\text{second}}(s_t) = \text{Softmax}(m_s(X_{a_{\text{first}}}, X)), \ a_{\text{second}} \sim f_{\text{second}}(s_t) \in \{0,1\}^{n+c}$$

$$f_{\text{edge}}(s_t) = \text{Softmax}(m_e(X_{a_{\text{first}}}, X)), \ a_{\text{edge}} \sim f_{\text{edge}}(s_t) \in \{0,1\}^b$$

$$f_{\text{stop}}(s_t) = \text{Softmax}(m_t(\text{AGG}(X))), \ a_{\text{stop}} \sim f_{\text{stop}}(s_t) \in \{0,1\}$$

其中，m_f、m_s、m_e 和 m_t 分別表示不同的 MLP 模組。

12.4.2.2　分子深度 Q 網路 Transformer

除 GCPN 以外，還有一個經典模型，就是分子深度 Q 網路（MolDQN），該模型也以編輯為基礎的方式處理節點 - 邊共轉換問題中的分子最佳化。MolDQN 結合了化學領域知識和先進的強化學習技術（雙 Q 學習和隨機化的值函式）（Zhou et al, 2019c）。在這一領域，傳統方法通常採用策略梯度來生成分子的圖表徵，但這些方法在估計梯度時存在高方差（Gu et al, 2016）。相比之下，MolDQN 以價值函式學習為基礎，通常更穩定，樣本效率更高。MolDQN

還避免了對某些資料集進行專家預訓練,雖然進行專家預訓練可以獲得較低的方差,但卻會極大地限制搜尋空間。

本節提出的框架直接定義了分子如何修改,以確保 100% 的化學有效性。修改或最佳化是以分步的方式進行的,其中的每一步都屬於以下三類動作之一:(1)原子增加;(2)鍵增加;(3)鍵移除。由於生成的分子完全取決於被改變的分子和所做的修改,因此我們可以將最佳化過程形式化為馬可夫決策過程(MDP)。具體來說,在執行**原子增加**動作時,首先為目標分子圖定義一個空的原子集 $\mathscr{V}_T$。然後,一個有效的動作被定義為在 $\mathscr{V}_T$ 中增加一個原子,並盡可能在增加的原子和原始分子之間增加一個鍵。當執行**鍵增加**動作時,則在 $\mathscr{V}_T$ 中的兩個原子之間增加一個鍵。如果這兩個原子之間不存在鍵,則它們之間的動作可以包括增加一個單鍵、雙鍵或三鍵。如果鍵已經存在,那麼該動作將透過為鍵類型索引增加 1 或 2 來改變鍵的類型。當執行**鍵刪除**動作時,有效的鍵刪除動作集被定義為減小現有鍵的鍵類型索引。可能的轉換包括:(1)三鍵→{雙鍵,單鍵,無鍵};(2)雙鍵→{單鍵,無鍵};(3)單鍵→{無鍵}。

以上面定義為基礎的分子修改 MDP,強化學習旨在找到一個為每個狀態選擇動作的策略 π,使得未來的獎勵最大化。然後,透過為狀態 s 找到動作 a,使得 Q 函式最大化,從而做出決策:

$$Q^{\pi}(s,a) = Q^{\pi}(m,t,a) = \mathbb{E}_{\pi}\left[\sum_{n=t}^{T} r_n\right] \qquad (12.24)$$

其中,r_n 是在步驟 n 獲得的獎勵。因此,最佳策略可以定義為 $\pi^*(s) = \text{argmax}_a Q^{\pi^*}(s,a)$。可以採用神經網路來逼近 $Q(s, a; \theta)$,並透過最小化損失函式進行訓練:

$$l(\theta) = \mathbb{E}[f_l(y_t - Q(s_t, a_t; \theta))] \qquad (12.25)$$

其中,$y_t = r_t + \max_a Q(s_{t+1}, a; \theta)$ 是目標值,f_l 是 Huber 損失:

$$f_l(x) = \begin{cases} \dfrac{1}{2}x^2, & |x| < 1 \\ |x| - \dfrac{1}{2}, & 其他 \end{cases} \qquad (12.26)$$

在現實世界中，我們通常希望同時最佳化幾個不同的屬性。在多目標強化學習設定下，環境將在每個時間步 t 傳回一個獎勵向量，每個目標都有一個獎勵。我們可以透過應用「純量」獎勵框架來實現多目標最佳化，並引入使用者定義的權重向量 $w = [w_1, w_2, \cdots, w_k]^T \in \mathbb{R}^k$。獎勵的計算方法如下。

$$r_{s,t} = w^T r_t = \sum_{i=1}^{k} w_i r_{i,t} \tag{12.27}$$

MDP 的目標是使累積標度獎勵最大化。

整個框架依賴於 Q 學習模型（Mnih et al, 2015），它透過結合雙 Q 學習（Van Hasselt et al, 2016）而獲得效果上的改進。具體來說，就是透過深度神經網路來逼近 Q 函式。輸入分子被轉為一個向量，該向量採用摩根指紋（Rogers and Hahn, 2010）的形式，半徑為 3，長度為 2048。將剩餘的步驟數目並置到該向量中，並使用帶有大小為 [1024, 512, 128, 32] 的隱含狀態和 ReLU 啟動的 4 層全連接網路作為框架。

12.4.2.3 節點 - 邊共演化深度圖轉換器

為了克服相關挑戰（包括但不限於節點屬性和邊屬性的相互依賴的轉換，在圖的轉換過程中節點屬性和邊屬性的非同步和迭代變化，以及發現和執行節點屬性和圖譜之間正確一致性的難度），研究者提出了節點 - 邊共演化深度圖轉換器（NEC-DGT）來實現所謂的多屬性圖轉換，並且證明了該模型是對現有拓撲轉換模型的泛化（Guo et al, 2019c）。作為一個節點 - 邊共演化深度圖轉換器，該模型透過類似於以 MPNN 為基礎的鄰接單次無條件深度圖生成方法的生成過程迭代地編輯輸入圖，主要區別在於它將輸入域中的圖作為輸入，而非初始化圖（Guo et al, 2019c）。

NEC-DGT 採用了多塊轉換架構，以輸入圖和上下文資訊為條件來學習圖在目標域中的分布。具體來說，模型的輸入是節點屬性和圖屬性，而模型的輸出是經過幾個區塊處理後生成的圖的節點屬性和邊屬性。透過跨不同區塊實現跳連接架構可以處理不同區塊的非同步屬性，從而確保最終的轉換結果充分利用區塊資訊的各種組合。在這項工作中，我們需要最小化以下損失函式：

$$\mathcal{L}_{\mathcal{T}} = \mathcal{L}(\mathcal{T}(\mathcal{G}(E_0, F_0), C), \mathcal{G}(E', F'))$$ （12.28）

其中，C 對應於上下文訊息向量，E_0、E' 分別對應於輸入圖和目標圖的邊屬性張量，F_0、F' 分別對應於輸入圖和目標圖的節點屬性張量。

為了共同處理節點和邊之間的各種相互作用，我們需要針對每個區塊考慮它們各自的轉換路徑。舉例來說，在節點轉換路徑中，需要考慮**邊到節點**和**節點到節點**的相互作用。同樣，在生成邊屬性時，需要考慮「節點到邊」和「邊到邊」的相互作用。

透過學習圖的頻域屬性，我們可以利用非參數的圖拉普拉斯矩陣聯合正規化節點屬性和邊屬性之間的相互作用。此外，我們在不同區塊中生成的節點和邊之間的共用模式也可以透過正規化得到加強。正規化項為

$$\mathcal{R}(\mathcal{G}(E, F)) = \sum_{s=0}^{S} \mathcal{R}_{\theta}(\mathcal{G}(E_S, F_S)) + \mathcal{R}_{\theta}$$ （12.29）

其中，S 對應於區塊的數量，θ 是譜圖正規化中的整體參數。$\mathcal{G}(E_S, F_S)$ 是生成的目標圖，其中，E_S 是生成的邊屬性張量，F_S 是節點屬性矩陣。總損失函式為

$$\tilde{\mathcal{L}} = \mathcal{L}(\mathcal{T}(\mathcal{G}(E_0, F_0), C), \mathcal{G}(E', F')) + \beta \mathcal{R}(\mathcal{G}(E, F))$$ （12.30）

模型是透過最小化 E_S 與 E'、F_S 與 F' 的 MSE 來訓練的，由正規化強制執行。$\mathcal{T}(\cdot)$ 是透過多屬性圖轉換學習的從輸入圖到目標圖的映射。

轉換過程由多個階段組成，每個階段生成一個即時圖。具體來說，對於每個階段 t，選項有兩個——節點轉換路徑和邊轉換路徑。在節點轉換路徑中，使用以 MLP 為基礎的影響函式計算每個節點 v_i 受到的來自其鄰居節點的影響 $I_i^{(t)}$，另一個以 MLP 為基礎的更新函式則利用輸入的影響 $I_i^{(t)}$ 將節點屬性更新為 $F_i^{(t)}$。邊轉換路徑的建構方式與節點轉換路徑的相同，每條邊是受其相鄰邊的影響生成的。

12.5 其他以圖為基礎的轉換

12.5.1 序列到圖的轉換

深度序列到圖的轉換旨在生成一個以輸入序列 X 為條件的目標圖 $\mathscr{G}$ 。這個問題經常出現在 NLP（Chen et al, 2018a；Wang et al, 2018g）和時間序列挖掘（Liu et al, 2015；Yang et al, 2020c）等領域。

現有的方法（Chen et al, 2018a；Wang et al, 2018g）透過將序列到圖的問題轉為序列到序列的問題，並利用經典的以 RNN 為基礎的編碼器 - 解碼器模型來學習這種映射，從而處理語義解析任務。舉例來說，一種名為「序列到動作」的神經語義解析方法能夠將語義解析建模為一個點對點的語義圖生成過程（Chen et al, 2018a）。給定一個句子 $X = \{x_1, x_2, \cdots, x_m\}$，在建構語義圖時，序列到動作模型會生成一個動作序列 $Y = \{y_1, y_2, \cdots, y_m\}$。語義圖由節點（包括變數、實體和類型）和邊（語義關係）組成，語義詞則包含一些通用的操作（如 argmax、argmin、count、sum 和 not）。為了生成一個語義圖，研究者定義了 6 種類型的操作：**增加變數節點、增加實體節點、增加類型節點、增加邊、增加操作函式**和**增加參數動作**。透過這種方式，生成的解析樹被表徵為一個序列，序列到圖的問題則被轉為序列到序列的問題。我們可以利用以注意力為基礎的具有編碼器和解碼器的序列到序列的 RNN 模型，其中的編碼器使用雙向 RNN 將輸入序列 X 轉為上下文敏感向量 $\{\boldsymbol{b}_1, \cdots, \boldsymbol{b}_m\}$ 的序列，而以注意力為基礎的經典解碼器則根據上下文敏感向量生成動作序列 Y（Bahdanau et al, 2015）。Wang et al（2018g）將解析樹的生成表徵為動作序列，並借用 Stack-LSTM 神經解析模型中的概念，提出了兩個改進的變形——Ti-LSTM 減法和增量 Tree-LSTM，它們改進了序列到序列映射的學習過程（Dyer et al, 2015）。

目前還有很多其他方法被開發出來用於處理時間序列條件圖生成問題（Liu et al, 2015；Yang et al, 2020c），例如給定輸入的多元時間序列，目的是推斷目標關係圖以模擬時間序列和每個節點之間的底層相互關係。為了解決這個問題，研究者提出了一個新的模型——時間序列條件圖生成 - 生成對抗網路（TSGG-

GAN），該模型探索了 GAN 在條件設定中的應用（Yang et al, 2020c）。具體來說，TSGG-GAN 中的生成器採用了一種名為單循環單元（Simple Recurrent Unit，SRU）的循環神經網路變形（Lei et al, 2017b）來從時間簡序列中提取基本資訊，並使用 MLP 來生成有向加權圖。

12.5.2 圖到序列的轉換

研究者提出了許多圖到序列的編碼器 - 解碼器模型來處理豐富且複雜的資料結構，這些資料結構是序列到序列方法難以處理的（Gao et al, 2019c；Bastings et al, 2017；Beck et al, 2018；Song et al, 2018；Xu et al, 2018c）。圖到序列模型通常採用以 GNN 為基礎的編碼器以及以 RNN / Transformer 為基礎的解碼器，其中大多數用於處理自然語言生成（Natural Language Generation，NLG）等任務，NLG 是 NLP 中的一項重要任務（YILMAZ et al, 2020）。圖到序列模型既可以捕捉輸入的豐富結構資訊，也可以應用於任意圖結構資料。

早期的圖到序列方法及其後續研究（Bastings et al, 2017；Damonte and Cohen, 2019；Guo et al, 2019e；Marcheggiani et al, 2018；Xu et al, 2020b，d；Zhang et al, 2020d，c）主要使用圖卷積網路（GCN）（Kipf and Welling, 2017b）作為圖編碼器。這可能是因為 GCN 是第一個得到廣泛應用的 GNN 模型，從而引發了對 GNN 及其應用研究的新浪潮。早期的 GNN 變形（如 GCN）最初的設計目的並不是編碼邊類型的資訊，因此不能直接應用於 NLP 中多關係圖的編碼。後來，研究者針對圖到序列架構引入了更多的圖轉換模型（Cai and Lam, 2020；Jin and Gildea, 2020；Koncel-Kedziorski et al, 2019）來處理這些多關係圖。這些圖轉換模型通常透過將原始轉換器中的自注意力網路替換為掩蔽自注意力網路，或將邊嵌入明確地合併到自注意力網路中來發揮作用。

由於 NLP 圖中的邊方向通常編碼了關於語義的關鍵資訊，因此捕捉文字中的雙向資訊是很有幫助的，人們在 BiLSTM 和 BERT（Devlin et al, 2019）中對此進行了廣泛探索。一些人還致力於擴充現有的 GNN 模型以處理有方向圖。舉例來說，在進行鄰域聚合時，可以針對不同的邊方向（如流入 / 流出 / 自環邊）引入單獨的模型參數（Guo et al, 2019e；Marcheggiani et al, 2018；Song et al, 2018）。還有人提出了類似 BiLSTM 的策略，旨在使用兩個 GNN 編碼器獨立地

學習每個方向的節點嵌入，然後將每個節點的兩個嵌入並置，以獲得最終的節點嵌入（Xu et al, 2018b，c，d）。

在 NLP 領域，圖通常是多關係的，其中的邊類型資訊對預測非常重要。與前面介紹的雙向圖編碼器類似，在使用 GNN 編碼邊類型的資訊時，需要考慮不同邊類型的單獨模型參數（Chen et al, 2018e；Ghosal et al, 2020；Schlichtkrull et al, 2018）。但是，通常邊類型的總數很大，導致上述策略存在不可忽視的可擴充性問題。這個問題可以透過將多關係圖轉為二分圖〔如 Levi 圖（Levi，1942）〕來解決。為了建立 Levi 圖，我們需要將輸入圖中的所有邊都視為新節點，並增加新邊以連接原始節點和新節點。

除 NLP 以外，圖到序列的轉換也已經被應用於其他領域。舉例來說，對不同醫療保健子討論區上的使用者活動隨時間發生的複雜轉換進行建模，從而了解使用者與其各種健康狀況之間的關係（Gao et al, 2019c）。透過將使用者活動轉為具有多屬性節點的動態圖，健康階段推斷被形式化為動態圖到序列的學習問題。Gao et al（2019）提出了動態圖到序列的神經網路模型 DynGraph2Seq，這個模型包含一個動態圖編碼器和一個可解釋的序列解碼器。在同一文獻中，他們還提出了一種能夠捕捉整個時間級和節點級注意力的動態圖層次注意力機制，目的是在整個推理過程中提供模型透明度。

12.5.3　上下文到圖的轉換

以語義上下文為條件的深度圖生成旨在生成以輸入語義上下文為條件的目標圖 $\mathcal{G}$，語義上下文通常以附加元特徵的形式表徵。語義上下文可以指類別、標籤、模態或任何可以直觀地表徵為向量 C 的附加資訊。這裡的主要問題是決定在哪裡將條件表徵連接或嵌入生成過程中。總之，我們可以在以下一個或多個模組中增加條件資訊：（1）節點狀態初始化模組；（2）以 MPNN 解碼為基礎的訊息傳遞過程；（3）用於順序生成的條件分布參數化。

有研究者針對圖變分生成對抗網路提出了一種新的統一模型，其中，作為條件的上下文資訊被輸入節點狀態初始化模組中（Yang et al, 2019a）。具體來說，生成過程首先用單獨的隱含分布對每個節點的嵌入 Z_i 進行建模，之後可以透過將條件向量 C 連接到每個節點的隱含表徵 Z_i 來直接建構條件圖 VAE

（CGVAE），以獲得更新的節點隱含表徵 $\hat{Z}_i$。因此，假設單一邊 $\hat{e}_{i,j}$ 的分布是伯努利分布，該分布由值 $\hat{e}_{i,j}$ 參數化，並且可以計算為 $\hat{e}_{i,j} = \text{Sigmoid}(f(\hat{Z}_i)^{\mathrm{T}} f(\hat{Z}_j))$，其中的 $f(\cdot)$ 是透過幾個全連接層建構的。Li et al（2018d）利用一個條件深度圖生成模型，在解碼過程開始時，將語義上下文資訊增加到了初始化的隱含表徵 Z_i 中。

Li et al（2018f）將上下文資訊 C 增加到訊息傳遞模組中，作為其以 MPNN 為基礎的解碼過程的一部分。具體來說，解碼過程被形式化為馬可夫過程，並透過迭代完善和更新初始化的圖來生成其他圖。在每個時間步 t，可以根據當前節點的隱含狀態 $H^t = \{h_1^t, \cdots, h_N^t\}$ 執行動作。為了在每次更新圖之後針對中間圖 $\mathcal{G}_t$ 中的節點 v_i 計算 $h_i^t \in \mathbb{R}^l$（l 表示表徵的長度），我們需要利用一個附帶節點資訊傳播的訊息傳遞網路。因此，上下文資訊 $C \in \mathbb{R}^k$ 被增加到 MPNN 層的操作中，具體如下：

$$h_i^t = W h_i^{t-1} + \Phi \sum_{v_j \in N(v_j)} h_j^{t-1} + \Theta C \qquad (12.31)$$

其中，$W \in \mathbb{R}^{l \times l}$、$\Theta \in \mathbb{R}^{l \times l}$ 和 $\Phi \in \mathbb{R}^{k \times l}$ 是可學習的權重向量，k 表示語義上下文向量的長度。

語義上下文也被視為順序生成過程中計算每個步驟的條件分布參數的輸入之一（Jonas, 2019）。這裡的目的是透過推斷分子式和光譜的化學結構條件來解決分子逆向問題，這個問題是以 MDP 為框架的，分子是在深度神經網路的基礎上逐一建構的，在這個過程中，它們透過學習模擬一個「亞同構的 oracle」來判斷生成的鍵是否正確。在這裡，上下文資訊（如光譜）被應用於兩個地方。具體來說，整個過程從一個空的邊集合 $\mathcal{E}_0$ 開始，在每個步驟 k，透過增加一條從 $p(e_{i,j} | \mathcal{E}_{k-1}, \mathcal{V}, C)$ 中抽樣的邊，將 $\mathcal{E}_0$ 依次更新到 $\mathcal{E}_K$。$\mathcal{V}$ 表示在替定分子式中定義的節點集合。持續更新邊集合，直到現有的邊滿足分子的所有化合價約束為止。然後將生成的邊集合 $\mathcal{E}_K$ 作為候選圖。對於給定的條件光譜 C，將這個過程重複 T 次，從而生成 T 個（潛在的不同）候選結構 $\{\mathcal{E}_K^{(i)}\}_{i=1}^T$。接下來，根據光譜預測函式 $f(\cdot)$，透過測量這些候選結構的預測光譜與條件光譜 C 的接近程度來評估其品質。最後，根據 $\text{argmin}_i \| f(\mathcal{E}_K^{(i)}) - C \|_2$ 選出最佳的生成圖。

12.6　小結

在本章中，我們介紹了深度圖神經網路領域的一些涉及圖轉換問題的定義和技術。我們舉出了常見的深度圖轉換問題及其 4 個子問題的正式定義，這 4 個問題分別是節點級轉換、邊級轉換、節點 - 邊共轉換以及其他以圖為基礎的轉換（如序列到圖的轉換和上下文到圖的轉換）。對於其中的每個子問題，我們都介紹了其面臨的獨特挑戰和幾種有代表性的方法。作為一個新興的研究領域，圖轉換仍有許多未解決的問題有待探索，包括但不限於以下幾個。

- **提高可擴充性**。現有的深度圖轉換模型通常對節點數具有超線性時間複雜度，並且無法極佳地擴充到大型網路。因此，大多數現有的工作僅關注有幾十個到幾千個節點的小型圖。這些模型很難處理具有數百萬個到數十億個節點的現實網路，如物聯網、生物神經元網路和社群網站等。

- **在 NLP 中的應用**。隨著越來越多以 GNN 為基礎的工作推動 NLP 的發展，圖轉換自然非常適合處理一些 NLP 任務，如資訊提取和語義解析等。資訊提取可以形式化為一個圖到圖（graph-to-graph）的問題，其中，輸入圖是依賴圖，輸出圖是資訊圖。

- **可解釋的圖轉換**。當我們學習生成的目標圖的隱含分布時，學習與語義相關的圖的可解釋表徵是非常重要的。舉例來說，如果我們能確定哪些隱含變數控制了目標圖（如分子）的哪些特定屬性（如分子品質），將非常有益。因此，對可解釋的圖轉換過程進行研究是非常重要的，但目前人們尚未探索。

編者註：圖轉換被認為與圖生成非常相關（見第 11 章），可以看作後者的延伸。在現實世界的許多應用中，通常需要生成具有某種條件或使用者控制的圖。舉例來說，人們可能想以某些目標屬性生成分子為基礎（見第 24 章和第 25 章）或以某些函式生成程式（見第 22 章）為基礎。此外，圖與圖之間的轉換也與連結預測（見第 10 章）和節點分類（見第 4 章）有關，儘管前者可能更具挑戰性，因為通常需要同時進行節點 - 邊預測，而且可能需要考慮隨機性。

第 **13** 章
圖匹配

Xiang Ling、Lingfei Wu、Chunming Wu 和 *Shouling Ji[1]*

---

1   Xiang Ling

Department College of Computer Science and Technology，Zhejiang University，E-mail：lingxiang@zju.edu.cn

Lingfei Wu

Pinterest，E-mail：lwu@email.wm.edu

Chunming Wu

Department College of Computer Science and Technology，Zhejiang University，E-mail：wuchunming@zju.edu.cn

Shouling Ji

Department College of Computer Science and Technology，Zhejiang University，E-mail：sji@zju.edu.cn

摘要

我們研究圖匹配問題的目的是在一對圖結構的物件之間建立某種結構上的對應關係。現實世界中的各種應用都需要應對圖匹配問題所帶來的挑戰。一般來說，圖匹配問題可以分為兩類：第一類是經典圖匹配問題，即在一對輸入圖的節點之間找到節點到節點的最佳對應關係；第二類是圖相似性問題，即計算兩個圖之間的相似性指標。雖然近年來 GNN 在學習圖的節點表徵方面獲得了巨大成功，但人們對以點對點方式探索 GNN 在圖匹配問題上的興趣越來越大。本章重點介紹以 GNN 為基礎的圖匹配模型的技術現狀。我們將首先介紹圖匹配問題的一些背景知識；然後，對於每一類別圖匹配問題，我們將分別為經典圖匹配問題和圖相似性問題提供正式的定義，並探討以 GNN 為基礎的最新模型；最後，我們將指出這一領域未來的發展方向。

13.1　導讀

圖是一種用於描述複雜資料結構的表徵，而圖匹配問題試圖在輸入的兩個圖結構的物件之間建立某種結構上的對應關係。圖匹配問題是很多研究領域面臨的關鍵挑戰之一，如電腦視覺（Vento and Foggia, 2013）、生物資訊學（Elmsallati et al, 2016）、化學資訊學（Koch et al, 2019；Bai et al, 2019b）、電腦安全（Hu et al, 2009；Wang et al, 2019i）、原始程式碼 / 二進位程式碼分析（Li et al, 2019h；Ling et al, 2021）和社群網站分析（Kazemi et al, 2015）等。特別是近些年，圖匹配相關的研究進展密切涉及電腦視覺領域的許多實際應用，包括視覺追蹤（Cai et al, 2014；Wang and Ling, 2017）、動作辨識（Guo et al, 2018a）、姿勢估計（Cao et al, 2017, 2019）等。除電腦視覺方面的研究以外，圖匹配也是許多其他以圖為基礎的研究任務的重要基礎，例如節點分類任務和圖分類任務（Richiardi et al, 2013；Bai et al, 2019c；Ok, 2020）、圖生成任務（You et al, 2018b；Ok, 2020）等。

從廣義上說，根據現實世界的各種應用中圖匹配的不同目標，一般的圖匹配問題可以分為兩類（Yan et al, 2016）：第一類是**經典圖匹配問題**（Loiola et al, 2007；Yan et al, 2020a），目的是建立一對輸入圖之間的節點到節點的對應

關係（甚至是邊到邊的對應關係）；第二類是**圖相似性問題**（Bunke，1997；Riesen, 2015；Ma et al, 2019a），目的是計算兩個輸入圖之間的相似性得分。這兩類別圖匹配問題都有相同的輸入（即一對輸入圖），但有不同的輸出。其中，第一類別圖匹配問題的輸出通常形式化為對應**矩陣**，而第二類別圖匹配問題的輸出通常形式化為匹配**純量**。從輸出的角度看，第二類別圖匹配問題可以看作第一類別圖匹配問題的特例，因為相似性純量反映了比對應矩陣更粗細微性的圖匹配的對應表徵。

一般來說，這兩類別圖匹配問題都是 NP 難度的（Loiola et al, 2007；Yan et al, 2020a；Bunke，1997；Riesen, 2015；Ma et al, 2019a），因此這兩類別圖匹配問題在大規模和真實世界的環境中無法透過計算獲得精確和最佳的解決方案。鑑於圖匹配問題的重要性和固有難度，研究者在理論和實踐上對其進行了大量研究，並提出了大量以專家為基礎的理論 / 經驗知識的近似演算法，以便在可接受的時間內找到次優的解決方案。由於這些近似演算法都超出了本書的討論範圍，我們不再贅述，感興趣的讀者可以參考（Loiola et al, 2007；Yan et al, 2016；Foggia et al, 2014；Riesen, 2015）以獲得更廣泛的背景知識。然而，令人遺憾的是，儘管在過去的幾十年裡，各種近似演算法一直致力於解決圖匹配問題，但這些近似演算法仍然存在可擴充性差以及嚴重依賴專家知識的弊端。因此，對許多從業者來說，圖匹配問題仍然是一個具有挑戰性的重要研究課題。

最近幾年，用於將深度學習從影像適用於非歐幾里德資料（也就是圖），並且以點對點方式學習圖結構資料的資訊表徵〔如節點或（子）圖等〕的 GNN 方法受到前所未有的關注（Kipf and Welling, 2017b；Wu et al, 2021d；Rong et al, 2020c）。此後，研究者提出了大量的 GNN 模型，用於學習下游任務的有效節點嵌入，如節點分類任務（Hamilton et al, 2017a；Veličković et al, 2018；Chen et al, 2020m）、圖分類任務（Ying et al, 2018c；Ma et al, 2019d；Gao and Ji, 2019）、圖生成任務（Simonovsky and Komodakis, 2018；Samanta et al, 2019；You et al, 2018b）等。以 GNN 為基礎的模型在這些應用任務上的巨大成功表示，GNN 是一類強大的深度學習模型，可以更進一步地學習下游任務的圖表徵。

受到以 GNN 為基礎的模型在許多與圖相關的任務中取得巨大成功的鼓舞，研究者開始採用 GNN 來解決圖匹配問題，並提出了大量以 GNN 為基礎的模型

以提高匹配的精度和效率（Zanfir and Sminchisescu, 2018；Rolínek et al, 2020；Wang et al, 2019g；Jiang et al, 2019a；Fey et al, 2020；Yu et al, 2020；Wang et al, 2020j；Bai et al, 2018, 2020b, 2019b；Xiu et al, 2020；Ling et al, 2020；Zhang, 2020；Wang et al, 2020f；Li et al, 2019h；Wang et al, 2019i）。在訓練階段，這些模型試圖在有監督學習中學習輸入圖對和真實值對應關係之間的映射，因此在推理階段相比傳統的近似方法更加省時。在本章中，我們將介紹以 GNN 為基礎的圖匹配模型的最新進展。特別是，我們將專注於如何將 GNN 納入圖匹配 / 相似性學習的框架中，並試圖為兩類別圖匹配問題（13.2 節介紹的經典圖匹配問題和 13.3 節介紹的圖相似性問題）提供以 GNN 為基礎的最新方法的系統性介紹和回顧。

13.2　圖匹配學習

在本節中，我們將首先介紹第一類別圖匹配問題，即經典圖匹配問題[1]，並提供圖匹配問題的正式定義。然後，我們將重點討論以深度學習為基礎的較為先進的圖匹配模型，以及文獻中更先進的以 GNN 為基礎的圖匹配模型。

13.2.1　問題的定義

一個大小為 n（n 為節點數）的圖可以表示為 $\mathcal{G}=(\mathcal{V}, \mathcal{E}, A, X, E)$。其中，$\mathcal{V}=\{v_1, v_2, \cdots, v_n\}$ 表示節點（頂點）的集合，$\mathcal{E} \subseteq \mathcal{V} \times \mathcal{V}$ 表示邊的集合，$A \in \{0,1\}^{n \times n}$ 表示鄰接矩陣，$X \in \mathbb{R}^{n \times}$ 表示節點的初始特徵矩陣，$E \in \mathbb{R}^{n \times n \times}$ 表示邊的可選初始特徵矩陣。

圖匹配問題的目的是在兩個輸入圖（比如 $\mathcal{G}^{(1)}$ 和 $\mathcal{G}^{(2)}$）之間找到最佳的節點到節點的對應關係。在不損失一般性的情況下，我們可以考慮兩個輸入圖大小相等的圖匹配問題[2]。定義 13.1 提供了圖匹配問題的正式定義，圖 13.1 則舉出了一個範例來說明節點到節點的對應關係。

1　為簡單起見，我們會在本章的後續內容中將經典圖匹配問題簡化表述為圖匹配問題。

2　為簡單起見，這裡假設圖匹配問題中的一對輸入圖具有相同的節點數，但我們可以透過增加假節點將問題泛化到具有不同節點數的一對輸入圖，這也是圖匹配文獻中普遍採用的方法（Krishnapuram et al，2004）。

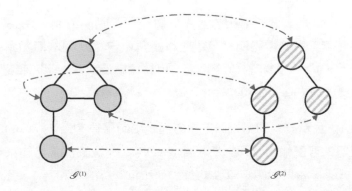

▲ 圖 13.1 圖匹配問題的範例說明。兩個輸入圖（左邊的圖 $\mathscr{G}^{(1)}$ 和右邊的圖 $\mathscr{G}^{(2)}$）需要匹配，紅色虛線代表這兩個圖之間的節點與節點的對應關係（本書為單色印刷，色彩標示部分可能無法正確顯示）

定義 13.1（圖匹配問題） 給定一對輸入圖 $\mathscr{G}^{(1)} = (\mathscr{V}^{(1)}, \mathscr{E}^{(1)}, A^{(1)}, X^{(1)}, E^{(1)})$ 和 $\mathscr{G}^{(2)} = (\mathscr{V}^{(2)}, \mathscr{E}^{(2)}, A^{(2)}, X^{(2)}, E^{(2)})$，大小同為 n，圖匹配問題就是要在兩個圖 $\mathscr{G}^{(1)}$ 和 $\mathscr{G}^{(2)}$ 之間找到一個節點到節點的對應矩陣 $S \in \{0,1\}^{n \times n}$（也稱為分配矩陣或置換矩陣），其中的每個元素 $S_{i,a} = 1$（當且僅當 $\mathscr{G}^{(1)}$ 中的節點 $v_i \in \mathscr{V}^{(1)}$ 對應於 $\mathscr{G}^{(2)}$ 中的節點 $v_a \in \mathscr{V}^{(2)}$ 時）。

直觀地說，對應矩陣 S 代表了在兩個圖中的任何一對節點之間建立匹配關係的可能性。眾所皆知，圖匹配問題是 NP 難度的，並且我們可以透過將其形式化為二次分配問題（Quadratic Assignment Problem，QAP）來進行研究（Loiola et al, 2007；Yan et al, 2016）。這裡選擇已在眾多文獻中被廣泛採用的 Lawler 的 QAP（Lawler，1963）的一般形式，限制條件如下。

$$s^* = \text{argmax}_s s^\top K s \text{ 使得 } S1_n = 1_n \text{ 且 } S^\top 1_n = 1_n \qquad (13.1)$$

其中，$s = \text{vec}(S) \in \{0,1\}^{n^2}$ 是賦值矩陣 S 的列式向量版本，1_n 是一個長度為 n 的列向量，其中的元素都等於 1。特別是，$K \in \mathbb{R}^{n^2 \times n^2}$ 是對應的二階親和矩陣，其中的每個元素 $K_{ij,ab}$ 用於衡量每對節點 $(v_i, v_j) \in \mathscr{V}^{(1)} \times \mathscr{V}^{(1)}$ 與 $(v_a, v_b) \in \mathscr{V}^{(2)} \times \mathscr{V}^{(2)}$ 的匹配程度，具體定義以下（Zhou and De la Torre, 2012）。

$$K_{\text{ind}(i,j),\text{ind}(a,b)} = \begin{cases} c_{ia}, & i = j \text{ 且 } a = b \\ d_{ijab}, & A_{i,j}^{(1)} A_{a,b}^{(2)} > 0 \\ 0, & \text{其他} \end{cases} \qquad (13.2)$$

其中，ind(·,·) 是一個雙射函式，用於將一對節點映射到一個整數索引，c_{ia}（即對角線元素）用於編碼節點 $v_i \in \mathscr{V}^{(1)}$ 和節點 $v_a \in \mathscr{V}^{(2)}$ 之間的節點到節點（即一階）的親和性，d_{ijab}（即非對角線元素）用於編碼邊 $(v_i, v_j) \in \mathscr{E}^{(1)}$ 和邊 $(v_a, v_b) \in \mathscr{E}^{(2)}$ 之間的邊到邊（即二階）的親和性。

式（13.1）所示公式的另一個重要方面是限制條件 $S1_n = 1_n$ & $S^{\mathrm{T}}1_n = 1_n$，它要求圖匹配問題的匹配輸出（即對應矩陣 $S \in \{0,1\}^{n \times n}$）應該被嚴格約束為一個**雙隨機矩陣**。形式上，如果對應矩陣 S 的每一列和每一行的總和為 1，那麼它是一個雙隨機矩陣。也就是說，$\forall i, 1 \sum_j S_{i,j} = 1$ 且 $\forall j, \sum_i S_{i,j} = 1$。因此，圖匹配問題的結果對應矩陣應該滿足雙隨機矩陣的要求。

一般來說，最佳化和求解式（13.1）的主要挑戰在於如何對親和模型進行建模，以及如何在限制條件下最佳化解決方案。傳統方法大多利用容量有限的、預先定義的親和模型〔舉例來說，具有歐氏距離的高斯核心（Cho et al, 2010）〕，並訴諸不同的啟發式最佳化方法〔如分級分配（Gold and Rangarajan，1996）、光譜法（Leordeanu and Hebert, 2005）、隨機遊走（Cho et al, 2010）等〕。然而，這些傳統方法在大規模和廣泛的應用場景中存在著可擴充性差和性能低下的問題（Yan et al, 2020a）。最近，關於圖匹配的研究開始探索深度學習模型的高容量，從而達到最先進的匹配性能。在接下來的內容中，我們將首先重點討論以深度學習為基礎的較為先進的圖匹配模型，然後討論以 GNN 為基礎的更先進的圖匹配模型。

13.2.2　以深度學習為基礎的圖匹配模型

為了提高匹配性能，自 Zanfir and Sminchisescu（2018）第一次為圖匹配問題引入點對點的深度學習框架，並在 CVPR 2018 中獲得最佳論文榮譽獎以來，研究者開始廣泛研究利用深度學習模型的高容量來解決圖匹配問題。

深度圖匹配。在（Zanfir and Sminchisescu, 2018）中，Zanfir 和 Sminchisescu 首先拓展了式（13.1）中帶有 $_2$ 約束的圖匹配問題，如下所示：

$$s^* = \mathrm{argmax}_s \, s^{\mathrm{T}} Ks \text{ 使得 } \| s \|_2 = 1 \qquad (13.3)$$

為了解決這個問題，他們試圖將深度學習技術引入圖匹配中，並且提出了一個具有標準可微反向傳播和最佳化演算法的點對點深度圖匹配框架。首先，該深度圖匹配框架使用現有的、預訓練的 CNN 模型〔如 VGG-16（Simonyan and Zisserman, 2014b）〕來提取電腦視覺應用場景中一對輸入影像的節點特徵（如 $U^{(1)}$ 和 $U^{(2)} \in \mathbb{R}^{n \times d}$）和邊特徵（即 $F^{(1)} \in \mathbb{R}^{p \times 2d}$ 和 $F^{(2)} \in \mathbb{R}^{q \times 2d}$）。具體來說，$F^{(1)}$ 和 $F^{(2)}$ 是行級邊特徵矩陣，p 和 q 則分別是每個圖中邊的數量。由於每個邊屬性是起始節點和終止節點的並置，因此邊屬性的維度是節點維度的 $2d$ 倍。

其次，該深度圖匹配框架以提取為基礎的節點特徵 / 邊特徵，透過一種新型的圖匹配因式分解方法（Zhou and De la Torre, 2012）來建構圖匹配親和矩陣 K，如下所示：

$$K = \lceil \text{vec}(K_p) \rfloor + (G_2 \otimes G_1) \lceil \text{vec}(K_e) \rfloor (H_2 \otimes H_1)^{\mathrm{T}}$$
$$= \lceil \text{vec}(U^{(1)} U^{(2)\mathrm{T}}) \rfloor + (G_2 \otimes G_1) \lceil \text{vec}(F^{(1)} \Lambda F^{(2)}) \rfloor (H_2 \otimes H_1)^{\mathrm{T}} \quad (13.4)$$

其中，X 表示對角矩陣，其對角線元素都是 X；$\otimes$ 表示克羅內克積；G_i 和 H_i ($i = \{1, 2\}$) 是節點 - 邊入射矩陣，由鄰接矩陣 $A^{(i)}$ 恢復而來，即 $A^{(i)} = G_i H_i^{\mathrm{T}}$ ($i = \{1,2\}$)；$K_p \in \mathbb{R}^{n \times n}$ 編碼了節點到節點的相似性，可以直接由兩個節點特徵矩陣的乘積得到，即 $K_p = U^{(1)} U^{(2)\mathrm{T}}$；$K_e \in \mathbb{R}^{p \times q}$ 編碼了邊到邊的相似性，可以由 $K_e = F^{(1)} \Lambda F^{(2)}$ 計算得到。值得注意的是，$\Lambda \in \mathbb{R}^{2d \times 2d}$ 是一個可學習的參數矩陣，因此我們在式（13.4）中建構的圖匹配親和矩陣 K 是一個可學習的親和模型。

接下來，該深度圖匹配模型利用光譜匹配技術（Leordeanu and Hebert, 2005）將圖匹配問題轉為計算前導特徵向量 s，該向量可以透過冪迭代演算法近似如下：

$$s_{k+1} = \frac{K s_k}{\|K s_k\|_2} \quad (13.5)$$

其中，s 可以初始化為 $s_0 = 1$，K 可以由式（13.4）計算得到。值得注意的是，式（13.5）中的光譜圖匹配求解器是可微的，但不可學習。因為得到的 s_{k+1} 不是雙隨機矩陣，所以我們需要採用一個雙隨機歸一化層，從而迭代地按列和行對矩陣進行歸一化。

最後，對整個圖匹配模型以點對點的方式進行訓練，位移損失 $\mathcal{L}_{\text{disp}}$ 計算預測位移和真實位移之間的差值。

$$\mathcal{L}_{\text{disp}} = \sum_{i=0}^{n} \sqrt{\| \boldsymbol{d}_i - \boldsymbol{d}_i^{\text{gt}} \|_2 + \varepsilon} \quad , \quad \text{其中，} \quad \boldsymbol{d}_i = \sum_{v_a \in \mathscr{V}(2)} (S_{i,a} P_a^{(2)}) - P_i^{(1)} \quad （13.6）$$

其中，$P^{(1)}$ 和 $P^{(2)}$ 是節點座標；$\boldsymbol{d}_i$ 表示像素偏移；$\boldsymbol{d}_i^{\text{gt}}$ 是對應的真實值；ε 是一個較小的值，作為堅固性懲罰使用。

透過黑盒組合求解器進行深度圖匹配。因為受到將組合最佳化求解器整合到神經網路中的進展（Pogancic et al, 2020）的推動，Rolínek et al（2020）提出了一種無縫嵌入黑盒組合的點對點神經網路圖匹配問題的求解器——BB-GM。具體來說，給定與節點到節點以及邊到邊對應的兩個成本向量（$\boldsymbol{c}^v \in \mathbb{R}^{n^2}$ 和 $\boldsymbol{c}^e \in \mathbb{R}^{|\mathscr{E}^{(1)} \| \mathscr{E}^{(2)}|}$），圖匹配問題可以形式化為

$$\text{GM}(\boldsymbol{c}^v, \boldsymbol{c}^e) = \text{argmin}_{(s^v s^e) \in \text{Adm}(\mathscr{G}^{(1)}, \mathscr{G}^{(2)})} \{\boldsymbol{c}^v \cdot \boldsymbol{s}^v + \boldsymbol{c}^e \cdot \boldsymbol{s}^e\} \quad （13.7）$$

其中，GM 表示黑盒組合求解器；$\boldsymbol{s}^v \in \{0,1\}^{n^2}$ 是匹配節點的指示向量；$\boldsymbol{s}^e \in \{0,1\}^{|\mathscr{E}^{(1)} \| \mathscr{E}^{(2)}|}$ 是匹配邊的指示向量；$\text{Adm}(\mathscr{G}^{(1)}, \mathscr{G}^{(2)})$ 表示 $\mathscr{G}^{(1)}$ 和 $\mathscr{G}^{(2)}$ 之間所有可能的匹配結果的集合。

根據式（13.7）可知，圖匹配問題的核心是建構兩個成本向量 $\boldsymbol{c}^v$ 和 $\boldsymbol{c}^e$。因此，BB-GM 首先採用預訓練的 VGG-16 模型來提取節點嵌入，並透過 SplineCNN 學習邊嵌入（Fey et al, 2018）。然後，BB-GM 以學習為基礎的節點嵌入，透過兩個圖的節點嵌入對之間的加權內積相似性以及以圖級特徵向量為基礎的可學習神經網路來計算 $\boldsymbol{c}^v$。同樣，$\boldsymbol{c}^e$ 也是透過兩個圖的邊嵌入對之間的加權內積相似性以及神經網路來計算的。

13.2.3 以 GNN 為基礎的圖匹配模型

最近，人們開始研究透過 GNN 來處理圖匹配問題。這是因為 GNN 為處理類別圖資料的任務帶來了新的機會，在考慮到圖結構資訊的情況下，GNN 還進一步提高了模型的表現。此外，GNN 可以輕鬆地與其他深度學習架構（如 CNN、RNN、MLP 等）結合，從而為圖匹配問題提供點對點的學習框架。

以跨圖親和性為基礎的圖匹配。據稱，Wang et al（2019g）第一次採用 GNN 進行了深度圖匹配學習（至少在電腦視覺方面）。透過利用 GNN 的高效學習能力，我們可以用兩個圖之間的結構親和性資訊更新節點嵌入，將圖匹配問題（即二次分配問題）轉為易於求解的線性分配問題。

特別是，他們提出了以跨圖親和性為基礎的圖匹配模型 PCA-GM。PCA-GM 由三個步驟組成。首先，為了使用標準訊息傳遞網路（即圖內卷積網路）來增強從單一圖中學習的節點嵌入，PCA-GM 進一步用額外的跨圖卷積網路（即 CrossGConv）來更新節點嵌入，CrossGConv 不僅聚合本地鄰居節點的資訊，而且合併來自其他圖中相似節點的資訊。圖 13.2 對圖內卷積網路和跨圖卷積網路做了直觀比較，具體公式如下：

$$\boldsymbol{H}^{(1)(k)} = \text{CrossGConv}\,(\hat{\boldsymbol{S}}, \boldsymbol{H}^{(1)(k-1)}, \boldsymbol{H}^{(2)(k-1)})$$
$$\boldsymbol{H}^{(2)(k)} = \text{CrossGConv}\,(\hat{\boldsymbol{S}}^{\mathrm{T}}, \boldsymbol{H}^{(2)(k-1)}, \boldsymbol{H}^{(1)(k-1)})$$

（13.8）

其中，$\boldsymbol{H}^{(1)(k)}$ 和 $\boldsymbol{H}^{(2)(k)}$ 是圖 $\mathscr{G}^{(1)}$ 和 $\mathscr{G}^{(2)}$ 的 k 層節點嵌入；k 表示第 k 次迭代；$\hat{\boldsymbol{S}}$ 表示由較淺的節點嵌入層計算的預測分配矩陣；初始嵌入（即 $\boldsymbol{H}^{(1)(0)}$ 和 $\boldsymbol{H}^{(2)(0)}$）是根據（Zanfir and Sminchisescu, 2018），透過預訓練的 VGG-16 網路提取的。

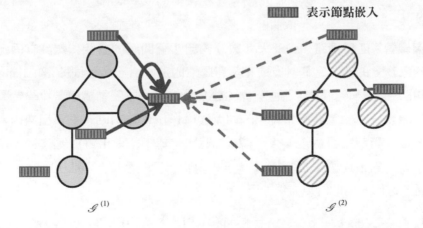

▲ 圖 13.2　對於左圖 $\mathscr{G}^{(1)}$ 中的節點，圖內卷積網路只對自己的圖（即 $\mathscr{G}^{(1)}$ 中的紫色實線）操作。然而，跨圖卷積網路既對自己的圖（即 $\mathscr{G}^{(1)}$ 中的紫色實線）操作，也對另一個圖（即從 $\mathscr{G}^{(2)}$ 中的所有節點到 $\mathscr{G}^{(1)}$ 中的這個節點的藍色虛線）操作（本書為單色印刷，色彩標示部分可能無法正確顯示）

然後，以從兩個圖中得到的節點為基礎嵌入 $\tilde{H}^{(1)}$ 和 $\tilde{H}^{(2)}$，PCA-GM 透過雙線性映射和指數函式計算節點到節點的分配矩陣 S，具體如下：

$$\tilde{S} = \exp\left(\frac{\tilde{H}^{(1)} \Theta \, \tilde{H}^{(2)\mathrm{T}}}{\tau} \right) \tag{13.9}$$

其中，Θ 表示分配矩陣學習的可學習參數矩陣，$\tau > 0$ 是超參數。由於得到的 $\tilde{S} \in \mathbb{R}^{n \times n}$ 不滿足雙隨機矩陣的約束，因此 PCA-GM 使用 Sinkhorn（Adams and Zemel, 2011）操作來處理鬆弛線性分配問題，因為 Sinkhorn 是完全可微的，並且已被證明對最終的圖匹配預測有效。

$$S = \mathrm{Sinkhorn}\,(\tilde{S}) \tag{13.10}$$

最後，PCA-GM 採用組合置換損失計算最終預測置換矩陣 S 和真實置換矩陣 S^{gt} 之間的交叉熵損失，用於監督圖匹配學習。

$$\mathscr{L}_{\mathrm{perm}} = - \sum_{v_i \in \mathscr{V}^{(1)}, v_a \in \mathscr{V}^{(2)}} S^{\mathrm{gt}}_{i,a} \log(S_{i,a}) + (1 - S^{\mathrm{gt}}_{i,a}) \log(1 - S_{i,a}) \tag{13.11}$$

Wang et al（2019g）的實驗結果表示，具有置換損失的圖匹配模型優於式（13.6）中的位移損失。

圖學習 - 匹配網路。先前大多數關於圖匹配問題的研究依賴具有固定結構資訊的已建立的圖，它們具有或不具有屬性的邊集合。所不同的是，Jiang et al（2019a）提出了圖學習 - 匹配網路 GLMNet，旨在將圖結構學習（學習圖結構資訊）融入一般的圖匹配學習中，從而建構一個統一的點對點模型架構。具體來說，以一對節點特徵矩陣 $X^{(l)} = \{x_1^{(l)}, x_2^{(l)}, \cdots, x_n^{(l)}\}$ $(l = \{1, 2\})$ 為基礎，GLMNet 嘗試學習一對最佳圖鄰接矩陣 $A^{(l)}(l = \{1, 2\})$，以便更進一步地服務後一個圖匹配學習。每個元素的計算方法如下：

$$A_{i,j}^{(l)} = \phi(x_i^{(l)}, x_j^{(l)}; \theta) = \frac{\exp(\sigma(\theta^{\mathrm{T}}[x_i^{(l)}, x_j^{(l)}]))}{\sum_{j=1}^{n} \exp(\sigma(\theta^{\mathrm{T}}[x_i^{(l)}, x_j^{(l)}]))}, \quad l = \{1, 2\} \tag{13.12}$$

其中，σ 是啟動函式，例如 ReLU 函式；$[\cdot, \cdot]$ 表示並置操作；θ 表示兩個輸入圖共用的圖結構學習的可訓練參數。

繼 PCA-GM（Wang et al, 2019g）之後，GLMNet 也探索了一系列圖卷積模組，以學習兩個輸入圖的資訊節點嵌入，用於後面的親和矩陣學習和匹配預測。以獲得的 $A^{(l)}$ 和 $X^{(l)}(l = \{1, 2\})$ 為基礎，GLMNet 採用圖平滑卷積層（Kipf and Welling, 2017b）、跨圖卷積層（Wang et al, 2019g）和圖銳化卷積層〔對應（Kipf and Welling, 2017b）中拉普拉斯平滑的部分〕來進一步學習和更新它們的節點嵌入，即 $\tilde{}^{(l)}(l = \{1, 2\})$。之後，GLMNet 直接計算式（13.10）中節點到節點的分配矩陣 S，這與 PCA-GM（Wang et al, 2019g）的做法完全相同。

除式（13.11）中定義的置換交叉熵損失 $\mathcal{L}_{perm}$ 以外，GLMNet 還增加了一個額外的約束正規化損失 $\mathcal{L}_{con}$，以更進一步地滿足每個置換約束，即 $\mathcal{L} = \mathcal{L}_{perm} + \lambda\mathcal{L}_{con}(\lambda > 0)$，其中，$\mathcal{L}_{con}$ 定義如下。

$$\mathcal{L}_{con} = \sum_{v_i, v_j \in \mathscr{V}^{(1)}} \sum_{v_a, v_b \in \mathscr{V}^{(2)}} U_{ij,ab} S_{i,a} S_{j,b}$$

$$U_{ij,ab} = \begin{cases} 1 & , i = j、 a \neq b \text{ 或者 } i \neq j、 a = b \\ 0 & , \text{其他} \end{cases} \quad (13.13)$$

其中，$U \in \mathbb{R}^{n^2 \times n^2}$ 代表所有匹配的衝突關係，而最佳的對應關係 S 表示 $\sum_{v_i, v_j \in \mathscr{V}^{(1)}} \sum_{v_a, v_b \in \mathscr{V}^{(2)}} U_{ij,ab} S_{i,a} S_{j,b} = 0$。

具有共識的深度圖匹配。Fey et al（2020）也像之前的研究那樣採用 GNN 來學習圖對應關係，但他們透過引入鄰域共識（Rocco et al, 2018）進一步完善了學習的對應矩陣。首先，他們使用常見的 GNN 模型以及 Sinkhorn 操作來計算初始對應矩陣 S^0，具體如下，其中的 ψ_{θ_1} 表示兩個圖共用的 GNN 模型。

$$H^{(l)} = \Psi_{\theta_1}(X^{(l)}, A^{(l)}, E^{(l)}), \; l = \{1, 2\}$$

$$S^0 = \text{Sinkhorn}(H^{(1)} H^{(2)\text{T}}) \quad (13.14)$$

然後，為了在這對匹配的節點之間達成鄰域共識，他們透過另一個可訓練的 GNN 模型（即 ψ_{θ_2}）和一個 MLP 模型（即 ϕ_{θ_3}）來完善初始對應矩陣 S^0。

$$O^{(1)} = \Psi_{\theta_2}(I_n, A^{(1)}, E^{(1)})$$

$$O^{(2)} = \Psi_{\theta_2}(S^{k\text{T}} I_n, A^{(2)}, E^{(2)}) \quad (13.15)$$

$$S_{i,a}^{k+1} = \text{Sinkhorn}(S_{i,a}^k + \phi_{\theta_3}(o_i^{(1)} - o_a^{(2)}))$$

其中，I_n 是單位矩陣，$o_i^{(1)} - o_a^{(2)}$ 計算的是兩個圖的節點對 $(v_i, v_a) \in \mathscr{V}^{(1)} \times \mathscr{V}^{(2)}$ 之間的鄰域共識（舉例來說，$o_i^{(1)} - o_a^{(2)} \neq 0$ 表示在節點 v_i 和 v_a 的鄰域中存在錯誤的匹配）。最後，經過 K 次迭代後，便可得到 S^K。最終的損失函式包含特徵匹配損失和鄰域共識損失，即 $\mathscr{L} = \mathscr{L}^{\text{init}} + \mathscr{L}^{\text{refine}}$。

$$\mathscr{L}^{\text{init}} = -\sum_{v_i \in \mathscr{V}^{(1)}} \log(S_{i,\pi_{\text{gt}}(i)}^0)$$

$$\mathscr{L}^{\text{refine}} = -\sum_{v_i \in \mathscr{V}^{(1)}} \log(S_{i,\pi_{\text{gt}}(i)}^K) \qquad (13.16)$$

其中，$\pi_{\text{gt}}(i)$ 表示真實對應關係。

具有匈牙利注意力的深度圖匹配。Yu et al（2020）提出了一個點對點的深度學習模型，該模型與 Wang et al（2019g）提出的幾乎相同，也包括以 GNN 為基礎的圖嵌入層、親和學習層〔見式（13.9）和式（13.10）〕以及置換損失〔見式（13.11）〕。Yu et al（2020）主要做了兩方面的貢獻來改進該模型。首先是採用一種新穎的節點 / 邊嵌入操作（如 CIE 操作）來取代常規的 GCN 操作。GCN 操作只更新節點嵌入，而忽略了豐富的邊屬性。由於邊資訊在決定圖匹配結果方面具有關鍵作用，因此 CIE 操作使得我們可以透過一個通道級的更新函式，以多頭的方式同時更新節點嵌入和邊嵌入。感興趣的讀者可以參考（Yu et al, 2020）中的 3.2 節。其次是建構了一個新穎的損失函式。由於以前使用的置換損失容易過擬合，因此他們設計了一個新穎的損失函式，在置換損失中引入了匈牙利注意力 Z，如下所示：

$$Z = \text{Attention(Hungarian}(S), S^{\text{gt}})$$

$$\mathscr{L}_{\text{hung}} = -\sum_{v_i \in \mathscr{V}^{(1)}, v_a \in \mathscr{V}^{(2)}} Z_{i,a}(S_{i,a}^{\text{gt}} \log(S_{i,a}) + (1 - S_{i,a}^{\text{gt}}) \log(1 - S_{i,a})) \qquad (13.17)$$

其中，Hungarian 表示黑盒匈牙利演算法，Z 的作用就像掩蔽，旨在讓我們更多地關注那些不匹配的節點對，而較少地關注完全匹配的節點對。

具有分配圖的圖匹配。Wang et al（2020j）將圖匹配問題重新形式化為在建構的分配圖中選擇可靠的節點（Cho et al, 2010），其中的每個節點代表一個潛在的節點到節點的對應關係。定義 13.2 舉出了分配圖的正式定義，圖 13.3 舉出了一個範例。

定義 13.2（分配圖）　給定兩個圖 $\mathscr{G}^{(1)} = (\mathscr{V}^{(1)}, \mathscr{E}^{(1)}, A^{(1)}, X^{(1)}, E^{(1)})$ 和 $\mathscr{G}^{(2)} = (\mathscr{V}^{(2)}, \mathscr{E}^{(2)}, A^{(2)}, X^{(2)}, E^{(2)})$，分配圖 $\mathscr{G}^{(A)} = (\mathscr{V}^{(A)}, \mathscr{E}^{(A)}, A^{(A)}, X^{(A)}, E^{(A)})$ 的構造方法如下：$\mathscr{G}^{(A)}$ 取這兩個圖之間的每個候選對應關係 $(v_i^{(1)}, v_a^{(2)}) \in \mathscr{V}^{(1)} \times \mathscr{V}^{(2)}$ 作為節點 $\mathscr{V}_{ia} \in \mathscr{V}^{(A)}$，並在一對節點 $v_{ia}^{(A)}$ 和 $v_{jb}^{(A)} \in \mathscr{V}^{(A)}$（即 $(v_{ia}^{(A)}, v_{jb}^{(A)}) \in \mathscr{E}^{(A)}$）之間連接一條邊——當且僅當兩條邊（即 $(v_a^{(1)}, v_b^{(1)}) \in \mathscr{E}^{(1)}$ 和 $(v_a^{(2)}, v_b^{(2)}) \in \mathscr{E}^{(2)}$）存在於它們的原始圖中時。另外，我們可以透過並置原始圖中的一對節點或邊的屬性來獲得節點屬性 $X^{(A)}$ 和邊屬性 $E^{(A)}$。

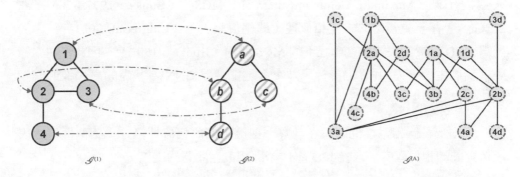

▲ 圖 13.3　透過一對圖 $\mathscr{G}^{(1)}$ 和 $\mathscr{G}^{(2)}$ 建立分配圖 $\mathscr{G}^{(A)}$ 的範例說明

有了構造的分配圖 $\mathscr{G}^{(A)}$，在 $\mathscr{G}^{(A)}$ 中選擇可靠節點的重新形式化問題與二元節點分類任務（Kipf and Welling, 2017b）就很相似了，後者會將節點分為正的或負的（表示匹配或不匹配）。為了解決這個問題，研究者提出了一個以 GNN 為基礎的完全可學習模型，該模型以 $\mathscr{G}^{(A)}$ 為輸入，透過圖結構資訊迭代學習節點嵌入，並預測 $\mathscr{G}^{(A)}$ 中每個節點的標籤作為輸出。此外，該模型還採用類似於（Jiang et al, 2019a）中的損失函式進行訓練。

13.3　圖相似性學習

在本節中，我們將首先介紹另一類別圖匹配問題——圖相似性問題。然後，我們將對以 GNN 為基礎的更先進的圖相似性學習模型進行深入討論和分析。

13.3.1 問題的定義

　　學習任意一對圖結構物件之間的相似性度量是各種應用的基本問題之一，包括資料庫中的相似圖搜尋（Yan 和 Han, 2002）、二元函式分析（Li et al, 2019h）、未知惡意軟體檢測（Wang et al, 2019i）和語義程式碼檢索（Ling et al, 2021）等。根據不同的應用背景，我們可以用不同的結構相似性度量來定義相似性指標，如圖編輯距離（Graph Edit Distance，GED）（Riesen, 2015）、最大共同子圖（Maximum Common Subgraph，MCS）（Bunke，1997；Bai et al, 2020c），甚至更粗略的二元相似性（即相似與否）（Ling et al, 2021）。由於計算 GED 等於解決適應度函式下的 MCS 問題（Bunke，1997），因此，在本節中，我們主要考慮 GED 的計算，並更多地關注以 GNN 為基礎的更先進的圖相似性學習模型。

　　基本上，圖相似性問題旨在計算一對圖之間的相似性得分，相似性得分表示這對圖的相似程度。定義 13.3 舉出了圖相似性問題的定義。

　　定義 13.3（圖相似性問題）　給定兩個輸入圖 $\mathcal{G}^{(1)}$ 和 $\mathcal{G}^{(2)}$，圖相似性問題的目的是產生 $\mathcal{G}^{(1)}$ 和 $\mathcal{G}^{(2)}$ 之間的相似性得分 s。根據 13.2.1 節中的定義 13.1，$\mathcal{G}^{(1)} = (\mathcal{V}^{(1)}, \mathcal{E}^{(1)}, \boldsymbol{A}^{(1)}, \boldsymbol{X}^{(1)}, \boldsymbol{E}^{(1)})$ 可以表徵為 n 個節點 $v_i \in \mathcal{V}^{(1)}$ 的集合，特徵矩陣 $\boldsymbol{X}^{(1)} \in \mathbb{R}^{n \times d}$，邊 $(v_i, v_j) \in \mathcal{E}^{(1)}$ 形成了鄰接矩陣 $\boldsymbol{A}^{(1)}$。同樣，$\mathcal{G}^{(2)} = (\mathcal{V}^{(2)}, \mathcal{E}^{(2)}, \boldsymbol{A}^{(2)}, \boldsymbol{X}^{(2)}, \boldsymbol{E}^{(2)})$ 可以表徵為 m 個節點 $v_a \in \mathcal{V}^{(2)}$ 的集合，特徵矩陣 $\boldsymbol{X}^{(2)} \in \mathbb{R}^{m \times d}$，邊 $(v_a, v_b) \in \mathcal{E}^{(2)}$ 形成了鄰接矩陣 $\boldsymbol{A}^{(2)}$。

　　對於相似性得分 s，如果 $s \in \mathbb{R}$，則可以將圖相似性問題視為**圖 - 圖回歸任務**。另外，如果 $s \in \{-1, 1\}$，則可以將圖相似性問題視為**圖 - 圖分類任務**。

　　特別是，GED（Riesen, 2015；Bai et al, 2019b）的計算（有時歸一化為 [0, 1]）是圖 - 圖回歸任務的典型案例。具體來說，GED 被形式化為節點或邊的最短編輯操作序列的成本，這些節點和邊必須能夠將一個圖轉為另一個圖，其中，編輯操作可以是插入或刪除一個節點或一條邊。圖 13.4 舉出了 GED 計算的說明。

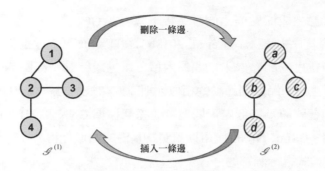

▲ 圖 13.4　計算 $\mathscr{G}^{(1)}$ 和 $\mathscr{G}^{(2)}$ 之間的 GED。由於既可以透過刪除邊 (v_2,v_3) 將 $\mathscr{G}^{(1)}$ 轉為 $\mathscr{G}^{(2)}$，也可以透過插入邊 (v_b,v_c) 將 $\mathscr{G}^{(2)}$ 轉為 $\mathscr{G}^{(1)}$，因此這兩個圖之間的 GED 為 1

　　與經典的圖匹配問題類似，GED 計算也是一個經過充分研究的 NP 難度的問題。儘管已有大量的工作（Hart et al，1968；Zeng et al, 2009；Riesen et al, 2007）試圖透過各種啟發式方法在多項式時間內找到次優的解決方案（Riesen et al, 2007；Riesen, 2015），但這些啟發式方法仍然存在可擴充性差（舉例來說，搜尋空間大或記憶體消耗過多）和嚴重依賴專家知識（如以不同應用案例為基礎的各種啟發式方法）的不足。目前，將 GNN 融入圖相似性學習的點對點學習框架中的以學習為基礎的模型正逐漸變得越來越可用，這證明了與傳統的啟發式方法相比，GNN 在有效性和效率方面的優勢。在 13.3.2 節和 13.3.3 節中，我們將分別討論用於圖 - 圖回歸任務和圖 - 圖分類任務的更先進的以 GNN 為基礎的圖相似性模型。

13.3.2　圖 - 圖回歸任務

　　如前所述，圖 - 圖回歸任務旨在計算一對圖之間的相似性得分。本節重點討論 GED 的圖相似性學習。

　　具有卷積集合匹配的圖相似性學習。為了在保持良好性能的同時加速圖相似性的計算，Bai et al（2018）首先將 GED 的計算變成學習問題（而非使用組合搜尋的近似方法），然後提出了一個用於圖相似性學習的點對點的框架 GSimCNN。（Bai et al, 2018）中的 GSimCNN〔或（Bai et al, 2020b）[1]中的 GraphSim〕可能是第一個將 GNN 和 CNN 同時用於 GED 計算任務的框架，這個框架從整體上包括三個步驟。首先，GSimCNN 採用多層標準 GCN 為兩個

1　GSimCNN（Bai et al，2018）的模型架構與 GraphSim（Bai et al，2020b）的模型架構看起來相同，後者透過額外的資料集和相似性指標（如 GED 和 MCS）來評估模型。

圖中的每個節點生成節點嵌入向量。接下來，在 GCN 的每一層中，GSimCNN 使用 BFS 節點排序方案（You et al, 2018b）對節點嵌入進行重新排序，並計算兩個圖中重新排序的節點嵌入之間的內積，以生成節點到節點的相似性矩陣。最後，在填充生成的節點到節點的相似性矩陣或調整為方陣後，GSimCNN 將計算圖相似性的任務轉為影像處理問題，並探索標準 CNN 和 MLP 以進行最終的圖相似性預測。GSimCNN 是使用以預測為基礎的相似性得分和對應的真實得分的均方差損失函式進行訓練的。

　　具有圖級互動的圖相似性學習。不久之後，Bai 等人提出了另一個以 GNN 為基礎的模型 SimGNN，用於圖相似性學習。在 SimGNN 中，他們不僅考慮了節點級的相互作用，而且考慮了圖級的相互作用，以共同學習圖的相似性得分。對於兩個圖之間的節點級相似性，SimGNN 首先採用類似於 GSimCNN 的方法來生成節點到節點的相似性矩陣，然後將從中提取的長條圖特徵向量作為節點級的比較資訊。對於兩個圖之間的圖級相似性，SimGNN 首先透過注意力機制採用簡單的圖池化模型為每個圖生成圖級嵌入向量（$h_{\mathscr{G}^{(1)}}$ 和 $h_{\mathscr{G}^{(2)}}$），然後採用可訓練的神經張量網路（Neural Tensor Network，NTN）（Socher et al, 2013）對兩個圖級嵌入向量之間的關係進行建模，如下所示：

$$\text{NTN}(h_{\mathscr{G}(1)}, h_{\mathscr{G}(2)}) = \sigma(h_{\mathscr{G}(1)}^{\mathrm{T}} W^{[1:K]} h_{\mathscr{G}(2)} + V \begin{bmatrix} h_{\mathscr{G}(2)} \\ h_{\mathscr{G}(1)} \end{bmatrix} + b) \qquad （13.18）$$

其中，σ 是啟動函式，[:] 表示並置操作。

　　此外，$W^{[1:K]}$、V 和 b 是 NTN 中需要學習的參數。K 是超參數，它決定了 NTN 計算的圖級相似性向量的長度。最後，為了計算兩個圖之間的相似性得分，SimGNN 將來自節點級和圖級的兩個相似性向量並置，並透過一個小型 MLP 網路來進行預測。

　　以分層聚類為基礎的圖相似性學習。Xiu et al（2020）認為，如果兩個圖是相似的，那麼它們對應的緊湊圖也應該是彼此相似的；反之，如果兩個圖是不相似的，那麼它們對應的緊湊圖也應該是不相似的。他們認為，對輸入的一對圖，關於緊湊圖對的不同視圖可以提供兩個輸入圖之間不同尺度的相似性資訊，從而有利於圖的相似性計算。為此，有人提出了一種分層的圖匹配網路（Hierarchical Graph Matching Network，HGMN）（Xiu et al, 2020）來從多尺度視圖中學習圖

的相似性。具體來說，HGMN 首先採用多個階段的分層圖聚類來連續生成具有初始節點嵌入的更緊湊的圖，從而為後續模型學習提供兩個圖之間差異的多尺度視圖。然後，對於處於不同階段的緊湊圖對，HGMN 透過採用類似 GraphSim 的模型（Bai et al, 2020b）計算出最終的圖相似性得分，包括透過 GCN 更新節點嵌入，以及透過 CNN 生成相似性矩陣和預測。然而，為了確保生成的相似性矩陣的置換不變性，HGMN 以推土機距離為基礎（Earth Mover Distance，EMD）（Rubner et al，1998）設計了不同的節點排序方案，而非使用（Bai et al, 2020b）中的 BFS 節點排序方案。根據 EMD，HGMN 首先對齊每個階段的兩個輸入圖的節點，然後按照對齊的順序生成對應的相似性矩陣。

具有節點 - 圖互動的圖相似性學習。為了學習一對輸入圖之間更豐富的互動特徵，以便以點對點的方式計算圖的相似性，Ling 等人提出了多級圖匹配網路（Multi-level Graph Matching Network，MGMN）（Ling et al, 2020），MGMN 由一個孿生圖神經網路（Siamese Graph Neural Network，SGNN）和一個新型的節點 - 圖匹配網路（Node-Graph Matching Network，NGMN）組成。一方面，為了學習兩個圖之間的圖級互動，針對圖 $\mathscr{G}^{(l)}(l = \{1, 2\})$ 中的所有節點，SGNN 首先利用具有孿生網路的多層 GCN 來生成節點嵌入 $H^{(l)} = \{h^{(l)}\}_{i=1}^{\{n,m\}} \in \mathbb{R}^{\{n,m\} \times d}$，然後為每個圖聚合一個對應的圖級嵌入向量。另一方面，為了學習兩個圖之間的跨級互動特徵，NGMN 進一步採用節點 - 圖匹配層，使用學習的圖的節點嵌入和另一全圖的對應圖級嵌入之間的跨級互動來更新節點嵌入。以 $\mathscr{G}^{(1)}$ 中的節點 $v_i \in \mathscr{V}^{(1)}$ 為例，NGMN 首先計算注意力的圖級嵌入向量，方法是基於對應的針對節點 v_i 的跨圖注意力係數，加權平均 $\mathscr{G}^{(2)}$ 中的所有節點嵌入 $h_{\mathscr{G}^{(2)}}^{i,\text{att}}$，具體計算如下：

$$h_{\mathscr{G}^{(2)}}^{i,\text{att}} = \sum_{v_j \in \mathscr{V}^{(2)}} \alpha_{i,j} h_j^{(2)}, \ \ \text{其中} \ \alpha_{i,j} = \text{cosine}\,(h_i^{(1)}, h_j^{(2)}) \ \forall v_j \in \mathscr{V}^{(2)} \qquad （13.19）$$

其中，就 $\mathscr{G}^{(1)}$ 中的節點 v_i 而言 $h_{\mathscr{G}^{(2)}}^{i,\text{att}}$ 的上標「i, att」表示它是 $\mathscr{G}^{(2)}$ 的注意力圖級嵌入向量。

然後，為了更新具有跨圖互動的 v_i 的節點嵌入，NGMN 透過多角度匹配函式學習節點嵌入（即 $h_i^{(1)}$）和注意力圖級嵌入向量（即 $h_{\mathscr{G}^{(2)}}^{i,\text{att}}$）之間的相似性特徵向量。在對兩個圖的所有節點採用上述節點 - 圖匹配層之後，NGMN 將為每個

圖聚合一個對應的圖級嵌入向量。最後，MGMN 將為每個圖並置來自 SGNN 和 NGMN 的圖級嵌入，並將這些並置的嵌入輸入最終的小型預測網路中，以進行圖相似性計算。

以 GRAPH-BERT 為基礎的圖相似性學習。之前關於圖相似性學習的研究由於大多以監督方式進行訓練，因此無法保證 GED 等圖相似性度量的基本屬性（如三角不等式），Zhang（2020）在 GRAPH-BERT（Zhang et al, 2020a）的基礎上引入了新型訓練框架 GB-DISTANCE。首先，GB-DISTANCE 採用預先訓練好的 GRAPH-BERT 模型來更新節點嵌入，並進一步為圖 $\mathscr{G}^{(i)}$ 聚合圖級表徵嵌入向量 $\boldsymbol{h}_{\mathscr{G}^{(i)}}$。然後，GB-DISTANCE 計算具有多個全連接層的一對圖 $(\mathscr{G}^{(i)}, \mathscr{G}^{(j)})$ 之間的圖相似性 $d_{i,j}$，如下所示。

$$d(\mathscr{G}^{(i)}, \mathscr{G}^{(j)}) = 1 - \exp(-\text{FC}((\boldsymbol{h}_{\mathscr{G}^{(i)}} - \boldsymbol{h}_{\mathscr{G}^{(j)}})\text{**}2)) \tag{13.20}$$

其中，FC 表示採用了全連接層，「(·)**2」表示輸入向量的元素級平方。在文獻（Zhang, 2020）中，GB-DISTANCE 考慮了一種場景，即輸入一組數量為 m 的圖（即 $\{\mathscr{G}^{(i)}\}_{i=1}^{m}$），並輸出其中任意一對圖之間的相似性，即相似性矩陣 $\boldsymbol{D} = \{\boldsymbol{D}_{i,j}\}_{i,j=1}^{i,j=m} = \{d(\mathscr{G}^{(i)}, \mathscr{G}^{(j)})\}_{i,j=1}^{i,j=m} \in \mathbb{R}^{m \times m}$。我們可以將圖的相似性問題形式化為以下有監督或半監督的設定：

$$\min \|\boldsymbol{M} \odot (\boldsymbol{D} - \hat{\boldsymbol{D}})\|_p \ , \ M_{i,j} = \begin{cases} 1, \boldsymbol{D}_{i,j} \text{ 有標籤} \\ \alpha, \boldsymbol{D}_{i,j} \text{ 無標籤且 } i \neq j \\ \beta, i = j \end{cases} \tag{13.21}$$

其中，$\|\cdot\|_p$ 表示 L_p 範數；$\hat{\boldsymbol{D}}$ 表示真實相似性矩陣；$\boldsymbol{M}$ 是具有兩個超參數 α 和 β 的半監督學習的掩蔽矩陣；約束 $\boldsymbol{D}_{i,j} \leqslant \boldsymbol{D}_{i,k} + \boldsymbol{D}_{k,j} (\forall i, j, k \in \{1, 2, \cdots, m\})$ 用於確保圖相似性度量的三角不等式。為了最佳化具有這種約束的模型，GB-DISTANCE 設計了一種具有約束度量細化方法的兩階段訓練演算法。

以 A* 演算法為基礎的圖相似性計算。很明顯，上述所有方法都直接計算兩個圖之間的 GED 相似性得分，但卻無法生成編輯路徑，而編輯路徑可以明確表達將一個圖轉為另一個圖的編輯操作順序。為了像傳統的 A* 演算法（Hart et al，1968；Riesen et al, 2007）一樣輸出編輯路徑，Wang et al 提出了一個圖相似

性學習模型 GENN-A*（Wang et al, 2020f），該模型結合了 A* 演算法的現有解決方案與以 GNN 為基礎的可學習 GENN 模型。A* 演算法是一種樹狀搜尋演算法，它將兩個圖之間所有可能的節點 / 邊映射空間作為有序的搜尋樹來探索，並透過最小誘導編輯成本 $g(p)+h(p)$ 來進一步擴充搜尋樹中節點 p 的後繼節點，其中，$g(p)$ 是迄今為止誘導的當前部分編輯路徑的成本，$h(p)$ 是剩餘未匹配子圖之間編輯路徑的估計成本。由於 A* 演算法的可擴充性較差，因此 GENN-A* 使用一個以學習為基礎的模型（即 GENN）取代啟發式方法來預測 $h(p)$。GENN 與 SimGNN（Bai et al, 2019b）幾乎相同，但前者去掉了長條圖模組，用於預測剩餘未匹配子圖之間歸一化的 GED 相似性得分 $s(p) \in (0,1)$。之後，得到的 $h(p)$ 如下，其中的 $\hat{n}$ 和 $\hat{m}$ 表示未匹配子圖的節點數。

$$h(p) = -0.5(\hat{n} + m)\log(s(p)) \qquad (13.22)$$

13.3.3 圖 - 圖分類任務

除計算 GED 以外，學習一對圖之間的二元標籤 $s \in \{-1, 1\}$（即相似或不相似）可以視為圖 - 圖分類學習任務[1]。該方法已被廣泛應用於現實世界的許多應用中，包括二進位分碼析、原始程式分碼析、惡意軟體檢測等。

透過跨圖匹配的圖相似性學習。在檢測兩個二進位函式是否相似的場景中，Li 等人提出了以訊息傳遞為基礎的圖匹配網路（Graph Matching Network，GMN）（Li et al, 2019h），以學習代表兩個輸入二進位函式的兩個控制流圖（Control-Flow Graph，CFG）之間的相似性標籤。特別是，GMN 採用了以標準訊息傳遞 GNN 為基礎的類似跨圖匹配網路，以迭代方式為兩個輸入圖生成更具區別性的節點嵌入（如 $H^{(l)} = \{h_i^{(l)}\}_{v_i \in \mathcal{V}^{(l)}}$，$l = \{1,2\}$）。直觀地說，GMN 透過軟注意力合併一個輸入圖的注意力連結資訊來更新另一個輸入圖的節點嵌入，這與式（13.8）和圖 13.2 中介紹的跨圖卷積網路類似。隨後，為了計算相似性得分，GMN 採用以下聚合操作（Li et al, 2016b）為每個圖輸出圖級嵌入向量（如 $h_{\mathcal{G}^{(l)}}$，$l = \{1,2\}$），並將現有的相似性函式應用於最終的相似性預測，如

1　所謂的圖 - 圖分類學習任務與一般的圖分類任務（Ying et al，2018c；Ma et al，2019d）完全不同，後者只針對一個輸入圖而非一對輸入圖預測標籤。

$s(\boldsymbol{h}_{\mathscr{G}^{(1)}}, \boldsymbol{h}_{\mathscr{G}^{(2)}}) = f_s(\boldsymbol{h}_{\mathscr{G}^{(1)}}, \boldsymbol{h}_{\mathscr{G}^{(2)}})$ ，其中，f_s 可以是任意現有的相似性函式，如歐幾里德函式、餘弦函式或漢明相似性函式。

$$\boldsymbol{h}_{\mathscr{G}^{(l)}} = \mathrm{MLP}_{\theta 1}\left(\sum_{v_i \in \mathcal{V}^{(l)}} \sigma(\mathrm{MLP}_{\theta 2}(\boldsymbol{h}_i^{(l)})) \odot \mathrm{MLP}_{\theta 3}(\boldsymbol{h}_i^{(l)})\right), \quad l = \{1, 2\} \quad （13.23）$$

其中，σ 表示啟動函式；$\odot$ 表示元素級相乘運算；$\mathrm{MLP}_{\theta 1}$、$\mathrm{MLP}_{\theta 2}$、$\mathrm{MLP}_{\theta 3}$ 為待訓練的 MLP 網路。基於對訓練樣本的不同監督（如兩個圖之間的真實二元標籤或三個圖之間的相對相似性），GMN 採用了兩個以邊際為基礎的損失函式——成對損失函式和三元組損失函式。由於採用的相似性函式 f_s 不同，對應的損失函式的形式也有很大的不同。對損失函式感興趣的讀者可以參考（Li et al, 2019h）。

異質圖上的圖相似性學習。受不斷增長的惡意軟體威脅的驅動，Wang et al （2019i）提出了異質圖匹配網路框架 MatchGNet，用於進行未知惡意軟體的檢測。為了更進一步地表示企業系統中的程式（如良性或惡意）並捕捉系統實體（如檔案、處理程序、通訊端等）之間的互動關係，MatchGNet 為每個程式建構了一個異質不變圖。因此，惡意軟體檢測問題等於檢測兩個表徵圖（即輸入程式的圖和現有良性程式的圖）是否相似。由於不變圖的異質性，MatchGNet 採用了基於分層注意力圖神經編碼器（Hierarchical Attention Graph Neural Encoder，HAGNE）的 GNN 來學習每個程式的圖級嵌入向量。特別是，HAGNE 首先透過元路徑確定路徑相關鄰居集（Sun et al, 2011），然後透過聚合每個路徑相關鄰居集下的實體來更新節點嵌入。所有元路徑上的圖級嵌入都是透過對元路徑的所有嵌入進行加權求和來計算的。最後，MatchGNet 直接計算兩個圖級嵌入向量之間的餘弦相似性，並將其作為惡意軟體檢測的最終預測標籤。

13.4 小結

在本章中，我們介紹了常見的圖匹配學習問題，其中，目標函式被形式化為經典的圖匹配問題在兩個圖之間建立一個最佳的節點到節點的對應關係矩陣，以及為圖相似性問題計算兩個圖之間的相似性得分。特別是，我們深入分析和

討論了更先進的以 GNN 為基礎的圖匹配模型和圖相似性模型。未來，為了更進一步地學習圖匹配，我們認為需要在以下三個方向進行努力。

- 細微性的跨圖特徵。對於輸入圖對的圖匹配問題，兩個圖之間的互動特徵是圖匹配學習和圖相似性學習的基礎和關鍵特徵。儘管現有的一些模型（Li et al, 2019h；Ling et al, 2020）致力於學習兩個圖之間的互動特徵，以實現更好的表徵學習，但這些模型已經導致不可忽視的額外計算成本。更好的細微性跨圖特徵學習和高效的演算法可以使技術達到一個新的高度。

- 半監督學習和無監督學習。緣於現實世界應用場景中圖的複雜性，在半監督甚至無監督環境中訓練模型是很常見的。充分利用現有圖之間的關係，如果有可能，充分利用與圖匹配問題不直接相關的其他資料，可以進一步促進圖匹配學習和圖相似性學習在更多實際應用中的發展。

- 脆弱性和堅固性。儘管針對影像分類任務（Goodfellow et al, 2015；Ling et al, 2019）和節點分類任務 / 圖分類任務（Zügner et al, 2018；Dai et al, 2018a）的對抗性攻擊已得到廣泛研究，但目前只有文獻（Zhang et al, 2020f）研究了圖匹配問題的對抗性攻擊。因此，研究更先進的圖匹配模型和圖相似性模型的脆弱性，並進一步建構更強大的模型是一個極具挑戰性的問題。

編者註：圖匹配網路是近年來新興的研究課題。它具有廣泛的應用領域，如電腦視覺（見第 20 章）、自然語言處理（見第 21 章）、程式分析（見第 22 章）、異常檢測（見第 26 章）等。目前，圖匹配網路已經受到學術界和工業界的廣泛關注。圖匹配網路雖然建立在圖節點表徵學習之上（見第 4 章），但它更偏重於兩個圖從低級節點到高級圖的相互關聯。圖匹配與連結預測（見第 10 章）和自監督學習（見第 18 章）有著緊密的關聯，其中，圖匹配可以形式化為這些圖學習任務的子任務之一。顯然，對抗堅固性（見第 8 章）可以對圖匹配網路產生直接影響，這一點最近也得到廣泛研究。

第 14 章
圖結構學習

Yu Chen 和 *Lingfei Wu*[1]

摘要

　　圖神經網路（GNN）由於在圖結構資料建模方面具有出色的表達能力，因此在自然語言處理、電腦視覺、推薦系統、藥物發現等應用中取得巨大的成功。GNN 的巨大成功依賴於圖結構資料的品質和可用性，而這些資料可能是有雜訊或不可用的。圖結構學習旨在從資料中發現有用的圖結構，這可以幫助我們解決上述問題。本章將從傳統機器學習和 GNN 的角度全面介紹圖結構學習。讀完本章後，讀者將了解如何從不同的角度、出於不同的目的並透過不同的技術來

1　Yu Chen
　　Facebook AI，E-mail：hugochan2013@gmail.com
　　Lingfei Wu
　　Pinterest，E-mail：lwu@email.wm.edu

解決這個問題，以及圖結構學習與 GNN 結合後的巨大發展潛力。此外，讀者還將了解這一領域未來的發展方向。

近年來，人們對 GNN 的興趣明顯增加（Kipf and Welling, 2017b；Bronstein et al, 2017；Gilmer et al, 2017；Hamilton et al, 2017b；Li et al, 2016b），GNN 已被廣泛應用於自然語言處理（Bastings et al, 2017；Chen et al, 2020p）、電腦視覺（Norcliffe-Brown et al, 2018）、推薦系統（Ying et al, 2018b）、藥物發現（You et al, 2018a）等方面。GNN 在學習有表達能力的圖表徵方面的強大依賴於圖結構資料的品質和可用性。然而，這也給我們使用 GNN 進行圖表徵學習帶來了一些挑戰。一方面，在一些已經有圖結構的場景中，大多數以 GNN 為基礎的方法假設給定的圖拓撲結構是完美的，但這並不一定成立，因為：（1）由於不可避免的資料測量或收集錯誤，真實的圖拓撲結構往往是有雜訊或不完整的；（2）圖內在的拓撲結構可能僅代表物理連接（如分子中的化學鍵），而不能捕捉節點之間的抽象或隱含關係，這些關係可能對某些下游預測任務有益。另一方面，在現實世界的許多應用（如自然語言處理或電腦視覺等）中，資料的圖結構（如文字資料的文字圖或影像的場景圖）可能不可用。GNN 的早期實踐（Bastings et al, 2017；Xu et al, 2018d）嚴重依賴於手動建構圖。要想在資料前置處理階段獲得表現合理的圖拓撲，我們需要大量的人力和領域專業知識。

為了應對上述挑戰，圖結構學習旨在從資料中發現有用的圖結構，以便透過 GNN 進行更好的圖表徵學習。最近的研究（Chen et al, 2020m,o；Liu et al, 2021；Franceschi et al, 2019；Ma et al, 2019b；Elinas et al, 2020；Veličković et al, 2020；Johnson et al, 2020）偏重於圖結構和表徵的聯合學習，而無須借助人力或領域專業知識。研究者提出了許多不同種類的技術來學習離散圖結構和 GNN 的加權圖結構。更廣泛地說，圖結構學習在傳統機器學習中已得到廣泛研究，涉及無監督學習和有監督學習（Kalofolias, 2016；Kumar et al, 2019a；Berger et al, 2020；Bojchevski et al, 2017；Zheng et al, 2018b；Yu et al, 2019a；Li et al, 2020a）。此外，圖結構學習也與一些重要問題密切相關，如圖生成

（You et al, 2018a；Shi et al, 2019a）、圖對抗性防禦（Zhang and Zitnik, 2020；Entezari et al, 2020；Jin et al, 2020a,e）和 Transformer 模型（Vaswani et al, 2017）。

　　本章的組織結構如下。首先，我們將介紹在 GNN 獲得廣泛關注之前傳統機器學習是如何研究圖結構學習的（見 14.2 節），並介紹現有的關於無監督圖結構學習（見 14.2.1 節）和有監督圖結構學習（見 14.2.2 節）的研究。讀者隨後將看到一些最初為傳統圖結構學習而開發的技術是如何被重新檢查並改進 GNN 的圖結構學習的。接下來，我們將介紹本章的重點——GNN 的圖結構學習（見 14.3 節）。這一部分內容涵蓋多種主題，包括非加權圖與加權圖的聯合圖結構和表徵學習（見 14.3.1 節），以及 GNN 的圖結構學習與其他問題的關聯，如圖生成、圖對抗性防禦和 Transformer 模型（見 14.3.2 節）。我們將在 14.4 節中強調一些未來的發展方向，包括堅固的圖結構學習、可擴充的圖結構學習以及異質圖的圖結構學習等。最後，我們將在 14.5 節對本章的內容進行總結以結束本章的學習。

14.2　傳統的圖結構學習

　　在 GNN 興起之前，關於傳統機器學習的文獻就已經從不同的角度對圖結構學習展開了廣泛研究。在討論 GNN 的圖結構學習的最新成就之前，我們將首先從傳統機器學習的角度研究這個具有挑戰性的問題。

14.2.1　無監督圖結構學習

　　無監督圖結構學習旨在以無監督方式從一組資料點中直接學習圖結構，學習的圖結構可以被隨後的機器學習方法用於各種預測任務。這類方法最主要的好處是，它們不需要已標記的資料，如用於監督訊號的真實圖結構，獲取這些資料的代價可能非常高。然而，由於圖結構學習過程不考慮資料上任何特定的下游預測任務，因此學習的圖結構對下游任務來說可能不是最佳的。

14.2.1.1　從平滑訊號中學習圖結構

在圖訊號處理（Graph Signal Processing，GSP）的一些文獻中，研究者對圖結構學習進行了廣泛的研究。這些文獻通常將圖結構學習稱為圖學習問題，其目標是以無監督方式從定義在圖上的平滑訊號中學習拓撲結構。這些圖學習技術（Jebara et al, 2009；Lake and Tenenbaum, 2010；Kalofolias, 2016；Kumar et al, 2019a；Kang et al, 2019；Kumar et al, 2020；Bai et al, 2020a）通常用於解決對圖屬性（如平滑性、稀疏性）具有某些先驗約束的最佳化問題。在此，我們將介紹一些在圖上定義的具有代表性的先驗約束，這些約束已被廣泛用於解決圖學習問題。

在介紹具體的圖學習技術之前，我們首先舉出圖和圖訊號的正式定義。給定一個圖 $\mathscr{G} = (\mathscr{V}, \mathscr{E})$，其節點集合 $\mathscr{V}$ 的基數為 n，邊集合為 $\mathscr{E}$，鄰接矩陣 $\boldsymbol{A} \in \mathbb{R}^{n \times n}$ 決定了其拓撲結構。其中，$\boldsymbol{A}_{i,j} > 0$ 表示有一條連接節點 i 和節點 j 的邊，$\boldsymbol{A}_{i,j}$ 是這條邊的權重。給定圖的鄰接矩陣 $\boldsymbol{A}$，我們可以進一步得到圖的拉普拉斯矩陣 $\boldsymbol{L} = \boldsymbol{D} - \boldsymbol{A}$，其中，$\boldsymbol{D}_{i,i} = \sum_j \boldsymbol{A}_{i,j}$ 是度數矩陣，其非對角線上的項都是 0。

圖訊號被定義為一個用於為圖中的每個節點分配純量值的函式。我們可以進一步定義圖上的多通道訊號 $\boldsymbol{X} \in \mathbb{R}^{n \times d}$，並為每個節點分配一個 d 維向量，特徵矩陣 $\boldsymbol{X}$ 的每一列都可以視為一個圖訊號。設 $\boldsymbol{X}_i \in \mathbb{R}^d$ 表示定義在第 i 個節點上的圖訊號。

適應度。關於圖學習的早期工作（Wang and Zhang, 2007；Daitch et al, 2009）利用每個資料點的鄰域資訊來建構圖，他們假設每個資料點都可以透過其鄰域的線性組合來最佳化重建。Wang and Zhang（2007）提出透過最小化以下目標來學習具有歸一化度數的圖：

$$\sum_i \left\| \boldsymbol{X}_i - \sum_j \boldsymbol{A}_{i,j} \boldsymbol{X}_j \right\|^2 \tag{14.1}$$

其中，$\sum_j \boldsymbol{A}_{i,j} = 1,\ \boldsymbol{A}_{i,j} \geqslant 0$。

同理，Daitch et al（2009）提出了一個用於最小化適應度的度量。這個度量旨在計算每個節點到其鄰居節點的加權平均值的平方距離的加權和：

$$\sum_i \left\| D_{i,i} X_i - \sum_j A_{i,j} X_j \right\|^2 = \| LX \|_F^2 \qquad (14.2)$$

其中，$\|M\|_F \left(\sum_{i,j} M_{i,j}^2 \right)^{1/2}$ 是弗羅貝尼烏斯（Frobenius）範數。

平滑性。平滑性是另一個關於自然圖訊號的被廣泛採用的假設。假設一組圖訊號 $X \in \mathbb{R}^{n \times d}$ 被定義在一個無向加權圖上，其鄰接矩陣 $A \in \mathbb{R}^{n \times n}$，則圖訊號的平滑性通常由狄利克雷能量（Dirichlet energy）來衡量（Belkin and Niyogi, 2002）：

$$\Omega(A, X) = \frac{1}{2} \sum_{i,j} A_{i,j} \left\| X_i - X_j \right\|^2 = \text{tr}(X^T L X) \qquad (14.3)$$

其中，L 是拉普拉斯矩陣，$\text{tr}(\cdot)$ 表示矩陣的跡。Lake and Tenenbaum（2010）以及 Kalofolias（2016）提出透過最小化 $\Omega(A, X)$ 來學習圖，這要求相鄰節點具有相似的特徵，從而使圖訊號在學習的圖上平滑變化。值得注意的是，僅最小化上述平滑性損失會導致平凡解 $A=0$。

連通性和稀疏性。為了避免出現單純最小化平滑性損失導致的平凡解，Kalofolias（2016）對學習圖增加了額外的約束：

$$-\alpha \mathbf{1}^T \log(A\mathbf{1}) + \beta \| A \|_F^2 \qquad (14.4)$$

其中，第一項透過對數障礙懲罰了非連通圖的形成，第二項則透過懲罰第一項導致的大度數來控制稀疏性。請注意，$\mathbf{1}$ 表示全 1 向量。因此，以上方法提高了圖的整體連通性，但不影響稀疏性。

同理，Dong et al（2016）研究了如何解決以下最佳化問題：

$$\min_{L \in \mathbb{R}^{n \times n}, Y \in \mathbb{R}^{n \times p}} \| X - Y \|_F^2 + \alpha \, \text{tr}(Y^T L Y) + \beta \| L \|_F^2$$
$$\text{使得 } \text{tr}(L) = n \qquad (14.5)$$
$$L_{i,j} = L_{j,i} \leqslant 0, \; i \neq j$$
$$L \cdot \mathbf{1} = 0$$

這相當於同時找到圖的拉普拉斯矩陣 L 和 Y（即零平均值的觀測量 X 的「降噪」版本），使得 Y 接近於 X，同時保持 Y 在稀疏圖上是平滑的。請注意，式（14.5）中的第一個限制條件作為一個歸一化因素，允許避免平凡解；第二和第三個限制條件則保證所學的 L 是一個有效的拉普拉斯矩陣，並且是半正定的。

Ying et al（2020a）旨在學習受拉普拉斯矩陣約束的高斯圖模型下的稀疏圖，並透過解決一系列的加權 $L1$ 範數正規化子問題，提出了一種非凸的懲罰性最大似然法。Maretic et al（2017）則提出透過在訊號稀疏編碼和圖更新步驟之間交替來學習稀疏圖訊號模型。

為了降低解決最佳化問題的計算複雜性，研究者提出了許多近似技術（Daitch et al, 2009；Kalofolias and Perraudin, 2019；Berger et al, 2020）。Dong et al（2019）從圖訊號處理的角度提供了很好的關於從資料中學習圖的文獻整體說明。

14.2.1.2　透過圖結構學習進行譜聚類

圖結構學習在聚類分析領域也獲得了研究。舉例來說，為了提高譜聚類方法對雜訊輸入資料的堅固性，Bojchevski et al（2017）假設觀測的圖 A^c 可以分解為損壞的圖 A^c 和良好的（即乾淨的）圖 A^g，並且假設只在乾淨的圖上執行譜聚類是有益的。他們由此提出對觀測的圖聯合執行譜聚類和分解，並採用高效的區塊座標下降（交替）最佳化方案來近似目標函式。Huang et al（2019b）提出了一個多角度學習模型，該模型可以同時進行多角度聚類並學習核心空間中資料點之間的相似性關係。

14.2.2　有監督圖結構學習

有監督圖結構學習旨在以有監督方式從資料中學習圖結構。在模型訓練階段，有監督圖結構學習可能會，也可能不會考慮特定的下游預測任務。

14.2.2.1　互動系統的關係推斷

互動系統的關係推斷旨在研究複雜系統中的物件如何互動。早期的研究在對物件之間的互動動態進行建模時考慮了一個固定的或全連接的互動圖（Battaglia et al, 2016；van Steenkiste et al, 2018）。Sukhbaatar et al（2016）提出了一個神

經模型來學習一組動態變化的智慧體之間的連續通訊，其中，通訊圖會隨著智慧體移動、進入和退出環境而隨時間發生變化。最近的研究（Kipf et al, 2018；Li et al, 2020a）已經開始推斷隱含互動圖並對互動動態進行建模。Kipf et al（2018）提出了一種以變分自編碼器（VAE）（Kingma and Welling, 2014）為基礎的方法，這種方法可以學習推斷互動圖結構，並以無監督方式從觀測的軌跡中對物理物件之間的互動動態進行建模。VAE 的離散潛變數編碼表徵了隱含互動圖的邊連接，其中，編碼器和解碼器都採取 GNN 的形式對物體之間的互動動態進行建模。因為 VAE 的潛分布是離散的，所以研究者採用了連續鬆弛，以便使用重參數化技巧（Kingma et al, 2014）。Kipf et al（2018）專注於推斷靜態互動圖，Li et al（2020a）則設計了一種隨時間演進自我調整地演化隱含互動圖的動態機制。門控循環單元（GRU）（Cho et al, 2014a）可用來捕捉歷史資訊並調整先前的互動圖。

14.2.2.2 貝氏網路中的結構學習

貝氏網路（Bayesian Network，BN）是一種機率圖模型（Probabilistic Graphical Model，PGM），旨在透過有向無環圖（DAG）對隨機變數之間的條件依賴關係進行編碼，其中的每個隨機變數都被表示為 DAG 中的節點。在貝氏網路研究中學習貝氏網路的結構非常重要，並且頗具挑戰性。大多數現有的關於貝氏網路學習的工作集中在以得分為基礎的 DAG 學習上，目的是找到得分最高的 DAG，其中，得分表示觀測的資料（和任何先驗知識）對任何候選 DAG 的支持程度。早期的研究將貝氏網路學習視為一個組合最佳化問題，由於 DAG 的搜尋空間大小與節點數成超指數比例增長，因此該問題是 NP 難度的。目前已有研究者提出了一些有效的方法，如透過動態規劃（Koivisto and Sood, 2004；Silander and Myllymäki, 2006）或整數規劃（Jaakkola et al, 2010；Cussens, 2011）進行精確的貝氏網路學習。最近，Zheng et al（2018b）提出將傳統的組合最佳化問題轉為實數矩陣上的純連續最佳化問題，後者具有平滑等式約束，可以確保圖的無環性。因此，轉換後的問題可以透過標準數值演算法得到有效解決。後續的研究（Yu et al, 2019a）利用 GNN 的表達能力提出了一個以變分自編碼器（VAE）為基礎的深度生成模型，該模型透過具有結構約束的變形來學習 DAG。VAE 由 GNN 參數化，GNN 可以自然地處理離散隨機變數和向量值隨機變數。

14.3　圖神經網路的圖結構學習

　　最近，研究者針對 GNN 領域重新檢查了圖結構學習，以便處理圖結構資料有雜訊或不可用的場景。這一研究方向的最新嘗試主要集中在圖結構和表徵的聯合學習上，而無須借助人工或領域專業知識。圖 14.1 對 GNN 的圖結構學習做了概述。此外，我們可以看到，近年來正得到積極研究的幾個重要問題（包括圖生成、圖對抗性防禦和 Transformer 模型）都與 GNN 的圖結構學習密切相關，我們將在本節中討論它們的關聯和區別。

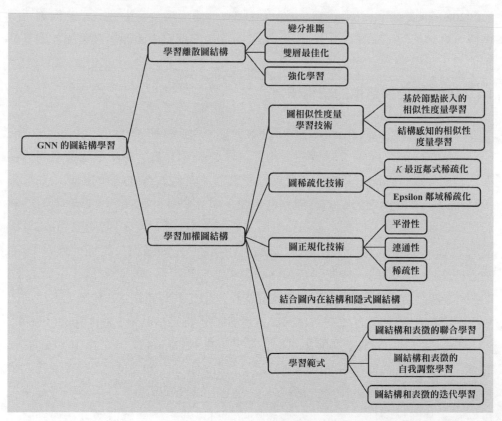

▲ 圖 14.1　GNN 的圖結構學習

14.3.1 圖結構和表徵的聯合學習

在最近的 GNN 實踐中，圖結構和表徵的聯合學習引起了越來越多研究者的關注。這一研究方向旨在以點對點的方式針對下游預測任務聯合最佳化圖結構和 GNN 參數。致力於這一研究方向的方法大致可以分為兩類——學習離散圖結構和學習加權鄰接矩陣。第一類方法（Chen et al, 2018e；Ma et al, 2019b；Zhang et al, 2019d；Elinas et al, 2020；Pal et al, 2020；Stanic et al, 2021；Franceschi et al, 2019；Kazi et al, 2020）透過從學習的機率鄰接矩陣中抽樣離散圖結構（對應於二元鄰接矩陣），然後將其回饋給後續的 GNN 來獲得任務預測結果。由於抽樣操作打破了整個學習系統的可微性，因此需要應用變分推斷（Hoffman et al, 2013）或強化學習（Williams，1992）等技術來最佳化學習系統。考慮到離散圖結構學習往往存在不可微抽樣操作帶來的最佳化困難問題，這類方法難以學習邊的權重。第二類方法（Chen et al, 2020m；Li et al, 2018c；Chen et al, 2020o；Huang et al, 2020a；Liu et al, 2019b, 2021；Norcliffe-Brown et al, 2018）偏重於學習與加權圖相關的加權鄰接矩陣（通常是稀疏的），該矩陣將被隨後的 GNN 用於預測任務。在討論圖結構和表徵的聯合學習的不同技術之前，我們首先來了解一下圖結構和表徵的聯合學習問題。

14.3.1.1 問題表述

給定一個圖 $\mathscr{G} = (\mathscr{V}, \mathscr{E})$，其節點集合 $\mathscr{V}$ 的基數為 n，初始節點特徵矩陣 $X \in \mathbb{R}^{d \times n}$，$m$ 條邊的集合 $(v_i, v_j) \in \mathscr{E}$（二元或加權），初始附帶雜訊的鄰接矩陣 $A^{(0)} \in \mathbb{R}^{n \times n}$。對於一個附帶雜訊的圖輸入 $\mathscr{G} := \{A^{(0)}, X\}$ 或只有一個節點的特徵矩陣 $X \in \mathbb{R}^{d \times n}$，圖結構和表徵的聯合學習問題旨在產生一個與某些下游預測任務有關的最佳化圖 $\mathscr{G}^* := \{A^{(*)}, X\}$ 及對應的節點嵌入 $Z = f(\mathscr{G}^*, \theta) \in \mathbb{R}^{h \times n}$。其中，$f$ 表示 GNN，θ 表示模型參數。

14.3.1.2 學習離散圖結構

為了處理圖的不確定性問題，大多數現有的關於學習離散圖結構的工作將圖結構視為一個隨機變數，其中，離散圖結構可以從某個機率鄰接矩陣中抽樣。研究者通常利用各種技術，如變分推斷（Chen et al, 2018e；Ma et al, 2019b；

Zhang et al, 2019d；Elinas et al, 2020；Pal et al, 2020；Stanic et al, 2021）、雙層最佳化（Franceschi et al, 2019）和強化學習（Kazi et al, 2020），來聯合最佳化圖結構和 GNN 參數。值得注意的是，這些技術往往侷限於直推式學習環境。在直推式學習環境中，在訓練階段和推斷階段可以完全捕捉節點特徵和圖結構。在本節中，我們將介紹一些關於這一主題的代表性工作，並展示它們是如何從不同的角度處理這一問題的。

Franceschi et al（2019）提出透過將任務視為雙層最佳化問題 Colson et al（2007）來聯合學習圖的邊上的離散機率分布和 GNN 參數，公式如下：

$$\min_{\theta \in \overline{\mathscr{H}}_N} \mathbb{E}_{A \sim \mathrm{Ber}(\theta)}[F(w_\theta, A)]$$
$$\text{使得 } w_\theta = \mathrm{argmin}_w \mathbb{E}_{A \sim \mathrm{Ber}(\theta)}[L(w, A)] \tag{14.6}$$

其中，$\overline{\mathscr{H}}_N$ 表示 N 個節點的所有鄰接矩陣集合的 Convex Hull；$L(w, A)$ 和 $F(w_\theta, A)$ 則是特定於任務的損失函式，用於衡量在訓練集和驗證集中計算的 GNN 預測和真實標籤之間的差異。由於圖的每條邊（即節點對）都被獨立地建模為伯努利隨機變數，因此我們可以從使用 θ 參數化的圖結構中抽樣鄰接矩陣 $A \sim \mathrm{Ber}(\theta)$。外層目標（即第一個目標）旨在找到給定 GCN 的最佳離散圖結構，內層目標（即第二個目標）旨在找到給定圖的 GCN 的最佳參數 w_θ。他們使用超梯度下降法近似地解決了上述具有挑戰性的雙層最佳化問題。

考慮到現實世界中的圖通常是有雜訊的，Ma et al（2019b）將節點特徵、圖結構和節點標籤視為隨機變數，並針對以圖為基礎的半監督學習問題，用一個靈活的生成模型對它們的聯合分布進行建模。受網路科學領域隨機圖模型（Newman, 2010）的啟發，他們假設圖是以節點特徵和標籤為基礎生成的，因此他們將聯合分布分解如下：

$$p(X, Y, G) = p_\theta(G \,/\, X, Y) p_\theta(Y \,/\, X) p(X) \tag{14.7}$$

其中，X、Y 和 G 是對應於節點特徵、標籤和圖結構的隨機變數，θ 是可學習的模型參數。請注意，條件機率 $p_\theta(G \,/\, X, Y)$ 和 $p_\theta(Y \,/\, X)$ 可以是任何靈活的參數化分布族，只要它們對於 θ 是幾乎處處可微的即可。在（Ma et al, 2019b）中，$p_{\hat{e}}(G \,|\, X, Y)$ 被實例化為潛在空間模型（LSM）（Hoff et al, 2002）或隨機區

塊模型（SBM）（Holland et al，1983）。在推斷階段，為了推斷缺失的節點標籤，他們利用可擴充變分推斷的最新進展（Kingma and Welling, 2014；Kingma et al, 2014），透過辨識模型 $q_\phi(Y_{\mathrm{miss}} \mid X, Y_{\mathrm{obs}}, G)$ 來近似後驗分布 $p_\theta(Y_{\mathrm{miss}} \mid X, Y_{\mathrm{obs}}, G)$，參數為 ϕ，其中，Y_{obs} 表示觀測的節點標籤。在（Ma et al, 2019b）中，$q_\phi(Y_{\mathrm{miss}} \mid X, Y_{\mathrm{obs}}, G)$ 被實例化為一個 GNN。可透過最大化條件 X 下觀測的資料 (Y_{obs}, G) 的證據下限（Bishop, 2006）來聯合最佳化模型參數 θ 和 ϕ。

Elinas et al（2020）希望在替定觀測資料（即節點特徵 X 和觀測節點標籤 Y^o）的情況下最大化二元鄰接矩陣的後驗機率，公式如下：

$$p(A \mid X, Y^o) \propto p_\theta(Y^o \mid X, A) p(A) \qquad (14.8)$$

其中，$p_\theta(Y^o \mid X, A)$ 是一個條件似然，它可以按照條件獨立假設被進一步分解為

$$p_\theta(Y^o \mid X, A) = \prod_{y_i \in Y^o} p_\theta(y_i \mid X, A)$$
$$p_\theta(y_i \mid X, A) = \mathrm{Cat}\,(y_i \mid \pi_i) \qquad (14.9)$$

其中，$\mathrm{Cat}(y_i \mid \pi_i)$ 是分類分布，表示由 GCN 建模的機率矩陣 $\Pi \in \mathbb{R}^{N \times C}$ 的第 i 行，即 $\Pi = \mathrm{GCN}(X, A, \theta)$。至於圖的先驗分布 p(A)，公式如下：

$$p(A) = \prod_{i,j} p(A_{i,j})$$
$$p(A_{i,j}) = \mathrm{Bern}\,(A_{i,j} \mid \rho_{i,j}^o) \qquad (14.10)$$

其中，$\mathrm{Bern}(A_{i,j} \mid \rho_{i,j}^o)$ 是鄰接矩陣 $A_{i,j}$ 的伯努利分布，參數為 $\rho_{i,j}^o$。Ma et al（2019b）建構了 $\rho_{i,j}^o = \rho_1 A_{i,j} + \rho_2(1 - A_{i,j})$，該參數用來編碼當 $0 < \rho_1, \rho_2 < 0$ 時連結是否存在的置信度。請注意，$A_{i,j}$ 是觀測的可能受到擾動的圖結構。如果沒有可用的輸入圖，那麼可以採用 KNN 圖。鑑於上述公式，他們利用重參數化技巧（Kingma et al, 2014）和 Concrete 分布技術（Maddison et al, 2017；Jang et al, 2017）開發了一種隨機變分推斷演算法，以聯合最佳化圖的後驗機率 $p(A \mid X, Y^o)$ 和 GCN 參數 θ。

　　Kazi et al（2020）設計了一個機率圖生成器，其隱含的機率分布是以節點為基礎對相似性計算的，公式如下：

$$p_{i,j} = e^{-t\|X_i - X_j\|} \tag{14.11}$$

　　其中，t 是一個溫度參數，X_i 是節點 v_i 的節點嵌入。以上面的邊機率分布為基礎，他們透過 Gumbel-Top-k 技巧（Kool et al, 2019）對未加權的 KNN 圖進行抽樣，該 KNN 圖將被輸入以 GNN 為基礎的預測網路。請注意，由於抽樣操作破壞了模型的可微性，因此他們利用強化學習來獎勵正確分類的邊並懲罰導致錯誤分類的邊。

14.3.1.3　學習加權圖結構

　　與專注於為 GNN 學習離散圖結構（即二元鄰接矩陣）的圖結構學習方法不同，還有一類方法專注於學習加權圖結構（即加權鄰接矩陣）。與學習離散圖結構相比，學習加權圖結構有兩個優點。首先，最佳化加權鄰接矩陣比最佳化二元鄰接矩陣要容易得多，因為前者可以透過隨機梯度下降技術（Bottou，1998）或凸最佳化技術（Boyd et al, 2004）輕鬆實現，而後者由於具有不可微性，往往不得不求助於更具挑戰性的技術，如變分推斷（Hoffman et al, 2013）、強化學習（Williams，1992）和組合最佳化技術（Korte et al, 2011）。其次，與二元鄰接矩陣相比，加權鄰接矩陣能夠編碼更豐富的邊資訊，這可能有利於後續的圖表徵學習。舉例來說，已被廣泛使用的圖注意力網路（GAT）（Veličković et al, 2018）在本質上是為了學習輸入二元鄰接矩陣的邊權重，這有利於後續的訊息傳遞操作。在本節中，我們將首先介紹一些常見的圖相似性度量學習技術以及在現有工作中被廣泛使用的圖稀疏化技術，這些技術透過考慮嵌入空間中的節點對相似性來學習稀疏加權圖。然後，我們將介紹一些有代表性的圖正規化技術，用於控制學習的圖結構的品質。接下來，我們將討論結合本徵圖結構和學習的隱式圖結構對提高學習表現的重要性。最後，我們將介紹一些已被現有工作成功採用的重要的學習範式，用於圖結構和表徵的聯合學習。

1 · 圖相似性度量學習技術

　　正如 14.2.1.1 節中介紹的，先前關於從平滑訊號中學習無監督圖結構的工作也旨在從資料中學習加權鄰接矩陣。然而，它們無法應用於在推斷階段存在未

見過的圖或節點的歸納式學習環境，這是因為它們的學習方式是根據針對圖屬性的某些先驗條件來直接最佳化鄰接矩陣。以類似的原因為基礎，許多關於離散圖結構學習的工作（見 14.3.1.2 節）也難以進行歸納式學習。

受以注意力為基礎的技術（Vaswani et al, 2017；Veličković et al, 2018）被成功用於建模物件之間關係的啟發，最近很多文獻中的工作將圖結構學習作為定義在節點嵌入空間上的相似性度量學習，它們假設節點屬性或多或少包含推斷圖的隱式拓撲結構的有用資訊。這種策略最大的優點是，學習的相似性度量函式可以應用於未見過的節點嵌入集以推斷圖的結構，從而學習歸納式圖結構。

對非歐幾里德資料（如圖資料），歐氏距離不一定是衡量節點相似性的最佳指標。度量學習的常見選項包括餘弦相似性（Nguyen and Bai, 2010）、徑向基函式（Radial Basis Function，RBF）核心（Yeung and Chang, 2007）和注意力機制（Bahdanau et al, 2015；Vaswani et al, 2017）。一般來說，根據需要的初始資訊來源的類型，我們可以將相似性度量學習函式分為兩類——**以節點嵌入為基礎的相似性度量學習**和**結構感知的相似性度量學習**。接下來，我們將分別介紹其中一些具有代表性的相似性度量學習函式，這些函式已在之前以 GNN 為基礎的圖結構學習的工作中被成功應用。

1）以節點嵌入為基礎的相似性度量學習

以節點嵌入為基礎的相似性度量學習函式被設計用於學習以節點嵌入為基礎的節點對相似性矩陣。對於圖結構學習，理想情況下，這些節點嵌入編碼了節點的重要語義。

以注意力為基礎的相似性度量函式。到目前為止，人們提出的大多數相似性度量函式是以注意力機制為基礎的（Bahdanau et al, 2015；Vaswani et al, 2017）。Norcliffe-Brown et al（2018）採用了一個簡單的度量函式，用於計算任何一對節點嵌入之間的點積〔見式（14.12）〕。鑑於這個函式有限的學習能力，它可能難以學習最佳的圖結構。

$$S_{i,j} = \boldsymbol{v}_i^{\mathrm{T}} \boldsymbol{v}_j \qquad\qquad （14.12）$$

其中，$S \in \mathbb{R}^{n \times n}$ 是一個節點相似性矩陣，v_i 是節點 v_i 的向量表徵。

為了增強點積的學習能力，Chen et al（2020n）透過引入可學習的參數提出了一個改良的點積計算版本，公式如下：

$$S_{i,j} = (v_i \odot u)^{\mathrm{T}} v_j \qquad (14.13)$$

其中，$\odot$ 表示逐元素相乘；u 是一個非負的可訓練權重向量，用於學習如何突出節點嵌入的不同維度。請注意，輸出的相似性矩陣 S 是不對稱的。

Chen et al（2020o）透過引入權重矩陣，提出了一個更具表達能力的點積計算版本，公式如下：

$$S_{i,j} = \mathrm{ReLU}\,(Wv_i)^{\mathrm{T}}\,\mathrm{ReLU}\,(Wv_j) \qquad (14.14)$$

其中，W 是一個 $d \times d$ 大小的權重矩陣；ReLU(x)=max(0, x) 是一個線性整流函式（Nair and Hinton, 2010），這裡用來強制實現輸出的相似性矩陣的稀疏性。

與（Chen et al, 2020o）類似，On et al（2020）在計算點積之前對節點嵌入引入了一個可學習的映射函式，並透過應用 ReLU 函式來強制實現稀疏性，公式如下：

$$S_{i,j} = \mathrm{ReLU}\,(f(v_i)^{\mathrm{T}} f(v_j)) \qquad (14.15)$$

其中，$f : \mathbb{R} \to \mathbb{R}$ 是沒有非線性啟動函式的單層前饋網路。

除使用 ReLU 函式來強制實現稀疏性以外，Yang et al（2018c）還應用平方運算來穩定訓練，並透過應用行歸一化運算來獲得歸一化的相似性矩陣，公式如下：

$$S_{i,j} = \frac{(\mathrm{ReLU}\,((W_1 v_i)^{\mathrm{T}} W_2 v_j + b))^2}{\sum_k (\mathrm{ReLU}\,((W_1 v_k)^{\mathrm{T}} W_2 v_j + b))^2} \qquad (14.16)$$

其中，W_1 和 W_2 是 $d \times d$ 大小的權重矩陣，b 是一個純量參數。

與 Chen et al（2020o）對節點嵌入應用相同的線性變換不同，Huang et al（2020a）在計算節點對的相似性時，對兩個節點嵌入應用了不同的線性變換，公式如下：

$$S_{i,j} = \text{Softmax}\,((W_1 v_i)^{\mathrm{T}} W_2 v_j) \qquad (14.17)$$

其中，W_1 和 W_2 是 $d \times d$ 大小的權重矩陣。他們透過應用 $\text{Softmax}(z)_i = \dfrac{e^{z_i}}{\sum_j e^{z_j}}$，獲得了一個行歸一化的相似性矩陣。

Veličković et al（2020）旨在考慮時間設定情況下的圖結構學習，其中，待學習的隱式圖結構隨時間變化。在每個時間步 t，他們首先使用與（Huang et al, 2020a）相同的注意力機制計算節點對的相似性 $a_{i,j}^{(t)}$，在此基礎上，他們進一步透過選擇具有最大 $a_{i,j}$ 的節點 j 並為節點 i 衍生出一條新的邊，來獲得「聚合的」鄰接矩陣 $S_{i,j}^{(t)}$。整個過程如下：

$$
\begin{aligned}
a_{i,j}^{(t)} &= \text{Softmax}\,((W_1 v_i^{(t)})^{\mathrm{T}} W_2 v_j^{(t)}) \\
\tilde{S}_{i,j}^{(t)} &= \mu_i^{(t)} \tilde{S}_{i,j}^{(t-1)} + (1-\mu_i^{(t)})\mathbb{I}_{j=\arg\max_k(a_{i,k}^{(t)})} \\
\tilde{S}_{i,j}^{(t)} &= S_{i,j}^{(t)} \vee S_{j,i}^{(t)}
\end{aligned}
\qquad (14.18)
$$

其中，$\mu_i^{(t)}$ 是一個可學習的二元門控遮罩，$\vee$ 表示對兩個運算元進行邏輯分離以強制實現對稱性，W_1 和 W_2 是 $d \times d$ 大小的權重矩陣。由於 argmax 操作使得整個學習系統不可微，因此他們在每個時間步提供真實圖結構用作監督訊號。

以餘弦為基礎的相似性度量函式。Chen et al（2020m）提出了一個多頭加權的餘弦相似性度量函式，旨在從多個角度捕捉節點對的相似性，公式如下：

$$
\begin{aligned}
S_{i,j}^p &= \cos(w_p \odot v_i, w_p \odot v_j) \\
S_{i,j} &= \frac{1}{m}\sum_{p=1}^{m} S_{i,j}^p
\end{aligned}
\qquad (14.19)
$$

其中，w_p 是一個與第 p 個角度相關的可學習權重向量，並且其維度與節點嵌入的維度相同。直觀地說，$S_{i,j}^p$ 計算的是第 p 個角度的節點對餘弦相似性，其中，每個角度都考慮了嵌入中捕捉的語義的一部分。此外，正如（Vaswani et al, 2017；Veličković et al, 2018）所觀察到的那樣，採用多頭學習器能夠穩定學習過程並提高學習能力。

以核心為基礎的相似性度量函式。除以注意力和餘弦為基礎的相似性度量函式以外，研究者還探索了將以核心為基礎的相似性度量函式用於圖結構學習。舉例來說，Li et al（2018c）將高斯核心應用於任意一對節點嵌入之間的距離，公式如下：

$$d(v_i, v_j) = \sqrt{(v_i - v_j)^{\mathrm{T}} M (v_i - v_j)}$$
$$S(v_i, v_j) = \frac{-d(v_i, v_j)}{2\sigma^2} \tag{14.20}$$

其中，σ 是一個純量超參數，它決定了高斯核心的寬度；$d(v_i, v_j)$ 計算的是兩個節點嵌入 v_i 和 v_j 之間的馬氏距離。值得注意的是，如果假設圖的所有節點嵌入都來自同一分布，則 M 是節點嵌入分布的協方差矩陣。如果設定 $M=I$，馬氏距離就會精簡為歐氏距離。為了使 M 成為一個對稱的半正定矩陣，可以設定 $M = WW^{\mathrm{T}}$，其中，W 是一個可學習的 $d \times d$ 大小的權重矩陣。我們也可以把 W 看作測量兩個向量之間歐氏距離的空間的變換基。

同理，Henaff et al（2015）首先計算了任何一對節點嵌入之間的歐氏距離，然後應用了高斯核心或自最佳化擴散核心（Zelnik-Manor and Perona, 2004），公式如下：

$$d(v_i, v_j) = \sqrt{(v_i - v_j)^{\mathrm{T}} (v_i - v_j)}$$
$$S(v_i, v_j) = \frac{-d(v_i, v_j)}{\sigma^2} \tag{14.21}$$
$$S_{\text{local}}(v_i, v_j) = \frac{-d(v_i, v_j)}{\sigma_i \sigma_j}$$

其中，$S_{\text{local}}(\boldsymbol{v}_i, \boldsymbol{v}_j)$ 定義了一個自最佳化擴散核心，我們可以對它的方差在每個節點的周圍進行局部調整。具體來說，σ_i 被計算為與節點 i 的第 k 個最近的鄰居節點 i_k 對應的距離 $d(\boldsymbol{v}_i, \boldsymbol{v}_{i_k})$。

2）結構感知的相似性度量學習

當我們從資料中學習隱式圖結構時，如果有本徵圖結構，則利用它們可能是有益的。

利用本徵邊嵌入進行相似性度量學習。受最近關於結構感知 Transformer 的工作（Zhu et al, 2019b；Cai and Lam, 2020）的啟發，我們可以將本徵圖結構引入 Transformer 架構的自注意力機制中。一些人設計了結構感知的相似性度量函式，此類函式已將本徵圖的邊嵌入考慮在內。舉例來說，Liu et al（2019b）提出了一種結構感知的注意力機制，具體如下：

$$S_{i,j}^l = \text{Softmax}\,(\boldsymbol{u}^{\text{T}} \tanh(\boldsymbol{W}[\boldsymbol{h}_i^l, \boldsymbol{h}_j^l, \boldsymbol{v}_i, \boldsymbol{v}_j, \boldsymbol{e}_{i,j}])) \tag{14.22}$$

其中，$\boldsymbol{v}_i$ 表示節點 i 的節點屬性，$\boldsymbol{e}_{i,j}$ 表示節點 i 和節點 j 之間的邊屬性，$\boldsymbol{h}_i^l$ 是第 l 層 GNN 中節點 i 的向量表徵，$\boldsymbol{u}$ 和 $\boldsymbol{W}$ 分別是可訓練的權重向量和權重矩陣。

同理，Liu et al（2021）提出了一種結構感知的全域注意力機制，用於學習節點對的相似性，公式如下：

$$S_{i,j} = \frac{\text{ReLU}\,(\boldsymbol{W}^Q \boldsymbol{v}_i)^{\text{T}} (\text{ReLU}\,(\boldsymbol{W}^K \boldsymbol{v}_i) + \text{ReLU}\,(\boldsymbol{W}^R \boldsymbol{e}_{i,j}))}{\sqrt{d}} \tag{14.23}$$

其中，$\boldsymbol{e}_{i,j} \in \mathbb{R}^{d_e}$ 是連接節點 i 和節點 j 的邊嵌入，$\boldsymbol{W}^Q$ 和 $\boldsymbol{W}^K \in \mathbb{R}^{d \times d_v}$，$\boldsymbol{W}^R \in \mathbb{R}^{d \times d_e}$ 是可學習的權重矩陣，d、d_v 和 d_e 分別是隱含向量、節點嵌入和邊嵌入的維度。

利用本徵邊的連通性資訊進行相似性度量學習。在本徵圖中只有邊連通性資訊的情況下，Jiang et al（2019b）提出了一種用於圖結構學習的掩蔽式注意力機制，公式如下：

$$S_{i,j} = \frac{A_{i,j} \exp(\text{ReLU}(\boldsymbol{u}^{\text{T}} | \boldsymbol{v}_i - \boldsymbol{v}_j |))}{\sum_k A_{i,k} \exp(\text{ReLU}(\boldsymbol{u}^{\text{T}} | \boldsymbol{v}_i - \boldsymbol{v}_k |))} \tag{14.24}$$

其中，$A_{i,j}$ 是本徵圖的鄰接矩陣，$\boldsymbol{u}$ 是一個有著與節點嵌入 $\boldsymbol{v}_i$ 相同維度的權重向量。這種使用掩蔽注意力來合併初始圖拓撲結構的想法與 GAT（Veličković et al, 2018）模型有異曲同工之妙。

2·圖稀疏化技術

前面提到的相似性度量學習函式都會傳回與全連接圖相關的加權鄰接矩陣。全連接圖不僅計算成本高，而且可能引入雜訊，如不重要的邊。在現實世界的應用中，大多數圖結構要稀疏得多。因此，增強所學圖結構的稀疏性可能是有益的。除在相似性度量學習函式中應用 ReLU（Chen et al, 2020o；On et al, 2020；Yang et al, 2018c；Liu et al, 2021；Jiang et al, 2019b）以外，我們還可以採用各種圖的稀疏化技術來增強所學圖結構的稀疏性。

Norcliffe-Brown et al（2018）、Klicpera et al（2019b）、Chen et al（2020o,n）以及 Yu et al（2021a）採用了 KNN 式的稀疏化操作，旨在從相似性度量學習函式計算的節點相似性矩陣中獲得稀疏鄰接矩陣，公式如下：

$$A_{i,:} = \text{topk}(S_{i,:}) \tag{14.25}$$

其中，topk 表示 KNN 式的稀疏化操作。具體來說，對於每個節點，只保留 K 個最近的鄰居節點（包括該節點自身）和相關的相似性得分，並且掩蔽其餘的相似性得分。

Klicpera et al（2019b）以及 Chen et al（2020m）透過只考慮每個節點的 ε-鄰域來強制實現稀疏鄰接矩陣，公式如下：

$$A_{i,j} = \begin{cases} S_{i,j}, & S_{i,j} > \varepsilon \\ 0, & \text{其他} \end{cases} \tag{14.26}$$

其中，S 中小於非負設定值 ε 的元素將全部被掩蔽掉（即設定為 0）。

3·圖正規化技術

如前所述，圖訊號處理領域的許多工作通常透過直接最佳化鄰接矩陣來學習資料中的圖結構，以最小化以某些圖屬性定義的約束為基礎，而不考慮任何下游任務。相反，許多關於 GNN 的圖結構學習的工作旨在針對下游預測任務最佳化相似性度量學習函式（用於學習圖結構）。然而，它們並沒有明確地強制所學習的圖結構具有現實世界的圖中的一些公共屬性（如平滑性）。

Chen et al（2020m）提出透過最小化混合損失函式來最佳化圖結構，混合損失函式結合了任務預測損失和圖正規化損失。他們探索了三種類型的圖正規化損失，這三種類型的圖正規化損失對所學習圖的平滑性、連通性和稀疏性組成了約束。

平滑性。平滑性假設相鄰節點具有相似的特徵。

$$\Omega(A,X) = \frac{1}{2n^2} \sum_{i,j} A_{i,j} \| X_i - X_j \|^2 = \frac{1}{n^2} \operatorname{tr}(X^\mathrm{T} L X) \qquad (14.27)$$

其中，$\operatorname{tr}(\cdot)$ 表示矩陣的跡，$L = D - A$ 是圖拉普拉斯矩陣，$D_{i,j} = \sum_j A_{i,j}$ 是度數矩陣。可以看出，可透過最小化 $\Omega(A,X)$ 來迫使相鄰節點具有相似的特徵，從而在與 A 相關的圖上強制實現圖訊號的平滑性。然而，僅最小化平滑性損失將導致平凡解 $A = 0$。我們可能還想對圖施加其他約束。

連通性。以下公式透過對數障礙來懲罰非連通圖的形成。

$$\frac{-1}{n} \mathbf{1}^\mathrm{T} \log(A\mathbf{1}) \qquad (14.28)$$

其中，n 是節點的數量。

稀疏性。以下公式透過懲罰大度數來控制圖的稀疏性。

$$\frac{1}{n^2} \| A \|_F^2 \qquad (14.29)$$

其中，$\|\cdot\|_F$ 表示矩陣的弗羅貝尼烏斯範數。

在實踐中，僅最小化一種類型的圖正規化損失可能並不可取。舉例來說，僅最小化平滑性損失將導致平凡解 $A = 0$。因此，透過計算各種圖正規化損失的線性組合來進行不同類型的所需圖屬性的權衡可能是有益的，公式如下：

$$\frac{\alpha}{n^2} \operatorname{tr}(X^{\mathrm{T}} LX) + \frac{-\beta}{n} \mathbf{1}^{\mathrm{T}} \log(A\mathbf{1}) + \frac{\gamma}{n^2} \|A\|_F^2 \qquad （14.30）$$

其中，α、β 和 γ 是用於控制所學習圖的平滑性、連通性和稀疏性的非負超參數。

除上述圖正規化技術以外，一些文獻中還採用了其他先驗假設，如相鄰節點傾向於共用同一標籤（Yang et al, 2019c）、學習的隱式鄰接矩陣應該接近本徵鄰接矩陣（Jiang et al, 2019b）等。

4・結合本徵圖結構和隱式圖結構

回顧一下，我們進行圖結構學習最重要的動機是，本徵圖結構（如果可用的話）可能容易出錯（例如有雜訊或不完整），而且對下游預測任務來說是次優的。然而，本徵圖通常仍帶有關於下游任務的最佳圖結構的豐富而有用的資訊。因此，完全摒棄本徵圖結構可能是有害的。

最近的一些工作（Li et al, 2018c；Chen et al, 2020m；Liu et al, 2021）提出將學習的隱式圖結構與本徵圖結構相結合，以獲得更好的下游任務預測表現。具體的理由有兩個。首先，他們假設最佳化後的圖結構有可能是本徵圖結構的「轉換」結果（如子結構），而相似性度量學習函式就是為了學習這樣的「轉換」，這是對本徵圖結構的補充。其次，考慮到沒有關於相似性度量的先驗知識，可訓練參數是隨機初始化的，可能需要較長時間才能收斂；因此，結合本徵圖結構有助加速訓練過程並提高訓練穩定性。

研究者提出了結合本徵圖結構和隱式圖結構的不同方法。舉例來說，Li et al（2018c）以及 Chen et al（2020m）提出計算本徵圖結構的歸一化圖拉普拉斯矩陣和隱式圖結構的歸一化鄰接矩陣的線性組合，公式如下：

$$\tilde{A} = \lambda L^{(0)} + (1-\lambda) f(A) \qquad (14.31)$$

其中，$L^{(0)}$ 是歸一化的圖拉普拉斯矩陣，$f(A)$ 是與學習的隱式圖結構相關的歸一化鄰接矩陣，λ 是一個控制本徵圖結構和隱式圖結構之間如何權衡的超參數。請注意，$f: \mathbb{R}^{n \times n} \to \mathbb{R}^{n \times n}$ 可以是任意的歸一化操作，如圖拉普拉斯操作和行歸一化操作。Liu et al（2021）提出了一種用於 GNN 的混合訊息傳遞機制，該機制分別融合了來自本徵圖和學習的隱式圖的兩個聚合節點向量，然後將融合後的向量輸入 GRU（Cho et al, 2014a）以更新節點嵌入。

5．學習範式

大多數現有的 GNN 圖結構學習方法包括兩個關鍵的學習元件——圖結構學習（即相似性度量學習）和圖表徵學習（即 GNN 模組），其最終目標是學習與某些下游預測任務有關的最佳化後的圖結構和表徵。如何最佳化這兩個獨立的學習元件以實現同一最終目標是一個重要的問題。

1）圖結構和表徵的聯合學習

最直接的策略是以點對點的方式針對下游預測任務聯合最佳化整個學習系統，從而提供某種形式的監督，如圖 14.2 所示。Jiang et al（2019b）、Yang et al（2019c）以及 Chen et al（2020m）設計了一個混合損失函式，該函式結合了任務預測損失和圖正規化損失，即 $\mathcal{L} = \mathcal{L}_{pred} + \mathcal{L}_{\mathcal{G}}$。引入圖正規化損失的目的是為我們上面討論的圖屬性（如平滑性、稀疏性）帶來一些先驗知識，以便強制學習更有意義的圖結構並緩解潛在的過擬合問題。

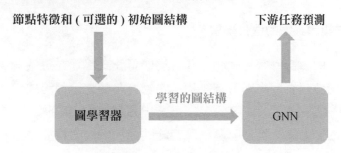

▲ 圖 14.2 聯合學習範式

2）圖結構和表徵的自我調整學習

自我調整學習的通常做法是依次堆疊多個 GNN 層，以捕捉圖中的長程依賴關係。因此，一個 GNN 層更新的圖表徵將被下一個 GNN 層用作初始圖表徵。由於每個 GNN 層的輸入圖表徵是由前一個 GNN 層轉換過來的，因此人們自然會想到是否應該自我調整地調整每個 GNN 層的輸入圖結構以反映圖表徵的變化，如圖 14.3 所示。這方面的例子是 GAT（Veličković et al, 2018）模型，該模型會在每個 GAT 層進行鄰域聚合時，透過將自注意力機制應用於先前更新的節點嵌入，自我調整地重新加權相鄰節點嵌入的重要性。然而，GAT 模型並不更新本徵圖的連通性資訊。在關於 GNN 的圖結構學習的相關文獻中，一些方法（Yang et al, 2018c；Liu et al, 2019b；Huang et al, 2020a；Saire and Ramírez Rivera, 2019）也透過以前一個 GNN 層產生的更新圖表徵為基礎，為每個 GNN 層自我調整地學習圖結構。而整個學習系統通常以點對點的方式進行聯合最佳化，以實現下游的預測任務。

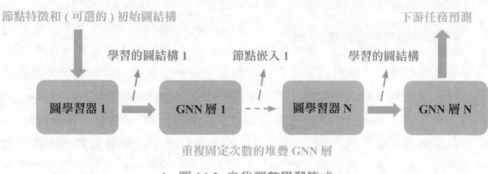

▲ 圖 14.3　自我調整學習範式

3）圖結構和表徵的迭代學習

前面提到的聯合學習範式和自我調整學習範式都旨在透過一次性將相似性度量函式應用於圖表徵來學習圖結構。儘管自我調整學習範式旨在以更新的圖表徵為基礎學習每個 GNN 層的圖結構，但每個 GNN 層的圖結構學習過程仍然是一次性的。這種一次性圖結構學習範式的一大侷限在於學習的圖結構的品質在很大程度上依賴於圖表徵的品質。大多數現有的方法假設初始節點特徵能夠捕捉到大量關於圖拓撲的資訊，但遺憾的是，情況並非總是如此。因此，從

不包含足夠的圖拓撲資訊的初始節點特徵中學習良好的隱式圖結構是具有挑戰性的。

　　Chen et al（2020m）提出了一個新的點對點圖學習框架 IDGL，用於聯合、迭代地學習圖結構和表徵。如圖 14.4 所示，IDGL 框架透過以更好的圖表徵為基礎學習更好的圖結構來執行，同時以迭代的方式以更好的圖結構為基礎學習更好的圖表徵。更具體地說，IDGL 框架迭代地搜尋隱式圖結構，以增強為下游預測任務最佳化的本徵圖結構（如果不可用，則使用 KNN 圖）。當學習的圖結構根據一定的停止標準（即連續迭代學習的鄰接矩陣之間的差異小於一定的設定值）足夠接近於最佳化圖時，這個迭代學習過程就會動態停止。在每一次迭代中，將結合了任務預測損失和圖正規化損失的混合損失增加到整體損失中。在所有迭代都進行完之後，對整體損失透過先前的所有迭代進行反向傳播以更新模型參數。

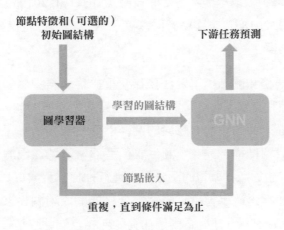

▲ 圖 14.4　迭代學習範式

　　這種用於反覆完善圖結構和圖表徵的迭代學習範式有兩個優點。首先，即使初始節點特徵不包含足夠的資訊來學習節點之間的隱式關係，由圖表徵學習元件學習的節點嵌入也能理想地為學習更好的圖結構提供有用的資訊，因為這些節點嵌入針對下游任務進行了最佳化。其次，新學習的圖結構可以作為圖表徵學習元件學習更好的節點嵌入的圖輸入。

14.3.2　與其他問題的關聯

GNN 的圖結構學習與一些重要問題有著有趣的關聯。思考這些關聯有可能推動針對相關領域的進一步研究。

14.3.2.1　作為圖生成的圖結構學習

圖生成的任務偏重於生成真實且有意義的圖。早期的圖生成工作把這個問題表述為隨機生成過程,並提出了各種隨機圖模型來生成預先選定的圖族,如 ER 圖(Erdős and Rényi,1959)、小世界網路(Watts and Strogatz,1998)和無標度圖(Albert 和 Barabási, 2002)。然而,這些方法通常需要對圖的屬性做出某些簡化和精心設計的先驗假設,因此一般來說對複雜圖結構的建模能力有限。最近的嘗試偏重於透過 RNN(You et al, 2018b)、VAE(Jin et al, 2018a)、GAN(Wang et al, 2018a)、以串流為基礎的技術(Shi et al, 2019a)和其他專門設計的模型(You et al, 2018a)來建構圖的深度生成模型。這些模型通常採用 GNN 作為強大的圖編碼器。

儘管圖生成任務和圖結構學習任務都偏重於從資料中學習圖,但它們有著本質上不同的目標和方法。首先,圖生成任務旨在生成新的圖,具體地說,就是透過增加節點和邊來共同建構有意義的圖。然而,圖結構學習任務旨在學習一組給定節點屬性的圖結構。其次,圖生成模型通常透過從觀測的圖集合中學習分布來執行操作,並透過從學習的圖分布中進行抽樣來生成更真實的圖。但是,圖結構學習方法通常透過學習給定節點集合之間的成對關係來執行操作,並在此基礎上建立圖拓撲結構。研究這兩個任務如何相互輔助將是一個有趣的方向。

14.3.2.2　用於圖對抗性防禦的圖結構學習

最近的研究(Dai et al, 2018a;Zügner et al, 2018)表示,GNN 容易受到精心設計的擾動(又稱對抗性攻擊)的影響,比如在圖結構和節點 / 邊屬性中故意進行小的擾動。致力於建構堅固的 GNN 的研究者發現,圖結構學習是對抗拓撲結構攻擊的有力工具。給定一個初始圖,其拓撲結構可能因對抗性攻擊而變得不可靠,他們利用圖結構學習技術,嘗試從中毒的圖中恢復本徵圖拓撲結構。

舉例來說，假設對抗性攻擊有可能違反一些本徵圖屬性（如低秩和稀疏性），Jin et al（2020e）提出透過最佳化一些混合損失，結合任務預測損失和圖正規化損失，從擾動圖中聯合學習 GNN 模型和「乾淨」的圖結構。為了恢復擾動圖的結構，Zhang and Zitnik（2020）設計了一個訊息傳遞方案，以檢測假邊，阻止它們產生作用，並處理真實的未被擾動的邊。為了處理現實生活中大型圖上與任務無關的資訊帶來的雜訊，Zheng et al（2020b）引入了一種有監督的圖稀疏化技術，以從輸入圖中去除潛在的與任務無關的邊。Chen et al（2020d）提出了一個標籤感知的 GCN（LAGCN）框架，該框架可以在 GCN 訓練前細化圖結構（即過濾分散注意力的鄰居節點並為每個節點增加有價值的鄰居節點）。

圖對抗性防禦和圖結構學習之間有很多關聯。一方面，我們進行圖結構學習的部分動機是為了改進 GNN 的潛在容易出錯（如雜訊或不完整）的輸入圖，圖結構學習與圖對抗性防禦有著相似的思想。另一方面，圖對抗性防禦任務可以從圖結構學習技術中受益，最近的一些研究已經證明這一點。

然而，它們的問題設定之間有一個關鍵的區別。圖對抗性防禦任務面對的是初始圖結構可用但可能受到對抗性攻擊破壞的環境，而圖結構學習任務旨在應對輸入圖結構可用或不可用的情況。即使在輸入圖結構可用的情況下，人們仍然可以透過對圖結構進行「去噪」或採用隱式圖結構（從而捕捉節點之間的隱式關係）來對圖結構進行改進。

14.3.2.3　從圖學習的角度理解 Transformer 模型

Transformer 模型（Vaswani et al, 2017）已被廣泛用作循環神經網路的有力替代品，特別是在自然語言處理領域。最近的研究（Choi et al, 2020）表示 Transformer 模型和 GNN 之間存在密切關聯。本質上，Transformer 模型旨在學習物件對之間的自注意力矩陣，該矩陣可以看作與包含每個物件作為節點的全連接圖相連結的鄰接矩陣。因此，可以說 Transformer 模型也在對圖結構和表徵進行某種類型的聯合學習，儘管這些模型通常不考慮任何初始圖拓撲結構，也不控制學習的全連接圖的品質。最近，研究者提出許多結合了 GNN 和 Transformer 模型優點的圖轉換器的變形（Zhu et al, 2019b；Yao et al, 2020；Koncel-Kedziorski et al, 2019；Wang et al, 2020k；Cai and Lam, 2020）。

14.4 未來的方向

在本節中，我們將介紹關於 GNN 的圖結構學習的一些高級課題，並強調一些有前途的未來發展方向。

14.4.1 堅固的圖結構學習

儘管為 GNN 開發圖結構學習技術的主要動機之一是處理有雜訊或不完整的輸入圖，但堅固性並不是大多數現有的圖結構學習技術的核心。大多數現有的工作並沒有評估其方法對有雜訊的初始圖的堅固性。最近的研究表示，隨機增加或刪除邊的攻擊會極大降低下游預測任務的表現（Franceschi et al, 2019；Chen et al, 2020m）。此外，大多數現有的工作承認初始圖結構（如果提供的話）可能是有雜訊的，因此對圖表徵學習來說是不可靠的，但它們仍然假設節點特徵對圖結構學習來說是可靠的，這在現實世界的場景中往往是不真實的。因此，對於有雜訊的初始圖結構和節點屬性資料，探索堅固的圖結構學習技術是具有挑戰性的，但也是有益的。

14.4.2 可擴充的圖結構學習

大多數現有的圖結構學習技術需要對所有節點之間的成對關係進行建模，以發現隱含圖結構。因此，它們的時間複雜度至少是 $O(n^2)$，其中，n 是圖中節點的數量。對現實世界中的大規模圖（如社群網站）來說，這可能是非常昂貴的，甚至是難以計算的。最近，Chen et al（2020m）提出了一種可擴充的圖結構學習方法，旨在透過利用以錨為基礎的近似技術來避免顯性計算節點對的相似性，並在計算時間和記憶體消耗方面實現與圖節點數量有關的線性複雜度。為了提高 Transformer 模型的可擴充性，人們最近也開發了不同種類的近似技術（Tsai et al, 2019；Katharopoulos et al, 2020；Choromanski et al, 2021；Peng et al, 2021；Shen et al, 2021；Wang et al, 2020g）。考慮到 GNN 的圖結構學習和 Transformer 模型之間的密切關聯，我們認為在為 GNN 建構可擴充的圖結構學習技術方面存在很多機會。

14.4.3 異質圖的圖結構學習

大多數現有的圖結構學習工作集中於從資料中學習同質圖結構。與同質圖相比，異質圖能夠承載更豐富的節點類型和邊類型資訊，並且在現實世界裡涉及圖的相關應用中經常出現。由於需要從資料中學習更多類型的資訊（如節點類型、邊類型），因此異質圖的圖結構學習應該更具挑戰性。最近已有一些研究（Yun et al, 2019；Zhao et al, 2021）嘗試從異質圖中學習圖結構。

14.5 小結

在本章中，我們從多個角度探索和討論了圖結構學習。我們回顧了傳統機器學習文獻中關於圖結構學習的現有工作，包括無監督圖結構學習和有監督圖結構學習。對於無監督圖結構學習，我們主要研究了圖訊號處理領域的一些代表性技術。我們還介紹了最近一些利用圖結構學習技術進行聚類分析的工作。對於有監督圖結構學習，我們介紹了在互動系統建模和貝氏網路中是如何研究這個問題的。本章的重點是介紹 GNN 的圖結構學習的最新進展。首先，我們透過討論圖結構資料有雜訊或不可用的場景來激發 GNN 領域的圖結構學習。然後，我們介紹了聯合學習圖結構和表徵的最新研究進展，包括學習離散圖結構和學習加權圖結構。我們還討論了圖結構學習與圖生成、圖對抗性防禦和 Transformer 模型等其他重要問題的關聯和區別。最後，我們強調了 GNN 的圖結構學習研究中仍然存在的一些挑戰和未來的發展方向。

> **編者註**：圖結構學習是一個快速興起的研究課題，近年來吸引了大量研究者。圖結構學習的關鍵思想是學習最佳化的圖結構，以生成更好的節點表徵（見第 4 章）和更堅固的節點表徵（見第 8 章）。顯然，如果採用常規的成對學習方法，則圖結構的學習成本可能非常高，因此可擴充性問題才是一個真正的主要問題（見第 6 章）。同時，圖結構學習與圖生成（見第 11 章）和自監督學習（見第 18 章）有著緊密關聯，因為它們都部分考慮了如何修改 / 利用圖結構。本章討論的圖結構學習擁有廣泛的應用領域，如推薦系統（見第 19 章）、電腦視覺（見第 20 章）、自然語言處理（見第 21 章）、程式分析（見第 22 章）等。

第15章
動態圖神經網路

Seyed Mehran Kazemi[1]

摘要

我們周圍的世界是由實體組成的，它們之間相互作用並形成關係。這使得圖成為一種重要的資料表徵方式，圖也是機器學習應用的重要基石。圖中的節點對應於實體，圖中的邊對應於互動和關係。實體和關係可能會發生變化，舉例來說，新的實體可能會出現，物理屬性可能會改變，兩個實體之間可能會形成新的關係，等等。這就產生了動態圖。對出現動態圖的應用來說，在圖的演變過程中往往存在重要的資訊，建模和利用這些資訊對於獲得好的預測表現非常重要。在本章中，我們將首先介紹各種類型的動態圖建模問題，然後介紹相

1　Seyed Mehran Kazemi
　 Borealis AI，E-mail：mehran.kazemi@borealisai.com

關文獻中提出的圖神經網路對動態圖的一些重要擴充，最後回顧動態圖神經網路的三個著名應用——以骨架為基礎的人類活動辨識、交通預測和時序知識圖譜補全。

15.1 導讀

傳統上，我們開發機器學習模型是為了對實體（物件或範例）進行預測，只考慮其特徵，而不考慮其與資料中其他實體的關係。這類預測任務的範例包括根據社群網站使用者的其他特徵預測他們支援的明星，根據出版物中的文字預測其主題，根據影像像素預測影像中物體的類型，以及根據道路（或路段）的歷史交通資料預測該道路（或路段）的交通情況等。

在許多應用中，實體之間存在關係，可以利用這些關係對它們做出更好的預測。舉例來說，社群網站使用者如果是親密朋友或家庭成員關係，則他們更有可能支持同一明星；同一作者的兩個出版物更有可能說明相同的主題；從同一網站上獲取（或由同一使用者上傳到社交媒體）的兩幅圖片更有可能包含類似的物件；兩筆相連的道路更有可能具有類似的交通流量。這些應用的資料可以用圖的形式來表徵，其中，節點對應於實體，邊對應於這些實體之間的關係。

圖包含在現實世界的許多應用中，如推薦系統、生物學、社群網站、知識圖譜和金融科技等。在某些領域，圖是靜態的，即圖的結構和節點特徵不隨時間變化。但在其他領域，圖是隨時間變化的。舉例來說，在社群網站中，當人們結識新朋友時，就會增加新的邊；當人們不再是朋友時，就會刪除現有的邊；當人們改變自己的屬性時，節點特徵也會發生變化，比如當他們改變職業時（假設職業是節點特徵之一）。在本章中，我們將重點討論圖是動態的並隨時間變化的領域。

在出現動態圖的應用中，對圖的演變進行建模往往對做出準確預測非常重要。多年來，人們已經開發出一些用於捕捉動態圖的結構和演變的機器學習模型。在這些模型中，GNN（Scarselli et al, 2008；Kipf and Welling, 2017b）對動態圖的擴充最近在一些領域獲得成功並成為機器學習工具箱裡的重要工具之一。

在本章中，我們將回顧用於動態圖的 GNN 方法，並介紹動態 GNN 已經產生顯著成果的幾個應用領域。本章沒有整體說明全部文獻，而是描述將 GNN 應用於動態圖的常見技術。如果讀者對動態圖的表徵學習方法的全面整體說明感興趣，請參考（Kazemi et al, 2020）；如果讀者對以 GNN 為基礎的動態圖方法的更專業整體說明感興趣，請參考（Skarding et al, 2020）。

本章的內容安排如下：在 15.2 節中，我們定義本章將使用的標記法，並為本章的其餘部分提供必要的背景；在 15.3 節中，我們描述不同類型的動態圖以及針對這些動態圖的不同預測問題；在 15.4 節中，我們回顧在動態圖上應用 GNN 的幾種方法；在 15.5 節中，我們回顧動態 GNN 的一些應用；在 15.6 節中，我們對本章內容進行總結。

15.2　背景和標記法

本節將定義本章使用的標記法，並提供本章其餘部分所需的背景。

我們用 z 表示純量，用 z 表示向量，用 Z 表示矩陣。z_i 表示 z 的第 i 個元素，Z_i 表示與 Z 的第 i 行對應的向量，$Z_{i,j}$ 表示 Z 的第 i 行第 j 列元素。z^T 表示 z 的轉置，Z^T 表示 Z 的轉置。$(zz') \in \mathbb{R}^{d+d'}$ 對應於 $z \in \mathbb{R}^d$ 和 $z' \in \mathbb{R}^{d'}$ 的並置。我們用 I 表示單位矩陣，用 $\odot$ 表示阿達馬積，用 $[e_1, e_2, \cdots, e_k]$ 表示一個序列，用 $\{e_1, e_2, \cdots, e_k\}$ 表示一個集合（其中的 e_i 代表序列或集合中的元素）。

在本章中，我們主要考慮附帶屬性的圖。給定一個附帶屬性的圖 $\mathscr{G} = (\mathscr{V}, A, X)$，其中，$\mathscr{V} = \{v_1, v_2, \cdots, v_n\}$ 是節點的集合，$n = |\mathscr{V}|$ 表示節點的數量，$A \in \mathbb{R}^{n \times n}$ 是鄰接矩陣，$X \in \mathbb{R}^{n \times d}$ 是特徵矩陣，X_i 表示與第 i 個節點 v_i 相關的特徵，d 表示特徵的數量。如果節點 v_i 和節點 v_j 之間沒有邊，那麼 $A_{i,j}=0$；不然 $A_{i,j} \in \mathbb{R}_+$ 代表邊的權重，其中，$\mathbb{R}_+$ 代表正實數。

如果 $\mathscr{G}$ 是**未加權的**，那麼 A 的範圍是 $\{0, 1\}$（即 $A \in \{0,1\}^{n \times n}$）。如果 $\mathscr{G}$ 的邊沒有方向，那麼它是**無向圖**；如果 $\mathscr{G}$ 的邊有方向，那麼它是**有向圖**。對於無向圖，A 是對稱的。對於有向圖的每條邊，$A_{i,j} > 0$，我們稱節點 v_i 為這條邊的來源節點，並稱節點 v_j 為這條邊的目標節點。如果 $\mathscr{G}$ 是**多關係的**，帶有一個關

係集合 $R=\{r_1, r_2, \cdots, r_m\}$，那麼它有 m 個鄰接矩陣，其中，第 i 個鄰接矩陣代表節點之間存在第 i 個關係 r_i。

15.2.1 圖神經網路

在本章中，我們使用圖神經網路（GNN）這個術語指代一大類神經網路——它們透過節點之間的訊息傳遞網路來操作圖。在此，我們對 GNN 做簡單描述。

設 $\mathscr{G}=(\mathcal{V}, A, X)$ 是一個靜態屬性圖。GNN 是一個函式 $f:\mathbb{R}^{n\times n}\times\mathbb{R}^{n\times d}\rightarrow\mathbb{R}^{n\times d'}$，它以 $\mathscr{G}$（或更具體的 A 和 X）為輸入，並提供一個矩陣 $Z\in\mathbb{R}^{d'}$ 作為輸出。其中，$Z_i\in\mathbb{R}^{d'}$ 對應於第 i 個節點 v_i 的隱含表徵，這個隱含表徵被稱為節點嵌入。為每個節點 v_i 提供一個節點嵌入可以看作執行降維操作，其中，向量 Z_i 包括來自節點 v_i 的初始特徵資訊、來自這個節點與其他節點的連接資訊以及這些節點的特徵，這個向量可以用來對節點 v_i 進行知情預測。在本節中，我們將描述兩個與 GNN 相關的範例——**圖卷積網路**和無向圖的**圖注意力網路**。

圖卷積網路。圖卷積網路（GCN）（Kipf and Welling, 2017b）堆疊了多層圖卷積。針對無向圖 $\mathscr{G}=(\mathcal{V}, A, X)$ 的 GCN 的第 1 層可以表述為

$$Z^{(l)} = \sigma\left(D^{-\frac{1}{2}}\tilde{A}D^{-\frac{1}{2}}Z^{(l-1)}W^{(l)} \right) \qquad (15.1)$$

其中，$\tilde{A}=A+$ 對應於帶有自環的鄰接矩陣；D 是一個對角（度數）矩陣，$D_{i,i}=\tilde{A}_i\mathbf{1}$（$\mathbf{1}$ 代表元素為 1 的列向量），對於 $i\neq j$，$D_{i,j}=0$；$D^{-\frac{1}{2}}\tilde{A}D^{-\frac{1}{2}}$ 對應於 $\tilde{A}$ 的行歸一化和列歸一化。$Z^{(l)}\in\mathbb{R}^{n\times d^{(l)}}$ 和 $Z^{(l-1)}\in\mathbb{R}^{n\times d^{(l-1)}}$ 分別代表第 l 層和第（$l-1$）層的節點嵌入，$Z^{(0)}=X$。$W^{(l)}\in\mathbb{R}^{d^{(l-1)}}\times d^{(1)}$ 代表第 l 層的權重矩陣。σ 是啟動函式。

GCN 模型的第 l 層可以用以下步驟來描述。首先，使用權重矩陣 $W^{(l)}$ 對節點嵌入 $Z^{(l-1)}$ 進行線性投影；然後，計算節點 v_i 及其鄰居節點的投影嵌入的加權和，其中，加權和的權重是根據 $D^{-\frac{1}{2}}\tilde{A}D^{-\frac{1}{2}}$ 指定的；最後，對加權和應用非線性並更新節點嵌入。請注意，在 L 層 GCN 中，每個節點的嵌入是以其 L 跳鄰域計算為基礎的（即以距離該節點最多 L 跳為基礎的節點）。

　　圖注意力網路。在計算鄰居節點的加權和時，以注意力為基礎的 GNN 不需要固定的權重，而是用注意力矩陣 $\hat{A}^{(l)} \in \mathbb{R}^{n \times n}$ 代替式（15.1）中的 $D^{-\frac{1}{2}} \tilde{A} D^{-\frac{1}{2}}$，使得

$$Z^{(l)} = \sigma(\hat{A}^{(l)} Z^{(l-1)} W^{(l)}) \qquad (15.2)$$

$$\hat{A}_{i,j}^{(l)} = \frac{E_{i,j}^{(l)}}{\sum_k E_{i,k}^{(l)}}, \text{ 其中 } E_{i,j}^{(l)} = \tilde{A}_{i,j} \exp(\alpha Z_i^{(l-1)}, Z_j^{(l-1)}; \theta^{(l)}) \qquad (15.3)$$

　　其中，$\alpha : \mathbb{R}^{d^{(l-1)}} \times \mathbb{R}^{d^{(l-1)}} \to \mathbb{R}$ 是一個帶有參數 $\theta^{(l)}$ 的函式，用於計算節點對的注意力權重。在這裡，$\tilde{A}$ 作為掩蔽，用於確保如果節點 v_i 和節點 v_j 不相連，則 $E_{i,j}^{(l)} = 0$（因此 $\hat{A}_{i,j}^{(l)} = 0$）。用於計算 $E_{i,j}^{(l)}$ 的 exp 函式和 $\frac{E_{i,j}^{(l)}}{\sum_k E_{i,k}^{(l)}}$ 對應於（掩蔽的）注意力權重的 Softmax 函式。不同的以注意力為基礎的 GNN 可以用不同的 α 來建構。在圖注意力網路（GAT）中（Veličković et al, 2018），$\theta^{(l)} \in \mathbb{R}^{2d}$ 和 α 的定義如下：

$$\alpha(Z_i^{(l-1)}, Z_j^{(l-1)}; \theta^{(l)}) = \sigma(\theta^{(l)}(W^{(l)} Z_i^{(l-1)} \| W^{(l)} Z_j^{(l-1)})) \qquad (15.4)$$

　　其中，σ 是啟動函式。式（15.2）對應於一個以**單頭**注意力為基礎的 GNN。以**多頭**注意力為基礎的 GNN 則使用式（15.3）計算多個注意力矩陣 $\hat{A}^{(l,1)}, A^{(l,2)}, \cdots, A^{(l,\beta)}$，但使用不同的權重 $\theta^{(l,1)}, \theta^{(l,2)}, \cdots, \theta^{(l,\beta)}$ 和 $W^{(l,1)}, W^{(l,2)}, \cdots, W^{(l,\beta)}$，然後將式（15.2）替換為

$$Z^{(l)} = \sigma(\hat{A}^{(l,1)} Z^{(l-1)} W^{(l,1)} \| \cdots \| A^{(l,\beta)} Z^{(l-1)} W^{(l,\beta)}) \qquad (15.5)$$

　　其中，β 表示注意力頭的數量。每個注意力頭可以學習以不同方式聚合的鄰居節點並提取不同的資訊。

15.2.2　序列模型

多年來，人們提出了多種用於對序列操作的模型。在本節中，我們主要介紹神經序列模型，該模型將觀測值的序列 $[x^{(1)}, x^{(2)}, \cdots, x^{(\tau)}]$ 作為輸入（其中，對於所有 $t \in \{1, 2, \cdots, \tau\}$，$x^{(t)} \in \mathbb{R}^d$），並將生成的隱含表徵 $[h^{(1)}, h^{(2)}, \cdots, h^{(\tau)}]$ 作為輸出（其中，對於所有 $t \in \{1, 2, \cdots, \tau\}$，$h^{(t)} \in \mathbb{R}^{d'}$）。在這裡，$\tau$ 代表序列的長度或序列中最後一個元素的時間戳記。每個隱含表徵 $h^{(t)}$ 是一個序列嵌入，用於捕捉前 t 個觀測值的資訊。為給定序列提供序列嵌入可以視為降維，其中，序列中前 t 個觀測值的資訊被捕捉在單一向量 $h^{(t)}$ 中，該向量可用於對序列進行知情預測。在本節中，我們將描述用於序列建模的**循環神經網路**、**卷積神經網路**和 **Transformer** 模型。

循環神經網路。循環神經網路（RNN）（Elman，1990）及其變形在一系列序列建模問題上獲得了令人印象深刻的成果。RNN 的核心原理在於其輸出是當前資料點的函式以及之前輸入的表徵。基本型 RNN 一個一個消耗輸入序列，並透過以下公式提供嵌入（對 $t \in [1, 2, \cdots, \tau]$ 依次應用）：

$$h^{(t)} = \text{RNN}(x^{(t)}, h^{(t-1)}) = \sigma(W^{(i)}x^{(t)} + W^{(h)}h^{(t-1)} + b) \tag{15.6}$$

其中，$W^{(\cdot)}$ 和 b 是模型參數，$h^{(t)}$ 是對應於前 t 個觀測值的嵌入的隱含狀態，$x^{(t)}$ 是第 t 個觀測值。我們可以初始化 $h^{(0)}=0$，其中，$\mathbf{0}$ 是由 0 組成的向量，或使 $h^{(0)}$ 在訓練期間能夠被學習。由於梯度消失和梯度爆炸，訓練基本型 RNN 通常很困難。

長短期記憶（LSTM）（Hochreiter and Schmidhuber，1997）〔和**門控循環單元**（GRU）（Cho et al, 2014a）〕透過門控機制和加法運算緩解了基本型 RNN 的訓練問題。LSTM 模型會一個一個消耗輸入序列，並透過以下公式提供嵌入：

$$i^{(t)} = \sigma(W^{(ii)}x^{(t)} + W^{(ih)}h^{(t-1)} + b^{(i)}) \tag{15.7}$$

$$f^{(t)} = \sigma\left(W^{(fi)}x^{(t)} + W^{(fh)}h^{(t-1)} + b^{(f)}\right) \tag{15.8}$$

$$c^{(t)} = f^{(t)} \odot c^{(t-1)} + i^{(t)} \odot \tanh\left(W^{(ci)}x^{(t)} + W^{(ch)}h^{(t-1)} + b^{(c)}\right) \qquad （15.9）$$

$$o^{(t)} = \sigma(W^{(oi)}x^{(t)} + W^{(oh)}h^{(t-1)} + b^{(o)}) \qquad （15.10）$$

$$h^{(t)} = o^{(t)} \odot \tanh(c^{(t)}) \qquad （15.11）$$

其中，$i^{(t)}$、$f^{(t)}$ 和 $o^{(t)}$ 分別表示輸入門、遺忘門和輸出門，$c^{(t)}$ 是記憶單元，$h^{(t)}$ 是對應前 t 個觀測值的嵌入序列的隱含狀態，σ 是啟動函式（通常是 Sigmoid 函式），tanh 代表雙曲正切函式，$W^{(..)}$ 和 $b^{(.)}$ 是權重矩陣和偏置向量。與基本型 RNN 類似，我們可以初始化 $h^{(0)}=c^{(0)}=0$，或使它們成為具有可學習參數的向量。圖 15.1 展示了 LSTM 模型的概況。

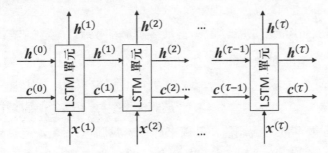

▲ 圖 15.1　LSTM 模型將序列 $x^{(1)},x^{(2)},\cdots,x^{(\tau)}$ 作為輸入，並將生成的隱含表徵 $h^{(1)},h^{(2)},\cdots,h^{(\tau)}$ 作為輸出。式（15.7）～式（15.11）描述了 LSTM 單元中發生的操作

雙向 RNN（BiRNN）（Schuster and Paliwal，1997）是兩個 RNN 的組合，其中一個 RNN 前向消耗輸入序列 $[x^{(1)},x^{(2)},\cdots,x^{(\tau)}]$ 並生成隱含表徵 $[h^{(1)},h^{(2)},\cdots,h^{(\tau)}]$ 作為輸出，另一個 RNN 反向消耗輸入序列 $[x^{(\tau)},x^{(\tau-1)}, ,x^{(1)}]$ 並生成隱含表徵 $[h^{(\tau)},\cdots,h^{(2)},h^{(1)}]$ 作為輸出。然後將這兩個隱含表徵並置，生成單一的隱含表徵 $h^{(t)}=(\vec{h}^{(t)}\overleftarrow{h}^{(t)})$。注意，在 RNN 中，只以 t 觀測時或 t 觀測前為基礎的觀測值計算 $h^{(t)}$；而在 BiRNN 中，則根據 t 觀測時、t 觀測前或 t 觀測後的觀測值計算 $h^{(t)}$。BiLSTM（Graves et al, 2005）是 BiRNN 的特殊版本，其中的 RNN 是一個 LSTM。

　　Transformer 模型。一個一個消耗輸入序列使得 RNN 不適合平行處理化處理，這也使得捕捉長距離的依賴性變得很困難。為了解決這個問題，Vaswani et al（2017）的 **Transformer 模型**允許將一個序列作為一個整體來處理。Transformer 模型的核心操作在於自注意力機制。設 $H^{(l-1)}$ 是第（l-1）層的嵌入矩陣，這樣它的第 t 行 $H_t^{(l-1)}$ 便代表前 t 個觀測值的嵌入。針對以注意力為基礎的 GNN，第 l 層的自注意力機制可以用類似式（15.2）和式（15.3）的公式來描述。將式（15.3）中的 $\tilde{A}$ 定義為一個下三角矩陣，其中，如果 $i \leqslant j$，則 $\tilde{A}_{i,j} = 1$，否則 $\tilde{A}_{i,j} = 0$。用 $H^{(l)}$ 和 $H^{(l-1)}$ 替換 $Z^{(l)}$ 和 $Z^{(l-1)}$，並將式（15.3）中的 α 函式定義如下：

$$\alpha(H_t^{(l-1)}, H_{t'}^{(l-1)}; \theta^{(l)}) = \frac{Q_t K_{t'}}{\sqrt{d^{(k)}}}, \quad \text{其中，} \quad Q = W^{(l,Q)} H^{(l-1)}, K = W^{(l,K)} H^{(l-1)} \qquad （15.12）$$

　　其中，$\theta^{(l)} = \{W^{(l,Q)}, W^{(l,K)}\}$ 是權重，$W^{(l,Q)}$ 和 $W^{(l,K)} \in \mathbb{R}^{d^{(l-1)} \times d^{(k)}}$。矩陣 Q 和 K 分別被稱為查詢矩陣和鍵矩陣 [1]。Q_t 和 $K_{t'}$ 分別代表與 Q 和 K 的第 t 行和第 t' 行對應的列向量。在 L 層之後，隱含表徵 $H^{(L)}$ 包含序列嵌入，其中，$H_t^{(L)}$ 對應在 t 觀測前的嵌入（對 RNN 來說表示為 $h^{(t)}$）。下三角矩陣 $\tilde{A}$ 確保了嵌入 $H_t^{(L)}$ 只以 t 觀測時和 t 觀測前的觀測值為基礎來計算。我們可以將 $\tilde{A}$ 定義為全 1 矩陣，以允許 $H^{(L)}$ 以 t 觀測時、t 觀測前和 t 觀測後的觀測值為基礎進行計算（類似於 BiRNN）。

　　在式（15.12）中，嵌入是根據之前時間戳記的嵌入的聚合進行更新的，但是這些嵌入的順序沒有被明確建模。為了將嵌入的順序考慮在內，可以初始化 Transformer 模型中的嵌入為 $H_t^{(0)} = x^{(t)} + p^{(t)}$ 或 $H_t^{(0)} = (x^{(t)} \| p^{(t)})$，其中，$H_t^{(0)}$ 是 $H^{(0)}$ 的第 t 行，$x^{(t)}$ 是第 t 個觀測值，而 $p^{(t)}$ 是位置編碼，用於捕捉關於序列中觀測值的位置的資訊。位置編碼的定義如下：

$$p_{2i}^{(t)} = \sin(t / 10000^{2i/d}), \quad p_{2i+1}^{(t)} = \sin(t / 10000^{2i/d} + \pi / 2) \qquad （15.13）$$

　　請注意，$p^{(t)}$ 是常數，它在訓練過程中不會發生變化。

1　對熟悉 Transformer 模型的讀者來說，數值矩陣對應式（15.2）中嵌入矩陣與權重矩陣 $W^{(l)}$ 的乘積。

卷積神經網路。卷積神經網路（CNN）（Le Cun et al，1989）徹底改變了許多電腦視覺應用。最初，CNN 被提議用於處理二維訊號，如影像。後來，CNN 被用於處理一維訊號，如普通序列和時間序列。在這裡，我們介紹一維 CNN。讓我們從描述一維卷積開始。設 $\boldsymbol{H}\in\mathbb{R}^{n\times d}$ 是一個矩陣，$\boldsymbol{F}\in\mathbb{R}^{u\times d}$ 是一個卷積濾波器。在 $\boldsymbol{H}$ 上應用卷積濾波器 $\boldsymbol{F}$，生成一個向量 $\boldsymbol{h'}\in\mathbb{R}^{n-u+1}$。

$$h'_i=\sum_{j=1}^{u}\sum_{k=1}^{d}\boldsymbol{H}_{i+j-1,k}\boldsymbol{F}_{j,k} \qquad (15.14)$$

也可以透過用 0 填充 $\boldsymbol{H}$ 來生成一個向量 $\boldsymbol{h'}\in\mathbb{R}^{n}$（一個維數與 $\boldsymbol{H}$ 的第一維相同的向量）。有了 d' 個卷積濾波器，就可以像式（15.14）那樣生成 d' 個向量並將它們堆疊，以生成矩陣 $\boldsymbol{H'}\in\mathbb{R}^{(n-u+1)\times d'}$（或 $\boldsymbol{H'}\in\mathbb{R}^{n\times d'}$）。圖 15.2 提供了一維卷積操作的範例。

輸入

0.1	-0.2	1.1	0.2
0.9	-0.8	1.0	1.0
0.2	0.3	0.4	0.5
0.6	-0.6	0.5	-0.5
1.1	1.2	2.1	2.2
0.0	0.0	1.0	1.2

濾波器 1

0.4	0.0	1.0	0.4
0.0	-1.2	3.2	0.5

濾波器 2

-1.2	0.8	0.0	0.0
0.0	0.0	-3.2	0.5

結果

5.88	-2.98
2.93	-2.75
2.75	-1.85
6.92	-6.82
7.22	-2.96

(-1.2)×(0.9)+(-0.8)×(0.8)+(0.0)×(1.0)+(0.0)×(1.0)
+ (0.0)×(0.2)+(0.0)×(0.3)+(-3.2)×(0.4)+(0.5)×(0.5)
= -2.75

▲ 圖 15.2 具有兩個卷積濾波器的一維卷積操作的範例

式（15.14）中的一維卷積操作是一維 CNN 的主要建構模組。與式（15.12）類似，假設 $\boldsymbol{H}^{(l-1)}$ 表示第 l 層中的嵌入，$\boldsymbol{H}_t^{(0)}=\boldsymbol{x}^{(t)}$，其中，$\boldsymbol{H}_t^{(0)}$ 代表 $\boldsymbol{H}^{(0)}$ 的 t 行，$x^{(t)}$ 是第 t 個觀測值。如上所述，一維 CNN 模型會將多個卷積濾波器應用於 $\boldsymbol{H}^{(l-1)}$ 並生成一個矩陣，然後對該矩陣進行啟動並執行（可選的）池化操作以生成 $\boldsymbol{H}^{(l)}$。卷積濾波器是該模型的可學習參數。

15.2.3 編碼器 - 解碼器框架和模型訓練

深度神經網路模型通常可以分解成編碼器模組和解碼器模組。編碼器模組接收輸入並生成向量表徵（或嵌入），而解碼器模組接收嵌入並生成預測。15.2.1 節和 15.2.2 節描述的 GNN 和序列模型對應完整模型的編碼器模組，它們分別提供節點嵌入 $\boldsymbol{Z}$ 和序列嵌入 $\boldsymbol{H}$。解碼器通常是特定於任務的。比如，對於

節點分類任務，解碼器可以是前饋神經網路，被應用於由編碼器提供的節點嵌入 Z_i，然後是一個 Softmax 函式。這樣的解碼器提供了一個向量 $\hat{y} \in \mathbb{R}^{|C|}$，其中，$C$ 代表類別，$|C|$ 代表類別的數量，而 $\hat{y}_j$ 代表節點屬於 j 類別的機率。類似的解碼器可用於序列分類。再比如，對於連結預測任務，解碼器可以將節點對嵌入作為輸入，並對節點對嵌入的點積進行 Sigmoid 處理，然後將生成的數字作為兩個節點之間存在邊的機率。

模型的參數是透過最佳化來學習的，即最小化一個特定於任務的損失函式。舉例來說，對於分類任務，通常假設可以獲得一組真實標籤 Y，如果實例 i 屬於 j 類別，則 $Y_{i,j}=1$，否則 $Y_{i,j}=0$。我們可以透過最小化（如使用隨機梯度下降法）交叉熵損失來學習模型的參數，如下所示：

$$L = -\frac{1}{\left|Y_{i,j}\right|} \sum_i \sum_j Y_{i,j} \log(\hat{Y}_{i,j})$$

（15.15）

其中，$\left|Y_{i,j}\right|$ 表示 $Y_{i,j}$ 中的行數，對應有標籤實例的數量，$\hat{Y}_{i,j}$ 則是根據模型得到的實例 i 屬於 j 類別的機率。對於其他任務，我們可以使用其他適當的損失函式。

15.3　動態圖的類型

不同的應用會產生不同類型的動態圖和不同的預測問題。在開始開發模型之前，關鍵是要確定動態圖的類型及其靜態和動態部分，並且要對預測問題有一個清晰的認識。在接下來內容中，我們將描述動態圖的一般類型、演變類型以及一些常見的預測問題。

15.3.1　離散型與連續型

正如（Kazemi et al, 2020）中指出的那樣，動態圖一般可以分為離散時間動態圖和連續時間動態圖兩類。本節將介紹這兩種類型，並指出可以將離散時間動態圖視為連續時間動態圖的特殊情況。

　　離散時間動態圖（Discrete-Time Dynamic Graph，DTDG）是圖快照的序列 $[\mathscr{G}^{(1)}, \mathscr{G}^{(2)}, \cdots, \mathscr{G}^{(\tau)}]$，其中的每個圖 $\mathscr{G}^{(t)} = (\mathscr{V}^{(t)}, A^{(t)}, X^{(t)})$ 包含節點集合 $\mathscr{V}^{(t)}$、鄰接矩陣 $A^{(t)}$ 和特徵矩陣 $X^{(t)}$。DTDG 主要出現在以固定間隔捕捉（傳感）資料的應用中。

　　例 15.1　圖 15.3 顯示了一個 DTDG 範例的三個快照。第一個快照有三個節點。第二個快照在第一個快照的基礎上增加了一個新的節點 v_4，這個節點和節點 v_2 之間形成了一條邊，此外更新節點 v_1 的特徵。第三個快照在節點 v_3 和節點 v_4 之間增加了一條新的邊。

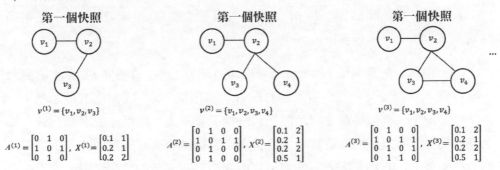

▲ 圖 15.3　一個 DTDG 範例的三個快照

　　DTDG 的典型代表是時空圖，其中，一組實體在空間和時間上是相關的，並且資料是以固定間隔擷取的。時空圖的範例是一座城市或一個地區的交通資料，其中，每條道路的交通統計是以固定的時間間隔計算的；一條道路在時間 t 的交通既與連接到它的道路在時間 t 的交通相關（空間相關），也與這條道路和連接到它的道路在之前時間戳記的交通相關（時間相關）。在這個範例中，每個圖 $\mathscr{G}^{(t)}$ 中的節點可以代表道路（或路段），鄰接矩陣 $A^{(t)}$ 可以代表道路的連接方式，而特徵矩陣 $X^{(t)}$ 可以代表每條道路在時間 t 的交通統計。

　　連續時間動態圖（Continuous-Time Dynamic Graph，CTDG）是一對（ $\mathscr{G}^{(t_0)}$，O）。其中，$\mathscr{G}^{(t_0)} = (\mathscr{V}^{(t_0)}, A^{(t_0)}, X^{(t_0)})$ 是靜態圖[1]，代表圖在時間 t_0 的初始狀態；O 是

1　請注意，我們可以有 $\mathscr{V}^{(t_0)} = \{\}$，這對應一個沒有節點的圖。我們也可以有 $A_{i,j}^{(t_0)} = 0$，對於所有節點 i 和節點 j，這對應一個沒有邊的圖。

時間觀測 / 事件的序列。每個觀測是一個形式為（**事件類型，事件，時間戳記**）的元組，其中，事件類型可以是節點或邊的增加、刪除以及節點特徵的更新等，**事件**代表實際發生的事件，**時間戳記**是事件發生的時間。

例 15.2　CTDG 的範例是一對 $(\mathscr{G}^{(t)}, O)$，其中，$\mathscr{G}^{(t_0)}$ 是圖 15.3 所示第一個快照中的圖，觀測如下：

O=[(增加節點 , v_4, 20-05-2020), (增加邊，(v_2, v_4), 21-05-2020), (更新特徵 , $(v_1, [0.1, 2])$, 28-05-2020), (增加邊 , (v_3, v_4), 04-06-2020)]

其中，（增加節點 , v_4, 20-05-2020）對應於在時間 20-05-2020 將一個新節點 v_4 增加到圖的一次觀測中。

對於任何一個時間點 $t > t_0$，透過根據時間 t 之前（或時間 t）發生的觀測結果 O 依次更新 $\mathscr{G}^{(t_0)}$，我們可以從 CTDG 中獲得快照 $\mathscr{G}^{(t)}$（對應於靜態圖）。在某些情況下，兩個節點之間可能已經增加了多筆邊，從而產生了多重圖；如果需要的話，可以將這些邊聚合，並將多重圖轉換成簡單圖。因此，我們可以將 DTDG 看作 CTDG 的特例，只有 CTDG 的一些有規律的快照可用。

例 15.3　對於例 15.2 中的 CTDG，假設 t_0=01-05-2020，則我們只能觀測每個月第一天（在本例中為 01-05-2020、01-06-2020 和 01-07-2020）的圖的狀態。在這種情況下，CTDG 將還原為圖 15.3 中的 DTDG 快照。

15.3.2　演變類型

對於 DTDG 和 CTDG，圖的各個部分都可能發生變化和演變。在本節中，我們將描述一些主要的演變類型。作為一個執行範例，我們使用與社群網站相對應的動態圖，其中的節點代表**使用者**，邊代表連接（如**友誼**）。

增加 / 刪除節點：在這個執行範例中，新使用者可能加入平臺，導致新的節點被增加到圖中；而一些使用者可能離開平臺，導致一些節點從圖中被刪除。

更新特徵：使用者可能有多個特徵，如年齡、居住地、職業等。這些特徵可能會隨著時間的演進而改變，例如使用者年紀大了、搬到一個新的地方居住或更換了職業等。

增加／刪除邊：隨著時間的演進，一些使用者成為朋友，生成新的邊；還有一些使用者不再是朋友，導致一些邊從圖中被刪除。正如（Trivedi et al, 2019）中指出的那樣，對應於兩個節點之間的事件的觀測可以分為**連結**事件和**通訊**事件。前者對應於導致圖中結構發生變化並導致節點之間長期資訊流的事件（如社群網站中新友誼的形成），後者對應於導致節點之間臨時資訊流的事件（如社群網站中的資訊交流）。這兩類事件通常以不同的速度發展，人們可以對它們進行不同的建模，特別是在它們同時存在的應用中。

更新邊的權重：對應於友誼的鄰接矩陣可以是加權的，其中，權重代表友誼的強度（可根據友誼的持續時間或其他特徵進行計算）。在這種情況下，友誼的強度可能會隨著時間的演進而變化，從而導致邊的權重被更新。

更新關係：使用者之間的邊可以被標記，其中，標籤表示連接的類型（如**友誼**、**訂婚**和**兄弟姐妹**）。在這種情況下，兩個使用者的關係可能會隨著時間的演進而變化（舉例來說，可能會從**友誼**變為**訂婚**）。我們可以把更新關係看作邊演變的特例，在這種情況下，刪除一條邊的同時增加另一條邊（如刪除**友誼**邊的同時增加**訂婚**邊）。

15.3.3 預測問題、內插法和外插法

在本節中，我們將回顧動態圖的 4 種預測問題——節點分類／回歸、圖分類、連結預測和時間預測。其中一些問題可以使用兩種方法進行研究——內插法和外插法。此外，這些問題也可以在直推式或歸納式的預測設定下進行研究。假設 $\mathscr{G}^{(t)}$ 是一個（離散時間或連續時間）動態圖，其中包含時間間隔 $[t_0, \tau]$ 中的資訊。

節點分類／回歸：設 $\mathscr{V}^{(t)} = \{v_1, v_2, \cdots, v_n\}$ 代表圖在時間 t 的節點。時間 t 的節點分類問題指的是將節點 $v_i \in \mathscr{V}^{(t)}$ 歸入預先定義的類別 C。時間 t 的節點回歸問題指的是對節點 $v_i \in \mathscr{V}^{(t)}$ 的連續特徵進行預測。在外插設定下，我們是對未來的狀態（$t \geq \tau$）進行預測，預測是以 τ 之前或 τ 時為基礎的觀測值進行的（如預測未來幾天的天氣）。在內插設定下，$t_0 \geq t \geq \tau$，預測是以所有為基礎的觀測值進行的（如填補遺漏值）。

圖分類：設 $\mathscr{G}^{(1)}, \mathscr{G}^{(2)}, ..., \mathscr{G}^{(i)}$（$i \in \{1, 2, ..., k\}$）是一組動態圖。圖分類問題指的是將每個動態圖 $\mathscr{G}^{(i)}$ 歸入預先定義的類別 C。

連結預測：連結預測問題指的是預測動態圖的節點之間新的連結。在內插設定下，目標是預測在時間戳記 $t_0 \geq t \geq \tau$（或 t_0 和 τ 之間的某個時間間隔）的兩個節點 v_i 和 v_j 之間是否有一條邊（假設在時間 t 存在節點 v_i 和節點 v_j）。插值問題也被稱為補全問題，可用於預測缺失的連結。在外插設定下，目標是預測在時間戳記 $t > \tau$（或 τ 之後的某個時間間隔）的兩個節點 v_i 和 v_j 之間是否有一條邊，同樣需要假設在時間 t 存在節點 v_i 和節點 v_j。

時間預測：時間預測問題指的是預測一個事件何時發生或何時將發生。在內插設定下（有時稱為**時間範圍**），目標是預測事件發生的時間 $t_0 \geq t \geq \tau$（如兩個節點 v_i 和 v_j 何時開始或結束連接）。在外插設定下（有時稱為**事件時間預測**），目標是預測事件將要發生的時間 $t > \tau$（如節點 v_i 和節點 v_j 何時將連接）。

直推式與歸納式：上述關於節點分類 / 回歸、連結預測和時間預測的問題定義對應直推式設定，在測試時，我們將對訓練期間已經觀測的實體進行預測。而在歸納式設定下，在測試時，我們需要提供關於以前未見過的實體（或全新的圖）的資訊，並對這些實體進行預測〔詳見（Hamilton et al, 2017b；Xu et al, 2020a；Albooyeh et al, 2020）〕。圖分類任務在本質上是歸納式的，因為需要在測試時對以前未見過的圖進行預測。

15.4 用圖神經網路對動態圖進行建模

在 15.2.1 節中，我們介紹了如何在靜態圖 $\mathscr{G}$ 上應用 GNN 以提供嵌入矩陣 $Z \in \mathbb{R}^{n \times d'}$。其中，$n$ 是節點數；d' 是嵌入維度；Z_i 代表第 i 個節點 v_i 的嵌入，可以用於預測。對於動態圖，我們希望擴充 GNN 以獲得對於任何時間 t 的嵌入 $Z^{(t)} \in \mathbb{R}^{n_t \times d'}$，其中，$n_t$ 是圖在時間 t 的節點數，$Z_i^{(t)}$ 則捕捉了第 i 個節點 v_i 在時間 t 的資訊。在本節中，我們將回顧 GNN 的幾個類似擴充。我們主要介紹動態圖模型的編碼器部分，解碼器和損失函式的定義與 15.2.3 節介紹的類似。

15.4.1 將動態圖轉為靜態圖

在動態圖上應用 GNN 的一種簡單但有時很有效的方法是首先將動態圖轉為靜態圖，然後將 GNN 應用於得到的靜態圖。這種方法的主要好處是簡單，並且讓我們能夠使用大量的 GNN 模型和技術來處理靜態圖。然而，這種方法的缺點是可能會造成資訊損失。在接下來的內容中，我們將介紹兩種轉換方法。

時間性聚合：我們首先描述一種特定類型的動態圖的時間性聚合，然後解釋如何將其泛化到更普遍的情況。考慮一個 DTDG：$[\mathscr{G}^{(1)}, \mathscr{G}^{(2)}, \cdots, \mathscr{G}^{(\tau)}]$。其中，$\mathscr{G}^{(t)} = (\mathscr{V}^{(t)}, A^{(t)}, X^{(t)})$，$\mathscr{V}^{(1)} = \cdots = \mathscr{V}^{(\tau)} = \mathscr{V}$，$X^{(1)} = \cdots = X^{(\tau)} = X$（換言之，節點及其特徵隨時間固定，只有鄰接矩陣會發生變化）。注意，在這種情況下，鄰接矩陣具有相同的形狀。將這個 DTDG 轉為靜態圖的一種方法是透過加權聚合鄰接矩陣，如下所示：

$$A^{(\text{agg})} = \sum_{t=1}^{\tau} \phi(t, \tau) A^{(t)} \qquad (15.16)$$

其中，$\phi : \mathbb{R} \times \mathbb{R} \to \mathbb{R}$ 提供 t 鄰接矩陣的權重作為 t 和 τ 的函式。對於外插問題，ϕ 的常見選擇是 $\phi(t, \tau) = \exp(-\theta(\tau - t))$，對應於舊鄰接矩陣的重要性呈指數衰減（Yao et al, 2016）。在這裡，θ 是控制重要性衰減速度的超參數。對於要對時間 $1 \le t' \le \tau$ 進行預測的內插問題，可以將函式定義為 $\phi(t, t') = \exp(-\theta |t' - t|)$，對應於當鄰接矩陣距離 t' 越來越遠時，鄰接矩陣的重要性呈指數衰減。透過這種聚合，我們可以把上面的 DTDG 轉換成靜態圖 $\mathscr{G} = (\mathscr{V}, A^{(\text{agg})}, X)$，然後應用靜態 GNN 模型進行預測。需要注意的是，由於聚合的鄰接矩陣是加權的（$A^{(\text{agg})} \in \mathbb{R}^{n \times n}$），因此我們只可以使用能夠處理加權圖的 GNN 模型。

在節點特徵也發生變化的情況下，我們可以使用與式（15.16）類似的聚合，並根據 $[X^{(1)}, X^{(2)}, \cdots, X^{(\tau)}]$ 計算 $X^{(\text{agg})}$。在增加和刪除節點的情況下，一種可能的聚合方式如下。設 $\mathscr{V}^{(s)} = \{v | v \in \mathscr{V}^{(1)} \cup \mathscr{V}^{(2)} \cup \cdots \cup \mathscr{V}^{(\tau)}\}$ 代表整個時間記憶體在的所有節點的集合。我們可以首先將每個 $A^{(t)}$ 擴充為 $\mathbb{R}^{|\mathscr{V}^{(s)}| \times |\mathscr{V}^{(s)}|}$ 中的矩陣，其中，對應於任何節點 $v \notin \mathscr{V}^{(t)}$ 的行和列的值都是 0。特徵向量可以用類似的方法展開。然後，將式（15.16）應用於擴充後的鄰接矩陣和特徵矩陣。對於 CTDG 也可

$$\mathscr{V}^{(s)} = \{\, v_1,\ v_2,\ v_3,\ v_4 \}$$

以進行類似的聚合，方法是首先將其轉為 DTDG（見 15.3.1 節），然後應用式（15.16）。

例 15.4 考慮一個帶有圖 15.3 所示三個快照的 DTDG。設 $\mathscr{V}^{(s)} = \{v_1, v_2, v_3, v_4\}$。首先給 $A^{(1)}$ 增加一行和一列的 0，並給 $X^{(1)}$ 增加一行的 0。然後使用式（15.16）和一些 θ 值來計算 $A^{(\mathrm{agg})}$ 和 $X^{(\mathrm{agg})}$。最後在聚合圖上應用 GNN。

時間解卷。將動態圖轉為靜態圖的另一種方法是解卷動態圖，並在不同的時間連接對應於同一物件的節點。考慮一個 DTDG：$[\mathscr{G}^{(1)}, \mathscr{G}^{(2)}, \cdots, \mathscr{G}^{(\tau)}]$。設 $\mathscr{G}^{(t)} = (\mathscr{V}^{(t)}, A^{(t)}, X^{(t)})$，$t \in \{1, 2, \cdots, \tau\}$。設 $\mathscr{G}^{(s)} = (\mathscr{V}^{(s)}, A^{(s)}, X^{(s)})$ 代表根據這個 DTDG 生成的靜態圖。設 $\mathscr{V}^{(s)}$ $\{v^{(t)} \mid\ v \in \mathscr{V}^{(t)} (t \in \{1, 2, \cdots, \tau\}) \}$。也就是說，每個節點 $v \in \mathscr{V}^{(t)}$ 在每個時間戳記 $t \in \{1, \cdots, \tau\}$ 都會成為 $\mathscr{V}^{(s)}$ 中的新節點 $v^{(t)}$（因此，$|\mathscr{V}^{(s)}| = \sum_{t=1}^{\tau} |\mathscr{V}^{(t)}|$）。請注意，這與我們建構 $\mathscr{V}^{(s)}$ 時採用的方式不同：在這裡，每個時間戳記的每個節點都會成為 $\mathscr{V}^{(s)}$ 中的節點；而在時間性聚合中，我們採用的是跨時間戳記的節點的聯集。對於每個節點 $v^{(t)} \in \mathscr{V}^{(s)}$，我們讓 $v^{(t)}$ 在 $X^{(s)}$ 中的特徵與其在 $X^{(t)}$ 中的特徵相同。如果兩個節點 v_i 和 $v_j \in \mathscr{V}^{(t)}$ 是根據 $A^{(t)}$ 連接的，就連接 $A^{(s)}$ 中對應的節點。我們還將每個節點 $v^{(t)}$ 與 $t' \in \{\max(1, t-\omega), \cdots, t-1\}$ 的節點 $v^{(t')}$ 相連，所以對應於時間 t 的實體的節點會被連接到對應於前 ω 個時間戳記的同一個實體的節點，其中，ω 是超參數。我們可以根據 t 和 t' 之間的差異為 $A^{(s)}$ 中的這些時間邊分配不同的權重（如指數衰減權重）。在建構靜態圖 $\mathscr{G}^{(s)}$ 之後，便可以對其應用 GNN 模型。舉例來說，我們可以使用得到的這些 $v^{(t)}$ 節點（即 DTDG 的時間戳記 t 對應的節點）的嵌入來對節點進行預測。

例 15.5 圖 15.4 提供了一個透過時間解卷將 DTDG（$\omega = 1$）轉為靜態圖的範例。由於這個圖從整體上有 11 個節點，因此 $A^{(s)} \in \mathbb{R}^{11 \times 11}$。節點特徵採用圖 15.3 中的設定，舉例來說，$v_1^{(2)}$ 的特徵值為 0.1 和 2。

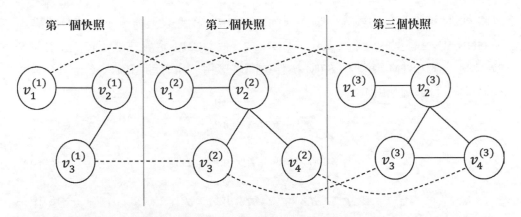

▲ 圖 15.4　透過時間解卷將 DTDG 轉為靜態圖的範例。實線代表圖中不同時間戳記的邊，虛線代表新增加的邊。在這個範例中，每個節點只在前一個時間戳記與對應於同一實體的節點相連（ $\omega=1$ ）

15.4.2　用於 DTDG 的圖神經網路

開發 DTDG 模型的一種自然方式是將 GNN 與序列模型相結合：GNN 捕捉節點連接中的資訊，序列模型捕捉演變中的資訊。現有文獻中關於動態圖的大量工作都遵循這種方式，參見（Seo et al, 2018；Manessi et al, 2020；Xu et al, 2019a）。本節將介紹一些將 GNN 與序列模型相結合的通用方法。

GNN-RNN：給定一個 DTDG： $[\mathscr{G}^{(1)}, \mathscr{G}^{(2)}, \cdots, \mathscr{G}^{(\tau)}]$ 。其中，對於每個 $t \in \{1, 2, \cdots, \tau\}$ ， $\mathscr{G}^{(t)} = (\mathscr{V}^{(t)}, A^{(t)}, X^{(t)})$ 。假設我們想要根據 t 觀測時或 t 觀測前的觀測值，獲得時間 $t \leqslant \tau$ 時的節點嵌入。為簡單起見，假設 $\mathscr{V}^{(1)} = \mathscr{V}^{(2)} = \cdots = \mathscr{V}^{(\tau)} = \mathscr{V}$ ，也就是假設節點在整個時間段內是相同的（在節點改變的情況下，我們可以使用類似於例 15.4 中採用的策略）。

我們可以對每個 $\mathscr{G}^{(t)}$ 應用 GNN，從而得到隱含表徵矩陣 $Z^{(t)}$ ，其中的行對應於節點嵌入。然後，對於第 i 個節點 v_i ，我們得到嵌入序列 $[Z_i^{(1)}, Z_i^{(2)}, \cdots, Z_i^{(\tau)}]$ 。這些嵌入還不包含時間資訊。為了將 DTDG 的時間方面納入嵌入並獲得節點 v_i 在時間 t 的時態嵌入（temporal embedding），我們可以將嵌入序列 $[Z_i^{(1)}, Z_i^{(2)}, \cdots, Z_i^{(t)}]$ 送入式（27.1）定義的 RNN 模型中，也就是用 $Z^{(t)}$ 代替 $X^{(t)}$ ，並用 RNN 模型的隱含表徵作為節點 v_i 的時態嵌入。其他節點的時態嵌入也可以透

過將 GNN 模型生成的嵌入序列送入同一個 RNN 模型來獲得。下面的公式描述了 GNN-RNN 模型的變形,其中,GNN 是一個 GCN〔定義在式(15.1)中〕,RNN 是一個 LSTM 模型,LSTM 操作被同時應用於所有節點嵌入(一個一個對 $t \in [1, 2, \cdots, \tau]$ 進行應用)。

$$Z^{(t)} = \text{GCN}(X^{(t)}, A^{(t)}) \tag{15.17}$$

$$I^{(t)} = \sigma(Z^{(t)}W^{(ii)} + H^{(t-1)}W^{(ih)} + b^{(i)}) \tag{15.18}$$

$$F^{(t)} = \sigma(Z^{(t)}W^{(fi)} + H^{(t-1)}W^{(fh)} + b^{(f)}) \tag{15.19}$$

$$C^{(t)} = F^{(t)} \odot C^{(t-1)} + I^{(t)} \odot \tanh(Z^{(t)}W^{(ci)} + H^{(t-1)}W^{(ch)} + b^{(c)}) \tag{15.20}$$

$$O^{(t)} = \sigma(Z^{(t)}W^{(oi)} + H^{(t-1)}W^{(oh)} + b^{(o)}) \tag{15.21}$$

$$H^{(t)} = O^{(t)} \odot \tanh(C^{(t)}) \tag{15.22}$$

其中,與式(15.7)~ 式(15.11)類似, $I^{(t)}$ 、 $F^{(t)}$ 和 $O^{(t)}$ 分別表示節點的輸入門、遺忘門和輸出門, $C^{(t)}$ 是記憶單元, $H^{(t)}$ 是對應於前 t 個觀測值的嵌入序列的隱含狀態, $W^{(.)}$ 和 $b^{(.)}$ 是權重矩陣和偏置向量。在上述公式中,當我們將矩陣 $Z^{(t)}W^{(.i)} + H^{(t-1)}W^{(.h)}$ 與偏置向量 $b^{(.)}$ 相加時,偏置向量 $b^{(.)}$ 會被加到矩陣的每一行。 $H^{\square}$ 和 $C^{\square}$ 可以用 0 來初始化,也可以從資料中學習得到。 $H^{(t)}$ 對應於時間 t 的時間節點嵌入,可以用於預測。我們可以將上面的公式總結為

$$Z^{(t)} = \text{GCN}(X^{(t)}, A^{(t)}) \tag{15.23}$$

$$H^{(t)}, C^{(t)} = \text{LSTM}(Z^{(t)}, H^{(t-1)}, C^{(t-1)}) \tag{15.24}$$

以類似的方式,我們可以建構 GNN-RNN 模型的其他變形,如 GCN-GRU、GAT-LSTM、GAT-RNN 等。圖 15.5 對 GCN-LSTM 模型做了概述。

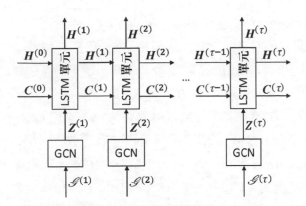

▲ 圖 15.5 GCN-LSTM 模型以序列 $\mathscr{G}^{(1)},\mathscr{G}^{(2)},\cdots,\mathscr{G}^{(\tau)}$ 為輸入，並將生成的隱含表徵 $H^{(1)},H^{(2)},\cdots,H^{(\tau)}$ 作為輸出。式（15.18）~式（15.22）描述了 LSTM 單元中發生的操作

RNN-GNN：在圖結構隨時間固定的情況下（$A^{(1)}=\cdots=A^{(\tau)}=A$），由於只有節點特徵發生變化，與其先應用 GNN 模型，再應用序列模型來獲得時間節點嵌入，不如先應用序列模型來捕捉節點特徵的時間演變，再應用 GNN 模型來捕捉節點之間的連結性。我們可以透過使用不同的 GNN 和序列模型（如 LSTM-GCN、LSTM-GAT、GRU-GCN 等）來建立這個通用模型的不同變形。LSTM-GCN 模型的公式如下：

$$H^{(t)},C^{(t)} = \text{LSTM}(X^{(t)},H^{(t-1)},C^{(t-1)}) \tag{15.25}$$

$$Z^{(t)} = \text{GCN}(H^{(t)},A) \tag{15.26}$$

其中，$Z^{(t)}$ 包含時間 t 的時間節點嵌入。請注意，RNN-GNN 僅適用於鄰接矩陣不隨時間變化的情況；不然 RNN-GNN 無法捕捉到圖結構演變中的資訊。

GNN-BiRNN 和 BiRNN-GNN：在使用 GNN-RNN 或 RNN-GNN 模型的情況下，獲得的節點嵌入 $H^{(t)}$ 包含 t 觀測時或 t 觀測前的觀測值，這適用於外插問題。然而，對內插問題（舉例來說，預測時間戳記 $t \leqslant \tau$ 時邊之間缺失的連結），我們可能想使用 t 觀測前、t 觀測時或 t 觀測後的觀測值。實現這一點的一種可能的方法是將 GNN 與 BiRNN 相結合，這樣 BiRNN 不僅提供 t 觀測時或 t 觀測前的觀測結果，也提供 t 觀測後的資訊。

GNN-Transformer：可以採用類似於 GNN-RNN 的方式將 GNN 與 Transformer 模型結合起來。為此，首先將 GNN 應用於每個 $\mathscr{G}^{(t)}$，得到隱含表徵矩陣 $Z^{(t)}$，其中的行對應於節點嵌入。然後，對於第 i 個實體 v_i，建立矩陣 $H^{(0,i)}$，使得 $H_t^{(0,i)} = Z_i^{(t)} + p^{(t)}$（或 $H_t^{(0,i)} = Z_i^{(t)} p^{(t)}$），其中，$p^{(t)}$ 是 t 的位置編碼向量。也就是說，$H^{(0,i)}$ 的第 t 行包含透過在 $\mathscr{G}^{(t)}$ 上應用 GCN 模型得到的節點 v_i 的嵌入 $Z^{(t)}$ 以及位置編碼。$H^{(0,i)}$ 中的上標 0 表示 $H^{(0,i)}$ 對應於第 0（編號從 0 開始）層的 Transformer 模型的輸入。一旦有了 $H^{(0,i)}$，我們就可以應用 L 層的 Transformer 模型〔見式（15.2）、式（15.3）和式（15.12）〕來獲得 $H^{(L,i)}$，其中，$H_t^{(L,i)}$ 對應於節點 v_i 在時間 t 的時間節點嵌入。對於外插問題，式（15.3）中的 $\tilde{A}$ 是一個下三角矩陣，如果 $i \leqslant j$，則 $\tilde{A}_{i,j} = 1$，否則為 0；對於內插問題，$\tilde{A}$ 是一個全 1 矩陣。GNN-Transformer 模型的變形可以用以下公式來描述：

$$Z^{(t)} = \mathrm{GCN}(X^{(t)}, A^{(t)}) \ , \ t \in \{1, 2, \cdots, \tau\} \tag{15.27}$$

$$H_t^{(0,i)} = Z_i^{(t)} + p^{(t)} \ , \ t \in \{1, 2, \cdots, \tau\}, \ i \in \{1, 2, \cdots, |\mathscr{V}|\} \tag{15.28}$$

$$H^{(L,i)} = \mathrm{Transformer}\,(H^{(0,i)}, \tilde{A}) \ , \ i \in \{1, 2, \cdots, |\mathscr{V}|\} \tag{15.29}$$

GNN-CNN：與 GNN-RNN 和 GNN-Transformer 模型類似，我們也可以將 GNN 與 CNN 相結合。其中，GNN 提供 $[Z^{(1)}, Z^{(2)}, \cdots, Z^{(t)}]$。首先，將每個節點 v_i 的嵌入 $[Z_i^{(1)}, Z_i^{(2)}, \cdots, Z_i^{(t)}]$ 堆疊成矩陣 $H^{(0,i)}$，這類似於 GNN-Transformer 模型，然後將一個一維的 CNN 模型應用於 $H^{(0,i)}$（見 15.2.2 節）以生成最終的節點嵌入。

建立更深的模型：考慮圖 15.5 中的 GCN-LSTM 模型，其中，GCN 模組的輸出是一個序列 $[Z^{(1)}, Z^{(2)}, \cdots, Z^{(\tau)}]$，LSTM 模組的輸出是一個由隱含表徵矩陣組成的序列 $[H^{(1)}, H^{(2)}, \cdots, H^{(\tau)}]$。我們把 GCN 模組的輸出稱為 $[Z^{(1,1)}, Z^{(1,2)}, \cdots, Z^{(1,\tau)}]$，並把 LSTM 模組的輸出稱為 $[H^{(1,1)}, H^{(1,2)}, \cdots, H^{(1,\tau)}]$，其中的標誌 1 表示它們是在第 1 層建立的隱含表徵。首先，我們可以將每個 $H^{(1,t)}$ 視為 $\mathscr{G}^{(t)}$ 中節點的新特徵，並再次執行 GCN 模組（採用與初始 GCN 不同的參數）以獲得 $[Z^{(2,1)}, Z^{(2,2)}, \cdots, Z^{(2,\tau)}]$。然後使用 LSTM 模組操作這些矩陣以生成 $[H^{(2,1)},$

$H^{(2,2)},\cdots,H^{(2,\tau)}]$。接下來堆疊 L 個這樣的 GCN-LSTM 區塊，並將生成的 $[H^{(L,1)},$ $H^{(L,2)},\cdots,H^{(L,\tau)}]$ 作為輸出。最後，這些隱含表徵矩陣可以用來對節點進行預測。上述模型的第 1 層可以表述以下（一個一個對 $t \in [1, 2, \cdots, \tau]$ 進行應用）。

$$Z^{(l,t)} = \text{GCN}(H^{(l-1,t)}, A^{(t)}) \tag{15.30}$$

$$H^{(l,t)}, C^{(l,t)} = \text{LSTM}(Z^{(l,t)}, H^{(l,t-1)}, C^{(l,t-1)}) \tag{15.31}$$

其中，對於 $t \in \{1, 2, \cdots, \tau\}$，$H^{(0,t)} = X^{(t)}$。以上兩個公式定義了所謂的 GCN-LSTM 區塊，其他的區塊也可以用類似的組合來建構。

15.4.3 用於 CTDG 的圖神經網路

最近，開發在 CTDG 上執行而非將 CTDG 轉為 DTDG（或將它們轉為靜態圖）的模型已經成為一些研究的主題。一類用於 CTDG 的模型是以 15.2.2 節描述的序列模型為基礎的擴充，尤其是 RNN。這些模型背後的一般思想是按順序消耗觀測值，並在對某個節點（或是在某些工作中，對它的鄰居節點）進行新的觀測時更新該節點的嵌入。在介紹以 GNN 為基礎的 CTDG 方法之前，我們先簡要地描述一些以 RNN 為基礎的 CTDG 模型。

給定一個 CTDG：$\mathscr{G}^{(t_0)} = (\mathscr{V}^{(t_0)}, A^{(t_0)}, X^{(t_0)})$。其中，對於所有的節點 i 和節點 j，$A_{i,j}^{(t_0)} = 0$（即沒有初始邊），觀測 O 的唯一類型是邊增加（edge addition）。由於唯一的觀測類型是邊增加，因此，對這個 CTDG 來說，節點及其特徵在一段時間內是固定的。設 $Z^{(t-)}$ 代表時間 t 之前的節點嵌入（最初，$Z^{(t_0)} = X^{(t_0)}$ 或 $Z^{(t_0)} = X^{(t_0)}W$，其中，W 是具有可學習參數的權重矩陣）。在對兩個節點 v_i 和 $v_j \in \mathscr{V}$ 之間新的有向邊進行觀測（AddEdge, (v_i, v_j), t）時，Kumar et al（2019b）開發的模型對節點 v_i 和節點 v_j 的嵌入做了以下更新：

$$Z_i^{(t)} = \text{RNN}_{\text{source}} ((Z_j^{(t-)} \| \Delta t_i \| f), Z_i^{(t-)}) \tag{15.32}$$

$$Z_j^{(t)} = \text{RNN}_{\text{target}} ((Z_i^{(t-)} \| \Delta t_j \| f), Z_j^{(t-)}) \tag{15.33}$$

其中，$\mathrm{RNN}_{\mathrm{source}}$ 和 $\mathrm{RNN}_{\mathrm{target}}$ 是兩個具有不同權重的 RNN[1]，Δt_i 和 Δt_j 分別代表自節點 v_i 和節點 v_j 互動以來經過的時間[2]，f 代表對應於邊特徵（如果有的話）的特徵向量，‖ 表示並置，$Z_i^{(t)}$ 和 $Z_j^{(t)}$ 代表時間 t 的更新嵌入。第一個 RNN 將一個新的觀測（$Z_j^{(t-)} \| \Delta t_i \| f$）和一個節點之前的隱含狀態 $Z_i^{(t-)}$ 作為輸入，並提供一個更新的表徵（第二個 RNN 也是如此）。除學習上面的時態嵌入 $Z^{(t)}$ 以外，Kumar et al（2019b）還為每個物理學習了另一個嵌入向量，該向量不隨時間變化並捕捉節點的靜態特徵。然後他們將這兩個嵌入並置，以生成用於預測的最終嵌入。

Trivedi et al（2017）採用類似的策略來開發具有多關係圖的 CTDG 模型。其中，只要兩個自訂的 RNN 觀測到來源節點和目標節點之間存在新的有標籤邊，它們的節點嵌入就會被更新。Trivedi et al（2019）開發了一個與上述模型類似但在本質上更接近於 GNN 的模型。在觀測（AddEdge, (v_i, v_j), t）時，他們按照以下公式更新節點 v_i 的嵌入（對節點 v_j 也是如此）：

$$Z_i^{(t)} = \mathrm{RNN}(z_{\mathscr{N}}((v_j)\Delta t_i), Z_i^{(t-)}) \tag{15.34}$$

其中，$z_{\mathscr{N}}(v_j)$ 是一個嵌入，它是根據節點 v_j 及其鄰居節點在時間 t 的嵌入的自訂注意力加權聚合計算的，而 Δt_i 的定義與式（15.32）相似。與式（15.32）不同的是，RNN 僅根據節點 v_j 的嵌入來更新節點 v_i 的嵌入。在式（15.34）中，節點 v_i 的嵌入是根據節點 v_j 的一階鄰域的嵌入聚合來更新的，這使得該模型在本質上更接近於 GNN。

許多現有的以 RNN 為基礎的 CTDG 方法只計算以其鄰居節點（或與之相距 1 跳的節點）為基礎的嵌入，而沒有考慮到中繼站以外的節點。下面我們描述一個以 GNN 為基礎的 CTDG 模型，名為**時空圖注意力網路**（Temporal Graph Attention Network，TGAT）（Xu et al, 2020a），該模型以節點為基礎的 k 跳鄰域（即以最多 k 跳為基礎的節點）計算節點嵌入。作為一個以 GNN 為基礎的

1　使用兩個 RNN 是為了讓有方向圖的來源節點和目標節點在進行觀測（AddEdge, (v_i, v_j), t）時有不同的更新。如果圖是無向的，則可以使用一個 RNN。

2　如果這是節點 v_i（或節點 v_j）的第一次互動，那麼　t_i（或 Δt_j）可以是自 t_0 以來經過的時間。

CTDG 模型，TGAT 可以為增加到圖中的新節點學習嵌入，並可用於歸納式環境。在測試時，TGAT 將對以前未見過的節點進行預測。

與 Transformer 模型類似，TGAT 移除了**循環**，取而代之的是依靠自注意力和位置編碼對連續時間進行編碼的擴充，名為 Time2Vec。在 Time2Vec（Kazemi et al, 2019）中，時間 t〔或式（15.32）和式（15.34）中的時間差值〕表示向量 $z^{(t)}$，定義如下：

$$z_i^{(t)} = \begin{cases} \omega_i t + \varphi_i & , i = 0 \\ \sin(\omega_i t + \varphi_i) & , 1 \leqslant i \leqslant k \end{cases} \quad (15.35)$$

其中，ω 和 φ 是帶有可學習參數的向量。TGAT 利用了 Time2Vec 的一種特定情況，其中移除了線性項，參數 φ 被固定為 0 和 $\frac{\pi}{2}$，類似於式（15.13）。關於這種時間編碼的更多理論和實踐動機，請參考（Kazemi et al, 2019；Xu et al, 2020a）。

下面我們描述 TGAT 如何計算節點嵌入。對於節點 v_i 和時間戳記 t，設 $\mathcal{N}_i^{(t)}$ 代表在時間 t 或之前與節點 v_i 互動的節點集合以及時間戳記。$\mathcal{N}_i^{(t)}$ 中的每個元素使用的都是 (v_j, t_k) 的形式，其中 $t_k \leqslant t$。TGAT 的第 1 層透過以下步驟計算節點 v_i 在時間 t 的嵌入 $h^{(t,l,i)}$。

（1）對於任意節點 v_i，$h^{(t,0,i)}$（對應於在時間 t 時，節點 v_i 在第 0 層的嵌入）被假設對於 t 的任何值都等於 X_i。

（2）建立一個具有 $\left|\mathcal{N}_i^{(t)}\right|$ 行的矩陣 $K^{(t,l,i)}$，使得對於每個 $(v_j, t_k) \in \mathcal{N}_i^{(t)}$，$K^{(t,l,i)}$ 中存在一行 $(h^{(t_k,l-1,j)} \| z^{(t-t_k)})$。其中，$h^{(t_k,l-1,j)}$ 對應的是節點 v_j 在與節點 v_i 相互作用的時間 t_k，在第 $(l-1)$ 層的嵌入；$z^{(t-t_k)}$ 是對時間差值 $(t-t_k)$ 的編碼，如式（15.35）所示。請注意，每個 $h^{(t_k,l-1,j)}$ 都是用這裡概述的相同步驟循環計算的。

（3）向量 $q^{(t,l,i)}$ 被計算為 $(h^{(t,l-1,i)} z^{(0)})$。其中，$h^{(t,l-1,i)}$ 是時間 t 的節點 v_i 在第 $(l-1)$ 層的嵌入；$z^{(0)}$ 是對時間差值 $(t-t_k=0)$ 的編碼，如式（15.35）所示。

（4）$q^{(t,l,i)}$ 用於確定對應於鄰居節點的表徵 [1] $K^{(t,l,i)}$ 的每一行，節點 v_i 的注意力是多少。注意力權重 $a^{(t,l,i)}$ 是用式（15.12）計算的，其中，$a^{(t,l,i)}$ 的第 j 個元素被計算為 $a_j^{(t,l,i)} = \alpha(q^{(t,l,i)}, K_j^{(t,l,i)}; \theta^{(l)})$。

（5）有了注意力權重，就可以透過式（15.2）計算出節點 v_i 的表徵 $\tilde{h}^{(t,l,i)}$，其中，注意力矩陣 $\hat{A}^{(l)}$ 被替換為注意力向量 $a^{(t,l,i)}$。

（6）最後，利用 $h^{(t,l,i)} = FF^{(l)}(h^{(t,l-1,i)}\tilde{h}^{(t,l,i)})$ 計算第 1 層中的節點 v_i 在時間 t 的表徵，其中，$FF^{(l)}$ 是第 l 層的前饋神經網路。

一個 L 層的 TGAT 模型是根據節點的 L 跳鄰域計算節點嵌入的。

假設我們在一個時間圖上執行一個兩層的 TGAT 模型，其中，節點 v_i 在時間 $t_1 < t$ 時與節點 v_j 互動，節點 v_j 在時間 $t_2 < t_1$ 時與節點 v_k 互動。嵌入 $h^{(t,2,i)}$ 是基於嵌入 $h^{(t_1,1,j)}$ 計算的，而嵌入 $h^{(t_1,1,j)}$ 本身是基於嵌入 $h^{(t_2,0,k)}$ 計算的。由於我們現在處於第 0 層，TGAT 中的 $h^{(t_2,0,k)}$ 是用 X_k 近似計算的，因此我們忽略了節點 v_k 在時間 t_2 之前的相互作用。如果節點 v_k 在時間 t_2 之前有重要的相互作用，則這樣做可能是次優的。這些相互作用因為沒有反映在 $h^{(t,1,i)}$ 上，所以也就沒有反映在 $h^{(t,2,i)}$ 上。在（Rossi et al, 2020）中，他們透過使用一個循環模型（類似於本節開始時介紹的那些模型）解決了這個問題，該模型根據節點之前的局部互動隨時提供節點嵌入，並用這些嵌入初始化 $h^{(t,0,i)}$。

15.5　應用

在本節中，我們將提供一些實際應用（涉及的領域包括電腦視覺、交通預測和知識圖譜），這些應用可以概括為透過 GNN 對動態圖進行建模和預測。

---

[1]　為簡單起見，這裡描述的是 TGAT 的一個以注意力為基礎的 GNN 單頭版本，原始文獻中使用的是多頭版本〔詳見式（15.5）〕。

15.5.1　以骨架為基礎的人類活動辨識

視訊中的人類活動辨識是電腦視覺領域的已經得到充分研究的問題，並且具有多種應用。舉例來說，給定一個人的視訊，目標是將視訊中人的活動歸類到預先定義的類型，如**走路**、**跑步**、**跳舞**等。解決這個問題的一種可能的方法是根據人體骨架進行預測，因為骨架傳遞了人體動作辨識的重要資訊。在本節中，我們將提供這個問題的動態圖表述，並介紹主要以文獻（Yan et al, 2018a）中所述方法（簡化版）為基礎的建模方式。

首先，我們可以把以骨架為基礎的人類活動辨識問題表述為對動態圖進行推斷。一段視訊是一連串的幀，其中的每一幀都可以用電腦視覺技術轉為一組與骨架中的關鍵點相對應的 n 個節點（Cao et al, 2017）。這 n 個節點都有一個特徵向量，用於表示它們在影像幀中的（二維或三維）座標。人體規定了這些關鍵點是如何相互連接的。有了這樣的描述，我們就可以將問題表述為對由一系列圖 $[\mathscr{G}^{(1)}, \mathscr{G}^{(2)}, \cdots, \mathscr{G}^{(\tau)}]$ 組成的 DTDG 進行推斷，其中的每個圖 $\mathscr{G}^{(t)} = (\mathscr{V}^{(t)}, A^{(t)}, X^{(t)})$ 對應於視訊的第 t 幀，$\mathscr{V}(t)$ 代表第 t 幀中關鍵點的集合，$A^{(t)}$ 代表連接，$X^{(t)}$ 代表特徵。圖 15.6 提供了一個範例。讀者可能會注意到，$\mathscr{V}^{(1)} = \mathscr{V}^{(2)} = \cdots = \mathscr{V}^{(\tau)} = \mathscr{V}$，$A^{(1)} = A^{(2)} = \cdots = A^{(\tau)} = A$，這表示節點和鄰接矩陣在整個序列中保持固定，因為它們對應於關鍵點以及這些關鍵點在人體中的連接方式。舉例來說，在圖 15.6 中，編號為 3 的節點總是與編號為 2 和 4 的節點相連。然而，特徵矩陣 $X^{(t)}$ 會隨著關鍵點的座標在不同幀中的變化而變化。現在，我們可以將人類活動辨識問題轉為將動態圖歸類到一組預先定義的類別 C。

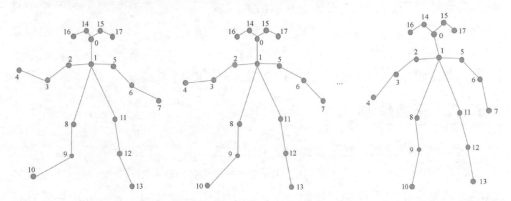

▲ 圖 15.6　在人類活動視訊的每個快照中，人類骨架被表徵為一個圖：其中的節點代表關鍵點，邊代表這些關鍵點之間的關聯

文獻（Yan et al, 2018a）中採用的方法是透過時間解卷將上述 DTDG 轉為靜態圖（見 15.4.1 節）。在靜態圖中，時間 t 的某個關鍵點對應的節點根據人體（或說，按照 $A^{(t)}$），與時間 t 的其他關鍵點以及代表同一關鍵點的節點及其在之前 w 個時間戳記中的鄰居節點相連。一旦建構了靜態圖，就可以應用 GNN 來捕捉每個關節在每個時間戳記的嵌入。由於人類活動辨識對應於圖分類，因此解碼器可能由節點嵌入的（最大、平均或其他類型的）池化層組成，以獲得圖嵌入，然後透過前饋網路和 Softmax 層進行類型預測。

在文獻（Yan et al, 2018a）所述 GNN 的第 l 層中，鄰接矩陣被逐元素地乘以具有可學習參數的掩蔽矩陣 $M^{(l)}$（即 $A \odot M^{(l)}$ 被用作鄰接矩陣）。我們可以認為 $M^{(l)}$ 是一個與資料無關的注意力投影，它可以學習 A 中邊的權重。利用 $M^{(l)}$，我們可以了解哪些連接對人類活動辨識更重要。乘以 $M^{(l)}$ 只允許改變 A 中邊的權重，但不能增加新的邊。可以說，根據人體連接關鍵點可能不是最佳選擇，舉例來說，雙手之間的連接對於辨識拍手活動很重要。在文獻（Li et al, 2019e）中，他們將鄰接矩陣與另外兩個矩陣 $B^{(l)}$ 和 $C^{(l)}$ 相加（也就是將 $A + B^{(l)} + C^{(l)}$ 作為鄰接矩陣），其中，$B^{(l)}$ 是一個類似於 $M^{(l)}$ 的資料無關的注意力矩陣，而 $C^{(l)}$ 是一個資料有關的注意力矩陣。透過將矩陣 $B^{(l)}$ 和 $C^{(l)}$ 增加到 A 中，我們不僅可以改變 A 中邊的權重，也可以增加新的邊。

Shi et al（2019b）（除其他變化以外）使用了 GNN-CNN 模型，而非像前兩個研究那樣透過進行時間解卷並在靜態圖上應用 GNN 來將動態圖轉為靜態圖。我們也可以使用 GNN 和序列模型的其他組合（如 GNN-RNN）來獲得不同時間戳記的關節嵌入。請注意，人類活動辨識不是一個推斷問題（即目標不是根據過去預測未來）。因此，為了獲得時間 t 的關節嵌入，我們不僅可以使用來自 $\mathscr{G}^{(t')}$ 的資訊（其中，$t' \leq t$），而且可以使用來自時間戳記 $t' > t$ 的資訊。這可以透過使用類似 GNN-BiRNN 的模型來實現（見 15.4.2 節）。

15.5.2　交通預測

對城市交通控制，交通預測起著非常重要的作用。為了預測一條道路未來的交通資訊，我們需要考慮兩個重要因素——空間依賴性和時間依賴性。不同道路的交通量在空間上是相互依賴的，因為一條道路未來的交通量取決於與它相

連的其他道路的交通量。空間依賴性是關於道路網路拓撲結構的函式。此外，每條道路也有時間上的依賴性，因為一條道路在任何時候的交通量都取決於這條道路以前的交通量。道路的交通量還具有週期性，舉例來說，一條道路的交通量在一天或一周中的相同時間可能是相似的。

早期的交通預測方法主要關注時間依賴性而忽略空間依賴性（Fu et al, 2016）。後來的交通預測方法旨在使用卷積神經網路（CNN）來捕捉空間依賴性（Yu et al, 2017b），但 CNN 通常只限於網格結構。為了能夠捕捉空間和時間上的依賴性，最近的一些研究將交通預測問題表述為對動態圖（特別是 DTDG）進行推斷。

下面我們先來看看如何將交通預測表述為動態圖上的推斷問題。一種可能的表述是將每個路段看作一個節點，如果兩個節點對應的路段相互交錯，就將它們連接起來。節點的特徵是交通流的變數（如速度、流量和密度）。邊可以是有向的，例如顯示單向道路的交通流；邊也可以是無向的，以顯示交通流是雙向的。圖的結構也可以隨著時間的演進而改變，舉例來說，一些路段或交叉口可能會被（臨時）關閉。我們可以在固定的時間間隔內記錄交通流變數以及道路和交叉口的狀態，從而形成一個 DTDG；我們也可以在不同的（非同步的）時間間隔內記錄這些變數，從而形成一個 CTDG。預測問題是一個節點回歸問題，因為我們需要預測節點的交通流；預測問題也是一個外插問題，因為我們需要預測交通流的未來狀態。這個問題可以在直推式設定下進行研究，即根據一個地區的交通資料訓練一個模型，並測試該模型對同一地區的預測效果；這個問題也可以在歸納式設定下進行研究，即根據多個地區的交通資料訓練模型，並在新的地區對模型進行測試。

Zhao et al（2019c）提出了一個用於直推式交通預測的模型，其中，交通預測問題被表述為對具有快照序列 $[\mathcal{G}^{(1)}, \mathcal{G}^{(2)}, \cdots, \mathcal{G}^{(\tau)}]$ 的 DTDG 進行推斷。另外，圖結構被認為是固定的（即道路或交叉口沒有變化），但對應交通流特徵的節點特徵會隨時間變化。他們提出的這個模型是一個 GCN-GRU 模型（見 15.4.2 節），其中，GCN 捕捉空間依賴性，GRU 捕捉時間依賴性。在任何時間 t，這個模型都可以根據 t 觀測時或 t 觀測前的資訊提供一個隱含表徵矩陣 $H^{(t)}$，該矩陣的行對應於節點嵌入。接下來便可以使用這些嵌入來預測下一個時間戳記的交通流。

假設 $\hat{Y}^{(t+1)}$ 代表下一個時間戳記的預測值，並假設 $Y^{(t+1)}$ 代表真實值，則我們可以透過最小化絕對誤差 $\|\hat{Y}^{(t+1)} - Y^{(t+1)}\|$ 的 $L2$ 正規化總和來訓練模型。

正如 15.2.2 節所解釋的那樣，以 RNN 為基礎的模型（如上面的 GCN-GRU 模型）通常需要順序計算，並且不適合平行處理化。Yu et al（2018a）使用 CNN 而非 RNN 來捕捉時間依賴性。他們提出的模型包含 CNN-GNN-CNN 的多個區塊，其中，GNN 是 GCN 對多維張量的泛化，而 CNN 是門控的。

到目前為止，我們所描述的兩項研究都認為鄰接矩陣在不同的時間戳記是固定的。然而，正如前面所解釋的那樣，鄰接矩陣可能會隨著時間的演進而變化，比如由於交通事故和路障。在文獻（Diao et al, 2019）中，他們透過以短期交通資料估計道路拓撲結構為基礎的變化來考慮鄰接矩陣的變化。

15.5.3 時序知識圖譜補全

知識圖譜（Knowledge Graph，KG）是事實的資料庫。一個 KG 包含一組事實，其形式為三元組 (v_i, r_j, v_k)。其中，v_i 和 v_k 分別被稱為主體和客體實體，r_j 是關係。可以將一個 KG 看作一個有向多關係圖，節點 $\mathcal{V} = \{v_1, v_2, \cdots, v_n\}$，關係 $R = \{r_1, r_2, \cdots, r_m\}$。一個 KG 有 m 個鄰接矩陣，其中，根據三元組，第 j 個鄰接矩陣對應節點間 r_j 類型的關係。

時序知識圖譜（Temporal Knowledge Graph，TKG）包含一組與時間相關的事實，其中的每個事實都可能與一個時間戳記相連結，這個時間戳記表示了事實所描述事件發生的時間。具有單一時間戳記的事實通常代表通訊事件，具有時間間隔的事實通常代表連結事件（見 15.3.2 節）[1]。在這裡，我們專注於具有單一時間戳記的事實，對於這些事實，TKG 可以被定義為一組形式為 (v_i, r_j, v_k, t) 的 4 元組，其中，t 表示事實 (v_i, r_j, v_k) 發生的時間。根據時間戳記的細微性，我們可以把 TKG 看作 DTDG 或 CTDG。

---

1 但這並不總是正確的，因為人們可能會把一個時間間隔為 [2010, 2015]（意味著從 2010 年到 2015 年）的事實（如 $(v_i, \text{LivedIn}, v_j)$）分解為一個時間戳記為 2010 年的事實（如 $(v_i, \text{StartedLivingIn}, v_j)$）和另一個時間戳記為 2015 年的事實（如 $(v_i, \text{EndedLivingIn}, v_j)$）。

　　TKG 補全是指以 TKG 中現有的時間事實為基礎來學習模型，從而回答類型為 $(v_i, r_j, ?, t)$ 或 $(?, r_j, v_k, t)$ 的查詢，查詢的正確答案是一個實體 $v \in \mathcal{V}$，使得 (v_i, r_j, v, t) 或 (v, r_j, v_k, t) 在訓練期間沒有被觀測到。這主要是一個內插問題，因為要根據過去、現在和未來的事實，在時間戳記 t 上回答查詢。目前，大多數用於 TKG 補全的模型不是以 GNN 為基礎的〔參見（Goel et al, 2020；García-Durán et al, 2018；Dasgupta et al, 2018；Lacroix et al, 2020）〕。這裡描述了一種以 GNN 為基礎的方法，該方法主要以文獻（Wu et al, 2020b）為基礎中的研究工作。

　　由於 TKG 對應於多關係圖，因此為了開發在 TKG 上執行的以 GNN 為基礎的模型，我們首先需要一個關係 GNN。在這裡，我們描述了一個名為關係圖卷積網路（Relational Graph Convolution Network，RGCN）的模型（Schlichtkrull et al, 2018），不過我們也可以使用其他關係 GNN 模型〔參見（Vashishth et al, 2020）〕。GCN 使用相同的權重矩陣投影一個節點的所有鄰居節點（見 15.2.1 節），RGCN 則應用特定關係的投影。設 $\hat{R}$ 是一個關係集合，其包括 $R = \{r_1, \cdots, r_m\}$ 中的每一個關係以及一個自環關係 r_0。注意，每個節點只與自身之間存在關係 r_0。正如在有方向圖中常見的那樣〔參見（Marcheggiani and Titov, 2017）〕，特別是多關係圖〔參見（Kazemi and Poole, 2018）〕，對於每個關係 $r_j \in R$，我們還會在 $\hat{R}$ 中增加一個輔助關係 r_j^{-1}，其中，節點 v_i 與節點 v_k 之間存在關係 r_j^{-1}——當且僅當這兩個節點之間存在關係 r_j 時。RGCN 模型的第 l 層可以描述如下：

$$Z^{(l)} = \sigma\left(\sum_{r \in \hat{R}} D^{(r)^{-1}} A^{(r)} Z^{(l-1)} W^{(l,r)}\right) \tag{15.36}$$

　　其中，$A^{(r)} \in \mathbb{R}^{n \times n}$ 代表關係 r 對應的鄰接矩陣，$D^{(r)}$ 是 $A^{(r)}$ 的度數矩陣，$D_{i,i}^{(r)}$ 代表節點 i 的 r 型傳入關係的數量，$D^{(r)^{-1}}$ 是歸一化項 [1]，$W^{(l,r)}$ 是第 l 層的特定關係權重矩陣，$Z^{(l-1)}$ 代表第（$l-1$）層的節點嵌入，$Z^{(l)}$ 代表第 l 層的更新節點嵌入。如果提供初始特徵矩陣 X 作為輸入，則 $Z^{(0)}$ 可以設定為 X；不然 $Z^{(0)}$ 可以設定為獨熱編碼。$Z^{(0)}$ 是一個元素幾乎為 0 的向量，除在位置 i 是 1 以外。$Z^{(0)}$ 也可以隨機初始化，然後從資料中學習得到。

---

[1]　我們需要處理 $D_{i,i}^{(r)} = 0$ 的情況，以避免產生數字上的問題。

　　在文獻（Wu et al, 2020b）中，TKG 被表述為由多關係圖的快照序列 $[\mathscr{G}^{(1)},\mathscr{G}^{(2)},\cdots,\mathscr{G}^{(\tau)}]$ 組成的 DTDG。每個 $\mathscr{G}^{(t)}$ 包含相同的實體集合 $\mathscr{V}$ 和關係集合 R（對應於 TKG 中的所有實體和關係），並包含 TKG 中的在時間 t 發生的事實 (v_i, r_j, v_k, t)。然後，他們以 TKG 為基礎的 DTDG 公式提出了 RGCN-BiGRU 和 RGCN-Transformer 模型（見 15.4.2 節）。其中，RGCN 模型提供每個時間戳記的節點嵌入，BiGRU 和 Transformer 模型聚合時間資訊。請注意，在每個 $\mathscr{G}^{(t)}$ 中，有可能存在幾個沒有傳入和傳出邊的節點（此外也沒有特徵，因為 TKG 通常沒有節點特徵）。由於 $\mathscr{G}^{(t)}$ 中不存在關於這些節點的資訊，因此 RGCN 不會為這些節點學習表徵。為了處理這個問題，Wu et al（2020b）開發出特殊的 BiGRU 和 Transformer 模型來處理遺漏值。

　　RGCN-BiGRU 和 RGCN-Transformer 模型提供了任何時間戳記 t 的節點嵌入 $H^{(t)}$。要回答諸如 $(v_i, r_j, ?, t)$ 這樣的查詢，可以計算每個 $v_k \in \mathscr{V}$ 的 (v_i, r_j, v_k, t) 的可信度得分，並選擇可信度得分最高的實體。在上述查詢中，找到實體 v_k 的可信度得分的常用方法是使用 TransE 解碼器（Bordes et al, 2013），利用這種方法計算出的可信度得分是 $-\left\| H_i^{(t)} + R_j - H_k^{(t)} \right\|$。其中，$H_i^{(t)}$ 和 $H_k^{(t)}$ 對應時間 t 的節點嵌入（由 RGCN 提供）；R 是一個具有可學習參數的矩陣，共有 $m = |R|$ 行，其中的每一行對應一個關係的嵌入。眾所皆知，TransE 及其擴充對關係類型和屬性做了不切實際的假設（Kazemi and Poole, 2018），為此，我們可以選擇知識圖譜嵌入社區開發的其他解碼器〔比如文獻（Kazemi and Poole, 2018）和（Trouillon et al, 2016）中介紹的模型〕。

　　如果 TKG 中的時間戳記是離散的且數量不多，則可以使用與上述方法類似的方法來回答形如 $(v_i, r_j, v_k, ?)$ 的問題，具體做法是尋找離散時間戳記集合中每個 t 的得分並選擇得分最高的查詢〔參見（Leblay and Chekol, 2018）〕。TKG 的時間預測在外插設定中也獲得了研究，其目標是預測事件未來發生的時間，這主要是透過將時序點過程（temporal point process）作為解碼器來實現的〔參見（Trivedi et al, 2017, 2019）〕。

15.6　小結

　　以圖為基礎的技術正在成為具有關係資訊的應用領域的領先方法。在這些技術中，圖神經網路（GNN）是目前表現良好的方法之一。雖然 GNN 和其他以圖為基礎的技術最初主要是為靜態圖開發的，但把這些方法泛化到動態圖是最近一些研究的主題，並且在幾個重要領域獲得了成功。在本章中，我們回顧了將 GNN 應用於動態圖的技術，我們還回顧了動態 GNN 在不同領域的一些應用，包括電腦視覺、交通預測和知識圖譜等。

> **編者註：**「唯一不變的是『變化』自身」，網路也是如此。因此，將簡單的靜態網路技術泛化到動態網路技術是不可避免的趨勢，針對這個領域的研究正在不斷進步。雖然近年來對動態網路的研究正迅速增加，但為了在第 5 章和其他章中討論的可擴充性和有效性等關鍵問題上取得實質性進展，我們還需要付出更多努力。第 9 章～第 18 章涉及的技術也是如此。從根本上說，現實世界中的許多應用都需要考慮動態網路，如推薦系統（見第 19 章）和智慧城市（見第 27 章）。因此，它們也可以從動態網路技術的進步中受益。

第16章
異質圖神經網路

Chuan Shi[1]

摘要

　　異質圖（Heterogeneous Graph，HG）又稱異質資訊網路（Heterogeneous Information Network，HIN），它在現實世界的場景中無處不在。最近有人研究將圖神經網路（GNN）用於異質圖，出現了異質圖神經網路（Heterogeneous Graph Neural Network，HGNN），旨在學習低維空間的嵌入，同時為下游任務保持異質結構和語義，HGNN 已經引起廣泛關注。在本章中，我們將首先簡要回顧 HG 嵌入的最新發展，然後從淺層和深度模型的角度介紹典型的方法，特別是 HGNN，最後指出這一領域未來的發展方向。

1　Chuan Shi
　　School of Computer Science，Beijing University of Posts and Telecommunications，E-mail：shichuan@bupt.edu.cn

16.1　HGNN 簡介

由不同類型的實體和關係組成的異質圖（Sun and Han, 2013）也被稱為異質資訊網路，它在現實世界的場景中無處不在，從文獻網路、社群網站到推薦系統等。舉例來說，在圖 16.1（a）中，一個文獻網路可以用 HG 表示，它由 4 種類型的實體（作者、論文、會場和術語）和 3 種類型的基本關係（作者 - 寫作 - 論文、論文 - 包含 - 術語和會議 - 發表 - 論文）組成，而且這些基本關係可以進一步衍生出更複雜的語義（如作者 - 寫作 - 論文 - 包含 - 術語）。人們已經充分意識到，HG 是一個包含豐富語義和結構資訊的強大模型。因此，關於 HG 的研究在資料探勘和機器學習領域得到巨大發展。HG 已經在很多方面得到成功應用，如推薦系統（Shi et al, 2018a；Hu et al, 2018a）、文字分析（Linmei et al, 2019；Hu et al, 2020a）以及網路安全（Hu et al, 2019b；Hou et al, 2017）等。

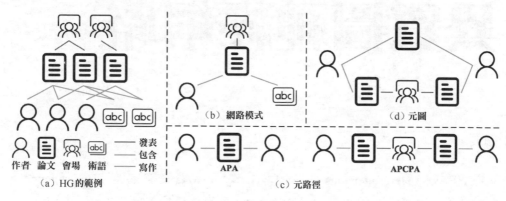

▲ 圖 16.1　異質圖的說明性範例（Wang et al, 2020l）
（本書為單色印刷，色彩標示部分可能無法正確顯示）

緣於 HG 的普遍性，如何學習 HG 的嵌入是各種圖型分析應用中的關鍵研究問題，例如節點分類 / 圖分類（Dong et al, 2017；Fu et al, 2017）以及節點聚類（Li et al, 2019g）。傳統上，矩陣分解方法（Newman, 2006b）會在 HG 中生成隱含特徵。然而，分解大規模矩陣的計算成本通常非常昂貴，而且存在統計性能缺陷（Shi et al, 2016；Cui et al, 2018）。為了應對這一挑戰，近年來 HG 嵌入引起人們廣泛關注。它旨在學習一個將輸入空間映射到低維空間，同時保留異質結構和語義的函式。

同質圖僅由一種類型的節點和邊組成。儘管已經有大量關於同質圖的嵌入技術研究（Cui et al, 2018），但由於存在異質性，這些技術不能直接用於 HG。具體來說：（1）HG 中的結構通常是語義相關的，舉例來說，當考慮不同類型的關係時，元路徑結構（Dong et al, 2017）可能會完全不同；（2）不同類型的節點和邊在不同的特徵空間中具有不同的屬性；（3）HG 通常依賴於應用，而選擇元路徑／元圖可能要求具備足夠的領域知識。

為了解決上述問題，人們提出了各種 HG 嵌入方法（Chen et al, 2018b；Hu et al, 2019a；Dong et al, 2017；Fu et al, 2017；Wang et al, 2019m；Shi et al, 2018a；Wang et al, 2020n）。從技術角度看，我們可以將 HG 嵌入中廣泛使用的模型分為兩類——淺層模型和深度模型。總之，淺層模型隨機地初始化節點嵌入，然後透過最佳化一些精心設計的目標函式來學習節點嵌入，以保留異質結構和語義。深度模型旨在使用深度神經網路（DNN）從節點屬性或互動中學習嵌入，其中 HGNN 脫穎而出。本章將重點介紹 HGNN。事實證明，HG 嵌入技術已經在現實世界的應用中部署成功，包括推薦系統（Shi et al, 2018a；Hu et al, 2018a；Wang et al, 2020n）、惡意軟體檢測系統（Hou et al, 2017；Fan et al, 2018；Ye et al, 2019a）和醫療系統（Cao et al, 2020；Hosseini et al, 2018）等。

本章剩餘部分的內容組織如下：16.1.1 節介紹 HG 的基本概念，其中的 16.1.2 節討論異質性給 HG 嵌入帶來的獨特挑戰，16.1.3 節則對 HG 嵌入的最新發展進行簡要概述；16.2 節和 16.3 節根據淺層模型和深度模型對 HG 嵌入進行詳細分類和介紹；16.4 節進一步回顧上述模型的優缺點；16.5 節預測 HGNN 的未來研究方向。

16.1.1　HG 的基本概念

在本節中，我們將首先正式介紹 HG 的基本概念，並說明本章使用的符號。HG 是由不同類型的實體（即節點）和（或）不同類型的關係（即邊）組成的圖，定義如下。

定義 16.1　異質圖（或異質資訊網路）（Sun and Han, 2013）。HG 被定義為圖 $\mathcal{G} = \{\mathcal{V}, \mathcal{E}\}$，其中，$\mathcal{V}$ 和 $\mathcal{E}$ 分別代表節點集合和邊集合。每個節點 $v \in \mathcal{V}$ 和每條邊 $e \in \mathcal{E}$ 都與它們的映射函式 $\phi(v): \mathcal{V} \to \mathcal{A}$ 和 $\varphi(e): \mathcal{E} \to \mathcal{R}$ 相連結。$\mathcal{A}$ 和 $\mathcal{R}$ 分

別表示節點類型集合和邊類型集合，其中，$|\mathscr{A}|+|\mathscr{R}|>2$。$\mathscr{G}$的**網路模式**被定義為$\mathscr{S}=(\mathscr{A},\mathscr{R})$，可以將其看作異質圖$\mathscr{G}=\{\mathscr{V},\mathscr{E}\}$的元範本，其中具有節點類型映射函式$\phi(v):\mathscr{V}\rightarrow\mathscr{A}$和邊類型映射函式$\varphi(e):\mathscr{E}\rightarrow\mathscr{R}$。網路模式是在節點類型集合$\mathscr{A}$上定義的圖，圖中的邊則是$\mathscr{R}$中的關係類型。

HG 不僅提供了資料連結的圖結構，而且描繪了更高層次的語義。圖 16.1（a）是 HG 的範例，它由 4 種類型的實體（作者、論文、會場和術語）和 3 種類型的關係（作者 - 寫作 - 論文、論文 - 包含 - 術語和會議 - 發表 - 論文）組成；圖 16.1（b）展示了對應的網路模式。為了制定實體間高階關係的語義，人們進一步提出了元路徑（Sun et al, 2011），定義如下。

定義 16.2 元路徑（Sun et al, 2011）。元路徑 p 以網路模式$\mathscr{S}$為基礎，網路模式$\mathscr{S}$可以表示為 $p = N_1 \xrightarrow{R_1} N_2 \xrightarrow{R_2} \cdots \xrightarrow{R_l} N_{l+1}$（可簡寫為 $N_1 N_2 \cdots N_{l+1}$），節點類型為 $N_1, N_2, \cdots, N_{l+1} \in \mathscr{N}$，邊類型為 $R_1, R_2, \cdots, R_l \in \mathscr{R}$。

注意，不同的元路徑描述了不同視圖中的語義關係。舉例來說，元路徑 APA 表示共同作者關係，APCPA 表示共同會議關係，它們兩者都可以用來描述作者之間的連結性。儘管元路徑可以用來描述實體之間的連結性，但是它無法捕捉更複雜的關係，比如模體（motif）（Milo et al, 2002）。為了解決這個問題，Huang et al（2016b）提出了元圖，旨在透過實體和關係類型的有向無環圖來捕捉實體之間更複雜的關係。元圖的定義如下。

定義 16.3 元圖（Huang et al, 2016b）。元圖 $\mathscr{T}$ 可以看作由多個具有共同節點的元路徑組成的有向無環圖（DAG）。在形式上，元圖被定義為$\mathscr{T}=(\mathscr{V}_{\mathscr{T}},\mathscr{E}_{\mathscr{T}})$，其中，$\mathscr{V}_{\mathscr{T}}$是一組節點，$\mathscr{E}_{\mathscr{T}}$是一組邊。對於任意節點 $v\in\mathscr{V}_{\mathscr{T}}$，$\phi(v)\in\mathscr{A}$；對於任意邊 $e\in\mathscr{E}_{\mathscr{T}}$，$\varphi(e)\in\mathscr{R}$。

圖 16.1（d）是元圖的範例。元圖可以看作元路徑 APA 和 APCPA 的組合，元圖反映了兩個節點的高階相似性。請注意，元圖可以是對稱的或不對稱的（Zhang et al, 2020g）。為了學習 HG 嵌入，人們形式化了 HG 嵌入的問題。

定義 16.4 HG 嵌入（Shi et al, 2016）。HG 嵌入旨在學習一個函式 $\Phi:\mathscr{V}\rightarrow\mathbb{R}^d$，以便將 HG 中的節點 $v\in\mathscr{V}$嵌入低維歐幾里德空間，且 $d\ll|\mathscr{V}|$。

16.1.2　異質性給 HG 嵌入帶來的獨特挑戰

與 HG 嵌入不同（Cui et al, 2018），同質圖嵌入的基本問題是在節點嵌入中保留結構和屬性（Cui et al, 2018）。由於存在異質性，HG 嵌入將面臨更多挑戰。以下是對這些挑戰的說明。

複雜的結構（由多種類型的節點和邊引起的複雜的 HG 結構）。在同質圖中，基本結構可以視為一階、二階甚至高階結構（Tang et al, 2015b）。所有這些結構都定義明確，並且具有良好的直觀性。然而，HG 中的結構會因所選關係的不同而發生巨大變化。我們仍然以圖 16.1（a）中的學術圖為例，在「寫作」的關係下，一篇論文的鄰居節點會是作者；而在「包含」的關係下，一篇論文的鄰居節點會是術語。更複雜的是，這些關係（在 HG 中可視為高階結構）的組合將導致不同且更複雜的結構。因此，如何高效且有效地保留這些複雜結構是 HG 嵌入面臨的巨大挑戰，人們目前在元路徑結構（Dong et al, 2017）和元圖結構（Zhang et al, 2018b）方面做出了不少努力。

異質屬性（由屬性的異質性引起的融合問題）。由於同質圖中的節點和邊具有相同的類型，因此節點屬性或邊屬性的每個維度都具有相同的含義。在這種情況下，節點可以直接融合其鄰居節點的屬性。然而，在 HG 中，不同類型的節點和邊的屬性可能具有不同的含義（Zhang et al, 2019b；Wang et al, 2019m）。舉例來說，作者節點的屬性可以是研究領域，而論文節點可能使用關鍵字作為屬性。因此，如何克服屬性的異質性並有效地融合鄰居節點的屬性，是 HG 嵌入面臨的另一個挑戰。

應用依賴性。HG 與現實世界中的應用密切相關，而許多實際問題仍未解決。舉例來說，在實際應用中，建構合適的 HG 可能需要足夠多的領域知識。另外，元路徑 / 元圖已被廣泛用於捕捉 HG 的結構。與結構（如一階和二階結構）定義明確的同質圖不同，在異質圖中，元路徑的選擇可能還需要先驗知識。此外，為了更進一步地促進實際應用，我們通常需要將附加資訊（如節點屬性）（Wang et al, 2019m；Zhang et al, 2019b）或更高級的領域知識（Shi et al, 2018a；Chen and Sun, 2017）精心編碼到 HG 嵌入中。

16.1.3　對 HG 嵌入最新發展的簡要概述

大多數關於圖資料的早期工作以高維稀疏向量為基礎進行矩陣分析。然而，現實世界中圖的稀疏性和不斷增長的規模給這類方法帶來了嚴峻的挑戰。一種更有效的方法是將節點投影到隱含空間，並用低維向量來表示它們。因此，它們可以更靈活地應用於不同的資料探勘任務（如圖嵌入）。

目前已經有很多致力於同質圖嵌入的研究（Cui et al, 2018），這些研究主要以深度模型並結合圖的屬性為基礎來學習節點或邊的嵌入。舉例來說，DeepWalk（Perozzi et al, 2014）結合了隨機遊走和 skip-gram 模型；LINE（Tang et al, 2015b）利用一階和二階相似性來學習大規模圖的突出的節點嵌入；SDNE（Wang et al, 2016）使用深度自編碼器來提取圖結構的非線性特徵。除結構資訊以外，許多方法還進一步使用節點的內容或其他附加資訊（如文字、影像和標籤）來學習更準確和有意義的節點嵌入。一些整體說明論文全面總結了這一領域的研究（Cui et al, 2018；Hamilton et al, 2017c）。

由於存在異質性，同質圖的嵌入技術不能直接用於 HG。因此，研究人員已經開始探索 HG 的嵌入方法，這些方法雖然最近幾年才出現，但發展迅速。我們從技術角度總結了 HG 嵌入中廣泛使用的技術（或模型），它們一般可以分為兩類──淺層模型和深度模型，如圖 16.2 所示。具體來說，淺層模型主要依靠元路徑來簡化 HG 的複雜結構。根據所涉及技術的不同，可以將淺層模型分為以分解為基礎的方法和以隨機遊走為基礎的方法兩類。以分解為基礎的方法（Chen et al, 2018b；Xu et al, 2017b；Shi et al, 2018b，c；Matsuno and Murata, 2018；Tang et al, 2015a；Gui et al, 2016）會將複雜的異質結構分解為幾個較簡單的同質結構；而以隨機遊走為基礎的方法（Dong et al, 2017；Hussein et al, 2018）則利用元路徑引導的隨機遊走來保留特定的一階和高階結構。為了充分利用異質結構和屬性，我們將深度模型分為三類──以訊息傳遞為基礎的方法（HGNN）、以編碼器 - 解碼器為基礎的方法和以對抗為基礎的方法。訊息傳遞機制（即圖神經網路的核心思想）能夠將結構和屬性資訊無縫整合。HGNN 繼承了訊息傳遞機制並設計了合適的匯總函式來捕捉 HG 中豐富的語義（Wang et al, 2019m；Fu et al, 2020；Hong et al, 2020b；Zhang et al, 2019b；Cen et al, 2019；Zhao et al, 2020b；Zhu et al, 2019d；Schlichtkrull et al, 2018）。以編碼器 - 解碼器為基

礎的方法（Tu et al, 2018；Chang et al, 2015；Zhang et al, 2019c；Chen and Sun, 2017）和以對抗為基礎的方法（Hu et al, 2018a；Zhao et al, 2020c）則分別採用編碼器 - 解碼器框架和對抗性學習來保留 HG 的複雜屬性和結構資訊。在接下來的內容中，我們將詳細介紹各子類別的代表性研究成果，並比較它們的優缺點。

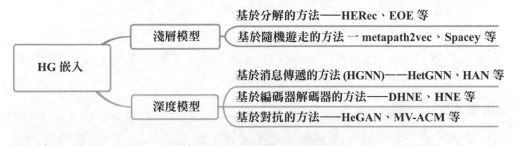

▲ 圖 16.2 HG 嵌入的樹分類別圖

16.2 淺層模型

　　早期的 HG 嵌入方法主要採用淺層模型。它們首先隨機地初始化節點嵌入，然後透過最佳化一些精心設計的目標函式來學習節點嵌入。根據所涉及技術的不同，可以將淺層模型分為兩類——以分解為基礎的方法和以隨機遊走為基礎的方法。

16.2.1 以分解為基礎的方法

　　為了應對異質性帶來的挑戰，以分解為基礎的方法（Chen et al, 2018b；Xu et al, 2017b；Shi et al, 2018b，c；Matsuno and Murata, 2018；Tang et al, 2015a；Gui et al, 2016）會將 HG 分解成幾個更簡單的子圖，並保留每個子圖中節點的接近性，最後合併資訊以達到分而治之的效果。

　　具體來說，HERec（Shi et al, 2018a）旨在學習不同元路徑下使用者和物品的嵌入，並在融合它們後進行推薦。如圖 16.3 所示，HERec 首先根據使用者 - 物品 HG 上的元路徑引導的隨機遊走找到使用者和物品的共同出現序列。然後，HERec 使用 node2vec（Grover and Leskovec, 2016）從使用者和物品的共同出現

序列中學習初步嵌入。由於不同元路徑下的嵌入包含不同的語義資訊，為了提高推薦表現，他們為 HERec 設計了一個融合函式來統一多個嵌入：

$$g(h_u^p) = \frac{1}{|p|} \sum_{p-1}^{p} (W^p h_u^p + b^p) \tag{16.1}$$

其中，h_u^p 是使用者節點 u 在元路徑 p 下的嵌入。P 表示元路徑的集合。物品嵌入的融合與使用者類似。最後，HERec 透過預測層來預測使用者喜歡的物品。HERec 聯合最佳化了圖嵌入和推薦目標。

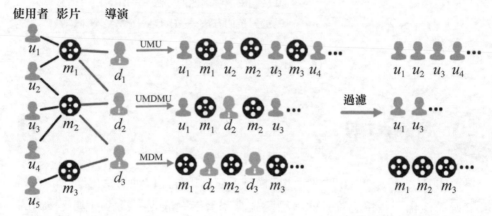

▲ 圖 16.3 HERec（Shi et al, 2018a）中提出的元路徑引導的隨機遊走的說明性範例。HERec 首先在一些選定的元路徑引導下進行隨機遊走，然後過濾不符合使用者類型或物品類型的節點序列（本書為單色印刷，色彩標示部分可能無法正確顯示）

作為另一個範例，EOE 被提出來用於學習耦合 HG 的嵌入。EOE 由兩個不同但相關的子圖組成。HG 中的邊被分為圖內邊和圖間邊。圖內邊連接具有相同類型的兩個節點，而圖間邊連接具有不同類型的兩個節點。為了捕捉圖間邊的異質性，EOE（Xu et al, 2017b）使用關係特定矩陣 M_r 來計算兩個節點之間的相似性，具體可以表述為

$$S_r(v_i, v_j) = \frac{1}{1 + \exp\{-h_i^T M_r h_j\}} \tag{16.2}$$

同理，PME（Chen et al, 2018b）根據邊的類型將 HG 分解為一些二分圖，並將每個二分圖投影到一個特定關係的語義空間。PTE（Tang et al, 2015a）首

先將文件分為詞 - 詞圖、詞 - 文件圖和詞 - 標籤圖，然後使用 LINE（Tang et al, 2015b）來學習每個子圖的共用節點嵌入。HEBE（Gui et al, 2016）則從 HG 中取出一系列子圖，並保留中心節點與其子圖之間的接近性。

上述包含分解和融合的兩步框架作為從同質網路到 HG 的過渡產物，在 HG 嵌入的早期嘗試中經常被使用。後來，研究者逐漸意識到，從 HG 中提取異質圖會不可逆地遺失異質鄰域所攜帶的資訊，於是人們開始探索真正適合異質結構的 HG 嵌入方法。

16.2.2　以隨機遊走為基礎的方法

隨機遊走會在圖中生成一些節點序列，它們經常被用來描述節點之間的可達性。因此，以隨機遊走為基礎的方法被廣泛用於圖表徵學習中，以抽樣節點的鄰接關係並捕捉圖中的局部結構（Grover and Leskovec, 2016）。在同質圖中，節點類型是單一的，隨機遊走可以沿著任何路徑遊走；而在 HG 中，由於存在節點和邊的類型約束，我們通常採用元路徑引導的隨機遊走，這樣生成的節點序列將不僅包含結構資訊，而且包含語義資訊。透過保留節點序列結構，節點嵌入可以同時保留一階和高階接近性（Dong et al, 2017）。在這方面，一個比較有代表性的成果是 metapath2vec（Dong et al, 2017），它使用元路徑引導的隨機遊走來捕捉兩個節點的語義資訊，例如學術圖中的共同作者關係，如圖 16.4 所示。

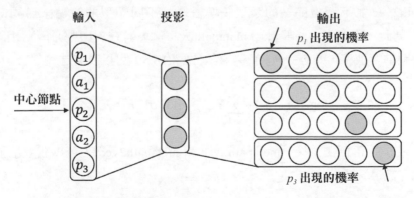

▲ 圖 16.4　metapath2vec 的架構（Dong et al, 2017）。節點序列是在元路徑 PAP 下生成的。metapath2vec 會將中心節點（如 p_2）的嵌入投影到隱含空間，並使其以元路徑為基礎的上下文節點（如節點 p_1、p_3、a_1 和 a_2）出現的機率得到最大化

metapath2vec（Dong et al, 2017）主要使用元路徑引導的隨機遊走來生成具有豐富語義的異質節點序列，然後設計一種異質 skip-gram 技術來保留節點 v 與其上下文節點（即隨機遊走序列中的鄰居節點）之間的接近性：

$$\text{argmax}_\theta \sum_{v \in \mathcal{V}} \sum_{t \in \mathcal{N}} \sum_{c_t \in C_t(v)} \log p(c_t \mid v; \theta) \tag{16.3}$$

其中，$C_t(v)$ 代表節點 v 的上下文節點的集合，這些節點的類型為 t。$p(c_t \mid v; \theta)$ 表示節點 v 與其上下文鄰居節點 ct 的異質相似性函式：

$$p(c_t \mid v; \theta) = \frac{e^{h_{c_t} \cdot h_v}}{\sum_{\tilde{v} \in \mathcal{V}} e^{h_{\tilde{v}} \cdot h_v}}$$

從圖 16.4 可知，式（16.4）需要計算中心節點與其鄰居節點之間的相似性。後來，Mikolov et al（2013b）引入了一種負抽樣策略來減少計算量。因此，式（16.4）可以近似為

$$\log \sigma(h_{c_t} \cdot h_v) + \sum_{q=1}^{Q} \mathbb{E}_{\tilde{v}^q \sim P(\tilde{v})}[\log \sigma(-h_{\tilde{v}^q} \cdot h_v)] \tag{16.5}$$

其中，σ 是 Sigmoid 函式，$P(\tilde{v})$ 是負節點 $\tilde{v}^q$ 被抽樣 Q 次的分布。透過引入這種負抽樣策略，時間複雜度得到極大降低。然而，在選擇負樣本時，metapath2vec 並不考慮節點的類型。換言之，不同類型的節點來自同一分布 $P(\tilde{v})$。為此，人們進一步設計出 metapath2vec++，旨在對與中心節點相同類型的負節點進行抽樣，如 $\tilde{v}^q_t \sim P(\tilde{v}_t)$。於是，式（16.5）可以改寫為

$$\log \sigma(h_{c_t} \cdot h_v) + \sum_{q=1}^{Q} \mathbb{E}_{\tilde{v}^q_t \sim P(\tilde{v}_t)}[\log \sigma(-h_{\tilde{v}^q_t} \cdot h_v)] \tag{16.6}$$

在最小化目標函式後，metapath2vec 和 metapath2vec++ 可以有效地捕捉結構資訊和語義資訊。

以 metapath2vec 為基礎，人們提出了一系列的變形。舉例來說，Spacey（He et al, 2019）設計了一種異質空間隨機遊走方法，旨在用二階超矩陣來控制不同節點類型之間的轉換機率，從而統一不同的元路徑。JUST（Hussein et

al, 2018）提出了一種帶有「跳躍和停留」（Jump and Stay）策略的隨機遊走
方法，旨在靈活地選擇改變或維持無元路徑的隨機遊走中下一個節點的類型。
BHIN2vec（Lee et al, 2019e）提出了一種擴充的 skip-gram 技術來平衡各種類型
的關係，旨在將 HG 嵌入視為多個以關係為基礎的任務，並透過調整不同任務的
訓練比例來平衡不同關係對節點嵌入的影響。HHNE（Wang et al, 2019n）則在
雙曲空間（Helgason，1979）中進行元路徑引導的隨機遊走，節點之間的相似性
可以用雙曲距離來衡量，如此就可以自然地將 HG 的一些特性（如層次結構和冪
律結構）反映在學習的節點嵌入中。

16.3 深度模型

近年來，深度神經網路（DNN）在電腦視覺和自然語言處理領域獲得了巨
大成功。一些工作也開始使用深度模型從 HG 的節點屬性或節點之間的相互作用
中學習嵌入。與淺層模型相比，深度模型可以更進一步地捕捉非線性關係。深
度模型大致可以分為三類——以訊息傳遞為基礎的方法、以編碼器 - 解碼器為基
礎的方法和以對抗為基礎的方法。

16.3.1 以訊息傳遞為基礎的方法

GNN 是最近才出現的，它的核心思想在於訊息傳遞機制，訊息傳遞機制能
夠聚合鄰域資訊並以訊息的形式將它們傳送給鄰域節點。與 GNN 可以直接融
合鄰居節點的屬性來更新節點嵌入不同，由於節點和邊的類型不同，以訊息傳
遞為基礎的方法（HGNN）需要克服屬性的異質性，並設計有效的融合方法來
利用鄰居節點的資訊。因此，HGNN 的關鍵部分是設計一個合適的匯總函式，
以捕捉 HGNN 的語義和結構資訊（Wang et al, 2019m；Fu et al, 2020；Hong
et al, 2020b；Zhang et al, 2019b；Cen et al, 2019；Zhao et al, 2020b；Zhu et al,
2019d；Schlichtkrull et al, 2018）。

無監督 HGNN 無監督 HGNN 旨在學習具有良好泛化的節點嵌入。為此，
它們總是利用不同類型的屬性之間的相互作用來捕捉隱含的共同點。HetGNN
（Zhang et al, 2019b）是無監督 HGNN 的典型代表，它由三部分組成——內容

聚合、鄰居聚合和類型聚合。內容聚合旨在從不同的節點內容（如影像、文字或屬性）中學習融合的嵌入：

$$f_1(v) = \frac{\sum\limits_{i \in C_v} [\overrightarrow{\text{LSTM}}\{\mathscr{FC}(h_i)\} \oplus \overleftarrow{\text{LSTM}}\{\mathscr{FC}(h_i)\}]}{|C_v|} \qquad (16.7)$$

其中，C_v 是節點 v 的屬性類型，h_i 是節點 v 的第 i 個屬性。一個雙向長短期記憶（Bi-LSTM）（Huang et al, 2015）網路被用來融合由多個屬性編碼器 FC 學習的嵌入。

鄰居聚合的目的是透過 Bi-LSTM 捕捉位置資訊來聚合具有相同類型的節點：

$$f_2^t(v) = \frac{\sum\limits_{v' \in N_t(v)} [\overrightarrow{\text{LSTM}}\{f_1(v')\} \oplus \overleftarrow{\text{LSTM}}(f_1(v'))]}{|N_t(v)|} \qquad (16.8)$$

其中，$N_t(v)$ 是類型為 t 的節點 v 的一階鄰居節點。

類型聚合則使用一種注意力機制來混合不同類型的嵌入，並生成最終的節點嵌入。

$$\boldsymbol{h}_v = \alpha^{v,v} f_1(v) + \sum_{t \in O_v} \alpha^{v,t} f_2^t(v) \qquad (16.9)$$

其中，h_v 是節點 v 的最終嵌入，O_v 表示節點類型的集合。最後，HetGNN 使用異質 skip-gram 損失作為無監督圖的上下文損失函式來更新節點嵌入。透過這三種聚合方法，HetGNN 實現了保留圖結構和節點屬性的異質性。

其他的無監督方法不是捕捉節點屬性的異質性，就是捕捉圖結構的異質性。HNE（Chang et al, 2015）用於學習 HG 中跨模型態資料的嵌入，但其忽略了各種類型的邊。SHNE（Zhang et al, 2019c）設計了一個帶有門控循環單元（GRU）的深度語義編碼器（Chung et al, 2014），以著重捕捉節點的語義資訊。雖然 SHNE 使用異質 skip-gram 技術來保留圖的異質性，但其卻是專門為文字資料設計的。Cen 提出了 GATNE（Cen et al, 2019），旨在學習多重圖中的節點嵌入，即具有不同類型邊的異質圖。與 HetGNN 相比，GATNE 更注重區分節點對之間不同的邊關係。

半監督 HGNN　與無監督 HGNN 不同，半監督 HGNN 旨在以點對點方式學習特定於任務的節點嵌入。以這個原因為基礎，它們更傾向於使用注意力機制來捕捉與任務最相關的結構和屬性資訊。Wang（Wang et al, 2019m）提出了異質圖注意力網路（HAN），旨在使用分層注意力機制來捕捉節點和語義的重要性。HAN 的框架如圖 16.5 所示。

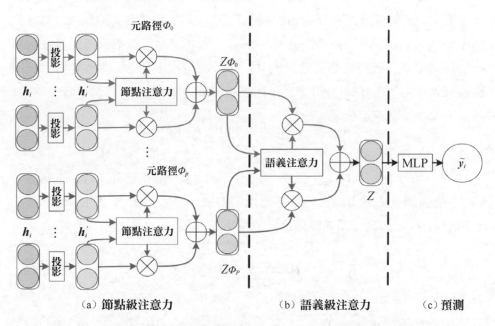

▲　圖 16.5　HAN 的框架（Wang et al, 2019m）
（本書為單色印刷，色彩標示部分可能無法正確顯示）

HAN 由三部分組成——節點級注意力、語義級注意力和預測。節點級注意力旨在利用自注意力機制（Vaswani et al, 2017）來學習某個元路徑下鄰居節點的重要性：

$$\alpha_{ij}^{m} = \frac{\exp(\sigma(\boldsymbol{a}_{m}^{\mathrm{T}} \cdot [\boldsymbol{h}_i' \,\|\, \boldsymbol{h}_j']))}{\sum\limits_{k \in \mathcal{N}_i^{m}} \exp(\sigma(\boldsymbol{a}_{m}^{\mathrm{T}} \cdot [\boldsymbol{h}_j' \,\|\, \boldsymbol{h}_k')]))} \qquad (16.10)$$

其中，$\mathcal{N}_i^{m}$ 是節點 v_i 在元路徑 m 下的鄰居節點，α_{ij}^{m} 是節點 v_j 到節點 v_i 在元路徑 m 下的權重。

節點級聚合被定義為

$$h_i^m = \sigma\left(\sum_{j \in \mathcal{N}_i^m} \alpha_{ij}^m \cdot h_j\right) \qquad (16.11)$$

其中，h_i^m 表示以元路徑 m 下為基礎的節點 i 學習的嵌入。由於不同的元路徑捕捉 HG 的不同語義資訊，因此這裡設計了一種語義級注意力機制來計算元路徑的重要性。給定一組元路徑 $\{m_0, m_1, \cdots, m_P\}$，在將節點特徵輸入節點級注意力後，便得到 P 個語義特定的節點嵌入 $\{H_{m_0}, H_{m_1}, \quad , H_{m_P}\}$。為了有效地聚合不同的語義嵌入，人們為 HAN 設計了以下語義級注意力機制：

$$w_{m_i} = \frac{1}{|\mathcal{V}|} \sum_{i \in \mathcal{V}} q^{\mathrm{T}} \cdot \tanh(W \cdot h_i^m + b) \qquad (16.12)$$

其中，$W \in \mathbb{R}^{d' \times d}$ 和 $b \in \mathbb{R}^{d' \times 1}$ 分別表示 MLP 的權重矩陣和偏置矩陣。$q \in \mathbb{R}^{d' \times 1}$ 是語義級注意力向量。為了防止節點嵌入過大，HAN 使用 Softmax 函式來歸一化 w_{m_i}。因此，語義級聚合被定義為

$$H = \sum_{i=1}^{P} \beta_{m_i} \cdot H_{m_i} \qquad (16.13)$$

其中，β_{m_i} 表示歸一化的 w_{m_i}，代表語義重要性。$H \in \mathbb{R}^{N \times d}$ 表示最終的節點嵌入。最後，HAN 使用一個特定的任務層來微調具有少量標籤的節點嵌入。嵌入 H 可以用於下游任務，如節點聚類和連結預測。HAN 不僅第一次將 GNN 泛化到了異質圖，而且設計了一種分層的注意力機制，這種注意力機制可以同時捕捉結構和語義資訊。

隨後，一系列以注意力為基礎的 HGNN 被提出（Fu et al, 2020；Hong et al, 2020b；Hu et al, 2020e）。MAGNN（Fu et al, 2020）設計了元路徑內聚合和元路徑間聚合：前者旨在對目標節點周圍的一些元路徑實例進行抽樣，並使用注意力層來學習不同實例的重要性；後者旨在學習不同元路徑的重要性。HetSANN（Hong et al, 2020b）和 HGT（Hu et al, 2020e）則將一種類型的節點作為查詢來計算周圍其他類型節點的重要性，透過使用這種方法，它們不僅可以捕捉不同類型節點之間的相互作用，而且可以在聚合時為鄰居節點分配不同的權重。

除上面介紹的 HGNN 以外，還有一些專注於其他問題的 HGNN。NSHE（Zhao et al, 2020b）提出在聚合鄰域資訊時納入網路模式而非元路徑。GTN（Yun et al, 2019）的目的是在學習節點嵌入的過程中自動辨識有用的元路徑和高階邊。RSHN（Zhu et al, 2019d）使用原始節點圖和粗線圖設計出了可以感知關聯式結構的 HGNN。RGCN（Schlichtkrull et al, 2018）則使用多個權重矩陣將節點嵌入投影到不同的關係空間，從而捕捉圖的異質性。

與淺層模型相比，HGNN 有一個明顯的優勢，就是具有歸納式學習的能力，它們可以學習樣本外節點的嵌入。此外，HGNN 需要較小的記憶體空間，因為它們只需要儲存模型參數。HGNN 的這兩個優勢對現實世界中的應用非常重要。然而，它們在推理和再訓練方面仍然存在巨大的時間成本。

16.3.2 以編碼器 - 解碼器為基礎的方法

以編碼器 - 解碼器為基礎的方法旨在採用一些神經網路作為編碼器，從節點屬性中學習嵌入，並設計解碼器來保留圖的一些屬性（Tu et al, 2018；Chang et al, 2015；Zhang et al, 2019c；Chen and Sun, 2017；Zhang et al, 2018a；Park et al, 2019）。

舉例來說，DHNE（Tu et al, 2018）提出了以超路徑為基礎的隨機遊走方法，以保留超圖的結構資訊和不可分解性。具體來說，他們設計了一個新穎的深度模型，以產生一個非線性元組相似性函式，同時捕捉給定 HG 的局部和全域結構。如圖 16.6 所示，這裡以一個包含三個節點 a、b、c 的超邊為例介紹。DHNE 的第一層是一個自編碼器，用於學習隱含嵌入並保留圖的二階結構（Tang et al, 2015b）。DHNE 的第二層是一個全連接層，其嵌入將被並置：

$$L = \sigma(W_a h_a \oplus W_b h_b \oplus W_c h_c) \tag{16.14}$$

其中，L 表示超邊的嵌入；h_a、h_b 和 $h_c \in \mathbb{R}^{d \times 1}$ 是由自編碼器學習的節點 a、b 和 c 的嵌入。W_a、W_b 和 $W_c \in \mathbb{R}^{d' \times d}$ 是不同節點類型的變換矩陣。

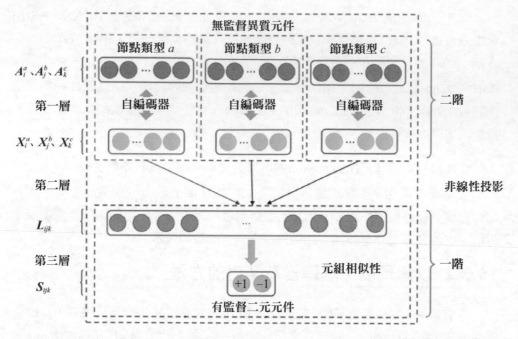

▲ 圖 16.6　DHNE 的框架（Tu et al, 2018）。DHNE 透過學習異質超網路中的節點嵌入，可以同時解決不可分解的超邊問題並保留豐富的結構資訊（本書為單色印刷，色彩標示部分可能無法正確顯示）

　　DHNE 的第三層用於計算超邊的不可分解性：

$$\mathscr{S} = \sigma(\boldsymbol{W} \cdot \boldsymbol{L} + \boldsymbol{b}) \tag{16.15}$$

　　其中，$\mathscr{S}$ 表示超邊的不可分解性，$\boldsymbol{W} \in \mathbb{R}^{1 \times 3d'}$ 和 $\boldsymbol{b} \in \mathbb{R}^{1 \times 1}$ 分別為權重矩陣和偏置矩陣。$\mathscr{S}$ 的值越大，越表示這些節點來自現有的超邊，否則 $\mathscr{S}$ 的值應該很小。

　　同理，HNE（Chang et al, 2015）專注於多模式異質圖。HNE 首先使用 CNN 和自編碼器來學習影像和文字的嵌入，然後使用這些嵌入來預測影像和文字之間是否存在邊。Camel（Zhang et al, 2018a）使用 GRU 作為編碼器，並從摘要中學習論文節點的嵌入表徵。Camel 還使用一個 skip-gram 目標函式來保留圖的局部結構。

16.3.3　以對抗為基礎的方法

　　以對抗為基礎的方法利用生成器和判別器之間的博弈來學習堅固的節點嵌入。在同質圖中，以對抗為基礎的方法只考慮結構資訊，舉例來說，GraphGAN（Wang et al, 2018a）在生成虛擬節點時使用廣度優先搜尋。在 HG 中，判別器和生成器被設計為具有關係感知能力，以捕捉 HG 上豐富的語義。HeGAN（Hu et al, 2018a）則第一次在 HG 嵌入中使用了 GAN。HeGAN 將多重關係合併到了生成器和判別器中，從而考慮給定圖的異質性。

　　如圖 16.7（c）所示，HeGAN 主要由兩部分組成——生成器和判別器。給定一個節點，生成器試圖生成與給定節點相關的假樣本，並提供給判別器；而判別器則試圖改進其參數，以區分假樣本與實際連接到給定節點的真實樣本。訓練得更好的判別器將迫使生成器生成更好的假樣本，然後重複這一過程。在這樣的迭代過程中，生成器和判別器都會得到實際的、積極的強化。雖然這種設定看起來可能與以前以 GAN 為基礎的網路嵌入的研究（Cai et al, 2018c；Dai et al, 2018c；Pan et al, 2018）相似，但 HeGAN 採用了兩個主要的創新手段來解決在 HIN 上進行對抗性學習時面臨的挑戰。

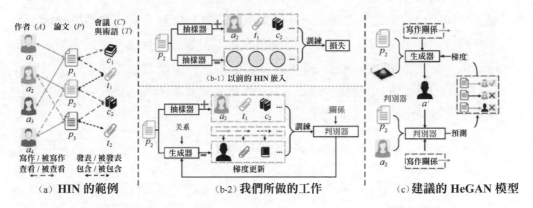

▲　圖 16.7　Hu et al（2018a）對 HeGAN 做了概述。（a）用於文獻資料的小型 HG；（b）HeGAN 和以前工作的比較；（c）在 HG 上進行對抗性學習的 HeGAN 框架（本書為單色印刷，色彩標示部分可能無法正確顯示）

首先，現有的研究只針對給定節點的結構連接，利用 GAN 來區分一個節點是真的還是假的，而沒有考慮到 HIN 中的異質性。舉例來說，給定一篇論文 p_2，節點 a_2 和 a_4 被視為真的，而節點 a_1 和 a_3 由於只以圖 16.7（a）所示 HIN 為基礎的拓撲結構，因此被視為假的。然而，a_2 和 a_4 被連接到 p_2 的原因有所不同：a_2 寫了 p_2，而 a_4 只是查看了 p_2。因此，它們錯過了 HG 所承載的有價值的語義，無法區分 a_2 和 a_4，儘管它們扮演不同的語義角色。給定一篇論文 p_2 和一個關係（比如寫作 / 被寫作），HeGAN 引入了關係感知判別器來區分 a_2 和 a_4。在形式上，關係感知判別器 $C(e_v \,|\, u,r;\theta^C)$ 評估了節點 u 和節點 v 之間的連線性（即關係 r）：

$$C(e_v \,|\, u,r;\theta^C) = \frac{1}{1 + \exp(-e_u^{C^{\mathrm{T}}} M_r^C e_v)} \qquad (16.16)$$

其中，$e_v \in \mathbb{R}^{d \times 1}$ 是樣本 v 的輸入嵌入，$e_u \in \mathbb{R}^{d \times 1}$ 是節點 u 的可學習嵌入，$M_r^C \in \mathbb{R}^{d \times d}$ 是關係 r 的可學習關係矩陣。

其次，現有的研究在樣本生成方面的效果和效率都是有限的，它們通常使用某種形式的 Softmax 函式對原始圖中所有節點的分布進行建模。就有效性而言，它們的假樣本被限制在圖中的節點上，而最具代表性的假樣本可能會落在嵌入空間中現有節點「之間」。舉例來說，給定一篇論文 p_2，它們只能從 $\mathcal{V}$ 中選擇假樣本，如 a_1 和 a_3。然而，這兩個假樣本可能與真實樣本（如 a_2）並不充分相似。為了更進一步地生成樣本，我們引入了一個廣義生成器，它可以生成圖 16.7（c）所示的 a' 等隱含節點，其中，讓 $a' \notin \mathcal{V}$ 是有可能的。特別是，這個廣義生成器利用了以下高斯分布：

$$\mathcal{N}(e_u^{G^{\mathrm{T}}} M_r^G, \sigma^2 I) \qquad (16.17)$$

其中，$e_u^{G^{\mathrm{T}}} \in \mathbb{R}^{d \times 1}$ 和 $M_r^G \in \mathbb{R}^{d \times d}$ 分別表示 $u \in \mathcal{V}$ 的節點嵌入以及生成器的 $r \in \mathcal{R}$ 的關係矩陣。

除 HeGAN 以外，MV-ACM（Zhao et al, 2020c）使用 GAN 並透過計算不同視圖中節點的相似性來生成互補視圖。整體來說，以對抗為基礎的方法傾向於利用負樣本來提高嵌入的堅固性。但是負樣本的選擇對表現有很大的影響，從而導致更高的方差。

16.4　回顧

以上述淺層模型和深度模型為基礎的代表性研究可以發現，淺層模型主要關注 HG 的結構，而很少使用屬性等附加資訊。可能的原因之一是，淺層模型很難描述附加資訊和結構資訊的關係。DNN 的學習能力支持這種複雜關係的建模。舉例來說，以訊息傳遞為基礎的方法擅長同時編碼結構和屬性，並融合不同的語義資訊。與以訊息傳遞為基礎的方法相比，由於缺乏訊息傳遞機制，以編碼器 - 解碼器為基礎的方法在融合資訊方面比較弱，但它們更靈活，可以透過不同的解碼器引入不同的目標函式。以對抗為基礎的方法傾向於利用負樣本來提高嵌入的堅固性，但是負樣本的選擇對表現有很大的影響，從而導致更高的方差（Hu et al, 2019a）。

然而，淺層模型和深度模型各有優缺點。淺層模型缺乏非線性串列示能力，但效率高，易於平行處理化。特別是，隨機遊走技術的複雜性由兩部分組成——隨機遊走和 skip-gram，這兩部分與節點的數量是線性關係。以分解為基礎的技術需要根據邊的類型將 HG 劃分為子圖，因此其複雜度與邊的數量是線性關係，相比隨機遊走要高。深度模型具有更強的表徵能力，但它們更容易擬合雜訊，具有更高的時間和空間複雜度。此外，深度模型繁瑣的超參數調整也被人詬病。但隨著深度學習的普及，深度模型，尤其是 HGNN，已經成為 HG 嵌入的主要研究方向。

16.5　未來的方向

近年來，HGNN 已經取得很大的進展，這清晰地表示 HGNN 是一個強大且有前途的圖型分析範式。在本節中，我們將討論更多的問題與挑戰，並探討未來一系列可能的研究方向。

16.5.1　結構和屬性儲存

HGNN 的成功建立在 HG 結構儲存的基礎之上。這也促使許多 HGNN 利用不同的 HG 結構，其中最典型的是元路徑（Dong et al, 2017；Shi et al, 2016）。沿著這個想法，我們自然要將元圖結構考慮在內（Zhang et al, 2018b）。然而，HG 遠不止這些結構。在現實世界中，選擇最合適的元路徑仍然是非常具有挑戰性的。不恰當的元路徑將從根本上阻礙 HGNN 的表現。我們是否可以探索其他技術，比如利用模體（Zhao et al, 2019a；Huang et al, 2016b）或網路模式（Zhao et al, 2020b）來捕捉 HG 結構。此外，如果重新思考傳統圖嵌入的目標——用度量空間中的距離 / 相似性代替結構資訊，則我們需要探索的研究方向是，我們是否可以設計出能夠自然學習這種距離 / 相似性的 HGNN，而非使用預先定義的元路徑 / 元圖。

如前所述，目前許多 HGNN 主要考慮的是結構。然而，一些通常為 HG 模型提供額外有用資訊的屬性還沒有得到充分考慮。其中一個典型的屬性是 HG 的動態性，現實世界中的 HG 總是隨著時間的演進而演變。儘管研究者提出了對動態 HG 進行增量學習（Wang et al, 2020m），但是動態 HG 嵌入仍然面臨巨大的挑戰。舉例來說，Bian et al（2019）只提出了一個淺層模型，這極大限制了其嵌入能力。如何在 HGNN 框架下學習動態 HG 嵌入是一個值得研究的問題。另一個典型的屬性是 HG 的不確定性，HG 的生成通常是多方面的，HG 中的節點包含不同的語義。傳統上，學習一個向量嵌入通常並不能極佳地捕捉這種不確定性。高斯分布可能天生代表了不確定性屬性（Kipf and Welling, 2016；Zhu et al, 2018），但它在很大程度上被當前的 HGNN 忽略了。這為改進 HGNN 提供了一個巨大的潛在方向。

16.5.2　更深入的探索

我們見證了 GNN 的巨大成功和影響，其中大多數現有的 GNN 是針對同質圖提出的（Kipf and Welling, 2017b；Veličković et al, 2018）。最近，HGNN 引起人們相當大的關注（Wang et al, 2019m；Zhang et al, 2019b；Fu et al, 2020；Cen et al, 2019）。

人們自然而然地會問：GNN 和 HGNN 的本質區別是什麼？針對 HGNN，目前還缺乏更多的理論分析。舉例來說，人們普遍認為 GNN 存在過平滑問題（Li et al, 2018b），那麼 HGNN 也存在這樣的問題嗎？如果答案是肯定的，那麼既然 HGNN 通常包含多種聚合策略（Wang et al, 2019m；Zhang et al, 2019b），是什麼因素導致過平滑問題呢？

除理論分析以外，新技術的設計也很重要。其中一個很重要的方向是自監督學習。自監督學習使用代理任務來訓練神經網路，從而減少對人工標籤的依賴（Liu et al, 2020f）。考慮到標籤不足的實際需求，自監督學習非常有利於無監督和半監督學習，並且在同質圖嵌入上具有引人注目的表現（Sun et al, 2020c）。因此，在 HGNN 上探索自監督學習有望進一步促進該領域的發展。

另一個重要的方向是對 HGNN 進行預訓練（Hu et al, 2020d；Qiu et al, 2020a）。目前，HGNN 是獨立設計的，也就是說，已提出的方法通常對某些任務很有效，但沒有考慮到跨不同任務的遷移能力。當處理一個新的 HG 或任務時，我們必須從頭開始訓練 HGNN，這既耗時又需要大量的標籤。在這種情況下，如果有一個預先訓練好的具有很強泛化能力的 HGNN，並且只需要使用很少的標籤進行微調，就可以減少時間和標籤消耗。

16.5.3　可靠性

除 HG 的屬性和技術以外，我們還須關注 HGNN 的倫理問題，如公平性、堅固性和可解釋性。考慮到大多數方法是黑盒方法，讓 HGNN 具有可靠性是未來的一項重要工作。

公平性　模型學習的嵌入有時與某些屬性高度相關，如年齡或性別，這可能會放大預測結果中的社會刻板印象（Du et al, 2020）。因此，學習公平或無偏見的嵌入是一個重要的研究方向。目前雖然已有一些關於同質圖嵌入的公平性方面的研究（Bose and Hamilton, 2019；Rahman et al, 2019），但 HGNN 的公平性仍然是一個有待解決的問題，這也是未來的重要研究方向。

堅固性　HGNN 的堅固性，特別是對抗攻擊性，始終是一個重要問題（Madry et al, 2017）。由於現實世界中的許多應用都是以 HG 為基礎建立的，因此

HGNN 的堅固性成為一個緊迫而未解決的問題。HGNN 的弱點是什麼以及如何加強以提高堅固性，這些都需要做進一步研究。

可解釋性　在一些要求風險控制的場景中，例如詐騙檢測（Hu et al, 2019b）和生物醫學（Cao et al, 2020），對模式或嵌入進行解釋是很重要的。HG 的重要優勢就在於其包含豐富的語義，這有可能為提高 HGNN 的可解釋性提供洞察力。此外，我們還可以考慮新興的解耦學習（Siddharth et al, 2017；Ma et al, 2019c），以便將嵌入表徵解耦為不同的隱含空間以提高可解釋性。

16.5.4　應用

許多以 HG 為基礎的應用已經步入圖嵌入的時代。HGNN 在電子商務和網路安全方面的強大性能已經得到證明。探索 HGNN 在其他領域的更多應用，這在未來有著巨大的發展潛力。舉例來說，在軟體工程領域，測試樣本、申請表和問題表之間存在複雜的關係，這些關係可以自然地建模為 HG。因此，HGNN 有望為這些新領域開闢廣闊的前景，並成為一種有前途的分析工具。生物邏輯系統也可以自然地建模為 HG，典型的生物邏輯系統包含許多類型的物件，如基因表達、化學、表型和微生物。基因表達和表型之間也有多重關係（Tsuyuzaki and Nikaido, 2017）。HG 結構已經身為分析工具被應用於生物邏輯系統，這表示 HGNN 有望提供更具前景的結果。

此外，由於 HGNN 的複雜性相對較大，而且技術難以平行處理化，因此現有的 HGNN 難以應用於大規模的工業場景。舉例來說，電子商務推薦中的節點數量可能達到 10 億（Zhao et al, 2019b）。因此，在解決可擴充性和效率挑戰的同時，在各種應用中成功部署技術將是非常有前途的。

編者註：異質圖的概念在本質上起源於資料探勘領域。儘管異質圖通常可以表述為屬性圖（見第 4 章），但前者的研究重點通常是子圖（如路徑）中節點類型的頻繁組合模式。異質圖代表了現實世界中的廣泛應用，這些應用通常由多個異質資料來源組成。舉例來說，在第 19 章介紹的推薦系統中，我們既有「使用者」節點和「物品」節點，也有由多節點類型形成的高階模式。同樣，分子和蛋白質以及自然語言處理和程式分析中的許多網路也可以視為異質圖（見第 21 章、第 22 章、第 24 章和第 25 章）。

第17章
自動機器學習

Kaixiong Zhou、*Zirui Liu*、*Keyu Duan* 和 *Xia Hu*[1]

摘要

　　圖神經網路（GNN）是分析網路資料的高效深度學習工具。GNN 已被廣泛應用於圖型分析任務中，它的快速發展促進了越來越多新型架構的出現。在實踐中，神經架構的建構和訓練超參數的調整對節點表徵的學習和最終模型的表現

1　Kaixiong Zhou

　　Department of Computer Science and Engineering，Texas A&M University，E-mail：zkxiong@tamu.edu Zirui Liu

　　Department of Computer Science and Engineering，Texas A&M University，E-mail：tradigrada@tamu.edu Keyu Duan

　　Department of Computer Science and Engineering，Texas A&M University，E-mail：k.duan@tamu.edu Xia Hu

　　Department of Computer Science and Engineering，Texas A&M University，E-mail：hu@cse.tamu.edu

都非常重要。然而，在現實世界的系統中，由於圖資料特徵差異很大，因此在特定的場景下，需要透過豐富的人類專業知識和大量的辛苦實驗才能確定合適的 GNN 架構並訓練超參數。最近，自動機器學習（AutoML）在為機器學習應用自動尋找最佳解決方案方面顯示出了潛力。在減輕人工調參過程負擔的同時，AutoML 可以保證在沒有大量專家經驗的情況下獲得最佳解決方案。在 AutoML 成功的激勵下，一些初步的 AutoGNN 框架已經被開發出來，以解決 GNN 神經架構搜尋（GNN Neural Architecture Search，GNN-NAS）和訓練超參數調整的問題。在本章中，我們將從搜尋空間和搜尋演算法兩個角度對自動 GNN 進行全面、最新的回顧。具體來說，我們主要關注 GNN-NAS 問題並介紹這兩個角度的先進技術。在本章的最後，我們將指出這一領域未來的發展方向。

17.1 背景

在整合深度學習方法以分析從各種行為中收集的圖結構資料方面，GNN 已取得實質性進展，如社群網站（Ying et al, 2018b；Huang et al, 2019d；Monti et al, 2017；He et al, 2020）、學術網路（Yang et al, 2016b；Kipf and Welling, 2017b；Gao et al, 2018a）以及生化模組圖（Zitnik and Leskovec, 2017；Aynaz Taheri, 2018；Gilmer et al, 2017；Jiang and Balaprakash, 2020）。GNN 遵循通用的訊息傳遞策略，透過應用空間圖卷積層聚合鄰居節點的表徵並將它們結合到節點本身，來學習節點的嵌入表徵。GNN 架構是由多個這樣的層以及層間跳連接堆疊而成的，其中層的基本操作（如聚合和組合）以及具體的層間連接在每個設計中都有具體規定。為了適用於不同的實際應用，人們探索了各種 GNN 架構，包括 GCN（Kipf and Welling, 2017b）、GraphSAGE（Hamilton et al, 2017b）、GAT（Veličković et al, 2018）、SGC（Wu et al, 2019a）、JKNet（Xu et al, 2018a）和 GCNII（Chen et al, 2020l）。這些架構在聚合鄰域資訊（舉例來說，GCN 中的平均聚合與 GAT 中的鄰域注意力學習）和跳連接的選擇（舉例來說，GCN 中的無連接與 GCNII 中的初始連接）方面有所不同。

儘管 GNN 已經在很多領域取得巨大的成功，但它們在這些領域的經驗性實現通常伴隨著細緻的架構工程和訓練超參數的調整，目的是適應不同類型的圖

結構資料。以研究者的先驗知識和試錯最佳化過程為基礎，我們可以在模型空間中對 GNN 架構進行具體的實例化，並在每個圖型分析任務中進行評估。舉例來說，考慮到基礎模型 GraphSAGE（Hamilton et al, 2017b），可將由不同隱含單元確定的各種規模的架構分別應用於引文網路和蛋白質 - 蛋白質相互作用圖。此外，JKNet 架構中的最佳跳連接機制（Xu et al, 2018a）會隨著現實世界中的任務而變化。除架構工程以外，訓練超參數（包括學習率、權重衰減和訓練週期數）在最終的模型表現中也發揮了重要作用。在開放原始碼倉庫中，這些超參數需要手動操作，以獲得所需的模型表現。繁瑣的 GNN 架構選擇和超參數訓練不僅給資料科學家帶來負擔，也使初學者難以快速獲得表現優秀的解決方案來完成他們手頭的任務。

　　AutoML 已經成為一個熱門的研究課題，它將研究者從耗時的人工調參過程中解放出來（Chen et al, 2021）。給定任意任務並以預先定義的搜尋空間為基礎，AutoML 旨在自動最佳化機器學習解決方案（或稱為設計），包括神經架構搜尋（NAS）和自動超參數調整（AutoHPT）。NAS 的目標是最佳化與架構相關的參數（如層數和隱藏單元），而 AutoHPT 旨在選擇與訓練相關的參數（如學習率和權重衰減），它們都是 AutoML 的子領域。據廣泛報導，NAS 發現的新型神經架構在許多機器學習應用中優於人類設計的架構，包括圖的分類（Zoph and Le, 2016；Zoph et al, 2018；Liu et al, 2017b；Pham et al, 2018；Jin et al, 2019a；Luo et al, 2018；Liu et al, 2018b，c；Xie et al, 2019a；Kandasamy et al, 2018）、語義影像分割（Chenxi Liu, 2019）和圖的生成（Wang and Huan, 2019；Gong et al, 2019）。追溯到 20 世紀（Kohavi and John，1995），人們普遍認為 AutoHPT 比預設的訓練設定有所改進（Feurer and Hutter, 2019；Chen et al, 2021）。在 AutoML 先前成功應用的激勵下，最近一些專家正努力將 AutoML 和 GNN 的研究結合起來（Gao et al, 2020b；Zhou et al, 2019a；You et al, 2020a；Ding et al, 2020a；Zhao et al, 2020a，g；Nunes and Pappa, 2020；Li and King, 2020；Shi et al, 2020；Jiang and Balaprakash, 2020）。他們一般將自動 GNN（AutoGNN）定義為最佳化問題，並從三個角度制定自己的工作管線。如圖 17.1 所示，這三個角度分別是搜尋空間、搜尋演算法和效果評估策略。搜尋空間由大量的候選設計組成，包括 GNN 架構和訓練超參數。在搜尋空間上，研究者提出了幾種啟發式搜尋演算法——透過迭代逼近表現良好的設計（包括隨

機搜尋）來解決 NP 完全最佳化問題（You et al, 2020a）。效果評估的目標是準確評估每一步探索的每個候選設計的任務表現。一旦搜尋過程結束，就傳回帶有合適訓練超參數的最佳神經架構，以便在下游的機器學習任務中進行評估。

在本章中，我們將首先組織現有的工作並透過以下內容說明 AutoGNN 框架——AutoGNN 的標記法、問題定義和挑戰（見 17.1.1 節～ 17.1.3 節）、搜尋空間（見 17.2 節），以及搜尋演算法（見 17.3 節）。然後，我們將在 17.4 節中提出未來研究的開放性問題。特別是，由於社區的興趣主要集中在發現強大的 GNN 架構上，因此我們在本章中將對 GNN-NAS 給予更多關注。

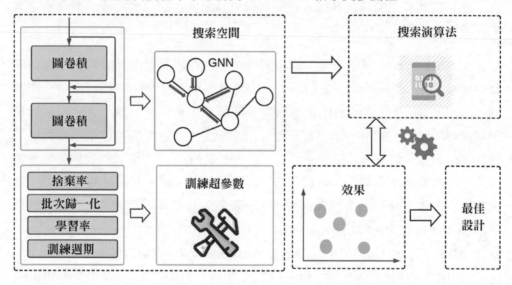

▲ 圖 17.1　AutoGNN 的通用框架。搜尋空間由大量的候選設計組成，包括 GNN 架構和訓練超參數。在每一步，搜尋演算法從搜尋空間中抽樣一個候選設計，並評估其在下游任務中的模型表現。一旦搜尋過程結束，就傳回在驗證集上具有最佳表現的設計，並將其用在現實世界的系統中

17.1.1　AutoGNN 的標記法

按照之前的表示法（You et al, 2020a），我們用「設計」一詞指代 Auto-GNN 中最佳化問題的可用解決方案。設計由具體的 GNN 架構和一組特定的訓練超參數組成。具體來說，設計由多個維度組成，包括架構維度（如層數、跳連接、聚合和組合函式）和超參數維度（如學習率和權重衰減）。注意，在每個設

計維度上都有一系列不同的基本選項，以支援自動化的架構工程或訓練超參數的調整。舉例來說，可以在匯總函式維度上使用候選的 {SUM, MEAN, MAX}，而在學習率維度上使用 {1e–4, 5e–4, 1e–3, 5e–3, 0.01, 0.1}。考慮到每個維度上的一系列候選方案，AutoGNN 的搜尋空間是由所有設計維度的笛卡兒乘積組成的。可透過為這些維度分配具體的值來實例化設計，比如匯總函式為 MEAN、學習率為 1e–3 的 GNN 架構。注意，GNN-NAS 和 AutoHPT 分別在由擴充的 GNN 架構和超參數組合組成的搜尋空間中進行探索，而 AutoGNN 則在包含以上兩者的更全面的搜尋空間中進行最佳化。

17.1.2 AutoGNN 的問題定義

在深入研究詳細的技術之前，我們可以透過正式定義 AutoGNN 的最佳化問題來研究其本質。具體來說，設 $\mathcal{F}$ 為搜尋空間，設 $\mathcal{D}_{\text{train}}$ 和 $\mathcal{D}_{\text{valid}}$ 分別為訓練集和驗證集，設 M 為在任意給定的圖型分析任務中設計的表現評估指標，如節點分類任務中的 F1 得分或準確率。AutoGNN 的目標是根據在驗證集 $\mathcal{D}_{\text{valid}}$ 上評估的 M 找到最佳設計 $f^* \in \mathcal{F}$。從形式上看，AutoGNN 需要解決以下雙層最佳化問題：

$$f^* = \operatorname{argmax}_{f \in \mathcal{F}} M(f(\boldsymbol{\theta}^*); \mathcal{D}_{\text{valid}}) \text{，使得 } \boldsymbol{\theta}^* = \operatorname{argmin}_{\theta} L(f(\boldsymbol{\theta}); \mathcal{D}_{\text{train}}) \qquad （17.1）$$

其中，$\boldsymbol{\theta}^*$ 表示設計 f 的最佳化可訓練權重，L 表示損失函式。對於每個設計，AutoGNN 將首先透過使用梯度下降法最小化訓練集上的損失來最佳化其相關權重 $\boldsymbol{\theta}$，然後在驗證集上進行評估，以決定該設計是否為最佳設計。透過解決上述最佳化問題，AutoGNN 實現了架構工程和訓練超參數調整過程的自動化，並推動 GNN 設計檢查廣泛的候選解決方案。然而，眾所皆知，這樣的雙層最佳化問題是 NP 完全的（Chen et al, 2021），因此在具有大量節點和邊的大型圖上搜尋和評估表現良好的設計會非常耗時。幸運的是，人們提出了一些啟發式搜尋技術來定位局部最佳設計（如 CNN 或 RNN 架構）。這些技術可以在影像分類和自然語言處理的應用中盡可能地接近全域最佳解。這些技術包括強化學習（Zoph and Le, 2016；Zoph et al, 2018；Pham et al, 2018；Cai et al, 2018a；Baker et al, 2016）、演化方法（Liu et al, 2017b；Real et al, 2017；Miikkulainen et al, 2019；Xie and Yuille, 2017；Real et al, 2019）以及貝氏最佳化（Jin et al,

2019a）。它們能夠迭代地探索下一個設計並根據新設計的表現回饋來更新搜尋演算法，以便向全域最佳解推進。與之前的工作相比，AutoGNN 問題的特點可以從兩個方面來觀察——搜尋空間以及為確定 GNN 的最佳設計而訂製的搜尋演算法。在 17.1.3 節中，我們將列出挑戰的細節和現有的 AutoGNN 工作。

17.1.3　AutoGNN 的挑戰

直接應用現有的 AutoML 框架來實現 GNN 設計的自動化並不容易，我們主要面臨以下兩個挑戰。

首先，AutoGNN 的搜尋空間與 AutoML 文獻中的搜尋空間明顯不同。以把 NAS 應用於發現 CNN 架構（Zoph and Le, 2016）為例，卷積運算的搜尋空間主要由卷積核心大小指定。相比之下，考慮到以訊息傳遞為基礎的圖卷積，空間圖卷積的搜尋空間是由多個關鍵架構維度建構的，包括聚合、組合和嵌入啟動函式。隨著 GNN 模型變形的數量不斷增加，制定既有表達能力又緊湊的良好搜尋空間非常重要。一方面，搜尋空間應該涵蓋重要的架構維度，以包括現有的人類設計的架構，並適應一系列不同的圖型分析任務。另一方面，搜尋空間應該是緊湊的，能排除非一般維度並在每個維度上納入適度的選擇範圍，以節省搜尋時間。

其次，我們應該根據 AutoGNN 的特殊搜尋空間來調整搜尋演算法，以有效地發現表現良好的設計。搜尋控制器決定如何迭代探索搜尋空間，並根據抽樣設計的表現回饋更新搜尋演算法。好的搜尋控制器需要在搜尋過程中做好探索和利用的權衡，以避免過早出現次優區域並快速發現表現良好的設計。然而，以前的搜尋演算法對 GNN-NAS 的應用可能是低效的。具體來說，GNN 架構的關鍵特性是，模型的表現可能會因為沿著架構維度的輕微修改而發生明顯變化。舉例來說，我們在理論和經驗上都已經證明，只要在 GNN 的匯總函式維度上用池化求和（sum pooling）取代最大池化，就可以提高圖的分類精度（Xu et al, 2019d）。以前以強化學習為基礎的方法是在每個搜尋步驟中對整個架構進行抽樣和評估，對搜尋演算法來說，它們很難透過學習以下關係來探索更好的 GNN：修改架構維度的哪一部分可以提高或降低模型的表現。

另外，由於圖型分析任務激增，我們需要巨大的運算資源來最佳化 GNN 架構。與其從頭開始尋找最佳 GNN，不如將之前發現的表現良好的 GNN 轉移到新的任務中，以節省昂貴的計算成本。

17.2 搜尋空間

在本節中，我們將總結文獻中的搜尋空間。如圖 17.2 所示，我們在 AutoGNN 中設計的搜尋空間是根據 GNN 架構和訓練超參數來區分的。

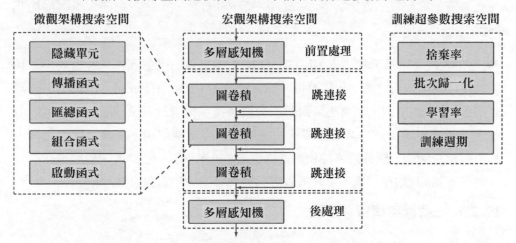

▲ 圖 17.2　全面搜尋空間由微觀架構搜尋空間、宏觀架構搜尋空間和訓練超參數搜尋空間組成。每個搜尋空間都有多個維度的特徵，如微觀架構搜尋空間中的隱藏單元、傳播函式等。每個維度都提供了一系列的候選方案，搜尋空間由其所有維度的笛卡兒乘積組成。全面搜尋空間中的離散點代表一個特定的設計，每個設計在每個維度上都會採用一個選項

17.2.1 架構搜尋空間

考慮到現有的 AutoGNN 框架（Gao et al, 2020b；Zhou et al, 2019a），GNN 模型通常以空間圖卷積機制為基礎來實現。具體來說，空間圖卷積將輸入圖作為計算圖，並透過沿著邊傳遞訊息來學習節點嵌入。節點嵌入透過聚合鄰居節點的嵌入表徵並將它們合併到節點本身來遞迴更新。在形式上，GNN 的第 k 個空間圖卷積層可以表示為

$$h_i^{(k)} = \text{AGGREGATE}\left(\{a_{ij}^{(k)} W^{(k)} x_j^{(k-1)} : j \in \mathscr{N}(i)\}\right)$$
$$x_i^{(k)} = \text{ACT}(\text{COMBINE}(W^{(k)} x_i^{(k-1)}, h_i^{(k)}))$$

（17.2）

其中，$x_i^{(k)}$ 表示節點 v_i 在第 k 層的嵌入向量；$\mathscr{N}(i)$ 表示與節點 v_i 相鄰的鄰居（節點）集合；$W^{(k)}$ 表示用於投影節點嵌入的可訓練權重矩陣；$a_{ij}^{(k)}$ 表示沿連接節點 v_i 和 v_j 的邊的訊息傳遞權重，由歸一化的圖鄰接矩陣確定或從注意力機制中學習；函式 AGGREGATE（如平均值函式、最大值函式與池化求和函式）用於聚合鄰居（節點）表徵；函式 COMBINE 用於結合鄰居（節點）嵌入 $h_i^{(k)}$ 以及上一層的節點嵌入 $h_i^{(k-1)}$；函式 ACT（如 ReLU 函式）用於為嵌入學習增加非線性。

如圖 17.2 所示，GNN 架構由式（17.2）中定義的幾個圖卷積層組成，並且可以在任意兩個層之間加入跳連接，類似於殘差 CNN（He et al, 2016a）。按照之前 NAS 中的定義，我們使用術語「微觀架構」來表示圖卷積層，其中包括隱藏單元和圖卷積函式的具體選擇；並使用術語「宏觀架構」來表示網路拓撲，其中包括層深度、層間跳連接和前置處理層 / 後處理層的選擇。架構搜尋空間包含大量不同的 GNN 架構，可分為微觀架構搜尋空間和宏觀架構搜尋空間。

17.2.1.1 微觀架構搜尋空間

根據式（17.2）並參照圖 17.2，圖卷積層的微觀架構具有以下 5 個架構維度的特徵。

■ **隱藏單元**：可訓練權重矩陣 $W^{(k)} \in \mathbb{R}^{d^{(k-1)} \times d^{(k)}}$ 會將節點嵌入投影到新的空間並學習提取資訊特徵。$d^{(k)}$ 為隱藏單元的數量，它對任務表現起著關鍵作用。在 GraphNAS（Gao et al, 2020b）和 AGNN（Zhou et al, 2019a）的 GNN-NAS 框架中，$d^{(k)}$ 通常是從集合 {4, 8, 16, 32, 64, 128, 256} 中選擇的。

■ **傳播函式**：傳播函式確定了訊息傳遞權重 $a_{ij}^{(k)}$，以說明節點嵌入在輸入圖結構上的傳播方式。在一系列的 GNN 模型（Kipf and Welling, 2017b；Wu et al, 2019a；Hamilton et al, 2017b；Ding et al, 2020a）中，$a_{ij}^{(k)}$ 是由歸一化的鄰接矩陣中的對應元素定義的：$\tilde{D}^{-\frac{1}{2}} \tilde{A} \tilde{D}^{-\frac{1}{2}}$ 或 $\tilde{D}^{-1} \tilde{A}$。其中，$\tilde{A}$ 是自環圖鄰接矩陣，$\tilde{D}$ 是其度數矩陣。注意，現實世界中的圖結構資料

可能既複雜又有雜訊（Lee et al, 2019c），這導致鄰居聚合效率低下。GAT（Veličković et al, 2018）應用注意力機制來計算 $a_{ij}^{(k)}$，以關注相關的鄰居節點。以現有的 GNN-NAS 框架為基礎（Gao et al, 2020b；Zhou et al, 2019a；Ding et al, 2020a），表 17.1 列出了傳播函式的常見選擇。如果節點 v_i 和節點 v_j 相連，則計算權重 $a_{ij}^{(k)}$ 的傳播函式候選集合，否則 $a_{ij}^{(k)} = 0$。在表 17.1 中，符號 || 表示並置，a、a_l 和 a_r 為可訓練向量，$W_G^{(k)}$ 為可訓練權重矩陣。

→ 表 17.1　傳播函式的常見選擇

傳播類型	傳播函式	公式
歸一化鄰接矩陣	$\tilde{A}$	1
	$\tilde{D}^{-\frac{1}{2}} \tilde{A} \tilde{D}^{-\frac{1}{2}}$	$\dfrac{1}{\sqrt{\mathcal{N}(i \parallel \mathcal{N}(j)}}$
	$\tilde{D}^{-1} \tilde{A}$	$\dfrac{1}{\mathcal{N}(i)}$
注意力機制	GAT	LeakyReLU $(a^{\mathrm{T}}(W^{(k)}x_i^{(k-1)} \parallel W^{(k)}x_j^{(k-1)}))$
	SYM-GAT	$a_{ij}^{(k)} + a_{ji}^{(k)}$，基於 GAT
	COS	$a^{\mathrm{T}}(W^{(k)}x_i^{(k-1)} \parallel W^{(k)}x_j^{(k-1)})$
	LINEAR	$\tanh(a_l^{\mathrm{T}}W^{(k)}x_i^{(k-1)} \parallel a_r^{\mathrm{T}}W^{(k)}x_i^{(k-1)})$
	GERE-LINEAR	$W_G^{(k)}\tanh(W^{(k)}x_i^{(k-1)} \parallel W^{(k)}x_i^{(k-1)})$

- **匯總函式**：根據輸入圖的結構，應用適當的匯總函式對學習資訊量大的鄰域分布是很重要的。舉例來說，平均值池化函式取鄰居節點的平均值，而最大值池化函式只保留重要的值。匯總函式通常選自集合 {SUM, MEAN, MAX}。

- **組合函式**：組合函式用於結合鄰居嵌入 $h_i^{(k)}$ 和節點本身的嵌入 $W^{(k)}x_i^{(k-1)}$，相關的範例包括求和操作與多層感知機（MLP）等。求和操作只是將兩個嵌入相加，而 MLP 則在求和或並置兩個嵌入的基礎上進一步應用線性映射。

- **啟動函式**：候選的啟動函式通常選自集合 {Sigmoid, tanh, ReLU, Linear, Softplus, LeakyReLU, ReLU6, ELU}。

鑑於上述 5 個架構維度以及相關的候選操作，微觀架構搜尋空間是由它們的笛卡兒乘積組成的。微觀架構搜尋空間中的每個離散點都對應一個具體的微觀架構，比如具有 { 隱藏單元 :64, 傳播函式：GAT, 匯總函式：SUM, 組合函式：MLP, 啟動函式 :ReLU} 的圖卷積層。透過沿每個維度提供廣泛的候選項，微觀架構搜尋空間涵蓋最先進模型中大部分層的實現，如 Chebyshev（Defferrard et al, 2016）、GCN（Kipf and Welling, 2017b）、GAT（Veličković et al, 2018）和 LGCN（Gao et al, 2018a）。

17.2.1.2　宏觀架構搜尋空間

如圖 17.2 所示，除微觀架構以外，GNN 的另一架構層次是宏觀架構，如網路拓撲。GNN 的宏觀架構決定了圖卷積層和前置處理層 / 後處理層的深度以及跳連接的選擇（You et al, 2020a；Li et al, 2018b, 2019c）。下面詳細介紹這 4 個架構維度的細節。

- **圖卷積層的深度**：我們通常採用多層直接堆疊的方式來提高節點的感受野。設 l_{gc} 表示圖卷積層的數量，通常 l_{gc} 的設定值範圍為 [2, 10]。

- **前置處理層的深度**：在現實世界的應用中，節點的輸入特徵的長度可能過大，將會導致隱含特徵學習的計算成本過高。已有文獻（You et al, 2020a）第一次將特徵前置處理包含在搜尋空間中並由 MLP 執行。設 l_{pre} 表示 MLP 的層數，l_{pre} 是從候選集合 {0, 1, 2, 3} 中抽樣的。

- **後處理層的深度**：同樣，MLP 的後處理層用於將隱含嵌入投影到特定的任務空間。舉例來說，嵌入空間的維度與節點分類任務中的類別標籤相同。設 l_{post} 表示 MLP 的層數，l_{post} 是從候選集合 {0, 1, 2, 3} 中抽樣的。

- **跳連接的選擇**：繼電腦視覺中的殘差深度 CNN 和最近的深度 GNN 之後，跳連接已被納入 GNN-NAS 框架的搜尋空間（You et al, 2020a；Zhao et al, 2020g，a）。具體來說，在第 l 層，最多可以抽樣（$l-1$）個先前層的嵌入並結合到當前層的輸出中，從而導致第 k 層有 2^{k-1} 個可能的決策。

對於連接到當前輸出的先前節點嵌入，人們開發了一系列的候選項來組合它們，即 {SUM, CAT, MAX, LSTM}。特別是，候選項 SUM、CAT 和 MAX 會分別對這些連接的嵌入進行求和、並置以及元素級的最大值池化。LSTM 使用注意力機制來計算每一層的重要性得分，然後得到連接嵌入的加權平均值（Xu et al, 2018a）。

整個架構空間是由微觀架構搜尋空間和宏觀架構搜尋空間的笛卡兒乘積組成的，可完全用 9 個架構維度來描述。如果將最近的殘差 GNN 模型〔如 JKNet（Xu et al, 2018a）和 deeperGCN（Li et al, 2018b）〕包括在內，則整個架構空間將非常龐大和全面。

17.2.2　訓練超參數搜尋空間

訓練超參數對 GNN 架構的任務表現有重大影響，對此已經有人在 AutoGNN 框架中進行了探索（You et al, 2020a；Shi et al, 2020）。本節總結訓練超參數的 4 個重要維度，如圖 17.2 所示。

- **捨棄率**：應用於圖卷積層或前置處理層 / 後處理層之前，適當的捨棄率對於避免出現過擬合問題非常重要。已得到廣泛使用的捨棄率包括 { 無 , 0.05, 0.1, 0.2, 0.3, 0.4, 0.5, 0.6}。

- **批次歸一化**：應用於圖卷積層或前置處理層 / 後處理層之後，旨在對整個圖或一批圖的節點嵌入進行歸一化（Zhou et al, 2020d；Zhao and Akoglu, 2019；Ioffe and Szegedy, 2015）。候選的歸一化技術包括 { 無，BatchNorm（Ioffe and Szegedy, 2015），PairNorm（Zhao and Akoglu, 2019），DGN（Zhou et al, 2020d），NodeNorm（Zhou et al, 2020c），GraphNorm（Cai et al, 2020d）}。

- **學習率**：雖然較高的學習率會導致過早出現次優解，但較低的學習率能使最佳化過程收斂緩慢。候選的學習率包括 {1e–4, 5e–4, 1e–3, 5e–3, 0.01, 0.1}。

- **訓練週期**：根據通常的做法（You et al, 2020a；Kipf and Welling, 2017b），訓練週期包括 {100, 200, 400, 500, 1000}。

17.2.3 高效的搜尋空間

　　鑑於微觀架構搜尋空間、宏觀架構搜尋空間和訓練超參數搜尋空間，在實際系統中，應用的搜尋空間是由它們的任意組合的笛卡兒乘積組成的。儘管一個大的搜尋空間包含不同的 GNN 架構和訓練環境，以適應不同的圖型分析任務，但要探索出最佳設計卻非常耗時。為了提高搜尋效率，現有的 AutoGNN 框架採用了兩個主流的簡化搜尋空間。

- **聚焦於 GNN-NAS**：大多數 AutoGNN（或 GNN-NAS）框架（Gao et al, 2020b；Zhou et al, 2019a；Zhao et al, 2020a,g；Ding et al, 2020a；Nunes and Pappa, 2020；Li and King, 2020；Jiang and Balaprakash, 2020）沒有完全調整訓練超參數，而是聚焦於解決表現良好的 GNN 架構發現問題。與 AutoHPT 相比，人們普遍認為，從 GNN-NAS 中發現的新架構對研究界來說更加重要和具有挑戰性，這可以激勵資料科學家在未來改進 GNN 模型範式。在 GNN-NAS 中，搜尋空間因此減小到只包含神經架構變形的空間。

- **簡化架構搜尋空間**：即使在 GNN-NAS 中，大量的架構維度以及相關的候選項仍然會使搜尋空間變得複雜。以不同模組為基礎對模型表現影響的先驗知識，人們更願意在實際系統中只沿著關鍵的架構維度進行探索。舉例來說，以匯總函式和跳連接為特徵的簡化搜尋空間（Zhao et al, 2020a）可以產生與全面搜尋空間（Gao et al, 2020b；Zhou et al, 2019a）相當的表現優秀的 GNN 架構。特別是，由於跳連接的決策基數會隨著層數的增加而呈指數增長，簡化的搜尋空間甚至只探索與 JKNet 相似的最後一層的跳連接（Xu et al, 2018a）。在另一個簡化的搜尋空間中，我們可以根據專家經驗排除並預先定義特定於模型的架構維度，包括隱藏單元、傳播函式和組合函式。

17.3 搜尋演算法

用來探索 AutoGNN 的搜尋空間的不同搜尋策略有許多種，包括隨機搜尋、進化搜尋、以強化學習為基礎的搜尋和可微搜尋。本節將介紹這些搜尋方法的基本概念以及如何利用它們來探索候選設計。

17.3.1 隨機搜尋

給定一個搜尋空間，隨機搜尋以相同的機率隨機抽樣各種設計。隨機搜尋雖然是最基本的搜尋方法，但在實踐中卻相當有效。除作為 AutoGNN 工作的基準（Zhou et al, 2019a；Gao et al, 2020b）以外，隨機搜尋也是在搜尋空間中沿某個維度比較不同候選項的有效性的標準基準（You et al, 2020a）。特別是，假設要評估的維度是批次歸一化，候選項由 {False，BatchNorm} 舉出。為了全面比較這兩個候選項的有效性，我們可以從搜尋空間中隨機抽出一系列不同的設計，在每個設計中，批次歸一化被分別重置為 False 和 BatchNorm。接下來，在下游的圖型分析任務中，根據模型表現對每對設計（稱為 Normalization=False 和 Normalization=BatchNorm）進行比較，我們可以發現，Normalization=BatchNorm 的設計通常比其他設計的排名高，這就是在模型設計中包括 BatchNorm 的好處。

17.3.2 進化搜尋

進化搜尋方法演化出了一組設計——不同的 GNN 架構和訓練超參數的集合。在每個進化步驟中，至少從設計集合中抽樣一個設計並作為父設計，可透過對其應用突變來生成新的子設計。在使用 AutoGNN 的背景下，設計突變是局部操作，例如將匯總函式從 MAX 改為 SUM、改變隱藏單元或改變特定的訓練超參數。訓練完子設計後，便可在驗證集上對其表現進行評估。優秀的設計將被增加到設計集合中。具體來說，Shi et al（2020）提出先選擇兩個父設計，再沿著某些維度對它們進行交叉。為了生成多樣化的子設計，Shi et al（2020）還進一步對上述交叉設計進行了變異。

17.3.3 以強化學習為基礎的搜尋

　　強化學習（Silver et al, 2014；Sutton and Barto, 2018）是一種學習範式，它關注代理應該如何在環境中採取行動以最大化獎勵。在使用 AutoGNN 的背景下，代理是所謂的「控制器」，它試圖生成有前途的設計。設計的生成可以看作控制器的行動。控制器的獎勵通常被定義為生成的設計在驗證集上的模型表現，如節點分類任務的驗證準確率。如圖 17.3 所示，控制器是在一個循環中訓練候選設計的：首先抽樣候選設計，然後訓練其收斂，以衡量其在期望任務上的表現。注意，控制器通常是由 RNN 實現的，RNN 生成 GNN 架構的設計並將超參數訓練為一個強度可變的字串。最後，控制器利用驗證表現作為指導訊號更新自身，以便在未來的搜尋過程中找到更有前途的設計。

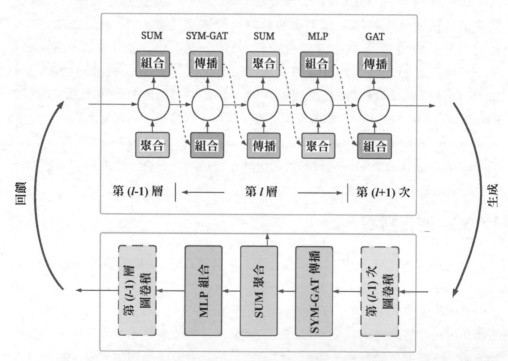

▲ 圖 17.3　以強化學習為基礎的搜尋演算法的範例。控制器（圖 17.3 的上半部分）生成 GNN 架構（圖 17.3 的下半部分）並在驗證資料集上對其進行測試。透過將架構視為一個長度可變的字串，控制器通常應用 RNN 對不同的維度（如組合函式、匯總函式和傳播函式）進行順序抽樣，以形成最終的 GNN 架構。然後，我們可以將驗證表現作為回饋來訓練控制器。注意，這裡的架構維度僅用於說明目的。關於搜尋空間的完整介紹，請參考 17.2 節

現有的以強化學習為基礎的 AutoGNN 框架針對的是 GNN-NAS 的子領域問題。一般來說，以強化學習為基礎的 GNN-NAS 中有兩組可訓練參數：控制器參數，用 ω 表示；以及 GNN 架構的參數，用 θ 表示。訓練過程由兩個交錯階段組成，以交替解決雙層最佳化問題，如式（17.1）所示。第一階段在訓練資料集 $\mathscr{D}_{train}$ 上使用標準的反向傳播方法以固定的訓練週期數對 θ 進行訓練。第二階段則訓練 ω，以學習在驗證資料集 $\mathscr{D}_{valid}$ 上具有優秀評估表現的 GNN 架構的樣本。這兩個階段在訓練中交替進行。具體來說，在第一階段，控制器提出一個 GNN 架構 f，並對 θ 執行梯度下降，以最小化損失函式 $\mathscr{L}(f(\theta);\mathscr{D}_{train})$，該函式是在成批的訓練資料上執行計算的。在第二階段，最佳化後的參數 θ^* 被固定下來，以更新控制器參數 ω，目的是使預期獎勵最大化。

$$\omega^* = \text{argmax}_\omega \, \mathbb{E}_{f \sim \pi(f;\omega)}[\mathscr{R}(f(\theta^*);\mathscr{D}_{valid})] \qquad (17.3)$$

其中，$\pi(f;\omega)$ 是控制器的策略——以 ω 為參數抽樣和生成 GNN 架構 f。獎勵 $\mathscr{R}(f(\theta^*)\,(;\mathscr{D}_{valid}))$ 是由期望任務定義的模型表現，如節點分類任務的準確率。此外，獎勵是在驗證資料集而非訓練資料集上計算的，以鼓勵控制器選擇泛化好的架構。在大多數現有的工作中，預期獎勵的梯度 $\mathbb{E}_{f \sim \pi(f;\omega)}[\mathscr{R}(f(\theta^*);\mathscr{D}_{valid})]$ 相對於 ω 是使用 REINFORCE 規則計算的（Sutton et al, 2000）。

考慮到已有文獻中的 GNN-NAS 工作，以強化學習為基礎的搜尋演算法在如何表示和訓練控制器方面有所不同。GraphNAS 使用 RNN 控制器從多個架構維度順序抽樣，並生成編碼 GNN 架構的字串（Gao et al, 2020b）。為了以預期獎勵為基礎反映整個架構的品質，RNN 控制器必須沿著所有維度最佳化抽樣策略。提出 AGNN（Zhou et al, 2019a）的動機是人們觀測到對架構維度的微小改動會導致表現突然變化。舉例來說，僅透過改變匯總函式的選擇，比如從 MAX 改為 SUM，GNN 的圖分類準確率就有可能得到很大改進。以這一觀測為基礎，AGNN 提供了一個更有效的控制器。這個控制器由一系列的 RNN 子控制器組成，每個 RNN 子控制器對應一個獨立的架構維度。在每一步，AGNN 只應用其中一個 RNN 子控制器來從相關的響應維度中抽樣新的候選項，並使用這些候選項來突變到目前為止發現的最佳架構。透過評估這種輕微變異的設計，RNN 子控制器可以排除因修改其他架構維度而產生的雜訊，從而更進一步地訓練自身維度的抽樣策略。

17.3.4　可微搜尋

我們發現，在每個架構維度上都有多個候選項。舉例來說，對特定層的匯總函式，我們可以選擇應用 SUM、MEAN 或 MAX 池化。GNN-NAS 中常見的一些搜尋方法（如隨機搜尋、進化搜尋和以強化學習為基礎的搜尋）將選擇最佳候選項視為離散域的黑盒最佳化問題。在每個搜尋步驟中，它們會從離散架構搜尋空間中抽樣並評估單一架構。然而，由於可能的模型數量非常多，這樣的搜尋過程對表現良好的 GNN 來說將非常耗時。可微搜尋將離散搜尋空間放寬為連續空間，並透過梯度下降進行有效最佳化。具體來說，對於每個架構維度，可微搜尋通常將候選集的硬性選擇放寬為連續分布，這樣每個候選項都會被分配一個機率。圖 17.4 顯示了一個沿匯總函式維度進行可微搜尋的範例。在第 k 層，匯總函式的節點嵌入輸出可被分解並表示為

$$
h_i^{(k)} = \begin{cases} \sum_m \alpha_m o_m(x_j^{(k-1)} : j \in \mathcal{N}(i) \bigcup \{i\}) \\ \text{或} \\ \alpha_m o_m(x_j^{(k-1)} : j \in \mathcal{N}(i) \bigcup \{i\}), \ m \sim p(\alpha_m) \end{cases} \qquad \sum_m \alpha_m = 1 \qquad （17.4）
$$

其中，o_m 代表第 m 個匯總函式候選項，α_m 是與對應候選項相關的抽樣機率。沿著一個維度的機率分布將被正規化，機率總和為 1。架構分布是用所有維度的聯合機率分布進行表示的。在每個搜尋步驟中，如式（17.4）所示（以匯總函式維度為例），新架構中一個維度的實際操作可以透過兩種不同的方式生成——加權候選項群組合和候選項抽樣。針對加權候選項群組合的情況，實際操作是用所有候選項的加權平均值來表示的；針對候選項抽樣的情況，實際操作是從對應架構維度的機率分布 $p(\alpha_m)$ 中抽樣的。在這兩種情況下，採用的候選項都是由它們的抽樣機率縮放的，以支持透過梯度下降進行架構分布最佳化。接下來，透過在每個訓練步驟中反向傳播訓練損失來直接更新架構分布。在測試過程中，可透過保留每個維度上機率最高的最強候選者來獲得離散架構。與黑盒最佳化相比，以梯度為基礎的最佳化明顯提高了資料效率，因此極大加快了搜尋過程。

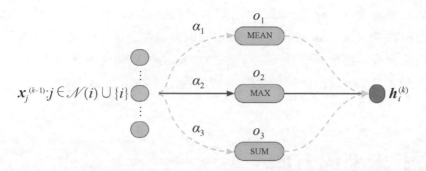

▲ 圖 17.4　用於展示匯總函式的可微搜尋的範例。在一個搜尋步驟中，匯總函式由三個候選項的加權組合舉出，或由一個抽樣的候選項來實現（如使用機率 α_2 縮放的 MAX）。一旦搜尋過程結束，具有最高機率的候選項（如帶有實心箭頭的 MAX）就將被用於最終的架構，可在測試集上對其進行評估

與以強化學習為基礎的搜尋相比，可微搜尋在關於 GNN-NAS 的文獻中不太流行。PDNAS（Zhao et al, 2020g）則透過採用 gumbel-sigmoid 將離散的搜尋空間放寬為連續空間，並透過梯度下降實現了最佳化。

17.3.5　高效的表現評估

為了解決 AutoGNN 的雙層最佳化問題，上述所有搜尋方法都有一個共同的兩階段工作管線：對新設計進行抽樣，並根據新設計在每個搜尋步驟中的表現評估和調整搜尋方法。一旦搜尋過程結束，具有最高模型表現的最佳化設計就將被視為相關最佳化問題的理想解決方案。因此，準確的表現評估策略對 AutoGNN 框架非常重要。最簡單的表現評估方法是對生成的每個設計進行標準訓練，然後獲得模型在拆分的驗證資料集上的表現。然而，考慮到漫長的搜尋過程和巨量的圖資料集，這種直觀策略的計算成本非常高。

參數共用是降低表現評估成本的有效策略之一，它可以避免對每個設計從頭開始訓練。Pham et al（2018）在 ENAS 中第一次提出了參數共用，他們強制所有設計共用權重以提高搜尋效率。透過重用之前訓練好的權重，我們可以立即評估新設計。然而，這種策略不能直接用於 GNN-NAS，因為搜尋空間中的 GNN 架構可能具有不同維度或形狀的權重。為了應對這一挑戰，人們修改了參數共用策略以自訂 GNN。舉例來說，GraphNAS（Gao et al, 2020b）根據形狀

對最佳化權重進行了分類和儲存，並將具有相同形狀的權重應用到新設計中。在進行參數共用後，AGNN（Zhou et al, 2019a）進一步使用幾個訓練週期來使轉移的權重完全適應新設計。在可微的 GNN-NAS 框架中，參數共用是在共用共同計算候選項的 GNN 架構之間自然進行的（Zhao et al, 2020g；Ding et al, 2020a）。

17.4　未來的方向

　　至此，我們已經回顧了目前已有文獻中提出的各種搜尋空間和搜尋方法。儘管研究者已經完成一些初步的 AutoGNN 工作，但與電腦視覺中 AutoML 的快速發展相比，AutoGNN 仍處於初步研究階段。本節將討論 AutoML 未來的幾個研究方向，特別是關於 GNN-NAS 的研究。

- **搜尋空間**。架構搜尋空間的設計是 GNN-NAS 框架中最重要的部分。搜尋空間應該是全面的，要涵蓋關鍵的架構維度及其最先進的原始候選項，以保證任何特定於任務的搜尋架構表現良好。此外，搜尋空間還應該是緊湊的，能透過合併適量的功能強大的選項來提高搜尋效率。然而，大多數現有的架構搜尋空間是以典型為基礎的 GCN 和 GAT 建構的，它們沒有考慮到最近的 GNN 發展情況。舉例來說，圖池化（Ying et al, 2018c；Gao and Ji, 2019；Lee et al, 2019b；Zhou et al, 2020e）正吸引越來越多的人展開研究，以實現對圖結構的分層編碼。以各種各樣為基礎的池化演算法，對應的分層 GNN 架構逐漸縮小了圖的大小、增強了鄰域感受野並從經驗上改善了下游的圖型分析任務。此外，人們還從不同的角度提出了一系列新穎的圖卷積機制，比如用於加速計算的鄰域抽樣方法（Hamilton et al, 2017b；Chen et al, 2018c；Zeng et al, 2020a）以及以 PageRank 圖卷積為基礎以擴充鄰域大小（Klicpera et al, 2019a，a；Bujchevski et al, 2020b）。隨著 GNN 社區的發展，更新搜尋空間以包括最先進的模型非常重要。

- **深度圖神經網路**。現有的所有搜尋空間都是用淺層 GNN 架構實現的，換言之，圖卷積層的數量 $l_{gc} \leqslant 10$。與電腦視覺和自然語言處理中廣泛採

用的深度神經網路（如 CNN 和轉換器）不同，GNN 架構通常被限制在 3 層以下（Kipf and Welling, 2017b；Veličković et al, 2018）。隨著層數的增加，由於循環鄰域聚合和非線性啟動，節點表徵將收斂為無差別的向量（Li et al, 2018b；Oono and Suzuki, 2020）。這種現象被稱為過平滑問題（NT and Maehara, 2019），過平滑問題會阻礙深度 GNN 的建構，使其無法對高階鄰域的依賴關係進行建模。最近，人們提出了許多方法來緩解過平滑問題並建構深度 GNN，包括嵌入歸一化（Zhao and Akoglu, 2019；Zhou et al, 2020d；Ioffe and Szegedy, 2015）、殘差連接（Li et al, 2019c, 2018b；Chen et al, 2020l；Klicpera et al, 2019a）和隨機資料增強（Rong et al, 2020b；Feng et al, 2020）。然而，與對應的淺層模型相比，深度 GNN 中的大多數只能達到相當甚至更差的表現。透過將這些新技術納入搜尋空間，GNN-NAS 可以有效地將它們結合起來，確定新穎的深度 GNN 模型，從而釋放圖網路的深度學習能力。

- **應用於新興的圖型分析任務**。目前已有文獻中的 GNN-NAS 框架的局限性在於，它們通常在一些基準資料集上進行評估，如用於節點分類的 Cora、Citeseer 和 Pubmed（Yang et al, 2016b）。然而，圖結構資料無處不在，新的圖型分析任務總是出現在現實世界的應用中，如生化分子的屬性預測（即圖分類）（Zitnik and Leskovec, 2017；Aynaz Taheri, 2018；Gilmer et al, 2017；Jiang and Balaprakash, 2020）、社群網站中的物品／朋友推薦（即連結預測）（Ying et al, 2018b；Monti et al, 2017；He et al, 2020）以及電路設計（即圖生成）（Wang et al, 2020b；Li et al, 2020h；Zhang et al, 2019d）。緣於任務的不同資料特徵和目標以及高昂的搜尋成本，新任務的激增對未來在 GNN-NAS 中搜尋表現良好的架構提出了重大挑戰。一方面，由於新任務可能與現有的任何基準都不相似，我們必須透過考慮其特定的資料特徵來重新建構搜尋空間。舉例來說，在具有資訊邊屬性的知識圖譜中，微觀架構搜尋空間需要納入邊感知的圖卷積層，以保證理想的模型表現（Schlichtkrull et al, 2018；Shang et al, 2019）。另一方面，如果新任務與現有任務相似，則搜尋演算法可以重新利用之前發現的最佳架構來加速新任務的搜尋進度。舉例來說，可以使用這些複雜的架構來簡單初始化搜尋過程，並在一個小的區域內透

過幾個訓練週期來探索隱含的良好架構。特別是，對具有大量節點和邊的巨量圖來說，重用類似任務中表現良好的架構可以大大節省計算成本。未來研究的挑戰在於如何量化不同圖結構資料之間的相似性。

致謝

這項工作得到美國國家科學基金會（#IIS-1750074 和 #IIS-1718840）的部分支援。文中的觀點、意見和（或）發現是作者的，不應解釋為代表任何資助機構。

編者註：AutoGNN 透過引入 AutoML 來解決 GNN 神經架構搜尋和超參數搜尋的問題。因此，本章與本書其他大部分章是正交的，那些章一般依靠專家經驗來設計特定模型和調整超參數。GNN 神經架構搜尋空間包含人工設計的模型中的元件，如第 4 章和第 5 章介紹的各種聚合器。AutoGNN 支持常見的圖型分析任務，如節點分類（見第 4 章）、圖分類（見第 9 章）和連結預測（見第 10 章）。

第18章
自監督學習

Yu Wang、*Wei Jin* 和 *Tyler Derr*[1]

摘要

雖然深度學習在許多領域獲得了優秀的表現,但這些模型通常需要大量的註釋資料集來發揮其全部潛力並避免過擬合。這樣的資料集有可能需要付出很高的相關成本才能獲得,甚至根本無法獲得。自監督學習（Self-Supervised

1   Yu Wang

Department of Electrical Engineering and Computer Science,Vanderbilt University,E-mail:
yu.wang.1@vanderbilt.edu

Wei Jin

Department of Computer Science and Engineering,Michigan State University,E-mail:
jinwei2@msu.edu

Tyler Derr

Department of Electrical Engineering and Computer Science,Vanderbilt University,E-mail:
tyler.derr@vanderbilt.edu

Learning，SSL）試圖在無標籤的資料上建立和利用特定的代理任務，以幫助緩解深度學習模型的這一基本限制。雖然 SSL 最初被應用於影像和文字領域，但人們最近的興趣是在圖域中利用 SSL 提高圖神經網路的表現。對節點級任務，GNN 可以透過鄰域聚合自然地納入無標籤的節點資料，這與影像或文字領域不同；但它們仍然可以透過應用新的代理任務來編碼更豐富的資訊，人們最近已經開發出許多這樣的方法。對解決圖級任務的 GNN 來說，應用 SSL 的方法與其他傳統領域更加一致，雖然仍有一些獨特的挑戰，這也是少數工作的重點。在本章中，我們將總結把 SSL 應用於 GNN 的最新進展，並透過不同的訓練策略以及用於建構其代理任務的資料型態對它們進行分類。

18.1　導讀

近年來，深度學習在許多領域的應用獲得了巨大成功。然而，深度學習的優越表現在很大程度上取決於有標籤資料提供的監督品質，而收集高品質的大量有標籤資料往往需要花費大量的時間和資源（Hu et al, 2020c；Zitnik and Leskovec, 2017）。因此，為了緩解對大量有標籤資料的需求並提供足夠的監督，自監督學習（SSL）被引入。具體來說，SSL 設計了特定領域的代理任務，以利用無標籤資料的額外監督來訓練深度學習模型，並為下游任務學習更好的表徵。在電腦視覺領域，人們已經研究了各種代理任務，包括預測影像小塊的相對位置（Noroozi and Favaro, 2016）以及辨識由影像處理技術〔如裁剪、旋轉和調整大小（Shorten and Khoshgoftaar, 2019）〕產生的增強影像。在自然語言處理領域，自監督學習也被大量利用，如預測 BERT 中的掩蔽詞（Devlin et al, 2019）。

同時，在過去幾年裡，圖表徵學習已經成為分析圖結構資料的強大策略（Hamilton, 2020）。作為深度學習對圖域的概括，圖神經網路由於在現實世界應用中的效率和強大的表現，已經成為一種十分有前途的範式（You et al, 2021；Zitnik and Leskovec, 2017）。然而，基本型 GNN 模型〔也就是圖卷積網路（Kipf and Welling, 2017b）〕和更先進的現有 GNN 模型（Hamilton et al, 2017b；Xu et al, 2019d, 2018a）大多以半監督或監督方式建立，這仍然需要高成本的標籤註釋。此外，這些 GNN 模型可能並沒有充分利用無標籤資料中的豐

富資訊，如圖的拓撲結構和節點屬性。因此，SSL 可以很自然地幫助 GNN 獲得額外的監督，並徹底利用無標籤資料中的資訊。

　　與以網格為基礎的資料（如影像或文字）相比（Zhang et al, 2020e），圖結構資料則由於高度不規則的拓撲結構、涉及的內在互動和豐富的特定領域語義而複雜得多（Wu et al, 2021d）。在影像和文字中，整個結構代表單一的實體或表達單一的語義。與之不同的是，圖中的每個節點都是一個獨立的實例，它有著自己的特徵並被定位在自己的局部上下文中。此外，這些實例之間還有內在的關聯，從而形成不同的局部結構，裡面編碼了更複雜的資訊有待發現和分析。雖然這種複雜性給分析圖結構資料帶來巨大的挑戰，但節點特徵、節點標籤、局部 / 全域圖結構以及它們的相互作用和組合中所包含的大量不同資訊，為設計自監督的代理任務提供了絕佳機會。

　　為了迎接研究 GNN 中自監督學習的挑戰和機遇，一些人（Hu et al, 2020c, 2019c；Jin et al, 2020d；You et al, 2020c）在工作中第一次系統地設計和比較了 GNN 中不同的自監督代理任務。舉例來說，有人（Hu et al, 2019c；You et al, 2020c）透過設計代理任務來編碼節點的屬性（如 GNN 輸出的嵌入中的個體特徵和聚類分配）或拓撲屬性（如中心性、聚類係數以及圖分區分配），也有人（Jin et al, 2020d）透過在工作中設計代理任務，讓成對的特徵相似性或圖中兩個節點之間的拓撲距離與嵌入空間中兩個節點的接近程度保持一致。除在建立代理任務時採用的監督資訊以外，設計有效的訓練策略和選擇合理的損失函式是將 SSL 納入 GNN 的另一關鍵組成部分。兩種經常使用的讓 GNN 包含 SSL 的訓練策略如下：一種是首先透過完成代理任務對 GNN 進行預訓練，然後在下游任務上對 GNN 進行微調；另一種則是在代理任務和下游任務上聯合訓練 GNN（Jin et al, 2020d；You et al, 2020c）。此外，有少數人（Chen et al, 2020c；Sun et al, 2020c）在將 SSL 納入 GNN 時採用了自訓練的思想。損失函式的選擇是為特定的代理任務量身訂製的，其中包括以分類為基礎的任務（交叉熵損失）、以回歸為基礎的任務（均方差損失）和以對比為基礎的任務（對比損失）。

　　鑑於圖神經網路領域取得的實質性進展和自監督學習的巨大潛力，本章旨在對將自監督學習應用於圖神經網路進行系統而全面的回顧。本章剩餘部分的內容組織如下：18.2 節首先介紹自監督學習和代理任務，然後總結在影像和文字領域經常使用的自監督方法。18.3 節介紹用於將 SSL 納入 GNN 的訓練策略，並

對已開發的 GNN 的代理任務進行分類。18.4 節和 18.5 節詳細總結為節點級和圖級代理任務開發的許多代表性 SSL 方法。18.6 節討論使用節點級和圖級監督開發的一些代表性 SSL 方法，它們又稱為節點 - 圖級代理任務。18.7 節收集並討論前幾節提到的主要研究成果以及一些有洞見的發現。18.8 節提供關於 GNN 中 SSL 發展的結論性意見和未來預測。

18.2　自監督學習概述

　　監督學習是這種機器學習任務：根據有標籤資料集提供的具有基礎事實的輸入 - 輸出對，訓練一個將輸入映射到輸出的模型。監督學習的良好表現需要相當數量的有標籤資料（尤其是在使用深度學習模型時），而這些資料的人工收集成本很高。相反，自監督學習從無標籤資料中生成監督訊號，然後根據生成的監督訊號訓練模型。以生成的監督訊號為基礎訓練模型的任務被稱為代理任務。相比之下，我們最為關心的希望模型能夠解決的最終表現的任務則被稱為下游任務。為了保證自監督學習的表現優勢，我們應該精心設計一些代理任務，使得完成這些代理任務能夠鼓勵模型擁有與完成下游任務類似或互補的理解。自監督學習最初起源於解決影像和文字領域的任務。下面我們著重介紹這兩個領域的自監督學習，並特別強調不同的代理任務。

　　人們在電腦視覺（Computer Vision，CV）領域已經提出許多關於圖像資料的自監督表徵學習的想法。一個常見的例子是，我們期望影像上的微小失真不會影響影像的原始語義或幾何形式。Dosovitskiy et al（2014）提出了用無標籤的影像小塊建立代理訓練資料集的想法：首先從不同影像的不同位置抽樣影像小塊，然後透過應用各種隨機變換來扭曲影像小塊。代理任務旨在區分從同一影像或不同影像中扭曲的影像小塊。旋轉整個影像是修改輸入影像而不改變語義內容的另一種有效且廉價的方法（Gidaris et al, 2018）。首先，每張輸入影像被隨機旋轉 90°多次。然後，模型被訓練以預測哪種旋轉已被應用。然而，除在整個影像上執行代理任務以外，我們還可以透過提取局部影像小塊來建構代理任務。使用這種方法的例子包括預測一幅影像中兩個隨機影像小塊之間的相對位置（Doersch et al, 2015）、設計拼圖遊戲，以及將 9 個打亂的影像小塊放回原來的位置（Noroozi and Favaro, 2016）等。除此以外，還有更多的代理任務（如

著色、自編碼器和對比預測編碼等）被引入並得到有效利用（Oord et al, 2018；Vincent et al, 2008；Zhang et al, 2016d）。

雖然近年來電腦視覺在自監督學習方面取得驚人的進展，但自監督學習在自然語言處理（Natural Language Processing，NLP）中也被大量利用了很長時間。word2vec（Mikolov et al, 2013b）是第一個在 NLP 領域普及 SSL 思想的模型。中心詞預測和鄰接詞預測是 word2vec 中的兩個代理任務，模型被給予一小塊文字並被要求預測這一小塊文字中的中心詞，反之亦然。BERT（Devlin et al, 2019）是 NLP 中另一個著名的預訓練模型，其中的兩個代理任務是恢復文字中的隨機掩蔽詞以及對兩個句子是否能相繼出現進行分類。類似的情形還有很多，比如讓代理任務對兩個句子的順序是否正確進行分類（Lan et al, 2020）；或先隨機打亂句子的順序，再尋求恢復原始順序的代理任務（Lewis et al, 2020）。

與在影像和文字領域遇到的資料獲取困難相比，圖領域的機器學習在獲取高品質的有標籤資料方面則面臨更大的挑戰。舉例來說，對分子圖來說，進行必要的實驗室實驗以標記一些分子的代價是非常大的（Rong et al, 2020a）；而在社群網站中，獲得單一使用者的基礎事實標籤可能需要進行大規模的調查，並且可能由於隱私協定或顧慮而無法發佈（Chen et al, 2020a）。因此，在 CV 和 NLP 領域透過應用 SSL 取得的成功自然導致 SSL 是否可以有效應用於圖領域的問題。鑑於圖神經網路是更為強大的圖表徵學習範式之一，本章接下來的內容將主要關注如何在圖神經網路的框架內引入自監督學習，並強調和總結這些最新進展。

18.3　將 SSL 應用於圖神經網路：對訓練策略、損失函式和代理任務進行分類

在尋求將自監督學習應用於 GNN 時，我們需要做出的主要決定是如何建構代理任務，包括從無標籤資料中利用什麼資訊，使用什麼損失函式，以及使用什麼訓練策略來有效提高 GNN 的表現。因此，本節將首先從數學上對自監督學習的圖神經網路進行形式化，然後對上述每個問題進行討論。具體地說，本節將介紹三種訓練策略和當前文獻中經常採用的三種損失函式，並根據它們在建構代理任務時利用的資訊類型，對當前最先進 GNN 的代理任務進行分類。

給定附帶屬性的無向圖 $\mathscr{G} = (\mathscr{V}, \mathscr{E}, \boldsymbol{X})$，其中，$\mathscr{V} = \{v_1, v_2, \cdots, v_{|\mathscr{V}|}\}$ 代表具有 $|\mathscr{V}|$ 個節點的節點集合，$\mathscr{E}$ 代表邊集合，$e_{ij} = (v_i, v_j)$ 是節點 v_i 和節點 v_j 之間的邊，$\boldsymbol{X} \in \mathbb{R}^{|\mathscr{V}| \times d}$ 代表特徵矩陣，$\boldsymbol{x}_i = \boldsymbol{X}[i,:]^{\mathrm{T}} \in \mathbb{R}^d$ 是節點 v_i 的 d 維特徵向量。$\boldsymbol{A} \in \mathbb{R}^{|\mathscr{V}| \times |\mathscr{V}|}$ 是圖鄰接矩陣，其中，如果 $e_{ij} \in \mathscr{E}$，則 $\boldsymbol{A}_{ij} = 1$；如果 $e_{ij} \notin \mathscr{E}$，則 $\boldsymbol{A}_{ij} = 0$。我們把所有以 GNN 為基礎的特徵提取器表示為 $f_\theta : \mathbb{R}^{|\mathscr{V}| \times d} \times \mathbb{R}^{|\mathscr{V}| \times |\mathscr{V}|} \to \mathbb{R}^{|\mathscr{V}| \times d'}$，參數為 θ。特徵提取器 f_θ 可以接收任意節點的特徵矩陣 $\boldsymbol{X}$ 和圖鄰接矩陣 $\boldsymbol{A}$，然後輸出每個節點的 d' 維度資料表徵 $\boldsymbol{Z}_{\mathrm{GNN}} = f_\theta(\boldsymbol{X}, \boldsymbol{A}) \in \mathbb{R}^{|\mathscr{V}| \times d'}$，並將其進一步輸入任意置換不變函式 $\mathrm{READOUT} : \mathbb{R}^{|\mathscr{V}| \times d'} \to \mathbb{R}^{d'}$，以獲得圖嵌入 $\boldsymbol{z}_{\mathrm{GNN},\mathscr{G}} = \mathrm{READOUT}(f_\theta(\boldsymbol{X}, \boldsymbol{A})) \in \mathbb{R}^{d'}$。更具體地說，這裡的 θ 代表 GNN 對應網路架構中編碼的參數（Hamilton et al, 2017b；Kipf and Welling, 2017b；Petar et al, 2018；Xu et al, 2019d, 2018a）。考慮到直推式半監督任務，我們獲得了有標籤的節點集合 $\mathscr{V}_l \subset \mathscr{V}$、有標籤的圖 $\mathscr{G}$、相關的節點標籤矩陣 $\boldsymbol{Y}_{\mathrm{sup}} \in \mathbb{R}^{|\mathscr{V}| \times l}$ 以及標籤維度為 l 的圖標籤 $\boldsymbol{y}_{\mathrm{sup},\mathscr{G}} \in \mathbb{R}^l$，我們的目的是對節點和圖進行分類。GNN 輸出的節點和圖的表徵首先由額外的調配層 $h_{\theta_{\mathrm{sup}}}$ 處理，該調配層由監督調配參數 θ_{sup} 初始化，以獲得預測的一維節點標籤 $\boldsymbol{Z}_{\mathrm{sup}} \in \mathbb{R}^{|\mathscr{V}| \times l}$ 和圖標籤 $\boldsymbol{z}_{\mathrm{sup},\mathscr{G}} \in \mathbb{R}^l$。節點標籤 $\boldsymbol{Z}_{\mathrm{sup}}$ 和圖標籤 $\boldsymbol{z}_{\mathrm{sup},\mathscr{G}}$ 可透過式（18.1）和式（18.2）得出。以 GNN 為基礎的特徵提取器 f_θ 中的模型參數 θ 和調配層 $h_{\theta_{\mathrm{sup}}}$ 中的參數 θ_{sup} 是透過最佳化輸出／預測標籤和真實標籤之間的監督損失來學習的，對於有標籤的節點和有標籤的圖，這可以公式化為

$$\boldsymbol{Z}_{\mathrm{sup}} = h_{\theta_{\mathrm{sup}}} (f_\theta(\boldsymbol{X}, \boldsymbol{A})) \tag{18.1}$$

$$\boldsymbol{z}_{\mathrm{sup},\mathscr{G}} = h_{\theta_{\mathrm{sup}}} (\mathrm{READOUT}(f_\theta(\boldsymbol{X}, \boldsymbol{A}))) \tag{18.2}$$

$$\theta^*, \theta^*_{\mathrm{sup}} = \mathrm{argmin}_{\theta, \theta_{\mathrm{sup}}} \mathscr{L}_{\mathrm{sup}}(\theta, \theta_{\mathrm{sup}}) = \begin{cases} \underbrace{\mathrm{argmin}_{\theta, \theta_{\mathrm{sup}}} \dfrac{1}{|\mathscr{V}_l|} \sum_{v_i \in \mathscr{V}_l} \mathscr{C}_{\mathrm{sup}}(\boldsymbol{z}_{\mathrm{sup},i}, \boldsymbol{y}_{\mathrm{sup},i})}_{\text{節點監督任務}} \\ \underbrace{\mathrm{argmin}_{\theta, \theta_{\mathrm{sup}}} \mathscr{C}_{\mathrm{sup}}(\boldsymbol{z}_{\mathrm{sup},\mathscr{G}}, \boldsymbol{y}_{\mathrm{sup},\mathscr{G}})}_{\text{圖監督任務}} \end{cases} \tag{18.3}$$

其中，$\mathscr{L}_{\mathrm{sup}}$ 是總監督損失函式，$\mathscr{C}_{\mathrm{sup}}$ 是每個實例的監督損失函式，$\boldsymbol{y}_{\mathrm{sup},i} = \boldsymbol{Y}_{\mathrm{sup}}[i,:]^{\mathrm{T}}$ 表示節點監督任務中節點 v_i 的真實標籤，$\boldsymbol{y}_{\mathrm{sup},\mathscr{G}}$ 表示圖監督任務

中圖 $\mathscr{G}$ 的真實標籤，對應的預測標籤的分布則被表示為 $z_{sup,i} = Z_{sup}[i,:]^T$ 和 $z_{sup,\mathscr{G}}$。θ 和 θ_{sup} 分別是任何 GNN 模型和監督下游任務的額外調配層需要最佳化的參數。注意，為了便於描述，這裡假設上面的圖監督任務只在一個圖上操作，但上述框架可以很容易地調配於多個圖上的監督任務。

18.3.1 訓練策略

在本章中，我們將 SSL 看作設計一個特定的代理任務並在這個代理任務上學習模型的過程。在這個意義上，SSL 既可以作為無監督的預訓練，也可以與半監督學習相結合。

可透過最佳化模型參數 θ、θ_{ssl} 和 θ_{sup}（其中的 $_{ssl}$ 是調配層的參數）來提高模型提取特徵的能力，以完成代理任務和下游任務。在相關討論（Hu et al, 2019c；Jin et al, 2020d；Sun et al, 2020c；You et al, 2020b，c）的啟發下，我們總結了文獻中流行的三種可能的訓練策略——自訓練、附帶微調的預訓練和聯合訓練，以便在自監督環境中訓練 GNN。

18.3.1.1 自訓練

自訓練策略在訓練過程中利用了模型本身產生的監督資訊（Li et al, 2018b；Riloff，1996）。典型的自訓練策略在開始時，會首先在有標籤資料上訓練模型，然後為具有高度置信的預測的無標籤樣本生成偽標籤，並在下一輪訓練中把它們納入有標籤資料。這樣代理任務與下游任務就都利用了一些原先無標籤資料的偽標籤。圖 18.1 概述了帶有 SSL 的 GNN 使用自訓練策略的過程，預測結果被重新利用，以增強下一輪迭代中的訓練資料，正如（Sun et al, 2020c）所做的那樣。

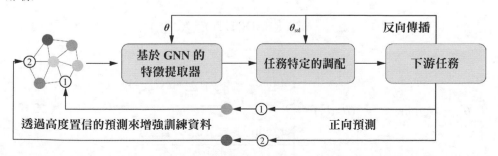

▲ 圖 18.1 帶有 SSL 的 GNN 使用自訓練策略的過程
（本書為單色印刷，色彩標示部分可能無法正確顯示）

18.3.1.2　附帶微調的預訓練

　　附帶微調的預訓練策略利用了從完成代理任務的過程中學到的特徵，包括使用自監督的最佳化參數實現下游任務微調的初始化。這種訓練策略包括兩個階段——對自監督的代理任務進行預訓練和對下游任務進行微調。圖 18.2 概述了帶有 SSL 的 GNN 使用這種兩階段策略的過程。

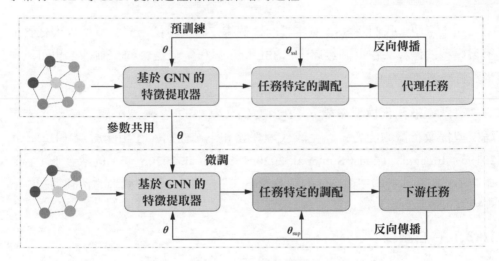

圖 18.2　帶有 SSL 的 GNN 使用附帶微調的預訓練策略的過程（本書為單色印刷，色彩標示部分可能無法正確顯示）

　　整個模型由一個共用的以 GNN 為基礎的特徵提取器和兩個調配模組組成，其中一個調配模組用於代理任務，另一個調配模組用於下游任務。在預訓練過程中，整個模型是以自監督的代理任務為基礎進行訓練的：

$$Z_{ssl} = h_{\theta_{ssl}}(f_\theta(X, A)) \qquad (18.4)$$

$$z_{ssl,\mathscr{G}} = h_{\theta_{ssl}}(\text{READOUT}(f_\theta(X, A))) \qquad (18.5)$$

$$\theta^*, \theta^*_{ssl} = \text{argmin}_{\theta,\theta_{ssl}} \mathscr{L}_{ssl}(\theta,\theta_{ssl}) = \begin{cases} \underbrace{\text{argmin}_{\theta,\theta_{ssl}} \dfrac{1}{|\mathscr{V}|} \sum_{v_i \in \mathscr{V}} \mathscr{C}_{ssl}(z_{ssl,i}, y_{ssl,i})}_{\text{節點代理任務}} \\ \underbrace{\text{argmin}_{\theta,\theta_{ssl}} \mathscr{C}_{ssl}(z_{ssl,\mathscr{G}}, y_{ssl,\mathscr{G}})}_{\text{圖代理任務}} \end{cases} \qquad (18.6)$$

其中，θ_{ssl} 是代理任務的調配層 $h_{\theta_{ssl}}$ 的參數，ℓ_{ssl} 是每個實例的自監督損失函式，$\mathcal{L}_{ss1}$ 是完成自監督任務的總損失函式。在節點代理任務中，$z_{ssl,i} = Z_{ssl}[i,:]^T$ 和 $y_{ssl,i} = Y_{ssl}[i,:]^T$ 分別是節點 v_i 的自監督預測標籤和真實標籤。在圖代理任務中，$z_{ssl,\mathcal{G}}$ 和 $y_{ssl,\mathcal{G}}$ 分別是圖 $\mathcal{G}$ 的自監督預測標籤和真實標籤。在微調過程中，可透過完成式（18.1）～式（18.3）中的下游任務來訓練特徵提取器 f_θ，並以預訓練的 θ^* 進行初始化。請注意，為了利用預訓練的節點 / 圖表徵，在微調過程中也可以用訓練線性分類器〔如 Logistic Regression（Peng et al, 2020；Veličković et al, 2019；You et al, 2020b；Zhu et al, 2020c）〕代替。

18.3.1.3 聯合訓練

將自監督學習（SSL）應用於圖神經網路的自然想法是將完成代理任務和下游任務的損失結合起來，共同訓練模型，這就是聯合訓練，如圖 18.3 所示。

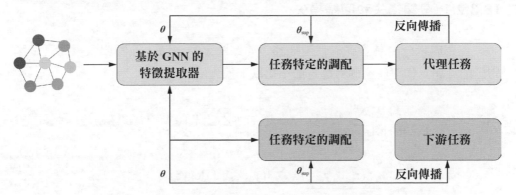

▲ 圖 18.3　帶有 SSL 的 GNN 使用聯合訓練策略的過程
（本書為單色印刷，色彩標示部分可能無法正確顯示）

聯合訓練包括兩個階段——GNN 的特徵提取階段和代理任務與下游任務的調配階段。在特徵提取階段，GNN 將圖的鄰接矩陣 A 和特徵矩陣 X 作為輸入，輸出節點嵌入 Z_{GNN} 和 / 或圖嵌入 $z_{GNN,\mathcal{G}}$。在調配階段，提取的節點嵌入和圖嵌入則被進一步轉為透過 $h_{\theta_{ssl}}$ 和 $h_{\theta_{sup}}$ 分別完成代理任務和下游任務。代理任務和下游任務最佳化後的損失為

$$Z_{sup} = h_{\theta_{sup}}(f_\theta(X,A)), Z_{ssl} = h_{\theta_{ssl}}(f_\theta(X,A)) \tag{18.7}$$

$$z_{sup,\mathcal{G}} = h_{\theta_{sup}}(\text{READOUT}(f_\theta(X,A))), z_{ssl,\mathcal{G}} = h_{\theta_{ssl}}(\text{READOUT}(f_\theta(X,A))) \tag{18.8}$$

$$\theta^*, \theta_{sup}^*, \theta_{ssl} = \begin{cases} \underbrace{\text{argmin}_{\theta, \theta_{sup}, \theta_{ssl}} \dfrac{1}{|\mathcal{V}|} \sum_{v_i \in \mathcal{V}} (\alpha_1 \, \mathscr{C}_{sup,i}, (z_{sup,i}, y_{sup,i}) + \alpha_2 \, \mathscr{C}_{ssl}\,(z_{ssl,i}, y_{ssl,i})}_{\text{節點代理任務}} \\ \underbrace{\text{argmin}_{\theta, \theta_{sup}, \theta_{ssl}} \alpha_1 \, \mathscr{C}_{sup}\,(z_{sup,\mathscr{G}}, y_{sup,\mathscr{G}}) + \alpha_2 \, \mathscr{C}_{ssl}\,(z_{ssl,\mathscr{G}}, y_{ssl,\mathscr{G}})}_{\text{圖代理任務}} \end{cases} \quad （18.9）$$

其中，α_1 和 $\alpha_2 \in \mathbb{R} > 0$ 是結合了監督損失 $\mathscr{C}_{sup}$ 和自監督損失 $\mathscr{C}_{ssl}$ 的權重。

18.3.2 損失函式

損失函式被用來評估演算法對資料建模的效果。一般來說，在自監督學習的 GNN 中，代理任務的損失函式有三種形式——分類損失、回歸損失和對比學習損失。請注意，這裡討論的損失函式針對的是代理任務而非下游任務。

18.3.2.1 分類損失和回歸損失

在完成以分類為基礎的代理任務（如節點聚類）時，節點嵌入編碼了聚類的分配資訊，代理任務的目標是最小化以下損失函式：

$$\mathscr{L}_{ssl} = \begin{cases} \underbrace{\dfrac{1}{|\mathcal{V}|} \sum_{v_i \in \mathcal{V}} \mathscr{C}_{CE}(z_{ssl,i}, y_{ssl,i})}_{\text{節點代理任務}} = -\dfrac{1}{|\mathcal{V}|} \sum_{v_i \in \mathcal{V}} \sum_{j=1}^{L} 1(y_{ssl,ij} = 1) \log(\tilde{z}_{ssl,ij}) \\ \underbrace{\mathscr{C}_{CE}(z_{ssl,\mathscr{G}}, y_{ssl,\mathscr{G}})}_{\text{圖代理任務}} = \sum_{j=1}^{L} 1(y_{ssl,\mathscr{G}j} = 1) \log(\tilde{z}_{ssl,\mathscr{G}j}) \end{cases} \quad （18.10）$$

其中，$\mathscr{C}_{CE}$ 表示交叉熵函式，$z_{ssl,i}$ 和 $z_{ssl,\mathscr{G}}$ 表徵節點 v_i 和圖 $\mathscr{G}$ 在代理任務中預測的標籤分布，相關的類機率分布 $\tilde{z}_{ssl,i}$ 和 $\tilde{z}_{ssl,\mathscr{G}}$ 可分別透過 Softmax 歸一化進行計算。舉例來說，$\tilde{z}_{ssl,ij}$ 是節點 v_i 屬於類別 j 的機率。由於每個節點 v_i 都有自己的偽標籤 $y_{ssl,i}$，因此在完成代理任務時，我們可以考慮圖中所有的節點 $\mathcal{V}$，而非像以前那樣在下游任務中只考慮有標籤節點 $\mathcal{V}_l$ 的集合。

在完成以回歸為基礎的代理任務（如特徵補全）時，我們通常使用平均平方誤差損失作為損失函式：

$$
\mathcal{L}_{\text{ssl}} =
\begin{cases}
\underbrace{\dfrac{1}{|\mathcal{V}|} \sum_{v_i \in \mathcal{V}} \mathcal{C}_{\text{MSE}}(z_{\text{ssl},i}, y_{\text{ssl},i})}_{\text{節點代理任務}} = -\dfrac{1}{|\mathcal{V}|} \sum_{v_i \in \mathcal{V}} \left\| z_{\text{ssl},i} - y_{\text{ssl},i} \right\|^2 \\[4mm]
\underbrace{\mathcal{C}_{\text{MSE}}(z_{\text{ssl},\mathscr{I}}, y_{\text{ssl},\mathscr{I}})}_{\text{圖代理任務}} = \left\| z_{\text{ssl},\mathscr{I}} - y_{\text{ssl},\mathscr{I}} \right\|^2
\end{cases}
\tag{18.11}
$$

其中，代理任務的目標是最小化我們學習的嵌入到 $y_{\text{ssl},i}$ 的距離，$y_{\text{ssl},i}$ 表徵了節點 v_i 的所有基礎事實值，如特徵補全中的原始屬性或節點 v_i 的其他值。

18.3.2.2　對比學習損失

受自然語言處理和電腦視覺中採用對比學習取得的重大進展的啟發（Le-Khac et al, 2020），最近有人（Hassani and Khasahmadi, 2020；Veličković et al, 2019；You et al, 2020b；Zhu et al, 2020c, 2021）提出類似的對比框架來實現 GNN 中的 SSL。在 GNN 中，對比學習的一般目標是訓練以 GNN 為基礎的編碼器，使相似的圖實例（舉例來說，從同一實例產生的多個視圖）之間的表徵一致性最大化，而使不相似的圖實例（舉例來說，從不同實例產生的多個視圖）之間的表徵一致性最小化，如圖 18.4 所示。這種不同實例之間表徵一致性的最大化和最小化，通常被表述為最大化兩個不同視圖下表徵 Z_{ssl}^1 和 Z_{ssl}^2 之間的互信 $\mathscr{I}(Z_{\text{ssl}}^1, Z_{\text{ssl}}^2)$，也就是

$$
\max_{\theta, \theta_{\text{SSL}}} \mathscr{I}(Z_{\text{ssl}}^1, Z_{\text{ssl}}^2)
\tag{18.12}
$$

其中，Z_{ssl}^1 和 Z_{ssl}^2 對應於任何以 GNN 為基礎的編碼器（後面還有調配層 $h_{\theta_{\text{ssl}}}$）在兩個不同的圖 $\mathscr{G}_1$ 和 $\mathscr{G}_2$ 下的輸出表徵。

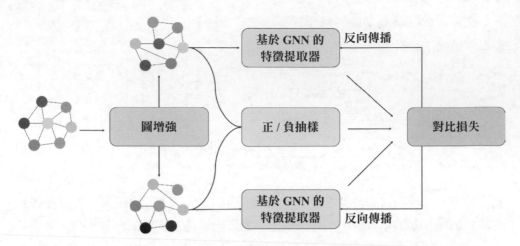

▲ 圖 18.4 帶有 SSL 的 GNN 使用對比學習的過程
（本書為單色印刷，色彩標示部分可能無法正確顯示）

在大多數情況下，最初的相互資訊是難以精確計算的（Belghazi et al, 2018；Gabrié et al, 2019；Paninski, 2003；Xie et al, 2021）。為了在計算時估計和最大化相互資訊，人們推導出多種估計方法來評估相互資訊的下限，包括歸一化溫度尺度交叉熵 NT-Xent（Chen et al, 2020l）、KL- 散度的 Donsker-Varadhan 表徵（Donsker and Varadhan，1976）、雜訊對比估計（InfoNCE）gutmann2010noise 以及 Jensen-Shannon 估計器（Nowozin et al, 2016）。為了簡單起見，這裡只介紹常用的相互資訊估計器 NT-Xent，NT-Xent 可形式化為

$$\mathcal{L}_{ssl} = \frac{1}{|\mathscr{P}^+|} \sum_{(i,j)\in\mathscr{P}^+} \ell_{\text{NT-Xent}}(z^1_{ssl,i}, z^2_{ssl}, \mathscr{P}^-) = -\frac{1}{|\mathscr{P}^+|} \sum_{(i,j)\in\mathscr{P}^+} \log \frac{\exp(\mathscr{D}(z^1_{ssl,i}, z^2_{ssl,j}))}{\sum_{k\in\{j\cup\mathscr{P}^-\}} \exp(\mathscr{D}(z^1_{ssl,i}, z^2_{ssl,k}))} \quad (18.13)$$

其中，$\mathscr{D}(z^1_{ssl,i}, z^2_{ssl,j}) = \dfrac{\text{sim}(z^1_{ssl,i}, z^2_{ssl,j})}{\tau}$ 是一個可學習的判別器，參數為相似性（如餘弦相似性）函式和溫度係數 τ，$\mathscr{P}^+$ 代表所有正樣本對的集合，而 $\mathscr{P}^- = \bigcup\limits_{i,j\in\mathscr{P}^+} \mathscr{P}^-_i$ 代表所有負樣本對的集合。特別是，$\mathscr{P}^-_i$ 包含樣本 i 的所有負樣本。注意，我們可以對比不同圖下的節點表徵、圖表徵和節點 - 圖表徵。因此，z^1_{ssl} 並不限於節點嵌入，而是可以指代第一個圖 $\mathscr{G}_1$ 下的節點嵌入和圖嵌入。因此，i、j、k 可以指代節點樣本和圖樣本。

自監督學習中代理任務的分類如圖 18.5 所示。

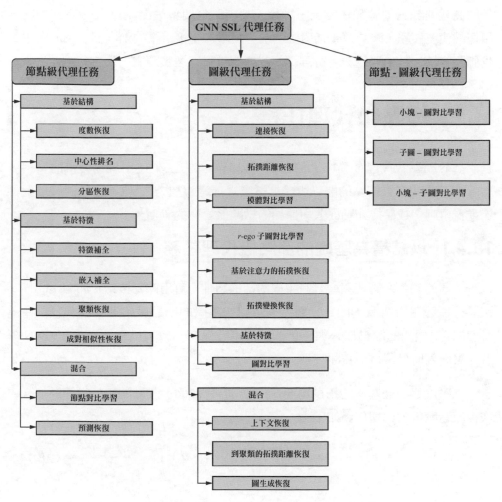

▲　圖 18.5　自監督學習中代理任務的分類

18.3.3　代理任務

代理任務是透過利用來自圖的不同組成部分的不同類型的監督資訊來建構的。以產生監督資訊為基礎的元件，文獻中普遍存在的代理任務可分為節點級、圖級和節點 - 圖級代理任務三種。在完成節點級和圖級代理任務時，可利用三種類型的資訊——圖結構資訊、節點特徵資訊和混合資訊，其中的混合資訊結合了

節點特徵資訊、圖結構資訊甚至已知訓練標籤的資訊（Jin et al, 2020d）。我們不妨將代理任務的分類總結為一棵樹，其中的每個葉子節點代表圖 18.5 中特定類型的代理任務，同時還包括對應的參考文獻。在接下來的 18.4 節 ~18.6 節中，我們將對每一種代理任務進行詳細的解釋，並對大多數現有方法進行總結。

18.4　節點級代理任務

對於節點級代理任務，人們已經開發出一些方法來使用容易獲得的資料，為每個節點或每對節點的關係生成偽標籤。透過這種方式，GNN 被訓練以對標籤進行預測，或保持節點嵌入與原始節點關係之間的等價性。

18.4.1　以結構為基礎的節點級代理任務

不同的節點在圖拓撲中具有不同的結構屬性，可用節點度數、節點中心性、節點分區等進行衡量。因此，對於以結構為基礎的節點級代理任務，我們希望從 GNN 中提取的節點嵌入與它們的結構屬性保持一致，以試圖確保在 GNN 學習節點嵌入時保留這一資訊。

節點度數是最基本的拓撲屬性，Jin et al（2020d）設計的用於從節點嵌入中恢復節點度數的代理任務如下：

$$\mathcal{L}_{\mathrm{ssl}} = \frac{1}{|\mathcal{V}|} \sum_{v_i \in \mathcal{V}} \ell_{\mathrm{MSE}}(z_{\mathrm{ssl},i}, d_i) \tag{18.14}$$

其中，d_i 表示節點 i 的度數，$z_{\mathrm{ssl},i} = Z_{\mathrm{ssl}}[i,:]^{\mathrm{T}}$ 表示節點 i 的自監督 GNN 嵌入。需要注意的是，我們可以將這個代理任務推廣為利用節點級的任何結構屬性。

節點中心性是根據節點在整個圖中的結構作用來度量節點的重要性的（Newman, 2018）。Hu et al（2019c）設計了一個代理任務，目的是讓 GNN 估計節點中心性的等級得分，具體需要考慮特徵中心性、間隔性、接近性和子圖中心性等。節點對（u，v）和中心性得分 s 帶有相對順序 $R_{u,v}^s = 1(s_u > s_v)$，如果 $s_u > s_v$，則 $R_{u,v}^s = 1$；如果 $s_u \leq s_v$，則 $R_{u,v}^s = 0$。針對節點中心性得分 s 的解碼器 D_s^{rank} 則透過 $S_v = D_s^{\mathrm{rank}}(z_{\mathrm{GNN},v})$ 來估計等級順序，估計的等級順序的機率由 Sigmoid 函

式 $\tilde{R}_{u,v}^{s} = \dfrac{\exp(s_u - s_v)}{1 + \exp(s_u - s_v)}$ 定義。預測的相對順序可以形式化為二元分類問題，損失為

$$\mathcal{L}_{\text{ssl}} = -\sum_{s} \sum_{u,v \in \mathcal{V}} (R_{u,v}^{s} \log \tilde{R}_{u,v}^{s} + (1 - R_{u,v}^{s}) \log(1 - \tilde{R}_{u,v}^{s})) \tag{18.15}$$

與同行採用的做法不同，Hu et al（2019c）直接從圖的拓撲結構中提取節點特徵，包括：

（1）度數，定義節點的局部重要性；

（2）核心數，定義節點周圍子圖的連通性；

（3）集體影響力，定義節點的鄰域重要性；

（4）局部聚類係數，定義節點 1 跳鄰域的連通性。

以上 4 個節點特徵（經過最小 - 最大歸一化）可用非線性變換並置起來並送入 GNN。Hu et al（2019c）使用了以下代理任務——中心性排名、聚類恢復和邊預測。他們的另一個創新想法是在 GNN 的中間層選擇一條固定 - 微調的邊界。這條邊界以下的 GNN 區塊是固定的，這條邊界以上的 GNN 區塊則是微調的。與預訓練的任務密切相關的下游任務使用了較高的邊界。

另一個重要的節點級結構屬性，就是在執行圖的劃分後每個節點所屬的分區。在文獻（You et al, 2020c）中，代理任務是訓練 GNN 以編碼節點的分區資訊。對圖進行劃分是為了將圖的節點分成不同的組，並使每組之間的邊數最小。舉出節點集合 V、邊集合 E 和預設的分區數 $p \in [1, |\mathcal{V}|]$，圖劃分演算法〔如 You et al（2020c）使用的圖劃分演算法（Karypis and Kumar，1995）〕將輸出節點集合 $\{\mathcal{V}_{\text{par}_1}, \mathcal{V}_{\text{par}_2}, \cdots, \mathcal{V}_{\text{par}_p} \mid \mathcal{V}_{\text{par}_i} \subset \mathcal{V}, i = 1, 2, \cdots, p\}$。分類損失為

$$\mathcal{L}_{\text{ssl}} = -\frac{1}{|\mathcal{V}|} \sum_{v_i \in \mathcal{V}} \ell_{\text{CE}}(\boldsymbol{z}_{\text{ssl},i}, \boldsymbol{y}_{\text{ssl},i}) \tag{18.16}$$

其中，$\boldsymbol{z}_{\text{ssl},i}$ 表示節點 v_i 的嵌入，這裡假設分區標籤是獨熱編碼 $\boldsymbol{y}_{\text{ssl},i} \in \mathbb{R}^p$。如果 $v_i \in \mathcal{V}_{\text{par}_k}$ $(i = 1, 2, \cdots, |\mathcal{V}|, \ \exists k \in [1, p])$，則第 k 項為 1，其他項為 0。

18.4.2　以特徵為基礎的節點級代理任務

節點特徵是另一類重要資訊，可利用節點特徵提供額外的監督。由於最先進的 GNN 存在過平滑問題（Chen et al, 2020c），原始的特徵資訊在送入 GNN 後會部分遺失。為了減少節點嵌入中損失的資訊，一些人（Hu et al, 2020c；Jin et al, 2020d；Manessi and Rozza, 2020；Wang et al, 2017a；You et al, 2020c）開發的代理任務會掩蔽節點特徵並讓 GNN 預測這些特徵。具體地說，他們首先利用特殊的掩蔽指標來隨機掩蔽輸入的節點特徵，然後透過應用 GNN 來獲得對應的節點嵌入，最後在嵌入的基礎上透過應用線性模型來預測對應的被掩蔽的節點特徵。假設被掩蔽的節點集合為 $\mathcal{V}_m$，則重建這些被掩蔽特徵的自監督回歸損失為

$$\mathcal{L}_{ssl} = \frac{1}{|\mathcal{V}_m|} \sum_{v_i \in \mathcal{V}_m} \ell_{MSE}(\boldsymbol{z}_{ssl,i}, \boldsymbol{x}_i) \qquad (18.17)$$

為了處理節點特徵的高稀疏性，首先對特徵矩陣 $\boldsymbol{X}$ 進行特徵降維是有益的〔參見文獻（Jin et al, 2020d）中使用的主成分分析（Principle Component Analysis，PCA）〕。此外，節點嵌入也可以從損壞的版本中重建，而非重建節點特徵（Manessi and Rozza, 2020）。

與圖分區中的節點按圖拓撲結構分組不同，在圖聚類中，節點的聚類是根據其特徵發現的（You et al, 2020c），這樣代理任務就可以設計為恢復節點聚類的分配。給定節點集合 $\mathcal{V}$、特徵矩陣 $\boldsymbol{X}$ 和預設的聚類數 $p \in [1, |\mathcal{V}|]$（如果聚類演算法能自動學習聚類數，則不需要給定聚類數）作為輸入，聚類演算法將輸出一組節點聚類 $\{\mathcal{V}_{clu_1}, \mathcal{V}_{clu_2}, \cdots, \mathcal{V}_{clu_p} \mid \mathcal{V}_{clu_i} \subset \mathcal{V}, \ i = 1, 2, \cdots, p\}$。假設對於節點 v_i，分區標籤是獨熱編碼 $\boldsymbol{y}_{ssl,i} \in \mathbb{R}^p$。如果 $v_i \in \mathcal{V}_{clu_k}$（$i = 1, 2, \cdots, |\mathcal{V}|, \ \exists k \in [1, p]$），則第 k 項為 1，其他項為 0。分類損失與式（18.16）相同。

除關注單一節點的代理任務以外，人們還開發了以節點為基礎對之間關係的代理任務（Jin et al, 2021, 2020d），其基本思想是在 GNN 的節點嵌入中保留節點成對特徵的相似性。假設 $\mathcal{T}_s$ 和 $\mathcal{T}_d$ 分別表示具有最高和最低相似度的節點對集合：

$$\mathscr{T}_s = \{(v_i, v_j) \,\big|\, \text{sim}(\boldsymbol{x}_i, \boldsymbol{x}_j) \text{最大的} B \text{個} \{\text{sim}(\boldsymbol{x}_i, \boldsymbol{x}_b)\}_{b=1}^B \setminus \text{sim}(\boldsymbol{x}_i, \boldsymbol{x}_i), \forall v_i \in \mathscr{V}\}\text{（18.18）}$$

$$\mathscr{T}_d = \{(v_i, v_j) \,\big|\, \text{sim}(\boldsymbol{x}_i, \boldsymbol{x}_j) \text{最小的} B \text{個} \{\text{sim}(\boldsymbol{x}_i, \boldsymbol{x}_b)\}_{b=1}^B \setminus \text{sim}(\boldsymbol{x}_i, \boldsymbol{x}_i), \forall v_i \in \mathscr{V}\}\text{（18.19）}$$

其中，$\text{sim}(\boldsymbol{x}_i, \boldsymbol{x}_j)$ 用於衡量兩個節點 v_i 和 v_j 之間特徵的餘弦相似度，$\boldsymbol{B}$ 表示每個節點選擇的頂對 / 底對的數量。代理任務的作用是最佳化以下回歸損失：

$$\mathscr{L}_{\text{ssl}} = \frac{1}{|\mathscr{T}_s \bigcup \mathscr{T}_d|} \sum_{(v_i, v_j) \in \mathscr{T}_s \bigcup \mathscr{T}_d} \ell_{\text{MSE}}(f_w(\big|\boldsymbol{z}_{\text{GNN},i} - \boldsymbol{z}_{\text{GNN},j}\big|, \text{sim}(\boldsymbol{x}_i, \boldsymbol{x}_j))\text{（18.20）}$$

其中，函式 f_w 用於將 GNN 的兩個節點嵌入之間的差異映射為表示它們之間相似度的純量。

18.4.3　混合代理任務

一些代理任務並非僅採用拓撲結構或特徵資訊作為額外的監督，而是將它們結合在一起作為混合監督，甚至利用已知訓練標籤的資訊。

Zhu et al（2020c）提出了一個用於無監督圖表徵學習的對比框架。這個框架首先透過隨機對屬性（掩蔽節點特徵）和拓撲結構〔移除或增加圖邊（graph edge）〕進行破壞，產生兩個相關的圖視圖；然後利用對比損失訓練 GNN，使這兩個圖視圖中的節點嵌入之間的一致性最大化。在每次迭代中，根據輸入圖 $\mathscr{G} = \{\boldsymbol{A}, \boldsymbol{X}\}$ 的可能增強函式，隨機生成兩個圖視圖 $\mathscr{G}^1 = \{\boldsymbol{A}^1, \boldsymbol{X}^1\}$ 和 $\mathscr{G}^2 = \{\boldsymbol{A}^2, \boldsymbol{X}^2\}$。

我們的目的是使圖的不同視圖中相同節點的相似性最大化，同時使圖的相同或不同視圖中不同節點的相似性最小化。因此，如果把兩個圖視圖中的節點嵌入表示為 $\boldsymbol{Z}_{\text{GNN}}^1 = f_\theta(\boldsymbol{X}^1, \boldsymbol{A}^1)$ 和 $\boldsymbol{Z}_{\text{GNN}}^2 = f_\theta(\boldsymbol{X}^2, \boldsymbol{A}^2)$，那麼 NT-Xent 對比損失為

$$\mathscr{L}_{\text{ssl}} = \frac{1}{|\mathscr{P}^+|} \sum_{(v_i^1, v_i^2) \in \mathscr{P}^+} \ell_{\text{NT-Xent}}(\boldsymbol{Z}_{\text{GNN}}^1, \boldsymbol{Z}_{\text{GNN}}^2, \mathscr{P}^-)\text{（18.21）}$$

其中，$\mathscr{P}^+$ 包含正對 (v_i^1, v_i^2)，v_i^1 和 v_i^2 對應於相同的節點；而 $\mathscr{P}^- = \bigcup_{(v_i^1, v_i^2) \in \mathscr{P}^+} \mathscr{P}_{v_i}^-$ 代表所有負樣本的集合，$\mathscr{P}_{v_i}^-$ 包含同一視圖中不同於節點 v_i 的節點（視圖內負對）或另一視圖中的節點（視圖間負對）。

具體地說，在上述情況下，對圖的兩種破壞分別是刪除邊和掩蔽節點特徵。在刪除邊時，掩蔽矩陣 $M \in \{0, 1\}^{|\mathscr{V}| \times |\mathscr{V}|}$ 是隨機抽樣的，其中的元素來自伯努利分布。如果原圖的 $A_{ij} = 1$，則 $M_{ij} \sim \mathscr{B}(1 - p_r)$。$p_r$ 是每條邊被移除的機率。由此產生的矩陣可以計算為 $A' = A \odot M$，也就是從 $\mathscr{G}$ 中建立 $\mathscr{G}'$ 的鄰接矩陣。

在掩蔽節點特徵時，我們需要利用隨機向量 $m \in \{0, 1\}^d$，m 的每個維度都是獨立地從伯努利分布中取出的，機率為 $1 - p_m$，d 是節點特徵 X 的維度。從 $\mathscr{G}$ 中為 $\mathscr{G}'$ 生成的節點特徵 X' 是透過以下方式計算的：

$$X' = [x_1 \odot m; x_2 \odot m; \cdots; x_{|\mathscr{V}|} \odot m] \tag{18.22}$$

其中，[;] 是並置運算子。此外，在 GRACE 的改進版本（Zhu et al, 2021）中，整個對比過程與 GRACE 相同，只是圖的擴充是根據節點和邊的重要性自我調整進行的。具體來說，刪除節點 v_i 和節點 v_j 之間的邊的機率應反映邊 (v_i, v_j) 的重要性，這樣增強函式才更有可能破壞不重要的邊，並在增強的視圖中保持重要的連接結構不變。同樣，經常出現在有影響力的節點中的特徵維度也會被看重，這些節點被掩蔽的機率較低。

Chen et al（2020b）觀察到，與有標籤節點的拓撲距離遠的節點更有可能被錯誤分類，這表示 GNN 在整個圖中嵌入節點特徵的能力分布並不均勻。然而，現有的圖對比學習方法忽略了這種不均勻的分布，這促使（Chen et al，2020b）提出了以距離為基礎的圖對比學習（DwGCL）方法，這種方法可以自我調整地增強圖的拓撲結構，對正對和負對進行抽樣並最大化相互資訊。拓撲資訊增益（Topology Information Gain，TIG）是以 Group PageRank 和節點特徵計算為基礎的，以描述節點從圖拓撲的有標籤節點中獲得的任務資訊有效性。透過利用有 / 無對比學習的 TIG 值對 GNN 在節點上的表現進行排名，我們發現對比學習主要提高了在拓撲邏輯上遠離有標籤節點的那些節點的表現。以上述發現為基礎，Chen et al（2020b）提出了以下建議：

（1）根據節點的 TIG 值，透過增強節點來擾亂圖的拓撲結構；

（2）考慮局部 / 全域拓撲距離和節點嵌入距離，對正對和負對進行抽樣；

（3）根據節點的 TIG 排名，在自監督損失中為節點分配不同的權重。結果表示，與典型的對比學習方法相比，這種以距離為基礎的圖對比學習的表現有所提高。

另一類可以利用的特殊監督資訊是模型本身的預測結果。Sun et al（2020c）利用了多階段訓練框架，以在下幾輪訓練中使用預測產生的偽標籤資訊。多階段訓練演算法會重複地把對每個類別的最有把握的預測增加到標籤集中，並重新利用這些偽標籤資料訓練 GNN。另外，有人還進一步提出了一種以 DeepCluster（Caron et al, 2018）為基礎的自檢查機制，以保證有標籤資料的精度。假設節點 v_i 的聚類分配為 $c_i \in \{0,1\}^p$（這裡假設聚類的數量等於下游分類任務中預先定義的類別數量 p），質心矩陣 $C \in R^{d' \times p}$ 代表每個聚類的特徵。可透過最佳化得到每個節點 v_i 的聚類分配 ci：

$$\min_C \frac{1}{\mathscr{V}} \sum_{v_i \in \mathscr{V}} \min_{c_i \in \{0,1\}p} \left\| z_{\text{GNN},i} - Cc_i \right\|_2^2, \text{使得 } c_i^{\mathrm{T}} \mathbf{1}_p = 1 \tag{18.23}$$

在應用 DeepCluster 將節點分成多個聚類後，便可使用對齊機制將每個聚類中的節點分配給下游任務確定的對應類別。對於無標籤資料中的每個聚類 $k \in [1, p]$，對齊機制計算為

$$c^k = \text{argmin}_m \left\| \kappa_k - \mu_m \right\|^2 \tag{18.24}$$

其中，μ_m 表示有標籤資料中 m 類別的質心；κ_k 表示無標籤資料中 k 聚類的質心；c^k 表示對原始的有標籤資料來說，所有類別的質心中與 k 聚類的質心距離最近的對齊類別。注意，自檢查可以直接透過比較每個無標籤節點與有標籤資料中類別質心的距離來進行。然而，以這種自然方式直接進行檢查是非常耗時的。

18.5 圖級代理任務

本節介紹圖級代理任務，我們希望來自 GNN 的節點嵌入能夠編碼圖級屬性的資訊。

18.5.1 以結構為基礎的圖級代理任務

作為圖中節點的對應物，邊編碼了圖的豐富資訊，這也可以作為額外的監督來設計代理任務。Zhu et al（2020a）開發的代理任務旨在隨機刪除圖中的邊，而後恢復圖的拓樸結構，如預測邊。在得到每個節點 v_i 的節點嵌入 $z_{\text{GNN},i}$ 後，任何一對節點 v_i 和 v_j 之間邊的機率便可透過它們的特徵相似度來計算：

$$A'_{ij} = \text{Sigmoid}\left(z_{\text{GNN},i}\left(z_{\text{GNN},j}\right)^{\text{T}}\right) \tag{18.25}$$

可在訓練中使用加權交叉熵損失，加權交叉熵損失被定義為

$$\mathcal{L}_{\text{ssl}} = -\sum_{v_i,v_j \in \mathcal{V}} W\left(A_{ij}\log A'_{ij}\right) + (1 - A_{ij})\log(1 - A'_{ij}) \tag{18.26}$$

其中，W 是用於平衡兩個類別（有邊的節點對和沒有邊的節點對）的權重超參數。

眾所皆知，不乾淨的圖結構通常會影響 GNN 的適用性（Cosmo et al，2020；Jang et al, 2019）。Fatemi et al（2021）引入了一種方法：根據完成自監督的代理任務後重建的乾淨圖結構，透過下游監督任務來訓練 GNN。自監督的代理任務旨在訓練單獨的 GNN 來去噪，當有二元特徵時，可透過隨機將原始節點特徵 X 的某些維度歸零，或當 X 連續時透過增加獨立的高斯雜訊，來產生損壞的節點特徵 $\hat{X}$。有兩種方法可用於生成初始的鄰接矩陣 $\tilde{A}$：其中一種方法是全參數化（Full Parametrization，FP），也就是將 $\tilde{A}$ 中的每一項作為一個參數，並透過去噪損壞的特徵 $\hat{X}$，直接最佳化其 $|\mathcal{V}|^2$ 參數；另一種方法是 MLP-kNN，考慮映射函式 kNN(MLP(X))，其中，多層感知機（MLP(·)）更新原始節點特徵 X，kNN(·) 則透過選擇每個節點的前 k 個相似節點並在它們之間增加邊來產生稀疏矩陣。生成的初始鄰接矩陣 $\tilde{A}$ 將被歸一化並對稱化為新的鄰接矩陣 A，如下所示：

$$A = D^{-\frac{1}{2}} \frac{\tilde{P}(\tilde{A}) + \tilde{P}(\tilde{A})^{\mathrm{T}}}{2} D^{-\frac{1}{2}} \qquad (18.27)$$

其中，$\tilde{P}$ 是一個具有非負範圍的函式，作用是確保 A 中的每一項為正。在 MLP-kNN 方法中，$\tilde{P}$ 是元素級 ReLU 函式。然而，ReLU 函式可能會導致 FP 方法中的梯度流問題，因此應使用元素級 ELU 函式，然後加 1 以避免產生梯度流問題。接下來，單獨的以 GNN 為基礎的編碼器會將雜訊節點特徵 $\hat{X}$ 和新的歸一化鄰接矩陣 A 作為輸入，並輸出更新的節點特徵 $\hat{Z} = \mathrm{GNN}(\hat{X}, A)$。用於生成初始鄰接矩陣 $\tilde{A}$ 的 FP 和 MLP-kNN 方法中的參數可透過以下方式進行最佳化：

$$\mathcal{L}_{\mathrm{ssl}} = \frac{1}{|\mathcal{V}_m|} \sum_{v_i \in \mathcal{V}_m} \ell_{\mathrm{MSE}}(x_i, \hat{z}_i) \qquad (18.28)$$

其中，$\hat{z}_i = \hat{Z}[i,:]^{\mathrm{T}}$ 是由以 GNN 為基礎的單獨編碼器得到的節點 v_i 的雜訊嵌入向量。FP 和 MLP-kNN 方法中的最佳化參數會導致生成更乾淨的鄰接矩陣，這反過來促成下游任務中更好的表現。

除邊和鄰接矩陣以外，節點之間的拓撲距離是圖中另一個重要的全域結構屬性。Peng et al（2020）開發的代理任務旨在恢復節點之間的拓撲距離。具體地說，他們首先利用了節點之間的最短路徑長度，表示為節點 v_i 和節點 v_j 之間的 p_{ij}，但這也可以用任何其他距離度量代替。然後，他們把 $\mathcal{C}_i^k$ 定義為所有與節點 v_i 有最短路徑長度的節點，長度為 k。這可以更正式地定義為

$$\mathcal{C}_i = \mathcal{C}_i^{\,1} \cup \mathcal{C}_i^{\,2} \cup \cdots \cup \mathcal{C}_i^{\,\delta_i}, \mathcal{C}_i^{\,k} = \{v_j \,|\, d_{ij} = k\},\ k = 1, 2, \cdots, \delta_i \qquad (18.29)$$

其中，δ_i 是其他節點到節點 v_i 的跳數的上限，d_{ij} 是路徑 p_{ij} 的長度，$\mathcal{C}_i$ 是所有 k 跳最短路徑鄰居集 C_i^k 的聯集。以這些集合並根據它們為基礎的距離 d_{ij}，可為成對的節點 v_i 和 v_j（其中，$v_j \in \mathcal{C}_i$）建立獨熱編碼 $d_{ij} \in \mathcal{C}^{\delta_i}$，然後引導 GNN 模型提取編碼節點拓撲距離的節點嵌入，如下所示：

$$\mathcal{L}_{\mathrm{ssl}} = \sum_{v_i \in \mathcal{V}} \sum_{v_j \in \mathcal{C}_i} \ell_{\mathrm{CE}}(f_w(|z_{\mathrm{GNN},i} - z_{\mathrm{GNN},j}|), d_{ij}) \qquad (18.30)$$

　　其中，函式 f_w 用於將兩個節點嵌入之間的差異映射到節點對屬於拓撲距離的對應類別的機率。由於類別的數量取決於跳數（拓撲距離）的上限，但精確地確定跳數的上限對大圖來說十分耗時，因此假設跳數是以小世界現象為基礎（Newman, 2018）來控制的，並且可以進一步劃分為幾個主要類別，以明確區分不相似性和部分容忍相似性。實驗表示，將拓撲距離分為 4 類（$\delta_i = 4$）〔$\mathscr{C}_i^1$、$\mathscr{C}_i^2$、$\mathscr{C}_i^3$ 和 $\mathscr{C}_i^k$、（k > 4）〕時表現最佳。另一個問題是，接近焦點節點 v_i 的節點遠少於較遠的節點（$\mathscr{G}_i^{\delta_i}$ 明顯大於其他集合）。為了避開這種不平衡問題，我們需要對節點對以自我調整比例進行抽樣。

　　網路模體是較大圖的遞迴和統計意義上的子圖。Zhang et al（2020f）設計了一個代理任務來訓練可以自動提取圖模體的 GNN 編碼器，學到的模體則被進一步利用以生成用於圖 - 子圖對比學習的資訊子圖。首先，以 GNN 為基礎的編碼器 f_θ 和 m 個位置的嵌入表 $\{m_1, m_2, \cdots, m_m\}$ 表示 m 個模體的聚類中心被初始化。然後，透過對式（18.13）中節點 i 和節點 j 之間的嵌入相似度 $\mathscr{D}(z_{\text{GNN},i}, z_{\text{GNN},j})$ 進行 Softmax 歸一化，計算出節點親和矩陣 $U \in \mathbb{R}^{|\mathscr{V}| \times |\mathscr{V}|}$。最後，對 U 進行譜聚類（VON-LUXBURG, 2007）以產生不同的分組。其中，有三個以上節點的 $n_\mathscr{G}$ 個連接元件被收集為圖 $\mathscr{G}$ 中的抽樣子圖，它們的嵌入可透過應用 READOUT 函式來計算。對於每個子圖，計算其與 m 個模體中每個模體的餘弦相似度，以獲得相似度指標 $S \in \mathbb{R}^{m \times n_\mathscr{G}}$。為了產生接近模體的有語義的子圖，我們需要根據相似度指標 S 來選擇與每個模體最為相似的前 10% 的子圖，並將它們收集為集合 $\mathscr{G}^{\text{top}}$。透過最佳化損失，我們可以增加這些子圖中每一對節點之間在 U 中的親和值：

$$\mathscr{L}_1 = -\frac{1}{|\mathscr{G}^{\text{top}}|} \sum_{i=1}^{|\mathscr{G}^{\text{top}}|} \sum_{(v_j, v_k) \in \mathscr{G}^{\text{top}}} U[j, k] \tag{18.31}$$

　　上述損失的最佳化將迫使類似模體的子圖中的節點更有可能在譜聚類中被分組，並導致更多的子圖樣本與模體對齊。接下來，根據抽樣的子圖，對模體的嵌入表進行最佳化。聚類分配矩陣 $Q \in \mathbb{R}^{m \times n_\mathscr{G}}$ 是透過最大化嵌入與分配的模體之間的相似性找到的：

$$\max_Q \text{Tr}(Q^T S) - \frac{1}{\lambda} \sum_{i,j} Q[i,j] \log Q[i,j] \tag{18.32}$$

在式（18.32）中，由超參數 λ 控制的第 2 項是為了避免所有表徵塌縮到某個聚類中心。在得到聚類分配矩陣 Q 之後，以 GNN 為基礎的編碼器和模體嵌入表將被訓練，這相當於一個有監督的 m 級分類問題，Q 和預測分布 $\tilde{S}$ 是透過應用溫度係數為 τ 的列式 Softmax 歸一化得到的：

$$\mathcal{L}_2 = -\frac{1}{n_{\mathcal{G}}} \sum_{i=1}^{n_{\mathcal{G}}} \ell_{\text{CE}}(\boldsymbol{q}_i, \tilde{\boldsymbol{s}}_i) \tag{18.33}$$

其中，$\boldsymbol{q}_i = \boldsymbol{Q}[:,i]$ 和 $\tilde{\boldsymbol{s}}_i = \tilde{\boldsymbol{S}}[:,i]$ 分別表示子圖 i 的分配分布和預測分布。式（18.33）增強了 GNN 編碼器提取與模體相似的子圖的能力，並且改進了模體的嵌入。最後一步是透過執行分類任務來訓練以 GNN 為基礎的編碼器。在分類任務中，子圖被重新分配到它們的相關圖中。注意，這些子圖是由模體引導的提取器生成的，與隨機抽樣的子圖相比，它們更有可能捕捉更高層次的語義資訊。整個框架是透過加權組合 $\mathcal{L}_1$ 和 $\mathcal{L}_2$ 以及對比損失共同訓練的。

除網路模體以外，也可利用其他的子圖結構，以便為設計代理任務提供額外的監督。在設計代理任務時，提供額外的監督是允許的。在 Qiu et al（2020a）設計的代理任務中，節點的 r-ego 網路被定義為由長度短於 r 的最短路徑的節點引起的子圖。我們可以透過兩次隨機遊走得到兩個以節點 v_i 為中心的增強型 r-ego 網路（$\mathcal{G}_i$ 和 $\mathcal{G}_i^+$），它們被定義為正對，因為它們來自同一個 r-ego 網路。相比之下，負對對應從不同的 r-ego 網路增強的兩個子圖（比如一個來自 v_i，另一個來自 v_j，將會分別產生隨機遊走誘導的子圖 $\mathcal{G}_i$ 和 $\mathcal{G}_j$）。以上述定義為基礎的正負子圖對，我們可以設定以下對比損失來最佳化 GNN：

$$\mathcal{L}_{\text{ssl}} = \frac{1}{|\mathcal{P}^+|} \sum_{(\mathcal{G}_i, \mathcal{G}_i^+) \in \mathcal{P}^+} \ell_{\text{NT-Xent}}(\boldsymbol{Z}_{\text{ssl}}^1, \boldsymbol{Z}_{\text{ssl}}^2, \mathcal{P}^-) \tag{18.34}$$

其中，$\boldsymbol{Z}_{\text{ssl}}^1$ 和 $\boldsymbol{Z}_{\text{ssl}}^2$ 表示以 GNN 為基礎的圖嵌入。在這裡，由於兩個圖是相同的，因此 $\boldsymbol{Z}_{\text{ssl}}^1 = \boldsymbol{Z}_{\text{ssl}}^2$。$\mathcal{P}^+$ 包含正對的子圖 $(\mathcal{G}_i, \mathcal{G}_i^+)$，可透過隨機遊走從同一圖中的同一節點 v_i 開始進行抽樣；而 $\mathcal{P}^- = \bigcup_{(\mathcal{G}_i, \mathcal{G}_i^+) \in \mathcal{P}^+} \mathcal{P}_{\mathcal{G}_i}^-$ 代表所有負樣本的集合。具體來說，$\mathcal{P}_{\mathcal{G}_i}^-$ 代表由隨機遊走抽樣的子圖，起點不是是 $\mathcal{G}$ 中不同於 v_i 的節點，就是在不同於 $\mathcal{G}$ 的圖中透過隨機遊走直接抽樣。

儘管圖注意力網路（Graph Attention Network，GAT）（Petar et al, 2018）相比原來的 GCN（Kipf and Welling, 2017b）在表現上有所改進，但 GAT 對圖注意力學習的內容了解甚少。為此，Kim and Oh（2021）開發了一個特定的代理任務，旨在利用邊資訊監督圖注意力學習的內容：

$$\mathcal{L}_{\text{ssl}} = \frac{1}{|\mathcal{E} \cup \mathcal{E}^-|} \sum_{(j,i) \in \mathcal{E} \cup \mathcal{E}^-} 1((j,i) \in \mathcal{E}) \cdot \log \chi_{ij} + 1((j,i) \in \mathcal{E}^-) \log(1 - \chi_{ij}) \qquad (18.35)$$

其中，$\mathcal{E}$ 是邊的集合，$\mathcal{E}^-$ 是沒有邊的節點對的抽樣集合；χ_{ij} 是節點 i 和節點 j 之間的邊機率，由它們的嵌入計算得出。以兩種主要的邊注意力為基礎——GAT 注意力（簡稱 GO 注意力）（Petar et al, 2018）和點積注意力（簡稱 DP 注意力）（Luong et al, 2015），人們提出了兩種高級注意力機制——SuperGAT$_{\text{SD}}$（Scaled Dot-product，SD）和 SuperGAT$_{\text{MX}}$（Mixed GO and DP，MX）：

$$e_{ij,\text{SD}} = e_{ij,\text{DP}} / \sqrt{F}, \chi_{ij,\text{SD}} = \sigma(e_{ij,\text{SD}}) \qquad (18.36)$$

$$e_{ij,\text{MX}} = e_{ij,\text{GO}} \cdot \sigma(e_{ij,\text{DP}}), \chi_{ij,\text{MX}} = \sigma(e_{ij,\text{DP}}) \qquad (18.37)$$

其中，σ 是 Sigmoid 函式，作用是取邊權重 e_{ij} 並計算出邊機率 χ_{ij}。SuperGAT$_{\text{SD}}$ 和 Transformer 模型（Vaswani et al, 2017）一樣，也將 $e_{ij,\text{DP}}$ 的點積除以維度的平方根，以防止一些大值在進行完 Softmax 歸一化後支配整個注意力。SuperGAT$_{\text{MX}}$ 則將 GO 注意力和 DP 注意力乘以 Sigmoid 函式，這是由門控遞迴單元（Gated Recurrent Unit，GRU）的門控機制引起的（Cho et al, 2014a）。由於 DP 注意力與 Sigmoid 表示邊機率，因此在計算 $e_{ij,\text{MX}}$ 時乘以 $\sigma(e_{ij,\text{DP}})$ 可以柔和地放棄那些不可能有關聯的鄰居節點，同時隱含地將重要性分配給其餘節點。$e_{ij,\text{DP}}$ 和 $e_{ij,\text{GO}}$ 是用於計算 GO 注意力和 DP 注意力的邊（i, j）的權重。結果發現，GO 注意力能比 DP 注意力更進一步地學習標籤的一致性，而 DP 注意力能比 GO 注意力更進一步地預測邊的存在。注意力機制的表現不是固定的，具體取決於特定圖的同質性和平均度數。

　　拓撲資訊也可以手動生成，用於設計代理任務。Gao et al（2021）提出在 GNN 獲得的節點表徵中編碼兩種不同圖拓撲結構之間的轉換資訊。首先，他們透過隨機增加或刪除原始邊集合中的邊，將初始鄰接矩陣 A 轉為 $\hat{A}$。然後，他們透過將原始和轉換後的圖拓撲結構和節點特徵矩陣輸入任何以 GNN 為基礎的編碼器，計算出拓撲結構轉換前後的特徵表徵 Z_{GNN} 和 $\hat{Z}_{\mathrm{GNN}}$，它們的差值 $\Delta Z \in \mathbb{R}^{N \times F'}$ 被定義為

$$\Delta Z = \hat{Z}_{\mathrm{GNN}} - Z_{\mathrm{GNN}} = [\Delta z_{\mathrm{GNN},1}, \cdots, \Delta z_{\mathrm{GNN},N}]^{\mathrm{T}} = [\hat{z}_{\mathrm{GNN},1} - z_{\mathrm{GNN},1}, \cdots, z_{\mathrm{GNN},N} - z_{\mathrm{GNN},N}]^{\mathrm{T}}$$

（18.38）

　　最後，他們透過節點級的特徵差異 ΔZ 來預測節點 v_i 和節點 v_j 之間拓撲結構的轉變，建構的邊表徵為

$$e_{ij} = \frac{\exp(-(\Delta z_i - \Delta z_j)) \odot (\Delta z_i - \Delta z_j)}{\left\| \exp(-(\Delta z_i - \Delta z_j) \odot (\Delta z_i - \Delta z_j)) \right\|}$$

（18.39）

　　其中，$\odot$ 表示哈達瑪積 ，邊表徵 e_{ij} 隨後被送入 MLP，用於預測拓撲結構的變化，一共包括 4 類——邊增加、邊刪除、保持斷開和保持連接（在每對節點之間）。因此，以 GNN 為基礎的編碼器是透過以下方式訓練的：

$$\mathcal{L}_{\mathrm{ssl}} = \frac{1}{|\mathcal{V}|^2} \sum_{v_i, v_j \in \mathcal{V}} \ell_{\mathrm{CE}}(\mathrm{MLP}(e_{ij}), t_{ij})$$

（18.40）

　　其中，用於表示節點 v_i 和節點 v_j 之間拓撲變換類別的是獨熱編碼 $t_{ij} \in \mathbb{R}^4$。

18.5.2　以特徵為基礎的圖級代理任務

　　大部分的情況下，圖不帶有任何特徵資訊，這裡的圖級特徵是指對 GNN 的所有節點嵌入應用池化層後得到的圖嵌入。

　　GraphCL（You et al, 2020b）設計的代理任務首先對圖進行了 4 種不同的增強，包括節點刪除、邊擾動、屬性掩蔽和子圖提取；然後最大化從同一原始圖產生的不同增強視圖之間圖嵌入的相互資訊，同時最小化從不同圖產生的不同增強視圖之間圖嵌入的相互資訊（圖嵌入 Z_{ssl} 是利用節點嵌入的任何排列不變讀

出函式獲得的，後面是調配層）；最後透過最佳化 NT-Xent 對比損失，使相互資訊最大化：

$$\mathcal{L}_{ssl} = \frac{1}{|\mathcal{P}^+|} \sum_{(\mathcal{G}_i, \mathcal{G}_j) \in \mathcal{P}^+} \ell_{\text{NT-Xent}}(\boldsymbol{Z}_{ssl}^1, \boldsymbol{Z}_{ssl}^2, \mathcal{P}^-) \qquad （18.41）$$

其中，$\boldsymbol{Z}_{ssl}^1$ 和 $\boldsymbol{Z}_{ssl}^2$ 分別代表兩個不同視圖下的圖嵌入。這裡的視圖既可以是沒有任何增強的原始圖，也可以是應用 4 種不同的增強後產生的視圖。$\mathcal{P}^+$ 包含從同一原始圖增強的正對圖 $(\mathcal{G}_i, \mathcal{G}_j)$，而 $\mathcal{P}^- = \bigcup_{(\mathcal{G}_i, \mathcal{G}_j) \in \mathcal{P}^+} \mathcal{P}_{\mathcal{G}_i}^-$ 表示所有負樣本的集合。具體來說，$\mathcal{P}_{\mathcal{G}_i}^-$ 包含從不同於 $\mathcal{G}_i$ 的圖增強後的那些圖。結果表示，增強的邊擾動對社群網站有利，但對生化分子有害。透過應用屬性掩蔽，我們可以在稠密圖中取得更好的表現。在所有的資料集中，節點下降和子圖提取通常是有益的。

18.5.3 混合代理任務

在設計代理任務時，使用訓練節點的資訊的一種方法是由（Hu et al, 2020c）提出的，他們還提出了上下文的概念。他們的目標是對 GNN 進行預訓練，使其將出現在類似於圖結構上下文中的節點映射到附近的嵌入。對於每個節點 v_i，它的 r 跳鄰域包含圖中與其相距最多 r 跳的所有節點和邊。節點 v_i 的上下文圖是距離該節點介於 r_1 跳和 r_2 跳的子圖。我們要求 $r_1 < r$，從而使有些節點在鄰域圖和上下文圖之間是共用的，它們被稱為上下文錨節點。圖 18.6 展示了上下文圖和鄰域圖的例子。

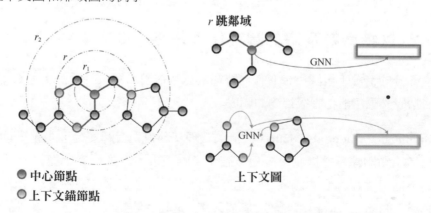

●中心節點
●上下文錨節點

▲ 圖 18.6　上下文圖和鄰域圖的例子
（本書為單色印刷，色彩標示部分可能無法正確顯示）

觀察圖 18.6 後可以看出,其中設定了兩個 GNN:主 GNN 是為了獲得節點嵌入 $z_{\mathrm{GNN},i}^r$ 以其 r 跳鄰域節點為基礎的特徵;而上下文 GNN 是為了獲得上下文錨節點集合中其他每個節點的節點嵌入,然後進行平均化,從而得到節點的上下文嵌入 c_i。

接下來便可使用負抽樣來聯合學習主 GNN 和上下文 GNN。在最佳化過程中,正樣本指的是上下文中心節點和鄰域圖相同的情況,而負樣本指的是上下文中心節點和鄰域圖不同的情況。學習目標是對特定的鄰域圖和上下文圖是否有相同的中心節點進行二元分類,負似然損失的使用方法如下:

$$\mathscr{L}_{\mathrm{ssl}} = -\left(\frac{1}{|\mathscr{K}|} \sum_{(v_i,v_j)\in\mathscr{K}} (y_i\log(\sigma((z_{\mathrm{GNN},i}^r)^{\mathrm{T}}c_j)) + (1-y_i)\log(1-\sigma(z_{\mathrm{GNN},i}^r)^{\mathrm{T}}c_j)) \right) \quad (18.42)$$

其中, $y_i=1$ 表示 $i=j$ 的正樣本,而 $y_i=0$ 表示 $i \neq j$ 的負樣本, $\mathscr{K}$ 表示正負對的集合, σ 表示計算機率的 Sigmoid 函式。

Jin et al(2020d)提出了類似的想法:在完成代理任務時採用上下文的概念。具體來說,上下文被定義為

$$y_{ic} = \frac{\left|\Gamma_{\mathscr{I}}(v_i,c)\right| + \left|\Gamma_{\mathscr{I}_u}(v_i,c)\right|}{\left|\Gamma_{\mathscr{I}}(v_i)\right| + \left|\Gamma_{\mathscr{I}_u}(v_i)\right|}, \quad c=1,2,\cdots,l \quad (18.43)$$

其中, $\mathscr{V}_u$ 和 $\mathscr{V}_l$ 分別表示無標籤和有標籤的節點集合, $\Gamma_{\mathscr{V}_u}(v_i)$ 表示與節點 v_i 相鄰的無標籤節點, $\Gamma_{\mathscr{V}_u}(\mathscr{V}_i,c)$ 表示被分配為 c 類別且與節點 v_i 相鄰的無標籤節點, $\mathscr{N}_{\mathscr{I}}(v_i)$ 表示與節點 v_i 相鄰的有標籤節點, $\Gamma_{\mathscr{I}}(v_i,c)$ 表示與節點 v_i 相鄰且被分配為 c 類別的有標籤節點。為了生成無標籤節點的標籤,以便計算每個節點 v_i 的上下文向量 y_i,標籤傳播(Label Propagation,LP)(ZHU, 2002)或迭代分類演算法(Iterative Classification Algorithm,ICA)(Neville and Jensen, 2000)被用來建構 $\mathscr{V}_u$ 中無標籤節點的偽標籤。

最後,可透過最佳化以下損失函式來處理代理任務:

$$\mathscr{L}_{\mathrm{ssl}} = \frac{1}{|\mathscr{V}|} \sum_{v_i\in\mathscr{V}} \ell_{\mathrm{CE}}(z_{\mathrm{ssl},i}, y_i) \quad (18.44)$$

　　上述代理任務的主要問題在於由 LP 演算法或 ICA 生成標籤時引起的誤差。為此，Jin et al（2020d）進一步提出了兩種方案來改進上述代理任務。第一種方案是，用集合多種不同方法的結果來分配標籤取代只以一種演算法（LP 演算法或 ICA）為基礎來分配無標籤節點的標籤。第二種方案是，首先將來自 LP 演算法或 ICA 的初始標籤視為雜訊標籤，然後利用迭代方法（Han et al, 2019）改進上下文向量，從而促成以這一修正階段為基礎的重大改進。

　　之前的代理任務旨在恢復節點之間的拓撲距離。然而，即使在抽樣之後，計算所有節點對的最短路徑長度也仍然十分耗時。因此，Jin et al（2020d）用節點和它們的相關聚類之間的距離代替了節點之間的成對距離。對於每個聚類，建立一個固定的錨節點 / 中心節點集合；對於每個節點，計算這個節點與這組錨節點的距離。代理任務旨在提取節點特徵，並編碼節點與其聚類距離的資訊。假設透過應用 METIS 圖劃分演算法（Karypis and Kumar，1998）得到 k 個聚類，並且假設具有最高度數的節點是對應聚類的中心，則每個節點 v_i 都將有一個聚類距離向量 $\boldsymbol{d}_i \in \mathbb{R}^k$，計算到聚類距離的代理任務可透過以下最佳化來完成：

$$\mathscr{L}_{\text{ssl}} = \frac{1}{|\mathscr{V}|} \sum_{v_i \in \mathscr{V}} \ell_{\text{MSE}}(\boldsymbol{z}_{\text{ss},i}, \boldsymbol{d}_i) \tag{18.45}$$

　　除圖的拓撲結構和節點特徵以外，訓練節點的分布以及它們的訓練標籤是設計代理任務的另一個十分有價值的資訊來源。Jin et al（2020d）開發了一個代理任務，目的是求 GNN 輸出的節點嵌入編碼從任意節點到訓練節點的拓撲距離資訊。假設類別總數為 p，對於類別 $c \in \{1, 2, \cdots, p\}$ 和節點 $v_i \in \mathscr{V}$，計算從節點 v_i 到類別 c 中全部有標籤節點的平均、最小和最大最短路徑長度並表示為 $\boldsymbol{d}_i \in \mathbb{R}^{3p}$，目標是最佳化式（18.45）中定義的回歸損失。

　　網路的生成過程為設計代理任務編碼了豐富的資訊。Hu et al（2020d）提出了 GPT-GNN 框架用於 GNN 的生成性預訓練。GPT-GNN 框架支援進行屬性和邊的生成，以使預訓練的模型能夠捕捉到節點屬性和圖結構之間固有的依賴關係。假設 GNN 模型對圖 $\mathscr{G}$ 的似然是 $p(\mathscr{G};\theta)$，$p(\mathscr{G};\theta)$ 代表圖 $\mathscr{G}$ 中節點的屬性和連接方式。GPT-GNN 框架旨在透過最大化圖 $\mathscr{G}$ 的似然來預訓練 GNN 模型，$\theta^* = \max_\theta p(\mathscr{G};\theta)$。給定排列順序，對數似然將被分解成自回歸因數，每次迭代產生的節點為

$$\log p_\theta(\boldsymbol{X}, \mathscr{E}) = \sum_{i=1}^{|\mathscr{V}|} \log p_\theta(\boldsymbol{x}_i, \mathscr{E}_i \mid \boldsymbol{X}_{<i}, \mathscr{E}_{<i}) \qquad (18.46)$$

對於在節點 i 之前生成的所有節點，它們的屬性 $\boldsymbol{X}_{<i}$ 以及這些節點之間的邊 $\mathscr{E}_{<i}$ 被用來生成新的節點 v_i，包括新節點的屬性 $\boldsymbol{x}_i$ 及其與現有節點 $\mathscr{E}_i$ 的連接。他們沒有直接假設 $\boldsymbol{x}_i$ 和 $\mathscr{E}_i$ 是獨立的，而是設計了一種意識到依賴關係的因數化機制來維持節點屬性與邊存在的依賴關係。生成過程可分解為兩個耦合的部分：

（1）根據觀察到的邊生成節點屬性；

（2）根據觀察到的邊和生成的節點屬性生成其餘的邊。

為了計算屬性生成損失，生成的節點特徵矩陣 $\boldsymbol{X}$ 將透過掩蔽一些維度被損壞，得到損壞的版本 $\hat{\boldsymbol{X}}^{\text{Attr}}$，並進一步與生成的邊被一起輸入 GNN，得到嵌入 $\hat{\boldsymbol{Z}}_{\text{GNN}}^{\text{Attr}}$。然後，解碼器 $\text{Dec}^{\text{Attr}}(\cdot)$ 被指定，該解碼器將 $\hat{\boldsymbol{Z}}_{\text{GNN}}^{\text{Attr}}$ 作為輸入並輸出預測的屬性 $\text{Dec}^{\text{Attr}}(\hat{\boldsymbol{Z}}_{\text{GNN}}^{\text{Attr}})$。屬性生成損失如下：

$$\mathscr{L}_{\text{ssl}}^{\text{Attr}} = \frac{1}{|\mathscr{V}|} \sum_{v_i \in \mathscr{V}} \ell_{\text{MSE}}(\text{Dec}^{\text{Attr}}(\hat{\boldsymbol{z}}_{\text{GNN},i}^{\text{Attr}}), \boldsymbol{x}_i) \qquad (18.47)$$

其中，$\hat{\boldsymbol{z}}_{\text{GNN},i}^{\text{Attr}} = \hat{\boldsymbol{Z}}_{\text{GNN}}^{\text{Attr}}[i,:]^{\text{T}}$ 表示節點 v_i 的解碼嵌入。為了彌補邊重建損失，生成的原始節點特徵矩陣 $\boldsymbol{X}$ 直接與生成的邊被一起輸入 GNN，得到嵌入 $\boldsymbol{Z}_{\text{GNN}}^{\text{Edge}}$。最後計算 NT-Xent 對比損失：

$$\mathscr{L}_{\text{ssl}}^{\text{Edge}} = \frac{1}{|\mathscr{P}^+|} \sum_{(v_i,v_j) \in \mathscr{P}^+} \ell_{\text{NT-Xent}}(\boldsymbol{Z}_{\text{GNN}}^{\text{Edge}}, \boldsymbol{Z}_{\text{GNN}}^{\text{Edge}}, \mathscr{P}^-) \qquad (18.48)$$

其中，$\mathscr{P}^+$ 包含連接節點的正對 (v_i, v_j)，而 $\mathscr{P}^- = \bigcup_{(v_i,v_j) \in \mathscr{P}^+} \mathscr{P}_{v_i}^-$ 代表所有負樣本的集合，$\mathscr{P}_{v_i}^-$ 包含所有與節點 v_i 沒有直接關聯的節點。注意，這裡的兩個視圖被設定為相等：$\boldsymbol{Z}^1 = \boldsymbol{Z}^2 = \boldsymbol{Z}_{\text{GNN}}^{\text{Edge}}$。

18.6 節點 圖級代理任務

上述所有代理任務都是以節點級或圖級監督為基礎而設計的。然而，還有另一條最終的研究路線——結合這兩種監督來源設計代理任務。

Veličković et al（2019）提出要最大化高層圖和低層小塊的表徵之間的相互資訊。首先在每個迭代中，透過洗刷節點特徵和刪除邊來損壞圖，產生負樣本 $\hat{X}$ 和 $\hat{A}$。然後，一個以 GNN 為基礎的編碼器被用於提取節點表徵 Z_{GNN} 和 $\hat{Z}_{\text{GNN}}$，它們被命名為局部小塊表徵。局部小塊表徵被進一步送入注入式讀出函式，得到全域圖表徵 $z_{\text{GNN},\mathscr{G}} = \text{READOUT}(Z_{\text{GNN}})$。最後，透過最小化以下損失函式，使 Z_{GNN} 和 $z_{\text{GNN},\mathscr{G}}$ 之間的相互資訊最大化：

$$\mathcal{L}_{\text{ssl}} = \frac{1}{|\mathscr{P}^+| + |\mathscr{P}^-|} \left(\sum_{i=1}^{|\mathscr{P}^+|} \mathbb{E}_{(X,A)}[\log \sigma(z_{\text{GNN},i}^{\text{T}} W z_{\text{GNN},\mathscr{G}})] + \sum_{j=1}^{|\mathscr{P}^-|} \mathbb{E}_{(\hat{X},\hat{A})}[\log(1 - \sigma(\tilde{z}_{\text{GNN},i}^{\text{T}} W z_{\text{GNN},\mathscr{G}}))] \right)$$

（18.49）

其中，$|\mathscr{P}^+|$ 和 $|\mathscr{P}^-|$ 是正負對的數量，σ 是任何非線性啟動函式，PReLU 函式被用在（Veličković et al, 2019）中，$z_{\text{GNN},i}^{\text{T}} W z_{\text{GNN},\mathscr{G}}$ 則計算以節點 v_i 為中心的小塊表徵和圖表徵之間的加權相似度。

在完成上述對比代理任務後，一個線性分類器會跟進，用於對節點進行分類。

與（Veličković et al, 2019）類似（小塊表徵和圖表徵之間的相互資訊被最大化），Hassani and Khasahmadi（2020）提出了另一個框架——對比一個視圖的節點表徵和另一個視圖的圖表徵。其中，第一個視圖是原始圖，第二個視圖則是由圖擴散矩陣生成的。需要考慮的熱度和個性化 PageRank（Personalized PageRank，PPR）擴散矩陣如下：

$$S^{\text{heat}} = \exp(tAD^{-1} - t) \tag{18.50}$$

$$S^{\text{PPR}} = \alpha(I_n - (1-\beta)D^{-1/2}AD^{-1/2})^{-1} \tag{18.51}$$

其中，β 表示遠距離傳輸機率，t 表示擴散時間，D 表示對角（度數）矩陣。得到 D 後，兩個不同的 GNN 編碼器和一個共用的投影頭被應用於原圖鄰接矩陣中的節點和生成的擴散矩陣，得到兩個不同的節點嵌入 $Z^1_{GNN,\mathscr{I}}$ 和 $Z^2_{GNN,\mathscr{I}}$。兩個不同的圖嵌入 $z^1_{GNN,\mathscr{I}}$ 和 $z^2_{GNN,\mathscr{I}}$ 可透過以下方式進一步得到：對節點表徵應用圖池化函式（在投影頭之前），然後是另一個共用的投影頭。不同視圖中節點和圖之間的相互資訊可透過以下方式最大化：

$$\mathscr{L}_{ssl} = -\frac{1}{|\mathscr{V}|} \sum_{v_i \in \mathscr{V}} (\mathrm{MI}(z^1_{GNN,i}, z^2_{GNN,\mathscr{I}}) + \mathrm{MI}(z^2_{GNN,i}, z^1_{GNN,\mathscr{I}})) \qquad （18.52）$$

其中，MI 代表相互資訊估計器。有 4 個相互資訊估計器，分別是雜訊對比估計器、Jensen-Shannon 估計器、歸一化溫度尺度交叉熵和 KL- 散度的 Donsker-Varadhan 表徵。注意，式（18.52）中的相互資訊是原始工作中所有圖的平均數（Hassani and Khasahmadi, 2020）。結果表示，Jensen-Shannon 估計器在所有的圖分類任務中都能夠取得更好的結果；而在節點分類任務中，雜訊對比估計器能夠取得更好的結果。Hassani and Khasahmadi（2020）還發現，增加視圖的數量並不能提高下游任務的表現。

18.7　討論

現有的採用自監督的圖神經網路的方法實現了表現提升，同時人們也發現了許多有洞見的結果。雖然大多數自監督的代理任務對下游任務有幫助，但仍有相當比例的代理任務僅帶來微弱的表現提升，甚至無法提升表現（Gao et al, 2021；Jin et al, 2020d；Manessi and Rozza, 2020；You et al, 2020c），要麼因為這些代理任務與主要任務高度不相關——對代理任務有用的編碼特徵對下游任務無用甚至有害（Manessi and Rozza, 2020），要麼因為從完成代理任務中學到的資訊已經可以透過 GNN 從完成下游任務中學到（Jin et al, 2020d）。另外，表現提升的強度取決於完成代理任務和下游任務的特定 GNN 架構。對於基本的 GNN 架構，如 GCN、GAT 和 GIN，改進更為顯著；但對於更高級的 GNN 架構，如 GMNN，改進較小（You et al, 2020c）。由於代理任務在多個資料集中並非普遍最好（Gao et al, 2021；Manessi and Rozza, 2020），因此自監督的代

理任務是否有助 GNN 的標準目標表現，首先取決於資料集是否允許 GNN 透過完成代理任務提取額外的特徵資訊，其次取決於額外的自監督資訊是否與現有架構中提取的資訊相輔相成、相互矛盾或已經被覆蓋（You et al, 2020c）。許多研究都集中於應用對比學習作為自監督學習的一種形式（Chen et al, 2020b；Hassani and Khasahmadi, 2020；Veličković et al, 2019；You et al, 2020b；Zhu et al, 2021）。大部分的情況下，人們發現，雖然組成不同的增強對表現有好處（You et al, 2020b），但將同一圖增強技術產生的視圖數量增加到兩個以上，不會產生進一步的改善（Hassani and Khasahmadi, 2020），這與視覺表徵學習不同。另外，由於圖結構資料的高度異質性，增強的有益組合是資料特定的，較難的對比任務比過於簡單的對比任務更有幫助（You et al, 2020b）。因此，設計可行的代理任務需要具體的知識，並應針對特定類型的網路、GNN 架構和下游任務。

18.8　小結

　　在本章中，我們對最近在圖神經網路中利用自監督學習的研究進行了分類以及系統、全面的概述。儘管人們最近在文字和影像領域應用自監督學習成就非凡，但應用於圖領域的自監督學習，尤其是圖神經網路，仍處於新興階段。為了進一步推動這一領域的發展，我們可以探索幾個有前途的方向。首先，儘管大量的研究集中於設計有效的代理任務以提高圖神經網路的表現，但很少有研究集中於視覺化、解釋和說明促使這種有益表現提高的根本原因。深入了解 SSL 為什麼以及如何幫助 GNN 的內在機制，有益於我們設計更強大的代理任務。其次，類似於定義 GNN 的架構設計空間，以快速查詢新資料集上新任務的最佳 GNN 設計（You et al, 2020a），我們應該收集和分類各種代理任務，並為 GNN 中的 SSL 建立設計空間。這樣就可以在不同的下游任務、GNN 架構和資料集之間轉移代理任務的最佳設計。透過闡明將自監督學習應用於圖神經網路的主要思想和相關應用，我們希望本章能夠促進這一領域的發展。

編者註：儘管前面有些章節（見第4章～第6章、第15章和第16章）介紹的方法在對應的任務中獲得了十分優秀的表現，但它們需要大量的註釋資料集。自監督學習試圖在無標籤資料上建立和利用代理標籤。代理任務與傳統的圖型分析任務有關，如節點級任務（見第4章）和圖級任務（見第9章），代理任務使用了偽標籤。自監督GNN的發展對那些難以獲得有標籤資料的領域具有重要意義，如藥物開發（見第24章）。此外，那些累積了大量無標籤資料集的領域，如電腦視覺（見第20章）和自然語言處理（見第21章），也能從自監督學習中受益。

第四部分

廣泛和新興的應用

第19章

現代推薦系統中的圖神經網路

Yunfei Chu、Jiangchao Yao、Chang Zhou 和 *Hongxia Yang*[1]

---

1   Yunfei Chu

    DAMO Academy，Alibaba Group，E-mail：fay.cyf@alibaba-inc.com

    Jiangchao Yao

    DAMO Academy，Alibaba Group，E-mail：jiangchao.yjc@alibaba-inc.com

    Chang Zhou

    DAMO Academy，Alibaba Group，E-mail：ericzhou.zc@alibaba-inc.com

    Hongxia Yang

    DAMO Academy，Alibaba Group，E-mail：yang.yhx@alibaba-inc.com

摘要

　　圖是一種表達能力很強的資料結構，由於其在建模和表示圖結構資料方面的靈活性和有效性，圖獲得了廣泛應用。圖在生物、金融、交通、社群網站等多個領域越來越受歡迎。推薦系統是人工智慧非常成功的商業應用之一，其使用者與物品之間的互動可以自然地融入圖結構資料中，此外它在應用圖神經網路（GNN）方面也受到廣泛關注。在本章中，我們將首先總結 GNN 的最新進展，特別是在推薦系統中的進展；然後，我們將分享兩個案例研究——動態的 GNN 學習和裝置 - 雲端協作的 GNN 學習。最後，我們將指出這一領域未來的發展方向。

19.1　圖神經網路在推薦系統中的實踐

19.1.1　簡介

19.1.1.1　GNN 簡介

　　圖有著悠久的歷史，它起源於 1736 年的柯尼斯堡七橋問題（Biggs et al，1986）。圖可以靈活地模擬個體之間的複雜關係，這使它成為一種無處不在的資料結構，被廣泛應用於許多領域，如生物、金融、交通、社群網站、推薦系統等。

　　儘管圖論中存在提取確定性資訊的傳統課題，如最短路徑、連通分支、局部聚類、圖同構等，但圖資料的機器學習應用更注重預測缺失部分或未來動態。在這些應用中，近年來最為典型的研究課題是預測兩個節點之間是否存在或將要出現一條邊（連結預測），以及推斷節點級或圖級標籤（節點分類 / 圖分類）。

　　深度學習的最新進展催生出一種蓬勃發展的學習範式——表徵學習，這也成為解決圖機器學習問題的事實上的標準。圖表徵學習的理念是將圖基元編碼為同一度量空間中的實值向量，然後參與下游應用。編碼器將節點屬性向量和圖鄰接矩陣等原始圖作為點對點快速輸入，而非像傳統方法那樣需要提取啟發式特徵，如間隔性中心性、PageRank 值、封閉三角形的數量等。

接下來，我們將在一個統一的框架中總結最近的圖節點表徵技術，並且只關注連結預測任務。我們將從以節點為中心的角度說明最近文獻中的幾種代表性方法，因為以節點為中心的觀點可以自然地適應可擴充的訊息傳遞實現，這些方法最初在圖型擷取社區十分流行（Malewicz et al, 2010；Y. Low et al, 2012），後被借用到 GNN 社區（Wang et al, 2019f；Zhu et al, 2019c）。

對於帶有鄰接矩陣 A 的圖 $\mathscr{G}=(\mathscr{V}, \mathscr{E})$，標準的圖神經網路工作模型由以下 3 部分組成。

- 自我中心網路提取器 EGO，用於提取節點 v 周圍的局部子圖。這個局部子圖也稱為節點 v 的感受野，供節點編碼器使用。

- 編碼器 ENC，用於將每個節點 $v \in \mathscr{V}$ 映射為度量空間 $\mathbf{R}^d$ 中的向量。編碼器 ENC 會將節點 v 的自我中心網路以及 EGO(v) 中的任何節點表徵 / 邊表徵作為輸入。一個定義在 $\mathbf{R}^d$ 中的相似性函式用於衡量兩個節點看起來有多接近。

- 學習目標 $\mathscr{L}$。我們在這裡不討論節點分類，而只關注無監督的節點表徵學習。學習目標可以是重新建構鄰接矩陣 A、A 的變換或 A 及其變換的任何抽樣形式。

1 · 隨機遊走式

深度學習時代早期的圖表徵學習方法（Perozzi et al, 2014；Tang et al, 2015b；Cao et al, 2015；Zhou et al, 2017；Ou et al, 2016；Grover and Leskovec, 2016）受到 word2vec（Mikolov et al, 2013b）的啟發，word2vec 是自然語言處理領域的一種有效的詞嵌入方法。這些圖表徵學習方法不需要任何鄰域用於編碼，其中的 EGO 起身份映射的作用。編碼器 ENC 則以圖中節點的 id 為基礎，給每個節點分配一個可訓練的向量。

在這些圖表徵學習方法中，完全不同的部分是學習目標。諸如 DeepWalk、LINE、node2vec 等方法使用不同的隨機遊走策略來建立正節點對 (u,v) 作為訓練的例子，並估計給定 u 存取 v 的機率 $p(v|u)$ 作為一個多項式分布：

$$p(v|u) = \frac{\exp(\,\mathrm{sim}\,(u,v))}{\sum_{v'} \exp(\mathrm{sim}\,(u,v'))}$$

其中的 sim 是相似性函式。他們利用了一種近似的雜訊約束估計（Noise Constrained Estimation，NCE）損失（Gutmann and Hyvärinen, 2010）——源於 word2vec 的負抽樣的 skip-gram，以降低計算成本：

$$\log \sigma(\text{sim}(u,v)) + k\mathbb{E}_{v' \sim q_{\text{neg}}} \log(1 - \sigma(\text{sim}(u,v')))$$

q_{neg} 是建議的負分布，它會影響最佳化目標的變化（Yang et al, 2020d）。注意，上面這個公式也可以用抽樣的 Softmax（Bengio and Senécal, 2008；Jean et al, 2014）來近似，根據我們的經驗，當節點數變得非常大時，Softmax 在 top-k 推薦任務中表現更好（Zhou et al, 2020a）。

這些學習目標與圖型擷取領域的傳統節點接近度測量有關係。GraRep（Cao et al, 2015）和 APP（Zhou et al, 2017）借用了（Levy and Goldberg, 2014）的想法，並指出這些以隨機遊走為基礎的方法相當於保留了它們對應的鄰接矩陣 A 的變換，如個性化的 PageRank 值。

2．矩陣分解式

HOPE（Ou et al, 2016）提供了其他類型的節點接近度測量的廣義矩陣形式（如 katz 和 adamic-adar），並採用矩陣分解來學習保留這些接近度的嵌入。NetMF（Qiu et al, 2018）將幾種經典的圖嵌入方法統一在了矩陣因數化的框架中，並提供了類似 DeepWalk 的方法與圖拉普拉斯理論的關係。

3．GNN 式

圖神經網路（Kipf and Welling, 2017b；Scarselli et al, 2008）提供了一種點對點的半監督學習範式，與以往透過標籤傳播來建模不同，也可以像上述圖嵌入方法一樣，以無監督方式學習節點表徵。與類似 DeepWalk 的方法相比，用於無監督學習的類似 GNN 的方法在捕捉局部結構方面更有力量，比如上限是具備 WL 測試的能力。我們需要意識到，局部結構的表徵或與節點特徵合作的下游連結預測任務可能更受益於 GNN 式的方法。

EGO 運算元收集並建構每個節點的感受野。對 GCN（Kipf and Welling, 2017b）來說，每個節點都需要一個完整的 k 層鄰域，這使得它很難適用於通常

遵循冪律度數分布的大型圖。GraphSage（Hamilton et al, 2017b）透過從每一層中取樣一個大小固定的鄰域緩解了這個問題，並且可以擴充到大圖。LCGNN（Qiu et al, 2021）透過短的隨機遊走在每個節點的周圍抽樣了一個局部聚類，並有理論保證。

隨後，不同種類的匯總函式在這個感受野中被相繼提出。GraphSage 研究了幾種鄰域聚合方法，包括平均 / 最大池化和 LSTM。GAT（Veličković et al, 2018）利用自注意力來執行聚合，它在許多圖的基準測試中顯示出穩定和優越的表現。GIN（Xu et al, 2019d）則使用一個稍微不同的匯總函式，其判別 / 表徵能力被證明與 WL 測試能力差不多。由於連結預測任務除考慮兩個節點之間的距離以外，還可能考慮其結構相似性，因此這種局部結構保留方法對於具有明顯局部結構模式的網路可能會取得良好表現。

GNN 式方法的學習目標與隨機遊走式方法的學習目標相似。

19.1.1.2　現代推薦系統簡介

推薦系統是人工智慧最為成功的商業應用之一，使用者與物品之間的互動可以自然地融入圖結構資料中，GNN 的應用已受到廣泛關注。下面我們簡單介紹問題設定和經典的推薦模型。

使用者 - 物品關係是推薦系統最典型的研究課題，如新聞推薦、電子商務推薦、視訊推薦等。儘管推薦系統最終是為一個由多方參與者（使用者、平臺和內容提供者）組成的複雜生態系統進行最佳化的（Abdollahpouri et al, 2020），但我們在本章中只關注平臺如何將使用者方的效用最大化。

在一個具有推薦演算法 $\mathcal{A}$ 的使用者 - 物品推薦系統 $\mathcal{S}$ 中，$\mathcal{U}$ 是使用者集，$\mathcal{I}$ 是物品集。在時間戳記 t，一個使用者 $u \in \mathcal{U}$ 存取 $\mathcal{S}$，$\mathcal{A}$ 產生一個物品列表 $\mathcal{I}_{u,t}$。使用者 u 對 $\mathcal{I}_{u,t}$ 中的部分物品採取積極的行動，如點擊、購買、播放，稱為 $\mathcal{I}_{u,t}^{+}$；而對其他物品採取對應的消極行動，如不點擊、不購買、不播放，稱為 $\mathcal{I}_{u,t}^{-}$。

從工業推薦系統中收集的基本資料可以描述為

$$\mathcal{D}_{\mathcal{S},\mathcal{A}} = \{(t, \mathcal{I}_{u,t}^{+}, \mathcal{I}_{u,t}^{-}) \big| u \in \mathcal{U}, t\} \tag{9.1}$$

在現代推薦系統中，演算法的短期目標 [1] 可以概括為

$$\mathscr{A} = \operatorname{argmax}_{\mathscr{A}} \sum_{u,t} \text{Utility} (\mathscr{I}_{u,t}^{+})$$

（19.2）

其中，Utility 函式可被認為是最大化點擊率、GMV 或多種目標的混合（Ribeiro et al, 2014；McNee et al, 2006）。

現代的商業推薦系統，尤其是那些擁有超過數百萬終端使用者和物品的推薦系統，已經採用了一個多階段的建模管線，目的是在有限的運算資源條件下，在商業目標和效率之間進行權衡。不同的階段有不同的組織形式和目標的簡化，對此業界鮮有提出。

在接下來的內容中，我們將首先回顧工業推薦背景下的幾種簡化，這幾種簡化對研究來說足夠清晰。然後，我們將描述多階段管線和其中每個階段的問題，回顧處理這種問題的典型方法並重新檢查 GNN 在現有方法中的應用，從客觀的角度檢查這些方法。

1 · 對收集的資料進行簡化

- 印象偏差。在演算法 A 下產生的使用者回饋資料，對估計諭示的使用者偏好有偏差。對推薦系統來說，這個關鍵而獨特的問題通常沒有被考慮，特別是在推薦系統早期的研究中。

- 負反饋。在一次展示中，負行為的數量 $|\mathscr{I}_{u,t}^{-}|$ 要比正行為的數量 $|\mathscr{I}_{u,t}^{+}|$ 大出幾個數量級，而且很少有資料集收集到負反饋。研究界的大多數知名論文忽略了這些真實的使用者負反饋，作為替代，一些人透過從建議的分布中抽樣來模擬負反饋，但這並不是基礎事實，他們在模擬回饋上設計的指標可能無法顯示出真實的表現。

- 時間資訊。早期的研究更傾向於推薦的靜態觀點，這消除了使用者行為序列中的時間資訊 t。

1　這裡將演算法的短期目標表述為每個請求 - 響應意義上的目標，並且不考慮演算法對生態系統帶來的進一步影響。

2・現代推薦系統中的多階段模型管線

■ 提取階段。提取階段也稱為候選者生成階段或召回階段。在提取階段，可透過有效的以相似性為基礎的學習、索引和搜尋，將相關物品的集合從數十億縮小到數百個。為了防止因擬合觀測分布而陷入無窮迴圈，提取階段必須為不同的下游目的或策略獨立提供足夠的多樣性，同時保持準確性。由於候選集的規模非常大，提取通常是以點式建模的形式進行的，這樣就可以簡單地建立複雜的索引並進行有效的提取。在提取階段，使用最廣泛的測量指標是 top-k 命中率。

■ 排名階段。排名階段的問題空間與提取階段的問題空間有很大的不同，因為排名階段需要在一個更小的子空間內進行精確的比較，而非從整個物品集中檢索盡可能好的物品。限於少量的候選物品，這樣就能夠在可接受的回應時間內利用更複雜的使用者 - 物品互動方法。

■ 重排階段。考慮到人們在離散選擇模型（Train，1986）中取得的研究效果，顯示物品之間的關係可能會對使用者行為產生重大影響。這為我們從組合最佳化的角度考慮問題提供了機會，也就是選擇一個子集的組合，使推薦清單的整體效用最大化。

上述階段可以根據推薦場景的不同特點進行調整。舉例來說，假設候選集有成百上千個，則不一定需要提取階段，因為運算能力通常足以一次性覆蓋這種排名的全部操作。如果每個請求的物品數量很少，則重排階段也是不必要的。

表 19.1 總結了可在不同的問題設定中進行的不同資料簡化以及對應的管線階段。

→ **表 19.1　不同問題設定中的資料簡化以及對應的管線階段**

問題設定 / 管線階段	資料簡化
矩陣補全 / 提取階段	$\mathcal{D}_I = \{\mathcal{L}_u \mid u \in \mathcal{U}\}$
點擊率預測 / 排名階段	$\mathcal{D}_I = \{(\mathcal{L}_u^+, \mathcal{L}_u^-) \mid u \in \mathcal{U}\}$
序貫推薦 / 提取階段	$\mathcal{D}_I = \{(t, \mathcal{L}_{u,t}^+) \mid u \in \mathcal{U}\}$

19.1.2　預測使用者 - 物品偏好的經典方法

推薦系統所需的基本能力是預測使用者對顯示的特定物品採取行動的可能性，我們稱之為點式偏好估計，用 $p($ 物品 | 使用者 $)$ 表示。下面回顧處理表 19.1 中矩陣補全的設定最為簡潔的幾種經典方法。

使用者 - 物品互動矩陣角度的資料組織 $\mathscr{D}_{\mathscr{I}} = \{\mathscr{L}_u^+ | u \in \mathscr{U}\}$ 是 $M = \{M_{u,i} | u \in \mathscr{U}, i \in \mathscr{I}\}$，其中，每一行的 $M_u = \mathscr{L}_u^+$。在推薦系統中，著名的協作過濾方法分為以鄰域為基礎的和以模型為基礎的兩種。

1 · 以鄰域為基礎的協作過濾方法

以物品為基礎的協作過濾首先為使用者點擊 / 購買 / 評價過的每個物品確定一組相似的物品，然後透過聚合相似性推薦前 N 個物品；而以使用者為基礎的協作過濾首先辨識相似的使用者，然後對他們點擊的物品進行聚合。

以鄰域為基礎的協作過濾方法的關鍵是對相似度進行定義。以以物品為基礎的協作過濾為例，top-k 啟發式方法從使用者與物品的互動矩陣 M 中計算物品與物品的相似度，如皮爾森相關係數、餘弦相似度等。由於儲存 $|\mathscr{I}| \times |\mathscr{I}|$ 相似性分數對難以實現，因此，為了幫助有效地產生 top-k 推薦列表，以鄰域為基礎的 k- 近鄰協作過濾通常會記憶每個物品的前幾個相似物品，從而產生稀疏的相似度矩陣 C。儘管有啟發式方法，但 SLIM（Ning and Karypis, 2011）選擇透過 MC 重建 M 並在 C 中使用零對角線和稀疏約束來學習這種稀疏的相似度。

只儲存稀疏相似性的缺點是無法辨識不太相似的關係，這限制了這種方法的下游應用。

2 · 以模型為基礎的協作過濾方法

以模型為基礎的協作過濾方法透過最佳化一個目標函式來學習使用者和物品的相似性函式。在矩陣分解法中，先驗如下：使用者行為矩陣是低秩的。也就是說，所有使用者的品位都可以用一些風格的隱含因素的線性組合來描述。使用者對某一物品偏好的預測可以計算為對應的使用者和物品因素的點乘。

19.1.3　使用者 - 物品推薦系統中的物品推薦：二分圖的角度

矩陣補全的設定在二分圖中也有等效的形式，如下所示：

$$\mathcal{G} = (\mathcal{V}, \mathcal{E})$$

（19.3）

其中，$\mathcal{V} = \mathcal{U} \cup \mathcal{I}$（$\mathcal{V}$是使用者集$\mathcal{U}$和物品集$\mathcal{I}$的聯集），$\mathcal{E} = \{(u,i) \mid i \in \mathcal{I}_u^+, u \in \mathcal{U}\}$（$\mathcal{E}$是使用者 u 及其點擊的物品 i 之間邊的集合）。點對點的使用者 - 物品偏好估計可以看作使用者 - 物品互動二分圖中的連結預測任務。

啟發式的圖型擷取方法屬於以鄰域為基礎的協作過濾類別，被廣泛用於提取階段。我們可以透過執行圖型擷取任務，如 Common Neighbors、Adar（Adamic and Adar, 2003）、Katz（Katz，1953）、個性化 PageRank（Haveliwala, 2002）等，來計算使用者 - 物品相似性，抑或以誘導為基礎的物品 - 物品相關圖型計算物品 - 物品相似性（Zhou et al, 2017；Wang et al, 2018b），然後用於最終的使用者偏好聚合。

用於工業推薦系統的圖嵌入技術首先在（Zhou et al, 2017）及其後續的邊資訊支持（Wang et al, 2018b）中獲得了探索：首先以使用者 - 物品點擊序列為基礎建構一個由數十億筆邊組成的物品 - 物品相關圖，這些邊是按階段組織的；然後應用深度遊走式的圖嵌入方法來計算物品表徵；最後在提取階段提供物品 - 物品相似度。儘管（Zhou et al, 2017）表示以嵌入為基礎的方法在 top-k 啟發式方法無法提供任何物品對相似性的情況下具有優勢，但是當所有的 top-k 相似物品都能被提取到時，圖嵌入方法舉出的相似性是否勝過精心設計的啟發式方法，仍值得商榷。

我們還注意到，圖嵌入技術可以看作圖鄰接矩陣 A 的變換的矩陣分解，這在前面的內容中已經討論過。這表示從理論上講，圖嵌入技術和基本的矩陣分解的區別在於它們的先驗，也就是說，區別在於假設什麼矩陣是最好的分解。對圖鄰接矩陣 A 的變換進行分解表示適合未來的演化系統，而傳統的矩陣分解方法則對當前的靜態系統進行分解。

　　用於工業推薦系統的圖神經網路在（Ying et al, 2018b）中第一次得到研究，其後台模型是 GraphSage 的變形 PinSage。PinSage 計算從給定節點 v 開始的隨機遊走中節點的 L1 歸一化存取計數，被計數的前 k 個節點可視為節點 v 的感受野。可根據節點的 L1 歸一化存取計數，在這些節點之間進行加權聚合。由於類似 GraphSage 的方法不會受到鄰域過大的影響，因此 PinSage 可以擴充到具有數百萬使用者和物品的網路規模的推薦系統中。PinSage 採用了三元損失，而非其他論文中通常使用的 NCE 變形。

　　我們想要更多地討論在提取階段以表徵學習為基礎的推薦模型（包括 GNN）中負實例的選擇。由於提取階段旨在從整個物品空間中提取出 k 個最為相關的物品，因此保持一個物品的全域位置遠離所有不相關的物品非常重要。在具有非常大的候選集的工業系統中，我們發現所有以表徵為基礎的模型的表現都對負樣本和損失函式的選擇非常敏感。雖然在二元交叉熵損失或三元損失中似乎有混合各種手動製作的硬實例的趨勢（Ying et al, 2018b；Huang et al, 2020b；Grbovic and Cheng, 2018），但遺憾的是，這甚至沒有理論支援可以引導我們走向正確的方向。在實踐中，我們發現在提取階段應用抽樣的 Softmax（Jean et al, 2014；Bengio and Senécal, 2008）和 InfoNCE（Zhou et al, 2020a）是很好的選擇，因為 InfoNCE 也有去噪的效果。

　　GNN 是一個很有用的工具，它可以結合使用者和物品的關係特徵。KGCN（Wang et al, 2019e）透過在知識圖譜中對對應的實體鄰域進行聚合，增強了物品的表徵。KGNN-LS（Wang et al, 2019c）則進一步提出了一個標籤平滑性假設｜知識圖譜中的類似物品可能具有類似的使用者偏好，可透過增加一個正規化項來幫助學習此類個性化的加權知識圖譜。KGAT（Wang et al, 2019j）的思想與 KGCN 基本相似，唯一的區別是用於知識圖譜重構的輔助損失。

　　儘管還有很多論文討論了如何融合外部知識與其他實體的關係，並且這些論文都認為這樣做對下游的推薦任務有益，但我們應該認真考慮系統是否真的需要這樣的外部知識，否則就會帶來更多的雜訊而非好處。

19.2 案例研究 1：動態的 GNN 學習

19.2.1 動態序貫圖

在推薦器中，我們可以得到一個能夠在時間視窗中觀察到的使用者-物品互動元組的列表 $\mathscr{E} = \{(u,i,t)\}$。其中，使用者 $u \in \mathscr{U}$ 與一個和時間戳記 $t \in \mathbb{R}^+$ 相關的物品 $i \in \mathscr{I}$ 互動。對於時間戳記 t 的使用者 $u \in \mathscr{U}$（或物品 $i \in \mathscr{I}$），將時間戳記 t 的使用者 u（或物品 i）的 1 深度動態序貫子圖定義為時間戳記 t 之前使用者 u（或物品 i）按時間順序的互動集合，用 $\mathscr{G}_{u,t}^{(1)} = \{(u,i,\tau)\,|\,\tau < t,(u,i,\tau) \in \mathscr{E}\}$（或 $\mathscr{G}_{i,t}^{(1)} = \{(u,i,\tau)\,|\,\tau < t,(u,i,\tau) \in \mathscr{E}\}$）表示。給定 $i \in \mathscr{I}$ 的 k 深度動態序貫子圖 $\mathscr{G}_{i,t}^{(k)}$（或 $\mathscr{G}_{u,t}^{(k)}$，$u \in \mathscr{U}$），將使用者 u（或物品 i）在時間戳記 t 的 $(k+1)$ 深度動態序貫子圖定義為一個 k 深度動態序貫子圖的集合。換言之，使用者 u（或物品 i）按時間順序與其 1 深度動態序貫子圖互動，$\mathscr{G}_{u,t}^{(k+1)} = \{\mathscr{G}_{i,\tau}^{(k)}\,|\,\tau < t,(u,i,\tau) \in \mathscr{E}\} \bigcup \mathscr{G}_{u,t}^{(1)}$（或 $\mathscr{G}_{i,t}^{(k+1)} = \{\mathscr{G}_{u,\tau}^{(k)}\,|\,\tau < t,(u,i,\tau) \in \mathscr{E}\} \bigcup \mathscr{G}_{i,t}^{(1)}$）。圖 19.1 對動態序貫圖（Dynamic Sequential Graph，DSG）做了說明，可將使用者 u（或物品 i）在時間戳記 t 的歷史行為序列定義為按時間順序排列的互動物品（或使用者）序列，表示為 $\mathscr{L}_{u,t} = \{(i,\tau)\,|\,\tau < t，(u,i,\tau) \in \mathscr{E}\}$（或 $\mathscr{L}_{i,t} = (u,\tau)\,|\,\tau < t,(u,i,\tau) \in \mathscr{E}\}$）。

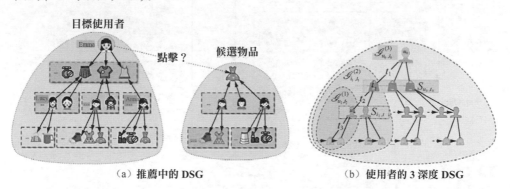

(a) 推薦中的 DSG　　　(b) 使用者的 3 深度 DSG

▲ 圖 19.1　動態序貫圖（DSG）是異質性的時間演化動態圖，DSG 結合了圖中的高跳連線性和序列中的時間依賴性，並且是自底向上反覆建構的（本書為單色印刷，色彩標示部分可能無法正確顯示）

19.2.2 DSGL

19.2.2.1 DSGL 概述

以建構的使用者 - 物品互動 DSG 為基礎,人們提出了名為動態序貫圖學習 (Dynamic Sequential Graph Learning,DSGL) 的邊學習模型,如圖 19.2 所示。DSGL 的基本思想是對目標使用者和候選物品在它們對應裝置上的 DSG 反覆進行圖卷積,然後聚合鄰居節點的嵌入作為目標節點的新表徵。聚合器由兩部分組成。

(1)時間感知的序列編碼,用於對具有時間資訊和時間依賴性的行為序列進行編碼。

(2)二階圖注意力,用於啟動序列中的相關行為,以消除雜訊。

除以上兩部分以外,人們還提出了一個用於初始化使用者、物品和時態嵌入的嵌入層,一個結合了多個層的嵌入以實現最終表徵的層組合模組,以及一個用於輸出預測分數的預測層。

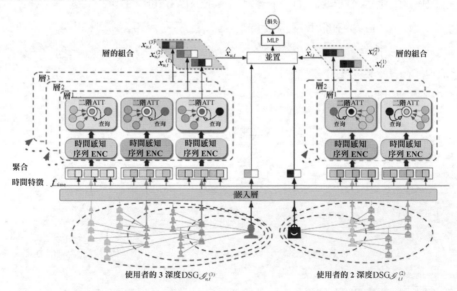

▲ 圖 19.2 DSGL 方法的框架。DSGL 分別為目標使用者 u(左圖)和候選物品 i(右圖)建構 DSG。它們的表徵被多個聚合層細化,每個聚合層包括一個時間感知序列編碼層和一個二階圖注意力層。DSGL 透過層的組合和以 MLP 為基礎的預測層來獲得最終的表徵。相同顏色的模組共用相同的參數集(本書為單色印刷,色彩標示部分可能無法正確顯示)

19.2.2.2 嵌入層

DSGL 有 4 組輸入——目標使用者 u、候選物品 i、目標使用者的 k 深度 DSG $\mathcal{G}_{u,t}^{k}$ 和候選物品的（k–1）深度 DSG $\mathcal{G}_{i,t}^{k-1}$。對於離散特徵的每個欄位，如年齡、性別、類別、品牌和 id，可將其表示為一個嵌入矩陣。透過並置所有的辨識符號段，我們可以得到物品的節點特徵，用 $\boldsymbol{f}_{\text{item}} \in \mathbb{R}^{d_i}$ 表示。同理，$\boldsymbol{f}_{\text{user}} \in \mathbb{R}^{d_u}$ 表示使用者類別中欄位的並置嵌入向量。至於 DSG 中的互動時間戳記，則可以隨著時間的衰減計算互動時間與其父級互動時間之間的時間間隔。給定使用者 u 在時間戳記 t 的歷史行為序列 $\mathcal{S}_{u,t}$，每個互動 $(u,i,t) \in \mathcal{S}_{u,t}$ 對應一個時間衰減 $\Delta_{(u,i,\tau)} = t - \tau$。按照（Li et al, 2020g），可透過將連續的時間衰減值映射到一系列範圍為 $[b^0, b^1), [b^1, b^2), \cdots, [b^l, b^{l+1})$ 的桶中，將其轉為離散特徵；然後透過執行嵌入查詢操作，即可得到時間衰減嵌入，用 $\boldsymbol{f}_{\text{time}} \in \mathbb{R}^{d_t}$ 表示。

19.2.2.3 時間感知序列編碼

在 DSG 中，每一層的節點都是按時間順序排列的，這反映了使用者隨時間變化的偏好以及物品的流行度演變。正因為如此，我們將序列建模作為 GNN 的一部分，以捕捉互動序列的動態變化。我們設計了一個時間感知的序列編碼器來明確地利用時間資訊。對於每次互動（u, i, t），我們有使用者 u 的歷史行為序列 $\mathcal{S}_{u,t}$ 和物品 i 的歷史行為序列 $\mathcal{S}_{i,t}$。對於序列 $\mathcal{S}_{u,t}$，透過將每個互動的物品與序列中的時間衰減一起送入嵌入層，我們可以得到嵌入序列 $\{\boldsymbol{e}_{i,\tau} \mid (i,\tau) \in \mathcal{S}_{u,t}\}$。其中，$\boldsymbol{e}_{i,\tau} = [\boldsymbol{f}_{\text{item}_i}; \boldsymbol{f}_{\text{item}_\tau}] \in \mathbb{R}^{d_i + d_t}$ 是物品 i 在序列中的嵌入。同理，對於序列 $\mathcal{S}_{i,t}$，我們有嵌入序列 $\{\boldsymbol{e}_{u,\tau} \mid (u,\tau) \in \mathcal{S}_{i,t}\}$。其中，$\boldsymbol{e}_{u,\tau} = [\boldsymbol{f}_{\text{item}_u} \ \boldsymbol{f}_{\text{item}_\tau}] \in \mathbb{R}^{d_u + d_t}$。我們可以把得到的嵌入作為時間感知的零層輸入：$\boldsymbol{x}_{u,t}^{(0)} = \boldsymbol{e}_{u,t}$，$\boldsymbol{x}_{i,t}^{(0)} = \boldsymbol{e}_{i,t}$。為了便於記述，我們在接下來的描述中將省略上標。

在時間感知序列編碼中，我們以以 RNN 為基礎的方式一步步推斷行為序列中每個節點的隱藏狀態。考慮到行為序列 $\mathcal{S}_{u,t}$ 和 $\mathcal{S}_{i,t}$，我們將序列 $\mathcal{S}_{u,t}$ 中第 j 個物品的隱藏狀態和輸入表示為 $\boldsymbol{h}_{\text{item}_j}$ 和 $\boldsymbol{x}_{\text{item}_j}$，而將序列 $\mathcal{S}_{i,t}$ 中第 j 個使用者的隱藏狀態和輸入表示為 $\boldsymbol{h}_{\text{user}_j}$ 和 $\boldsymbol{x}_{\text{user}_j}$。正向公式為

$$\boldsymbol{h}_{\text{item}_j} = \mathcal{H}_{\text{item}}(\boldsymbol{h}_{\text{item}_{j-1}}, \boldsymbol{x}_{\text{item}_j}); \boldsymbol{h}_{\text{user}_j} = \mathcal{H}_{\text{user}}(\boldsymbol{h}_{\text{user}_{j-1}}, \boldsymbol{x}_{\text{user}_j}) \qquad （19.4）$$

其中，$\mathcal{H}_{user}(\cdot,\cdot)$ 和 $\mathcal{H}_{item}(\cdot,\cdot)$ 分別代表使用者和物品的特定編碼函式。我們採用長短期記憶（Long Short-Term Memory，LSTM）（Hochreiter and Schmidhuber，1997）而非轉換器（Vaswani et al, 2017）作為編碼器，因為 LSTM 可以利用時間特徵來控制將要傳播的資訊，同時以時間衰減特徵作為輸入。經過時間感知序列編碼後，我們獲得了使用者 u 的歷史行為序列 $\mathcal{S}_{u,t}$ 和物品 i 的歷史行為序列 $\mathcal{S}_{i,t}$ 的對應隱藏狀態序列：

$$
\begin{aligned}
\text{LSTM}_{item}(\{\boldsymbol{x}_{i,\tau}\,|\,(i,\tau)\in\mathcal{S}_{u,t}\}) &= \{\boldsymbol{h}_{i,\tau}\,|\,(i,\tau)\in\mathcal{S}_{u,t}\} \\
\text{LSTM}_{user}(\{\boldsymbol{x}_{u,\tau}\,|\,(u,\tau)\in\mathcal{S}_{i,t}\}) &= \{\boldsymbol{h}_{u,\tau}\,|\,(u,\tau)\in\mathcal{S}_{i,t}\}
\end{aligned}
\tag{19.5}
$$

19.2.2.4　二階圖注意力

在實踐中，可能存在一些有雜訊的鄰居節點，它們的興趣或受眾與目標節點無關。為了消除不可靠節點帶來的雜訊，我們提出了一種注意力機制來啟動行為序列中的相關節點。傳統的圖注意力機制，如 GAT（Veličković et al, 2018），計算的是中心節點和鄰居節點之間的注意力權重，以表示每個鄰居節點對中心節點的重要性。雖然它們在節點分類任務上表現良好，但是當存在不可靠的連接時，它們可能會增加推薦的雜訊。

為了解決上述問題，我們提出了一種圖注意力機制，這種圖注意力機制使用中心節點的父節點和中心節點本身來建立查詢，並將鄰居節點作為鍵和值。由於使用中心節點的父節點來提高查詢的表達能力，因此中心節點與鍵節點之間存在兩跳的連接，我們稱之為「二階圖注意力」。當中心節點不可靠時，中心節點的父節點可以看作一種補充，從而提高堅固性。

按照縮放點積注意力（Vaswani et al, 2017），注意力函式可定義為

$$
\text{Attention}(\boldsymbol{Q},\boldsymbol{K},\boldsymbol{V}) = \frac{\text{Softmax}(\boldsymbol{Q}\boldsymbol{K}^{\mathrm{T}})}{\sqrt{d}}\boldsymbol{V}
\tag{19.6}
$$

其中，$\boldsymbol{Q}$、$\boldsymbol{K}$ 和 $\boldsymbol{V}$ 分別代表查詢、鍵和值，d 代表 $\boldsymbol{K}$ 和 $\boldsymbol{Q}$ 的維度。多頭注意力可定義為

$$
\text{MultiHead}(\boldsymbol{Q},\boldsymbol{K},\boldsymbol{V}) = [\,\text{head}_1;\ \text{head}_2;\cdots;\ \text{head}_h\,]\boldsymbol{W}_O
\tag{19.7}
$$

$$\text{head}_i = \text{Attention}\,(QW_{Q_i}, KW_{K_i}, VW_{V_i}) \tag{19.8}$$

其中，權重 W_Q、W_K、W_V 和 W_O 是訓練的參數。

給定行為隱藏狀態序列 $\{h_{i,\tau} \mid (i,\tau) \in \mathscr{S}_{u,t}\}$ 和 $\{h_{u,\tau} \mid (u,\tau) \in \mathscr{S}_{i,t}\}$，在進行時間感知序列編碼之後，可將注意力過程表示為

$$x_{u,t} = \text{ATT}_{\text{item}}(\{h_{i,\tau} \mid (i,\tau) \in \mathscr{S}_{u,t}\}); \quad x_{i,t} = \text{ATT}_{\text{user}}(\{h_{u,\tau} \mid (u,\tau) \in \mathscr{S}_{i,t}\}) \tag{19.9}$$

19.2.2.5 聚合與層組合

GCN 的核心思想是透過對節點的鄰域進行卷積來學習節點的表徵。在 DSGL 中，可以將時間感知序列編碼和二階圖注意力疊加在一起。聚合器可以表示為

$$\begin{aligned}
x_{u,t}^{(k+1)} &= \text{ATT}_{\text{item}}(\,\text{LSTM}_{\text{item}}(\{x_{i,t}^{(k)} \mid i \in \mathscr{S}_{u,t}\})) \\
x_{i,t}^{(k+1)} &= \text{ATT}_{\text{user}}(\,\text{LSTM}_{\text{user}}(\{x_{u,t}^{(k)} \mid i \in \mathscr{S}_{i,t}\}))
\end{aligned} \tag{19.10}$$

與傳統的 GCN 模型將最後一層作為最終節點表徵不同，受 He et al（2020）的啟發，我們將每一層獲得的嵌入結合起來，形成使用者（物品）的最終表徵：

$$\hat{x}_{u,t} = \frac{1}{k_u}\sum_{k=1}^{k_u} x_{u,t}^{(k)}; \quad x_{i,t} = \frac{1}{k_i}\sum_{k=1}^{k_i} x_{i,t}^{(k)} \tag{19.11}$$

其中，K_u 和 K_i 分別表示使用者 u 和物品 i 的 DSGL 層數。

19.2.3　模型預測

給定互動三元組（u, i, t），即可預測使用者與物品互動的可能性：

$$\hat{y} = \mathscr{F}(u, i, \mathscr{G}_{u,t}^{(k)}, \mathscr{G}_{i,t}^{(k-1)}; \Theta) = \text{MLP}([e_{u,t}; e_{i,t}, \hat{x}_{u,t}; x_{i,t}]) \tag{19.12}$$

其中，MLP($\cdot$) 表示 MLP 層，Θ 表示網路參數。這裡採用交叉熵損失函式：

$$\mathscr{L} = -\sum_{(u,i,t,y)\in\mathscr{D}} [y \log \hat{y} + (1-y)\log(1-y)] \tag{19.13}$$

其中，$\mathscr{D}$ 是訓練樣本的集合，$y \in \{0,1\}$）表示真實標籤。演算法程式詳見演算法一。

→ 演算法一　DSGL 演算法

輸入：

訓練集 $\mathscr{D} = \{(u,\ i,\ t,\ y)\}$；使用者集 $\mathscr{U}$；物品集 $\mathscr{I}$；互動集 $\mathscr{E}$；深度 k_u 和 k_i；週期數 E。

輸出： 網路參數 Θ。

1：初始化使用者 $u \in \mathscr{U}$ 的特徵 $\boldsymbol{f}_{\text{user}_u}$ 和物品 $i \in \mathscr{I}$ 的特徵 $\boldsymbol{f}_{\text{item}_i}$；

2：**for** $e \leftarrow 1$ **to** E **do**

3：　　**for** $(u,\ i,\ t,\ y) \in \mathscr{D}$ **do**

4：　　　　針對來自 $\mathscr{E}$ 的使用者 u 和物品 i 構造 DSG $\mathscr{G}_{u,t}^{(k_u)}$ 和 $\mathscr{G}_{i,t}^{(k_i)}$；

5：　　　　**for** $(v,\ j,\ \tau) \in \mathscr{G}_{u,t}^{(k_u)} \bigcup \mathscr{G}_{i,t}^{(k_i)}$ **do**

6：　　　　　　獲取行為序列 $\mathscr{I}_{v,\tau}$ 和 $\mathscr{I}_{j,\tau}$；

7：　　　　　　$\boldsymbol{x}_{v,\tau}^{(0)} \leftarrow \text{e}_{v,\tau}$；$\boldsymbol{x}_{j,\tau}^{(0)} \leftarrow \text{e}_{j,\tau}$；

8：　　　　　　**for** $k \leftarrow 1$ **to** k_u **do**

9：　　　　　　　　$\boldsymbol{x}_{v,\tau}^{(k)} \leftarrow \text{ATT}_{\text{item}}(\text{LSTM}_{\text{item}}(\{\ \boldsymbol{x}_{j,\tau}^{(k-1)}\ |i \in \mathscr{I}_{v,\tau}\}))$；

10：　　　　　　**end for**

11：　　　　　　**for** $k \leftarrow 1$ **to** k_i **do**

12：　　　　　　　　$\boldsymbol{x}_{j,\tau}^{(k)} \leftarrow \text{ATT}_{\text{user}}(\text{LSTM}_{\text{user}}(\{\ \boldsymbol{x}_{v,\tau}^{(k-1)}\ |i \in \mathscr{I}_{j,\tau}\}))$；

13：　　　　　　**end for**

14：　　　　**end for**

15：　　　　$\hat{\boldsymbol{x}}_{u,t} \leftarrow \dfrac{1}{k_u}\displaystyle\sum_{k=1}^{k_u}\boldsymbol{x}_{u,t}^{(k)};\ \boldsymbol{x}_{i,t} \leftarrow \dfrac{1}{k_i}\displaystyle\sum_{k=1}^{k_i}\boldsymbol{x}_{i,t}^{(k)}$

16：　　　　$\hat{\boldsymbol{y}}_{u,i,t} \leftarrow \text{MLP}([\boldsymbol{e}_{u,t};\boldsymbol{e}_{i,t};\boldsymbol{x}_{u,t};\boldsymbol{x}_{i,t}])$；

17：　　　　透過式（19.13）更新參數 Θ；

18：　　**end for**

19：**end for**=0

19.2.4　實驗和討論

我們在真實世界中的亞馬遜產品資料集上評估了自己的方法，其間使用了 5 個子集和兩個被廣泛用於 CTR 預測任務的指標——AUC（ROC 曲線下的面積）

和 Logloss。所比較的推薦方法可以分為 5 類——傳統方法〔SVD++（Koren, 2008）和 PNN（Qu et al, 2016）〕、有使用者行為的順序方法〔GRU4Rec（Hidasi et al, 2015）、CASER（Tang and Wang, 2018）、ATRANK（Zhou et al, 2018a）和 DIN（Zhou et al, 2018b）〕、有使用者行為和物品行為的順序方法〔Topo-LSTM（Wang et al, 2017b）、TIEN（Li et al, 2020g）和 DIB（Guo et al, 2019a）〕、以靜態圖為基礎的方法〔NGCF（Wang et al, 2019k）和 LightGCN（He et al, 2020）〕以及以動態圖為基礎的方法〔SR-GNN（Wu et al, 2019c）〕。

19.2.4.1　對表現進行比較

為了證明所提議模型的表現，我們對 DSGL 與最先進的推薦方法進行了比較。結果表示，DSGL 的表現一直優於其他所有的基準線模型，從而證明了 DSGL 的有效性。順序模型的表現在很大程度上超出傳統模型，這證明了在推薦中捕捉時間依賴性的有效性。對使用者行為和物品行為進行建模的順序方法優於只使用使用者行為序列的方法，這證明了使用者和物品兩方面行為資訊的重要性。以靜態圖為基礎的方法包括 LightGCN 和 NGCF 等，它們的表現不具有競爭力。原因有兩方面：一方面，這些方法在推理階段忽略了測試集中的新互動；另一方面，由於它們沒有對互動的時間依賴性進行建模，因此無法捕捉不斷變化的興趣，與順序模型相比，表現有所下降。以動態圖為基礎的方法 SR-GNN 優於以靜態圖為基礎的方法，因為 SR-GNN 會將當前時刻之前的所有互動物品動態地納入圖中。但是，SR-GNN 的表現低於以靜態圖為基礎的方法。其中一個可能的原因是，在亞馬遜的產品資料集中，序列中重複物品的比例很低，而且物品的轉換不夠複雜，無法建模為圖。

19.2.4.2　圖結構和層組合的有效性

為了顯示圖結構和層組合的有效性，我們比較了 DSGL 與其變形 DSGL w/o LC 的表現。對於不同的層數，DSGL w/o LC 使用最後一層而非組合層作為最終的表徵。聚焦於有層組合的 DSGL，表現會隨著層數的增加而逐漸提高。我們將這種改善歸因於圖結構中二階和三階連接攜帶的協作資訊。透過比較 DSGL 和 DSGL w/o LC，我們發現在去掉層組合後，表現會極大降低，這證明了層組合的有效性。

19.2.4.3　時間感知序列編碼的有效性

在 DSGL 中，我們想要進行時間感知序列編碼，以保留行為順序和時間資訊。為此，我們設計了消融實驗來研究 DSGL 中的時間依賴性以及時間資訊對最終表現的貢獻。為了評估時間資訊的作用，我們測試了只去除物品行為的時間表徵（DSGL w/o time in UBH）、只去除使用者行為的時間表徵（DSGL w/o time in IBH）以及這兩種行為都去除的時間表徵（DSGL w/o time）。為了評估行為順序的貢獻，我們測試了在去除序列編碼模組的同時保留時間資訊的感知序列編碼（DSGL w/o Seq ENC）與去除時間的感知序列編碼（DSGL w/o TA Seq ENC）。透過比較我們發現，DSGL 的表現相比 DSGL w/o TA Seq ENC 要好得多，這證明了時間感知序列編碼層的有效性。透過將 DSGL w/o time、DSGL w/o time in UBH、DSGL w/o time in IBH 與預設的 DSGL 進行比較，我們發現，在使用者行為或物品行為方面，去除時間資訊會導致表現下降。DSGL 的表現優於 DSGL w/o Seq ENC，這證明了歷史行為序列攜帶的時間依賴性的重要性。

19.2.4.4　二階圖注意力的有效性

在 DSGL 中，我們提出了二階圖注意力，以消除來自不可靠鄰居節點的雜訊。為了證明其合理性，我們在此探討了不和的選擇。我們不僅測試了沒有圖注意力的表現（DSGL w/o ATT），而且用傳統的圖注意力取代了二階圖注意力（DSGL-GAT）。注意在這裡，DSGL-GAT 的注意力函式與 DSGL 的相同，唯一的差別在於查詢。DSGL-GAT 將中心節點作為查詢物件。從結果看，我們得出以下結論。

- 在所有情況下，最好的設定是採用二階圖注意力（比如目前 DSGL 的設計）。用 GAT 代替二階圖注意力會降低表現，這證明了二階注意力在啟動相關鄰居節點和消除可靠鄰居節點的雜訊方面的有效性。

- 在去掉注意力機制後（比如 DSGL w/o ATT），表現基本會下降——相比帶有傳統圖注意力的 DSGL 要差，在某些情況下甚至不如最佳基準線。這一觀察結果表示，由於中繼站鄰域中存在不可避免的雜訊，在以 GNN 為基礎的推薦方法中引入注意力機制是必要的。

19.3 案例研究 2：裝置 雲端協作的 GNN 學習

19.3.1 提議的框架

最近的一些研究（Sun et al, 2020e；Cai et al, 2020a；Gong et al, 2020；Yang et al, 2019e；Lin et al, 2020e；Niu et al, 2020）探索了推薦系統中的裝置上計算優勢，這推動了裝置上 GNN 的發展，比如 19.2 節中的 DSGL。然而，這些早期的研究不是只考慮雲端建模，就是只考慮裝置上的推理，要麼只考慮裝置上臨時訓練部分的聚合以處理隱私約束。很少有人對裝置建模和雲端建模進行聯合探索，以使 GNN 的雙方都受益。為了彌補這一差距，我們引入了裝置 - 雲端協作學習（Device-Cloud Collaborative Learning，DCCL）框架，如圖 19.3 所示。給定一個推薦資料集 $\{(x_n, y_n)\}_{n=1, 2, \cdots, N}$，在雲端學習一個以 GNN 為基礎的映射函式 $f：x_n \to y_n$。在這裡，x_n 是包含所有可用的候選特徵和使用者背景的圖特徵，y_n 是使用者對對應的候選特徵的隱性回饋（點擊與否），N 是樣本數。在裝置方面，每台裝置（以 m 為索引）都有自己的本地資料集 $\{x_n^{(m)}, y_n^{(m)}\}_{n=1, 2, \cdots, N^{(m)}}$。為雲端 GNN 模型 f 增加一些參數有效的更新（Yuan et al, 2020a）（在裝置側凍結其參數），並為每台裝置建立新的 GNN，$f^{(m)}：x_n^{(m)} \to y_n^{(m)}$。在接下來的內容中，我們將介紹在實際部署過程中面臨的挑戰和對應的解決方案。

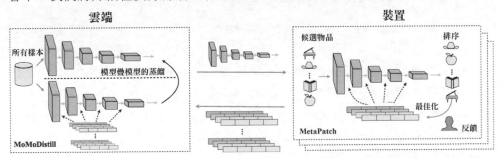

▲ 圖 19.3 用於推薦的通用 DCCL 框架。雲端負責從個性化的裝置上的 GNN 模型中，透過模型疊模型的蒸餾（model-over-models distillation）來學習集中的雲端 GNN 模型。裝置接收雲端 GNN 模型以進行裝置上的個性化。我們提出了 MoMoDistill 和 MetaPatch 來分別實例化其中的每一方（本書為單色印刷，色彩標示部分可能無法正確顯示）

19.3.1.1　用於裝置上個性化的 MetaPatch

　　儘管近年來裝置硬體得到極大改善，但在裝置上學習一個完整的大模型仍受資源的限制。同時，由於預訓練層的特徵基礎，只對最後幾層進行微調的表現是有限的。幸運的是，以前的一些工作已經證明，透過更新學習有可能達到與整個網路微調相當的表現（Cai et al, 2020b；Yuan et al, 2020a；Houlsby et al, 2019）。受這些工作的啟發，我們在雲端模型 f 的基礎上插入了模型更新，用於裝置上的個性化。在形式上，第 l 層的輸出與第 m 台裝置上的更新相連，表示為

$$f_l^{(m)}(\cdot) = f_l(\cdot) + h_l^{(m)}(\cdot) \circ f_l(\cdot) \qquad (19.14)$$

　　式（19.14）計算的是原始 $f_l(\cdot)$ 與 $f_l(\cdot)$ 的更新回應之和。在這裡，$h_l^{(m)}(\cdot)$ 是可訓練的更新函式，。表示將前一個函式的輸出作為輸入的函式組合。注意，模型更新可以有不同的神經結構。在這裡，我們不探討其變形，而是像（Houlsby et al, 2019）那樣指定相同的瓶頸架構。

　　儘管如此，根據經驗我們發現，多個更新的參數空間仍然相對過大，容易過擬合稀疏的局部樣本。為了克服這個問題，我們提出了 MetaPatch 來減小參數空間。這是一種生成參數的元學習方法（Ha et al, 2017；Jia et al, 2016）。具體來說，首先假設每個更新的參數可以用 $\theta_l^{(m)}$ 表示（將更新中的所有參數扁平化成一個向量），然後推導出下面的分解方法：

$$\theta_l^{(m)} = \Theta_l * \hat{\theta}^{(m)} \qquad (19.15)$$

　　其中，Θ_l 是全域共用的參數基（凍結在裝置上並在雲端學習），$\hat{\theta}^{(m)}$ 是代用的可調整參數向量，用於生成裝置 -GNN- 模型 $f^{(m)}$ 中的每個更新參數 $\theta_l^{(m)}$。為了便於理解，我們將 $\hat{\theta}^{(m)}$ 稱為元更新參數。在這裡，我們保留更新參數的數量大大少於針對個性化需要學習的元更新參數的數量。注意，關於 Θ_l 的預訓練，我們將在後面的章節中討論，以避免混亂，因為 Θ_l 是 在雲端學習的。根據式（19.15），可透過元更新參數 $\hat{\theta}^{(m)}$ 來實現更新參數的生成，而非直接學習 $\theta^{(m)}$。為了學習元更新參數 $\hat{\theta}^{(m)}$，可利用本地資料集最小化以下損失函式：

$$\min_{\hat{\theta}^{(m)}} \ell(y, \tilde{y})\Big|_{\tilde{y} = f^{(m)}(x)} \qquad (19.16)$$

其中，l 是點級交叉熵損失，$f^{(m)}(\cdot) = f_L^{(m)}(\cdot) \circ \cdots \circ f_l^{(m)}(\cdot) \circ \cdots \circ f_1^{(m)}(\cdot)$，$L$ 是總層數。在透過式（19.16）訓練出裝置特定參數 $\hat{\theta}^{(m)}$ 後，便可以利用式（19.15）生成所有更新，並透過式（19.14）將它們插入雲端 GNN 模型 f 中，得到最終的個性化 GNN 模型 $f^{(m)}$，從而提供裝置上的個性化推薦。

19.3.1.2 用於加強雲端運算建模的 MoMoDistill

傳統的集中式雲端運算模型的增量訓練遵循「模型 - 資料」範式。也就是說，當我們從裝置上收集新的訓練樣本時，可以直接根據早期樣本收集中訓練的模型進行增量學習。這一目標可以表述如下：

$$\min_{W_f} \ell(y, \hat{y})\big|_{\hat{y}=f(x)} \qquad (19.17)$$

其中，W_f 是待訓練的雲端 GNN 模型 f 的網路參數。這是一個不考慮裝置建模的獨立角度。然而，裝置上的個性化實際上可以比集中式雲端模型更有力地處理對應的本地樣本。因此，來自裝置上模型的指導可以成為一個有意義的能夠幫助雲端建模的先決條件。受此啟發，我們提出了「模型 + 模型」範式，也就是同時從資料中學習並聚合裝置上模型的知識，以增強集中式雲端模型的訓練。從形式上看，對來自所有裝置的樣本執行蒸餾程式的目標可定義為

$$\min_{W_f} \ell(y, \hat{y}) + \beta \, \mathrm{KL}(\tilde{y}, y)\big|_{\hat{y}=f(x), \tilde{y}=f^{(m)}(x)} \qquad (19.18)$$

其中，β 是用於平衡蒸餾和「模型——資料」學習的超參數。注意在式（19.18）中，蒸餾的可行性關鍵取決於前面介紹的更新機制，因為更新機制允許我們輸入元更新參數（如特徵），同時只載入 $f^{(m)}$ 的其他參數。不然我們將遭受頻繁重新載入眾多檢查點的工程問題，這對目前的框架來說幾乎是不可能的。

在 MetaPatch 中，我們引入了全域參數基 $\{\Theta_l\}$（後面簡寫為 Θ），以減小裝置上的參數空間。關於全域參數基 Θ 的訓練，我們根據經驗發現，與 W_f 的耦合學習很容易陷入不理想的局部最佳，因為它們在語義上扮演不同的角色。因此，我們採用了漸進式最佳化策略，也就是首先根據式（19.18）最佳化 f，然後

用學到的 f 蒸餾出全域參數基 Θ 的知識。其間,我們透過考慮來自所有裝置的元更新的異質性特徵和開始時的冷開機問題,設計了一個輔助元件。具體來說,給定資料集 $\{(x, y, u^{(I(x))}, \hat{\theta}^{(I(x))})\}_{n=1, 2, \cdots, N}$,其中的 I 用於將樣本索引映射到裝置索引,$u \subset x$ 是對應裝置的使用者設定檔特徵(如年齡、性別、購買水準等),我們可以定義以下輔助編碼器:

$$U(\hat{\theta}, u) = W^{(1)} \tanh(W^{(2)} \theta + W^{(3)} u) \qquad (19.19)$$

其中,$W^{(1)}$、$W^{(2)}$ 和 $W^{(3)}$ 是可調整的投影矩陣。在這裡,為了簡單起見,我們用 W_e 表示集合 $\{W^{(1)}, W^{(2)}, W^{(3)}\}$。為了學習全域參數基 Θ,我們用 $U(\hat{\theta}, u)$ 代替 $\hat{\theta}$,並模擬式(19.15)生成模型更新($\Theta * U(\hat{\theta}, u)$),我們這麼做是因為實際上 $\hat{\theta}$ 的異質性太強,無法直接使用。然後,將 $\Theta * U(\hat{\theta}, u)$ 與蒸餾過程中學到的 f 相結合,便可以形成一個新的代理裝置模型 $\hat{f}^{(m)}$(不同於更新生成中的 $f^{(m)}$)。在這裡,我們可以利用這樣的代理 $\hat{f}^{(m)}$ 直接蒸餾從裝置上收集的真實 $f^{(m)}$ 的知識,從而最佳化 Θ 和輔助編碼器的參數:

$$\min_{(\Theta, W_e)} \ell(y, \hat{y}) + \beta \, \mathrm{KL} \, (\tilde{y}, y)\big|_{\hat{y} = \hat{f}^{(m)}(x), \tilde{y} = f^{(m)}(x)} \qquad (19.20)$$

式(19.18)和式(19.20)能逐步幫助我們學習集中式雲端模型和全域參數基。我們特別將這種漸進式的蒸餾機制稱為 MoMoDistill,以強調我們的「模型 - 模型」範式與傳統的「模型 - 資料」範式在雲端增量訓練方面的不同。DCCL 的完整程式詳見演算法二。

→ 演算法二 GNN 導向的 DCCL

預訓練雲端 GNN 模型 f,然後以式(**19.20**)為基礎,透過將 $\hat{\theta}$ 設定為 0 來學習全域參數基 Θ。
當循環成立時發送 f 和 Θ 到裝置

```
Device(f, Θ):▷MetaPath
```
(1)將本地資料累積到 batch 中。
(2)透過式(**19.16**)實現裝置上的個性化。
(3)如果 time 大於 threshold:更新個性化的 GNN 模型 $f^{(m)}$。
(4)否則:返回到步驟(1)。
回收所有的模型更新 $\{\hat{\theta}^{(m)}\}$。

```
Cloud( {θ̂^(m)} ):▷MoMoDistill
```
(1)以式(**19.18**)為基礎最佳化雲端 GNN 模型 f。
(2)透過式(**19.20**)學習全域參數基 Θ。

19.3.2　實驗和討論

為了證明 DCCL 的有效性，我們在 Amazon、Movielens-1M 和 Taobao 三個推薦資料集上進行了一系列實驗。一般來說，這三個資料集是使用者互動歷史的序列，使用者最後互動的物品將被截取出來作為測試樣本。對於每個最後互動的物品，我們隨機取出 100 個沒有出現在使用者歷史中的物品。我們將自己的框架與一些經典的雲端運算模型做了比較，包括傳統方法 MF（Koren et al, 2009）和 FM（Rendle, 2010）、以深度學習為基礎的方法 NeuMF（He et al, 2017b）和 DeepFM（Guo et al, 2017），以及以序列為基礎的方法 SASRec（Kang and McAuley, 2018）和 DIN（Zhou et al, 2018b）。在整個實驗過程中，我們在 DIN 的基礎上實現了自己的模型，我們還在最後的第二個全連接層以及特徵嵌入層後的前兩個全連接層中插入了模型更新。在所有的比較中，我們把 MetaPatch 稱為 DCCL-e，並把 MoMoDistill 稱為 DCCL-m，因為整個框架類似於 EM 迭代。比較基準線的預設方法被命名為 DCCL，以表示同時經歷了裝置上的個性化和「模型－模型」蒸餾。表現是由 HitRate、NDCG 和 macro-AUC 衡量的。

19.3.2.1　DCCL 的表現與 SOTA 相比如何

我們不僅在 Amazon、Movielens-1M 和 Taobao 三個推薦資料集上進行了實驗，而且與一系列基準線進行了比較。與流行的實驗設定相一致（He et al, 2017b；Zhou et al, 2018b），每個使用者在這三個資料集上的最後一個活動物品被用於評估，而最後一個物品之前的所有物品被用於訓練。對 DCCL，我們根據時間順序將訓練資料平均分成了兩部分：一部分用於骨幹網的預訓練（DIN），另一部分用於 DCCL 的訓練。在實驗中，我們進行了單輪 DCCL-e 和 DCCL-m，最後用 DCCL-m 與 6 個代表性模型做了比較。我們發現，以深度學習為基礎的方法 NeuMF 和 DeepFM 通常優於傳統方法 MF 和 FM，而以序列為基礎的方法 SASRec 和 DIN 一直優於以前的非以序列為基礎的方法。我們的 DCCL 在最佳基準線 DIN 的基礎上，進一步提升了表現。具體來說，DCCL 在這三個資料集上的 NDCG@10 方面有 2% 以上的改進，在 HitRate@10 方面也有至少 1% 的改進。DCCL 在小型和大型態資料集上的表現證明了其優越性。

19.3.2.2 裝置上的個性化對雲端模型是否有利

這個實驗的目標是證明與集中式的雲端模型相比,透過 MetaPatch(縮寫為 DCCL-e)的裝置上的個性化是如何提高來自不同層次使用者的推薦表現的。考慮到資料規模和用於視覺化的上下文資訊的可用性,本實驗只使用 Taobao 資料集來進行。為了驗證 DCCL-e 在細微性上的表現,我們首先根據使用者的樣本數對他們進行了排序,然後沿排序後的使用者軸將他們平均分成 20 組。在裝置上的模型完成個性化之後,我們根據個性化的模型計算每一群組使用者的表現。這裡使用了指標 macro-AUC 以平等對待組內的使用者,而非使用(Zhou et al, 2018b)中的分組 AUC。

對於 DIN,首先以 DIN 作為基準線,在前 20 天的 Taobao 資料集上對其進行預訓練,然後在剩餘 10 天的 Taobao 資料集上測試 DIN。對於 DCCL-e,首先在前 10 天的 Taobao 資料集上對 DIN 進行預訓練,然後在預訓練的 DIN 中插入更新,這與之前的設定相同,最後在剩餘的 10 天裡進行裝置上的個性化設定。與 DIN 一樣,我們也在最後 10 天的 Taobao 資料集上測試 DCCL-e。評估分別在 20 個組中進行。根據結果我們發現,隨著組下標的增加,表現大約會下降。這是因為下標較大的組內的使用者更像以分區為基礎的長尾使用者,他們的模式很容易被集中式的雲端模型忽略甚至犧牲。相比 DIN,DCCL-e 在所有組中都顯示出穩定的改進,尤其對於長尾使用者群組,DCCL-e 能取得較大的改進。

19.3.2.3 多輪 DCCL 的迭代特性

為了說明 DCCL 的收斂特性,我們在 Taobao 資料集上進行了不同裝置 - 雲端互動時間間隔的實驗。具體來說,我們規定裝置和雲端之間每隔 2 天、5 天、10 天進行一次互動,並分別追蹤每個使用者的最後一次點擊所評估的每輪表現。根據結果,我們發現頻繁的互動比不頻繁的互動能取得更好的表現。我們據此推測,由於 MetaPatch 和 MoMoDistill 可以在每一輪中相互促進,因此隨著互動更加頻繁,表現上的優勢也會不斷加強。然而,副作用是我們必須經常更新裝置上的模型,這可能引入其他不確定的碰撞風險。因此,在現實世界的場景中,我們需要在表現和互動時間間隔之間做出權衡。

19.3.2.4 DCCL 的消融研究

對於 19.2 節的案例研究 1，我們舉出了 Taobao 資料集上單輪 DCCL 的結果，並與 DIN 做了比較。從結果中可以觀察到，在應用 DCCL-e 和 DCCL-m 之後，表現逐步有了改善，DCCL-m 在改善方面相比 DCCL-e 能帶來更多的好處。DCCL-e 背後的收益是 MetaPatch 會為每個使用者訂製一個個性化的模型，一旦在裝置上收集到新的行為日誌，就可以改善他們的推薦體驗，而不需要從集中式的雲端服務器上做延遲更新。DCCL-m 取得的進一步改進證實了 MoMoDistill 有必要長期重新校準骨幹網和參數基。然而，如果在沒有這兩個模組的情況下進行實驗，模型的表現就將和 DIN 一樣，並不優於 DCCL。

在案例研究 2 中，我們探討了模型更新在不同層結（layer junction）中的影響。在前面的章節中，我們在特徵嵌入層之後的兩個全連接層中分別插入了兩個更新（第 1 和第 2 個節點），並在最後一個 Softmax 轉換層之前的一層中插入了另一個更新（第 3 個節點）。在這個實驗中，我們透過只保留每一個 DCCL 中的回合來驗證它們的有效性。與完整的模型相比，我們發現，去除模型更新會降低表現。結果表示，第 1 和第 2 個節點的更新比第 3 個節點的更新更有效。

19.4 未來的方向

當然，我們已經看到 GNN 在各個領域的應用趨勢。我們認為，為了讓 GNN 在巨量資料領域產生更廣泛的影響，特別是在搜尋、推薦或廣告方面，我們應該更加關注以下方向。

- 關於 GNN 我們還有很多需要了解的地方，但是對於它們的工作原理已有很多重要的研究成果（Loukas, 2020；Xu et al, 2019e；Oono and Suzuki, 2020）。未來的 GNN 研究工作應該在技術上的簡單性、高度的實際影響和深遠的理論洞察力之間取得平衡。

- 把 GNN 應用於現實世界中的其他任務也是非常好的（Wei et al, 2019；Wang et al, 2019a；Paliwal et al, 2020；Shi et al, 2019a；Jiang and Balaprakash, 2020；Chen et al, 2020o）。舉例來說，我們可以看到

GNN 在修復 JavaScript 中的錯誤、玩遊戲、回答類似 IQ（Intelligence Quotient，智商）問題的測試、TensorFlow 計算圖的最佳化、分子生成和對話系統的問題生成等方面的應用。

- 把 GNN 應用於推理知識圖譜將變得很流行（Ren et al, 2020；Ye et al, 2019b）。知識圖譜是表示事實的一種結構化方式，其中的節點和邊實際上具有一些語義，例如演員的名字或電影中的角色。

- 最近，人們對應該如何處理學習圖表徵的問題有了新的觀點，特別是考慮了局部資訊和全域資訊之間的平衡。舉例來說，Deng et al（2020）提出了一種方法來改善任何無監督嵌入方法的執行時間和節點分類問題的準確性。Chen et al（2019c）指出，如果將非線性鄰域匯總函式替換為線性對應函式，其中包括鄰域的度數和傳播的圖屬性，那麼模型的表現就不會降低。這與以前的說法是一致的，即許多圖資料集對分類來說微不足道，人們由此提出了這個任務的適當驗證框架的問題。

- GNN 的演算法工作應該與系統設計更緊密地結合起來，提供給使用者點對點的解決方案，並透過將圖納入深度學習框架以適用於它們的應用場景，此外還應該允許可抽換的運算元以適應 GNN 社區的快速發展，並在圖建構和抽樣方面表現出色。作為一個獨立且可移植的系統，AliGraph（Zhu et al, 2019c）的介面可以與任何用於表達神經網路模型的張量引擎整合。透過共同設計類似於 Gremlin 的靈活的圖查詢和抽樣介面，使用者可以自由訂製資料存取模式。另外，AliGraph 還具有出色的表現和可擴充性。

編者註：推薦系統是研究界和工業界的熱門話題之一，因為它對一些企業來說具有巨大的價值，如 Amazon、Facebook、LinkedIn 等。由於使用者與物品的互動、使用者與使用者的互動以及物品與物品的相似性可以自然地形成圖結構資料，因此各種圖表徵學習技術（見第 4 章的 GNN 方法、第 6 章的 GNN 可擴充性、第 14 章的圖結構學習、第 15 章的動態 GNN 和第 16 章的異質 GNN）可以為應用 GNN 開發高效的現代推薦系統提供強有力的演算法基礎。

第20章
電腦視覺中的圖神經網路

Siliang Tang、*Wenqiao Zhang*、*Zongshen Mu*、*Kai Shen*、*Juncheng Li*、*Jiacheng Li* 和
Lingfei W

1   Zongshen Mu
    College of Computer Science and Technology，Zhejiang University，E-mail：zongshen@zju.
    edu.cn
    Kai Shen
    College of Computer Science and Technology，Zhejiang University，E-mail：shenkai@zju.
    edu.cn
    Juncheng Li
    College of Computer Science and Technology，Zhejiang University，E-mail：junchengli@zju.
    edu.cn
    Jiacheng Li
    College of Computer Science and Technology，Zhejiang University，E-mail：lijiacheng@zju.
    edu.cn
    Lingfei Wu
    Pinterest，E-mail：lwu@email.wm.edu

摘要

最近，圖神經網路（GNN）被納入許多電腦視覺（CV）模型。它們不僅為許多 CV 相關的任務帶來表現上的提升，而且為這些 CV 模型提供了更多可解釋的分解。本章將全面介紹 GNN 是如何應用於各種 CV 任務的，從單一影像分類到跨媒體理解。本章還將從前端角度對這一快速發展的領域進行討論。

20.1 導讀

近年來，卷積神經網路（CNN）在電腦視覺（CV）領域獲得了巨大成功。然而，這些方法大多缺乏對視覺資料之間關係（如關係視覺區域、相鄰的視訊幀等）的精細分析。舉例來說，影像可以表徵為空間佔有圖，而影像中的區域往往在空間和語義上是相關的。同樣，視訊可以表徵為時空圖，其中的每個節點代表視訊中的令人感興趣的區域，邊則代表這些區域之間的關係。這些邊可以描述關係並捕捉視覺資料中節點之間的相互依賴關係。這種細微性的依賴關係對於感知、理解和推理視覺資料非常重要。因此，圖神經網路可以自然地用於從這些圖中提取模式，以促進完成對應的電腦視覺任務。

本章將介紹圖神經網路模型在各種電腦視覺任務中的應用，包括影像、視訊和跨媒體（跨模態）的具體任務（Zhuang et al, 2017）。對於每個任務，本章將展示圖神經網路如何適應和改善上述電腦視覺任務的代表性演算法。

最後，為了提供前端角度，本章還將介紹其他一些與眾不同的 GNN 建模方法及其在這一子領域的應用場景。

20.2 將視覺表徵為圖

在本節中，我們將介紹視覺圖 $\mathcal{G}^V = \{\mathcal{V}, \mathcal{E}\}$ 的表徵。本節將重點討論如何在視覺圖中建構節點集合 $\mathcal{V} = \{v_1, v_2, \cdots, v_N\}$ 和邊（或關係）集合 $\mathcal{E} = \{e_1, e_2, \cdots, e_M\}$。

20.2.1 視覺節點表徵

節點是圖中的基本實體。有三種方法可用來表徵影像 $X \in \mathbb{R}^{h \times w \times c}$ 或視訊 $X \in \mathbb{R}^{f \times h \times w \times c}$ 中的節點,其中,(h, w) 代表原始影像的解析度,c 代表通道數,f 代表幀數。

首先,可以參照圖 20.1 將影像或視訊中的幀劃分成規則的網格,每個網格都是解析度為 (p, p) 的影像小塊(Dosovitskiy et al, 2021;Han et al, 2020),將每個網格作為視覺圖中的頂點,應用神經網路獲得其嵌入。

▲ 圖 20.1 將影像或視訊中的幀劃分成影像小塊並視為頂點

其次,一些像圖 20.2 這樣的前置處理結構,透過 Faster R-CNN(Ren et al, 2015)或 YOLO(Heimer et al, 2019)這樣的物體檢測框架,可被直接借用於頂點表徵。舉例來說,圖 20.2 中第一列的視覺區域已經被處理過,可認為是圖中的頂點。可將不同的區域映射為相同維度的特徵,並將它們送入下一個訓練步驟。觀察圖 20.2 的中間一列,場景圖生成模型(Xu et al, 2017a;Li et al, 2019i)不僅實現了視覺檢測,而且旨在將影像解析成語義圖,語義圖由物體及

其語義關係組成。在這裡，獲得頂點和邊是可行的，以部署影像或視訊中的下游任務。在圖 20.2 的最後一列中，由骨架連接的人體關節自然形成一個圖，可以從中學習人體動作模式（Jain et al, 2016b；Yan et al, 2018a）。

目標偵測　　　　　　　　　　**場景圖生成**　　　　　　**骨架**

▲ 圖 20.2　幾個前置處理的視覺圖
（本書為單色印刷，色彩標示部分可能無法正確顯示）

最後，一些研究利用語義資訊來表徵視覺頂點。Li and Gupta（2018）將具有相似特徵的像素分配給同一個頂點，這個過程是軟的並且很可能將像素分組到一致的區域。組內的像素特徵被進一步聚合，形成單一的頂點特徵，如圖 20.3 所示。Wu et al（2020a）使用卷積來學習密集分布的低層模式——用幾個卷積區塊處理輸入影像並將這些來自不同濾波器的特徵作為頂點來學習更多稀疏分布的高層語義概念。點雲是一組由 LiDAR 掃描記錄的三維點。Te et al（2018）以及 Landrieu and Simonovsky（2018）將 k 近鄰聚集起來形成超點，並透過 ConvGNN 建立它們的關係以探索拓撲結構，從而「看到」周圍的環境。

▲ 圖 20.3　將相似的像素歸為頂點（顏色是不同的）
（本書為單色印刷，色彩標示部分可能無法正確顯示）

20.2.2　視覺邊表徵

邊描述了節點的關係，它們在圖神經網路中起著重要的作用。對於二維影像，影像中的節點可以用不同的空間關係關聯起來。對於由連續幀堆疊而成的

視訊部分，除幀內的空間關係以外，還會有幀之間的時間關係。一方面，這些關係可以透過預先定義的規則固定下來，用於訓練 GNN，稱為靜態關係；另一方面，學會學習關係（稱為動態關係）正在吸引越來越多的關注。

20.2.2.1 空間邊

捕捉空間關係是影像或視訊處理中的關鍵步驟。對於靜態方法，生成場景圖（Xu et al, 2017a）和人類骨架（Jain et al, 2016b）是選擇圖 20.2 描述的視覺圖中節點之間的邊的自然方法。最近，一些研究（Bajaj et al, 2019；Liu et al, 2020g）使用全連接圖（每個頂點都與其他頂點相連）來模擬視覺節點之間的關係，並計算它們的結合區域以表徵邊。另外，自注意力機制（Yun et al, 2019；Yang et al, 2019f）被引入以學習視覺節點之間的關係，其主要思想是受 NLP 中轉換器（Vaswani et al, 2017）的啟發。當邊被表徵時，便可以選擇以譜域或空間為基礎的 GNN 進行應用（Zhou et al, 2018c；Wu et al, 2021d）。

20.2.2.2 時間邊

為了理解視訊，此類模型不僅要在一幀中建立空間關係，而且要捕捉幀之間的時間關係。目前，有一系列的方法（Yuan et al, 2017；Shen et al, 2020；Zhang et al, 2020h）支持透過 k 近鄰等語義相似度方法來計算當前幀中的每個節點與附近的幀，從而建構幀之間的時間關係。特別是，正如我們在圖 20.4 中可以看到的，Jabri et al（2020）使用馬可夫鏈將視訊表徵為一個圖，並透過進行動態調整來學習節點之間的隨機遊走，其中的節點是影像小塊，邊是相鄰幀的節點之間的密切關係（在一定的特徵空間中）。Zhang et al（2020g）使用區域作為視覺頂點，並透過評估幀之間節點的 IoU（Intersection of Union，交並比）來表徵權重邊。

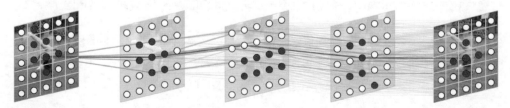

▲ 圖 20.4　透過從每一幀中提取節點並允許相鄰幀的節點之間存在有向邊來形成時空圖（本書為單色印刷，色彩標示部分可能無法正確顯示）

案例研究 1：影像

20.3.1　物體檢測

物體檢測是電腦視覺中一個基本的較具挑戰性的問題，近年來受到極大且持久的關注。給定一幅自然影像，物體檢測任務試圖從某些類別（如人類、動物或樹木）中找到視覺物體實例。一般來說，物體檢測可以分為兩類（Liu et al, 2020b）：通用物體檢測和顯著物體檢測。通用物體檢測的目標是檢測數位影像中沒有限制的物體實例，並從一些預設的分類中預測它們的類別屬性。顯著物體檢測的目標則是檢測最為突出的物體。近年來，以深度學習為基礎的方法在這一領域取得巨大的成功，如 Faster-RCNN（Ren et al, 2015）、YOLO（Heimer et al, 2019）等。一些早期方法及其後續方法（Ren et al, 2015；He et al, 2017a）通常採用區域選擇模組來提取區域特徵並預測每個候選區域的啟動機率，雖然被證明是成功的，但它們中的大多數將每個候選區域的辨識分開處理，因此在面對非典型和非理想的場合（如重度長尾資料分布和大量混亂的類別）時，會導致不可忽視的表現下降（Xu et al, 2019b）。於是 GNN 被引入，GNN 透過對區域之間的相關性進行顯性建模並利用它們來得到更好的表現，從而有效解決了這一麻煩。在本節中，我們將透過介紹一個典型的案例 SGRN（Xu et al, 2019b）來討論這個很有前景的方向。

SGRN 可被簡單地劃分為兩個模組：

（1）稀疏圖學習器，作用是在訓練過程中顯性地學習圖結構資訊；

（2）空間感知圖嵌入模組，作用是利用學到的圖結構資訊獲得圖表徵。

為了清楚起見，這裡將圖表示為 $\mathscr{G}(\mathscr{V}, \mathscr{E})$，其中的 $\mathscr{V}$ 是節點集合，$\mathscr{E}$ 是邊集合。對於特定的影像 $\mathscr{I}$，可將區域表述為 $R = \{f_i\}_{i=1}^{n_r}$，$f_i \in \mathbb{R}^d$，其中的 d 是區域特徵的維度。我們將討論這兩部分，而忽略其他細節。

與之前在相關領域建立類別時對類別圖所做的嘗試不同（Dai et al, 2017；Niepert et al, 2016），SGRN 將候選區域 R 視為圖節點 $\mathscr{V}$，並在此基礎上建構動

態圖 $\mathscr{G}$。從技術上講，SGRN 是透過以下方式將區域特徵投影到隱含空間 z 中的：

$$z_i = \phi(f_i) \qquad (20.1)$$

其中，ϕ 是帶有 ReLU 函式的兩個全連接層，$z_i \in \mathbb{R}^l$，l 是隱層維度。

區域圖是由隱含表徵 z 建構的，如下所示：

$$S_{i,j} = z_i z_j^{\mathsf{T}} \qquad (20.2)$$

其中，$S \in \mathbb{R}^{n_r \times n_r}$。保留區域對之間的所有關係是不恰當的，因為候選區域中存在許多負的樣本（如背景樣本），這有可能影響下游任務的表現。如果使用稠密矩陣 S 作為圖的鄰接矩陣，圖將是全連接的，這會導致計算負擔增大或表現下降，因為大多數現有的 GNN 方法在全連接的圖上表現更差（Sun et al, 2019）。為了解決這個問題，SGRN 採用 k 近鄰使圖變得稀疏了（Chen et al, 2020n，o）。換言之，對於學到的相似度矩陣 $S_i \in \mathbb{R}^N$，它們只保留 k 個最近的鄰居節點（包括它們自身）以及相關的相似度分數（也就是說，它們會遮罩掉其餘的相似度分數）。學到的圖鄰接關係可表示為

$$A = \mathrm{KNN}(S) \qquad (20.3)$$

節點的初始嵌入是由預訓練的視覺分類器得到的，這裡省略細節，簡單表示為 $X = \{x_i\}_{i=1}^{n_r}$。SGRN 引入了一個空間感知圖推理模組來學習空間感知的節點嵌入。在形式上，SGRN 引入的是一個由圖卷積網路（GCN）採用的帶有可學習的高斯核心的更新運算元，如下所示：

$$f_k^{'}(i) = \sum_{j \in \mathscr{N}(i)} \omega_k(\mu(i,j)) x_j A_{i,j} \qquad (20.4)$$

其中，$\mathscr{N}(i)$ 表示節點 i 的鄰域，$\mu(i,j)$ 是節點 i 和節點 j 在極座標系統中以它們的中心計算的距離，ω_k 是第 k 個高斯核心。接下來，將 k 個高斯核心的結果並置起來並投影到隱含空間中，如下所示：

$$h_i = g([f_1^{'}(i); f_2^{'}(i); \cdots; f_K^{'}(i)]) \qquad (20.5)$$

其中，$g(\cdot)$ 表示非線性投影。最後，將 h_i 與原始視覺區域特徵 f_i 相結合，以提高分類和回歸表現。

20.3.2　影像分類

受深度學習技術取得成功的啟發，影像分類領域已經取得重大進展，如 ResNet（He et al, 2016a）。然而，以 CNN 為基礎的模型在對樣本之間的關係進行建模方面是有偏限的。圖神經網路（GNN）被引入影像分類的目的就是對細微性的區域連結進行建模，以提高分類表現（Hong et al, 2020a），同時結合有標籤和無標籤的影像實例進行半監督的影像分類（Luo et al, 2016；Satorras and Estrach, 2018）。在本節中，我們將透過介紹一個半監督影像分類的典型案例來展現 GNN 的有效性。

將資料樣本表示為 $(x_i, y_i) \in \mathscr{T}$，其中，$x_i$ 是影像，$y_i \in \mathbb{R}^K$ 是影像標籤。在半監督設定下，$\mathscr{T}$ 被分為有標籤的部分 $\mathscr{T}_{\text{labeled}}$ 和無標籤的部分 $\mathscr{T}_{\text{unlabeled}}$。假設分別有 N_l 個有標籤的樣本和 N_u 個無標籤的樣本。我們提出的 GNN 是動態且多層的，這表示對於每一層，都將從上一層的節點嵌入中學習圖的拓撲結構，並在此基礎上學習新的嵌入。因此，這裡將層數表示為 M，並且只詳細介紹第 k 層的圖構造和圖嵌入技術。從技術上講，我們可以為影像集構造圖並將後驗預測任務表述為圖神經網路中的訊息傳遞。另外，我們還可以將樣本投影成圖 $\mathscr{G}(\mathscr{V}, \mathscr{E})$，其節點集合是由有標籤資料和無標籤資料組成的影像集合，邊集合 $\mathscr{E}$ 是在訓練期間建構的。

首先，將初始節點表徵為 $X = \{x_i\}_{i=1}^{n_l+n_u}$，如下所示：

$$x_i^0 = (\phi(x_i), h(y_i)) \qquad （20.6）$$

在式（20.6）中，$\phi()$ 是卷積神經網路，$h()$ 是獨熱標籤編碼。注意，對於無標籤資料，可以用 $K-$ 單純型上的均勻分布代替 $h()$。

其次，圖的拓撲結構是透過當前層的節點嵌入來學習的，表示為 x^k。對節點間嵌入空間的距離進行建模的距離矩陣可表示為 S，如下所示：

$$S_{i,j}^k = \varphi(x_i, x_j) \tag{20.7}$$

在式（20.7）中，$\phi()$ 是一個參數化的對稱函式，如下所示：

$$\varphi(a, b) = \text{MLP}(\text{abs}(a - b)) \tag{20.8}$$

在式（20.8）中，MLP() 是多層感知機，abs() 是絕對值函式。可透過執行 Softmax 操作對 S 中的行進行歸一化來計算鄰接矩陣 A。

最後，GNN 層被調整為使用學到的拓撲結構 A 對圖中的節點進行編碼。GNN 層接收節點嵌入矩陣 x^k 並輸出聚合的節點表徵 x^{k+1}，如下所示：

$$x_l^{k+1} = \rho\left(\sum_{B \in A} B x^k \theta_{B,l}^k\right), \quad l = d_1, d_2, \cdots, d_{k+1} \tag{20.9}$$

在式（20.9）中，$\{\theta_1^k, \theta_2^k, \cdots, \theta_{|A|}^k\}$ 是可訓練參數，$p()$ 是非線性啟動函式（這裡是 LeakyReLU 函式）。

圖神經網路能夠有效地對非結構化資料的關係進行建模。在這項工作中，圖神經網路顯性地利用了樣本之間的關係，特別是有標籤資料和無標籤資料，這有助解決小樣本圖片分類難題。

20.4　案例研究 2：視訊

20.4.1　視訊動作辨識

視訊動作辨識是一個非常活躍的研究領域，它在視訊理解中起關鍵作用。給定一個視訊作為輸入，視訊動作辨識的任務是辨識視訊中出現的動作並預測動作的類別。在過去的幾年裡，對視訊的時空性質進行建模一直是視訊理解

和動作辨識領域研究的核心。早期的活動辨識方法，如 Hand-crafted Improved Dense Trajectory（iDT）（Wang and Schmid, 2013）、two-Stream ConvNets（Simonyan and Zisserman, 2014a）、C3D（Tran et al, 2015）和 I3D（Carreira and Zisserman, 2017）等，都專注於使用時空白資料表觀特徵。為了更進一步地建模更長期的時間資訊，研究人員還試圖使用循環神經網路（RNN）將視訊建模為有序的幀序列（Yue-Hei Ng et al, 2015；Donahue et al, 2015；Li et al, 2017b）。然而，這些傳統的深度學習方法只注重從整個場景中提取特徵，無法對空間和時間上不同物體實例之間的關係進行建模。舉例來說，為了辨識視訊中對應於「打開一本書」的動作，物體的時間動態以及人與物體之間、物體與物體之間的互動非常重要。我們需要在時間上將圖書的區域關聯起來，以捕捉圖書的形狀及其如何隨時間變化。

　　為了捕捉在不同時間物體之間的關係，業界最近引入了幾個深度模型（Chen et al, 2019d；Herzig et al, 2019；Wang and Gupta, 2018；Wang et al, 2018e），旨在將視訊表徵為時空圖並利用最近提出的圖神經網路。這幾個深度模型將稠密的物體候選作為圖節點，並學習它們之間的關係。在本節中，我們將以（Wang and Gupta, 2018）提出的框架為例，介紹如何把圖神經網路應用於動作辨識任務。

　　圖 20.5 所示的以 GNN 為基礎的視訊動作辨識模型首先將一長段視訊幀作為輸入，並將它們前向傳播給三維卷積神經網路，得到特徵圖 $I \in \mathbb{R}^{t \times h \times w \times d}$，其中的 t 表徵時間維度，$h \times w$ 表徵空間維度，d 表徵通道編號；然後使用候選區域網路（Region Proposal Network，RPN）（Ren et al, 2015）提取物體的邊框，由 RoIAlign（He et al, 2017a）為每個候選物體提取 d 維特徵。輸出的 n 個候選物體被整理到 t 個幀，對應於所建構圖中的 n 個節點。這裡主要有兩種類型的圖——相似性圖和時空圖。

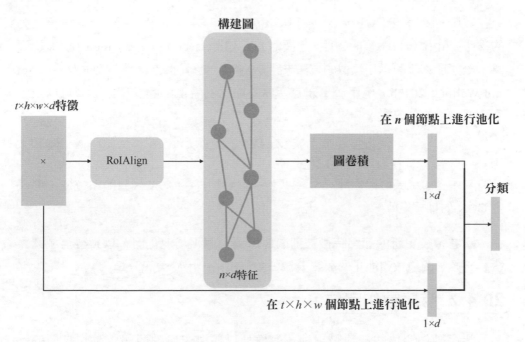

▲ 圖 20.5 以 GNN 為基礎的視訊動作辨識模型（本書為單色印刷，色彩標示部分可能無法正確顯示）

建構相似性圖是為了衡量物件之間的相似性。在相似性圖中，成對的語義相關物件被連接起來。在形式上，每兩個節點之間的節點對相似性可以表示為

$$F(\boldsymbol{x}_i, \boldsymbol{x}_j) = \phi(\boldsymbol{x}_i)^{\mathrm{T}} \phi'(\boldsymbol{x}_j)$$ （20.10）

其中，ϕ 和 ϕ' 表示原始特徵的兩種不同變換。

在計算出相似性矩陣後，從節點 i 到節點 j 的歸一化邊值 A_{ij}^{sim} 便可以定義為

$$A_{ij}^{\mathrm{sim}} = \frac{\exp F(\boldsymbol{x}_i, \boldsymbol{x}_j)}{\sum_{j=1}^{n} \exp F(\boldsymbol{x}_i, \boldsymbol{x}_j)}$$ （20.11）

時空圖用於編碼物體之間的相對空間和時間關係，在空間和時間上位置鄰近的物體被連接在一起。時空圖的歸一化邊值可以定義為

$$A_{ij}^{\mathrm{front}} = \frac{\sigma_{ij}}{\sum_{j=1}^{n} \sigma_{ij}}$$ （20.12）

其中，$\mathscr{G}^{\text{front}}$ 表示連接第 t 幀和第（t+1）幀的物件的前向圖，σ_{ij} 表示第 t 幀的物件 i 和第（t+1）幀的物件 j 之間的 IoU（Intersection Over Union，交並比）值。後向圖 $\mathscr{G}^{\text{back}}$ 可以用類似的方法來計算。接下來，將圖卷積網路（GCN）（Kipf and Welling, 2017b）應用於更新每個物體節點的特徵。圖卷積中的層可以表示為

$$Z=AXW \qquad\qquad (20.13)$$

其中，A 代表鄰接矩陣之一（A^{sim}、A^{front} 或 A^{back}），X 代表節點特徵，W 代表 GCN 的權重矩陣。

圖卷積後更新的節點特徵被前向傳播到一個平均池化層，以獲得全域圖表徵。最後，圖表徵和池化的視訊表徵被並置起來，用於視訊分類。

20.4.2　時序動作定位

時序動作定位的任務是訓練一個模型以預測未處理視訊中動作實例的邊界和類別。大多數現有的方法（Chao et al, 2018；Gao et al, 2017；Lin et al, 2017；Shou et al, 2017, 2016；Zeng et al, 2019）是在一個兩階段的管線中進行時序動作定位：首先生成一組一維的候選，然後對每個候選單獨執行分類和時序邊界回歸。然而，這些方法在單獨處理每個候選時，未能利用候選之間的語義關係。為了對視訊中候選之間的關係進行建模，我們採用圖神經網路來促進對每個候選的辨識。P-GCN（Zeng et al, 2019）是最近提出的方法，旨在透過圖卷積網路利用候選之間的關係。首先，P-GCN 建構候選動作圖，其中的每個候選被表徵為一個節點，兩個候選之間的關係被表徵為一條邊。然後，P-GCN 對候選動作圖進行推理，並使用 GCN 對不同候選之間的關係進行建模，同時更新節點表徵。最後，更新的節點表徵被用來改進它們的邊界以及以已建立的候選依賴關係為基礎的分類分數。

20.5　其他相關工作：跨媒體

圖結構資料不僅廣泛存在於不同模態的資料（如影像、視訊和文字）中，而且被廣泛用於現有的跨媒體任務（如視覺描述、視覺問答、跨媒體檢索）中。

換言之，透過合理地使用圖結構資料和 GNN，我們可以有效提高跨媒體任務的表現。

20.5.1 視覺描述

視覺描述的目的是建立一個系統，以自動生成給定影像或視訊的自然語言描述。影像描述是個很有趣的問題，這不僅因為它有重要的實際應用（比如幫助視覺有障礙的人看東西），而且因為它被認為是視覺理解的巨大挑戰。視覺描述的一些典型解決方案受到機器翻譯的啟發，相當於將影像翻譯成文字。這些解決方案（Li et al, 2017d；Lu et al, 2017a；Ding et al, 2019b）通常利用卷積神經網路（CNN）或以區域的 CNN 為基礎（R-CNN）來編碼影像，並利用有注意力機制或無注意力機制的循環神經網路（RNN）解碼器來生成句子。然而，鑑於物體之間的相互連結或相互作用是描述影像的自然基礎，應如何利用視覺關係呢？這是一個未經充分研究的問題。

近年來，Yao et al（2018）提出了圖卷積網路 - 長短期記憶（Graph Convolutional Networks- Long Short-Term Memory，GCN-LSTM）框架。GCN-LSTM 架構探索了視覺關係，以提升影像描述。如圖 20.6 所示，他們從建模物件 / 區域之間相互作用的角度研究了這個問題，以豐富區域級表徵並將它們輸入句子解碼器。具體來說，他們在檢測到的區域上建立了兩種視覺關係——語義關係和空間關係，並為具有視覺關係的區域級表徵設計了圖卷積，以學習更強大的表徵。接下來，這種關係感知的區域級表徵被輸入注意力 LSTM 中，用於句子的生成。

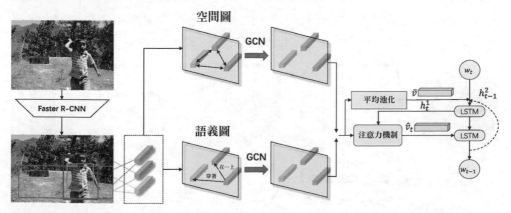

▲ 圖 20.6 GCN-LSTM 框架（本書為單色印刷，色彩標示部分可能無法正確顯示）

隨後，Yang et al（2019g）提出了 SGAE（Scene Graph Auto-Encoder，場景圖自編碼器）用於影像描述。影像描述管線包括兩個步驟：

（1）提取影像的場景圖，使用 GCN 對對應的場景圖進行編碼，透過重新編碼表徵對句子進行解碼；

（2）將影像的場景圖納入描述模型。

他們還使用 GCN 對視覺場景圖進行了編碼。給定視覺場景圖的表徵，他們引入了聯合視覺和語言記憶，以選擇適當的表徵來生成影像描述。

20.5.2　視覺問答

視覺問答（Visual Question Answering，VQA）的目的是建立一個系統，以自動回答關於視覺資訊的自然語言問題。這是一項具有挑戰性的任務，涉及跨不同模態的相互理解和推理。在過去的幾年裡，受益於深度學習的快速發展，前期的影像和視訊問答方法（Shah et al, 2019；Zhang et al, 2019g；Yu et al, 2017a）更傾向於在一個共同的隱含子空間中表徵視覺和語言模態，並且透過使用編碼器 - 解碼器框架和注意力機制取得顯著進展。

然而，上述影像和視訊問答方法並沒有考慮 VQA 任務中的圖資訊。最近，Zhang et al（2019a）研究了一種受傳統 QA 系統啟發的替代方法，操作是在知識圖譜上進行的。具體來說，如圖 20.7 所示，他們研究了如何使用來自影像的場景圖，然後自然地將資訊編碼在場景圖上，並為視覺 QA 進行結構化推理。實驗結果表示，場景圖（即使是由機器自動生成的場景圖）如果能與 GNN 等適當的模型配對，則明顯有利於視覺問答。換言之，利用場景圖可在很大程度上提高與計數、物體存在和屬性以及多物體關係相關的問題的視覺問答準確性。

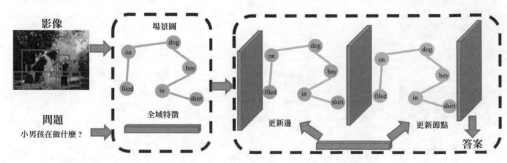

▲ 圖 20.7 以 GNN 為基礎的視覺問答
（本書為單色印刷，色彩標示部分可能無法正確顯示）

另一項研究（Li et al, 2019d）提出了關係感知圖注意力網路（Relation-aware Graph Attention Network，ReGAT），這是一個用於 VQA 的新框架，旨在以問題自我調整注意力機制為多類型物件關係建模。首先，一個 Faster R-CNN 被用於生成一組候選物體區域，一個問題編碼器被用於嵌入問題；然後，每個區域的卷積和邊界框特徵被輸入關係編碼器，以便從影像中學習關係感知和問題自我調整的區域級表徵。這些關係感知的視覺特徵和問題嵌入隨後被送入多模態融合模組，以產生一個聯合表徵，這個聯合表徵則被輸入答案預測模組以生成一個答案。

20.5.3 跨媒體檢索

影像 - 文字檢索任務在最近幾年成為一個流行的跨媒體研究課題，旨在從資料庫中檢索出最為相似的其他模態的樣本。這裡的關鍵挑戰是如何透過理解它們的內容和測量它們的語義相似度來匹配跨模態的資料。有許多應用方法（Faghri et al, 2017；Gu et al, 2018；Huang et al, 2017b）已經被提出，這些方法通常使用全域表徵或局部表徵來描述整個影像和句子，然後設計一個指標來衡量不同模態下幾個特徵的相似性。然而，上述方法忽略了多模態資料中物件之間的關係，這也是影像 - 文字檢索的關鍵點。

為了更進一步地利用影像和文字中的圖資料，如圖 20.8 所示，Yu et al（2018b）提出了一種新型的跨模態檢索模型，名為雙通道神經網路與圖卷積網路。該模型同時考慮了不規則圖結構的文字表徵和規則向量結構的視覺表徵，以共同學習耦合特徵和共用隱含語義空間。

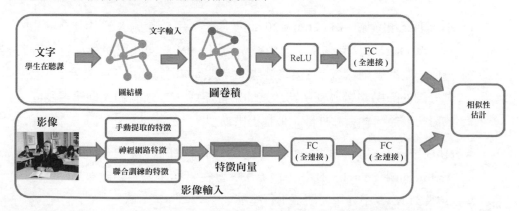

▲ 圖 20.8 用於影像 - 文字檢索的雙通道神經網路與圖卷積網路
（本書為單色印刷，色彩標示部分可能無法正確顯示）

另外，Wang et al（2020i）則從影像和文字中檢索物件和關係，形成了視覺場景圖和文字場景圖。他們還設計出所謂的場景圖匹配（Scene Graph Matching，SGM）模型。在 SGM 模型中，兩個訂製的圖編碼器用於將視覺場景圖和文字場景圖編碼為特徵圖，然後在每個圖中學習物件層面和關係層面的特徵，從而最終在兩個層面上更合理地匹配兩個模態對應的特徵圖。

20.6 圖神經網路在電腦視覺中的前端問題

本節介紹圖神經網路在電腦視覺中的前端問題，包括用於電腦視覺的高級圖神經網路以及圖神經網路在電腦視覺中的更廣泛應用。

20.6.1 用於電腦視覺的高級圖神經網路

在電腦視覺中，GNN 建模方法的主要思想是將視覺資訊表徵為圖。常見的做法是將像素、物體邊框或影像幀作為節點，並進一步建立同質圖來模擬它們的關係。除這種方法以外，還有一些新的方法可用於 GNN 建模。

考慮到具體任務的性質，一些研究試圖在圖中表徵不同形式的視覺資訊。

- **人物特徵小塊**。Yan et al（2019）、Yang et al（2020b）以及 Yan et al（2020b）為人物重辨識（re-identification，Re-ID）建立了空間圖和時間圖。他們將每個人物特徵圖水平地劃分為一些小塊並將這些小塊作為圖的節點。GCN 則被進一步用於建模各幀中身體部位的關係。

- **不規則聚類區域**。Liu et al（2020h）提出了用於乳房 X 光片品質檢測的二分圖 GNN。具體來說，他們首先利用 kNN 前向映射將影像特徵圖劃分成一些不規則區域，然後將這些不規則區域的特徵進一步整合為節點。二分圖的節點集合分別由跨角度的影像組成，二分圖的邊則學習為固有的跨角度幾何約束和外觀相似性提供模型。

- **NAS 單元**。Lin et al（2020c）提出了圖引導的神經架構搜尋（Neural Architecture Search，NAS）演算法，旨在將操作單元表徵為節點並應用 GCN 對 NAS 中的單元關係進行建模。

20.6.2 圖神經網路在電腦視覺中的更廣泛應用

本節介紹 GNN 在電腦視覺中的一些其他應用，包括但不限於以下場景。

- **點雲分析**。點雲分析旨在辨識座標系中的一組點。每個點可用這個點的三個座標和其他一些特徵來表徵。為了利用 CNN，早期的一些研究（Chen et al, 2017；Yan et al, 2018b；Yang et al, 2018a；Zhou and Tuzel, 2018）是將點雲轉為影像和體素等規則網格，最近的一些研究（Chen et al, 2020g；Lin et al, 2020f；Xu et al, 2020e；Shi and Rajkumar, 2020；Shu et al, 2019）則使用圖表徵來保留點雲的不規則性。GCN 在影像處理中發揮與 CNN 類似的作用——聚合局部資訊。Chen et al（2020g）為點雲中三維物體的檢測開發了一種分層的圖網路結構。Lin et al（2020f）提出了一個可學習的 GCN 核心，並提議對具有 k 最近鄰節點的感受野的三維影像進行最大值池化。Xu et al（2020e）提出了覆蓋感知網格查詢（Coverage-Aware Grid Query）和網格上下文聚合（Grid Context Aggregation），以加速三維場景的劃分。Shi and Rajkumar（2020）設計了具有自動註冊機制的 Point-GNN，以便在單一樣本中檢測多個物體。

- **低資源學習**。低資源學習是指從非常少的資料中進行學習或從先驗中進行遷移學習。一些研究利用 GNN 將結構資訊納入低資源影像分類。Wang et al（2018f）以及 Kampffmeyer et al（2019）使用知識圖譜作為額外的資訊來指導零樣本學習影像分類。每個節點對應一個物體類別，節點的詞嵌入則作為預測不同類別的分類器的輸入。除知識圖譜以外，資料集中影像之間的相似性也對少樣本學習有幫助。Garcia and Bruna（2017）、Liu et al（2018e）以及 Kim et al（2019）設定了相似性指標，他們還進一步將機率學習問題建模為標籤傳播或邊的貼標籤問題。

- **人臉辨識**。Wang et al（2019p）將人臉聚類任務表述為連結預測問題，他們利用 GCN 來推斷人臉子圖中節點對連結的可能性。Yang et al（2019d）提出了一個在相似度圖上進行人臉聚類的候選 - 檢測 - 分割框架。Zhang et al（2020b）則提出一個全域 - 局部 GCN 來進行人臉辨識的標籤清洗。

- **其他場景**。Wei et al（2020）提出了 View-GCN，旨在透過投影的二維影像辨識三維形狀。Wald et al（2020）則將場景圖的概念擴充到了三維室內場景。Ulutan et al（2020）利用 GCN 來推理人與物體之間的互動。Cucurull et al（2019）透過建模邊預測問題來預測兩個物品之間的時尚相容性。Sun et al（2020b）透過從視訊中建立社會行為圖並使用 GNN 來傳播社會互動資訊以進行軌跡預測。Zhang et al（2020i）則透過建立視覺和語言關係圖來緩解附帶文字定位的視訊描述任務中的幻覺問題。

20.7 小結

GNN 是一個快速發展的很有前途的研究領域，它為電腦視覺技術提供了一個令人興奮的機會。但是 GNN 也帶來了一些挑戰，舉例來說，圖通常與真實場景有關，而 GNN 缺乏可解釋性，特別是對於電腦視覺領域的決策問題（如醫療診斷模型）。然而，與其他黑盒模型（如 CNN）相比，以圖為基礎的深度學習的可解釋性甚至更具挑戰性，因為圖的節點和邊往往是大量且相互連接的。因此，一個很值得進一步探索的方向就是如何提高電腦視覺任務中 GNN 的可解釋性和堅固性。

> **編者註**：卷積神經網路（CNN）在電腦視覺領域已經取得巨大的成功。然而近年來，像 GNN 和 Transformer 這樣的關係機器學習正在興起，它們實現了在影像和視訊中進行更細微的連結建模。當然，第 14 章的圖結構學習技術對於從影像或視訊中建構最佳化的圖並在學到的隱式圖上學習節點表徵正變得非常重要。第 15 章的動態 GNN 在處理視訊時能夠發揮重要作用。第 4 章的 GNN 方法和第 6 章的 GNN 可擴充性是將 GNN 用於電腦視覺的另外兩個基本元件。本章與第 21 章（用於 NLP 的 GNN）高度相關，因為電腦視覺和自然語言處理是快速增長的兩個研究領域，多模態資料在今天已經得到廣泛使用。

第 21 章
自然語言處理中的
圖神經網路

Bang Liu 和 *Lingfei Wu*[1]

摘要

　　自然語言處理（Natural Language Processing，NLP）和理解的目的是從無格式的文字中閱讀，以完成不同的任務。雖然透過深度神經網路學習的詞嵌入

1　Bang Liu
　　Department of Computer Science and Operations Research，University of Montreal，E-mail：
　　bang.liu@umontreal.ca
　　Lingfei Wu
　　Pinterest，E-mail：lwu@email.wm.edu

已被廣泛使用，但文字部分的潛在語言和語義結構並不能在這些表徵中得到充分利用。圖是一種自然的方式，可用於捕捉不同文字部分之間的關聯，如段落、句子和文件。為了克服向量空間模型的局限性，研究人員將深度學習模型與圖結構表徵結合了起來，用於 NLP 和文字挖掘中的各種任務。這種組合有助充分利用文字中的結構資訊和深度神經網路的表徵學習能力。本章將介紹 NLP 中廣泛使用的各種圖表徵，並展示如何從圖的角度完成不同的 NLP 任務。我們將總結關於最近的以圖為基礎的 NLP 的研究工作，並詳細討論與以圖為基礎的文字聚類、匹配和中繼站機器閱讀理解有關的兩個案例研究，最後指出這一領域未來的研究方向。

21.1　導讀

　　語言是人類認知的基石，使機器理解自然語言是機器智慧的核心所在。NLP 關注的是機器和人類語言的互動，它是電腦科學、語言學和人工智慧的重要子領域。自從 20 世紀 50 年代出現關於機器翻譯的早期研究以來，NLP 一直在機器學習和人工智慧的研究中發揮著重要作用。

　　NLP 在現代社會的生活和商業中有著廣泛的應用。關鍵的 NLP 應用包括但不限於：機器翻譯應用，旨在將文字或語音從來源語言翻譯成另一種語言（如 Google Translation 和 Yandex Translate）；聊天機器人或虛擬幫手，旨在與人類代理進行線上聊天對話（如 Apple Siri、Microsoft Cortana 和 Amazon Alexa）；用於資訊檢索的搜尋引擎（如 Google、百度和 Bing）；不同領域和應用中的 QA 和機器閱讀理解（如搜尋引擎中開放領域裡的問答、醫學問答等）；從多來源提取並表徵知識以改善各種應用的知識圖譜和知識本體（如 DBpedia（Bizer et al, 2009）和 Google 知識圖譜）；以及以文字分析為基礎的電子商務推薦系統（如阿里巴巴和亞馬遜的電子商務推薦系統）。因此，人工智慧在 NLP 方面的突破對商業來說是十分重要的。

NLP 的核心是以下兩個關鍵的研究問題：

（1）如何以電腦可以閱讀的格式表徵自然語言文字；

（2）如何以輸入格式進行計算為基礎以理解輸入的文字部分。

我們透過觀察發現，在 NLP 漫長的發展歷史中，研究者們關於表徵和建模文字的想法在不斷演變。

直到 20 世紀 80 年代，大多數 NLP 系統一直是以符號為基礎的。不同的文字部分被視為符號，各種 NLP 任務的模型是以複雜的手寫規則集為基礎實現的。舉例來說，經典的以規則為基礎的機器翻譯（RBMT）涉及由語言學家在語法書中定義的大量規則。此類系統包括 Systran、Reverso、Prompt 和 LOGOS（Hutchins，1995）。以規則為基礎的符號表徵是快速、準確且可解釋的。然而，為不同的任務獲取規則是困難的，需要大量的專家努力工作。

從 20 世紀 80 年代末開始，統計機器學習演算法給 NLP 研究帶來了革命性的變化。在統計 NLP 系統中，一段文字通常被看作一個詞袋，不考慮語法，甚至不考慮詞序，但需要保持多義性（Manning and Schutze，1999）。由於統計模型被開發出來，機器翻譯中出現了許多引人注目的早期成果。統計系統雖然能夠利用多語言文字語料庫，但是由於僅把文字看作詞袋，因此很難對人類語言的語義結構和資訊進行建模。

進入 21 世紀以來，NLP 領域已經轉向神經網路和深度學習，詞嵌入技術，如 word2vec（Mikolov T, 2013）和 GloVe（Pennington et al, 2014），被開發出來，從而可以將單字表徵為固定向量。我們見證了諸多點對點的學習方法被用於問答等任務。另外，透過將文字表徵為詞嵌入向量的序列，不同的神經網路架構，如普通型循環神經網路（Pascanu et al, 2013）、長短期記憶（LSTM）網路（Greff et al, 2016）和卷積神經網路（Dos Santos and Gatti, 2014），被用於文字建模。深度學習為 NLP 帶來一場新的革命，極大提高了各種任務的表現。

2018 年，Google 推出一種以神經網路為基礎的 NLP 預訓練技術，名為「來自 Transformers 的雙向編碼器表徵」（Bidirectional Encoder Representations from Transformers，BERT）（Devlin et al, 2019）。BERT 技術使許多 NLP 任務在不同的基準中有了超強的表現，並引發一系列關於預訓練大規模語言模型的後續研究（Qiu et al, 2020b）。在這種方式下，詞的表徵是對上下文敏感的向量。透過考慮上下文資訊，我們可以對詞的多義性進行建模。然而，大規模的預訓練語言模型需要大量的資料並消耗大量的運算資源。此外，現有的以神經網路為基礎的模型缺乏可解釋性或透明度，這在健康、教育和金融領域是一個主要的缺陷。

伴隨著文字表徵和計算模式的不斷發展，以及從符號表徵到上下文敏感的嵌入，我們可以看到文字建模中的語義和結構資訊也在增加。一個關鍵的問題是：如何進一步改善各種文字部分的表徵和針對不同 NLP 任務的計算模型？我們認為，將文字表徵為圖並將圖神經網路應用於 NLP 是一個非常有前景的研究方向。圖對於 NLP 研究具有重要意義，原因是多方面的，下面詳細加以說明。

首先，我們的世界由事物和它們之間的關係組成。就不同事物之間的關係得出邏輯結論的能力或所謂的關係推理，是人類和機器智慧的核心。在 NLP 中，理解人類語言也需要對不同的文字部分進行建模，並關係進行推理。圖提供了一種統一的格式來表徵事物和它們之間的關係。透過將文字建模為圖，便可以對不同文字的句法和語義結構進行描述，並對這些表徵進行能夠解釋的推理和推論。

其次，語言的結構在本質上是組合而成的、分層的且靈活的。從語料庫到文件、轉述、句子、子句和單字，不同的文字部分形成一種層次化的語義結構，其中更高層次的語義單位（如句子）可以進一步分解為更小的單位（如子句和單字）。人類語言的這種結構性可以用樹狀結構來表徵。另外，由於語言的靈活性，相同的含義可以用不同的句子來表達，比如主動語態和被動語態。不過，我們可以利用語義圖來統一表徵不同的句子，如 AMR（Abstract Meaning Representation，抽象意義表徵）（Schneider et al, 2015），從而使 NLP 模型更加堅固。

　　最後同樣重要的是，一方面，圖一直在被廣泛利用，從而形成了 NLP 應用的重要組成部分，包括以語法為基礎的機器翻譯、以知識圖譜為基礎的問答、常識推理任務的抽象意義表徵等；另一方面，隨著圖神經網路研究的蓬勃發展，近年來圖神經網路與 NLP 相結合的研究趨勢越發明顯。此外，利用圖的通用表徵能力，我們可以將多模態資訊（如影像或視訊）納入 NLP，整合不同訊號，對世界背景和動態進行建模，共同學習多工。

　　本章將簡介圖在 NLP 中的地位。其中，21.2 節介紹和分類我們可以採用的不同的圖表徵方法，並展示 NLP 任務如何映射到以圖為基礎的問題上，這種問題可透過以圖為基礎的神經網路方法來解決。然後，本章將討論兩個案例研究：21.3 節的案例研究 1 介紹以圖為基礎的文字聚類和匹配，以發現和組織熱點事件；21.4 節的案例研究 2 介紹以圖為基礎的中繼站機器閱讀理解。接下來，21.5 節提供了關於這個子領域的一些重要開放問題的協作論證。最後，21.6 節對本章進行了總結。

　　同時，最近的一些研究和論文（Wu et al, 2021c，b；Vashishth et al, 2019）旨在全面介紹用於 NLP 的圖上機器學習（特別是深度學習）的歷史和現代發展。舉例來說，最近發佈的 Graph4NLP 函式庫[1]是第一個易用的圖上深度學習和自然語言處理的交叉函式庫。Graph4NLP 函式庫既為資料科學家提供了先進模型的完整實現，也為研究人員和開發人員提供了靈活的介面，以建立具有整體管線支援的訂製模型。

21.2　將文字建模為圖

　　本節將首先對 NLP 中不同的圖表徵進行概述，然後討論如何從圖的角度完成不同的 NLP 任務。

1　Graph4NLP 函式庫可從 GitHub 官網獲取。

21.2.1　自然語言處理中的圖表徵

不同的圖表徵已經被提出用於文字建模。根據圖中節點和邊的類型的不同，大部分現有的圖可以歸納為 5 類——文字圖、句法圖、語義圖、知識圖譜和混合圖。

文字圖使用單字、句子、段落或文件作為節點，並透過單字共現、位置或文字相似性建立邊。Rousseau and Vazirgiannis（2013）以及 Rousseau et al（2015）將文件表徵為文字圖，其中的節點代表獨特的術語，有向邊代表大小固定的滑動視窗內術語之間的共現。Wang et al（2011）用句法依賴關係連接術語。Schenker et al（2003）提議在文件的標題、正文或連結中，如果一個詞恰好在另一個詞之前，則用一條有向邊連接這兩個詞。圖中的邊可按照三種不同的連接類型進行分類。Balinsky et al（2011）、Mihalcea and Tarau（2004）以及 Erkan and Radev（2004）提議，如果句子彼此接近，並且至少有一個共同的關鍵字，或句子的相似度高於設定值，則將它們連接起來。Page et al（1999）透過超連結連接網路文件。Putra and Tokunaga（2017）建構了用於文字連貫性評估的句子的有方向圖。可利用句子的相似性作為權重，並以關於句子相似性或位置的各種限制條件連接句子。文字圖雖然可以快速建立，但它們不能表徵句子和文件的句法或語義結構。

句法圖（或樹）強調句子中單字之間的句法依賴關係。這樣的句子結構表徵是透過解析來實現的：根據正式的語法建構句子的句法結構。成分解析樹和依賴解析圖是兩種使用不同語法的句子的句法表徵（Jurafsky, 2000）。以句法分析為基礎，文件也可以被結構化。舉例來說，Leskovec et al（2004）以句法分析為基礎從文字中提取主 - 謂 - 賓三元組，並將它們合併成一個有方向圖，這個有方向圖可透過利用 WordNet（Miller，1995）來合併屬於相同語義模式的三元組，從而得到進一步規範化。

句法圖顯示了文字的語法結構，語義圖則旨在表徵傳達的意義。當多種解釋都有效時，語義模型可以幫助消除一個句子的不明確性。抽象意義表徵（AMR）圖（Banarescu et al, 2013）是有根節點且有標籤的有向無環圖（Directed Acyclic Graph，DAG），由整個句子組成。意思相似的句子會被分配到相同的

AMR，即使它們的措辭不盡相同。透過這種方式，AMR 圖便可從句法表述中抽象出來。AMR 圖中的節點是一些 AMR 概念，可以是英文單字、PropBank 框架組（Kingsbury and Palmer, 2002）或特殊的關鍵字。AMR 圖中的邊是大約 100 個關係，包括符合 PropBank 約定的框架參數、語義關係、數量、日期 - 實體、清單等。

知識圖譜（Knowledge Graph，KG）是旨在累積和傳達現實世界知識的資料圖。KG 中的節點代表我們感興趣的實體，邊代表這些實體之間的關係（Hogan et al, 2020）。一些典型的 KG 包括 DBpedia（Bizer et al, 2009）、Freebase（Bollacker et al, 2007）、Wikidata（Vrandečić and Krötzsch, 2014）和 YAGO（Hoffart et al, 2011），涵蓋不同的領域。KG 已被廣泛地應用於商業場景，如 Bing（Shrivastava, 2017）和 Google（Singhal, 2012）的網路搜尋、Airbnb（Chang, 2018）和 Amazon（Krishnan, 2018）的商業推薦以及 Facebook（Noy et al, 2019）和 LinkedIn（He et al, 2016b）社群網站等。另外，也有一些圖表徵將文件中的術語與現實世界中的實體或以 KG 為基礎的概念連接了起來，如 DBpedia（Bizer et al, 2009）和 WordNet（Miller，1995）。Hensman（2004）用 WordNet 和 VerbNet 辨識句子中的語義角色，他透過將這些語義角色與一組句法規則結合起來，建構了一個概念圖。

混合圖包含多種類型的節點和邊，以整合異質資訊。透過這種方式，各種文字屬性和關係便可以共同用於 NLP 任務。Rink et al（2010）利用句子作為節點，在邊上編碼詞法、句法和語義關係。Jiang et al（2010）從每個句子中提取標記、句法結構節點、語義節點等，並透過不同類型的邊把它們連接起來。Baker and Ellsworth（2017）以「框架語義學和結構語法」為基礎建構了一個句子圖。

21.2.2　從圖的角度完成自然語言處理任務

理解自然語言實際上就是理解不同的文字元素及其關係。因此，可根據前面介紹的不同表徵，從圖的角度完成不同的 NLP 任務。近年來，許多研究工作應用圖神經網路（Wu et al, 2021d）來解決 NLP 問題，其中大部分實際上是在解決以下問題──節點分類、連結預測、圖分類、圖匹配、社群檢測、圖 - 文字生成，以及對圖的推理。

對於專注於為單字或子句分配標籤的任務，它們可以建模為節點分類問題。Cetoli et al（2017）透過使用圖卷積網路（Graph Convolutional Network，GCN）（Kipf and Welling, 2017b）提升了雙向 LSTM 的結果，這表示依賴樹在命名實體辨識（Named Entity Recognition，NER）中能夠發揮積極作用。Gui et al（2019）提出了一種以 GNN 為基礎的方法來緩解中文 NER 中的詞彙模糊問題，詞條被用於建構圖並提供詞級特徵。Yao et al（2019）提出了一種名為文字圖卷積網路的文字分類方法，用於為整個語料庫建立一個異質性的詞文件圖，從而將文件分類問題轉為節點分類問題。

除節點分類以外，預測兩個元素的關係也是 NLP 研究中的基本問題，尤其對於知識圖譜而言。Zhang and Chen（2018b）提出了一個新穎的連結預測框架，旨在以圖神經網路為基礎同時從局部包圍子圖、嵌入和屬性中進行學習。Rossi et al（2021）對以 KG 嵌入為基礎的連結預測模型進行了廣泛的對比分析，他們發現，圖的結構特徵對連結預測模型的有效性造成非常重要的作用。Guo et al（2019d）引入了用於關係提取任務的「注意力引導的圖卷積網路」（Attention Guided Graph Convolutional Network，AGGCN），實現了直接在完整的依賴樹上操作，並以點對點的方式學習如何從中提取有用的資訊。

圖分類技術已被應用於文字分類問題，以利用文字的內在結構。Peng et al（2018）提出了一個以圖 -CNN 為基礎的深度學習模型用於文字分類，過程如下：首先將文字轉為單字圖，然後利用圖卷積操作卷積單字圖。Huang et al（2019a）以及 Zhang et al（2020d）提出了以圖為基礎的文字分類方法：假設每個文字都擁有結構圖，並且可以學習文字等級的詞之間的相互關係。

對於涉及一對文字的 NLP 任務，可以應用圖匹配技術來納入文字的結構資訊。Liu et al（2019a）提出了「概念互動圖」，實現了首先將文章表徵為概念圖；然後透過一系列的編碼技術，對包含相同概念節點的句子進行比較，並對一對文章進行匹配；最後透過圖卷積網路聚合匹配訊號。Haghighi et al（2005）將句子表徵為從依賴性分析器中提取的有方向圖，他們還開發了一種圖匹配方法來近似文字的包含關係。Xu et al（2019f）將知識庫匹配任務表述為圖匹配問題，並且提出了一種以圖注意力為基礎的方法：首先匹配兩個 KG 中的所有實體，然後對局部匹配資訊進行聯合建模，得出圖級匹配向量。

社群檢測提供了一種方法來粗細微性化節點之間複雜的互動或關係，這適用於文字聚類問題。Liu et al（2017a, 2020a）描述了騰訊的新聞內容組織系統，該系統能夠從龐大的突發新聞流中發現事件，並以線上方式演化出新聞故事結構。他們還建構了一個關鍵字圖，並透過在其上應用社群檢測來進行粗細微性的以關鍵字為基礎的文字聚類。之後，他們進一步為每個粗細微性的聚類建構了一個文件圖，並再次透過應用社群檢測來獲得細微性的事件級文件聚類。

圖 - 文字生成旨在產生保留輸入圖的意義的句子（Song et al, 2020b）。Koncel-Kedziorski et al（2019）引入了一個圖轉換編碼器，以利用知識圖譜的關聯式結構並從中生成文字。Wang et al（2020k）以及 Song et al（2018）提出了圖 - 序列模型（Graph Transformer），旨在從 AMR 圖中生成自然語言文字。Alon et al（2019a）提出利用程式語言的句法結構對原始程式碼進行編碼並生成文字。

最後但同樣重要的是，對圖的推理在中繼站問答（Question Answering，QA）、以知識為基礎的 QA 和對話 QA 任務中起著關鍵作用。Ding et al（2019a）提出使用 CogQA 框架來解決大規模的中繼站機器閱讀問題：將推理過程組織成認知圖，以達到實體級的可解釋性。Tu et al（2019）將文件表徵為異質圖並採用以 GNN 為基礎的訊息傳遞演算法，然後在得到的異質圖上累積證據，以解決跨多個文件的中繼站閱讀理解問題。Fang et al（2020）透過在不同的細微性等級（如問題、段落、句子、實體）建構節點建立了一個層次圖，他們還提出了「層次圖網路」（Hierarchical Graph Network，HGN）用於中繼站 QA。Chen et al（2020n）在每個對話回合中動態地建構了一個問題和對話歷史感知的上下文圖，並利用循環圖表神經網路和串流機制來捕捉對話中的對話流。

在接下來的內容中，我們將透過兩個案例研究來詳細說明如何將圖和圖神經網路應用於不同的 NLP 任務。

21.3　案例研究 1：以圖為基礎的文字聚類和匹配

在這個案例研究中，我們將描述「故事森林」（Story Forest）智慧新聞群組織系統（後文簡稱「故事森林」系統），該系統被設計用於從網路規模的突發新聞中發現和組織細微性的熱點事件（Liu et al, 2017a, 2020a）。「故事森林」系統已經被部署到 QQ 瀏覽器中，這是一個為超過 1.1 億日活躍使用者服務的行動應用程式。具體來說，我們將看到一些圖表徵是如何被用於細微性的文件聚類和文件配對的，此外我們還將看到 GNN 是如何為系統做出貢獻的。

21.3.1　以圖聚類為基礎的熱點事件發現和組織

在快節奏的現代社會裡，不同的媒體提供者不斷地產生大量的新聞文章，導致「資訊爆炸」。同時，大量的日常新聞報導可能涵蓋不同的主題，並包含容錯或重複的資料，它們對讀者來說越來越難以消化。許多新聞應用程式的使用者感到自己正被各種當前熱點事件的極為重複的資訊所淹沒，同時這些新聞應用程式仍在努力獲取使用者真正感興趣的事件的資訊。另外，搜尋引擎雖然是根據使用者輸入的請求進行文件檢索的，但它們並沒有提供給使用者一種自然的方式來查看趨勢性的話題或突發新聞。

為了應對上述挑戰，名為「故事森林」的智慧新聞群組織系統應運而生，該系統的關鍵思想如下：不再根據輸入的查詢提供給使用者網路文章列表，而是提出了「事件」和「故事」的概念，並建議將大量的新聞文章組織成故事樹，以組織和追蹤不斷變化的熱點事件，揭示它們之間的關係，減少容錯的內容。事件是一組報導同一筆真實世界裡突發新聞的文章，故事樹則是一棵由相關事件組成的樹，其中涉及一系列不斷發展的現實世界中的突發新聞。

「故事森林」系統的架構如圖 21.1 所示。首先，一系列的 NLP 和機器學習工具被用來處理輸入的新聞文件流，包括文件過濾和單字分割。其次，系統提取關鍵字，建構 / 更新關鍵字的關鍵字圖，並將關鍵字圖劃分為子圖。然後，系統利用 EventX（一種以圖為基礎的細微性聚類演算法）將文件聚類為細細微性

的事件。最後，之前生成的故事樹被更新，同時將發現的每個事件插入現有故事樹的正確位置。如果一個事件不屬於任何當前的故事，則生成一棵新的故事樹。

　　從圖 21.1 可以觀察到，「故事森林」系統利用了各種文字圖。具體來說，EventX 聚類演算法以兩種類型為基礎的文字圖——關鍵字共現圖和文件關係圖。關鍵字共現圖的作用是將兩個關鍵字連接起來，如果它們在新聞語料庫中共同出現超過 n 次的話，其中的 n 是一個超參數。文件關係圖則根據兩個文件是否在談論同一事件來連接文件對。以這兩類文字圖為基礎，EventX 聚類演算法可以準確地提取細微性的文件叢集，其中的每個文件叢集包含一組關注同一事件的文件。

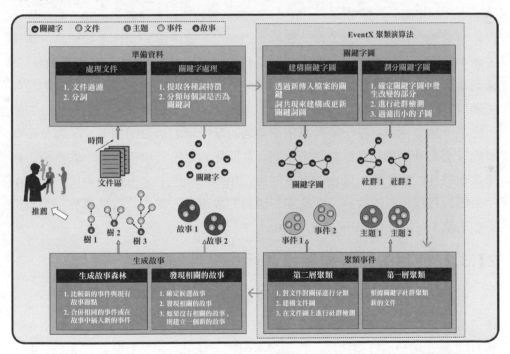

▲ 圖 21.1 「故事森林」系統的架構〔圖源：Liu et al（2020a）〕（本書為單色印刷，色彩標示部分可能無法正確顯示）

　　具體來說，EventX 聚類演算法透過執行以圖為基礎的兩層聚類來提取事件。第一層聚類對建構的關鍵字共現圖進行社群檢測並將其劃分為一系列子圖，其中的每個子圖都是特定主題的關鍵字。這一步給人的直覺是，與某個共同話題相關的關鍵字通常會出現在屬於這個共同話題的文件中。因此，高度相關的關鍵字會相互連接，形成稠密的子圖，而非高度相關的關鍵字之間會有稀疏的連接或不存在連接。這裡的目標是提取與各種主題相關的稠密的關鍵字子圖。在獲得關鍵字子圖（或社區）後，便可透過計算它們的 TF-IDF 相似度，將每個文件分配給與其最相關的關鍵字子圖。對於這一點，我們已經在第一層聚類中按照主題對文件進行了分組。

　　在第二層聚類中，EventX 聚類演算法將為第一層聚類得到的每個主題建構一個文件關係圖。具體來說，一個二元分類器將被應用於主題中的每一對文件，以檢測這對文件是否在談論同一事件。如果是，就把這對文件連接起來，這樣主題中的文件集就變成了一個文件關係圖。之後，與第一層聚類中相同的社群檢測演算法將被應用於文件關係圖，從而將其劃分為一系列子圖，其中的每個子圖現在代表一個細微性的事件，而不再代表一個粗細微性的話題。由於在進行完第一層文件聚類後，屬於每個主題的新聞文章的數量明顯減少，因此第二層的以圖為基礎的文件聚類效率很高，從而能夠適用於現實世界中的應用。在提取細微性的事件後，可透過將事件插入相關的故事中來更新故事樹。如果事件不屬於任何現有的故事，則建立一棵新的故事樹。關於「故事森林」系統的更多細節，可以參考（Liu et al, 2020a）。

21.3.2　使用圖分解和卷積進行長文件匹配

　　對於「故事森林」系統，在建構文件關係圖的過程中，一個基本的問題是確定兩篇新聞文章是否在談論同一事件。這是一個語義匹配問題，同時也是許多 NLP 應用的核心研究問題，包括搜尋引擎、推薦系統、新聞系統等。然而，以往關於語義匹配的研究主要針對句子對的匹配（Wan et al, 2016；Pang et al, 2016），如用於轉述辨識、對答案進行選擇等。由於新聞文章的長度較長，此類方法並不適合，它們在文件匹配上表現不佳（Liu et al, 2019a）。

　　為了應對這一挑戰，Liu et al（2019a）提出了一種分治策略，旨在對齊一對文件並使深度文字理解從目前佔主導地位的語言元素順序建模轉向更適合長

文章的新層次的圖式文件表徵。具體來說，Liu et al（2019a）提出了概念互動圖（Concept Interaction Graph，CIG），旨在將文件視為概念的加權圖，其中的每個概念節點是一個或一組密切相關的關鍵字。此外，兩個概念節點將由一條加權邊連接，以表示它們的互動強度。

作為一個小的例子，圖 21.2 展示了如何將一個文件轉為一個概念互動圖（CIG）。首先，使用標準的關鍵字提取演算法，如 TextRank（Mihalcea and Tarau, 2004），從文件中提取諸如 Rick、Morty 和 Summer 等關鍵字。其次，與前面「故事森林」系統中的做法類似，可透過進行社群檢測將關鍵字分組為子圖。每個關鍵字社群都將變成文件中的「概念」。在提取出概念之後，可透過計算句子和每個概念的相似性，將文件中的每條句子附加到與其最為相關的概念節點上。在圖 21.2 中，第 5 句和第 6 句主要談論的是 Rick 和 Summer 的關係，因此它們被附加到概念節點（Rick, Summer）上。同樣，也可以把其他句子附加到概念節點上，從而把文件的內容分解成若干概念。為了建構邊，我們需要將每個概念節點的句子集表徵為附加到該概念節點本身的句子的並置，同時將任意兩個概念節點之間邊的權重設定為它們的句子集之間的 TF-IDF 相似度，以建立顯示不同概念節點之間相關性的邊。如果一條邊的權重低於某個設定值，這條邊將被刪除。對於一對文件，將它們轉為 CIG 的過程是類似的。唯一不同的是，關鍵字都來自這對文件，而且每個概念節點都有來自這對文件的兩組句子。最終，我們實現了用一個關鍵概念圖來表徵原始文件（或文件對），其中的每個概念節點都有一個或一對句子子集，此外還有它們之間的互動拓撲結構。

文字：
[1] Rick 邀請 Morty 和自己一起去太空旅行。
[2] Morty 不想去，因為 Rick 總是給他帶來危險的體驗。
[3] 但是，這次太空旅行的目的地是 Candy Planet，這是一個對 Morty 很有吸引力的有趣星球。
[4] 這個星球上到處都是美味的糖果。
[5] Summer 希望與 Rick 一起旅行。
[6] 但是，Rick 不喜歡與 Summer 一起旅行。
概念互動圖：

概念互動圖：
[1, 2]　　　　　　　　[5, 6]
Rick Morty
Rick Summer
Morty Candy Planet
[3, 4]

▲ 圖 21.2　將一個文件轉為一個概念互動圖〔圖源：Liu et al（2020a）〕

在有一對文件的 CIG 表徵後，便可以將這對文件的內容分解為多個部分。接下來，我們需要根據 CIG 表徵來匹配文件。圖 21.3 演示了一對長文件的匹配過程，具體包括 4 個步驟：

（1）前置處理輸入的文件對並將其轉為 CIG；

（2）在每個概念節點上匹配兩個文件的句子，以獲得局部匹配特徵；

（3）透過圖卷積層對局部匹配特徵進行結構化轉換；

（4）聚合所有的局部匹配特徵，以獲得最終結果。

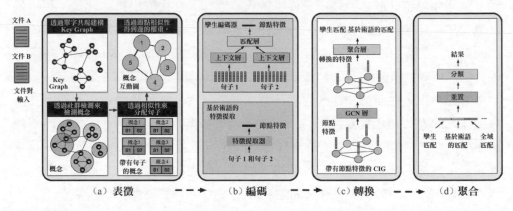

▲ 圖 21.3　從一對文件中建構概念互動圖（CIG）並透過圖卷積網路對其進行分類〔圖源：Liu et al（2019a）〕（本書為單色印刷，色彩標示部分可能無法正確顯示）

具體來說，對於每個概念節點的局部匹配，輸入是來自兩個文件的兩組句子。由於每個概念節點只包含文件中一少部分的句子，因此長文字匹配問題被轉為若干概念節點上的短文字匹配問題。Liu et al（2019a）利用了兩種不同類型的匹配：

（1）以相似性為基礎的匹配，旨在計算兩組句子的各種文字相似性；

（2）孿生匹配，旨在利用孿生神經網路（Mueller and Thyagarajan, 2016）對兩組句子進行編碼，得到一個局部匹配向量。

在得到局部匹配的結果後，接下來的問題是：如何得到整體的匹配分數呢？Liu et al（2019a）透過圖卷積網路濾波器（Kipf and Welling, 2017b），將局部匹配向量聚合成了一對文章的最終匹配分數，以捕捉 CIG 在多個尺度上表現出來的模式。特別是，多層 GCN 中的層對概念節點的局部匹配向量做了轉換，以考慮節點（或兩個文件中的概念）之間的互動結構。在得到轉換後的特徵向量後，便可透過平均值集合得到一個全域匹配向量。最後，這個全域匹配向量將被送入分類器（如前饋神經網路）以獲得最終的匹配標籤或分數。本地匹配模組、全域聚合模組和最終的分類別模組都獲得了點對點的訓練。

Liu et al（2019a）進行了廣泛的評估以測試提出的方法在文件匹配中的表現，他們的關鍵發現是，圖卷積操作明顯提高了匹配的表現，這證明了將 GCN 應用於文字圖表徵的效果。透過使用 GCN 對匹配向量進行結構轉換，我們可以有效捕捉到句子之間的語義互動，而轉換後的匹配向量透過整合鄰居節點的資訊，能夠更進一步地捕捉到每個概念節點上的語義距離。

21.4 案例研究 2：以圖為基礎的中繼站閱讀理解

在這個案例研究中，我們將進一步介紹如何將圖神經網路（GCN）應用於 NLP 中的機器閱讀理解（Machine Reading Comprehension，MRC）。機器閱讀理解旨在教會機器像人一樣閱讀和理解非結構化文字。這是人工智慧領域的一項挑戰性任務，在各種企業級應用中具有巨大的潛力。大家將看到，透過將文字表徵為圖並將圖神經網路應用於其中，就可以模仿人類的推理過程並使 MRC 任務實現重大改進。

假設可以使用維基百科的搜尋引擎，檢索實體 x 的介紹性段落 para[x]。如何用搜尋引擎回答以下問題：「Who is the director of the 2003 film which has scenes in it filmed at the Quality Cafe in Los Angeles?（2003 年拍攝的場景在洛杉磯的 Quality Cafe 的一部電影的導演是誰？）」我們會自然地從關注相關實體（如「Quality Cafe」）開始，透過維基百科查詢相關介紹，當涉及好萊塢電影時，我們會迅速找到「Old School」和「Gone in 60 Seconds」。透過繼續查詢關於這

兩部電影的介紹，我們進一步找到了它們的導演。最後一步是確定最終的答案，這需要我們分析句子的語義和限定詞。在知道這部電影是在 2003 年拍攝之後，我們可以做出最後的判斷。「Todd Phillips」是最終的答案。圖 21.4 展示了以上過程。回答上述問題需要對不同的資訊進行中繼站推理，這就是所謂的中繼站問答。

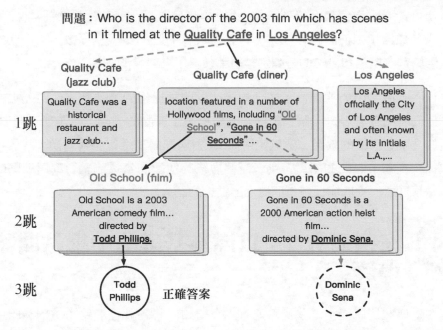

▲ 圖 21.4　一個中繼站問答的認知圖，其中的每個跳躍節點都會對一個實體（如「Los Angeles」）做出反應，後面是相關的介紹性段落。圓圈代表答案節點，裡面是問題的候選答案。認知圖能夠模仿人類的推理過程。當呼叫一個實體到「思維」（mind）中時，就會建立邊，黑色的實心邊代表正確的推理路徑〔圖源：Ding et al（2019a）〕

　　事實上，「快速關注相關實體」和「透過分析句子的含義進行推理」是兩個不同的思維過程。在認知方面，眾所皆知的「雙重過程理論」（Kahneman，2011）認為，人類的認知分為兩個系統——系統 1 和系統 2。系統 1 是隱式的、無意識的、直觀的思考系統，其運作依賴於經驗和聯想。系統 2 執行明確的、有意識的、可控制的推理過程。系統 2 使用工作記憶中的知識來進行緩慢但可靠的邏輯推理。系統 2 是人類高級智慧的表現。

　　在「雙重過程理論」的指導下，Ding et al（2019a）提出了「認知圖問答」（Cognitive Graph QA，CogQA）框架。CogQA 框架採用了一種名為「認知圖」的有方向圖，以便在中繼站問答的認知過程中進行分步推導和探索。可將圖 21.4 所示的認知圖表示為 $\mathcal{G}$，其中的每一個節點代表一個實體或可能的答案 x，也可互換表示為節點 x。黑色的實心邊是回答問題的正確推理路徑。認知圖是用一個提取模組建構的，這個提取模組的作用類似於系統 1——將實體 x 的介紹性段落 para[x] 作為輸入並從中輸出答案候選者（也就是答案節點）和有用的下一次轉發實體（也就是跳躍節點）。使用這些新的節點逐漸擴充 $\mathcal{G}$，從而為系統 2 的推理模組形成明確的圖結構。在擴充 $\mathcal{G}$ 的過程中，新節點或現有的節點與新傳入的邊帶來了關於答案的新線索，這樣的節點被稱為「前端節點」。對線索來說，這是一個形式靈活的概念，系統 2 將參考前面的資訊，指導系統 1 更進一步地提取各個實體。為了對 $\mathcal{G}$ 進行以神經網路為基礎而非以規則為基礎的推理，系統 1 在提取實體的同時，也會將介紹性段落 para[x] 總結為一個初始的隱藏表徵向量，系統 2 則根據圖結構更新所有段落的隱藏表徵向量，作為下游預測的推理結果。

　　CogQA 框架的工作原理如下：使用問題 Q 中提到的實體初始化認知圖 $\mathcal{G}$，同時將這些實體標記為初始的前端節點。在完成初始化之後，從前端節點中彈出節點 x，用兩個模型 f_1 和 f_2 分別模仿系統 1 和系統 2，進行兩階段的迭代過程。

　　在第一階段，CogQA 框架的系統 1 從段落中提取與問題相關的實體和候選答案，並對它們的語義資訊進行編碼。接下來，將提取出來的實體組織成認知圖，這類似於工作記憶。具體來說，給定 x，CogQA 框架將從 x 的前驅節點收集 clues[$x, \mathcal{G}$]，其中的線索可以是提到 x 的句子。在進一步從維基百科資料庫 $\mathcal{W}$ 中獲取到介紹性段落 para[x]（如果有的話）之後，f_1 將生成 sem[x, Q, clues]，這就是初始的 X_x（也就是 x 的嵌入）。如果 x 是一個跳躍節點，那麼 f_1 就可以在 para[x] 中找到 hop span（下一次轉發實體）和 answer span（候選答案）。對於每個 hop span y，如果 $y \notin \mathcal{G}$ 且 $y \in \mathcal{W}$，則為 y 建立一個新的跳躍節點並將其增加到 $\mathcal{G}$ 中。如果 $y \in \mathcal{G}$ 但邊 $(x, y) \notin \mathcal{G}$，則在 $\mathcal{G}$ 中增加一條新的邊 (x, y)，並將節點 y 標記為前端節點，因為需要用新的資訊重新存取它。對於每個 answer span y，新的答案節點 y 和邊 (x, y) 將被增加到 $\mathcal{G}$ 中。

在第二階段，CogQA 框架的系統 2 將以認知圖為基礎進行推理，並收集線索以指導系統 1 更進一步地提取下一次轉發實體。特別是，所有段落的隱藏表徵 **X** 將被 f_2 更新。上述過程將反覆進行，直到認知圖中沒有前端節點（即所有可能的答案都被找到）或認知圖足夠大為止。最後根據系統 2 的推理結果 **X**，用預測器選出最終的答案。

CogQA 框架可以實現圖 21.5 中的系統，該系統將 BERT（Devlin et al, 2019）作為系統 1，並將 GNN 作為系統 2。線索 clues[x, $\mathscr{G}$] 是節點 x 的前驅節點的段落中的句子。從圖 21.5 可以看出，BERT 的輸入是問題、從前驅節點傳來的線索以及節點 x 的介紹性段落的並置。以這些輸入為基礎，BERT 將輸出 hop span 和 answer span，並使用位置 0 的輸出作為 sem[x, Q, clues]。

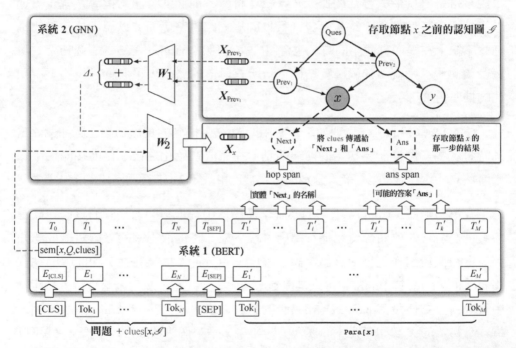

▲ 圖 21.5　CogQA 框架的實現概覽：當存取節點 x 時，系統 1 將根據發現的 clues[x, $\mathscr{G}$] 生成新的跳躍節點和答案節點，此外還將建立初始表徵 sem[x, Q, clues]，系統 2 中的 GNN 則在此基礎上更新隱藏表徵 X_x〔圖源：Ding et al（2019a）〕

對於系統 2，CogQA 框架利用 GNN 的變形來更新所有節點的隱藏表徵。對於每個節點 x，其初始表徵 $X_x \in \mathbb{R}^h$ 是系統 1 的語義向量 sem[x, Q, clues]。GNN 層的更新公式如下：

$$\Delta = \sigma(AD^{-1})^{\mathrm{T}} \sigma(XW_1)) \qquad\qquad (21.1)$$

$$X' = \sigma(XW_2 + \Delta) \qquad\qquad (21.2)$$

其中，X' 是執行完 GNN 的傳播步驟之後的新隱藏表徵。W_1 和 $W_2 \in \mathbb{R}^{h \times h}$ 是權重矩陣，σ 是啟動函式。$\Delta \in \mathbb{R}^{n \times h}$ 是傳播過程中從鄰居節點傳來的聚合向量。A 是 $\mathcal{G}$ 的鄰接矩陣，已被列歸一化為 AD^{-1}，其中的 D 是 $\mathcal{G}$ 的度數矩陣。透過對轉換後的隱藏向量 $\sigma(XW_1)$ 左乘 $(AD^{-1})^{\mathrm{T}}$，GNN 實現了局部的譜濾波。在存取前端節點 x 的迭代步驟中，可按照上述公式更新隱藏表徵 X_x。

最後，將一個兩層的全連接網路（Fully Connected Network，FCN）用作預測器 $\mathcal{F}$：

$$\text{答案} = \mathrm{argmax}_{\text{答案節點}x} \mathcal{F}(X_x) \qquad\qquad (21.3)$$

透過這種方式，我們可以選擇一個候選答案作為最終答案。在 HotpotQA 資料集（Yang et al, 2018b）中，有些問題旨在比較實體 x 和 y 的某種屬性，這類問題可視為輸入 X_x–X_y 的二元分類問題，它們可用另一個相同的 FCN 來解決。

CogQA 框架中的認知圖結構提供了有序的、物理層面的可解釋性，適用於關係推理，因為裡面有明確的推理路徑。除簡單的路徑以外，CogQA 框架還可以清楚地顯示聯合或循環的推理過程，其中新的前驅節點可能會帶來關於答案的新線索。正如我們所看到的，透過將上下文資訊建模為認知圖並將 GNN 應用於這種表徵，便可以模仿人類感知和推理的雙重過程，從而在中繼站機器閱讀理解任務中取得優異的表現，就如文獻（Ding et al,2019a）中展示的那樣。

21.5　未來的方向

正如我們透過案例研究討論和展示的那樣,將圖神經網路(GNN)應用於具有合適的文字圖表徵的自然語言處理(NLP)任務可以帶來巨大的好處。儘管 GNN 在許多工中獲得了出色的表現,包括文字聚類、分類、生成、機器閱讀理解等,但目前仍有許多開放性問題需要解決,以便利用以圖為基礎的表徵和模型更進一步地理解人類語言。正因為如此,本節特意從 GNN 的模型設計、資料表達學習、多工關係建模、世界模型和學習範式 5 個方面對以圖為基礎的 NLP 的開放性問題或未來方向進行分類和討論。

儘管有幾個 GNN 模型適用於 NLP 任務,但它們在模型設計方面僅探索了其中的一少部分。可透過利用或改進更高級的 GNN 模型來處理自然語言文字的規模、深度、動態、異質性和可解釋性。第一,將 GNN 擴充到大型圖有助更進一步地利用大規模的知識圖譜等資源。第二,大多數 GNN 架構是淺層的,在超過三層後,其表現就會下降。透過設計更深的 GNN,可讓節點表徵學習來自更大、更有適應性的感受野的資訊(Liu et al, 2020c)。第三,我們可以利用動態圖來模擬文字中不斷變化的或時間性的現象,如故事或事件的發展。對應地,動態或時序 GNN(Skarding et al, 2020)可以幫助我們捕捉特定 NLP 任務中的動態性質。第四,NLP 中的句法圖、語義圖和知識圖譜在本質上是異質圖,開發異質 GNN(Wang et al, 2019i;Zhang et al, 2019b)有助我們更進一步地利用文字中的各種節點和邊資訊並理解其語義。第五,同樣重要的是,改善人工智慧系統中模型整體和單一預測的可解釋性以及可信度的需求需要有一些原則性方法,其中一種方法是使用 GNN 作為神經符號的計算和推理模型(Lamb et al, 2020),因為資料結構和推理過程可以自然地被圖捕捉到。

對於資料表徵,大多數現有的 GNN 只能在輸入資料的圖結構可用時從輸入中進行學習。然而,現實世界中的圖往往是有雜訊的、不完整的,抑或可能根本無法獲得。透過設計有效的模型和演算法以自動學習輸入資料中的關聯式結構和有限的結構化歸納偏置,我們可以有效地解決這個問題。我們可以讓模型自動辨識輸入資料點之間隱含的、高階的甚至偶然的關係,並學習輸入的圖結

構和圖表徵,而非為不同的應用手動設計特定的圖表徵。為了實現這些,最近關於圖池化(Lee et al, 2019b)、圖轉換(Yun et al, 2019)和超圖神經網路(Feng et al, 2019c)的研究值得應用並進一步探索。

用於 NLP 的深度神經網路中的多工學習(Multi-Task Learning,MTL)最近重新受到人們越來越多的關注,因為它有可能做到有效地規範化模型並減少對有標籤資料的需求(Bingel and Søgaard, 2017)。我們可以將圖結構的表徵能力與 MTL 結合起來,整合不同的輸入資料,如影像、文字部分和知識庫,並為各種任務共同學習一個統一的結構化表徵。此外,我們還可以學習不同任務之間的關係或相關性,並利用學到的關係進行課程式學習,以加快模型訓練的收斂速度。最後,隨著不同資料的統一圖示和整合以及不同任務的聯合式學習和課程式學習,NLP 或 AI 系統將得到在其整個生命週期內不斷獲取、微調、遷移知識和技能的能力。

紮根式語言學習或習得(Matuszek, 2018;Hermann et al, 2017)是另一個趨勢性的研究課題,旨在學習語言的意義,因為其適用於真實世界。直觀地說,當一種語言在其所涉及世界的背景下被展示和解釋時,我們便可以更進一步地學習它。事實證明,GNN 可以有效地捕捉世界上不同元素之間的聯合依賴關係(Li et al, 2017e)。此外,GNN 還可以有效地利用世界上多種模式的豐富資訊來幫助理解場景文字的含義(Gao et al, 2020a)。因此,對於使用圖和 GNN 表徵世界或環境以提高對語言的理解,值得我們進行更多的研究。

最後,關於 GNN 的自監督預訓練的研究也在引起人們更多的關注。自監督表徵學習將輸入資料本身作為監督,這有利於幾乎所有類型的下游任務(Liu et al, 2020f)。很多成功的自監督預訓練策略,如 BERT(Devlin et al, 2019)和 GPT(Radford et al, 2018),已經被開發出來,以解決各種語言任務。對圖學習來說,當特定任務的標記資料極其稀少或訓練集中的圖與測試集中的圖在結構上有很大不同時,預訓練 GNN 可以作為在圖結構資料上進行遷移學習的有效方法(Hu et al, 2020c)。

21.6　小結

　　在過去的幾年裡，圖神經網路（GNN）已經成為一個強大而實用的工具，可用來處理各種能夠用圖來建模的問題。本章針對在 NLP 任務中如何結合圖表徵和圖神經網路做了全面概述。首先，我們透過 NLP 研究的發展歷史介紹了將圖表徵和 GNN 應用於解決 NLP 問題的動機。接下來，我們簡介了 NLP 中的各種圖表徵，並討論了如何從圖的角度處理不同的 NLP 任務。為了更詳細地說明圖和 GNN 在 NLP 中的應用，我們還介紹了兩個與以圖為基礎的熱點事件發現和中繼站機器閱讀理解有關的案例研究。最後，我們對以圖為基礎的 NLP 的一些前端研究和開放性問題進行了分類和討論。

> **編者註**：在過去的 20 年裡，以圖為基礎的自然語言處理方法得到長期研究。事實上，人類的語言是高級符號，因此在原始的簡單文字序列之外，還有豐富的隱藏結構資訊。為了在 NLP 中充分利用 GNN，第 4 章的 GNN 方法和第 14 章的圖結構學習技術是兩個基本的建構模組。同時，第 6 章的 GNN 可擴充性、第 8 章的 GNN 對抗堅固性、第 16 章的異質 GNN 等，對於為各種 NLP 應用程式開發有效且高效的 GNN 方法也非常重要。本章與第 20 章（電腦視覺中的 GNN）高度相關，因為電腦視覺和自然語言處理是快速增長的兩個研究領域，多模態資料在今天已經得到廣泛使用。

第22章
程式分析中的圖神經網路

Miltiadis Allamanis[1]

摘要

　　程式分析的目的是確定程式的行為是否符合某些規範。大部分的情況下，程式分析需要由人類定義和調整，這是一個代價高昂的過程。最近，機器學習方法已經顯示出在機率上實現廣泛的程式分析的前景。鑑於程式的結構化性質以及程式分析中圖表徵的共通性，GNN 提供了一種表徵、學習和推理程式的優雅方式，並被普遍應用於以機器學習為基礎的程式分析。本章將討論 GNN 在程

1　Miltiadis Allamanis
　　Microsoft Research，E-mail：miallama@microsoft.com

式分析中的應用，並展示兩個實際的案例研究——檢測變數誤用缺陷和預測動態類型化語言中的類型，最後指出這一領域未來的發展方向。

22.1　導讀

在程式語言研究中，程式分析幾十年來一直是一個活躍的、充滿活力的領域，有許多富有成效的研究成果。程式分析的目標是確定程式的行為屬性（Nielson et al, 2015）。傳統的程式分析方法旨在為某些程式屬性提供形式上的保證，例如保證一個函式的輸出總是滿足某些條件，或保證一個程式總是會終止執行。為了提供這些保證，傳統的程式分析依賴於一些嚴格的數學方法，這些數學方法可以確定性地、結論性地證明或反駁關於程式行為的正式宣告。

然而，傳統的程式分析無法學習使用編碼模式或機率性地處理現實生活中大量存在並被程式設計師廣泛使用的模糊資訊。舉例來說，當一位軟體工程師遇到一個名為 counter 的變數時，如果沒有任何額外的上下文，該軟體工程師大機率會得出以下結論：counter 變數是一個非負的整數，用來列舉一些元素或事件。相比之下，傳統的程式分析（沒有額外的上下文）將保守地得出 counter 變數可能包含任何數值的結論。

以機器學習為基礎的程式分析（見 22.2 節）旨在提供這種類似於人類的能力，以放棄提供（絕對）保證的能力為代價，學習推理模糊和部分資訊。作為替代，透過學習常見的編碼模式，如命名約定和語法習慣，這些程式分析方法可以提供關於程式行為的（機率）證據。這並不是說機器學習使傳統的程式分析變得多餘，而是說機器學習在程式分析方法的武器庫中增加了一個有用的武器。

程式的圖表徵在程式分析中起著核心作用，它們允許對程式的複雜結構進行推理。在 22.3 節中，我們將介紹本章使用的一種圖表徵並討論替代方案。我們還將討論 GNN（人們已經發現 GNN 自然地適用於以機器學習為基礎的程式分析）並將其與其他機器學習模型關聯起來（見 22.4 節）。GNN 允許我們透過整合程式實體之間豐富的、確定性的關係以及對模糊編碼模式的學習能力，來

優雅地表徵、學習和推理程式。我們將討論如何使用 GNN 進行兩種實際的靜態程式分析——缺陷檢測（見 22.5 節）和機率類型推理（見 22.6 節），並在本章的最後總結這一子領域的重要開放性問題以及一些有前途的研究方向（見 22.7 節）。

22.2　程式分析中的機器學習

在討論使用 GNN 進行程式分析之前，我們有必要退一步，問一問自己：機器學習在哪些方面有助程式分析，為什麼？乍看起來，靜態程式分析和動態程式分析似乎不相容：靜態程式分析旨在尋求某些保證（如程式永遠不會達到某種狀態），動態程式分析則旨在證明程式執行的某些方面（如特定的輸入產生預期的輸出）。機器學習是對事件的機率進行建模。

與此同時，針對程式碼的機器學習這一新興領域（Allamanis et al, 2018a）已經表示，機器學習可以應用到一系列軟體工程任務的原始程式碼中。前提是，儘管程式碼具有確定性的、無不明確性的結構，但人類撰寫的程式碼包含模式和模糊的資訊（如註釋和變數名稱等），這對於了解程式的功能很有價值，並且這也正是程式分析可以利用的地方。

機器學習在程式分析中可以被用於兩個廣泛的領域：學習證明啟發式方法以及學習靜態或動態程式分析。常見的靜態程式分析是將分析任務轉換成組合搜尋問題〔如布林可滿足性問題（SAT）〕或另一種形式的定理證明。眾所皆知，這樣的問題往往是計算難解的。以機器學習為基礎的方法，如 Irving et al（2016）以及 Selsam and Bjørner（2019）的研究成果，可以透過學習啟發式方法來指導組合搜尋。這一令人振奮的研究領域不在本章的討論範圍之內。所不同的是，我們專注於靜態程式分析學習問題。

從概念上講，規範定義了程式功能的某個理想方面，並且可以採取多種形式，從自然語言描述到正式的數學結構。傳統的程式分析通常採用嚴格的形式化方法來進行靜態程式分析，而透過觀察程式的執行來進行動態程式分析。遺憾的是，定義這樣的程式分析是一項繁瑣的手動任務，很少能擴充到廣泛的屬

性和程式。儘管安全關鍵型應用必須使用傳統的程式分析，但仍有大量的應用沒有機會從程式分析中獲益。以機器學習為基礎的程式分析旨在解決這個問題，但需要犧牲提供保證的能力。具體來說，機器學習可以幫助程式分析處理兩個常見的模糊性來源——隱含的規範和模糊的執行環境（緣於動態載入的程式碼）。

程式分析學習通常採取以下三種形式之一。

規範調整。即使健全的程式分析也可能產生許多假陽性（假警示）。大量的錯誤警示會導致類似於「狼來了」的情況——真正的陽性被忽略，分析的效用被降低。為了解決這個問題，Raghothaman et al（2018）以及 Mangal et al（2015）提出使用機器學習方法來「調整」（或後處理）程式分析，透過學習傳統程式分析的哪些方面可以打折扣，實現以查全率（健全性）為代價提高查準率。

規範推斷。規範推斷要求機器學習模型學會從現有的程式碼中預先判斷出合理的規範。透過做出（合理的）假設，讓程式碼庫中的大部分程式碼符合一些隱含規範，機器學習模型被要求推斷出這些規範的閉形（closed form）。隨後，預測的規範可以輸入傳統的程式分析中，以檢查程式是否滿足這些規範。規範推斷的例子有用於檢測資源洩漏的因數圖（Kremenek et al, 2007）、用於資訊流分析的研究（Livshits et al, 2009；Chibotaru et al, 2019）、用於生成循環不變式的研究（Si et al, 2018）以及用於從實例中合成以規則為基礎的靜態分析器的研究（Bielik et al, 2017）。22.6 節討論的類型推理問題也是規範推斷的例子。

較弱的規範（通常用於動態程式分析）也可以被推理出來。舉例來說，Ernst et al（2007）以及 Hellendoorn et al（2019a）旨在透過觀察執行期間的值來預測不變數（斷言語句），Tufano et al（2020）旨在學習生成單元測試並描述程式碼行為的各方面。

黑盒分析學習。機器學習模型作為黑盒，雖然執行程式分析並提出警告，但從未明確舉出具體規範。這種形式的程式分析具有很大的靈活性，它們所能做到的超出了許多傳統形式的程式分析。然而，它們往往犧牲了可解釋性，並且不提供任何保證。黑盒分析學習的例子包括 DeepBugs（Pradel and Sen, 2018）、Hoppity（Dinella et al, 2020）以及 22.5 節將要討論的變數誤用問題（Allamanis et al, 2018b）。

22.5 節和 22.6 節將展示兩個使用 GNN 的靜態程式分析案例。不過，現在我們首先需要討論如何將程式表徵為圖（見 22.3 節）以及如何使用 GNN 處理這些圖（見 22.4 節）。

22.3 程式的圖表徵

許多傳統的程式分析方法是透過程式的圖表徵來表達的，這種表徵的例子包括語法樹、控制流、資料流程、程式依賴性和呼叫圖，它們都提供了程式的不同視圖。在高層次上，程式可被認為是一組異質的實體，它們透過各種關係關聯在一起。這種視圖可以直接將程式映射為異質有向圖 $\mathcal{G} = (\mathcal{V}, \mathcal{E})$，其中的每個實體被表徵為一個節點，每個 r 類型的關係則被表徵為一條邊 $(v_i, r, v_j) \in \mathcal{E}$。這些圖雖然類似於知識庫，但卻具有以下兩個重要的差別：

（1）節點和邊可以確定地從原始程式碼和其他程式工件中提取；

（2）每個程式 / 程式碼部分都有一個圖。

然而，決定哪些實體和關係應包括在程式的圖表徵中則是一種特徵工程，取決於任務。需要注意的是，並不存在一種唯一的或被廣泛接受的方法可以將程式轉為圖表徵；不同的表徵會在表達各種程式屬性、圖表徵的大小以及生成它們所需的（人力和計算）工作量之間進行權衡。

本節將介紹一種可能的程式圖表徵，其靈感來自（Allamanis et al, 2018b），他們將每個原始程式碼檔案建模為一個單一的圖。我們在本節的最後將討論其他的圖表徵。圖 22.1 展示了一個手動製作的合成了 Python 程式碼部分的異質圖表徵，以說明圖表徵的幾個方面。

在圖 22.1 中，原始程式碼被表徵為一個帶有類型節點和邊（顯示在圖的底部）的異質圖。程式碼最初是由詞條（詞條節點）組成的，它們可以確定地被解析為具有非終端節點（頂點）的語法樹。程式碼部分中存在的符號（如變數）可以計算出來（符號節點），對每個符號的引用則用一筆 Occurrence Of 邊來表示。資料流程邊可以計算出來（May Next Use），以表示程式中可能存在的數值流。注意，這裡的程式碼部分在第 4 行有一個 bug（見 22.5 節）。

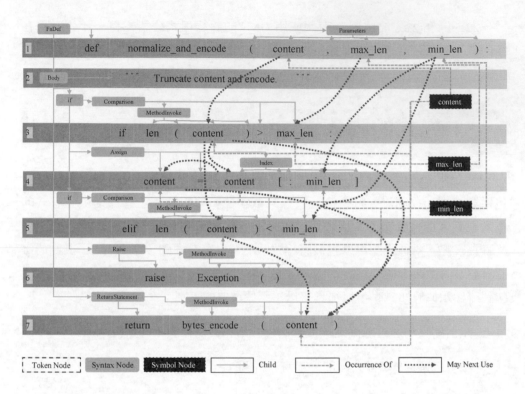

▲ 圖 22.1　一個簡單的合成了 Python 程式碼部分的異質圖表徵（為了讓圖看起來清晰，這裡省略了一些節點）（本書為單色印刷，色彩標示部分可能無法正確顯示）

　　下面對實體和關係進行高層次解釋。至於相關概念的詳細解釋，請參考程式語言文獻，如（Aho et al, 2006）的編譯器教科書。

　　詞條。程式的原始程式碼在其最基本的形式上是一串字元。根據結構，程式語言可以被確定地分詞為一連串的標記（又稱為詞素）。然後，每個詞條可以表徵為一個「詞條」類型的節點（圖 22.1 中帶有灰色邊框的白色方框）。這些節點可用 Next Token 邊（圖 22.1 中未顯示）連接起來，形成線性鏈。

　　語法。詞條序列被解析成一棵語法樹，其中的葉子節點是詞條，剩餘的其他所有節點是「語法節點」（圖 22.1 中用灰色填充的圓角方框）。可使用一條 Child 邊將所有的語法節點和詞條節點連接起來，形成一種樹狀結構。這種樹狀結構提供了關於詞條的語法作用的上下文資訊，可將它們分組為運算式和語句；它們是程式分析中的核心單位。

符號。下面引入「符號」節點（圖 22.1 中用黑色填充的附帶虛線的方框）。Python 中的符號是指在程式的特定範圍內可用的變數、函式和套件。與大多數編譯器和解譯器一樣，在解析完程式碼之後，Python 會建立一個符號表，裡面包含每個程式碼檔案中的所有號。可首先為每個符號建立一個節點，然後將每個識別字詞條（比如圖 22.1 中的 content 詞條）或運算式節點連接到其所指的符號節點。符號節點作為變數使用的中心參考點，對於建模長距離關係（比如一個物件應如何使用）非常有用。

資料流程。為了傳達關於程式執行的資訊，可使用程式內資料流程分析將資料流程邊增加到圖中（圖 22.1 中的虛線）。儘管由於在迴圈和 if 語句中使用了分支，程式在執行過程中的實際資料流程是未知的，但我們仍然可以透過增加邊來表示資料在程式中可能流動的所有有效路徑。以圖 22.1 中的參數 min_len 為例，如果第 3 行的條件為真，那麼第 4 行將存取 min_len，但第 5 行不會存取 min_len；相反，如果第 3 行的條件為假，那麼程式將進入第 5 行並在那裡存取 min_len。可使用 May Next Use 邊來代表這一資訊。這種結構類似於編譯器和傳統程式分析中使用的程式依賴圖（Program Dependence Graph，PDG）。與之前討論的邊相比，May Next Use 邊不代表一種確定的關係，而是勾勒出執行過程中所有可能的資料流程。這種關係在需要計算程式的存在性或普遍性的程式分析中很重要。舉例來說，程式分析可能需要針對以下情況進行計算：對於所有（∀）可能的執行路徑，某個屬性為真；抑或存在（∃）至少一個使用某屬性的可能執行。

有趣的是，僅使用詞條節點和 Next Token 邊，便可以（確定性地）計算所有其他節點和邊。編譯器就能做到這一點。既然如此，為什麼還要引入這些額外的節點和邊，而非讓神經網路計算它們？提取這樣的圖表徵在計算成本上是很低的，可以使用程式語言的編譯器/解譯器來執行，而不需要付出大量的努力。透過直接向機器學習模型（如 GNN）提供這些資訊，可避免「浪費」模型的能力來學習確定的事實，並引入有助完成程式分析任務的歸納偏置。

其他的圖表徵。到目前為止，我們僅展示了一種簡化的圖表徵，其靈感來自（Allamanis et al, 2020）。然而，這只是眾多圖表徵中的一種，這種圖表徵強調程式碼的局部方面，如語法和程式內的資料流程，這些對 22.5 節和 22.6 節將

要討論的任務是有用的。在圖 22.1 所示的圖表徵中，我們還可以增加其他實體和關係。舉例來說，Allamanis et al（2018b）使用 Guarded By 邊來表示一筆語句受條件保護（換言之，只有當條件為真時，這筆語句才執行），Cvitkovic et al（2018）使用 Subtoken Of 邊連接詞條節點和特殊的子詞條節點，以表示節點共用某共同的子詞條（舉例來說，圖 22.1 中的詞條 max_len 和 min_len 共用 len 子詞條）。

這裡介紹的圖表徵是局部的，強調程式碼的局部結構，允許檢測和使用細微性的模式。其他的局部表徵，如 Cummins et al（2020）提出的圖表徵，強調資料和控制流，並且會去除識別字和註釋中豐富的自然語言資訊，這對一些編譯器程式分析任務來說是不必要的。然而，當表徵多個檔案時，這種局部表徵會產生非常大的圖，目前的 GNN 架構無法有意義地處理它們（因為節點之間的距離會非常長）。儘管包括所有可以想像到的實體和關係的單一、通用的圖表徵似乎很有用，但現有的 GNN 在處理大量的資料時會受到影響。

當然，也有文獻強調不同程式方面的替代圖表徵，並且提供了不同的權衡。其中一種圖表徵是 Wei et al（2019）提出的全域超圖表徵，其強調程式中運算式之間的過程間和過程內的類型約束，而忽略關於語法模式、控制流和程式內資料流程的資訊。這種圖表徵雖然允許以適合預測類型標注的方式處理整個程式（而非單一檔案，見圖 22.1 所示的圖表徵），但卻錯失了從句法和控制流模式中學習的機會。舉例來說，業內對於將這種圖表徵用於 22.5 節討論的變數誤用缺陷檢測是有爭議的。另一種圖表徵是由 Abdelaziz et al（2020）定義的外在圖表徵，他們將程式的句法和語義資訊與中繼資料（如來自文件和問答網站的內容）相結合。這樣的圖表徵通常不強調程式碼結構，而偏重於軟體開發的其他自然語言和社會元素。這樣的圖表徵不適合 22.5 節和 22.6 節的程式分析。

22.4　用於程式圖的圖神經網路

鑑於程式碼的圖表徵佔主導地位，早在圖神經網路（GNN）確立於機器學習領域之前，各種機器學習技術就已經被用於程式圖的分析。從這些技術中，我們發現了 GNN 的一些起源和動機。

首先，一種流行的方式是將圖投影到其他機器學習方法可以接受的另一個更簡單的表徵中，這種投影包括序列、樹和路徑。舉例來說，Mir et al（2021）對每個變數使用周圍的詞條序列進行編碼，以預測其類型（見 22.6 節中的使用案例）。以序列為基礎的模型提供了極大的簡單性，並且具有良好的計算性能，但卻有可能錯失捕捉複雜結構模式（如資料和控制流）的機會。

其次，一種成功的表徵是從樹或圖中提取路徑。舉例來說，Alon et al（2019a）提取了抽象語法樹中每兩個終端節點之間的路徑樣本，這類似於隨機遊走方法（Vishwanathan et al, 2010）。這樣的方法可以捕捉到句法資訊並學習推導出一些程式碼的語義資訊。這些路徑很容易提取，它們能提供有用的特徵來學習程式碼。然而，它們是程式中實體和關係的有損投影，原則上，GNN 可以完全使用。

最後，因數圖，如條件隨機場（Conditional Random Field，CRF），可以直接在圖上工作。這類模型通常包括精心建構的圖，它們只捕捉相關的關係。程式分析中最突出的例子包括 Raychev et al（2015）所做的工作，他們捕捉了運算式之間的類型約束和識別字的名稱。雖然這類模型能夠準確地代表實體和關係，但它們通常需要手動的特徵工程，並且不能輕易地學習那些明確建模之外的「軟」模式。

圖神經網路（GNN）正迅速成為學習型程式分析的重要工具，因為 GNN 可以靈活地從豐富的模式中進行學習，並且容易與其他神經網路元件相結合。給定程式的圖表徵，GNN 將計算每個節點的網路嵌入，以用於下游任務，如 22.5 節和 22.6 節討論的任務。

剛開始，每個實體／節點 v_i 將被嵌入一個向量表徵 $\boldsymbol{n}_{v_i}$。程式圖中的節點擁有豐富多樣的資訊，比如有意義的識別字名稱（如 max_len）。為了利用每個詞條和符號節點中的資訊，字串表徵將被子詞條化（如「max」「len」），每個初始節點表徵 $\boldsymbol{n}_{v_i}$ 是透過池化子詞條的嵌入來計算的。以用於池化求和的節點 v_i 為例，輸入節點表徵可以計算為

$$\boldsymbol{n}_{v_i} = \sum_{s \in \text{SUBTOKENIZE}(v_i)} \boldsymbol{t}_s$$

其中，t_s 是學到的子詞條 s 的嵌入。對於語法節點，它們的初始狀態是節點類型的嵌入。

接下來，任何能夠處理有向異質圖[1]的 GNN 架構都可以用來計算網路嵌入：

$$\{h_{v_i}\} = \mathrm{GNN}(\mathscr{G}', \{n_{v_i}\}) \tag{22.1}$$

其中，GNN 通常有固定的「層數」（比如 8）；$\mathscr{G}' = (\mathscr{V}, \mathscr{E} \cup \mathscr{E}_{\mathrm{inv}})$，$\mathscr{E}_{\mathrm{inv}}$ 是 $\mathscr{E}$ 中的逆向邊的集合，$\mathscr{E}_{\mathrm{inv}} = \{f(v_j, r^{-1}, v_i), \forall (v_i, r, v_j) \in \mathscr{E}\}$；網路嵌入 $\{h_{v_i}\}$ 是具有特定任務的神經網路的輸入。

22.5 案例研究 1：檢測變數誤用缺陷

下面重點討論一個黑盒分析學習問題，這裡需要用到 22.4 節討論的圖表徵。具體來說，本節將要討論的變數誤用缺陷檢測任務是由 Allamanis et al（2018b）第一次提出的，但他們採納了（Vasic et al, 2018）中的表述。變數誤用是指錯誤地使用一個非作用域內的變數。圖 22.1 中的第 4 行就包含這樣一個缺陷——應該使用 max_len 而非 min_len 來正確截斷內容。為了完成檢測任務，模型需要首先定位（確定）此類缺陷（如果存在的話），然後建議進行修復。

這樣的缺陷經常發生，並且往往是因為不小心的複製/貼上操作造成的，它們通常被認為是「輸入錯誤」。Karampatsis and Sutton（2020）發現，在一組大型的 Java 程式碼庫中，超過 12% 的缺陷是變數誤用；Tarlow et al（2020）發現，在 Google 工程系統中，6% 的 Java 建構錯誤是變數誤用。6% 是下限，因為 Java 編譯器只能透過其類型檢查器來檢測變數誤用缺陷。筆者猜測（根據個人經驗），更多的變數誤用缺陷是在程式碼編輯過程中出現的，並且它們可以在將程式碼提交到資源庫之前得到解決。

---

1 GGNN（Li et al, 2016b）歷來是一種常見的選擇，但其他架構在某些任務上相比普通的 GGNN 有一定的改進（Brockschmidt, 2020）。

　　注意，這是一個黑盒分析學習問題，沒有關於使用者試圖實現什麼的明確規定。與之不同，GNN 則需要透過常見的編碼模式、註釋中的自然語言資訊（見圖 22.1 中的第 2 行）和識別字名稱（如 min、max 和 len）來推斷可能存在的缺陷。以圖 22.1 為例，我們可以合理地假設開發者的意圖是在內容超過最大長度時將其截斷（見圖 22.1 中的第 4 行）。因此，變數誤用分析的目標如下：

　　（1）透過指向有缺陷的節點（見圖 22.1 中第 4 行的 min_len 詞條）來定位缺陷（如果存在的話）；

　　（2）建議進行修復（max_len 符號）。

　　為此，我們需要假設 GNN 已經計算出圖 $\mathcal{G}$ 中所有節點 $v_i \in \mathcal{V}$ 的網路嵌入 $\{h_{v_i}\}$〔見式（22.1）〕，並且假設 $\mathcal{V}_{vu} \subset \mathcal{V}$ 是變數使用的詞條節點的集合，比如圖 22.1 中第 4 行的 min_len 詞條。定位模組旨在確定哪一個變數是對另一個變數的誤用（如果有的話），將會被實現為 $\mathcal{V}_{vu} \cup \{\phi\}$ 上的指標網路（Vinyals et al, 2015），其中，ϕ 表示具有學習的 h_ϕ 嵌入的「無缺陷」事件。利用（可學習的）投影 u 和 Softmax 函式，我們可以計算 $\mathcal{V}_{vu}$ 上的機率分布以及特殊的「無缺陷」事件：

$$p_{\mathrm{loc}}(v_i) = \mathrm{Softmax}_{v_j \in \mathcal{V}_{vu} \cup \{\phi\}}(u^\mathrm{T} h_{v_i}) \qquad (22.2)$$

　　以圖 22.1 為例，GNN 檢測到其中的第 4 行存在變數誤用缺陷，於是便給對應於 min_len 詞條的節點分配一個高的 p_{loc}，這就是變數誤用缺陷的位置。在（監督）訓練過程中，損失就是標注位置機率的交叉熵損失〔見式（22.2）〕。

　　需要修復的變數誤用缺陷的位置也可以表示為變數誤用位置 v_{bug} 範圍內符號節點的指標網路。可將 $\mathcal{V}_{s@v_{\mathrm{bug}}}$ 定義為除 v_{bug} 範圍內的符號節點以外，v_{bug} 範圍內其他候選符號的符號節點的集合。以圖 22.1 中第 4 行的缺陷為例，$\mathcal{V}_{s@v_{\mathrm{bug}}}$ 將包含內容以及最大長度的符號節點。用符號 s_i 修復區域變數誤用缺陷的機率為

$$p_{\mathrm{rep}}(s_i) = \mathrm{Softmax}_{s_j \in \mathcal{V}_{s@v_{\mathrm{bug}}}}(w^\mathrm{T}[h_{v_{\mathrm{bug}}}, h_{s_i}])$$

以圖 22.1 為例，$p_{rep}(si)$ 對 max_len 的符號節點來說應該是很高的，這是對變數誤用缺陷的預期修復。同樣，在有監督的訓練中，應儘量降低標注修復機率的交叉熵損失。

訓練。如果可以挖掘一個大型的可變誤用缺陷的資料集和相關的修復方法，那麼本節討論的以 GNN 為基礎的模型就可以採用監督的方式進行訓練。然而，這樣的資料集難以透過現有的深度學習方法所需的規模來收集，以達到合理的表現。作為替代，這一領域的研究選擇在使用開放原始碼資源庫（如 GitHub）抓取的程式碼中自動插入隨機變數誤用缺陷，並建立隨機插入缺陷的語料庫（Vasic et al, 2018；Hellendoorn et al, 2019b）。不過，隨機生成缺陷程式碼的操作需要謹慎進行。如果隨機引入的缺陷「太明顯」，那麼學到的模型就沒有什麼用了。舉例來說，隨機缺陷生成器應該避免引入變數誤用，以防止變數在定義之前就被使用（use-before- def）。儘管這種隨機生成的語料庫並不完全代表現實生活中的缺陷，但它們已經被用來訓練那些捕捉現實生活中缺陷的模型。

在評估變數誤用模型（比如本節介紹的那些模型）時，它們在隨機生成的語料庫中獲得了相對較高的準確率，高達 75%（Hellendoorn et al, 2019b）。然而，根據筆者的經驗，對於現實生活中的缺陷（雖然一些變數誤用缺陷已被召回），準確率往往很低，這使得它們在部署時並不實用。如何改進它們？這是一個重要的開放性研究問題。儘管如此，實際的缺陷在實踐中還是被捕捉到了。以下程式碼展示了如何使用以 GNN 為基礎的變數誤用檢測器捕捉此類缺陷。在這裡，開發者錯誤地傳遞了 identity_pool 而非 identity_pool_id 作為異常參數，而 identity_pool 為 None（找不到具有所需 id 的 pool）。以 GNN 為基礎的黑盒分析似乎已經學會「理解」開發者的意圖——不可能是將 None 傳遞給 ResourceNotFoundError 建構函式，而是建議將其替換為 identity_pool_id。這裡既沒有表述正式的規範，也沒有建立符號化的程式分析規則。

```
1 def describe_identity_pool(self,identity_pool_id):
2   identity_pool = self.identity_pools.get(identity_pool_id,None)
3
4   if not identity_pool:
5 -     raise ResourceNotFoundError(identity_pool)
6 +     raise ResourceNotFoundError(identity_pool_id)
7 ...
```

22.6 案例研究 2：預測動態類型化語言中的類型

類型是程式語言中最為成功的創新之一。具體來說，類型標注是指對變數可以採取的有效值進行明確的規範。在對程式進行類型檢查時，我們將得到以下正式的保證：變數只能採取所標注類型的值。舉例來說，如果一個變數是用 int 類型標注的，那麼這個變數必須包含整數，而不能包含字串、浮點數等。另外，類型可以幫助編碼者更容易地理解程式碼，程式碼的自動補全和導航也將更精確。然而，許多程式語言不是不得不決定放棄類型提供的保證，就是要求使用者明確地提供類型標注。

為了克服這些限制，我們可以使用規範推理方法來預測合理的類型標注，並從中取得類型化程式碼的一些優勢，這對具有部分上下文的程式碼（舉例來說，網頁中獨立的程式碼片段）或可選擇的類型化語言特別有用。Python 提供了一種可選的機制來定義類型標注。舉例來說，圖 22.1 中的 content 變數可在第 1 行標注為 content: str，以表示開發者期望其中只包含字串。然後，這些標注可由類型檢查器〔如 mypy（mypy Contributors, 2021）以及其他開發者工具和程式碼編輯器〕使用。這就是機率類型推理問題，最早由 Raychev et al（2015）提出，這裡採用 Allamanis et al（2020）提出的以 GRAPH2CLASS GNN 為基礎的表述，將其視為類似於 Hellendoorn et al（2018）提出的程式符號分類任務。Pandi et al（2020）提供了這一問題的另一種表述。

對類型檢查操作，明確的類型標注需要由使用者提供。當這些標注不存在時，類型檢查可能無法發揮作用並提供關於程式的任何保證，但這樣也就失去了從其他資訊來源（如變數名稱和註釋）對程式的類型進行機率推理的機會。具體來說，以圖 22.1 為例，考慮到變數 min_len 和 max_len 的名稱及用法，假設它們都是 int 類型是合理的。然後便可以這種「有根據的猜測」為基礎來檢查程式的類型，並檢索出一些關於程式執行的保證。

對這樣的模型，我們可以找到其很多應用。舉例來說，它們可用在幫助開發者標注程式碼庫的推薦系統中。它們還可以幫助開發者發現不正確的類型標

注，或允許根據預測的類型提供協助工具，如自動完成。它們甚至可以幫助開發者對程式進行「模糊」類型檢查（Pandi et al, 2020）。

在最簡單的形式下，預測類型是在符號節點子集上進行的節點分類任務。假設 $\mathcal{V}_s$ 是程式的異質圖中符號節點的集合，同時假設 Z 是固定的類型標註詞彙表，裡面包含比較特殊的 Any 類型 [1]。我們可以使用每個節點 $v \in \mathcal{V}_s$ 的節點嵌入來預測每個符號的可能類型。

$$p(s_j : \tau) = \text{Softmax}_{\tau' \in Z}(\boldsymbol{E}_\tau^{\mathrm{T}} \boldsymbol{h}_{v_{s_j}} + \boldsymbol{b}_\tau)$$

也就是說，每個符號的可能類型是透過對每個符號節點嵌入與每種類型 $\tau \in T$ 的可學習類型嵌入 $\boldsymbol{E}_\tau$ 的內積加上可學習偏置 $\boldsymbol{b}_t$ 得到的。接下來，我們可以透過最小化一些分類損失，如交叉熵損失，在（部分）標註的程式碼語料庫上進行訓練。

類型檢查。類型預測是規範推理問題（見 22.2 節），預測的類型標註可以傳遞給標準的類型檢查工具，以驗證預測是否與原始程式碼的結構一致（Allamanis et al, 2020）或搜尋最可能與程式結構一致的預測（Pradel et al, 2020）。這種方法雖然可以減少誤報，但卻無法消除誤報。以恒等函式 def foo(x): return x 為例，機器學習模型可能會錯誤地推斷 x 是字串，於是預測 foo() 函式將傳回一個字串。儘管類型檢查器判斷預測的類型是正確的，但在實踐中卻很難證明。

訓練。本節討論的類型預測模型支援以監督的方式進行訓練。透過抓取大量的程式碼語料庫，比如在 GitHub 上找到的開原始程式碼 [2]，我們可以收集成千上萬的類型標註符號。將這些類型標註符號從原始程式碼中剝離出來並作為樣本，便可以生成訓練集和驗證集。

1　類型 Any 代表類型網格的頂端，它有點類似於 NLP 中使用的 UNKNOWN 詞條。
2　眾所皆知，自動抓取的程式碼語料庫中存在大量的重複內容（Allamanis, 2019）。當收集此類語料時，需要特別注意去除這些重複的內容，以確保測試集不被訓練實例污染。

這樣的系統已經可以達到相當高的準確率（Allamanis et al, 2020），但也有一些限制：類型標注是高度結構化和稀疏的。以類型標注 Dict[Tuple[int, str] 為例，List[bool]] 雖然有效，但卻不經常出現在程式碼中。另外，新的使用者自訂類型（類別）也會在測試時出現。因此，若把類型標注當作分類問題對待，則容易出現嚴重的類型不平衡問題，而且無法捕捉到有關類型內部結構的資訊。至於向模型中增加新的類型，則可以透過採用元學習（meta-learning）技術來解決，比如 Typilus（Allamanis et al, 2020；Mir et al, 2021）中使用的技術。不過，如何利用類型的內部結構和豐富的類型層次仍是一個開放性的研究問題。

類型預測模型的應用包括為以前未標注的程式碼建議新的類型標注，此外也可以應用於其他下游任務，包括利用資訊對一些符號的類型進行機率估計。類型預測模型可以幫助我們找到使用者提供的不正確的類型標注。以下程式碼展示了一個來自 Typilus（Allamanis et al, 2020）的例子：神經模型從參數的名稱和用法（未顯示）中「理解」到變數不能包含浮點數，而是應該包含整數。

```
1 def __init__(
2 self,
3- embedding_dim: float = 768,
4- ffn_embedding_dim: float = 3072,
5- num_attention_heads: float = 8,
6+ embedding_dim: int = 768,
7+ ffn_embedding_dim: int = 3072,
8+ num_attention_heads: int = 8,
9 dropout: float = 0.1,
10 attention_dropout: float = 0.1,
```

22.7 未來的方向

用於程式分析的 GNN 是一個令人興奮的跨學科研究領域，它將符號人工智慧、程式語言研究和深度學習的理念與現實生活中的許多應用結合了起來。我們的首要目標是建立分析，以幫助軟體工程師建立和維護滲透到我們生活各方面的軟體。但要實現這一目標，仍有許多開放性的挑戰需要解決。

　　從程式分析和程式語言的角度看,我們需要做大量的工作,才能將社區的領域專業知識與機器學習關聯起來。什麼樣的學習型程式分析對程式設計師有用?如何利用學習元件改進現有的程式分析?機器學習模型需要納入哪些歸納偏置,以更進一步地表達與程式有關的概念?在缺乏大型標注語料庫的情況下,應該如何評估學習的程式分析?直到最近,程式分析研究仍侷限於主要使用程式的形式結構,從而忽略了識別字和程式碼註釋中的模糊資訊。透過研究能夠更進一步地利用這些資訊的程式分析,我們有可能探索出新的、富有成效的方向,從而幫助許多應用領域裡的程式設計師。

　　非常重要的是,對如何將程式分析的形式化方面整合到學習過程中,仍是一個開放性的問題。大多數規範推理工作(見 22.6 節)會將形式化分析作為一個單獨的前置處理或後處理步驟。將這兩個觀點更緊密地結合起來,就有可能創造出更好、更強大的工具。舉例來說,透過研究將(符號)約束、搜尋和最佳化概念納入神經網路和 GNN 的更好方法,可以實現更理想的程式分析學習,從而更進一步地捕捉程式屬性。

　　從軟體工程研究的角度看,我們還需要對呈現給使用者的程式分析結果的使用者體驗(User Experience,UX)進行額外的研究。大多數現有的機器學習模型不具備自主工作的表現特點;相反,它們會舉出一些機率性建議,並將這些建議呈現給使用者。創造或找到開發者環境的承受力,允許浮現機率性觀察並傳達機器學習模型預測的傾向性,將有助加速程式分析學習的使用。

　　GNN 的研究領域有許多開放性的問題有待解決。GNN 已經顯現出學習複製常見程式分析技術中使用的一些演算法的能力(Veličković et al, 2019),但使用的是強監督。如何透過 GNN 學習複雜的演算法,但只使用弱監督?現有的技術往往缺乏形式化方法的表徵能力。形式化方法中的組合概念,如集合和 lattice,在深度學習中缺乏直接的類似概念。研究更豐富的組合性(以及可能的非參數化)表徵能為學習型程式分析提供寶貴的工具。

最後，深度學習中的一些共同主題也會出現在以下領域。

- 對程式設計師來說，學習過的程式分析所舉出的決定和警告的可解釋性是很重要的，他們需要理解這些決定和警告，並將它們標記為假陽性或適當地處理它們，這對黑盒分析尤為重要。

- 傳統的程式分析對程式的行為提供了明確的保證，即使是在對抗性設定中。以機器學習為基礎的程式分析則放寬了許多保證，以減少誤報或提供除傳統程式分析方法以外的一些價值（比如使用模糊資訊）。但是，以機器學習為基礎的程式分析容易受到對抗性攻擊（Yefet et al, 2020）。檢索某種形式的對抗堅固性對學習型程式分析來說仍然可取，這是一個開放性的研究問題。

- 資料效率也是一個很重要的問題。大多數現有的以 GNN 為基礎的程式分析方法不是利用相對較大的程式碼標注資料集（見 22.6 節），就是使用無監督 / 自監督的代理目標（見 22.5 節）。然而，我們所需的許多程式分析並不適合這些框架，它們至少需要某種形式的弱監督。對圖進行預訓練是一個很有希望的方向，可用來解決這個問題，但是到目前為止，研究主要集中在同質圖上，如社交 / 城市網路。另外，為同質圖開發的技術，如使用的預訓練目標，並不能極佳地轉移到異質圖上，就如程式分析中使用的那些。

- 所有的機器學習模型必然產生假陽性建議。然而，當模型提供精心校準的置信度估計時，建議會被準確過濾，以減少假陽性並將置信度更進一步地傳達給使用者。透過研究能夠做出準確和校準的置信度估計的神經方法，我們可以使學習型程式分析產生更大的影響。

致謝

感謝 Earl T. Barr 對本章草稿做出的有益討論和回饋。

編者註：程式分析是圖生成（見第 11 章）的重要下游任務之一。程式分析的主要挑戰性問題在於圖表徵學習（見第 2 章），圖表徵學習將程式的關係和實體整合了起來。在圖表徵的基礎上，異質 GNN（見第 16 章）和其他變形便可學習每個節點的嵌入，並將它們用於特定任務的神經網路。GNN 雖然在缺陷檢測和機率類型推理方面獲得了良好的表現，但其卻在程式分析方面出現了一些新的問題，如決策和警告的可解釋性（見第 7 章）以及對抗堅固性（見第 8 章）。

第23章
軟體挖掘中的圖神經網路

Collin McMillan[1]

摘要

軟體挖掘包括一系列涉及軟體的任務,例如在程式的原始程式碼中尋找 bug 的位置,生成軟體行為的自然語言描述,以及檢測兩個程式何時做了大致相同的事情等。由於原始程式碼的語言限制以及程式設計師在大團隊中工作時需要保持程式碼的可讀性和相容性,軟體往往具有定義良好的結構,以圖為基礎的軟體表徵的例子已經大量湧現。同時,軟體函式庫維護方面的進展最近幫助我

1　Collin McMillan
　　Department of Computer Science,University of Notre Dame,E-mail:cmc@nd.edu

們建立了非常大的原始程式碼資料集，其結果是為軟體的圖神經網路表徵提供了肥沃的土壤，從而促進我們完成了大量的軟體挖掘任務。本章將簡介這些表徵形式的歷史，並描述受益於 GNN 的典型軟體挖掘任務，然後透過詳細展示其中一個軟體挖掘任務來解釋 GNN 可以提供的好處，此外還將討論注意事項和建議。

23.1 導讀

　　軟體挖掘被廣義地定義為旨在透過分析專案中無數的工件及其關聯來解決軟體工程問題的任何任務（Hassan and Xie, 2010；Kagdi et al, 2007；Zimmermann et al, 2005）。考慮一項撰寫文件的任務，執行這項任務的人可以透過閱讀原始程式碼和了解程式碼的不同部分如何相互作用來獲得對軟體的理解，然後便可以以自己的理解為基礎撰寫文件，解釋系統的行為。同樣，如果需要機器自動撰寫文件，那麼機器也必須分析並理解軟體，這種分析通常被稱為「軟體挖掘」。

　　人類對軟體的理解是一個認知過程，在工程師閱讀並與軟體互動的過程中自然地發生（Letovsky，1987；Maalej et al, 2014），但機器對軟體的理解必須是正式定義和量化的。一般來說，這可以歸結為每個軟體工件的向量表徵。舉例來說，對於一個函式中的每個識別字名稱，我們可以為其分配一個長度為 100 的向量，以表示它在詞嵌入空間中的位置。然後，這個函式可能是它所包含的識別字名稱對應的向量的平均值，它還可能是給定這些識別字名稱向量的循環神經網路的輸出，它甚至可能只是出現在特定位置的名稱。重點是，機器對軟體的理解通常可以量化為組成軟體的工件的向量表徵。

　　越來越多的證據表示，圖神經網路不僅是獲得這些向量表徵的有效手段，而且可以提高機器對軟體的理解能力。在關於軟體工程的研究文獻中，將軟體視為圖有著悠久的傳統。控制流圖、呼叫圖、抽象語法樹、執行路徑圖以及許多其他的圖，通常是靜態和動態分析的結果。同時，軟體資源庫管理的進步使得建立涵蓋數十億行程式碼的資料整合為可能，其結果就是為 GNN 提供了肥沃的土壤。

本章涵蓋將軟體作為 GNN 的圖表徵的歷史和先進技術，接下來是對當前方法的高層次討論、對特定方法的詳細描述以及未來的研究注意事項。

23.2 將軟體建模為圖

軟體是 GNN 的高價值目標之一，部分原因在於軟體往往是高度結構化的圖或圖集。不同的軟體挖掘任務可以利用軟體的不同圖結構。軟體的圖表徵遠遠超出任何特定的軟體挖掘任務。在編譯器將原始程式碼轉為機器程式碼的過程中，會有圖表徵（如解析樹）產生，它們用在連接和依賴關係解決過程中（如程式依賴關係圖），而且它們長期以來一直是許多視覺化和支持工具的基礎，用於幫助程式設計師理解大型軟體專案（Gema et al, 2020；Ottenstein and Ottenstein，1984；Silva, 2012）。

當考慮如何在軟體中利用這些不同的圖結構時，我們通常需要問一些問題，如「什麼是節點？」「什麼是邊？」這些問題在軟體工程研究中有兩種形式——宏觀和微觀層面的表徵。宏觀層面的表徵傾向於關注大型軟體工件之間的關聯，以圖結構為例，其中的每個原始程式碼檔案是一個節點，檔案之間的依賴關係則是一條邊。相比之下，微觀層面的表徵則傾向於包括小的細節，仍以圖結構為例，函式中的每個詞條是一個節點，每條邊則是節點之間的語法連結，可從抽象語法樹（Abstract Syntax Tree，AST）中提取出來。

本節將對這些表徵進行比較，因為它們與使用 GNN 執行軟體挖掘任務有關。

23.2.1 宏觀與微觀層面的表徵

軟體中的圖結構可被廣泛地劃分為宏觀和微觀層面。在理論上，這種劃分是多餘的，因為微觀層面的表徵可以擴充至任意大小。舉例來說，整個程式可以表徵為一棵抽象語法樹（AST）。但在實踐中，由於受時間和空間的限制，我們必須將宏觀和微觀層面的表徵分開。在最近收集的一組 Java 程式中（LeClair and McMillan, 2019），函式的 AST 的平均節點數超過 120，每個節點至少有一條邊，每個 Java 程式平均包含的函式超過 1800 個，資料集中則有超過 28000 個

程式。現實情況是，對整個程式進行微觀層面的表徵往往是不可行的，因此才引入宏觀層面的表徵來獲得「大局觀」。

23.2.1.1　宏觀層面的表徵

軟體的宏觀層面的圖表徵捕捉了程式背後的高層結構和意圖，同時避免了對實現意圖所需細節做深入挖掘。引入宏觀層面的表徵的靈感通常來自軟體設計文件，例如那些透過 UML 正式定義的文件（Braude and Bernstein, 2016；Horton，1992）。以物件導向程式的類別圖為例，其中的每個類別是類別圖中的節點，類別圖中的邊可以表示依賴、繼承、實現、組合等關係。節點可以有屬性，屬性指的是類別的成員變數或方法。

在實踐中，使用 GNN 為軟體挖掘任務選擇宏觀層面的表徵通常受到從資料集中所能實際獲取的資料的限制。這種限制通常導致我們排除使用以行為為基礎的圖，如使用案例圖，因為合適的使用案例圖很少，而那些可用的使用案例圖通常沒有一致的格式。舉例來說，因為一些工程師可能遵循不同的慣例，抑或這些圖只是以一種非正式的方式被提供，所以軟體庫中往往充滿原始程式碼，缺乏文件，尤其是設計文件（Kalliamvakou et al, 2014）。

到目前為止，最流行的宏觀層面的圖表徵往往可以直接從原始程式碼中提取。在實踐中，人們通常會做出與細微性有關的決定，一般可在套件 / 目錄、類別 / 檔案或方法 / 函式之間進行選擇。類別圖比較容易定位軟體專案中的每一個類別，然後分析每一個類別，找到它們的依賴關係、繼承關係等。同理，套件圖的優點是可以快速提供非常高層次的程式視圖。即使是大型專案，也可能只有幾十個套件。一種非常流行的替代方案是函式 / 方法呼叫圖，在呼叫圖中，程式的每個函式是一個節點，從一個函式到另一個函式的呼叫關係則是兩個節點之間的有向邊。呼叫圖在軟體工程文獻中很流行，因為它們相對容易提取，同時又能提供足夠的細節，讓人們從宏觀上了解程式，而不至於資料量過大〔回想一下，比較典型的程式大約有 1800 個函式（LeClair and McMillan, 2019）〕。

23.2.1.2　微觀層面的表徵

微觀層面的表徵可以非常詳細地描述軟體的某個部分。微觀層面的表徵一直是使用 GNN 進行軟體挖掘的大部分研究的重點。Allamanis et al（2018b）描述了一種方法，他們指出「程式圖的骨幹是程式的抽象語法樹」。然而如上所述，依靠整個程式的 AST 建立模型往往是不可行的。作為替代，典型的做法是為程式碼的一小部分（如單一函式）生成 AST，然後將每個函式視為一個圖並獨立於所有其他函式。

將每個函式作為單獨的圖來處理的好處在於，可以在每個函式上獨立地訓練 GNN 模型。幾乎任何類型的預測模型都需要獨立、自成一體的例子。因為有一些關於輸出預測如何生成的上下文（或用於訓練的預測樣本），透過將每個函式視為一個獨立的圖，我們可以將這些函式作為上下文來訓練 GNN。這在軟體挖掘中是一種整潔的解決方案，原因有兩個。首先，軟體挖掘中的許多工涉及對特定函式的預測，例如函式是否可能包含故障。其次，從 AST 中得到的函式圖會表現出一種社群結構。在典型的函式中，式數內部的節點之間有很多關聯，但是從函式內部的節點到函式外部的節點之間的關聯相對較少。函中的變數、條件、迴圈等彼此之間的互動很密切，必須較少地引用函式外部的物件，為此，我們可以使用全域變數或呼叫。

可根據原始程式碼中不同詞條和這些詞條之間的關係，構思出任意數量的軟體微觀層面的表徵。舉例來說，人們有時會強調，控制流關係比資料依賴性更有價值（Dearman et al, 2005；Ko et al, 2006）。不過也有人認為，方法呼叫（Mcmillan et al, 2013；Sillito et al, 2008）或簽名（Roehm et al, 2012）能為不同的軟體挖掘任務提供卓越的資訊。但不管怎樣，模式都是為軟體系統的許多小部分生成微觀層面的表徵，並且這些小的部分是相互獨立的。GNN 可以利用這些微觀層面的表徵，將每一個表徵作為不同的樣本來學習。

23.2.2　將宏觀和微觀層面的表徵結合起來

宏觀和微觀層面的表徵可以結合起來。一種策略是首先獨立計算宏觀和微觀層面的表徵，然後將它們並置為一個大的上下文矩陣。這樣的模型被稱為「雙編碼器」（Chidambaram et al, 2019；Yang et al, 2019h）或「串聯」模型（Wang et al, 2017h），因為學習的是同一物件的兩個表徵，儘管細微性不同。另一種策略是將微觀層面的表徵的輸出作為宏觀層面的表徵的種子，舉例來說，首先使用 AST 學習每個函式的表徵，然後將它們作為函式呼叫圖中節點的初值。

23.3　相關的軟體挖掘任務

圖神經網路正在成為軟體挖掘任務研究的重點。一些文獻（Allamanis et al, 2018a；Lin et al, 2020b；Semasaba et al, 2020；Song et al, 2019b）記錄了用於軟體挖掘任務的深度學習的歷史。Allamanis et al（2018a）撒了一張特別大的網，他們將依賴神經網路的軟體挖掘任務大致分為「程式碼生成型」和「程式碼表徵型」，這種分類主要基於對這些任務所使用模型的全域視圖。在程式碼生成型軟體挖掘任務中，模型輸出的是原始程式碼，此類軟體挖掘任務包括自動程式修復（Chen et al, 2019e；Dinella et al, 2020；Wang et al, 2018d；Vasic et al, 2018；Yasunaga and Liang, 2020）、程式碼補全（Li et al, 2018a；Raychev et al, 2014）以及編譯器最佳化（Brauckmann et al, 2020）。這些模型傾向於使用大量的程式碼進行訓練，以確保軟體品質，目的是學習程式碼中確保軟體品質的標準。然後在推理過程中，使可疑的程式碼與這些規範更加一致。舉例來說，模型可能會遇到含有錯誤的程式碼，但錯誤可透過修改程式碼來糾正，我們希望這更像是模型的預測（使模型能夠表徵訓練中學習的規範）。

與程式碼生成型軟體挖掘任務相反的是程式碼表徵型軟體挖掘任務。程式碼表徵型軟體挖掘任務在訓練期間雖然主要使用原始程式碼作為神經模型的輸入，但卻有各種各樣的輸出，此類軟體挖掘任務包括程式碼複製檢測（Ain et al, 2019；Li et al, 2017c；White et al, 2016）、程式碼搜尋（Chen and Zhou, 2018；Sachdev et al, 2018；Zhang et al, 2019f）、類型預測（Pradel et al, 2020）

和程式碼總結（Song et al, 2019b）。對旨在完成這些任務的模型來說，目標通常是建立程式碼的向量表徵，然後用於某個特定任務，該特定任務可能只與程式碼本身有關。舉例來說，對於原始程式碼搜尋，可以首先使用一個神經模型將資源庫中的原始程式碼投影到一個向量空間，然後使用另一個不同的神經模型將自然語言查詢投影到同一向量空間。在這個向量空間中，最接近查詢的程式碼將被認為是搜尋結果。程式碼複製檢測與此類似：程式碼被投影到一個向量空間，這個向量空間中最接近的程式碼將被認為是複製結果。

在這兩類軟體挖掘任務中，圖神經網路的使用正在迅速增長。程式碼生成型軟體挖掘任務的重點傾向於對程式圖進行修改，如 AST，從而使程式圖更接近模型的期望。雖然有些方法專注於將程式碼作為序列（Chen et al, 2019e），但最近的趨勢是進行圖的轉換或突出圖中不符合要求的區域（Dinella et al, 2020；Yasunaga and Liang, 2020）。這在程式碼中很有用，因為建議可能與彼此相距甚遠的程式碼元素有關，比如一個變數的宣告與這個變數的使用。相比之下，在程式碼表徵型軟體挖掘任務中，重點往往在於建立越來越複雜的程式碼圖表徵，然後透過 GNN 架構利用這種複雜性。舉例來說，早期的以 GNN 為基礎的方法傾向於只使用 AST（LeClair et al, 2020），較新的方法則使用以注意力為基礎的 GNN 來強調可以從程式碼中提取的眾多邊中最重要的邊（Zügner et al, 2021）。儘管在程式碼的生成和表徵方面存在差異，但這兩類軟體挖掘任務的趨勢都非常有利於 GNN。

程式碼總結任務表現了 GNN 的趨勢。程式碼總結任務是指撰寫原始程式碼的自然語言描述。一般來說這些描述被用在原始程式碼的文件中，如 JavaDoc。這一研究領域的演變如圖 23.1 所示。術語「程式碼總結」是在 2010 年左右提出的，隨後幾年人們利用範本化和以 IR 為基礎的解決方案對其進行了積極研究。2017 年左右，以神經網路為基礎的解決方案大量湧現。起初，它們基本上是 seq2seq 模型，其中，編碼器序列是程式碼，解碼器序列是描述。大約從 2018 年開始，最先進的技術逐漸轉移到線性化的 AST 表徵上，圖神經網路作為更好的解決方案被提出來（Allamanis et al, 2018b），但以 GNN 為基礎的方法又過了一年甚至更長時間才出現在文獻中。GNN 有望成為最先進技術的基礎。在 23.4 節中，我們將深入探討以 GNN 為基礎的解決方案的細節，並展示其工作原理和未來的改進方向。

	IR	M	T	A	S	G
Haiduc et al (2010)	x					
Sridhara et al (2011)		x	x			
Rastkar et al (2011)	x	x	x			
De Lucia et al (2012)	x					
Panichella et al (2012)	x	x				
Moreno et al (2013)	x		x			
Rastkar and Murphy (2013)	x					
McBurney and McMillan (2014)		x	x			
Rodeghero et al (2014)	x					
Rastkar et al (2014)		x				
Cortés-Coy et al (2014)	x					
Moreno et al (2014)	x					
Oda et al (2015)				x		
Abid et al (2015)		x	x			
Iyer et al (2016)				x		
McBurney et al (2016)	x	x				
Zhang et al (2016a)		x	x			
Rodeghero et al (2017)		x				
Fowkes et al (2017)	x					
Badihi and Heydarnoori (2017)		x	x			
Loyola et al (2017)				x		
Lu et al (2017b)				x		
Jiang et al (2017)				x		
Hu et al (2018c)				x		
Hu et al (2018b)				x	x	
Wan et al (2018)				x	x	
Liang and Zhu (2018)				x	x	
Alon et al (2019a,b)				x	x	
Gao et al (2019b)				x		
LeClair et al (2019)				x	x	
Nie et al (2019)				x	x	
Haque et al (2020)				x	x	
Haldar et al (2020)				x	x	
LeClair et al (2020)				x	x	x
Ahmad et al (2020)			x	x	x	
Zügner et al (2021)				x	x	x
Liu et al (2021)				x	x	x

▲ 圖 23.1　有關程式碼總結任務的論文（從 2010 年提出「程式碼總結」這一術語的論文到隨後 11 年左右發表的其他論文）概覽：從以 IR／範本為基礎的解決方案到神經模型，再到如今 GNN 模型的演變。IR 列表示方法以資訊檢索為基礎，M 列表示人工特徵／啟發式方法，T 列表示範本化的自然語言，A 列表示人工智慧（通常是神經網路）解決方案，S 列表示使用結構化資料〔如 AST（用於以 AI 為基礎的模型）〕，G 列表示 GNN 是表徵結構化資料的主要手段

23.4 軟體挖掘任務實例：原始程式碼總結

本節將要描述的原始程式碼總結是受益於 GNN 的軟體挖掘任務的典型代表。如上所述，程式碼總結任務是指撰寫原始程式碼的自然語言描述。程式碼總結模型的輸入至少應包括要描述的原始程式碼，但也可能包括關於程式碼來源的軟體專案的其他細節。程式碼總結模型的輸出是自然語言描述。程式碼總結任務被認為是程式表徵型軟體挖掘任務，因為其主要依賴於從程式碼學到的表徵，以便對描述進行預測。

23.4.1 以 GNN 為基礎的原始程式碼總結快速入門

作為對以 GNN 為基礎的原始程式碼總結的快速入門，可考慮 LeClair et al（2020）提出的模型，這個模型旨在成為 graph2seq（Xu et al, 2018c）中卷積 GNN 的直接應用。

23.4.1.1 模型的輸入輸出

模型的輸入是程式碼的微觀層面的表徵──單一副程式的 AST。AST 中的節點是 GNN 中的所有節點，而無論它們對程式設計師是否可見。唯一的邊類型是 AST 中的父 - 子關係。考慮例 23.1 中的 sendGuess() 函式和參考總結以及圖 23.2 所示的 sendGuess() 函式的 AST。

例 23.1 sendGuess() 函式和參考總結。

➔ 參考總結

```
reference                                   伺服器需要 guess
ast-attendgru-gnn (LeClair et al, 2020)     插座需要 guess
ast-attendgru-flat (LeClair et al, 2019)    初始化 guess
```

➔ 原始程式碼

```java
public void sendGuess(String guess) {
  if(isConnected()) {
    gui.statusBarInfo("Querying...",false);
    try {
      os.write((guess + "\\r\\n").getBytes());
      os.flush();
    }catch(IOException e) {
      gui.statusBarInfo("Failed to send guess.",true);
      System.err.println("IOException during send guess");
    }
  }
}
```

　　圖 23.2 中的粗體表示原始程式碼中的文字，人類讀者在原始程式碼檔案中可以看到這些文字——透過對葉子節點進行深度優先搜尋就可以看到程式碼序列，例如「public void send guess...」。圖 23.2 中的非粗體表示編譯器用來表徵結構的 AST 節點。可見的文字已前置處理過，它們會出現在模型中。舉例來說，識別字 sendGuess 會被拆分成 send 和 guess，這兩個節點是 name 節點的子節點，而 name 節點是 function 節點的子節點。對人類讀者來說，name 和 function 是不可見的。

　　圖 23.2 所示的 AST 是模型的唯一輸入，模型必須從 AST 中生成總結。從技術上講，AST 是由 srcml（Collard et al, 2011）使用社區標準程式（LeClair and McMillan, 2019）前置處理的（比如將 sendGuess 這樣的標識拆分為 send 和 guess）。例 23.1 中的參考總結是由人類程式設計師寫的。標有「ast」和「gnn」的是這種方法的預測結果，標有「ast」和「flat」的是直接前驅的輸出，直接前驅在 AST 的線性化之上使用了 RNN。GNN 和 flat AST 方法之間的唯一區別在於編碼器的結構，所有其他模型的細節都是相同的。然而我們也注意到，以 GNN 為基礎的方法與參考文獻完全匹配，而 flat AST 方法只匹配了幾個單字。稍後我們將對這個例子進行分析，以提供關於這個模型為何表現如此出色的直覺知識。

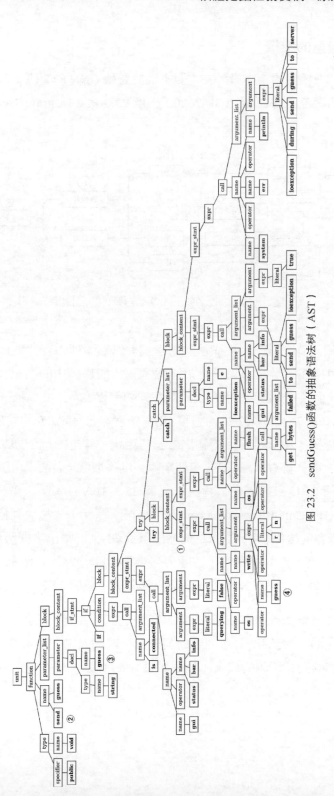

图 23.2 sendGuess()函数的抽象语法树（AST）

23.4.1.2　模型的架構

如前所述，模型的架構設計在本質上源於卷積 GNN 的 2 跳 graph2seq 模型。模型的細節可參考（LeClair et al, 2020），圖 23.3 是 2 跳 graph2seq 模型的鳥瞰圖。

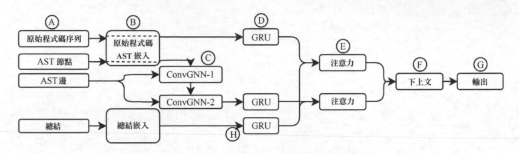

▲ 圖 23.3　2 跳 graph2seq 模型的鳥瞰圖

模型的輸入僅來自一個被描述的副程式：作為序列的程式碼以及 AST 中的節點和邊（見圖 23.3 中的 A 區）。用一個詞嵌入將序列中的標記和 AST 中的節點投影到同一向量空間是可能的，因為序列和節點輸入中的詞彙是相同的（見圖 23.3 中的 B 區）。一個 2 跳的卷積 GNN 被用來形成 AST 的向量表徵（見圖 23.3 中的 C 區）。第 2 跳之後的輸出是一個矩陣，其中的每一列是表徵 AST 中節點的向量。將一個 GRU 應用於這個矩陣，以獲取關於節點出現順序的資訊，同時將另一個 GRU 直接應用於序列（見圖 23.3 中的 D 區）。解碼器是關於總結的簡單 GRU（Gated Recurrent Unit，門控循環單元）表徵（見圖 23.3 中的 H 區）。在解碼器的輸出和序列 GRU 的輸出以及 GNN 的輸出之間應用注意力（見圖 23.3 中的 E 區），並將應用了注意力之後的矩陣並置為一個上下文矩陣（見圖 23.3 中的 F 區），然後連接到一個輸出密集層（見圖 23.3 中的 G 區）。

模型的關鍵特徵就是解碼器和 GNN 輸出之間的注意力，這裡應用注意力的目的是突出 AST 中與解碼器序列中的詞最為相關的節點。稍後我們將描述這種注意力是如何透過共用詞的嵌入（見圖 23.3 中的 B 區）變得更加有效的。

23.4.1.3　實驗

　　有一個實驗不僅證明 GNN 模型相比各種基準線有了改進，而且探索了各種模型設計決策的影響。這個實驗使用了 210 萬個 Java 方法和相關 JavaDoc 總結的資料集（LeClair et al, 2020）。前提條件是，在整個資料集中，訓練集佔 80%，驗證集 / 測試集各佔 10%。根據社群標準（LeClair and McMillan, 2019），首先從資料集中刪除重複的內容和其他缺陷；然後使用訓練集訓練模型，訓練一共持續 10 個訓練週期；最後選擇驗證準確率最高的模型進行測試，並將測試的預測結果與參考總結做比較。

　　LeClair et al（2020）有三個關鍵的發現。第 1 個關鍵的發現是，以 GNN 為基礎的方法相比最為相似的基準線（ast-attendgru-flat）好大約 1 個 BLEU 點（大約 5% 的改進）。由於 flat 模型和以 GNN 為基礎的模型的唯一區別就是模型的 AST 編碼器部分，因此這種改進可以歸功於使用 GNN（而非 RNN）進行 AST 編碼。與其他兩個基準線相比，以 GNN 為基礎的方法也有一定的改進。只有 AST 而沒有序列編碼器的基本型 graph2seq 模型（見圖 23.3 中的 A 區），在總的 BLEU 分數方面與 flat AST 模型大致相當，但這個 BLEU 分數掩蓋了表現的一些細節。

　　第 2 個關鍵的發現是，兩跳距離的結果是最好的整體表現。雖然模型的 GNN 迭代在第 1 ～ 10 次之間獲得了相比基準線更高的 BLEU 分數，但模型在兩次迭代時表現最好。一種解釋是，AST 中的節點只在大約兩跳距離內相關。AST 是一棵樹，所以資訊是在這棵樹的上下兩層傳播的。對兩跳來說，這表示一個節點的資訊會在第一次轉發傳播到其父節點，然後在第二次轉發傳播到其祖先節點和兄弟姐妹節點。超出這個範圍的節點有可能與程式碼總結模型並不那麼相關。另一種解釋是，每一次轉發中的資訊聚合方法在兩跳之後效率變低，這種解釋與 Xu et al（2018c）的發現一致，即聚合過程對 GNN 部署非常重要。但無論怎樣，我們對模型設計者的實際建議都是，這項任務的 GNN 最佳迭代次數並不高。

第 3 個關鍵的發現是，在 GNN 之後（也就是在圖 23.3 中的 C 區之後）使用 GRU 可以提高整體表現。標有尾碼「+GRU」的模型使用了 GRU，標有尾碼「+dense」的模型計算了解碼器和 GNN 的輸出矩陣之間的注意力。模型的表現並沒有想像中那麼好，一個可能的解釋是，原始程式碼不僅有像 AST 這樣的樹狀結構，也有從頭到尾的順序。GNN 之後的 GRU 捕捉到了這個順序，並且似乎導致對程式碼的更好表徵，以便進行總結。

23.4.1.4　GNN 可以帶來什麼好處

GNN 可以帶來什麼好處？這個問題值得我們討論。雖然在使用 GNN 時我們有可能觀察到整體 BLEU 分數的提高（LeClair et al, 2020；Zügner et al, 2021；Liu et al, 2021），但關鍵是 GNN 為模型貢獻了正交資訊。

1‧改進的集中性

改進集中在一組副程式中，在這些副程式中，GNN 帶來的改進最為明顯。並不是所有副程式的 BLEU 分數都會有微小的提高，而是有一組副程式受益最大。觀察圖 23.4，其中的圓形圖將前面描述的那個實驗中的測試集分成了 5 組：一組是 ast-attendgru-gnn 模型表現最好，一組是 ast-attendgru-flat 模型表現最好，一組是 ast-attendgru-gnn 和 ast-attendgru-flat 模型打成平手，一組是 attendgru 模型表現最好，還有一組是在其他情況下打成平手（包括當所有模型都做出相同的預測時）。為了簡單起見，這裡使用了 BLEU-1 分數（BLEU-1 是指單字精度，衡量的是單字預測的準確性）。

我們可以觀察到，每個模型能在 20% ～ 25% 的副程式中取得最高的 BLEU-1 分數。對於大約 12% 的副程式，以 AST 為基礎的模型打成平手，這表示總共有超過 50% 的副程式受益於 AST 資訊（GNN + flat AST 模型）。但是仍然存在一大批副程式，attendgru 模型的表現優於其他所有副程式。觀察圖 23.4 中的柱狀圖。「all」列顯示了模型的 BLEU-1 分數，注意 ast-attendgru-gnn 模型只比其他模型略高。「best」列顯示了模型取得最高 BLEU-1 分數的一組副程式（圓形圖中標有對應模型名稱的測試集）的分數。可以觀察到，ast-attendgru-gnn 模型的 BLEU-1 分數要比其他模型高很多。

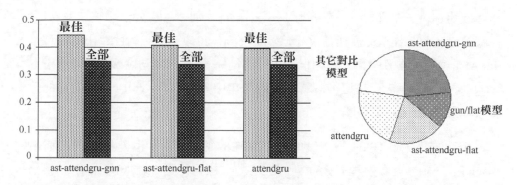

▲ 圖 23.4　左圖對每個模型表現最佳的副程式的 BLEU-1 分數與整個測試集的 BLEU-1 分數做了比較，右圖顯示了每個模型獲得最高 BLEU-1 分數的測試集的百分比

2・展示例 23.1 中的改進

透過深入研究例 23.1 中的 sendGuess() 函式，我們可以看到 GNN 帶來的改進。回顧一下，ast-attendgru-gnn 模型計算了解碼器中的每個位置和 GNN 輸出的每個節點之間的注意力（見圖 23.3 中的 E 區）。結果是一個 $m \times n$ 矩陣，其中，m 是解碼器序列的長度，n 是節點的數量（在實現中，$m=13$，$n=100$）。因此，注意力矩陣中的每個位置都表徵了 AST 節點與所輸出總結中一個詞的相關性。事實上，ast-attendgru-flat 模型的注意力矩陣具有相同的含義：除 ast-attendgru-gnn 模型使用 GNN 和 GRU 對 AST 進行編碼，而 ast-attendgru-flat 模型只使用 GRU 對 AST 進行編碼以外，其他模型是相同的。透過比較這些注意力矩陣的值，我們可以提供模型的有用對比，因為它們顯示了 AST 編碼對預測做出的貢獻。

GNN 帶來的好處在圖 23.5 所示的注意力網路中十分明顯。模型 ast-attendgru-gnn 和 ast-attendgru-flat 對原始程式碼序列中的詞條具有非常相似的注意力啟動能力〔見圖 23.5（a）和圖 23.5（c）〕。這兩個模型都顯示出對程式碼序列中位置 2 的密切注意力，也就是單字「send」。考慮到單字「send」出現在函式的名稱中，這並不令人驚訝。但是，ast-attendgru-flat 模型仍然錯誤地將總結的第一個單字預測為「attempts」，而 ast-attendgru-gnn 模型則正確地預測出總結的第一個單字是「sends」。原因就在於這兩個模型對 AST 節點的注意力。ast-attendgru-flat 模型關注的是節點 37〔見圖 23.5（d）〕，這是一個緊接 try 語

句區塊的 expr stmt 節點，正好在呼叫 os.write() 之前，在圖 23.2 中表示為區域 1。
在關於 flat AST 模型的原始論文（LeClair et al, 2019）中，對此舉出的解釋是，
flat AST 模型傾向於學習大致類似的程式碼結構，如「if 語句區塊、try 語句區塊、
呼叫 os.write() 等」。在這種解釋下，訓練集中具有 if-try-call-catch 模式的函式
便與單字「attempts」有關。

　　相比之下，以 GNN 為基礎的模型關注的是位置 8，也就是函式名稱中的
「send」一詞，就像對程式碼序列的注意力一樣〔見圖 23.5（b）〕。結果是，
以 GNN 為基礎的 AST 編碼在預測總結的第一個單字時加強了對「send」的注意
力。考慮圖 23.2 所示的 AST，位置 8 是區域 2 的 send 節點。在 2 跳的 GNN 中，
send 節點將與其父節點 name、祖先節點 function 和兄弟姐妹節點 guess 共用資
訊。在訓練過程中，以 GNN 為基礎的模型了解到與節點 function 和 name 相
關的那些詞很可能是程式碼總結中的第一個單字的候選詞，因而特別強調了這
些詞。

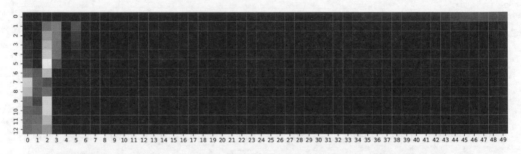

▲　（a）ast-attendgru-gnn 模型對原始程式碼序列的注意力

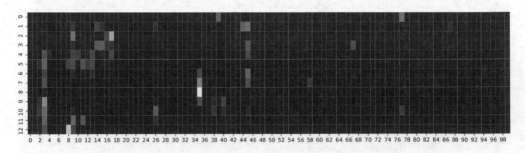

▲　（b）ast-attendgru-gnn 模型對 AST 節點的注意力
（本書為單色印刷，色彩標示部分可能無法正確顯示）

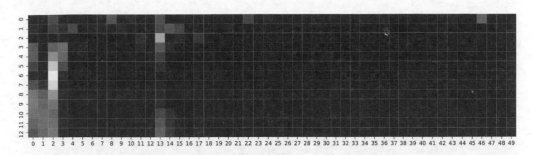

▲ （c）ast-attendgru-flat 模型對原始程式碼序列的注意力

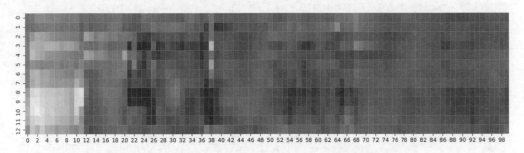

▲ （d）ast-attendgru-flat 模型對 AST 節點的注意力
（本書為單色印刷，色彩標示部分可能無法正確顯示）

▲ 圖 23.5　用於例 23.1 中的 sendGuess() 函式與圖 23.2 所示 AST 的 ast-attendgru-gnn 和 ast-attendgru-flat 模型的注意力網路的視覺化。注意力矩陣的大小為 13×100，因為在解碼器輸出中的每個位置（長度為 13）以及編碼器中的每個位置（100 個節點或 100 個程式碼詞條）之間都應用了注意力。明亮的區域表示存在高注意力。舉例來說，這兩個模型都高度關注程式碼序列中的位置 2，這個位置對應的是「send」一詞

　　簡而言之，以 GNN 為基礎的模型之所以表現出色，就在於它們向特定的一組副程式傳達了一種有傾向的好處，而它們能夠傳達這種好處的原因之一，很有可能就在於它們學會了將 AST 詞條與程式碼總結中的特定位置連結起來。

23.4.2　改進的方向

　　23.2 節提到的將軟體視為圖的觀點指明了兩個改進方向——改進微觀或宏觀層面的表徵。從本質上講，也就是選擇是從被描述的原始程式碼中擠出更多資訊（微觀層面），還是從原始程式碼之外汲取更多資訊（宏觀層面）。如果目標是生成一些 Java 方法的總結，那麼我們可以學習更多關於這些 Java 方法的細節資訊，或使用有關這些 Java 方法周圍的類別、套件、依賴關係等的資訊。微觀和宏觀層面的改進往往是互補的，而非競爭關係。學習更多宏觀層面的圖資訊有利於改進微觀層面圖資訊的模型，反之亦然（Haque et al, 2020）。

23.4.2.1　微觀層面的改進實例

　　Liu et al（2021）舉了一個例子，旨在使用更豐富的軟體微觀層面的圖表徵改進以 GNN 為基礎的程式碼總結。這種方法在本質上與前面描述的方法（LeClair et al, 2020）相似：模型的輸入是副程式的原始程式碼，輸出則是關於副程式的文字描述。編碼器以一個 GNN 為基礎，這個 GNN 的輸入是副程式的 AST。圖中的節點也是 AST 中的節點，圖中的邊則是 AST 中的父子關係。不過，模型還會考慮其他類型的邊——控制流和資料的依賴關係〔它們被統一為程式碼屬性圖（Yamaguchi et al, 2014）〕。這種結構的好處在於，AST 中的節點將直接從程式碼的其他相關部分接收資訊，而非只從 AST 中附近的節點接收資訊。

　　觀察圖 23.2 中的區域 3，這是一個 AST 節點，對應例 23.1 中的字串變數「guess」。ast-attendgru-gnn 模型將把這個變數的資訊傳遞給父節點、祖先節點和兄弟姐妹節點（在兩跳設定中）。這些節點在詞嵌入中都有相關的位置，而且這些節點幾乎出現在資料集的每個副程式中。因此，模型將學習這些節點的使用方法，並將它們與程式設計師稱為變數宣告的東西連結起來。在這裡，模型將判斷出「guess」是宣告的變數名稱。

　　Liu 等人採用的模型相比 ast-attendgru-gnn 模型已經有所改進，因為前者除可以學習這種關係以外，還可以學習其他幾種關係。關於 ast-attendgru-gnn 模型的實驗表示，AST 的結構資訊可以帶來更好的程式碼表徵——知道「guess」是變數名稱很有用，但也存在其他幾種關係。變數「guess」在呼叫 os.write() 時會

用到，這是一種資料依賴關係，對人類讀者來說有用（Freeman, 2003）。試圖理解該程式碼的人可能會注意到，以變數「guess」作為參數傳入副程式的任何東西隨後都可以透過方法呼叫寫出來。Liu 等人採用的模型有個好處，就是抓住了這種關係，並且形成了更完整的以 GNN 為基礎的程式碼表徵。

需要注意的是，隨著更多類型的邊被增加到圖中，更多的資訊將在節點之間傳播，這有可能產生難以預料的影響。想像一下，在圖 23.2 中，如果區域 4 的「guess」和區域 1 的「guess」之間存在一條邊，則這條邊表示一種資料依賴性。典型的 GNN 設計會在這條邊上傳播資訊，其結果是，使用「guess」的位置周圍的節點將從定義了「guess」的節點那裡獲得資訊。但現在想像一下從 try 語句區塊開始到呼叫 os.write() 的控制依賴關係，資訊會從 try 語句區塊傳播到控制流邊的「guess」的使用節點，然後從「guess」的使用節點傳播到資料流程邊的「guess」的定義節點。這很難解釋，因為不清楚 try 語句區塊與參數列表到底是什麼關係。人類讀者可能會對這個特殊的副程式進行解釋，但是像 ast-attendgru-gnn 這樣的模型卻總是在這些邊上傳播資訊，即使這樣做沒有意義。

Liu 等人利用 Zhu et al（2019b）提出的注意力 GNN 解決了這個問題。從本質上講，注意力 GNN 會在傳播資訊穿越邊之前，增加注意力層作為一個門。這個門的輸入包括邊的來源節點的節點嵌入，再加上此類型邊的邊嵌入。其結果是，模型在訓練期間學會了何時將資訊從一個節點傳播到一條特定類型的邊。這樣類似於來自 try 語句區塊的資訊就有可能傳播到參數列表中，但也有可能不會，這取決於這種特殊連接在訓練中是否有用。Liu 等人使用學到的程式碼表徵來幫助定位資料庫中類似的程式碼註釋。具體的想法是，當程式碼的圖表徵變得龐大和複雜時，使用注意力 GNN 強調程式碼中的一些邊而非其他邊，這個想法可以作為各種軟體挖掘任務的靈感。以上實例說明了更好的程式碼微觀層面的表徵有助完成這些軟體挖掘任務。

23.4.2.2　宏觀層面的改進實例

對程式碼總結進行宏觀層面改進的靈感來自（Aghamohammadi et al, 2020），他們採用的方法專注於生成 Android 專案中的程式總結，具體分為兩部分。第一部分圍繞著一個類似於（LeClair et al, 2019）中描述的 attendgru 基準

線的注意力編碼器 - 解碼器模型，他們使用這個模型來生成僅以副程式本身的單字為基礎的初始程式碼總結。第二部分則使用同一專案中其他副程式的程式碼總結中的子句來擴充初始程式碼總結。他們採用這種方法是為了獲得 Android 程式的動態呼叫圖，以表徵從一個副程式到另一個副程式的實際執行時期控制流。接下來便可以使用 PageRank 選擇動態呼叫圖中的一組副程式，從而強調那些被多次呼叫的副程式，或擁有其他可在動態呼叫圖結構中衡量的重要性（McMillan et al, 2011）。最後，這些副程式的程式碼總結將被附加到初始程式碼總結中。

　　Aghamohammadi et al（2020）採用的方法區塊現了宏觀層面資訊的優勢。宏觀層面的資訊是整個程式的動態呼叫圖，被用於擴充從原始程式碼本身建立的程式碼總結。這些程式碼總結往往更長，它們為讀者提供了更多的背景資訊。回顧例 23.1 中的 sendGuess() 函式，ast-attendgru-gnn 模型為其輸出了「sends a guess to the socket」。Aghamohammadi et al（2020）採用的方法可能（假設）發現呼叫 sendGuess() 函式的是滑鼠點擊事件處理副程式，於是附加輸出「called when the mouse is used to click the button」（當使用滑鼠點擊按鈕時呼叫）。由於文件的人類讀者可以從了解副程式如何使用中受益，因此包括這種宏觀層面資訊的程式碼總結往往會讓這些讀者覺得它們很有價值（Holmes and Murphy, 2005；Ko et al, 2006；McBurney and McMillan, 2016）。

　　用於軟體挖掘任務的宏觀層面的程式碼表徵可能是以 GNN 為基礎的技術的沃土。Aghamohammadi et al（2020）提取的動態呼叫圖包含來自實際執行時期的資訊，GNN 可以作為一個有用的工具來生成這些資訊的表徵。然而，GNN 在軟體挖掘任務的宏觀層面資料的應用方面仍處於起步階段。

23.5　小結

　　軟體挖掘任務是 GNN 的應用領域之一。軟體中任何方法的高層次角度都是將軟體表徵為圖，然後建立對應的 GNN 模型，從而透過軟體圖來學習為特定目的進行預測。我們提出了軟體圖的兩種角度——微觀和宏觀層面的表徵。微觀層

面的表徵佔主導地位。舉例來說，對於副程式中的錯誤預測任務，大多數方法傾向於只在這些副程式中尋找與錯誤相關的模式。然而，正在出現的證據表示，宏觀層面的表徵也可能有利於完成錯誤預測任務，因為程式碼周圍的文字很可能包含理解程式碼所需的資訊。未來可能會出現組合了軟體微觀和宏觀層面的圖表徵的 GNN 模型。

在本章中，我們將討論的重點為原始程式碼總結這一任務上，並將其作為以 GNN 為基礎的模型如何幫助產生更好的軟體挖掘任務預測的例子。我們描述了一種直接的方法，其中，副程式的 AST 被用來訓練 GNN，這在許多情況下可以產生更好的微觀層面的表徵。以注意力 GNN 為基礎取得的改進表示，較複雜的圖也可以更進一步地用於這一目的。然而，對程式碼總結的這些改進可能預示著許多軟體挖掘任務的改進。程式碼表徵型和程式碼生成型軟體挖掘任務在很大程度上依賴於對程式碼結構的細微差別的理解，而 GNN 可能是捕捉這種結構的有效工具。本章回顧了這項研究的歷史、具體的目標問題並對未來的研究方向提出了建議。

編者註：程式碼的人工智慧是近年來發展非常迅速的領域。與人類使用的語言相比，電腦軟體或程式就像人類的第二語言，這並不奇怪，因為它們有許多共同的特點。正因為如此，NLP 和軟體社區開始大量關注 GNN 在各自領域的應用，並且 GNN 獲得了巨大的成功。就像用於 NLP 的 GNN 一樣，第 4 章的 GNN 方法、第 6 章的 GNN 可擴充性、第 8 章的 GNN 對抗堅固性、第 14 章的圖結構學習技術和第 16 章的異質 GNN，也都是開發有效且高效的 GNN 方法（用於程式碼）的非常重要的基石。

第24章
藥物開發中以圖神經網路為基礎的生物醫學知識圖譜挖掘

Chang Su、*Yu Hou* 和 *Fei Wang*[1]

1   Chang Su

Department of Population Health Sciences，Weill Cornell Medicine，E-mail：Chs4001@med.cornell.edu

Yu Hou

Department of Population Health Sciences，Weill Cornell Medicine，E-mail：Yuh4001@med.cornell.edu

Fei Wang

Department of Population Health Sciences，Weill Cornell Medicine，E-mail：Few2001@med.cornell.edu

摘要

　　藥物開發是一個極其昂貴且耗時的過程。從無到有，成功地將一種藥物推向市場需要數十年的時間和數十億美金的資金，這使得藥物開發過程在面對像新冠病毒肺炎（COVID-19）這樣的緊急情況時效率極低。同時，在過去幾十年裡，人類在藥物開發過程中累積了大量的知識和經驗。這些知識和經驗被總結在了生物醫學文獻中，作為人類寶貴的財富，裡面包含很多對未來藥物開發過程極具參考價值的見解。知識圖譜（Knowledge Graph，KG）是組織此類文獻中有用資訊的一種有效方式，目的是讓它們能夠被有效檢索到。另外，KG 也是連接藥物開發過程中涉及的異質生物醫學概念的橋樑。在本章中，我們將回顧現有的生物醫學 KG，並介紹 GNN 技術如何促進 KG 上的藥物開發過程。此外，我們還將介紹兩個關於帕金森氏症和 COVID-19 的案例研究，並指出這一領域未來的發展方向。

24.1　導讀

　　生物醫學這門學科在生物實驗和臨床實踐中累積了大量高度專業化的知識。這些知識通常埋藏在大量的生物醫學文獻中，這使得有效的知識組織和高效的知識檢索成為一項很有挑戰性的任務。知識圖譜（KG）是最近出現的概念，旨在實現知識檢索目標。KG 透過建構一個描述實體及實體間相互關係的語義網路來儲存和表徵知識。組成知識圖譜的基本元素是＜頭，關係，尾＞元組，其中的「頭」和「尾」是概念實體，「關係」則用於將這些實體與語義關係關聯起來。在生物醫學中，典型的實體是疾病、藥物、基因等，關係則是治療、結合、相互作用等。大規模的生物醫學 KG 使得高效的知識檢索和推理成為可能。

　　生物醫學知識圖譜（Biomedical Knowledge Graph，BKG）可以有效地增強生物醫學資料分析程式。尤其是，許多不同類型的生物醫學資料是異質的和有雜訊的（Wang et al, 2019f；Wang and Preininger, 2019；Zhu et al, 2019e），這使得在這些資料上開發的資料驅動模型在實際應用中並不可靠。BKG 有效編碼了生物醫學實體及其語義關係，可以作為「先驗知識」指導下游的資料驅動分析程式，提高模型的品質。另外，我們也可以利用 BKG 產生假設（比如哪種藥

物可以用來治療哪種疾病），並在現實世界的健康資料（如電子健康記錄）中對產生的假設進行驗證。

在本章中，我們將回顧現有的 BKG 並介紹將 BKG 用於生成有關藥物再利用的假設的例子，最後指出這一領域未來的研究方向。

24.2 現有的生物醫學知識圖譜

本節將概述現有的且已公開的生物醫學知識圖譜（見表 24.1）及其建構和組織方式。

→ 表 24.1　現有的且已公開的生物醫學知識圖譜（BKG）

BKG	實體	關係	重點	建構方法
Clinical Knowledge Graph（Santos et al, 2020）	1600 萬個實體，來自 33 種實體類型	2.2 億個關係，來自 51 種關係類型	通用	資源整合
Drug Repurposing Knowledge Graph（Ioannidis et al, 2020）	97238 個實體，來自 13 種實體類型	5874261 個關係，來自 107 種關係類型	通用	資源整合
Hetionet（Himmelstein et al, 2017）	47031 個實體，來自 11 種實體類型	2250197 個關係，來自 24 種關係類型	通用	資源整合
iDISK（Rizvi et al, 2019）	144059 個實體，來自 6 種實體類型	708164 個關係，來自 6 種關係類型	飲食營養補充	資源整合
PreMedKB（Yu et al, 2019b）	404904 個實體，來自 4 種實體類型	496689 個關係，來自 52 種關係類型	通用	資源整合
Zhu et al（2020b）	5 種實體類型	9 種關係類型	通用	資源整合
Zeng et al（2020b）	145179 個實體，來自 4 種實體類型	15018067 個關係，來自 39 種關係類型	通用	資源整合
COVID-19 Knowledge Graph（Domingo-Fernández et al, 2020）	3954 個實體，來自 10 種實體類型	9484 個關係	COVID-19	文獻挖掘

BKG	實體	關係	重點	建構方法
COVID-KG（Wang et al, 2020e）	67217 個實體，來自 3 種實體類型	85126762 個關係，來自 3 種關係類型	COVID-19	文獻挖掘
Global Network of Biomedical Relationships（Percha and Altman, 2018）	3 種實體類型（化學、疾病和基因）	2236307 個關係，來自 36 種關係類型	通用	文獻挖掘
KGHC（Li et al, 2020d）	5028 個實體，來自 9 種實體類型	13296 個關係	肝癌	文獻挖掘
Li et al（2020b）	22508 個實體，來自 9 種實體類型	579094 個關係	通用	EHR 挖掘
QMKG（Goodwin and Harabagiu, 2013）	634000 個實體	1390000000 個關係	通用	EHR 挖掘
Rotmensch et al（2017）	647 個實體，來自兩種實體類型	疾病 – 症狀	通用	EHR 挖掘
Sun et al（2020a）	1616549 個實體，來自 62 種實體類型	5963444 個關係，來自 202 種關係類型	通用	EHR 挖掘

　　建構 BKG 的一種常見方式是從一些資料資源中提取和整合資料，這些資料資源通常是由人組織的，用於總結來自生物實驗、臨床試驗、基因組廣泛連結分析、臨床實踐等的生物醫學知識（Santos et al, 2020；Ioannidis et al, 2020；Himmelstein et al, 2017；Rizvi et al, 2019；Yu et al, 2019b；Zhu et al, 2020b；Zeng et al, 2020b, b；Domingo-Fernández et al, 2020；Wang et al, 2020e；Percha and Altman, 2018；Li et al, 2020d, b；Goodwin and Harabagiu, 2013；Rotmensch et al, 2017；Sun et al, 2020a）。

　　表 24.2 總結了一些常用於建構 BKG 的公共資料資源。舉例來說，毒性與基因比較資料庫（Comparative Toxicogenomics Database，CTD）（Davis et al, 2019）包含了豐富的、經過人工整理的化學 - 基因、化學 - 疾病和基因 - 疾病關聯資料，目的是推進理解環境曝露對人類健康的影響；DrugBank（Wishart et al, 2018）資料庫包含了已批准的和正在試驗的藥物的資訊以及藥理學資料（如藥

物 - 目標的相互作用）；一些本體資源，如基因本體（Ashburner et al, 2000）和
疾病本體（Schriml et al, 2019），則儲存了基因和疾病的機能及語義背景。

➡ 表 24.2　一些常用於建構 BKG 的公共資料資源

資料庫	實體	關係	簡短描述
Bgee（(Bastian et al, 2021）	60072 個解剖學和基因實體	關於存在 / 不存在表達的 11731369 個關係	一個用於解剖學 - 基因表達的資料庫
Comparative Toxicogenomics Database（Davis et al, 2019）	73922 個疾病、基因、化學、途徑實體	38344568 個化學 - 基因、化學 - 疾病、化學 - 途徑、基因 - 疾病、基因 - 途徑和疾病 - 途徑關係	一個人工組織的資料庫，其中包括化學 - 疾病 - 基因 - 途徑關係
Drug-Gene Interaction Database（Cotto et al, 2018）	160054 個藥物和基因實體	96924 個藥物 - 基因相互作用關係	一個關於藥物 - 基因相互作用的資料庫
DISEASES（Pletscher- Frankild et al, 2015）	22216 個疾病和基因實體	543405 個關係	一個疾病 - 基因連結資料庫
DisGeNET（Piñero et al,, 2020）	159052 個疾病、基因和變異實體	839138 個基因 - 疾病、變異 - 疾病關係	一個整合了來自專家組織的與人類疾病相關的基因和變異資料的資料庫
IntAct（Orchard et al, 2014）	119281 個化學和基因實體	1130596 個關係	一個關於分子相互作用的資料庫
STRING(Szklarczyk et al, 2019）	24584628 個蛋白質實體	3123056667 個蛋白質 - 蛋白質相互作用關係	一個關於蛋白質 - 蛋白質相互作用網路的資料庫
SIDER（Kuhn et al, 2016）	7298 個藥物和副作用實體	139756 個藥品 - 副作用效應關係	一個包含藥品以及記錄的藥品不良反應的資料庫
SIGNOR（Licata et al, 2020）	7095 個實體，來自 10 種實體類型	26523 個關係	一個整合了發表在科學文獻中的訊號資訊的資料庫

資料庫	實體	關係	簡短描述
TISSUE（Palasca et al, 2018）	26260 個組織和基因實體	6788697 個關係	一個透過人工整理的文獻建立的關於組織-基因表達的資料庫
DrugBank（Wishart et al, 2018）	15128 個藥物實體	28014 個藥物-目標、藥物-酶、藥物-載體、藥物-轉運體關係	一個關於藥物和藥物目標資訊的資料庫
KEGG（Kanehisa and Goto, 2000）	33756186 個藥物、途徑、基因等實體	—	一個關於基因組、生物途徑、疾病、藥物和化學物質的資料庫
PharmGKB（Whirl-Carrillo et al, 2012）	43112 個基因、變異、藥物/化學和表現型實體	61616 個關係	一個關於藥品和藥品相關關係的資料庫
Reactome（Jassal et al, 2020）	21087 個途徑實體	—	一個人工組織的用於同行評議的途徑資料庫
Semantic MEDLINE Database（Kilicoglu et al, 2012）	—	109966978 個關係	一個包含來自文獻的語義預測的資料庫
Gene Ontology（Ashburner et al, 2000）	44085 個基因實體	—	基因功能的本體

　　透過整合這些豐富的資料，人們已經建構了一些 BKG（Santos et al, 2020；Ioannidis et al, 2020；Himmelstein et al, 2017；Rizvi et al, 2019；Yu et al, 2019b；Zhu et al, 2020b；Zeng et al, 2020b，b；Domingo-Fernández et al, 2020；Wang et al, 2020e）。舉例來說，於 2017 年發佈的 Hetionet（Himmelstein et al, 2017）就是一個精心組織的 BKG，其中整合了 29 個公開可用的生物醫學資料庫，包含 11 種類型的 47031 個生物醫學實體和 24 種類型的超過 200 萬個這些實體之間的再連接。與 Hetionet 類似，Drug Repurposing Knowledge Graph（DRKG）（Ioannidis et al, 2020）是透過整合 6 個不同的現有生物醫學資料庫中的資料建立的，包含 13 種類型的約 10 萬個實體和 107 種類型的超過 500

萬個關係。Zhu et al（2020b）透過系統地整合多個藥物資料庫，如 DrugBank（Wishart et al, 2018）和 PharmGKB（Whirl-Carrillo et al, 2012），建構了一個以藥物為中心的 BKG。Hetionet、DRKG 和 BKG 已被用於加速計算藥物的再利用。PreMedKB（Yu et al, 2019b）透過整合現有資源中的關聯資料，實現了包括疾病、基因、變異和藥物方面的資訊。Rizvi et al（2019）透過整合多個膳食相關的資料庫，建構了一個名為膳食補充劑知識庫（iDISK）的 BKG，其中涵蓋膳食補充劑方面的知識，包括維生素、草藥、礦物質等。臨床知識圖譜（Clinical Knowledge Graph，CKG）（Santos et al, 2020）是透過整合相關的現有生物醫學資料庫（如 DrugBank（Wishart et al, 2018）、Disease Ontology（Schriml et al, 2019）、SIDER（Kuhn et al, 2016）等）並以從科學文獻中提取的知識為基礎建構的，其中包含超過1600萬個節點和超過2.2億個關係。與其他 BKG 相比，CKG 的知識顆粒度更細，因為其中涉及更多的實體類型，如代謝物、修飾蛋白、分子功能、轉錄物、遺傳變異、食物、臨床變數等。

　　隨著生物醫學研究的快速發展，每天都有大量的生物醫學文章被發表。人工從文獻中提取知識用於 BKG 計算已經無法滿足當前需求。為此，人們努力利用文字挖掘方法從文獻中提取生物醫學知識以建構 BKG（Domingo-Fernández et al, 2020；Wang et al, 2020e；Percha and Altman, 2018；Li et al, 2020d）。舉例來說，Sun et al（2020a）透過從藥物描述、醫學詞典和文獻中提取生物醫學實體和關係，建構了一個知識圖譜，以辨識索賠檔案中涉嫌詐騙、浪費和濫用的案例。COVID-KG（Wang et al, 2020e）和 COVID-19 知識圖譜（Domingo-Fernández et al, 2020）則是透過從生物醫學文獻中提取 COVID-19 特定的知識而建立的，由此產生的 COVID-19 特定的 BKG 包含諸如疾病、化學、基因和路徑等實體以及它們之間的關係。KGHC（Li et al, 2020d）是一個專門針對肝癌的 BKG，它是透過從網際網路上的文獻和內容中提取知識，並從 SemMedDB（Kilicoglu et al, 2012）中提取結構化的三元組而建立的。此外，一些研究（Goodwin and Harabagiu, 2013；Li et al, 2020b；Rotmensch et al, 2017；Sun et al, 2020a）試圖從電子健康記錄（Electronic Health Record，EHR）和電子醫療記錄（Electronic Medical Record，EMR）等臨床資料中建立 BKG。舉例來說，Rotmensch et al（2017）使用資料驅動的方法，透過從 EHR 資料中提取疾病 - 症狀關係來建構 BKG。Li et al（2020b）提出了一個系統化的管線，用於從大規模的 EMR 資料

中提取 BKG；與其他以三元組結構為基礎的 BKG 相比，他們得到的 KG 以四元組結構為基礎——<頭，關係，尾，屬性>，其中的「屬性」包括對應的<頭，關係，尾>三元組的共現次數、共現機率、特異性和可靠性等資訊。

24.3 知識圖譜的推理

在知識圖譜（KG）的推理過程中，通常會提到 KG 的以下兩個重要屬性。

- KG 的局部和全域結構屬性。

- 實體和關係的異質性（Wang et al, 2017d；Cai et al, 2018b；Zhang et al, 2018c；Goyal and Ferrara, 2018；Su et al, 2020c；Zhao et al, 2019d）。

標準的 KG 推理管線通常包含以下兩個主要步驟。

（1）學習實體（和關係）的嵌入（即表徵向量），同時保留它們的結構特徵和 KG 中的實體及關係屬性。

（2）使用學到的嵌入執行下游任務，如實體分類和連結預測。

值得注意的是，既可以單獨執行這兩個步驟，也可以透過建立一個點對點的模型，聯合學習嵌入並執行下游任務。在本節中，我們將回顧對 KG 進行推理的現有技術，包括傳統的 KG 推理技術和以 GNN 為基礎的 KG 推理技術。

24.3.1 傳統的 KG 推理技術

傳統的 KG 推理技術如下。

語義匹配模型。語義匹配模型透過利用以相似性為基礎的能量函式來匹配實體和關係隱含在嵌入空間中的語義表徵。著名的語義匹配模型 RESCAL（Nickel et al, 2011；Jenatton et al, 2012）以以下思想為基礎：透過相似關係與相似實體相連的實體通常是相似的（Nickel and Tresp, 2013）。透過將每個關係 r_k 與一個矩陣 M_k 連結起來，便可使用一個雙線性模型 $f(e_i, r_k, e_j) = h_i^T M_k h_j$ 來定義能量函式，其中，$h_i, h_j \in \mathbb{R}^d$ 分別是實體 e_i 和 e_j 的 d 維嵌入向量。RESCAL 透

過 e_i 和 e_j 共同學習實體的嵌入結果，並透過 M_k 學習關係的嵌入結果。語義匹配模型 DistMult（Yang et al, 2015a）則透過限制關係 r_k 的矩陣 M_k 為對角矩陣來簡化 RESCAL。儘管 DistMult 相比 RESCAL 效率更高，但 DistMult 只能處理無向圖。為了解決這個問題，語義匹配模型 HolE（Nickel et al, 2016b）實現了透過它們的循環連結來組合 e_i 和 e_j。因此，HolE 繼承了 RESCAL 的功能和 DistMult 的高效。其他語義匹配模型參考了神經網路架構，它們將嵌入作為輸入層，並將能量函式作為輸出層，比如語義匹配能量（Semantic Matching Energy，SME）模型（Bordes et al, 2014）和多層感知機（Multi-Layer Perceptron，MLP）（Dong et al, 2014）。

平移距離模型。平移距離模型以以下思想為基礎：對於每個三元組 (e_i, r_k, e_j)，關係 r_k 可被認為是嵌入空間中從頭實體 e_i 到尾實體 e_j 的平移，因此可以利用以距離為基礎的能量函式來模擬 KG 中的三元組。著名的平移距離模型 TransE（Bordes et al, 2013）通常將關係 r_k 表徵為平移向量 g_k，這樣 e_i 和 e_j 就被 r_k 緊密連接了起來，能量函式被定義為 $f(e_i, r_k, e_j) = \|h_i + g_k + h_j\|_2$。由於所有需要學習的參數都是位於同一低維空間的實體和關係嵌入向量，TransE 顯然很容易訓練。TransE 存在的問題是無法極佳地處理 KG 中的 N 對 1、N 對 1 和 N 對 N 結構。為了解決這個問題，TransH（Wang et al, 2014）對 TransE 做了擴充：為每個關係 r_k 引入一個超平面，並在建構平移方案之前將 e_i 和 e_j 投影到這個超平面上。透過採用這種方式，TransH 提高了模型容量，同時保留了效率。同樣，TransR（Lin et al, 2015）透過引入特定關係空間擴充了 TransE。此外，對於更精細的嵌入，TransD（Ji et al, 2015）透過為每個關係 r_k 建構兩個矩陣 M_k^1 和 M_k^2 擴充了 TransE，以便分別投影 e_i 和 e_j，從而同時捕捉實體多樣性和關係多樣性。TranSparse（Ji et al, 2016）透過使用自我調整的稀疏矩陣對不同類型的關係進行建模來簡化 TransR，TransF（Feng et al, 2016）則將平移限制放寬至 $h_i + g_k \approx \alpha h_j$。

以元路徑為基礎的模型。語義匹配模型和平移距離模型的潛在問題在於，由於主要關注單躍點的形成（即三元組中的相鄰實體建模），因此它們有可能忽略 KG 的全域結構屬性。為了解決這個問題，以元路徑為基礎的模型旨在捕捉局部和全域結構屬性以及實體和關係類型，以便進行 KG 推理。一般來說元

路徑被定義為由邊緣類型分隔的節點類型序列（Sun et al, 2011）。以長度為 l 的元路徑 $a_1 \xrightarrow{b_1} a_2 \xrightarrow{b_2} \cdots \xrightarrow{} a_l$ 為例，其中的 $\{a_1, a_2, \cdots, a_l\}$ 和 $\{b_1, b_2, \cdots, b_{l-1}\}$ 分別是節點類型和關係類型的集合。按照這一想法，異質資訊網路嵌入（Heterogeneous Information Network Embedding，HINE）（Huang and Mamoulis, 2017）定義了以元路徑為基礎的接近性，HINE 透過最小化嵌入空間中以元路徑為基礎的接近性和預期接近性的差異，保留了異質結構。此外，metapath2vec（Dong et al, 2017）對以元路徑為基礎的隨機遊走做了形式化，並且擴充了單字嵌入模型 SkipGram 以學習實體嵌入，從而將每個隨機遊走路徑視為一個句子，並將實體視為單字。

卷積神經網路（CNN）模型。CNN 模型也被用於完成 KG 推理任務。舉例來說，ConvE（Dettmers et al, 2018）使用 CNN 架構來預測 KG 中的連結。對於每個三元組 (e_i, r_k, e_j)，ConvE 首先將 e_i 和 r_k 的嵌入向量重塑為兩個矩陣，並將它們並置起來；然後將得到的矩陣送入卷積層以產生特徵圖，最後將產生的特徵圖轉換到實體嵌入空間中以匹配 e_j 的嵌入。ConvKB（Nguyen et al, 2017）則直接將每個三元組 (e_i, r_k, e_j) 的嵌入向量並置成一個 3 列的矩陣，這個矩陣隨後被送入卷積層以學習實體和關係嵌入。

24.3.2　以 GNN 為基礎的 KG 推理技術

以 GNN 為基礎的 KG 推理技術如下。

以圖卷積網路（GCN）為基礎的架構。在 KG 推理中，使用和擴充 GCN 的先驅模型之一是關聯式 GCN（Relational GCN，R-GCN）（Schlichtkrull et al, 2018）。與原來的應用場景不同，KG 的結構屬性通常是異質的，具有不同的實體類型和關係類型。為了解決這個問題，R-GCN 對常規的 GCN 架構進行了兩處微妙的修改（Berg et al, 2017）。具體來說，對於每個實體，R-GCN 使用了一種特定的關係轉換機制，而非簡單地整理所有鄰近實體的資訊。這種機制首先根據關係類型和關係方向分別收集鄰近實體的資訊，然後將它們累積到一起。

$$h_i^{(l+1)} = \sigma \left(\sum_{r_k \in \mathbb{R}} \sum_{j \in \mathcal{N}_i^k} \frac{1}{c_{i,k}} W_k^{(l)} h_j^{(l)} + W_0^{(l)} h_i^{(l)} \right) \tag{24.1}$$

其中，$h_i^{(l+1)}$ 是實體 e_i 在第（l+1）個圖卷積層的嵌入向量；$\mathbb{R}$ 是所有關係的集合；$\mathcal{N}_i^k$ 是實體 e_i 在關係 r_k 下的鄰近實體；問題特定的歸一化係數 $c_{i,k}$ 既可以是透過學習得到的，也可以是預先定義的。透過對每個實體進行 Softmax 歸一化，R-GCN 可以被訓練用於實體分類。在連結預測中，R-GCN 被用作學習實體嵌入向量的編碼器，因數化模型 DistMult 則被用作解碼器，可根據學習的實體嵌入來預測 KG 中缺失的連結。與 DistMult 和 TransE 等基準線模型相比，R-GCN 的表現有明顯改進。

Cai et al（2019）提出了 TransGCN。TransGCN 將 GCN 架構與平移距離模型（如 TransE 和 RotatE）結合了起來，用於 KG 中的連結預測任務。與 R-GCN 相比，TransGCN 旨在解決連結預測任務，但它不需要像 R-GCN 那樣的特定任務解碼器，也不需要同時學習實體嵌入和關係嵌入。對於每個三元組 (e_i, r_k, e_j)，TransGCN 假設 r_k 是嵌入空間中從頭 e_i 到尾 e_j 的轉換，然後擴充 GCN 層並將 e_i 的嵌入更新為

$$m_i^{(l+1)} = \frac{1}{c_i} W_0^{(l)} \left(\sum_{(e_j, r_k, e_i) \in \mathcal{N}_i^{(in)}} h_i^{(l)} \circ g_k^{(l)} + \sum_{(e_i, r_k, e_j) \in \mathcal{N}_i^{(out)}} h_j^{(l)} \star g_k^{(l)} \right) \quad （24.2）$$

$$h_i^{(l+1)} = \sigma(m_i^{(l+1)} + h_i^{(l)}) \quad （24.3）$$

其中，$\circ$ 和 $\star$ 是轉換運算子，可根據使用的平移機制來定義；$N_i^{(in)}$ 和 $N_i^{(out)}$ 分別是 e_i 的傳入和傳出三元組；歸一化常數 c_i 是由實體 e_i 的總度數定義的；每個關係 r_k 的嵌入則被簡單地更新為 $g_k^{(l+1)} = \sigma(W_l^{(l)} g_k^{(l)})$。TransGCN 採用了兩種平移機制——TransE 和 RotatE，並對應地定義了轉換運算子「$\circ$」和「$\star$」以及評分函式。得到的最終架構 TransE-GCN 和 RotatE- GCN 在實驗中顯示出了相比 TransE、RotatE 和 R-GCN 更好的表現。

結構感知卷積網路（Structure-Aware Convolutional Network，SACN）（Shang et al, 2019）是另一種以 GCN 為基礎的知識圖譜推理架構。與 R-GCN 類似，SACN 採用加權的圖卷積網路（Weighted Graph Convolutional Network，WGCN）作為編碼器來捕捉 KG 的結構屬性。WGCN 將具有多種關係類型的

KG 視為具有單一關係類型的多個子圖的組合，每個實體 e_i 的嵌入向量則可以透過以每個子圖為基礎的資訊傳播的加權組合得到：

$$h_i^{(l+1)} = \sigma\left(\sum_{j \in \mathscr{N}_i} \alpha_k^{(l)} h_j^{(l)} W^{(l)} + h_i^{(l)} W^{(l)}\right) \quad (24.4)$$

其中，$\alpha_k^{(l)}$ 是第 l 層的關係 r_k 的權重。從 WGCN 學到的嵌入將被送入解碼器 Conv- TransE——一個使用了 TransE 的平移機制的 CNN，用於連結預測。

以圖注意力網路（Graph Attention Network，GAT）為基礎的架構。
GCN 架構的潛在問題是，對於每個實體，GCN 架構都將平等地對待相鄰實體並收集資訊。然而，不同的相鄰實體、關係或三元組在表示某特定實體時可能有不同的重要性，同一關係下相鄰實體的權重也可能不同。為了解決這個問題，GAT 被用於解決 KG 推理問題。早期的研究成果之一 GATE-KG（KG 中以圖為基礎的注意力嵌入）（Nathani et al, 2019）引入了一種擴充且通用的注意力機制作為編碼器，以產生實體和關係嵌入，同時捕捉 KG 中的不同關係類型。對於每個三元組 (e_i, r_k, e_j)，GATE-KG 都將產生這個三元組的表徵向量 $c_{ijk}^{(l)}$。

$$c_{ijk}^{(l)} = W_1^{(l)}\left[h_i^{(l)} \,\big\|\, h_j^{(l)} \,\big\|\, g_k^{(l)}\right] \quad (24.5)$$

其中，|| 是並置操作。注意力係數 α_{ijk} 可透過以下方式獲得：

$$\beta_{ijk}^{(l)} = \text{LeakyReLU}\left(W_2^{(l)} c_{ijk}^{(l)}\right) \quad (24.6)$$

$$\alpha_{ijk}^{(l)} = \frac{\exp(\beta_{ijk}^{(l)})}{\sum_{j' \in \mathscr{N}_i} \sum_{k' \in \mathscr{R}_{ij'}} \exp(\beta_{ij'k'}^{(l)})} \quad (24.7)$$

其中，$\mathscr{R}_{ij}$ 是 e_i 和 e_j 之間所有關係的集合。透過以不同為基礎的關係整理鄰居節點的資訊，實體 e_i 的嵌入向量 $h_i^{(l+1)}$ 在第 $(l+1)$ 層可計算為

$$h_i^{(l+1)} = \sigma\left(\sum_{j \in \mathscr{N}_i} \sum_{k \in \mathscr{R}_{ij}} \alpha_{ijk}^{(l)} c_{ijk}^{(l)}\right) \quad (24.8)$$

此外，我們可以透過使用 n 跳鄰居節點之間的輔助關係，在第 n 個圖注意力層反覆地累積 n 跳鄰居節點的資訊。由於對 1 跳鄰居節點賦予高權重，而對 n 跳鄰居節點指定低權重，因此 GATE-KG 可以捕捉到 KG 的中繼站結構資訊。

RGHAT（Relational Graph neural network with Hierarchical ATtention）（Zhang et al, 2020i）是另一個以 GAT 為基礎的模型，用於完成 KG 中的連結預測任務。具體來說，RGHAT 採用了一種兩層的注意力機制。首先，關係層的注意力機制定義了表示特定實體 e_i 的每個關係 r_k 的權重為

$$a_{ik} = W_1[\, h_i \, \| \, g_k \,] \qquad (24.9)$$

$$\alpha_{ik} = \frac{\exp(\sigma(z_1 \cdot a_{ik}))}{\sum_{r_x \in \mathcal{N}_i} \exp(\sigma(z_1 \cdot a_{ix}))} \qquad (24.10)$$

其中，z_1 表示一個可學習的參數向量，σ 表示 LeakyReLU 函式，$\mathcal{N}_i$ 表示實體 e_i 的相鄰關係。其次，物理層的注意力機制為

$$b_{ikj} = W_2[a_{ik} \, \| \, h_j] \qquad (24.11)$$

$$\beta_{kj} = \frac{\exp(\sigma(z_2 \cdot b_{ikj}))}{\sum_{r_y \in \mathcal{N}_{i,k}} \exp(\sigma(z_1 \cdot b_{iyj}))} \qquad (24.12)$$

其中，z_2 表示一個可學習的參數向量，$\mathcal{N}_{i,k}$ 表示關係 r_k 下實體 e_i 的尾實體的集合。透過三元組 (e_i, r_k, e_j) 收集資訊的最終注意力係數則計算為 $\mu_{ijk} = \alpha_{ik} \cdot \beta_{kj}$。與 GATE-KG 類似，RGHAT 使用 ConvE 作為連結預測的解碼器。

Wang et al（2019j）提出了以 KG 為基礎的知識圖譜注意力網路（Knowledge Graph Attention Network，KGAT），其中包含三種類型的層。首先，嵌入層使用 TransR 學習實體和關係的嵌入。其次，附帶注意力的嵌入傳播層擴充了 GAT，以捕捉 KG 的高階結構屬性（即中繼站鄰居節點的資訊）。具體來說，KGAT 為每個三元組 (e_i, r_k, e_j) 定義了一個注意力係數，這個注意力係數取決於 e_i 和 e_j 在關係 r_k 的空間中的距離：

$$\beta_{ijk} = (\boldsymbol{W}_k \boldsymbol{h}_i)^{\mathrm{T}} \tanh(\boldsymbol{W}_k \boldsymbol{h}_j + \boldsymbol{g}_k) \tag{24.13}$$

$$\alpha_{ijk} = \frac{\exp(b_{ijk})}{\displaystyle\sum_{j' \in \mathcal{N}_i} \sum_{k' \in \mathcal{R}_{ij'}} \exp(\beta_{ij'k'})} \tag{24.14}$$

KGAT 將透過堆疊多個帶有表徵注意力的嵌入傳播層，來獲取每個實體的中繼站鄰居節點的資訊。具體而言，第（l+1）層的實體 e_i 的嵌入 $\boldsymbol{h}_i^{(l+1)} = \sigma(\boldsymbol{h}_i^{(l)}, \boldsymbol{h}_{\mathcal{N}_i}^{(1)})$，其中 $\boldsymbol{h}_{\mathcal{N}_i}^{(1)} = \displaystyle\sum_{(e_i, r_k, e_j) \in \mathcal{N}_i} \alpha_{ijk} \boldsymbol{h}_j^{(l)}$。

最後，預測層將每個圖注意力層的嵌入並置起來，並對每個實體進行預測。

異質圖注意力網路（Heterogeneous graph Attention Network，HAN）（Wang et al, 2019m）使用 GAT 解決了異質圖中的節點（即實體）分類問題（可將 KG 作為異質圖的一種特殊類型）。HAN 將圖注意力機制與元路徑結合了起來，以捕捉異質結構的特性。HAN 還引入了一種包含節點層注意力和語義層注意力的分層注意力機制。節點層注意力的目的是學習以元路徑為基礎的鄰居節點在指示節點方面的重要性。具體來說，HAN 首先透過 $\boldsymbol{h}_i = \boldsymbol{M}_{\phi_i} \boldsymbol{h}'$ 將不同類型的實體投影到同一空間，其中，ϕ_i 是實體 e_i 的類型，$\boldsymbol{h}_i$ 和 $\boldsymbol{h}'$ 分別是 e_i 的投影嵌入和原始嵌入；然後計算實體對 (e_i, e_j) 在元路徑 Φ 下的注意力權重 α_{ij}^{Φ}。

$$\alpha_{ij}^{\Phi} = \frac{\exp(\boldsymbol{a}_{\Phi}^{\mathrm{T}} \cdot [\boldsymbol{h}_i \| \boldsymbol{h}_j])}{\displaystyle\sum_{j' \in \mathcal{N}_i^{\Phi}} \exp(\boldsymbol{a}_{\Phi}^{\mathrm{T}} \cdot [\boldsymbol{h}_i \| \boldsymbol{h}_{j'}])} \tag{24.15}$$

其中，$\mathcal{N}_i^{\Phi}$ 是 e_i 在元路徑 Φ 下的所有鄰居節點，$\boldsymbol{a}_{\Phi}$ 是節點層注意力向量。

語義層注意力透過以下方式學習元路徑 Φ 在分類任務中的重要性。

$$w_{\Phi} = \frac{1}{|\mathcal{V}|} \sum_{e_i \in \mathcal{V}} \boldsymbol{q}^{\mathrm{T}} \cdot \tanh(\boldsymbol{W} \cdot \boldsymbol{z}_i^{\Phi} + \boldsymbol{b}) \tag{24.16}$$

其中，$\mathcal{V}$ 表示所有實體，$\boldsymbol{q}$ 表示透過訓練學到的語義層注意力向量，$\boldsymbol{b}$ 表示偏置。語義層注意力的權重為 $\beta_{\Phi} = \dfrac{\exp(w_{\Phi})}{\displaystyle\sum_{\Phi'} \exp(w_{\Phi'})}$，所有實體的最終嵌入 $Z = \displaystyle\sum_{\Phi} \beta_{\Phi} Z_{\Phi}$ 被用於分類。

24.4　藥物開發中以 KG 為基礎的假設生成

一般來說，藥物再利用包括三個主要步驟——假設生成、假設評估和假設驗證（Pushpakom et al, 2019）。其中第一步也是最重要的一步就是假設生成。大部分的情況下，藥物再利用的假設生成旨在確定與感興趣的治療適應症相關的高置信度的候選藥物。如今，大量可用的 BKG 內含巨量的生物醫學知識，它們成為藥物再利用的寶貴資源。在 KG 中，假設生成被表述為連結預測問題，也就是根據現有的知識（KG 的結構特性）計算辨識具有高置信度的潛在藥物 - 靶點或藥物 - 疾病的關係。本節將介紹一些利用 BKG 的計算方法進行藥物再利用的假設生成的初步工作。

24.4.1　以 KG 為基礎的藥物再利用的機器學習框架

Zhu et al（2020b）所做的研究是以前在 BKG 中使用計算推理進行藥物再利用的典型代表。這項研究的主要貢獻有兩方面——透過資料整合建構 KG 以及建構以 KG 為基礎的機器學習管線用於藥物再利用。

首先，透過整合 6 個藥物知識庫，包括 PharmGKB（Whirl-Carrillo et al, 2012）、TTD（Yang et al, 2016a）、KEGG DRUG（Kanehisa et al, 2007）、DrugBank（Wishart et al, 2018）、SIDER（Kuhn et al, 2016） 和 DID（Sharp, 2017），他們建構了一個以藥物為中心的 KG，其中包括藥物、疾病、基因、通路和副作用 5 種實體類型以及藥物 - 疾病治療、藥物 - 藥物相互作用、藥物 - 基因調節、綁定、連結、藥物 - 副作用原因關係、基因 - 基因連結、基因 - 疾病連結和基因 - 通路參與 9 種關係類型。

其次，他們以以藥物為中心的 KG 為基礎建立了用於藥物再利用的機器學習管線。具體來說，他們這樣做的目的是預先判斷藥物 - 疾病對之間是否存在關係。這樣問題就被轉為如何完成一種有監督的分類任務，輸入的樣本是藥物 - 疾病對。計算每個樣本（藥物 - 疾病對）的表徵的方式有兩種——以元路徑為基礎的表徵和以 KG 嵌入為基礎的表徵。以元路徑為基礎的表徵首先列舉藥物和疾病之間 99 條可能的元路徑，如藥物 $\xrightarrow{治療}$ 基因 $\xrightarrow{關聯}$ 疾病和藥物 $\xrightarrow{治療}$ 基因 $\xrightarrow{治療}$ 基因 $\xrightarrow{治療}$ 疾病；

然後為每一個藥物 - 疾病對計算出一個 99 維的表徵向量，其中的每個元素表示以某特定元路徑為基礎的這兩個實體之間的連接度。在元路徑 Φ 下，有 4 種不同的連接度量可以使用。

- 路徑計數 $PC_\Phi(e_{dr}, e_{di})$，表示藥物 e_{dr} 和疾病 e_{di} 之間的路徑數。

- 頭歸一化路徑計數 $HNPC_\Phi = \dfrac{PC_\Phi(e_{dr}, e_{di})}{PC_\Phi(e_{dr}, *)}$ 。

- 尾歸一化路徑計數 $TNPC_\Phi = \dfrac{PC_\Phi(e_{dr}, e_{di})}{PC_\Phi(*, e_{di})}$ 。

- 歸一化路徑計數 $NPC_\Phi = \dfrac{PC_\Phi(e_{dr}, e_{di})}{PC_\Phi(e_{dr}, *) + PC_\Phi(*, e_{di})}$ 。

以 KG 嵌入為基礎的表徵使用了三種平移距離模型——TransE（Bordes et al, 2013）、TransH（Wang et al, 2014）和 TransR（Lin et al, 2015）。具體來說，對於每一對藥物 e_{dr} 和疾病 e_{di}，我們可以使用這三種模型中的每一種，首先學習它們的嵌入向量 h_{dr} 和 h_{di}，然後將藥物 - 疾病對 (e_{dr}, e_{di}) 的表徵計算為 $h_{di} - h_{dr}$。

最後，他們建立了一個機器學習管線，其中的輸入是藥物 - 疾病對的表徵。對一個藥物 - 疾病對來說，如果存在關係，則將其標記為有標籤，不存在關係的藥物 - 疾病對則被標記為無標籤。

針對這種情況，我們做了一次實驗，使用的是一個正樣本和無標籤的（Positive and Unlabeled，PU）學習框架（Elkan and Noto, 2008），決策樹、隨機森林和支援向量機（SVM）分別被用作這個學習框架的基本分類器。在此次實驗中，與 8 種疾病相關的藥物 - 疾病關係被用作測試集，其餘的藥物 - 疾病關係和 143 830 個用於將這 8 種疾病與其他藥物關聯起來的配對（無標籤）被用作訓練集。實驗結果表示，只使用其他疾病的治療資訊，KG 驅動的管線就可以對已知的糖尿病治療產生高的預測結果。

24.4.2　以 KG 為基礎的藥物再利用在 COVID-19 中的應用

2020 年，COVID-19 的突然爆發嚴重衝擊了醫療系統，極大影響了世界各地人們的生活。迄今為止，許多治療 COVID-19 的藥物尚在研究之中，耗費了

巨大的投資，然而獲批的 COVID-19 抗病毒藥物卻非常有限。在這種情況下，人們迫切需要一種更為高效和有效的方法來開發對抗大流行疾病的藥物，以 KG 為基礎的藥物再利用有望幫助我們解決這個難題。

Zeng et al（2020b）做了一項極具創新的工作，就是在 COVID-19 中以 KG 為基礎推斷，透過計算對抗病毒藥物進行再利用。首先，他們透過整合全球生物醫學關係網（Global Network of Biomedical Relationship，GNBR）（Percha and Altman, 2018）和 DrugBank（Wishart et al, 2018）這兩個生物醫學關聯資料資源以及實驗中發現的 COVID- 基因關係（Zhou et al, 2020f），建構了一個全面的生物醫學 KG，並形成了另一個由 4 種類型（藥物、疾病、基因和藥物副作用資訊）的 145179 個實體和 39 種類型的 1501867 個關係組成的 KG。其次，一個深度的 KG 嵌入模型（RotatE）被用來學習實體和關係的低維度資料表徵。根據學到的這些嵌入向量，嵌入空間中與 COVID-19 實體最為接近的前 100 種藥物被優先確定為候選藥物。他們將正在進行的 COVID-19 臨床試驗藥物作為驗證集，結果表現理想，受試者工作特徵曲線下的面積（AUROC）為 0.85。此外，他們還進行了基因集富集分析（Gene Set Enrichment Analysis，GSEA），其中涉及外周血和 Calu-3 細胞的轉錄組資料以及 Caco-2 細胞的蛋白質組資料，以驗證候選藥物。最後，41 種藥物被確定為 COVID-19 療法的潛在可再利用候選藥物，特別是其中 9 種正在進行 COVID-19 臨床試驗的藥物。在這 41 種候選藥物中，他們強調了其中三種類型的藥物：（1）抗炎藥，如地塞米松、吲哚美辛和褪黑激素；（2）選擇性雌激素受體調節劑（Selective Estrogen Receptor Modulator，SERM），如氯米芬、巴多昔芬和托瑞米芬；（3）抗寄生蟲藥，包括羥基氯喹和磷酸氯喹。

Hsieh et al（2020）一直專注於在 KG 中使用 GNN 解決藥物再利用的問題。他們首先透過從 CTD（Davis et al, 2019）中提取並整合藥物 - 靶點相互作用、路徑、基因 / 藥物 - 表型相互作用，建構了一個 SARS-CoV-2 KG，其中包括 27 個 SARS-CoV-2 誘餌、5677 個宿主基因、3635 個藥物和 1285 個表型以及 330 個病毒 - 宿主蛋白 - 蛋白相互作用、13423 個基因 - 基因共用通路相互作用、16972 個藥物 - 靶點相互作用、1401 個基因 - 表型連結和 935 個藥物 - 表型相互作用。接下來，他們透過一個變分的圖自編碼器（Kipf and Welling, 2016），利

用 R-GCN（Schlichtkrull et al, 2018）作為編碼器來學習 SARS-CoV-2 KG 中的實體嵌入。由於 SARS-CoV-2 KG 特別關注與 COVID-19 相關的知識，因此可能缺少一些普遍但有意義的生物醫學知識。為了解決這個問題，他們引入了一個遷移學習框架。具體來說，就是使用文獻（Zeng et al, 2020b）中用於編碼一般生物醫學知識的實體嵌入來初始化 SARS-CoV-2 KG 中的實體嵌入，並透過 GNN 對 SARS-CoV-2 KG 中的實體嵌入進行微調。最後，他們使用一個訂製的神經網路排名模型，選出 300 種與 COVID-19 最為相關的藥物作為候選藥物。與 Zeng et al（2020b）所做的工作類似，Hsieh et al（2020）利用 GSEA、回顧性體外藥物篩選和電子健康記錄（Electronic Health Record，EHR）中以人群的治療效果為基礎分析，進一步驗證了可再利用的候選藥物。透過這樣的管線，22 種藥物被強調用於潛在的 COVID-19 治療，包括阿奇黴素、阿托伐他汀、阿司匹林、對乙醯氨基酚和沙丁胺醇等。

以上研究揭示了以 KG 為基礎的方法在藥物再利用中的重要性，以對抗像 COVID-19 這樣的複雜疾病。有報告顯示，重新組合的候選藥物集與正在進行的 COVID-19 試驗中的藥物之間有很高的重疊率，這不僅證明了以 KG 為基礎的方法的有效性，也為正在進行的臨床試驗提供了生物學依據。另外，這些人還提出了使用其他公開的資料來驗證或完善由 KG 得出的假設的可行方法，從而提高以 KG 為基礎的方法的可用性。

24.5　未來的方向

KG 在生物醫學中發揮著越來越重要的作用。越來越多的以 KG 為基礎的機器學習方法和深度學習方法已經被用於生物醫學研究，如計算性藥物開發中的假設生成。作為人工智慧（AI）的最新進展之一，GNN 已經在影像和文字資料探勘方面取得巨大進展（Kipf and Welling, 2017b；Hamilton et al, 2017b；Veličković et al, 2018），並且已經被引入以輔助解決 KG 推理問題。在這種情況下，將 GNN 用於生物醫學 KG，對於改善計算性藥物開發中的假設生成具有很大的潛力。然而，這種新技術與計算性藥物開發的成功仍存在巨大的差距。本節將討論這方面潛在的機會和未來研究的可能性，以改善計算性藥物開發中的假設生成。

24.5.1 KG 品質控制

建構和管理生物醫學 KG 的過程通常包括手動收集、註釋和提取文字（如文獻或實驗報告）中的知識，自動或手動規範術語以整合多種資料資源，以及自動進行文字挖掘以提取知識等。然而，其中沒有任何一個環節是完美的。因此，品質問題一直是 KG 推理面臨的一項挑戰。在以 KG 為基礎的藥物再利用專案的假設生成中，品質差的 KG 將導致無資訊或錯誤的表徵，從而導致生成不正確的假設（藥物 - 疾病關係），甚至導致整個藥物再利用專案失敗。因此，我們迫切需要進行準確和適當的 KG 品質控制。一般來說，KG 的品質問題有兩類——不正確性和不完全性。

不正確性是指 KG 中存在不正確的三元組。舉例來說，KG 中雖然存在三元組，但兩個實體的對應關係卻與現實世界中的證據不一致。為了解決這個問題，一種常見的策略是用抽樣的小子集進行手動標注。如果需要評估足夠多的三元組以達到統計學標準，則標注過程將十分耗時耗力。為了減輕負擔，Gao et al（2019a）提出了一個用於 KG 準確性評估的迭代評估框架。具體來說，受實踐中觀察到的成本標注函式的屬性的啟發，他們透過不等機率理論開發了一種聚類抽樣策略。這個迭代評估框架使標注成本降低了 60%，並且可以很容易擴充到解決不斷變化的 KG。透過使用設計良好的生物醫學詞彙表，如統一醫學語言系統（Unified Medical Language System，UMLS）（Bodenreider, 2004），我們可以改善實體術語的規範化，從而降低由模糊的生物醫學物理引起錯誤的風險。此外，透過以 KG 結構為基礎的學習對 KG 進行完善也是解決這個問題的潛在方法。早期的一些研究，如（Zhao et al, 2020d），主要集中在這個領域。

不完全性是指 KG 中缺少在生物學或臨床上有意義的三元組。為了解決這個問題，一種常見的策略是透過整合多種資料資源、生物醫學資料庫和生物醫學 KG，建構一個更全面的 KG。CKG（Santos et al, 2020）、Hetionet（Himmelstein et al, 2017）、DRKG（Ioannidis et al, 2020）、KG（Zhu et al, 2020b）等是這種策略的典型代表。然而，沒人能保證它們足夠全面，也沒人能保證它們涵蓋所有的生物醫學知識。如今，大量可用的生物醫學文獻和醫療資料（如 EHR 資料）是生物醫學領域的巨大財富。在這種情況下，以前的研究主要集中於從生

物醫學文獻（Zhao et al, 2020e；Xu et al, 2013；Zhang et al, 2018h；Sahu and Anand, 2018）和 EHR 資料（Rotmensch et al, 2017；Chen et al, 2020e）中匯出知識，匯出的知識可以作為生物醫學 KG 的良好補充。此外，KG 嵌入模型（如 TransE 和 TransH）和 GNN（如 R-GCN）等計算方法已被用於 KG 補全（Arora, 2020），它們能夠根據 KG 的結構特性預測 KG 內部缺失的關係。

24.5.2　可擴充的推理

生物醫學資料庫的最終目標是全面地納入生物醫學知識。舉例來說，透過整合 26 個公開的生物醫學資料庫，CKG（Santos et al, 2020）已經包括超過 1600 萬個生物醫學實體，這些實體之間有超過 2.2 億個關係；另一個 KG——DRKG（Ioannidis et al, 2020），則透過整合 6 個資料庫以及從最近的 COVID-19 出版物中收集的資料，包括了 1 萬個實體和 580 萬個關係。同時，如今先進的高通量測序技術以及電腦軟體和硬體引發數量不斷增加的關聯資料的湧入，這些關聯資料將生物醫學實體（如藥物、基因、蛋白質、化合物、疾病）與人們從臨床資料中提取的醫學概念關聯了起來，從而使我們在很大程度上得以提取已知的知識來充實生物醫學 KG，這些 KG 目前仍在不斷擴充。

在這種情況下，巨大的甚至持續增長的 KG 數量可能會對像 GNN 這樣的計算模型組成挑戰。為此，我們迫切需要可擴充的技術來解決 KG 的高記憶體和時間成本問題。舉例來說，Deep Graph Library（DGL）（Wang et al, 2019f）是一個開放原始碼、免費的 Python 軟體套件，由 Amazon 設計，用於促進 GNN 系列模型的實施。DGL 可以執行在多個深度學習框架之上，包括 PyTorch（Paszke et al, 2019）、TensorFlow（Abadi et al, 2016）和 MXNet（Chen et al, 2015）。截至 2021 年 3 月 1 日，DGL 的最新版本是 0.6。透過將 GNN 的訊息傳遞過程提煉為廣義稀疏張量操作，DGL 提供了核心融合、多執行緒和多處理程序加速以及自動稀疏格式調整等最佳化技術的實現，以加快訓練過程並減輕記憶體負荷。除 GNN 以外，DGL 還發佈了 DGL-KE（Zheng et al, 2020c）。DGL-KE 是一個易用的框架，用於實現 KG 表徵模型，如 TransE、DistMult、RotatE 等。DGL-KE 已被用於現有的以 KG 為基礎的藥物再利用研究，如（Zeng et al, 2020b）。

24.5.3 KG 與其他生物醫學資料的結合

　　除 KG 以外，現實中還有大量其他的生物醫學資料，如臨床資料和組學資料（omics data），這些資料也是有前景的計算性藥物再利用資源。臨床資料是醫療保健和醫學研究的重要資源，包括 EHR 資料、索賠資料和臨床試驗資料等。其中，EHR 資料是在日常的患者護理過程中例行收集的，包含患者的各種資訊，如人口統計學資訊、診斷資訊、實驗室測試結果、用藥資訊和臨床記錄等。這些豐富的資訊使得醫院追蹤患者的健康狀況變化、藥物處方和臨床結果成為可能。此外，醫院已經收集了大量的 EHR 資料，而且資料量正在迅速增加，這在很大程度上增強了以 EHR 分析為基礎的統計能力。因此，除診斷和預後預測（Xiao et al, 2018；Si t al, 2020；Su et al, 2020e，a）、表型分析（Chiu and Hripcsak, 2017；Weng et al, 2020；Su et al, 2020d, 2021）等常見用途以外，EHR 資料還被用於計算性藥物再利用（Hurle et al, 2013；Pushpakom et al, 2019）。舉例來說，Wu et al（2019d）利用 HER 資料篩選出了一些非癌症藥物作為治療癌症的可再利用候選藥物；Gurwitz（2020）則透過分析 EHR 資料，實現了將藥物再利用於治療 COVID-19。

　　在高通量測序技術的推動下，包括基因組學資料、蛋白質組學資料、轉錄組學資料、表觀基因組學資料和代謝組學資料在內的大量組學資料已被收集並公開供研究人員分析。整合和分析組學資料能讓我們獲得新的生物醫學見解，並在分子水準上更進一步地了解人類健康和疾病（Subramanian et al, 2020；Nicora et al, 2020；Su et al, 2020b）。組學資料太豐富了，計算性藥物開發也涉及組學資料（Pantziarka and Meheus, 2018；Nicora et al, 2020；Issa et al, 2020）。舉例來說，透過挖掘全息圖譜資料，Zhang et al（2016c）確定了 18 個蛋白質為潛在的抗阿茲海默症（Alzheimer's Disease，AD）靶點，並優先選出 7 種抑制該靶點的可再利用藥物；Mokou et al（2020）則提出了以患者組學資料（蛋白質組學資料和轉錄組學資料）為基礎的膀胱癌藥物再利用管線。

　　在這種情況下，將 KG、臨床資料和多組學資料結合起來共同學習，是推進計算性藥物開發的一筆很有希望的途徑（見圖 24.1）。結合這些資料進行推理的好處是雙向的。

首先，臨床資料和多組學資料的計算模型通常受到資料品質的影響，如雜訊和有限的人群規模，特別是對罕見病的人群和模型的可解釋性。納入 KG 已被證明能夠有效地解決這些問題，並加速臨床資料和全向組學資料的分析。舉例來說，Nelson et al（2019）將 EHR 資料與生物醫學 KG 關聯了起來，並為每一特定人群（如減肥人群）學習了一個條碼向量，其中不僅編碼了 KG 結構和 EHR 資訊，而且展示了每個生物醫學實體（如基因、症狀和藥物）對於該特定人群的重要性。這種人群特定的條碼向量進一步顯示了連結預測（如疾病 - 基因連結預測）的有效性。Wang et al（2017c）透過對患者的 EHR 資料與 BKG 進行橋接，並將 KG 嵌入模型擴充到安全藥物推薦中，全面考慮了藥物間的相互作用等相關知識。Santos et al（2020）開發了一個開放平臺，實現了將臨床知識圖譜（Clinical Knowledge Graph，CKG）與典型的蛋白質組學工作流程相結合。透過這種方式，CKG 促進了對蛋白質組學資料的分析和解釋。

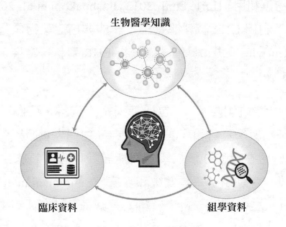

▲ 圖 24.1　將生物醫學 KG 與其他生物醫學資料結合起來，以改善計算性藥物開發

其次，納入臨床資料和組學資料可以潛在地改善 KG 推理。目前，以 KG 為基礎的藥物再利用研究已經涉及臨床資料和組學資料（Zeng et al, 2020b；Hsieh et al, 2020），這些資料通常用於獨立的驗證過程，以驗證/完善生成的新假設（即新的疾病 - 藥物連結）。此外，之前的研究顯示，利用臨床資料（Rotmensch et al, 2017；Chen et al, 2020e；Pan et al, 2020c）和組學資料（Ramos et al, 2019）可以得出新的知識。因此我們認為，在 KG 推理中加入臨床資料和組學資料可在

很大程度上減小 KG 品質問題帶來的影響，尤其是不完整性的影響。總之，當設計用於藥物再利用的下一代 GNN 模型時，十分重要的方向之一就是設計可行且靈活的架構，從而巧妙地利用 KG、臨床資料和多組學資料來遞迴地改善彼此。

　　表 24.3 總結了現有的所有 BKG。

➜ 表 24.3 現有的所有 BKG

BKG	實體數量	實體類型	關係數量	關係類型	重點	可用格式	來源類型
Clinical Knowledge Graph（Santos et al, 2020）	1600 萬	33 種實體類型，如藥物、基因、疾病等	2.2 億	51 種關係類型，如連結、已量化的蛋白質等	—	Neo4j	KG（整合）
Drug Repurposing Knowledge Graph（Ioannidis et al, 2020）	97238	13 種實體類型，如化合物、疾病等	5874261	107 種關係類型，如互動等	—	TSV	KG（整合）
Hetionet（Himmelstein et al, 2017）	47031	11 種實體類型，如疾病、基因、化合物等	2250197	24 種關係類型	—	Neo4j 和 TSV	KG（整合）
iDISK（Rizvi et al, 2019）	144059	6 種實體類型，如語義學上的膳食補充劑成分、膳食補充劑產品、疾病等	708164	6 種關係類型，如有不良反應、有效等	膳食補充劑	Neo4j 和 RRF	KG（整合）
PreMedKB（Yu et al, 2019b）	404904	藥物、變異、基因、疾病	496689	52 種關係類型，如原因、連結等	變異	—	KG（整合）
Zhu et al（2020b）	—	藥物、副作用、疾病、基因、途徑	—	9 種關係類型，如原因、綁定、治療等	藥物再利用	—	KG（整合）

BKG	實體數量	實體類型	關係數量	關係類型	重點	可用格式	來源類型
Zeng et al（2020b）	145179	藥物、基因、疾病和藥物作用	15018067	39 種關係類型，如治療、綁定等	藥物再利用	—	KG（整合）
COVID-19 Knowledge Graph（Domingo-Fernández et al, 2020）	3954	10 種實體類型，如蛋白質、基因、化學等	9484	增加、減少、連結等	COVID-19	JSON	KG
COVID-KG（Wang et al, 2020e）	67217	疾病、化學、基因	85126762	化學 - 基因、化學 - 疾病、基因 - 疾病	—	CSV	KG
KGHC（Li et al, 2020d）	5028	9 種實體類型，如藥物、蛋白質、疾病等	13296	連結、原因等	肝癌	Neo4j	KG
Li et al（2020b）	22508	9 種實體類型，如疾病、症狀等	579094	—	疾病 - 症狀	—	KG
QMKG（Goodwin and Harabagiu, 2013）	634000	—	1390000000	—	—	—	KG
Rotmensch et al（2017）	647	疾病、症狀	—	疾病 - 症狀	疾病和症狀的關係	—	KG
Sun et al（2020a）	1616549	62 種實體類型，如疾病、藥物等	5963444	202 種關係類型	臨床疑似索賠檢測	—	KG
Bgee（Bastian et al, 2021）	60072	解剖學、基因	11731369	表達 - 存在表達 - 不存在	解剖 - 基因表達	TSV	KB

BKG	實體數量	實體類型	關係數量	關係類型	重點	可用格式	來源類型
Comparative Toxicogenomics Database（Davis et al, 2019）	73922	疾病、基因、化學、途徑	38344568	化學 - 基因 化學 - 疾病 化學 - 途徑 基因 - 疾病 基因 - 途徑 疾病 - 途徑	—	CSV 和 TSV	KB
Drug-Gene Interaction Database（Cotto et al, 2018）	160054	藥物、基因	96924	—	藥物 - 基因互動	TSV	KB
DISEASES（Pletscher-Frankild et al, 2015）	22216	疾病、基因	543405	—	疾病和基因的關係	TSV	KB
DisGeNET（Piñero et al, 2020）	159052	疾病、基因、變形	839138	基因 - 疾病、變異 - 疾病	基因和疾病的關係以及變異和疾病的關係	TSV	KB
Global Network of Biomedical Relationships（Percha and Altman, 2018）	—	化學、疾病、基因	2236307	36 種關係類型，如致病突變、治療等	—	TXT	KB
IntAct（Orchard et al, 2014）	119281	化學、基因	1130596	—	分子相互作用	TXT	KB
STRING（Szklarczyk et al, 2019）	24584628	蛋白質	3123056667	蛋白質 - 蛋白質互動	蛋白質 - 蛋白質相互作用	TXT	KB
SIDER（Kuhn et al, 2016）	7298	藥物、副作用	139756	藥物副作用	藥物及記錄的藥物不良反應	TSV	KB

BKG	實體數量	實體類型	關係數量	關係類型	重點	可用格式	來源類型
SIGNOR（Licata et al, 2020）	7095	10 種實體類型，如蛋白質、化學等	26523	—	信號資訊	TSV	KB
TISSUE（Palasca et al, 2018）	26260	組織、基因	6788697	表現	組織 - 基因表達	TSV	KB
Catalogue of Somatic Mutations in Cancer（Tate et al, 2019）	12339359	變異	—	—	癌症中的細胞突變	TSV	資料庫
ChEMBL（Mendez et al, 2019）	1940733	分子	—	—	分子	TXT	資料庫
ChEBI（Hastings et al, 2016）	155342	分子	—	—	分子	TXT	資料庫
DrugBank（Wishart et al, 2018）	15128	藥物	28014	藥物 - 靶點、藥物 - 酶、藥物 - 載體、藥物 - 轉運體	藥物	CSV	資料庫
Entrez Gene（Maglott et al, 2010）	30896060	基因	—	—	基因	TXT	資料庫
HUGO Gene Nomenclature Committee（Braschi et al, 2017）	41439	基因	—	—	基因	TXT	資料庫
KEGG（Kanehisa and Goto, 2000）	33756186	藥物、途徑、基因等	—	—	—	TXT	資料庫
PharmGKB（Whirl-Carrillo et al, 2012）	43112	基因、變異、藥物 / 化學、表面	61616	—	—	TSV	資料庫

BKG	實體數量	實體類型	關係數量	關係類型	重點	可用格式	來源類型
Reactome（Jassal et al, 2020）	21087	途徑	—	—	途徑	TXT	資料庫
Semantic MEDLINE Database（Kilicoglu et al, 2012）	—	—	109966978	主體-預測-物件三聯體	文獻中的語義預測	CSV	資料庫
UniPort（？）	243658	蛋白質	—	—	蛋白質	XML 和 TXT	資料庫
Brenda Tissue Ontology（Gremse et al, 2010）	6478	組織	—	—	組織	OWL	本體
Disease Ontology（Schriml et al, 2019）	10648	疾病	—	—	疾病	OWL	本體
Gene Ontology（Ashburner et al, 2000）	44085	基因	—	—	基因	OWL	本體
Uberon（Mungall et al, 2012）	14944	解剖學	—	—	解剖學	OWL	本體

編者註：藥物假設生成的目的是利用生物和臨床知識來生成生物醫學分子。這些知識可有效地以知識圖譜（KG）的形式儲存。KG 的建構與圖生成（見第 11 章）相關，如文字挖掘（見第 21 章）。以 KG 為基礎，假設生成過程主要包括圖表徵學習（見第 2 章）和圖結構學習（見第 14 章）。假設生成也可表述為連結預測（見第 10 章）問題，我們可以計算出候選藥物的置信度。藥物開發的未來方向主要是可擴充性（見第 6 章）和可解釋性（見第 7 章）。

第 25 章

預測蛋白質功能和相互作用的圖神經網路

Anowarul Kabir 和 *Amarda Shehu*[1]

1　Anowarul Kabir
　　Department of Computer Science，George Mason University，E-mail：akabir4@gmu.edu
　　Amarda Shehu
　　Department of Computer Science，George Mason University，E-mail：amarda@gmu.edu

摘要

　　圖神經網路（GNN）在分子建模研究中正成為越來越受歡迎的強大工具，因為它們能夠在非歐（non-Euclidean）資料上執行。由於能夠在圖中嵌入內在結構並保留語義資訊，GNN 正在推動對各種分子結構 - 功能的研究。在本章中，我們將重點討論一些 GNN 輔助研究，這些研究將一個或多個以蛋白質為中心的資料來源結合了起來，目的是闡明蛋白質的功能。我們將對 GNN 及其最為成功的最新變形進行一次簡短的整體說明，旨在解決預測蛋白質分子的生物功能和分子相互作用的相關問題。我們還將回顧最新的方法進展和發現，並總結一些有望鼓勵進一步研究的重要開放性問題。

25.1 從蛋白質的相互作用到功能簡介

　　分子生物學目前正在從巨量資料中獲益，因為快速發展的高通量技術和自動化的濕實驗（wet-laboratory）協定已經產生了大量的生物序列、表達、相互作用和結構資料（Stark, 2006；Zoete et al, 2011；Finn et al, 2013；Sterling and Irwin, 2015；Dana et al, 2018；Doncheva et al, 2018）。由於功能鑑定落後，現在的資料庫中雖有數以百萬計的蛋白質產物，但卻沒有它們的功能資訊；也就是說，我們不知道細胞中的許多蛋白質是做什麼的（Gligorijevic et al, 2020）。

　　回答蛋白質分子執行什麼功能的問題，不僅是理解生物學和以蛋白質為中心的疾病的關鍵，也是推進蛋白質靶向治療的關鍵。因此，這個問題仍然是分子生物學中許多濕實驗和幹實驗（dry-laboratory）研究的驅動力（Radivojac et al, 2013；Jiang et al, 2016）。根據尋求的或可能的細節，這個問題有多種回答形式。透過直接曝露目標蛋白質在細胞中與之相互作用的其他分子，我們就可以提供最大量的細節來回答這個問題——透過闡明一個蛋白質與之結合的分子夥伴來揭示其作用。

在此次簡短的整體說明中，我們將重點討論 GNN 如何提高我們在矽晶片電腦上回答這個問題的能力。本章的組織結構如下：首先，我們將提供簡短的歷史概述，以便讀者了解一些思想和資料的演變，它們使得將機器學習應用於蛋白質功能預測問題成為可能；然後，我們將對 GNN 之前的（淺層）模型簡要地進行概述。此次整體說明的剩餘部分將專門討論這個問題如何以 GNN 形式化為基礎為連結預測問題，並總結目前最先進的（State-Of-The-Art，SOTA）以 GNN 為基礎的方法，此外我們還將在相關的地方強調一些選定的方法，闡述面臨的其他挑戰以及 GNN 在這一領域的潛在發展方向。

25.1.1　登上舞臺：蛋白質 - 蛋白質相互作用網路

從歷史上看，最早的蛋白質功能預測方法是將蛋白序列的相似性與蛋白質功能的相似性關聯起來，直到後來人們有了新的重大發現——遠端同源物，也就是序列相似度雖然低但三維 / 三級結構和功能卻高度相似的蛋白質，於是逐漸形成了利用三級結構的方法，不過適用性有限，因為三級結構的確定無論在過去還是現在都是一個十分費力的過程。其他的蛋白質功能預測方法則利用基因表達資料的模式來推斷相互作用的蛋白質，依據是相互作用的蛋白質首先需要在細胞中同時表達。

隨著高通量技術的發展，如用於酵母蛋白相互作用組的雙雜交分析（Ito et al, 2001）、用於表徵多蛋白複合物和蛋白 - 蛋白連結（Huang et al, 2016a）的串聯親和純化質譜分析（Tandem-Affinity Purification and Mass Spectrometry，TAP-MS）（Gavin et al, 2002）、高通量質譜蛋白複合物鑑定（High-throughput Mass Spectrometric Protein Complex Identification，HMS-PCI）（Ho et al, 2002）和免疫共沉澱結合質譜分析（Foltman and Sanchez-Diaz, 2016），蛋白質 - 蛋白質相互作用（Protein-Protein Interaction，PPI）資料突然變得可用，並且資料規模很大。在人類、酵母、小鼠及其他物種的 PPI 網路中，邊表示相互作用的蛋白質節點，它們突然變得可供研究人員使用。小到包含幾個節點，大到包含幾萬個節點的 PPI 網路，給機器學習方法帶來了推動力，改善了淺層模型的表現。目前已經有一些介紹詳細的蛋白質功能預測方法的演變歷史的文獻，如（Shehu et al, 2016），計算生物學家可以從中獲得不同來源的濕實驗資料。

25.1.2 問題形式化、假設和雜訊：從歷史的角度

如果能夠獲得 PPI 資料，那麼我們在蛋白質功能方面還有什麼可以預測？儘管已經取得重大進展，但現實情況是，仍有很多 PPI 沒有繪製出來，這被稱為連結預測問題。由於各種因素，PPI 網路是不完整的——它們不是完全遺失一個蛋白質的資訊，就是可能包含一個蛋白質的不完整資訊。特別是，我們現在已經知道 PPI 存在很高的 I 型和 II 型錯誤，並且 PPI 具有低包容性（Luo et al, 2015；Byron and Vestergaard, 2015）。透過實驗確定的 PPI 連結數量仍然是中等規模的（Han et al, 2005）。PPI 資料本身是有雜訊的，因為實驗方法經常產生假陽性結果（Hashemifar et al, 2018）。因此，透過計算預測蛋白質的功能仍然是一項十分重要的任務。

蛋白質功能預測問題通常被形式化為連結預測問題，也就是預測給定的 PPI 網路中的兩個節點之間是否存在連接。雖然連結預測方法根據生物或網路的相似性連接蛋白質，但研究報告指出，相互作用的蛋白質不一定相似，相似的蛋白質也不一定相互作用（Kovács et al, 2019）。

有關蛋白質功能的資訊可以在不同的細節層面上提供，目前已有幾個廣泛使用的蛋白質功能標注方案，包括基因本體（Gene Ontology，GO）協會（Lovell et al, 2003）、京都基因和基因組（Kyoto Encyclopedia of Genes and Genomes，KEGG）百科全書（Wang and Dunbrack, 2003）、酶學委員會（Enzyme Commission，EC）編號（Rhodes, 2010）、人類表型本體（Robinson et al, 2008）等。其中最為流行的是 GO 標注方案，這種標注方案能將蛋白質分類為層次相關的功能類，並將它們組織成三個不同的本體——分子功能（Molecular Function，MF）、生物過程（Biological Process，BP）和細胞成分（Cellular Component，CC），以描述蛋白質功能的不同方面。蛋白質功能標注自動化和嚴格評估設計方法的核心，就是利用功能標注關鍵評估（Critical Assessment of Functional Annotation，CAFA）社群範圍內的實驗（Radivojac et al, 2013；Jiang et al, 2016；Zhou et al, 2019b）和 MouseFunc（Peña-Castillo et al, 2008）進行系統基準測試工作。

25.1.3　淺層機器學習模型

多年來，人們開發了許多淺層機器學習模型。舉例來說，Xue-Wen 和 Mei 提出了以領域為基礎的決策樹隨機森林來推斷釀酒酵母菌資料集上的蛋白質相互作用（Chen and Liu, 2005）。Shinsuke 等人應用多個支援向量機（Support Vector Machine，SVM）透過增加更多的負樣本對而非正樣本對預測了成對的酵母蛋白與成對的人類蛋白的相互作用（Dohkan et al, 2006）。Fiona 等人在不同的大規模功能資料上評估了單純貝氏（Naive Bayesian，NB）、多層感知機（Multi-Layer Perceptron，MLP）和 K 近鄰（K-Nearest Neighbor，KNN）演算法，以推斷成對（Pair Wise，PW）和以模組為基礎（Module-Based，MB）的相互作用網路（Browne et al, 2007）。PRED PPI 提供了一個以 SVM 為基礎的伺服器，用於預測人類、酵母、果蠅、大腸桿菌和秀麗新小桿線蟲的 PPI（Guo et al, 2010）。Xiaotong 和 Xue-wen 整合了從微陣列表達測量、GO 標注和直系同源物得分中提取的特徵，並應用樹 - 增強的單純貝氏分類器對來自模式生物的人類 PPI 進行預測（Lin and Chen, 2012）。Zhu-Hong 等人提出了一種多尺度的局部描述符號特徵表徵方案，旨在從蛋白質序列中提取特徵並使用隨機森林（You et al, 2015a）。Zhu-Hong 等人還提出在以矩陣為基礎的蛋白質序列表徵上應用 SVM，從而充分考慮蛋白質序列順序和主序列的二肽資訊以檢測 PPI（You et al, 2015b）。

儘管淺層機器學習模型已經取得許多進展（Chen and Liu, 2005；Guo et al, 2010；Lin and Chen, 2012；You et al, 2015a，b），參見表 25.1，但離解決蛋白質功能預測問題仍相差甚遠。淺層機器學習模型在很大程度上依賴於特徵提取和特徵計算，這影響了模型的表現。特徵工程任務，特別是當整合不同的資料來源（序列、表達、相互作用）時，不僅複雜、費力，而且受限於人類的創造力以及對蛋白質功能決定因素的領域特定的理解。特別是，以特徵為基礎的淺層機器學習模型無法完全納入一個或多個 PPI 網路中存在的豐富、局部和遠端的拓撲資訊。這些原因促使研究人員研究 GNN 用於蛋白質功能預測。

➜ 表 25.1　淺層機器學習模型的表現

文獻	模型	資料集	靈敏度 /%	特異度 /%	準確率 /%
Chen and Liu, 2005	隨機森林	釀酒酵母	79.78	64.38	NA
Yanzhi et al, 2010（Guo et al, 2010）	支援向量機	人類	89.17	92.17	90.67
		酵母	88.17	89.81	88.99
		果蠅	99.53	80.65	90.09
		大腸桿菌	95.11	90.35	92.73
		秀麗新小桿線蟲	96.46	98.55	97.51
Xiaotong and Xue-wen, 2012（Lin and Chen, 2012）	樹 - 增強的單純貝氏（TAN）	人類	88	70	NA
Zhu-Hong et al, 2015（You et al, 2015a）	隨機森林	釀酒酵母	94.34	NA	94.72
Zhu-Hong et al, 2015（You et al, 2015b）	支援向量機	釀酒酵母	85.74	94.37	90.06
Xiaotong and Xue-wen, 2012（Lin and Chen, 2012）	樹 - 增強的單純貝氏（TAN）	人類	88	70	NA
Zhu-Hong et al, 2015（You et al, 2015a）	隨機森林	釀酒酵母	94.34	NA	94.72
Zhu-Hong et al, 2015（You et al, 2015b）	支援向量機	釀酒酵母	85.74	94.37	90.06

25.1.4 好戲上演：圖神經網路

本節首先介紹如何將蛋白質功能預測以 GNN 形式化為基礎為連結預測問題，為了節省篇幅，我們假設讀者已經對 GNN 有了一定的了解，因此不再贅述細節。本節的其餘部分著重於表述三個特定的任務，以利用 GNN 進行蛋白質功能預測。

25.1.4.1 預備知識

給定一個無向、無權的分子相互作用圖（即 PPI 網路），用 $\mathscr{G} = (\mathscr{V}, \mathscr{E})$ 表徵，其中的 $\mathscr{V}$ 和 $\mathscr{E}$ 分別表示表徵蛋白質的頂點和表徵蛋白質之間相互作用的邊。將第 i 個蛋白質表徵為 m 維特徵向量，$p_i \in \mathbb{R}^m$。GNN 的目標是使用訊息傳遞協定學習嵌入 h_i，訊息傳遞協定用於聚合與轉換鄰居節點的資訊，以更新當前節點的向量表徵。假設 f 和 g 是兩個附帶數參函式，用於計算單一蛋白質的嵌入和輸出，參照（Scarselli et al, 2008），它們可以表述如下：

$$h_i = f(p_i, p_{e[i]}, p_{\text{ne}[i]}, h_{\text{ne}[i]}) \tag{25.1}$$

$$o_i = g(h_i, p_i) \tag{25.2}$$

其中，p_i、$p_{e[i]}$、$p_{\text{ne}[i]}$ 和 $h_{\text{ne}[i]}$ 分別表示第 i 個蛋白質的特徵、與第 i 個蛋白質相連的所有邊的特徵、第 i 個蛋白質的鄰近蛋白質的特徵以及所鄰近蛋白質的嵌入。

現在考慮 $|\mathscr{V}| = n$ 個蛋白質的情況。將所有的蛋白質表徵為矩陣 P，$P \in \mathbb{R}^{n \times m}$。鄰接矩陣 $A \in \mathbb{R}^{n \times n}$ 編碼了蛋白質的連線性，換言之，$A_{i,j}$ 表示第 i 個蛋白質和第 j 個蛋白質之間是否存在關聯。對每個蛋白質強制增加自環，更新後的鄰接矩陣為 $\tilde{A}$，$\tilde{A} = A + I$。接下來定義對角（度數）矩陣 D，$D_{i,j} = \sum_{j=1}^{n} \tilde{A}_{i,j}$。由此可以計算出對稱拉普拉斯矩陣 $L = D - \tilde{A}$。迭代過程可以表述如下：

$$H^{t+1} = F(H^t, P \| A \| L \| X) \tag{25.3}$$

$$O = G(H, P \| A \| L \| X) \tag{25.4}$$

其中，H^t 表示 H 的第 t 次迭代，$(\cdot\|\cdot)$ 表示以當前任務為基礎的聚合操作，O 是最終的疊加輸出。

25.1.4.2　用於表徵學習的 GNN

現在，我們希望透過捕捉節點和邊之間的線性與非線性關係，將複雜的高維資訊（如蛋白質 P、生物學相互作用 A、相互作用網路 $\mathcal{G}$ 等）編碼成低維嵌入 Z。原則上，我們的表徵應該包含下游機器學習任務的所有資訊，如連結預測、蛋白質分類、蛋白質聚類分析、相互作用預測等。

假設我們想從相互作用網路 $\mathcal{G}$ 中學習圖嵌入 Z。為此，我們可透過應用圖自編碼器神經網路（Kipf and Welling, 2016）來學習 Z：

$$Z = \text{GNN}(P, A; \theta_{\text{gnn}}) \tag{25.5}$$

其中，θ_{gnn} 表示 GNN（編碼器）特定的可學習參數。

25.1.4.3　用於連結預測問題的 GNN

給定兩個蛋白質，預測它們之間是否存在關聯。用機率 $p(A_{i,j}) \approx 1$ 表示存在高置信度的相互作用，而用機率 $p(A_{i,j}) \approx 0$ 表示存在低置信度的相互作用，這樣預測兩個給定蛋白質之間關聯的問題便可設定為二分類問題。節點之間的關係有好幾種類型，從節點 u 到節點 v 的 r 類型的邊可定義為 $u \xrightarrow{r} v \in \mathcal{E}$，這可以形式化為多關係的連結預測問題。

透過使用 GNN，我們可以將圖中的節點映射到一個低維的向量空間；而在這個低維的向量空間中，我們可以保留局部的圖結構和節點特徵之間的不相似性。為了解決連結預測問題，我們可以透過採用雙層的編碼器 - 解碼器，讓模型從式（25.5）中學習圖嵌入 Z：

$$A' = \text{DECODER}(Z \mid P, A; \theta_{\text{decoder}}) \tag{25.6}$$

其中，θ_{decoder} 表示解碼器（任務）特定的可學習參數，$A'_{i,j}$ 表示預測的第 i 個蛋白質和第 j 個蛋白質之間關聯的置信度得分。

25.1.4.4　建模為多標籤分類問題的用於自動功能預測的 GNN

給定 n 個 GO 術語和 m 個蛋白質，假設其中的 l 個蛋白質已經被標注，則剩餘 $u = m - l$ 個蛋白質需要進行標注。因此，對第 i 個蛋白質來說，預測將是 $y_i = y_{i,1}, y_{i,2}, \cdots, y_{i,n}$，其中，$y_{i,j} \in \{0,1\}$。這是一個二元的多標籤分類問題，因為一個蛋白質通常參與多種生物功能。我們既可以蛋白質為中心，為每個蛋白質標注一個 GO 術語；也可以 GO 術語為中心，為每個 GO 術語標注一個蛋白質；我們還可以蛋白質 - 術語對為中心，為每一個蛋白質 - 術語對預測機率連結得分。

25.2　三個典型的案例研究

在本節中，我們將介紹三個典型的案例研究，它們具有十分先進的技術和表現。

25.2.1　案例研究 1：蛋白質 - 蛋白質和蛋白質 - 藥物相互作用的預測

Liu et al（2019）將圖卷積神經網路（GCN）應用到了 PPI 預測中，並作為一項有監督的二分類任務來完成。GCN 學到的兩個蛋白質的表徵將被送入模型，以預測蛋白質之間相互作用的機率。模型首先捕捉 PPI 網路內部的特定位置資訊，並結合氨基酸序列資訊，為每個蛋白質輸出最終的嵌入向量。每個氨基酸將被編碼為一個獨熱向量，可採用圖卷積層從圖中學習隱含表徵。Liu et al（2019）利用訊息傳遞協定，透過聚合原始特徵和一階鄰居節點的資訊來更新每個蛋白質的嵌入：

$$X_1 = \mathrm{ReLU}\,(D^{-1}\tilde{A}X_0 W_0) \tag{25.7}$$

其中，$X_0 \in \mathbb{R}^{n \times n}$ 是原始蛋白質的特徵矩陣，同時也是一個單位矩陣；$X_1 \in \mathbb{R}^{n \times f}$ 是最終輸出的特徵矩陣，其中，f 是每個蛋白質經圖卷積操作後的特徵維度，W_0 是可訓練的權重矩陣。在預測階段，首先使用全連接層以及後面的批歸一化層和捨棄層提取高層特徵，然後使用 Softmax 預測最終的相互作用機率得分。實驗表示，這種方法在酵母和人類資料集上達到的平均 AUPR（精確率 -

召回率曲線下的面積）分別為 0.52 和 0.45，已經超出以序列為基礎的最先進方法。此外，在酵母資料集上，這種方法在 93% 的靈敏度下可以達到 95% 的準確率。因此，提取於 PPI 圖的資訊表示，單一的圖卷積層就能為 PPI 預測任務提取有用的資訊。

Brockschmidt（2020）提出了一種新的 GNN 變形，旨在使用特徵級的線性調變（GNN-FiLM）。GNN-FiLM 最初由 Perez et al（2018）在視覺問答領域提出，並在三個不同的任務上完成了評估，包括 PPI 網路的節點級分類。GNN-FiLM 的目標應用是將蛋白質分類到已知的蛋白質家族或超家族中，這在許多應用領域都非常重要，如精準藥物設計。在常見的 GNN 變形中，資訊是從來源節點傳遞到目標節點的，並且同時需要考慮所學的權重和來源節點的表徵。然而，GNN-FiLM 提出了一個針對圖設定的超網路——一個專為其他網路計算參數的神經網路（Ha et al, 2017），其中的特徵權重是根據目標節點持有的資訊動態學習的。因此，不妨考慮將函式 g 作為計算仿射變換參數的可學習函式，此時對第 *l* 層的更新規則定義如下：

$$\beta_{r,v}^{(l)} \gamma_{r,v}^{(l)} = g(\boldsymbol{h}_v^{(l)}; \theta_{g,r}) \tag{25.8}$$

$$\boldsymbol{h}_v^{(l+1)} = \sigma\left(\sum_{u \xrightarrow{r} v \in \mathscr{E}} \gamma_{r,v}^{(l)} \odot \boldsymbol{W}_r \boldsymbol{h}_u^{(l)} + \beta_{r,v}^{(l)} \right)$$

其中，g 在實踐中被實現為單一的線性層，$\beta_{e,v}^{(t)}$ 和 $\gamma_{e,v}^{(t)}$ 是 GNN 中資訊傳遞操作的超參數，$u \xrightarrow{r} v$ 表示訊息透過一條 r 類型的邊從節點 u 傳遞到節點 v。在實驗中，GNN-FiLM 實現了 99% 的微觀平均 F1 得分，GNN-FiLM 在評估蛋白質分類任務時優於其他 GNN 變形。

Zitnik et al（2018）採用 GCN 預測多重用藥的副作用，這些副作用在對患者組合用藥時有可能出現。這個問題可以形式化為多模態圖結構資料中的多關係連結預測問題。具體來說，Zitnik et al（2018）考慮了兩類節點——蛋白質節點和藥物節點，他們透過將蛋白質 - 蛋白質、蛋白質 - 藥物、藥物 - 藥物相互作用作為多重用藥的副作用來建構網路，其中的每個副作用可以是不同類型的邊，稱為 Decagon。更確切地說，兩個節點（蛋白質或藥物）u 和 v 的 r 類型關係被

定義為 $(u, r, v) \in \mathcal{E}$ 。在這裡，關係可以是兩個蛋白質之間的副作用、兩個蛋白質的結合親和力或蛋白質和藥物的連結性。更嚴格地說，給定藥物對 (u, r) ，任務是預測一條邊 $A_{u,v} = (u, r, v)$ 的可能性。為此，他們設計了一個非線性且多層的圖卷積編碼器，旨在使用原始節點特徵計算每個節點的嵌入。為了更新一個節點的表徵，我們可以利用邊上的聚合和傳播操作來轉換相鄰節點的資訊。更新操作符號是用以下規則定義的：

$$h_i^{(l+1)} = \phi\left(\sum_r \sum_{j \in \mathcal{N}_r^i} c_r^{i,j} W_r^{(l)} h_j^{(l)} + c_r^i h_i^{(l)}\right)$$ （25.10）

其中，ϕ 表示非線性啟動函式，$h_i^{(l)}$ 表示第 l 層的第 i 個節點的隱含狀態，$W_r^{(l)}$ 表示特定關係的可學習參數矩陣。$j \in \mathcal{N}_r^i$ 是第 i 個節點的鄰居節點。$c_r^{i,j} = \dfrac{1}{\sqrt{\left|\mathcal{N}_r^i\right|\left|\mathcal{N}_r^j\right|}}$ 和 $c_r^i = \dfrac{1}{\sqrt{\left|\mathcal{N}_r^i\right|}}$ 是歸一化常數。利用這些嵌入，張量分解模型被用來預測多重用藥的副作用。節點 u 和節點 v 之間出現 r 類型連接的機率被定義為

$$x_r^{u,v} = \sigma(g(u, r, v))$$ （25.11）

其中，σ 是 Sigmoid 函式，函式 g 的定義如下：

$$g(u, r, v) = \begin{cases} z_u^{\mathrm{T}} D_r R D_r z_v, & u \text{ 和 } v \text{ 都表示藥物節點} \\ z_u^{\mathrm{T}} M_r z_v, & u \text{ 和v中的一個不表示藥物節點} \end{cases}$$ （25.12）

其中，D_r、R 和 M_r 是參數矩陣，D_r 定義了特定副作用的對角矩陣，R 是全域藥物 - 藥物相互作用矩陣，M_r 是特定關係類型的參數矩陣。Decagon 在 80% 的精度下可以得到 83% 的 AUPR，相比其他基準線的表現高出 69%。如此大的改進主要歸功於使用了圖結構的卷積編碼器和張量分解模型。

25.2.2　案例研究 2：蛋白質功能和功能重要的殘差的預測

自動功能預測（Automated Function Prediction，AFP）問題通常被建模為多標籤分類問題，這比預測兩個蛋白質之間的相互作用更加微妙。許多研究指出，連接在同一分子網路中的蛋白質具有相同的功能（Schwikowski et al, 2000），

但最近的研究表示，相互作用的蛋白質不一定相似，而相似的蛋白質也不一定相互作用（Kovács et al, 2019）。此外，超過 80% 的蛋白質在工作時會與其他分子相互作用（Berggård et al, 2007）。因此，確定或預測蛋白質在生物體內的作用非常重要。目前，社群範圍內的挑戰性任務已經確立，以推進實現這一目標的相關研究，其中包括功能標注的關鍵評估（Critical Assessment of Function Annotation，CAFA）（Radivojac et al, 2013；Jiang et al, 2016；Zhou et al, 2019b）和 MouseFunc（Peña-Castillo et al, 2008）。

人們已經開發出許多計算方法來分析蛋白質與功能的關係。傳統的機器學習方法，如支援向量機（Guan et al, 2008；Wass et al, 2012；Cozzetto et al, 2016）、啟發式方法（Schug, 2002）、高維統計方法（Koo and Bonneau, 2018）和層次監督聚類方法（Das et al, 2015）等，已經在 AFP 任務中得到廣泛研究。雖然整合多個特徵（如基因和蛋白質網路或結構）優於以序列為基礎的特徵，但是這些傳統的機器學習方法在很大程度上依賴於手動設計的特徵。

深度學習方法目前已經得到普遍應用。舉例來說，DeepSite（Jiménez et al, 2017）、Torng and Altman（2018）以及 Enzynet（Amidi et al, 2018）就是透過應用三維卷積神經網路（CNN）從蛋白質結構資料中提取特徵並進行預測的。然而，儲存蛋白質結構的高解析度三維度資料表徵並在表徵上應用三維卷積卻是低效的（Gligorijevic et al, 2020）。最近，GCN（Kipf and Welling, 2017b；Henaff et al, 2015；Bronstein et al, 2017）已被證明可以針對類似於圖的分子表徵推廣卷積操作並克服這些限制。

特別是，Ioannidis et al（2019）將圖殘差神經網路（Graph Residual Neural Network，GRNN）用於多關係 PPI 圖的半監督學習任務，以解決 AFP 問題。他們將多關係連接圖表述為 $n \times n \times I$ 的張量 S，其中，$S_{n,n',i}$ 表示蛋白質 v_n 和 $v_{n'}$ 之間第 i 個關係的邊。n 個蛋白質被編碼在特徵矩陣 $X \in \mathbb{R}^{n \times f}$ 中，其中，第 i 個蛋白質被表徵為一個 $f \times 1$ 的特徵向量。標籤矩陣 $Y \in \mathbb{R}^{n \times k}$ 編碼了 k 個標籤。部分蛋白質包含真正的標籤，任務是為沒有標籤的蛋白質預測標籤。第 n 個蛋白質和第 i 個關係在第 l 層的鄰域聚合可由以下公式定義：

$$H_{n,i}^{(l)} = \sum_{n' \in \mathcal{N}_n^{(i)}} S_{n,n',i} \check{Z}_{n',i}^{(l-1)}$$

（25.13）

其中，n' 表示第 n 個蛋白質的鄰居節點，$\boldsymbol{Z}_{n',i}^{(l-1)}$ 表示第 i 個關係中的第 n 個蛋白質在第 1 層到第 l 層的特徵向量。鄰居節點只能定義為一階，這實際上包含了一次轉發擴散，但連續的操作最終會將資訊傳播到整個網路。為了應用多關係圖，可將 $\boldsymbol{H}_{n,i}^{(l)}$ 跨 i 組合如下：

$$G_{n,i}^{(l)} = \sum_{i'=1}^{I} R_{i,i'}^{(l)} H_{n,i'}^{(l)} \tag{25.14}$$

其中，$R_{i,i'}^{(l)}$ 是可學習參數。

最後，用一個線性操作將提取的特徵混合起來，如下所示：

$$Z^{(l)} = G_{n,i}^{\mathrm{T}} W_{n,i}^{(l)} - 1 \tag{25.15}$$

其中，$W_{n,i}$ 是可學習參數。

綜上所述，領域卷積和傳播的步驟可以表示為

$$Z^{(l)} = f(Z^{(l-1)}; \theta_z^{(l)}) \tag{25.16}$$

其中，$\theta^{(\,)}$ 由兩個權重矩陣 W 和 R 組成，它們分別線性結合了相鄰節點的資訊和多關係資訊。此外，我們也可以結合殘差連接，將輸入的 X 在 L 跳鄰域中擴散，也就是

$$Z^{(l)} = f(Z^{(l-1)}; \theta_z^{(l)}) + f(X; \theta_x^{(l)}) \tag{25.17}$$

一個 Softmax 分類層將被用於進行最終的預測。將這個模型應用於三個多關係網絡，包括普通類型的、神經類型的和循環類型的。結果表示，這個模型相比普通的圖卷積神經網路表現更好。

最近，Gligorijevic et al（2020）採用以 GCN 為基礎的 DeepFRI 對蛋白質序列和結構進行了功能標注。DeepFRI 允許為每個功能輸出機率。他們選擇在蛋白質家族資料庫 Pfam（Finn et al, 2013）中的大約 1000 萬個蛋白質序列上預訓練一個長短期記憶語言模型（LSTM-LM）（Graves, 2013）以提取殘差級位置 - 上下文特徵，並且使用了以下公式：

$$H^0 = H^{\mathrm{input}} = \mathrm{ReLU}\,(H^{\mathrm{LM}} W^{\mathrm{LM}} + X W^X + b) \tag{25.18}$$

其中，H^0 是最終的殘差級特徵表徵和第一個圖卷積層。W^{LM}、W^X 和 b 是在圖卷積層中訓練的可學習參數。用於編碼三級蛋白質結構的接觸圖特徵，連同 LSTM-LM 任務無關的序列嵌入被送入 GCN，同時保持 LSTM-LM 固定。卷積的第 l 層接收序列嵌入和接觸圖 A，並將殘差級嵌入輸出到下一層，也就是第（l+1）層。殘差級特徵是透過傳播殘差資訊到近似的殘差來提取的。更新節點表徵的規則如下：

$$H^{(l+1)} = \text{ReLU}\left(\tilde{D}^{-\frac{1}{2}} \tilde{A} \tilde{D}^{-\frac{1}{2}} H^{(l)} W^{(l)} \right)$$ （25.19）

這些特徵將被並置成單一的特徵矩陣，作為蛋白質嵌入。直觀地說，來自不同層的嵌入可認為是上下文感知的特徵。此外，以上特徵提取策略還利用了相鄰殘差的線性或非線性關係，以及在序列上相距甚遠但在結構上卻相近的殘差。

我們可以將學到的蛋白質表徵送入兩個連續的全連接層，以獲得對所有 GO 術語的類別機率預測。Gligorijevic et al（2020）在實驗和預測結構上評估了自己的模型，並與現有的基準線模型，包括類似於 CAFA 的 BLAST（Wass et al, 2012）和以 CNN 為基礎的純序列 DeepGOPlus（Kulmanov and Hoehndorf, 2019），在 GO 術語和 EC 編號的每個子本體上做了比較，結果表示他們的模型在每個類別中都表現優異。

Zhou et al（2020b）應用 GCN 模型 DeepGOA 來預測玉米蛋白功能。他們利用 GO 結構資訊和蛋白質序列資訊進行多標籤分類。由於 GO 將功能標注術語組織成了一個有向無環圖（DAG），因此他們選擇利用 GO 層次結構中編碼的知識。首先，蛋白質的氨基酸被編碼為獨熱向量——每個氨基酸的 21 維特徵向量。一個蛋白質有 20 種氨基酸，不過有時候，蛋白質的裡面還會有其他未確定的氨基酸。蛋白質的長度可能不同，因此，對於那些長度超出設定的蛋白質，我們可以只提取前 2000 個氨基酸，其他的用零填充。於是，第 i 個蛋白質便可以表徵為

$$X_i = [x_{i1}, x_{i2}, \cdots, x_{i2000}]$$ （25.20）

為了學習每個蛋白質序列的低維特徵表示，我們可以應用 8、16、24 和 32 共 4 種不同卷積核心大小的 CNN 來提取假設非線性的二級或三級結構資訊。一維卷積運算的表述如下：

$$c_{\mathrm{im}} = f(w * x_{i(m:m+h)}), \quad m \in [1, k-h] \qquad (25.21)$$

其中，h 表示滑動視窗的寬度，$w \in \mathbb{R}^{21 \times h}$ 是卷積核心，$f(\cdot)$ 是一個非線性啟動函式。接下來，我們需要將 GO 結構納入模型中。為此，可採用一些圖卷積層，透過使用 GO 層次結構中的相鄰術語，在 GO 術語之間傳播資訊以生成 GO 術語的嵌入。對於 τ 個 GO 術語，初始的獨熱特徵描述 $H^0 \in \mathbb{R}^{\tau \times \tau}$ 和相關矩陣 $A \in \mathbb{R}^{\tau \times \tau}$ 被計算作為輸入。對於第 l 層的表徵，H^l 使用以下鄰域資訊傳播公式進行更新：

$$H^l = f(\hat{A} H^{l^-} W^l) \qquad (25.22)$$

其中，$\hat{A} \in \mathbb{R}^{\tau \times \tau}$ 是從 A 推導出的對稱歸一化相關矩陣，$f(\cdot)$ 是一個非線性啟動函式，$W^l \in \mathbb{R}^{d_{l-1} \times d_l}$ 是可學習的轉換矩陣。最後，這些圖卷積層將被堆疊起來，以捕捉 GO 有向無環圖的高階和低階資訊。這樣 DeepGOA 模型就可以在某 d 維語義空間中學習 GO 術語的語義表徵 $H \in \mathbb{R}^{\tau \times d}$ 和蛋白質序列的表徵 $Z \in \mathbb{R}^{n \times d}$，並利用點積計算蛋白質 - 術語對的連結機率，具體如下：

$$\hat{Y} = HZ^{\mathrm{T}} \qquad (25.23)$$

多標籤損失函式的交叉熵損失被用於點對點的模型訓練。Zhou et al（2020b）在 Maize PH207 自交系（Hirsch et al, 2016）和人類蛋白質序列資料集上進行了實驗，結果表示 DeepGOA 模型的表現優於其他模型。

25.2.3 案例研究 3：使用圖自編碼器從生物網路的表徵中學習多關係連結預測

Yang et al（2020a）提出了使用有號的變分圖自編碼器（Signed Variational Graph Auto-Encoder，S-VGAE）自動學習圖表徵，並將蛋白質序列資訊作為 PPI 預測任務的特徵。他們還比較了 S-VGAE 在一些資料集上的表現與現有的以序列為基礎的模型的表現，結果表示 S-VGAE 更優。

蛋白質相互作用網路被編碼為無向圖，不同的符號（＋、－ 和＝）被增加到鄰接矩陣中以提取細微性的特徵，模型被假設為學習高度負相互作用的負面影響。此外，透過在損失函式中只考慮高置信度的相互作用，可使模型更準確地學習嵌入。

首先使用 CT 方法對蛋白質序列進行編碼（Shen et al, 2007）。考慮到偶極和側鏈量，所有氨基酸被分為 7 組，其中的每一組表徵類似的突變，因為每一組中的氨基酸具有類似的特性。因此，一個蛋白質可以表徵為代表某個類別的數字序列。

然後使用一個大小為三個氨基酸的視窗在數字序列上逐步滑過，並計算每個三聯體類型出現的次數。假設蛋白質 CT 向量的大小為 343（$m=343$），這可以定義為

$$V = [r_1, r_2, \cdots, r_M] \tag{25.24}$$

其中，r_i 是每個三聯體類型出現的次數。對於 n 個蛋白質，每個蛋白質的輸入特徵可以總結為矩陣 $X \in \mathbb{R}^{n \times m}$。

最後，按照 Kipf and Welling（2016）提出的變分圖自編碼器，透過結合圖結構和序列資訊，使用 S-VGAE 提取蛋白質嵌入。考慮到主 / 序列特徵、鄰接結構以及在圖中的位置，用編碼器將每一個蛋白質 x_i 映射為一個低維向量 z_i。核心思想是利用增強的資訊鄰接矩陣 A 將蛋白質的原始特徵矩陣 X 映射為低維嵌入 Z。編碼規則如下：

$$q(Z|X,A) = \prod_{i=1}^{N} q(z_i|Z,A) \tag{25.25}$$

$$q(z_i|Z,A) = \mathcal{N}(z_i|\mu_i, \mathrm{diag}(\sigma_i^2)) \tag{25.26}$$

平均值向量 μ_i 和標準差向量 σ_i 定義如下：

$$\mu = \mathrm{GCN}_\mu(X,A) \tag{25.27}$$

$$\log\sigma = \mathrm{GCN}_\sigma(X,A) \tag{25.28}$$

其中，GCN 是鄰域聚合傳播步驟，表述如下：

$$\mathrm{GCN}(\boldsymbol{X}, \boldsymbol{A}) = \boldsymbol{A}\,\mathrm{Re}\,\mathrm{LU}(\boldsymbol{AXW}_0) \qquad (25.29)$$

$$\mathrm{GCN}_\mu(\boldsymbol{X}, \boldsymbol{A}) = \boldsymbol{A}\,\mathrm{Re}\,\mathrm{LU}(\boldsymbol{AXW}_1) \qquad (25.30)$$

$$\mathrm{GCN}_\sigma(\boldsymbol{X}, \boldsymbol{A}) = \boldsymbol{A}\,\mathrm{Re}\,\mathrm{LU}(\boldsymbol{AXW}_2) \qquad (25.31)$$

其中，$\boldsymbol{W}_0$、$\boldsymbol{W}_1$ 和 $\boldsymbol{W}_2$ 是可訓練的參數，並且 GCN_μ 和 GCN_σ 可以共用 $\boldsymbol{W}_0$ 以減少參數。解碼器是透過獲取蛋白質 i 和 j 的低維嵌入 z_i 和 z_j 的點積來預測它們的分類標籤的。相互作用機率表示兩個蛋白質之間是否存在關聯，定義如下：

$$p(\boldsymbol{A}|\boldsymbol{Z}) = \prod_{i=1}^{N}\prod_{j=1}^{N} p(A_{i,j}\,|\,z_i, z_j) \qquad (25.32)$$

$$p(A_{i,j} = 1\,|\,z_i, z_j) = \sigma(z_i^{\mathrm{T}} z_j) \qquad (25.33)$$

其中，$\sigma(\cdot)$ 是 logistic sigmoid 函式。S-VGAE 透過解決將學到的嵌入解碼回原始圖結構的問題，實現了將蛋白質嵌入編碼學習為低維特徵。Yang et al（2020a）沒有把解碼器作為最後的分類層，而是作為學習隱含特徵的生成模型使用，三個全連接層被用於執行分類任務。整體而言，S-VGAE 在 5 個不同的資料集上可以得到 98% 以上的準確率。

Hasibi and Michoel（2020）提出了一個圖特徵自編碼器（Graph Feature Auto-Encoder，GFAE）模型，名為 FeatGraphConv，這個模型是在特徵重建任務而非圖重建任務上訓練的，並且它在預測生物網路（如轉錄、蛋白質 - 蛋白質和基因相互作用網路）中未觀察到的節點特徵方面表現良好。FeatGraphConv 模型用於研究 GNN 在多大程度上可以保持節點特徵，目的是確定圖結構和特徵的設定值是否編碼了類似的資訊。圖 $\mathscr{G}$ 和隱含嵌入 $\boldsymbol{Z}$ 的關係可以用圖卷積層作為資訊傳遞協定，透過聚合鄰域資訊來表述，如下所示：

$$\boldsymbol{Z} = \mathrm{GCN}(\mathscr{G}; \boldsymbol{\theta}) = \mathrm{GCN}(\boldsymbol{X}, \tilde{\boldsymbol{A}}; \boldsymbol{\theta}) \qquad (25.34)$$

$$\boldsymbol{Z} = \sigma(\tilde{\boldsymbol{A}}\,\mathrm{Re}\,\mathrm{LU}(\tilde{\boldsymbol{A}}\boldsymbol{XW}_0)\boldsymbol{W}_1) \qquad (25.35)$$

其中，$\boldsymbol{\theta}$ 包含可學習權重，$\boldsymbol{\theta} = \boldsymbol{W}_0; \boldsymbol{W}_1; \cdots; \boldsymbol{W}_i$，$\sigma$ 則是一個非線性的、任務特定的映射函式。Hasibi and Michoel（2020）利用了 4 個訊息傳遞操作和鄰域資訊聚合操作，他們根據 GCN 更新規則（Gilmer et al, 2017），在第 l 層計算第 i 個蛋白質的表徵 $\boldsymbol{h}_i^l$。

$$h_i^l = \sum_{j \in \mathcal{N}(i) \cup i} \frac{1}{\sqrt{\deg(i)} * \sqrt{\deg(j)}} Wh_j^{l-1} \tag{25.36}$$

然後使用 GraphSAGE（Hamilton et al, 2017b）更新規則：

$$h_i^l = W_1 h_i^{l-1} + W_2 \operatorname*{Mean}_{j \in \mathcal{N}(i) \cup i} h_j^{l-1} \tag{25.37}$$

接下來，透過應用 GraphConv（Morris et al, 2020b）運算元：

$$h_i^l = W_1 h_i^{l-1} + \sum_{j \in \mathcal{N}(i)} W_2 h_j^{l-1} \tag{25.38}$$

我們可以得到以下更新規則：

$$h_i^l = W_2 (W_1 h_i^{l-1} \| \operatorname*{Mean}_{j \in \mathcal{N}(i) \cup i} (W_1 h_j^{l-1})) \tag{25.39}$$

其中，$(\cdot \| \cdot)$ 表示並置操作。最後在嵌入力上對可學習參數進行訓練，以重構鄰接矩陣：

$$\tilde{A} = \operatorname{Sigmoid}(ZZ^{\mathrm{T}}) \tag{25.40}$$

A 和 $\hat{A}$ 之間的交叉熵損失及梯度下降被用來更新權重，嵌入 Z 被用來預測 Y 類別在鄰接矩陣中的缺失連接，進而預測圖中的缺失連接。

25.3　未來的方向

綜上所述，GNN 的許多變形已被應用於獲取蛋白質功能資訊，目前我們還有很多工作要做。這一領域未來的研究方向大致可以分為兩類——方法導向的研究和任務導向的研究。

　　許多現有的以 GNN 為基礎的方法僅限於相同大小（氨基酸數）的蛋白質，這實際上削弱了它們對眼前特定任務的建模能力。因此，未來的研究需要關注規模無關的以及任務無關的模型。選擇正確的模型始終是一項困難的任務。然而，基準資料集和可用的軟體套件正在使快速開發模型變得更加容易。

　　增強模型的可解釋性也是一個重要的研究方向。有些人將模型開發的重點為 GCN 上，以便為功能預測任務學習語義和拓撲資訊。但事實上，還有許多其他的 GNN 變形。舉例來說，圖注意力網路被證明是有用的。現有的文獻還常常忽略消融研究，但消融研究對於提供強有力的理由來選擇模型中的某一組成部分而非其他組成部分非常重要。

　　大多數 PPI 預測任務假設為生物體訓練單一的模型。利用多生物體的 PPI 網路可以提供更多的資料，並且可能獲得更好的表現。同理，將多組學資料與序列資料和結構資料相結合，有可能推動技術的發展。

　　最後，我們需要注意場域特定的功能預測任務，以提供更多對特定功能十分重要的資訊並突出特定殘差。這種細微性的功能預測任務對於支持其他任務（如藥物研發）可能更為關鍵。此外，跨相關任務的遷移學習有可能為學習重要的屬性提供啟示。

致謝

　　這項工作獲得了美國國家科學基金會第 1907805 號撥款和第 1763233 號撥款的部分支援。本文還以美國國家科學基金會支持的 AS 為基礎的工作（在職期間）。文中的觀點、意見和（或）發現是作者的，不應解釋為代表任何資助機構。

編者註：除本章介紹的小分子以外，蛋白質和 DNA 等大分子的相關研究表示生物資訊學的另一個領域也開始大量利用圖神經網路技術。最近，圖深度學習在小分子和大分子領域的流行似乎有著相似的原因。一方面，其中一個原因是問題的形式化工作做得很好，而且有基準資料集，另一個原因是問題的高度複雜性和現有技術的不足。另一方面，它們之間也有一些細微的區別。圖深度學習社區以前似乎致力於為小分子建立更廣泛的新模型，而非針對大分子，但近年來的研究往往開始將小分子的成功經驗轉移到大分子上，如 AlphaFold 等代表性技術。

第 26 章
異常檢測中的圖神經網路

Shen Wang 和 *Philip S. Yu*[1]

摘要

　　異常檢測是一項重要的任務，旨在透過分析大量的資料來解決「不尋常」的訊號或模式問題，從而辨識和預防重大故障。異常檢測已被用於網路安全、金融、電子商務、社群網站、工業監測等領域的許多影響力大的應用以及任務關鍵型應用。在過去的幾十年裡，人們已經開發出多種處理非結構化的多維資

1 Shen Wang
Department of Computer Science，University of Illinois at Chicago，E-mail：swang224@uic.edu
Philip S. Yu
Department of Computer Science，University of Illinois at Chicago，E-mail：psyu@uic.edu

料集的技術。其中，圖結構感知技術最近引起人們普遍關注。一些新開發出來的技術可以利用圖結構進行異常檢測。舉例來說，GNN 身為強大的以深度學習為基礎的圖表徵技術，在利用圖結構方面很有優勢，已被用於異常檢測。在本章中，我們將對現有的將 GNN 應用於異常檢測的研究進行整體的、全面的、結構化的概述，並指出這一領域未來的發展方向。

26.1　導讀

在機器學習時代，異常檢測在一些影響較大的領域發揮著關鍵作用，如網路安全（網路入侵或網路故障檢測、惡意程式檢測）、金融（信用卡詐騙檢測、惡意帳戶檢測、套現使用者檢測、貸款詐騙檢測）、電子商務（垃圾評論檢測）、社群網站（關鍵人物檢測、異常使用者檢測、真實貨幣交易檢測）和工業監測（故障檢測）等。

在過去的幾十年裡，人們已經開發出許多利用圖結構進行異常檢測的技術，又稱以圖為基礎的異常檢測。與非以圖為基礎的異常檢測不同，以圖為基礎的異常檢測進一步考慮了資料實例之間的相互依賴性，在物理學、生物學、社會科學和資訊系統等更廣泛的學科中，資料實例是相互連結的。與非以圖為基礎的方法相比，以圖為基礎的方法的表現有了極大提升。下面舉一個網路安全領域的惡意程式檢測的例子，如圖 26.1 所示。

在圖 26.1 所示的釣魚郵件攻擊中，為了從電腦 / 伺服器上的資料庫中竊取敏感性資料，攻擊者利用了微軟 Office 中的已知漏洞，向企業的一名 IT 人員發了一封附有惡意 Word 檔案的釣魚郵件。當這名 IT 人員透過瀏覽器打開附件中的 Word 檔案時，就會觸發一個惡意的巨集。這個惡意的巨集將建立並執行一個惡意程式的可執行檔（已偽裝成開放原始碼的 Java.exe 檔案）。隨後，這個惡意程式為攻擊者打開一個後門，允許其透過受影響的電腦讀取和轉儲目標資料庫中的資料。在這種情況下，以簽名或行為為基礎的惡意程式檢測方法通常無法極佳地檢測這個例子中的惡意程式。由於攻擊者可以透過二進位混淆技術從頭開始製作惡意程式，以簽名為基礎的惡意程式檢測方法會因為缺乏已知的惡意簽名而失敗，而以行為為基礎的惡意程式檢測方法也可能故障，除非惡意程

式的樣本以前被用來訓練過檢測模型。使用現有的主機級異常檢測技術有可能檢測到惡意程式。這些以主機為基礎的異常檢測方法雖然能夠在處理程序事件中局部提取模式並作為異常行為的判別因素，但這種檢測方法需要基於對單一操作的觀察並犧牲假陽性率才能檢測出惡意程式。舉例來說，主機級異常檢測可以透過捕捉資料庫讀取操作來檢測偽裝的 Java.exe 檔案。然而，以 Java 為基礎的 SQL 使用者端也可能出現同樣的操作。如果只是簡單地檢測資料庫讀取操作，則有可能把正常的以 Java 為基礎的 SQL 使用者端歸類為異常程式實例並產生假陽性結果。在企業環境中，太多的假陽性會導致警示疲勞問題，使網路分析員無法發現攻擊。為了準確地將惡意的 Java 實例與真正的 Java 實例分開，我們需要考慮它們的更高語義等級的上下文。如圖 26.1 所示，惡意的 Java 實例往往是非常簡單的程式，它們直接存取資料庫；相反，真正的 Java 實例除讀取資料庫以外，還必須載入一組 DLL 檔案。透過比較惡意 Java 實例和真正 Java 實例的行為圖，我們可以發現哪些 Java 實例是不正常的，並準確地報告惡意程式。因此，圖有助我們辨識異常的資料實例。

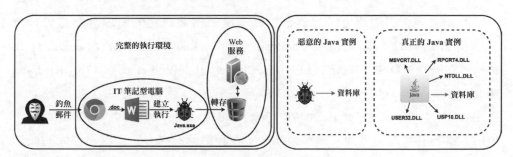

▲ 圖 26.1　左圖顯示了一個釣魚郵件攻擊的例子：駭客建立並執行一個惡意程式的可執行檔（已偽裝成開放原始碼的 Java.exe 檔案），隨後，這個惡意程式為攻擊者打開一個後門，允許其透過受影響的電腦從目標資料庫中讀取和轉存資料。右圖顯示了惡意 Java 實例與真正 Java 實例的行為圖

具體來說，以圖為基礎的方法的好處如下。

- **相互依賴的屬性**。在物理學、生物學、社會科學和資訊系統等廣泛的學科中，資料實例在本質上是相互連結的，可以形成圖。圖結構除提供每個資料實例的屬性以外，還可以提供額外的側面資訊以辨識異常情況。

- **關係屬性**。異常的資料實例有時可以表現出它們自身的連結性。舉例來說，在詐騙檢測領域，異常資料實例的上下文資料實例有很大的可能性也是異常的，異常的資料實例往往與一組資料實例密切相關。如果我們在圖結構中檢測出一個異常的資料實例，那麼以這個異常資料實例為基礎的一些其他異常資料實例也將能夠被檢測出來。

- **有成果的資料結構**。圖是一種編碼有成果資訊的資料結構。圖由節點和邊組成，並且允許將節點和邊的屬性 / 類型用於異常資料實例的辨識。另外，每對資料實例之間存在多筆路徑，從而允許在不同範圍內提取關係。

- **堅固的資料結構**。圖是一種更具有對抗性的堅固資料結構。舉例來說，攻擊者或詐騙者通常只能攻擊或詐騙特定的資料實例或其上下文資料實例，因此對整個圖的全域視圖作用有限。在這種情況下，異常的資料實例很難融入圖中。

近年來，人們對開發以圖為基礎的深度學習演算法的興趣越來越大，包括無監督演算法（Grover and Leskovec, 2016；Liao et al, 2018；Perozzi et al, 2014）和監督演算法（Wang et al, 2016, 2017e；Hamilton et al, 2017b；Kipf and Welling, 2017b；Veličković et al, 2018）。在這些以圖為基礎的深度學習演算法中，GNN（Hamilton et al, 2017b；Kipf and Welling, 2017b；Veličković et al, 2018）身為強大的深度圖表徵學習技術，在利用圖結構方面表現出很大的優越性。GNN 的基本思想是聚合來自局部鄰域的資訊，以結合內容特徵和圖結構來學習新的圖表徵。特別是，GCN（Kipf and Welling, 2017b）利用「圖卷積」操作來聚合一次轉發鄰居節點的特徵，並透過迭代的「圖卷積」傳播中繼站資訊。GraphSage（Hamilton et al, 2017b）在歸納式設定中開發了圖神經網路，旨在進行鄰域採樣和聚合，以有效地生成新的節點表徵。GAT（Veličković et al, 2018）則進一步將注意力機制納入 GCN，以執行鄰域的注意力聚合。鑑於以圖為基礎的異常檢測的重要性和圖神經網路的成功，學術界和工業界對於應用 GNN 解決異常檢測問題很感興趣。近年來，一些研究人員已經成功地將 GNN 應用於幾個重要的異常檢測任務。在本章中，我們將總結不同的以 GNN 為基礎的異常檢測方法，並根據不同的標準對它們進行分類。儘管在過去的 3 年裡已有十幾篇相

關的論文發表，但直到現在仍有一些挑戰性問題沒有解決，本章將總結並介紹這些挑戰性問題。

- **以 GNN 為基礎的異常檢測的問題**。與 GNN 在其他領域的應用不同，GNN 在應用於異常檢測時有一些獨特的問題，它們來自資料、任務和模型。我們將對這些問題進行簡要討論和總結，以更加了解這些問題的難度。

- **管線**。以 GNN 為基礎的異常檢測工作分好幾種，了解所有這些工作的全貌是很有挑戰性的，也很耗時。為了便於理解這一領域的現有工作，我們將總結以 GNN 為基礎的異常檢測方法的一般管線。

- **分類法**。在以 GNN 為基礎的異常檢測領域，目前人們已經開展了一些工作。與其他 GNN 應用相比，由於面臨獨特的挑戰和問題定義，以 GNN 為基礎的異常檢測更為複雜。為了快速了解現有工作之間的相似性和差異性，我們將列出其中一些較有代表性的工作，並根據不同的標準總結出新的分類法。

- **案例研究**。本章將提供一些較有代表性的以 GNN 為基礎的異常檢測方法的案例研究。

本章剩餘部分的組織結構如下：26.2 節討論並總結以 GNN 為基礎的異常檢測的問題，26.3 節提供以 GNN 為基礎的異常檢測的統一管線，26.4 節提供現有的以 GNN 為基礎的異常檢測方法的分類法，26.5 節提供一些較有代表性的以 GNN 為基礎的異常檢測方法的案例研究，26.6 節討論這一領域未來的研究方向。

26.2 以 GNN 為基礎的異常檢測的問題

在本節中，我們將對以 GNN 為基礎的異常檢測的問題進行簡要的討論和總結。特別是，這些問題可以分為三類——特定於資料的問題、特定於任務的問題和特定於模型的問題。

26.2.1 特定於資料的問題

異常檢測系統由於通常使用真實世界中的資料，因此表現出高容量、高維度、高異質性、高複雜性和動態屬性。

- **高容量**。隨著資訊儲存技術的進步，收集大量的資料變得更加容易。舉例來說，在像「閑魚」這樣的電子商務平臺上，有超過 1000 萬使用者發佈了 10 億件二手物品；在企業網路監控系統中，一天之內從單一電腦系統中收集的系統事件資料很容易就能達到 20GB，而與某個特定程式相關的事件數量很容易就能達到數千。對這樣的巨量資料進行分析的成本，在時間和空間上都將非常高。

- **高維度**。受益於資訊儲存技術的進步，大量的資訊被收集，這導致每個資料實例的屬性出現高維度。舉例來說，在像「閑魚」這樣的電子商務平臺上，每個資料實例都會收集到不同類型的屬性，如使用者的人口統計學資訊、興趣、角色以及不同類型的社會關係等；在企業網路監控系統中，收集的每個系統事件都與數百個屬性相關，包括所涉及的系統物理資訊及其關係，於是造成「維度災難」。

- **高異質性**。由於收集了類型十分豐富的資訊，每個資料實例的屬性都具有高異質性——每個資料實例的特徵可以是多視圖或多來源的。舉例來說，在像「閑魚」這樣的電子商務平臺上，平臺從使用者那裡收集了多種類型的資料，如個人資料、購買歷史、探索歷史等。但是，像社會關係和使用者屬性這樣的多視圖資料具有不同的統計屬性，這種異質性給整合多視圖資料帶來巨大的挑戰。

- **高複雜性**。隨著越來越多的資訊被收集，我們收集到的資料在內容上是很複雜的，它們可以是分類的或數字的，這會增加聯合利用所有內容的難度。

- **動態屬性**。資料收集通常是每天或連續進行的。舉例來說，每天都有數十億筆信用卡交易發生，每天也都有數十億的網路使用者點擊痕跡產生。這種資料可被認為是串流資料，因為它們表現出了動態屬性。

上述針對資料的問題具有普遍性，適用於所有類型的資料。在這裡，我們還需要討論圖資料的具體問題，包括關係屬性、圖的異質性、圖的動態性、定義的多樣性、缺乏固有的距離 / 相似性指標以及搜尋空間大小。

- **關係屬性**。圖資料的關係屬性使得量化圖物件的異常性具有一定的挑戰性。在傳統的離群點檢測中，物件或資料實例被視為「獨立同分布」，而圖資料中的資料實例是成對連結的。因此，異常性的「擴散啟動」或「連結懲罰」需要仔細考慮。舉例來說，套現使用者不僅具有不正常的特徵，而且在互動關係中的行為也是不正常的。套現使用者可能同時與特定的商家有許多筆交易和資金來往，此類情形很難被傳統的特徵提取利用。

- **圖的異質性**。與一般資料的高異質性問題類似，圖實例類型和關係類型通常是異質的。舉例來說，在電腦系統圖中，有三種類型的實體——處理程序（P）、檔案（F）和網際網路通訊端（I），此外還有多種類型的關係——一個處理程序分叉出另一個處理程序（$P \rightarrow P$）、一個處理程序存取一個檔案（$P \rightarrow F$）、一個處理程序連接到一個網際網路通訊端（$P \rightarrow I$）等。由於異質圖中實體（節點）和依賴關係（邊）的異質性，不同依賴關係之間的差異很大，這增加了聯合利用這些節點和邊的難度。

- **圖的動態性**。由於資料是定期或連續收集的，因此建構的圖也會顯示出動態性。由於這種動態性，檢測異常情況也有了挑戰性。一些異常操作雖然顯示出明確的模式，但卻試圖將它們隱藏在一個大圖中，另一些異常操作則具有隱含模式。以推薦系統中明確的異常模式為例，由於異常使用者通常控制多個帳戶來推廣目標物品，因此這些帳戶和目標物品之間的邊有可能組成一個稠密子圖，並在短時間內出現。此外，儘管涉及異常交易的帳戶有時會產生異常操作，但這些帳戶在大部分時間是正常的，這就隱藏了此類使用者長期的異常行為，增加了檢測難度。

- **定義的多樣性**。考慮到圖的豐富表現形式，圖中的異常定義相比傳統的異常值檢測更加多樣化。舉例來說，與圖的子結構有關的新異常現象是許多應用的興趣所在，如交易網路中的洗錢團夥。

- **缺乏固有的距離 / 相似性指標**。固有的距離 / 相似性指標並不明確。舉例來說，在真實的電腦系統中，給定兩個程式，就會有成千上萬的系統事件與之相關，衡量它們的距離 / 相似性是一項很困難的任務。

- **搜尋空間大小**。與更複雜的異常現象（如圖的子結構）相關的主要問題是搜尋空間太大，就像許多與圖搜尋有關的圖的理論問題一樣。對可能的子結構的列舉是組合性的，這使得找出異數成為一項更難的任務。當圖被賦予屬性時，搜尋空間就更大了，因為可能性同時跨越了圖結構和屬性空間。

綜上所述，以圖為基礎的異常檢測演算法的設計不僅要考慮有效性，而且要考慮效率和可擴充性。

26.2.2 特定於任務的問題

由於異常檢測任務的特殊性，問題有時也來自這些任務，包括標籤數量和品質、類的不平衡和非對稱差錯以及新的異常現象。

- **標籤數量和品質**。異常檢測的主要問題是資料往往沒有或只有很少的類別標籤，我們不知道哪些資料是異常的或正常的。大部分的情況下，從領域專家那裡獲得真實的標籤不僅昂貴而且耗時。此外，由於資料的複雜性，產生的標籤可能是有雜訊和偏差的。因此，這個問題限制了監督機器學習演算法的表現。更重要的是，由於缺乏真正乾淨的標籤，比如缺乏真實資料，異常檢測技術的評估具有很大的挑戰性。

- **類的不平衡和非對稱差錯**。由於異常情況很少，只有一少部分資料被認為是異常的，因此資料非常不平衡。此外，為好的資料實例與為壞的資料實例貼上錯誤標籤的成本可能會因為應用的不同而發生改變，並且可能很難事先做出評估。舉例來說，把套現詐騙犯誤判為正常使用者對整個金融系統是有害的，而把正常使用者誤判為套現詐騙犯則可能失去客戶忠誠度。因此，類的不平衡和非對稱差錯會嚴重影響以機器學習為基礎的方法。

- **新的異常現象**。在某些領域，如詐騙檢測或惡意程式檢測，異常現象是由人創造的，它們是透過分析檢測系統而產生的，並被設計和偽裝成正常的實例以繞過檢測。因此，異常檢測演算法不僅應該適應隨時間變化和增長的資料，而且應該適應並且能夠在面對攻擊時檢測到新的異常情況。

26.2.3 特定於模型的問題

除特定於資料的問題和特定於任務的問題以外，由於圖神經網路獨有的模型屬性，如同質聚焦和脆弱性，將其直接應用於異常檢測任務也是一種挑戰。

- 同質聚焦。大多數圖神經網路模型是為同質圖設計的，考慮的是單一類型的節點和邊。在現實世界的許多應用中，資料可以自然地表徵為異質圖。然而傳統的 GNN 對不同的特徵一視同仁，所有的特徵都將被映射和傳播到一起，以得到節點的表徵。考慮到每個節點的角色只是高維特徵空間中的一維特徵，並且存在很多與角色無關的特徵，如年齡、性別和受教育程度，在進行鄰域聚合後，與不同角色的申請人的表徵相比，它們在表徵空間中並沒有什麼區別，最終導致傳統的 GNN 失敗。

- 脆弱性。最近的理論研究證實了當圖中包含有雜訊的節點和邊時 GNN 的局限性和脆弱性。因此，節點特徵的小變化就可能導致表現急劇下降，無法解決偽裝問題，使得詐騙者成功破壞以 GNN 為基礎的詐騙檢測器。

26.3 管線

在本節中，我們將介紹以 GNN 為基礎的異常檢測的標準管線。大部分的情況下，以 GNN 為基礎的異常檢測方法由三個重要部分組成，分別是圖的建構和轉換、圖表徵學習和預測。

26.3.1　圖的建構和轉換

如 26.2 節所述，現實世界中的異常檢測系統存在一些特定於資料的問題。因此，我們需要首先對原始資料進行資料分析，並對它們進行修正；然後，我們可以建構圖，從而捕捉複雜的相互關係並消除資料容錯。

- 根據資料實例和關係的類型，圖可以建構為同質圖或異質圖。其中，同質圖僅包含單一類型的資料實例和關係，異質圖則包含多種類型的資料實例和關係。

- 以時間戳記為基礎的可用性，圖可以建構為靜態圖或動態圖。其中，靜態圖是指具有固定節點和邊的圖，而動態圖是指節點和／或邊會隨時間變化的圖。

- 根據節點屬性和／或邊屬性的可用性，圖可以建構為普通圖或屬性圖。其中，普通圖只包含結構資訊，而屬性圖在節點和／或邊上有屬性。

如果建構的圖是異質圖，那麼簡單地聚合鄰域並不能捕捉不同類型的實體之間的語義和結構相關性。為了解決圖的異質性問題，我們需要進行圖的轉換，將異質圖轉為由元路徑引導的多通道圖。其中，元路徑（Sun et al, 2011）是指透過異質網路中的關係序列來連接實體類型的一種路徑。舉例來說，在電腦系統中，元路徑可以是系統事件（$P \rightarrow P$、$P \rightarrow F$ 和 $P \rightarrow I$），其中的每個系統事件都定義了兩個實體的獨特關係。多通道圖則是這種圖，其中的每條通道都是透過某種類型的元路徑建構的。在形式上，給定具有一組元路徑 $\mathcal{M} = \{M_1, M_2, \cdots, M_{|\mathcal{M}|}\}$ 的異質圖 $\mathcal{G}$，轉換後的多通道圖 $\hat{\mathcal{G}}$ 定義如下：

$$\hat{\mathcal{G}} = \{\mathcal{G}_i | \mathcal{G}_i = (\mathcal{V}_i, \mathcal{E}_i, A_i), i = 1, 2, \cdots, |\mathcal{M}|\} \tag{26.1}$$

其中，$\mathcal{E}_i$ 表示 $\mathcal{V}_i$ 中實體之間的同質連接，這些實體已透過元路徑 M_i 連接在一起。每個通道圖 $\mathcal{G}_i$ 都與一個鄰接矩陣 A_i 連結在一起。$|\mathcal{M}|$ 表示元路徑的數量。注意，從異質網路中可以得到的潛在的元路徑可能是無限的，但並不是每一條元路徑都與我們感興趣的具體任務有關和有用。幸運的是，最近人們開發出一些演算法（Chen and Sun, 2017）用於自動選擇特定任務的元路徑。

26.3.2 圖表徵學習

圖在被建構和轉換後，我們需要進行圖表徵學習以獲得圖的適當的新表徵。一般來說，GNN 是由 7 種基本操作堆疊而成的，執行這 7 種基本操作的函式分別是神經匯總函式 AGG()、線性映射函式 MAP_{linear}()、非線性映射函式 $MAP_{nonlinear}$()、多層感知機函式 MLP()、特徵並置函式 CONCAT()、注意力特徵融合函式 $COMB_{att}$() 以及讀出函式 Readout()。在這些函式中，線性映射函式、非線性映射函式、多層感知機函式、特徵並置函式和注意力特徵融合函式執行的是傳統深度學習演算法中的典型操作。

線性映射函式 MAP_{linear}() 如下：

$$MAP_{linear}(x) = Wx \qquad (26.2)$$

其中，x 是輸入特徵向量，W 是可訓練的權重矩陣。

非線性映射函式 $MAP_{nonlinear}$() 如下：

$$MAP_{nonlinear}(x) = \sigma(Wx) \qquad (26.3)$$

其中，x 是輸入特徵向量，W 是可訓練的權重矩陣，σ 是非線性啟動函式。

多層感知機函式 MLP() 如下：

$$MLP(x) = \sigma(W^k \cdots \sigma(W^1 x)) \qquad (26.4)$$

其中，x 是輸入特徵向量，W^i（i=1, 2, ... , k）是可訓練的權重矩陣，k 是層數，σ 是非線性啟動函式。

特徵並置函式 CONCAT() 如下：

$$CONCAT(x_1, x_2, \cdots, x_n) = [x_1, x_2, \cdots, x_n] \qquad (26.5)$$

其中，n 表示特徵的數量。

注意力特徵融合函式 $COMB_{att}$() 如下：

$$COMB_{att}(\boldsymbol{x}_1, \boldsymbol{x}_2, \cdots, \boldsymbol{x}_n) = \sum_{i=1}^{n} Softmax(\boldsymbol{x}_i)\boldsymbol{x}_i \qquad （26.6）$$

$$Softmax(\boldsymbol{x}_i) = \frac{\exp(MAP(\boldsymbol{x}_i))}{\sum_{j=1}^{n} \exp(MAP(\boldsymbol{x}_j))} \qquad （26.7）$$

其中，MAP() 函式可以是線性或非線性的。

與傳統的深度學習演算法不同，GNN 支援一種獨特的操作，執行這種操作的是神經匯總函式 AGG()，依照所聚合物件的層次，具體可細分為節點級神經匯總函式 AGG_{node}()、層級神經匯總函式 AGG_{layer}() 和路徑級神經匯總函式 AGG_{path}()。

節點級神經匯總函式 AGG_{node}() 是 GNN 模組，旨在對節點鄰域進行聚合，從形式上，可以描述如下：

$$\boldsymbol{h}_v^{(i)(k)} = AGG_{node}(\boldsymbol{h}_v^{(i)(k-1)}, \{\boldsymbol{h}_u^{(i)(k-1)}\}_{u \in \mathcal{N}_v^i}) \qquad （26.8）$$

其中，i 是元路徑（關係）描述符號，$k \in \{1, 2, \cdots, K\}$ 是層描述符號，$\boldsymbol{h}_v^{(i)(k)}$ 是節點 v 在第 k 層的關係 M_i 的特徵向量，$\mathcal{N}_v^i$ 是節點 v 在關係 M_i 下的鄰域。大部分的情況下，根據節點鄰域的聚合方式，節點級神經匯總函式可以是 GCN AGG^{GCN}()（Kipf and Welling, 2017b）、GAT AGG^{GAT}()（Veličković et al, 2018）或訊息傳遞 AGG^{MPNN}()（Gilmer et al, 2017）。對於 GCN 和 GAT，節點級神經匯總函式可以用式（26.8）來描述。對於訊息傳遞，由於在聚合節點鄰域的過程中還會用到邊，因此從形式上，節點級神經匯總函式可以描述如下：

$$\boldsymbol{h}_v^{(i)(k)} = AGG_{node}\left(\boldsymbol{h}_v^{(i)(k-1)}, \left\{\boldsymbol{h}_v^{(i)(k-1)}, \boldsymbol{h}_u^{(i)(k-1)}, \boldsymbol{h}_{vu}^{(i)(k-1)}\right\}_{u \in \mathcal{N}_v^i}\right) \qquad （26.9）$$

其中，$\boldsymbol{h}_{vu}^{(i)(k-1)}$ 是目標節點 v 與其鄰居節點 u 之間的邊嵌入，{} 表示融合函式，用於將目標節點、目標節點的鄰居節點以及它們之間的對應邊結合起來。

層級神經匯總函式 $\mathrm{AGG}_{\text{layer}}()$ 是旨在聚合來自不同跳數的上下文資訊的 GNN 模組。舉例來說，如果層數 $k=2$，GNN 將得到 1 跳鄰域資訊；如果層數 $k=K+1$，GNN 將得到 K 跳鄰域資訊。k 越大，GNN 得到的全域資訊越多。從形式上，層級神經匯總函式可以描述如下：

$$\boldsymbol{I}_v^{(i)(k)} = \mathrm{AGG}_{\text{layer}}\,(\boldsymbol{I}_v^{(i)(k-1)}, \boldsymbol{h}_v^{(i)(k)}) \qquad (26.10)$$

其中，$\boldsymbol{I}_v^{(i)(k)}$ 是關係 M_i 在第 k 層的（$k-1$）跳鄰域節點 v 的聚合表示。

路徑級神經匯總函式 $\mathrm{AGG}_{\text{path}}()$ 是旨在聚合來自不同關係的上下文資訊的 GNN 模組。一般來說，關係可以透過以元路徑為基礎（Sun et al, 2011）的內容相關式搜尋來描述。從形式上看，路徑級神經匯總函式可以描述如下：

$$\boldsymbol{p}_v^{(i)} = \boldsymbol{I}_v^{(i)(K)} \qquad (26.11)$$

$$\boldsymbol{p}_v = \mathrm{AGG}_{\text{path}}(\boldsymbol{p}_v^{(1)}, \boldsymbol{p}_v^{(2)}, \cdots, \boldsymbol{p}_v^{(|M|)}) \qquad (26.12)$$

其中，$\boldsymbol{p}_v^{(i)}$ 是節點 v 在關係 M_i 下聚合的最終的層表徵。

最終的節點表徵是來自不同元路徑（關係）的融合表徵，如下所示：

$$\boldsymbol{h}_v^{(\text{final})} = \boldsymbol{p}_v \qquad (26.13)$$

根據任務，也可以透過執行讀出函式 Readout( ) 來計算圖表徵，以聚合所有節點的最終表徵。讀出函式可以描述如下：

$$\boldsymbol{g} = \mathrm{Readout}\,(\boldsymbol{h}_{v_1}^{(\text{final})}, \boldsymbol{h}_{v_2}^{(\text{final})}, \cdots, \boldsymbol{h}_{v_V}^{(\text{final})}) \qquad (26.14)$$

大部分的情況下，我們可以得到不同層次的圖表徵，包括節點級、邊級和圖級表徵。節點級和邊級表徵是初步表徵，可透過圖神經網路來學習。圖級表徵則是更高層次的表徵，可透過對節點級和邊級表徵執行讀出函式得到。以任務為基礎的目標，特定等級的圖表徵將被送入下一階段。

26.3.3 預測

　　根據任務和目標標籤的不同，預測類型有兩種——以分類為基礎的預測和以匹配為基礎的預測。在以分類為基礎的預測中，我們需要假設已經提供足夠多的有標籤的異常資料實例。儘管可透過訓練好的分類器來辨識給定的圖目標是否異常，但正如 26.2 節所述，實際上有可能沒有或只有很少的異常資料實例。在這種情況下，我們需要使用以匹配為基礎的預測方法。如果只有非常少的異常樣本，我們就學習異常資料實例的表徵，當候選樣本與其中一個異常樣本相似時，就會觸發警示。如果沒有異常樣本，我們就學習正常資料實例的表徵，當候選樣本與任何正常樣本都不相似時，就會觸發警示。

26.4　分類法

　　緣於圖資料和異常情況的多樣性，以 GNN 為基礎的異常檢測有多種分類法。本節介紹其中的 6 種分類法——任務分類法、異常分類法、靜態圖 / 動態圖分類法、同質圖 / 異質圖分類法、普通圖 / 屬性圖分類法和目標分類法。

　　在任務分類法中，現有的工作可以分為以 GNN 為基礎的金融網路異常檢測、以 GNN 為基礎的電腦網路異常檢測、以 GNN 為基礎的電信網路異常檢測、以 GNN 為基礎的社群網站異常檢測、以 GNN 為基礎的輿論網路異常檢測以及以 GNN 為基礎的感測器網路異常檢測。

　　在異常分類法中，現有的工作可以分為節點級異常檢測、邊級異常檢測和圖級異常檢測。

　　在靜態圖 / 動態圖分類法中，現有的工作可以分為以 GNN 為基礎的靜態異常檢測和以 GNN 為基礎的動態異常檢測。

　　在同質圖 / 異質圖分類法中，現有的工作可以分為以同質 GNN 為基礎的異常檢測和以異質 GNN 為基礎的異常檢測。

在普通圖 / 屬性圖分類法中，現有的工作可以分為以普通 GNN 為基礎的異常檢測和以屬性 GNN 為基礎的異常檢測。

在目標分類法中，現有的工作可以分為以分類為基礎的方法和以匹配為基礎的方法。

表 26.1 詳細介紹了以 GNN 為基礎的各種異常檢測方法。

➜ 表 26.1　以 GNN 為基礎的異常檢測方法

異常檢測方法	年份	會場	任務	異常	靜態 /動態	同質 /異質	屬性圖 /普通圖	模型	目標
GEM（Liu et al, 2018f）	2018	CIKM	惡意帳戶檢測	節點	靜態	異質	屬性圖	GCN，注意力（路徑）	分類
HACUD（Hu et al, 2019b）	2019	AAAI	提現使用者檢測	節點	靜態	異質	屬性圖	GCN，注意力（特徵，路徑）	分類
DeepHGNN（Wang et al, 2019h）	2019	SDM	惡意程式檢測	節點	靜態	異質	屬性圖	GCN，注意力（路徑）	分類
MatchGNet（Wang et al, 2019i）	2019	IJCAI	惡意程式檢測	圖	靜態	異質	屬性圖	GCN，注意力（節點，層，路徑）	匹配
AddGraph（Zheng et al, 2019）	2019	IJCAI	惡意連接檢測	邊	動態	同質	普通圖	GCN，GRUatt	匹配
SemiGNN（Wang et al, 2019b）	2019	ICDM	惡意帳戶檢測	節點	靜態	異質	屬性圖	GCN，注意力（節點，路徑）	分類和匹配

異常檢測方法	年份	會場	任務	異常	靜態/動態	同質/異質	屬性圖/普通圖	模型	目標
MVAN（Tao et al, 2019）	2019	KDD	金錢交易檢測	節點	靜態	異質	屬性圖	GAT，注意力（路徑，視圖）	分類
GAS（Li et al, 2019a）	2019	CIKM	垃圾評論檢測	邊	靜態	異質	屬性圖	MPNN，注意力（訊息）	分類
iDetective（Zhang et al, 2019a）	2019	CIKM	關鍵人物檢測	節點	靜態	異質	屬性圖	GCN，注意力（路徑）	分類
GAL（Zhao et al, 2020f）	2020	CIKM	異常使用者檢測	節點	靜態	同質	屬性圖	GCN/GAT	匹配
CARE-GNN（Dou et al, 2020）	2020	CIKM	詐騙檢測	節點	靜態	異質	屬性圖	GCN，注意力（節點）	分類

26.5　案例研究

在本節中，我們將透過案例研究詳細介紹一些較有代表性的以 GNN 為基礎的異常檢測方法。

26.5.1　案例研究 1：用於惡意帳戶檢測的圖嵌入

用於惡意帳戶檢測的圖嵌入（GEM）（Liu et al, 2018f）是將 GNN 應用於異常檢測的第一次嘗試，旨在檢測行動無現金支付平臺——「支付寶」上的惡意帳戶。

　　從原始資料建構而來的圖是靜態和異質的。我們建構的圖 $\mathscr{G} = (\mathscr{V}, \mathscr{E})$ 由 7 種類型的節點組成，包括帳戶類型的節點（U）和 6 種裝置類型的節點〔電話號碼（PN）、使用者機器 ID（UMID）、MAC 位址（MACA）、國際行動使用者身份（IMSI）、裝置 ID（APDID）以及一個透過 IMSI 和 IMEI 生成的隨機數（TID）〕，$\mathscr{V} = U \cup PN \cup UMID \cup MACA \cup IMSI \cup APDID \cup TID$。 為了克服異質圖帶來的挑戰並使 GNN 適用於異質圖，透過進行圖的轉換，GEM 建構了一個 6 通道的圖 $\hat{\mathscr{G}} = \{\mathscr{G}_i | \mathscr{G}_i = (\mathscr{V}_i, \mathscr{E}_i, A_i),\ i = 1, 2, \cdots, |\mathscr{M}|\}\ \|\mathscr{M}\| = 6$。具體來說，就是透過對 6 種不同類型的邊進行建模來捕捉邊的異質性，例如帳戶連接手機號碼（$U \to PN$）、帳戶連接 UMID（$U \to UMID$）、帳戶連接 MAC 位址（$U \to MACA$）、帳戶連接 IMSI（$U \to IMSI$）、帳戶連接裝置 ID（$U \to APDID$）和帳戶連接 TID（$U \to TID$）。隨著活動屬性被建構，我們建構的圖將是屬性圖。在圖被建構和轉換後，GEM 利用圖卷積網路，在每個通道圖上聚合鄰域。由於每個通道圖被視為對應於特定關係的同質圖，因此 GNN 可以直接應用於每個通道圖。

　　在圖表徵學習階段，節點聚合表徵 $h_v^{(i)(k)}$ 是透過執行 GCN 匯總函式 $\text{AGG}^{\text{GCN}}()$ 計算出來的。為了得到路徑聚合表徵，我們可以採用注意力特徵融合的方法，將每個通道圖 $\mathscr{G}_i$ 中的節點聚合表徵融合在一起。此外，我們還可以為每個節點建構一個活動特徵，並將這個活動特徵的線性映射增加到路徑聚合表徵的注意力特徵融合中。在形式上，這些 GNN 操作可以描述如下。

節點級聚合：

$$\begin{aligned} h_v^{(i)(k)} &= \text{AGG}_{\text{node}}(h_v^{(i)(k-1)}, \{h_u^{(i)(k-1)}\}_{u \in \mathcal{N}_v^i}) \\ &= \text{AGG}^{\text{GCN}}(h_v^{(i)(k-1)}, \{h_u^{(i)(k-1)}\}_{u \in \mathcal{N}_v^i}) \end{aligned}$$

（26.15）

路徑級聚合：

$$p_v^{(k)} = \text{MAP}_{\text{linear}}(x_v) + \text{COMB}_{\text{att}}(h_v^{(1)(k)}, \cdots, h_v^{(|\mathscr{M}|)(k)})$$

（26.16）

層級聚合：

$$l_v^{(K)} = p_v^{(K)}$$

（26.17）

最後的節點表徵：

$$h_v^{(\text{final})} = l_v^{(K)}$$ （26.18）

其中，K 展現層的數量。

GEM 的目標是分類，同時把學到的帳戶節點嵌入一個標準的 logistic 損失函式中。

26.5.2 案例研究 2：以層次注意力機制為基礎的套現使用者檢測

以層次注意力機制為基礎的套現使用者檢測（HACUD）（Hu et al, 2019b）透過將 GNN 應用於信用支付服務平臺來檢測套現使用者，旨在避免此類使用者以非法或不誠實的手段套用現金。

HACUD 從原始資料中建構了一個靜態的異質圖。具體來說，這個異質圖由多種類型的節點〔比如使用者（U）、商家（M）和裝置（D）〕組成，具有豐富的屬性和關係（比如使用者間的資金轉移關係以及使用者與商家的交易關係）。與 GEM 處理圖的異質性問題的方式不同，在圖轉換階段，HACUD 只對使用者節點建模，並考慮成對使用者之間兩種特定類型的元路徑（關係），包括使用者-（資金轉移）-使用者（UU）和使用者-（交易）-商戶-（交易）-使用者（UMU），從而建構一個雙通道圖 $\hat{\mathcal{G}}$，$\hat{\mathcal{G}} = \{\mathcal{G}_i | \mathcal{G}_i = (\mathcal{V}_i, \mathcal{E}_i, A_i), \ i = 1, \cdots, |\mathcal{M}|\} \ |\mathcal{M}| = 2 \ \mathcal{V}_i \in U$。HACUD 選定的這兩條元路徑捕捉了不同的語義。舉例來說，UU 路徑連接了有資金轉移的使用者，而 UMU 路徑連接了有交易的使用者。每個通道圖都是同質的，可以直接使用 GNN。由於使用者屬性是可用的，因此建構的圖也是有屬性的。

在圖表徵階段，HACUD 透過圖卷積網路對每個通道圖進行節點級聚合。與 GEM（Liu et al, 2018f）不同的是，HACUD 以一種注意力方式將使用者特徵 x_v 增加到聚合的節點表徵中。節點級聚合可擴充為三個步驟——初始節點級聚合、特徵融合和特徵關注。在初始的節點級聚合表徵 $\tilde{h}_v^{(i)}$ 經 GCN AGG^{GCN}() 計算出來後，便可透過執行特徵融合將其與使用者特徵 x_v 融合起來，最後執行特徵關

注。由於僅考慮了 1 跳鄰域，因此沒有層級聚合，最終的節點級聚合表徵 $h_v^{(i)}$ 直接被送入路徑級聚合。在形式上，這些 GNN 操作可以描述如下。

節點級聚合：

- 初始節點級聚合。

$$\tilde{h}_v^{(i)} = \text{AGG}_{\text{node}}(h_v^{(i)}, \{h_u^{(i)}\}_{u \in \mathcal{N}_v^i}) = \text{AGG}^{\text{GNN}}(h_v^{(i)}, \{h_u^{(i)}\}_{\mathcal{N} \in_v^i}) \qquad (26.19)$$

- 特徵融合。

$$f_v^{(i)} = \text{MAP}_{\text{nonlinear}}(\text{CONCAT}(\text{MAP}_{\text{linear}}(\tilde{h}_v^{(i)}), \text{MAP}_{\text{linear}}(x_v))) \qquad (26.20)$$

- 特徵關注。

$$\alpha_v^{(i)} = \text{MAP}_{\text{nonlinear}}(\text{MAP}_{\text{nonlinear}}(\text{CONCAT}(\text{MAP}_{\text{linear}}(x_v), f_v^{(i)}))) \qquad (26.21)$$

$$h_v^{(i)} = \text{Softmax}(\alpha_v^{(i)}) \odot f_v^{(i)} \qquad (26.22)$$

其中，$\odot$ 表示元素等級的乘積。由於只使用了 1 跳資訊，因此不存在層描述符號 k。

路徑級聚合：

$$p_v = \text{AGG}_{\text{path}}(h_v^{(0)}, h_v^{(1)}) = \text{COMB}_{\text{att}}(h_v^{(0)}, h_v^{(1)}) \qquad (26.23)$$

最後的節點表徵：

$$h_v^{(\text{final})} = \text{MLP}(p_v) \qquad (26.24)$$

與 GEM 一樣，HACUD 的目標是分類，同時將學到的使用者節點嵌入一個標準的 logistic 損失函式中。

26.5.3　案例研究 3：用於惡意程式檢測的注意力異質圖神經網路

　　用於惡意程式檢測的注意力異質圖神經網路（DeepHGNN）（Wang et al,
2019h）透過將 GNN 應用於企業網路的電腦系統來檢測惡意程式。

　　DeepHGNN 從原始資料（由大量的系統行為資料組成，具有豐富的程式
/處理程序級事件資訊）中建構了一個靜態的異質圖，以模擬程式行為，形式
如下：給定某個時間視窗（如 1 天）內許多機器上的程式事件資料，為目的程
式建構異質圖 $\mathscr{G}=(\mathscr{V},\mathscr{E})$。其中，$\mathscr{V}$ 表示一組節點，並且裡面的每一個節點
都代表三種類型的實體——處理程序（P）、檔案（F）和 INETSocket（I），
$\mathscr{V}=P\cup F\cup I$；$\mathscr{E}$ 表示來源實體 v_s 與具有關係 r 的目標實體 v_d 之間的一組邊
(v_s,v_d,r)。為了解決異質圖帶來的挑戰，DeepHGNN 採用了三種類型的關係——
一個處理程序分叉出另一個處理程序（$P\rightarrow P$）、一個處理程序存取一個檔案
（$P\rightarrow F$）以及一個處理程序連接到一個網際網路通訊端（$P\rightarrow I$）。與 GEM
類似，DeepHGNN 也設計了一個圖轉換模組，用於將異質圖轉為由上述 3 條元
路徑（關係）指導的 3 通道圖 $\hat{\mathscr{G}}$，$\hat{\mathscr{G}}=\{\mathscr{G}_i|\mathscr{G}_i=(\mathscr{V}_i,\mathscr{E}_i,A_i),\ i=1,2,\cdots,|\mathscr{M}|\}$。其
中，$|\mathscr{M}|=3,\ \mathscr{V}_i=\mathscr{V}$。接下來為每個節點建構屬性。由於處理程序節點、檔案
節點和 INETSocket 節點具有完全不同的屬性，因此需要建構圖統計特徵 $x_v^{(i)(\text{gstat})}$
作為節點屬性。

　　與 GEM 和 HACUD 類似，DeepHGNN 也採用 $\text{GCNAGG}^{\text{GCN}}()$ 進行節點級
聚合。為了捕捉 3 跳上下文中的程式行為，DeepHGNN 使用了三個層。與 GEM
和 HACUD 不同，DeepHGNN 使用圖統計節點屬性作為每個通道圖的初始化
節點表徵。經過三次節點級和層級聚合後，來自不同通道圖的節點表徵便透過
GEM 和 HACUD 的注意力特徵融合被融合起來。從形式上，這些 GNN 操作可
以描述如下。

　　節點級聚合：

$$h_v^{(i)(0)}=x_v^{(i)(\text{gstat})}\qquad（26.25）$$

$$h_v^{(i)(k)}=\text{AGG}_{\text{node}}(h_v^{(i)(k-1)},\{h_u^{(i)(k-1)}\}_{u\in\mathcal{N}_v^i})=\text{AGG}^{\text{GNN}}(h_v^{(i)(k-1)},\{h_u^{(i)(k-1)}\}_{u\in\mathcal{N}_v^i})\qquad（26.26）$$

層級聚合：

$$l_v^{(i)(k)} = h_v^{(i)(k)} \tag{26.27}$$

路徑級聚合：

$$p_v = \text{COMB}_{\text{att}}(l_v^{(1)(K)}, \cdots, l_v^{(|\mathcal{M}|)(K)}) \tag{26.28}$$

最後的節點表徵：

$$h_v^{(\text{final})} = p_v \tag{26.29}$$

DeepHGNN 的目標是分類。但是，DeepHGNN 與 GEM 和 HACUD 不同，GEM 和 HACUD 只是為所有樣本建立單一的分類器，而 DeepHGNN 還可以形式化惡意程式檢測中的程式再辨識問題。圖表徵學習的目的是學習目的程式的表徵，而每個目的程式都將學習一個獨特的分類器。給定一個目的程式在時間視窗 $U = \{e_1, e_2, \cdots\}$ 期間的對應事件資料以及宣告的名稱 / ID，並檢查它是否屬於宣告的名稱 / ID。如果與宣告的名稱 / ID 的行為模式匹配，就對預測的標籤加 1，否則減 1。

26.5.4　案例研究 4：透過圖神經網路學習程式表徵和相似性度量的圖匹配框架，用於檢測未知的惡意程式

透過圖神經網路學習程式表徵和相似性度量的圖匹配框架（MatchGNet）（Wang et al, 2019i）是另一種以 GNN 為基礎的異常檢測工具，主要用於檢測企業網路的電腦系統中的惡意程式。MatchGNet 在以下 5 個方面與 DeepHGNN 不同。

（1）經過圖轉換後，得到的通道圖只保留目標類型的節點——處理程序節點，這與 HACUD 類似。

（2）原始程式屬性被用於初始化節點表徵。

（3）GNN 聚合是在節點、層和路徑上分層次進行的。

（4）異常目標是目的程式的子圖。

（5）最終的圖表徵被送入一個具有對比損失的相似性學習框架以處理未知的異常情況。

MatchGNet 遵循類似的風格，從系統行為資料中建構靜態的異質圖。在圖的轉換過程中，MatchGNet 採用了三種元路徑（關係）——一個處理程序分叉出另一個處理程序（$P \to P$）、兩個處理程序存取同一個檔案（$P \leftarrow F \to P$），以及兩個處理程序打開同一個網際網路通訊端（$P \leftarrow I \to P$）（其中的每一個處理程序都定義了這兩個處理程序之間的獨特關係）。在此基礎上，MatchGNet 從異質圖中建構了一個三通道圖 $\hat{\mathcal{G}}$，$\hat{\mathcal{G}} = \{\mathcal{G}_i | \mathcal{G}_i = (\mathcal{V}_i, \mathcal{E}_i, A_i), \ i = 1, \cdots, |\mathcal{M}|\}$，$|\mathcal{M}| = 3, \ \mathcal{V}_i \in P$。GNN 可以直接應用於每個通道圖。由於只有程式類型的節點可用，因此我們使用這些程式的原始屬性初始化節點表徵。

在圖表徵階段，設計一個層次化的注意力圖神經網路，其中包括節點級注意力神經聚合器、層級稠密連接的神經聚合器和路徑級注意力神經聚合器。特別是，節點級注意力神經聚合器旨在透過有選擇地聚合每個通道圖中的實體來生成節點嵌入，依據是隨機遊走得分 $\alpha_{(u)}^i$。層級稠密連接的神經聚合器用於將不同層產生的節點嵌入聚合為稠密連接的節點嵌入。路徑級注意力神經聚合器用於對層級稠密連接的表徵執行注意力特徵融合。最終的節點表徵將被用作圖表徵。在形式上，這些 GNN 操作可以描述如下。

節點級聚合：

$$h_v^{(i)(0)} = x_v \tag{26.30}$$

$$h_v^{(i)(k)} = \text{AGG}_{\text{node}}(h_v^{(i)(k-1)}, \{h_u^{(i)(k-1)}\}_{u \in \mathcal{N}_v^i}) = \text{MLP}\left((1+\varepsilon^{(k)})h_v^{(i)(k-1)} + \sum_{u \in \mathcal{N}_v^i} \alpha_{(u)(:)}^i h_u^{(i)(k-1)}\right)$$

$$\tag{26.31}$$

其中，k 展現層的數量，ε 表示一個小的數字。

層級聚合：

$$l_v^{(i)(k)} = \text{AGG}_{\text{layer}}(h_v^{(i)(0)}; l_v^{(i)(1)}, \cdots, l_v^{(i)(k)}) = \text{MLP}(\text{CONCAT}(h_v^{(i)(0)}; l_v^{(i)(1)}, \cdots, l_v^{(i)(k)}))$$

$$\tag{26.32}$$

路徑級聚合：

$$p_v = \text{COMB}_{\text{att}}(l_v^{(i)(K)}, \cdots, l_v^{(|\mathcal{M}|)(K)}) \qquad (26.33)$$

最後的節點表徵：

$$h_v^{(\text{final})} = p_v \qquad (26.34)$$

最後的圖表徵：

$$h_{\mathcal{G}_v} = h_v^{(\text{final})} \qquad (26.35)$$

與 GEM、HACUD 和 DeepHGNN 不同，MatchGNet 的目標是匹配。最終的圖表徵被送入一個具有對比損失的相似性學習框架以處理未知的異常情況。在訓練過程中，我們收集了 P 對程式圖快照 $(\mathcal{G}_{i(1)}, \mathcal{G}_{i(2)})$（$i \in \{1, 2, \cdots, P\}$）和對應的真實配對資訊 $y_i \in (+1, -1)$。如果一對程式圖快照屬於同一個程式，那麼真實標籤為 $y_i = +1$，否則真實標籤為 $y_i = -1$。對於每一對程式圖快照，用餘弦函式衡量兩個程式嵌入的相似性，輸出定義如下：

$$\text{Sim}(\mathcal{G}_{i(1)}, \mathcal{G}_{i(2)}) = \cos(h_{\mathcal{G}_{i(1)}}, h_{\mathcal{G}_{i(2)}}) = \frac{h_{\mathcal{G}_{i(1)}} \cdot h_{\mathcal{G}_{i(2)}}}{\left\| h_{\mathcal{G}_{i(1)}} \right\| \cdot \left\| h_{\mathcal{G}_{i(2)}} \right\|} \qquad (26.36)$$

對應地，目標函式定義如下：

$$\ell = \sum_{i=1}^{P} \left(\text{Sim}(\mathcal{G}_{i(1)}, \mathcal{G}_{i(2)}) - y_i \right)^2 \qquad (26.37)$$

26.5.5 案例研究 5：使用以注意力為基礎的時間 GCN 進行動態圖的異常檢測

使用以注意力為基礎的時間 GCN（AddGraph）進行動態圖的異常檢測（Zheng et al, 2019）旨在應用 GNN 解決動態圖中異常邊的檢測問題。AddGraph 專注於透過 GNN 對動態圖進行建模，並在電信網路和社群網站中進行異常連接的檢測。這裡的圖是從邊流資料中建構的，並且建構的圖是動態的、同質的且普通的。

AddGraph 的基本思想是首先透過在訓練階段使用快照圖中所有可能的特徵，包括結構、內容和時間特徵，建立框架來描述正常的邊，然後在預測階段使用類似於 MatchGNet 的匹配目標。特別是，AddGraph 透過執行 GCN $\mathrm{AGG^{GCN}}()$ 並聚合節點在當前快照圖中的鄰域來計算節點的當前狀態 c_v^t，這可以描述如下：

$$c_v^t = \mathrm{AGG^{GCN}}(h_v^{t-1}) \tag{26.38}$$

由於節點的當前狀態 c_v^t 可以透過聚合上一個時間戳記 t–1 的相鄰隱藏狀態來計算，因此我們可以得到小視窗 w 中的節點隱藏狀態，並透過將其結合起來得到短期嵌入 s_v^t。特別是，AddGraph 是透過執行注意力特徵融合來結合小視窗中的這些節點隱藏狀態的，如下所示：

$$s_v^t = \mathrm{COMB_{att}}(h_v^{t-w}, \cdots, h_v^{t-1}) \tag{26.39}$$

接下來，短期嵌入 s_v^t 和節點的當前狀態 c_v^t 被送入 GRU——一種經典的循環神經網路，以計算當前的隱藏狀態並編碼圖中的動態變化。這個階段可以描述如下：

$$h_v^t = \mathrm{GRU}(c_v^t, s_v^t) \tag{26.40}$$

AddGraph 的目標是匹配。節點在每個時間戳記的隱藏狀態被用來計算現有邊和負採樣邊的異常機率，然後回饋給邊際損失。

26.5.6　案例研究 6：使用 GAS 進行垃圾評論檢測

GAS（GCN-based Anti-Spam）（Li et al, 2019a）透過將 GNN 應用於電子商務平臺「閑魚」來檢測垃圾評論。這裡建構的圖是靜態的、異質的和有屬性的，如 $\mathcal{G} = (\mathcal{U}, \mathcal{I}, \mathcal{E})$。圖 $\mathcal{G}$ 有兩種類型的節點——使用者節點 $\mathcal{U}$ 和物品節點 $\mathcal{I}$，邊 $\mathcal{E}$ 是一組評論。與之前不同的是，這裡的邊 $\mathcal{E}$ 是異常目標。此外，由於每條邊代表一個句子，因此邊的建模很複雜，邊的類型數也會急劇增加。為了更進一步地捕捉邊表徵，GAS 使用了訊息傳遞 GNN。邊級聚合是指並置以前的邊自身的表徵 h_{iu}^{k-1} 以及對應的使用者節點表徵 h_u^{k-1} 和物品節點表徵 h_i^{k-1}。為了得到邊的初始屬性，GAS 首先透過對百萬規模的評論資料集進行嵌入函式的預

訓練，提取出邊評論中每個詞的 word2vec 詞嵌入；然後將邊評論中每個詞的詞嵌入 $w_0, w_1, \cdots, w_n$ 送入 TextCNN() 函式，得到評論嵌入 h_{iu}^0 並作為邊的初始屬性。邊級聚合定義如下：

$$h_{iu}^0 = \text{TextCNN}\,(w_0, w_1, \cdots, w_n) \qquad （26.41）$$

$$h_{iu}^k = \text{MAP}_{\text{nonlinear}}\,(\text{CONCAT}\,(h_{iu}^{k-1}, h_i^{k-1}, h_u^{k-1})) \qquad （26.42）$$

同時，節點級聚合也需要考慮邊的因素。節點級聚合是指對目標節點及其連接的邊執行注意力特徵融合，然後進行非線性映射，這可以透過使用者節點級聚合和物品節點級聚合來描述。

節點級聚合：

■　使用者節點級聚合。

$$h_u^k = \text{CONCAT}(\,\text{MAP}_{\text{linear}}\,(h_u^{k-1}), \text{MAP}_{\text{nonlinear}}\,(\,\text{COMB}_{\text{att}}\,(h_u^{k-1}, \text{CONCAT})(h_{iu}^{k-1}, h_i^{k-1}))) \qquad （26.43）$$

■　物品節點級聚合：

$$h_i^k = \text{CONCAT}(\text{MAP}_{\text{linear}}\,(h_i^{k-1}), \text{MAP}_{\text{nonlinear}}\,(\,\text{COMB}_{\text{att}}\,(h_i^{k-1}, \text{CONCAT}(h_{iu}^{k-1}, h_u^{k-1}))) \qquad （26.44）$$

其中，k 是層描述符號。最終的邊表徵可透過對原始邊嵌入 h_{iu}^0、新的邊嵌入 h_{iu}^K、對應的新使用者節點嵌入 h_u^K 和新物品節點嵌入 h_i^K 並置得到。

$$h_{iu}^{\text{final}} = \text{CONCAT}\,(h_{vu}^0, h_{vu}^K, h_u^K, h_i^K) \qquad （26.45）$$

GAS 的目標是分類，同時將最終的邊表徵送入一個標準的 logistic 損失函式中。

26.6 未來的方向

　　用於異常檢測的圖神經網路是一個重要的研究方向，旨在利用從內容和結構中提取的多來源、多角度特徵進行異常樣本的分析和檢測，它在網路安全、金融、電子商務、社群網站、工業監測等領域的高影響力應用以及其他任務關鍵型應用中發揮著重要作用。然而，由於資料、模型和任務的多重性，對於用於異常檢測的圖神經網路，仍有大量的工作要做。

　　從異常分析的角度看，如何在不同的任務中定義和辨識圖中的異常情況？如何有效地將大規模的原始資料轉為圖？如何有效地利用屬性？如何在圖的建構過程中對動態性進行建模？如何在圖的建構過程中保持異質性？最近，由於特定於資料的問題以及特定於任務的問題，以圖神經網路為基礎的異常檢測的應用是有限的，但潛在的應用場景仍然很多。

　　從機器學習的角度看，如何對圖進行建模？如何表徵圖？如何利用上下文？如何融合內容和結構特徵？應該捕捉結構的哪一部分，局部還是全域？如何提供模型的可解釋性？如何保護模型免受對抗性攻擊？如何克服時空可擴充性瓶頸？最近，有人已經從機器學習的角度做出很多貢獻。然而，由於異常檢測問題的特殊性，使用哪一種圖神經網路以及如何應用圖神經網路仍是關鍵性問題。

編者註：用於異常檢測的圖神經網路可以視為圖表徵學習的下游任務，其中異常檢測的長期挑戰與圖神經網路的脆弱性緊密相關，如第 6 章討論的可擴充性和第 8 章討論的對抗堅固性。圖神經網路在異常檢測中的應用還進一步有利於完成各種有趣的、重要的但通常具有挑戰性的下游任務，如動態網路中的異常檢測、推薦系統中的垃圾評論檢測和惡意程式檢測等，這些都與第15 章、第 19 章和第 22 章介紹的主題高度相關。

第 27 章
智慧城市中的圖神經網路

Yanhua Li、*Xun Zhou* 和 *Menghai Pan*[1]

摘要

　　近年來，智慧互聯的城市基礎設施經歷了快速擴張，產生了大量的城市資料，如人類流動資料、以位置為基礎的交易資料、區域天氣和空氣質量資料、社交聯繫資料等。這些異質資料來源蘊含豐富的城市資訊，並且可以自然地與

1　Yanhua Li
　　Computer Science Department，Worcester Polytechnic Institute，E-mail：yli15@wpi.edu
　　Xun Zhou
　　Tippie College of Business，University of Iowa，E-mail：un-zhou@uiowa.edu
　　Menghai Pan
　　Computer Science Department，Worcester Polytechnic Institute，E-mail：mpan@wpi.edu

圖相關聯或用圖來建模,如城市社交圖、交通圖等。這些城市圖資料可以賦能智慧解決方案解決各種城市挑戰,如城市設施規劃、空氣污染等。然而,管理、分析和理解如此大量的城市圖資料非常具有挑戰性。最近,有很多關於推進和擴充圖神經網路(GNN)方法的研究,已被用於各種智慧城市應用。在本章中,我們將全面介紹 GNN 在智慧城市中的應用領域,分別是交通和城市規劃、城市環境監測、城市能源供應和消耗、城市事件和異常情況檢測、城市人類行為分析等。此外,我們將在本章的最後指出這一領域未來的發展方向。

27.1 用於智慧城市的圖神經網路

27.1.1 導讀

　　根據聯合國在 2018 年發佈的報告(Desa, 2018),2018 年全球城市人口已經達到總人口的 55%,並且隨著時間的演進,城市人口正在迅速增長。到 2050 年,農村人口將佔全球人口的三分之一,剩餘三分之二為城市人口。此外,由於近年來傳感技術的快速發展,各種感測器被廣泛部署在城市地區,如車輛上的 GPS 裝置、個人裝置、空氣品質監測站、氣壓調節器等。在龐大的城市人口以及感測器的廣泛使用的刺激下,產生了大量的城市資料,如共用服務中車輛的軌跡資料、空氣品質監測資料等。以大量的異質城市資料為基礎,我們從中能獲得什麼益處?又如何獲得呢?舉例來說,能否利用車輛的 GPS 資料幫助城市規劃者更進一步地設計城市道路網?能否根據有限的現有監測站推斷整座城市的空氣品質指數?為了回答這些實際問題,近年來,跨學科的研究領域——智慧城市得到廣泛研究。一般來說,**智慧城市**又稱**城市計算**,是指對城市空間中由感測器、裝置、車輛、建築和人類等多種來源產生的巨量資料和異質資料進行擷取、整合、分析的過程,以解決城市中的主要問題(Zheng et al, 2014)。

　　資料分析(如資料探勘、機器學習、最佳化等)技術通常用來分析城市場景中產生的眾多類型的資料,用於預測、發現模式和做出決策。對這些技術的設計和實施來說,如何表徵城市資料是最基本的問題。鑑於城市資料的異質性,我們可以使用各種資料結構來表徵它們。舉例來說,城市地區的空間資料可以

用網格資料（如影像）來表徵，其中的區域則可以劃分為網格單元（像素）並對應地施加屬性函式（Pan et al, 2020b；Zhang et al, 2019, 2020b，a；Pan et al, 2019, 2020a）。這些空間資料也可以表徵為物件〔如車輛、興趣點（Points Of Interest，POI）和軌跡 GPS 點〕的集合，並定義它們的位置和拓撲關係（Ding et al, 2020b）。

另外，許多城市資料的內在結構使得人們能夠用圖表達它們。舉例來說，城市道路網的結構可以幫助人們用圖對交通資料進行建模（Xie et al, 2019b；Dai et al, 2020；Cui et al, 2019；Chen et al, 2019b；Song et al, 2020a；Zhang et al, 2020e；Zheng et al, 2020a；Diao et al, 2019；Guo et al, 2019b；Li et al, 2018e；Yu et al, 2018a；Zhang et al, 2018e）；瓦斯供應網中的管道使得人們能夠用圖模擬瓦斯壓力監測資料（Yi and Park, 2020）；我們還可以透過將城市劃分為不同的功能區，用圖表徵地圖上的資料（Wang et al, 2019o；Yi and Park, 2020；Geng et al, 2019；Bai et al, 2019a；Xie et al, 2016）。用圖表徵城市資料後，就可以捕捉到城市資料中固有的拓撲資訊和知識，於是大量的技術便可以用來分析城市圖資料。

GNN 很自然地被用於解決城市圖資料的各種現實問題。舉例來說，卷積圖神經網路（ConvGNN）（Kipf and Welling, 2017b）被用於捕捉城市圖資料的空間依賴性，循環圖表神經網路（RecGNN）（Li et al, 2016b）被用於捕捉城市圖資料的時間依賴性。時空圖神經網路（STGNN）（Yu et al, 2018a）由於可以同時捕捉城市圖資料的空間依賴性和時間依賴性，因此被廣泛用於處理許多智慧城市問題，例如以城市交通資料預測交通狀況（Zhang et al, 2018e；Li et al, 2018e；Yu et al, 2018a）為基礎。城市交通資料被建模為時空圖，其中的節點是路段上的感測器，並且每一個節點都有一個視窗內的平均交通速度作為動態輸入特徵。

在本章接下來的內容中，我們將首先總結圖神經網路在智慧城市中的應用場景，然後介紹城市場景中的圖表徵學習方法，最後提供更多關於圖神經網路在交通和城市規劃、城市事件和異常情況預測以及城市人類行為分析中的應用細節。

27.1.2　圖神經網路在智慧城市中的應用場景

　　圖神經網路在智慧城市中的應用場景包括城市規劃、城市交通、城市環境、城市能源消耗、城市人類行為分析、經濟、公共安全等。下面介紹這些應用場景中的範例任務和範例資料來源（見表 27.1）。注意，這裡僅介紹一些關鍵問題和文獻中的典型範例。

→ 表 27.1　圖神經網路在智慧城市中的應用場景和範例

應用場景	範例任務	範例資料來源
城市規劃	估計建築的影響（Zhang et al, 2019c）	計程車 GPS、路網
	發現功能區（Yuan et al, 2012）	計程車 GPS、POI
城市交通	提高計程車司機的效率（Pan et al, 2019）	計程車 GPS、路網
城市環境	推斷空氣品質（Zheng et al, 2013）	監測站的空氣質量資料、路網、POI
城市能源消耗	估計汽油消耗（Shang et al, 2014）	計程車 GPS
城市人類行為分析	估計使用者的相似度（Li et al, 2008）	手機 GPS
經濟	零售店選址（Karamshuk et al, 2013）	POI、人類行動資料
公共安全	檢測異常的交通流量模式（Pang et al, 2011）	計程車 GPS、路網

　　城市規劃。城市規劃對於實現智慧城市非常重要，涉及土地的使用、人類居住區的版面配置、路網的設計等，具體包括估計建築物的影響（Zhang et al, 2019c）、發現城市的功能區（Yuan et al, 2012）、檢測城市邊界（Ratti et al, 2010）等。Zhang et al（2019c）透過採用並分析歷史的計程車 GPS 資料和路網資料，將非部署的交通估計問題定義為交通生成問題，並據此設計了一個新的深度生成模型 TrafficGAN，用於捕捉一些跨區域的共有模式，這些共有模式以交通狀況是如何根據旅行需求發生變化的為基礎以及基礎路網結構的演變。解決這個問題對於城市規劃人員制定和評估城市規劃非常重要。Yuan et al（2012）提出的 DRoF 框架旨在利用從計程車 GPS 和 POI 收集到的資料，透過區域間的人員流動發現城市的不同功能區。知道了城市的功能區，便可以調整城市規劃並促進其他工作的開展，比如為企業選址。Ratti et al（2010）提出的模型旨在

透過分析從英國的大型電信資料庫推斷出的人類網路來檢測城市邊界，這可以幫助城市規劃人員了解城市的確切範圍，因為城市的範圍會隨著時間的演進而發生變化。

城市交通。交通在城市地區發揮著重要作用。智慧城市需要解決關於城市交通的幾個問題，例如為司機制定路線、估計旅行時間、提高計程車系統和公共交通系統的效率等。Yuan et al（2010）提出的 T-Drive 系統旨在提供適應天氣和交通狀況以及個人駕駛習慣的個性化駕駛路線。T-Drive 系統是以計程車的歷史軌跡資料為基礎建立的。Pan et al（2019）提出的解決框架旨在分析計程車司機的學習曲線，具體使用的方法如下：首先學習司機在每個時間段對不同習慣特徵的偏好，然後分析不同司機群眾的偏好動態。結果表示，計程車司機傾向於改變他們對一些習慣特徵的偏好，以提高營運效率。這一發現可以幫助新司機更快地提高營運效率。Watkin set al（2011）對於直接在乘客的手機上提供即時公車到站資訊的影響進行了研究，他們發現這不僅能減少已經在公共汽車月臺的乘客的預計等待時間，而且能減少使用這種資訊計畫行程的客戶的實際等待時間。

城市環境。智慧城市的建設需要處理城市化對環境造成的潛在影響。環境對人的健康非常重要，如空氣品質、噪音等。Zheng et al（2013）根據現有監測站報告的（歷史和即時）空氣質量資料以及從城市觀察到的各種資料來源，如氣象、交通流量、路網結構和 POI，推斷出整座城市的即時和細微性的空氣品質資訊。這些資訊可以用來建議人們何時何地進行戶外活動，如慢跑。除此以外，這些資訊還可以幫助城市管理人員推斷部署新空氣品質監測站的合適位置。噪音污染在城市地區通常很嚴重，噪音對人的精神和身體健康都有影響。Santini et al（2008）使用無線感測器網路的監測資料來評估城市地區的環境噪音污染。

城市能源消耗。智慧城市需要能夠感知城市規模的能源成本，改善能源基礎設施並最終降低能源消耗。常見的能源包括燃油和電力。Shang et al（2014）利用車輛（如計程車）樣本的 GPS 軌跡推斷當前時段行駛在城市道路上的車輛的燃油消耗和污染排放。這些資訊不僅可以用來建議具有成本效益的駕駛路線，而且可以用來辨識燃油被嚴重浪費的路段。Momtazpour et al（2012）提出的框架旨在根據車主的活動、城市中不同地點的 EV（Electronic Vehicle，電動汽車）

充電需求以及 EV 電池的可用電量來預先判斷實際的 EV 充電需求，並設計分散式機制來管理 EV 到不同充電站的動向。

　　城市人類行為分析。隨著智慧裝置的普及，人們每天都在產生大量的位置嵌入資訊，如帶有位置標籤的文字、影像、視訊、簽到、GPS 軌跡等。智慧城市的建設需要估計使用者的相似性，相似的使用者可以推薦為朋友。Li et al（2008）讓具有相似興趣的使用者獲得了關聯，即使他們之前可能並不認識對方；社群辨識則利用了從手機等裝有 GPS 的裝置上收集的 GPS 軌跡資訊。

　　經濟。智慧城市可以使城市經濟受益。人類流動資料和 POI 統計資料顯示了城市的經濟情況。舉例來說，餐館裡晚餐的平均價格反映了人的收入水準和消費能力。Karamshuk et al（2013）研究了以位置為基礎的社群網站背景下的最佳零售店選址問題。他們從 Foursquare（一個以使用者地理位置資訊為基礎的手機服務網站）收集了人類流動資料，然後做了分析，以了解零售店的受歡迎程度是如何形成的，依據是入店次數。結果表示，一些 POI，如火車站和航空港，可以暗示零售店的受歡迎程度。同時，競爭性零售店的數量也是衡量指標之一。

　　公共安全。城市地區的公共安全和治安總是引起人們的關注。不同資料的可用性使得我們能夠從歷史中學習如何處理公共安全問題，如交通事故（Yuan et al, 2018）、大的事件（Vahedian et al, 2019；Khezerlou et al, 2021, 2017；Vahedian et al, 2017）、流行病（Bao et al, 2020）等，我們可以利用資料來發現和預測異常事件。Pang et al（2011）從車輛的時空資料中發現了異常的交通狀況，他們將一座城市劃分為統一的網格，並統計在某個時間段到達網格的車輛數量，目的是辨識與預期行為（車輛數量）有最大統計顯著偏離的連續單元組和時間間隔。

27.1.3　將城市系統表徵為圖

　　可採用各種資料結構和模型來定義城市系統的空間設定。舉例來說，一種簡單的模型是網格結構，城市區域被劃分為網格單元，並且每個網格單元都有一組相關的屬性值（如平均交通速度、計程車數量、人口、降雨量）。這樣的模型雖然很容易實現，但卻忽略了城市資料中存在的許多內在且重要的關係。舉例來說，網格結構可能失去城市底層交通系統中的道路連接資訊。在許多情

況下，圖是捕捉資料中內在的拓撲資訊和知識的優雅選擇。許多城市系統元件可以表徵為圖。額外的屬性可以與節點和 / 或邊相連結。在本節中，我們將介紹城市系統中的各種圖表徵，表 27.2 對它們做了總結，涵蓋的應用領域包括交通和城市規劃、城市環境監測、城市能源供應和消耗、城市事件和異常情況預測以及城市人類行為分析。

表 27.2　城市系統中的圖表徵

應用領域	節點	邊	範例
交通和城市規劃	路段	交叉口	交通流量預測 （Xie et al, 2019b） （Dai et al, 2020） （Cui et al, 2019）
交通和城市規劃	路段	交叉口	（Chen et al, 2019b） （Song et al, 2020a） （Zhang et al, 2020e） （Zheng et al, 2020a） （Diao et al, 2019） （Guo et al, 2019b） （Li et al, 2018e） （Yu et al, 2018a） （Zhang et al, 2018e）
	功能區	道路連接	路網表徵學習（Wu et al, 2020c）
	POI	道路連接	停車位可用性預測、POI 推薦 （Zhang et al, 2020h） （Chang et al, 2020a）
城市環境監測	監測感測器	位置接近	空氣品質推斷 （Wang et al, 2020h） （Li et al, 2017f）

應用領域	節點	邊	範例
城市能源供應和消耗	調節閥	管道	瓦斯壓力監測（Yi and Park, 2020）
城市事件和異常情況預測	城市地區	位置接近	交通事故預測 （Zhou et al, 2020g） （Zhou et al, 2020h） （Yu et al, 2021b）
城市人類行為分析	會話、地點、對象	事件流	使用者行為建模（Wang et al, 2020a）
	城市地區	位置接近	客運需求預測 （Wang et al, 2019o） （Yi and Park, 2020） （Geng et al, 2019） （Bai et al, 2019a） （Xie et al, 2016）

交通和城市規劃。將城市交通網絡建模為圖的做法已被廣泛用於解決現實世界中的智慧城市問題，如交通流量預測（Xie et al, 2019b；Dai et al, 2020；Cui et al, 2019；Chen et al, 2019b；Song et al, 2020a；Zhang et al, 2020e；Zheng et al, 2020a；Diao et al, 2019；Guo et al, 2019b；Li et al, 2018e；Yu et al, 2018a；Zhang et al, 2018e）、路網表徵學習（Wu et al, 2020c）、停車位可用性預測（Zhang et al, 2020h）等。這些圖通常是以現實世界中的路網為基礎建立的。為了預測交通流量，Cui et al（2019）採用了一個無向圖，其中的節點是交通傳感位置，如傳感站、路段，邊是連接這些交通傳感位置的交叉口或路段；Xie et al（2019b）和 Dai et al（2020）則將城市交通網絡建模為一個帶有屬性的有方向圖，其中的節點是路段，邊是交叉口，路段的寬度、長度和方向是節點的屬性，交叉口的類型、是否有紅綠燈以及是否有收費站是邊的屬性。為了學習路網表徵，Wu et al（2020c）採用了一個分層的 GNN 框架，層次圖中的節點包括路段、結構區域和功能區，邊是交叉口和超邊（hyperedge）。為了預測停車位的可用性，Zhang et al（2020h）將停車場和周圍的 POI 及人口特徵建模為一個圖，其中的節點是停車場，而邊是由道路上距離小於設定值的兩個停車場之間的連接決定的，上下文特徵（如 POI 分布、人口等）是節點的屬性。

城市環境監測。可將空氣品質監測系統建模為圖，以預測城市地區的空氣品質（Wang et al, 2020h；Li et al, 2017f）。舉例來說，Wang et al（2020h）提出了 PM2.5-GNN 來預測不同地點的 PM2.5。其中的節點是由緯度、經度、海拔確定的地點，如果兩個節點之間的距離和海拔差分別小於設定值（舉例來說，距離小於 300 公里且海拔差小於 1200 公尺），則存在一條邊。節點的屬性包括 PBL（Planetary Boundary Layer，行星邊界層）高度、K 指數（又稱「磁情指數」，地磁活動性指數之一）、風速、地下兩米處的溫度、相對濕度、降水和表面壓力。邊的屬性包括源點的風速、源點和匯點的距離、源點的風向以及從源點到匯點的方向。

城市能源供應和消耗。GNN 也可以用於分析城市能源供應和消耗。舉例來說，Yi and Park（2020）提出了一個框架來預測瓦斯供應網中的瓦斯壓力。其中的節點是氣體調節器，邊是連接每兩個氣體調節器的管道。

城市事件和異常情況預測。城市事件和異常情況預測是智慧城市領域的熱門話題之一。可採用機器學習模型來預測發生在城市地區的事件，如交通事故（Zhou et al, 2020g，h；Yu et al, 2021b）。Zhou et al（2020g）提出了一個框架來預測城市裡不同區域的交通事故，方法是將城市劃分為子區域（即網格），如果兩個子區域內的交通要素有很強的連結性，則表示存在著連接。

城市人類行為分析。研究城市地區的人類行為可以使我們在許多方面受益，如人口屬性預測、個性化推薦、乘客需求預測等。目前已經有人將 GNN 用於研究人類行為建模。人類行為建模對現實世界中的許多應用是非常重要的，如內容推薦和目標廣告等。Wang et al（2020a）提出了一個三部圖來對人類行為進行建模，其中的節點包括使用者的會話、位置和物品。如果使用者在某個位置開始會話，那麼會話節點和位置節點之間存在一條邊。同樣，如果使用者在會話中與物品進行互動，那麼會話節點和物品節點之間也存在一條邊。每條邊都有一個時間屬性，用於表示兩個節點之間互動的時間訊號。城市人類行為分析的另一應用是預測乘客需求。了解人類在日常交通中的行為可以幫助提高城市交通系統的營運效率。舉例來說，預測公共汽車系統中的乘客需求可以幫助公共汽車公司和司機提高營運效率。在最近發表的一些文獻中，許多研究人員採用圖神經網路來解決人員如何流動的預測問題（Wang et al, 2019o；Yi and Park,

2020；Geng et al, 2019；Bai et al, 2019a；Xie et al, 2016），其中的節點是城市的子區域，邊則通常根據空間上的位置接近程度來定義。

27.1.4　案例研究 1：圖神經網路在交通和城市規劃中的應用

　　智慧城市可以幫助城市規劃者規劃城市並從不同角度改善城市交通系統，如營運效率、安全、環境保護等。為了在交通和城市規劃領域實現智慧城市，研究人員開發了一些實用的機器學習方法。在本節中，我們將介紹目前最為先進的一些 GNN 設計，以解決現實世界中的交通和城市規劃問題。

　　預測城市交通狀況（如速度和車流量），對於實現智慧城市非常重要。預測城市交通狀況是典型的時間序列預測問題。

　　定義 27.1　城市交通預測問題。根據歷史的交通觀測資料和路網的上下文特徵，預測路網中未來時段的交通狀況（如速度、車流量等）。

　　為了解決城市交通預測問題，我們可以採用時空圖神經網路（STGNN）。路段是節點，交通狀況是節點的屬性。不同時間段的交通狀況對應於圖的時間動態性。大部分的情況下，我們可以使用圖卷積操作捕捉節點間的空間依賴關係，然後使用一維卷積操作捕捉不同時間段的時間依賴關係。圖 27.1 展示了以 CNN 為基礎的 STGNN。時空白資料表徵嵌入可用於預測交通狀況。

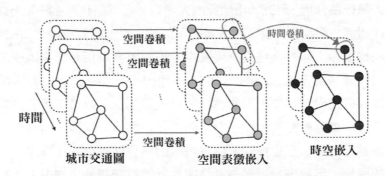

▲ 圖 27.1　以 CNN 為基礎的 STGNN

STGNN 的另一種設計是以循環神經網路（RNN）預測時空圖中為基礎的交通狀況。大多數以 RNN 為基礎的方法透過過濾輸入訊號以及以隱含狀態傳遞給使用圖卷積操作的遞迴單元來捕捉時空依賴關係。基本的 RNN 可以公式化為

$$H^{(t)} = \sigma(WX^{(t)} + UH^{(t-1)} + b) \qquad (27.1)$$

其中，$X^{(t)}$ 是時間步 t 的節點特徵矩陣，H 是隱含狀態，W、U 和 b 是網路參數。以 RNN 為基礎的 STGNN 可以公式化為

$$H^{(t)} = \sigma(\mathrm{Gconv}(X^{(t)}, A; W) + \mathrm{Gconv}(H^{(t-1)}, A; U) + b) \qquad (27.2)$$

其中，$\mathrm{Gconv}(\cdot)$ 是圖卷積運算，A 是圖鄰接矩陣。給定城市交通的時空圖，STGNN 的這兩種設計都可以用來預測節點屬性（即交通狀態）。

城市路網是城市規劃的重要組成部分。如何表徵城市路網是對現實世界中的智慧城市應用進行分析和研究的關鍵。由於現實世界中的城市路網十分複雜，具有層次結構，單元之間具有長距離依賴性以及功能互動，因此設計有效的路網表徵學習方法比較具有挑戰性。

定義 27.2　路網表徵學習問題。給定城市路網，目標是建構能夠表徵城市路網的結構和拓撲資訊的圖。

受益於圖的拓撲結構，我們可以用分層圖表徵城市路網。Wu et al（2020c）提出了一個三層的層次圖來表徵城市路網，其中每個層次的節點分別與路段、結構區域和功能區相關，如圖 27.2 所示。結構區域是一些連接的路段的集合，代表一些特定的交通設施，如交叉口、匝道。功能區是結構區域的聚合，代表城市裡的一些功能設施，如交通樞紐、購物區等。為了學習分層圖表徵，我們可以首先透過上下文的嵌入來表徵路段，如道路類型、車道數、路段長度等；然後採用圖聚類和網路重建技術形成結構區域圖。車輛軌跡資料可以用來捕捉結構區域的功能特性。

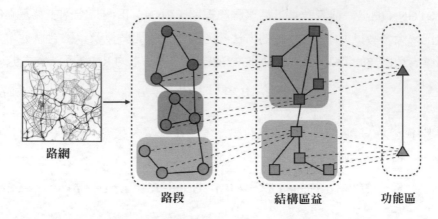

27.1.5　案例研究 2：圖神經網路在城市事件和異常情況預測中的應用

　　城市地區的公共安全和治安總是引起人們的關注。不同資料的可用性使得我們能夠從歷史中學習如何處理公共安全問題，如交通事故、犯罪、大的事件、流行病等，我們可以利用這些資料來發現和預測城市事件和異常情況。

　　預測交通事故對於提高城市路網的安全性具有重要意義。雖然「事故」是一個與「隨機性」有關的詞彙，但交通事故的發生與周圍的環境特徵（如交通流量、路網結構、天氣等）存在顯著的相關性。因此，機器學習方法（如 GNN）可以用於預測交通事故，這有助智慧城市的建設。

　　定義 27.3　交通事故預測問題。給定城市路網資料和歷史環境特徵，目標是預測發生交通事故的風險。

　　環境特徵包括交通狀況、周圍的 POI 等。最近發表的一些文獻（Zhou et al, 2020g,h；Yu et al, 2021b）提出使用 GNN 來解決交通事故預測問題。

　　用於解決交通事故預測問題的圖通常是在將城市區域劃分為一系列網格的基礎上建構的，其中的節點是城市區域劃分後的每一個網格。如果兩個節點之間的交通狀況有很強的連結性，那麼它們之間就有一條邊。上下文環境特徵是

每個網格的屬性。在不同的歷史時間段建構圖之後，首先使用圖卷積神經網路（GCN）提取每個時間段的隱藏嵌入，然後使用處理時間序列輸入的方法（如以 RNN 為基礎的神經網路）捕捉節點的時間依賴性，最後利用時空資訊預測發生交通事故的風險。圖 27.3 展示了一個用於預測交通事故的 GNN 範例框架，更多細節可參考（Zhou et al, 2020g,h；Yu et al, 2021b）。

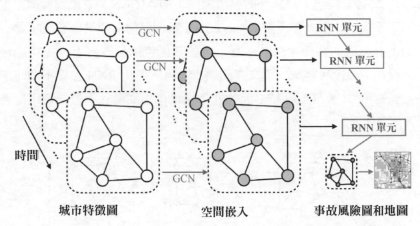

▲ 圖 27.3　一個用於預測交通事故的 GNN 範例框架

27.1.6　案例研究 3：圖神經網路在城市人類行為分析中的應用

　　城市人類行為分析在實現智慧城市方面發揮著重要作用。舉例來說，研究司機的行為有助提高城市交通系統的營運效率，分析乘客的行為有助提高計程車或叫車服務中司機的工作效率，了解使用者的行為模式有助提升商品的個性化推薦效果，這些都有利於城市經濟的發展。在本節中，我們將透過現實世界中的兩個應用—預測客運需求和建模使用者行為，證實圖神經網路（GNN）在分析城市人類行為方面的作用。

　　預測客運需求多數是在區域層面進行的，也就是說，城市區域會被劃分為一系列網格。

　　定義 27.4　客運需求預測問題。給定歷史資料和上下文特徵分布，目標是預測每個區域的客運需求。

與大多數交通圖以路段為節點建構圖不同，在客運需求預測問題中，通常以網格為節點建構圖，邊（每對節點之間的相關性）由空間上的接近程度、上下文環境的相似性或遠處網格的路網連線性決定。

時空圖神經網路（STGNN）是預測客運需求時使用最為流行的 GNN 模型。Geng et al（2019）提出了時空多圖卷積網路（ST-MGCN）來預測客運需求。圖 27.4 展示了一個用於預測客運需求的 STGNN 範例框架。該框架首先根據每兩個網格之間不同方面的關係建構多個圖，這些關係包括位置接近性、功能相似性和交通連線性；然後將全域上下文資訊納入考慮，使用 RNN 整理不同時間的觀察結果，並使用 GCN 模擬區域之間的非歐幾里德相關關係；最後使用聚合的嵌入預測客運需求。

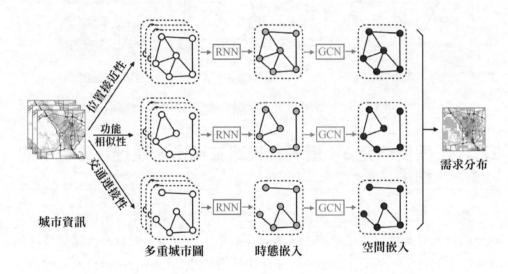

▲ 圖 27.4　一個用於預測客運需求的 STGNN 範例框架

建模使用者行為對現實世界中的許多應用非常重要，如人口屬性預測、內容推薦和目標廣告等。研究城市場景中的使用者行為可以在許多方面（如經濟、交通等）為智慧城市帶來好處。下面介紹一個使用三部圖（Wang et al, 2020a）對使用者的時空行為進行建模的例子。

以城市居民的線上瀏覽行為為例，使用者的時空行為可以定義在一群組使用者 U、一組會話 S、一組物品 V 和一組地點 L 上，每個使用者的行為日誌可以用一組會話 - 地點元組來表徵，每個會話包含多個物品 - 時間戳記元組。於是，使用者的時空行為便可以透過圖 27.5 所示的三部圖來捕捉。其中的節點包括使用者的會話 S、地點 L 和物品 V。邊的類型分為「會話 - 物品」邊和「會話 - 位置」邊。

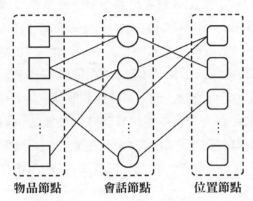

物品節點　　　會話節點　　　位置節點

▲ 圖 27.5　使用者的時空行為圖

為了從每個使用者的時空行為圖中提取使用者表徵，我們可以採用 GNN，過程如下：首先從每個會話的物品中提取會話嵌入並使用 RNN 聚合物品的資訊；然後將會話嵌入進一步整理為不同時間段（如一天或一周）的時態嵌入，同時將會話嵌入和位置組合起來以產生空間嵌入；最後將空間嵌入和時態嵌入融合起來，產生可以表徵使用者時空行為的嵌入。更多細節可參考（Wang et al, 2020a）。

27.2　未來的方向

令人振奮的是，GNN 在智慧城市中的應用已經取得顯著成效，未來的研究方向如下。

GNN 模型在智慧城市中的可解釋性。GNN 在智慧城市中的應用與現實世界裡的問題密切相關。除提高 GNN 模型的表現以外，我們仍有必要提高 GNN 模型的可解釋性。舉例來說，在預測交通流量的應用中，辨識能夠影響交通流量的隱藏因素（如路網結構）非常重要。這些隱藏因素可以幫助城市規劃者更進一步地設計路網以平衡交通流量。

最近人們在可解釋的人工智慧和機器學習研究方面取得的進展，促進了許多內在或事後（post-hoc）可解釋的 GNN 模型的發展（Huang et al, 2020c）。然而，其中很少有設計用於解決城市問題的 GNN 模型。由於城市資料具有獨特的屬性，設計可解釋的城市 GNN 並不容易。比如，城市資料通常是異質的。也就是說，對輸入特徵和目標變數之間學習關係的解釋會隨著空間而變化。再如，交通事故的風險因素在從人口稠密區轉移到非居住區時也可能會發生變化。另外，由於空間資料的自相關性，GNN 在附近位置（如相鄰節點）的解釋模型也有相似之處（Pan et al, 2020b）。在設計可解釋的城市 GNN 模型時，我們應考慮這些因素。

GNN 在智慧城市中的新應用。GNN 已經在智慧城市的許多應用領域證明了其有效性和高效性，如交通、環境、能源、安全、人類行為等。GNN 在城市場景中也有著潛在的應用，如改善城市電力供應、追蹤傳染病（如 COVID-19）患者以及對複雜環境和氣候事件（如洪水、颶風等）進行建模。

編者註：智慧城市牽涉廣泛的、規模巨大的物理網路，如城市交通網和電力網，它們是空間網路的典型代表。空間網路中的節點和邊被嵌入空間約束（如平面性）之下，因此，智慧城市在很大程度上可以從空間資料和網路資料的深度學習技術中受益。與第 19 章～第 26 章介紹的大多數應用領域不同，智慧城市的許多子領域通常有設計良好的計算模型，因此探索深度圖學習技術如何貢獻並彌補現有策略的不足是非常重要的。

參考文獻

Abadi M, Barham P, Chen J, Chen Z, Davis A, Dean J, Devin M, Ghemawat S, Irving G, Isard M, et al (2016) TensorFlow: A system for large-scale machine learning. In: 12th USENIX Symposium on Operating Systems Design and Implementation (OSDI 16), pp 265-283

Abbe E (2017) Community detection and stochastic block models: recent developments. Journal of Machine Learning Research 18(1):6446-6531

Abbe E, Sandon C (2015) Community detection in general stochastic block models: Fundamental limits and efficient algorithms for recovery. In: IEEE 56th Annual Symposium on Foundations of Computer Science, pp 670-688

Abboud R, Ceylan ii, Grohe M, Lukasiewicz T (2020) The surprising power of graph neural networks with random node initialization. CoRR abs/2010.01179

Abdelaziz I, Dolby J, McCusker JP, Srinivas K (2020) Graph4Code: A machine interpretable knowledge graph for code. arXiv preprint arXiv:200209440

Abdollahpouri H, Adomavicius G, Burke R, Guy I, Jannach D, Kamishima T, Krasnodebski J, Pizzato L (2020) Multistakeholder recommendation: Survey and research directions. User Modeling and User-Adapted Interaction 30(1):127-158

Abid NJ, Dragan N, Collard ML, Maletic JI (2015) Using stereotypes in the automatic generation of natural language summaries for C++ methods. In: 2015 IEEE International Conference on Software Maintenance and Evolution (ICSME), IEEE, pp 561-565

Abney S (2007) Semisupervised learning for computational linguistics. CRC Press Adamic LA, Adar E (2003) Friends and neighbors on the web. Social networks 25(3):211-230

Adams RP, Zemel RS (2011) Ranking via sinkhorn propagation. arXiv preprint arXiv:11061925

Aghamohammadi A, Izadi M, Heydarnoori A (2020) Generating summaries for methods of event-driven programs: An android case study. Journal of Systems and Software 170:110,800

Ahmad MA, Eckert C, Teredesai A (2018) Interpretable machine learning in healthcare. In: Proceedings of the 2018 ACM international conference on bioinformatics, computational biology, and health informatics, pp 559-560

Ahmad WU, Chakraborty S, Ray B, Chang KW (2020) A transformer-based approach for source code summarization. arXiv preprint arXiv:200500653

Ahmed A, Shervashidze N, Narayanamurthy S, Josifovski V, Smola AJ (2013) Distributed large-scale natural graph factorization. In: Proceedings of the 22nd international conference on World Wide Web, pp 37-48

Aho AV, Lam MS, Sethi R, Ulman JD (2006) Compilers: principles, techniques and tools. Pearson Education

Ain QU, Butt WH, Anwar MW, Azam F, Maqbool B (2019) A systematic review on code clone detection. IEEE Access 7:86,121-86,144

Airoldi EM, Blei DM, Fienberg SE, Xing EP (2008) Mixed membership stochastic blockmodels. Journal of Machine Learning Research 9(Sep):1981-2014

Akoglu L, Tong H, Koutra D (2015) Graph based anomaly detection and description: a survey. Data mining and knowledge discovery 29(3):626-688

Al Hasan M, Zaki MJ (2011) A survey of link prediction in social networks. In: Social network data analytics, Springer, pp 243-275

Albert R, Barabási AL (2002) Statistical mechanics of complex networks. Reviews of modern physics 74(1):47

Albooyeh M, Goel R, Kazemi SM (2020) Out-of-sample representation learning for knowledge graphs. In: Empirical Methods in Natural Language Processing: Findings, pp 2657-2666

Ali H, Tran SN, Benetos E, Garcez ASd (2018) Speaker recognition with hybrid features from a deep belief network. Neural Computing and Applications 29(6):13-19

Allamanis M (2019) The adverse effects of code duplication in machine learning models of code. In: Proceedings of the 2019 ACM SIGPLAN International Symposium on New Ideas, New Paradigms, and Reflections on Programming and Software, pp 143-153

Allamanis M, Barr ET, Devanbu P, Sutton C (2018a) A survey of machine learning for big code and naturalness. ACM Computing Surveys (CSUR) 51(4):1-37

Allamanis M, Brockschmidt M, Khademi M (2018b) Learning to represent programs with graphs. In: International Conference on Learning Representations (ICLR)

Allamanis M, Barr ET, Ducousso S, Gao Z (2020) Typilus: neural type hints. In: Proceedings of the 41st ACM SIGPLAN Conference on Programming Language Design and Implementation, pp 91-105

Alon U, Brody S, Levy O, Yahav E (2019a) code2seq: Generating sequences from structured representations of code. International Conference on Learning Representations

Alon U, Zilberstein M, Levy O, Yahav E (2019b) code2vec: Learning distributed representations of code. Proceedings of the ACM on Programming Languages 3(POPL):1-29

Amidi A, Amidi S, Vlachakis D, et al (2018) EnzyNet: enzyme classification using 3d convolutional neural networks on spatial representation. PeerJ 6:e4750

Amizadeh S, Matusevych S, Weimer M (2018) Learning to solve circuit-sat: An unsupervised differentiable approach. In: International Conference on Learning Representations

Anand N, Huang PS (2018) Generative modeling for protein structures. In: Proceedings of the 32nd International Conference on Neural Information Processing Systems, pp 7505-7516

Arjovsky M, Chintala S, Bottou L (2017) Wasserstein generative adversarial networks. In: International Conference on Machine Learning, pp 214-223

Arora S (2020) A survey on graph neural networks for knowledge graph completion. arXiv preprint arXiv:200712374

Arvind V, Köbler J, Rattan G, Verbitsky O (2015) On the power of color refinement. In: International Symposium on Fundamentals of Computation Theory, pp 339-350

Arvind V, Fuhlbrück F, Köbler J, Verbitsky O (2019) On weisfeiler-leman invariance: subgraph counts and related graph properties. In: International Symposium on Fundamentals of Computation Theory, Springer, pp 111-125

Ashburner M, Ball CA, Blake JA, Botstein D, Butler H, Cherry JM, Davis AP, Dolinski K, Dwight SS, Eppig JT, et al (2000) Gene ontology: tool for the unification of biology. Nature genetics 25(1):25-29

Aynaz Taheri TBW Kevin Gimpel (2018) Learning graph representations with recurrent neural network autoencoders. In: KDD'18 Deep Learning Day

Azizian W, Lelarge M (2020) Characterizing the expressive power of invariant and equivariant graph neural networks. arXiv preprint arXiv:200615646

Babai L (2016) Graph isomorphism in quasipolynomial time. In: Proceedings of the Forty-Eighth Annual ACM Symposium on Theory of Computing, pp 684-697

Babai L, Kucera L (1979) Canonical labelling of graphs in linear average time. In: Foundations of Computer Science, 1979. 20th Annual Symposium on, IEEE, pp 39-46

Bach S, Binder A, Montavon G, Klauschen F, Müller KR, Samek W (2015) On pixel-wise explanations for non-linear classifier decisions by layer-wise relevance propagation. PloS one 10(7):e0130,140

Badihi S, Heydarnoori A (2017) Crowdsummarizer: Automated generation of code summaries for java programs through crowdsourcing. IEEE Software 34(2):71-80

Bahdanau D, Cho K, Bengio Y (2015) Neural machine translation by jointly learning to align and translate. In: 3rd International Conference on Learning Representations

Bai L, Yao L, Kanhere SS, Wang X, Liu W, Yang Z (2019a) Spatio-temporal graph convolutional and recurrent networks for citywide passenger demand prediction. In: Proceedings of the 28th ACM International Conference on Information and Knowledge Management, Association for Computing Machinery, CIKM '19, pp 2293-2296, DOI 10.1145/3357384.3358097

Bai X, Zhu L, Liang C, Li J, Nie X, Chang X (2020a) Multi-view feature selection via nonnegative structured graph learning. Neurocomputing 387:110-122

Bai Y, Ding H, Sun Y, Wang W (2018) Convolutional set matching for graph similarity. In: NeurIPS 2018 Relational Representation Learning Workshop

Bai Y, Ding H, Bian S, Chen T, Sun Y, Wang W (2019b) Simgnn: A neural network approach to fast graph similarity computation. In: Proceedings of the Twelfth ACM International Conference on Web Search and Data Mining, pp 384-392

Bai Y, Ding H, Qiao Y, Marinovic A, Gu K, Chen T, Sun Y, Wang W (2019c) Unsupervised inductive graph-level representation learning via graph-graph proximity. arXiv preprint arXiv:190401098

Bai Y, Ding H, Gu K, Sun Y, Wang W (2020b) Learning-based efficient graph similarity computation via multi-scale convolutional set matching. In: Proceedings of the AAAI Conference on Artificial Intelligence, pp 3219-3226

Bai Y, Xu D, Wang A, Gu K, Wu X, Marinovic A, Ro C, Sun Y, Wang W (2020c) Fast detection of maximum common subgraph via deep q-learning. arXiv preprint arXiv:200203129

Bajaj M, Wang L, Sigal L (2019) G3raphground: Graph-based language grounding. In: Proceedings of the IEEE/CVF International Conference on Computer Vision, pp 4281-4290

Baker B, Gupta O, Naik N, Raskar R (2016) Designing neural network architectures using reinforcement learning. arXiv preprint arXiv: 161102167

Baker CF, Ellsworth M (2017) Graph methods for multilingual framenets. In: Proceedings of TextGraphs-11: the Workshop on Graph-based Methods for Natural Language Processing, pp 45-50

Balcilar M, Renton G, Héroux P, Gaüzère B, Adam S, Honeine P (2021) Analyzing the expressive power of graph neural networks in a spectral perspective. In: International Conference on Learning Representations

Baldassarre F, Azizpour H (2019) Explainability techniques for graph convolutional networks. arXiv preprint arXiv: 190513686

Balinsky H, Balinsky A, Simske S (2011) Document sentences as a small world. In: 2011 IEEE International Conference on Systems, Man, and Cybernetics, IEEE, pp 2583-2588

Banarescu L, Bonial C, Cai S, Georgescu M, Griffitt K, Hermjakob U, Knight K, Koehn P, Palmer M, Schneider N (2013) Abstract meaning representation for sembanking. In: Proceedings of the 7th linguistic annotation workshop and interoperability with discourse, pp 178-186

Bao H, Zhou X, Zhang Y, Li Y, Xie Y (2020) Covid-gan: Estimating human mobility responses to covid-19 pandemic through spatio-temporal conditional generative adversarial networks. In: Proceedings of the 28th International Conference on Advances in Geographic Information Systems, pp 273-282

参考文獻

Barabási AL (2013) Network science. Philosophical Transactions of the Royal Society A: Mathematical, Physical and Engineering Sciences 371(1987):20120, 375

Barabási AL, Albert R (1999) Emergence of scaling in random networks. science 286(5439):509-512

Barabasi AL, Oltvai ZN (2004) Network biology: Understanding the cell's functional organization. Nature Reviews Genetics 5(2):101-113

Barber D (2004) Probabilistic modelling and reasoning: The junction tree algorithm. Course Notes

Barceló P, Kostylev EV, Monet M, Pérez J, Reutter J, Silva JP (2019) The logical expressiveness of graph neural networks. In: International Conference on Learning Representations

Bastian FB, Roux J, Niknejad A, Comte A, Fonseca Costa SS, De Farias TM, Moretti S, Parmentier G, De Laval VR, Rosikiewicz M, et al (2021) The bgee suite: integrated curated expression atlas and comparative transcriptomics in animals. Nucleic Acids Research 49(D1): D831-D847

Bastings J, Titov I, Aziz W, Marcheggiani D, Sima'an K (2017) Graph convolutional encoders for syntax-aware neural machine translation. arXiv preprint arXiv:170404675

Batagelj V, Zaversnik M (2003) An o(m) algorithm for cores decomposition of networks. arXiv preprint cs/0310049

Battaglia P, Pascanu R, Lai M, Rezende DJ, kavukcuoglu K (2016) Interaction networks for learning about objects, relations and physics. In: Proceedings of the 30th International Conference on Neural Information Processing Systems, pp 4509-4517

Battaglia PW, Hamrick JB, Bapst V, Sanchez-Gonzalez A, Zambaldi V, Malinowski M, Tacchetti A, Raposo D, Santoro A, Faulkner R, et al (2018) Relational inductive biases, deep learning, and graph networks. arXiv preprint arXiv:180601261

Beaini D, Passaro S, Létourneau V, Hamilton WL, Corso G, Liò P (2020) Directional graph networks. CoRR abs/2010.02863

Beck D, Haffari G, Cohn T (2018) Graph-to-sequence learning using gated graph neural networks. arXiv preprint arXiv:180609835

Belghazi MI, Baratin A, Rajeswar S, Ozair S, Bengio Y, Hjelm RD, Courville AC (2018) Mutual information neural estimation. In: Dy JG, Krause A (eds) Proceedings of the 35th International Conference on Machine Learning, ICML 2018, Stockholmsmässan, Stockholm, Sweden, July 10-15, 2018, PMLR, Proceedings of Machine Learning Research, vol 80, pp 530-539

Belkin M, Niyogi P (2002) Laplacian eigenmaps and spectral techniques for embedding and clustering. In: Advances in neural information processing systems, pp 585-591

Bengio Y (2008) Neural net language models. Scholarpedia 3(1): 3881

Bengio Y, Senécal JS (2008) Adaptive importance sampling to accelerate training of a neural probabilistic language model. IEEE Transactions on Neural Networks 19(4):713-722

Bennett J, Lanning S, et al (2007) The netflix prize. In: Proceedings of KDD cup and workshop, New York, vol 2007, p 35

van den Berg R, Kipf TN, Welling M (2018) Graph convolutional matrix completion. KDD18 Deep Learning Day

Berg Rvd, Kipf TN, Welling M (2017) Graph convolutional matrix completion. arXiv preprint arXiv:170602263

Berger P, Hannak G, Matz G (2020) Efficient graph learning from noisy and incomplete data. IEEE Trans Signal Inf Process over Networks 6: 105-119

Berggård T, Linse S, James P (2007) Methods for the detection and analysis of protein-protein interactions. PROTEOMICS 7(16): 2833-2842

Berline N, Getzler E, Vergne M (2003) Heat kernels and Dirac operators. Springer Science & Business Media

Bian R, Koh YS, Dobbie G, Divoli A (2019) Network embedding and change modeling in dynamic heterogeneous networks. In: Proceedings of the 42nd International ACM SIGIR Conference on Research and Development in Information Retrieval, pp 861-864

Bianchi FM, Grattarola D, Alippi C (2020) Spectral clustering with graph neural networks for graph pooling. In: International Conference on Machine Learning, ACM, pp 2729-2738

Bielik P, Raychev V, Vechev M (2017) Learning a static analyzer from data. In: International Conference on Computer Aided Verification, Springer, pp 233-253

Biggs N, Lloyd EK, Wilson RJ (1986) Graph Theory, 1736-1936. Oxford University Press

Bingel J, Søgaard A (2017) Identifying beneficial task relations for multi-task learning in deep neural networks. In: Proceedings of the 15th Conference of the European Chapter of the Association for Computational Linguistics: Volume 2, Short Papers, pp 164-169

Bishop CM (2006) Pattern recognition and machine learning. springer

Bizer C, Lehmann J, Kobilarov G, Auer S, Becker C, Cyganiak R, Hellmann S (2009) Dbpedia-a crystallization point for the web of data. Journal of web semantics 7(3):154-165

Blitzer J, McDonald R, Pereira F (2006) Domain adaptation with structural correspondence learning. In: Proceedings of the 2006 conference on empirical methods in natural language processing, pp 120-128

Bodenreider O (2004) The unified medical language system (umls): integrating biomedical terminology. Nucleic acids research 32(suppl 1):D267-D270

Bojchevski A, Günnemann S (2019) Adversarial attacks on node embeddings via graph poisoning. In: International Conference on Machine Learning, PMLR, pp 695-704

Bojchevski A, Günnemann S (2019) Certifiable robustness to graph perturbations. In: Wallach H, Larochelle H, Beygelzimer A, d'Alché-Buc F, Fox E, Garnett R (eds) Advances in Neural Information Processing Systems, Curran Associates, Inc., vol 32

Bojchevski A, Matkovic Y, Günnemann S (2017) Robust spectral clustering for noisy data: Modeling sparse corruptions improves latent embeddings. In: Proceedings of the 23rd ACM SIGKDD International Conference on Knowledge Discovery and Data Mining, pp 737-746

Bojchevski A, Shchur O, Zügner D, Günnemann S (2018) Netgan: Generating graphs via random walks. arXiv preprint arXiv:180300816

Bojchevski A, Klicpera J, Günnemann S (2020a) Efficient robustness certificates for discrete data: Sparsity-aware randomized smoothing for graphs, images and more. In: International Conference on Machine Learning, PMLR, pp 1003-1013

Bojchevski A, Klicpera J, Perozzi B, Kapoor A, Blais M, Rózemberczki B, Lukasik M, Günnemann S (2020b) Scaling graph neural networks with approximate pagerank. In: Proceedings of the 26th ACM SIGKDD International Conference on Knowledge Discovery & Data Mining, pp 2464-2473

Bollacker K, Tufts P, Pierce T, Cook R (2007) A platform for scalable, collaborative, structured information integration. In: Intl. Workshop on Information Integration on the Web (IIWeb'07), pp 22-27

Bollobás B (2013) Modern graph theory, vol 184. Springer Science & Business Media Bollobás B, Béla B (2001) Random graphs. 73, Cambridge university press

Bollobás B, Janson S, Riordan O (2007) The phase transition in inhomogeneous random graphs. Random Structures & Algorithms 31(1): 3-122

Bordes A, Usunier N, Garcia-Duran A, Weston J, Yakhnenko O (2013) Translating embeddings for modeling multi-relational data. In: Neural Information Processing Systems, pp 1-9

Bordes A, Glorot X, Weston J, Bengio Y (2014) A semantic matching energy function for learning with multi-relational data. Machine Learning 94(2): 233-259

Borgwardt KM, Ong CS, Schönauer S, Vishwanathan SVN, Smola AJ, Kriegel HP (2005) Protein function prediction via graph kernels. Bioinformatics 21(Supplement 1): i47-i56

Borgwardt KM, Ghisu ME, Llinares-López F, O'Bray L, Rieck B (2020) Graph kernels: State-of-the-art and future challenges. Found Trends Mach Learn 13(5-6)

Bose A, Hamilton W (2019) Compositional fairness constraints for graph embeddings. In: International Conference on Machine Learning, PMLR, pp 715-724

Bottou L (1998) Online learning and stochastic approximations. Online learning in neural networks 17(9): 142

Bourgain J (1985) On lipschitz embedding of finite metric spaces in hilbert space. Israel Journal of Mathematics 52(1-2): 46-52

Bourigault S, Lagnier C, Lamprier S, Denoyer L, Gallinari P (2014) Learning social network embeddings for predicting information diffusion. In: Proceedings of the 7th ACM international conference on Web search and data mining, pp 393-402

Bouritsas G, Frasca F, Zafeiriou S, Bronstein MM (2020) Improving graph neural network expressivity via subgraph isomorphism counting. CoRR abs/2006.09252, 2006.09252

Boyd S, Boyd SP, Vandenberghe L (2004) Convex optimization. Cambridge university press

Braschi B, Denny P, Gray K, Jones T, Seal R, Tweedie S, Yates B, Bruford E (2017) Genenames. org: the HGNC and VGNC resources in 2019

Brauckmann A, Goens A, Ertel S, Castrillon J (2020) Compiler-based graph representations for deep learning models of code. In: Proceedings of the 29th International Conference on Compiler Construction, pp 201-211

Braude EJ, Bernstein ME (2016) Software engineering: modern approaches. Waveland Press

Brin S, Page L (1998) The anatomy of a large-scale hypertextual web search engine. Computer networks and ISDN systems 30(1-7):107-117

Brin S, Page L (2012) Reprint of: The anatomy of a large-scale hypertextual web search engine. Computer networks 56(18): 3825-3833

Brockschmidt M (2020) GNN-FiLM: Graph neural networks with feature-wise linear modulation. In: III HD, Singh A (eds) Proceedings of the 37th International Conference on Machine Learning, PMLR, Virtual, Proceedings of Machine Learning Research, vol 119, pp 1144-1152

Bronstein MM, Bruna J, LeCun Y, Szlam A, Vandergheynst P (2017) Geometric deep learning: going beyond euclidean data. IEEE Signal Processing Magazine 34(4): 18-42

Browne F, Wang H, Zheng H, et al (2007) Supervised statistical and machine learning approaches to inferring pairwise and module-based protein interaction networks. In: 2007 IEEE 7th International Symposium on BioInformatics and BioEngineering, pp 1365-1369, DOI 10.1109/BIBE.2007.4375748

Bruna J, Zaremba W, Szlam A, LeCun Y (2014) Spectral networks and deep locally connected networks on graphs. In: 2nd International Conference on Learning Representations, ICLR 2014

Bui TN, Chaudhuri S, Leighton FT, Sipser M (1987) Graph bisection algorithms with good average case behavior. Combinatorica 7(2): 171-191

Bunke H (1997) On a relation between graph edit distance and maximum common subgraph. Pattern Recognition Letters 18(8): 689-694

Burt RS (2004) Structural holes and good ideas. American journal of sociology 110(2): 349-399

Byron O, Vestergaard B (2015) Protein-protein interactions: a supra-structural phenomenon demanding trans-disciplinary biophysical approaches. Current Opinion in Structural Biology 35: 76-86, catalysis and regulation • Protein-protein interactions

Cai D, Lam W (2020) Graph transformer for graph-to-sequence learning. In: Proceedings of the AAAI Conference on Artificial Intelligence, vol 34, pp 7464-7471

Cai H, Chen T, Zhang W, Yu Y, Wang J (2018a) Efficient architecture search by network transformation. In: Proceedings of the AAAI Conference on Artificial Intelligence, vol 32

Cai H, Zheng VW, Chang KCC (2018b) A comprehensive survey of graph embedding: Problems, techniques, and applications. IEEE Transactions on Knowledge and Data Engineering 30(9): 1616-1637

Cai H, Gan C, Wang T, Zhang Z, Han S (2020a) Once for all: Train one network and specialize it for efficient deployment. In: ICLR

Cai H, Gan C, Zhu L, Han S (2020b) Tinytl: Reduce memory, not parameters for efficient on-device learning. Advances in Neural Information Processing Systems 33

Cai JY, Fürer M, Immerman N (1992) An optimal lower bound on the number of variables for graph identification. Combinatorica 12(4): 389-410

Cai L, Ji S (2020) A multi-scale approach for graph link prediction. In: Proceedings of the AAAI Conference on Artificial Intelligence, vol 34, pp 3308-3315

Cai L, Yan B, Mai G, Janowicz K, Zhu R (2019) Transgcn: Coupling transformation assumptions with graph convolutional networks for link prediction. In: Proceedings of the 10th International Conference on Knowledge Capture, pp 131-138

Cai L, Li J, Wang J, Ji S (2020c) Line graph neural networks for link prediction. arXiv preprint arXiv: 201010046

Cai T, Luo S, Xu K, He D, Liu Ty, Wang L (2020d) Graphnorm: A principled approach to accelerating graph neural network training. arXiv preprint arXiv: 200903294

Cai X, Han J, Yang L (2018c) Generative adversarial network based heterogeneous bibliographic network representation for personalized citation recommendation. In: Proceedings of the AAAI Conference on Artificial Intelligence, vol 32

Cai Z, Wen L, Lei Z, Vasconcelos N, Li SZ (2014) Robust deformable and occluded object tracking with dynamic graph. IEEE Transactions on Image Processing 23(12): 5497-5509

Cairong Z, Xinran Z, Cheng Z, Li Z (2016) A novel dbn feature fusion model for cross-corpus speech emotion recognition. Journal of Electrical and Computer Engineering 2016

Cangea C, Veličković P, Jovanovic N, Kipf T, Liò P (2018) Towards sparse hierarchical graph classifiers. CoRR abs/1811.01287

Cao S, Lu W, Xu Q (2015) Grarep: Learning graph representations with global structural information. In: Proceedings of the 24th ACM international on conference on information and knowledge management, pp 891-900

Cao Y, Peng H, Philip SY (2020) Multi-information source hin for medical concept embedding. In: Pacific-Asia Conference on Knowledge Discovery and Data Mining, Springer, pp 396-408

Cao Z, Simon T, Wei SE, Sheikh Y (2017) Realtime multi-person 2d pose estimation using part affinity fields. In: Proceedings of the IEEE conference on computer vision and pattern recognition, pp 7291-7299

Cao Z, Hidalgo G, Simon T, Wei SE, Sheikh Y (2019) Openpose: realtime multi-person 2d pose estimation using part affinity fields. IEEE transactions on pattern analysis and machine intelligence 43(1): 172-186

Cappart Q, Chételat D, Khalil E, Lodi A, Morris C, Veličković P (2021) Combinatorial optimization and reasoning with graph neural networks. CoRR abs/2102.09544

Carlini N, Wagner D (2017) Towards Evaluating the Robustness of Neural Networks. IEEE Symposium on Security and Privacy pp 39-57, DOI 10.1109/SP. 2017.49

Caron M, Bojanowski P, Joulin A, Douze M (2018) Deep clustering for unsupervised learning of visual features. In: Proceedings of the European Conference on Computer Vision (ECCV), pp 132-149

Carreira J, Zisserman A (2017) Quo vadis, action recognition? a new model and the kinetics dataset. In: proceedings of the IEEE Conference on Computer Vision and Pattern Recognition, pp 6299-6308

Cartwright D, Harary F (1956) Structural balance: a generalization of heider's theory. Psychological review 63(5):277

Cen Y, Zou X, Zhang J, Yang H, Zhou J, Tang J (2019) Representation learning for attributed multiplex heterogeneous network. In: Proceedings of the 25th ACM SIGKDD International Conference on Knowledge Discovery & Data Mining, pp 1358-1368

Cetoli A, Bragaglia S, O'Harney A, Sloan M (2017) Graph convolutional networks for named entity recognition. In: Proceedings of the 16th International Workshop on Treebanks and Linguistic Theories, pp 37-45

Chakrabarti D, Faloutsos C (2006) Graph mining: Laws, generators, and algorithms. ACM computing surveys (CSUR) 38(1)

Chami I, Ying Z, Ré C, Leskovec J (2019) Hyperbolic graph convolutional neural networks. In: Advances in neural information processing systems, pp 4868-4879

Chami I, Abu-El-Haija S, Perozzi B, Ré C, Murphy K (2020) Machine learning on graphs: A model and comprehensive taxonomy. CoRR abs/2005.03675

Chang B, Jang G, Kim S, Kang J (2020a) Learning graph-based geographical latent representation for point-of-interest recommendation. In: Proceedings of the 29th ACM International Conference on Information & Knowledge Management, pp 135-144

Chang H, Rong Y, Xu T, Huang W, Zhang H, Cui P, Zhu W, Huang J (2020b) A Restricted Black-Box Adversarial Framework Towards Attacking Graph Embedding Models. In: AAAI Conference on Artificial Intelligence, vol 34, pp 3389-3396, DOI 10.1609/aaai.v34i04.5741

Chang J, Scherer S (2017) Learning representations of emotional speech with deep convolutional generative adversarial networks. In: 2017 IEEE International Conference on Acoustics, Speech and Signal Processing (ICASSP), IEEE, pp 2746-2750

Chang S (2018) Scaling knowledge access and retrieval at airbnb. Airbnb Engineering and Data Science

Chang S, Han W, Tang J, Qi GJ, Aggarwal CC, Huang TS (2015) Heterogeneous network embedding via deep architectures. In: Proceedings of the 21th ACM SIGKDD international conference on knowledge discovery and data mining, pp 119-128

Chao YW, Vijayanarasimhan S, Seybold B, Ross DA, Deng J, Sukthankar R (2018) Rethinking the faster r-cnn architecture for temporal action localization. In: Proceedings of the IEEE Conference on Computer Vision and Pattern Recognition, pp 1130-1139

Chen B, Sun L, Han X (2018a) Sequence-to-action: End-to-end semantic graph generation for semantic parsing. arXiv preprint arXiv:180900773

Chen B, Barzilay R, Jaakkola T (2019a) Path-augmented graph transformer network. ICML 2019 Workshop on Learning and Reasoning with Graph-Structured Data

Chen B, Zhang J, Zhang X, Tang X, Cai L, Chen H, Li C, Zhang P, Tang J (2020a) Coad: Contrastive pre-training with adversarial fine-tuning for zero-shot expert linking. arXiv preprint arXiv:201211336

Chen C, Li K, Teo SG, Zou X, Wang K, Wang J, Zeng Z (2019b) Gated residual recurrent graph neural networks for traffic prediction. In: Proceedings of the AAAI Conference on Artificial Intelligence, vol 33, pp 485-492

Chen D, Lin Y, Li L, Li XR, Zhou J, Sun X, et al (2020b) Distance-wise graph contrastive learning. arXiv preprint arXiv: 201207437

Chen D, Lin Y, Li W, Li P, Zhou J, Sun X (2020c) Measuring and relieving the over-smoothing problem for graph neural networks from the topological view. In: The Thirty-Fourth AAAI Conference on Artificial Intelligence, AAAI 2020, The Thirty-Second Innovative Applications of Artificial Intelligence Conference, IAAI 2020, The Tenth AAAI Symposium on Educational Advances in Artificial Intelligence, EAAI 2020, New York, NY, USA, February 7-12, 2020, AAAI Press, pp 3438-3445

Chen H, Yin H, Wang W, Wang H, Nguyen QVH, Li X (2018b) Pme: projected metric embedding on heterogeneous networks for link prediction. In: Proceedings of the 24th ACM SIGKDD International Conference on Knowledge Discovery & Data Mining, pp 1177-1186

Chen H, Xu Y, Huang F, Deng Z, Huang W, Wang S, He P, Li Z (2020d) Labelaware graph convolutional networks. In: The 29th ACM International Conference on Information and Knowledge Management, pp 1977-1980

Chen IY, Agrawal M, Horng S, Sontag D (2020e) Robustly extracting medical knowledge from ehrs: A case study of learning a health knowledge graph. In: Pac Symp Biocomput, World Scientific, pp 19-30

Chen J, Ma T, Xiao C (2018c) Fastgcn: Fast learning with graph convolutional networks via importance sampling. In: International Conference on Learning Representations

Chen J, Zhu J, Song L (2018d) Stochastic training of graph convolutional networks with variance reduction. In: International Conference on Machine Learning, PMLR, pp 942-950

Chen J, Chen Y, Zheng H, Shen S, Yu S, Zhang D, Xuan Q (2020f) MGA: Momentum Gradient Attack on Network. IEEE Transactions on Computational Social Systems pp 1-10, DOI 10.1109/TCSS.2020.3031058

Chen J, Lei B, Song Q, Ying H, Chen DZ, Wu J (2020g) A hierarchical graph network for 3d object detection on point clouds. In: Proceedings of the IEEE/CVF Conference on Computer Vision and Pattern Recognition, pp 392-401

Chen J, Lin X, Shi Z, Liu Y (2020h) Link Prediction Adversarial Attack Via Iterative Gradient Attack. IEEE Transactions on Computational Social Systems 7(4): 1081-1094, DOI 10.1109/TCSS.2020.3004059

Chen J, Lin X, Xiong H, Wu Y, Zheng H, Xuan Q (2020i) Smoothing Adversarial Training for GNN. IEEE Transactions on Computational Social Systems pp 1-12, DOI 10.1109/TCSS.2020.3042628

Chen J, Xu H, Wang J, Xuan Q, Zhang X (2020j) Adversarial Detection on Graph Structured Data. In: Workshop on Privacy-Preserving Machine Learning in Practice

Chen L, Tan B, Long S, Yu K (2018e) Structured dialogue policy with graph neural networks. In: Proceedings of the 27th International Conference on Computational Linguistics, pp 1257-1268

Chen L, Chen Z, Bruna J (2020k) On graph neural networks versus graph-augmented mlps. arXiv preprint arXiv:201015116

Chen M, Wei Z, Huang Z, Ding B, Li Y (2020l) Simple and deep graph convolutional networks. In: International Conference on Machine Learning, PMLR, pp 1725-1735

Chen Q, Zhou M (2018) A neural framework for retrieval and summarization of source code. In: 2018 33rd IEEE/ACM International Conference on Automated Software Engineering (ASE), IEEE, pp 826-831

Chen T, Sun Y (2017) Task-guided and path-augmented heterogeneous network embedding for author identification. In: Proceedings of the Tenth ACM International Conference on Web Search and Data Mining, pp 295-304

Chen T, Li M, Li Y, Lin M, Wang N, Wang M, Xiao T, Xu B, Zhang C, Zhang Z (2015) Mxnet: A flexible and efficient machine learning library for heterogeneous distributed systems. arXiv preprint arXiv:151201274

Chen T, Bian S, Sun Y (2019c) Are powerful graph neural nets necessary? a dissection on graph classification. arXiv preprint arXiv: 190504579

Chen X, Ma H, Wan J, Li B, Xia T (2017) Multi-view 3d object detection network for autonomous driving. In: Proceedings of the IEEE conference on Computer Vision and Pattern Recognition, pp 1907-1915

Chen XW, Liu M (2005) Prediction of protein-protein interactions using random decision forest framework. Bioinformatics 21(24): 4394-4400

Chen Y, Rohrbach M, Yan Z, Shuicheng Y, Feng J, Kalantidis Y (2019d) Graph-based global reasoning networks. In: Proceedings of the IEEE/CVF Conference on Computer Vision and Pattern Recognition, pp 433-442

Chen Y, Wu L, Zaki M (2020m) Iterative deep graph learning for graph neural networks: Better and robust node embeddings. Advances in Neural Information Processing Systems 33

Chen Y, Wu L, Zaki MJ (2020n) Graphflow: Exploiting conversation flow with graph neural networks for conversational machine comprehension. In: Proceedings of the Twenty-Ninth International Joint Conference on Artificial Intelligence, pp 1230-1236

Chen Y, Wu L, Zaki MJ (2020o) Reinforcement learning based graph-to-sequence model for natural question generation. In: 8th International Conference on Learning Representations

Chen Y, Wu L, Zaki MJ (2020p) Toward subgraph guided knowledge graph question generation with graph neural networks. arXiv preprint arXiv: 200406015

Chen YC, Bansal M (2018) Fast abstractive summarization with reinforce-selected sentence rewriting. arXiv preprint arXiv: 180511080

Chen YW, Song Q, Hu X (2021) Techniques for automated machine learning. ACM SIGKDD Explorations Newsletter 22(2): 35-50

Chen Z, Kommrusch SJ, Tufano M, Pouchet LN, Poshyvanyk D, Monperrus M (2019e) Sequencer: Sequence-to-sequence learning for end-to-end program repair. IEEE Transactions on Software Engineering pp 1-1, DOI 10.1109/TSE. 2019.2940179

Chen Z, Villar S, Chen L, Bruna J (2019f) On the equivalence between graph isomorphism testing and function approximation with gnns. In: Advances in Neural Information Processing Systems, pp 15868-15876

Chen Z, Chen L, Villar S, Bruna J (2020q) Can graph neural networks count substructures? vol 33

Chenxi Liu FSHAWHAYLFF Liang-Chieh Chen (2019) Auto-deeplab: Hierarchical neural architecture search for semantic image segmentation. arXiv preprint arXiv: 190102985

Chiang WL, Liu X, Si S, Li Y, Bengio S, Hsieh CJ (2019) Cluster-gcn: An efficient algorithm for training deep and large graph convolutional networks. In: ACM SIGKDD International Conference on Knowledge Discovery and Data Mining (KDD), pp 257-266

Chibotaru V, Bichsel B, Raychev V, Vechev M (2019) Scalable taint specification inference with big code. In: Proceedings of the 40th ACM SIGPLAN Conference on Programming Language Design and Implementation, pp 760-774

Chidambaram M, Yang Y, Cer D, Yuan S, Sung YH, Strope B, Kurzweil R (2019) Learning cross-lingual sentence representations via a multi-task dual-encoder model. ACL 2019 p 250

Chien E, Peng J, Li P, Milenkovic O (2021) Adaptive universal generalized pagerank graph neural network. In: International Conference on Learning Representations Chiu PH, Hripcsak G (2017) Ehr-based phenotyping: bulk learning and evaluation.Journal of biomedical informatics 70: 35-51

Cho K, van Merriënboer B, Gulcehre C, Bahdanau D, Bougares F, Schwenk H, Bengio Y (2014a) Learning phrase representations using RNN encoder-decoder for statistical machine translation. In: Proceedings of the 2014 Conference on Empirical Methods in Natural Language Processing (EMNLP), Association for Computational Linguistics, Doha, Qatar, pp 1724-1734, DOI 10.3115/v1/D14-1179

Cho M, Lee J, Lee KM (2010) Reweighted random walks for graph matching. In: European conference on Computer vision, Springer, pp 492-505

Cho M, Sun J, Duchenne O, Ponce J (2014b) Finding matches in a haystack: A max-pooling strategy for graph matching in the presence of outliers. In: IEEE Conference on Computer Vision and Pattern Recognition, pp 2083-2090

Choi E, Xu Z, Li Y, Dusenberry M, Flores G, Xue E, Dai AM (2020) Learning the graphical structure of electronic health records with graph convolutional transformer. In: The Thirty-Fourth AAAI Conference on Artificial Intelligence, pp 606-613

Choromanski K, Likhosherstov V, Dohan D, Song X, Gane A, Sarlós T, Hawkins P, Davis J, Mohiuddin A, Kaiser L, Belanger D, Colwell L, Weller A (2021) Rethinking attention with performers. In: International Conference on Learning Representations

Chorowski J, Weiss RJ, Bengio S, van den Oord A (2019) Unsupervised speech representation learning using wavenet autoencoders. IEEE/ACM transactions on audio, speech, and language processing 27(12):2041-2053

Chung F (2007) The heat kernel as the pagerank of a graph. Proceedings of the National Academy of Sciences 104(50): 19735-19740

Chung J, Gulcehre C, Cho K, Bengio Y (2014) Empirical evaluation of gated recurrent neural networks on sequence modeling. arXiv preprint arXiv: 14123555

Cohen J, Rosenfeld E, Kolter Z (2019) Certified adversarial robustness via randomized smoothing. In: International Conference on Machine Learning, PMLR, pp 1310-1320

Cohen N, Shashua A (2016) Convolutional rectifier networks as generalized tensor decompositions. In: International Conference on Machine Learning, PMLR, pp 955-963

Collard ML, Decker MJ, Maletic JI (2011) Lightweight transformation and fact extraction with the srcml toolkit. In: Source Code Analysis and Manipulation (SCAM), 2011 11th IEEE International Working Conference on, IEEE, pp 173-184

Collobert R, Weston J, Bottou L, Karlen M, Kavukcuoglu K, Kuksa P (2011) Natural language processing (almost) from scratch. Journal of machine learning research 12(ARTICLE): 2493-2537

Colson B, Marcotte P, Savard G (2007) An overview of bilevel optimization. Annals of operations research 153(1): 235-256

Corso G, Cavalleri L, ini D, Liò P, Veličković P (2020) Principal neighbourhood aggregation for graph nets. CoRR abs/2004.05718

Cortés-Coy LF, Linares-Vásquez M, Aponte J, Poshyvanyk D (2014) On automatically generating commit messages via summarization of source code changes. In: 2014 IEEE 14th International Working Conference on Source Code Analysis and Manipulation, IEEE, pp 275-284

Cosmo L, Kazi A, Ahmadi SA, Navab N, Bronstein M (2020) Latent patient network learning for automatic diagnosis. arXiv preprint arXiv: 200313620

Costa F, De Grave K (2010) Fast neighborhood subgraph pairwise distance kernel. In: International Conference on Machine Learning, Omnipress, pp 255-262

Cotto KC, Wagner AH, Feng YY, Kiwala S, Coffman AC, Spies G, Wollam A, Spies NC, Griffith OL, Griffith M (2018) Dgidb 3.0: a redesign and expansion of the drug-gene interaction database. Nucleic acids research 46(D1): D1068-D1073

Cozzetto D, Minneci F, Currant H, et al (2016) FFPred 3: feature-based function prediction for all gene ontology domains. Scientific Reports 6(1)

Cucurull G, Taslakian P, Vazquez D (2019) Context-aware visual compatibility prediction. In: Proceedings of the IEEE/CVF Conference on Computer Vision and Pattern Recognition, pp 12,617-12,626

Cui J, Kingsbury B, Ramabhadran B, Sethy A, Audhkhasi K, Cui X, Kislal E, Mangu L, Nussbaum-Thom M, Picheny M, et al (2015) Multilingual representations for low resource speech recognition and keyword search. In: 2015 IEEE Workshop on Automatic Speech Recognition and Understanding (ASRU), IEEE, pp 259-266

Cui P, Wang X, Pei J, Zhu W (2018) A survey on network embedding. IEEE Transactions on Knowledge and Data Engineering 31(5): 833-852

Cui Z, Henrickson K, Ke R, Wang Y (2019) Traffic graph convolutional recurrent neural network: A deep learning framework for network-scale traffic learning and forecasting. IEEE Transactions on Intelligent Transportation Systems 21(11): 4883-4894

Cummins C, Fisches ZV, Ben-Nun T, Hoefler T, Leather H (2020) Programl: Graph-based deep learning for program optimization and analysis. arXiv preprint arXiv: 200310536

Cussens J (2011) Bayesian network learning with cutting planes. In: Proceedings of the Twenty-Seventh Conference on Uncertainty in Artificial Intelligence, pp 153-160

Cvitkovic M, Singh B, Anandkumar A (2018) Deep learning on code with an unbounded vocabulary. In: Machine Learning for Programming

Cybenko G (1989) Approximation by superpositions of a sigmoidal function. Mathematics of control, signals and systems 2(4): 303-314

Cygan M, Pilipczuk M, Pilipczuk M, Wojtaszczyk JO (2012) Sitting closer to friends than enemies, revisited. In: International Symposium on Mathematical Foundations of Computer Science, Springer, pp 296-307

Dabkowski P, Gal Y (2017) Real time image saliency for black box classifiers. arXiv preprint arXiv: 170507857

Dahl G, Ranzato M, Mohamed Ar, Hinton GE (2010) Phone recognition with the mean-covariance restricted boltzmann machine. Advances in neural information processing systems 23: 469-477

Dai B, Zhang Y, Lin D (2017) Detecting visual relationships with deep relational networks. In: Proceedings of the IEEE conference on computer vision and Pattern recognition, pp 3076-3086

Dai H, Dai B, Song L (2016) Discriminative embeddings of latent variable models for structured data. In: International conference on machine learning, PMLR, pp 2702-2711

Dai H, Li H, Tian T, Huang X, Wang L, Zhu J, Song L (2018a) Adversarial attack on graph structured data. In: International conference on machine learning, PMLR, pp 1115-1124

Dai H, Tian Y, Dai B, Skiena S, Song L (2018b) Syntax-directed variational autoencoder for structured data. arXiv preprint arXiv: 180208786

Dai Q, Li Q, Tang J, Wang D (2018c) Adversarial network embedding. In: Proceedings of the AAAI Conference on Artificial Intelligence, vol 32

Dai R, Xu S, Gu Q, Ji C, Liu K (2020) Hybrid spatio-temporal graph convolutional network: Improving traffic prediction with navigation data. In: Proceedings of the 26th ACM SIGKDD International Conference on Knowledge Discovery & Data Mining, pp 3074-3082

Daitch SI, Kelner JA, Spielman DA (2009) Fitting a graph to vector data. In: Proceedings of the 26th Annual International Conference on Machine Learning, pp 201-208

Damonte M, Cohen SB (2019) Structural neural encoders for amr-to-text generation. arXiv preprint arXiv: 190311410

Dana JM, Gutmanas A, Tyagi N, et al (2018) SIFTS: updated structure integration with function, taxonomy and sequences resource allows 40-fold increase in coverage of structure-based annotations for proteins. Nucleic Acids Research 47(D1): D482-D489

Das S, Lee D, Sillitoe I, et al (2015) Functional classification of CATH superfamilies: a domain-based approach for protein function annotation. Bioinformatics 31(21): 3460-3467

Dasgupta SS, Ray SN, Talukdar P (2018) Hyte: Hyperplane-based temporally aware knowledge graph embedding. In: Empirical Methods in Natural Language Processing, pp 2001-2011

Davidson TR, Falorsi L, De Cao N, Kipf T, Tomczak JM (2018) Hyperspherical variational auto-encoders. In: 34th Conference on Uncertainty in Artificial Intelligence 2018, UAI 2018, Association for Uncertainty in Artificial Intelligence (AUAI), pp 856-865

Davis AP, Grondin CJ, Johnson RJ, Sciaky D, McMorran R, Wiegers J, Wiegers TC, Mattingly CJ (2019) The comparative toxicogenomics database: update 2019. Nucleic acids research 47(D1): D948-D954

De Cao N, Kipf T (2018) Molgan: An implicit generative model for small molecular graphs. arXiv preprint arXiv: 180511973

De Lucia A, Di Penta M, Oliveto R, Panichella A, Panichella S (2012) Using ir methods for labeling source code artifacts: Is it worthwhile? In: 2012 20th IEEE International Conference on Program Comprehension (ICPC), IEEE, pp 193-202

Dearman D, Cox A, Fisher M (2005) Adding control-flow to a visual data-flow representation. In: 13th International Workshop on Program Comprehension (IWPC'05), IEEE, pp 297-306

Defferrard M, X B, Vandergheynst P (2016) Convolutional neural networks on graphs with fast localized spectral filtering. In: Advances in Neural Information Processing Systems, pp 3844-3852

Delaney JS (2004) Esol: estimating aqueous solubility directly from molecular structure. Journal of chemical information and computer sciences 44(3): 1000-1005

Deng C, Zhao Z, Wang Y, Zhang Z, Feng Z (2020) Graphzoom: A multi-level spectral approach for accurate and scalable graph embedding. In: International Conference on Learning Representations

Deng Z, Dong Y, Zhu J (2019) Batch Virtual Adversarial Training for Graph Convolutional Networks. In: ICML 2019 Workshop: Learning and Reasoning with Graph-Structured Representations

Desa U (2018) Revision of world urbanization prospects. UN Department of Economic and Social Affairs 16

Dettmers T, Minervini P, Stenetorp P, Riedel S (2018) Convolutional 2d knowledge graph embeddings. In: Proceedings of the AAAI Conference on Artificial Intelligence, vol 32

Devlin J, Chang MW, Lee K, Toutanova K (2019) BERT: Pre-training of deep bidirectional transformers for language understanding. In: Proceedings of the 2019 Conference of the North American Chapter of the Association for Computational Linguistics: Human Language Technologies, Volume 1 (Long and Short Papers), Association for Computational Linguistics, Minneapolis, Minnesota, pp 4171-4186, DOI 10.18653/v1/N19-1423

Dhillon IS, Guan Y, Kulis B (2007) Weighted graph cuts without eigenvectors a multilevel approach. IEEE Transactions on Pattern Analysis and Machine Intelligence 29(11): 1944-1957

Diao Z, Wang X, Zhang D, Liu Y, Xie K, He S (2019) Dynamic spatial-temporal graph convolutional neural networks for traffic forecasting. In: Proceedings of the AAAI Conference on Artificial Intelligence, vol 33, pp 890-897

Dinella E, Dai H, Li Z, Naik M, Song L, Wang K (2020) Hoppity: Learning graph transformations to detect and fix bugs in programs. In: International Conference on Learning Representations (ICLR)

Ding M, Zhou C, Chen Q, Yang H, Tang J (2019a) Cognitive graph for multi-hop reading comprehension at scale. In: Proceedings of the 57th Annual Meeting of the Association for Computational Linguistics, pp 2694-2703

Ding S, Qu S, Xi Y, Sangaiah AK, Wan S (2019b) Image caption generation with high-level image features. Pattern Recognition Letters 123: 89-95

Ding Y, Yao Q, Zhang T (2020a) Propagation model search for graph neural networks. arXiv preprint arXiv: 201003250

Ding Y, Zhou X, Bao H, Li Y, Hamann C, Spears S, Yuan Z (2020b) Cycling-net: A deep learning approach to predicting cyclist behaviors from geo-referenced egocentric video data. Association for Computing Machinery, SIGSPATIAL'20, p 337-346, DOI 10.1145/3397536.3422258

Do K, Tran T, Venkatesh S (2019) Graph transformation policy network for chemical reaction prediction. In: Proceedings of the 25th ACM SIGKDD International Conference on Knowledge Discovery & Data Mining, pp 750-760

Doersch C, Gupta A, Efros AA (2015) Unsupervised visual representation learning by context prediction. In: 2015 IEEE International Conference on Computer Vision, ICCV 2015, Santiago, Chile, December 7-13, 2015, IEEE Computer Society, pp 1422-1430, DOI 10.1109/ ICCV. 2015.167

Dohkan S, Koike A, Takagi T (2006) Improving the performance of an svm-based method for predicting protein-protein interactions. In Silico Biology 6: 515-529

Domingo-Fernández D, Baksi S, Schultz B, Gadiya Y, Karki R, Raschka T, Ebeling C, Hofmann-Apitius M, et al (2020) Covid-19 knowledge graph: a computable, multi-modal, cause-and-effect knowledge model of covid-19 pathophysiology. BioRxiv

Donahue C, McAuley J, Puckette M (2018) Synthesizing audio with generative adversarial networks. arXiv preprint arXiv: 180204208 1

Donahue J, Anne Hendricks L, Guadarrama S, Rohrbach M, Venugopalan S, Saenko K, Darrell T (2015) Long-term recurrent convolutional networks for visual recognition and description. In: Proceedings of the IEEE conference on computer vision and pattern recognition, pp 2625-2634

Doncheva NT, Morris JH, Gorodkin J, Jensen LJ (2018) Cytoscape StringApp: Network analysis and visualization of proteomics data. Journal of Proteome Research 18(2): 623-632

Dong X, Gabrilovich E, Heitz G, Horn W, Lao N, Murphy K, Strohmann T, Sun S, Zhang W (2014) Knowledge vault: A web-scale approach to probabilistic knowledge fusion. In: Proceedings of the 20th ACM SIGKDD international conference on Knowledge discovery and data mining, pp 601-610

Dong X, Thanou D, Frossard P, Vandergheynst P (2016) Learning laplacian matrix in smooth graph signal representations. IEEE Transactions on Signal Processing 64(23): 6160-6173

Dong X, Thanou D, Rabbat M, Frossard P (2019) Learning graphs from data: A signal representation perspective. IEEE Signal Processing Magazine 36(3): 44-63

Dong Y, Chawla NV, Swami A (2017) metapath2vec: Scalable representation learning for heterogeneous networks. In: Proceedings of the 23rd ACM SIGKDD international conference on knowledge discovery and data mining, pp 135-144

Donsker M, Varadhan S (1976) Asymptotic evaluation of certain markov process expectations for large time-iii. Communications on Pure and Applied Mathematics 29(4): 389-461, copyright: Copyright 2016 Elsevier B.V., All rights reserved.

Dos Santos C, Gatti M (2014) Deep convolutional neural networks for sentiment analysis of short texts. In: Proceedings of COLING 2014, the 25th International Conference on Computational Linguistics: Technical Papers, pp 69-78

Dosovitskiy A, Springenberg JT, Riedmiller MA, Brox T (2014) Discriminative unsupervised feature learning with convolutional neural networks. In: Ghahramani Z, Welling M, Cortes C, Lawrence ND, Weinberger KQ (eds) Advances in Neural Information Processing Systems 27: Annual Conference on Neural Information Processing Systems 2014, December 8-13 2014, Montreal, Quebec, Canada, pp 766-774

Dosovitskiy A, et al (2021) An image is worth 16x16 words: Transformers for image recognition at scale. ICLR

Dou Y, Liu Z, Sun L, Deng Y, Peng H, Yu PS (2020) Enhancing graph neural network-based fraud detectors against camouflaged fraudsters. In: Proceedings of the 29th ACM International Conference on Information & Knowledge Management, pp 315-324

Du M, Liu N, Yang F, Hu X (2019) Learning credible deep neural networks with rationale regularization. In: 2019 IEEE International Conference on Data Mining (ICDM), IEEE, pp 150-159

Du M, Yang F, Zou N, Hu X (2020) Fairness in deep learning: A computational perspective. IEEE Intelligent Systems

Duvenaud DK, Maclaurin D, Iparraguirre J, Bombarell R, Hirzel T, Aspuru-Guzik A, Adams RP (2015a) Convolutional networks on graphs for learning molecular fingerprints. In: Advances in neural information processing systems, pp 2224-2232

Duvenaud DK, Maclaurin D, Iparraguirre J, Bombarell R, Hirzel T, Aspuru-Guzik A, Adams RP (2015b) Convolutional networks on graphs for learning molecular fingerprints. In: Advances in Neural Information Processing Systems, pp 2224-2232

Dvijotham KD, Hayes J, Balle B, Kolter Z, Qin C, Gyorgy A, Xiao K, Gowal S, Kohli P (2020) A framework for robustness certification of smoothed classifiers using f-divergences. In: International Conference on Learning Representations, ICLR

Dwivedi VP, Joshi CK, Laurent T, Bengio Y, Bresson X (2020) Benchmarking graph neural networks. arXiv preprint arXiv:200300982

Dyer C, Ballesteros M, Ling W, Matthews A, Smith NA (2015) Transition-based dependency parsing with stack long short-term memory. arXiv preprint arXiv:150508075

Easley D, Kleinberg J, et al (2012) Networks, crowds, and markets: Reasoning about a highly connected world. Significance 9(1): 43-44

Eksombatchai C, Jindal P, Liu JZ, Liu Y, Sharma R, Sugnet C, Ulrich M, Leskovec J (2018) Pixie: A system for recommending 3+ billion items to 200+ million users in real-time. In: Proceedings of the 2018 world wide web conference, pp 1775-1784

Elinas P, Bonilla EV, Tiao L (2020) Variational inference for graph convolutional networks in the absence of graph data and adversarial settings. In: Advances in Neural Information Processing Systems, vol 33, pp 18648-18660

Elkan C, Noto K (2008) Learning classifiers from only positive and unlabeled data. In: Proceedings of the 14th ACM SIGKDD international conference on Knowledge discovery and data mining, pp 213-220

Elman JL (1990) Finding structure in time. Cognitive Science 14(2): 179-211

Elmsallati A, Clark C, Kalita J (2016) Global alignment of protein-protein interaction networks: A survey. IEEE/ACM Trans Comput Biol Bioinformatics 13(4):689-705

Entezari N, Al-Sayouri SA, Darvishzadeh A, Papalexakis EE (2020) All you need is low (rank) defending against adversarial attacks on graphs. In: Proceedings of the 13th International Conference on Web Search and Data Mining, pp 169-177

Erdős P, Rényi A (1959) On random graphs i. Publ Math Debrecen 6:290-297 Erdős P, Rényi A (1960) On the evolution of random graphs. Publ Math Inst Hung Acad Sci 5(1): 17-60

Erkan G, Radev DR (2004) Lexrank: Graph-based lexical centrality as salience in text summarization. Journal of artificial intelligence research 22: 457-479

Ernst MD, Perkins JH, Guo PJ, McCamant S, Pacheco C, Tschantz MS, Xiao C (2007) The Daikon system for dynamic detection of likely invariants. Science of computer programming 69(1-3): 35-45

Eykholt K, Evtimov I, Fernandes E, Li B, Rahmati A, Xiao C, Prakash A, Kohno T, Song D (2018) Robust physical-world attacks on deep learning visual classification. In: IEEE Conference on Computer Vision and Pattern Recognition, CVPR, pp 1625-1634

Faghri F, Fleet DJ, Kiros JR, Fidler S (2017) Vse++: Improving visual-semantic embeddings with hard negatives. arXiv preprint arXiv: 170705612

Fan Y, Hou S, Zhang Y, Ye Y, Abdulhayoglu M (2018) Gotcha-sly malware! scorpion a metagraph2vec based malware detection system. In: Proceedings of the 24th ACM SIGKDD International Conference on Knowledge Discovery & Data Mining, pp 253-262

Fang Y, Sun S, Gan Z, Pillai R, Wang S, Liu J (2020) Hierarchical graph network for multi-hop question answering. In: Proceedings of the 2020 Conference on Empirical Methods in Natural Language Processing (EMNLP), pp 8823-8838

Fatemi B, Asri LE, Kazemi SM (2021) Slaps: Self-supervision improves structure learning for graph neural networks. arXiv preprint arXiv:210205034

Feng B, Wang Y, Wang Z, Ding Y (2021) Uncertainty-aware Attention Graph Neural Network for Defending Adversarial Attacks. In: AAAI Conference on Artificial Intelligence

Feng F, He X, Tang J, Chua T (2019a) Graph adversarial training: Dynamically regularizing based on graph structure. TKDE pp 1-1

Feng J, Huang M, Wang M, Zhou M, Hao Y, Zhu X (2016) Knowledge graph embedding by flexible translation. In: Proceedings of the Fifteenth International Conference on Principles of Knowledge Representation and Reasoning, pp 557-560

Feng W, Zhang J, Dong Y, Han Y, Luan H, Xu Q, Yang Q, Kharlamov E, Tang J (2020) Graph random neural networks for semi-supervised learning on graphs. In: Advances in Neural Information Processing Systems, vol 33, pp 22092-22103

Feng X, Zhang Y, Glass J (2014) Speech feature denoising and dereverberation via deep auto-encoders for noisy reverberant speech recognition. In: 2014 IEEE international conference on acoustics, speech and signal processing (ICASSP), IEEE, pp 1759-1763

Feng Y, Lv F, Shen W, Wang M, Sun F, Zhu Y, Yang K (2019b) Deep session interest network for click-through rate prediction. arXiv preprint arXiv: 190506482

Feng Y, You H, Zhang Z, Ji R, Gao Y (2019c) Hypergraph neural networks. In: Proceedings of the AAAI Conference on Artificial Intelligence, vol 33, pp 3558-3565

Feurer M, Hutter F (2019) Hyperparameter optimization. In: Automated Machine Learning, Springer, Cham, pp 3-33

Févotte C, Idier J (2011) Algorithms for nonnegative matrix factorization with the β-divergence. Neural computation 23(9): 2421-2456

Fey M, Lenssen JE (2019) Fast graph representation learning with PyTorch Geometric. CoRR abs/1903.02428

Fey M, Lenssen JE, Weichert F, Müller H (2018) Splinecnn: Fast geometric deep learning with continuous b-spline kernels. In: Proceedings of the IEEE Conference on Computer Vision and Pattern Recognition, pp 869-877

Fey M, Lenssen JE, Morris C, Masci J, Kriege NM (2020) Deep graph matching consensus. In: International Conference on Learning Representations

Finn RD, Bateman A, Clements J, et al (2013) Pfam: the protein families database. Nucleic Acids Research 42(D1): D222-D230

Foggia P, Percannella G, Vento M (2014) Graph matching and learning in pattern recognition in the last 10 years. International Journal of Pattern Recognition and Artificial Intelligence 28(01): 1450,001

Foltman M, Sanchez-Diaz A (2016) Studying protein-protein interactions in budding yeast using co-immunoprecipitation. In: Yeast Cytokinesis, Springer, pp 239-256, DOI 10.1007/978-1-4939-3145-3 17

Fong RC, Vedaldi A (2017) Interpretable explanations of black boxes by meaningful perturbation. In: Proceedings of the IEEE International Conference on Computer Vision, pp 3429-3437

Fortunato S (2010) Community detection in graphs. Physics reports 486(3-5): 75-174

Fouss F, Pirotte A, Renders JM, Saerens M (2007) Random-walk computation of similarities between nodes of a graph with application to collaborative recommendation. IEEE Transactions on knowledge and data engineering 19(3): 355-369

Fowkes J, Chanthirasegaran P, Ranca R, Allamanis M, Lapata M, Sutton C (2017) Autofolding for source code summarization. IEEE Transactions on Software Engineering 43(12): 1095-1109

Franceschi L, Niepert M, Pontil M, He X (2019) Learning discrete structures for graph neural networks. In: Proceedings of the 36th International Conference on Machine Learning, vol 97, pp 1972-1982

Freeman LA (2003) A refresher in data flow diagramming: an effective aid for analysts. Commun ACM 46(9): 147-151, DOI 10.1145/903893.903930

Freeman LC (2000) Visualizing social networks. Journal of social structure 1(1): 4 Fröhlich H, Wegner JK, Sieker F, Zell A (2005) Optimal assignment kernels for attributed molecular graphs. In: International Conference on Machine Learning, pp 225-232

Fu R, Zhang Z, Li L (2016) Using lstm and gru neural network methods for traffic flow prediction. In: 2016 31st Youth Academic Annual Conference of Chinese Association of Automation (YAC), IEEE, pp 324-328

Fu Ty, Lee WC, Lei Z (2017) Hin2vec: Explore meta-paths in heterogeneous information networks for representation learning. In: Proceedings of the 2017 ACM on Conference on Information and Knowledge Management, pp 1797-1806

Fu X, Zhang J, Meng Z, King I (2020) Magnn: metapath aggregated graph neural network for heterogeneous graph embedding. In: Proceedings of The Web Conference 2020, pp 2331-2341

Fu Y, Ma Y (2012) Graph embedding for pattern analysis. Springer Science & Business Media

Gabrié M, Manoel A, Luneau C, Barbier J, Macris N, Krzakala F, Zdeborová L (2019) Entropy and mutual information in models of deep neural networks. Journal of Statistical Mechanics: Theory and Experiment 2019(12):124,014

Gao D, Li K, Wang R, Shan S, Chen X (2020a) Multi-modal graph neural network for joint reasoning on vision and scene text. In: Proceedings of the IEEE/CVF Conference on Computer Vision and Pattern Recognition, pp 12,746-12,756

Gao H, Ji S (2019) Graph u-nets. In: International Conference on Machine Learning, PMLR, pp 2083-2092

Gao H, Wang Z, Ji S (2018a) Large-scale learnable graph convolutional networks. In: Proceedings of the 24th ACM SIGKDD International Conference on Knowledge Discovery & Data Mining, ACM, pp 1416-1424

Gao J, Yang Z, Nevatia R (2017) Cascaded boundary regression for temporal action detection. arXiv preprint arXiv: 170501180

Gao J, Li X, Xu YE, Sisman B, Dong XL, Yang J (2019a) Efficient knowledge graph accuracy evaluation. arXiv preprint arXiv: 190709657

Gao S, Chen C, Xing Z, Ma Y, Song W, Lin SW (2019b) A neural model for method name generation from functional description. In: 2019 IEEE 26th International Conference on Software Analysis, Evolution and Reengineering (SANER), IEEE, pp 414-421

Gao X, Hu W, Qi GJ (2021) Unsupervised learning of topology transformation equivariant representations

Gao Y, Guo X, Zhao L (2018b) Local event forecasting and synthesis using unpaired deep graph translations. In: Proceedings of the 2nd ACM SIGSPATIAL Workshop on Analytics for Local Events and News, pp 1-8

Gao Y, Wu L, Homayoun H, Zhao L (2019c) Dyngraph2seq: Dynamic-graph-to-sequence interpretable learning for health stage prediction in online health forums. In: 2019 IEEE International Conference on Data Mining (ICDM), IEEE, pp 1042-1047

Gao Y, Yang H, Zhang P, Zhou C, Hu Y (2020b) Graph neural architecture search. In: International Joint Conference on Artificial Intelligence, pp 1403-1409

Garcia V, Bruna J (2017) Few-shot learning with graph neural networks. arXiv preprint arXiv: 171104043

García-Durán A, Dumančić S, Niepert M (2018) Learning sequence encoders for temporal knowledge graph completion. In: Proceedings of the 2018 Conference on Empirical Methods in Natural Language Processing, pp 4816-4821, DOI 10. 18653/v1/D18-1516

Garey MR (1979) A guide to the theory of np-completeness. Computers and intractability

Garey MR, Johnson DS (2002) Computers and intractability, vol 29. wh freeman New York

Garg V, Jegelka S, Jaakkola T (2020) Generalization and representational limits of graph neural networks. In: International Conference on Machine Learning, PMLR, pp 3419-3430

Gaudelet T, Day B, Jamasb AR, Soman J, Regep C, Liu G, Hayter JBR, Vickers R, Roberts C, Tang J, Roblin D, Blundell TL, Bronstein MM, Taylor-King JP (2020) Utilising graph machine learning within drug discovery and development. CoRR abs/2012.05716

Gavin AC, Bösche M, Krause R, et al (2002) Functional organization of the yeast proteome by systematic analysis of protein complexes. Nature 415(6868):141-147

Geisler S, Zügner D, Günnemann S (2020) Reliable graph neural networks via robust aggregation. Advances in Neural Information Processing Systems 33

Geisler S, Zügner D, Bojchevski A, Günnemann S (2021) Attacking Graph Neural Networks at Scale. In: Deep Learning for Graphs at AAAI Conference on Artificial Intelligence

Gema RP, Robles G, Alexander S, Zaidman A, Germán DM, Gonzalez-Barahona JM (2020) How bugs are born: a model to identify how bugs are introduced in software components. Empirical Software Engineering 25(2): 1294-1340

Geng X, Li Y, Wang L, Zhang L, Yang Q, Ye J, Liu Y (2019) Spatiotemporal multigraph convolution network for ride-hailing demand forecasting. In: Proceedings of the AAAI conference on artificial intelligence, vol 33, pp 3656-3663

Ghosal D, Hazarika D, Majumder N, Roy A, Poria S, Mihalcea R (2020) Kingdom: Knowledge-guided domain adaptation for sentiment analysis. arXiv preprint arXiv: 200500791

Gidaris S, Singh P, Komodakis N (2018) Unsupervised representation learning by predicting image rotations. In: 6th International Conference on Learning Representations, ICLR 2018, Vancouver, BC, Canada, April 30-May 3, 2018, Conference Track Proceedings

Gilbert EN (1959) Random graphs. The Annals of Mathematical Statistics 30(4): 1141-1144

Gilmer J, Schoenholz SS, Riley PF, Vinyals O, Dahl GE (2017) Neural message passing for quantum chemistry. In: Precup D, Teh YW (eds) Proceedings of the 34th International Conference on Machine Learning, ICML 2017, Sydney, NSW, Australia, 6-11 August 2017, PMLR, Proceedings of Machine Learning Research, vol 70, pp 1263-1272

Girvan M, Newman ME (2002) Community structure in social and biological networks. Proceedings of the national academy of sciences 99(12): 7821-7826

Gligorijevic V, Renfrew PD, Kosciolek T, Leman JK, Berenberg D, Vatanen T, Chandler C, Taylor BC, Fisk IM, Vlamakis H, et al (2020) Structure-based function prediction using graph convolutional networks. bioRxiv p 786236

Goel R, Kazemi SM, Brubaker M, Poupart P (2020) Diachronic embedding for temporal knowledge graph completion. In: Proceedings of the AAAI Conference on Artificial Intelligence, vol 34, pp 3988-3995

Gold S, Rangarajan A (1996) A graduated assignment algorithm for graph matching. IEEE Transactions on pattern analysis and machine intelligence 18(4): 377-388

Goldberg D, Nichols D, Oki BM, Terry D (1992) Using collaborative filtering to weave an information tapestry. Communications of the ACM 35(12): 61-70

Gong X, Chang S, Jiang Y, Wang Z (2019) Autogan: Neural architecture search for generative adversarial networks. In: Proceedings of the IEEE/CVF International Conference on Computer Vision, pp 3224-3234

Gong Y, Jiang Z, Feng Y, Hu B, Zhao K, Liu Q, Ou W (2020) Edgerec: Recommender system on edge in mobile taobao. In: Proceedings of the 29th ACM International Conference on Information & Knowledge Management, pp 2477-2484

Goodfellow I, Shlens J, Szegedy C (2015) Explaining and harnessing adversarial examples. In: International Conference on Learning Representations

Goodfellow IJ, Pouget-Abadie J, Mirza M, Bing X, Bengio Y (2014a) Generative adversarial nets. MIT Press

Goodfellow IJ, Pouget-Abadie J, Mirza M, Xu B, Warde-Farley D, Ozair S, Courville A, Bengio Y (2014b) Generative adversarial networks. arXiv preprint arXiv: 14062661

Goodwin T, Harabagiu SM (2013) Automatic generation of a qualified medical knowledge graph and its usage for retrieving patient cohorts from electronic medical records. In: 2013 IEEE Seventh International Conference on Semantic Computing, IEEE, pp 363-370

Gori M, Monfardini G, Scarselli F (2005) A new model for learning in graph domains. In: IEEE International Joint Conference on Neural Networks, vol 2, pp 729-734, DOI 10.1109/IJCNN.2005.1555942

Goyal P, Ferrara E (2018) Graph embedding techniques, applications, and performance: A survey. Knowledge-Based Systems 151: 78-94

Grattarola D, Alippi C (2020) Graph neural networks in TensorFlow and Keras with Spektral. CoRR abs/2006.12138, 2006.12138

Graves A (2013) Generating sequences with recurrent neural networks. CoRR abs/1308.0850

Graves A, Fernández S, Schmidhuber J (2005) Bidirectional lstm networks for improved phoneme classification and recognition. In: International Conference on Artificial Neural Networks, Springer, pp 799-804

Grbovic M, Cheng H (2018) Real-time personalization using embeddings for search ranking at airbnb. In: Proceedings of the 24th ACM SIGKDD International Conference on Knowledge Discovery & Data Mining, pp 311-320

Greff K, Srivastava RK, Koutník J, Steunebrink BR, Schmidhuber J (2016) Lstm: A search space odyssey. IEEE transactions on neural networks and learning systems 28(10): 2222-2232

Gremse M, Chang A, Schomburg I, Grote A, Scheer M, Ebeling C, Schomburg D (2010) The brenda tissue ontology (bto): the first all-integrating ontology of all organisms for enzyme sources. Nucleic acids research 39(suppl 1): D507-D513

Grohe M (2017) Descriptive complexity, canonisation, and definable graph structure theory, vol 47. Cambridge University Press

Grohe M, Otto M (2015) Pebble games and linear equations. The Journal of Symbolic Logic pp 797-844

Grover A, Leskovec J (2016) node2vec: Scalable feature learning for networks. In: Proceedings of the 22nd ACM SIGKDD international conference on Knowledge discovery and data mining, pp 855-864

Grover A, Zweig A, Ermon S (2019) Graphite: Iterative generative modeling of graphs. In: International Conference on Machine Learning, pp 2434-2444

Gu J, Cai J, Joty SR, Niu L, Wang G (2018) Look, imagine and match: Improving textual-visual cross-modal retrieval with generative models. In: Proceedings of the IEEE Conference on Computer Vision and Pattern Recognition, pp 7181-7189

Gu S, Lillicrap T, Ghahramani Z, Turner RE, Levine S (2016) Q-prop: Sample-efficient policy gradient with an off-policy critic. arXiv preprint arXiv:161102247

Guan Y, Myers CL, Hess DC, et al (2008) Predicting gene function in a hierarchical context with an ensemble of classifiers. Genome Biology 9(Suppl 1): S3

Gui H, Liu J, Tao F, Jiang M, Norick B, Han J (2016) Large-scale embedding learning in heterogeneous event data. In: 2016 IEEE 16th International Conference on Data Mining (ICDM), IEEE, pp 907-912

Gui T, Zou Y, Zhang Q, Peng M, Fu J, Wei Z, Huang XJ (2019) A lexicon-based graph neural network for chinese ner. In: Proceedings of the 2019 Conference on Empirical Methods in Natural Language Processing and the 9th International Joint Conference on Natural Language Processing (EMNLP-IJCNLP), pp 1039-1049

Guille A, Hacid H, Favre C, Zighed DA (2013) Information diffusion in online social networks: A survey. ACM Sigmod Record 42(2):17-28

Gulrajani I, Ahmed F, Arjovsky M, Dumoulin V, Courville A (2017) Improved training of wasserstein gans. arXiv preprint arXiv: 170400028

Guo G, Ouyang S, He X, Yuan F, Liu X (2019a) Dynamic item block and prediction enhancing block for sequential recommendation. In: Proceedings of the International Joint Conference on Artificial Intelligence, pp 1373-1379

Guo H, Tang R, Ye Y, Li Z, He X (2017) Deepfm: a factorization-machine based neural network for ctr prediction. In: Proceedings of the International Joint Conference on Artificial Intelligence, pp 1725-1731

Guo M, Chou E, Huang DA, Song S, Yeung S, Fei-Fei L (2018a) Neural graph matching networks for fewshot 3d action recognition. In: Proceedings of the European Conference on Computer Vision (ECCV), pp 653-669

Guo S, Lin Y, Feng N, Song C, Wan H (2019b) Attention based spatial-temporal graph convolutional networks for traffic flow forecasting. In: Proceedings of the AAAI Conference on Artificial Intelligence, vol 33, pp 922-929

Guo X, Wu L, Zhao L (2018b) Deep graph translation. arXiv preprint arXiv: 180509980

Guo X, Zhao L, Nowzari C, Rafatirad S, Homayoun H, Dinakarrao SMP (2019c) Deep multi-attributed graph translation with node-edge co-evolution. In: 2019 IEEE International Conference on Data Mining (ICDM), IEEE, pp 250-259

Guo Y, Li M, Pu X, et al (2010) Pred ppi: a server for predicting protein-protein interactions based on sequence data with probability assignment. BMC Research Notes 3(1): 145

Guo Z, Zhang Y, Lu W (2019d) Attention guided graph convolutional networks for relation extraction. In: Proceedings of the 57th Annual Meeting of the Association for Computational Linguistics, pp 241-251

Guo Z, Zhang Y, Teng Z, Lu W (2019e) Densely connected graph convolutional networks for graph-to-sequence learning. Transactions of the Association for Computational Linguistics 7:297-312

Gurwitz D (2020) Repurposing current therapeutics for treating covid-19: A vital role of prescription records data mining. Drug development research 81(7): 777-781

Gutmann M, Hyvärinen A (2010) Noise-contrastive estimation: A new estimation principle for unnormalized statistical models. In: Proceedings of the International Conference on Artificial Intelligence and Statistics

Ha D, Dai A, Le QV (2017) Hypernetworks. In: Proceedings of the International Conference on Learning Representations (ICLR)

Haghighi A, Ng AY, Manning CD (2005) Robust textual inference via graph matching. In: Proceedings of Human Language Technology Conference and Conference on Empirical Methods in Natural Language Processing, pp 387-394

Haiduc S, Aponte J, Moreno L, Marcus A (2010) On the use of automated text summarization techniques for summarizing source code. In: 2010 17th Working Conference on Reverse Engineering, IEEE, pp 35-44

Haldar R, Wu L, Xiong J, Hockenmaier J (2020) A multi-perspective architecture for semantic code search. arXiv preprint arXiv:200506980

Hamaguchi T, Oiwa H, Shimbo M, Matsumoto Y (2017) Knowledge transfer for out-of-knowledge-base entities: a graph neural network approach. In: Proceedings of the 26th International Joint Conference on Artificial Intelligence, pp 1802-1808

Hamilton W, Ying Z, Leskovec J (2017a) Inductive representation learning on large graphs. In: Advances in Neural Information Processing Systems, vol 30

Hamilton WL (2020) Graph representation learning. Synthesis Lectures on Artificial Intelligence and Machine Learning 14(3):1-159

Hamilton WL, Ying R, Leskovec J (2017b) Inductive representation learning on large graphs. In: Advances in Neural Information Processing Systems, pp 1025-1035

Hamilton WL, Ying R, Leskovec J (2017c) Representation learning on graphs: Methods and applications. IEEE Data Engineering Bulletin 40(3): 52-74

Hammond DK, Vandergheynst P, Gribonval R (2011) Wavelets on graphs via spectral graph theory. Applied and Computational Harmonic Analysis 30(2): 129-150

Han J, Luo P, Wang X (2019) Deep self-learning from noisy labels. In: 2019 IEEE/CVF International Conference on Computer Vision, ICCV 2019, Seoul, Korea (South), October 27-November 2, 2019, IEEE, pp 5137-5146, DOI 10.1109/ICCV.2019.00524

Han JDJ, Dupuy D, Bertin N, et al (2005) Effect of sampling on topology predictions of protein-protein interaction networks. Nature Biotechnology 23(7): 839-844

Han K, Wang Y, Chen H, Chen X, Guo J, Liu Z, Tang Y, Xiao A, Xu C, Xu Y, et al (2020) A survey on visual transformer. arXiv preprint arXiv: 201212556

Han X, Zhu H, Yu P, Wang Z, Yao Y, Liu Z, Sun M (2018) Fewrel: A large-scale supervised few-shot relation classification dataset with state-of-the-art evaluation. In: Proceedings of the 2018 Conference on Empirical Methods in Natural Language Processing, pp 4803-4809

Haque S, LeClair A, Wu L, McMillan C (2020) Improved automatic summarization of subroutines via attention to file context. International Conference on Mining Software Repositories p 300-310

Hart PE, Nilsson NJ, Raphael B (1968) A formal basis for the heuristic determination of minimum cost paths. IEEE transactions on Systems Science and Cybernetics 4(2): 100-107

Hashemifar S, Neyshabur B, Khan AA, et al (2018) Predicting protein-protein interactions through sequence-based deep learning. Bioinformatics 34(17): i802-i810

Hasibi R, Michoel T (2020) Predicting gene expression from network topology using graph neural networks. arXiv preprint arXiv:200503961

Hassan AE, Xie T (2010) Software intelligence: the future of mining software engineering data. In: Proceedings of the FSE/SDP workshop on Future of software engineering research, pp 161-166

Hassani K, Khasahmadi AH (2020) Contrastive multi-view representation learning on graphs. In: International Conference on Machine Learning, PMLR, pp 4116-4126

Hastings J, Owen G, Dekker A, Ennis M, Kale N, Muthukrishnan V, Turner S, Swainston N, Mendes P, Steinbeck C (2016) Chebi in 2016: Improved services and an expanding collection of metabolites. Nucleic acids research 44(D1): D1214-D1219

Haveliwala TH (2002) Topic-sensitive pagerank. In: Proceedings of the 11th international conference on World Wide Web, ACM, pp 517-526

He K, Zhang X, Ren S, Sun J (2016a) Deep residual learning for image recognition. In: Proceedings of the IEEE conference on computer vision and pattern recognition, pp 770-778

He K, Gkioxari G, Dollár P, Girshick R (2017a) Mask r-cnn. In: Proceedings of the IEEE international conference on computer vision, pp 2961-2969

He Q, Chen B, Agarwal D (2016b) Building the linkedin knowledge graph

He X, Niyogi P (2004) Locality preserving projections. Advances in neural information processing systems 16(16): 153-160

He X, Liao L, Zhang H, Nie L, Hu X, Chua TS (2017b) Neural collaborative filtering. In: Proceedings of the 26th international conference on world wide web, pp 173-182

He X, Deng K, Wang X, Li Y, Zhang Y, Wang M (2020) Lightgcn: Simplifying and powering graph convolution network for recommendation. In: Proceedings of the 43rd International ACM SIGIR Conference on Research and Development in Information Retrieval, pp 639-648

He Y, Song Y, Li J, Ji C, Peng J, Peng H (2019) Hetespaceywalk: A heterogeneous spacey random walk for heterogeneous information network embedding. In: Proceedings of the 28th ACM International Conference on Information and Knowledge Management, pp 639-648

Hearst MA, Dumais ST, Osuna E, Platt J, Scholkopf B (1998) Support vector machines. IEEE Intelligent Systems and their applications 13(4): 18-28

Heimer RZ, Myrseth KOR, Schoenle RS (2019) Yolo: Mortality beliefs and household finance puzzles. The Journal of Finance 74(6): 2957-2996

Helfgott HA, Bajpai J, Dona D (2017) Graph isomorphisms in quasi-polynomial time. arXiv preprint arXiv: 171004574

Helgason S (1979) Differential geometry, Lie groups, and symmetric spaces. Academic press

Hellendoorn VJ, Bird C, Barr ET, Allamanis M (2018) Deep learning type inference. In: Proceedings of the 2018 26th ACM joint meeting on european software engineering conference and symposium on the foundations of software engineering, pp 152-162

Hellendoorn VJ, Devanbu PT, Polozov O, Marron M (2019a) Are my invariants valid? a learning approach. arXiv preprint arXiv: 190306089

Hellendoorn VJ, Sutton C, Singh R, Maniatis P, Bieber D (2019b) Global relational models of source code. In: International Conference on Learning Representations Henaff M, Bruna J, LeCun Y (2015) Deep convolutional networks on graphstructured data. arXiv preprint arXiv:150605163

Henderson K, Gallagher B, Eliassi-Rad T, Tong H, Basu S, Akoglu L, Koutra D, Faloutsos C, Li L (2012) Rolx: structural role extraction & mining in large graphs. In: the ACM SIGKDD international conference on Knowledge discovery and data mining, pp 1231-1239

Hensman S (2004) Construction of conceptual graph representation of texts. In: Proceedings of the Student Research Workshop at HLT-NAACL 2004, pp 49-54

Hermann KM, Hill F, Green S, Wang F, Faulkner R, Soyer H, Szepesvari D, Czarnecki WM, Jaderberg M, Teplyashin D, et al (2017) Grounded language learning in a simulated 3d world. arXiv preprint arXiv: 170606551

Herzig R, Levi E, Xu H, Gao H, Brosh E, Wang X, Globerson A, Darrell T (2019) Spatio-temporal action graph networks. In: 2019 IEEE/CVF International Conference on Computer Vision Workshop (ICCVW), pp 2347-2356, DOI 10.1109/ICCVW.2019.00288

Hidasi B, Karatzoglou A, Baltrunas L, Tikk D (2015) Session-based recommendations with recurrent neural networks. arXiv preprint arXiv: 151106939

Higgins I, Matthey L, Pal A, Burgess C, Glorot X, Botvinick M, Mohamed S, Lerchner A (2017) beta-vae: Learning basic visual concepts with a constrained variational framework. ICLR

Himmelstein DS, Lizee A, Hessler C, Brueggeman L, Chen SL, Hadley D, Green A, Khankhanian P, Baranzini SE (2017) Systematic integration of biomedical knowledge prioritizes drugs for repurposing. Elife 6: e26726

Hinton GE, Osindero S, Teh YW (2006) A fast learning algorithm for deep belief nets. Neural computation 18(7): 1527-1554

Hirsch CN, Hirsch CD, Brohammer AB, et al (2016) Draft assembly of elite inbred line PH207 provides insights into genomic and transcriptome diversity in maize. The Plant Cell 28(11): 2700-2714

Hjelm RD, Fedorov A, Lavoie-Marchildon S, Grewal K, Bachman P, Trischler A, Bengio Y (2018) Learning deep representations by mutual information estimation and maximization. arXiv preprint arXiv: 180806670

Ho Y, Gruhler A, Heilbut A, et al (2002) Systematic identification of protein complexes insacchar- omyces cerevisiae by mass spectrometry. Nature 415(6868):180-183

Hochreiter S, Schmidhuber J (1997) Long short-term memory. Neural computation 9(8): 1735-1780

Hoff PD, Raftery AE, Handcock MS (2002) Latent space approaches to social network analysis. Journal of the american Statistical association 97(460): 1090-1098

Hoffart J, Suchanek FM, Berberich K, Lewis-Kelham E, De Melo G, Weikum G (2011) Yago2: exploring and querying world knowledge in time, space, context, and many languages. In: Proceedings of the 20th international conference companion on World wide web, pp 229-232

Hoffman MD, Blei DM, Wang C, Paisley J (2013) Stochastic variational inference. The Journal of Machine Learning Research 14(1): 1303-1347

Hogan A, Blomqvist E, Cochez M, d'Amato C, de Melo G, Gutierrez C, Gayo JEL, Kirrane S, Neumaier S, Polleres A, et al (2020) Knowledge graphs. arXiv preprint arXiv: 200302320

Holland PW, Laskey KB, Leinhardt S (1983) Stochastic blockmodels: First steps. Social networks 5(2): 109-137

Holmes R, Murphy GC (2005) Using structural context to recommend source code examples. In: Proceedings. 27th International Conference on Software Engineering, 2005. ICSE 2005, IEEE, pp 117-125

Hong D, Gao L, Yao J, Zhang B, Plaza A, Chanussot J (2020a) Graph convolutional networks for hyperspectral image classification. IEEE Transactions on Geoscience and Remote Sensing pp 1-13, DOI 10.1109/TGRS.2020.3015157

Hong H, Guo H, Lin Y, Yang X, Li Z, Ye J (2020b) An attention-based graph neural network for heterogeneous structural learning. In: Proceedings of the AAAI Conference on Artificial Intelligence, vol 34, pp 4132-4139

Hornik K, Stinchcombe M, White H, et al (1989) Multilayer feedforward networks are universal approximators. Neural Networks 2(5):359-366

Horton T (1992) Object-oriented analysis & design. Englewood Cliffs (New Jersey): Prentice-Hall

Hosseini A, Chen T, Wu W, Sun Y, Sarrafzadeh M (2018) Heteromed: Heterogeneous information network for medical diagnosis. In: Proceedings of the 27th ACM International Conference on Information and Knowledge Management, pp 763-772

Hou S, Ye Y, Song Y, Abdulhayoglu M (2017) Hindroid: An intelligent android malware detection system based on structured heterogeneous information network. In: Proceedings of the 23rd ACM SIGKDD international conference on knowledge discovery and data mining, pp 1507-1515

Houlsby N, Giurgiu A, Jastrzebski S, Morrone B, De Laroussilhe Q, Gesmundo A, Attariyan M, Gelly S (2019) Parameter-efficient transfer learning for nlp. In: International Conference on Machine Learning, PMLR, pp 2790-2799

Hsieh K, Wang Y, Chen L, Zhao Z, Savitz S, Jiang X, Tang J, Kim Y (2020) Drug repurposing for covid-19 using graph neural network with genetic, mechanistic, and epidemiological validation. arXiv preprint arXiv: 200910931

Hsu WN, Zhang Y, Glass J (2017) Unsupervised learning of disentangled and interpretable representations from sequential data. In: Proceedings of the 31st International Conference on Neural Information Processing Systems, pp 1876-1887

Hsu WN, Zhang Y, Weiss RJ, Chung YA, Wang Y, Wu Y, Glass J (2019) Disentangling correlated speaker and noise for speech synthesis via data augmentation and adversarial factorization. In: ICASSP 2019-2019 IEEE International Conference on Acoustics, Speech and Signal Processing (ICASSP), IEEE, pp 5901-5905

Hu B, Shi C, Zhao WX, Yu PS (2018a) Leveraging meta-path based context for top-n recommendation with a neural co-attention model. In: Proceedings of the 24th ACM SIGKDD International Conference on Knowledge Discovery & Data Mining, pp 1531-1540

Hu B, Fang Y, Shi C (2019a) Adversarial learning on heterogeneous information networks. In: Proceedings of the 25th ACM SIGKDD International Conference on Knowledge Discovery & Data Mining, pp 120-129

Hu B, Zhang Z, Shi C, Zhou J, Li X, Qi Y (2019b) Cash-out user detection based on attributed heterogeneous information network with a hierarchical attention mechanism. In: Proceedings of the AAAI Conference on Artificial Intelligence, vol 33, pp 946-953

Hu L, Xu S, Li C, Yang C, Shi C, Duan N, Xie X, Zhou M (2020a) Graph neural news recommendation with unsupervised preference disentanglement. In: Proceedings of the 58th Annual Meeting of the Association for Computational Linguistics, pp 4255-4264

Hu R, Aggarwal CC, Ma S, Huai J (2016) An embedding approach to anomaly detection. In: 2016 IEEE 32nd International Conference on Data Engineering (ICDE), IEEE, pp 385-396

Hu W, Fey M, Zitnik M, Dong Y, Ren H, Liu B, Catasta M, Leskovec J (2020b) Open graph benchmark: Datasets for machine learning on graphs. arXiv preprint arXiv: 200500687

Hu W, Liu B, Gomes J, Zitnik M, Liang P, Pande VS, Leskovec J (2020c) Strategies for pre-training graph neural networks. In: 8th International Conference on Learning Representations, ICLR 2020, Addis Ababa, Ethiopia, April 26-30, 2020

Hu X, Chiueh Tc, Shin KG (2009) Large-scale malware indexing using function-call graphs. In: Proceedings of the 16th ACM Conference on Computer and Communications Security (CCS), Association for Computing Machinery, New York, NY, USA, p 611-620

Hu X, Li G, Xia X, Lo D, Jin Z (2018b) Deep code comment generation. In: Proceedings of the 26th Conference on Program Comprehension, ACM, pp 200-210

Hu X, Li G, Xia X, Lo D, Lu S, Jin Z (2018c) Summarizing source code with transferred api knowledge. In: Proceedings of the 27th International Joint Conference on Artificial Intelligence, AAAI Press, pp 2269-2275

Hu Z, Fan C, Chen T, Chang KW, Sun Y (2019c) Pre-training graph neural networks for generic structural feature extraction. arXiv preprint arXiv: 190513728

Hu Z, Dong Y, Wang K, Chang KW, Sun Y (2020d) Gpt-gnn: Generative pretraining of graph neural networks. In: Proceedings of the 26th ACM SIGKDD International Conference on Knowledge Discovery & Data Mining, pp 1857-1867

Hu Z, Dong Y, Wang K, Sun Y (2020e) Heterogeneous graph transformer. In: Proceedings of The Web Conference 2020, pp 2704-2710

Huang D, Chen P, Zeng R, Du Q, Tan M, Gan C (2020a) Location-aware graph convolutional networks for video question answering. In: The Thirty-Fourth AAAI Conference on Artificial Intelligence, AAAI Press, pp 11,021-11,028

Huang G, Liu Z, Van Der Maaten L, Weinberger KQ (2017a) Densely connected convolutional networks. In: Proceedings of the IEEE conference on computer vision and pattern recognition, pp 4700-4708

Huang H, Wang X, Yi Z, Ma X (2000) A character recognition based on feature extraction. Journal of Chongqing University (Natural Science Edition) 23:66-69 Huang H, Alvarez S, Nusinow DA (2016a) Data on the identification of protein interactors with the evening complex and PCH1 in arabidopsis using tandem affinity purification and mass spectrometry (TAP-MS). Data in Brief 8: 56-60

Huang J, Li Z, Li N, Liu S, Li G (2019) Attpool: Towards hierarchical feature representation in graph convolutional networks via attention mechanism. In: IEEE/CVF International Conference on Computer Vision, pp 6479-6488

Huang JT, Sharma A, Sun S, Xia L, Zhang D, Pronin P, Padmanabhan J, Ottaviano G, Yang L (2020b) Embedding-based retrieval in facebook search. In: Proceedings of the 26th ACM SIGKDD International Conference on Knowledge Discovery & Data Mining, pp 2553-2561

Huang L, Ma D, Li S, Zhang X, Houfeng W (2019a) Text level graph neural network for text classification. In: Proceedings of the 2019 Conference on Empirical Methods in Natural Language Processing and the 9th International Joint Conference on Natural Language Processing (EMNLP-IJCNLP), pp 3435-3441

Huang Q, Yamada M, Tian Y, Singh D, Yin D, Chang Y (2020c) Graphlime: Local interpretable model explanations for graph neural networks. arXiv preprint arXiv: 200106216

Huang S, Kang Z, Tsang IW, Xu Z (2019b) Auto-weighted multi-view clustering via kernelized graph learning. Pattern Recognition 88: 174-184

Huang W, Zhang T, Rong Y, Huang J (2018) Adaptive sampling towards fast graph representation learning. Advances in Neural Information Processing Systems 31: 4558-4567

Huang X, Alzantot M, Srivastava M (2019c) Neuroninspect: Detecting backdoors in neural networks via output explanations. arXiv preprint arXiv: 191107399

Huang X, Song Q, Li Y, Hu X (2019d) Graph recurrent networks with attributed random walks. In: Proceedings of the 25th ACM SIGKDD International Conference on Knowledge Discovery & Data Mining, pp 732-740

Huang Y, Wang W, Wang L (2017b) Instance-aware image and sentence matching with selective multimodal lstm. In: Proceedings of the IEEE Conference on Computer Vision and Pattern Recognition, pp 2310-2318

Huang Z, Mamoulis N (2017) Heterogeneous information network embedding for meta path based proximity. arXiv preprint arXiv: 170105291

Huang Z, Xu W, Yu K (2015) Bidirectional lstm-crf models for sequence tagging. arXiv preprint arXiv:150801991

Huang Z, Zheng Y, Cheng R, Sun Y, Mamoulis N, Li X (2016b) Meta structure: Computing relevance in large heterogeneous information networks. In: Proceedings of the 22nd ACM SIGKDD International Conference on Knowledge Discovery and Data Mining, pp 1595-1604

Hurle M, Yang L, Xie Q, Rajpal D, Sanseau P, Agarwal P (2013) Computational drug repositioning: from data to therapeutics. Clinical Pharmacology & Therapeutics 93(4): 335-341

Hussein R, Yang D, Cudré-Mauroux P (2018) Are meta-paths necessary? revisiting heterogeneous graph embeddings. In: Proceedings of the 27th ACM International Conference on Information and Knowledge Management, pp 437-446

Hutchins WJ (1995) Machine translation: A brief history. In: Concise history of the language sciences, Elsevier, pp 431-445

Ioannidis VN, Marques AG, Giannakis GB (2019) Graph neural networks for predicting protein functions. In: 2019 IEEE 8th International Workshop on Computational Advances in Multi-Sensor Adaptive Processing (CAMSAP), pp 221-225, DOI 10.1109/CAMSAP45676. 2019.9022646

Ioannidis VN, Song X, Manchanda S, Li M, Pan X, Zheng D, Ning X, Zeng X, Karypis G (2020) Drkg-drug repurposing knowledge graph for covid-19.

Ioffe S, Szegedy C (2015) Batch normalization: Accelerating deep network training by reducing internal covariate shift. In: International Conference on Machine Learning, pp 448-456

Irving G, Szegedy C, Alemi AA, Eén N, Chollet F, Urban J (2016) DeepMath-deep sequence models for premise selection. Advances in neural information processing systems 29: 2235-2243

Irwin JJ, Sterling T, Mysinger MM, Bolstad ES, Coleman RG (2012) Zinc: a free tool to discover chemistry for biology. Journal of Chemical Information and Modeling 52(7):1757-1768

Issa NT, Stathias V, Schürer S, Dakshanamurthy S (2020) Machine and deep learning approaches for cancer drug repurposing. In: Seminars in cancer biology, Elsevier

Ito T, Chiba T, Ozawa R, et al (2001) A comprehensive two-hybrid analysis to explore the yeast protein interactome. Proceedings of the National Academy of Sciences of the United States of America 98(8): 4569-4574

Iyer S, Konstas I, Cheung A, Zettlemoyer L (2016) Summarizing source code using a neural attention model. In: Proceedings of the 54th Annual Meeting of the Association for Computational Linguistics (Volume 1: Long Papers), pp 2073-2083

Jaakkola T, Sontag D, Globerson A, Meila M (2010) Learning bayesian network structure using lp relaxations. In: Proceedings of the Thirteenth International Conference on Artificial Intelligence and Statistics, JMLR Workshop and Conference Proceedings, pp 358-365

Jabri A, Owens A, Efros AA (2020) Space-time correspondence as a contrastive random walk. arXiv preprint arXiv: 200614613

Jacob Y, Denoyer L, Gallinari P (2014) Learning latent representations of nodes for classifying in heterogeneous social networks. In: Proceedings of the 7th ACM international conference on Web search and data mining, pp 373-382

Jain A, Zamir AR, Savarese S, Saxena A (2016a) Structural-RNN: Deep learning on spatio-temporal graphs. In: IEEE Conference on Computer Vision and Pattern Recognition, pp 5308-5317

Jain A, Zamir AR, Savarese S, Saxena A (2016b) Structural-rnn: Deep learning on spatio-temporal graphs. In: Proceedings of the ieee conference on computer vision and pattern recognition, pp 5308-5317

Jaitly N, Hinton G (2011) Learning a better representation of speech soundwaves using restricted boltzmann machines. In: 2011 IEEE International Conference on Acoustics, Speech and Signal Processing (ICASSP), IEEE, pp 5884-5887

Jang E, Gu S, Poole B (2017) Categorical reparameterization with gumbel-softmax. In: 5th International Conference on Learning Representations

Jang S, Moon SE, Lee JS (2019) Brain signal classification via learning connectivity structure. arXiv preprint arXiv: 190511678

Jassal B, Matthews L, Viteri G, Gong C, Lorente P, Fabregat A, Sidiropoulos K, Cook J, Gillespie M, Haw R, et al (2020) The reactome pathway knowledgebase. Nucleic acids research 48(D1): D498-D503

Jean S, Cho K, Memisevic R, Bengio Y (2014) On using very large target vocabulary for neural machine translation. arXiv preprint arXiv: 14122007

Jebara T, Wang J, Chang SF (2009) Graph construction and b-matching for semi-supervised learning. In: Proceedings of the 26th annual international conference on machine learning, pp 441-448

Jeh G, Widom J (2002) Simrank: a measure of structural-context similarity. In: Proceedings of the eighth ACM SIGKDD international conference on Knowledge discovery and data mining, ACM, pp 538-543

Jeh G, Widom J (2003) Scaling personalized web search. In: the International Conference on World Wide Web, pp 271-279

Jenatton R, Le Roux N, Bordes A, Obozinski G (2012) A latent factor model for highly multi-relational data. In: Advances in Neural Information Processing Systems 25 (NIPS 2012), pp 3176-3184

Ji G, He S, Xu L, Liu K, Zhao J (2015) Knowledge graph embedding via dynamic mapping matrix. In: Proceedings of the 53rd annual meeting of the association for computational linguistics and the 7th international joint conference on natural language processing, pp 687-696

Ji G, Liu K, He S, Zhao J (2016) Knowledge graph completion with adaptive sparse transfer matrix. In: Proceedings of the AAAI Conference on Artificial Intelligence, vol 30

Jia J, Wang B, Cao X, Gong NZ (2020) Certified robustness of community detection against adversarial structural perturbation via randomized smoothing. In: The Web Conference, pp 2718-2724

Jia X, De Brabandere B, Tuytelaars T, Gool LV (2016) Dynamic filter networks. Advances in neural information processing systems 29: 667-675

Jiang B, Sun P, Tang J, Luo B (2019a) GLMNet: Graph learning-matching networks for feature matching. arXiv preprint arXiv: 191107681

Jiang B, Zhang Z, Lin D, Tang J, Luo B (2019b) Semi-supervised learning with graph learning-convolutional networks. In: Proceedings of the IEEE Conference on Computer Vision and Pattern Recognition, pp 11313-11320

Jiang C, Coenen F, Sanderson R, Zito M (2010) Text classification using graph mining-based feature extraction. In: Research and Development in Intelligent Systems XXVI, Springer, pp 21-34

Jiang S, Balaprakash P (2020) Graph neural network architecture search for molecular property prediction. arXiv preprint arXiv: 200812187

Jiang S, McMillan C, Santelices R (2016) Do programmers do change impact analysis in debugging? Empirical Software Engineering pp 1-39

Jiang S, Armaly A, McMillan C (2017) Automatically generating commit messages from diffs using neural machine translation. In: Proceedings of the 32nd IEEE/ACM International Conference on Automated Software Engineering, IEEE Press, pp 135-146

Jiménez J, Doerr S, Martínez-Rosell G, et al (2017) DeepSite: protein-binding site predictor using 3d-convolutional neural networks. Bioinformatics 33(19): 3036-3042

Jin H, Zhang X (2019) Latent Adversarial Training of Graph Convolution Networks. In: ICML 2019 Workshop: Learning and Reasoning with Graph-Structured Representations

Jin H, Song Q, Hu X (2019a) Auto-keras: An efficient neural architecture search system. In: Proceedings of the 25th ACM SIGKDD International Conference on Knowledge Discovery & Data Mining, pp 1946-1956

Jin H, Shi Z, Peruri VJSA, Zhang X (2020a) Certified robustness of graph convolution networks for graph classification under topological attacks. Advances in Neural Information Processing Systems 33

Jin J, Qin J, Fang Y, Du K, Zhang W, Yu Y, Zhang Z, Smola AJ (2020b) An efficient neighborhood-based interaction model for recommendation on heterogeneous graph. In: Proceedings of the 26th ACM SIGKDD International Conference on Knowledge Discovery & Data Mining, pp 75-84

Jin L, Gildea D (2020) Generalized shortest-paths encoders for amr-to-text generation. In: Proceedings of the 28th International Conference on Computational Linguistics, pp 2004-2013

Jin M, Chang H, Zhu W, Sojoudi S (2019b) Power up! robust graph convolutional network against evasion attacks based on graph powering. CoRR abs/1905.10029, 1905.10029

Jin W, Barzilay R, Jaakkola T (2018a) Junction tree variational autoencoder for molecular graph generation. In: Proceedings of the 35th International Conference on Machine Learning, pp 2323-2332

Jin W, Barzilay R, Jaakkola TS (2018b) Junction tree variational autoencoder for molecular graph generation. In: International Conference on Machine Learning, pp 2328-2337

Jin W, Yang K, Barzilay R, Jaakkola T (2018c) Learning multimodal graph-to-graph translation for molecular optimization. arXiv preprint arXiv: 181201070

Jin W, Barzilay R, Jaakkola T (2020c) Composing molecules with multiple property constraints. arXiv preprint arXiv:200203244

Jin W, Derr T, Liu H, Wang Y, Wang S, Liu Z, Tang J (2020d) Self-supervised learning on graphs: Deep insights and new direction. arXiv preprint arXiv:200610141 Jin W, Ma Y, Liu X, Tang X, Wang S, Tang J (2020e) Graph structure learning for robust graph neural networks. In: The 26th ACM SIGKDD Conference on Knowledge Discovery and Data Mining, pp 66-74

Jin W, Derr T, Wang Y, Ma Y, Liu Z, Tang J (2021) Node similarity preserving graph convolutional networks. In: Proceedings of the 14th ACM International Conference on Web Search and Data Mining, pp 148-156

Johansson FD, Dubhashi D (2015) Learning with similarity functions on graphs using matchings of geometric embeddings. In: ACM SIGKDD International Conference on Knowledge Discovery and Data Mining, pp 467-476

Johnson D, Larochelle H, Tarlow D (2020) Learning graph structure with a finitestate automaton layer. In: Larochelle H, Ranzato M, Hadsell R, Balcan MF, Lin H (eds) Advances in Neural Information Processing Systems, Curran Associates, Inc., vol 33, pp 3082-3093

Jonas E (2019) Deep imitation learning for molecular inverse problems. Advances in Neural Information Processing Systems 32:4990-5000

Jurafsky D (2000) Speech & language processing. Pearson Education India

Kagdi H, Collard ML, Maletic JI (2007) A survey and taxonomy of approaches for mining software repositories in the context of software evolution. Journal of software maintenance and evolution: Research and practice 19(2): 77-131

Kahneman D (2011) Thinking, fast and slow. Macmillan

Kalchbrenner N, Grefenstette E, Blunsom P (2014) A convolutional neural network for modelling sentences. In: Proceedings of the 52nd Annual Meeting of the Association for Computational Linguistics, Association for Computational Linguistics, pp 655-665, DOI 10.3115/v1/ P14-1062

Kalliamvakou E, Gousios G, Blincoe K, Singer L, German DM, Damian D (2014) The promises and perils of mining github. In: Proceedings of the 11th working conference on mining software repositories, pp 92-101

Kalofolias V (2016) How to learn a graph from smooth signals. In: Artificial Intelligence and Statistics, PMLR, pp 920-929

Kalofolias V, Perraudin N (2019) Large scale graph learning from smooth signals. In: 7th International Conference on Learning Representations

Kaluza MCDP, Amizadeh S, Yu R (2018) A neural framework for learning dag to dag translation. In: NeurIPS'2018 Workshop

Kampffmeyer M, Chen Y, Liang X, Wang H, Zhang Y, Xing EP (2019) Rethinking knowledge graph propagation for zero-shot learning. In: Proceedings of the IEEE/CVF Conference on Computer Vision and Pattern Recognition, pp 11487-11496

Kandasamy K, Neiswanger W, Schneider J, Poczos B, Xing E (2018) Neural architecture search with bayesian optimisation and optimal transport. In: Advances in Neural Information Processing Systems

Kanehisa M, Goto S (2000) Kegg: kyoto encyclopedia of genes and genomes. Nucleic acids research 28(1): 27-30

Kanehisa M, Araki M, Goto S, Hattori M, Hirakawa M, Itoh M, Katayama T, Kawashima S, Okuda S, Tokimatsu T, et al (2007) Kegg for linking genomes to life and the environment. Nucleic acids research 36(suppl 1): D480-D484

Kang U, Tong H, Sun J (2012) Fast random walk graph kernel. In: SIAM International Conference on Data Mining, pp 828-838

Kang WC, McAuley J (2018) Self-attentive sequential recommendation. In: 2018 IEEE International Conference on Data Mining (ICDM), IEEE, pp 197-206

Kang Z, Pan H, Hoi SC, Xu Z (2019) Robust graph learning from noisy data. IEEE transactions on cybernetics 50(5): 1833-1843

Karampatsis RM, Sutton C (2020) How often do single-statement bugs occur? the ManySStuBs4J dataset. In: Proceedings of the 17th International Conference on Mining Software Repositories, pp 573-577

Karamshuk D, Noulas A, Scellato S, Nicosia V, Mascolo C (2013) Geo-spotting: mining online location-based services for optimal retail store placement. In: Proceedings of the 19th ACM SIGKDD international conference on Knowledge discovery and data mining, pp 793-801

Karita S, Watanabe S, Iwata T, Ogawa A, Delcroix M (2018) Semi-supervised endto-end speech recognition. In: Interspeech, pp 2-6

Karpathy A, Fei-Fei L (2015) Deep visual-semantic alignments for generating image descriptions. In: Proceedings of the IEEE conference on computer vision and pattern recognition, pp 3128-3137

Karypis G, Kumar V (1995) Multilevel graph partitioning schemes. In: ICPP (3), pp 113-122

Karypis G, Kumar V (1998) A fast and high quality multilevel scheme for partitioning irregular graphs. SIAM Journal on scientific Computing 20(1): 359-392

Katharopoulos A, Vyas A, Pappas N, Fleuret F (2020) Transformers are rnns: Fast autoregressive transformers with linear attention. In: International Conference on Machine Learning, PMLR, pp 5156-5165

Katz L (1953) A new status index derived from sociometric analysis. Psychometrika 18(1):39-43

Kawahara J, Brown CJ, Miller SP, Booth BG, Chau V, Grunau RE, Zwicker JG, Hamarneh G (2017) Brainnetcnn: Convolutional neural networks for brain networks; towards predicting neurodevelopment. NeuroImage 146: 1038-1049

Kazemi E, Hassani SH, Grossglauser M (2015) Growing a graph matching from a handful of seeds. Proc VLDB Endow 8(10): 1010-1021

Kazemi SM, Poole D (2018) Simple embedding for link prediction in knowledge graphs. In: Neural Information Processing Systems, p 4289-4300

Kazemi SM, Goel R, Eghbali S, Ramanan J, Sahota J, Thakur S, Wu S, Smyth C, Poupart P, Brubaker M (2019) Time2vec: Learning a vector representation of time. arXiv preprint arXiv: 190705321

Kazemi SM, Goel R, Jain K, Kobyzev I, Sethi A, Forsyth P, Poupart P (2020) Representation learning for dynamic graphs: A survey. Journal of Machine Learning Research 21(70): 1-73

Kazi A, Cosmo L, Navab N, Bronstein M (2020) Differentiable graph module (dgm) graph convolutional networks. arXiv preprint arXiv: 200204999

Kearnes S, McCloskey K, Berndl M, Pande V, Riley P (2016) Molecular graph convolutions: moving beyond fingerprints. Journal of computer-aided molecular design 30(8): 595-608

Keriven N, Peyré G (2019) Universal invariant and equivariant graph neural networks. In: Advances in Neural Information Processing Systems, pp 7090-7099

Kersting K, Kriege NM, Morris C, Mutzel P, Neumann M (2016) Benchmark data sets for graph kernels

Khezerlou AV, Zhou X, Li L, Shafiq Z, Liu AX, Zhang F (2017) A traffic flow approach to early detection of gathering events: Comprehensive results. ACM Transactions on Intelligent Systems and Technology (TIST) 8(6): 1-24

Khezerlou AV, Zhou X, Tong L, Li Y, Luo J (2021) Forecasting gathering events through trajectory destination prediction: A dynamic hybrid model. IEEE Transactions on Knowledge and Data Engineering 33(3): 991-1004, DOI 10.1109/ TKDE.2019.2937082

Khrulkov V, Novikov A, Oseledets I (2018) Expressive power of recurrent neural networks. In: International Conference on Learning Representations

Kiefer S, Schweitzer P, Selman E (2015) Graphs identified by logics with counting. In: International Symposium on Mathematical Foundations of Computer Science, pp 319-330

Kilicoglu H, Shin D, Fiszman M, Rosemblat G, Rindflesch TC (2012) Semmeddb: a pubmed-scale repository of biomedical semantic predications. Bioinformatics 28(23): 3158-3160

Kim B, Koyejo O, Khanna R, et al (2016) Examples are not enough, learn to criticize! criticism for interpretability. In: NIPS, pp 2280-2288

Kim D, Oh A (2021) How to find your friendly neighborhood: Graph attention design with self-supervision. In: International Conference on Learning Representations

Kim J, Kim T, Kim S, Yoo CD (2019) Edge-labeling graph neural network for fewshot learning. In: Proceedings of the IEEE/CVF Conference on Computer Vision and Pattern Recognition, pp 11-20

Kingma DP, Welling M (2013) Auto-encoding variational bayes. arXiv preprint arXiv: 13126114

Kingma DP, Welling M (2014) Auto-encoding variational bayes. In: 2nd International Conference on Learning Representations

Kingma DP, Rezende DJ, Mohamed S, Welling M (2014) Semi-supervised learning with deep generative models. In: Proceedings of the 27th International Conference on Neural Information Processing Systems-Volume 2, pp 3581-3589

Kingsbury PR, Palmer M (2002) From treebank to propbank. In: LREC, Citeseer, pp 1989-1993

Kipf T, Fetaya E, Wang KC, Welling M, Zemel R (2018) Neural relational inference for interacting systems. In: International Conference on Machine Learning, pp 2688-2697

Kipf TN, Welling M (2016) Variational graph auto-encoders. arXiv preprint arXiv: 161107308

Kipf TN, Welling M (2017a) Semi-supervised classification with graph convolutional networks. In: International Conference on Learning Representations

Kipf TN, Welling M (2017b) Semi-supervised classification with graph convolutional networks. In: 5th International Conference on Learning Representations, ICLR 2017, Toulon, France, April 24-26, 2017, Conference Track Proceedings

Kireev DB (1995) ChemNet: A novel neural network based method for graph/property mapping. Journal of Chemical Information and Computer Sciences 35(2): 175-180

Klicpera J, Bojchevski A, Günnemann S (2019a) Predict then propagate: Graph neural networks meet personalized pagerank. In: International Conference on Learning Representations

Klicpera J, Weißenberger S, Günnemann S (2019b) Diffusion improves graph learning. In: Advances in Neural Information Processing Systems, pp 13333-13345

Klicpera J, Groß J, Günnemann S (2020) Directional message passing for molecular graphs. In: International Conference on Learning Representations

Ko AJ, Myers BA, Coblenz MJ, Aung HH (2006) An exploratory study of how developers seek, relate, and collect relevant information during software maintenance tasks. IEEE Transactions on software engineering 32(12): 971-987

Koch O, Kriege NM, Humbeck L (2019) Chemical similarity and substructure searches. In: Encyclopedia of Bioinformatics and Computational Biology, Academic Press, Oxford, pp 640-649

Kohavi R, John GH (1995) Automatic parameter selection by minimizing estimated error. In: Machine Learning Proceedings 1995, Elsevier, pp 304-312

Koivisto M, Sood K (2004) Exact bayesian structure discovery in bayesian networks. The Journal of Machine Learning Research 5: 549-573

Koncel-Kedziorski R, Bekal D, Luan Y, Lapata M, Hajishirzi H (2019) Text generation from knowledge graphs with graph transformers. In: Proceedings of the 2019 Conference of the North American Chapter of the Association for Computational Linguistics: Human Language Technologies, Volume 1 (Long and Short Papers), pp 2284-2293

Koo DCE, Bonneau R (2018) Towards region-specific propagation of protein functions. Bioinformatics 35(10): 1737-1744

Kool W, Van Hoof H, Welling M (2019) Stochastic beams and where to find them: The gumbel-top-k trick for sampling sequences without replacement. In: International Conference on Machine Learning, PMLR, pp 3499-3508

Koren Y (2008) Factorization meets the neighborhood: a multifaceted collaborative filtering model. In: Proceedings of the 14th ACM SIGKDD international conference on Knowledge discovery and data mining, ACM, pp 426-434

Koren Y (2009) Collaborative filtering with temporal dynamics. In: Proceedings of the 15th ACM SIGKDD international conference on Knowledge discovery and data mining, pp 447-456

Koren Y, Bell R, Volinsky C (2009) Matrix factorization techniques for recommender systems. Computer 42(8): 30-37

Korte BH, Vygen J, Korte B, Vygen J (2011) Combinatorial optimization, vol 1. Springer

Kosugi S, Yamasaki T (2020) Unpaired image enhancement featuring reinforcement-learning-controlled image editing software. In: Proceedings of the AAAI Conference on Artificial Intelligence, vol 34, pp 11296-11303

Kovács IA, Luck K, Spirohn K, et al (2019) Network-based prediction of protein interactions. Nature Communications 10(1)

Kremenek T, Ng AY, Engler DR (2007) A factor graph model for software bug finding. In: IJCAI, pp 2510-2516

Kriege N, Mutzel P (2012) Subgraph matching kernels for attributed graphs. In: Proceedings of the 29th International Coference on International Conference on Machine Learning, Omnipress, Madison, WI, USA, ICML'12, p 291-298

Kriege NM, P-L G, Wilson RC (2016) On valid optimal assignment kernels and applications to graph classification. In: Advances in Neural Information Processing Systems, pp 1615-1623

Kriege NM, Johansson FD, Morris C (2020) A survey on graph kernels. Applied Network Science 5(1): 6

Krishnan A (2018) Making search easier: How amazon's product graph is helping customers find products more easily. ed Amazon Blog

Krishnapuram R, Medasani S, Jung SH, Choi YS, Balasubramaniam R (2004) Content-based image retrieval based on a fuzzy approach. IEEE transactions on knowledge and data engineering 16(10):1185-1199

Krizhevsky A, Sutskever I, Hinton GE (2012) Imagenet classification with deep convolutional neural networks. Advances in neural information processing systems 25: 1097-1105

Kuhn M, Letunic I, Jensen LJ, Bork P (2016) The sider database of drugs and side effects. Nucleic acids research 44(D1): D1075-D1079

Kulmanov M, Hoehndorf R (2019) DeepGOPlus: improved protein function prediction from sequence. Bioinformatics

Kumar S, Spezzano F, Subrahmanian V, Faloutsos C (2016) Edge weight prediction in weighted signed networks. In: 2016 IEEE 16th International Conference on Data Mining (ICDM), IEEE, pp 221-230

Kumar S, Ying J, de Miranda Cardoso JV, Palomar D (2019a) Structured graph learning via laplacian spectral constraints. In: Advances in Neural Information Processing Systems, pp 11651-11663

Kumar S, Zhang X, Leskovec J (2019b) Predicting dynamic embedding trajectory in temporal interaction networks. In: ACM SIGKDD International Conference on Knowledge Discovery & Data Mining, pp 1269-1278

Kumar S, Ying J, de Miranda Cardoso JV, Palomar DP (2020) A unified framework for structured graph learning via spectral constraints. Journal of Machine Learning Research 21(22): 1-60

Kusner MJ, Paige B, Hernández-Lobato JM (2017) Grammar variational autoencoder. In: International Conference on Machine Learning, pp 1945-1954

Lacroix T, Obozinski G, Usunier N (2020) Tensor decompositions for temporal knowledge base completion. In: International Conference on Learning Representations

Lake B, Tenenbaum J (2010) Discovering structure by learning sparse graphs. In: Proceedings of the Annual Meeting of the Cognitive Science Society, vol 32

Lamb LC, Garcez A, Gori M, Prates M, Avelar P, Vardi M (2020) Graph neural networks meet neural-symbolic computing: A survey and perspective. In: Proceedings of IJCAI-PRICAI 2020

Lan Z, Chen M, Goodman S, Gimpel K, Sharma P, Soricut R (2020) ALBERT: A lite BERT for self-supervised learning of language representations. In: 8th International Conference on Learning Representations, ICLR 2020, Addis Ababa, Ethiopia, April 26-30, 2020

Lanczos C (1950) An iteration method for the solution of the eigenvalue problem of linear differential and integral operators. United States Governm. Press Office Los Angeles, CA

Landrieu L, Simonovsky M (2018) Large-scale point cloud semantic segmentation with superpoint graphs. In: Proceedings of the IEEE Conference on Computer Vision and Pattern Recognition, pp 4558-4567

Latif S, Rana R, Khalifa S, Jurdak R, Epps J (2019) Direct modelling of speech emotion from raw speech. In: Proceedings of the 20th Annual Conference of the International Speech Communication Association (INTERSPEECH 2019), International Speech Communication Association (ISCA), pp 3920-3924

Lawler EL (1963) The quadratic assignment problem. Management science 9(4):586-599

Le Cun Y, Boser B, Denker JS, Henderson D, Howard RE, Hubbard W, Jackel LD (1989) Handwritten digit recognition with a back-propagation network. In: Neural Information Processing Systems, pp 396-404

Le-Khac PH, Healy G, Smeaton AF (2020) Contrastive representation learning: a framework and review. IEEE Access 8:1-28

Leblay J, Chekol MW (2018) Deriving validity time in knowledge graph. In: Companion Proceedings of the The Web Conference 2018, pp 1771-1776

LeClair A, McMillan C (2019) Recommendations for datasets for source code summarization. In: Proceedings of the 2019 Conference of the North American Chapter of the Association for Computational Linguistics: Human Language Technologies, Volume 1 (Long and Short Papers), pp 3931-3937

LeClair A, Jiang S, McMillan C (2019) A neural model for generating natural language summaries of program subroutines. In: Proceedings of the 41st International Conference on Software Engineering, IEEE Press, pp 795-806

LeClair A, Haque S, Wu L, McMillan C (2020) Improved code summarization via a graph neural network. In: 28th ACM/IEEE International Conference on Program Comprehension (ICPC'20)

LeCun Y, Boser B, Denker JS, Henderson D, Howard RE, Hubbard W, Jackel LD (1989) Backpropagation applied to handwritten zip code recognition. Neural computation 1(4): 541-551

Lecuyer M, Atlidakis V, Geambasu R, Hsu D, Jana S (2019) Certified robustness to adversarial examples with differential privacy. In: IEEE Symposium on Security and Privacy, DOI 10.1109/SP.2019.00044

Lee G, Yuan Y, Chang S, Jaakkola TS (2019a) Tight certificates of adversarial robustness for randomly smoothed classifiers. In: Wallach HM, Larochelle H, Beygelzimer A, d'Alché-Buc F, Fox EB, Garnett R (eds) Advances in Neural Information Processing Systems 32: Annual Conference on Neural Information Processing Systems 2019, NeurIPS 2019, December 8-14, 2019, Vancouver, BC,Canada, pp 4911-4922

Lee J, Lee I, Kang J (2019b) Self-attention graph pooling. In: International Conference on Machine Learning, PMLR, pp 3734-3743

Lee JB, Rossi RA, Kim S, Ahmed NK, Koh E (2019c) Attention models in graphs: A survey. ACM Transactions on Knowledge Discovery from Data (TKDD) 13(6): 1-25

Lee JB, Rossi RA, Kong X, Kim S, Koh E, Rao A (2019d) Graph convolutional networks with motif-based attention. In: 28th ACM International Conference on Information, pp 499-508

Lee S, Park C, Yu H (2019e) Bhin2vec: Balancing the type of relation in heterogeneous information network. In: Proceedings of the 28th ACM International Conference on Information and Knowledge Management, pp 619-628

Lei T, Jin W, Barzilay R, Jaakkola T (2017a) Deriving neural architectures from sequence and graph kernels. In: Proceedings of the 34th International Conference on Machine Learning-Volume 70, pp 2024-2033

Lei T, Zhang Y, Wang SI, Dai H, Artzi Y (2017b) Simple recurrent units for highly parallelizable recurrence. arXiv preprint arXiv: 170902755

Leordeanu M, Hebert M (2005) A spectral technique for correspondence problems using pairwise constraints. In: IEEE International Conference on Computer Vision, pp 1482-1489

Leskovec J, Grobelnik M, Milic-Frayling N (2004) Learning sub-structures of document semantic graphs for document summarization. In: LinkKDD Workshop, pp 133-138

Leskovec J, Chakrabarti D, Kleinberg J, Faloutsos C, Ghahramani Z (2010) Kronecker graphs: an approach to modeling networks. Journal of Machine Learning Research 11(2)

Letovsky S (1987) Cognitive processes in program comprehension. Journal of Systems and software 7(4): 325-339

Levi FW (1942) Finite geometrical systems: six public lectues delivered in February, 1940, at the University of Calcutta. University of Calcutta

Levie R, Monti F, Bresson X, Bronstein MM (2019) Cayleynets: Graph convolutional neural networks with complex rational spectral filters. IEEE Trans Signal Process 67(1): 97-109

Levin E, Pieraccini R, Eckert W (2000) A stochastic model of human-machine interaction for learning dialog strategies. IEEE Transactions on speech and audio processing 8(1): 11-23

Levy O, Goldberg Y (2014) Neural word embedding as implicit matrix factorization. In: Advances in neural information processing systems, pp 2177-2185

Lewis HR, et al (1983) Michael r. garey, david s. johnson, computers and intractability. a guide to the theory of np-completeness. Journal of Symbolic Logic 48(2): 498-500

Lewis M, Liu Y, Goyal N, Ghazvininejad M, Mohamed A, Levy O, Stoyanov V, Zettlemoyer L (2020) BART: Denoising sequence-to-sequence pre-training for natural language generation, translation, and comprehension. In: Proceedings of the 58th Annual Meeting of the Association for Computational Linguistics, p 7871, DOI 10.18653/v1/2020.acl-main.703

Li A, Qin Z, Liu R, Yang Y, Li D (2019a) Spam review detection with graph convolutional networks. In: Proceedings of the 28th ACM International Conference on Information and Knowledge Management, pp 2703-2711

Li C, Ma J, Guo X, Mei Q (2017a) Deepcas: An end-to-end predictor of information cascades. In: Proceedings of the 26th international conference on World Wide Web, pp 577-586

Li C, Liu Z, Wu M, Xu Y, Zhao H, Huang P, Kang G, Chen Q, Li W, Lee DL (2019b) Multi-interest network with dynamic routing for recommendation at tmall. In: Proceedings of the 28th ACM International Conference on Information and Knowledge Management, pp 2615-2623

Li F, Gan C, Liu X, Bian Y, Long X, Li Y, Li Z, Zhou J, Wen S (2017b) Temporal modeling approaches for large-scale youtube-8m video understanding. arXiv preprint arXiv: 170704555

Li G, Muller M, Thabet A, Ghanem B (2019c) Deepgcns: Can gcns go as deep as cnns? In: Proceedings of the IEEE/CVF International Conference on Computer Vision, pp 9267-9276

Li J, Wang Y, Lyu MR, King I (2018a) Code completion with neural attention and pointer networks. In: Proceedings of the 27th International Joint Conference on Artificial Intelligence, pp 4159-25

Li J, Yang F, Tomizuka M, Choi C (2020a) Evolvegraph: Multi-agent trajectory prediction with dynamic relational reasoning. Advances in Neural Information Processing Systems 33

Li L, Feng H, Zhuang W, Meng N, Ryder B (2017c) Cclearner: A deep learning-based clone detection approach. In: 2017 IEEE International Conference on Software Maintenance and Evolution (ICSME), IEEE, pp 249-260

Li L, Tang S, Deng L, Zhang Y, Tian Q (2017d) Image caption with global-local attention. In: Proceedings of the AAAI Conference on Artificial Intelligence, vol 31

Li L, Gan Z, Cheng Y, Liu J (2019d) Relation-aware graph attention network for visual question answering. In: Proceedings of the IEEE/CVF International Conference on Computer Vision, pp 10313-10322

Li L, Wang P, Yan J, Wang Y, Li S, Jiang J, Sun Z, Tang B, Chang TH, Wang S, et al (2020b) Real-world data medical knowledge graph: construction and applications. Artificial intelligence in medicine 103: 101,817

Li L, Zhang Y, Chen L (2020c) Generate neural template explanations for recommendation. In: Proceedings of the 29th ACM International Conference on Information & Knowledge Management, pp 755-764

Li M, Chen S, Chen X, Zhang Y, Wang Y, Tian Q (2019e) Actional-structural graph convolutional networks for skeleton-based action recognition. In: IEEE/CVF Conference on Computer Vision and Pattern Recognition, pp 3595-3603

Li N, Yang Z, Luo L, Wang L, Zhang Y, Lin H, Wang J (2020d) Kghc: a knowledge graph for hepatocellular carcinoma. BMC Medical Informatics and Decision Making 20(3):1-11

Li P, Chien I, Milenkovic O (2019f) Optimizing generalized pagerank methods for seed-expansion community detection. In: Advances in Neural Information Processing Systems, pp 11705-11716

Li P, Wang Y, Wang H, Leskovec J (2020e) Distance encoding: Design provably more powerful neural networks for graph representation learning. Advances in Neural Information Processing Systems 33

Li Q, Zheng Y, Xie X, Chen Y, Liu W, Ma WY (2008) Mining user similarity based on location history. In: Proceedings of the 16th ACM SIGSPATIAL international conference on Advances in geographic information systems, pp 1-10

Li Q, Han Z, Wu XM (2018b) Deeper insights into graph convolutional networks for semi-supervised learning. In: Proceedings of the AAAI Conference on Artificial Intelligence, vol 32

Li R, Tapaswi M, Liao R, Jia J, Urtasun R, Fidler S (2017e) Situation recognition with graph neural networks. In: Proceedings of the IEEE International Conference on Computer Vision, pp 4173-4182

Li R, Wang S, Zhu F, Huang J (2018c) Adaptive graph convolutional neural networks. In: Proceedings of the AAAI Conference on Artificial Intelligence, vol 32

Li S, Wu L, Feng S, Xu F, Xu F, Zhong S (2020f) Graph-to-tree neural networks for learning structured input-output translation with applications to semantic parsing and math word problem. In: Findings of the Association for Computational Linguistics: EMNLP 2020, Association for Computational Linguistics, Online, pp 2841-2852

Li X, Cheng Y, Cong G, Chen L (2017f) Discovering pollution sources and propagation patterns in urban area. In: Proceedings of the 23rd ACM SIGKDD International Conference on Knowledge Discovery and Data Mining, pp 1863-1872

Li X, Kao B, Ren Z, Yin D (2019g) Spectral clustering in heterogeneous information networks. In: Proceedings of the AAAI Conference on Artificial Intelligence, vol 33, pp 4221-4228

Li X, Wang C, Tong B, Tan J, Zeng X, Zhuang T (2020g) Deep time-aware item evolution network for click-through rate prediction. In: Proceedings of the 29th ACM International CIKM, pp 785-794

Li Y, Gupta A (2018) Beyond grids: Learning graph representations for visual recognition. In: Proceedings of the 32nd International Conference on Neural Information Processing Systems, pp 9245-9255

Li Y, King I (2020) Autograph: Automated graph neural network. In: International Conference on Neural Information Processing, Springer, pp 189-201

Li Y, Tarlow D, Brockschmidt M, Zemel R (2016a) Gated graph seqrlence neural networks. In: International Conference on Learning Representations

Li Y, Tarlow D, Brockschmidt M, Zemel R (2016b) Gated graph sequence neural networks. In: International Conference on Learning Representations (ICLR)

Li Y, Vinyals O, Dyer C, Pascanu R, Battaglia P (2018d) Learning deep generative models of graphs. arXiv preprint arXiv:180303324

Li Y, Yu R, Shahabi C, Liu Y (2018e) Diffusion convolutional recurrent neural network: Data-driven traffic forecasting. In: International Conference on Learning Representations

Li Y, Zhang L, Liu Z (2018f) Multi-objective de novo drug design with conditional graph generative model. Journal of cheminformatics 10(1): 1-24

Li Y, Gu C, Dullien T, Vinyals O, Kohli P (2019h) Graph matching networks for learning the similarity of graph structured objects. In: International Conference on Machine Learning, PMLR, pp 3835-3845

Li Y, Liu M, Yin J, Cui C, Xu XS, Nie L (2019i) Routing micro-videos via a temporal graph-guided recommendation system. In: Proceedings of the 27th ACM International Conference on Multimedia, pp 1464-1472

Li Y, Lin Y, Madhusudan M, Sharma A, Xu W, Sapatnekar SS, Harjani R, Hu J (2020h) A customized graph neural network model for guiding analog ic placement. In: International Conference On Computer Aided Design, IEEE, pp 1-9

Liang S, Srikant R (2017) Why deep neural networks for function approximation? In: 5th International Conference on Learning Representations, ICLR 2017

Liang Y, Zhu KQ (2018) Automatic generation of text descriptive comments for code blocks. In: McIlraith SA, Weinberger KQ (eds) Proceedings of the ThirtySecond AAAI Conference on Artificial Intelligence (AAAI-18), AAAI Press, pp 5229-5236

Liao L, He X, Zhang H, Chua TS (2018) Attributed social network embedding. IEEE Transactions on Knowledge and Data Engineering 30(12): 2257-2270

Liao R, Li Y, Song Y, Wang S, Nash C, Hamilton WL, Duvenaud D, Urtasun R, Zemel RS (2019a) Efficient graph generation with graph recurrent attention networks. arXiv preprint arXiv:191000760

Liao R, Zhao Z, Urtasun R, Zemel RS (2019b) Lanczosnet: Multi-scale deep graph convolutional networks. arXiv preprint arXiv: 190101484

Liao R, Urtasun R, Zemel R (2021) A pac-bayesian approach to generalization bounds for graph neural networks. In: International Conference on Learning Representations

Liben-Nowell D, Kleinberg J (2007) The link-prediction problem for social networks. Journal of the American society for information science and technology 58(7): 1019-1031

Licata L, Lo Surdo P, Iannuccelli M, Palma A, Micarelli E, Perfetto L, Peluso D, Calderone A, Castagnoli L, Cesareni G (2020) Signor 2.0, the signaling network open resource 2.0: 2019 update. Nucleic acids research 48(D1): D504-D510

Lillicrap TP, Hunt JJ, Pritzel A, Heess N, Erez T, Tassa Y, Silver D, Wierstra D (2015) Continuous control with deep reinforcement learning. arXiv preprint arXiv: 150902971

Lin C, Sun GJ, Bulusu KC, Dry JR, Hernandez M (2020a) Graph neural networks including sparse interpretability. arXiv preprint arXiv: 200700119

Lin G, Wen S, Han QL, Zhang J, Xiang Y (2020b) Software vulnerability detection using deep neural networks: a survey. Proceedings of the IEEE 108(10): 1825-1848

Lin P, Sun P, Cheng G, Xie S, Li X, Shi J (2020c) Graph-guided architecture search for real-time semantic segmentation. In: Proceedings of the IEEE/CVF Conference on Computer Vision and Pattern Recognition, pp 4203-4212

Lin T, Zhao X, Shou Z (2017) Single shot temporal action detection. In: Proceedings of the 25th ACM international conference on Multimedia, pp 988-996

Lin W, Ji S, Li B (2020d) Adversarial Attacks on Link Prediction Algorithms Based on Graph Neural Networks. In: ACM Asia Conference on Computer and Communications Security

Lin X, Chen X (2012) Heterogeneous data integration by tree-augmented näıve bayes for protein-protein interactions prediction. PROTEOMICS 13(2):261-268

Lin Y, Liu Z, Sun M, Liu Y, Zhu X (2015) Learning entity and relation embeddings for knowledge graph completion. In: Proceedings of the AAAI Conference on Artificial Intelligence, vol 29

Lin Y, Ren P, Chen Z, Ren Z, Yu D, Ma J, Rijke Md, Cheng X (2020e) Meta matrix factorization for federated rating predictions. In: Proceedings of the 43rd International ACM SIGIR Conference on Research and Development in Information Retrieval, pp 981-990

Lin ZH, Huang SY, Wang YCF (2020f) Convolution in the cloud: Learning deformable kernels in 3d graph convolution networks for point cloud analysis. In: Proceedings of the IEEE/CVF Conference on Computer Vision and Pattern Recognition, pp 1800-1809

Ling X, Ji S, Zou J, Wang J, Wu C, Li B, Wang T (2019) DEEPSEC: A uniform platform for security analysis of deep learning model. In: 2019 IEEE Symposium on Security and Privacy (S&P), IEEE, pp 673-690

Ling X, Wu L, Wang S, Ma T, Xu F, Liu AX, Wu C, Ji S (2020) Multi-level graph matching networks for deep graph similarity learning. arXiv preprint arXiv: 200704395

Ling X, Wu L, Wang S, Pan G, Ma T, Xu F, Liu AX, Wu C, Ji S (2021) Deep graph matching and searching for semantic code retrieval. ACM Transactions on Knowledge Discovery from Data (TKDD)

Linial N, London E, Rabinovich Y (1995) The geometry of graphs and some of its algorithmic applications. Combinatorica 15(2): 215-245

Linmei H, Yang T, Shi C, Ji H, Li X (2019) Heterogeneous graph attention networks for semi-supervised short text classification. In: Proceedings of the 2019 Conference on Empirical Methods in Natural Language Processing and the 9th International Joint Conference on Natural Language Processing (EMNLP-IJCNLP), pp 4823-4832

Liu A, Xu N, Zhang H, Nie W, Su Y, Zhang Y (2018a) Multi-level policy and reward reinforcement learning for image captioning. In: IJCAI, pp 821-827

Liu B, Niu D, Lai K, Kong L, Xu Y (2017a) Growing story forest online from massive breaking news. In: Proceedings of the 2017 ACM on Conference on Information and Knowledge Management, pp 777-785

Liu B, Niu D, Wei H, Lin J, He Y, Lai K, Xu Y (2019a) Matching article pairs with graphical decomposition and convolutions. In: Proceedings of the 57th Annual Meeting of the Association for Computational Linguistics, pp 6284-6294

Liu B, Han FX, Niu D, Kong L, Lai K, Xu Y (2020a) Story forest: Extracting events and telling stories from breaking news. ACM Transactions on Knowledge Discovery from Data (TKDD) 14(3):1-28

Liu C, Zoph B, Neumann M, Shlens J, Hua W, Li LJ, Fei-Fei L, Yuille A, Huang J, Murphy K (2018b) Progressive neural architecture search. In: Proceedings of the European conference on computer vision, pp 19-34

Liu H, Simonyan K, Vinyals O, Fernando C, Kavukcuoglu K (2017b) Hierarchical representations for efficient architecture search. arXiv preprint arXiv: 171100436

Liu H, Simonyan K, Yang Y (2018c) Darts: Differentiable architecture search. arXiv preprint arXiv:180609055

Liu J, Chi Y, Zhu C (2015) A dynamic multiagent genetic algorithm for gene regulatory network reconstruction based on fuzzy cognitive maps. IEEE Transactions on Fuzzy Systems 24(2): 419-431

Liu J, Kumar A, Ba J, Kiros J, Swersky K (2019b) Graph normalizing flows. arXiv preprint arXiv:190513177

Liu L, Ma Y, Zhu X, et al (2019) Integrating sequence and network information to enhance protein-protein interaction prediction using graph convolutional networks. In: 2019 IEEE International Conference on Bioinformatics and Biomedicine (BIBM), pp 1762-1768, DOI 10.1109/BIBM47256.2019.8983330

Liu L, Ouyang W, Wang X, Fieguth P, Chen J, Liu X, Pietikäinen M (2020b) Deep learning for generic object detection: A survey. International journal of computer vision 128(2): 261-318

Liu M, Gao H, Ji S (2020c) Towards deeper graph neural networks. In: Proceedings of the 26th ACM SIGKDD International Conference on Knowledge Discovery & Data Mining, pp 338-348

Liu N, Tan Q, Li Y, Yang H, Zhou J, Hu X (2019a) Is a single vector enough? exploring node polysemy for network embedding. In: Proceedings of the 25th ACM SIGKDD International Conference on Knowledge Discovery & Data Mining, pp 932-940

Liu N, Du M, Hu X (2020d) Adversarial machine learning: An interpretation perspective. arXiv preprint arXiv: 200411488

Liu P, Chang S, Huang X, Tang J, Cheung JCK (2019b) Contextualized non-local neural networks for sequence learning. In: Proceedings of the AAAI Conference on Artificial Intelligence, vol 33, pp 6762-6769

Liu Q, Allamanis M, Brockschmidt M, Gaunt AL (2018d) Constrained graph variational autoencoders for molecule design. arXiv preprint arXiv: 180509076

Liu S, Yang N, Li M, Zhou M (2014) A recursive recurrent neural network for statistical machine translation. In: Proceedings of the 52nd Annual Meeting of the Association for Computational Linguistics, ACL 2014, June 22-27, 2014, Baltimore, MD, USA, Volume 1: Long Papers, The Association for Computer Linguistics, pp 1491-1500

Liu S, Chen Y, Xie X, Siow JK, Liu Y (2021) Retrieval-augmented generation for code summarization via hybrid gnn. In: 9th International Conference on Learning Representations

Liu X, Si S, Zhu X, Li Y, Hsieh CJ (2019c) A Unified Framework for Data Poisoning Attack to Graph-based Semi-supervised Learning. In: Neural Information Processing Systems, NeurIPS

Liu X, Pan H, He M, Song Y, Jiang X, Shang L (2020e) Neural subgraph isomorphism counting. In: Proceedings of the 26th ACM SIGKDD International Conference on Knowledge Discovery & Data Mining, pp 1959-1969

Liu X, Zhang F, Hou Z, Wang Z, Mian L, Zhang J, Tang J (2020f) Self-supervised learning: Generative or contrastive. arXiv preprint arXiv: 200608218 1(2)

Liu Y, Lee J, Park M, Kim S, Yang E, Hwang SJ, Yang Y (2018e) Learning to propagate labels: Transductive propagation network for few-shot learning. arXiv preprint arXiv: 180510002

Liu Y, Wan B, Zhu X, He X (2020g) Learning cross-modal context graph for visual grounding. In: Proceedings of the AAAI Conference on Artificial Intelligence, vol 34, pp 11645-11652

Liu Y, Zhang F, Zhang Q, Wang S, Wang Y, Yu Y (2020h) Cross-view correspondence reasoning based on bipartite graph convolutional network for mammogram mass detection. In: Proceedings of the IEEE/CVF Conference on Computer Vision and Pattern Recognition, pp 3812-3822

Liu Z, Chen C, Yang X, Zhou J, Li X, Song L (2018f) Heterogeneous graph neural networks for malicious account detection. In: Proceedings of the 27th ACM International Conference on Information and Knowledge Management, pp 2077-2085

Livshits B, Nori AV, Rajamani SK, Banerjee A (2009) Merlin: specification inference for explicit information flow problems. ACM Sigplan Notices 44(6): 75-86

Locatelli A, Sieniutycz S (2002) Optimal control: An introduction. Appl Mech Rev 55(3): B48-B49

Loiola EM, de Abreu NMM, Boaventura-Netto PO, Hahn P, Querido T (2007) A survey for the quadratic assignment problem. European journal of operational research 176(2): 657-690

Lops P, De Gemmis M, Semeraro G (2011) Content-based recommender systems: State of the art and trends. In: Recommender systems handbook, Springer, pp 73-105

Loukas A (2020) What graph neural networks cannot learn: depth vs width. In: International Conference on Learning Representations

Lovász L, et al (1993) Random walks on graphs: A survey. Combinatorics, Paul Erdős is eighty 2(1): 1-46

Lovell SC, Davis IW, Arendall WB, et al (2003) Structure validation by c geometry, and c deviation. Proteins: Structure, Function, and Bioinformatics 50(3): 437-450

Loyola P, Marrese-Taylor E, Matsuo Y (2017) A neural architecture for generating natural language descriptions from source code changes. In: Proceedings of the 55th Annual Meeting of the Association for Computational Linguistics (Volume 2: Short Papers), pp 287-292

Lü L, Zhou T (2011) Link prediction in complex networks: A survey. Physica A: statistical mechanics and its applications 390(6): 1150-1170

Lu X, Wang B, Zheng X, Li X (2017a) Exploring models and data for remote sensing image caption generation. IEEE Transactions on Geoscience and Remote Sensing 56(4): 2183-2195

Lu Y, Zhao Z, Li G, Jin Z (2017b) Learning to generate comments for api-based code snippets. In: Software Engineering and Methodology for Emerging Domains, Springer, pp 3-14

Lucic A, ter Hoeve M, Tolomei G, de Rijke M, Silvestri F (2021) Cfgnnexplainer: Counterfactual explanations for graph neural networks. arXiv preprint arXiv: 210203322

Luo D, Cheng W, Xu D, Yu W, Zong B, Chen H, Zhang X (2020) Parameterized explainer for graph neural network. arXiv preprint arXiv: 201104573

Luo D, Cheng W, Yu W, Zong B, Ni J, Chen H, Zhang X (2021) Learning to Drop: Robust Graph Neural Network via Topological Denoising. In: International Conference on Web Search and Data Mining, WSDM

Luo R, Liao W, Huang X, Pi Y, Philips W (2016) Feature extraction of hyper-spectral images with semi-supervised graph learning. IEEE Journal of Selected Topics in Applied Earth Observations and Remote Sensing 9(9): 4389-4399

Luo R, Tian F, Qin T, Chen EH, Liu TY (2018) Neural architecture optimization. In: Advances in neural information processing systems

Luo X, You Z, Zhou M, et al (2015) A highly efficient approach to protein inter-actome mapping based on collaborative filtering framework. Scientific Reports 5(1): 7702

Luong T, Pham H, Manning CD (2015) Effective approaches to attention-based neural machine translation. In: Proceedings of the 2015 Conference on Empirical Methods in Natural Language Processing, Association for Computational Linguistics, Lisbon, Portugal, pp 1412-1421, DOI 10.18653/v1/D15-1166

Ma G, Ahmed NK, Willke TL, Yu PS (2019a) Deep graph similarity learning: A survey. arXiv preprint arXiv: 191211615

Ma H, Bian Y, Rong Y, Huang W, Xu T, Xie W, Ye G, Huang J (2020a) Multiview graph neural networks for molecular property prediction. arXiv e-prints pp arXiv-2005

Ma J, Tang W, Zhu J, Mei Q (2019b) A flexible generative framework for graph-based semi-supervised learning. In: Advances in Neural Information Processing Systems, pp 3281-3290

Ma J, Zhou C, Cui P, Yang H, Zhu W (2019c) Learning disentangled representations for recommendation. In: Wallach HM, Larochelle H, Beygelzimer A, d'Alché-Buc F, Fox EB, Garnett R (eds) Advances in Neural Information Processing Systems 32: Annual Conference on Neural Information Processing Systems 2019, NeurIPS 2019, December 8-14, 2019, Vancouver, BC, Canada, pp 5712-5723

Ma J, Ding S, Mei Q (2020b) Towards more practical adversarial attacks on graph neural networks. In: Larochelle H, Ranzato M, Hadsell R, Balcan M, Lin H (eds) Advances in Neural Information Processing Systems 33: Annual Conference on Neural Information Processing Systems 2020, NeurIPS 2020, December 6-12,2020, virtual

Ma T, Chen J, Xiao C (2018) Constrained generation of semantically valid graphs via regularizing variational autoencoders. In: Advances in Neural Information Processing Systems, pp 7113-7124

Ma Y, Wang S, Aggarwal CC, Tang J (2019d) Graph convolutional networks with eigenpooling. In: ACM SIGKDD International Conference on Knowledge Discovery & Data Mining, ACM, pp 723-731

Maalej W, Tiarks R, Roehm T, Koschke R (2014) On the comprehension of program comprehension. ACM Transactions on Software Engineering and Methodology (TOSEM) 23(4): 1-37

Maddison C, Mnih A, Teh Y (2017) The concrete distribution: A continuous relaxation of discrete random variables. International Conference on Learning Repre-sentations

Madry A, Makelov A, Schmidt L, Tsipras D, Vladu A (2017) Towards deep learning models resistant to adversarial attacks. arXiv preprint arXiv: 170606083

Maglott D, Ostell J, Pruitt KD, Tatusova T (2010) Entrez gene: genecentered information at ncbi. Nucleic acids research 39(suppl 1): D52-D57

Malewicz G, Austern MH, Bik AJ, Dehnert JC, Horn I, Leiser N, Czajkowski G (2010) Pregel: a system for large-scale graph processing. In: Proceedings of the 2010 ACM SIGMOD International Conference on Management of data, pp 135-146

Malliaros FD, Vazirgiannis M (2013) Clustering and community detection in directed networks: A survey. Physics reports 533(4): 95-142

Man T, Shen H, Liu S, Jin X, Cheng X (2016) Predict anchor links across social networks via an embedding approach. In: Ijcai, vol 16, pp 1823-1829

Manessi F, Rozza A (2020) Graph-based neural network models with multiple self-supervised auxiliary tasks. arXiv preprint arXiv: 201107267

Manessi F, Rozza A, Manzo M (2020) Dynamic graph convolutional networks. Pattern Recognition 97: 107,000

Mangal R, Zhang X, Nori AV, Naik M (2015) A user-guided approach to program analysis. In: Proceedings of the 2015 10th Joint Meeting on Foundations of Software Engineering, pp 462-473

Manning C, Schutze H (1999) Foundations of statistical natural language processing. MIT press

Marcheggiani D, Titov I (2017) Encoding sentences with graph convolutional networks for semantic role labeling. In: EMNLP 2017-Conference on Empirical Methods in Natural Language Processing, Proceedings, pp 1506-1515

Marcheggiani D, Bastings J, Titov I (2018) Exploiting semantics in neural machine translation with graph convolutional networks. arXiv preprint arXiv: 180408313

Maretic HP, Thanou D, Frossard P (2017) Graph learning under sparsity priors. In:2017 IEEE International Conference on Acoustics, Speech and Signal Processing (ICASSP), Ieee, pp 6523-6527

Markovitz A, Sharir G, Friedman I, Zelnik-Manor L, Avidan S (2020) Graph embedded pose clustering for anomaly detection. In: Proceedings of the IEEE/CVF Conference on Computer Vision and Pattern Recognition, pp 10539-10547

Maron H, Ben-Hamu H, Shamir N, Lipman Y (2018) Invariant and equivariant graph networks. In: International Conference on Learning Representations

Maron H, Ben-Hamu H, Serviansky H, Lipman Y (2019a) Provably powerful graph networks. In: Advances in Neural Information Processing Systems, pp 2153-2164

Maron H, Fetaya E, Segol N, Lipman Y (2019b) On the universality of invariant networks. In: International Conference on Machine Learning, pp 4363-4371

Mathew B, Sikdar S, Lemmerich F, Strohmaier M (2020) The polar framework: Polar opposites enable interpretability of pre-trained word embeddings. In: Proceedings of The Web Conference 2020, pp 1548-1558

Matsuno R, Murata T (2018) Mell: effective embedding method for multiplex networks. In: Companion Proceedings of the The Web Conference 2018, pp 1261-1268

Matuszek C (2018) Grounded language learning: Where robotics and nlp meet (invited talk). In: Proceedings of the 27th International Joint Conference on Artificial Intelligence, pp 5687-5691

Maziarka Ł, Danel T, Mucha S, Rataj K, Tabor J, Jastrzebski S (2020a) Molecule attention transformer. arXiv preprint arXiv: 200208264

Maziarka Ł, Pocha A, Kaczmarczyk J, Rataj K, Danel T, Warchoł M (2020b) Molcyclegan: a generative model for molecular optimization. Journal of Cheminformatics 12(1): 1-18

McBurney PW, McMillan C (2014) Automatic documentation generation via source code summarization of method context. In: Proceedings of the 22nd International Conference on Program Comprehension, ACM, pp 279-290

McBurney PW, McMillan C (2016) Automatic source code summarization of context for java methods. IEEE Transactions on Software Engineering 42(2): 103-119

McBurney PW, Liu C, McMillan C (2016) Automated feature discovery via sentence selection and source code summarization. Journal of Software: Evolution and Process 28(2): 120-145

McMillan C, Grechanik M, Poshyvanyk D, Xie Q, Fu C (2011) Portfolio: finding relevant functions and their usage. In: Proceedings of the 33rd International Conference on Software Engineering, pp 111-120

Mcmillan C, Poshyvanyk D, Grechanik M, Xie Q, Fu C (2013) Portfolio: Searching for relevant functions and their usages in millions of lines of code. ACM Transactions on Software Engineering and Methodology (TOSEM) 22(4): 1-30

McNee SM, Riedl J, Konstan JA (2006) Being accurate is not enough: how accuracy metrics have hurt recommender systems. In: CHI'06 extended abstracts on Human factors in computing systems, pp 1097-1101

Mendez D, Gaulton A, Bento AP, Chambers J, De Veij M, Félix E, Magariños MP, Mosquera JF, Mutowo P, Nowotka M, et al (2019) Chembl: towards direct deposition of bioassay data. Nucleic acids research 47(D1): D930-D940

Merkwirth C, Lengauer T (2005) Automatic generation of complementary descriptors with molecular graph networks. Journal of Chemical Information and Modeling 45(5): 1159-1168

Mesquita DPP, Jr AHS, Kaski S (2020) Rethinking pooling in graph neural networks. In: Advances in Neural Information Processing Systems

Mihalcea R, Tarau P (2004) Textrank: Bringing order into text. In: Proceedings of the 2004 conference on empirical methods in natural language processing, pp 404-411

Miikkulainen R, Liang J, Meyerson E, Rawal A, Fink D, Francon O, Raju B, Shahrzad H, Navruzyan A, Duffy N, et al (2019) Evolving deep neural networks. In: Artificial Intelligence in the Age of Neural Networks and Brain Computing, Elsevier, pp 293-312

Mikolov T, Karafiát M, Burget L, Cernocký J, Khudanpur S (2010) Recurrent neural network based language model. In: Kobayashi T, Hirose K, Nakamura S (eds) INTERSPEECH 2010, 11th Annual Conference of the International Speech Communication Association, Makuhari, Chiba, Japan, September 26-30, 2010, ISCA, pp 1045-1048

Mikolov T, Deoras A, Kombrink S, Burget L, Cernocký J (2011a) Empirical evaluation and combination of advanced language modeling techniques. In: INTERSPEECH 2011, 12th Annual Conference of the International Speech Communication Association, Florence, Italy, August 27-31, 2011, ISCA, pp 605-608

Mikolov T, Kombrink S, Burget L, Černockỳ J, Khudanpur S (2011b) Extensions of recurrent neural network language model. In: 2011 IEEE international conference on acoustics, speech and signal processing (ICASSP), IEEE, pp 5528-5531

Mikolov T, Chen K, Corrado G, Dean J (2013a) Efficient estimation of word representations in vector space. arXiv preprint arXiv: 13013781

Mikolov T, Sutskever I, Chen K, Corrado GS, Dean J (2013b) Distributed representations of words and phrases and their compositionality. In: Advances in neural information processing systems, pp 3111-3119

Mikolov T CGDJ Chen K (2013) Efficient estimation of word representations in vector space. In: International Conference on Learning Representations

Miller BA, C, amurcu M, Gomez AJ, Chan K, Eliassi-Rad T (2019) Improving Robustness to Attacks Against Vertex Classification. In: Deep Learning for Graphs at AAAI Conference on Artificial Intelligence

Miller GA (1995) Wordnet: a lexical database for english. Communications of the ACM 38(11): 39-41

Miller T (2019) Explanation in artificial intelligence: Insights from the social sciences. Artificial intelligence 267: 1-38

Milo R, Shen-Orr S, Itzkovitz S, Kashtan N, Chklovskii D, Alon U (2002) Network motifs: simple building blocks of complex networks. Science 298(5594): 824-827

Min S, Gao Z, Peng J, Wang L, Qin K, Fang B Stgsn-a spatial-temporal graph neural network framework for time-evolving social networks. Knowledge-Based Systems p 106746

Mir AM, Latoskinas E, Proksch S, Gousios G (2021) Type4Py: Deep similarity learning-based type inference for Python. arXiv preprint arXiv:210104470

Mirza M, Osindero S (2014) Conditional generative adversarial nets. arXiv preprint arXiv:14111784

Mnih A, Salakhutdinov RR (2008) Probabilistic matrix factorization. In: Advances in neural information processing systems, pp 1257-1264

Mnih V, Kavukcuoglu K, Silver D, Rusu AA, Veness J, Bellemare MG, Graves A, Riedmiller M, Fidjeland AK, Ostrovski G, et al (2015) Human-level control through deep reinforcement learning. Nature 518(7540): 529-533

Mokou M, Lygirou V, Angelioudaki I, Paschalidis N, Stroggilos R, Frantzi M, Latosinska A, Bamias A, Hoffmann MJ, Mischak H, et al (2020) A novel pipeline for drug repurposing for bladder cancer based on patients' omics signatures. Cancers 12(12): 3519

Momtazpour M, Butler P, Hossain MS, Bozchalui MC, Ramakrishnan N, Sharma R (2012) Coordinated clustering algorithms to support charging infrastructure design for electric vehicles. In: Proceedings of the ACM SIGKDD International Workshop on Urban Computing, pp 126-133

Montavon G, Samek W, Müller KR (2018) Methods for interpreting and understanding deep neural networks. Digital Signal Processing 73: 1-15

Monti F, Bronstein M, Bresson X (2017) Geometric matrix completion with recurrent multi-graph neural networks. In: Advances in Neural Information Processing Systems, pp 3700-3710

Monti F, Frasca F, Eynard D, Mannion D, Bronstein MM (2019) Fake news detection on social media using geometric deep learning. In: Workshop on Representation Learning on Graphs and Manifolds

Moreno L, Aponte J, Sridhara G, Marcus A, Pollock L, Vijay-Shanker K (2013) Automatic generation of natural language summaries for java classes. In: 2013 21st International Conference on Program Comprehension (ICPC), IEEE, pp 23-32

Moreno L, Bavota G, Di Penta M, Oliveto R, Marcus A, Canfora G (2014) Automatic generation of release notes. In: Proceedings of the 22nd ACM SIGSOFT International Symposium on Foundations of Software Engineering, ACM, pp 484-495

Morris C, Kersting K, Mutzel P (2017) Glocalized Weisfeiler-Lehman kernels: Global-local feature maps of graphs. In: IEEE International Conference on Data Mining, IEEE, pp 327-336

Morris C, Ritzert M, Fey M, Hamilton WL, Lenssen JE, Rattan G, Grohe M (2019) Weisfeiler and leman go neural: Higher-order graph neural networks. In: the AAAI Conference on Artificial Intelligence, vol 33, pp 4602-4609

Morris C, Kriege NM, Bause F, Kersting K, Mutzel P, Neumann M (2020a) TU-Dataset: A collection of benchmark datasets for learning with graphs. CoRR abs/2007.08663

Morris C, Rattan G, Mutzel P (2020b) Weisfeiler and leman go sparse: Towards scalable higher-order graph embeddings. Advances in Neural Information Processing Systems 33

Mueller J, Thyagarajan A (2016) Siamese recurrent architectures for learning sentence similarity. In: Proceedings of the AAAI Conference on Artificial Intelligence, vol 30

Mungall CJ, Torniai C, Gkoutos GV, Lewis SE, Haendel MA (2012) Uberon, an integrative multi-species anatomy ontology. Genome biology 13(1):1-20

Murphy R, Srinivasan B, Rao V, Ribeiro B (2019a) Relational pooling for graph representations. In: International Conference on Machine Learning, pp 4663-4673

Murphy RL, Srinivasan B, Rao VA, Ribeiro B (2019b) Janossy pooling: Learning deep permutation-invariant functions for variable-size inputs. In: International Conference on Learning Representations

Murphy RL, Srinivasan B, Rao VA, Ribeiro B (2019c) Relational pooling for graph representations. In: International Conference on Machine Learning, pp 4663-4673

Nair V, Hinton GE (2010) Rectified linear units improve restricted boltzmann machines. In: Fürnkranz J, Joachims T (eds) Proceedings of the 27th International Conference on Machine Learning (ICML-10), June 21-24, 2010, Haifa, Israel, Omnipress, pp 807-814

Nathani D, Chauhan J, Sharma C, Kaul M (2019) Learning attention-based embeddings for relation prediction in knowledge graphs. arXiv preprint arXiv: 190601195

Nelson CA, Butte AJ, Baranzini SE (2019) Integrating biomedical research and electronic health records to create knowledge-based biologically meaningful machine-readable embeddings. Nature communications 10(1): 1-10

Neville J, Jensen D (2000) Iterative classification in relational data. In: Proc. AAAI-2000 workshop on learning statistical models from relational data, pp 13-20

Newman M (2010) Networks: an introduction. Oxford university press Newman M (2018) Networks. Oxford university press

Newman ME (2006a) Finding community structure in networks using the eigenvectors of matrices. Physical review E 74(3): 036,104

Newman ME (2006b) Modularity and community structure in networks. Proceedings of the national academy of sciences 103(23): 8577-8582

Nguyen DQ, Nguyen TD, Nguyen DQ, Phung D (2017) A novel embedding model for knowledge base completion based on convolutional neural network. arXiv preprint arXiv: 171202121

Nguyen HV, Bai L (2010) Cosine similarity metric learning for face verification. In: Asian conference on computer vision, Springer, pp 709-720

Nickel M, Tresp V (2013) Tensor factorization for multi-relational learning. In: Joint European Conference on Machine Learning and Knowledge Discovery in Databases, Springer, pp 617-621

Nickel M, Tresp V, Kriegel HP (2011) A three-way model for collective learning on multi-relational data. In: Proceedings of the 28th International Conference on International Conference on Machine Learning, Omnipress, Madison, WI, USA, ICML'11, p 809-816

Nickel M, Jiang X, Tresp V (2014) Reducing the rank in relational factorization models by including observable patterns. In: Advances in Neural Information Processing Systems, pp 1179-1187

Nickel M, Murphy K, Tresp V, Gabrilovich E (2016a) A review of relational machine learning for knowledge graphs. Proceedings of the IEEE 104(1): 11-33

Nickel M, Rosasco L, Poggio T (2016b) Holographic embeddings of knowledge graphs. In: Proceedings of the AAAI Conference on Artificial Intelligence, vol 30

Nicora G, Vitali F, Dagliati A, Geifman N, Bellazzi R (2020) Integrated multi-omics analyses in oncology: a review of machine learning methods and tools. Frontiers in oncology 10: 1030

Nie P, Rai R, Li JJ, Khurshid S, Mooney RJ, Gligoric M (2019) A framework for writing trigger-action todo comments in executable format. In: Proceedings of the 2019 27th ACM Joint Meeting on European Software Engineering Conference and Symposium on the Foundations of Software Engineering, ACM, pp 385-396

Nielson F, Nielson HR, Hankin C (2015) Principles of program analysis. Springer Niepert M, Ahmed M, Kutzkov K (2016) Learning convolutional neural networks for graphs. In: International Conference on Machine Learning, pp 2014-2023

Nikolentzos G, Meladianos P, Vazirgiannis M (2017) Matching node embeddings for graph similarity. In: AAAI Conference on Artificial Intelligence, pp 2429-2435

Ning X, Karypis G (2011) Slim: Sparse linear methods for top-n recommender systems. In: 2011 IEEE 11th International Conference on Data Mining, IEEE, pp 497-506

Niu C, Wu F, Tang S, Hua L, Jia R, Lv C, Wu Z, Chen G (2020) Billion-scale federated learning on mobile clients: A submodel design with tunable privacy. In: Proceedings of the 26th Annual International Conference on Mobile Computing and Networking, pp 1-14

Norcliffe-Brown W, Vafeias S, Parisot S (2018) Learning conditioned graph structures for interpretable visual question answering. In: Advances in neural information processing systems, pp 8334-8343

Noroozi M, Favaro P (2016) Unsupervised learning of visual representations by solving jigsaw puzzles. In: European conference on computer vision, Springer, pp 69-84

Nowozin S, Cseke B, Tomioka R (2016) f-gan: Training generative neural samplers using variational divergence minimization. In: Advances in Neural Information Processing Systems, vol 29

Noy N, Gao Y, Jain A, Narayanan A, Patterson A, Taylor J (2019) Industry-scale knowledge graphs: lessons and challenges. Communications of the ACM 62(8): 36-43

NT H, Maehara T (2019) Revisiting graph neural networks: All we have is low-pass filters. arXiv preprint arXiv: 190509550

Nunes M, Pappa GL (2020) Neural architecture search in graph neural networks. In: Brazilian Conference on Intelligent Systems, Springer, pp 302-317

Oda Y, Fudaba H, Neubig G, Hata H, Sakti S, Toda T, Nakamura S (2015) Learning to generate pseudo-code from source code using statistical machine translation (t). In: 2015 30th IEEE/ACM International Conference on Automated Software Engineering (ASE), IEEE, pp 574-584

Ok S (2020) A graph similarity for deep learning. In: Larochelle H, Ranzato M, Hadsell R, Balcan MF, Lin H (eds) Advances in Neural Information Processing Systems, Curran Associates, Inc., vol 33, pp 1-12

Olah C, Satyanarayan A, Johnson I, Carter S, Schubert L, Ye K, Mordvintsev A (2018) The building blocks of interpretability. Distill DOI 10.23915/distill.00010

On K, Kim E, Heo Y, Zhang B (2020) Cut-based graph learning networks to discover compositional structure of sequential video data. In: The Thirty-Fourth AAAI Conference on Artificial Intelligence, pp 5315-5322

Oono K, Suzuki T (2020) Graph neural networks exponentially lose expressive power for node classification. In: International Conference on Learning Representations

Oord Avd, Kalchbrenner N, Vinyals O, Espeholt L, Graves A, Kavukcuoglu K (2016) Conditional image generation with pixelcnn decoders. In: Proceedings of the 30th International Conference on Neural Information Processing Systems, pp 4797-4805

Oord Avd, Li Y, Vinyals O (2018) Representation learning with contrastive predictive coding. arXiv preprint arXiv: 180703748

Orchard S, Ammari M, Aranda B, Breuza L, Briganti L, Broackes-Carter F, Campbell NH, Chavali G, Chen C, Del-Toro N, et al (2014) The mintact project-intact as a common curation platform for 11 molecular interaction databases. Nucleic acids research 42(D1): D358-D363

Ottenstein KJ, Ottenstein LM (1984) The program dependence graph in a software development environment. ACM Sigplan Notices 19(5): 177-184

Ou M, Cui P, Wang F, Wang J, Zhu W (2015) Non-transitive hashing with latent similarity components. In: Proceedings of the 21th ACM SIGKDD International Conference on Knowledge Discovery and Data Mining, pp 895-904

Ou M, Cui P, Pei J, Zhang Z, Zhu W (2016) Asymmetric transitivity preserving graph embedding. In: Proceedings of the 22nd ACM SIGKDD international conference on Knowledge discovery and data mining, pp 1105-1114

Oyetunde T, Zhang M, Chen Y, Tang YJ, Lo C (2017) Boostgapfill: improving the fidelity of metabolic network reconstructions through integrated constraint and pattern-based methods. Bioinformatics 33(4): 608-611

Page L, Brin S, Motwani R, Winograd T (1999) The pagerank citation ranking: Bringing order to the web. Tech. rep., Stanford InfoLab

Paige CC, Saunders MA (1981) Towards a generalized singular value decomposition. SIAM Journal on Numerical Analysis 18(3): 398-405

Pal S, Malekmohammadi S, Regol F, Zhang Y, Xu Y, Coates M (2020) Nonparametric graph learning for bayesian graph neural networks. In: Conference on Uncertainty in Artificial Intelligence, PMLR, pp 1318-1327

Palasca O, Santos A, Stolte C, Gorodkin J, Jensen LJ (2018) Tissues 2.0: an integrative web resource on mammalian tissue expression. Database 2018

Palaz D, Collobert R, et al (2015a) Analysis of cnn-based speech recognition system using raw speech as input. Tech. rep., Idiap

Palaz D, Doss MM, Collobert R (2015b) Convolutional neural networks-based continuous speech recognition using raw speech signal. In: 2015 IEEE International Conference on Acoustics, Speech and Signal Processing (ICASSP), IEEE, pp 4295-4299

Paliwal A, Gimeno F, Nair V, Li Y, Lubin M, Kohli P, Vinyals O (2020) Reinforced genetic algorithm learning for optimizing computation graphs. In: International Conference on Learning Representations

Pan M, Li Y, Zhou X, Liu Z, Song R, Lu H, Luo J (2019) Dissecting the learning curve of taxi drivers: A data-driven approach. In: Proceedings of the 2019 SIAM International Conference on Data Mining, SIAM, pp 783-791

Pan M, Huang W, Li Y, Zhou X, Liu Z, Song R, Lu H, Tian Z, Luo J (2020a) Dhpa: Dynamic human preference analytics framework: A case study on taxi drivers' learning curve analysis. ACM Trans Intell Syst Technol 11(1), DOI 10. 1145/3360312

Pan M, Huang W, Li Y, Zhou X, Luo J (2020b) Xgail: Explainable generative adversarial imitation learning for explainable human decision analysis. In: Proceedings of the 26th ACM SIGKDD International Conference on Knowledge Discovery amp; Data Mining, Association for Computing Machinery, KDD '20, p 1334-1343, DOI 10.1145/3394486.3403186

Pan S, Wu J, Zhu X, Zhang C, Wang Y (2016) Tri-party deep network representation. In: Proceedings of the Twenty-Fifth International Joint Conference on Artificial Intelligence, pp 1895-1901

Pan S, Hu R, Long G, Jiang J, Yao L, Zhang C (2018) Adversarially regularized graph autoencoder for graph embedding. In: Proceedings of the 27th International Joint Conference on Artificial Intelligence, pp 2609-2615

Pan W, Su C, Chen K, Henchcliffe C, Wang F (2020c) Learning phenotypic associations for parkinson's disease with longitudinal clinical records. medRxiv

Pandi IV, Barr ET, Gordon AD, Sutton C (2020) OptTyper: Probabilistic type inference by optimising logical and natural constraints. arXiv preprint arXiv: 200400348

Pang L, Lan Y, Guo J, Xu J, Wan S, Cheng X (2016) Text matching as image recognition. In: Proceedings of the AAAI Conference on Artificial Intelligence, vol 30 Pang LX, Chawla S, Liu W, Zheng Y (2011) On mining anomalous patterns in road traffic streams. In: International conference on advanced data mining and applications, Springer, pp 237-251

Panichella S, Aponte J, Di Penta M, Marcus A, Canfora G (2012) Mining source code descriptions from developer communications. In: 2012 20th IEEE International Conference on Program Comprehension (ICPC), IEEE, pp 63-72

Paninski L (2003) Estimation of entropy and mutual information. Neural computation 15(6): 1191-1253

Pantziarka P, Meheus L (2018) Omics-driven drug repurposing as a source of innovative therapies in rare cancers. Expert Opinion on Orphan Drugs 6(9): 513-517

Park C, Kim D, Zhu Q, Han J, Yu H (2019) Task-guided pair embedding in heterogeneous network. In: Proceedings of the 28th ACM International Conference on Information and Knowledge Management, pp 489-498

Parthasarathy S, Busso C (2017) Jointly predicting arousal, valence and dominance with multi-task learning. In: Interspeech, vol 2017, pp 1103-1107

Pascanu R, Mikolov T, Bengio Y (2013) On the difficulty of training recurrent neural networks. In: International conference on machine learning, PMLR, pp 1310-1318

Paszke A, Gross S, Massa F, Lerer A, Bradbury J, Chanan G, Killeen T, Lin Z, Gimelshein N, Antiga L, Desmaison A, Kopf A, Yang E, DeVito Z, Raison M, Tejani A, Chilamkurthy S, Steiner B, Fang L, Bai J, Chintala S (2019) Pytorch: An imperative style, high-performance deep learning library. In: Advances in Neural Information Processing Systems, vol 32

Pathak D, Krahenbuhl P, Donahue J, Darrell T, Efros AA (2016) Context encoders: Feature learning by inpainting. In: Proceedings of the IEEE conference on computer vision and pattern recognition, pp 2536-2544

Peña-Castillo L, Tasan M, Myers CL, et al (2008) A critical assessment of mus musculus gene function prediction using integrated genomic evidence. Genome Biology 9(Suppl 1):S2, DOI 10.1186/gb-2008-9-s1-s2

Peng H, Li J, He Y, Liu Y, Bao M, Wang L, Song Y, Yang Q (2018) Large-scale hierarchical text classification with recursively regularized deep graph-cnn. In: Proceedings of the 2018 world wide web conference, pp 1063-1072

Peng H, Pappas N, Yogatama D, Schwartz R, Smith N, Kong L (2021) Random feature attention. In: International Conference on Learning Representations

Peng Z, Dong Y, Luo M, Wu XM, Zheng Q (2020) Self-supervised graph representation learning via global context prediction. arXiv preprint arXiv:200301604

Pennington J, Socher R, Manning CD (2014) Glove: Global vectors for word representation. In: Proceedings of the 2014 conference on empirical methods in natural language processing (EMNLP), pp 1532-1543

Percha B, Altman RB (2018) A global network of biomedical relationships derived from text. Bioinformatics 34(15): 2614-2624

Perez E, Strub F, De Vries H, Dumoulin V, Courville A (2018) Film: Visual reasoning with a general conditioning layer. In: Proceedings of the AAAI Conference on Artificial Intelligence, vol 32

Perozzi B, Al-Rfou R, Skiena S (2014) Deepwalk: Online learning of social representations. In: Proceedings of the 20th ACM SIGKDD international conference on Knowledge discovery and data mining, pp 701-710

Petar V, Guillem C, Arantxa C, Adriana R, Pietro L, Yoshua B (2018) Graph attention networks. In: International Conference on Learning Representations

Pham H, Guan M, Zoph B, Le Q, Dean J (2018) Efficient neural architecture search via parameter sharing. In: International Conference on Machine Learning, pp 4092-4101

Pham T, Tran T, Phung D, Venkatesh S (2017) Column networks for collective classification. In: Proceedings of the Thirty-First AAAI Conference on Artificial Intelligence, AAAI Press, AAAI'17, p 2485-2491

Piñero J, Ramírez-Anguita JM, Saüch-Pitarch J, Ronzano F, Centeno E, Sanz F, Furlong LI (2020) The disgenet knowledge platform for disease genomics: 2019 update. Nucleic acids research 48(D1): D845-D855

Pires DE, Blundell TL, Ascher DB (2015) pkcsm: predicting small-molecule pharmacokinetic and toxicity properties using graph-based signatures. Journal of medicinal chemistry 58(9): 4066-4072

Pletscher-Frankild S, Pallejà A, Tsafou K, Binder JX, Jensen LJ (2015) Diseases: Text mining and data integration of disease-gene associations. Methods 74: 83-89

Pogancic MV, Paulus A, Musil V, Martius G, Rolinek M (2020) Differentiation of blackbox combinatorial solvers. In: International Conference on Learning Repre-sentations

Pope PE, Kolouri S, Rostami M, Martin CE, Hoffmann H (2019) Explainability methods for graph convolutional neural networks. In: Proceedings of the IEEE/CVF Conference on Computer Vision and Pattern Recognition, pp 10772-10781

Pradel M, Sen K (2018) Deepbugs: A learning approach to name-based bug detection. Proceedings of the ACM on Programming Languages 2(OOPSLA): 1-25

Pradel M, Gousios G, Liu J, Chandra S (2020) TypeWriter: Neural type prediction with search-based validation. In: Proceedings of the 28th ACM Joint Meeting on European Software Engineering Conference and Symposium on the Foundations of Software Engineering, pp 209-220

Pushpakom S, Iorio F, Eyers PA, Escott KJ, Hopper S, Wells A, Doig A, Guilliams T, Latimer J, McNamee C, et al (2019) Drug repurposing: progress, challenges and recommendations. Nature reviews Drug discovery 18(1): 41-58

Putra JWG, Tokunaga T (2017) Evaluating text coherence based on semantic similarity graph. In: Proceedings of TextGraphs-11: the Workshop on Graph-based Methods for Natural Language Processing, pp 76-85

Qi Y, Bar-Joseph Z, Klein-Seetharaman J (2006) Evaluation of different biological data and computational classification methods for use in protein interaction prediction. Proteins: Structure, Function, and Bioinformatics 63(3): 490-500

Qiu J, Dong Y, Ma H, Li J, Wang K, Tang J (2018) Network embedding as matrix factorization: Unifying deepwalk, line, pte, and node2vec. In: Proceedings of the eleventh ACM international conference on web search and data mining, pp 459-467

Qiu J, Chen Q, Dong Y, Zhang J, Yang H, Ding M, Wang K, Tang J (2020a) Gcc: Graph contrastive coding for graph neural network pre-training. In: Proceedings of the 26th ACM SIGKDD International Conference on Knowledge Discovery & Data Mining, pp 1150-1160

Qiu J, Cen Y, Chen Q, Zhou C, Zhou J, Yang H, Tang J (2021) Local clustering graph neural networks. OpenReview

Qiu X, Sun T, Xu Y, Shao Y, Dai N, Huang X (2020b) Pre-trained models for natural language processing: A survey. Science China Technological Sciences pp 1-26

Qu Y, Cai H, Ren K, Zhang W, Yu Y, Wen Y, Wang J (2016) Product-based neural networks for user response prediction. In: 2016 IEEE 16th International Conference on Data Mining (ICDM), IEEE, pp 1149-1154

Radford A, Narasimhan K, Salimans T, Sutskever I (2018) Improving language understanding with unsupervised learning. Tech. rep., OpenAI

Radivojac P, Clark WT, Oron TR, et al (2013) A large-scale evaluation of computational protein function prediction. Nature Methods 10(3): 221-227

Raghothaman M, Kulkarni S, Heo K, Naik M (2018) User-guided program reasoning using Bayesian inference. In: Proceedings of the 39th ACM SIGPLAN Conference on Programming Language Design and Implementation, pp 722-735

Rahman TA, Surma B, Backes M, Zhang Y (2019) Fairwalk: Towards fair graph embedding. In: IJCAI, pp 3289-3295

Ramakrishnan R, Dral PO, Rupp M, Von Lilienfeld OA (2014) Quantum chemistry structures and properties of 134 kilo molecules. Scientific data 1(1): 1-7

Ramos PIP, Arge LWP, Lima NCB, Fukutani KF, de Queiroz ATL (2019) Leveraging user-friendly network approaches to extract knowledge from high-throughput omics datasets. Frontiers in genetics 10: 1120

Rastkar S, Murphy GC (2013) Why did this code change? In: Proceedings of the 2013 International Conference on Software Engineering, IEEE Press, pp 1193-1196

Rastkar S, Murphy GC, Bradley AW (2011) Generating natural language summaries for crosscutting source code concerns. In: 2011 27th IEEE International Conference on Software Maintenance (ICSM), IEEE, pp 103-112

Rastkar S, Murphy GC, Murray G (2014) Automatic summarization of bug reports. IEEE Transactions on Software Engineering 40(4): 366-380

Ratti C, Sobolevsky S, Calabrese F, Andris C, Reades J, Martino M, Claxton R, Strogatz SH (2010) Redrawing the map of great britain from a network of human interactions. PloS one 5(12)

Raychev V, Vechev M, Yahav E (2014) Code completion with statistical language models. In: Proceedings of the 35th ACM SIGPLAN Conference on Programming Language Design and Implementation, pp 419-428

Raychev V, Vechev M, Krause A (2015) Predicting program properties from Big Code. In: Principles of Programming Languages (POPL)

Real E, Moore S, Selle A, Saxena S, Suematsu YL, Tan J, Le Q, Kurakin A (2017) Large-scale evolution of image classifiers. arXiv preprint arXiv: 170301041

Real E, Aggarwal A, Huang Y, Le QV (2019) Regularized evolution for image classifier architecture search. In: Proceedings of the AAAI Conference on Artificial Intelligence, vol 33, pp 4780-4789

Ren H, Hu W, Leskovec J (2020) Query2box: Reasoning over knowledge graphs in vector space using box embeddings. In: International Conference on Learning Representations

Ren S, He K, Girshick R, Sun J (2015) Faster r-cnn: towards real-time object detection with region proposal networks. In: Proceedings of the 28th International Conference on Neural Information Processing Systems-Volume 1, pp 91-99

Ren Z, Wang X, Zhang N, Lv X, Li LJ (2017) Deep reinforcement learning-based image captioning with embedding reward. In: Proceedings of the IEEE conference on computer vision and pattern recognition, pp 290-298

Rendle S (2010) Factorization machines. In: 10th IEEE International Conference on Data Mining (ICDM), IEEE, pp 995-1000

Rezende DJ, Mohamed S, Wierstra D (2014) Stochastic backpropagation and approximate inference in deep generative models. In: International conference on machine learning, PMLR, pp 1278-1286

Rhodes G (2010) Crystallography made crystal clear: a guide for users of macromolecular models. Elsevier

Ribeiro LF, Saverese PH, Figueiredo DR (2017) struc2vec: Learning node representations from structural identity. In: the ACM SIGKDD International Conference on Knowledge Discovery and Data Mining, pp 385-394

Ribeiro MT, Ziviani N, Moura ESD, Hata I, Lacerda A, Veloso A (2014) Multiobjective pareto-efficient approaches for recommender systems. ACM Transactions on Intelligent Systems and Technology (TIST) 5(4): 1-20

Ribeiro MT, Singh S, Guestrin C (2016) 「why should i trust you?」 explaining the predictions of any classifier. In: Proceedings of the 22nd ACM SIGKDD international conference on knowledge discovery and data mining, pp 1135-1144

Richiardi J, Achard S, Bunke H, Van De Ville D (2013) Machine learning with brain graphs: predictive modeling approaches for functional imaging in systems neuroscience. IEEE Signal Processing Magazine 30(3): 58-70

Riesen K (2015) Structural Pattern Recognition with Graph Edit Distance Approximation Algorithms and Applications. Springer

Riesen K, Fankhauser S, Bunke H (2007) Speeding up graph edit distance computation with a bipartite heuristic. In: MLG, Citeseer, pp 21-24

Riloff E (1996) Automatically generating extraction patterns from untagged text. In: Proceedings of the national conference on artificial intelligence, pp 1044-1049

Rink B, Bejan CA, Harabagiu SM (2010) Learning textual graph patterns to detect causal event relations. In: FLAIRS Conference

Rizvi RF, Vasilakes JA, Adam TJ, Melton GB, Bishop JR, Bian J, Tao C, Zhang R (2019) Integrated dietary supplement knowledge base (idisk)

Robinson PN, Köhler S, Bauer S, et al (2008) The human phenotype ontology: A tool for annotating and analyzing human hereditary disease. The American Journal of Human Genetics 83(5):610-615

Rocco I, Cimpoi M, Arandjelović R, Torii A, Pajdla T, Sivic J (2018) Neighbourhood consensus networks. In: Advances in Neural Information Processing Systems, vol 31

Rodeghero P, McMillan C, McBurney PW, Bosch N, D'Mello S (2014) Improving automated source code summarization via an eye-tracking study of programmers. In: Proceedings of the 36th international conference on Software engineering, ACM, pp 390-401

Rodeghero P, Jiang S, Armaly A, McMillan C (2017) Detecting user story information in developer-client conversations to generate extractive summaries. In: 2017 IEEE/ACM 39th International Conference on Software Engineering (ICSE), IEEE, pp 49-59

Roehm T, Tiarks R, Koschke R, Maalej W (2012) How do professional developers comprehend software? In: 2012 34th International Conference on Software Engineering (ICSE), IEEE, pp 255-265

Rogers D, Hahn M (2010) Extended-connectivity fingerprints. Journal of Chemical Information and Modeling 50(5): 742-754

Rolínek M, Swoboda P, Zietlow D, Paulus A, Musil V, Martius G (2020) Deep graph matching via blackbox differentiation of combinatorial solvers. In: European Conference on Computer Vision, Springer, pp 407-424

Rong Y, Bian Y, Xu T, Xie W, Wei Y, Huang W, Huang J (2020a) Self-supervised graph transformer on large-scale molecular data. Advances in Neural Information Processing Systems 33

Rong Y, Huang W, Xu T, Huang J (2020b) Dropedge: Towards deep graph convolutional networks on node classification. In: International Conference on Learning Representations

Rong Y, Xu T, Huang J, Huang W, Cheng H, Ma Y, Wang Y, Derr T, Wu L, Ma T (2020c) Deep graph learning: Foundations, advances and applications. In: Proceedings of the 26th ACM SIGKDD International Conference on Knowledge Discovery & Data Mining, ACM, Virtual Event, pp 3555-3556

Rossi A, Barbosa D, Firmani D, Matinata A, Merialdo P (2021) Knowledge graph embedding for link prediction: A comparative analysis. ACM Transactions on Knowledge Discovery from Data (TKDD) 15(2): 1-49

Rossi E, Chamberlain B, Frasca F, Eynard D, Monti F, Bronstein M (2020) Temporal graph networks for deep learning on dynamic graphs. arXiv preprint arXiv: 200610637

Rotmensch M, Halpern Y, Tlimat A, Horng S, Sontag D (2017) Learning a health knowledge graph from electronic medical records. Scientific reports 7(1): 5994

Rousseau F, Vazirgiannis M (2013) Graph-of-word and tw-idf: new approach to ad hoc ir. In: Proceedings of the 22nd ACM international conference on Information & Knowledge Management, pp 59-68

Rousseau F, Kiagias E, Vazirgiannis M (2015) Text categorization as a graph classification problem. In: Proceedings of the 53rd Annual Meeting of the Association for Computational Linguistics and the 7th International Joint Conference on Natural Language Processing (Volume 1: Long Papers), pp 1702-1712

Roweis ST, Saul LK (2000) Nonlinear dimensionality reduction by locally linear embedding. science 290(5500): 2323-2326

Rubner Y, Tomasi C, Guibas LJ (1998) A metric for distributions with applications to image databases. In: Sixth International Conference on Computer Vision (IEEE Cat. No. 98CH36271), IEEE, pp 59-66

Rue H, Held L (2005) Gaussian Markov random fields: theory and applications. CRC press

Rui SCLDJZJL T (2005) A character recognition based on feature extraction. Journal of Chinese Computer Systems, 26(2), 289-292 26(2): 289-292

Sabour S, Frosst N, Hinton GE (2017) Dynamic routing between capsules. In: Proceedings of the 31st International Conference on Neural Information Processing Systems, pp 3859-3869

Sachdev S, Li H, Luan S, Kim S, Sen K, Chandra S (2018) Retrieval on source code: a neural code search. In: Proceedings of the 2nd ACM SIGPLAN International Workshop on Machine Learning and Programming Languages, pp 31-41

Sahu S, Gupta R, Sivaraman G, AbdAlmageed W, Espy-Wilson C (2017) Adversarial auto-encoders for speech based emotion recognition. Proc Interspeech 2017 pp 1243-1247

Sahu SK, Anand A (2018) Drug-drug interaction extraction from biomedical texts using long short-term memory network. Journal of biomedical informatics 86: 15-24

Saire D, Ramírez Rivera A (2019) Graph learning network: A structure learning algorithm. In: Workshop on Learning and Reasoning with Graph-Structured Data (ICMLW 2019)

Samanta B, Abir D, Jana G, Chattaraj PK, Ganguly N, Rodriguez MG (2019) Nevae: A deep generative model for molecular graphs. In: Proceedings of the AAAI Conference on Artificial Intelligence, vol 33, pp 1110-1117

Sanchez-Lengeling B, Wei J, Lee B, Reif E, Wang P, Qian W, McCloskey K, Colwell L, Wiltschko A (2020) Evaluating attribution for graph neural networks. In: Larochelle H, Ranzato M, Hadsell R, Balcan MF, Lin H (eds) Advances in Neural Information Processing Systems, Curran Associates, Inc., vol 33, pp 5898-5910

Sandryhaila A, Moura JF (2013) Discrete signal processing on graphs. IEEE Trans

Signal Process 61(7):1644-1656

Sangeetha J, Jayasankar T (2019) Emotion speech recognition based on adaptive fractional deep belief network and reinforcement learning. In: Cognitive Informatics and Soft Computing, Springer, pp 165-174

Santini S, Ostermaier B, Vitaletti A (2008) First experiences using wireless sensor networks for noise pollution monitoring. In: Proceedings of the workshop on Real-world wireless sensor networks, pp 61-65

Santos A, Cola ç o AR, Nielsen AB, Niu L, Geyer PE, Coscia F, Albrechtsen NJW, Mundt F, Jensen LJ, Mann M (2020) Clinical knowledge graph integrates proteomics data into clinical decision-making. bioRxiv

Sato R (2020) A survey on the expressive power of graph neural networks. arXiv preprint arXiv:200304078

Sato R, Yamada M, Kashima H (2021) Random features strengthen graph neural networks. In: Proceedings of the 2021 SIAM International Conference on Data Mining (SDM), SIAM, pp 333-341

Satorras VG, Estrach JB (2018) Few-shot learning with graph neural networks. In: International Conference on Learning Representations

Scarselli F, Gori M, Tsoi AC, Hagenbuchner M, Monfardini G (2008) The graph neural network model. IEEE transactions on neural networks 20(1): 61-80

Schenker A, Last M, Bunke H, Kandel A (2003) Clustering of web documents using a graph model. In: Web Document Analysis: Challenges and Opportunities, World Scientific, pp 3-18

Schlichtkrull M, Kipf TN, Bloem P, Van Den Berg R, Titov I, Welling M (2018) Modeling relational data with graph convolutional networks. In: European semantic web conference, Springer, pp 593-607

Schlichtkrull MS, De Cao N, Titov I (2021) Interpreting graph neural networks for nlp with differentiable edge masking. In: International Conference on Learning Representations

Schnake T, Eberle O, Lederer J, Nakajima S, Schütt KT, Müller KR, Montavon G (2020) Xai for graphs: Explaining graph neural network predictions by identifying relevant walks. arXiv preprint arXiv: 200603589

Schneider N, Flanigan J, O'Gorman T (2015) The logic of amr: Practical, unified, graph-based sentence semantics for nlp. In: Proceedings of the 2015 Conference of the North American Chapter of the Association for Computational Linguistics: Tutorial Abstracts, pp 4-5

Schriml LM, Mitraka E, Munro J, Tauber B, Schor M, Nickle L, Felix V, Jeng L, Bearer C, Lichenstein R, et al (2019) Human disease ontology 2018 update: classification, content and workflow expansion. Nucleic acids research 47(D1):D955-D962

Schuchardt J, Bojchevski A, Klicpera J, Günnemann S (2021) Collective robustness certificates. In: International Conference on Learning Representations, ICLR

Schug J (2002) Predicting gene ontology functions from ProDom and CDD protein domains. Genome Research 12(4): 648-655

Schulman J, Wolski F, Dhariwal P, Radford A, Klimov O (2017) Proximal policy optimization algorithms. arXiv preprint arXiv: 170706347

Schuster M, Paliwal KK (1997) Bidirectional recurrent neural networks. IEEE Transactions on Signal Processing 45(11): 2673-2681

Schwarzenberg R, Hübner M, Harbecke D, Alt C, Hennig L (2019) Layerwise relevance visualization in convolutional text graph classifiers. In: Proceedings of the EMNLP 2019 Workshop on Graph-Based Natural Language Processing

Schweidtmann AM, Rittig JG, König A, Grohe M, Mitsos A, Dahmen M (2020) Graph neural networks for prediction of fuel ignition quality. Energy & Fuels 34(9): 11395-11407

Schwikowski B, Uetz P, Fields S (2000) A network of protein-protein interactions in yeast. Nature Biotechnology 18(12): 1257-1261

Seide F, Li G, Yu D (2011) Conversational speech transcription using context-dependent deep neural networks. In: Twelfth annual conference of the international speech communication association

Seidman SB (1983) Network structure and minimum degree. Social Networks 5(3): 269-287

Selsam D, Bjørner N (2019) Guiding high-performance SAT solvers with unsat-core predictions. In: International Conference on Theory and Applications of Satisfiability Testing, Springer, pp 336-353

Semasaba AOA, Zheng W, Wu X, Agyemang SA (2020) Literature survey of deep learning-based vulnerability analysis on source code. IET Software

Seo Y, Defferrard M, Vandergheynst P, Bresson X (2018) Structured sequence modeling with graph convolutional recurrent networks. In: Neural Information Processing, Springer, pp 362-373

Shah M, Chen X, Rohrbach M, Parikh D (2019) Cycle-consistency for robust visual question answering. In: Proceedings of the IEEE/CVF Conference on Computer Vision and Pattern Recognition, pp 6649-6658

Shang C, Tang Y, Huang J, Bi J, He X, Zhou B (2019) End-to-end structure-aware convolutional networks for knowledge base completion. In: Proceedings of the AAAI Conference on Artificial Intelligence, vol 33, pp 3060-3067

Shang J, Zheng Y, Tong W, Chang E, Yu Y (2014) Inferring gas consumption and pollution emission of vehicles throughout a city. In: Proceedings of the 20th ACM SIGKDD international conference on Knowledge discovery and data mining, pp 1027-1036

Shanthamallu US, Thiagarajan JJ, Spanias A (2021) Uncertainty-Matching Graph Neural Networks to Defend Against Poisoning Attacks. In: AAAI Conference on Artificial Intelligence

Sharp ME (2017) Toward a comprehensive drug ontology: extraction of drug-indication relations from diverse information sources. Journal of biomedical semantics 8(1): 1-10

Shehu A, Barbará D, Molloy K (2016) A survey of computational methods for protein function prediction. In: Wong KC (ed) Big Data Analytics in Genomics, Springer Verlag, pp 225-298

Shen J, Zhang J, Luo X, et al (2007) Predicting protein-protein interactions based only on sequences information. Proceedings of the National Academy of Sciences 104(11): 4337-4341

Shen K, Wu L, Xu F, Tang S, Xiao J, Zhuang Y (2020) Hierarchical attention based spatial-temporal graph-to-sequence learning for grounded video description. In:Bessiere C (ed) Proceedings of the Twenty-Ninth International Joint Conference on Artificial Intelligence, IJCAI-20, International Joint Conferences on Artificial Intelligence Organization, pp 941-947, main track

Shen YL, Huang CY, Wang SS, Tsao Y, Wang HM, Chi TS (2019) Reinforcement learning based speech enhancement for robust speech recognition. In: ICASSP 2019-2019 IEEE International Conference on Acoustics, Speech and Signal Processing (ICASSP), IEEE, pp 6750-6754

Shen Z, Zhang M, Zhao H, Yi S, Li H (2021) Efficient attention: Attention with linear complexities. In: Proceedings of the IEEE/CVF Winter Conference on Applications of Computer Vision, pp 3531-3539

Shervashidze N, Schweitzer P, van Leeuwen EJ, Mehlhorn K, Borgwardt KM (2011a) Weisfeiler-Lehman graph kernels. Journal of Machine Learning Research 12: 2539-2561

Shervashidze N, Schweitzer P, Leeuwen EJv, Mehlhorn K, Borgwardt KM (2011b) Weisfeiler-lehman graph kernels. Journal of Machine Learning Research 12(Sep): 2539-2561

Shi C, Li Y, Zhang J, Sun Y, Philip SY (2016) A survey of heterogeneous information network analysis. IEEE Transactions on Knowledge and Data Engineering 29(1): 17-37

Shi C, Hu B, Zhao WX, Philip SY (2018a) Heterogeneous information network embedding for recommendation. IEEE Transactions on Knowledge and Data Engineering 31(2): 357-370

Shi C, Xu M, Zhu Z, Zhang W, Zhang M, Tang J (2019a) Graphaf: a flow-based autoregressive model for molecular graph generation. In: International Conference on Learning Representations

Shi J, Malik J (2000) Normalized cuts and image segmentation. IEEE Transactions on Pattern Analysis and Machine Intelligence 22(8):888-905, DOI 10.1109/34. 868688

Shi L, Zhang Y, Cheng J, Lu H (2019b) Skeleton-based action recognition with directed graph neural networks. In: IEEE/CVF Conference on Computer Vision and Pattern Recognition, pp 7912-7921

Shi M, Wilson DA, Zhu X, Huang Y, Zhuang Y, Liu J, Tang Y (2020) Evolutionary architecture search for graph neural networks. arXiv preprint arXiv:200910199

Shi W, Rajkumar R (2020) Point-gnn: Graph neural network for 3d object detection in a point cloud. In: Proceedings of the IEEE/CVF conference on computer vision and pattern recognition, pp 1711-1719

Shi Y, Gui H, Zhu Q, Kaplan L, Han J (2018b) Aspem: Embedding learning by aspects in heterogeneous information networks. In: Proceedings of the 2018 SIAM International Conference on Data Mining, SIAM, pp 144-152

Shi Y, Zhu Q, Guo F, Zhang C, Han J (2018c) Easing embedding learning by comprehensive transcription of heterogeneous information networks. In: Proceedings of the 24th ACM SIGKDD International Conference on Knowledge Discovery & Data Mining, pp 2190-2199

Shibata N, Kajikawa Y, Sakata I (2012) Link prediction in citation networks. Journal of the American society for information science and technology 63(1): 78-85

Shorten C, Khoshgoftaar TM (2019) A survey on image data augmentation for deep learning. Journal of Big Data 6(1): 1-48

Shou Z, Wang D, Chang SF (2016) Temporal action localization in untrimmed videos via multi-stage cnns. In: Proceedings of the IEEE conference on computer vision and pattern recognition, pp 1049-1058

Shou Z, Chan J, Zareian A, Miyazawa K, Chang SF (2017) Cdc: Convolutionalde-convolutional networks for precise temporal action localization in untrimmed videos. In: Proceedings of the IEEE conference on computer vision and pattern recognition, pp 5734-5743

Shrivastava S (2017) Bring rich knowledge of people places things and local businesses to your apps. Bing Blogs

Shu DW, Park SW, Kwon J (2019) 3d point cloud generative adversarial network based on tree structured graph convolutions. In: Proceedings of the IEEE/CVF International Conference on Computer Vision, pp 3859-3868

Shu K, Mahudeswaran D, Wang S, Liu H (2020) Hierarchical propagation networks for fake news detection: Investigation and exploitation. In: International AAAI Conference on Web and Social Media

Shuman DI, Narang SK, Frossard P, Ortega A, Vandergheynst P (2013) The emerging field of signal processing on graphs: Extending high-dimensional data analysis to networks and other irregular domains. IEEE Signal Process Mag 30(3): 83-98

Si X, Dai H, Raghothaman M, Naik M, Song L (2018) Learning loop invariants for program verification. Advances in Neural Information Processing Systems 31: 7751-7762

Si Y, Du J, Li Z, Jiang X, Miller T, Wang F, Zheng J, Roberts K (2020) Deep representation learning of patient data from electronic health records (ehr): A systematic review. Journal of Biomedical Informatics pp 103671-103671

Siddharth N, Paige B, van de Meent JW, Desmaison A, Goodman ND, Kohli P, Wood F, Torr PH (2017) Learning disentangled representations with semi-supervised deep generative models. In: Proceedings of the 31st International Conference on Neural Information Processing Systems, pp 5927-5937

Siegelmann HT, Sontag ED (1995) On the computational power of neural nets. Journal of computer and system sciences 50(1): 132-150

Silander T, Myllymäki P (2006) A simple approach for finding the globally optimal bayesian network structure. In: Proceedings of the Twenty-Second Conference on Uncertainty in Artificial Intelligence, pp 445-452

Sillito J, Murphy GC, De Volder K (2008) Asking and answering questions during a programming change task. IEEE Transactions on Software Engineering 34(4): 434-451

Silva J (2012) A vocabulary of program slicing-based techniques. ACM computing surveys (CSUR) 44(3):1-41

Silver D, Lever G, Heess N, Degris T, Wierstra D, Riedmiller M (2014) Deterministic policy gradient algorithms. In: International conference on machine learning, PMLR, pp 387-395

Simonovsky M, Komodakis N (2017) Dynamic edge-conditioned filters in convolutional neural networks on graphs. In: IEEE Conference on Computer Vision and Pattern Recognition, pp 29-38

Simonovsky M, Komodakis N (2018) Graphvae: Towards generation of small graphs using variational autoencoders. arXiv preprint arXiv: 180203480

Simonyan K, Zisserman A (2014a) Two-stream convolutional networks for action recognition in videos. In: Proceedings of the 27th International Conference on Neural Information Processing Systems, pp 568-576

Simonyan K, Zisserman A (2014b) Very deep convolutional networks for large-scale image recognition. arXiv preprint arXiv: 14091556

Simonyan K, Vedaldi A, Zisserman A (2013) Deep inside convolutional networks: Visualising image classification models and saliency maps. arXiv preprint arXiv: 13126034

Singhal A (2012) Introducing the knowledge graph: things, not strings. Official google blog 5:16

Skarding J, Gabrys B, Musial K (2020) Foundations and modelling of dynamic networks using dynamic graph neural networks: A survey. arXiv preprint arXiv: 200507496

Smilkov D, Thorat N, Kim B, Viégas F, Wattenberg M (2017) Smoothgrad: removing noise by adding noise. Workshop on Visualization for Deep Learning, ICML Socher R, Huang EH, Pennington J, Ng AY, Manning CD (2011) Dynamic pooling and unfolding recursive autoencoders for paraphrase detection. In: NIPS, vol 24, pp 801-809

Socher R, Chen D, Manning CD, Ng A (2013) Reasoning with neural tensor networks for knowledge base completion. In: Advances in neural information processing systems, Citeseer, pp 926-934

Sohn K, Lee H, Yan X (2015) Learning structured output representation using deep conditional generative models. Advances in neural information processing systems 28: 3483-3491

Song C, Lin Y, Guo S, Wan H (2020a) Spatial-temporal synchronous graph convolutional networks: A new framework for spatial-temporal network data forecasting. In: Proceedings of the AAAI Conference on Artificial Intelligence, vol 34, pp 914-921

Song L, Zhang Y, Wang Z, Gildea D (2018) A graph-to-sequence model for amr-to-text generation. In: Proceedings of the 56th Annual Meeting of the Association for Computational Linguistics (Volume 1: Long Papers), pp 1616-1626

Song L, Wang A, Su J, Zhang Y, Xu K, Ge Y, Yu D (2020b) Structural information preserving for graph-to-text generation. In: Proceedings of the 58th Annual Meeting of the Association for Computational Linguistics, pp 7987-7998

Song W, Xiao Z, Wang Y, Charlin L, Zhang M, Tang J (2019a) Session-based social recommendation via dynamic graph attention networks. In: ACM International Conference on Web Search and Data Mining, pp 555-563

Song X, Sun H, Wang X, Yan J (2019b) A survey of automatic generation of source code comments: Algorithms and techniques. IEEE Access 7:111411-111428

Sridhara G, Pollock L, Vijay-Shanker K (2011) Automatically detecting and describing high level actions within methods. In: Proceedings of the 33rd International Conference on Software Engineering, ACM, pp 101-110

Srinivasan B, Ribeiro B (2020a) On the equivalence between node embeddings and structural graph representations. In: International Conference on Learning Representations

Srinivasan B, Ribeiro B (2020b) On the equivalence between positional node embeddings and structural graph representations. In: 8th International Conference on Learning Representations, ICLR 2020, Addis Ababa, Ethiopia, April 26-30, 2020

Srivastava N, Hinton G, Krizhevsky A, Sutskever I, Salakhutdinov R (2014) Dropout: a simple way to prevent neural networks from overfitting. The journal of machine learning research 15(1): 1929-1958

Stanfield Z, Cos̨kun M, Koyutürk M (2017) Drug response prediction as a link prediction problem. Scientific reports 7(1): 1-13

Stanic A, van Steenkiste S, Schmidhuber J (2021) Hierarchical relational inference. In: Proceedings of the AAAI Conference on Artificial Intelligence

Stark C (2006) BioGRID: a general repository for interaction datasets. Nucleic Acids Research 34(90001): D535-D539

van Steenkiste S, Chang M, Greff K, Schmidhuber J (2018) Relational neural expectation maximization: Unsupervised discovery of objects and their interactions. In: International Conference on Learning Representations

Sterling T, Irwin JJ (2015) ZINC 15-ligand discovery for everyone. Journal of Chemical Information and Modeling 55(11): 2324-2337

Stokes J, Yang K, Swanson K, Jin W, Cubillos-Ruiz A, Donghia N, MacNair C, French S, Carfrae L, Bloom-Ackerman Z, Tran V, Chiappino-Pepe A, Badran A, Andrews I, Chory E, Church G, Brown E, Jaakkola T, Barzilay R, Collins J (2020) A deep learning approach to antibiotic discovery. Cell 180:688-702.e13

Su C, Aseltine R, Doshi R, Chen K, Rogers SC, Wang F (2020a) Machine learning for suicide risk prediction in children and adolescents with electronic health records. Translational psychiatry 10(1): 1-10

Su C, Tong J, Wang F (2020b) Mining genetic and transcriptomic data using machine learning approaches in parkinson's disease. npj Parkinson's Disease 6(1): 1-10

Su C, Tong J, Zhu Y, Cui P, Wang F (2020c) Network embedding in biomedical data science. Briefings in bioinformatics 21(1): 182-197

Su C, Xu Z, Hoffman K, Goyal P, Safford MM, Lee J, Alvarez-Mulett S, GomezEscobar L, Price DR, Harrington JS, et al (2020d) Identifying organ dysfunction trajectory-based subphenotypes in critically ill patients with covid-19. medRxiv

Su C, Xu Z, Pathak J, Wang F (2020e) Deep learning in mental health outcome research: a scoping review. Translational Psychiatry 10(1): 1-26

Su C, Zhang Y, Flory JH, Weiner MG, Kaushal R, Schenck EJ, Wang F (2021) Novel clinical subphenotypes in covid-19: derivation, validation, prediction, temporal patterns, and interaction with social determinants of health. medRxiv

Subramanian I, Verma S, Kumar S, Jere A, Anamika K (2020) Multi-omics data integration, interpretation, and its application. Bioinformatics and biology insights 14: 1177932219899,051

Sugiyama M, Borgwardt KM (2015) Halting in random walk kernels. In: Advances in Neural Information Processing Systems, pp 1639-1647

Sukhbaatar S, Fergus R, et al (2016) Learning multiagent communication with backpropagation. Advances in neural information processing systems 29: 2244-2252

Sun C, Gong Y, Wu Y, Gong M, Jiang D, Lan M, Sun S, Duan N (2019) Joint type inference on entities and relations via graph convolutional networks. In: Proceedings of the 57th Annual Meeting of the Association for Computational Linguistics, pp 1361-1370

Sun H, Xiao J, Zhu W, He Y, Zhang S, Xu X, Hou L, Li J, Ni Y, Xie G (2020a) Medical knowledge graph to enhance fraud, waste, and abuse detection on claim data: Model development and performance evaluation. JMIR Medical Informatics 8(7): e17653

Sun J, Jiang Q, Lu C (2020b) Recursive social behavior graph for trajectory prediction. In: Proceedings of the IEEE/CVF Conference on Computer Vision and Pattern Recognition, pp 660-669

Sun K, Lin Z, Zhu Z (2020c) Multi-stage self-supervised learning for graph convolutional networks on graphs with few labeled nodes. In: Proceedings of the AAAI Conference on Artificial Intelligence, vol 34, pp 5892-5899

Sun M, Li P (2019) Graph to graph: a topology aware approach for graph structures learning and generation. In: The 22nd International Conference on Artificial Intelligence and Statistics, PMLR, pp 2946-2955

Sun S, Zhang B, Xie L, Zhang Y (2017) An unsupervised deep domain adaptation approach for robust speech recognition. Neurocomputing 257: 79-87

Sun Y, Han J (2013) Mining heterogeneous information networks: a structural analysis approach. Acm Sigkdd Explorations Newsletter 14(2): 20-28

Sun Y, Han J, Yan X, Yu PS, Wu T (2011) Pathsim: Meta path-based top-k similarity search in heterogeneous information networks. Proceedings of the VLDB Endowment 4(11): 992-1003

Sun Y, Wang S, Tang X, Hsieh TY, Honavar V (2020d) Adversarial attacks on graph neural networks via node injections: A hierarchical reinforcement learning approach. In: Proceedings of The Web Conference 2020, Association for Computing Machinery, WWW'20, p 673-683, DOI 10.1145/3366423.3380149

Sun Y, Yuan F, Yang M, Wei G, Zhao Z, Liu D (2020e) A generic network compression framework for sequential recommender systems. In: Proceedings of the 43rd International ACM SIGIR Conference on Research and Development in Information Retrieval, pp 1299-1308

Sundararajan M, Taly A, Yan Q (2017) Axiomatic attribution for deep networks. In: International Conference on Machine Learning, PMLR, pp 3319-3328

Sutskever I, Vinyals O, Le QV (2014) Sequence to sequence learning with neural networks. Advances in Neural Information Processing Systems 27: 3104-3112

Sutton RS, Barto AG (2018) Reinforcement learning: An introduction. MIT press

Sutton RS, McAllester DA, Singh SP, Mansour Y (2000) Policy gradient methods for reinforcement learning with function approximation. In: Advances in Neural Information Processing Systems, pp 1057-1063

Swietojanski P, Li J, Renals S (2016) Learning hidden unit contributions for unsupervised acoustic model adaptation. IEEE/ACM Transactions on Audio, Speech, and Language Processing 24(8): 1450-1463

Szegedy C, Liu W, Jia Y, Sermanet P, Reed S, Anguelov D, Erhan D, Vanhoucke V, Rabinovich A (2015) Going deeper with convolutions. In: Proceedings of the IEEE conference on computer vision and pattern recognition, pp 1-9

Szklarczyk D, Gable AL, Lyon D, Junge A, Wyder S, Huerta-Cepas J, Simonovic M, Doncheva NT, Morris JH, Bork P, et al (2019) String v11: protein-protein association networks with increased coverage, supporting functional discovery in genome-wide experimental datasets. Nucleic acids research 47(D1): D607-D613

Takahashi T (2019) Indirect adversarial attacks via poisoning neighbors for graph convolutional networks. In: 2019 IEEE International Conference on Big Data (Big Data), IEEE, pp 1395-1400

Tang J, Wang K (2018) Personalized top-n sequential recommendation via convolutional sequence embedding. In: Proceedings of the Eleventh ACM International Conference on Web Search and Data Mining, pp 565-573

Tang J, Qu M, Mei Q (2015a) Pte: Predictive text embedding through large-scale heterogeneous text networks. In: Proceedings of the 21th ACM SIGKDD international conference on knowledge discovery and data mining, pp 1165-1174

Tang J, Qu M, Wang M, Zhang M, Yan J, Mei Q (2015b) Line: Large-scale information network embedding. In: Proceedings of the 24th international conference on world wide web, pp 1067-1077

Tang R, Du M, Liu N, Yang F, Hu X (2020a) An embarrassingly simple approach for trojan attack in deep neural networks. In: Proceedings of the 26th ACM SIGKDD International Conference on Knowledge Discovery & Data Mining, pp 218-228

Tang X, Li Y, Sun Y, Yao H, Mitra P, Wang S (2020b) Transferring robustness for graph neural network against poisoning attacks. In: Proceedings of the 13th International Conference on Web Search and Data Mining, pp 600-608

Tao J, Lin J, Zhang S, Zhao S, Wu R, Fan C, Cui P (2019) Mvan: Multi-view attention networks for real money trading detection in online games. In: Proceedings of the 25th ACM SIGKDD International Conference on Knowledge Discovery & Data Mining, pp 2536-2546

Tarlow D, Moitra S, Rice A, Chen Z, Manzagol PA, Sutton C, Aftandilian E (2020) Learning to fix build errors with Graph2Diff neural networks. In: Proceedings of the IEEE/ACM 42nd International Conference on Software Engineering Workshops, pp 19-20

Tate JG, Bamford S, Jubb HC, Sondka Z, Beare DM, Bindal N, Boutselakis H, Cole CG, Creatore C, Dawson E, et al (2019) Cosmic: the catalogue of somatic mutations in cancer. Nucleic acids research 47(D1):D941-D947

Te G, Hu W, Zheng A, Guo Z (2018) Rgcnn: Regularized graph cnn for point cloud segmentation. In: Proceedings of the 26th ACM international conference on Multimedia, pp 746-754

Tenenbaum JB, De Silva V, Langford JC (2000) A global geometric framework for nonlinear dimensionality reduction. science 290(5500): 2319-2323

Teru K, Denis E, Hamilton W (2020) Inductive relation prediction by subgraph reasoning. In: International Conference on Machine Learning, PMLR, pp 9448-9457

Thomas S, Seltzer ML, Church K, Hermansky H (2013) Deep neural network features and semi-supervised training for low resource speech recognition. In: 2013 IEEE international conference on acoustics, speech and signal processing, IEEE, pp 6704-6708

Tian Z, Guo M, Wang C, Liu X, Wang S (2017) Refine gene functional similarity network based on interaction networks. BMC bioinformatics (16)

Torng W, Altman RB (2018) High precision protein functional site detection using 3d convolutional neural networks. Bioinformatics 35(9): 1503-1512

Train K (1986) Qualitative choice analysis: Theory, econometrics, and an application to automobile demand, vol 10. MIT press

Tramer F, Carlini N, Brendel W, Madry A (2020) On adaptive attacks to adversarial example defenses. In: Larochelle H, Ranzato M, Hadsell R, Balcan MF, Lin H (eds) Advances in Neural Information Processing Systems, Curran Associates, Inc., vol 33, pp 1633-1645

Tran D, Bourdev L, Fergus R, Torresani L, Paluri M (2015) Learning spatiotemporal features with 3d convolutional networks. In: Proceedings of the IEEE international conference on computer vision, pp 4489-4497

Trivedi R, Dai H, Wang Y, Song L (2017) Know-evolve: Deep temporal reasoning for dynamic knowledge graphs. In: International Conference on Machine Learning, PMLR, pp 3462-3471

Trivedi R, Farajtabar M, Biswal P, Zha H (2019) Dyrep: Learning representations over dynamic graphs. In: International Conference on Learning Representations

Trouillon T, Welbl J, Riedel S, Gaussier É , Bouchard G (2016) Complex embeddings for simple link prediction. In: International Conference on Machine Learning, pp 2071-2080

Tsai YHH, Bai S, Yamada M, Morency LP, Salakhutdinov R (2019) Transformer dissection: An unified understanding for transformer's attention via the lens of kernel. In: Proceedings of the 2019 Conference on Empirical Methods in Natural Language Processing and the 9th International Joint Conference on Natural Language Processing (EMNLP-IJCNLP), pp 4335-4344

Tsuyuzaki K, Nikaido I (2017) Biological systems as heterogeneous information networks: a mini-review and perspectives. WSDM HeteroNAM 18-International Workshop on Heterogeneous Networks Analysis and Mining

Tu C, Zhang W, Liu Z, Sun M, et al (2016) Max-margin deepwalk: Discriminative learning of network representation. In: IJCAI, vol 2016, pp 3889-3895

Tu K, Cui P, Wang X, Wang F, Zhu W (2018) Structural deep embedding for hypernetworks. In: Proceedings of the AAAI Conference on Artificial Intelligence, vol 32

Tu M, Wang G, Huang J, Tang Y, He X, Zhou B (2019) Multi-hop reading comprehension across multiple documents by reasoning over heterogeneous graphs. In: Proceedings of the 57th Annual Meeting of the Association for Computational Linguistics, pp 2704-2713

Tufano M, Drain D, Svyatkovskiy A, Sundaresan N (2020) Generating accurate assert statements for unit test cases using pretrained transformers. arXiv preprint arXiv: 200905634

Tzirakis P, Zhang J, Schuller BW (2018) End-to-end speech emotion recognition using deep neural networks. In:2018 IEEE international conference on acoustics, speech and signal processing (ICASSP), IEEE, pp 5089-5093

Ulutan O, Iftekhar A, Manjunath BS (2020) Vsgnet: Spatial attention network for detecting human object interactions using graph convolutions. In: Proceedings of the IEEE/CVF Conference on Computer Vision and Pattern Recognition, pp 13617-13626

Vahedian A, Zhou X, Tong L, Li Y, Luo J (2017) Forecasting gathering events through continuous destination prediction on big trajectory data. In: Proceedings of the 25th ACM SIGSPATIAL International Conference on Advances in Geographic Information Systems, pp 1-10

Vahedian A, Zhou X, Tong L, Street WN, Li Y (2019) Predicting urban dispersal events: A two-stage framework through deep survival analysis on mobility data. In: Proceedings of the AAAI Conference on Artificial Intelligence, vol 33, pp 5199-5206

Van Hasselt H, Guez A, Silver D (2016) Deep reinforcement learning with double q-learning. In: Proceedings of the AAAI Conference on Artificial Intelligence, vol 30

Van Oord A, Kalchbrenner N, Kavukcuoglu K (2016) Pixel recurrent neural networks. In: International Conference on Machine Learning, pp 1747-1756

Vashishth S, Yadati N, Talukdar P (2019) Graph-based deep learning in natural language processing. In: Proceedings of the 2019 Conference on Empirical Methods in Natural Language Processing and the 9th International Joint Conference on Natural Language Processing (EMNLP-IJCNLP): Tutorial Abstracts

Vashishth S, Sanyal S, Nitin V, Talukdar P (2020) Composition-based multi-relational graph convolutional networks. In: International Conference on Learning Representations

Vasic M, Kanade A, Maniatis P, Bieber D, Singh R (2018) Neural program repair by jointly learning to localize and repair. In: International Conference on Learning Representations

Vaswani A, Shazeer N, Parmar N, Uszkoreit J, Jones L, Gomez AN, Kaiser u, Polosukhin I (2017) Attention is all you need. In: Proceedings of the 31st International Conference on Neural Information Processing Systems, Curran Associates Inc., Red Hook, NY, USA, NIPS'17, p 6000-6010

Veličković P, Cucurull G, Casanova A, Romero A, Lio P, Bengio Y (2018) Graph attention networks. In: International Conference on Learning Representations Veličković P, Fedus W, Hamilton WL, Liò P, Bengio Y, Hjelm RD (2019) Deep graph infomax. In: ICLR (Poster)

Veličković P, Ying R, Padovano M, Hadsell R, Blundell C (2019) Neural execution of graph algorithms. In: International Conference on Learning Representations

Veličković P, Buesing L, Overlan M, Pascanu R, Vinyals O, Blundell C (2020) Pointer graph networks. In: Larochelle H, Ranzato M, Hadsell R, Balcan MF, Lin H (eds) Advances in Neural Information Processing Systems, Curran Associates, Inc., vol 33, pp 2232-2244

Veličković P, Fedus W, Hamilton WL, Liò P, Bengio Y, Hjelm RD (2019) Deep graph infomax. In: International Conference on Learning Representations

Vento M, Foggia P (2013) Graph matching techniques for computer vision. In: Image Processing: Concepts, Methodologies, Tools, and Applications, IGI Global, chap 21, pp 381-421

Vignac C, Loukas A, Frossard P (2020a) Building powerful and equivariant graph neural networks with structural message-passing. arXiv e-prints pp arXiv-2006

Vignac C, Loukas A, Frossard P (2020b) Building powerful and equivariant graph neural networks with structural message-passing. In: Larochelle H, Ranzato M, Hadsell R, Balcan MF, Lin H (eds) Advances in Neural Information Processing Systems, Curran Associates, Inc., vol 33, pp 14143-14155

Vincent P, Larochelle H, Bengio Y, Manzagol P (2008) Extracting and composing robust features with denoising autoencoders. In: Cohen WW, McCallum A, Roweis ST (eds) Machine Learning, Proceedings of the Twenty-Fifth International Conference (ICML 2008), Helsinki, Finland, June 5-9, 2008, ACM, ACM International Conference Proceeding Series, vol 307, pp 1096-1103, DOI 10.1145/1390156.1390294

Vinyals O, Fortunato M, Jaitly N (2015) Pointer networks. In: Neural Information Processing Systems (NeurIPS), pp 2692-2700

Vinyals O, Bengio S, Kudlur M (2016) Order matters: Sequence to sequence for sets. In: International Conference on Learning Representations

Vishwanathan SVN, Schraudolph NN, Kondor R, Borgwardt KM (2010) Graph kernels. Journal of Machine Learning Research 11(Apr): 1201-1242

VONLUXBURG U (2007) A tutorial on spectral clustering. Statistics and Computing 17: 395-416

Vrandečić D, Krötzsch M (2014) Wikidata: a free collaborative knowledgebase. Communications of the ACM 57(10): 78-85

Vu MN, Thai MT (2020) Pgm-explainer: Probabilistic graphical model explanations for graph neural networks. arXiv preprint arXiv: 201005788

Wald J, Dhamo H, Navab N, Tombari F (2020) Learning 3d semantic scene graphs from 3d indoor reconstructions. In: Proceedings of the IEEE/CVF Conference on Computer Vision and Pattern Recognition, pp 3961-3970

Wan S, Lan Y, Guo J, Xu J, Pang L, Cheng X (2016) A deep architecture for semantic matching with multiple positional sentence representations. In: Proceedings of the AAAI Conference on Artificial Intelligence, vol 30

Wan Y, Zhao Z, Yang M, Xu G, Ying H, Wu J, Yu PS (2018) Improving automatic source code summarization via deep reinforcement learning. In: Proceedings of the 33rd ACM/IEEE International Conference on Automated Software Engineering, ACM, pp 397-407

Wang B, Gong NZ (2019) Attacking graph-based classification via manipulating the graph structure. In: Proceedings of the 2019 ACM SIGSAC Conference on Computer and Communications Security, pp 2023-2040

Wang C, Pan S, Long G, Zhu X, Jiang J (2017a) Mgae: Marginalized graph autoencoder for graph clustering. In: Proceedings of the 2017 ACM on Conference on Information and Knowledge Management, pp 889-898

Wang D, Cui P, Zhu W (2016) Structural deep network embedding. In: Proceedings of the 22nd ACM SIGKDD international conference on Knowledge discovery and data mining, pp 1225-1234

Wang D, Jamnik M, Lio P (2019a) Abstract diagrammatic reasoning with multiplex graph networks. In: International Conference on Learning Representations

Wang D, Lin J, Cui P, Jia Q, Wang Z, Fang Y, Yu Q, Zhou J, Yang S, Qi Y (2019b) A semi-supervised graph attentive network for financial fraud detection. In: 2019 IEEE International Conference on Data Mining (ICDM), IEEE, pp 598-607

Wang D, Jiang M, Syed M, Conway O, Juneja V, Subramanian S, Chawla NV (2020a) Calendar graph neural networks for modeling time structures in spatiotemporal user behaviors. In: Proceedings of the 26th ACM SIGKDD International Conference on Knowledge Discovery & Data Mining, pp 2581-2589

Wang F, Preininger A (2019) Ai in health: State of the art, challenges, and future directions. Yearbook of medical informatics 28(1): 16-26

Wang F, Zhang C (2007) Label propagation through linear neighborhoods. IEEE Transactions on Knowledge and Data Engineering 20(1): 55-67

Wang G, Dunbrack RL (2003) PISCES: a protein sequence culling server. Bioinformatics 19(12): 1589-1591, DOI 10.1093/bioinformatics/btg224

Wang H, Huan J (2019) Agan: Towards automated design of generative adversarial networks. arXiv preprint arXiv: 190611080

Wang H, Schmid C (2013) Action recognition with improved trajectories. In: Proceedings of the IEEE international conference on computer vision, pp 3551-3558

Wang H, Wang J, Wang J, Zhao M, Zhang W, Zhang F, Xie X, Guo M (2018a) Graphgan: Graph representation learning with generative adversarial nets. In:Proceedings of the AAAI conference on artificial intelligence, vol 32

Wang H, Zhang F, Zhang M, Leskovec J, Zhao M, Li W, Wang Z (2019c) Knowledge-aware graph neural networks with label smoothness regularization for recommender systems. In: KDD'19, pp 968-977

Wang H, Zhao M, Xie X, Li W, Guo M (2019d) Knowledge graph convolutional networks for recommender systems. In: The world wide web conference, pp 3307-3313

Wang H, Zhao M, Xie X, Li W, Guo M (2019e) Knowledge graph convolutional networks for recommender systems. In: WWW'19, pp 3307-3313

Wang H, Wang K, Yang J, Shen L, Sun N, Lee HS, Han S (2020b) Gcn-rl circuit designer: Transferable transistor sizing with graph neural networks and reinforcement learning. In: Design Automation Conference, IEEE, pp 1-6

Wang J, Zheng VW, Liu Z, Chang KCC (2017b) Topological recurrent neural network for diffusion prediction. In: 2017 IEEE International Conference on Data Mining (ICDM), IEEE, pp 475-484

Wang J, Huang P, Zhao H, Zhang Z, Zhao B, Lee DL (2018b) Billion-scale commodity embedding for e-commerce recommendation in alibaba. In: Proceedings of the 24th ACM SIGKDD International Conference on Knowledge Discovery & Data Mining, pp 839-848

Wang J, Oh J, Wang H, Wiens J (2018c) Learning credible models. In: Proceedings of the 24th ACM SIGKDD International Conference on Knowledge Discovery & Data Mining, pp 2417-2426

Wang J, Luo M, Suya F, Li J, Yang Z, Zheng Q (2020c) Scalable attack on graph data by injecting vicious nodes. Data Mining and Knowledge Discovery 34(5): 1363-1389

Wang K, Singh R, Su Z (2018d) Dynamic neural program embeddings for program repair. In: International Conference on Learning Representations

Wang M, Liu M, Liu J, Wang S, Long G, Qian B (2017c) Safe medicine recommendation via medical knowledge graph embedding. arXiv preprint arXiv: 171005980

Wang M, Yu L, Zheng D, Gan Q, Gai Y, Ye Z, Li M, Zhou J, Huang Q, Ma C, Huang Z, Guo Q, Zhang H, Lin H, Zhao J, Li J, Smola AJ, Zhang Z (2019f) Deep graph library: Towards efficient and scalable deep learning on graphs. International Conference on Learning Representations Workshop on Representation Learning on Graphs and Manifolds

Wang M, Lin Y, Lin G, Yang K, Wu Xm (2020d) M2grl: A multi-task multi-view graph representation learning framework for web-scale recommender systems. In: Proceedings of the 26th ACM SIGKDD International Conference on Knowledge Discovery & Data Mining, pp 2349-2358

Wang Q, Mao Z, Wang B, Guo L (2017d) Knowledge graph embedding: A survey of approaches and applications. IEEE Transactions on Knowledge and Data Engineering 29(12): 2724-2743

Wang Q, Li M, Wang X, Parulian N, Han G, Ma J, Tu J, Lin Y, Zhang H, Liu W, et al (2020e) Covid-19 literature knowledge graph construction and drug repurposing report generation. arXiv preprint arXiv: 200700576

Wang R, Yan J, Yang X (2019g) Learning combinatorial embedding networks for deep graph matching. In: Proceedings of the IEEE/CVF International Conference on Computer Vision, pp 3056-3065

Wang R, Zhang T, Yu T, Yan J, Yang X (2020f) Combinatorial learning of graph edit distance via dynamic embedding. arXiv preprint arXiv: 201115039

Wang S, He L, Cao B, Lu CT, Yu PS, Ragin AB (2017e) Structural deep brain network mining. In: Proceedings of the 23rd ACM SIGKDD International Conference on Knowledge Discovery and Data Mining, pp 475-484

Wang S, Tang J, Aggarwal C, Chang Y, Liu H (2017f) Signed network embedding in social media. In: Proceedings of the 2017 SIAM international conference on data mining, SIAM, pp 327-335

Wang S, Chen Z, Li D, Li Z, Tang LA, Ni J, Rhee J, Chen H, Yu PS (2019h) Attentional heterogeneous graph neural network: Application to program reidentification. In: Proceedings of the 2019 SIAM International Conference on Data Mining, SIAM, pp 693-701

Wang S, Chen Z, Yu X, Li D, Ni J, Tang L, Gui J, Li Z, Chen H, Yu PS (2019i) Heterogeneous graph matching networks for unknown malware detection. In: Proceedings of the Twenty-Eighth International Joint Conference on Artificial Intelligence, IJCAI, pp 3762-3770

Wang S, Li BZ, Khabsa M, Fang H, Ma H (2020g) Linformer: Self-attention with linear complexity. CoRR abs/2006.04768

Wang S, Li Y, Zhang J, Meng Q, Meng L, Gao F (2020h) Pm2. 5-gnn: A domain knowledge enhanced graph neural network for pm2.5 forecasting. In: Proceedings of the 28th International Conference on Advances in Geographic Information Systems, pp 163-166

Wang S, Wang R, Yao Z, Shan S, Chen X (2020i) Cross-modal scene graph matching for relationship-aware image-text retrieval. In: Proceedings of the IEEE/CVF Winter Conference on Applications of Computer Vision, pp 1508-1517

Wang T, Ling H (2017) Gracker: A graph-based planar object tracker. IEEE transactions on pattern analysis and machine intelligence 40(6): 1494-1501

Wang T, Liu H, Li Y, Jin Y, Hou X, Ling H (2020j) Learning combinatorial solver for graph matching. In: Proceedings of the IEEE/CVF conference on computer vision and pattern recognition, pp 7568-7577

Wang T, Wan X, Jin H (2020k) Amr-to-text generation with graph transformer. Transactions of the Association for Computational Linguistics 8: 19-33

Wang X, Gupta A (2018) Videos as space-time region graphs. In: Proceedings of the European conference on computer vision (ECCV), pp 399-417

Wang X, Cui P, Wang J, Pei J, Zhu W, Yang S (2017g) Community preserving network embedding. In: Proceedings of the AAAI Conference on Artificial Intelligence, vol 31

Wang X, Girshick R, Gupta A, He K (2018e) Non-local neural networks. In: Proceedings of the IEEE conference on computer vision and pattern recognition, pp 7794-7803

Wang X, Ye Y, Gupta A (2018f) Zero-shot recognition via semantic embeddings and knowledge graphs. In: Proceedings of the IEEE conference on computer vision and pattern recognition, pp 6857-6866

Wang X, He X, Cao Y, Liu M, Chua TS (2019j) Kgat: Knowledge graph attention network for recommendation. In: KDD'19, pp 950-958

Wang X, He X, Wang M, Feng F, Chua TS (2019k) Neural graph collaborative filtering. In: Proceedings of the 42nd international ACM SIGIR conference on Research and development in Information Retrieval, pp 165-174

Wang X, Ji H, Shi C, Wang B, Ye Y, Cui P, Yu PS (2019l) Heterogeneous graph attention network. In: The World Wide Web Conference, pp 2022-2032

Wang X, Ji H, Shi C, Wang B, Ye Y, Cui P, Yu PS (2019m) Heterogeneous graph attention network. In: The World Wide Web Conference, pp 2022-2032

Wang X, Zhang Y, Shi C (2019n) Hyperbolic heterogeneous information network embedding. In: Proceedings of the AAAI conference on artificial intelligence, vol 33, pp 5337-5344

Wang X, Bo D, Shi C, Fan S, Ye Y, Yu PS (2020l) A survey on heterogeneous graph embedding: Methods, techniques, applications and sources. arXiv preprint arXiv: 201114867

Wang X, Lu Y, Shi C, Wang R, Cui P, Mou S (2020m) Dynamic heterogeneous information network embedding with meta-path based proximity. IEEE Transactions on Knowledge and Data Engineering pp 1-1, DOI 10.1109/TKDE.2020.2993870

Wang X, Wang R, Shi C, Song G, Li Q (2020n) Multi-component graph convolutional collaborative filtering. In: Proceedings of the AAAI Conference on Artificial Intelligence, vol 34, pp 6267-6274

Wang X, Wu Y, Zhang A, He X, seng Chua T (2021) Causal screening to interpret graph neural networks

Wang Y, Ni X, Sun JT, Tong Y, Chen Z (2011) Representing document as dependency graph for document clustering. In: Proceedings of the 20th ACM international conference on Information and knowledge management, pp 2177-2180

Wang Y, Shen H, Liu S, Gao J, Cheng X (2017h) Cascade dynamics modeling with attention-based recurrent neural network. In: Proceedings of the 26th International Joint Conference on Artificial Intelligence, pp 2985-2991

Wang Y, Che W, Guo J, Liu T (2018g) A neural transition-based approach for semantic dependency graph parsing. In: Proceedings of the AAAI Conference on Artificial Intelligence, vol 32

Wang Y, Yin H, Chen H, Wo T, Xu J, Zheng K (2019o) Origin-destination matrix prediction via graph convolution: a new perspective of passenger demand modeling. In: Proceedings of the 25th ACM SIGKDD International Conference on Knowledge Discovery & Data Mining, pp 1227-1235

Wang Y, Liu S, Yoon M, Lamba H, Wang W, Faloutsos C, Hooi B (2020o) Provably robust node classification via low-pass message passing. In: 2020 IEEE International Conference on Data Mining (ICDM), pp 621-630, DOI 10.1109/ ICDM50108.2020.00071

Wang Z, Zhang J, Feng J, Chen Z (2014) Knowledge graph embedding by translating on hyperplanes. In: Proceedings of the AAAI Conference on Artificial Intelligence, vol 28

Wang Z, Zheng L, Li Y, Wang S (2019p) Linkage based face clustering via graph convolution network. In: Proceedings of the IEEE/CVF Conference on Computer Vision and Pattern Recognition, pp 1117-1125

Wass MN, Barton G, Sternberg MJE (2012) CombFunc: predicting protein function using heterogeneous data sources. Nucleic Acids Research 40(W1): W466-W470

Watkins KE, Ferris B, Borning A, Rutherford GS, Layton D (2011) Where is my bus? impact of mobile real-time information on the perceived and actual wait time of transit riders. Transportation Research Part A: Policy and Practice 45(8): 839-848

Watts DJ, Strogatz SH (1998) Collective dynamics of 'small-world' networks. nature 393(6684): 440-442

Wei J, Goyal M, Durrett G, Dillig I (2019) LambdaNet: Probabilistic type inference using graph neural networks. In: International Conference on Learning Representations

Wei X, Yu R, Sun J (2020) View-gcn: View-based graph convolutional network for 3d shape analysis. In: Proceedings of the IEEE/CVF Conference on Computer Vision and Pattern Recognition, pp 1850-1859

Weihua Hu MZYDHRBLMCJL Matthias Fey (2020) Open graph benchmark: Datasets for machine learning on graphs. arXiv preprint arXiv: 200500687

Weininger D (1988) Smiles, a chemical language and information system. 1. introduction to methodology and encoding rules. Journal of chemical information and computer sciences 28(1): 31-36

Weisfeiler B (1976) On Construction and Identification of Graphs. Lecture Notes in Mathematics, Vol. 558, Springer

Weisfeiler B, Leman A (1968) The reduction of a graph to canonical form and the algebra which appears therein. Nauchno-Technicheskaya Informatsia 2(9): 12-16

Weisfeiler B, Leman A (1968) The reduction of a graph to canonical form and the algebra which appears therein. NTI, Series 2(9): 12-16

Weng C, Shah NH, Hripcsak G (2020) Deep phenotyping: embracing complexity and temporality-towards scalability, portability, and interoperability. Journal of biomedical informatics 105: 103,433

Weston J, Bengio S, Usunier N (2010) Large scale image annotation: learning to rank with joint word-image embeddings. Machine learning 81(1): 21-35

Whirl-Carrillo M, McDonagh EM, Hebert J, Gong L, Sangkuhl K, Thorn C, Altman RB, Klein TE (2012) Pharmacogenomics knowledge for personalized medicine. Clinical Pharmacology & Therapeutics 92(4): 414-417

White M, Tufano M, Vendome C, Poshyvanyk D (2016) Deep learning code fragments for code clone detection. In: 2016 31st IEEE/ACM International Conference on Automated Software Engineering (ASE), IEEE, pp 87-98

Williams RJ (1992) Simple statistical gradient-following algorithms for connectionist reinforcement learning. Machine learning 8(3-4): 229-256

Wishart DS, Feunang YD, Guo AC, Lo EJ, Marcu A, Grant JR, Sajed T, Johnson D, Li C, Sayeeda Z, et al (2018) Drugbank 5.0: a major update to the drugbank database for 2018. Nucleic acids research 46(D1): D1074-D1082

Wold S, Esbensen K, Geladi P (1987) Principal component analysis. Chemometrics and intelligent laboratory systems 2(1-3): 37-52

Woźnica A, Kalousis A, Hilario M (2010) Adaptive matching based kernels for labelled graphs. In: Advances in Knowledge Discovery and Data Mining, Springer, Lecture Notes in Computer Science, vol 6119, pp 374-385

Wu B, Xu C, Dai X, Wan A, Zhang P, Tomizuka M, Keutzer K, Vajda P (2020a) Visual transformers: Token-based image representation and processing for computer vision. arXiv preprint arXiv: 200603677

Wu F, Souza A, Zhang T, Fifty C, Yu T, Weinberger K (2019a) Simplifying graph convolutional networks. In: International conference on machine learning, PMLR, pp 6861-6871

Wu H, Wang C, Tyshetskiy Y, Docherty A, Lu K, Zhu L (2019b) Adversarial examples for graph data: Deep insights into attack and defense. In: Proceedings of the Twenty-Eighth International Joint Conference on Artificial Intelligence, IJCAI-19, International Joint Conferences on Artificial Intelligence Organization, pp 4816-4823

Wu H, Ma Y, Xiang Z, Yang C, He K (2021a) A spatial-temporal graph neural network framework for automated software bug triaging. arXiv preprint arXiv: 210111846

Wu J, Cao M, Cheung JCK, Hamilton WL (2020b) Temp: Temporal message passing for temporal knowledge graph completion. In: Proceedings of the 2020 Conference on Empirical Methods in Natural Language Processing (EMNLP), pp 5730-5746

Wu L, Chen Y, Ji H, Li Y (2021b) Deep learning on graphs for natural language processing. In: Proceedings of the 2021 Conference of the North American Chapter of the Association for Computational Linguistics: Human Language Technologies: Tutorials, pp 11-14

Wu L, Chen Y, Shen K, Guo X, Gao H, Li S, Pei J, Long B (2021c) Graph neural networks for natural language processing: A survey. arXiv preprint arXiv:210606090

Wu N, Zhao XW, Wang J, Pan D (2020c) Learning effective road network representation with hierarchical graph neural networks. In: Proceedings of the 26th ACM SIGKDD International Conference on Knowledge Discovery & Data Mining, pp 6-14

Wu S, Tang Y, Zhu Y, Wang L, Xie X, Tan T (2019c) Session-based recommendation with graph neural networks. In: Proceedings of the AAAI Conference on Artificial Intelligence, vol 33, pp 346-353

Wu T, Ren H, Li P, Leskovec J (2020d) Graph information bottleneck. In: Larochelle H, Ranzato M, Hadsell R, Balcan MF, Lin H (eds) Advances in Neural Information Processing Systems, Curran Associates, Inc., vol 33, pp 20437-20448

Wu Y, Warner JL, Wang L, Jiang M, Xu J, Chen Q, Nian H, Dai Q, Du X, Yang P, et al (2019d) Discovery of noncancer drug effects on survival in electronic health records of patients with cancer: a new paradigm for drug repurposing. JCO clinical cancer informatics 3: 1-9

Wu Z, Ramsundar B, Feinberg EN, Gomes J, Geniesse C, Pappu AS, Leswing K, Pande V (2018) MoleculeNet: A benchmark for molecular machine learning. Chemical Science 9: 513-530

Wu Z, Pan S, Chen F, Long G, Zhang C, Yu PS (2019e) A comprehensive survey on graph neural networks. CoRR abs/1901.00596

Wu Z, Pan S, Chen F, Long G, Zhang C, Philip SY (2021d) A comprehensive survey on graph neural networks. IEEE Transactions on Neural Networks and Learning Systems 32(1): 4-24

Xhonneux LP, Qu M, Tang J (2020) Continuous graph neural networks. In: Proceedings of the International Conference on Machine Learning

Xia R, Liu Y (2015) A multi-task learning framework for emotion recognition using 2d continuous space. IEEE Transactions on Affective Computing 8(1): 3-14

Xiao C, Choi E, Sun J (2018) Opportunities and challenges in developing deep learning models using electronic health records data: a systematic review. Journal of the American Medical Informatics Association 25(10): 1419-1428

Xie L, Yuille A (2017) Genetic cnn. In: Proceedings of the IEEE International Conference on Computer Vision, pp 1379-1388

Xie M, Yin H, Wang H, Xu F, Chen W, Wang S (2016) Learning graph-based poi embedding for location-based recommendation. In: Proceedings of the 25th ACM International on Conference on Information and Knowledge Management, Association for Computing Machinery, CIKM'16, p 15-24, DOI 10.1145/2983323. 2983711

Xie S, Kirillov A, Girshick R, He K (2019a) Exploring randomly wired neural networks for image recognition. In: Proceedings of the IEEE/CVF International Conference on Computer Vision, pp 1284-1293

Xie T, Grossman JC (201f8) Crystal graph convolutional neural networks for an accurate and interpretable prediction of material properties. Physical Review Letters 120: 145301

Xie Y, Xu Z, Wang Z, Ji S (2021) Self-supervised learning of graph neural networks: A unified review. arXiv preprint arXiv: 210210757

Xie Z, Lv W, Huang S, Lu Z, Du B, Huang R (2019b) Sequential graph neural network for urban road traffic speed prediction. IEEE Access 8: 63349-63358

Xiu H, Yan X, Wang X, Cheng J, Cao L (2020) Hierarchical graph matching network for graph similarity computation. arXiv preprint arXiv: 200616551

Xu D, Zhu Y, Choy CB, Fei-Fei L (2017a) Scene graph generation by iterative message passing. In: Proceedings of the IEEE conference on computer vision and pattern recognition, pp 5410-5419

Xu D, Cheng W, Luo D, Liu X, Zhang X (2019a) Spatio-temporal attentive rnn for node classification in temporal attributed graphs. In: International Joint Conference on Artificial Intelligence, pp 3947-3953

Xu D, Ruan C, Korpeoglu E, Kumar S, Achan K (2020a) Inductive representation learning on temporal graphs. In: International Conference on Learning Representations

Xu H, Jiang C, Liang X, Li Z (2019b) Spatial-aware graph relation network for large-scale object detection. In: Proceedings of the IEEE/CVF Conference on Computer Vision and Pattern Recognition, pp 9298-9307

Xu J, Gan Z, Cheng Y, Liu J (2020b) Discourse-aware neural extractive text summarization. In: Proceedings of the 58th Annual Meeting of the Association for Computational Linguistics, pp 5021-5031

Xu K, Ba J, Kiros R, Cho K, Courville A, Salakhudinov R, Zemel R, Bengio Y (2015) Show, attend and tell: Neural image caption generation with visual attention. In: International conference on machine learning, PMLR, pp 2048-2057

Xu K, Li C, Tian Y, Sonobe T, Kawarabayashi K, Jegelka S (2018a) Representation learning on graphs with jumping knowledge networks. In: International Conference on Machine Learning, pp 5453-5462

Xu K, Wu L, Wang Z, Feng Y, Sheinin V (2018b) Sql-to-text generation with graph-to-sequence model. arXiv preprint arXiv: 180905255

Xu K, Wu L, Wang Z, Feng Y, Witbrock M, Sheinin V (2018c) Graph2seq: Graph to sequence learning with attention-based neural networks. arXiv preprint arXiv: 180400823

Xu K, Wu L, Wang Z, Yu M, Chen L, Sheinin V (2018d) Exploiting rich syntactic information for semantic parsing with graph-to-sequence model. In: Proceedings of the 2018 Conference on Empirical Methods in Natural Language Processing, Association for Computational Linguistics, Brussels, Belgium, pp 918-924

Xu K, Chen H, Liu S, Chen PY, Weng TW, Hong M, Lin X (2019c) Topology attack and defense for graph neural networks: An optimization perspective. In: Proceedings of the Twenty-Eighth International Joint Conference on Artificial Intelligence, IJCAI-19, International Joint Conferences on Artificial Intelligence Organization, pp 3961-3967, DOI 10.24963/ijcai.2019/550

Xu K, Hu W, Leskovec J, Jegelka S (2019d) How powerful are graph neural networks? In: International Conference on Learning Representations

Xu K, Hu W, Leskovec J, Jegelka S (2019e) How powerful are graph neural networks? In: International Conference on Learning Representations

Xu K, Wang L, Yu M, Feng Y, Song Y, Wang Z, Yu D (2019f) Cross-lingual knowledge graph alignment via graph matching neural network. In: Proceedings of the 57th Annual Meeting of the Association for Computational Linguistics, pp 3156-3161

Xu K, Li J, Zhang M, Du SS, Kawarabayashi Ki, Jegelka S (2020c) What can neural networks reason about? In: International Conference on Learning Representations

Xu L, Wei X, Cao J, Yu PS (2017b) Embedding of embedding (eoe) joint embedding for coupled heterogeneous networks. In: Proceedings of the Tenth ACM International Conference on Web Search and Data Mining, pp 741-749

Xu M, Li L, Wai D, Liu Q, Chao LS, et al (2020d) Document graph for neural machine translation. arXiv preprint arXiv:201203477

Xu Q, Sun X, Wu CY, Wang P, Neumann U (2020e) Grid-gcn for fast and scalable point cloud learning. In: Proceedings of the IEEE/CVF Conference on Computer Vision and Pattern Recognition, pp 5661-5670

Xu R, Li L, Wang Q (2013) Towards building a disease-phenotype knowledge base: extracting disease-manifestation relationship from literature. Bioinformatics 29(17):2186-2194

Yamaguchi F, Golde N, Arp D, Rieck K (2014) Modeling and discovering vulnerabilities with code property graphs. In: 2014 IEEE Symposium on Security and Privacy, IEEE, pp 590-604

Yan J, Yin XC, Lin W, Deng C, Zha H, Yang X (2016) A short survey of recent advances in graph matching. In: Proceedings of the 2016 ACM on International Conference on Multimedia Retrieval, pp 167-174

Yan J, Yang S, Hancock E (2020a) Learning for graph matching and related combinatorial optimization problems. In: Bessiere C (ed) Proceedings of the Twenty-Ninth International Joint Conference on Artificial Intelligence, IJCAI-20, International Joint Conferences on Artificial Intelligence Organization, pp 4988-4996

Yan S, Xiong Y, Lin D (2018a) Spatial temporal graph convolutional networks for skeleton-based action recognition. In: AAAI Conference on Artificial Intelligence, vol 32

Yan X, Han J (2002) gspan: Graph-based substructure pattern mining. In: Proceedings of IEEE International Conference on Data Mining, IEEE, pp 721-724

Yan Y, Mao Y, Li B (2018b) Second: Sparsely embedded convolutional detection. Sensors 18(10):3337

Yan Y, Zhang Q, Ni B, Zhang W, Xu M, Yang X (2019) Learning context graph for person search. In: Proceedings of the IEEE/CVF Conference on Computer Vision and Pattern Recognition, pp 2158-2167

Yan Y, Qin J, Chen J, Liu L, Zhu F, Tai Y, Shao L (2020b) Learning multi-granular hypergraphs for video-based person reidentification. In: Proceedings of the IEEE/CVF Conference on Computer Vision and Pattern Recognition, pp 2899-2908

Yanardag P, Vishwanathan S (2015) Deep graph kernels. In: Proceedings of the 21th ACM SIGKDD International Conference on Knowledge Discovery and Data Mining, ACM, pp 1365-1374

Yang B, Yih W, He X, Gao J, Deng L (2015a) Embedding entities and relations for learning and inference in knowledge bases. In: Bengio Y, LeCun Y (eds) 3rd International Conference on Learning Representations, ICLR 2015, San Diego, CA, USA, May 7-9, 2015, Conference Track Proceedings

Yang B, Luo W, Urtasun R (2018a) Pixor: Real-time 3d object detection from point clouds. In: Proceedings of the IEEE conference on Computer Vision and Pattern Recognition, pp 7652-7660

Yang C, Liu Z, Zhao D, Sun M, Chang EY (2015b) Network representation learning with rich text information. In: IJCAI, vol 2015, pp 2111-2117

Yang C, Zhuang P, Shi W, Luu A, Li P (2019a) Conditional structure generation through graph variational generative adversarial nets. In: NeurIPS, pp 1338-1349

Yang F, Fan K, Song D, et al (2020a) Graph-based prediction of protein-protein interactions with attributed signed graph embedding. BMC Bioinformatics 21(1): 323

Yang H, Qin C, Li YH, Tao L, Zhou J, Yu CY, Xu F, Chen Z, Zhu F, Chen YZ (2016a) Therapeutic target database update 2016: enriched resource for bench to clinical drug target and targeted pathway information. Nucleic acids research 44(D1): D1069-D1074

Yang J, Zheng WS, Yang Q, Chen YC, Tian Q (2020b) Spatial-temporal graph convolutional network for video-based person re-identification. In: Proceedings of the IEEE/CVF Conference on Computer Vision and Pattern Recognition, pp 3289-3299

Yang K, Swanson K, Jin W, Coley C, Eiden P, Gao H, Guzman-Perez A, Hopper T, Kelley B, Mathea M, et al (2019b) Analyzing learned molecular representations for property prediction. Journal of chemical information and modeling 59(8): 3370-3388

Yang L, Kang Z, Cao X, Jin D, Yang B, Guo Y (2019c) Topology optimization based graph convolutional network. In: Proceedings of the Twenty-Eighth International Joint Conference on Artificial Intelligence, pp 4054-4061

Yang L, Zhan X, Chen D, Yan J, Loy CC, Lin D (2019d) Learning to cluster faces on an affinity graph. In: Proceedings of the IEEE/CVF Conference on Computer Vision and Pattern Recognition, pp 2298-2306

Yang Q, Liu Y, Chen T, Tong Y (2019e) Federated machine learning: Concept and applications. ACM Transactions on Intelligent Systems and Technology (TIST) 10(2): 1-19

Yang S, Li G, Yu Y (2019f) Dynamic graph attention for referring expression comprehension. In: Proceedings of the IEEE/CVF International Conference on Computer Vision, pp 4644-4653

Yang S, Liu J, Wu K, Li M (2020c) Learn to generate time series conditioned graphs with generative adversarial nets. arXiv preprint arXiv: 200301436

Yang X, Tang K, Zhang H, Cai J (2019g) Autoencoding scene graphs for image captioning. In: Proceedings of the IEEE/CVF Conference on Computer Vision and Pattern Recognition, pp 10685-10694

Yang Y, Abrego GH, Yuan S, Guo M, Shen Q, Cer D, Sung YH, Strope B, Kurzweil R (2019h) Improving multi-lingual sentence embedding using bidirectional dual encoder with additive margin softmax. In: Proceedings of the 28th International Joint Conference on Artificial Intelligence, AAAI Press, pp 5370-5378

Yang Z, Cohen W, Salakhudinov R (2016b) Revisiting semi-supervised learning with graph embeddings. In: International conference on machine learning, PMLR, pp 40-48

Yang Z, Qi P, Zhang S, Bengio Y, Cohen W, Salakhutdinov R, Manning CD (2018b) Hotpotqa: A dataset for diverse, explainable multi-hop question answering. In: Proceedings of the 2018 Conference on Empirical Methods in Natural Language Processing, pp 2369-2380

Yang Z, Zhao J, Dhingra B, He K, Cohen WW, Salakhutdinov RR, LeCun Y (2018c) Glomo: Unsupervised learning of transferable relational graphs. In: Advances in Neural Information Processing Systems, pp 8950-8961

Yang Z, Ding M, Zhou C, Yang H, Zhou J, Tang J (2020d) Understanding negative sampling in graph representation learning. In: Proceedings of the 26th ACM SIGKDD International Conference on Knowledge Discovery & Data Mining, pp 1666-1676

Yao L, Wang L, Pan L, Yao K (2016) Link prediction based on common-neighbors for dynamic social network. Procedia Computer Science 83: 82-89

Yao L, Mao C, Luo Y (2019) Graph convolutional networks for text classification. In: Proceedings of the AAAI Conference on Artificial Intelligence, vol 33, pp 7370-7377

Yao S, Wang T, Wan X (2020) Heterogeneous graph transformer for graph-to-sequence learning. In: Proceedings of the 58th Annual Meeting of the Association for Computational Linguistics, pp 7145-7154

Yao T, Pan Y, Li Y, Mei T (2018) Exploring visual relationship for image captioning. In: Proceedings of the European conference on computer vision (ECCV), pp 684-699

Yarotsky D (2017) Error bounds for approximations with deep relu networks. Neural Networks 94: 103-114

Yasunaga M, Liang P (2020) Graph-based, self-supervised program repair from diagnostic feedback. In: International Conference on Machine Learning, PMLR, pp 10799-10808

Ye Y, Hou S, Chen L, Lei J, Wan W, Wang J, Xiong Q, Shao F (2019a) Out-of-sample node representation learning for heterogeneous graph in real-time android malware detection. In: Proceedings of the Twenty-Eighth International Joint Conference on Artificial Intelligence, IJCAI-19, International Joint Conferences on Artificial Intelligence Organization, pp 4150-4156

Ye Y, Wang X, Yao J, Jia K, Zhou J, Xiao Y, Yang H (2019b) Bayes embedding (bem): Refining representation by integrating knowledge graphs and behavior-specific networks. In: Proceedings of the 28th ACM International Conference on Information and Knowledge Management, Association for Computing Machinery, CIKM'19, p 679-688, DOI 10.1145/3357384.3358014

Yefet N, Alon U, Yahav E (2020) Adversarial examples for models of code. Proceedings of the ACM on Programming Languages 4(OOPSLA): 1-30

Yeung DY, Chang H (2007) A kernel approach for semi-supervised metric learning. IEEE Transactions on Neural Networks 18(1): 141-149

Yi J, Park J (2020) Hypergraph convolutional recurrent neural network. In: Proceedings of the 26th ACM SIGKDD International Conference on Knowledge Discovery & Data Mining, pp 3366-3376

YILMAZ B, Genc H, Agriman M, Demirdover BK, Erdemir M, Simsek G, Karagoz P (2020) Recent trends in the use of graph neural network models for natural language processing. In: Deep Learning Techniques and Optimization Strategies in Big Data Analytics, IGI Global, pp 274-289

Ying J, de Miranda Cardoso JV, Palomar D (2020a) Nonconvex sparse graph learning under laplacian constrained graphical model. Advances in Neural Information Processing Systems 33

Ying R, He R, Chen K, Eksombatchai P, Hamilton WL, Leskovec J (2018a) Graph convolutional neural networks for web-scale recommender systems. In: Proceedings of the 24th ACM SIGKDD International Conference on Knowledge Discovery & Data Mining, pp 974-983

Ying R, He R, Chen K, Eksombatchai P, Hamilton WL, Leskovec J (2018b) Graph convolutional neural networks for web-scale recommender systems. In: Proceedings of the 24th ACM SIGKDD International Conference on Knowledge Discovery & Data Mining, pp 974-983

Ying R, Bourgeois D, You J, Zitnik M, Leskovec J (2019) Gnnexplainer: Generating explanations for graph neural networks. Advances in neural information processing systems 32: 9240

Ying R, Lou Z, You J, Wen C, Canedo A, Leskovec J, et al (2020b) Neural subgraph matching. arXiv preprint arXiv: 200703092

Ying Z, You J, Morris C, Ren X, Hamilton W, Leskovec J (2018c) Hierarchical graph representation learning with differentiable pooling. In: Advances in Neural Information Processing Systems, pp 4800-4810

YLow, JGonzalez, AKyrola, DBickson, CGuestrin, JHellerstein (2012) Distributed graphlab: A framework for machine learning in the cloud. PVLDB 5(8): 716-727

You J, Liu B, Ying Z, Pande V, Leskovec J (2018a) Graph convolutional policy network for goal-directed molecular graph generation. In: Advances in Neural Information Processing Systems, pp 6412-6422

You J, Ying R, Ren X, Hamilton W, Leskovec J (2018b) Graphrnn: Generating realistic graphs with deep auto-regressive models. In: International Conference on Machine Learning, PMLR, pp 5708-5717

You J, Ying R, Leskovec J (2019) Position-aware graph neural networks. In: International Conference on Machine Learning, PMLR, pp 7134-7143

You J, Ying Z, Leskovec J (2020a) Design space for graph neural networks. Advances in Neural Information Processing Systems 33

You J, Gomes-Selman J, Ying R, Leskovec J (2021) Identity-aware graph neural networks. CoRR abs/2101.10320, 2101.10320

You Y, Chen T, Sui Y, Chen T, Wang Z, Shen Y (2020b) Graph contrastive learning with augmentations. In: Larochelle H, Ranzato M, Hadsell R, Balcan MF, Lin H (eds) Advances in Neural Information Processing Systems, Curran Associates, Inc., vol 33, pp 5812-5823

You Y, Chen T, Wang Z, Shen Y (2020c) When does self-supervision help graph convolutional networks? In: International Conference on Machine Learning, PMLR, pp 10871-10880

You ZH, Chan KCC, Hu P (2015a) Predicting protein-protein interactions from primary protein sequences using a novel multi-scale local feature representation scheme and the random forest. PLOS ONE 10: 1-19

You ZH, Li J, Gao X, et al (2015b) Detecting protein-protein interactions with a novel matrix-based protein sequence representation and support vector machines. BioMed Research International 2015: 1-9

Yu B, Yin H, Zhu Z (2018a) Spatio-temporal graph convolutional networks: a deep learning framework for traffic forecasting. In: Proceedings of the 27th International Joint Conference on Artificial Intelligence, pp 3634-3640

Yu D, Fu J, Mei T, Rui Y (2017a) Multi-level attention networks for visual question answering. In: Proceedings of the IEEE Conference on Computer Vision and Pattern Recognition, pp 4709-4717

Yu D, Zhang R, Jiang Z, Wu Y, Yang Y (2021a) Graph-revised convolutional network. In: Hutter F, Kersting K, Lijffijt J, Valera I (eds) Machine Learning and Knowledge Discovery in Databases, Springer International Publishing, Cham, pp 378-393

Yu H, Wu Z, Wang S, Wang Y, Ma X (2017b) Spatiotemporal recurrent convolutional networks for traffic prediction in transportation networks. Sensors 17(7): 1501

Yu J, Lu Y, Qin Z, Zhang W, Liu Y, Tan J, Guo L (2018b) Modeling text with graph convolutional network for cross-modal information retrieval. In: Pacific Rim Conference on Multimedia, Springer, pp 223-234

Yu L, Du B, Hu X, Sun L, Han L, Lv W (2021b) Deep spatio-temporal graph convolutional network for traffic accident prediction. Neurocomputing 423: 135-147

Yu T, Wang R, Yan J, Li B (2020) Learning deep graph matching with channel-independent embedding and hungarian attention. In: International conference on learning representations

Yu Y, Chen J, Gao T, Yu M (2019a) Dag-gnn: Dag structure learning with graph neural networks. In: International Conference on Machine Learning, pp 7154-7163

Yu Y, Wang Y, Xia Z, Zhang X, Jin K, Yang J, Ren L, Zhou Z, Yu D, Qing T, et al (2019b) Premedkb: an integrated precision medicine knowledgebase for interpreting relationships between diseases, genes, variants and drugs. Nucleic acids research 47(D1):D1090-D1101

Yuan F, He X, Karatzoglou A, Zhang L (2020a) Parameter-efficient transfer from sequential behaviors for user modeling and recommendation. In: Proceedings of the 43rd International ACM SIGIR Conference on Research and Development in Information Retrieval, pp 1469-1478

Yuan H, Tang J, Hu X, Ji S (2020b) Xgnn: Towards model-level explanations of graph neural networks. In: Proceedings of the 26th ACM SIGKDD International Conference on Knowledge Discovery & Data Mining, pp 430-438

Yuan J, Zheng Y, Zhang C, Xie W, Xie X, Sun G, Huang Y (2010) T-drive: driving directions based on taxi trajectories. In: Proceedings of the 18th SIGSPATIAL International conference on advances in geographic information systems, pp 99-108

Yuan J, Zheng Y, Xie X (2012) Discovering regions of different functions in a city using human mobility and pois. In: Proceedings of the 18th ACM SIGKDD international conference on Knowledge discovery and data mining, pp 186-194

Yuan Y, Liang X, Wang X, Yeung DY, Gupta A (2017) Temporal dynamic graph lstm for action-driven video object detection. In: Proceedings of the IEEE international conference on computer vision, pp 1801-1810

Yuan Z, Zhou X, Yang T (2018) Hetero-convlstm: A deep learning approach to traffic accident prediction on heterogeneous spatio-temporal data. In: Proceedings of the 24th ACM SIGKDD International Conference on Knowledge Discovery & Data Mining, pp 984-992

Yue-Hei Ng J, Hausknecht M, Vijayanarasimhan S, Vinyals O, Monga R, Toderici G (2015) Beyond short snippets: Deep networks for video classification. In: Proceedings of the IEEE conference on computer vision and pattern recognition, pp 4694-4702

Yun S, Jeong M, Kim R, Kang J, Kim HJ (2019) Graph transformer networks. Advances in Neural Information Processing Systems 32: 11983-11993

Zaheer M, Kottur S, Ravanbakhsh S, Poczos B, Salakhutdinov RR, Smola AJ (2017) Deep sets. In: Advances in Neural Information Processing Systems, pp 3391-3401

Zanfir A, Sminchisescu C (2018) Deep learning of graph matching. In: Proceedings of the IEEE conference on computer vision and pattern recognition, pp 2684-2693

Zelnik-Manor L, Perona P (2004) Self-tuning spectral clustering. Advances in neural information processing systems 17: 1601-1608

Zeng H, Zhou H, Srivastava A, Kannan R, Prasanna V (2020a) Graphsaint: Graph sampling based inductive learning method. In: International Conference on Learning Representations

Zeng R, Huang W, Tan M, Rong Y, Zhao P, Huang J, Gan C (2019) Graph convolutional networks for temporal action localization. In: Proceedings of the IEEE/CVF International Conference on Computer Vision, pp 7094-7103

Zeng X, Song X, Ma T, Pan X, Zhou Y, Hou Y, Zhang Z, Li K, Karypis G, Cheng F (2020b) Repurpose open data to discover therapeutics for covid-19 using deep learning. Journal of proteome research 19(11): 4624-4636

Zeng Z, Tung AK, Wang J, Feng J, Zhou L (2009) Comparing stars: On approximating graph edit distance. Proceedings of the VLDB Endowment 2(1): 25-36

Zhang B, Hill E, Clause J (2016a) Towards automatically generating descriptive names for unit tests. In: Proceedings of the 31st IEEE/ACM International Conference on Automated Software Engineering, ACM, pp 625-636

Zhang C, Huang C, Yu L, Zhang X, Chawla NV (2018a) Camel: Content-aware and meta-path augmented metric learning for author identification. In: Proceedings of the 2018 World Wide Web Conference, pp 709-718

Zhang C, Chao WL, Xuan D (2019a) An empirical study on leveraging scene graphs for visual question answering. arXiv preprint arXiv: 190712133

Zhang C, Song D, Huang C, Swami A, Chawla NV (2019b) Heterogeneous graph neural network. In: Proceedings of the 25th ACM SIGKDD International Conference on Knowledge Discovery & Data Mining, pp 793-803

Zhang C, Swami A, Chawla NV (2019c) Shne: Representation learning for semantic-associated heterogeneous networks. In: Proceedings of the Twelfth ACM International Conference on Web Search and Data Mining, pp 690-698

Zhang D, Yin J, Zhu X, Zhang C (2016b) Collective classification via discriminative matrix factorization on sparsely labeled networks. In: Proceedings of the 25th ACM International on Conference on Information and Knowledge Management, pp 1563-1572

Zhang D, Yin J, Zhu X, Zhang C (2018b) Metagraph2vec: Complex semantic path augmented heterogeneous network embedding. In: Pacific-Asia conference on knowledge discovery and data mining, Springer, pp 196-208

Zhang D, Yin J, Zhu X, Zhang C (2018c) Network representation learning: A survey. IEEE transactions on Big Data 6(1): 3-28

Zhang G, He H, Katabi D (2019d) Circuit-GNN: Graph neural networks for distributed circuit design. In: International Conference on Machine Learning, pp 7364-7373

Zhang H, Zheng T, Gao J, Miao C, Su L, Li Y, Ren K (2019e) Data poisoning attack against knowledge graph embedding. In: Proceedings of the Twenty-Eighth International Joint Conference on Artificial Intelligence, IJCAI-19, International Joint Conferences on Artificial Intelligence Organization, pp 4853-4859

Zhang J (2020) Graph neural distance metric learning with graph-bert. arXiv preprint arXiv: 200203427

Zhang J, Bargal SA, Lin Z, Brandt J, Shen X, Sclaroff S (2018d) Top-down neural attention by excitation backprop. International Journal of Computer Vision 126(10): 1084-1102

Zhang J, Shi X, Xie J, Ma H, King I, Yeung DY (2018e) Gaan: Gated attention networks for learning on large and spatiotemporal graphs. arXiv preprint arXiv: 180307294

Zhang J, Wang X, Zhang H, Sun H, Wang K, Liu X (2019f) A novel neural source code representation based on abstract syntax tree. In: 2019 IEEE/ACM 41st International Conference on Software Engineering (ICSE), IEEE, pp 783-794

Zhang J, Zhang H, Xia C, Sun L (2020a) Graph-bert: Only attention is needed for learning graph representations. arXiv preprint arXiv: 200105140

Zhang L, Lu H (2020) A Feature-Importance-Aware and Robust Aggregator for GCN. In: ACM International Conference on Information & Knowledge Management, DOI 10.1145/3340531. 3411983

Zhang M, Chen Y (2018a) Link prediction based on graph neural networks. In: Advances in Neural Information Processing Systems, pp 5165-5175

Zhang M, Chen Y (2018b) Link prediction based on graph neural networks. In: Proceedings of the 32nd International Conference on Neural Information Processing Systems, pp 5171-5181

Zhang M, Chen Y (2019) Inductive matrix completion based on graph neural networks. In: International Conference on Learning Representations

Zhang M, Chen Y (2020) Inductive matrix completion based on graph neural networks. In: International Conference on Learning Representations

Zhang M, Schmitt-Ulms G, Sato C, Xi Z, Zhang Y, Zhou Y, St George-Hyslop P, Rogaeva E (2016c) Drug repositioning for alzheimer's disease based on systematic 'omics' data mining. PloS one 11(12): e0168,812

Zhang M, Cui Z, Neumann M, Chen Y (2018f) An end-to-end deep learning architecture for graph classification. In: Association for the Advancement of Artificial Intelligence

Zhang M, Cui Z, Neumann M, Chen Y (2018g) An end-to-end deep learning architecture for graph classification. In: the AAAI Conference on Artificial Intelligence, pp 4438-4445

Zhang M, Hu L, Shi C, Wang X (2020b) Adversarial label-flipping attack and defense for graph neural networks. In: 2020 IEEE International Conference on Data Mining (ICDM), IEEE, pp 791-800

Zhang M, Li P, Xia Y, Wang K, Jin L (2020c) Revisiting graph neural networks for link prediction. arXiv preprint arXiv: 201016103

Zhang N, Deng S, Li J, Chen X, Zhang W, Chen H (2020d) Summarizing chinese medical answer with graph convolution networks and question-focused dual attention. In: Proceedings of the 2020 Conference on Empirical Methods in Natural Language Processing: Findings, pp 15-24

Zhang Q, Chang J, Meng G, Xiang S, Pan C (2020e) Spatio-temporal graph structure learning for traffic forecasting. In: Proceedings of the AAAI Conference on Artificial Intelligence, vol 34, pp 1177-1185

Zhang R, Isola P, Efros AA (2016d) Colorful image colorization. In: European conference on computer vision, Springer, pp 649-666

Zhang S, Hu Z, Subramonian A, Sun Y (2020f) Motif-driven contrastive learning of graph representations. arXiv preprint arXiv: 201212533

Zhang W, Tang S, Cao Y, Pu S, Wu F, Zhuang Y (2019g) Frame augmented alternating attention network for video question answering. IEEE Transactions on Multimedia 22(4): 1032-1041

Zhang W, Fang Y, Liu Z, Wu M, Zhang X (2020g) mg2vec: Learning relationship-preserving heterogeneous graph representations via metagraph embedding. IEEE Transactions on Knowledge and Data Engineering 14(8):1

Zhang W, Liu H, Liu Y, Zhou J, Xiong H (2020h) Semi-supervised hierarchical recurrent graph neural network for city-wide parking availability prediction. In: Proceedings of the AAAI Conference on Artificial Intelligence, vol 34, pp 1186-1193

Zhang W, Wang XE, Tang S, Shi H, Shi H, Xiao J, Zhuang Y, Wang WY (2020i) Relational graph learning for grounded video description generation. In: Proceedings of the 28th ACM International Conference on Multimedia, pp 3807-3828

Zhang X, Zitnik M (2020) Gnnguard: Defending graph neural networks against adversarial attacks. Advances in Neural Information Processing Systems 33

Zhang X, Li Y, Zhou X, Luo J (2019) Unveiling taxi drivers' strategies via cgail: Conditional generative adversarial imitation learning. In: 2019 IEEE International Conference on Data Mining (ICDM), pp 1480-1485, DOI 10.1109/ICDM.2019.00194

Zhang X, Li Y, Zhou X, Luo J (2020a) cgail: Conditional generative adversarial imitation learning-an application in taxi drivers' strategy learning. IEEE Transactions on Big Data pp 1-1, DOI 10.1109/TBDATA.2020.3039810

Zhang X, Li Y, Zhou X, Zhang Z, Luo J (2020b) Trajgail: Trajectory generative adversarial imitation learning for long-term decision analysis. In: 2020 IEEE International Conference on Data Mining (ICDM), pp 801-810, DOI 10.1109/ICDM50108.2020.00089

Zhang Y, Zheng W, Lin H, Wang J, Yang Z, Dumontier M (2018h) Drug-drug interaction extraction via hierarchical rnns on sequence and shortest dependency paths. Bioinformatics 34(5): 828-835

Zhang Y, Fan Y, Ye Y, Zhao L, Shi C (2019a) Key player identification in underground forums over attributed heterogeneous information network embedding framework. In: Proceedings of the 28th ACM International Conference on Information and Knowledge Management, pp 549-558

Zhang Y, Khan S, Coates M (2019b) Comparing and detecting adversarial attacks for graph deep learning. In: Representation Learning on Graphs and Manifolds Workshop at ICLR

Zhang Y, Li Y, Zhou X, Kong X, Luo J (2019c) Trafficgan: Off-deployment traffic estimation with traffic generative adversarial networks. 2019 IEEE International Conference on Data Mining (ICDM) pp 1474-1479

Zhang Y, Pal S, Coates M, Ustebay D (2019d) Bayesian graph convolutional neural networks for semi-supervised classification. In: Proceedings of the AAAI Conference on Artificial Intelligence, vol 33, pp 5829-5836

Zhang Y, Defazio D, Ramesh A (2020a) Relex: A model-agnostic relational model explainer. arXiv preprint arXiv: 200600305

Zhang Y, Deng W, Wang M, Hu J, Li X, Zhao D, Wen D (2020b) Global-local gcn: Large-scale label noise cleansing for face recognition. In: Proceedings of the IEEE/CVF Conference on Computer Vision and Pattern Recognition, pp 7731-7740

Zhang Y, Guo Z, Teng Z, Lu W, Cohen SB, Liu Z, Bing L (2020c) Lightweight, dynamic graph convolutional networks for amr-to-text generation. In: Proceedings of the 2020 Conference on Empirical Methods in Natural Language Processing (EMNLP), pp 2162-2172

Zhang Y, Yu X, Cui Z, Wu S, Wen Z, Wang L (2020d) Every document owns its structure: Inductive text classification via graph neural networks. In: Proceedings of the 58th Annual Meeting of the Association for Computational Linguistics, pp 334-339

Zhang Z, Wang M, Xiang Y, Huang Y, Nehorai A (2018i) Retgk: Graph kernels based on return probabilities of random walks. In: Advances in Neural Information Processing Systems, pp 3964-3974

Zhang Z, Cui P, Zhu W (2020e) Deep learning on graphs: A survey. IEEE Transactions on Knowledge and Data Engineering pp 1-1, DOI 10.1109/TKDE.2020. 2981333

Zhang Z, Zhang Z, Zhou Y, Shen Y, Jin R, Dou D (2020f) Adversarial attacks on deep graph matching. Advances in Neural Information Processing Systems 33

Zhang Z, Zhao Z, Lin Z, Huai B, Yuan NJ (2020g) Object-aware multi-branch relation networks for spatio-temporal video grounding. arXiv preprint arXiv: 200806941

Zhang Z, Zhao Z, Zhao Y, Wang Q, Liu H, Gao L (2020h) Where does it exist: Spatio-temporal video grounding for multi-form sentences. In: Proceedings of the IEEE/CVF Conference on Computer Vision and Pattern Recognition, pp 10668-10677

Zhang Z, Zhuang F, Zhu H, Shi Z, Xiong H, He Q (2020i) Relational graph neural network with hierarchical attention for knowledge graph completion. In: Proceedings of the AAAI Conference on Artificial Intelligence, vol 34, pp 9612-9619

Zhao H, Du L, Buntine W (2017) Leveraging node attributes for incomplete relational data. In: International Conference on Machine Learning, pp 4072-4081

Zhao H, Zhou Y, Song Y, Lee DL (2019a) Motif enhanced recommendation over heterogeneous information network. In: Proceedings of the 28th ACM international conference on information and knowledge management, pp 2189-2192

Zhao H, Wei L, Yao Q (2020a) Simplifying architecture search for graph neural network. In: Conrad S, Tiddi I (eds) Proceedings of the CIKM 2020 Workshops co-located with 29th ACM International Conference on Information and Knowledge Management (CIKM 2020), Galway, Ireland, October 19-23, 2020, CEUR Workshop Proceedings, vol 2699

Zhao J, Zhou Z, Guan Z, Zhao W, Ning W, Qiu G, He X (2019b) Intentgc: a scalable graph convolution framework fusing heterogeneous information for recommendation. In: Proceedings of the 25th ACM SIGKDD International Conference on Knowledge Discovery & Data Mining, pp 2347-2357

Zhao J, Wang X, Shi C, Liu Z, Ye Y (2020b) Network schema preserving heterogeneous information network embedding. In: Bessiere C (ed) Proceedings of the Twenty-Ninth International Joint Conference on Artificial Intelligence, IJCAI-20, International Joint Conferences on Artificial Intelligence Organization, pp 1366-1372

Zhao J, Wang X, Shi C, Hu B, Song G, Ye Y (2021) Heterogeneous graph structure learning for graph neural networks. In: Proceedings of the AAAI Conference on Artificial Intelligence

Zhao K, Bai T, Wu B, Wang B, Zhang Y, Yang Y, Nie JY (2020c) Deep adversarial completion for sparse heterogeneous information network embedding. In: Proceedings of The Web Conference 2020, pp 508-518

Zhao L, Akoglu L (2019) Pairnorm: Tackling oversmoothing in gnns. In: International Conference on Learning Representations

Zhao L, Song Y, Zhang C, Liu Y, Wang P, Lin T, Deng M, Li H (2019c) T-GCN: A temporal graph convolutional network for traffic prediction. IEEE Transactions on Intelligent Transportation Systems 21(9): 3848-3858

Zhao M, Wang D, Zhang Z, Zhang X (2015) Music removal by convolutional denoising autoencoder in speech recognition. In: 2015 Asia-Pacific Signal and Information Processing Association Annual Summit and Conference (APSIPA), IEEE, pp 338-341

Zhao S, Su C, Sboner A, Wang F (2019d) Graphene: A precise biomedical literature retrieval engine with graph augmented deep learning and external knowledge empowerment. In: Proceedings of the 28th ACM International Conference on Information and Knowledge Management, pp 149-158

Zhao S, Qin B, Liu T, Wang F (2020d) Biomedical knowledge graph refinement with embedding and logic rules. arXiv preprint arXiv: 201201031

Zhao S, Su C, Lu Z, Wang F (2020e) Recent advances in biomedical literature mining. Briefings in Bioinformatics

Zhao T, Deng C, Yu K, Jiang T, Wang D, Jiang M (2020f) Error-bounded graph anomaly loss for gnns. In: Proceedings of the 29th ACM International Conference on Information & Knowledge Management, pp 1873-1882

Zhao Y, Wang D, Gao X, Mullins R, Lio P, Jamnik M (2020g) Probabilistic dual network architecture search on graphs. arXiv preprint arXiv: 200309676

Zheng C, Fan X, Wang C, Qi J (2020a) Gman: A graph multi-attention network for traffic prediction. In: Proceedings of the AAAI Conference on Artificial Intelligence, vol 34, pp 1234-1241

Zheng C, Zong B, Cheng W, Song D, Ni J, Yu W, Chen H, Wang W (2020b) Robust graph representation learning via neural sparsification. In: International Conference on Machine Learning, pp 11458-11468

Zheng D, Song X, Ma C, Tan Z, Ye Z, Dong J, Xiong H, Zhang Z, Karypis G (2020c) Dgl-ke: Training knowledge graph embeddings at scale. In: Proceedings of the 43rd International ACM SIGIR Conference on Research and Development in Information Retrieval, pp 739-748

Zheng L, Lu CT, Jiang F, Zhang J, Yu PS (2018a) Spectral collaborative filtering. In: Proceedings of the 12th ACM Conference on Recommender Systems, ACM, pp 311-319

Zheng L, Li Z, Li J, Li Z, Gao J (2019) Addgraph: Anomaly detection in dynamic graph using attention-based temporal gcn. In: Proceedings of the Twenty-Eighth International Joint Conference on Artificial Intelligence, IJCAI-19, pp 4419-4425

Zheng X, Aragam B, Ravikumar PK, Xing EP (2018b) Dags with no tears: Continuous optimization for structure learning. Advances in Neural Information Processing Systems 31:9472-9483

Zheng Y, Liu F, Hsieh HP (2013) U-air: When urban air quality inference meets big data. In: Proceedings of the 19th ACM SIGKDD international conference on Knowledge discovery and data mining, pp 1436-1444

Zheng Y, Capra L, Wolfson O, Yang H (2014) Urban computing: Concepts, methodologies, and applications 5(3), DOI 10.1145/2629592

Zhou C, Liu Y, Liu X, Liu Z, Gao J (2017) Scalable graph embedding for asymmetric proximity. In: Proceedings of the AAAI Conference on Artificial Intelligence, vol 31

Zhou C, Bai J, Song J, Liu X, Zhao Z, Chen X, Gao J (2018a) Atrank: An attention-based user behavior modeling framework for recommendation. In: Proceedings of the AAAI Conference on Artificial Intelligence, vol 32

Zhou C, Ma J, Zhang J, Zhou J, Yang H (2020a) Contrastive learning for debiased candidate generation in large-scale recommender systems. arXiv preprint csIR/200512964

Zhou D, Bousquet O, Lal TN, Weston J, Schölkopf B (2004) Learning with local and global consistency. Advances in neural information processing systems 16(16): 321-328

Zhou F, De la Torre F (2012) Factorized graph matching. In: 2012 IEEE Conference on Computer Vision and Pattern Recognition, IEEE, pp 127-134

Zhou G, Zhu X, Song C, Fan Y, Zhu H, Ma X, Yan Y, Jin J, Li H, Gai K (2018b) Deep interest network for click-through rate prediction. In: Proceedings of the 24th ACM SIGKDD, pp 1059-1068

Zhou G, Wang J, Zhang X, Guo M, Yu G (2020b) Predicting functions of maize proteins using graph convolutional network. BMC Bioinformatics 21(16):420

Zhou J, Cui G, Zhang Z, Yang C, Liu Z, Sun M (2018c) Graph neural networks: A review of methods and applications. arXiv preprint arXiv: 181208434

Zhou K, Song Q, Huang X, Hu X (2019a) Auto-gnn: Neural architecture search of graph neural networks. arXiv preprint arXiv: 190903184

Zhou K, Dong Y, Wang K, Lee WS, Hooi B, Xu H, Feng J (2020c) Understanding and resolving performance degradation in graph convolutional networks. arXiv preprint arXiv: 200607107

Zhou K, Huang X, Li Y, Zha D, Chen R, Hu X (2020d) Towards deeper graph neural networks with differentiable group normalization. In: Advances in Neural Information Processing Systems, vol 33

Zhou K, Song Q, Huang X, Zha D, Zou N, Hu X (2020e) Multi-channel graph neural networks. In: International Joint Conference on Artificial Intelligence, pp 1352-1358

Zhou N, Jiang Y, Bergquist TR, et al (2019b) The CAFA challenge reports improved protein function prediction and new functional annotations for hundreds of genes through experimental screens. Genome Biology 20(1), DOI 10.1186/s13059-019-1835-8

Zhou T, Lü L, Zhang YC (2009) Predicting missing links via local information. The European Physical Journal B 71(4): 623-630

Zhou Y, Tuzel O (2018) Voxelnet: End-to-end learning for point cloud based 3d object detection. In: Proceedings of the IEEE Conference on Computer Vision and Pattern Recognition, pp 4490-4499

Zhou Y, Hou Y, Shen J, Huang Y, Martin W, Cheng F (2020f) Network-based drug repurposing for novel coronavirus 2019-ncov/sars-cov-2. Cell discovery 6(1): 1-18

Zhou Z, Kearnes S, Li L, Zare RN, Riley P (2019c) Optimization of molecules via deep reinforcement learning. Scientific reports 9(1): 1-10

Zhou Z, Wang Y, Xie X, Chen L, Liu H (2020g) Riskoracle: A minute-level citywide traffic accident forecasting framework. In: Proceedings of the AAAI Conference on Artificial Intelligence, vol 34, pp 1258-1265

Zhou Z, Wang Y, Xie X, Chen L, Zhu C (2020h) Foresee urban sparse traffic accidents: A spatiotemporal multi-granularity perspective. IEEE Transactions on Knowledge and Data Engineering pp 1-1, DOI 10.1109/TKDE.2020.3034312

Zhu D, Cui P, Wang D, Zhu W (2018) Deep variational network embedding in wasserstein space. In: Proceedings of the 24th ACM SIGKDD International Conference on Knowledge Discovery & Data Mining, pp 2827-2836

Zhu D, Zhang Z, Cui P, Zhu W (2019a) Robust graph convolutional networks against adversarial attacks. In: Proceedings of the 25th ACM SIGKDD International Conference on Knowledge Discovery amp; Data Mining, Association for Computing Machinery, KDD'19, p 1399-1407, DOI 10.1145/3292500.3330851

Zhu J, Li J, Zhu M, Qian L, Zhang M, Zhou G (2019b) Modeling graph structure in transformer for better AMR-to-text generation. In: Proceedings of the 2019 Conference on Empirical Methods in Natural Language Processing and the 9th International Joint Conference on Natural Language Processing (EMNLP-IJCNLP), Association for Computational Linguistics, Hong Kong, China, pp 5459-5468

Zhu JY, Park T, Isola P, Efros AA (2017) Unpaired image-to-image translation using cycle-consistent adversarial networks. In: Proceedings of the IEEE international conference on computer vision, pp 2223-2232

Zhu Q, Du B, Yan P (2020a) Self-supervised training of graph convolutional networks. arXiv preprint arXiv: 200602380

Zhu R, Zhao K, Yang H, Lin W, Zhou C, Ai B, Li Y, Zhou J (2019c) Aligraph: a comprehensive graph neural network platform. Proceedings of the VLDB Endowment 12(12): 2094-2105

Zhu S, Yu K, Chi Y, Gong Y (2007) Combining content and link for classification using matrix factorization. In: Proceedings of the 30th annual international ACM SIGIR conference on Research and development in information retrieval, pp 487-494

Zhu S, Zhou C, Pan S, Zhu X, Wang B (2019d) Relation structure-aware heterogeneous graph neural network. In: 2019 IEEE International Conference on Data Mining (ICDM), IEEE, pp 1534-1539

ZHU X (2002) Learning from labeled and unlabeled data with label propagation. Tech Report

Zhu Y, Elemento O, Pathak J, Wang F (2019e) Drug knowledge bases and their applications in biomedical informatics research. Briefings in bioinformatics 20(4): 1308-1321

Zhu Y, Che C, Jin B, Zhang N, Su C, Wang F (2020b) Knowledge-driven drug repurposing using a comprehensive drug knowledge graph. Health Informatics Journal 26(4): 2737-2750

Zhu Y, Xu Y, Yu F, Liu Q, Wu S, Wang L (2020c) Deep graph contrastive representation learning. arXiv preprint arXiv: 200604131

Zhu Y, Xu Y, Yu F, Liu Q, Wu S, Wang L (2021) Graph Contrastive Learning with Adaptive Augmentation. In: Proceedings of The Web Conference 2021, ACM, WWW '21

Zhuang Y, Jain R, Gao W, Ren L, Aizawa K (2017) Panel: cross-media intelligence. In: Proceedings of the 25th ACM international conference on Multimedia, pp 1173-1173

Zimmermann T, Zeller A, Weissgerber P, Diehl S (2005) Mining version histories to guide software changes. IEEE Transactions on Software Engineering 31(6): 429-445

Zitnik M, Leskovec J (2017) Predicting multicellular function through multi-layer tissue networks. Bioinformatics 33(14): i190-i198

Zitnik M, Agrawal M, Leskovec J (2018) Modeling polypharmacy side effects with graph convolutional networks. Bioinformatics 34(13): i457-i466

Zoete V, Cuendet MA, Grosdidier A, Michielin O (2011) SwissParam: A fast force field generation tool for small organic molecules. Journal of Computational Chemistry 32(11): 2359-2368

Zoph B, Le QV (2016) Neural architecture search with reinforcement learning. arXiv preprint arXiv: 161101578

Zoph B, Yuret D, May J, Knight K (2016) Transfer learning for low-resource neural machine translation. In: Proceedings of the 2016 Conference on Empirical Methods in Natural Language Processing, pp 1568-1575

Zoph B, Vasudevan V, Shlens J, Le QV (2018) Learning transferable architectures for scalable image recognition. In: Proceedings of the IEEE Conference on Computer Vision and Pattern Recognition, pp 8697-8710

Zügner D, Günnemann S (2019) Adversarial attacks on graph neural networks via meta learning. In: International Conference on Learning Representations, ICLR

Zügner D, Günnemann S (2019) Certifiable robustness and robust training for graph convolutional networks. In: Proceedings of the 25th ACM SIGKDD International Conference on Knowledge Discovery & Data Mining, pp 246-256

Zügner D, Günnemann S (2020) Certifiable robustness of graph convolutional networks under structure perturbations. In: Proceedings of the 26th ACM SIGKDD International Conference on Knowledge Discovery amp; Data Mining, Association for Computing Machinery, KDD '20, p 1656-1665, DOI 10.1145/3394486.3403217

Zügner D, Akbarnejad A, Günnemann S (2018) Adversarial attacks on neural networks for graph data. In: Proceedings of the 24th ACM SIGKDD International Conference on Knowledge Discovery & Data Mining, pp 2847-2856

Zügner D, Borchert O, Akbarnejad A, Günnemann S (2020) Adversarial attacks on graph neural networks: Perturbations and their patterns. ACM Trans Knowl Discov Data 14(5): 57: 1-57: 31

Zügner D, Kirschstein T, Catasta M, Leskovec J, Günnemann S (2021) Language-agnostic representation learning of source code from structure and context. In: International Conference on Learning Representations

MEMO

深智數位
股份有限公司

深智數位
股份有限公司